海空重力测量理论方法及应用

黄谟涛　邓凯亮　欧阳永忠　吴太旗　陆秀平
翟国君　刘　敏　陈　欣　王伟平　熊　雄　著

科 学 出 版 社
北　京

内 容 简 介

海面船载重力测量和航空机载重力测量(简称海空重力测量)是目前探测海洋重力场的两种主要技术手段。本书全面系统地研究论述采用海空重力测量的两种技术手段测定海洋重力场的理论方法和应用，主要内容包括海空重力测量需求分析论证与技术设计、传感器性能测试与评估、原始数据归算与滤波处理、误差分析建模与精细化处理、多源数据融合与数值模型构建、数据综合应用与效能评估等六大部分，形成比较完整的作业标准和数据获取体系、数据分析和处理体系、数据产品制作和应用体系，较好地回答"为什么测、用什么测、测到什么程度""怎么测得细、改得准、校得精"等科学问题，反映了当前国内外该研究领域的先进学术水平。

本书特别注重理论分析和实际应用的紧密结合，突出研究内容和技术路线的先进性，研究成果和技术创新的实用性，可供从事海洋大地测量、物理大地测量、海洋地球物理、海洋地质和航空航天科学等学科的科研人员和工程应用技术人员参考，也可作为相关学科专业本科生和研究生的教学参考用书。

图书在版编目(CIP)数据

海空重力测量理论方法及应用 / 黄谟涛等著. —北京：科学出版社，2024.12

ISBN 978-7-03-078186-4

Ⅰ. ①海… Ⅱ. ①黄… Ⅲ. ①重力测量-研究 Ⅳ. ①P223

中国国家版本馆CIP数据核字(2024)第051196号

责任编辑：姚庆爽 李 娜 / 责任校对：崔向琳
责任印制：师艳茹 / 封面设计：无极书装

科 学 出 版 社 出版
北京东黄城根北街 16 号
邮政编码: 100717
http://www.sciencep.com
北京中科印刷有限公司印刷
科学出版社发行 各地新华书店经销
*
2024 年 12 月第 一 版 开本：720 × 1000 1/16
2024 年 12 月第一次印刷 印张：47 1/2
字数：958 000

定价：398.00 元

(如有印装质量问题，我社负责调换)

序　一

地球重力场是反映地球内部物质空间分布、运动和变化状态的一种基本物理场，是地球物质分布和地球转换运动信息的综合反映。海洋重力场是地球重力场的重要组成部分，也是海战场环境的重要组成要素之一。目前，探测海洋重力场信息主要有卫星重力测量、卫星测高重力反演、航空重力测量和海面船载重力测量等四种技术手段。卫星重力测量技术主要用于测定地球重力场的中长波分量。卫星测高重力反演技术能以4～6km的分辨率反演宽阔海域的中短波重力场信息。航空重力测量技术可以快速、有效地获取海陆交界滩涂地带及岛礁周边浅水区域的中高频重力场信息。海面船载重力测量技术仍是目前获取高精度、高频段海洋重力场信息最有效的技术手段，既适用于宽阔海域的深远海测量，也适用于卫星测高技术反演重力场精度较低的近岸和岛礁周边海区测量。自20世纪20年代初世界上开展第一次海上测量试验以来，海面船载重力测量随着重力传感器和稳定平台两大核心技术的发展，其技术及理论方法体系日趋成熟和完善。航空重力测量技术则由于受高动态条件下载体运动加速度测定精度的制约，直至20世纪80年代后期，全球导航卫星系统动态相位差分精密定位技术的出现，解决了飞机载体运动加速度的高精度测定难题，其技术瓶颈才得以获得实质性突破，并逐步实现工程化应用。

该书作者研究团队是我国海洋和航空重力测量技术领域的主要研究团队之一，自20世纪80年代初就一直致力于海洋重力场测量理论方法及应用研究。他们始终围绕海洋重力生产作业和军事专题保障应用需求，持续开展海面和航空重力测量信息提取、误差分析处理、多源数据融合及专题保障运用等各个方向的核心技术研究，在海洋重力场理论建模、体系构建和保障应用等三个研究领域做出了重要创新，取得了一些有较高应用价值的研究成果，先后出版了三部研究专著，发表了数百篇学术论文。该书是该研究团队最近十几年积累的科研创新成果的总结，内容涵盖海空重力测量信息获取、数据处理分析和数字产品制作与应用等技术全流程，较好地回答了“为什么测、用什么测、测到什么程度”“怎么测得细、改得准、校得精”等科学问题，反映了当前国内外该研究领域的先进学术水平。

该书在内容设置上既有比较严密的理论推证，又有相对应的应用案例验证，较好地体现了理论和实际应用的紧密结合，对于从事相关领域生产和科研工作的技术人员具有重要的理论参考价值和实用价值。期望该书研究团队在今后的科研工作中再接再厉，不忘初心，锐意进取，在科技创新征途中更上一层楼，取得更大的成绩。

杨元喜

中国科学院院士

2023 年 10 月 22 日

序　二

地球重力场信息在大地测量学、地球物理学、地质学、地球动力学和海洋学等相关学科发展及地球科学研究中具有重要的应用价值，在国民经济建设、社会发展和军事应用保障等相关领域也具有重要的支撑作用。精化大地水准面是地球重力场观测信息最重要的应用领域之一，也始终是现代大地测量科学研究的核心问题。大地水准面是代表地球形状且与平均海平面最为密合的重力等位面，因此成为高程起算面的必然选择。随着全球导航卫星系统高精度测高技术的发展，全球导航卫星系统大地高“加”大地水准面模型的测高新模式已经成为当今高程测量现代化的重点发展方向。全球导航卫星系统高精度定位技术实现了以参考椭球面为基准的大地高测量现代化，建立了高分辨率高精度的大地水准面模型，成为当前突破海拔高程测量现代化发展瓶颈的关键。对大地水准面模型不断精化的现实需求，正在持续推动地球重力场新型测量装备和技术手段的发展，因为除了计算理论方法和技术手段方面的因素外，大地水准面模型的最终精度从根本上取决于地球重力场观测数据资源的覆盖率和精细化程度。在海洋重力场信息探测领域，除了具有全球海域探测能力的卫星测高重力反演技术手段外，海面船载重力测量和航空重力测量仍是目前获取中高频局部重力场信息最有效的两种技术手段，二者各具特点，具有较好的互补性。海面船载重力测量技术已经有近 100 年的发展历史，其理论方法体系较为成熟。航空重力测量技术取得突破主要得益于全球导航卫星系统动态精密定位技术的创新，解决了飞机载体运动加速度的高精度测定难题，同时得益于重力传感器和稳定平台两大核心技术的发展进步。

该书作者长期致力于海洋重力场测量理论方法及应用研究，在海洋重力场理论建模、体系构建和工程应用等多个研究领域做出了重要创新。特别是最近十多年来，作者在海空重力测量需求论证与顶层设计、观测数据归算与精度评估、测量误差分析处理与分离补偿、地表重力观测向上延拓、航空重力观测向下延拓、海域重力数据模型构建、地球外部重力场逼近和大地水准面精化等方面，取得了一批有较高应用价值的研究成果，显著提升了我国海空重力测量的技术能力和应用水平。该书是作者研究团队最近十多年积累的科研创新成果的总结，内容较为全面，体系较为完整，既展现了研究成果的理论性和先进性，又体现了创新成果的实用性，反映了当前国内外该研究领域的先进学术水平，具有较高的参考价值和应用价值。

该书的出版对进一步提升我国海空重力测量的研究和应用水平具有很好的促进作用。期待该研究团队在今后的科研工作中取得更多创新性研究成果，为进一步发展和完善海空重力测量理论方法与技术多做贡献！

李建成
中国工程院院士
2023 年 11 月 28 日

序　三

在大地测量领域中，无论是地球形状与地球动力学研究，还是资源勘探、灾害监测、空间技术等都需要了解全球重力场的精细结构。然而地球表面 70%以上的面积是海洋，因此海洋重力场研究是近代重力学中十分重要的内容。自 1923 年维宁・曼尼斯(Vening-Meinesz)使用摆仪在潜艇上成功完成第一次海上测量以来，海洋重力测量在理论方法、技术手段和仪器制造等各个方面都取得了极大的进步和发展。随着现代技术的进步，海洋重力测量平台及传感器系统已经逐步从海底、水中发展到海面，又从海面发展到空中，形成了比较完善的测量理论方法体系。黄谟涛、邓凯亮与欧阳永忠领衔的科研团队，一直致力于海空重力场测量理论方法及应用研究，始终密切关注国内外海空重力场探测技术的发展动态，紧密围绕外场作业、专题保障和学科发展三个方面的应用需求，深入开展海空重力仪测试评估、海洋重力场信息获取、数据分析处理、数字保障产品研发及专题保障运用等全流程核心技术研究，取得了一批有理论意义和实用价值的创新成果，发表了数百篇学术论文，有力推动了我国在该领域测量能力和应用水平的提升。该书是该研究团队最近十几年积累的科研创新成果的总结，其内容反映了当今国际研究领域的先进学术水平。该书从理论和实践两个方面，分别对海空重力测量需求论证与顶层设计、观测数据归算与精度评估、测量误差分析处理与分离补偿、地表重力观测向上延拓、航空重力观测向下延拓、海域重力数据模型构建、地球外部重力场逼近及大地水准面精化等多个方面的研究进展进行较系统而全面的论述，既凸显出研究内容和技术路线的先进性，又体现出研究成果和技术创新的实用性，具有较高的参考价值和应用价值。

希望该书的出版能对进一步提升我国海空重力测量的研究和应用水平起到更大的促进作用，同时期望从事地球空间信息科学研究的学者和工程技术人员携手努力，为我国国民经济和国防建设协调发展及地球科学研究做出更大的贡献。

中国科学院院士

2023 年 11 月 2 日

前　言

地球重力场研究离不开地球表面及其邻近空间重力观测信息的支持。海洋占地球表面的面积超过 70%，因此精密测定海洋重力场是研究全球重力场非常重要的一项基础性任务。目前，探测海洋重力场信息的技术手段主要包括：海面船载重力测量、航空重力测量、卫星重力测量和卫星测高重力反演等。本书所指海空重力测量是船载与航空重力测量的统称。

本书作者研究团队开展海洋重力场研究始于 20 世纪 70 年代末，为满足海洋重力测量作业的实际应用需求，构建我国自主的海洋重力测量作业技术体系和理论方法体系，一直致力于海洋重力场探测机理、测量数据分析处理及其深化应用研究和创新，在多个研究领域取得了一些理论方法和工程应用上的突破，并先后公开出版了《海洋重力测量理论方法及其应用》《卫星测高数据处理的理论与方法》《海洋重力场测定及其应用》等。本书是前面三部著作的续作，是作者研究团队最近十几年积累的科研成果和科学感悟的总结，其内容基本反映了当今国际上该研究领域的先进学术水平。

本书内容主要凸显实用性、全面性和先进性三大特点。面向作业需求、服务应用是本书研究内容的第一大特点。本书开展的每一个专题研究均源于海空测量作业和工程应用实际需求的牵引。一方面，通过深入分析研究论证，书中依次回答“为什么测”“用什么测”“怎么测”“测到什么程度”“探测数据怎么处理”“怎么评估探测精准度”“探测数据怎么用”“怎么用得高效”等一系列科学问题；另一方面，通过对持续不断的海空测量作业和特定试验数据的多维度分析及深层次思考，发现许多以前从未发现的新问题，并通过技术攻关成功解决这些问题，从而进一步深化作者研究团队先前的一些研究成果，有效提升我国海空重力测量作业的能力和水平。体系完整、系统全面是本书研究内容的第二大特点。经过多年的发展和积累，海空重力测量已经形成一个比较完整的技术体系。本书研究内容涵盖海空重力测量信息获取、数据分析处理和数字产品制作与应用等技术全流程，从理论和实践两个方面对海空重力测量涉及的各个技术环节进行系统而全面的分析研究和论证。聚焦前沿、突出创新是本书研究内容的第三大特点。本书以拓展和完善海空重力测量技术体系为主要目标，本着吸收继承和开拓创新的理念，通过理论方法创新和作业实践验证，成功突破海洋重力场特征分析计算、海上测量作业技术设计、重力测量仪器性能评估、海空测量载体精密定位、测量动态环境效应补偿、数据滤波与精细化处理、重力数据向上延拓和向下延拓、多源重力数据融合处理以及外部扰动引力计算与大地水准面精化等一系列关键技术难题，取得一批具有理论价值和应用价值的研究成果，不仅拓展了海洋重力场测定的技术方法体系，而且丰富完善了地球重力场研究的理论方法体系。

本书内容主要来源于作者研究团队多年积累的科研成果和几位作者的博士学位论文及公开发表的上百篇学术论文，同时吸收部分国内外最新的相关研究成果。本书的出版得到了国家自然科学基金项目(41474012；41804011；42174013；41774021；42274015)、国家重点基础研究发展计划(613219)、国家重点研发计划(2016YFC0303007；2016YFB0501704)、国家重大科学仪器设备开发专项(2011YQ12004504)、自然资源部海洋环境探测技术与应用重点实验室开放基金项目(MESTA-2020-A001；MESTA-2020-A004)、中国船舶航海保障技术实验室开放基金项目(2024010201)、福建理工大学引进科研教学团队资金项目(GY-Z 24015)等的联合支持。感谢研究团队成员王许同志为本书排版付出的辛勤劳动。衷心感谢杨元喜院士、李建成院士和孙和平院士长期以来对作者研究团队的支持和指导，并倾心为本书作序。期待本书的出版对进一步提高我国海洋重力场研究和应用水平起到很好的促进作用。

由于作者学术能力和写作水平有限，书中难免存在不妥之处，恳请各位读者批评指正，欢迎及时与我们联系和交流(E-mail:dengkailiang036@163.com)。

作　者

2023 年 10 月

目　　录

第1章　绪　　论

1.1　引　　言

地球重力场是反映地球内部物质空间分布、运动和变化状态的一种基本物理场，是地球物质分布和地球旋转运动信息的综合反映，制约着地球本身及其邻近空间的一切物理事件，决定着大地水准面的起伏和变化。高精度、高分辨率的地球重力场数据不仅是大地测量学、地球物理学、地球动力学、海洋学和空间科学等学科领域开展相关研究所必需的基础资料，而且是地质矿产资源勘查、远程空间飞行器发射和军事活动保障必不可少的基础参数。确定地球重力场的精细结构及其时变规律不仅是现代大地测量的主要科学目标之一，而且将为现代地球科学解决人类面临的资源、环境和灾害等问题提供重要的基础地球空间信息(李建成等，2003；黄谟涛等，2005；宁津生等，2006；王正涛等，2011)。

海洋重力场是地球重力场的重要组成部分，也是海战场环境的重要组成要素之一。海洋重力场信息在海洋资源开发、地球科学研究、战场环境建设和作战保障等各个领域都有非常重要的应用价值(Dehlinger，1978；Torge，1989；李建成等，2003；黄谟涛等，2005；宁津生等，2006)。高精度海洋重力观测信息是研究确定海域地质构造和矿产资源分布规律，查明地质体储存状态必不可少的基础资料(曾华霖等，1999；曾华霖，2005；许才军等，2006；熊盛青等，2010)，同时也是保障航天飞行器精密定轨、水下武器系统精确制导和潜航器水下重力匹配长航时导航不可或缺的要素(陈国强，1982；黄谟涛，1991；陆仲连等，1993；黄谟涛等，2011)。

随着建设海洋强国发展战略的逐步实施和国防建设转型发展的持续推进，我国海洋经济建设和海战场环境建设对海洋重力场信息的保障需求日趋紧迫。为了应对新形势带来的新挑战，最近一个时期，我国相关部门都在投入大量人力和物力，开展海洋重力场信息的探测、采集装备的研制和观测数据的分析处理工作。作为获取海洋重力场信息的两种主要技术手段，海面重力测量技术和航空重力测量技术受到人们的广泛关注，特别是有关航空重力测量技术的研究和应用日趋活跃，已成为当前国内外地球重力场最具热度的研究领域之一(Olesen，2002；孙中苗，2004；孙中苗等，2004c，2021；张开东，2007；Alberts，2009；熊盛青等，2010；欧阳永忠，2013)。

利用重力传感器开展走航式海面重力测量始于 20 世纪 50 年代(Dehlinger，1978；Torge，1989；黄谟涛等，2005)，尽管这项技术的发展和应用已有半个多世纪，但有关海面重力测量数据的精细化处理，特别是海洋重力测量动态效应改正问题的研究一直没有停步(黄谟涛等，2003，2005；欧阳永忠，2013)。航空重力测量作为一种新型的地球重力场信息探测技术手段，由于设备组成结构和工作模式的特殊性，其测量过程的动态性更加突出，数据处理的流程更加复杂，处理难度更大。因此，尽管这项新技术已经得到国内外学者的持续关注和深入研究，并在较大范围内得到推广应用，但在航空重力测量数据处理研究领域，仍有许多关键性的技术难题没有破解，特别是在我国，航空重力测量技术发展起步相对较晚，其数据处理理论与方法体系还在建立和完善过程中，需要研究探索的关键问题更多，面临的技术挑战更大(宁津生等，2013；欧阳永忠，2013；刘敏等，2017a；孙中苗等，2021)。

1.2　研究意义及需求分析

1.2.1　海洋重力场信息的应用价值

海洋占地球表面的面积超过 70%，海洋重力场是地球重力场的主体，海洋重力场信息在大地测量学、空间科学、海洋学、地球物理学、地球动力学等诸多学科领域都有重要的应用价值(黄谟涛等，2005；孙和平等，2017)。大地水准面是大地测量定义高程系统的重要参考面，研究确定和不断精化海洋大地水准面一直是测定海洋重力场的主要目的之一(李建成等，2003)；地球重力场与地球内部质量密切相关，因此海洋重力测量可为确定地球内部质量密度分布提供数据支持；海洋重力异常既可应用于地球动力学板块构造理论研究，又可应用于海底地壳年龄、地球内部质量迁移、板块冰后回弹等多种地球物理现象的解释(孙和平等，2000，2005a)；海洋重力测量信息在海洋矿产资源开发、惯性导航(简称惯导)、水下匹配辅助导航等工程应用领域也发挥着非常重要的作用。自然天体(月球、行星)和人造天体(卫星、飞行器)的轨道计算都离不开地球重力场信息的支持，因此随着空间技术的发展，海洋重力测量的实用价值更加凸显。需要特别指出的是，地球重力场已经成为影响远程飞行器飞行轨迹的一个非常重要的因素。计算分析表明，对于飞行距离超过 10000km 的飞行器，地球扰动重力场引起的落点偏差最大可达千米级(黄谟涛，1991；贾沛然等，1993；张金槐等，1995；黄谟涛等，2011)。因此，为了提高远程飞行器的落点精度，充分发挥海洋环境信息的保障作用，必须全面掌握海洋重力场的精细结构。

1.2.2　海空重力测量手段的技术特点

目前，探测海洋重力场信息的技术手段主要有：海面船载重力测量、航空重力测量、卫星重力测量和卫星测高重力反演等(黄谟涛等，2005)。尽管卫星重力测量技术能够以较高的精度测定全球重力场，但受卫星高度的限制，只能测定地球重力场的中长波分量；卫星测高重力反演技术虽然能以几千米的分辨率反演全球海域重力场，但其推算的海域重力高频信息的精度和分辨率仍与船载重力测量、航空重力测量方式有一定的差距，在离海岸较近的浅水区域，这种差距尤为明显。由此可见，在现有技术条件下，要想可靠地测定全球高精度、高分辨的高频重力场信息，仍需综合采用地面、船测和航空重力测量技术手段。海面船载重力测量是目前获取高精度、高频海洋重力场信息最有效的方式，既适用于宽阔海域的深水区测量，也适用于卫星测高重力反演技术反演重力场精度较低的近岸和岛礁周边海区测量；而对于海陆交界的滩涂地带及其浅水区域，卫星测高重力反演技术很难获取高精度的观测量，实施地面重力测量和海面船载重力测量的难度也很大；航空重力测量则可以快速、经济、大面积地获取这些困难区域分布均匀、精度良好的高频重力场信息，同时，航空重力测量能够快速、机动地在一些难以开展船载重力测量的特殊区域(如滩涂、岛礁周边等)进行作业。因此，综合运用地面重力测量、海面船载重力测量、航空重力测量、卫星测高重力反演和卫星重力测量等技术，仍将是今后相当长时间内获取全频谱精细全球重力场信息的有效技术途径。在现阶段，海面船载重力测量与航空重力测量仍是快速、高效获取海域高精度、高分辨率重力数据的必然选择，其主导地位在可预见的将来都不会改变(孙中苗，2004；孙中苗等，2004c；夏哲仁等，2006；张开东，2007；欧阳永忠，2013)。

海空重力测量区别于传统陆地重力测量的最大特点是，前者不可能像后者那样可以在稳定的基础上进行静态观测，而只能在不断运动的状态下进行动态观测。这一显著特点也决定了海空重力测量技术发展具有更高的难度。由于测量载体难免受风、流、压等环境因素及机器振动、航向、航速变化等因素的干扰，海空重力观测量必将受到水平加速度、垂向加速度、厄特沃什(Eötvös)加速度及交叉耦合效应等多项干扰加速度的影响，这些干扰加速度的变化幅度往往比实际重力加速度大百倍甚至千倍。因此，要想获得有用的重力场信息，必须设法从海空重力观测量中剔除这些动态效应的影响。

除了不可避免地会受到上述几种干扰加速度和环境效应的影响以外，与传统的陆地重力测量方式相比较，海空重力测量还具有以下几方面的突出特点(刘敏等，2017a)：

(1)陆地重力测量是以离散点方式进行静态观测的一种点状测量技术，可按需要布设不同密度的测点，能够满足不同应用领域的均匀布点要求。海空重力测量则是以走航方式进行动态观测的一种线状测量技术，只能按需要布设测线网，可在测线上获取高密度的测点，但在测线与测线之间无测点，无法严格满足均匀布点的要求。

(2)陆地重力测量可以在测点上建立固定的标志，故重力测点的位置测量不需要同时进行，也不需要将重力观测资料和测点位置信息放在一起进行处理。海空重力测量无法在每个测点上建立固定的标志，故重力观测与测点定位必须同步进行，也必须将这两部分资料一并进行处理。

(3)陆地重力测量可以根据需要在同一测点上进行任意多次的重复观测，测量误差的来源比较单一；在数据处理时，可以利用多余观测通过最小二乘平差方法求得重力网中各个测点的最或然值，并估算出各个测点的精度。海空重力测量作业无法在同一测点上进行第二次观测，只在主测线和检查测线的交叉点处产生一次多余观测，而且受定位误差的影响，理论上的测线交叉点在实地并不完全重合，故交叉点重力不符值中除了包含重力观测误差以外，还包含由定位误差引起的重力不符值；海空重力测量误差一般只能依赖数量非常有限的测线交叉点重力不符值，通过测线网平差方法进行补偿。此外，海空重力测量也只能根据测线交叉点重力不符值来估算整个测线网的总体精度，无法具体确定单一测点的测量精度。

1.2.3　我国海空重力测量技术体系的建设需求

我国海洋重力测量工作起步于20世纪60年代中期，当时开展此项工作的目的主要限于海洋矿产资源的勘查。为了满足航天技术发展和国防建设与作战保障的应用需求，70年代末，我国相关部门开始启动大面积的海洋重力场精密探测工作，由此拉开了我国海洋重力场研究为国防现代化建设服务的序幕(梁开龙等，1996)。经过几十年的发展和积累，我国已经建立起比较完整的海洋重力测量技术体系，在海洋重力数据采集、分析、处理和应用等多个技术环节都取得了较大的突破，有效提升了我国地球重力场测量技术的整体发展水平(黄谟涛等，2005；宁津生等，2013)。我国航空重力测量研究工作起步于20世纪80年代末(张善言等，1990)，但直到21世纪初，这项测量新技术才在我国得以推广应用(孙中苗，2004；夏哲仁等，2004)。经过近些年的发展和积累，我国基本完成了航空重力测量技术体系的构建，各项研究工作一直保持着比较良好的发展态势(孙中苗等，2021)。但必须指出的是，尽管经过多年的努力和投入，我国的海空重力测量技术已经取得了较大的发展和进步，但发展过程中存在的问题和差距也是显而易见的。最为突出的问题是，无论是海面重力测量，还是航空重力测量，我国使用的重力测量传感器一直主要依赖进口。虽然这种核心技术受制于人的局面在近期已经得到一定程度的缓解，但受工艺制造水平的限制，我国海空重力测量国产化装备的可靠性和稳定性指标还需要一定的时间积累才能达到国际一流水准。其次，重力传感器长期依赖进口，对测量仪器的工作原理和作用机制缺乏全面、深入的了解和掌握，必然会带来一些设备使用上的难题和数据处理过程中的盲点，特别是作业流程更为复杂的航空重力测量领域，这方面存在的问题尤为突出。另外，最近十几年，针对海空重力测量数据处理中的关键技术难题，尽管已经有不少国内外学者开展了一系列的分析论证、技术攻关和试验验证工作，取得了一些有价值的研究成果(Olesen，2002；孙中苗，2004；孙中苗等，2004c，2021；张开东，2007；Alberts，2009；熊盛青等，2010；赵池航，2011；欧阳永忠，2013；宁津生等，2014)，但是由于海空重力测量技术涉及的专业领域相当广泛，无论是从研究角度还是从应用角度来讲，仍有一些重要的科学问题需要研究解决，已有的研究工作仍有许多需要改进、完善和拓展之处。一方面，海空重力测量动态效应精密改正问题还没有完全解决，需要继续开展测量环境效应建模和数据精细化处理技术研究；另一方面，随着海空重力测量装备国产化进程的推进，建立与我国自主装备相适应的海空重力测量技术体系是一种必然选择，也是一种挑战(刘敏等，2017a)。

1.3 研究现状及发展方向

1.3.1 海空重力测量技术体系

海空重力测量是一种以水面舰船或飞机为载体的动态重力测量技术，依据所测重力场参量的不同，海空重力测量有标量重力测量、矢量重力测量和重力梯度测量三大类别，它们分别观测重力加速度的垂向分量(或重力异常)、相互正交的三维扰动重力矢量和重力梯度张量。本书的研究对象仅限于海空标量重力测量，以下统一简称为海空重力测量。

如前所述，海空重力测量是船载重力测量与航空重力测量的统称，之所以将它们组合在一起作为一个整体研究对象，是因为它们同属于以移动平台为载体的相对动态重力测量方法，二者的工作原理都是从重力仪所测的总加速度中分离出由载体运动等因素引起的干扰加速度，二者采用的测量仪器、作业流程和数据处理方法具有较高的一致性，适用于航空重力测量的仪器设备和数据处理算法模型几乎同样适用于船载重力测量。二者的差异主要体现为：前者采用低动态载体，后者采用高动态载体；前者的作业周期要远长于后者。这一事实说明：一方面，航空重力测量要求重力仪具有更强的抗干扰能力，船载重力测量则要求重力仪具有更高的长期稳定性；另一方面，一些具有较大零点漂移量固有特性的新型重力仪适用于航空重力测量，但不一定适用于海洋重力测量作业。

根据海空重力测量作业流程和信息流响应机制，可将海空重力测量技术的研究内容划分为重力信息获取、数据分析处理和数字产品制作与应用三部分(刘敏等，2017a)。其中，重力信息获取部分主要涵盖传感器技术、规划设计技术和数据采集技术；数据分析处理部分主要涵盖数据预处理技术、数据精细化处理技术和精度评估技术；数字产品制作与应用部分主要涵盖数值模型构建技术和数据综合应用技术。传感器技术又可细分为定位系统、仪器性能评估和重力观测系统等；规划设计技术可细分为重力场特征分析、需求分析及测线布设等内容，图 1.1 给出了海空重力测量技术体系的基本架构。重力信息获取是海空重力测量的关键技术环节，数据分析处理是连接前端原始信息与后端产品应用的重要纽带。海空重力

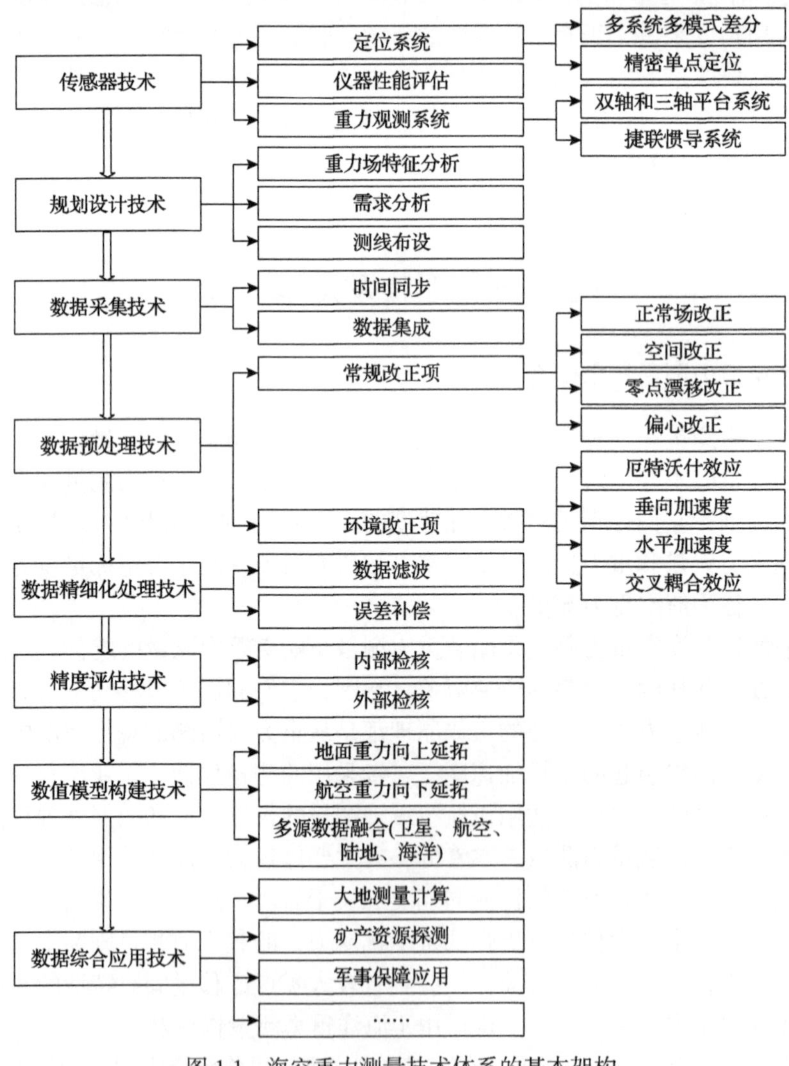

图 1.1　海空重力测量技术体系的基本架构

测量成果的精度水平不仅取决于重力传感器和载体定位定姿系统的技术性能，在很大程度上还取决于海空重力测量数据处理技术方法体系的完善程度。本章后续内容将详细介绍海空重力测量技术体系各个环节的研究进展情况及发展方向。

1.3.2 重力测量传感器技术

1.3.2.1 重力观测系统

海空重力测量的核心部件是重力传感器，也就是俗称的重力仪。回顾历史不难看出，海空重力测量技术是随着重力仪的发展进步而发展起来的。从20世纪初发展至今，海空重力仪经历了一百多年的发展历史，依据其发展演变特点，可以将海空重力仪的发展进程粗略地划分为三个不同阶段：20世纪初至50年代的试验探索阶段；20世纪60～80年代的成熟应用阶段；20世纪90年代至今的快速发展阶段(刘敏等，2017b)。

第一阶段：20世纪初至50年代的试验探索阶段。由于海洋环境的复杂性，该阶段持续了半个多世纪的时间。各国科学家先后尝试使用气压、弹簧、振动弦和摆仪等不同装置，探索实施海上相对重力测量的可能性。Hecker最早于1903年使用气压式海洋重力仪，在里约热内卢(Rio de Janeiro)和里斯本(Lisbon)之间开展了第一次海上重力测量工作(Dehlinger，1978；Torge，1989；黄谟涛等，2005)，取得了30mGal($1mGal=10^{-5}m/s^2$)左右的测量精度；过了近30年，Haalck对气压式海洋重力仪做了改进，并于1931年在汉堡(Hamburg)和不来梅(Bremen)之间开展了类似的海上重力测量试验，将测量精度提高到5mGal；在此期间，Vening-Meinesz于1923年首次在潜水艇上使用摆仪进行海洋重力测量尝试，取得了比较满意的效果。海洋摆仪结构相对简单，适用性比较强，此后人们一直将其作为测定海洋重力场的主要试验仪器，直到20世纪50年代末才逐步被摆杆型重力仪取代，海洋摆仪因此被称为第一代海洋重力仪(黄谟涛等，2005；欧阳永忠，2013；宁津生等，2014)。1949年，Gilbert研制成功第一台振弦式重力仪，并在海底进行了测试。后来有学者对Gilbert的设计方案做了改进，使其适用于搭载普通船只进行海面重力测量(Dehlinger，1978)。1957年前后，德国Graf-Askania公司通过改进本公司生产的杠杆弹簧扭秤型陆地重力仪，探索在普通水面船只上进行重力观测的可能性，由此诞生了第一型被命名为GSS(gravity sensors system，重力敏感系统)系列的摆杆型海洋重力仪。几乎是在同一时期，美国拉科斯特-隆贝格(LaCoste & Romberg)公司(现改名为Micro-g LaCoste公司)通过改进本公司生产的助动金属零长弹簧型陆地重力仪，制造出第二型被命名为L&R(也称LCR)系列的摆杆型海洋重力仪。世界各国科学家和相关研究机构在这个时期持续几十年的努力和探索，为海空重力仪后期的稳步发展和应用奠定了很好的基础。

第二阶段：20 世纪 60～80 年代的成熟应用阶段。进入 20 世纪 60 年代，随着海洋矿产资源开发需求的增加，海面船载重力测量技术得到更多关注和投入，海洋重力仪的研制也获得较大突破，从而开启了重力观测系统的成熟应用新阶段。首先是摆杆型海洋重力仪持续得到改进和完善(Dehlinger，1978；Torge，1989；黄谟涛等，2005)。1962 年，德国 Graf-Askania 公司通过强化重力仪弹性系统的刚性结构、增大摆杆阻尼系数、增加反馈回路滤波系统、将悬挂重力仪的平衡架改为陀螺稳定平台等多种手段，改善了原有摆杆型海洋重力仪的技术性能，显著增强了仪器抗环境干扰能力，有效提高了海上动态测量精度，改进后的重力仪被命名为 GSS-2。1976 年，德国 Bodenseewerk 公司对 GSS-2 重力仪进行了 20 余处改进后，研制出新型重力仪，命名为 GSS-20，这些改进主要集中在提高抗干扰能力、增加稳定性和增强长期连续工作能力等方面，同时增加了自动化处理能力。GSS-20 重力仪与陀螺稳定平台及其附属设备共同组成新的海洋重力仪系统，被命名为 KSS-5(Kreisel-Tisch Schwere See-5)，它是摆杆型海洋重力仪最具代表性的型号之一。在同一时期，美国 LaCoste & Romberg 公司也对本公司生产的 L&R 摆杆型海洋重力仪进行了比较全面的改进，包括用陀螺稳定平台代替常平架、优化光学读数装置、增加交叉耦合效应计算单元等(黄谟涛等，2005)，这些改进措施大大增强了 L&R 摆杆型海洋重力仪的适用性。由于受交叉耦合效应的影响是摆杆型海洋重力仪的固有缺陷，为了规避该项影响，德国 Bodenseewerk 公司从 20 世纪 60 年代初开始启动新一代轴对称型海洋重力仪(通常称为第三代重力仪)的研制工作，美国 LaCoste & Romberg 公司和美国 Bell 航空公司也随后加入该型重力仪研究的行列。至 20 世纪 80 年代，轴对称型海洋重力仪已经趋于成熟，当时最具代表性的实用型产品是德国 Bodenseewerk 公司生产的 KSS-30 和美国 Bell 航空公司生产的 BGM(Bell gravity measurement，贝尔重力测量仪)-3 两型重力仪。除了摆杆型和轴对称型海洋重力仪以外，振弦型海洋重力仪在这个时期也一直得到不断改进并完善自身的技术性能，特别是在日本、美国和苏联，该型仪器得到了较快发展和应用。当时具有代表性的产品是日本东京大学研制的 TSSG(Tokyo surface ship gravity meter，东京海面船载重力仪)和美国麻省理工学院(Massachusetts Institute of Technology，MIT)研制的 MIT 型海洋重力仪(黄谟涛等，2005)。需要指出的是，20 世纪 60 年代只是航空重力测量技术的起步阶段，在这个时期，人们使用海洋重力仪开展了大量的航空重力测量试验(Thompson，1959；Thompson et al.，1960；Nettleton et al.，1960，1962；Harrison，1962；Glicken，1962；Harlan，1968)，但由于受高动态条件下载体运动加速度测定精度的制约，直至 20 世纪 80 年代初，航空重力测量技术都没有取得实质性进展(LaCoste et al.，1982；Hammer，1983；Brozena，1984)。只是到了 80 年代后期，全球定位系统(global positioning system，GPS)动态相位差分精密定位技术的出现，解决了飞机载体运动加速度的高精度测定难题，航空重力测量技术才得以获得较大突破，并逐步实现商业化运行(Brozena，1991；Brozena et al.，1994；William，1998)。

第三阶段：20 世纪 90 年代至今的快速发展阶段。进入 20 世纪 90 年代，受现代制造工艺技术进步和各类应用需求，特别是我国对海空重力测量资料巨大需求的推动，海空重力测量技术迎来了难得的快速发展时期。具体体现为：各型海空重力仪更新换代速度明显加快，新型海空重力仪不断涌现，应用广度和深度持续扩展。除了德国 Bodenseewerk 公司先后将 KSS-30 升级为 KSS-31 和 KSS-32、美国 Bell 航空公司将 BGM-3 升级为 BGM-5 以外，美国 LaCoste & Romberg 公司对 L&R 摆杆型海洋重力仪的升级更新速度更是前所未有。技术上从前期的用陀螺稳定平台替代常平架到中期的用电容读数装置替代光学读数，用全数字控制系统替代模拟系统，再到近期的用电磁力反馈替代步进电机精密螺杆，重力仪型号也从原先的 L&R 常平架型发展为 S 型、Air/Sea 型、TAGS(turnkey airborne gravity system，交钥匙式航空重力系统)型、TAGS-6/MGS(marine gravity system，海洋重力系统)-6 型(LaCoste & Romberg，2003；Micro-g LaCoste Inc.，2010；孙中苗等，2013a，2021)。进入 21 世纪，美国 LaCoste & Romberg 公司部分技术人员先后脱离原公司，并独立组建了两个新公司，同时分别推出了两款新产品，即零长弹簧(Zero-length Spring，ZLS)公司的 ZLS 型海空重力仪和动态重力系统(Dynamic Gravity System，DGS)公司的 DGS 型海空重力仪。两型重力仪的工作原理和技术性能与美国 Micro-g LaCoste 公司的新一代产品 TAGS-6/MGS-6 型基本相同，虽然它们的核心部件仍然使用零长弹簧斜拉摆杆，但采用了电磁力全反馈调节技术替代步进电机驱动精密螺杆调整弹簧张力，可将摆杆始终锁定在零位，几乎不受交叉耦合效应的影响，其动态性等同于直立式弹簧传感器，因此具有较好的适用性(张向宇等，2015；DGS Inc.，2015)。在同一时期，加拿大 Sander 地球物理公司推出了 AirGrav 型重力仪(Ferguson et al.，2000；Argyle et al.，2000；Sander et al.，2004)；俄罗斯重力测量技术(Gravimetric Technologies，GT)公司和加拿大微重力(Candian Micro Gravity，CMG)公司合作推出了 GT 系列海空重力仪(含 GT-1A/GT-1M、GT-2A/GT-2M 四个型号，正在推出 GT-3A/GT-3M)(Joint-Stock Company et al.，2008；Olson，2010)；俄罗斯圣彼得堡中央电气研究所推出了 Chekan-AM 海空重力仪(Sokolov，2011)。除了这些以传统物理平台为基础的海空重力仪以外，从 20 世纪 90 年代初开始，以加拿大 Calgary 大学为代表的多家研究机构相继开展了捷联惯导航空重力仪的研制和试验(Schwarz et al.，1991，1994，1996，1997，2001；Glennie，1999；Glennie et al.，1999，2000；Bruton，2001)，主要产品包括加拿大 Calgary 大学的捷联惯导标量重力测量(strapdown inertial scalar gravimetry，SISG)系统，德国巴伐利亚自然与人文科学学院(Bavarian Academy of Sciences and Humanities)BEK(Bayerische Kommission für die Internationale Erdmessung)团队的捷联式航空重力测量系统(strapdown airborne gravimetry system，SAGS)。此类系统既可进行航空标量重力测量，也可进行航空矢量重力测量，其主要特点是：系统结构相对简单，体积较小，重量较轻，成本较低。但由于其工作原理采用的是“数学平台”，故对加速度计及陀螺的精度、温度控制、漂移和稳定性等技术性能均有较高要求(张开东，2007；欧阳永忠，2013)。

我国海空重力仪的自主研制工作始于20世纪60年代初期。1963年，中国科学院测量与地球物理研究所成功研制出我国第一台HSZ-2型海洋重力仪；1981年，国家地震局地震研究所研制出ZYZY型(含义为自动化远洋重力仪)摆杆型海洋重力仪；1984年，国家地震局地震研究所联合中国科学院测量与地球物理研究所，成功研制出DZY-2型海洋重力仪，并曾在海上获得2万多公里的重力观测数据，内部检核精度为2.4mGal(李树德等，1986；许厚泽等，1994；张会，2011)。1986年，中国科学院测量与地球物理研究所历经6年的技术攻关和试验，成功研制出CHZ型(意为测地所海洋重力仪)轴对称型海洋重力仪，曾先后三次与进口的KSS-30型海洋重力仪在海上同船作业，对比评估结果为：CHZ型轴对称型海洋重力仪的测线交叉点重力不符值均方根为1.35mGal，同船KSS-30型海洋重力仪观测量的不符值均方根为2.27mGal(张善言等，1987，1988)。进入21世纪，我国自主海空重力测量技术取得较大进展，国防科学技术大学(2017年更名为国防科技大学)从2003年开始跟踪研究捷联式重力传感器技术(张开东等，2006；张开东，2007)，并于2008年底推出具有自主知识产权的捷联式重力仪原理样机SGA(strapdown gravimeter for airborne，捷联式航空重力仪)-WZ01(蔡劭琨，2009)，2009年在江苏南通进行了首次飞行试验，2012年参加了某海域多型仪器同机航空重力测量试验(欧阳永忠等，2013)。2012年，在格陵兰岛开展了航空重力测量对比试验。试验结果表明，SGA-WZ01系统的测量精度达到了国外同类产品的技术水平(蔡劭琨等，2015b)。2014年，国防科学技术大学对SGA-WZ01系统进行了改进和升级，形成了SGA-WZ02工程样机，并于2016年在新疆阿克苏地区开展了飞行测试。2020年，改进后的SGA-WZ03型重力仪在珠峰地区完成了9个架次的航空重力测量，累计航程达5780km，内符合精度优于2mGal；2021年，在海南博鳌附近海域完成了11架次的航空重力测量，内符合精度优于1mGal。中国船舶重工集团公司第七○七研究所从“十一五”开始启动平台式海洋重力仪研制工作，于2010年推出了GDP型原理样机，并相继开展了一系列静态、动态、船载和机载测量试验，取得了较好的评估效果(杨晔等，2010；奚碚华等，2011；李德才等，2014；高巍等，2015)。经改造优化，GDP型海洋重力仪升级为ZL11型海空重力仪。2017～2018年，该型重力仪搭载某型海洋综合调查船完成了多个航次的远洋重力测量任务，最长作业周期达6个月，内符合精度优于1mGal。截至2021年底，中国船舶重工集团公司第七○七研究所已经向相关用户交付该型仪器累计超过20套，取得了较好的应用效果。2011 年，中国科学院测量与地球物理研究所在国家重大仪器开发专项“海洋/航空重力仪研发”项目支持下，重启了 CHZ 型海空重力仪的升级改造工作(梁星辉等，2013；梁星辉，2013)，研制成功了 CHZ-Ⅱ型海洋重力仪。从 2018 年开始，该型仪器搭载各类测量船和科考船，完成了累计超过 10 万海里测线里程的海洋重力测量试验，内符合精度优于 1mGal，2019 年正式交付用户使用。2011 年，中国航天科技集团有限公司第九研究院第十三研究所研制成功平台式航空重力仪原理样机(李海兵等，2012)，2013 年研制出捷联式重力仪样机(SAG-Ⅰ)，2015 年推出该样机的改进型 SAG-Ⅱ型重力仪(刘润等，2015)。经改造优化，SAG-Ⅱ型重力仪升级为 SAG-2M/A 型海空重力仪。自 2017 年开始，该型重力仪搭载各类测量船和科考船，完成了累计超过 200 万海里测线里程的海洋重力测量试验和作业，内符合精度优于 1mGal，至 2021 年底，已先后向相关用户交付该型仪器累计超过 10 套。2014 年，中国航天科工集团有限公司第三研究院第三十三研究所研制成功基于三轴惯性稳定平台的海空重力仪原理样机 GIPS-A/M(gravimeter of inertial platform and sensor-airborne/marine)，其工作原理与加拿大 Sander 地球物理公司的 AIRGrav 型重力仪基本一致，海上和航空测试结果表明，该型重力仪的内符合精度达到了当前国际同类设备的技术水平。2017 年，GIPS-A/M 型海空重力仪正式交付用户使用。

从海空重力测量仪器超过 100 年的发展历史，特别是最近几十年的演变进程可以看出，重力传感器和稳定平台两大核心是决定海空重力测量系统技术水平的关键部件(张昌达，2005；熊盛青等，2010；孙中苗等，2013a；宁津生等，2014；常国宾等，2014)。目前，国际上具有代表性的重力传感器方案主要有两种：①以金属零长弹簧或石英弹簧、石英扭丝摆为代表的弹性系统(包括斜拉和垂直)方案；②以石英挠性加速度计、静电加速度计为代表的加速度计方案。通常情况下，前者具有较好的长期稳定性，但抗恶劣环境能力较弱，容易受到交叉耦合效应的影响；后者抗环境干扰能力较强，具有较宽的动态测量范围，但其长期稳定性不易保持。目前，正在使用或研制中的 L&R 型、ZLS 型、DGS 型、KSS 型、Chekan-AM 型、CHZ 型和 GDP 型重力仪采用的都是弹性系统方案，AirGrav 型、GIPS-AM 型和捷联惯导型重力仪采用的是石英挠性加速度计传感器，BGM 型和 GT 系列重力仪采用的则是基于电磁感应原理的静电加速度计方案。稳定平台核心部件的作用是隔离测量载体角运动对重力观测量的影响，确保重力传感器的敏感轴方向始终与垂向保持一致。当前主流海空重力仪使用的稳定平台方案主要有 4 种：①双轴阻尼陀螺平台，代表性产品包括 L&R 型、ZLS 型、DGS 型、KSS 型、BGM 型和 CHZ 型重力仪；②双轴惯导加捷联方位平台，代表性产品包括 Chekan-AM 型和 GDP 型重力仪；③三轴惯导平台，代表性产品包括 AirGrav 型、GIPS-AM 型和 GT 系列重力仪；④捷联惯导平台，代表性产品包括 SISG 系统、SAGS、SGA-WZ

型和SAG型捷联式重力仪。其中，前三种类型同属于物理平台，最后一种属于数学平台。由于双轴稳定平台只能隔离载体水平两轴方向的角运动，载体的方位扰动变化仍然会影响重力观测数据的质量，相比较而言，基于双轴惯导加捷联方位平台和三轴惯导平台的重力仪，客观上受水平加速度的影响更小，具有更好的动态稳定性和更高的作业效益。使用数学平台的捷联式重力仪虽然具有比较突出的技术特点，但其重力传感器等核心部件直接与载体固连，载体的动态效应会直接传递给重力观测量，一方面会增加数据后处理的复杂性，另一方面也会降低设备使用环境的适应性(张开东，2007)。因此，在实际应用中，选择什么类型的重力仪进行作业，应根据用户的实际需求，结合测量载体特点和作业环境要求，进行综合考虑和评估。为了满足未来水下和空中无人驾驶平台的应用需求，除了高精度、高稳定性和高适应性要求外，低功耗、小型化、便携化和智能化应当是下一代海空重力仪的发展方向(刘敏等，2017b)。

1.3.2.2 位置观测系统

海空重力测量的核心部件除了重力观测系统外，载体位置观测系统也是海空重力测量系统不可或缺的组成部分。这是因为一方面，如果没有相对应的实时测点位置信息作为支撑，那么从动态环境中获取的重力观测信息将失去实用意义；另一方面，由于海空重力测量是在测量载体不断运动状态下进行的一类动态测量，重力观测量不可避免地会受到水平加速度、垂向加速度和科里奥利(Coriolis)力等各类干扰加速度的影响，而要想从重力仪总观测量中有效分离出这些附加影响，必须依靠位置观测系统提供高精度的速度和加速度观测信息作为支撑。因此，从这个意义上讲，海空重力测量中的位置姿态观测系统也可以称为另一种类型的重力传感器系统。

顾名思义，海空重力测量是以舰船或飞机为载体，应用重力传感器测定海面或近地空中重力加速度的一类相对重力测量方法(Dehlinger，1978；Torge，1989；孙中苗，2004；黄谟涛等，2005；夏哲仁等，2006；欧阳永忠，2013；孙中苗等，2021)。测量船的航速较慢，测量环境的动态性较低，因此相比较而言，海面重力测量对载体位置观测系统的技术要求也相对低一些。早期在海洋测量中广泛使用的光学定位、物理测距定位、岸基无线电定位等传统方法(刘雁春，2003；赵建虎，2007；肖付民等，2016)，一般都能满足沿岸和近海海面重力测量的位置观测精度要求。自20世纪60年代末美国海军导航卫星系统(navy navigation satellite system，NNSS)(也称为子午卫星导航系统)开放民用以后(周忠谟等，1997；刘基余，2003；张勤等，2005)，空基无线电定位技术在中远海海面重力测量作业中迅速得到推广应用，从而开启了海洋重力测量技术发展的新阶段(Torge，1989；梁开龙等，1996；黄谟涛等，2005)。美国于20世纪70年代末推出的GPS进一步推动了海空重力测量技术的发展，有效提高了海洋重力测量的精度和分辨率。但直到20世纪80年代末90年代初，载波相位差分GPS技术的出现，才使得航空重力测量获得实质性的突破(William，1998；孙中苗，2004)。研究结果表明，要想以优于1mGal的精度分离出各种干扰加速度的影响，要求飞机载体动态位置和速度信息的确定精度必须达到厘米级(Kleusberg，1989；Kleusberg et al.，1990；Brozena，1990；孙中苗，1997；肖云，2000；肖云等，2003a)，这样的精度要求在GPS应用初期是不可能做到的。

过去30多年，在各个应用领域多种需求的推动下，全球卫星导航定位技术获得了飞速发展(党亚民等，2007；黄声享等，2007)。在卫星系统建设方面，除了美国的GPS外，苏联从1982年开始研制第二代全球导航卫星系统(global navigation satellite system，GLONASS)，历经13年的努力，于1995年完成了整个系统24颗工作卫星和1颗备用卫星的组网。进入21世纪，世界其他国家和地区也加快了发展自主卫星导航系统的步伐，其中，最具代表性的是欧洲的伽利略导航卫星系统(Galileo navigation satellite system，Galileo)和中国的北斗导航卫星系统(BeiDou navigation satellite system，BDS)，全球导航卫星系统(global navigation satellite system, GNSS)明显呈现多极化发展趋势。在定位模式创新方面，差分定位技术的突破和拓展是该研究领域的最大亮点，从最原始的位置差分定位逐步发展为伪距差分、载波相位差分(又称实时动态(real-time kinematic，RTK)定位)技术，从最基础的单基准站差分定位逐步发展为多基准站的局域差分技术和广域差分技术。对海空重力测量而言，意义更为重大的是最近一个时期发展起来的采用非差分定位的精密单点定位(precise point positioning，PPP)技术(Kouba et al.，2001)，以及以RTK定位技术为基础、可以在更大范围内实现厘米级定位的网络RTK定位技术(党亚民等，2007)。PPP技术以单台双频接收机采集的相位和伪距数据为主要观测值，利用国际导航卫星系统服务(international global navigation satellite system service，IGS)提供的精密星历和卫星钟差，结合严密的误差改正模型，可获得分米级甚至厘米级的定位精度(叶世榕，2002；Gao et al.，2004；阮仁桂，2009)。对海洋和航空测量应用来说，舰船和飞机的活动范围较大，基线长度较长，因此差分定位模式可能无法获得可靠的位置参数信息。PPP技术不需要基准站支持，几乎可以在全球范围内实现同等精度的绝对定位，具有比较明显的成本优势，故很快在海洋和航空测量领域得到推广应用(李凯锋等，2009，2015；晏新村等，2012；欧阳永忠，2013)。张小红等(2006)曾成功将PPP技术应用于航空雷达测量，欧阳永忠等(2013)组织开展的多型海空重力仪同机测量试验，是PPP技术应用于海空重力测量作业最成功的案例之一。

经过多年的发展，卫星导航定位技术已经取得了巨大的进步和突破，在应用领域，用户通过GNSS信号接收机即可在任何时间、任何地点、任何天气条件下获得载体高精度的位置和运动参数信息(宁津生等，2004；中国测绘学会，2013)。卫星导航定位技术的最新进展是 GNSS 多系统组合的精密定位，即在多个导航卫星系统的支持下，联合载波相位和伪距观测量，通过差分解算或更精细化的误差改正，来获得比单一系统更为精确、更为可靠的定位结果(Li et al., 2015; Cai et al., 2015；柴洪洲等，2016)。多系统组合定位能够提供更多的可见卫星，不仅有利于优化卫星的空间几何结构，加快定位解算的收敛速度，而且对提高定位系统的可用性也具有重要作用。随着多系统组合应用的不断推进，PPP 技术已经由原先单系统的 GPS PPP 发展为多系统组合 PPP 技术，RTK 定位技术也由原先的单系统 RTK 定位技术发展为多系统组合 RTK 定位技术。显然，多系统融合发展已成为导航定位技术领域的重点发展方向，多模多频组合导航定位理论和方法是这个领域当前及今后一个时期的研究热点。虽然多系统组合应用仍面临诸多技术性挑战，但卫星导航定位领域正在发生的深刻变革，意味着未来在为海空重力测量选择位置观测系统方案时，不仅会有更大的备选空间，还会有更好的精度保障(刘敏等，2017b)。

1.3.2.3　重力仪性能测试与评估技术

作业周期长、环境影响大、设备要求高是海空重力测量的显著特点。高精度、高稳定性的海空重力仪是获取高质量海空重力测量成果的物质基础。为了解和掌握重力仪的技术性能，在仪器寿命周期内，必须持续对仪器性能特别是重力仪的稳定性进行测试和评估，这是确保海空重力测量成果质量的关键技术环节。在海空重力测量作业过程中，一方面，由于测量载体不可避免地受到机械振动、航向、航速变化以及风、流、压等干扰因素的影响，重力观测值中除了包含有用的重力加速度信息外，还会隐含一定大小的外部干扰加速度的影响。尽管新型海空重力仪一般安装在陀螺稳定平台上工作，同时使用强阻尼的方法对外部干扰加速度进行抑制，但海空动态环境干扰因素对重力观测量的剩余影响仍然不可忽略。另一方面，海空重力传感器的关键部件(如测量弹簧或加速度计)一般都会随着使用年限的增长而出现老化问题，致使重力仪起始读数的零位发生缓慢变化，同时，重力观测值也会随重力仪内部温度和气压的波动而发生微小变化，这种现象统称为仪器零点漂移。对外部干扰因素的抑制能力和对零点漂移非线性变化的限制能力，直接决定了海空重力仪的测量精度和稳定性水平。

在重力仪投入使用之前，设备生产厂家一般都要在实验室对重力仪进行必要的参数标定和技术指标检测(Dehlinger，1978；Torge，1989；Ander et al.，1999；黄谟涛等，2005)，产品升级换代时还要通过外场实际测量来检验新型重力仪的作业效能(Thompson，1959；Thompson et al.，1960；Nettleton et al.，1960，1962；LaCoste & Romberg，2003)。基于多方面的原因，我国使用的海空重力仪长期依赖进口，这一状况严重制约了国内相关研究领域关键技术的突破。受此影响，我国学者对海空重力仪技术性能测试与评估问题一直缺乏应有的重视，研究也不够深入(许时耕，1982)。直到最近，随着工程应用对海空重力测量精度要求的提高，人们才开始关注此问题，并陆续开展不同形式的试验验证和分析讨论。栾锡武(2004)、顾兆峰等(2005)、付永涛等(2007)、廖开训等(2015)先后对 KSS-31 型海洋重力仪在静态和动态条件下的观测结果进行了分析和评估；欧阳永忠等(2006)、孙中苗等(2009)、陆凯等(2014)对 L&R S 型重力仪静态观测数据和质量评估问题进行了分析研究；孙中苗等(2001)探讨了海空重力仪动态稳定性的检测与评估问题；黄谟涛等(2014a)针对海洋重力仪的稳定性测试与零点漂移问题，研究探讨了稳定性测评的技术流程和数据处理方法，分析了环境因素和重力固体潮效应对测试结果的影响，提出了重力仪零点趋势性漂移、有色观测噪声与随机误差的分离方法，明确了重力仪零点漂移非线性变化的限定指标要求，建立了比较完整的海洋重力仪稳定性评估指标体系。关于海空重力仪稳定性指标方面的要求，《海洋调查规范　第 8 部分：海洋地质地球物理调查》(GB/T 12763.8—2007)、《海洋重力测量规范》(GJB 890A—2008)和《航空重力测量作业规范》(GJB 6561—2008)、《地球物理调查技术规程》(国家海洋局 908 专项办公室，2005)等均做出了具体规定，但在文字表述上仍未取得完全一致，在指标量化程度上也存在细微差别。需要强调的是，目前我国的实验室无论是设备状况还是试验条件都无法完全满足海空重力仪静态和动态性能的测试要求，因此如何执行和验证各类作业标准对海空重力仪技术性能指标的规定，还有待进一步的研究和论证(刘敏等，2017b)。除了实验室测试手段以外，在某些特定的海域和空域，建立高精度的海空重力测量比对基准场，在基准场中开展海空重力仪的外场实地测试，应当更能体现被检设备的真实技术水平，也有利于在同等外部条件下，对不同类型的海空重力仪的技术性能做出客观评价。

1.3.3　规划设计技术

规划设计是海空重力测量必不可少的一项基础性工作，也是决定测量作业效率和成果应用价值的关键技术环节之一。开展规划设计不仅要以应用需求为依据，同时需要充分了解和掌握海洋重力场的变化特征。

1.3.3.1　海洋重力场特征分析

地球重力场特征参数是指能够反映重力场基本场元变化幅度大小、剧烈程度及其相关性的统计参数。在大地测量学领域，地球重力场特征参数通常是指与重力异常场元相关的代表误差模型和协方差函数模型两类模型的统计参量(管泽霖等，1981；陆仲连，1996)。代表误差模型是开展局部重力场逼近计算精度估计和陆上测量布点或海上测线布设必不可少的基础性资料(石磐等，1980a；陈跃，1983；黄谟涛，1988；李建成等，2003)，协方差函数模型则是推广应用最小二乘配置法(简称配置法)，实现重力场元推估和多源重力数据融合处理的关键(Heiskanen et al.，1967；Moritz，1980；陆仲连，1996；Tscherning et al.，1997；邹贤才等，2004；翟振和等，2010；欧阳永忠等，2012；黄谟涛等，2013b)。

多年来，为了满足不同的应用需求，国内外学者曾在不同时期，使用全球或区域重力测量资料对特定的重力场特征参数进行计算和分析，取得了比较丰富的研究成果，部分统计模型参数一直沿用至今(Heiskanen et al.，1967；Moritz，1980；管泽霖等，1981；陆仲连，1996)。英国学者亨特早在 1935 年就利用地面重力观测资料，按照代表误差的定义估算了不同规格区块的代表误差，并发现其数值大致随区块边长的平方根成比例增大，由此导出了著名的代表误差亨特经验估算公式(管泽霖等，1981；陆仲连，1996)；Hirvonen(1962)利用实测数据计算了美国俄亥俄州地区空间重力异常的方差和协方差参数，并通过数值拟合方法确定了该区域的协方差函数模型；Tscherning 等(1974)通过递推运算导出了重力异常、大地水准面差距和垂线偏差的全球协方差函数模型封闭公式；石磐等(1980b)利用一万多个海洋重力观测值，首次对 45 个 1°×1°区块海洋重力异常的特征参数进行了计算和分析，得出了一些有益的结论；丁行斌(1980，1981)在分析研究空间重力异常代表误差几种经验估算公式的基础上，推出了计算重力异常代表误差的统一模型；夏哲仁等(1995)提出了利用地形高度协方差函数模型逼近重力异常协方差函数模型的数学方法；管泽霖等(1981)给出了根据实际重力资料计算得到的对应于我国地区 4 种地形类别的代表误差系数统计值；陆仲连(1996)则给出了我国军用测量标准采纳的对应 6 种地形类别的代表误差系数估计值；李姗姗等(2010)根据我国陆地局部区域最新的重力和地形观测数据，通过统计分析计算得到了 6 种不同地形类别区域的完全空间重力异常和完全布格异常的方差、协方差以及代表误差模型参数。尽管上述成果已经在不同时期、不同的应用领域发挥了良好的应用效能，但必须指出的是，受测量技术手段发展的限制，早期开展的一些统计计算与分析研究都是建立在非常有限的观测资料基础之上的，因此其全球或区域特征参数的代表性相对有限，其应用的深度和广度也受到了一定的限制。近期开展的一些分析计算和研究虽然使用了比较高精度和高分辨率的观测数据，但研究范围仍主要局限于陆地局部区域，广阔海域的重力场特征至今还缺少全面深入的分析和讨论。显然，要想通过统计计算与分析获得符合实际的重力场特征参数，必须具备密集且分布均匀的观测数据，基础数据的观测精度和分辨率越高，由此获得的特征参数的可靠性越高，其代表性也越高。但问题是，假设已经通过不同的观测手段事先获取了高精度和高分辨率的基础数据，则其统计特征参数的事后应用价值就不再那么显著(Heiskanen et al.，1967)。如何解决好这样一矛盾体，是开展地球重力场特征统计分析并有效发挥其作用的关键。随着对地观测技术的发展，利用卫星测高数据反演海洋重力场参数已成为当前获取海域重力场信息的主要手段之一(李建成等，2003；黄谟涛等，2005；翟振和等，2015b)。近期发布的卫星测高重力反演异常模型的网格间距已经精细到1′×1′，其精度也达到了3～5mGal(Andersen et al.，2010，2019)，虽然这样的精度水平还无法与海面船载重力测量相媲美(黄谟涛等，2015a)，但其分布均匀同时覆盖全球海域的优良特性又是海面船载重力测量难以企及的。将卫星测高重力的这一技术优势有效地应用于海洋重力场特征统计模型参数的计算和分析中，以弥补海面船载重力测量的不足，应当是该研究领域的发展方向(刘敏等，2017b)。

1.3.3.2　重力测量需求分析与测线布设

物理大地测量是研究地球形状及其外部重力场的基础性应用学科。物理大地测量与现代空间测量技术的结合开创了现代大地测量学发展的新阶段，使大地测量有能力深入到地球科学，在更深层次参与解决地球科学面临的重大技术问题(李建成，2007)。如前所述，海空重力测量信息在大地测量学、空间科学、海洋学、地球物理学、地球动力学等诸多学科领域都具有重要的应用价值。首先，精化大地测量基准面(即大地水准面)离不开高精度海空重力测量数据的支持(李建成等，2003；黄谟涛等，2005)。随着全球卫星导航定位技术的发展，利用GNSS获得的高精度大地高信息，联合厘米级的大地水准面模型，可得到厘米级的正常高或海拔高程，这一进展使传统的高程测量技术发生了变革。很显然，高精度、高分辨率的海空重力测量数据是推动这一变革的重要支撑条件之一。黄谟涛等(1993)基于大地水准面传统计算模型，探讨了计算分米级大地水准面对地面(包括海面)重力观测数据精度、密度及覆盖域等参数的指标要求；陈俊勇(1995)研究了在高程异常控制网中，利用重力数据推估未测点高程异常的精度估算方法，给出了高程异常推估精度与重力观测数据精度和分辨率的关系；陈俊勇等(1998，2001a，2001b)提出了计算我国高精度和高分辨率似大地水准面对地面重力观测数据的指标要求；孙凤华等(2001)探讨了我国陆部均匀重力测量的补点问题。其次，海空重力测量可为相关地球学科研究地球内部结构和动力学过程提供基础信息。地球重力场结构与地球内部质体密度分布密切相关，海空重力测量数据作为研究岩石圈及其深部构造和动力学过程的一种“样本”，对于破解当前岩石圈和地幔动力学研究中的一系列科学难题具有非常重要的作用(Dehlinger，1978；李建成，2007)。李建成(2007)认为，要想实现该研究领域的真正突破，一般要求地球重力场观测数据的分辨率优于50km，重力异常应有毫伽级的精度，相应于短波大地水准面有厘米级精度，长波则要求重力异常有更高的精度，要达到这些要求需要做长期的努力。随着空间技术的发展，海洋重力测量的实用价值更加凸显，因为自然天体和人造天体(卫星、飞行器)的轨道计算都离不开地球重力场信息的支持(黄谟涛等，2011)。地球重力场对飞行器飞行轨迹的影响主要体现在两个方面(陈国强，1982；贾沛然等，1993)：①飞行器的初始定位(也称为初始化阶段)；②飞行器的空中飞行控制阶段。在飞行器的初始化阶段，发射点垂线偏差和高程异常参数对飞行器落点的影响可达百米级；在飞行器的空中飞行控制阶段，地球外部扰动重力对飞行器落点的影响可达千米级(黄谟涛，1991；陆仲连等，1993；张金槐等，1995)。随着飞行器制造工艺和控制技术的不断突破和完善，地球扰动重力场计算误差已经成为限制飞行器落点精度进一步提高的主要因素(黄谟涛等，2011)。因此，要想有效控制飞行器的落点偏差，必须首先解决地球外部空间特别是近地空间扰动引力场的精密计算问题。但要想取得精确的重力场参数计算结果，必须有高精度高分辨率的海空重力测量数据作为支撑。吴晓平(1992)、陆仲连等(1993)基于外部扰动重力频谱特征分析，研究论证了推求地球外部扰动重力参数对地面重力观测数据的指标要求。除了上述应用外，海空重力测量资料在海洋矿产资源开发、惯导、水下匹配辅助导航等工程应用领域也发挥着非常重要的作用(黄谟涛等，2011)。需要指出的是，不同应用领域对海空重力测量精确度、分辨率及覆盖域大小的需求是有显著差异的，这种差异要求必须针对具体的应用需求，研究确定合理有效的重力测量方案。

沿预先设计好的测线进行连续动态测量是海面船载和机载测量作业模式的主要特点。如何依据不同应用目的的实际需求，规划最佳的测线布设方案是海空重力测量技术设计的核心内容之一，此项工作在平衡测量成果质量和测量效率两个方面都发挥着重要甚至是决定性的作用(石磐等，2003；边刚等，2014)。在开展海洋重力测量初期，我国学者曾就测线布设问题做过比较深入的研究和探讨。石磐等(1980a)利用通过有限的海洋重力观测资料统计分析获得的重力场特征参数，以平均重力异常和垂线偏差计算精度要求为约束，对不同重力测线布设方案的计算效果进行了分析和比较，研究确定了对应于 4 种类别海区的海洋重力测线布设优选方案；陈跃(1983)提出了使用区块内测线段重力异常积分中值代替区块算术平均值来讨论测线布设方案的研究思路；黄谟涛(1988)基于简单的线性内插模型，分析研究了同时顾及平均重力异常和垂线偏差计算精度要求的海洋重力测线布设方案。需要指出的是，由于受当时技术条件、资料不足和需求指标不明确等因素的制约，早期获得的大部分研究结论已经明显无法适应当今各个领域的应用需求。我国现行的国家标准和行业标准虽然对海空重力测量测线布设提出了比较明确的技术要求，但针对具体的专题应用需求，目前还缺少完整而深入的研究论证工作，这样很容易导致测前技术设计的盲目性。因此，开展针对具体应用专题特别是军事应用保障专题的海空重力测量方案论证与设计，是当前发展军民两用海空重力测量技术的紧迫任务之一(黄谟涛等，2016a；刘敏等，2017b)。

1.3.4 数据预处理技术

海空重力测量数据预处理主要涵盖两大部分内容：一是传统意义上的重力测量常规改正；二是海空重力测量环境动态效应改正。其中，前者包括正常重力场改正、空间改正、偏心改正(也称为杆臂效应改正)、零点漂移改正等，后者包括厄特沃什改正、垂向加速度改正、水平加速度改正(也称为平台倾斜重力改正)、交叉耦合效应改正等。考虑到重力测量常规改正技术已经比较成熟，本节重点介绍海空重力测量环境动态效应改正技术的研究现状和发展方向。

1.3.4.1 厄特沃什改正

厄特沃什改正是海空重力测量最重要的改正项之一(孙中苗，2004；黄谟涛等，2005；欧阳永忠，2013)。无论是船载重力测量还是航空重力测量，测量船和飞机相对地球都是一个运动载体，此时处于运动载体中的重力传感器除了受到地球引力的作用外，还会受到科里奥利力附加的离心力作用，即厄特沃什效应影响。因此，要想得到真实的地球引力加速度，必须从重力传感器观测量中消除该项影响，即增加厄特沃什改正，它是所有动态模式下(包括车载、船载、机载等)的重力测量都必须顾及的共同改正项(黄谟涛等，2015b)。从这个意义上讲，厄特沃什改正应当归入海空重力测量的常规改正范畴，无须进行更多的讨论。但在不同应用时期，国内外机构和学者选择了不同形式的厄特沃什改正公式，导致该项改正计算模型在使用上存在不统一、不规范的问题，近期发表的部分论文和著作甚至作业规程仍在引用早期的近似公式，我国航空重力测量作业部门在使用厄特沃什改正公式时也存在比较明显的引用错误，因此有必要对此问题进行深入分析和讨论。

匈牙利科学家厄特沃什于1919年发现并证实：在运动载体上实施重力测量必然会产生厄特沃什效应现象(方俊，1965)。厄特沃什当年给出了著名的球近似厄特沃什改正公式，船载重力测量航速较低，使用球近似厄特沃什改正公式计算厄特沃什改正引起的模型误差不超过 0.1mGal，可满足各个应用领域的精度要求，球近似厄特沃什改正公式也因此在船载重力测量中一直沿用至今(Dehlinger，1978；Torge，1989；黄谟涛等，2005)。但在航空重力测量中，测量载体的飞行速度可达300～500km/h，甚至更高，如果继续使用球近似公式来计算厄特沃什改正数，那么势必影响重力测量成果的质量和可靠性，因此寻求更严密的改正模型就成为早期这个研究领域国内外学者的关注重点。1958年以后，国际上陆续开展了航空重力测量试验，1960年，Thompson等(1960)最先推出针对航空重力测量的厄特沃什改正公式，即Thompson公式。在此后的一个时期内，国际上诸多学者和研究机构几乎一致将Thompson公式作为标准公式使用(Nettleton et al.，1960，1962；

Harrison，1962；Glicken，1962)，我国早期发表的一些论文(方俊，1965；管泽霖等，1981；张善言，1982)，包括近期出版的一些著作(吕志平等，2010)，也都引用 Thompson 公式来讨论航空重力测量数据的归算问题。需要指出的是，Thompson 公式虽然考虑了载体飞行高度的影响，但该公式仍属于球面近似公式，其近似误差对各个领域的实际应用需求都是不可忽视的。针对此问题，Harlan(1968)从几何学出发，推出了两组分别对应于载体地表速度和飞行高度速度，同时顾及地球椭球扁率的厄特沃什改正公式，称为 Harlan 公式。相比 Thompson 公式，Harlan 公式的计算精度得到了显著提高，不仅在国内外学术界得到了普遍认可，在实践中也得到广泛应用(Torge，1989；Bell et al.，1991；Forsberg et al.，1999；Olesen，2002；孙中苗，2004；Riedel，2008；Neumeyer et al.，2009；Alberts，2009；Micro-g LaCoste Inc.，2010；Jekeli，2012)。但遗憾的是，Thompson 公式和 Harlan 公式使用的速度符号含义不是人们通常理解的飞行高度上的载体速度，而是飞机速度在地球表面的投影，简称地表速度(Thompson et al.，1960)，相关引用文献几乎都忽略了以上两种速度之间的差异，从而引起了不可忽略的误差。欧阳永忠(2013)、黄谟涛等(2015b)给出了厄特沃什改正的严密公式，同时从理论上分析研究了该公式与各类近似公式的差异和相互关系，指出了相关文献在引用厄特沃什改正公式时出现的偏差和错漏，并通过实际数值计算验证了使用厄特沃什改正的严密公式计算厄特沃什改正的必要性和合理性。考虑到目前我国《航空重力测量作业规范》(GJB 6561—2008)仍采用近似的厄特沃什改正公式，同时存在比较明显的引用错误，因此有必要尽快对其进行更正，统一采用厄特沃什改正的严密公式。

1.3.4.2 垂向加速度改正

在运动平台上开展重力测量，对观测结果产生较大冲击的另一项外部扰动因素是载体运动加速度(Dehlinger，1978；Torge，1989；黄谟涛等，2005)，包括垂向加速度和水平加速度。如前所述，航空重力测量技术之所以在 20 世纪 90 年代之前一段较长时间内，一直无法获得实质性的突破，正是因为人们找不到更好的手段和方法来分离出载体垂向加速度。尽管海面测量船受到的垂向干扰加速度量值要比地球引力加速度变化幅度大得多(平静海况时环境因素引起的垂向加速度为 15Gal[①]左右，恶劣海况时可达 80Gal，特别恶劣海况时可高达 200Gal)，但海空重力仪一般都采用强阻尼设计，对频率较高的干扰信号具有较好的抑制作用，在数据后处理阶段采用合适的数字滤波技术，可进一步削弱由风、流、波浪等环境因素引起的周期性垂向干扰加速度的影响。大量海上作业实践证明，依靠重力传感器硬件方面的阻尼设计和具有针对性的低通滤波技术，即可获得满足实际应

① 1Gal=1000mGal=1cm/s^2。

用精度要求的重力测量成果(黄谟涛等，1997，2005)。因此，海面船载重力测量一般不再对垂向干扰加速度的影响进行改正。航空重力测量的情况则要复杂得多，空中动态环境效应引起的垂向干扰加速度量值明显大于海面船测时的影响，其高频部分的量级可达400Gal，甚至更大。虽然经过强阻尼作用，垂向干扰信号在重力传感器输出时已被大幅度压缩，但其剩余部分仍远大于实际地球引力加速度变化幅度(孙中苗，2004；孙中苗等，2004a；张开东，2007；欧阳永忠，2013)。因此，必须借助高精度定位手段，通过精细化数学建模方法来计算该项影响。

早在20世纪80年代末90年代初，Kleusberg(1989)、Kleusberg等(1990)、Brozena(1990)、Wei等(1991，1995)、Czompo(1994)等学者就开始探讨并试验采用GPS动态差分技术确定垂向干扰加速度的可行性和有效性。此后，针对垂向加速度精密计算问题的研究和讨论持续了很长一段时间，取得了丰富的研究成果。Bruton等(1999，2002)提出了计算高精度测量载体速度和加速度的技术途径及方法；Jekeli等(1997)和Jekeli(2011)给出了利用GPS载波相位差分方法求解载体加速度的数学模型；肖云(2000)和肖云等(2003a)全面分析研究了利用GPS确定航空重力测量载体运动状态的理论方法和应用效果；孙中苗等(2002a，2004a，2004b)讨论评估了利用GPS和数字滤波技术确定载体垂向加速度的精度；梁星辉等(2009)提出了利用B样条确定航空重力测量载体加速度的方法；孙中苗等(2004a)、李显等(2012)、欧阳永忠(2013)分析比较了测量载体垂向加速度不同确定方法的技术特点和计算效果。现有研究结果表明，在正常的测量环境条件下，采用高精度的GNSS定位手段，结合优化设计的数字滤波技术，一般可以优于1mGal的精度确定重力测量垂向干扰加速度。尽管现代定位技术已经突破了航空重力测量精度和分辨率的主要瓶颈，但这一进展丝毫没有改变垂向加速度改正在航空重力测量中的重要地位。通过GNSS的多模多频组合应用，进一步提高重力测量载体加速度计算结果的精度和可靠性，是该研究领域的发展方向(刘敏等，2017c)。

1.3.4.3 水平加速度改正

动态环境效应除了会引起垂向上的干扰加速度外，也会引起水平方向上的干扰加速度，因此水平加速度改正也是海空重力测量特别是航空重力测量最重要的改正项之一。由牛顿第二运动定律和动态重力测量原理可知，海空重力测量必须突破两大技术难题(Schwarz et al.，1996；孙中苗，2004；Alberts，2009)：①如何从传感器观测量中有效分离出地球引力加速度；②如何将重力传感器指向维持在真实的垂向上。20世纪80年代末，GPS动态差分技术的发展及推广应用，已经较好地解决了引力加速度的分离难题；解决第二大难题的传统方法是，将重力传感器安装在陀螺稳定平台上，使其保持正确的垂向。尽管从理论上讲，可以利用陀螺和加速度计的观测信息，通过稳定回路和修正回路实现对惯导平台的控制，使重力传感器的敏感轴始终保持垂向，但在实际作业过程中，很难使陀螺稳定平台始终保持绝对水平状态。这是因为，一方面重力传感器安装标定过程不可避免地存在一定的偏差(奚碚华等，2011)，另一方面受海空作业动态环境的影响和平台自身制造工艺的制约，陀螺稳定平台难免出现一个小角度的倾斜(孙中苗，2004；黄谟涛等，2005)。当平台处于非水平状态时，重力传感器输出量不是真实的垂向加速度，而是三个加速度地理分量在重力传感器垂向敏感轴上的投影之和，因此必须对其进行相对应的补偿和修正，这就是传统意义上的海空重力测量水平加速度改正问题。实际上，只要发生平台倾斜，即使不存在水平加速度干扰，也必须进行平台倾斜重力改正。这是因为平台倾斜对重力观测造成了两个方面的影响(Swain，1996；Olesen，2002；孙中苗，2004；欧阳永忠，2013；黄谟涛等，2016b)：①平台倾斜使得各类水平加速度在重力传感器垂向敏感轴上产生了附加作用；②平台倾斜使得重力传感器敏感到的不是真正重力垂向上的加速度。基于这样的认识，为了强化人们对该问题的理解，同时避免称呼不明确造成误解，有必要将传统的水平加速度改正改称为平台倾斜重力改正。

在开展海面船载重力测量时，测量船主要受风、流、浪作用引起的干扰加速度的影响，这些干扰加速度近似于简单的正弦周期运动，通过数字滤波即可基本消除这些干扰因素的影响，故类似于垂向干扰加速度处理方式，在通常情况下，海面船载重力测量也不进行平台倾斜重力改正(黄谟涛等，1997，2005)。相比之下，航空重力测量载体受到的动态环境干扰要复杂得多，其影响量值也要大得多，干扰信号的幅值可能比地球引力加速度高出百倍甚至千倍(Olesen，2002；孙中苗，2004；Alberts，2009)，即使使用强阻尼和数字滤波技术也无法完全消除此类影响，因此必须建立相应的改正模型对其进行补偿。自航空重力测量技术取得实质性进展以来，水平加速度改正(也就是平台倾斜重力改正)问题一直受到该领域国内外学者的极大关注，并对此开展了比较深入的研究，相继提出了多种改正计算模型(孙中苗，2004；Alberts，2009)，大致上可归结为两大类：①直接使用加速度计观测量和高精度导航信息计算平台倾斜重力修正量(Valliant，1991；石磐等，2001)，简称一步法模型；②采用分步处理方法，首先使用加速度观测量确定平台倾斜角，然后联合使用平台倾斜角和加速度信息计算重力改正数(Peters et al.，1995；Swain，1996；Olesen，2002)，简称两步法模型。Olesen(2002)对比分析了两类模型之间的数值差异，证实两步法模型的计算精度优于一步法模型；孙中苗(2004)、孙中苗等(2007b)研究了两类模型之间的关联性，认为通过对加速度计观测数据进行预滤波处理，一步法模型可以给出可靠的改正计算结果。我国现行的《航空重力测量作业规范》(GJB 6561—2008)推荐使用一步法模型；孙中苗等(2013b)又通过实测数据计算分析，得出两步法模型的计算结果比一步法模型更合理的结论。我国其他学者也曾在不同时期、从不同角度对水平加速度改正(即平台倾斜改正)问题进行了研究和探讨,取得了一些有实用价值的研究成果(李宏生等,2009;奚碚华等,2011;田颜锋等,2012)。但从已有国内外研究成果可以看出,关于平台倾斜重力改正模型的选用问题,在很长一段时间内国际上未取得一致意见(孙中苗等,2007b,2013b;Alberts,2009)。针对这种状况,欧阳永忠(2013)、黄谟涛等(2016b)从理论上证明了当前国际上推荐使用的 3 种平台倾斜重力改正模型的等价性,同时估算了平台倾斜重力改正的量值大小,并采用航空重力测量实测数据,对 3 种改正模型进行了数值验证和对比分析,得出了比较明确的结论,为实际作业选用合适的数据处理流程和改正模型提供了理论依据。需要指出的是,已有研究结果表明(Li,2011),目前使用的两类计算模型都是一定意义下的近似公式,只顾及平台倾斜条件下载体运动引起的水平加速度干扰,而忽略了地球扰动重力和科里奥利加速度两个水平分量的影响。计算分析结果显示,上述忽略是不恰当的,在高精度航空重力测量作业中必须加以考虑(刘敏等,2017c)。

1.3.4.4 交叉耦合效应改正

交叉耦合效应是指:当动态环境引起的水平干扰加速度和垂向干扰加速度出现频率一致但相位不同时,安装在稳定平台上的摆杆型重力仪将感受到一种附加的交叉耦合(cross-coupling,CC)效应作用,从而导致重力观测结果出现不必要的偏差(方俊,1965;Dehlinger,1978;管泽霖等,1981;Torge,1989;黄谟涛等,2005),也就是说,在一定的条件下,采用摆杆型重力仪开展海空重力测量额外增加了环境效应影响。交叉耦合效应引起的有色噪声无法通过数字滤波方法消除,因此早期的摆杆型重力仪通常要设置辅助传感器,用于量测作用在重力传感器上的干扰加速度,并由此直接计算出交叉耦合效应改正数;新一代摆杆型重力仪一般利用加速度计输出一些固定的运动状态监测项,然后依据事先明确的函数模型计算所需的交叉耦合效应改正数(黄谟涛等,2005)。如前所述,由美国 LaCoste & Romberg 公司生产的 L&R 型系列重力仪是摆杆型海空重力仪的典型代表,至今仍在世界范围内广泛应用(Olesen,2002;欧阳永忠,2013)。由于结构设计上的特殊性,重力测量结果受交叉耦合效应影响较大一直是这类仪器存在的主要缺陷。针对摆杆型重力仪,LaCoste(1967,1973)在几十年前就提出根据加速度计监测到的载体运动状态信息,对由水平干扰加速度和垂向干扰加速度共同作用产生的交叉耦合效应进行校正的计算公式,也就是仪器生产厂家目前仍在推荐使用的交叉耦合效应改正系数。此类计算模型是由仪器生产厂家在一定的假设条件下,通过室内模拟仿真试验进行参数标定和统计分析获得的,因此必然与海上和空中复杂的实际作业环境存在一定的差异。当海上或空中的实际作业环境条件较差时,这种差异性表现尤为明显,交叉耦合效应改正不完善自然也就成为摆杆型重力仪的主要误差源。针对该问题,我国学者先后提出了许多比较有效的解决方法。易启林等(2000)提出了以交叉耦合效应改正数为自变量建立误差模型，利用交叉点重力不符值并通过最小二乘原理补偿交叉耦合效应剩余影响的方法；孙中苗等(2006)提出了分别利用地面重力测量数据和测线交叉点重力异常不符值对交叉耦合效应改正系数进行重新标定，以提高交叉耦合效应改正模型的适用性；张涛等(2007)提出了通过建立交叉耦合效应改正数的多元线性回归方程，来消除重力观测数据与载体运动状态相关性的分析方法；欧阳永忠等(2010)、黄谟涛等(2015a)依据 LaCoste 早期采用的相关分析方法，提出了交叉耦合效应改正系数的校正模型和动态环境效应的综合补偿模型，并通过不同航次的实测数据算例验证了补偿模型的应用效果。需要指出的是，为了减弱交叉耦合效应对观测结果的影响，目前仪器生产厂家已经对新一代摆杆型海空重力仪的内部设计进行了必要的改进，即采用电磁力全反馈调节技术替代传统步进电机驱动精密螺杆调整弹簧张力，通过瞬时响应重力观测值的变化来确保测量摆杆始终锁定在零位附近，这样可将交叉耦合效应的影响压缩到最低，从而有效提高了此类测量仪器使用环境的适应性(张向宇等，2015；DGS Inc.，2015)。下一步需要重点关注由各项改正不足或改正过头引起的剩余误差综合影响建模和补偿问题(刘敏等，2017c)，关于这方面的内容，将在 1.3.5 节的数据精细化处理技术中进行简要介绍。

1.3.5 数据精细化处理技术

考虑到专题技术叙述上的连贯性和便捷性，本书将海空重力测量中具有确定性计算模型的常规改正项和动态效应影响改正项的相关内容，统一归入数据预处理技术的范畴，而将无法用确定性数学模型来描述的数据滤波和误差处理两个环节归类合并为数据精细化处理技术。实际上，数据滤波可以在各项改正之前完成，也可以在各项改正之后实施，两种顺序都不影响海空重力测量的最终处理结果。

1.3.5.1 数据滤波技术

从海空重力测量作业流程得知，数据滤波是海空重力测量数据处理的重要环节，也是直接影响海空重力测量成果质量的关键技术之一。因为海空重力测量特别是航空重力测量，是在测量平台处于比较高的动态条件下实施的，所以在重力传感器的观测记录中，不仅包含需要的引力加速度信号，还包含因载体运动、动态环境效应等因素引起的干扰加速度信息。在多数情况下，有用的重力异常信号通常不超过 300mGal，而干扰信号的幅值可能比重力异常信息高出百倍甚至几千倍。为了削弱干扰噪声的影响，必须对重力传感器原始观测数据进行滤波处理(孙中苗，2004；欧阳永忠，2013)。

在这个研究领域，人们面临的主要挑战是：海空重力测量数据(即重力信号)

所对应的频谱窗口通常只限于相对低频段的很窄部分，干扰噪声则占据了相当宽的频带，且重力信号与干扰噪声频带之间没有明确的过渡段。因此，要想从观测量中有效分离出几乎遍布整个频带的干扰噪声，绝不是一件很简单的事。它不仅要求所设计的低通滤波器具有良好的窄带低通特性，还应有尖锐的高频衰减特征（Hammada，1996；Bruton，2001；孙中苗，2004）。目前，国际上应用于海空重力测量数据处理的滤波器主要有电阻电容器（resistor capacitor，RC）、有限脉冲响应（finite impulse response，FIR）和无限脉冲响应（infinite impulse response，IIR）等3种类型。早期的L&R型海洋重力仪一般采用6×20s RC滤波器进行数据滤波处理；BGM-3型海洋重力仪则采用高斯滤波器（属于FIR滤波器）对观测值进行预处理（Childers et al.，1999；孙中苗，2004）。海上测量船的航速相对较低，重力异常信号一般都集中在一个非常窄的低频段内，因此通常情况下，RC滤波器和高斯滤波器就足以满足海面船载重力测量的应用需求（黄谟涛等，2005）。但在航空重力测量数据处理中，目前普遍使用FIR低通滤波器（Schwarz et al.，2000；Bruton，2001）。新一代L&R型海空重力仪也已经使用FIR滤波器取代传统的RC滤波器（孙中苗，2004）。作为IIR滤波器的典型代表，巴特沃思（Butterworth）低通滤波器也在一些航空重力测量数据处理作业中得到了推广应用（Forsberg et al.，1999；Meyer et al.，2003）。

在航空重力测量数据处理研究领域，除了上述几类常用的滤波器外，国内外学者还提出了一些各具特色的数据滤波方法。Jay（2000）提出了将波数相关滤波器（wavenumber correlation filter，WCF）应用于航空重力测量数据滤波处理中；柳林涛等（2004）研究分析了利用小波方法对航空重力测量数据进行滤波处理的实际效果；张开东（2007）针对捷联惯导航空重力测量数据的特点，提出了基于固定区间的卡尔曼滤波平滑和迭代联合算法。尽管低通滤波器特别是FIR滤波器在海空重力测量数据处理中已经得到比较普遍的应用，但常规滤波方法仍存在一些固有缺陷，主要体现为：低通滤波过程虽然消除或有效减弱了强噪声的干扰，但同时也不可避免地会滤除掉一些有用的中高频重力观测信息。这样的结果将导致：常规滤波处理不仅降低了观测数据的分辨率，还损失了一部分重力异常信息（欧阳永忠，2013）。针对此问题，Alberts（2009）提出了一种基于频谱加权的数据处理新方法，以替代传统的滤波处理手段。其基本思路是：在掌握了比较准确可靠的干扰噪声模型条件下，通过使用分频段加权策略，即对噪声大的频段数据赋予相对小的权因子，对噪声小的频段数据赋予相对大的权因子，然后对全频段观测数据进行不等权平差处理，最终可取得比传统滤波方法更好的效果。但新方法在应用中仍面临两大难题：一是很难获得精确的观测噪声模型；二是区域边缘计算误差控制也存在很大难度。为了提高航空重力测量数据处理的可靠性和计算精度，田颜锋（2010）提出了在时频通域进行航空重力测量数据滤波处理的新思路，分析研究了时频通域滤波器设计和时域数据重构等关键技术难题，同时通过数值计算验证了时频通域滤波器的处理效果。国内外学者在数据滤波研究领域所做的这些新尝试，对推动海空重力测量数据处理向更高精细化水平发展具有重要的现实意义。这里需要指出的是，随着数字信号处理技术的深入发展和广泛应用，数字滤波器设计工作已经变得简单易行，用户只需要针对不同的应用需求提出具体的滤波器设计参数，就可以依据通用的滤波器设计方法构造出适用的数字滤波器。在海空重力测量数据处理领域，未来需要持续关注的重点仍然是：依据海空重力观测数据的特性，同时综合考虑测量精度和数据分辨率的要求，研究确定出合适的滤波器参数(孙中苗，2004；欧阳永忠，2013)。

1.3.5.2 误差分析与处理技术

从前面介绍的测量作业技术体系和数据处理流程可知，由于受设备制造工艺的制约和测量动态环境的干扰，对于海空重力测量，无论是测量前期的仪器校准，还是海上或空中的观测作业，又或是测量结束后的数据处理等各个环节，都不可避免地受到各种误差源的影响(Olesen et al.，2002；孙中苗，2004；黄谟涛等，2005；Olson，2010；欧阳永忠，2013；黄谟涛等，2015a)。尽管这些影响中的大部分可以通过模型化方法进行预先改正或验后补偿，但其中的一部分可能因其作用机制过于复杂或变化规律未知而无法建立有效的改正模型，从而被一直保留在观测数据中，直接影响了重力测量成果的质量。在测量仪器制造和检验标定环节，其误差源主要来自传感器动态灵敏度、仪器固有误差、温度控制误差、仪器参数标定或测定误差及仪器零点非线性漂移等；在测量作业环节，观测误差源主要来自由测量载体运动状态变化和作业现场各种海空环境因素引起的随机干扰；在数据处理环节，其误差源主要来自各项常规改正和环境效应改正的剩余(即不足或过头)影响及数据滤波器设计参数的不确定性和滤波结果的不唯一性。海空重力测量误差除了很小一部分是由随机干扰因素引起的观测噪声外，主要部分是由测量环境动态效应综合影响引起的有色噪声。随时间变化和积累是有色噪声的最大特点，它们是一类特殊的非常值系统误差(杨元喜，2012)。海空重力测量中由仪器参数标定、零点漂移改正、环境效应改正剩余影响、数据滤波等各环节引起的误差源都属于有色噪声的范畴。如何补偿此类误差对测量结果的影响，是开展海空重力测量误差分析处理的目标所在。

为了提高海空重力测量成果的质量，多年来国内外学者曾就海空重力测量误差分析、处理与补偿问题做了大量的研究工作。Strang van Hees(1983)曾提出应用配置法进行海洋重力测线交叉点平差，并将其应用于北海地区的海洋重力观测资料处理；Prince 等(1984)针对海洋动态测量环境特点，提出了重力测线分段处理方法，采用测线交叉点平差计算不同线段的系统误差改正数；Wessel 等(1988)全面分析评估了大区域海洋重力测量数据的观测精度，在此基础上提出了利用测线交叉点重力不符值推算不同航次重力仪零点漂移改正数的数据处理方法；Adjaout等(1997)提出采用附有约束条件的交叉点平差方法，分析处理日本周边海区的重力测量资料，由此确定重力仪零点漂移和测线数据偏差改正数；Glennie等(1997)、Glennie(1999)、Hwang等(2006，2007)、Alberts(2009)等在开展海洋重力测量数据精细化处理时，都一致推荐使用最简单的线性化误差模型和固定线段法(类似于卫星测高交叉点平差的固定弧段法)，对交叉点重力不符值进行平差计算；针对航空重力测线网平差问题，李海(2002)提出首先以地面已知重力点为起算点，以测线相邻交叉点重力异常的差值为观测量进行参数平差计算，然后以交叉点平差后的重力异常值为控制参数，对测线交叉点之间的观测值进行条件平差；蔡劭琨(2009)、周波阳等(2012)也曾就海空重力测量测线网平差问题进行了有益探讨。

需要特别指出的是，从20世纪90年代开始，黄谟涛研究团队就一直致力于海空重力测量误差分析与处理技术的研究工作，在不同时期相继推出了一系列具有较高应用价值的创新性研究成果，建立了我国自主的海空重力测量误差处理技术体系(黄谟涛等，1997，2005)。早在20世纪90年代初，黄谟涛(1990)就针对海洋重力测量的作业特点，提出了重力测线半系统误差的定义、显著性检验及相应的调差方法；此后不久，黄谟涛(1993)、Huang(1995)基于当时定位误差是海洋重力测量主要误差源这一基本事实，从几何场的角度出发，研究探讨了海洋重力测线网平差问题，提出了海洋重力测线网整体解算方法。90年代中后期，随着GNSS的迅速发展和推广应用，海上测量定位精度得到了显著提高，定位误差对海洋重力测量精度的影响明显减弱，测量环境干扰因素的影响则明显提升。基于这种考虑，黄谟涛等(1999b)、Huang 等(1999a)又从物理场的角度出发，深入研究了海洋重力测量数据系统偏差的补偿和观测噪声的滤波问题，提出了海洋重力测量测线网自检校平差方法。自检校平差模型与前期使用的单一几何场平差模型相比存在本质上的区别：几何场平差模型的出发点是力图将带有误差的观测点位校准到真实的位置上来，但重力观测值本身基本保持不变；与之相反，自检校平差模型的目的则是力图将带有误差的重力观测值改正到当前的定位点上来，即保持观测点的位置不变。考虑到海洋重力测量本来就没有严格的选点要求，因此对于不同的应用领域，自检校平差的处理方式都是可以接受的。自检校平差的处理方式的优势主要体现在两个方面：一是在很大程度上简化了平差计算过程，便于推广应用；二是除了定位误差以外，自检校平差方法也将其他误差源包罗在假设的综合误差模型中，因此更能体现平差模型的合理性。由于海洋重力测线网平差属于秩亏网平差问题，需要通过设置虚拟观测值或经验求权法来确定平差基准，同时由于自检校平差方法和前期使用的传统平差方法都属于测线网整体解算模式，这种模式虽然理论严密，但计算过程过于复杂，不利于工程化应用，特别是对于不规则海洋重力测线网平差问题，整体解算模式实现难度较大。针对上述问题，黄谟涛等(2002)基于误差验后补偿理论，提出了海洋重力测线网自检校平差两步处理方法，改变了系统偏差只在平差中补偿的传统研究思路，把海洋重力测量误差补偿分解为交叉点条件平差和测线滤波与推估两个阶段，即在平差中与平差后实现系统误差分步补偿。该方法不仅极大地简化了海洋重力测线网平差的计算过程，而且有效化解了秩亏网平差难题，提高了平差计算结果的稳定性和可靠性。欧阳永忠等(2011)根据L&R型海空重力仪的技术特点，提出了海空重力测量误差的综合补偿方法。

如前所述，海空重力测量误差源主要来自3个方面：①仪器自身结构设计和制作工艺上的缺陷；②测量环境的动态效应；③数据处理方法和计算模型的不确定性。对于已知其内在作用机制的误差源部分，虽然可以使用比较明确的解析模型做相应的改正，但其模型化过程未必是绝对严密或完善的，即各项改正存在不足或过头现象也是不可避免的。如何针对由模型化误差和无法实施模型化改正引起的综合误差效应影响，构建适用于各类海空重力仪的测量误差补偿通用模型，是这个领域下一步的研究重点(刘敏等，2017c；黄谟涛等，2020a)。

1.3.6　重力测量精度评估技术

为了有效评估海空重力测量成果的质量，也为了获取分布相对均匀的重力观测值，海空重力测量特别是为研究地球形状和军事应用保障目的开展的海空重力测量，一般都要求以尽可能垂直相交的方式布设主测线和检查测线，以便形成比较规则的海空重力测线网。测线网模式是海空重力测量区别于其他专业测量活动的主要特征之一。主测线和检查测线在交叉点处产生的多余观测(即交叉点重力不符值)，不仅为进一步开展测量误差分析和精细化处理奠定了数据基础，也为有效评估海空重力测量精度提供了支撑条件(黄谟涛等，2005；欧阳永忠，2013)。

一般通过外符合和内符合两种方式来评估海空重力测量的精度。前一种方式以其他途径获得的具有更高精度或同等精度的参考值为对比基准，主要反映观测值与参考值的偏差程度；后一种方式以观测量的最或然估值为对比基准，主要反映观测值之间的离散程度。外符合精度评估主要用于新型仪器设备投入实际应用前的技术性能测试和可靠性检验。由海底或地面重力测量获取的高精度观测量，在特定区域，由多台高性能海空重力仪建立起来的重力标准场数据都可作为海空重力测量外符合精度评估的对比基准。内符合精度评估主要用于实际作业获取观测数据的质量评定，也用于新型仪器设备(或经维修保养后的仪器设备)投入实际应用前的技术性能测试和可靠性检验。一般通过对比同一台仪器在测线交叉点或重复测线上的观测值来评估其自身的内符合精度。关于海空重力测量精度评估的技术要求、手段和方法，我国各种类别的海空重力测量作业标准都对其进行了比较具体的规定，也给出了相应的精度评估计算模型(国家海洋局908专项办公室，2005；中华人民共和国国家质量监督检疫总局，2008；解放军总装备部，2008b，2008c)。但有关海空重力测量重复测线精度评估的规定还不够明确，一直缺乏重复测线数大于2时的精度评估公式。而在重力仪性能检验或新仪器验收环节，一般都要通过布设一定数量的重复测线测量来评定整个重力测量系统的稳定性和可靠性，因此海空重力重复测线精度评估模型是必不可少的。针对这种需求，郭志宏等(2008)在分析讨论航空重力重复测线测试数据质量时，推出了一组重复测线数大于2时的精度估计公式，并将其应用于地质矿产资源调查部门的航空重力和磁力测量数据精度评估。但经研究后发现，该组公式的推导过程存在一定的问题，不符合测量平差基础理论体系要求。为此，欧阳永忠(2013)、黄谟涛等(2013c)依据现代测量平差理论，导出了一组形式统一的重复测线内符合精度评估新公式。

这里需要强调的是，精度评估是对海空重力测量数据质量的综合评价，不仅涉及对观测过程中的偶然误差、粗差、系统误差和有色噪声等各类干扰信号的分析和处理，而且与所选用的评估参数类别相关联，要想给出客观全面的质量评价意见，需要建立完整有效的由多类别指标参数组成的评估体系，这是海空重力测量精度评估向规范化和标准化发展的必然要求(刘敏等，2017c)。

1.3.7 重力数值模型构建技术

重力数值模型构建是海空重力测量成果向应用领域转换，也就是将测量成果转化为数字产品必不可少的环节。由于海洋和航空重力测量成果涉及不同的数据归算基准面，不同数据源之间具有明显的异构特征，所以这个技术环节的研究内容不仅包括多源重力数据的融合处理，还包括前端的重力向上延拓和重力向下延拓两项关键技术。

1.3.7.1 重力向上延拓技术

重力向上延拓和重力向下延拓是地球外部重力场赋值和多源数据融合处理最常用的技术手段(Moritz，1966；Heiskanen et al.，1967)。如前所述，最近一个时期，在矿产资源开发和航天技术保障需求的强劲推动下，我国的航空重力测量技术取得了较大发展，重力向上延拓技术和重力向下延拓技术也因此成为这个领域的研究热点。航空重力测量成果是飞行高度面上的重力扰动或重力异常，因此在实际应用中，更多的需求是将空中重力观测参量向下延拓到地形面或大地水准面，以便联合其他类型观测数据进行大地测量应用解算(王兴涛等，2004a，2004b；Tziavos et al.，2005；吴太旗等，2011)。但应用中也不可避免地会遇到相反的地球外部重力场赋值需求(Moritz，1966)，一方面，外部空间航天器飞行重力场保障需要综合利用包括地面和海面在内的各类重力测量数据源；另一方面，开展航空重力测量系统技术性能评估与观测数据质量外部检核研究也需要重力向上延拓技术的支持，即需要将已知的地面或海面重力向上延拓到飞行高度面，直接与航空重力测量成果进行对比和分析，以便对其观测精度做出客观评价(Hwang et al., 2007；翟振和等，2015a)。

关于重力向上延拓问题，国内外学者先后提出了多种解决方案，包括直接数值积分法、梯度法、快速傅里叶变换方法、配置法和等效源法等(Argeseanu, 1995)，最传统最常用的解算模型是著名的Poisson积分公式(Heiskanen et al., 1967)。Cruz等(1984)对Poisson积分公式进行了深入研究，详细分析探讨了该公式在顾及地形改正、不顾及地形改正和采用移去-恢复技术等各种条件下的实际应用效果；为了评估航空重力测量的精度，Argeseanu(1995)全面分析比较了包括Poisson积分公式在内的几种重力向上延拓模型的适用性和有效性；石磐等(1997)提出了通过Poisson积分公式计算空中重力异常，反过来评估联合应用航空重力测量和数字高程模型(digital elevation model, DEM)数据确定地面重力场的内符合精度；Kern(2003)在讨论卫星、航空和地面重力等多源数据融合处理问题时，也推荐使用Poisson积分公式；王兴涛等(2004b)在对航空重力测量数据向下延拓方法进行比较分析时，使用Poisson积分公式作为地面重力向上延拓的计算模型；翟振和等(2012a)在讨论空中重力异常代表误差时，同样使用Poisson积分公式作为地面重力向上延拓的计算模型。这里需要指出的是，Poisson积分公式是源于Dirichlet边值问题的球面解，并未顾及地形高度起伏的影响，因此严格来讲，该公式只适用于海域重力向上延拓解算(翟振和等，2015a)。而在实际应用中，国内外有不少学者往往忽略了该公式的适用条件，直接将其应用于陆部重力向上延拓解算，这样必然会给计算结果带来一定的偏差，其影响量值大小取决于计算区域重力场和地形变化的复杂程度。地形因素是客观存在的，因此陆部要想达到一定的解算精度，必须考虑地形效应的作用。实际上，Moritz(1966)很早就推出了根据地面重力异常和地形高度数据计算外部空间重力异常的精密公式。因该公式计算过程过于复杂，即使依据现有的数据条件也难以保证计算结果的精度，故在实践中一直未能得到推广应用。目前，在实施重力向下延拓计算中，更多采用移去-恢复技术，即首先移去地形质量对空中重力异常的影响，然后使用Poisson积分公式完成向下延拓计算，最后在计算结果中恢复地形质量的影响(Tziavos et al., 2005；Forsberg et al., 2010)。显然，在实施重力向上延拓计算时，也完全可以采用类似的思路来顾及地形效应的影响。但值得注意的是，在移去地形引力对地面重力影响后，仍需要将地面重力异常残差向下延拓到海平面(可近似为球面)才能应用于Poisson积分公式计算中，这一过程又涉及不规则地形面处理问题。可见，关于重力向上延拓的精密计算，当前需要破解的技术瓶颈是，如何精确、有效地响应不规则地形质量对重力向上延拓计算结果的影响。由此引出的向上延拓不同解算模型的适用性和精度评估问题，应当是这个研究领域需要关注的重点(刘敏等，2017d，2018a)。

1.3.7.2 重力向下延拓技术

精化大地水准面一直是现代物理大地测量学的主要研究任务之一(李建成等，2003；黄谟涛等，2005；宁津生等，2006)。精密确定大地水准面需要联合利用卫星、航空、地面、海洋等多源重力和地形高度信息，其计算过程不可避免地涉及多源数据的融合处理问题。如前所述，向下延拓是多源重力数据融合处理必不可少的技术环节，在数据准备阶段，需要将卫星和航空重力测量成果延拓到地面进行联合处理；在 Stokes 边值问题解算阶段，需要将地面重力数据延拓到大地水准面。物理场向下延拓在数学上属于不适定反问题，求解此类问题存在很大的不确定性(王彦飞，2007)，一直以来国内外诸多学者为解决这一问题付出了不懈努力。目前，解决向下延拓问题主要沿用 3 种途径：第 1 种途径是直接求逆 Poisson 积分公式，这是应用比较广泛的主流途径(Novák et al.，2002)，国内外学者主要围绕求逆过程引起的不稳定性问题开展不同形式的正则化方法研究。Hansen 等(1993)提出使用 L-曲线法确定求解向下延拓问题的正则化参数；Martinec(1996)从理论上深入分析研究了重力向下延拓过程的稳定性问题；Xu(1998)提出了使用截断奇异值分解(truncated singular value decomposition，TSVD)方法求解不适定向下延拓问题；沈云中等(2002)分析推导了不适定方程正则化方法的谱分解公式；王兴涛等(2004a，2004b)研究探讨了重力向下延拓的正则化方法及其谱分解公式，同时分析比较了几种常用的向下延拓方法的应用效果；Kern(2003)、Mueller 等(2003)、Alberts 等(2004)等学者也都曾对包括正则化和非正则化在内的不同类型的向下延拓方法的适用性进行了分析和比较；王振杰(2006)给出了不适定问题正则化方法的统一表达式；张辉等(2009)、刘东甲等(2009)提出了位场向下延拓的波数域算法及波数域迭代方法；顾勇为等(2010，2013)分析研究了基于信噪比和参数分组修正的重力向下延拓正则化方法；邓凯亮等(2011)提出了重力向下延拓的 Tikhonov 双参数正则化方法；蒋涛等(2011)分析比较了 Tikhonov、岭估计和广义岭估计三种正则化方法的技术特点及应用效果；孙文等(2014)提出了基于波数域迭代的向下延拓 Tikhonov 正则化方法；刘晓刚等(2014)研究探讨了重力和磁力测量数据向下延拓中最优正则化参数的确定问题。当前解决向下延拓问题通常采用的第 2 种途径是间接求逆法，包括配置法(Moritz，1980；Hwang et al.，2007；Forsberg et al.，2010)、虚拟点质量方法(李建成等，2003；黄谟涛等，2005)和矩谐分析法(蒋涛等，2013)等，此类方法虽然避开了求逆 Poisson 积分公式，但仍涉及矩阵求逆过程，因此也不可避免地存在不稳定性问题(黄谟涛等，2013b，2015d)。解决向下延拓问题的第 3 种途径可统称为非求逆方法，石磐等(1997)提出了利用航空重力测量和 DEM 数据确定地面重力场的直接代表法，欧阳永忠(2013)、黄谟涛等(2014b，2015c)提出了联合使用超高阶位模型和地形高信息确定向下延拓改正数的方法(也称为差分延拓法)等都属于非求逆方法的范畴，此类方法不受传统求逆过程不稳定性的影响。Novák 等(2002，2003a，2003b)基于带限(band-limited)航空重力测量数据固有的频谱特性，提出了向下延拓的直接积分公式(也称为频谱截断法)，并将其推广应用于大地水准面的直接解算，其计算过程也避开了积分公式求逆难题。Kern(2003)将频谱截断法和基于求逆过程的各类正则化方法进行了全面的数值比较和分析，得出的结论是：前者的计算精度和效率都明显优于其他方法。

如前所述，困扰向下延拓问题的关键是其本身固有的不适定性。Martinec(1996)曾对向下延拓的稳定性问题进行过深入分析，同时提出了改善计算稳定性的地形效应补偿方法；Kern(2003)、Alberts 等(2004)、Novák 等(2001a，2002，2003b)等专门针对航空重力向下延拓问题，开展了大量卓有成效的数值计算和对比工作，得出了一些极具参考价值的结论。由已有的研究成果可知，虽然向下延拓问题本身是不适定的，但其解算结果的不稳定程度取决于延拓计算高度和数据分辨率(即网格间距大小)两个方面。在一定条件下，向下延拓解算方程可以是良态的，但在超越一定界限后，即使采用正则化方法，也无法取得有效的解算结果(Novák et al.，2001a；Kern，2003)。因此，对实际应用来说，最要紧的是预先掌控前面所指的一定“条件”和“界限”，尽可能在规定的“条件”下开展航空重力测量作业，避免超越已知的“界限”，只有这样才能获得预期的重力测量归算成果。另外，地形效应对重力向下延拓解算结果具有重要影响，因为求逆过程的稳定性不仅取决于积分方程系数矩阵的结构，还取决于观测向量的频谱特性(Martinec，1996)，所以可通过地形效应的移去-恢复运算来改变重力观测量的频谱特征，从而改善向下延拓解算的稳定性。刘敏等(2016)深入分析研究了当前国内外最具代表性的 3 种向下延拓模型的技术特点和适用条件，提出了应用超高阶位模型、局部地形改正和移去-恢复技术顾及地形效应，以及位场延拓结果球面化曲面的工程化方法，分析探讨了计算模型的稳定性及数据观测误差对延拓计算结果的影响，定量评估了不同向下延拓模型的解算精度及其可靠性，为下一步的工程化应用提供了具有可操作性的延拓计算方案。

1.3.7.3　多源数据融合技术

如前所述，进入 21 世纪，随着现代航空航天技术的飞速发展，地球重力场信息的获取手段得到了全面拓展，目前形成了陆、海、空、天等全方位的地球重力场观测体系，重力测量数据种类日益丰富，观测精度逐步提高(李建成等，2003；黄谟涛等，2005)。但随之而来，也不得不面临这样一个现实问题，即如何有效地处理由不同测量手段、在不同界面获取的重力场观测数据。这些数据具有不同的频谱特性、分辨率、空间分布和误差特性。为了充分发挥各类数据资源的自身优势，准确刻画地球重力场的变化规律，必须采用现代数据处理手段，对存在异构的多源重力数据进行有效融合处理，在融合过程中消除不同种类数据结构差异带来的矛盾，从而达到提高最终数据产品(也就是这里所指的数值模型)质量和可靠性的目的。

关于多源重力数据融合问题，国内外学者已经进行了广泛而深入的研究，提出了许多富有成效的处理方法，主要有统计法和解析法两大类型。配置法是统计法的典型代表，该方法可以联合处理不同类型的重力数据，因此在多源重力数据融合处理中得到了广泛应用。配置法最早由Krarup(1969)提出，后由Moritz(1980)发展和完善，是20世纪60年代以来物理大地测量学在局部重力场逼近理论研究领域取得的重要进展之一。在此期间，Krarup(1978)、Balmino(1978)、Schwarz(1978)、Rapp(1978)等学者都曾对配置法涉及的数学基础理论及其统计特性进行深入分析和研究。在应用领域，Tscherning等(1997)研究探讨了采用配置法融合处理航空重力测量数据与地面重力的技术途径；Strykowski等(1997)提出了采用配置法解决丹麦格陵兰地区卫星、航空和地面重力数据之间不协调性的问题；Tziavos等(1998)提出了采用配置法融合处理卫星测高和海面船载重力测量数据；Kern等(2003)分析研究了采用配置法融合处理卫星测高、航空和地面重力测量数据的实际效果；邹贤才等(2004)研究探讨了配置法在局部重力场逼近计算中的适用性；成怡(2008)开展了配置法在海洋多源重力数据融合处理中的应用研究；翟振和(2009)将配置法应用于陆海交界区域多源重力数据的融合处理中；欧阳永忠(2013)、黄谟涛等(2013b)提出了融合海域多源重力数据的Tikhonov正则化配置法。从已有研究结果可以看出，协方差函数模型构建是配置法应用的前提和关键，尽管可以通过自适应调整模型参数的方式来改善协方差函数模型的特性(翟振和等，2009)，但经验协方差函数模型的建立必须以足够高分辨率的观测数据为基础，因此在实际应用中，要想获得较高逼近度的协方差函数模型，特别是三维空间协方差函数模型，并不是一件很容易的事，配置法的融合处理效果也因此受到了很大的制约。需要指出的是，协方差函数模型的拟合过程虽然可以近似的方式得以实现，但随之而来的问题是，这种近似能否得到正确的解算结果，即拟合解的收敛问题，目前还无法得到证明。另外，基于随机过程的配置法与地球物理学事实相违背的是，地球重力场并不是一个严格意义上的随机场(刘晓刚，2011)。尽管存在上述缺陷，配置法在多源数据融合处理中仍不失为一种可供选择的实用型方法。除配置法外，谱组合法和多输入/单输出法也属于统计法的范畴，它们在联合多种数据确定全球和局部重力场模型中得到了较好的应用(Wenzel，1982；石磐，1984；吴晓平等，1992；翟振和等，2009；刘晓刚，2011)，Li等(1997)对采用配置法、频域最小二乘法和多输入/单输出法，联合卫星测高和海面船载重力测量数据恢复局部重力场的实际效果进行了全面分析和比较。联合平差方法和迭代方法是多源数据融合处理解析法的主要代表。刘晓刚(2011)分析研究了利用多种类型重力测量数据确定地球重力场的联合平差模型，提出了不同类型重力测量数据的最优权估计方法；Kern(2003)、郝燕玲等(2007)依据残差重力异常修正重力位模型系数的思想，提出了融合卫星、航空、地面(海面)重力数据的迭代计算方法；欧阳永忠(2013)、黄谟涛等(2015d)提出的融合海域多源重力数据的正则化点质量方法也属于解析法的范畴；欧阳永忠(2013)、黄谟涛等(2013a)在深入分析海域多源重力数据误差特性的基础上，提出了基于双权因子的多源数据网格化一步融合处理方法和基于分步平差、拟合、推估和内插相结合的多步融合处理方法。这个研究领域下一步的关注重点仍然是如何依据不同手段获取数据的异构性特点，构造出相匹配和最优化的数据融合处理模型(刘敏等，2017d)。

1.3.8　重力数据综合应用技术

海空重力测量数据在国民经济建设、军事应用保障和地球科学研究等诸多领域都具有重要的应用价值。考虑到研究目标的指向性和研究内容的限定性，本节主要针对航天技术应用保障中的外部重力场赋值(即地球外部重力场逼近)和大地测量学研究中的大地水准面精化(即地球局部重力场逼近)两大应用主题进行综合评述。

1.3.8.1　地球外部重力场赋值技术

地球外部重力场赋值是海空重力测量数据应用于航天飞行器飞行轨迹控制保障的一个非常重要的方面，如 Moritz(1966)所述，外部扰动引力场计算是地球重力场逼近理论研究的主要内容之一，也是大地测量边值问题解算的最终目的。此项研究在空间科学研究领域具有重要的应用价值(Heiskanen et al.，1967；黄谟涛等，2005)。因为在地球外部空间飞行的人造卫星和各类飞行器始终受到地球扰动引力场的作用，其飞行轨道必然会偏离正常的椭圆轨道，即产生轨道摄动。为了精准确定飞行轨道摄动，必须精确计算飞行器在飞行过程中所受到的地球扰动引力矢量，这正是开展外部重力场赋值研究的目的所在(陆仲连等，1993；黄谟涛等，2005)。而这项工作的数据基础就是由包括海空重力测量资料在内的多源数据生成的不同分辨率数值模型。

当前应用于外部重力场赋值的计算模型主要有 3 类：①基于全球重力位模型的球谐函数展开式(Heiskanen et al.，1967；陆仲连等，1993；黄谟涛等，2005；王建强等，2013a)；②基于经典 Stokes 边值理论的直接积分模型(Heiskanen et al.，1967；吴晓平，1992；黄谟涛等，2005)；③基于现代 Bjerhammar 边值理论的等效源(点质量)模型(Bjerhammar，1964；吴晓平，1984；陆仲连等，1993；黄谟涛等，2005）。吴晓平（1984）、黄谟涛（1991）、赵东明等（2001）、张皞（2007）、郑伟等（2007）、江东等（2011）、马彪等（2012）的研究结果表明，3 类模型各自具有不同的技术特征和适用条件，球谐函数展开式主要用于扰动重力的长波段计算，但受计算时间的限制，球谐函数展开式的阶次不宜取得太高；直接积分模型不需要对地面重力数据进行进一步的转换处理，但其在超低空存在积分奇异性和无法顾及地形效应的缺陷，在一定程度上限制了该模型的应用；点质量模型对超低空扰动重力场具有较强的恢复能力，但赋值之前需要完成地面重力数据到点质量的转换，其中涉及较大规模线性方程组的解算问题。对航天技术应用保障而言，远程飞行器对重力场的保障需求主要体现在扰动引力矢量计算精度和速度两个方面，在确保精度指标要求的前提下，如何突破扰动引力的计算速度和稳定性指标，一直是这个研究领域的关注点。为了满足扰动引力快速赋值的工程化要求，有学者研究提出了扰动引力数值逼近方法，即通过前期的数值建模构建扰动引力与空间位置一一对应的简化关系，来进一步缩短后期扰动引力的计算时间。赵东明等（2001，2003）分析研究了扰动引力快速赋值的有限元逼近法；张皞（2007）、王建强等（2013b）提出了扰动引力多项式拟合法；郑伟等（2007）、周世昌等（2009）进一步提出了广域多项式拟合法；王继平等（2008）研究探讨了扰动引力赋值的神经网络逼近算法。这个研究领域的新进展是，针对直接积分模型在计算低空扰动引力时出现的数值不稳定性和积分奇异性问题，刘长弘（2016）提出了 4 种改进型 Stokes 积分算法，即剔除中央奇异点算法、中央网格加密算法、奇异点积分值修正算法和改进积分公式算法；根据扰动引力场变化特征和广域多项式计算特点，常岑（2016）提出了构建覆盖全球的空间分层扰动引力赋值模型；翟曜（2016）研究分析了利用附加参数配置法进行扰动引力逼近计算的实际效果。

这里需要指出的是，对于海上航天技术应用重力场保障需求，海域飞行器发射阵位具有高度机动性和覆盖范围广的显著特点，因此与陆地固定发射阵位相比较，远程飞行器对海域外部扰动引力场赋值的技术要求更高，特别是数据准备阶段的实时性要求更高。针对这种特殊需求，必须在深入分析现有赋值模式技术特点的基础上，探讨联合应用多种模式构建一种能够兼具各自模式优良特性的综合模型的可能性，同时从工程化应用角度出发，继续对传统赋值模式进行改进和优化，为建立完善的远程飞行器重力场保障体系提供必要的技术支撑（刘敏等，2017d）。

1.3.8.2 大地水准面精化技术

不断精化大地水准面始终是现代物理大地测量学的研究主题之一（李建成等，2003；黄谟涛等，2005），也是海空重力测量数据应用的重点方向（孙中苗，2004；欧阳永忠，2013；孙中苗等，2014）。大地水准面，一方面作为最贴近地球形状的一个封闭重力等位面，在地球科学相关学科研究中具有重要的科学意义；另一方面作为高程系统的起算面，在统一全球地理空间信息基准框架方面具有不可替代的实用价值(李建成，2007)。随着高精度 GNSS 测高技术的发展，“GNSS+大地水准面模型”技术从根本上改变了传统高程基准的维持模式和高程测定的作业模式。正如李建成(2012)所述：新的维持模式是一种无须建立地面标志的“绿色模式”，新的作业模式是一种地表“无障碍模式”，也是一种相对“独立测高模式”。因此，精密确定大地水准面模型已经成为当前全球高程基准现代化基础设施建设的核心任务之一。

由物理大地测量学得知(Heiskanen et al.，1967；李建成等，2003)，确定重力大地水准面，理论上归结为求解相对于一个正常重力场的扰动位函数，即求解人们熟知的大地测量边值问题。经过一百多年的研究和发展，大地测量边值问题经历了以 3 类边值理论为代表的三个主要发展阶段，即以 Stokes 边值理论为代表的大地水准面边值理论发展阶段(Heiskanen et al.，1967)，以 Molodensky 边值理论为代表的地球自然表面边值理论发展阶段(Moritz，1980)，以及以 Bjerhammar 边值理论为代表的虚拟球面边值理论发展阶段(Bjerhammar，1964)。Stokes 边值理论因涉及大地水准面外部质量调整和地形质量密度假设问题，故也称为调整大地水准面边值问题。与上述 3 类理论相对应的边值问题解算公式分别为 Stokes 积分解、Molodensky 级数解和 Bjerhammar-广义 Stokes 积分。从理论上讲，只要地形重力归算及其间接影响考虑周密，各类不同的地形质量调整方案都能给出比较一致的 Stokes 积分解(Heiskanen et al.，1967)。目前，在实践中应用比较广泛的地形质量调整方案是 Helmert 第二类凝集法，其相对应的边值问题解称为 Stokes-Helmert 方法(李建成，2012)。Stokes 边值问题解存在的主要缺陷是：地形质量密度假设偏差带来的不严密性。Molodensky 边值理论不需要调整地形质量，因此 Molodensky 级数解在理论上是严密的，但由于高阶项计算过程的复杂性和不稳定性，实践中一般只考虑到级数的一阶项(陈俊勇等，2001a，2001b，2002；李建成等，2003)，至多考虑到级数的二阶项(章传银等，2006)。考虑一阶项时通常使用局部地形改正代替重力改正，即相当于使用 Faye 异常的 Stokes 积分解，这是基于空间重力异常与高程存在线性关系的基本假设所做的近似处理(Moritz，1980；Wang，1993；李建成等，2003)。然而在地形起伏较大的山区，重力异常与地形高度之间未必严格满足简单的线性关系，因此这种近似处理必然会带来一定的偏差(李姗姗等，2012)。Bjerhammar 边值理论也不存在地形质量调整问题，无须进行地形效应改正和补偿处理。实际上，Bjerhammar 边值理论可以看作一类广义的“等效场源”方法，Bjerhammar(1987)提出的虚拟重力异常法，Sünkel(1983)和 Antunes 等(2003)提出的虚拟点质量方法，许厚泽等(1984)提出的虚拟单层密度法，申文斌等(2004a，2004b，2005a，2005b，2008)提出的虚拟压缩恢复法，甚至包括

Moritz(1980)提出的解析延拓法等，都是建立在一种位场“等效原理”之上的，因此它们都可以归类为上述“等效场源”方法。这类方法不需要调整地形质量，但在地面观测与等效场源之间的转换过程中已经巧妙地顾及了地形效应的影响，因此具有理论上的严密性。这类方法在实用上的不足是，求解等效场源都包含一种“逆”过程，即涉及地面观测向下延拓的不适定问题，这是此类方法在数学结构上“先天性”的共同弱点(李建成等，2003)。如何有效克服这一弱点，是推广应用“等效场源”方法的关键(束蝉方等，2011a，2011b；黄谟涛等，2015d)。

需要补充说明的是，对于传统的Stokes边值问题解，考虑到无论采用哪一种类型的地形质量调整方案，最终都需要将经过“改正”后的地面重力异常向下延拓到大地水准面(Heiskanen et al.，1967)，因此其转换过程也必然会遇到与Bjerhammar“等效场源”解法相类似的不适定反问题。尽管与“原始”的地面重力异常相比，经过“改正”后的地面重力异常可能会变得平缓一些，此时的延拓空间不再存在地形质量(其前提条件是假设地形质量密度没有偏差)，能够保证这个阶段的向下延拓是正则的，但向下延拓问题本身仍然是一种“逆”过程，并不改变固有的不适定特性，对地面重力观测误差仍会有放大作用。因此，与Moritz解析延拓法相类似，仍然需要关注其解算过程的不稳定性问题。另外，关于“移去-恢复”过程中参考场的使用问题，不同的边值解算方法应当使用不同的边界面计算方案。对于未经调整的大地水准面Stokes边值问题解，既可以移去地形面上的参考场重力异常，也可以移去大地水准面上的参考场重力异常，前者意味着已经使用位模型将地面重力异常向下延拓到大地水准面，后者则意味着把地面重力异常等同于大地水准面重力异常，但两者都必须在大地水准面上恢复参考场。对于调整的大地水准面Stokes边值问题解，只能在大地水准面上完成移去和恢复参考场运算。对于Molodensky边值问题级数解(包括使用Faye异常的Stokes积分解)，也只能在大地水准面上完成移去和恢复参考场运算，因为级数解中的高阶项已经隐含对地面重力异常的向下延拓和大地水准面的向上延拓，如果在此情形下仍采用在地形面上移去和恢复参考场的计算方案，那么相当于重复考虑了地形效应的影响。对于Bjerhammar边值问题解，必须在地形面上移去参考场重力异常，在地形面上恢复参考场似大地水准面(高程异常)，或在Bjerhammar球面上恢复参考场重力异常。对于Moritz解析延拓解，既可以移去地形面上的参考场重力异常，也可以移去大地水准面上的参考场重力异常，前者意味着分步将地面重力异常向下延拓到大地水准面，第一步使用位模型进行近似延拓，第二步使用地面重力异常与地形面位模型重力异常的残差进行精细延拓；后者则意味着采用一步法即使用地面重力异常与大地水准面位模型重力异常的残差，将地面重力异常向下延拓到大地水准面。相比较而言，在相同的数据条件下，前者的延拓计算精度应当略优于后者。但两者都必须在地形面上恢复参考场似大地水准面(高程异常)。

在大地水准面大规模计算实践中，人们早期应用较多的是传统的 Stokes 积分解，后来逐步推广使用基于 Faye 异常的 Stokes 积分解，也就是 Molodensky 级数零阶加一阶项解，近期使用更多的是 Stokes-Helmert 方法和 Moritz 解析延拓法。20 世纪 90 年代以后，美国每隔 3～5 年就会更新换代一次国家高程基准大地水准面模型，具体数值模型包括 GEOID90、GEOID93、G9501、GEOID96、GEOID99、USGG2003（US gravimetric geoid of 2003）和 USGG2009 等（Milbert，1991；Smith et al.，1999，2001；Wang et al.，2012）。其中，USGG2003 及其之前的各个大地水准面模型均采用基于 Faye 异常的 Stokes 积分解，不同的只是在计算细节和数据使用上做了一些改进和补充。2009 年发布的 USGG2009 模型则采用了“超高阶位模型+剩余地形模型”移去-恢复技术加解析延拓解，Wang 等（2012）认为：在各个改正量都得到精确计算的条件下，该解法与严密的 Stokes-Helmert 方法是等价的。李建成（2012）也因此认为 USGG2009 模型采用的就是严密的 Stokes-Helmert 方法。USGG2009 模型的分辨率为 1′×1′，与 GPS 水准观测量进行比较，其差值的标准差为 6.3cm，剔除长波长误差后的差值标准差为 4.3cm（Wang et al.，2012）。欧洲地区大地水准面的计算工作始于 20 世纪 80 年代初，第一代欧洲大地水准面（European gravimetric geoid，EGG）模型 EGG1 的精度为分米级，分辨率约为 20km。1990 年，国际大地测量协会（International Association Geodesy，IAG）大地水准面欧洲分委会启动新一轮欧洲大地水准面精化计划，并从 1994 年开始，先后推出了 EGG94、EGG95、EGG96 和 EGG97 系列欧洲大地水准面模型（Denker et al.，1994，1996a，1996b，1999）。计算这些数值模型使用的基本方法是“位模型+剩余地形模型”移去-恢复技术。澳大利亚也曾在不同时期使用顾及 Molodensky 一阶项的级数解方法建立不同版本的国家大地水准面模型（如 AUSGeoid98、AUSGeoid09 等）（Featherstone et al.，2011）。我国于 20 世纪 70 年代完成第一代对应于 1954 北京坐标系的似大地水准面模型 CLQG60（Chinese local quasi geoid 1960）的计算，并于 80 年代初将该模型转换到新建立的 1980 西安大地坐标系；90 年代初我国推出第二代似大地水准面模型 WZD94（武测重力大地水准面 1994）（管泽霖等，1994）；21 世纪初，我国推出第三代似大地水准面模型 CQG2000（China quasi-geoid 2000）（李建成等，2003）；2012 年，我国推出新一代重力似大地水准面模型 CNGG2011（China gravimetric geoid 2011）（李建成，2012）。构建 CQG2000 模型使用的计算方案是基于 Faye 异常的 Stokes 积分解，CQG2000 模型的分辨率为 5′×5′，在全国范围内与 GPS 水准点比较的精度为 0.44m；构建 CNGG2011 模型采用的计算方案是严密的 Stokes-Helmert 方法，CNGG2011 模型的分辨率为 2′×2′，在全国范围内与 GPS 水准点比较的精度为 0.13m。总体而言，我国精化大地水准面采取的技术途径与美国基本保持一致，但在模型分辨率和精确度方面仍有一定的差距。下一步除了要在困难地区加大重力场信息获取资源投入外，应当继续关注地形和重力等多源数据的融合处理与应用，以及基于地形面的边值问题精细化解算理论和方法的研究(刘敏等，2017d)。数据源是提升我国似大地水准面精细化水平的根本，数学建模和解算方法是提高模型计算精度的关键(陈欣，2016；邢志斌等，2018)。

1.4　研究目标、研究内容及章节安排

1.4.1　研究目标

海面和航空重力测量是获取地球重力场信息的两种主要技术手段，海空重力测量装备研制、生产及其观测数据处理技术一直是国内外本学科领域的研究热点。从前面的分析讨论和归纳总结可以看出，经过几十年的发展和积累，无论是观测仪器还是测量数据处理及集成应用，海空重力测量技术在各个方面都取得了长足进步，极大地提升了人类对地球重力场的认知能力。但必须指出的是，随着海洋经济建设和海战场环境建设对海洋重力场信息保障需求的升级拓展，我国海空重力测量技术正面临难得的新一轮发展机遇，同时也面临许多问题和挑战。主要问题包括：①关于体系建设的顶层设计还不够完善，特色需求分析论证还不够充分；②海空重力测量核心技术自主研发能力还比较薄弱，海空重力仪严重依赖进口的局面还有待扭转；③海空重力测量技术体系建设还存在弱项和短板，关于测量作业规划与仪器性能评估、动态环境效应建模与数据精细化处理、成果质量评估与数据综合应用等一系列重要的工程化科学问题，仍需要研究解决。

基于上述认知和思考，作者将本书的总体研究目标确定为：以海上和空中测量作业、海洋环境信息保障和学科发展等 3 个方面的应用需求为牵引，以拓展和完善海空重力测量技术体系为目标，重点围绕海洋重力场特征分析计算、海上测量作业技术设计、重力测量仪器性能评估、海空测量载体精密定位、测量误差补偿、数据滤波与精细化处理、重力数据向上和向下延拓、多源重力数据融合处理以及外部重力场赋值与大地水准面精化等若干关键技术问题，开展分析论证、技术攻关和试验验证，通过继承和开创性的工作，着力破解海空重力测量作业、数据处理与数据融合应用中的技术难题，构建精密的海空重力测量数据精细化处理模型，形成完善自主的作业标准与数据获取体系、数据分析与处理体系、数据产品制作与应用体系，为提升我国海空重力测量技术能力和水平提供理论支撑。

1.4.2　研究内容及章节安排

本书的关注点主要聚焦于测量作业中的技术难题和基础理论建模中的技术瓶颈问题，但其研究内容几乎涵盖海空重力测量技术体系的各个方面，其研究内容和思路与海空重力测量技术体系建设目标的对应关系如图 1.2 所示。可以认为，

图 1.2 既是本书研究内容的总体架构，也是海空重力研究领域现阶段及未来一个时期的发展路线图。

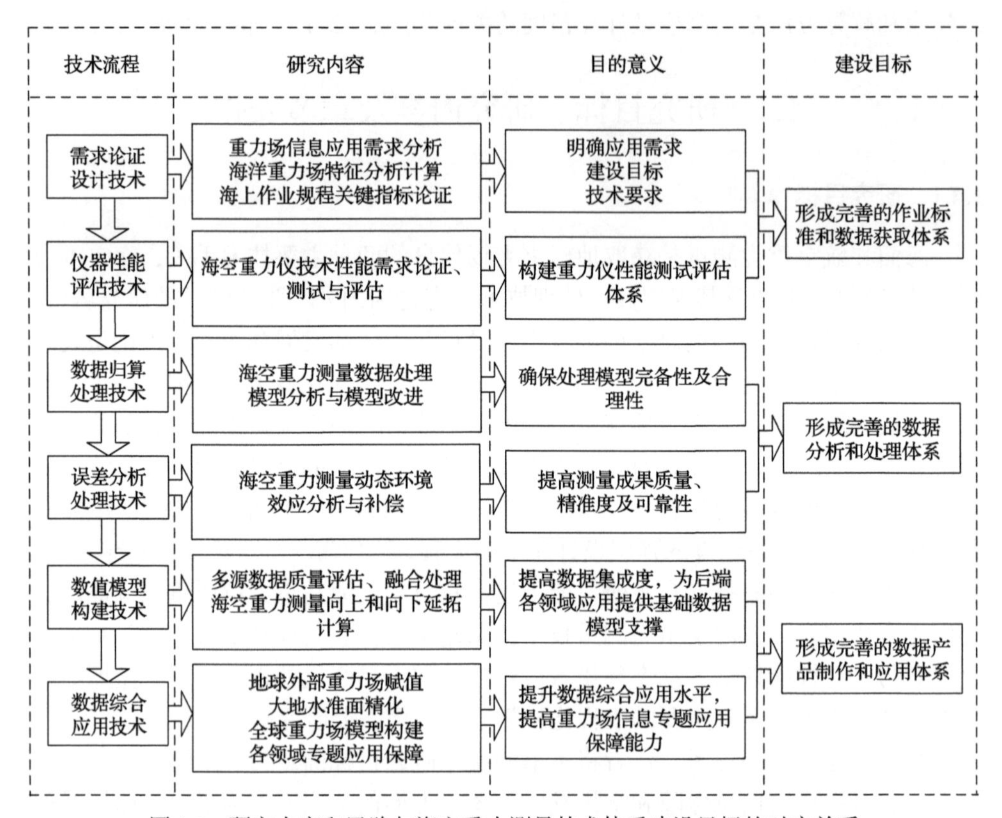

图 1.2　研究内容和思路与海空重力测量技术体系建设目标的对应关系

围绕图 1.2 确定的研究内容和思路，本书各章节的组织架构设计如下：

第 1 章为绪论。简要介绍开展海空重力测量技术研究的目的意义，分析总结国内外海空重力测量技术发展现状，最后给出本书的研究目标、研究内容及章节安排。

第 2 章和第 3 章为理论基础和数学模型。第 2 章简要介绍海空重力测量涉及的基础理论和数据处理基本模型；第 3 章分析研究海空重力测量数据处理精细化模型，提出海空重力测量环境效应改正模型。

第 4 章为海空重力测量系统组成及工作原理。简要介绍国内外海空重力测量主流设备的基本组成、性能指标及工作原理，分析比较不同类型仪器设备的技术特点及适用条件。

第 5 章和第 6 章为需求分析和指标论证。第 5 章通过分析研究海洋重力场变化特征，建立变化特征统计参数计算模型，研究论证海洋重力场信息应用需求，提出海洋重力测量测线布设方案；第 6 章开展海空重力测量关键技术指标分析论证及检验评估研究，提出海空重力仪关键性能指标检验流程和校正新方法。

第 7 章为测量精密定位。简要介绍 GNSS 用于海空重力测量精密定位的观测方程和解算方法，分析研究 GNSS 动态差分定位和精密单点定位模式的技术特点及适用条件，开展两种定位模式的软件编制及功能测试。

第 8 章和第 9 章为数据精细化处理。第 8 章简要介绍数据滤波的基本理论和方法，开展海空重力测量数据频谱特性分析及低通滤波器设计，分析研究测量载体垂向加速度的确定方法；第 9 章开展海空重力测量误差源分析及精度评估研究，提出系列化的海空重力测量动态效应补偿方法及解算模型，分析研究卫星测高重力模型在海空重力测量误差检测及无基点海洋重力测量数据归算中的应用。

第 10 章～第 12 章为数值模型构建。第 10 章开展地面和海面观测重力向上延拓模型实用性改化及适应性分析研究，提出重力异常向上延拓严密改化模型；第 11 章简要介绍向下延拓不适定反问题的科学内涵及正则化方法的基本原理，提出系列化的航空重力测量数据向下延拓新方法及解算模型；第 12 章开展海域多源重力数据频谱特性分析研究，提出系列化的海空重力测量数据融合处理及数值模型构建新方法。

第 13 章和第 14 章为数据综合应用。第 13 章开展海域重力数值模型在外部重力场逼近计算中的应用研究，分别提出外部扰动引力快速赋值模型、无奇异计算模型及超低空精密计算模型；第 14 章开展海域重力数值模型在大地水准面精细化计算中的应用研究，分别提出对应于 4 种边值理论的大地水准面高和高程异常计算改化模型、高阶径向导数带限计算模型及重力异常垂向梯度严密改化模型，提出利用带限航空矢量重力确定大地水准面两步积分法和一步积分法。

第 15 章为全书研究总结、展望及建议。对研究成果进行总结，对未来发展进行展望并提出建议。

1.5 本章小结

作为本书的开篇，本章首先简要介绍了本书研究的选题背景及开展该项研究的目的意义和应用需求，然后全面分析论述了海空重力测量传感器、规划设计、数据预处理、数据精细化处理、数值模型构建及数据综合应用等各项技术的发展进程和研究现状，提出了海空重力测量及应用技术体系的基本架构，明确了该技术体系的研究主体、信息流程及各个技术环节的相互关系，最后给出了本书的总体研究思路及研究内容的基本架构，提出了这个研究领域现阶段和下一阶段的发展路线图。

第 2 章　海空重力测量理论基础与数学模型

2.1　引　　言

数据获取与预处理是海空重力测量数据精细化处理和后续应用的前提条件和质量保障。为了更好地了解和掌握海空重力测量多传感器观测数据的内在特性及其相互联系，同时为后续数据分析、处理与应用奠定必要的技术基础，本章首先简要介绍海空重力测量涉及的时空基准及其转换方法，概述动态矢量和标量海空重力测量的基本原理及其观测方程，分别给出海空重力测量动态环境效应改正的基本数学模型。在此基础上，重点研究各项改正模型的误差特性，分析比较各类计算模型的技术特点、适用条件及其应用范围。最后论述海空重力测量对辅助设备的精度指标要求，其目的是为后续深入研究奠定必要的技术基础。

2.2　海空重力测量时空基准与转换

如第 1 章所述，高精度 GNSS 定位技术是推动航空重力测量技术取得突破性进展的重要保障。GNSS 时空基准是指 GNSS 时间基准和坐标基准。由于 GNSS 是一个测时测距系统，时间参数在其中是一个基本的观测量，利用 GNSS 定位技术进行精密定位和导航，必须尽可能获得高精度的时间信息，这就需要提供一个精确的时间基准(尺度和原点)。而要想实现高精度定位，还需要提供一个精确的坐标基准(坐标轴指向、尺度和原点)。因此，时间系统和坐标系统是 GNSS 导航定位的基础。下面首先简要介绍与 GNSS 测量有关的几种时间系统及其相互联系(张勤等，2005；黄声享等，2007；党亚民等，2007)。

2.2.1　时间系统

在天文学和空间科学技术研究领域，时间系统既是精确描述天体和人造卫星运行位置及其相互关系的重要基准，也是人们利用卫星系统进行精密定位的重要基准。GNSS 定位解算主要涉及 3 种时间概念：①动力学时，是在一定引力理论(如牛顿定律或广义相对论)下，物体运动方程中的独立时间变量，实际上，在生成 GNSS 星历时就隐含使用了动力学时，它是一个秒长均匀的时间；②原子时，由原子钟测量，是地面上的均匀时间基准，秒长为国际度量衡大会以国际协议确定的原子振荡频率的倒数；③恒星时，由地球自转确定。在卫星轨道计算中，不同的物理量可能使用不同的时间系统，例如，在计算卫星轨迹时使用恒星时，而在计算日、月和行星的坐标时使用历书时，各种观测采样时间则是协调世界时。可见，准确掌握各时间系统的定义及其相互之间的转换关系是非常必要的。

2.2.1.1　世界时系统

以地球自转为时间尺度的时间系统称为世界时系统。依据观测地球自转时所选择的参考点不同，世界时系统又分为以下几种不同的形式。

1) 恒星时

以春分点为参考点，由春分点的周日视运动所确定的时间称为恒星时(sidereal time，ST)。其时间尺度为：春分点连续两次经过本地子午圈的时间间隔为一恒星日，一恒星日分为 24 个恒星时。

2) 平太阳时

以地球自转为基础，以平太阳中心为参考点建立起来的时间称为平太阳时(mean solar time，MT)。其时间尺度为：平太阳连续两次经过本地子午圈的时间间隔为一平太阳日，一平太阳日分为 24 个平太阳时。

3) 世界时

以平子夜为零时起算的格林尼治平太阳时称为世界时(universal time，UT)。世界时尺度基准与平太阳时相同，其差异仅表现为起算点不同。地球自转轴在地球内部的位置是变化的，即存在极移现象，因此在世界时 UT0 中加入极移改正定义新的世界时 UT1；地球自转速度也是不均匀的，存在季节性、长期性及其他不规则变化，因此在 UT1 中加入地球自转速度季节性变化改正定义新的世界时 UT2。

2.2.1.2　原子时系统

随着空间科学技术、现代天文学和大地测量学的飞速发展，对时间系统的准确度和稳定度要求不断提高，以地球自转为基础的世界时系统已难以满足需求。因此，人们早在 20 世纪 50 年代，就开始建立以物质内部原子运动特征为基础的原子时系统。

原子时(atomic time，AT)的秒长定义为：位于海平面上的铯 133 原子基态两个超精细能级，在零磁场中跃迁辐射振荡 9192631770 周所持续的时间。原子时的起点按国际协议取为 1958 年 1 月 1 日 0 时的世界时 UT2，即原子时在起始时刻与 UT2 是重合的。

为了建立国际上统一的原子时系统，国际时间局于 1971 年建立了国际原子时(international atomic time，TAI)，现改由国际计量局(Bureau International des Poids et Measures，BIPM)的时间部门在维持。TAI 是通过对全球约 60 个时间实验室中的大约 240 台自由运转的原子钟所给出的数据，经赋予不同的权因子，按统一算法处理确定的时间系统，其稳定度约为 1×10^{-13}。

2.2.1.3 力学时系统

力学时(dynamic time，DT)是天体力学中用于描述天体运动的时间单位。根据天体运动方程所对应的参考点不同，力学时又分为质心力学时和地球力学时两种形式。质心力学时(barycentric dynamic time，BDT)是相对太阳系质心的天体运动方程所采用的时间参数。地球力学时(terrestrial dynamic time，TDT)是相对地球质心的天体运动方程所采用的时间参数。

地球力学时的基本单位是国际制秒，与原子时的尺度一致。TDT 与 TAI 的严格关系为

$$\mathrm{TDT} = \mathrm{TAI} + 32.184 \tag{2.1}$$

式中，单位为 s。在 GNSS 定位解算中，TDT 作为一种严格均匀的时间尺度和独立的变量，主要用于描述卫星的运动规律。

2.2.1.4 协调世界时系统

由于地球自转速度有长期变慢的趋势，以地球自转为基础的世界时每年比原子时慢约 1s，两者之差逐年积累。为了避免两者之间产生过大的偏差，国际相关组织从 1972 年开始采用以原子时秒长为基础，在时刻上尽量接近于世界时的一种折中时间系统，称为协调世界时(coordinated universal time，UTC)，简称协调时。

协调时的秒长严格等于原子时的秒长，采用闰秒(或跳秒)的方法使协调时与世界时时刻保持相近。当协调时与世界时的时刻差超过 ±0.9s 时，便在协调时中引入 1 闰秒(正或负)，闰秒一般发生在每年的 12 月 31 日或 6 月 30 日，具体日期由国际时间局安排并通告。

2.2.1.5 GPS 时间系统

为了保证导航和定位精度，全球定位系统(GPS)建立了专门的时间系统，即 GPS 时(GPS time，GPST)。GPS 时间系统属原子时系统，采用国际原子时 TAI 秒长作为时间基准，原点定义在 1980 年 1 月 6 日 0 时的 UTC。GPST 由 GPS 主控站维持，使其尽可能与 UTC 保持一致，但不进行闰秒改正。因此，GPST 与 UTC 之间虽然在其原点保持一致，但其后随时间成整倍数积累。GPST 与 TAI 之间存在一个常数差，它们的关系为

$$\mathrm{TAI} - \mathrm{GPST} = 19 \tag{2.2}$$

GPST 与 UTC 之间的关系为

$$\mathrm{GPST} = \mathrm{UTC} + (\mathrm{TAI} - \mathrm{UTC}) - 19 \tag{2.3}$$

式(2.2)和式(2.3)的单位均为 s。TAI－UTC 值每年由国际地球自转服务(International Earth Rotation Service，IERS)公布。1987 年，TAI－UTC=23s，GPST 比 UTC 快 4s，即 GPST=UTC+4s；2013 年 10 月，TAI－UTC=35s，故 2013 年 10 月 GPST 与 UTC 的关系是：GPST=UTC+16s。

2.2.2　坐标系统

海空重力测量定位主要涉及两类坐标系统，即天球坐标系和地球坐标系。天球坐标系是一种惯性坐标系，其坐标原点和坐标轴的指向在空间保持不动，可较方便地描述卫星的运行位置和状态。地球坐标系则是与地球体相固连的坐标系统，也称为地固坐标系，主要用于描述地面或空中测站的位置。下面简要介绍与海空重力测量定位有关的几种坐标系统及其相互转换联系。

2.2.2.1　常用坐标系统定义

1)天球坐标系

天球坐标系(惯性坐标系，I 系)的原点位于地球质心，z 轴指向天球北极，x 轴指向春分点，y 轴垂直于 x 轴和 z 轴并构成右手坐标系。

2)平天球坐标系

平天球坐标系(i 系)也称为似惯性坐标系，其原点位于地球质心，z 轴指向平北天极，x 轴指向平春分点，y 轴垂直于 x 轴和 z 轴并构成右手坐标系。

3)瞬时天球坐标系

瞬时天球坐标系(t 系)的原点位于地球质心，z 轴指向瞬时(真)北天极，x 轴指向真春分点，y 轴垂直于 x 轴和 z 轴并构成右手坐标系。

4)协议天球坐标系

以地球质心为坐标系原点，选用 2000 年 1 月 1 日质心力学时时刻为标准历元，由经过瞬时岁差和章动改正后的北天极和春分点分别确定 z 轴和 x 轴，由此构成的空固坐标系为协议天球坐标系(协议惯性坐标系，CIS 系)，命名为 J2000 协议惯性坐标系。

由卫星运动方程解算得到的卫星位置就是在协议天球坐标系中表示的。为了将协议天球坐标系的卫星坐标转换到观测历元 t 的瞬时天球坐标系，需要进行两步坐标转换：首先将协议天球坐标系中的坐标换算到观测瞬间的平天球坐标系，然后将平天球坐标系的坐标转换到瞬时天球坐标系。

5)地球坐标系(地固坐标系，e 系)

地球空间直角坐标系定义：原点位于地球质心，z 轴指向地球北极，x 轴指向格林尼治子午圈与地球赤道的交点，y 轴垂直于 x 轴和 z 轴并构成右手坐标系。

地球大地坐标系定义：地球椭球中心与地球质心重合，椭球短轴与地球自转轴重合，大地纬度 φ 为过地面点的椭球法线与椭球赤道面的夹角，大地经度 λ 为过地面点的椭球子午面与格林尼治平大地子午面之间的夹角，大地高 h 为地面点沿椭球法线至椭球面的距离。

6) 协议地球坐标系(CTS 系)

协议地球坐标系(CTS 系)，以地球质心为坐标原点，z 轴指向地球平极(协议地极)，x 轴指向平均格林尼治子午圈与地球平赤道面的交点，y 轴垂直于 x 轴和 z 轴并构成右手坐标系。

全球定位系统使用的 1984 世界大地测量系统(world geodetic system 1984，WGS-84)就属于一种协议地球坐标系。但由于受科学技术发展水平的限制，严格实现理想化的协议地球坐标系，目前还存在困难。因此，从这个意义上讲，WGS-84 也只能视为一种近似的协议地球坐标系，或称为准协议地球坐标系。在实际应用中，“观测站”和“卫星跟踪站”一般都定位于协议地球坐标系中。

7) 当地水平坐标系

当地水平坐标系(l 系)又称为导航坐标系(n 系)。其原点在观测仪器中心，x 轴沿参考椭球卯酉圈方向并指向东(E)，y 轴沿参考椭球子午圈方向并指向北(N)，z 轴沿参考椭球外法线方向并指向天顶(U)，而且与 x 轴、y 轴构成右手坐标系。

8) 载体坐标系(b 系)

载体坐标系(b 系)，原点位于测量载体质心，y 轴指向运动载体前进方向，x 轴指向载体前进路线的右方向，z 轴垂直于 x 轴和 y 轴并构成右手坐标系。

海空重力测量惯导系统输出的观测信息(角速度及比力)就是沿载体坐标系三个轴向的相应分量。

2.2.2.2　欧拉角与旋转矩阵

笛卡儿坐标系(正交坐标系)之间的转换是正交旋转转换，新旧坐标系之间的转换可用连续旋转转换得出。用 $x_1 = x, x_2 = y, x_3 = z$ 表示坐标轴，设绕 x_i 轴顺时针旋转 θ_i 角所对应的旋转矩阵用 $\boldsymbol{R}_{x_i}(\theta_i)$ 表示，则相应的旋转矩阵为

$$\boldsymbol{R}_{x_1}(\theta_1) = \begin{bmatrix} 1 & 0 & 0 \\ 0 & \cos\theta_1 & \sin\theta_1 \\ 0 & -\sin\theta_1 & \cos\theta_1 \end{bmatrix} \tag{2.4}$$

$$\boldsymbol{R}_{x_2}(\theta_2) = \begin{bmatrix} \cos\theta_2 & 0 & -\sin\theta_2 \\ 0 & 1 & 0 \\ \sin\theta_2 & 0 & \cos\theta_2 \end{bmatrix} \tag{2.5}$$

$$\boldsymbol{R}_{x_3}(\theta_3)=\begin{bmatrix}\cos\theta_3 & \sin\theta_3 & 0\\ -\sin\theta_3 & \cos\theta_3 & 0\\ 0 & 0 & 1\end{bmatrix} \tag{2.6}$$

旋转矩阵具有以下两个性质。

(1) 正交性：$\boldsymbol{R}_{x_i}^{-1}(\theta_i)=\boldsymbol{R}_{x_i}^{\mathrm{T}}(\theta_i)$；

(2) 逆旋转矩阵相当于绕相反方向旋转：$\boldsymbol{R}_{x_i}^{-1}(\theta_i)=\boldsymbol{R}_{x_i}(-\theta_i)$。

通常，两坐标系的正交转换可由 $\boldsymbol{R}_{x_i}(\theta_i)$ 的组合得出。假设先沿着 x 轴旋转 α 角，再绕 y 轴旋转 β 角，最后绕 z 轴旋转 γ 角，那么新旧坐标系的旋转矩阵为(祝永刚等，1989)

$$\begin{aligned}\boldsymbol{R}(\alpha,\beta,\gamma)&=\boldsymbol{R}_z(\gamma)\boldsymbol{R}_y(\beta)\boldsymbol{R}_x(\alpha)\\ &=\begin{bmatrix}\cos\gamma\cos\beta & \cos\gamma\sin\beta\sin\alpha+\sin\gamma\cos\alpha & -\cos\gamma\sin\beta\cos\alpha+\sin\gamma\sin\alpha\\ -\sin\gamma\cos\beta & -\sin\gamma\sin\beta\sin\alpha+\cos\gamma\cos\alpha & \sin\gamma\sin\beta\cos\alpha+\cos\gamma\sin\alpha\\ \sin\beta & -\cos\beta\sin\alpha & cos\beta\cos\alpha\end{bmatrix}\end{aligned} \tag{2.7}$$

若旋转角度 α,β,γ 很小，可用下面的近似矩阵表示：

$$\boldsymbol{R}(\alpha,\beta,\gamma)\approx\begin{bmatrix}1 & \gamma & -\beta\\ -\gamma & 1 & \alpha\\ \beta & -\alpha & 1\end{bmatrix}=\begin{bmatrix}1 & 0 & 0\\ 0 & 1 & 0\\ 0 & 0 & 1\end{bmatrix}-\begin{bmatrix}0 & -\gamma & \beta\\ \gamma & 0 & -\alpha\\ -\beta & \alpha & 0\end{bmatrix} \tag{2.8}$$

记 $\boldsymbol{W}=(\alpha,\beta,\gamma)^{\mathrm{T}}$ 为两坐标系欧拉角矢量，其相应的反对称阵为

$$\boldsymbol{\Psi}=\begin{bmatrix}0 & -\gamma & \beta\\ \gamma & 0 & -\alpha\\ -\beta & \alpha & 0\end{bmatrix} \tag{2.9}$$

则两坐标系的旋转矩阵为

$$\boldsymbol{R}(\alpha,\beta,\gamma)\approx\boldsymbol{I}-\boldsymbol{\Psi} \tag{2.10}$$

并且有 $\boldsymbol{R}^{\mathrm{T}}(\alpha,\beta,\gamma)\approx\boldsymbol{I}-\boldsymbol{\Psi}^{\mathrm{T}}$。

矢量都有相应的反对称阵，利用反对称阵可将矢量的叉乘转化为矩阵的乘积，具体可表示为

$$\boldsymbol{a}\times\boldsymbol{b}=\boldsymbol{A}\boldsymbol{b}=-\boldsymbol{b}\times\boldsymbol{a}=-\boldsymbol{B}\boldsymbol{a} \tag{2.11}$$

式中，$\boldsymbol{A}$、$\boldsymbol{B}$ 分别为矢量 $\boldsymbol{a}$、$\boldsymbol{b}$ 的反对称阵。

2.2.2.3　常用坐标系矢量的相互转换

1. 似惯性坐标系（i 系）与地固坐标系（e 系）的转换

设质点在 i 系中的位置矢量为 $\boldsymbol{r}^i$，在 e 系中的位置矢量为 $\boldsymbol{r}^e$，则其转换关系可表示为

$$\boldsymbol{r}^i = \boldsymbol{R}_e^i \boldsymbol{r}^e \tag{2.12}$$

式中，$\boldsymbol{R}_e^i$ 为 e 系到 i 系的坐标旋转矩阵，即

$$\boldsymbol{R}_e^i = \begin{bmatrix} \cos(\omega t) & -\sin(\omega t) & 0 \\ \sin(\omega t) & \cos(\omega t) & 0 \\ 0 & 0 & 1 \end{bmatrix} \tag{2.13}$$

式中，ω 为地球的旋转角速度。

类似地，将式(2.12)中的上下标换成相应坐标系的表示形式，即可得到位置矢量在其他各种坐标系间的相互转换关系，以下仅给出用于描述转换关系的旋转矩阵的形式。

2. 地固坐标系（e 系）与当地水平坐标系（l 系）的转换

l 系到 e 系的坐标旋转矩阵为

$$\boldsymbol{R}_l^e = \begin{bmatrix} -\sin\lambda & -\sin\varphi\cos\lambda & \cos\varphi\cos\lambda \\ \cos\lambda & -\sin\varphi\sin\lambda & \cos\varphi\sin\lambda \\ 0 & \cos\varphi & \sin\varphi \end{bmatrix} \tag{2.14}$$

式中，φ、λ 分别为大地纬度和经度。

3. 当地水平坐标系（l 系）与载体坐标系（b 系）的转换

b 系到 l 系的坐标旋转矩阵为

$$\boldsymbol{R}_b^l = \begin{bmatrix} \cos\eta\cos\alpha - \sin\eta\sin\alpha\sin\chi & -\sin\alpha\cos\chi & \cos\alpha\sin\eta + \sin\alpha\sin\chi\cos\eta \\ \cos\eta\sin\alpha + \sin\eta\cos\alpha\sin\chi & \cos\alpha\cos\chi & \sin\alpha\sin\eta - \cos\alpha\sin\chi\cos\eta \\ -\cos\chi\sin\eta & \sin\chi & \cos\chi\cos\eta \end{bmatrix} \tag{2.15}$$

式中，η、χ、α 分别为载体的横滚角、俯仰角和航向角，一般统称为姿态角。

2.2.2.4　角速度

两坐标系之间的相对旋转运动可用角速度矢量来描述，例如，e 系相对于 i 系的

角运动，可用矢量$\boldsymbol{\omega}_{ie}^{e}=(\omega_x,\omega_y,\omega_z)^{\mathrm{T}}$来表示。作为矢量，角速度也遵循相应的矢量运算法则，因此两坐标系间的转换可表示成多次旋转的最终结果，如$\boldsymbol{\omega}_{ie}^{e}=\boldsymbol{\omega}_{il}^{e}-\boldsymbol{\omega}_{el}^{e}$。角速度可在不同坐标系间转换：

$$\boldsymbol{\omega}_{ie}^{e}=\boldsymbol{R}_{i}^{e}\boldsymbol{\omega}_{ie}^{i} \tag{2.16}$$

其相应的反对称阵遵守如下转换：

$$\boldsymbol{\Omega}_{ie}^{e}=\boldsymbol{R}_{i}^{e}\boldsymbol{\Omega}_{ie}^{i}\boldsymbol{R}_{e}^{i} \tag{2.17}$$

角速度及其反对称阵有下列性质：

$$\boldsymbol{\omega}_{ie}^{e}=-\boldsymbol{\omega}_{ei}^{e}\,,\quad \boldsymbol{\Omega}_{ie}^{e}=-\boldsymbol{\Omega}_{ei}^{e} \tag{2.18}$$

2.2.2.5　旋转矩阵的微分方程

当两坐标系间存在相对旋转角速度时，相应的坐标旋转矩阵是时变的。因此，有必要推导出旋转矩阵对时间的导数：

$$\dot{\boldsymbol{R}}_{u}^{s}=\lim_{\mathrm{d}t\to 0}\frac{\boldsymbol{R}_{u}^{s}(t+\mathrm{d}t)-\boldsymbol{R}_{u}^{s}(t)}{\mathrm{d}t} \tag{2.19}$$

式中，u和s表示任意两个坐标系；$(t+\mathrm{d}t)$时刻的旋转矩阵可表示为

$$\boldsymbol{R}_{u}^{s}(t+\mathrm{d}t)=\delta\boldsymbol{R}_{u}^{s}\cdot\boldsymbol{R}_{u}^{s}(t)=(\boldsymbol{I}-\boldsymbol{\Psi}^{s})\boldsymbol{R}_{u}^{s}(t) \tag{2.20}$$

故有

$$\dot{\boldsymbol{R}}_{u}^{s}=-\lim_{\mathrm{d}t\to 0}\frac{\boldsymbol{\Psi}^{s}\boldsymbol{R}_{u}^{s}(t)}{\mathrm{d}t}=-\boldsymbol{\Omega}_{us}^{s}\boldsymbol{R}_{u}^{s} \tag{2.21}$$

又因为

$$\boldsymbol{\Omega}_{us}^{s}=-\boldsymbol{\Omega}_{su}^{s}=-\boldsymbol{R}_{u}^{s}\boldsymbol{\Omega}_{su}^{u}\boldsymbol{R}_{s}^{u} \tag{2.22}$$

所以最终的微分方程为

$$\dot{\boldsymbol{R}}_{u}^{s}=\boldsymbol{R}_{u}^{s}\boldsymbol{\Omega}_{su}^{u} \tag{2.23}$$

可见，旋转矩阵对时间的导数就等于旋转矩阵本身与一个反对称阵的乘积，如果将其展开，可得到 9 个微分方程式。

2.3 海空重力测量基本原理与模型

2.3.1 海空矢量重力测量原理与模型

2.3.1.1 基本模型

如前所述，海空重力测量的载体始终处于运动状态，因此它是一种动态重力测量技术，这是此类测量模式区别于传统陆地静态重力测量的最大特点。这一显著特点一方面决定了海空重力测量技术发展的高难度，另一方面也决定了海空重力测量原理的复杂性。因为在运动载体上，重力传感器感应到的不只是地球引力的作用，还有惯性力的作用，如何以较高的精度从重力传感器观测量中分离出引力加速度和惯性加速度，是发展海空重力测量技术必须突破的瓶颈问题。根据经典力学的牛顿第二运动定律，作用于单位质点的总加速度矢量(称为比力) $\boldsymbol{f}^i$ 与载体运动加速度矢量 $\ddot{\boldsymbol{r}}^i$ 和引力加速度矢量 $\boldsymbol{G}^i$ 之间的关系为

$$\boldsymbol{f}^i = \ddot{\boldsymbol{r}}^i - \boldsymbol{G}^i \tag{2.24}$$

牛顿第二运动定律只成立于惯性坐标系，但绝对的惯性坐标系是不可能实现的，实用上只要原点与参照物的移动和旋转角速度远小于惯性测量对参数所要求的精确度，就可以近似看成惯性坐标系(祝永刚等，1989)，式(2.24)中上标 i 表示似惯性坐标系。按照爱因斯坦等效原理，$\ddot{\boldsymbol{r}}^i$ 与 $\boldsymbol{G}^i$ 是不可分的，要获取引力加速度矢量 $\boldsymbol{G}^i$，必须先通过高精度动态 GNSS 定位技术求得载体运动加速度 $\ddot{\boldsymbol{r}}^i$，再将其从测得的比力中减去。

设质点在 i 系和 e 系中的位置矢量分别为 $\boldsymbol{r}^i$ 和 $\boldsymbol{r}^e$，两者之间的关系可表示为

$$\boldsymbol{r}^e = \boldsymbol{R}_i^e \boldsymbol{r}^i \tag{2.25}$$

式中，$\boldsymbol{R}_i^e$ 为从 i 系到 e 系的坐标旋转矩阵。

将式(2.25)对时间求导可得

$$\dot{\boldsymbol{r}}^e = \boldsymbol{R}_i^e \dot{\boldsymbol{r}}^i + \dot{\boldsymbol{R}}_i^e \boldsymbol{r}^i = \boldsymbol{R}_i^e (\dot{\boldsymbol{r}}^i + \boldsymbol{\Omega}_{ei}^i \boldsymbol{r}^i) \tag{2.26}$$

式中，$\boldsymbol{\Omega}_{ei}^i$ 为反对称阵，表示 e 系相对于 i 系的运动角速度。

设 $\boldsymbol{v}^e$ 是载体相对地球的速度，即 $\boldsymbol{v}^e = \dot{\boldsymbol{r}}^e$，则 $\boldsymbol{v}^e$ 在 l 系可表示为

$$\boldsymbol{v}^l = \boldsymbol{R}_e^l \boldsymbol{v}^e \tag{2.27}$$

将式(2.26)代入式(2.27)可得

$$\boldsymbol{v}^l = \boldsymbol{R}_e^l \boldsymbol{R}_i^e (\dot{\boldsymbol{r}}^i + \boldsymbol{\Omega}_{ei}^i \boldsymbol{r}^i) = \boldsymbol{R}_i^l (\dot{\boldsymbol{r}}^i - \boldsymbol{\Omega}_{ie}^i \boldsymbol{r}^i) \tag{2.28}$$

由式(2.28)可解得

$$\dot{\boldsymbol{r}}^i = \boldsymbol{R}_l^i \boldsymbol{v}^l + \boldsymbol{\Omega}_{ie}^i \boldsymbol{r}^i \tag{2.29}$$

于是有

$$\ddot{\boldsymbol{r}}^i = \boldsymbol{R}_l^i (\dot{\boldsymbol{v}}^l + \boldsymbol{\Omega}_{il}^l \boldsymbol{v}^l) + \boldsymbol{\Omega}_{ie}^i \dot{\boldsymbol{r}}^i \tag{2.30}$$

因 $\dot{\boldsymbol{\Omega}}_{ie}^i$ 量级很小，故式(2.30)中略去了 $\dot{\boldsymbol{\Omega}}_{ie}^i \boldsymbol{r}^i$ 项。在 l 系中，顾及式(2.24)可得

$$\boldsymbol{f}^l = \boldsymbol{R}_i^l \boldsymbol{f}^i = \boldsymbol{R}_i^l (\ddot{\boldsymbol{r}}^i - \boldsymbol{G}^i) \tag{2.31}$$

将式(2.30)代入式(2.31)可得

$$\begin{aligned}\boldsymbol{f}^l &= \boldsymbol{R}_i^l [\boldsymbol{R}_l^i (\dot{\boldsymbol{v}}^l + \boldsymbol{\Omega}_{il}^l \boldsymbol{v}^l) + \boldsymbol{\Omega}_{ie}^i \dot{\boldsymbol{r}}^i - \boldsymbol{G}^i] \\ &= \dot{\boldsymbol{v}}^l + \boldsymbol{\Omega}_{il}^l \boldsymbol{v}^l + \boldsymbol{R}_i^l \boldsymbol{\Omega}_{ie}^i \dot{\boldsymbol{r}}^i - \boldsymbol{R}_i^l \boldsymbol{G}^i \\ &= \dot{\boldsymbol{v}}^l + (\boldsymbol{\Omega}_{ie}^l + \boldsymbol{\Omega}_{el}^l) \boldsymbol{v}^l + \boldsymbol{R}_i^l \boldsymbol{\Omega}_{ie}^i \dot{\boldsymbol{r}}^i - \boldsymbol{R}_i^l \boldsymbol{G}^i\end{aligned} \tag{2.32}$$

利用相似转换 $\boldsymbol{R}_i^l \boldsymbol{\Omega}_{ie}^i \boldsymbol{R}_l^i = \boldsymbol{\Omega}_{ie}^l$，同时顾及式(2.29)可得

$$\begin{aligned}\boldsymbol{f}^l &= \dot{\boldsymbol{v}}^l + (\boldsymbol{\Omega}_{ie}^l + \boldsymbol{\Omega}_{el}^l) \boldsymbol{v}^l + \boldsymbol{R}_i^l \boldsymbol{\Omega}_{ie}^i (\boldsymbol{R}_l^i \boldsymbol{v}^l + \boldsymbol{\Omega}_{ie}^i \boldsymbol{r}^i) - \boldsymbol{R}_i^l \boldsymbol{G}^i \\ &= \dot{\boldsymbol{v}}^l + (\boldsymbol{\Omega}_{ie}^l + \boldsymbol{\Omega}_{el}^l) \boldsymbol{v}^l + \boldsymbol{\Omega}_{ie}^l \boldsymbol{v}^l + \boldsymbol{R}_i^l \boldsymbol{\Omega}_{ie}^i \boldsymbol{\Omega}_{ie}^i \boldsymbol{r}^i - \boldsymbol{R}_i^l \boldsymbol{G}^i \\ &= \dot{\boldsymbol{v}}^l + (2\boldsymbol{\Omega}_{ie}^l + \boldsymbol{\Omega}_{el}^l) \boldsymbol{v}^l - \boldsymbol{R}_i^l (\boldsymbol{G}^i - \boldsymbol{\Omega}_{ie}^i \boldsymbol{\Omega}_{ie}^i \boldsymbol{r}^i)\end{aligned} \tag{2.33}$$

重力是引力和离心力之和，$(\boldsymbol{G}^i - \boldsymbol{\Omega}_{ie}^i \boldsymbol{\Omega}_{ie}^i \boldsymbol{r}^i)$ 即为惯性坐标系中的重力加速度矢量 $\boldsymbol{g}^i$，故有

$$\boldsymbol{f}^l = \dot{\boldsymbol{v}}^l + (2\boldsymbol{\Omega}_{ie}^l + \boldsymbol{\Omega}_{el}^l) \boldsymbol{v}^l - \boldsymbol{g}^l \tag{2.34}$$

式中，$(2\boldsymbol{\Omega}_{ie}^l + \boldsymbol{\Omega}_{el}^l) \boldsymbol{v}^l$ 称为科里奥利加速度；$\dot{\boldsymbol{v}}^l$ 为载体运动加速度；$\boldsymbol{g}^l$ 为重力加速度矢量。

式(2.34)即为惯导系统中的比力方程(祝永刚等，1989)。式(2.34)又可写为

$$\boldsymbol{g}^l = \dot{\boldsymbol{v}}^l + (2\boldsymbol{\Omega}_{ie}^l + \boldsymbol{\Omega}_{el}^l) \boldsymbol{v}^l - \boldsymbol{f}^l \tag{2.35}$$

或写为

$$\boldsymbol{g}^l = \boldsymbol{q}^l - \boldsymbol{f}^l \tag{2.36}$$

式中，$\boldsymbol{q}^l$ 为科里奥利加速度和运动加速度的综合影响。

式(2.35)中的重力加速度矢量 $\boldsymbol{g}^l$ 又可以表示成正常重力矢量 $\boldsymbol{\gamma}^l$ 和扰动重力矢量 $\delta\boldsymbol{g}^l$ 之和，由此可以得出海空矢量重力测量的基本模型(Glennie，1999；Olesen，2002；孙中苗，2004；张开东，2007；Alberts，2009)为

$$\delta\boldsymbol{g}^l = \dot{\boldsymbol{v}}^l - \boldsymbol{f}^l + (2\boldsymbol{\Omega}_{ie}^l + \boldsymbol{\Omega}_{el}^l)\boldsymbol{v}^l - \boldsymbol{\gamma}^l \tag{2.37}$$

式中，$\boldsymbol{v}^l$ 和 $\dot{\boldsymbol{v}}^l$ 分别为载体的速度和加速度；$\boldsymbol{f}^l$ 为加速度计在 l 系下的比力观测值；$\boldsymbol{\Omega}_{ie}^l$ 为地球自转角速度在当地水平坐标系下的投影；$\boldsymbol{\Omega}_{el}^l$ 为当地水平坐标系相对地球坐标系的旋转角速度在当地水平坐标系下的投影；$\boldsymbol{\gamma}^l$ 为正常重力矢量；$\delta\boldsymbol{g}^l$ 为待求的扰动重力矢量。

式(2.37)适用于当地水平稳定平台系统，其中三轴加速度计的空中定向由电子机械反馈环路维持，因此所有观测量均直接在 l 系中获得。对于捷联式矢量重力测量系统，加速度计和陀螺的观测量是在载体坐标系（b 系）中获得的，故其相应的基本模型为

$$\delta\boldsymbol{g}^l = \dot{\boldsymbol{v}}^l - \boldsymbol{R}_b^l\boldsymbol{f}^b + (2\boldsymbol{\Omega}_{ie}^l + \boldsymbol{\Omega}_{el}^l)\boldsymbol{v}^l - \boldsymbol{\gamma}^l \tag{2.38}$$

式中，$\boldsymbol{R}_b^l$ 为载体坐标系至当地水平坐标系的旋转矩阵。

2.3.1.2 误差模型

根据基本模型(2.38)可推得海空(以捷联式矢量重力测量系统为例)矢量重力测量的误差模型为(Glennie，1999；张开东，2007)

$$\mathrm{d}\delta\boldsymbol{g}^l = \delta\dot{\boldsymbol{v}}^l - [\boldsymbol{f}^l\times]\boldsymbol{\psi} - \boldsymbol{R}_b^l\delta\boldsymbol{f}^b + (2\boldsymbol{\Omega}_{ie}^l + \boldsymbol{\Omega}_{el}^l)\times\delta\boldsymbol{v}^l - [\boldsymbol{v}^l\times](2\delta\boldsymbol{\Omega}_{ie}^l + \delta\boldsymbol{\Omega}_{el}^l) - \delta\boldsymbol{\gamma}^l \tag{2.39}$$

式中，$\mathrm{d}\delta\boldsymbol{g}^l$ 为扰动重力矢量测量误差；$\boldsymbol{\psi}$ 为由陀螺观测噪声和初始校准误差引起的姿态测量误差；$\boldsymbol{f}^l$ 为当地水平坐标系下的比力测量值；$\delta\boldsymbol{f}^b$ 为加速度计的测量误差；$\delta\dot{\boldsymbol{v}}^l$ 和 $\delta\boldsymbol{v}^l$ 分别为由 GNSS 定位技术得到的载体运动加速度和速度测量误差；$\delta\boldsymbol{\Omega}_{ie}^l$ 和 $\delta\boldsymbol{\Omega}_{el}^l$ 为相应角速度计算误差；$\delta\boldsymbol{\gamma}^l$ 为正常重力矢量计算误差；$[\boldsymbol{f}^l\times]$ 为比力观测矢量的反对称阵；$[\boldsymbol{v}^l\times]$ 为载体运动速度矢量的反对称阵。

式(2.39)是在假设惯导系统(inertial navigation system，INS)和 GNSS 的时间序列严格同步的条件下得到的，但在实际应用中这是不可能实现的，因此应该在

式(2.39)中加上数据序列之间时间不同步造成的误差(Glennie，1999；张开东，2007)，即有

$$\begin{aligned} \mathrm{d}\delta \boldsymbol{g}^l = & \delta \dot{\boldsymbol{v}}^l - [\boldsymbol{f}^l \times]\boldsymbol{\psi} - \boldsymbol{R}_b^l \delta \boldsymbol{f}^b + (2\boldsymbol{\Omega}_{ie}^l + \boldsymbol{\Omega}_{el}^l) \times \delta \boldsymbol{v}^l \\ & - [\boldsymbol{v}^l \times](2\delta \boldsymbol{\Omega}_{ie}^l + \delta \boldsymbol{\Omega}_{el}^l) - \delta \boldsymbol{\gamma}^l + (\dot{\boldsymbol{R}}_b^l \boldsymbol{f}^b + \boldsymbol{R}_b^l \dot{\boldsymbol{f}}^b)\mathrm{d}\boldsymbol{T} \end{aligned} \tag{2.40}$$

式中，$\mathrm{d}\boldsymbol{T}$ 为时间同步误差。

关于式(2.40)，Glennie(1999)和Bruton(2001)认为，在当前的GNSS测量精度条件下，$(2\boldsymbol{\Omega}_{ie}^l + \boldsymbol{\Omega}_{el}^l) \times \delta \boldsymbol{v}^l$、$[\boldsymbol{v}^l \times](2\delta \boldsymbol{\Omega}_{ie}^l + \delta \boldsymbol{\Omega}_{el}^l)$ 和 $\delta \boldsymbol{\gamma}^l$ 等误差项均可忽略不计。张开东(2007)根据计算分析结果证实，时间同步误差的影响大小与测量动态环境有关，在典型的飞行动态环境下，1ms 的时间同步误差引起的测量误差最大可达20mGal。因此，要想使测量误差小于 1mGal，必须将时间同步误差限制在 50μs以内。

产生时间同步误差的原因主要包括：传感器内部时间延迟、数据记录时间延迟和时钟误差。传感器内部时间延迟是指传感器测量时刻和输出时刻的时间差，每个传感器的时间延迟误差可以近似为常量，可由理论模型计算得到，或者通过事后标定测得。数据记录时间延迟的大小与数据传输方式、数据记录系统等有关，为了减小数据记录时间延迟，一般为每个传感器配备专用的数据记录设备，并且各设备采用统一的时钟信号。时钟误差是由振荡器的不稳定性引起的，表现为时钟漂移、时钟跳跃和时钟噪声。

数据记录时间延迟和时钟误差又统称为时标误差，目前已经有现成的基于GNSS 接收机秒脉冲(1pulse per second，1PPS)的时间同步方案，可将时标误差控制在 400ns 以内，完全可以忽略不计。因此，各传感器内部时间延迟的差异是时间同步误差的主要因素，在系统设计及测试时应保证传感器内部时间延迟误差小于 50μs。若这一要求得到满足，则时间同步误差项$(\dot{\boldsymbol{R}}_b^l \boldsymbol{f}^b + \boldsymbol{R}_b^l \dot{\boldsymbol{f}}^b)\mathrm{d}\boldsymbol{T}$ 也可以忽略不计。在此条件下，海空矢量重力测量的误差模型最终可简化为

$$\mathrm{d}\delta \boldsymbol{g}^l = \delta \dot{\boldsymbol{v}}^l - [\boldsymbol{f}^l \times]\boldsymbol{\psi} - \boldsymbol{R}_b^l \delta \boldsymbol{f}^b \tag{2.41}$$

根据式(2.41)给出的误差模型，可逐一对海空重力测量中的载体位置、速度、加速度和姿态测定精度，以及加速度计的测量精度要求进行分析论证，以确保最终测量成果的质量满足总体设计要求(Glennie，1999；张开东，2007)。

2.3.1.3 矢量模型的分量形式

为方便后续章节的分析研究，本节进一步给出航空矢量重力测量基本模型的分量形式。首先根据相似转换，可得

$$\boldsymbol{\Omega}_{ie}^{l} = \boldsymbol{R}_{e}^{l}\boldsymbol{\Omega}_{ie}^{e}\boldsymbol{R}_{l}^{e} = \begin{bmatrix} 0 & \omega\sin\varphi & \omega\cos\varphi \\ -\omega\sin\varphi & 0 & 0 \\ -\omega\cos\varphi & 0 & 0 \end{bmatrix} \tag{2.42}$$

式中，$\boldsymbol{\Omega}_{ie}^{e}$ 表示地球旋转角速度的矩阵形式，可表示为

$$\boldsymbol{\Omega}_{ie}^{e} = \begin{bmatrix} 0 & -\omega & 0 \\ \omega & 0 & 0 \\ 0 & 0 & 0 \end{bmatrix} \tag{2.43}$$

根据熊盛青等(2010)，由载体运动引起的旋转角速度在当地水平坐标系下的投影 $\boldsymbol{\Omega}_{el}^{l}$ 可表示为

$$\boldsymbol{\Omega}_{el}^{l} = \begin{bmatrix} 0 & -\dot{\lambda}\sin\varphi & \dot{\lambda}\cos\varphi \\ \dot{\lambda}\sin\varphi & 0 & \dot{\varphi} \\ -\dot{\lambda}\cos\varphi & -\dot{\varphi} & 0 \end{bmatrix} \tag{2.44}$$

由此可得

$$(2\boldsymbol{\Omega}_{ie}^{l} + \boldsymbol{\Omega}_{el}^{l})\boldsymbol{v}^{l} = \begin{bmatrix} 0 & -\dot{l}_2\sin\varphi & \dot{l}_2\cos\varphi \\ \dot{l}_2\sin\varphi & 0 & \dot{\varphi} \\ -\dot{l}_2\cos\varphi & -\dot{\varphi} & 0 \end{bmatrix}\boldsymbol{v}^{l} \tag{2.45}$$

式中，$\dot{l}_2 = \dot{\lambda} + 2\omega$；$\boldsymbol{v}^{l} = [v_E, v_N, v_U]^{\mathrm{T}}$。

顾及 $\boldsymbol{\gamma}^{l} = (0,0,\gamma_U)^{\mathrm{T}}$，可得式(2.37)的分量形式为

$$\begin{cases} \delta g_E = \dot{v}_E - (\dot{\lambda} + 2\omega)v_N\sin\varphi + (\dot{\lambda} + 2\omega)v_U\cos\varphi - f_E \\ \delta g_N = \dot{v}_N + (\dot{\lambda} + 2\omega)v_E\sin\varphi + \dot{\varphi}v_U - f_N \\ \delta g_U = \dot{v}_U - (\dot{\lambda} + 2\omega)v_N\cos\varphi + \dot{\varphi}v_U - f_U - \gamma_U \end{cases} \tag{2.46}$$

进一步将 $\boldsymbol{v}^{l}$ 以椭球坐标表示为

$$\boldsymbol{v}^{l} = \begin{bmatrix} v_E \\ v_N \\ v_U \end{bmatrix} = \begin{bmatrix} (R_N + h)\dot{\lambda}\cos\varphi \\ (R_M + h)\dot{\varphi} \\ \dot{h} \end{bmatrix} \tag{2.47}$$

即得

$$\begin{cases} \dot{\lambda} = \dfrac{v_E}{(R_N + h)\cos\varphi} \\ \dot{\varphi} = \dfrac{v_N}{R_M + h} \end{cases} \tag{2.48}$$

式中，R_N 和 R_M 分别为卯酉圈曲率半径和子午圈曲率半径。

将式(2.47)和式(2.48)代入式(2.46)，可得航空矢量重力测量模型的最终分量形式为

$$\begin{cases} \delta g_E = \dot{v}_E - f_E + \left(\dfrac{v_E}{R_N + h} + 2\omega\cos\varphi\right)(v_U - v_N\tan\varphi) \\ \delta g_N = \dot{v}_N - f_N + \left(\dfrac{v_E}{R_N + h} + 2\omega\cos\varphi\right)v_E\tan\varphi + \dfrac{v_N v_U}{R_M + h} \\ \delta g_U = \dot{v}_U - f_U - \left[\left(\dfrac{v_E}{R_N + h} + 2\omega\cos\varphi\right)v_E + \dfrac{v_N^2}{R_M + h}\right] - \gamma_U \end{cases} \tag{2.49}$$

式中，下标 E 、N 、U 分别表示当地水平坐标系的东、北、天方向；ω 为地球的自转角速度；φ 为大地纬度；h 为大地高。

式(2.49)中的第三式右端的[·]项为科里奥利加速度的第三分量，习惯上称之为厄特沃什(Eötvös)改正，通常记为 δa_E，关于 δa_E 的深入讨论详见后面的章节。

2.3.2　海空标量重力测量原理与模型

2.3.2.1　旋转不变式测量模型

根据式(2.36)，可得

$$(\boldsymbol{f}^l)^2 = (\boldsymbol{q}^l - \boldsymbol{g}^l)^2 \tag{2.50}$$

如果测量比力矢量的三个加速度计互相垂直并略去垂线偏差的影响，则由式(2.50)可得

$$\begin{aligned} f^2 = f_1^2 + f_2^2 + f_3^2 &= (q_U - g_U)^2 + (q_E - g_E)^2 + (q_N - g_N)^2 \\ &\approx (q_U + g)^2 + q_E^2 + q_N^2 \end{aligned} \tag{2.51}$$

即

$$g = -g_U = \sqrt{f_1^2 + f_2^2 + f_3^2 - q_E^2 - q_N^2} - q_U \tag{2.52}$$

于是

$$\delta g=\sqrt{f_1^2+f_2^2+f_3^2-q_E^2-q_N^2}-\dot{v}_U+\delta a_E-\gamma \tag{2.53}$$

式中，f_1、f_2和f_3分别为三个加速度计的测量值；q_E、q_N和q_U为q的三个分量；γ为计算点的正常重力。

由于三个加速度计仅需要互相垂直安装，而理论上与安装方位无关，所以称式(2.53)为海空标量重力测量旋转不变式模型。这种测量模式的优点是可以不采用陀螺，使得测量系统更为简单和经济。但要求三个加速度计都达到很高的观测精度难度较大，不仅工艺要求高，而且制造成本也不低。

2.3.2.2　捷联式标量重力测量模型

捷联式标量重力测量模型为式(2.38)的垂直分量，即

$$\delta g=f_U-\dot{v}_U+\delta a_E-\gamma \tag{2.54}$$

式中，f_U为$R_b^l f^b$的第三分量；δg和γ的方向均指向天的反方向。

2.3.2.3　平台式标量重力测量模型

平台式标量重力测量模型为式(2.49)的第三式，即

$$\delta g=f_U-\dot{v}_U+\delta a_E-\gamma \tag{2.55}$$

式中，δg和γ的方向均指向天的反方向；f_U为假设稳定平台真正水平时的观测量。

实际上，测量过程中稳定平台不可能保持真正水平，因此测量得到的是另一观测量，记为f_Z。利用稳定平台上两个水平加速度计的读数f_X和f_Y，类似于式(2.53)的推导过程，有

$$\begin{aligned}\delta g&=\sqrt{f_X^2+f_Y^2+f_Z^2-q_E^2-q_N^2}-\dot{v}_U+\delta a_E-\gamma\\&=f_Z-\dot{v}_U+\delta a_E+\left(\sqrt{f_X^2+f_Y^2+f_Z^2-q_E^2-q_N^2}-f_Z\right)-\gamma\\&=f_Z-\dot{v}_U+\delta a_E+\delta a_H-\gamma\end{aligned} \tag{2.56}$$

式中，δa_H为因平台非水平而使水平加速度在垂向产生的影响，称为水平加速度改正(也称为平台倾斜重力改正)。

由于海空重力测量通常采用相对测量模式，所以海空重力仪在测量船起航或

飞机起飞前都需要在码头或机场进行重力基点比对静态观测，以便将地面重力基准值传递到海空重力观测值，其测点重力扰动 δg 的计算模型应写为

$$\begin{aligned}\delta g &= g_b + (f_Z - f_Z^0) - \dot{v}_U + \delta a_E + \delta a_H - \gamma \\ &= g_b + (f_Z - f_Z^0) - \dot{v}_U + \delta a_E + \delta a_H + \delta a_F - \gamma_0\end{aligned} \tag{2.57}$$

式中，g_b 为码头或停机坪处的重力值，由陆地重力仪从重力基准点联测得到；f_Z 和 f_Z^0 分别为比力观测值及其初值；δa_F 为空间改正；γ_0 为椭球面上的正常重力。

此外，弹性重力仪存在零点漂移，因此在式(2.57)中还需要加上相应的零点漂移改正项 δa_K，即

$$\delta g = g_b + (f_Z - f_Z^0) - \dot{v}_U + \delta a_E + \delta a_H + \delta a_F + \delta a_K - \gamma_0 \tag{2.58}$$

通常称式(2.58)为海空标量重力测量基本模型。

2.3.3　LCR 型海空重力仪工作原理与模型

LCR 型(也称为 L&R 型)海空重力仪是由美国 LaCoste & Romberg 公司生产的一型供航海和航空重力测量的仪器，由于其具有比较可靠的工作性能和较高的测量精度，至今仍在全球范围内得到广泛应用(黄谟涛等，2005；Hwang et al.，2007；Neumeyer et al.，2009；Alberts，2009；孙中苗等，2009，2021；欧阳永忠等，2013)。考虑到本书研究内容的很大部分是针对此类重力仪的观测数据展开的，因此本节简要介绍该型重力仪的工作原理及其基本观测方程。

LCR 型海空重力仪为静力法相对重力测量仪，是一型基于阻尼两轴平台的摆杆型标量测量重力仪，其重力传感器是一个零长弹簧系统。此类测量系统在摆杆前部装有上下两个空气阻尼器，在摆杆的尾部还设置了上下两个电容板。空气阻尼器对摆杆的垂直摆动产生很强的阻尼作用，两个电容板主要用于测定摆杆速度。LCR 型海空重力仪设计独特，在运动状态中具有实时感应重力值的特性。它不是依靠摆杆归零来读数(零位读数)的，而是通过测定摆杆的摆动速度，经计算后求得重力读数。

根据 LaCoste(1967)，重力仪摆杆的运动状态可用下列微分方程来表示：

$$g + z'' + bB'' + fB' + kB - cS = 0 \tag{2.59}$$

式中，g 为观测重力；“′”和“″”分别表示对时间的一次微分和二次微分；z'' 为作用于重力仪的垂向加速度；B 为摆杆偏离其水平位置的度量，通常以伏特(V)为单位；S 为弹簧张力；b、f、k、c 均为常系数。

由式(2.59)可知，弹簧式重力传感器的读数与摆杆的位置、速度和加速度有

关。若摆杆被施加了强阻尼，则其加速度项可忽略不计；若传感器具有很高的灵敏度，则其位置项也可以忽略不计。因 LCR 型海空重力仪传感器均满足以上两个条件，故在只考虑摆杆速度的前提下，其运动状态方程的解可表示为(Valliant，1991；Neumeyer et al.，2009)

$$f_Z = G(S + KB' + \mathrm{CC}) \tag{2.60}$$

式中，f_Z 为重力仪读数(即比力观测量)；G 为将重力计数单位换算为毫伽(mGal)的系数；S 为弹簧张力；K 为摆杆尺度因子；B' 为摆杆速度；CC 为交叉耦合效应改正。

由式(2.60)可知，LCR 型海空重力仪的摆杆位置对观测重力并不敏感(实际上在其传感器内部，摆杆上下摆动的范围只有 1mm)。但是，在长周期加速度或重力发生缓慢变化(如向北或向南航行时)的情况下，摆杆也会移至其停止端。因此，必须连续地通过自动反馈系统缓慢地调节弹簧张力 S，使摆杆大致恢复到其零位(水平位置)。

根据海空标量重力测量基本模型(2.58)，同时顾及式(2.60)，可得到利用 LCR 型海空重力仪进行航空重力异常测量的计算公式为

$$\Delta g_{\text{kong}} = g_b - f_Z^0 + G(S + KB' + \mathrm{CC}) - \delta a_V + \delta a_E + \delta a_H + \delta a_F + \delta a_A - \gamma_0 \tag{2.61}$$

式中，Δg_{kong} 为空中飞行测线上的重力异常；δa_V 为载体垂向加速度；δa_A 为垂向加速度偏心改正(也称为杆臂效应改正)；其他符号意义同前。

对于海洋重力测量，考虑到作用于测量船的干扰因素主要来自海浪运动，而海浪运动可视为正弦波运动，重力仪读数经过数字滤波器滤波处理后，可基本消除测量船正弦运动产生的垂向加速度和水平加速度的影响，而这些滤波计算处理均由重力仪自带的计算机来完成。因此，不需要再对海洋重力仪测量数据进行垂向干扰加速度和水平干扰加速度改正(黄谟涛等，2005)，同理，也不需要进行垂向加速度偏心改正。但海洋重力测量一次性作业(1 个航次)时间一般比较长，海上长时间航行累积的燃料和生活物质消耗必将改变测量船的吃水深度，同时也会导致弹性重力仪出现较大的零点漂移。因此，必须在计算式中增加相应的动态吃水深度改正项和零点漂移改正项。由此可给出利用 LCR 型海空重力仪进行海面船载重力异常测量的计算公式为

$$\Delta g_{\text{hai}} = g_b - f_Z^0 + G(S + KB' + \mathrm{CC}) + \delta a_E + \delta a_F + \delta a_C + \delta a_K - \gamma_0 \tag{2.62}$$

式中，Δg_{hai} 为海面测线上的重力异常；δa_C 为测量船动态吃水重力改正；δa_K 为重力仪零点漂移改正；其他符号意义同前。以上各模型中的重力改正项计算公式

将分别在后面逐一进行介绍。

2.4　海空重力测量数据处理基本模型

2.4.1　海面重力测量基点比对计算模型

为了传递绝对重力值，同时确定重力仪零点漂移改正值，在开展海面重力测量时，一般都要求在沿岸港口或岛屿的固定码头上建立重力基点，并设立牢固的标志(解放军总装备部，2008c)。每一航次出测前和收测后，均要进行重力基点比对，在进行重力基点比对时，要求测量船与基点的相对位置保持不变，除了要量取测量船重力仪位置至重力基点的距离和方位数据外，还要通过量取重力仪安装位置附近船甲板左右舷到海面的高度来计算测量船的吃水深度变化。重力基点比对的具体计算流程如下：

(1)首先根据重力基点比对时量取的重力仪到重力基点的距离和航向角数据，计算二者在南北向的距离，按式(2.63)和式(2.64)计算重力仪与重力基点之间由纬度差引起的正常重力变化：

$$\Delta\varphi = d_{\varphi}/30 \tag{2.63}$$

$$\delta g_{\varphi} = 2.370\,818\,071\,8065 \times \frac{(0.01055808276291 - 0.000012932547\sin^2\varphi)\Delta\varphi}{(1 - 0.00669437999013\sin^2\varphi)^{\frac{3}{2}}} \tag{2.64}$$

式中，d_{φ} 为南北向距离，重力仪位于重力基点南面时，取正值，反之取负值，单位为 m；δg_{φ} 为正常重力变化量，单位为 mGal；φ 为基点大地纬度；$\Delta\varphi$ 为基点与测量船重力仪安装位置之间的纬度差，单位为角秒。

(2)采用式(2.65)和式(2.66)将重力仪读数归算到重力基点高程面：

$$S_J = S_Z - 0.308\,6 h_{JZ}/K + \delta g_{\varphi}/K \tag{2.65}$$

$$h_{JZ} = h_J - \frac{h_l + h_r}{2} + h_Z \tag{2.66}$$

式中，h_J 为重力基点到海面的高度；h_l 为船左舷甲板面(重力仪安装位置附近)到海面的高度；h_r 为船右舷甲板面到海面的高度；h_Z 为重力仪传感器重心到甲板面的高度；h_{JZ} 为重力仪传感器重心到重力基点的高度；各个高度的单位均为 m；S_Z 为重力基点比对时重力仪的读数；S_J 为归算到重力基点处的重力仪读数，单位为格；K 为重力仪格值，单位为 mGal/格。

2.4.2 零点漂移改正模型

海洋重力仪灵敏系统主要部件(如测量弹簧)的不稳定以及其他部件的老化，会引起重力仪起始读数的零位不断发生微小变化，这种现象称为仪器零点漂移，又称为仪器掉格。事实上，几乎所有的重力仪都存在零点漂移问题，这是海空重力测量仪器固有的特性。在实际应用中，一般要求海洋重力仪的零点漂移量必须控制在一定的范围内，并保证基本呈线性变化规律。在满足这样的假设条件下，可按照式(2.67)计算零点漂移改正数(解放军总装备部，2008c)：

$$\delta a_K = C(t - t_1) \tag{2.67}$$

式中，δa_K 为重力仪零点漂移改正值；t 为测点时间；t_1 为出测前基点比对时间；C 为零点漂移率。

C 的计算式依据两种情况而定，当测量船重力仪在出测前和收测后时刻都闭合于同一个基点时，零点漂移率的计算式为

$$C = -K\frac{S_2 - S_1}{t_2 - t_1} \tag{2.68}$$

当测量船重力仪在出测前和收测后时刻分别闭合于两个不同基点时，零点漂移率的计算式为

$$C = -\frac{K(S_2 - S_1) - (g_2 - g_1)}{t_2 - t_1} \tag{2.69}$$

式中，S_1、S_2 分别为出测前和收测后基点比对时的重力仪读数(已归算到重力基点高程面)；t_1、t_2 分别为出测前和收测后基点比对的时间；g_1、g_2 分别为出测前和收测后比对基点的绝对重力值；K 为重力仪格值。

2.4.3 测量船吃水变化改正模型

如前所述，当开展海面船载重力测量时，1 个航次长时间连续作业累积的燃料和生活物质消耗会改变测量船的吃水深度，从而影响重力测点空间位置与平均海面的相对关系，引起测点绝对重力的变化。对于测量船吨位比较大、作业时间较长的海面船载重力测量，测量船吃水深度变化带来的上述影响不可忽略，必须进行相应的改正计算。根据《海洋重力测量规范》(GJB 890A—2008)，可按式(2.70)计算海面重力测量船吃水深度变化重力改正数：

$$\delta a_C = 0.308\,6(h_{c2} - h_{c1})\frac{t - t_1}{t_2 - t_1} \tag{2.70}$$

式中，δa_C 为测量船吃水深度变化重力改正值；h_{c1} 和 h_{c2} 分别为出测前和收测后测量船左右舷甲板面(重力仪安装位置附近)至海面高度的平均值；t_1 和 t_2 分别为出测前和收测后重力仪基点比对时间；t 为作业过程中的测点时间。

2.4.4　海空重力测量空间改正模型

海面重力测量空间改正是指将重力测量成果从瞬时海面归算到海洋大地水准面所进行的一项常规改正。在进行海洋空间改正时，假定观测点与大地水准面之间没有任何引力物质，只考虑高度差异对重力观测量的影响，具体包括：重力传感器到瞬时海面、瞬时海面到平均海面(即海洋潮汐高度)、平均海面到海洋大地水准面(即海面地形高度)等三部分高度的重力改正，其中，重力传感器到瞬时海面高度的重力改正包含前面所指的测量船吃水深度变化改正数。重力空间改正系数一般取为正常重力垂向变化梯度，即 0.3086mGal/m。海面重力测量空间改正的计算公式为

$$\delta a_F = \delta a_C + 0.3086(-h_Z + h_{c1}) + 0.3086h_T + 0.3086h_S \tag{2.71}$$

式中，δa_F 为海面重力测点的空间改正值，即将重力测量成果从重力仪传感器重心位置归算到大地水准面高度引起的重力空间改正值；δa_C 为由测量船吃水深度变化引起的重力空间改正值，简称吃水深度变化改正(计算模型见 2.4.3 节)；h_Z 为重力仪传感器重心到甲板面的高度(重力仪传感器重心在甲板面之下为正)；h_{c1} 为出测前测量船左右舷甲板面(重力仪安装位置附近)到海面高度的平均值；h_T 为瞬时海面到平均海面高度，即潮汐高度，可通过潮汐预报方法获取；h_S 为平均海面到大地水准面的高度，即海面地形高度，可通过卫星测高数据或水文资料计算获得。

航空重力测量空间改正的计算公式为(解放军总装备部，2008b)

$$\delta a_F = 0.3086(1 + 0.0007\cos(2\varphi))(h - \Delta h - N) - 0.72\times 10^{-7}(h - \Delta h - N)^2 \tag{2.72}$$

式中，δa_F 为航空重力测点的空间改正值；φ 为测点的大地纬度；h 为空中测点的大地高，可直接通过高精度全球卫星定位系统获取；Δh 为测点大地高的偏心改正，具体计算公式将在后面章节中给出；N 为大地水准面高度，可通过超高阶位模型计算获得。

2.4.5　厄特沃什改正公式

厄特沃什改正是指为消除重力观测量受厄特沃什效应影响所施加的重力改正项(黄谟涛等，2005)。它是测量载体对地球产生相对运动，使重力仪传感器受到科里奥利力附加的离心力作用而增加的一项改正，是车载、船载、机载等运动模

式下的重力测量都必须顾及的共同改正项。

当测量载体向东航行时，载体运动速度与地球自转速度叠加使离心力增大，出现重力仪观测值比实际重力小；当测量载体向西航行时，情况正好相反，即重力仪观测值比实际重力大。这种现象称为厄特沃什效应，它是由匈牙利科学家厄特沃什发现并于 1919 年在实验室中通过试验加以证实的。

对应于船载海面重力测量的厄特沃什改正公式为(黄谟涛等，2005)

$$\delta a_E = 2\omega v \sin\alpha \cos\varphi + \frac{v^2}{R} \tag{2.73}$$

对应于机载航空重力测量的厄特沃什改正公式为(欧阳永忠，2013；黄谟涛等，2015b)

$$\delta a_E = 2\omega v \sin\alpha \cos\varphi + \frac{v_e^2}{R_N + h} + \frac{v_n^2}{R_M + h} \tag{2.74}$$

式中，δa_E 为厄特沃什改正值；ω 为地球自转角速度；v 为载体运动速度；α 为载体运动航向角；φ 为测点大地纬度；R 为地球平均半径；v_e 为 v 的东向分量；v_n 为 v 的北向分量；h 为测点相对于地球椭球面的大地高；R_N 和 R_M 分别为地球椭球卯酉圈曲率半径和子午圈曲率半径，其计算式分别为

$$R_N = a\Big/\sqrt{1 - e^2\sin^2\varphi} \tag{2.75}$$

$$R_M = a(1 - e^2)\Big/\sqrt{(1 - e^2\sin^2\varphi)^3} \tag{2.76}$$

式中，a 为地球椭球长半轴；e 为椭球第一偏心率，$e^2 = 2f - f^2$，f 为椭球扁率；其他符号含义同前。

2.4.6 垂向加速度改正模型

本书第 1 章已经反复强调了分离测量载体运动加速度特别是垂向加速度在航空重力测量中的重要性。因为即使是在正常作业条件下，动态环境引起的测量载体运动垂向加速度也能达到 1m/s^2，其量值几乎是重力加速度有效信号的 100 多倍。因此，国内外诸多学者都一致将如何从传感器观测总量中有效分离出地球引力加速度作为航空重力测量必须突破的两个最关键的技术难题之一(Wei et al., 1991, 1995；Schwarz et al., 1996；Bruton, 2001；孙中苗，2004)。发展初期，受空中导航定位手段单一、定位精度偏低的制约，航空重力测量技术在很长一段时间内几乎处于停滞状态。直到 20 世纪 80 年代中后期，导航领域推出 GPS 差分

定位模式后，航空重力测量技术才取得实质性的突破。目前，GNSS 已经可以厘米级的精度确定测量载体的动态位置和速度信息(Kleusberg，1989；Kleusberg et al.，1990；Brozena，1990；孙中苗，1997；肖云，2000；肖云等，2003a)，从而能够以优于 1mGal 的精度分离出各种干扰加速度的影响(Bruton，2001；孙中苗，2004；Neumeyer et al.，2009；Alberts，2009；欧阳永忠，2013)。尽管如此，垂向干扰加速度仍然是当前制约航空重力测量精度和分辨率的主要因素之一，也是航空重力测量最重要的改正项之一。目前，一般推荐采用位置差分方法确定测量载体的运动加速度，具体计算流程及模型如下(欧阳永忠，2013)。

假设由 GNSS 定位系统给出的测点大地高观测量序列为 $h(i)$ $(i=1,2,\cdots,n)$，则测量载体飞行速度垂向分量 $v_u(i)$ 可由下列中心差分公式计算得到，即

$$v_u(i)=\frac{h(i+1)-h(i-1)}{2\Delta t},\quad i=2,3,\cdots,n-1 \tag{2.77}$$

式中，h 为重力测点的大地高；Δt 为测点的采样时间间隔；n 为大地高观测量序列的长度。

求得垂向速度分量 $v_u(i)$ 以后，可进一步采用式(2.78)计算测量载体的垂向加速度，也就是重力垂向加速度改正数：

$$\delta a_V(i)=\frac{v_u(i+1)-v_u(i-1)}{2\Delta t},\quad i=3,4,\cdots,n-2 \tag{2.78}$$

式中，各符号意义同前。

2.4.7　垂向加速度偏心改正模型

如前所述，当重力传感器安装位置与 GNSS 定位天线相位中心的间距达到一定量值时，高精度数据归算必须顾及两者不一致带来的垂向加速度计算偏差对航空重力测量成果的影响(Olesen，2002；孙中苗，2004；欧阳永忠，2013)。该项影响一般称为垂向加速度偏心改正，也称为杆臂效应改正，其计算过程分为以下两步。

(1)按式(2.79)计算测点大地高的偏心改正(解放军总装备部，2008b)：

$$\Delta h=-\cos\alpha\sin\beta\cdot \mathrm{d}x^b+\sin\alpha\cdot \mathrm{d}y^b+\cos\alpha\cos\beta\cdot \mathrm{d}z^b \tag{2.79}$$

式中，Δh 为重力测点大地高的偏心改正；$\mathrm{d}x^b$ 、$\mathrm{d}y^b$ 、$\mathrm{d}z^b$ 分别为重力传感器安装位置与 GNSS 定位天线相位中心在载体坐标系(b 系)中的三维坐标差；α 为载体运动航向角；β 为测量载体的横摇角。

(2)求得重力测点大地高的偏心改正后，可使用 Δh 替代式(2.77)中的 h，计

算垂向速度分量的偏心改正 Δv_u，然后使用 Δv_u 替代式(2.78)中的 v_u，可进一步计算得到测量载体垂向加速度的偏心改正，也就是重力垂向加速度偏心改正数 δa_A。具体计算公式本节不再重复列出。

2.4.8 交叉耦合效应改正模型

交叉耦合效应改正是指为了消除摆杆型重力仪受交叉耦合效应影响所施加的重力改正项。当测量载体运动水平加速度和垂向加速度出现频率一致而相位不同时，摆杆型重力仪的观测量将受到额外的干扰加速度的影响，这种现象称为交叉耦合效应，是摆杆型重力仪固有的技术特性。

交叉耦合效应引起的重力观测偏差无法通过数字滤波方法进行消除，必须采用数值建模方法进行补偿。早期的摆杆型重力仪通常带有附加装置，用于测量作用在重力传感器上的干扰加速度，并由此直接计算出交叉耦合效应改正数。新一代重力仪则通过加速度计输出积分量，结合仪器生产厂家提供的交叉耦合效应改正系数，按照预定的数学模型计算交叉耦合效应改正数。其具体计算公式如下(LaCoste，1973；孙中苗，2004；欧阳永忠，2013)：

$$\begin{aligned}\mathrm{CC} = {} & a_1\left\langle y''z'\right\rangle + a_2\left\langle x''z''\right\rangle + a_3\left\langle y''z''\right\rangle + a_4\left\langle (z'')^2\right\rangle \\ & + a_5\left\langle (x'')^2 z''\right\rangle + a_6\left\langle (x'')^2\right\rangle + a_7\left\langle (y'')^2\right\rangle\end{aligned} \tag{2.80}$$

式中，$a_i(i=1,2,\cdots,7)$ 为仪器生产厂家提供的交叉耦合效应改正系数；x、y、z 分别为摆杆坐标系的横向、纵向和垂向坐标分量；“′”表示取一次微分；“″”表示取二次微分；$\langle\cdot\rangle$ 表示取均值。

式(2.80)由 7 个运动状态监视项组成，其中包含了固有交叉耦合效应改正项和不完善交叉耦合效应改正项。新一代 LCR 型海空重力仪的交叉耦合效应改正已经改由式(2.80)右端前面的 5 个运动状态监视项进行计算。

2.4.9 水平加速度改正模型

水平加速度改正也称为平台倾斜重力改正，是指为了消除稳定平台处于非水平状态时，重力传感器输出量并非真实的垂向加速度而施加的重力改正项，也是海空重力测量最重要的改正项之一。对于海面船载重力测量，人们一直认为，由海上风、流、浪引起的干扰作用近似于简单的正弦波周期性运动，通过数字滤波即可基本消除这些干扰因素的影响，故类似于对垂向干扰加速度的处理，海面重力测量一般也无须进行水平加速度改正(黄谟涛等，1997，2005)。但实际情况是，只要稳定平台发生倾斜，即使不存在水平加速度干扰，重力传感器敏感到的也已经不是真正的重力垂向加速度，由此引起的偏差无法通过数字滤波得到消除。因此，对于当今高精度要求的海面船载重力测量，也应当施加相应的平台倾斜重力改正。

目前，国内外推荐采用的水平加速度改正模型主要有三种(Olesen，2002；孙中苗，2004；孙中苗等，2021；Alberts，2009；欧阳永忠，2013)，分别为

$$\delta a_H = (f_x^2 + f_y^2 - a_e^2 - a_n^2)/(2g_m) \tag{2.81}$$

$$\delta a_H = g_m(\theta_x^2 + \theta_y^2)/2 - a_{ex}\theta_x - a_{ny}\theta_y \tag{2.82}$$

$$\delta a_H = -f_x \sin\theta_x - f_y \cos\theta_x \sin\theta_y - g_m(1 - \cos\theta_x \cos\theta_y) \tag{2.83}$$

式中，δa_H 为平台倾斜重力改正数；f_x 和 f_y 分别为稳定平台两轴加速度计敏感到的横向(x 轴)和纵向(y 轴)水平加速度；g_m 为重力仪观测值；a_e 和 a_n 分别为由高精度定位系统导出的运动载体东向(e 轴)和北向(n 轴)水平加速度；θ_x 和 θ_y 分别为平台倾斜角(θ)在横轴和纵轴方向的分量；a_{ex} 和 a_{ny} 分别为运动载体水平加速度在横轴和纵轴方向的分量，它们的计算式分别为

$$\theta_x = (a_{ex} - f_x)/g_m \tag{2.84}$$

$$\theta_y = (a_{ny} - f_y)/g_m \tag{2.85}$$

$$a_{ex} = a_e \cos\alpha - a_n \sin\alpha \tag{2.86}$$

$$a_{ny} = a_e \sin\alpha + a_n \cos\alpha \tag{2.87}$$

式中，α 为载体运动航向角，其他符号同前。

欧阳永忠(2013)、黄谟涛等(2016b)已经从理论上证明了上述三种水平加速度改正模型的等价性，但关于更严密、更高精度的水平加速度改正模型拟在本书第 3 章进行详细介绍。

2.4.10　正常场改正模型

采用 2000 国家大地坐标系(China geodetic coordinate system 2000，CGCS2000)椭球所对应的椭球面正常重力公式进行正常场改正(解放军总装备部，2008a)：

$$\gamma_0 = 978032.53349\left(\frac{1 + 0.00193185297052\sin^2\varphi}{\sqrt{1 - 0.00669438002290\sin^2\varphi}}\right) \tag{2.88}$$

或

$$\gamma_0 = 978032.53349(1 + 0.00530244\sin^2\varphi - 0.00000582\sin^2 2\varphi) \tag{2.89}$$

式中，γ_0 为椭球面正常重力值；φ 为计算点的大地纬度。

2.4.11 海空重力异常计算模型

由海面船载重力测量获得的海洋大地水准面上的空间重力异常（Δg_F^{hai}）计算模型为

$$\Delta g_F^{\text{hai}} = g_{\text{hai}} - \gamma_0 \tag{2.90}$$

$$g_{\text{hai}} = g_o + K(S - S_1) + \delta a_E + \delta a_H + \delta a_K + \delta a_F \tag{2.91}$$

式中，g_{hai} 为测点绝对重力值；g_o 为基点绝对重力值；K 为重力仪格值；S 为经时间常数和水平位置改正后的测点处重力仪读数；S_1 为出测前归算至基点处的重力仪读数；δa_E 为厄特沃什改正值；δa_H 为平台倾斜重力改正值；δa_K 为零点漂移改正值；δa_F 为海洋重力空间改正值；γ_0 为与测点相对应的椭球面正常重力值。

由航空重力测量获得的空中测线上的空间重力异常（Δg_F^{kong}）计算模型为

$$\Delta g_F^{\text{kong}} = g_{\text{kong}} - \gamma_0 \tag{2.92}$$

$$g_{\text{kong}} = g_o + K(S - S_1) - \delta a_V + \delta a_E + \delta a_H + \delta a_F + \delta a_A \tag{2.93}$$

式中，g_{kong} 为测点绝对重力值；δa_V 为垂向加速度改正值；δa_A 为垂向加速度偏心改正值；δa_F 为航空重力空间改正值；其他符号意义同前。

2.5 海空重力测量对辅助设备的精度要求

由前面的海空重力异常计算模型可知，海空重力测量各项环境改正的计算精度主要取决于载体位置、航速、航向和高度等辅助设备的技术指标，单独减小一项或某几项观测要素误差，并不能实质性地提高海空重力测量成果的最终精度，只有将各项观测误差指标都控制在可接受范围内，才能确保海空重力测量成果的精度满足相关应用领域的需求。可见，海空重力测量的精度不仅取决于海空重力仪自身的可靠性和稳定性，以及海空重力测量数据处理模型的精细化程度，还取决于差分 GNSS 等辅助测量设备的技术水平。

2.5.1 对载体位置、航速、航向和高度确定的精度要求

本节首先讨论测量载体位置、航速和航向确定误差对厄特沃什改正值的影响，采用球近似厄特沃什改正公式(2.73)进行分析计算。由式(2.73)可知，厄特沃什改正的计算精度主要取决于航速、航向角及测点大地纬度的确定精度。按误差

传播定律可得

$$\mathrm{d}\delta a_E = -2\omega v \sin\alpha \sin\varphi \mathrm{d}\varphi + \left(\frac{2v}{R} + 2\omega \sin\alpha \cos\varphi\right)\mathrm{d}v + 2\omega v \cos\alpha \cos\varphi \mathrm{d}\alpha \tag{2.94}$$

式中，δa_E 为厄特沃什改正值；ω 为地球自转角速度；v 为载体运动速度；α 为载体运动航向角；φ 为测点大地纬度；R 为地球平均半径。

取地球平均半径 $R = 6378137.0\text{m}$，地球自转角速度 $\omega = 7292115.0\times10^{-11}\text{rad/s}$，首先依据式(2.94)右端第一项分析测点大地纬度误差对 δa_E 的影响。当航向角取为 $\alpha = 90°$，测点大地纬度取为 $\varphi = 90°$，即载体航行于两极附近，且航向为东西向时，纬度误差对厄特沃什改正的影响量达到最大；此时，如果取纬度误差 $\sigma_\varphi = \pm 0.5'$，航速 $v = 220\text{km/h}$，那么对厄特沃什改正数的最大影响量约为 0.13mGal；当取 $\sigma_\varphi = \pm 1'$，航速 $v = 220\text{km/h}$ 时，对厄特沃什改正数的最大影响量约为 0.259mGal。不同纬度误差对厄特沃什改正值的影响量如表 2.1 所示。目前，利用 GNSS 载波相位差分定位技术确定测点坐标的精度远优于 0.1′，故测点大地纬度误差对厄特沃什改正值的影响很小，通常可以忽略不计。

表 2.1　纬度误差对厄特沃什改正值的影响量

纬度误差 σ_φ / (′)	不同航速 v 下的影响量/mGal					
	200km/h	220km/h	300km/h	400km/h	500km/h	600km/h
0.1	0.024	0.026	0.035	0.047	0.059	0.071
0.5	0.118	0.130	0.177	0.236	0.295	0.354
1	0.236	0.259	0.353	0.471	0.589	0.707
2	0.471	0.518	0.707	0.943	1.178	1.414
5	1.178	1.296	1.767	2.357	2.946	3.535
10	2.356	2.591	3.534	4.714	5.892	7.071

依据式(2.94)右端第二项，可进一步分析载体航速误差 σ_v 对厄特沃什改正值 δa_E 的影响。假设测点大地纬度 $\varphi = 45°$，航向角 $\alpha = 45°$，即载体沿东北方向水平飞行，那么不同飞行速度下不同航速误差对厄特沃什改正值的计算结果如表 2.2 所示。从该表可以看出，载体速度误差对厄特沃什改正值的影响较大，如 0.20m/s 的速度误差将引起 2.189mGal 的厄特沃什改正误差。在 GPS 推广使用之前，由于载体测速精度不高，厄特沃什改正误差就成为早期阻碍航空重力测量技术发展的关键因素。目前，GNSS 载波相位差分定位技术的测速精度优于 ± 0.03m/s，因此厄特沃什改正值的计算误差可控制在 ± 0.5mGal 以内。

表 2.2　航速误差对厄特沃什改正值的影响量

航速误差 σ_v / (m/s)	不同航速 v 下的影响量/mGal					
	50m/s	60m/s	70m/s	80m/s	90m/s	100m/s
0.01	0.089	0.092	0.095	0.098	0.101	0.104
0.03	0.266	0.275	0.285	0.294	0.303	0.313
0.05	0.443	0.459	0.474	0.490	0.506	0.521
0.10	0.886	0.917	0.949	0.980	1.011	1.043
0.20	1.860	1.926	1.992	2.058	2.124	2.189
0.50	4.429	4.586	4.742	4.899	5.056	5.213

同理，由式(2.94)右端第三项可进一步分析航向误差 σ_α 对厄特沃什改正值的影响。从式(2.94)可以看出，在东西航线上，航向误差对厄特沃什改正值的影响达到最小，而在南北航线上，航向误差的影响则达到最大。令 $|\cos\alpha|=1$，$|\cos\varphi|=1$，即假设载体在赤道附近沿南北航线飞行，此时，不同航向误差对厄特沃什改正值的影响量如表 2.3 所示。从表中数据可以看出，当航速 $v=220\text{km/h}$ 时，1′的航向误差将引起约 0.259mGal 的厄特沃什改正误差；当航速 $v=600\text{km/h}$ 时，1′的航向误差将引起约 0.707mGal 的厄特沃什改正误差。

表 2.3　航向误差对厄特沃什改正值的影响量

航向误差 σ_α / (′)	不同航速 v 下的影响量/mGal					
	200km/h	220km/h	300km/h	400km/h	500km/h	600km/h
0.1	0.024	0.026	0.035	0.047	0.059	0.071
0.5	0.118	0.130	0.177	0.236	0.295	0.354
1	0.236	0.259	0.354	0.471	0.589	0.707
2	0.471	0.518	0.707	0.943	1.178	1.414
5	1.178	1.296	1.767	2.357	2.946	3.353
10	2.357	2.593	3.535	4.714	5.892	7.071

目前，利用 GNSS 载波相位差分定位技术测定航向的精度优于 1′，故载体航向误差对厄特沃什改正值的影响通常也可以忽略不计。需要补充说明的是，基于表 2.1～表 2.3 三个表所列的数值计算分析结果，也可反过来根据实际应用需求，对测点位置、航速及航向角的测定精度指标提出相应的限差要求。此外，以上数值计算结果均是以航空重力测量的航速大小为条件获取的，因海面重力测量航速远低于航空重力测量，故对于相同的应用需求，海面重力测量对测点位置、航速及航向角的测定精度要求要远低于航空重力测量。

实际上，测点位置误差除了影响厄特沃什改正值的计算精度外，还会影响正常重力场的计算精度。由式(2.89)可知，测点大地纬度误差引起正常场计算误差的估算公式为

$$\mathrm{d}\gamma_0 = 978032.53349(0.00530244\sin(2\varphi) - 0.00001164\sin(4\varphi))\,\mathrm{d}\varphi \tag{2.95}$$

式中，γ_0 为椭球面正常重力值；φ 为计算点的大地纬度。

通过计算分析可以得出结论：即使测点大地纬度方向存在 100m 的定位误差，由此引起的正常重力场计算误差也不会超过 0.1mGal(熊盛青等，2010)。目前 GNSS 精密单点定位水平方向的精度已经优于 10m，由此引起的正常重力场计算误差不超过 0.01mGal，故此项误差的影响完全可以忽略不计。

除了上述影响因素外，测点高度测量误差对海空重力测量的空间改正值也有不可忽视的影响。由式(2.71)和式(2.72)可知，在忽略高度高阶项影响的前提下，测点高度测量误差对海空重力测量空间改正值的影响可统一表示为

$$\mathrm{d}\delta a_F = 0.3086\mathrm{d}h \tag{2.96}$$

式中，δa_F 为海空重力测点的空间改正值；h 为测点高度。

由式(2.96)可知，1m 大小的高度测量误差将引起约 0.3mGal 的空间改正计算误差。目前，由 GNSS 载波相位差分定位技术确定的高度精度可达 0.5m，当实施海面重力测量时，利用各种手段量算瞬时海面至海洋大地水准面的高度误差也可控制在 0.5m 以内，故海空重力测量空间改正值的计算误差一般不会超过 0.15mGal。

2.5.2 对时间同步的精度要求

由海空重力仪工作原理可知，海空重力测量实际上就是重力仪观测数据与载体运动加速度计算数据之间的求差过程，因此如果两组数据之间的时标不一致，即数据记录时间不同步，那么该项误差必将对海空重力测量结果产生一定程度的影响。Schwarz 等(1996)对 INS/GPS 捷联式重力测量系统的时间同步误差影响进行了分析和比较，得出的结论是：要想获得 1mGal 的测量精度，可接受的时间同步误差不应超过 50μs。但对于平台式重力测量系统，这项指标要求似乎要低得多。Olesen 等(2002)在对格陵兰岛的航空重力测量数据处理过程中，选择了一条大气湍流较严重的测线进行试验，估算了时间同步误差对滤波处理后的重力影响，得出的结论是：小于 100ms 的时间同步误差对滤波处理后的重力影响几乎可以忽略不计。下面从理论上对航空重力测量的时间同步精度要求进行分析和估计。

假设航空重力测量载体沿着一条几乎完全等高的测线进行重力测量，飞行高度变化幅值为 $A = 1\text{m}$，飞行高度变化周期为 $T = 60\text{s}$，飞行速度为 $v = 180\text{km/h} = 50\text{m/s}$，以这样的速度在 60s 时间内可飞行 3km 的路程，且飞行高度按正弦曲线

规律变化，飞行高度变化可表示为

$$Z = A\sin\left(\frac{2\pi}{T}t\right) = A\sin(\omega t) \tag{2.97}$$

式中，$\omega = 2\pi / T = 2 \times 3.14 / 60 \approx 0.1\text{s}^{-1}$。

又假设在 1m 的高度变化范围内，空中重力异常的变化幅值可以忽略不计，此时，由飞机垂向运动引起的加速度可由式(2.97)导出为

$$\ddot{Z} = A\omega^2 \sin(\omega t) \tag{2.98}$$

假如重力仪记录时标与 GNSS 记录时标不一致，即两者之间存在一个时间差(滞后或超前) Δt，则由 GNSS 记录解算得到的载体运动垂向加速度为

$$\ddot{Z}_{\text{GNSS}} = A\omega^2 \sin[\omega(t + \Delta t)] \tag{2.99}$$

由此可得到由两组数据采样不同步引起的重力观测误差为

$$\Delta\ddot{Z} = \ddot{Z} - \ddot{Z}_{\text{GNSS}} \approx 2A\omega^2 \cos(\omega t)\sin(\omega\Delta t / 2) \tag{2.100}$$

因 $\Delta t \ll t$，且 Δt 的量值很小，故式(2.100)可简化为

$$\Delta\ddot{Z} \approx A\omega^3 \cdot \Delta t \cdot \cos(\omega t) \tag{2.101}$$

将 $A = 1\text{m}$ 和 $\omega = 0.1\text{s}^{-1}$ 代入式(2.101)，可得

$$\Delta\ddot{Z} = 0.001 \cdot \Delta t \cdot \cos(0.1t) \tag{2.102}$$

由式(2.102)可知，当 $\Delta t = \pm 1\text{ms}$ 时，由时间不同步引起的重力观测误差最大可达 0.1mGal；当 $\Delta t = \pm 10\text{ms}$ 时，此项误差最大可达 1mGal。可见，为了保证航空重力测量具有较高的精度，理论上要求重力仪和 GNSS 系统的时标同步误差最好控制在 1ms 以内(熊盛青等，2010)。

2.5.3　对稳定平台的精度要求

如本书第 1 章所述，稳定平台在海空重力测量中的主要作用是将重力传感器指向始终维持在真实的垂向上，即保持重力传感器与重力场方向一致，以减小载体水平干扰加速度对重力观测结果的影响。但在海空重力特别是航空重力测量过程中，因测量载体一直处于高动态运动状态，要想让稳定平台始终保持在绝对的水平状态几乎是不可能的，故海空重力测量中的平台倾斜影响是不可避免的。根据其影响量值大小，可反推海空重力测量对稳定平台的精度指标要求。

假设稳定平台的倾斜角为θ，其在横轴（x轴）和纵轴（y轴）方向的分量分别为θ_x和θ_y，根据式(2.82)和孙中苗(2004)，当倾斜角量值较小时，平台倾斜重力改正数的计算式可近似表示为

$$\delta a_H = g_m(\theta_x^2 + \theta_y^2)/2 - a_{ex}\theta_x - a_{ny}\theta_y \tag{2.103}$$

式中，δa_H为平台倾斜重力改正数；g_m为重力仪观测值；a_{ex}和a_{ny}分别为运动载体水平加速度a_e和a_n在横轴方向和纵轴方向的投影。

对式(2.103)求微分可得

$$\mathrm{d}\delta a_H = g_m\theta_x\mathrm{d}\theta_x + g_m\theta_y\mathrm{d}\theta_y - a_{ex}\mathrm{d}\theta_x - a_{ny}\mathrm{d}\theta_y \tag{2.104}$$

根据误差传播定律，由倾斜角测定误差引起平台倾斜重力改正误差的估计式可表示为

$$m_{\delta a_H}^2 = (g_m\theta_x - a_{ex})^2 m_{\theta_x}^2 + (g_m\theta_y - a_{ny})^2 m_{\theta_y}^2 \tag{2.105}$$

令$\theta_x = \theta_y, a_{ex} = a_{ny}, m_{\theta_x} = m_{\theta_y}$，则式(2.105)可简写为

$$m_{\delta a_H} = \sqrt{2}\left|g_m\theta_x - a_{ex}\right| m_{\theta_x} \tag{2.106}$$

进一步，假设θ_x与a_{ex}的取值方向相反，同时取$g_m = 9.8\mathrm{m/s^2}$，$a_{ex} = 0.1\mathrm{m/s^2}$，由式(2.106)可计算得到对应于不同平台倾斜角和观测误差条件下的平台倾斜重力改正数的影响量，具体计算结果见表 2.4。

表 2.4　平台倾斜观测误差对平台倾斜重力改正数的影响量

m_{θ_x} /(″)	不同θ_x下的影响量/mGal					
	0.5′	1′	2′	5′	10′	30′
1	0.070	0.071	0.072	0.078	0.088	0.127
2	0.139	0.141	0.145	0.157	0.176	0.254
3	0.209	0.212	0.217	0.235	0.264	0.382
4	0.278	0.282	0.290	0.313	0.352	0.509
5	0.348	0.353	0.362	0.392	0.441	0.636
10	0.695	0.705	0.725	0.783	0.881	1.272
15	1.043	1.058	1.087	1.175	1.322	1.908
20	1.391	1.410	1.449	1.567	1.762	2.544

由表 2.4 估算结果可以看出，在外加 $0.1\mathrm{m/s^2}$ 水平干扰加速度(实际作业时水

平干扰加速度一般小于该值)作用下，若平台存在5′的倾斜角，则倾斜角5″的观测误差将引起0.392mGal的平台倾斜重力改正误差；当倾斜角观测误差增大到10″时，平台倾斜重力改正误差将相应增大到0.783mGal。可见，平台倾斜重力改正数的计算精确度不仅取决于平台倾斜角的大小，还取决于倾斜角的观测精度，如何在两者之间取得效能比最大化的平衡，既涉及稳定平台的制造工艺水平，同时与平台观测数据后处理方法和手段有关。对当前技术发展水平而言，确保平台倾斜影响控制在0.5mGal以内是完全可以实现的。

2.6 本章小结

时空基准是建立海空重力测量观测方程的理论基础，海空重力测量观测方程模型化则是后续观测数据精细化处理的前提条件。据此考虑，本章首先简要介绍了不同时间系统和坐标系统的定义及其相互转换关系；在此基础上，基于牛顿第二运动定律，分别导出了海空矢量和标量重力测量的观测方程，特别针对LCR型海空重力仪，介绍了摆杆型仪器的工作原理，同时给出了利用LCR型海空重力仪进行航空和海面船载重力异常测量的计算公式；本章的核心内容是逐一建立了海空重力测量动态环境效应各项改正的精密计算模型，同时分析比较了各类计算模型的技术特点、适用条件及应用范围，其目的是为后续深入研究奠定必要的技术基础。本章最后论述了海空重力测量对辅助设备的精度要求，为海空测量作业设计提供了技术参考。

第 3 章　海空重力测量环境效应改正模型研究

3.1　引　　言

由第 2 章所述内容可知，在海空重力测量基本观测模型中，除了最基本的重力仪观测量外，剩下的几乎都是与测量环境效应相关的改正项。从这个意义上讲，海空重力测量成果的精度水平不仅取决于重力传感器和载体定位定姿系统的技术性能，在很大程度上还取决于测量环境效应改正模型的完善程度。在第 2 章中，作者逐一给出了海空重力测量动态环境效应各项改正的基本数学模型，并简要分析研究了各项改正计算模型的误差特性、技术特点、适用条件及应用范围。经过近些年的数据处理作业实践，作者发现，海空重力测量中最重要也是最常用的几项环境效应改正模型，仍然存在使用上的不统一和不规范问题，个别改正模型还存在不精准问题。针对这些问题，本章开展有针对性的理论分析和研究，提出相对应的改进方法和使用意见，同时通过实际算例验证相关改进方法的合理性和有效性。

3.2　航空重力测量厄特沃什改正公式分析研究

3.2.1　概述

如前所述，厄特沃什改正是海空重力测量最重要的改正项之一，是车载、船载、机载等运动模式下的重力测量都必须顾及的共同改正项。由于车载和船载的测量速度较低，一般使用球近似厄特沃什改正公式计算厄特沃什改正就能满足实用要求。因此，对于车载和船载重力测量，厄特沃什改正公式在使用上并不存在异议(黄谟涛等, 2005)。但在航空重力测量中，载体飞行速度可达 300～500km/h，甚至更高，厄特沃什改正公式的近似程度将直接影响重力测量成果的精确度和可靠性，因此必须对此问题给予高度重视。基于历史上多种主客观原因，在很长一段时间内，国内外学者在使用航空重力测量厄特沃什改正公式问题上一直存在不同的意见，至今仍未取得完全一致，近期出版的著作和发表的论文甚至作业规程还在引用早期的近似公式。我国航空重力测量作业部门在使用厄特沃什改正公式时也出现了比较明显的引用错误，这在一定程度上影响了航空重力测量成果的质量。针对此情况，本节全面分析比较了不同时期、不同形式的厄特沃什改正公式在数值上的差异，指出了目前我国使用近似公式存在的问题和统一使用严密公式的必要性，供实际作业部门参考。考虑到专题研究叙述过程的连贯性和相对独立性，本节重复列出部分在前面已经出现的公式。

3.2.2 不同形式厄特沃什改正公式来源与分析

3.2.2.1 Thompson 公式

在运动载体上实施重力测量会产生厄特沃什效应，该效应最早是由匈牙利科学家厄特沃什于 1919 年发现并加以推证的。当年给出的球近似厄特沃什改正公式一直在船载重力测量中沿用至今，其公式形式(黄谟涛等，2005)为

$$\delta a_E = 2\omega v \sin\alpha \cos\varphi + v^2 / R \tag{3.1}$$

式中，δa_E 为厄特沃什改正值；ω 为地球自转角速度；v 为载体运动速度；α 为载体运动航向角；φ 为测点大地纬度；R 为地球平均半径。

1958 年以后，国际上陆续开展了航空重力测量试验，Thompson 等(1960)最先推出针对航空重力测量的厄特沃什改正公式(习惯上称为 Thompson 公式)，其形式为

$$\delta a_E = \frac{R_\varphi + h}{R_\varphi^2}[(v_\varphi + v_e)^2 + v_n^2 - v_\varphi^2] = \frac{R_\varphi + h}{R_\varphi^2}(2v_\varphi v_e + v^2) \tag{3.2}$$

式中，R_φ 为地球椭球在纬度 φ 处的向径；v_φ 为由地球自转引起的地球表面纬度 φ 处的切线速度；v 为飞机速度在地球表面上的投影；v_e 为 v 的东向分量；v_n 为 v 的北向分量；h 为飞机所在点的大地高。

将 $v_\varphi = R_\varphi \omega \cos\varphi$ 和 $v_e = v\sin\alpha$ 代入式(3.2)，可得

$$\delta a_E = (1 + h / R_\varphi)(2\omega v \sin\alpha \cos\varphi + v^2 / R_\varphi) \tag{3.3}$$

不难看出，Thompson 公式仍为球近似厄特沃什改正公式，与传统使用的海面船载重力测量改正公式(3.1)相比，前面增加了乘系数 $(1 + h / R_\varphi)$，它的意义相当于把飞机速度在地球表面上的投影值 v 转换为飞行高度上的速度。在 Thompson 公式发表后的一段时期内，国际上诸多文献都一致将该公式作为标准公式使用(Nettleton et al.，1960，1962；Harrison，1962；Glicken，1962)。我国早期发表的文献(方俊，1965；管泽霖等，1981；张善言，1982)，包括作为教科书的个别文献(吕志平等，2010)，也都一直引用该公式讨论航空重力测量数据归算问题。这里需要指出的是，Thompson 公式中的 v 值代表的是飞机速度在地球表面上的投影，即地面或地表速度(Thompson et al.，1960)，不是人们通常理解的飞行高度上的速

度v_h。遗憾的是，我国相关引用文献几乎都忽略了以上两种速度之间的差异，有的文献将地面速度理解为飞机相对地球的速度。实际上，在球近似下，v和v_h之间存在如下简单的联系：

$$v / v_h = R_\varphi \big/ (R_\varphi + h) \tag{3.4}$$

按照原 Thompson 公式的推导思路，不难推出使用飞行高度上的速度v_h表示的另一形式的 Thompson 公式如下：

$$\delta a_E = 2\omega v_h \sin\alpha \cos\varphi + v_h^2 / (R_\varphi + h) \tag{3.5}$$

飞行高度h相对R_φ是一个很小的量，因此v和v_h之间的差异也不大，但在高精度测量要求中必须对它们加以区别。至于 Thompson 当年为什么要用地面速度而不直接用飞行高度速度，是由当时的测速技术条件决定的，因为当时比较成熟的测速手段是地面摄影(ground photograph)和多普勒雷达(Doppler radar)技术(Harlan，1968)，两种技术都能直接给出飞机的地面速度。

3.2.2.2　Harlan 公式

针对 Thompson 公式球近似可能带来不可忽视的误差影响，1968 年，Harlan 从几何学出发，推出了两组分别对应于地表速度和飞行高度速度、顾及地球椭球扁率的厄特沃什改正公式，其形式如下(Harlan，1968)。

当v代表地表速度时，有

$$\delta a_E = \frac{v_n^2}{a}\left[1 + \frac{h}{a} + f(2 - 3\sin^2\varphi)\right] + \frac{v_e^2}{a}\left(1 + \frac{h}{a} - f\sin^2\varphi\right) + 2\omega v_e \cos\varphi\left(1 + \frac{h}{a}\right) \tag{3.6}$$

$$\delta a_E = \frac{v^2}{a}\left\{1 + \frac{h}{a} - f\left[1 - \cos^2\varphi(3 - 2\sin^2\alpha)\right]\right\} + 2\omega v \cos\varphi \sin\alpha\left(1 + \frac{h}{a}\right) \tag{3.7}$$

当v代表飞行高度速度时，有

$$\delta a_E = \frac{v_n^2}{a}\left[1 - \frac{h}{a} + f(2 - 3\sin^2\varphi)\right] + \frac{v_e^2}{a}\left(1 - \frac{h}{a} - f\sin^2\varphi\right) + 2\omega v_e \cos\varphi \tag{3.8}$$

$$\delta a_E = \frac{v^2}{a}\left\{1 - \frac{h}{a} - f\left[1 - \cos^2\varphi(3 - 2\sin^2\alpha)\right]\right\} + 2\omega v \cos\varphi \sin\alpha \tag{3.9}$$

式中，a为地球椭球长半轴；f为椭球扁率；其他符号意义同前。

Harlan 公式发表后，在国内外学术界得到普遍认可并在实践中得到广泛应用(Torge，1989；Bell et al.，1991；Forsberg et al.，1999；Olesen et al.，2002；孙中苗，2004；解放军总装备部，2008b；Riedel，2008；Neumeyer et al.，2009；Alberts，

2009；Jekeli，2012)。但需要指出的是，在这些大量的引用文献中，不乏由作者粗心大意或外文理解出现偏差而造成的引用错误。其中，Riedel(2008)在引用时将式(3.7)右端第二项(h/a)前的“+”号误写为“−”号；Neumeyer 等(2009)引用的公式为

$$\delta a_E = \frac{v^2}{a\left\{1 - h/a - f\left[1 - \cos^2\varphi(3 - 2\sin^2\alpha)\right]\right\}} + 2\omega v\cos\varphi\sin\alpha \tag{3.10}$$

文中同时注明公式中的 v 值代表地表速度，且

$$f = v^2/a\sin^2\varphi + 4v\omega\cos\varphi\sin^2\varphi\sin\alpha \tag{3.11}$$

显然，式(3.10)存在多处错误，其一是右端第一项分母中的括号部分应该位于分子；其二是式中的 v 值代表的应该是飞行高度速度；其三是 f 代表的应该是椭球扁率而不是式(3.11)所示的表达式。另外，Alberts(2009)在引用式(3.9)时，也误将式中的 f 值理解为

$$f = v^2/a\sin^2\varphi + 4v\omega \tag{3.12}$$

我国学者和作业规程在引用 Harlan 公式时也出现了理解上的偏差，孙中苗(2004)和解放军总装备部(2008b)的引用公式为

$$\delta a_E = \left(1 + \frac{h}{a}\right)\left(2\omega v_e\cos\varphi + \frac{v^2}{r}\right) - \frac{f}{a}\left[v^2 - \cos^2\varphi(3v^2 - 2v_e^2)\right] \tag{3.13}$$

显然，式(3.13)只是式(3.7)的简单变形体，两者应当是等价的，即式(3.13)中出现的地心向径 r 应该是 a。上述两个文献之所以都把 a 写成 r，可能是受到文献 Torge(1989)中译本 Torge(1993)出现排版错误的误导。另外，式(3.13)对应的 v 值代表的应该是地表速度，而孙中苗(2004)和解放军总装备部(2008b)都误将其标明为飞行高度速度。美国 Micro-g LaCoste 公司生产的 TAGS 型航空重力仪在数据处理软件中，也同样使用式(3.7)作为航空重力测量厄特沃什改正公式(Micro-g LaCoste Inc.，2010)，经对比分析发现，该软件中同样存在直接使用飞行高度速度替代地表速度的问题。

上述引用错误不仅在理论上是不严谨的，在实际应用中也会引起较大的数值偏差。因此，应当及时加以纠正。

3.2.2.3 严密计算公式

由前面的分析可知，最早发表的 Thompson 公式只是一个球近似厄特沃什改

正公式，后来发表的 Harlan 公式也只是一个顾及椭球扁率一阶项影响的近似公式。实际上，前面述及的一些重要文献在推演航空重力测量数学模型过程中，给出了厄特沃什改正严密计算公式(Olesen et al.，2002；孙中苗，2004；Alberts，2009)，其形式为

$$\delta a_E = 2\omega v \sin\alpha \cos\varphi + \frac{v_e^2}{R_N + h} + \frac{v_n^2}{R_M + h} \tag{3.14}$$

式中，v 为飞行高度速度；R_N 和 R_M 分别为地球椭球卯西圈曲率半径和子午圈曲率半径，计算式为

$$R_N = a / \sqrt{1 - e^2 \sin^2\varphi} \tag{3.15}$$

$$R_M = a(1 - e^2) / \sqrt{(1 - e^2 \sin^2\varphi)^3} \tag{3.16}$$

式中，e 为椭球第一偏心率，$e^2 = 2f - f^2$；其他符号含义同前。

式(3.14)的具体推导过程见孙中苗(2004)。由式(3.14)可知，当近似取 $R_N \approx R_M \approx R$ (即球近似)时，式(3.14)就转变为前面的 Thompson 公式，即式(3.5)。如果近似取

$$R_N = a / \sqrt{1 - e^2 \sin^2\varphi} \approx a(1 + f \sin^2\varphi) \tag{3.17}$$

$$R_M = a(1 - e^2) / \sqrt{(1 - e^2 \sin^2\varphi)^3} \approx a(1 - 2f + 3f \sin^2\varphi) \tag{3.18}$$

将其代入式(3.14)，进行幂级数展开并取至椭球扁率一阶项，则不难得到以飞行高度速度表示的 Harlan 公式，即式(3.8)和式(3.9)，其推导过程从略。

假设用 v_g 表示飞行高度速度 v 在地球表面上的投影，v_{ge} 和 v_{gn} 分别表示 v_e 和 v_n 的投影，根据关系式(3.4)可得

$$v_{ge} / v_e = R_N / (R_N + h) \tag{3.19}$$

$$v_{gn} / v_n = R_M / (R_M + h) \tag{3.20}$$

将式(3.19)和式(3.20)代入式(3.14)，可得到以地表速度表示的厄特沃什改正严密计算公式：

$$\delta a_E = 2\omega v_{ge} \left(\frac{R_N + h}{R_N} \right) \cos\varphi + \frac{(R_N + h) v_{ge}^2}{R_N^2} + \frac{(R_M + h) v_{gn}^2}{R_M^2} \tag{3.21}$$

同样，如果将近似式(3.17)和式(3.18)代入式(3.21)，那么也不难推导得到以地表速度表示、顾及椭球扁率一阶项的 Harlan 公式，即式(3.6)和式(3.7)。

至此，已经厘清了 Thompson 公式、Harlan 公式与严密计算公式之间的关系，同时给出了从严密计算公式推导 Harlan 公式的技术途径，其结果与 Harlan(1968)从几何学角度出发的推导结果是等价的。但这里必须指出的是，前面所指的严密公式其实也只是将地球视为旋转椭球而言的，即统一把椭球法线作为重力加速度的投影线处理。而实际上重力传感器感应的应该是重力加速度在重力垂向上的投影，法线和垂线的差异(即垂线偏差)对厄特沃什改正的影响大小取决于测量区域重力场的复杂程度。Harlan(1968)认为，垂线偏差量值一般不超过 30″(角秒)，因此该项影响可以忽略不计。但 Wall(1971)通过估算认为，当垂线偏差变化率超过 1(″)/km 时，该项影响可达几毫伽甚至几十毫伽。

在实际应用中，除了部分学者仍习惯引用 Harlan 公式外，个别学者和机构在引用严密公式(3.14)时，往往又做了近似处理。Hwang 等(2007)把 R_N 和 R_M 近似取为地球平均半径 R，即回归到简单的 Thompson 公式；Joint-stock Company (2008)则是把 (R_N+h) 和 (R_M+h) 都近似取为地面计算点的地心向径 r，即

$$\delta a_E = 2\omega v\sin\alpha\cos\varphi + \frac{v^2}{r} \tag{3.22}$$

$$r = R_N\sqrt{[1-e^2(2-e^2)\sin^2\varphi]} \tag{3.23}$$

为了估算曲率半径近似误差对厄特沃什改正计算结果的影响，取球近似厄特沃什改正公式(3.1)的第二项进行讨论：

$$\Delta E = v^2/R \tag{3.24}$$

对式(3.24)求微分并写成中误差形式，可得

$$m_{\Delta E} = v^2 m_R / R^2 \tag{3.25}$$

式中，m_R 为球半径误差；$m_{\Delta E}$ 为由 m_R 引起的厄特沃什改正误差。取 $R=6371\text{km}$；$v=500\text{km/h}$，可计算得到表 3.1 的估算结果。

表 3.1　曲率半径误差对厄特沃什改正计算结果的影响

m_R /km	1	5	10	15	20	30
$m_{\Delta E}$ /mGal	0.05	0.24	0.48	0.71	0.95	1.43

由表 3.1 计算结果可以看出，在高精度测量要求条件下，大于 5km 的曲率半径误差对厄特沃什改正计算结果的影响都是不可忽略的。而由椭球大地测量学可知，从赤道到两极，卯酉圈曲率半径 R_N 的变化幅度接近 22km，子午圈曲率半径

R_M 的变化幅度达 64km，地球椭球平均半径 R 与 R_N 的互差范围为 7～28km，R 与 R_M 的互差范围为–36～28km。由此可见，任何对曲率半径进行近似处理的做法都是不可取的。

3.2.3　不同形式厄特沃什改正公式数值差异分析

3.2.3.1　模拟数值对比分析

为了准确掌握不同形式厄特沃什改正公式在数值上的差异大小，选择严密公式(3.14)作为基准，分别计算 Thompson 公式(3.3)和式(3.5)、Harlan 公式(3.7)和式(3.9)、我国作业规范采用的式(3.13)及重力仪 GT-1A 数据处理软件采用的式(3.22)与基准值的差异。其中，为了说明引用错误可能带来的误差大小，各计算式中的 v 统一直接采用飞行高度速度，并取飞行高度 $h = 3000$m，$v = 500$km/h；同时采用 CGCS2000 定义的地球椭球参数：$a = 6378137$m；$R = 6371008.77138$m；$f = 1/298.257222101$；$\omega = 7.292115\times10^{-5}$rad/s；$e^2 = 0.00669438002290$。

不同纬度测点相对于不同航向角上的计算对比结果分列于表 3.2～表 3.4。

表 3.2　$\varphi = 0°$ 时的计算对比结果

公式	不同 α 下的对比结果/mGal							
	0°	45°	90°	135°	180°	225°	270°	315°
式(3.14)	304	1736	2328	1736	304	–1129	–1723	–1129
式(3.14)–式(3.3)	1.41	–0.28	–1.58	–0.28	1.41	1.07	0.33	1.07
式(3.14)–式(3.5)	1.70	0.68	–0.34	0.68	1.70	0.68	–0.34	0.68
式(3.14)–式(3.7)	–0.28	–0.95	–1.24	–0.95	–0.28	0.39	0.67	0.39
式(3.14)–式(3.9)	0.01	0.00	0.00	0.00	0.01	0.00	0.00	0.00
式(3.14)–式(3.13)	–0.13	–0.81	–1.09	–0.81	–0.13	0.54	0.81	0.54
式(3.14)–式(3.22)	1.89	0.88	–0.14	0.88	1.89	0.88	–0.14	0.88

表 3.3　$\varphi = 45°$ 时的计算对比结果

公式	不同 α 下的对比结果/mGal							
	0°	45°	90°	135°	180°	225°	270°	315°
式(3.14)	303	1315	1734	1314	303	–710	–1131	–710
式(3.14)–式(3.3)	–0.11	–1.10	–1.80	–1.10	–0.11	–0.14	–0.45	–0.14
式(3.14)–式(3.5)	0.17	–0.34	–0.84	–0.34	0.17	–0.34	–0.84	–0.34

续表

公式	不同 α 下的对比结果/mGal							
	0°	45°	90°	135°	180°	225°	270°	315°
式(3.14)–式(3.7)	−0.28	−0.76	−0.96	−0.76	−0.28	0.19	0.39	0.19
式(3.14)–式(3.9)	0.00	0.00	0.00	0.00	0.00	0.00	0.00	0.00
式(3.14)–式(3.13)	−0.64	−1.12	−1.32	−1.12	−0.64	−0.17	0.03	−0.17
式(3.14)–式(3.22)	−0.14	−0.65	−1.15	−0.65	−0.14	−0.65	−1.15	−0.65

表 3.4　$\varphi = 89°$ 时的计算对比结果

公式	不同 α 下的对比结果/mGal							
	0°	45°	90°	135°	180°	225°	270°	315°
式(3.14)	301	326	337	326	301	276	266	276
式(3.14)–式(3.3)	−1.64	−1.65	−1.65	−1.65	−1.64	−1.62	−1.62	−1.62
式(3.14)–式(3.5)	−1.35	−1.35	−1.35	−1.35	−1.35	−1.35	−1.35	−1.35
式(3.14)–式(3.7)	−0.28	−0.30	−0.30	−0.30	−0.28	−0.27	−0.27	−0.27
式(3.14)–式(3.9)	0.00	0.00	0.00	0.00	0.00	0.00	0.00	0.00
式(3.14)–式(3.13)	−1.16	−1.17	−1.17	−1.17	−1.16	−1.15	−1.14	−1.15
式(3.14)–式(3.22)	−2.17	−2.17	−2.17	−2.17	−2.17	−2.17	−2.17	−2.17

由前面的分析可知，式(3.5)、式(3.9)和式(3.22)与严密公式(3.14)的差异主要源于曲率半径的近似处理。式(3.3)与式(3.5)、式(3.7)与式(3.9)原本是等价的，但在实际应用中，往往出现飞行高度速度和地表速度混淆使用的情况，由此引起额外的误差。由表 3.2～表 3.4 的计算结果可以看出，基于球近似的 Thompson 公式(3.3)和式(3.5)，误差量值接近 2mGal；基于曲率半径顾及椭球扁率一阶项影响的 Harlan 公式(3.7)和式(3.9)，误差量值不超过 0.1mGal，但当出现飞行高度速度和地表速度混淆使用时，其带来的计算误差可达 1mGal；式(3.13)没有严格区分飞行高度速度和地表速度，同时误用地心向径 r 代替地球椭球长半轴 a 引起的计算误差超过 1mGal；式(3.22)忽略飞行高度同时对曲率半径进行近似处理，其误差量值超过 2mGal。

需要特别指出的是，对于区域性的航空重力测量，由于在单一测线上的飞行速度、航向和航高都基本保持稳定，测点大地纬度的变化范围也相当有限。因此，以上由各种原因引起的计算偏差一般都具有系统误差特征，它们对测量成果质量的影响不可忽视。此外，目前国际上航空重力测量的精度已达 1～3mGal(Olesen et al.，2002；Hwang et al.，2007；Alberts，2009；Jekeli，2012；孙中苗等，2021)，如果不顾及以上计算偏差的影响，势必限制测量成果精度的进一步改善。

3.2.3.2　实测数据对比分析

2012 年，我国相关部门在中国某海域开展了多种形式的航空重力测量飞行试验，其中包括使用多台套重力仪在东西、南北、西北—东南等特定方向上开展重复测线飞行试验。测线长度东西向约 240km，南北向约 200km，西北—东南向约 350km，测量期间飞行高度约 1500m，飞行速度约 400km/h。作者对重复测线试验数据进行对比分析后发现，所有同向飞行的重复测线观测数据内符合精度都很高，与仪器生产厂家标称的测量精度基本相符。但对向(或称正反向)飞行数据的对比情况有所不同，除南北向外，东西向和西北—东南向重复测线的对向观测数据对比结果都显示，两者之间存在一个比较明显的系统偏差。经进一步分析研究后确认，除了某些环节上的测量环境效应改正还不够完善外，厄特沃什改正公式使用不当也是造成上述现象的主要原因之一。为了突出说明后者的影响，本节单独列出两型仪器(TAGS 型和 LCR Ⅱ型)分别使用 Harlan 公式(3.7)和我国作业规范引用公式(3.13)，计算厄特沃什改正的对向飞行数据对比结果(统一采用飞行高度速度)。其中，每一方向都给出三组计算结果，分别对应正向飞行和反向飞行使用近似厄特沃什改正公式带来的误差统计，以及正向与反向互差带来的累积误差统计，具体结果见表 3.5 和表 3.6。

表 3.5　使用式(3.7)时的实测数据对比结果

测线方向		最大值/mGal	最小值/mGal	平均值/mGal	均方根/mGal	测点数
东西	正向	−0.502	−0.521	−0.510	0.510	1931
	反向	0.291	0.287	0.289	0.289	
	互差	−0.791	−0.810	−0.799	0.799	
西北—东南	正向	0.212	0.197	0.206	0.206	2848
	反向	−0.376	−0.444	−0.393	0.393	
	互差	0.609	0.585	0.599	0.599	
南北	正向	−0.072	−0.082	−0.077	0.077	1411
	反向	−0.099	−0.112	−0.105	0.105	
	互差	0.036	0.021	0.028	0.029	

表 3.6　使用式(3.13)时的实测数据对比结果

测线方向		最大值/mGal	最小值/mGal	平均值/mGal	均方根/mGal	测点数
东西	正向	−0.509	−0.529	−0.517	0.518	1931
	反向	0.285	0.281	0.283	0.283	
	互差	−0.792	−0.812	−0.8019	0.801	
西北—东南	正向	0.208	0.182	0.196	0.196	2848
	反向	−0.391	−0.462	−0.401	0.401	
	互差	0.607	0.585	0.597	0.597	
南北	正向	−0.075	−0.092	−0.084	0.084	1411
	反向	−0.107	−0.122	−0.114	0.115	
	互差	0.038	0.023	0.030	0.030	

从表 3.5 和表 3.6 的计算结果可以看出，尽管这里的试验飞行速度和高度相对于前面的模拟数据都有所降低，但无论是使用式(3.7)还是式(3.13)，公式使用不当引起的系统偏差仍达 0.5mGal，重复测线正向与反向互差最大可达约 0.8mGal。显然，与仪器生产厂家标称的测量精度(优于 1mGal)相比较(Micro-g LaCoste Inc., 2010)，以上误差影响量值大小均不可忽略。

南北向测线正向与反向计算误差符号相同，同时量值较小，求互差时有相互抵消作用，因此在此方向上由公式使用不当引起的计算偏差几乎可以忽略不计。

孙中苗(2004)介绍了使用 LCR Ⅰ型重力仪在我国山西大同地区的试验情况，其中测量飞行平均高度为 3400m，飞行速度为 360km/h。对该试验而言，如果使用式(3.7)计算厄特沃什改正值，那么东-西向测线正向飞行的计算偏差为 −0.76mGal，反向飞行的计算偏差为 0.43mGal，重复测线互差值的计算偏差为 −1.19mGal；如果使用作业规范公式(3.13)进行计算，那么东西向测线正向飞行的计算偏差为 −0.89mGal，反向飞行的计算偏差为 0.30mGal，重复测线互差值的计算偏差为 −1.19mGal。以上误差量值较表 3.5 和表 3.6 对比结果还要大一些。

3.2.4　专题小结

综合前面的分析、论证和对比结果，可得出以下结论：

(1) 尽管航空重力测量厄特沃什改正严密计算公式并不复杂，但国内外机构和学者在使用厄特沃什改正公式问题上一直缺乏统一意见。

(2) 与厄特沃什改正严密计算公式相比较，不同时期发表的不同形式的厄特沃什改正公式都存在一定的系统偏差。虽然 Harlan 公式逼近度较高，但经常出现使用不当的情况，由此引起的计算偏差不可忽略。

(3) 我国《航空重力测量作业规范》(GJB 6561—2008) 采用的厄特沃什改正公式存在比较明显的引用错误，建议有关部门尽快对其进行更正，统一采用厄特沃什改正严密计算公式。

3.3　平台倾斜重力改正模型等价性证明与验证

3.3.1　概述

如前所述，海空重力测量是以舰船或飞机为载体，应用重力传感器测定海面或近地空中重力加速度的一种动态重力测量方法 (孙中苗,2004；黄谟涛等,2005)。如何从观测量中有效分离出引力加速度，如何维持重力传感器正确的垂直指向，是海空重力测量必须突破的两大技术难题 (Schwarz et al.，1996；孙中苗，2004；Alberts，2009)。20 世纪 80 年代末，动态差分 GPS 技术的发展和应用，已经较好地解决了第一大难题；关于第二大难题，传统的解决方法是将重力传感器安装在陀螺稳定平台上，使其保持稳定的垂直指向。目前，使用较为广泛的稳定平台类型包括：LCR 系列和 BGM 系列重力仪采用的双轴阻尼陀螺稳定平台 (Valliant，1991；孙中苗，2004；黄谟涛等，2005)，Chekan-AM 重力仪采用的捷联方位双轴惯导平台 (Sokolov，2011)，GT 系列和 AIRGrav 型重力仪采用的三轴惯导平台 (Ferguson et al.，2000；Olson，2010)。尽管从理论上讲，可以利用陀螺和加速度计的观测信息，通过稳定回路和修正回路实现对惯导平台的控制，使重力传感器的敏感轴始终保持垂直指向，但在实际应用中，使陀螺稳定平台保持绝对水平几乎是不可能的。这是因为：一方面，重力传感器安装标定过程中必然存在误差 (奚碚华等，2011)；另一方面，受海上和空中飞行环境的影响和平台自身技术性能的制约，陀螺稳定平台难免出现一定角度的倾斜 (孙中苗，2004；黄谟涛等，2005)。实际上，海空重力测量稳定平台的动态特性完全类同于强阻尼下的长周期摆，只要有水平加速度的作用，稳定平台就会发生摆动 (Valliant，1991；Swain，1996)。而在海空重力测量作业中，测量载体受干扰加速度的影响是不可避免的 (欧阳永忠等，2011；黄谟涛等，2013c)，因此稳定平台产生一定程度的倾斜也是必然的。当平台处于非水平状态时，重力传感器输出量不是真实的垂向加速度，必须对其进行必要的补偿和修正，这就是海空重力测量稳定平台倾斜重力改正问题，也称为水平加速度改正。对于海面重力测量，由于测量载体主要受海浪作用引起的干扰加速度的影响，而海浪起伏近似于正弦运动，通过数字滤波可基本消除周期性环境干扰因素的影响，所以一般不做此类改正 (黄谟涛等，2005)。相比之下，航空重力测量载体受到的干扰要复杂得多，影响量值也要大得多，干扰加速度的幅值可能比重力信号高出百倍甚至千倍 (孙中苗，2004；Alberts，2009)，即使采用强阻尼和数字滤波技术也无法完全消除此类影响，因此必须建立相应的模型对其进行改正。自航空重力测量技术取得实质性进展以来，稳定平台倾斜重力改正问题一直受到人们的极大关注并得到深入研究，国内外学者为此提出了多种计算模型，基本上可归结为两大类：一类为直接使用加速度计观测量和外部导航信息计算平台倾斜重力改正数(Valliant，1991；石磐等，2001)，称为一步法模型；另一类为先确定平台倾斜角，再计算重力改正数(Peters et al.，1995；Swain，1996；Olesen，2002)，称为两步法模型。Olesen(2002)研究比较了两类模型之间的差异，认为两步法模型的计算精度优于一步法模型；孙中苗(2004)、孙中苗等(2007b)探讨了两类模型之间的关联性，认为通过对原始观测数据进行预滤波处理，一步法模型可给出满意的结果，因此现行的航空重力测量作业标准推荐使用一步法模型(解放军总装备部，2008b)；孙中苗等(2013b)又通过实测数据计算分析，得出两步法模型的计算结果比一步法模型更合理的结论。我国其他学者也曾从不同角度对稳定平台倾斜重力改正问题进行了研究和探讨，取得了一些有参考价值的研究成果(李宏生等，2009；奚碚华等，2011；田颜锋等，2012)。但必须指出的是，关于稳定平台倾斜重力改正模型选用问题，国内外学者在很长一段时间内都未取得一致意见(孙中苗等，2007b，2013b；解放军总装备部，2008b；Alberts，2009)，因此有必要对其进行深入研究(黄谟涛等，2016b)。

3.3.2 平台倾斜重力改正基本模型

3.3.2.1 一步法模型

一步法模型源于旋转不变式标量重力测量(rotation invariant scalar gravimetry，RISG)方法(Valliant，1991；Olesen，2002)。假设重力仪平台的两水平敏感轴互相垂直，f_x 和 f_y 分别为平台两轴敏感到的横向水平加速度和纵向水平加速度，g_m 为重力仪观测值；a_e 和 a_n 分别代表由精密卫星定位信息导出的东向水平加速度和北向水平加速度，G 代表重力加速度和载体垂向加速度之和。根据旋转不变性，任意物体感受的加速度矢量大小不随正交坐标系的旋转而改变(Olesen，2002；孙中苗，2004)，因此有

$$G^2 + a_e^2 + a_n^2 = g_m^2 + f_x^2 + f_y^2 \tag{3.26}$$

$$G = (g_m^2 + f_x^2 + f_y^2 - a_e^2 - a_n^2)^{1/2} \tag{3.27}$$

由此可得平台倾斜重力改正公式为

$$\delta a_H = G - g_m = \sqrt{g_m^2 + f_x^2 + f_y^2 - a_e^2 - a_n^2} - g_m \tag{3.28}$$

Alberts(2009)称式(3.28)为一步法精密模型。由于水平干扰加速度远小于重力加速度 g_m，所以由式(3.27)进行级数展开可近似得到

$$G = g_m + (f_x^2 + f_y^2 - a_e^2 - a_n^2)/(2g_m) \tag{3.29}$$

将式(3.29)代入式(3.28)，可得平台倾斜重力改正公式的另一种形式为

$$\delta a_H = (f_x^2 + f_y^2 - a_e^2 - a_n^2)/(2g_m) \tag{3.30}$$

Alberts(2009)称式(3.30)为一步法近似模型。

3.3.2.2　两步法模型

两步法模型源于对重力传感器观测误差的分解(Swain，1996；Olesen，2002；孙中苗等，2007b)。如图 3.1 所示，假设重力仪稳定平台偏离水平面的小角度为 θ，其在横轴方向和纵轴方向的分量分别为 θ_x 和 θ_y，a_e 和 a_n 经坐标旋转变化后，对应横轴方向和纵轴方向的分量分别为 a_{ex} 和 a_{ny}，此时重力传感器敏感到 G 的大小为 $G\cos\theta_x\cos\theta_y$，敏感到 a_{ex} 和 a_{ny} 的影响量大小分别为 $a_{ex}\sin\theta_x$ 和 $a_{ny}\sin\theta_y$，由此可得重力仪在平台视垂向上的观测值大小为

$$g_m = G\cos\theta_x\cos\theta_y + a_{ex}\sin\theta_x + a_{ny}\sin\theta_y \tag{3.31}$$

式(3.31)可近似表示为

$$g_m = G(1-\theta_x^2/2)(1-\theta_y^2/2) + a_{ex}\cdot\theta_x + a_{ny}\cdot\theta_y \tag{3.32}$$

由此可得平台倾斜重力改正两步法模型第一式(Peters et al.，1995；Swain，1996)为

$$\begin{aligned}\delta a_H &= G - g_m \approx G\cdot(\theta_x^2+\theta_y^2)/2 - a_{ex}\cdot\theta_x - a_{ny}\cdot\theta_y \\ &\approx g_m\cdot(\theta_x^2+\theta_y^2)/2 - a_{ex}\cdot\theta_x - a_{ny}\cdot\theta_y\end{aligned} \tag{3.33}$$

Olesen(2002)基于比力测量基本方程，通过坐标旋转变化关系导出如下形式的平台倾斜重力改正公式：

$$\delta a_H = -\sin\theta_x\cdot f_x - \cos\theta_x\sin\theta_y\cdot f_y - (1-\cos\theta_x\cos\theta_y)\cdot g_m \tag{3.34}$$

式中，各个符号意义同前。

Olesen(2002)称式(3.34)为倾斜角模型化的重力改正新模型，本节称为平台倾斜重力改正两步法模型第二式。

不难看出，两步法模型第一式(3.33)和第二式(3.34)都需要首先确定倾斜角

θ_x 和 θ_y。为此，Swain(1996)曾提出通过一个二阶递归滤波器，以水平加速度为输入，以倾斜角为输出，分别确定 θ_x 和 θ_y 的递归公式，具体参见 Swain(1996)，这里不再重复列出。Li(2011)根据牛顿第二运动定律导出了一组确定倾斜角 θ_x 和 θ_y 的严密公式，但其实现过程过于复杂，同时需要迭代计算，不便于推广应用。目前，在实际作业中，国内外普遍采用以下近似公式来计算倾斜角 θ_x 和 θ_y：

$$f_x = a_{ex}\cos\theta_x - G\sin\theta_x \approx a_{ex} - g_m\theta_x \tag{3.35}$$

$$f_y = a_{ny}\cos\theta_y - G\sin\theta_y \approx a_{ny} - g_m\theta_y \tag{3.36}$$

即得

$$\theta_x \approx (a_{ex} - f_x)/g_m \tag{3.37}$$

$$\theta_y \approx (a_{ny} - f_y)/g_m \tag{3.38}$$

这里需要指出的是，国内相关文献在介绍两步法模型时，都普遍忽略了加速度 a_e 和 a_n 与 a_{ex} 和 a_{ny} 之间的差异(石磐等，2001；孙中苗，2004；孙中苗等，2007b，2013b；田颜锋等，2012)，这是不严谨的，因为平台加速度计敏感轴一般不重合于导航坐标系的北向和东向，故在使用前必须进行必要的坐标转换计算。

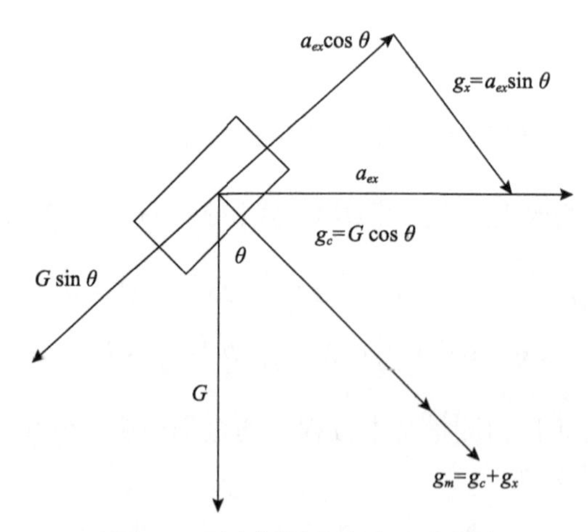

图 3.1 平台倾斜重力改正示意图

3.3.3 模型等价性证明与改正量值估算

3.3.3.1 模型等价性证明

为方便叙述，本节把一步法模型(3.30)称为模型一，把两步法模型(3.33)称为模型二，把式(3.34)称为模型三。在实际应用中，人们总是根据自己对上述三个计算模型的理解和偏好而选用其中的一个。早期应用比较多的是模型二(LaCoste，1967；Swain，1996)，中后期有的学者倾向于使用模型一(Valliant，1991；Peters et al.，1995；Neumeyer et al.，2009)，有的学者则更倾向于使用模型三(Olesen，2002；Hwang et al.，2007；Alberts，2009)，我国学者和航空重力测量作业标准推荐使用模型一(孙中苗，2004；孙中苗等，2007b；解放军总装备部，2008b；田颜锋等，2012)，但孙中苗等(2013b)对模型一和模型二的计算效果做了数值比较后，认为模型二计算结果比模型一更为合理。实际上，在一定的近似条件下，上述三个改正模型在理论上是完全等价的，现证明如下。

首先证明模型二和模型一是等价的。将式(3.37)和式(3.38)代入式(3.33)得

$$\delta a_H = g_m[(a_{ex}-f_x)^2+(a_{ny}-f_y)^2]/(2g_m^2)-a_{ex}(a_{ex}-f_x)/g_m-a_{ny}(a_{ny}-f_y)/g_m \tag{3.39}$$

对式(3.39)进行化简后，可得

$$\delta a_H = (f_x^2+f_y^2-a_{ex}^2-a_{ny}^2)/(2g_m) \tag{3.40}$$

由坐标转换关系可得

$$a_{ex} = a_e\cos\alpha - a_n\sin\alpha \tag{3.41}$$

$$a_{ny} = a_e\sin\alpha + a_n\cos\alpha \tag{3.42}$$

式中，α 为载体航行的航向角。

故有

$$a_{ex}^2 + a_{ny}^2 = a_e^2 + a_n^2 \tag{3.43}$$

将式(3.43)代入式(3.40)，即得式(3.30)，可见模型二和模型一在形式上是等价的。

下面进一步证明模型三与模型二的等价性，取

$$\sin\theta_x \approx \theta_x\text{，}\quad \sin\theta_y \approx \theta_y \tag{3.44}$$

$$\cos\theta_x = 1-2\sin^2(\theta_x/2) \approx 1-\theta_x^2/2 \tag{3.45}$$

$$\cos\theta_y = 1-2\sin^2(\theta_y/2) \approx 1-\theta_y^2/2 \tag{3.46}$$

将式(3.44)～式(3.46)、式(3.35)和式(3.36)代入式(3.34)，可得

$$\delta a_H = -\theta_x(a_{ex} - g_m\theta_x) - (1-\theta_x^2/2)\theta_y(a_{ny} - g_m\theta_y) - [1-(1-\theta_x^2/2)(1-\theta_y^2/2)]g_m \tag{3.47}$$

对其进行化简和合并，并略去倾斜角平方以上小项，可得

$$\delta a_H = -\theta_x a_{ex} - \theta_y a_{ny} + (\theta_x^2/2 + \theta_y^2/2)g_m \tag{3.48}$$

式(3.48)与式(3.33)完全一致，可见模型三和模型二在形式上也是等价的。至此，三个改正模型之间的等价性得到证明。

3.3.3.2 改正量值估算

为了粗略估算平台倾斜重力改正量值的大小，本节首先按式(3.33)分别计算不同平台倾斜角和不同水平加速度(只考虑一个坐标轴方向)作用下的 δa_H 。结果显示，当水平加速度为 0.01g(1g=980Gal=9.80m/s^2)、倾斜角为30″时，重力改正量值约为 1mGal；当水平加速度为 0.05g、倾斜角为10″时，重力改正量值可达2mGal；当水平加速度为0.1g、稳定平台倾斜角为5″时，也可引起2mGal以上的重力改正量。因此，当测量载体受到较大的水平加速度影响，同时稳定平台倾斜角大于2″时，精密海空重力测量必须顾及水平加速度对观测结果的影响。

由前面的论述可知，模型一和模型二都是在一定的近似条件下导出的，三个模型的等价性证明也是在平台倾斜角比较小的条件下实现的。至于平台倾斜角小到什么程度才能确保三个模型的等价性，还需要作进一步的数值分析。这里使用某航次实际重力测量获得的水平加速度观测量(欧阳永忠等，2013)，并人为改变 θ_x 和 θ_y 两个水平倾斜角的大小，对式(3.30)、式(3.33)和式(3.34)三个改正模型进行数值估算，具体结果如表3.7所示。

表 3.7　不同倾斜角条件下的改正数计算值对比

模型	不同 θ_x 、θ_y 下的对比结果/mGal							
	30″	1′	10′	30′	1°	2°	3°	5°
模型一	−1.85	−3.65	−29.05	−37.40	74.45	745.74	2013.1	6328.9
模型二	−1.85	−3.65	−29.05	−37.40	74.46	745.97	2014.5	6342.8
模型三	−1.85	−3.65	−29.05	−37.40	74.43	745.11	2009.6	6301.0

表 3.7 的计算结果一方面说明，在比较恶劣的作业环境下，重力测量稳定平台倾斜重力改正可达到几十毫伽甚至更大的量值；另一方面也说明，前面的等价

性证明过程对相关模型所做的某些近似处理，在稳定平台倾斜角小于 1°的条件下(实际作业时一般都满足此要求)都是可以接受的，不影响等价性结论的适用性。

3.3.4　模型数值计算分析与比较

前面虽然已经从理论上证明了三个改正模型在形式上的等价性，但它们的实际应用效果如何还不得而知，因此需要作进一步的分析和验证。Olesen(2002)从数值上分析比较了模型一与模型三之间的差异，孙中苗等(2013b)则分析讨论了模型一和模型二的适用性。三个模型之间形式上等价，数值上却存在差异，主要缘于数据滤波处理过程改变了观测量的误差特性，因为海空重力测量必须对各类观测量进行低通滤波处理，以消除其中高频观测噪声的影响。在上述三个改正模型中，模型一表现为水平加速度的非线性函数，不含平台倾斜角变量；模型二和模型三则同属于另一种类型，均为水平加速度的线性组合，其系数大小由平台倾斜角决定。这就意味着，对于模型二和模型三，如果水平干扰加速度属于零均值噪声，那么由其传播至重力改正值后仍将表现为零均值，在最后的重力观测估值中不会引入系统偏差；但对于模型一，情况会截然不同。一方面，水平加速度零均值噪声求平方后将成为正值噪声，噪声特性发生了改变；另一方面，f_x、f_y 和 a_e、a_n 的噪声特性也可能不尽相同，减法运算难以消去平方项中的噪声影响。因此，零均值噪声经过模型一运算后有可能成为引起系统偏差的因素之一。虽然使用数据预滤波方法(即在计算平台倾斜重力改正数之前，首先对水平加速度观测数据进行滤波处理)可在一定程度上消除系统偏差的影响，但关于预滤波尺度的选择问题仍存在较大的不确定性(Olesen，2002；孙中苗，2004；孙中苗等，2007b)。考虑到平台倾斜角的频谱特性与平台运动特性密切相关，Olesen(2002)建议使用与平台摆动周期相匹配的低通滤波器，对平台倾斜角进行预滤波处理，然后按模型三计算重力改正值，有望取得较为稳定的补偿效果。

使用航空重力测量实测数据对三个改正模型进行了数值验算，结果发现，当统一使用式(3.37)和式(3.38)计算平台倾斜角 θ_x 和 θ_y 时，如果不做预滤波处理，三个改正模型的计算值完全一致；如果使用统一的滤波尺度对 f_x、f_y、a_{ex}、a_{ny}、θ_x、θ_y 做预滤波处理，三个改正模型的计算值仍然没有差异。该结果与前面所做的等价性证明结论是一致的。这里需要特别指出的是，使用式(3.37)和式(3.38)计算平台倾斜角 θ_x 和 θ_y，一方面，意味着倾斜角计算误差的频谱特性与水平加速度观测值保持一致，与受阻尼作用的平台运动特性没有必然的联系，因此使用与平台运动周期相当的滤波尺度对 θ_x 和 θ_y 进行预滤波处理未必是一种合理的选择；另一方面，从形式上看，模型二和模型三都是倾斜角的非线性函数，而当使用式(3.37)和式(3.38)计算平台倾斜角时，模型二和模型三实质上又都转变为水平加速度的非线性函数，因此基于同样的理由，必须对观测量进行预滤波处理才能消除零均值噪声经非线性运算后引起的系统偏差。但进行预滤波处理必然存在滤波尺度选择的不确定性问题。由式(3.37)和式(3.38)可知，倾斜角与水平加速度之间是简单的线性关系，考虑到水平加速度的量纲与重力改正值一致，在实际应用中可以使用与重力观测值相同的滤波尺度对水平加速度进行一步滤波处理，然后计算倾斜角和最终的重力改正数，不必分预滤波和总滤波两步来处理，从而避免了预滤波尺度不确定性问题。这种一步滤波处理方法对三个改正模型都是等效的，因此也不存在改正模型的优选问题。这就意味着，对于当前无法直接提供平台倾斜角观测量的海空重力仪，采用一步滤波处理对水平加速度进行处理后，可选用三个模型中的任意一个来计算平台倾斜重力改正数。

本节采用 LCR SⅡ型海空重力仪获取的实测数据(欧阳永忠等，2013)，对三个改正模型的一步滤波处理和分步滤波处理效果进行了数值对比计算，处理过程统一使用 FIR 滤波器和 Blackman 窗函数。其中，在进行分步滤波处理时，预滤波长度 N=20～240s，总滤波长度统一取 N=240s；在进行一步滤波处理时，滤波长度 N=20～240s。表 3.8、表 3.9 和表 3.10 分别列出了某测线对应于模型一、模型二和模型三的计算结果。表 3.8 中的加速度预滤波是指对模型一中的四个水平加速度分量进行预滤波；表 3.9 分倾斜角预滤波和加速度预滤波两种情形，前者是指只对模型二中的倾斜角进行预滤波，后者是指只对模型二中的水平加速度进行预滤波；表 3.10 与表 3.9 情况类似。

表 3.8　模型一分步与一步滤波计算效果对比

预滤波长度/s	加速度预滤波		改正数总滤波		滤波长度/s	加速度不做预滤波		改正数一步滤波	
	均值/mGal	均方根/mGal	均值/mGal	均方根/mGal		均值/mGal	均方根/mGal	均值/mGal	均方根/mGal
0	−0.96	6.68	−0.97	1.43	0	−0.96	6.68	−0.96	6.68
20	−0.69	5.14	−0.70	1.24	20	−0.96	6.68	−0.96	5.03
60	−0.42	3.81	−0.43	0.95	60	−0.96	6.68	−0.96	3.33
100	−0.26	2.39	−0.26	0.66	100	−0.96	6.68	−0.96	2.35
140	−0.17	1.31	−0.17	0.45	140	−0.96	6.68	−0.96	1.89
180	−0.12	0.69	−0.12	0.30	180	−0.96	6.68	−0.96	1.65
220	−0.10	0.38	−0.10	0.21	220	−0.96	6.68	−0.97	1.49
240	−0.09	0.30	−0.09	0.18	240	−0.96	6.68	−0.97	1.43

表 3.9 模型二分步滤波计算效果对比

预滤波长度/s	倾斜角预滤波		改正数总滤波		预滤波长度/s	加速度预滤波		改正数总滤波	
	均值/mGal	均方根/mGal	均值/mGal	均方根/mGal		均值/mGal	均方根/mGal	均值/mGal	均方根/mGal
0	−0.96	6.68	−0.97	1.43	0	−0.96	6.68	−0.97	1.43
20	−0.77	6.21	−0.77	1.37	20	−0.55	5.47	−0.56	1.16
60	−0.70	5.66	−0.70	1.30	60	−0.14	4.48	−0.16	0.79
100	−0.63	4.99	−0.63	1.28	100	0.29	3.33	0.28	0.51
140	−0.53	4.30	−0.53	1.19	140	0.66	2.41	0.65	0.69
180	−0.42	3.67	−0.42	1.03	180	0.94	2.08	0.93	1.03
220	−0.33	3.12	−0.33	0.85	220	1.13	2.17	1.13	1.31
240	−0.29	2.88	−0.29	0.77	240	1.20	2.25	1.20	1.42

表 3.10 模型三分步滤波计算效果对比

预滤波长度/s	倾斜角预滤波		改正数总滤波		预滤波长度/s	加速度预滤波		改正数总滤波	
	均值/mGal	均方根/mGal	均值/mGal	均方根/mGal		均值/mGal	均方根/mGal	均值/mGal	均方根/mGal
0	−0.96	6.68	−0.97	1.43	0	−0.96	6.68	−0.97	1.43
20	−0.71	6.10	−0.72	1.27	20	−0.92	5.54	−0.93	1.40
60	−0.38	5.44	−0.38	1.06	60	−0.91	4.71	−0.92	1.31
100	−0.12	4.70	−0.12	0.95	100	−1.01	3.70	−1.02	1.35
140	0.01	4.03	0.01	0.90	140	−1.16	2.97	−1.16	1.51
180	0.05	3.45	0.05	0.82	180	−1.30	2.69	−1.30	1.68
220	0.04	2.95	0.04	0.71	220	−1.41	2.67	−1.41	1.80
240	0.04	2.72	0.04	0.66	240	−1.46	2.69	−1.46	1.85

从表 3.8 可以看出，经预滤波和总滤波处理后，重力改正数的均值和均方根值都随滤波尺度的增大而减小，但预滤波和总滤波前后的均值几乎没有发生改变。当预滤波尺度逐步增大到接近总滤波尺度时，预滤波和总滤波前后的均方根值也越来越接近。这说明，如果使用与重力观测值相同的滤波尺度对水平加速度进行一步滤波处理，其效果与预滤波和总滤波两步处理是基本等效的。从表 3.8 还可以看出，如果不做预滤波处理，而只在后端对倾斜改正数做一步滤波处理，那么与在前端做一步滤波处理相比，两种处理流程的结果差异比较明显，均值互差接近 1mGal，均方根值互差超过 1mGal。这说明，在实际应用中，采用在前端对水平加速度做一步滤波处理是比较稳妥的。又从表 3.9 和表 3.10 看出，经倾斜角预

滤波和总滤波处理后，虽然其改正数均值与模型一计算结果差异不大，但其均方根值之间差异比较明显。这说明，预滤波尺度选择的不确定性和滤波过程中的吉布斯(Gibbs)效应(陈怀琛，2008)对计算结果的影响不可忽视。从表 3.9 和表 3.10 同时可以看出，经水平加速度预滤波和总滤波处理后，重力改正数均值和均方根值都随滤波尺度的变化而改变，但其收敛过程具有不确定性。这说明，如果不对倾斜角进行预滤波处理，那么由于模型二和模型三中的倾斜角是非线性关系，其观测噪声经非线性运算后将转变为重力改正数的系统偏差，所以这种分步处理流程是不可取的。以上计算结果与前面所做的理论分析结论相吻合。

3.3.5 专题小结

通过前面的理论分析、推论和数值检核，可得出以下结论：

(1) 当平台倾斜角量值较小(小于 1°)时，当前国际上推荐使用的三种平台倾斜重力改正模型在理论上是等价的。

(2) 当采用水平加速度观测量计算平台倾斜角时，宜在前端使用与重力观测值相同的滤波尺度对水平加速度和倾斜角进行一步滤波处理，进而计算最终的重力改正数。此时，三个改正模型的计算值完全一致，不存在模型优选问题。

(3) 当具备条件直接获取可靠的平台倾斜角观测量时，可考虑使用与平台运动周期相当的滤波尺度对倾斜角观测量进行预滤波处理，进而采用模型二或模型三计算重力改正数。由于目前还缺少这方面的实际观测数据，无法进行必要的试验验证和对比分析，所以此条件下三个改正模型的优选问题有待进一步的研究。

3.4 海空重力测量平台倾斜重力改正新模型

3.4.1 概述

如前所述，随着现代科学技术的进步，最近二三十年，海空重力测量特别是航空重力测量技术取得了重大进展，航空重力测量精度已经从原先的 10mGal 提高到 2～3mGal，甚至更高的水平(Olesen，2002；孙中苗，2004；Alberts，2009；欧阳永忠等，2013)。航空重力测量技术能够取得如此迅猛的发展主要得益于 3 个方面的技术突破：①差分 GNSS 测定载体位置、速度和加速度技术的实现；②新型重力测量传感器的研制；③海空重力测量数据处理精密模型的构建。后者主要涉及与测量动态环境效应相关的各项改正，水平加速度改正便是其中重要的改正项之一。对于使用陀螺稳定平台的重力测量系统，受海上和空中作业环境的影响和平台自身技术性能的制约，客观上要使陀螺稳定平台始终保持绝对水平几乎是不可能的，因此重力传感器观测记录不可避免地受到水平加速度的干扰，必须对其进行必要的补偿和修正。围绕此问题，国内外学者开展了深入研究并提出了多种改正计算模型(孙中苗，2004；Alberts，2009)，基本上可归结为两大类：①直接使用加速度计观测量和外部导航信息计算平台倾斜重力改正数(Valliant，1991；石磐等，2001)，称为一步法模型；②先确定平台倾斜角，再计算重力改正数(Peters et al.，1995；Swain，1996；Olesen，2002)，称为两步法模型。Olesen(2002)、孙中苗(2004)、孙中苗等(2007b，2013b)研究比较了两类模型之间的差异和关联性，作者在本章 3.3 节从理论上证明了在一定近似条件下两类模型的等价性(黄谟涛等，2016b)。我国现行航空重力测量作业标准推荐使用一步法模型。但研究结果表明，目前使用的两类计算模型都是一定意义下的近似公式，只顾及了平台倾斜条件下载体运动引起的水平加速度干扰，忽略了地球扰动重力和科里奥利加速度两个水平分量的影响。计算分析结果显示，上述忽略是不恰当的，在高精度航空重力测量作业中必须加以顾及。为了强化人们对此问题的理解，同时避免称呼不明确造成不必要的误解，作者建议将传统的水平加速度改正改称为平台倾斜重力改正(刘敏等，2018b)。

3.4.2　传统计算模型及误差分析

3.4.2.1　传统计算模型

由 3.3 节可知，目前国内外普遍采用的平台倾斜重力改正计算公式主要包括一步法模型和两步法模型，其中，一步法模型为

$$\delta a_H = (f_x^2 + f_y^2 - a_e^2 - a_n^2)/(2g_m) \tag{3.49}$$

式中，δa_H 为平台倾斜重力改正数；f_x 和 f_y 分别为平台两轴敏感到的横向(x 轴)和纵向(y 轴)水平加速度；g_m 为重力仪观测值；a_e 和 a_n 分别为由高精度定位信息导出的运动载体东向(e轴)水平加速度和北向(n 轴)水平加速度。

两步法模型两个具有代表性的计算模型分别为

$$\delta a_H = g_m(\theta_x^2 + \theta_y^2)/2 - a_{ex}\theta_x - a_{ny}\theta_y \tag{3.50}$$

$$\delta a_H = -f_x \sin\theta_x - f_y \cos\theta_x \sin\theta_y - (1 - \cos\theta_x \cos\theta_y) g_m \tag{3.51}$$

式中，θ_x 和 θ_y 分别为平台倾斜角 θ 在横轴方向和纵轴方向的分量；a_{ex} 和 a_{ny} 分别为运动载体水平加速度在横轴方向和纵轴方向的分量，它们的计算式分别为

$$\theta_x = (a_{ex} - f_x)/g_m \tag{3.52}$$

$$\theta_y = (a_{ny} - f_y)/g_m \tag{3.53}$$

$$a_{ex} = a_e \cos\alpha - a_n \sin\alpha \tag{3.54}$$

$$a_{ny} = a_e \sin\alpha + a_n \cos\alpha \tag{3.55}$$

式中，α 为载体运动航向角，其他符号意义同前。关于一步法模型和两步法模型的具体应用情况参见黄谟涛等(2016b)。

3.4.2.2　观测误差影响分析

为了考察式(3.49)、式(3.50)和式(3.51)三个模型的计算精度，本节按照误差传播定律讨论不同模型参量误差对平台倾斜重力改正计算结果的影响。首先对式(3.49)求偏导数，然后进行误差方差运算，同时假设模型参量之间相互独立，可得

$$\begin{aligned} M_{\delta a}^2 &= \left(\frac{f_x}{g_m}\right)^2 M_x^2 + \left(\frac{f_y}{g_m}\right)^2 M_y^2 + \left(\frac{a_e}{g_m}\right)^2 M_e^2 + \left(\frac{a_n}{g_m}\right)^2 M_n^2 + \left(\frac{f_x^2 + f_y^2 - a_e^2 - a_n^2}{2g_m^2}\right)^2 M_m^2 \\ &= M_1^2 + M_2^2 \end{aligned} \tag{3.56}$$

式中，M_x、M_y、M_e、M_n、M_m 分别为观测参量 f_x、f_y、a_e、a_n、g_m 的中误差；M_1 和 M_2 分别为

$$M_1^2 = \left(\frac{f_x}{g_m}\right)^2 M_x^2 + \left(\frac{f_y}{g_m}\right)^2 M_y^2 + \left(\frac{a_e}{g_m}\right)^2 M_e^2 + \left(\frac{a_n}{g_m}\right)^2 M_n^2 \tag{3.57}$$

$$M_2^2 = \left(\frac{f_x^2 + f_y^2 - a_e^2 - a_n^2}{2g_m^2}\right)^2 M_m^2 \tag{3.58}$$

令 $M_x = M_y = M_e = M_n = M_m = M$，则当 M 取不同量值大小时，根据欧阳永忠等(2013)提供的 Z 测线实测数据，可分别计算得到 M_1、M_2 和 $M_{\delta a}$ 三个误差估值大小，具体如表 3.11 所示。

表 3.11　观测误差对平台倾斜重力改正计算结果的影响　　(单位：mGal)

M	2	10	30	50	100
M_1	0.05	0.27	0.82	1.36	2.72
M_2	0.00	0.00	0.00	0.00	0.00
$M_{\delta a}$	0.05	0.27	0.82	1.36	2.72

从表 3.11 的计算结果可以看出，4 个水平加速度分量(f_x、f_y、a_e、a_n)观

测误差（M_x、M_y、M_e、M_n）对平台倾斜重力改正 $M_{\delta a}$ 的影响随观测误差量值的增大而增大，垂向分量（g_m）观测误差 M_m 的影响则完全可以忽略不计，这是因为相比于 4 个水平加速度分量，垂向加速度分量的绝对量值要大得多，相同量值观测误差对其影响的敏感度要低得多。也正是基于这个原因，本专题研究在后面的修正模型推导过程中，不再特别强调垂向加速度分量必须事先做厄特沃什改正(也即科里奥利加速度的第三分量)处理。值得注意的是，尽管水平加速度分量观测误差的量值一般不会超过 10mGal，但如果是由模型近似引起比观测误差大得多的偏差，那么这种近似处理是不能忽略的，作者将在 3.4.3 节对此问题做进一步的论述。

对于式(3.50)和式(3.51)两个模型，可采用分步方式对其进行误差估计。首先对倾斜角计算误差进行估计，由式(3.52)和式(3.53)可得

$$M_{\theta x}^2 = (M_{ex}^2 + M_x^2) / g_m^2 \tag{3.59}$$

$$M_{\theta y}^2 = (M_{ny}^2 + M_y^2) / g_m^2 \tag{3.60}$$

式中，忽略了 g_m 观测误差的影响，其他符号意义同前。

令 $M_x = M_y = M_{ex} = M_{ny} = M$，当 M 取不同量值大小时，同样可求得倾斜角计算误差的估值，具体见表 3.12 第 2 行。

表 3.12　观测误差对倾斜角和倾斜改正的影响

M /mGal	2	10	30	50	100
$M_{\theta x} = M_{\theta y}$ /(″)	0.60	2.98	8.93	14.88	29.76
$M_{\delta a}$ /mGal	0.06	0.27	0.82	1.37	2.73

根据误差传播定律，由式(3.50)可直接写出平台倾斜重力改正误差估计公式为

$$M_{\delta a}^2 = g_m^2(\theta_x^2 M_{\theta x}^2 + \theta_y^2 M_{\theta y}^2) + a_{ex}^2 M_{\theta x}^2 + \theta_x^2 M_{ex}^2 + a_{ny}^2 M_{\theta y}^2 + \theta_y^2 M_{ny}^2 \tag{3.61}$$

按照前面的参数约定，由式(3.61)可计算得到与式(3.50)相对应的平台倾斜重力改正误差估值，具体见表 3.12 第 3 行。采用类似的方法可对式(3.51)进行误差估计，由于估算结果与式(3.61)完全一致，所以这里不再将其列出。对比表 3.11 和表 3.12 的计算结果不难看出，目前使用的两类平台倾斜重力改正模型误差估值不存在实质性的差异，这也从另一侧面证明 3.3 节和黄谟涛等(2016b)所作的理论推演是正确的。

3.4.3　平台倾斜重力改正新模型

如 Swain(1996)、Olesen(2002)、孙中苗(2004)和黄谟涛等(2016b)所述，平台

倾斜对重力观测造成的影响主要体现在两个方面：①平台倾斜使得各类水平加速度在重力传感器垂向敏感轴上产生了附加作用；②平台倾斜使得重力传感器敏感到的不是真正重力垂向上的加速度。由此得知，只要发生平台倾斜，即使不存在水平加速度的干扰，也必须进行平台倾斜重力改正。也正是基于这个原因，作者在前面就建议将传统的水平加速度改正项改称为平台倾斜重力改正。这里需要指出的是，作者在前面特别强调"各类"水平加速度在重力传感器垂向敏感轴上产生了附加作用，是因为已有众多国内外文献在推导和使用平台倾斜重力改正模型时，几乎都一致将水平干扰加速度简化为单一的运动载体水平加速度(Valliant，1991；Peters et al.，1995；Swain，1996；石磐等，2001；Olesen，2002；孙中苗，2004；孙中苗等，2007b，2013b；欧阳永忠等，2013；黄谟涛等，2016b)。实际上，在水平方向上除了运动载体加速度外，还存在地球扰动重力和由载体运动引起的科里奥利加速度分量。显然，忽略上述两类水平干扰加速度的影响是不合适的。因此，本节给出顾及三类水平加速度影响的平台倾斜重力改正新模型。

首先给出对应于一步法的改正模型。由黄谟涛等(2016b)可知，一步法模型源于旋转不变式标量重力测量原理。根据如下的动态重力测量基本方程：

$$\boldsymbol{g}=\boldsymbol{q}-\boldsymbol{f} \tag{3.62}$$

可得到

$$\boldsymbol{f}^2=(\boldsymbol{q}-\boldsymbol{g})^2 \tag{3.63}$$

式中，$\boldsymbol{g}$ 为重力加速度矢量；$\boldsymbol{q}$ 为科里奥利加速度和载体运动加速度的矢量和；$\boldsymbol{f}$ 为重力传感器(加速度计)观测矢量。

由式(3.63)可进一步得到

$$\begin{aligned} f^2 &= f_z^2+f_x^2+f_y^2=(q_u-g_u)^2+(q_e-g_e)^2+(q_n-g_n)^2 \\ &= G^2+(q_e-\delta g_e)^2+(q_n-\delta g_n)^2 \end{aligned} \tag{3.64}$$

式中，G 为各类垂向加速度的代数和；δg_e 和 δg_n 分别为扰动重力加速度的东向分量和北向分量；q_e 和 q_n 可分别表示为

$$q_e=a_e+C_e \tag{3.65}$$

$$q_n=a_n+C_n \tag{3.66}$$

式中，C_e 和 C_n 分别为科里奥利加速度的东向分量和北向分量；其他符号意义同前。

采用与 3.3 节和黄谟涛等(2016b)相同的推导思路，可直接写出一步法的平台倾斜改正新模型为

$$\delta a_H = [f_x^2 + f_y^2 - (a_e + C_e - \delta g_e)^2 - (a_n + C_n - \delta g_n)^2] / (2g_m) \tag{3.67}$$

对比式(3.49)和式(3.67)不难看出，两者的差异主要体现在后者增加了地球扰动重力和科里奥利加速度两个水平分量的影响。

对于两步法模型，不难理解，其修正公式的形式仍保持与式(3.50)和式(3.51)一致，不同的只是两个倾斜角计算式(3.52)和式(3.53)及两个水平轴(纵轴和横轴)方向的加速度分量计算式(3.54)和式(3.55)，应进行如下改变：

$$\bar{\theta}_x = (\bar{a}_{ex} - f_x) / g_m \tag{3.68}$$

$$\bar{\theta}_y = (\bar{a}_{ny} - f_y) / g_m \tag{3.69}$$

$$\bar{a}_{ex} = (a_e + C_e - \delta g_e)\cos\alpha - (a_n + C_n - \delta g_n)\sin\alpha \tag{3.70}$$

$$\bar{a}_{ny} = (a_e + C_e - \delta g_e)\sin\alpha + (a_n + C_n - \delta g_n)\cos\alpha \tag{3.71}$$

显然，式(3.68)和式(3.69)与式(3.52)和式(3.53)，式(3.70)和式(3.71)与式(3.54)和式(3.55)之间的差异，同样表现为前者增加了地球扰动重力和科里奥利加速度两个水平分量的影响。

科里奥利加速度两个水平分量的计算公式(Olesen，2002；孙中苗，2004)分别为

$$C_e = \left(\frac{v_e}{R_N + h} + 2\omega\cos\varphi\right)(v_u - v_n \tan\varphi) \tag{3.72}$$

$$C_n = \left(\frac{v_e}{R_N + h} + 2\omega\cos\varphi\right)v_e \tan\varphi + \frac{v_n v_u}{R_M + h} \tag{3.73}$$

式中，v_e、v_n 和 v_u 分别为载体运动速度在当地水平坐标系的东向、北向、径向(向上为正)分量；ω 为地球自转角速度；φ 为地理纬度；h 为大地高；R_N 和 R_M 分别为地球椭球的卯酉圈曲率半径和子午圈曲率半径，其计算式见式(3.15)和式(3.16)。

扰动重力加速度可采用当前国际上广泛使用的超高阶位模型(如 EGM2008)进行计算，其两个水平分量计算式(黄谟涛等，2005)为

$$\delta g_e = -\frac{GM}{r^2\cos\varphi}\sum_{n=2}^{L_{\max}}\left(\frac{a}{r}\right)^n \sum_{m=0}^{n} m(\bar{C}_{nm}^* \sin(m\lambda) - \bar{S}_{nm}\cos(m\lambda))\bar{P}_{nm}(\sin\varphi) \tag{3.74}$$

$$\delta g_n = \frac{GM}{r^2}\sum_{n=2}^{L_{\max}}\left(\frac{a}{r}\right)^n \sum_{m=0}^{n}(\bar{C}_{nm}^{*}\cos(m\lambda) + \bar{S}_{nm}\sin(m\lambda))\frac{\mathrm{d}}{\mathrm{d}\varphi}\bar{P}_{nm}(\sin\varphi) \quad (3.75)$$

式中，GM 为万有引力常数与地球质量的乘积；r 为地心向径；$\bar{C}_{nm}^{*}$ 和 $\bar{S}_{nm}$ 为已知的完全规格化位系数；$L_{\max}$ 为位模型的最高阶数；$\bar{P}_{nm}(\sin\varphi)$ 为完全规格化缔合勒让德函数，由递推公式进行计算，其中

$$\frac{\mathrm{d}}{\mathrm{d}\varphi}\bar{P}_{nm}(\sin\varphi) = \sqrt{(n-m)(n+m+1)}\bar{P}_{n,m+1}(\sin\varphi) - m\tan\varphi\bar{P}_{nm}(\sin\varphi) \quad (3.76)$$

3.4.4 数值计算检验与分析

如前所述，平台倾斜重力改正修正公式与传统公式的差异主要表现为，前者比后者增加了地球扰动重力和科里奥利加速度两个水平分量的影响。从形式上看，就是在修正式(3.67)中用$(a_e + C_e - \delta g_e)$和$(a_n + C_n - \delta g_n)$替代传统式(3.49)中的a_e和a_n；在修正式(3.68)和式(3.69)中用$\bar{a}_{ex}$和$\bar{a}_{ny}$替代传统式(3.52)和式(3.53)中的a_{ex}和a_{ny}；在修正式(3.70)和式(3.71)中用$(a_e + C_e - \delta g_e)$和$(a_n + C_n - \delta g_n)$替代传统式(3.54)和式(3.55)中的a_e和a_n。由此不难看出，传统公式相对于修正公式的模型误差可当作载体运动加速度a_e和a_n的观测误差进行讨论，也就是说，可将地球扰动重力和科里奥利加速度两个水平分量作为误差量，代入式(3.56)、式(3.59)和式(3.60)进行模型误差估计。

由式(3.72)和式(3.73)可知，C_e和C_n的量值主要取决于主项$C_{ez}=2\omega v_n\cos\varphi\tan\varphi$和$C_{nz}=2\omega v_e\cos\varphi\tan\varphi$的大小。对于相同的航速和地理纬度，$C_{ez}$在南北向航线上取得最大绝对值，$C_{nz}$则在东西向航线上取得最大绝对值，当取$v=300\text{km/h}$，$\varphi=20°$时，$C_{ez\max}=C_{nz\max}=416\text{mGal}$。对照表3.11和表3.12的估算结果可以看出，如果忽略掉这么大量值的干扰加速度的影响，那么可能引起平台倾斜重力改正出现10mGal以上的偏差。又由黄谟涛等(2005)可知，根据式(3.74)和式(3.75)计算得到的扰动重力加速度量值一般在几十毫伽，由此引起的平台倾斜重力改正误差也可达毫伽级。本节根据欧阳永忠等(2013)提供的实测资料，分别选取一条西北至东南向测线和另一条方向相反的东南至西北向重复测线，依次计算科里奥利加速度和地球扰动重力加速度两个水平分量的大小，以及对应于传统模型(δa_{HC})和修正模型(δa_{HN})的倾斜改正数及其互差值。科里奥利加速度和地球扰动重力加速度及倾斜改正计算结果比较如表3.13所示。

由表3.13的计算结果可知，科里奥利加速度和地球扰动重力加速度对平台倾斜重力改正的影响最大可达几毫伽，传统模型与修正模型计算结果的互差均方根

值超过 1mGal，它们与前面所做的理论估算结果相吻合。显然，这样的影响量值对于现代高精度要求的海洋和航空重力测量作业，都是不可忽略的。因此，在实际应用中应当统一采用本节提供的新模型进行平台倾斜重力改正计算。表 3.14 给出了使用平台倾斜改正新模型前后上述重复测线计算结果符合性的对比情况，该结果同样说明使用新模型替代传统模型实施平台倾斜重力改正是必要和有效的。从表 3.14 也可以看出，该重复测线往返观测结果之间存在一个比较明显的系统偏差，具体原因将在本书的后续章节进行进一步的分析和研究。

表 3.13　科里奥利加速度和地球扰动重力加速度及倾斜改正计算结果比较　（单位：mGal）

计算参量	西北至东南向测线					东南至西北向测线				
	最小值	最大值	平均值	标准差	均方根	最小值	最大值	平均值	标准差	均方根
C_e	319	361	340	11.21	340	−296	−278	−286	3.24	287
C_n	383	442	415	16.66	415	−360	−337	−350	5.62	350
δg_e	1.7	64.0	33.1	15.7	36.6	1.8	64.4	33.8	16.6	37.6
δg_n	−49.3	8.4	−23.9	15.7	28.7	−49.2	8.3	−24.4	16.3	29.3
δa_{HC}	−15.1	8.5	−1.3	2.4	2.8	−15.0	19.5	−1.1	3.1	3.3
δa_{HN}	−18.8	11.1	−1.4	2.8	3.2	−18.3	19.8	−1.3	3.6	3.8
$\delta a_{HC} - \delta a_{HN}$	−3.78	4.02	0.11	1.35	1.35	−2.62	3.56	0.13	1.13	1.14

表 3.14　使用倾斜改正修正模型前后重复测线相互对比结果　（单位：mGal）

模型	最小值	最大值	平均值	标准差	中误差
传统	−4.34	6.20	4.28	1.95	4.70
修正	−4.19	5.97	4.17	1.73	4.52

3.4.5　专题小结

通过理论分析发现，目前使用的海空重力测量平台倾斜重力改正模型，是忽略了地球扰动重力加速度和科里奥利加速度两个水平分量作用后的近似模型。实际数值计算表明，这种近似处理可能带来毫伽级的误差影响。本专题研究推出了重力平台倾斜重力改正新模型，同时使用实际观测数据验证了新模型的有效性，为修改完善海空重力测量作业标准和数据处理模型提供了必要的理论支撑。

3.5 本 章 小 结

动态环境效应改正项是海空重力测量基本观测方程的重要组成部分。针对目前最常用的几项环境效应改正模型在使用上仍然存在不统一、不规范和不精准问题，本章开展了有针对性的理论分析和研究，首先全面分析比较了不同时期、不同形式厄特沃什改正公式在数值上的差异，指出了我国目前使用近似公式存在的问题和统一使用严密公式的必要性，提出了相对应的改进意见和使用建议。从理论上证明了当前国际上推荐使用的 3 种平台倾斜重力改正模型的等价性，同时通过实际算例，验证了等价性证明的可靠性和有效性。最后分析研究了平台倾斜重力改正模型的形成机理，指出了国内外目前正在使用的传统计算模型存在的缺陷，通过误差传播定律实际估算了由传统计算模型不完善引起的重力改正影响，最终推出了严密的平台倾斜重力改正新模型，同时利用实测航空重力测量数据，通过数值计算验证了新模型的合理性和有效性。

第 4 章　海空重力测量系统组成及工作原理

4.1　引　　言

重力测量系统是实施海空重力测量的物质基础。除特别声明外，本书论述的海空重力测量是指在海面或空中开展的相对重力测量，即通过测定两个不同点所感应到的物理信息的差异推算出两点之间的重力差，并利用已知重力基点的重力信息，将绝对重力值传递到各个测点。相对重力测量可采用静力法或动力法来实施，静力法通过测定不同点上用来平衡该点重力加速度变化的平衡力的大小来获取两点重力差信息；动力法通过测定质点在不同点上做有规律的周期性运动产生的各种物理参数的变化来获取两点重力差信息。

本书第 1 章曾将海空重力测量系统简单划分为重力观测系统和位置观测系统两大部分。实际上，如果进一步细分，海空重力测量系统远不止前面的两个部分，为了降低海空动态环境效应的影响，必须在重力传感器和测量载体之间采取一定的隔离措施，例如，将重力仪安装在惯性稳定平台上，在重力传感器内部增加强阻尼设计，加装减震装置来减小机械振动的影响等。因此，除了关键的核心部件(重力传感器和位置传感器)以外，一个完整的海空重力测量系统还应包括稳定平台系统、强阻尼系统、减震系统、数据采集记录及控制系统和不间断电源系统等一些辅助设备，它们都是海空重力测量系统必不可少的组成部分。

本书第 1 章已经对重力传感器和位置传感器技术的发展历程和现状进行了分析和总结，为了让读者对海空重力测量系统有一个全面的了解，本章将在前面进行概要分析的基础上，分别针对两轴(也称双轴)稳定平台型、三轴稳定平台型和捷联惯导型三大类型的海空重力测量系统，逐一介绍它们的发展概况、系统组成及工作原理、系统特点及性能指标。

4.2　两轴稳定平台型海空重力测量系统

4.2.1　发展概况

从海空重力测量技术发展进程来看，两轴稳定平台型海空重力测量系统属于第一代实用型海空重力测量系统，是应用时间最长、应用领域最广、应用数量最多的一类动态重力测量系统。此类重力测量系统的典型代表是美国 LaCoste & Romberg

公司生产的 LCR 型海空重力仪，美国 Bell 航空公司生产的 BGM 型海空重力仪、德国 Bodenseewerk 公司生产的 KSS 型海空重力仪也都使用双轴稳定平台作为重力传感器的支撑平台。

由第 1 章可知，海空重力仪的研制始于 20 世纪初，在很长一段时间内，海洋摆仪一直是测定海洋重力场的主要试验仪器，直到 20 世纪 50 年代末期才逐步被摆杆型重力仪取代，海洋摆仪因此称为第一代海洋重力测量仪器(黄谟涛等，2005)。1957 年前后，德国 Graf-Askania 公司通过改进本公司生产的杠杆弹簧扭秤型陆地重力仪，探索在普通水面船只上进行重力观测的可能性，由此诞生了第一型被命名为 GSS 系列的摆杆型海洋重力仪。几乎是在同一时期，美国 LaCoste & Romberg 公司通过改进本公司生产的助动金属零长弹簧型陆地重力仪，制造出第二型被命名为 LCR 系列的摆杆型海洋重力仪。1965 年，美国 LaCoste & Romberg 公司生产出世界上第一台带动态稳定平台的船载重力仪(LaCoste et al.，1967)。20 世纪 60 年代是航空重力测量技术的起步阶段，在这个时期，人们使用海洋重力仪开展了大量的航空重力测量试验(Thompson，1959；Thompson et al.，1960；Nettleton et al.，1960，1962；Harrison，1962；Glicken，1962；Harlan，1968)，但直至 80 年代后期，随着 GPS 动态相位差分精密定位技术的推广和应用，解决了飞机载体运动加速度的高精度测定难题，航空重力测量技术才得以获得较大突破，并逐步实现商业化运行(LaCoste et al.，1982；Hammer，1983；Brozena，1984，1991；Brozena et al.，1994；William，1998)。2002 年，美国 Micro-g LaCoste 公司推出了基于两轴阻尼惯性稳定平台的 LCR SⅡ型海空重力仪(Verdun et al.，2003，2005)，其外形如图 4.1 所示。此后，该公司又对该型仪器进行了升级改造，并于 2005 年推出基于两轴阻尼惯性稳定平台的 TAGS 型航空重力仪，其外形如图 4.2 所示。飞行测试

图 4.1 LCR SⅡ型海空重力仪外形

图 4.2 TAGS 型航空重力仪外形

检核结果表明，该型仪器的内符合精度达到 0.93mGal，重力异常半波长分辨率为 5km（熊盛青等，2010）。

中国船舶重工集团有限公司第七〇七研究所研制的 GDP 型海洋重力仪和中国科学院测量与地球物理研究所研制的 CHZ 型海空重力仪，均属于两轴稳定平台型重力测量系统，目前两型仪器都处于海上测试和性能评估阶段，经过一个阶段的试用后，将很快实现国产化生产。

4.2.2　系统组成及工作原理

以美国 Micro-g LaCoste 公司生产的两轴阻尼惯性稳定平台 LCR SⅡ型海空重力仪为例，简要介绍其系统组成及工作原理。该型重力仪由惯性稳定平台、高精度重力传感器、差分 GPS 系统、减震系统、数据采集记录及控制系统、不间断电源（uninterruptible power supply，UPS）系统等组成，其结构框图如图 4.3 所示。该型仪器的工作流程及各组成部分的功能为：①重力传感器固定在稳定平台上，

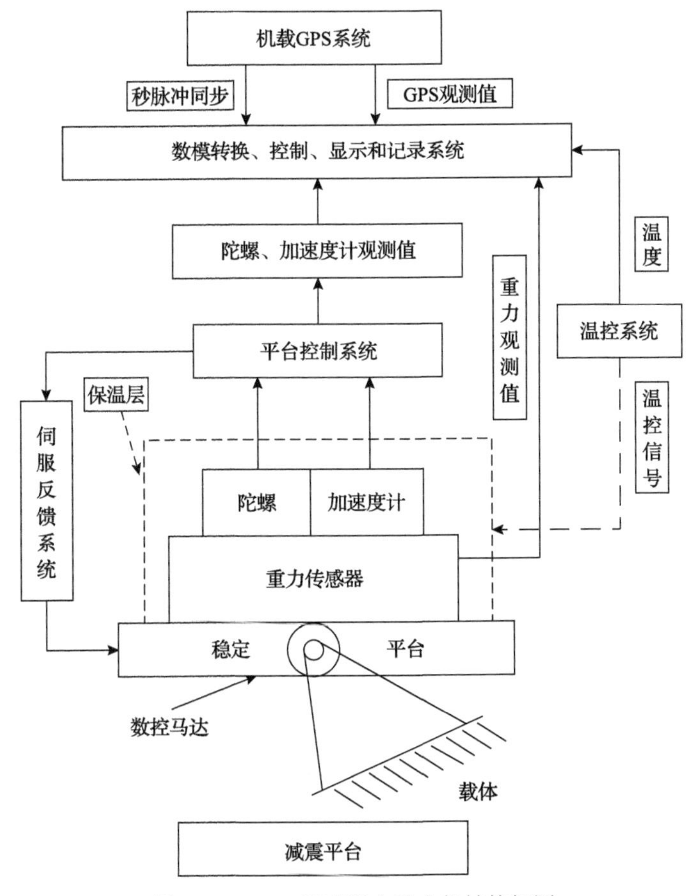

图 4.3　LCR SⅡ型海空重力仪结构框图

利用安装在稳定平台上的陀螺和加速度计观测值，通过伺服反馈系统驱动数控马达，确保稳定平台始终保持水平状态，也就确保了重力传感器始终保持垂直指向；②数据采集记录及控制系统记录原始重力加速度感应值和测点差分 GPS 观测值，用于事后地球重力异常值的解算；③温度控制系统为重力传感器提供一个恒温的工作环境；④减震系统用于克服测量载体(飞机或舰船)高频振动对重力测量结果的影响。

4.2.2.1 重力传感器系统

重力传感器是各类海空重力仪的核心组成部分。各领域应用要求新型海空重力仪要有高测量精度、高分辨率和高稳定性。海空重力测量特别是航空重力测量具有显著的高动态特点，因此需要在重力传感器中增加对重荷(质量块)的阻尼设计，如空气阻尼、黏性液体阻尼或电磁阻尼，以防止重荷在运动状态下剧烈移动，同时保证重荷移动范围位于重力仪读数量程之内；此外，为了保证高测量精度，要求阻尼系统要有良好的线性特性，在干扰加速度为 100Gal 时，阻尼非线性影响引起的观测误差必须控制在 1mGal 以内。

LCR SⅡ型海空重力仪的核心部件是 LaCoste(1967)早期发明的零长弹簧系统。采用特殊弹簧构成的几何布局能够获得长周期的垂直悬挂系统，该系统具有无限长周期。在此条件下，由弹簧形成的力矩等于重力形成的力矩，重力仪摆杆将保持在零位置上不动(至少理论上)。LCR 型海空重力仪工作于强阻尼无限长周期状态，当该条件得到满足时，重力加速度的微小变化将导致重力仪摆杆从一个位置移到另一个位置，因此无限长的周期对应于无限高的灵敏度。

图 4.4 为零长弹簧结构示意图，图中重荷 M 固定在运动摆杆 OB 的移动端 B 处，可绕 O 点自由转动，零长弹簧通过 A 、B 两点支撑重力仪摆杆。线段 OA 的

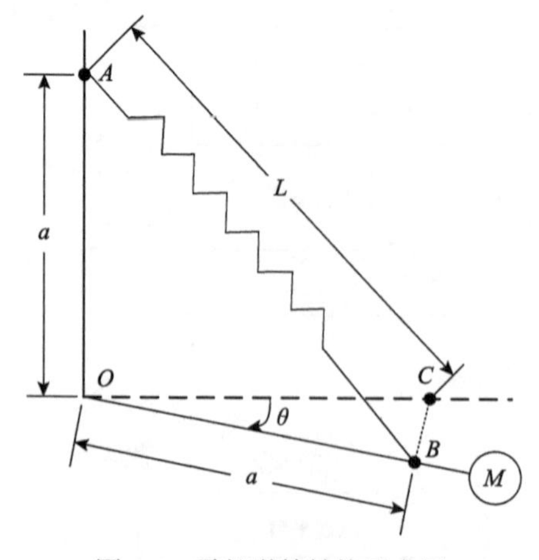

图 4.4 零长弹簧结构示意图

长度等于 OB，理论上，为获得无限长周期，OA 必须严格保持在垂向，即当摆杆 OB 处于水平状态时，零长弹簧倾角的理论值为 45°。根据 LaCoste(1967)采用的计算公式和测试结果，即使 OA 的长度不严格等于 OB，该弹簧系统也能获得良好的工作效果。

零长弹簧系统的工作原理如下：设弹簧的静止长度为 L_0，拉伸后的长度为 L，则其伸长量为 $(L-L_0)$，相对应的弹簧张力为

$$T = k(L - L_0) \tag{4.1}$$

式中，k 为弹性系数；T 为弹簧张力。

摆杆 OB 从水平方向绕 O 点转动 θ 角度后，弹簧恢复力矩的大小(熊盛青等，2010)为

$$M_r = \frac{kaL_0}{\sqrt{2}}\left(\frac{\theta}{2} - \frac{3}{8}\theta^2 + \cdots\right) \tag{4.2}$$

由式(4.2)可知，如果 $L_0 = 0$，则系统所施加的弹簧恢复力矩也为 0，因而系统处于自然平衡状态(具有无限长周期)。条件 $L_0 = 0$ 意味着弹簧的伸长量等于它自身的长度，也就是说弹簧的原始状态为零伸长，即这种弹簧具有未拉伸时长度等于零的特性，因此称为零长弹簧。式(4.2)忽略了阻尼的作用，但这样做并不失去通用性。

LCR 型海空重力仪的摆杆调零(恢复到水平位置)是借助于上下移动弹簧的连接端 A 点来实现的。如果线段 OA 的长度约为 2.5cm(LCR 型海空重力仪使用的参数)，那么为了补偿 0.1mGal 的重力加速度变化，需要将 A 点移动 2.5×10^{-7}cm；0.1mGal 是 LCR 型海空重力仪记录数据的设计分辨率。

重力仪摆杆的自然运动状态可用下列微分方程进行描述(LaCoste et al., 1967)：

$$g + z'' + bB'' + fB' + kB - cS = 0 \tag{4.3}$$

式中，“′”和“″”分别代表对时间的一阶导数和二阶导数；B 为摆杆偏离水平位置的测量值，一般以电压伏特(V)为单位，在式(4.3)中使用 B 或转角 θ 是等价的；B' 为摆杆移动速度；B'' 为摆杆移动加速度；g 为作用于重荷的重力加速度；z'' 为载体运动垂向加速度。要想使重力仪成为一个线性系统，系数 b、f、k、c 都必须为常数。当重荷移动范围很微小时，系数 b 可假定为常数；f 代表与阻尼系统性能相对应的阻尼系数；k 为弹性系数；cS 代表弹簧 S 对单位质量所施加的垂向作用力，常称为弹簧张力。借助于水平器，利用测微螺旋和摆杆系统，通过移动弹簧在重力仪壳体上的固定点 A(见图 4.4)，可对弹簧 S 进行调整。

对于 LCR 型海空重力仪，$k=0$，即对应于无限大灵敏度，f 值也很大，此时系数 b 值的影响可以忽略不计，式(4.3)可简化为

$$g + z'' + fB' + kB - cS = 0 \tag{4.4}$$

式(4.4)是一个一阶微分方程，其稳态解为

$$g = S + KB' \tag{4.5}$$

式中，系数 K 用于将摆杆的速度单位(mV/s)转换为重力计数单位(counter units，CU)，通常称为 K 因子或摆杆尺度因子(孙中苗，2004)。

由式(4.5)可知，只需通过测量弹簧张力和摆杆运动速度，即可实现重力读数，不需要知道摆杆的具体位置。但摆杆移动速度是由摆杆位置的一阶导数(数值差分)计算得到的，而微分过程会放大高频噪声的影响，因此摆杆相对位置的精确测量对获取高精度重力读数至关重要。

需要补充说明的是，式(4.5)只是一阶微分方程(4.4)的理论近似解，尚未顾及摆杆型重力仪固有的交叉耦合效应的影响，完整的重力读数计算式(Valliant，1991)应为

$$f_z = G(S + KB' + \mathrm{CC}) \tag{4.6}$$

式中，f_z 为重力仪的观测量，称为比力；G 为将重力计数单位(CU)转换为重力单位(mGal)的系数，通常称为重力仪格值；CC 为交叉耦合效应改正。

LCR 型海空重力仪内部结构图如图 4.5 所示。

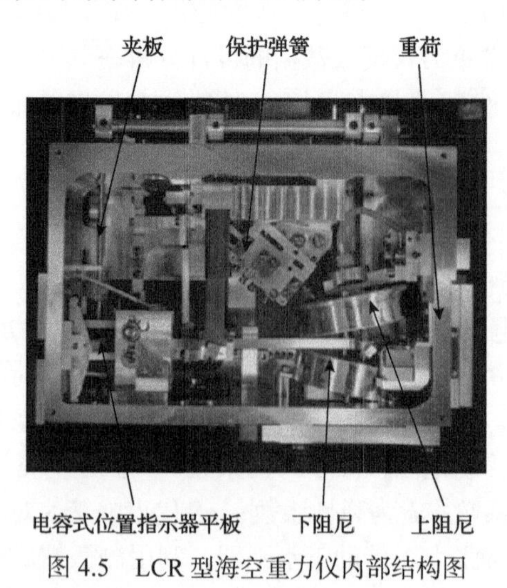

图 4.5　LCR 型海空重力仪内部结构图

4.2.2.2　两轴稳定平台系统

如前所述，在海空重力测量特别是航空重力测量中，处于运动状态的测量载体都不可避免地受到各种干扰加速度的影响，垂向干扰加速度和水平干扰加速度是两种主要的误差影响源。此时，如果重力传感器的垂直指向轴与地球引力方向不一致，那么上述两类干扰加速度会对重力仪读数产生附加影响。虽然通过数学建模能够减弱这些干扰加速度的影响程度，但对于高精度海空重力测量，这种影响严重制约了海空重力测量成果精度的提高幅度。为此，仪器生产厂家为重力仪增加设置了稳定平台系统，通过稳定平台保持重力仪感应轴始终处于垂向，从而最大限度地消除了干扰加速度对重力观测结果的影响，这样不仅可以较大幅度地提高海空重力测量的精度，而且能够有效提高海空重力仪抗击外部恶劣测量环境影响的能力。此外，稳定平台系统在有效隔离各类动态环境干扰的同时，也在一定程度上减小了重力传感器的测程范围。

LCR 型海空重力仪采用两轴惯性阻尼平台，该平台利用陀螺和加速度计提供一个精度为 8″(水平加速度在 –50～50Gal 范围内)的水平参考(LaCoste et al., 1967)，其机械结构几乎等同于一个精确的惯性测量系统。该平台系统使用的是低精度的水平加速度计，因为平台仅作为垂直参考，但该型重力仪使用的传感器是精确度极高的垂向加速度计。

如图 4.6 所示，LCR 型两轴稳定平台系统由两个正交的陀螺（ASx 、ASy）、两个正交的加速度计（Wx 、Wy）、伺服反馈系统(模数转换器、数模转换器、数字信号处理器)、力矩马达（Mx 、My）、数控马达（TMx 、TMy）和内外平衡环组成。高速模数转换器快速采集陀螺和加速度计信号，由数字信号处理器高速处理，形成驱动信号，通过数模转换器和驱动电路形成精确的电流驱动力矩马达，使稳定平台保持水平，使重力传感器保持垂直。

图 4.7 为 LCR 型两轴稳定平台系统单轴机械结构图。其由两个环路组成，工作原理如下：平台中的第 1 个环路将敏感到的角速度反馈至力矩马达，从而驱动平台保持水平位置，但因陀螺漂移误差的影响，平台很快就会偏离水平位置；第 2 个环路的作用是对加速度计敏感到的平台倾斜信息进行处理，并将其反馈到陀螺输入端，辅助陀螺完成平台方向的对准，降低陀螺漂移误差对平台定向的影响；该反馈信号由两部分组成，一部分是与加速度计记录信息成正比的信号，另一部分是与加速度计记录信息积分值成正比的信号。两个环路的共同作用是使重力传感器的敏感轴在没有水平加速度作用的情况下始终保持垂直指向。但在实际作业中，测量载体受水平加速度影响是不可避免的，因此稳定平台必然会产生倾斜，从而对重力观测结果产生影响，这种影响称为平台倾斜重力改正，其具体计算方法见本书第 2 章和第 3 章相关内容。

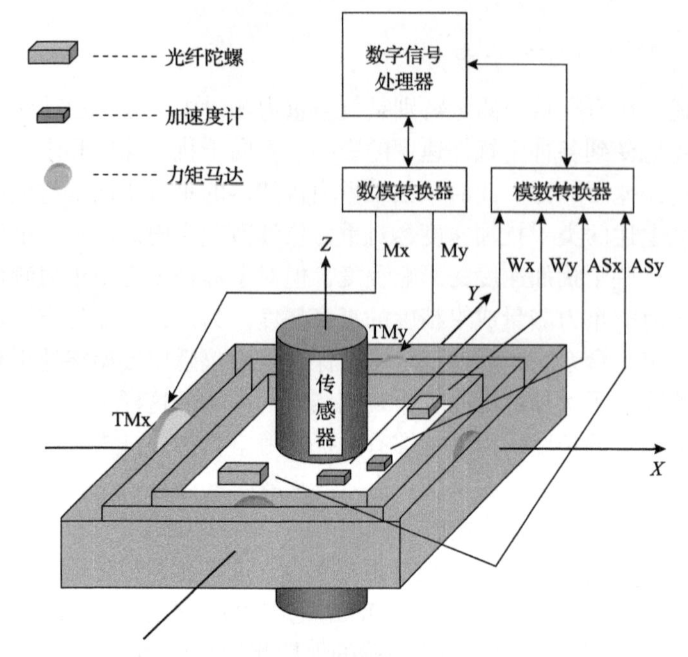

图 4.6　LCR 型两轴稳定平台系统结构框图

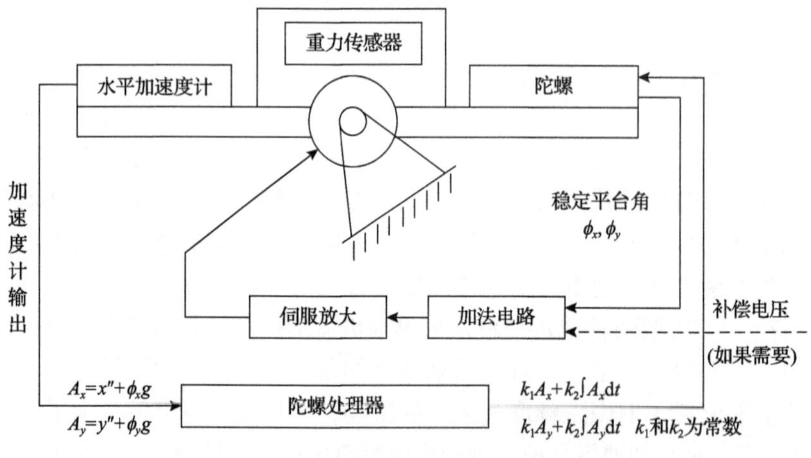

图 4.7　LCR 型两轴稳定平台系统单轴机械结构图

由于水平干扰加速度的存在，稳定平台起到一个类似于阻尼摆的作用，其运动方程(对应于其中的一根轴，另一根轴类同)可表示为

$$\phi' + 2f\omega_0\left(\phi + \frac{a_x}{g}\right) + \omega_0^2\int\left(\phi + \frac{a_x}{g}\right)\mathrm{d}t = 0 \tag{4.7}$$

式中，ϕ 为平台倾斜角；a_x 为 x 轴向上的水平加速度；f 为平台的阻尼因子；

ω_0 为稳定平台的固有频率。实际应用中可按需要设定这些参数值。

4.2.2.3　控制和收录系统

数据采集及控制是海空重力仪的重要组成部分。图 4.8 为 LCR 型海空重力仪信号控制和收录系统结构框图。平台接口板包括加热电路、带有零位和增益控制的摆仪信号放大器。计算机接口板包括步进马达驱动、中断信号发生器和从主电缆到计算机的线路。伺服放大器用来驱动平台的力矩马达。系统的核心部分是三个扩展板：一个模数转换器、一个数模转换器和一个步进马达控制。

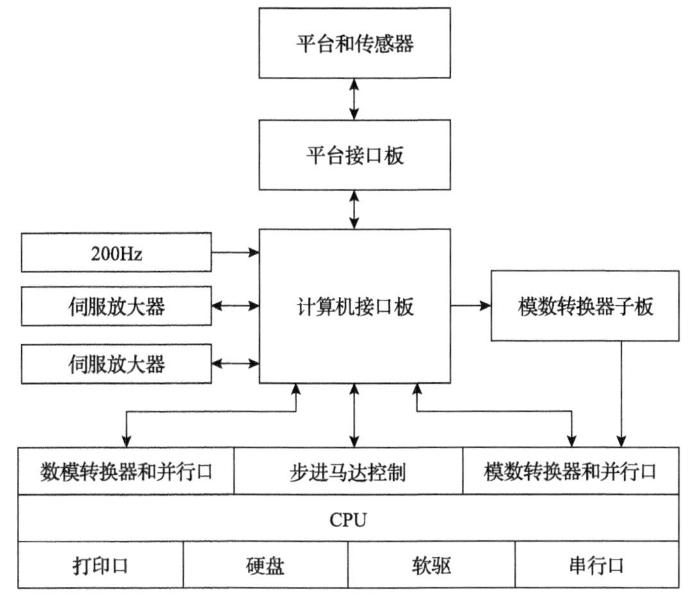

图 4.8　LCR 型海空重力仪信号控制和收录系统结构框图

模数转换器以每秒 200 次的速率对陀螺、加速度计和摆仪信号进行采样，采样定时由计算机中断信号精确控制(该中断信号来源于精确的 200Hz 振荡器)。中断服务程序同时计算反馈到力矩马达和陀螺输入端上的电压，中断服务程序以 200Hz 的速率更新数模转换器的输出，数模转换器信号经由伺服(功率)放大后输出到扭矩马达。除了模数转换器、数模转换器和伺服放大器外，平台控制回路上没有其他模拟电路，电容式摆位移探测电路和加热电路是唯一的模拟电路。最后，中断服务程序将采样数据保存在数据寄存器中，便于后台任务的使用。作为前台任务，中断服务程序控制时间功能，执行计算机每一次的中断。

在不执行前台任务时，后台任务程序循环地执行查询任务，计算交叉耦合效应和重力值，同时进行数据滤波处理，保持实时时钟，执行键盘命令，以一定的格式将数据存储到硬盘上并输出到串行口；同时对弹簧张力的伺服回路进行控制，由输入数据计算所需要的弹簧张力变化率，并且以 10s 的间隔更新伺服马达控制来驱动马达，最大的数据存储率为 0.1Hz。

控制和收录是一个全自动运行系统，接通电源后，不需要人工干预，系统自己启动并开始工作。但系统在自动运行中可在任何时候被中断，完全改为由人工手动操作。该系统在每天的 24 时自动建立数据文件，并按照年和天数进行命名，但同样支持人工手动取名。

4.2.3 系统特点及性能指标

如前所述，LCR SⅡ型海空重力仪采用零长弹簧的工作原理，漂移小，精度高，其测程满足全球范围内的重力场测量要求，包括北极和南极。将重力仪安装在两轴稳定平台上是为了保持重力传感器的垂直指向，平台上的加速度计和陀螺输出信息通过双轴反馈环路上的机械作用使平台保持水平。平台的阻尼周期可以有多种选择，一般选为 4min 或 18min。尽管采用了阻尼回路，但是这种稳定方式不能完全消除水平干扰加速度对重力仪输出的影响。

在推出 LCR SⅡ型海空重力仪初期，美国 Micro-g LaCoste 公司只专注于该型仪器的研制和生产，重力测量数据处理软件一般由专业的重力测量软件公司进行开发和推广。这些专业化的重力测量软件公司非常重视海空重力测量数据处理的方法和技术研究，其推出的数据处理模型和算法都比较完善，LCR 型海空重力仪配上这些公司开发的重力测量数据处理软件，就构成一个完整的海空重力测量系统。从已有相关文献资料可以看出，即使是使用同一种类型的重力测量传感器，如果配备不同的重力测量数据处理软件，那么就有可能获得不一样的重力测量精度，由此可见重力测量数据处理软件的重要性。

近年来，美国 Micro-g LaCoste 公司在升级海空重力仪的同时，也开发出自己的数据处理软件系统。该软件系统主要完成垂向干扰加速度和水平干扰加速度改正、平台偏移引起的重力误差改正、厄特沃什改正、零点漂移改正、正常场改正、自由空间改正和交叉耦合效应改正等计算，最终获得自由空间重力异常。然后利用 Geosoft 软件进行层间改正和地形改正，将自由空间重力异常转换为布格重力异常。此外，还可利用 Geosoft 软件实现其他处理功能，如各种参量统计、重力误差调整和成图处理，形成重力异常图。

升级版 TAGS 型航空重力仪的性能指标如下。

(1) 测量范围：9.788×10^5～9.812×10^5mGal。

(2) 分辨率：0.01mGal。

(3) 静态测量精度：0.1mGal。

(4) 动态范围。

①水平方向：±125000mGal;

②垂向：±250000mGal。

(5)零点漂移：< 0.3mGal/月。

(6)平台最大角度。

①滚动(roll)：±22.5°；

②俯仰(pitch)：±22.5°。

(7)适用作业区域：全球。

(8)数据采样率：1Hz(固定)。

(9)工作温度：0～50℃。

(10)当满足工作条件，即垂向干扰加速度在 0.5g 以内，可导航的卫星数在 6 个以上，位置精度衰减因子值不大于 2.5，差分定位基线长度不超过 100km 时，重力异常测量精度(均方根误差)为 1.0mGal(对应于 0.005Hz 带宽)。

目前，TAGS 型航空重力仪在全球范围内主要用于基础地质研究、石油、天然气及固体矿产资源勘探、大地水准面精化等相关领域。

中国船舶重工集团有限公司第七〇七研究所研制的 GDP 型海洋重力仪,采用了自研专用的高精度重力传感器，平台控制采用方位捷联解算与双轴光纤陀螺稳定平台相结合的控制模式，水平控制精度达到 10″，保证重力传感器始终跟踪地理水平，敏感轴时刻指向地心，实时测量重力仪所在位置的重力值，有效抑制恶劣海况引起的载体水平角运动干扰及海浪引起的扰动，同时减弱载体长周期侧倾引起的姿态误差，有效提高了海洋重力测量精度和成果质量。GDP 型海洋重力仪的主要性能指标如下。

(1)量程：±10000mGal。

(2)垂向动态范围：±1.5g(1g=9.8m/s^2)。

(3)静态重复精度：0.2mGal。

(4)零点漂移：小于 0.3mGal/月。

(5)海上测量精度：优于 1.0mGal。

(6)平台最大工作倾角：±45°。

(7)工作温度：−10～+40℃。

(8)重量：⩽50kg。

(9)正常启动时间：⩽24h(冷启动)。

4.3　三轴稳定平台型海空重力测量系统

4.3.1　发展概况

如前所述，稳定平台的作用是隔离测量载体角运动对重力观测量的影响，确保重力传感器的敏感轴方向始终与垂向保持一致。当前主流的海空重力仪使用的稳定平台方案主要有 4 种：①双轴阻尼陀螺平台；②双轴惯导加捷联方位平台；③三轴惯导平台；④捷联惯导平台。其中，前 3 种类型同属于物理平台，最后一种为数学平台。双轴稳定平台只能隔离载体水平两轴方向的角运动，载体的方位扰动变化仍然会影响重力观测数据的质量，因此相比较而言，基于双轴惯导加捷联方位平台和三轴惯导平台的重力仪，客观上受水平加速度的影响更小，具有更好的动态稳定性和更高的作业效益。

最早开展三轴惯导平台航空重力测量系统研究的主要科研机构包括：俄罗斯国立技术大学的惯性大地测量系统实验室(Laboratory of Inertial Geodetic Systems，LIGS)、加拿大地球物理公司(Sander Geophysics Ltd.，SGL)和俄罗斯 GT 公司等。1992～1998 年，LIGS 与加拿大 Calgary 大学合作，对利用三轴惯导平台构建航空重力测量系统进行了研究和试验(Sinkiewicz et al.，1997；Ferguson et al.，2000)。该系统采用了俄罗斯生产的航空型惯导系统 I-21，但为了满足重力测量的高精度要求，还专门设计了一个高灵敏度的加速度计。1993～1997 年，利用该系统共进行了约 5 万 km 测线的飞行试验，这些试验是在不同地区和不同气象条件下，采用不同型号的飞机载体完成的，试验结果表明，该系统获得的重力测量精度可达 1mGal，分辨率为 3km(Salychev et al.，1999)。

早在 1992 年，SGL 就开始了一种新型航空重力测量系统的研究工作，其目的是设计一种能够适应飞机高动态飞行环境的航空重力仪。经过 5 年多的努力，该公司最终研制出三轴惯导平台航空重力测量系统 AIRGrav(Sinkiewicz et al.,1997；Ferguson et al.，2000；Argyle et al.，2000；Sander et al.，2004)，AIRGrav 型航空重力仪外形如图 4.9 所示。该系统的三轴惯导平台包括三个惯性级的加速度计和两个二自由度挠性陀螺，并用加速度计取代了传统的 LCR 弹簧型重力传感器，同时

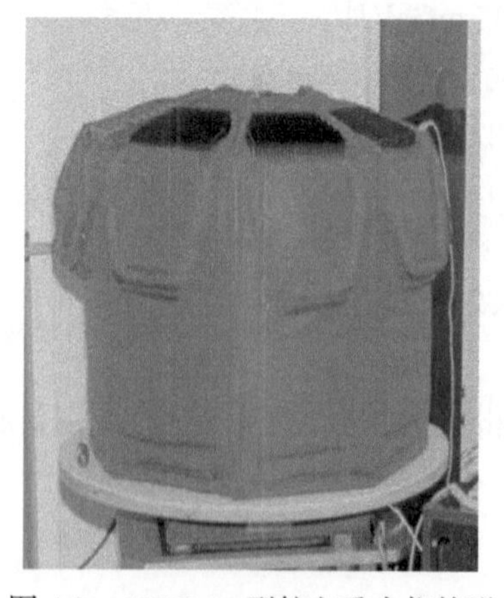

图 4.9　AIRGrav 型航空重力仪外形

将核心传感器安装在温控箱内。通过舒勒调谐，可将平台水平姿态控制在 10″以内。该平台惯导系统的常平架结构可将每一个加速度计置于垂向的朝上或朝下两个方向，因而可经常对加速度计进行标定，同样也可以标定陀螺漂移。AIRGrav 型航空重力仪具有很宽的动态范围，这样可以避免飞机在垂向做剧烈运动时发生超格现象，因此允许飞机沿不同高度地形做起伏飞行。1999 年，该系统在加拿大渥太华地区进行了首次飞行试验，试验结果表明，其重复测量精度达到 1mGal，重力异常半波长分辨率为 2km(Ferguson et al.，2000)。目前，该系统已经投入商业运营，主要应用于石油勘探和探矿领域。采用三轴惯导平台的主要优点是：姿态更加稳定，受水平加速度的影响更小(Olesen et al.，2000)。

俄罗斯 GT 公司研制海洋重力仪始于 20 世纪 60 年代，至 90 年代中期，该公司与莫斯科国立大学(Moscow State University，MSU)数学力学系合作，成功研制出惯性平台式的航空重力仪 GT-1A(Berzhitsky et al.，2002a；Gabell et al.，2004)，其外形如图 4.10 所示。GT-1A 是一台航空 GPS/INS 标量重力仪，同样用加速度计取代了传统的 LCR 弹簧型重力传感器，并将加速度计安放在一个舒勒调谐的三轴惯导平台上，该系统对加速度计和相关电子设备均采取了温度控制措施。GT-1A 型航空重力仪的主要特点包括：①现代化的设计和全自动化的操作；②智能化的平台控制结合两个动态范围的连续记录，使系统能够在强烈湍流条件下获取可靠的数据；③功耗低，体积小，结构紧凑坚固，可在各种飞行条件下获取高质量的数据。

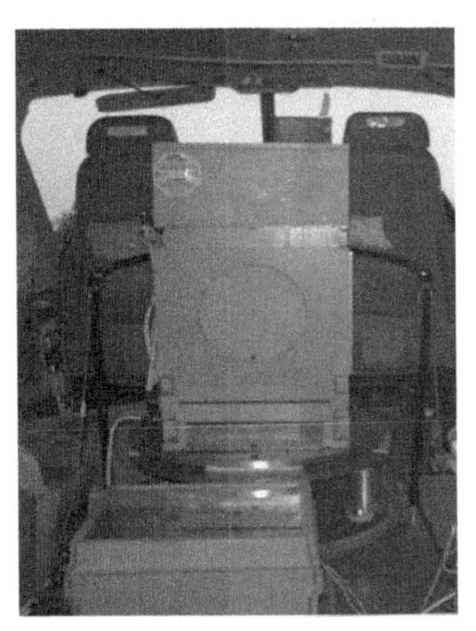

图 4.10　GT-1A 型航空重力仪外形

2001 年 9 月，GT-1A 型航空重力仪在俄罗斯北部进行了首次飞行试验，之后又在澳大利亚、南非等地进行了多次飞行试验。与地面重力测量向上延拓值进行比较，该系统的测量精度可达 0.5mGal，重力异常半波长分辨率可达 1.5～2.75km (Olesen et al.，2000，2002)。据统计，至 2010 年，在 10 年时间内，GT-1A 型航空重力仪共完成了约 20 万 km 的飞行测量，其重力测量精度达 0.3～0.6mGal，分辨率达到 2.0～3.5km(Berzhitsky et al.，2002b；Gabell et al.，2004)。该系统已经达到商业实用化水平，并为多家用户提供了石油、天然气等资源勘探方面的重力测量服务。

中国航天科工集团有限公司第三研究院第三十三研究所自主研制的 GIPS-A/M 型海空重力仪，也属于三轴稳定平台型重力测量系统，其工作原理与 SGL 生产的 AIRGrav 型航空重力仪基本相同，初步测试结果表明，两型仪器的测量精度水平也基本相当。

除 GT-1A 型航空重力仪之外，俄罗斯 GT 公司还相继推出了 GT 系列重力仪的 GT-2A 和 GT-2M 等新型号，它们分别是第二代三轴惯导平台航空重力仪和海洋重力仪。相比于 GT-1A 型航空重力仪，该公司对 GT-2A 型航空重力仪进行了多项硬件和软件的升级改造，因此 GT-2A 型航空重力仪具有更宽的动态测量范围，能更好地在起伏飞行和有大气湍流的情况下进行高动态测量。测试结果表明，GT-2A 型航空重力仪的测量精度为 0.3mGal，分辨率达 0.48km。目前，俄罗斯 GT 公司正致力于新一代 GT 系列重力仪的研制。

4.3.2 系统组成及工作原理

本节以 GT-1A 型航空重力仪为例，介绍该型仪器的组成结构及工作原理。图 4.11 是该型仪器的组成框图，图中展示了一个三轴平衡环上的陀螺稳定平台，该平台包括一个动力调谐陀螺(dynamic tuned gyroscope，DTG)、两个水平加速度计(ACx 和 ACy)、两个校正装置(GCDx 和 GCDy)、一个重力传感器和一个敏感轴为垂向的光纤陀螺(位于 DTG 内部)。

GT-1A 型航空重力仪各组成部分的工作流程及其基本功能如下：

(1)重力仪的垂向重力传感器安装在带有舒勒调谐校正的三轴稳定平台上。在飞行中，校正电路利用 2Hz 的 GPS 输出纬度信息和飞行速度信息阻尼平台的运动。

(2)中央微处理器负责控制保持平台垂向定位的伺服系统和温度控制系统，并完成重力传感器输出信号的处理。重力仪通过串行口 COM1 接收 GPS 输出信息。

(3)控制显示系统为重力仪提供控制命令，同时进行数据通信，显示重力和导航数据，完成其他辅助处理，记录原始数据。重力仪与控制显示系统通过第二个串口 COM2 进行数据交换。

(4)ASx、ASy、ASz 角度传感器安装在平衡环的支撑轴和旋转平台的垂向轴上，用来测量俯仰、滚动和方位的角度。

(5)温度控制系统的作用是为所有传感器提供一个恒定的工作温度。

(6)减震系统用于减弱飞机高频振动对重力测量结果的影响。

(7)不间断电源为重力仪提供一个持续的、不间断的电源输出。

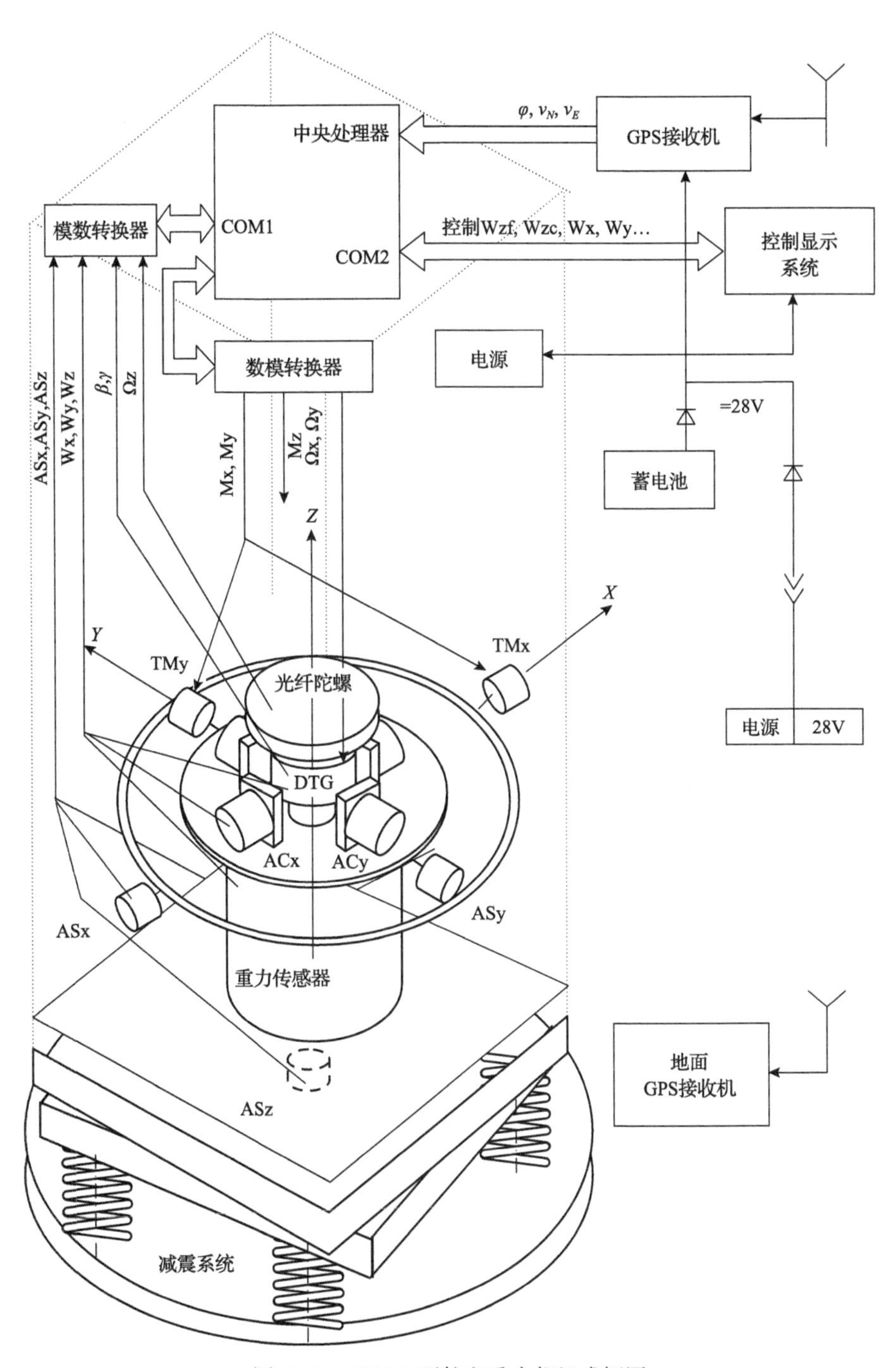

图 4.11　GT-1A 型航空重力仪组成框图

4.3.2.1　重力传感器系统

GT-1A 型航空重力仪重力传感器的机械结构图如图 4.12 所示，其重荷由两根宽 50μm 的弹簧连接到基座上，在两个方向相反的电磁场作用下，重荷处于悬浮状态。

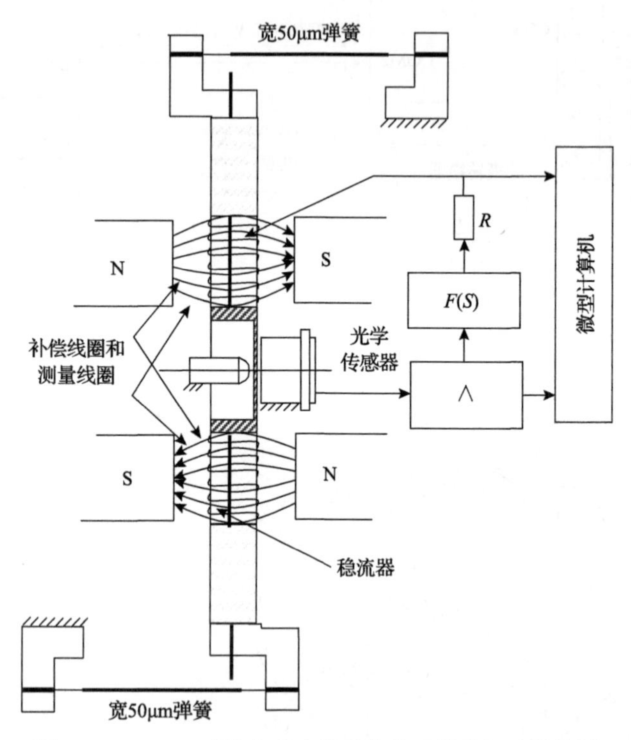

图 4.12　GT-1A 型航空重力仪重力传感器的机械结构图

在仪器制造过程中，需要设定一个稳定的电流（I）通过补偿线圈产生一个支持 37g 重荷的平衡力，使重荷处于零位置(静止点)。I 的计算公式为

$$I = k \cdot m \cdot g_0 \tag{4.8}$$

式中，I 为稳定电流；m 为重荷质量；g_0 为重力常数；k 为常数(大小取决于补偿线圈)。

由于零点漂移等因素的影响，飞行测量前和测量后需要在固定的基准点进行静态比对测量，用于漂移校正。

当作用于重荷上的重力加速度发生变化时，发光二极管和光敏传感器提供了一个与重荷偏移量大小成正比的电信号，该信号被转换为电流量加到测量线圈，从而改变了支持重荷的平衡力，使重荷重新回到零位置(静止点)。这样一个与垂向视加速度 Wz 成比例的电流流经重力传感器的测量线圈(第一个线圈)和串接到线圈上的参考电阻 R，在参考电阻上产生的电压信号经过模数转换器输入到微处理器，并转换成垂向重力值 Wz。由微处理器产生的另一个用来平衡引力的参考电流加载到重力传感器的第二个线圈(补偿线圈)上，利用通电线圈产生的磁力调整偏移的重荷使其回到零位置。上述测量过程均为模拟控制，其响应速度约为100Hz。恒温对重力传感器来说至关重要。

在仪器加工制造过程中，通过振动测试可获得由振动造成传感器偏移的补偿系数。分别设定不同的振动频率进行测试，振动频率从几赫兹直到接近 100Hz。通过不同频率的振动测试，可获得不同频率下重力传感器的偏移量，并由式(4.9)计算得到相对应的补偿系数：

$$k = \frac{\Delta S}{\Delta L} \tag{4.9}$$

式中，ΔS 代表某振动频率下重力传感器偏差读数；ΔL 代表同一振动频率下重荷位置偏移量。

4.3.2.2　三轴稳定平台系统

1. GT-1A 三轴稳定平台惯导系统工作流程

如图 4.11 所示，GT-1A 是一种航空型单垂向传感器(GPS+INS)组合标量重力仪，其控制平台为舒勒调谐三轴惯导平台。通过模数转换电路，中央处理器获得了水平加速度计输出信号 Wx 和 Wy、重力校正信息、动力调谐陀螺观测角度 β 和 γ、光纤陀螺输出。通过数模转换电路，中央处理器将生成的动力调谐陀螺控制信号 Ωx 和 Ωy 传送到动力调谐陀螺的力矩传感器，中央处理器产生的伺服系统控制信号(Mx 和 My)经功率放大后分别传送到力矩马达 TMx 和 TMy，中央处理器产生的方位控制信号(Mz)传送到方位稳定器，使平台在地理坐标系中保持相对稳定。

2. 三轴稳定平台惯导系统与 GPS 的组合

GT-1A 型航空重力仪三轴稳定平台惯导系统与 GPS 组合的信息流程图如图 4.13 所示。高精度 GPS 信息作为外部输入，将 GPS 与惯导输出的位置信息和速度信息的差值作为量测值，构建一个最优化的卡尔曼(Kalman)滤波器，为稳定伺服系统和垂向陀螺校正系统提供控制算法，估计惯导系统的误差，在运动中对惯导系统进行校正，以控制其误差随时间的积累。在极其恶劣的测量环境下出现短暂的加速度计饱和时，系统能够自动降低卡尔曼滤波器的阶数来获取数据，计算平台未对准的位置，然后进行控制。这两种特性有助于提高系统对强气流等恶劣气候条件的适应性和容忍度(张开东等，2006，2007)。

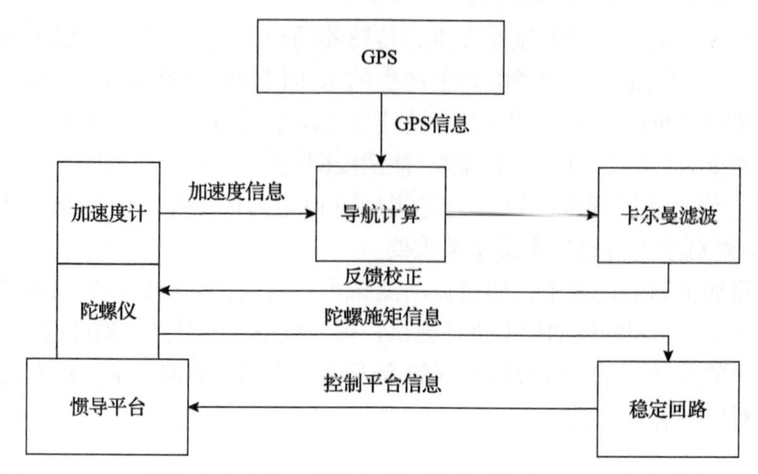

图 4.13 GT-1A 型航空重力仪三轴稳定平台惯导系统与 GPS 组合的信息流程图

3. 三轴稳定平台惯导系统的误差分析

前面在分析三轴稳定平台惯导系统工作原理时，并没有考虑任何误差源的影响，将各系统都看作理想系统。但实际上并非如此，各系统在工作过程中受各种因素的干扰是不可避免的，其误差源大致可分为如下几个方面：

(1)元件误差，主要是指陀螺漂移、指令角速度刻度系数误差、加速度计零偏和刻度系数误差、计算机舍入误差、电流转换装置误差等。

(2)安装误差，主要是指陀螺和加速度计在平台上的安装误差。

(3)初始条件误差，包括平台的初始对准误差、计算机在解算力学编排方程时引入的初始速度及位置误差。

(4)干扰误差，主要包括冲击与振动干扰。

(5)其他误差，如地球引力位模型描述误差、干扰加速度补偿忽视二阶小量引起的误差等。

4.3.2.3 GT-1A 型航空重力仪控制系统

GT-1A 型航空重力仪控制系统信息流程图如图 4.14 所示。该系统的功能主要由中央处理器来实现，包括惯性平台的控制、方位改正、温度补偿、加速度计校正、自动和连续的错误判断等在内的所有内部操作均由内部的中央处理器来完成。图 4.14 中的 Dux、Duy 和 Duz 代表光纤陀螺(FOG)对应于三个坐标轴的输出信号，DUx、DUy、DUz 和 DVx、DVy、DVz 分别代表 Dux、Duy 和 Duz 经数据收录系统和后处理系统转换后的相对应输出信号；C 为 Kalman 滤波器控制信号；其他符号意义同前。GT-1A 型航空重力仪控制系统执行的主要任务包括：

(1)初始化。仪器通电后，按步骤完成系统的设置。

(2)输入信息。输入动力调谐陀螺的角度数据、重力传感器的温度数据、加速度计数据、光纤陀螺数据和重力传感器位置数据。对所有传感器的读数进行线性校正和偏离零点校正，同时利用动力调谐陀螺的角度数据和加速度计数据对重力传感器读数进行 Harrison 效应校正，利用平台加速度计读数对重力传感器敏感轴非垂向进行校正。通过粗细两通道的模数转换分别获得粗细两通道的重力传感器输出信号：①粗通道(Coarse)动态范围为±0.5g(垂向加速度)；②细通道(Fine)动态范围为±0.25g(垂向加速度)。

(3)平台控制。利用加速度计、光纤陀螺、机载 GPS 提供的纬度信息和速度信息，在系统初始化时，为平台提供一定的校正；在操作方式上，为平台提供必要的校正。

(4)陀螺纬度罗经控制。输入由平台控制产生的平台绝对角速度，获得重力仪平台的航向角和纬度。

(5)计算飞机姿态角。由陀螺纬度罗经数据和稳定角传感器输出信息确定飞机运动航向角、俯仰角和滚动角。在进行数据后处理时，利用该俯仰角和滚动角将 GPS 天线位置转换到重力传感器位置，即进行偏心校正。

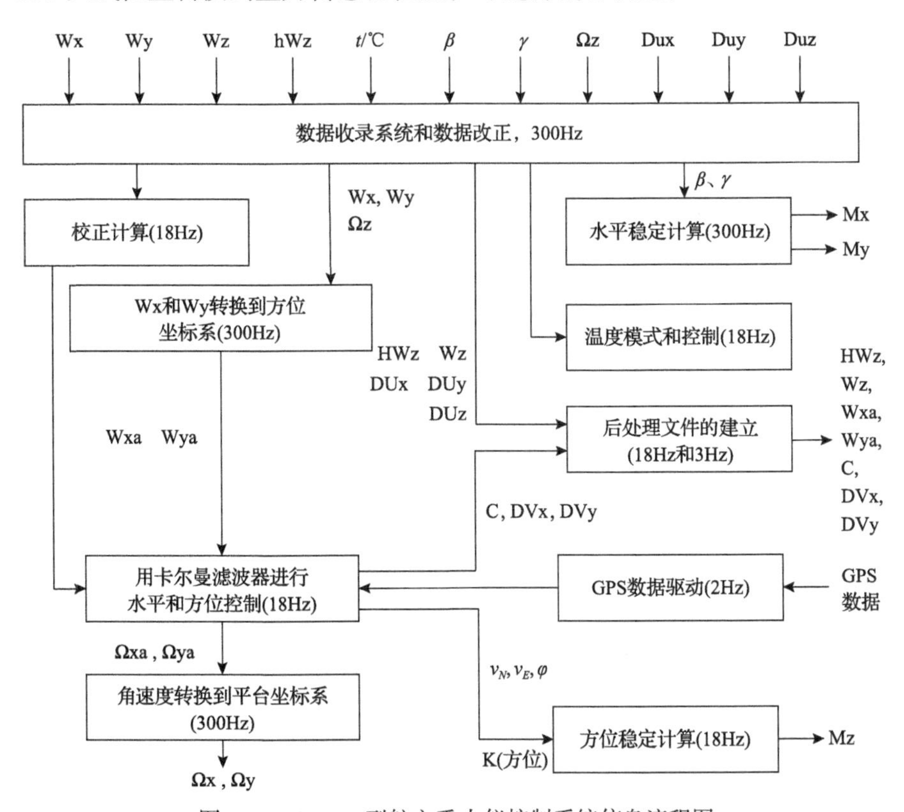

图 4.14　GT-1A 型航空重力仪控制系统信息流程图

(6)处理重力信息。利用次优化平滑滤波器实时地对重力异常进行最优化评价，但需要考虑滤波处理带来的时延效应。经输入信息校正后产生的重力传感器读数分别完成厄特沃什改正(利用 GPS 数据)和利用 Helmert 重力正常场公式进行的正常场校正。在地面时，重力异常值用来在地面固定位置上(状态 $v=0$)监视重力传感器的工作状态。

(7)伺服控制。利用加速度计或动力调谐陀螺角度传感器输出信息和计算得到的航向角(方位伺服控制电路)产生控制信号，提供给伺服力矩传感器和方位稳定马达。

(8)温度控制。由温度传感器产生驱动温度控制系统进行加热或风扇降温的信号。

(9)温度控制系统为所有传感器提供一个恒定的工作温度，使野外温度变化时传感器仍然保持正常的工作状态。温度传感器通过模数转换将温度信号传送到中央处理器，由中央处理器调节温度控制系统来保持恒温。数控电流转换器的参考电流源由三部分组成：①用于数控电流转换器的单温度控制系统；②用于带有陀螺和加速度计的平台单温度控制系统；③用于重力传感器和参考电压源的双温度控制系统。

(10)命令接收和数据输出。提供重力仪中微处理器与控制显示系统之间的信息交流。

4.3.3 系统特点及性能指标

硬件方面，GT-1A 型航空重力仪稳定平台由两个陀螺和两个水平加速度计组成。第三个陀螺用于方位控制，利用专用的重力传感器获取垂向加速度的变化。三轴陀螺稳定平台坐标系与 GPS 坐标系一致，因此可使用 GPS 数据对平台进行辅助对准和误差校正，使平台保持在更稳定的水平状态下，其技术性能比两轴稳定平台重力仪更优。该系统采用数字阻尼方式，将 GPS 输出的位置和速度与平台内部加速度计测量得到的位置和速度进行对比，通过卡尔曼滤波产生阻尼，控制平台的稳定。该系统可在较恶劣的天气条件下工作，但作业区域只限于中、低纬度地区(75°S～75°N)。

软件方面，GT-1A 型航空重力仪联合利用莫斯科国立大学研制的航空重力数据处理软件和 Geosoft 软件完成重力测量数据的处理，MSU 软件运行于 MS Windows 98/2000/XP，提供可执行文件(EXE)和动态链接库文件(DLL)模块软件包。该软件包的主要功能包括：对仪器工作状态和原始测量数据进行质量控制、导航解算和沿测线自由空间重力异常的计算。

(1)在数据质量控制环节，MSU 软件利用原始记录文件，对 GT-1A 型航空重力仪的工作状态进行监视，对 GPS 时间同步进行控制，对文件或紧急退出产生的 Err-文件错误进行探测。

(2)在导航解算环节，该软件利用 GPS 载波相位差分的 V 文件计算位置和速度，利用平台 I 文件对陀螺垂向偏差进行估算，利用 Q 文件进行 GPS 质量控制。

(3) 在测线航空重力异常计算环节，该软件进行粗细档的饱和控制、细档的数据改正、参考测量 G5 文件的统计和重力数据的质量控制。在重力测量原始数据的基础上，分别完成 GPS 加速度改正、平台偏移引起的重力误差改正、厄特沃什改正、重力仪漂移改正、正常重力场校正、自由空间高度改正，从而获得自由空间重力异常。然后利用 Geosoft 软件进行中间层改正和地形改正，将自由空间重力异常转换成布格重力异常。

GT-1A 型航空重力仪配备的数据处理软件具有较强的环境效应改正能力，特别是当利用各种参数处理颠簸情况下的重力数据时，其效果要明显优于 TAGS 型航空重力仪配备的数据处理软件。GT-1A 型航空重力仪数据处理软件的数据质量统计方法比较完善，能够比较方便地评估测量成果的质量。在 GPS 导航定位解算方面，GT-1A 型航空重力仪拥有自己的解算软件。

GT-1A 型航空重力仪数据处理软件使用比较方便，在作业飞行结束后几小时之内就能获得完整的重力异常数据，但软件使用人员需要经过一定时间的技术培训，才能完成高质量的数据处理工作。

GT-1A 型航空重力仪的性能指标如下。

(1) 测量范围：(9.76～9.84)×10^5mGal。

(2) 动态范围。

①细通道：±250000mGal；

②粗通道：±500000mGal。

(3) 静态 24h 漂移(改正前)：<5.0mGal。

静态 24h 漂移(改正后)：<0.1mGal。

(4) 静态 12h 测量误差(rms)。

①细通道：0.2～0.4mGal；

②粗通道：0.4～0.6mGal。

(5) 平台最大角度。

①滚动(roll)：±45°；

②俯仰(pitch)：±45°。

(6) 适用作业区域：75°S～75°N。

(7) 数据采样率：2Hz(固定)。

(8) 工作温度：0～50℃。

(9) 在 5～35Hz 频率范围内允许的振动水平：0.2g。

(10) 当满足工作条件，即垂向干扰加速度在 0.5g 以内，可导航卫星数 6 个以上，位置精度衰减因子值不超过 2.5，差分定位基线长度不大于 100km 时，重力异常测量精度(均方根误差)为：①0.6mGal(对应于 0.01Hz 带宽)；②1.0mGal(对应于 0.0125Hz 带宽)。

GT-1A 型航空重力仪的主要技术特点包括：①测量分辨率较高；②测量平台稳定性较好，对天气和驾驶技术要求较低；③测量作业实现全自动化，废品率较低；④水平加速度耦合效应小。存在的主要问题包括：①重力仪漂移量较大；②作业区域只限于中、低纬度地区；③飞行后的基点改正时间较长。

AIRGrav 和 GT-1A 两型重力仪在多年以前就已达到商业化实用水平，并已经为世界范围内的多家用户提供石油、天然气等资源勘探领域的航空重力测量服务。与 LCR SⅡ型海空重力仪相比，采用三轴惯导平台的主要优点是姿态更加稳定，受水平加速度的影响更小(Argyle et al.，2000)。

4.4 捷联式海空重力测量系统

4.4.1 发展概况

基于捷联惯导系统的航空重力仪没有采用物理平台，而是采用捷联惯导系统，利用数学平台代替物理平台，因此结构更加简单，体积更小，操作更简便，可以实现无人操作。此类系统将三轴正交的加速度计固定于机体上，用于测量重力加速度矢量(比力)；通过差分 GPS 测定飞机运动加速度，用于消除飞机运动加速度对重力测量的影响，因此该类系统不仅可进行重力标量测量，也可进行重力矢量测量。

1990 年，加拿大 Calgary 大学率先开展了基于捷联惯导的航空重力测量系统研究。在 Schwarz 教授的带领下，该研究小组对比了两种实现捷联式航空重力仪的方案(Schwarz et al.，1991，1994，1996，1997)：一种是捷联惯导标量重力测量(SISG)，另一种是旋转不变式标量重力测量(RISG)。理论上，RISG 方案要优于 SISG 方案，但是实际飞行试验表明，SISG 的效果要优于 RISG，尤其是在山区，故在后续研究中以 SISG 方案为主。SISG 系统(外形见图 4.15)采用的是惯性级的霍尼韦尔(Honeywell)LASEREF Ⅲ型激光陀螺捷联惯导系统。

1995 年 6 月，SISG 系统在加拿大落基山脉进行了飞行试验(Wei et al.，1998)。在 250km 的飞行路线上共进行了 4 次飞行，飞行高度为 5.5km，飞行速度为 120m/s。试验结果表明，该系统的重复测量精度为：①2mGal，对应于 7km 分辨率；②3mGal，对应于 5km 分辨率。与地面向上延拓的重力数据进行比较，在分辨率为 5km 的情况下外符合精度为 3mGal。

1996 年 9 月，该系统在加拿大落基山脉 100km×100km 范围内进行了 3 次飞行试验(Glennie et al.，1999)，其中一次的飞行高度为 7.3km，另外两次的飞行高度为 4.35km。该试验的目的是检验系统的长期稳定性和重复测量符合性。经数据精细化处理后，该系统的重复测量精度达到 1.6mGal。

图 4.15　SISG 系统外形

1998 年 6 月，该系统在格陵兰岛西海岸的 Disko 海湾又进行了 3 次飞行试验 (Glennie et al.，2000)。试验平均飞行高度为 300m，飞行速度为 70m/s。该试验的主要目的是对比 SISG 系统与 LCR 型海空重力仪之间的测量精度。试验结果表明，SISG 系统可达到与 LCR 型海空重力仪相当的测量精度水平，而且分辨率相对更高一些。

此外，在加拿大航空重力勘探和制图 (airborne gravity exploration and mapping，AGEM) 项目的支持下，2000 年 4 月和 5 月，多家研究机构利用 LCR 型海空重力仪、AIRGrav 和 SISG 系统在 Alexandria 地区进行了航空重力测量对比飞行试验 (Bruton et al.，2001)，其目的是评估三型重力仪的技术性能。该次试验的平均飞行高度为 575m，飞行速度为 45m/s。试验结果表明，SISG 系统的精度与 AIRGrav 和 LCR 型海空重力仪的精度大致相当，当分辨率为 2km 时，精度为 1.5mGal；当分辨率为 1.4km 时，精度为 2.5mGal。

使用 SISG 系统开展的一系列飞行试验表明，基于捷联惯导系统的航空重力测量系统可用于中高分辨率的航空重力测量。需要指出的是，虽然 SISG 系统取得了一些有意义的试验结果，但该系统直接采用惯性级的捷联惯导系统，没有进行温度控制等硬件改造，因此该系统离工程实用还有相当长的距离。遗憾的是，在 2001 年之后，该系统未能得到进一步的发展。

从 2001 年开始，在德国联邦教育及研究部“BMBF-Geotechnologien-Programm”项目的支持下，德国三家科研单位开展了新型航空重力测量系统的研究，该项目的最终目标是使航空重力测量符合资源勘探的要求，也就是要达到 1mGal/km 的水平。三家科研单位分别为：巴伐利亚自然科学与人文科学学院、慕尼黑国防军大学、布伦瑞克技术大学。三家科研单位分别采用了不同的研制方案，其中，布伦瑞克工业大学的飞行导航与控制研究所以俄罗斯公司生产的 Cheken-A 双轴平台重力仪为基础，通过添加一个激光陀螺来保持方位稳定，将其改造成平台惯导系统。慕尼黑联邦国防军大学的测地与导航研究所采用了与加拿大 Calgary 大学相似的技术方案，直接采用法国公司生产的 SAGEM sigma 30 型激光陀螺捷联设备进行系统集成，并尝试同时开展矢量重力测量试验(Kreye et al.，2003，2004)。BEK 从 20 世纪 90 年代中期就开始研制捷联式航空重力测量系统，第 4 代原型样机 SAGS4(外形见图 4.16)包含 3 个光纤陀螺和 4 个高精度的 QA3000-30 型石英挠性加速度计，同时从硬件上采取了一些特殊处理措施，如温度控制、减震、电磁屏蔽等(Boedecker et al.，2006)，以满足高精度航空重力测量要求。该系统进行了多次飞行试验，但温度控制一直没有达到设计指标要求，因此未能取得具有实用价值的测量成果。

图 4.16　SAGS4 外形

美国俄亥俄州立大学 Jekeli 教授从 1992 年就开始了捷联惯导航空重力矢量测量技术研究工作，研究初期主要以热气球为载体开展航空重力测量试验。通过这些试验，分析了利用捷联惯导和 GPS 综合进行重力矢量动态测量的可行性，并指出载体加速度求解精度是当时捷联式航空重力测量的主要技术难点(Jekeli，1992a，1992b，1994；Jekeli et al.，1997)。

Jekeli(1998)曾尝试利用 LN-93 和 LN-100 惯导系统开展捷联惯导航空重力矢量测量，但最终未能获得有价值的观测成果。随后，Jekeli 等(1999)主要集中精力利用加拿大 Calgary 大学提供的捷联式航空重力测量数据进行航空重力矢量测量算法研究，探讨了重力建模问题并提出了捷联式航空重力矢量测量数据处理新算法。数值试算结果表明，垂直分量测量可达到 3～4mGal 精度，水平分量可达到 6mGal 精度(Kwon et al.，2001，2002)。

Li 等(2008)在美国蒙大拿(Montana)州的高等级公路上进行了车载捷联式重力矢量测量试验，试验采用的是霍尼韦尔 H764G 高精度捷联惯导系统，汽车载体的平均行驶速度为 25m/s。试验结果表明，垂直分量测量可达到 2～3mGal 精度，水平分量测量可达到 5～9mGal 精度。

我国国防科技大学从 2003 年开始研制捷联式航空重力仪(张开东，2007；蔡劭琨等，2015b)，并于 2008 年底推出捷联式航空重力仪原理样机 SGA-WZ01。2009 年 3～4 月在江苏南通进行了首次飞行试验，共完成 6 个架次飞行，之后项目组对 SGA-WZ01 系统进行了技术改进和数据处理软件升级。

2010 年 4～5 月，SGA-WZ01 系统在山东蓬莱进行了第二次飞行试验，共飞行了 8 个架次，飞行高度为 400m，平均飞行速度为 60m/s。其中，第一、二架次为重复测线飞行，其余架次为网格飞行。每条测线有效测量长度约为 100km。在分辨率为 5km 时，内符合精度约为 1.5mGal，在分辨率为 3km 时，内符合精度约为 3mGal。

2012 年 4～5 月，该系统在南海参加了多型重力仪航空重力测量飞行对比试验，其目的是与国外成熟的航空重力测量系统进行技术性能比较。该次试验的飞行高度为 1544m，飞行速度约为 120m/s。SGA-WZ01 系统共获得 3 个有效架次的测量数据，共计 21 条测线，测线总里程 5254km，有效成果点 44774 个，成果点间距 116m。当采用差分定位模式时，重复测线的标准差为 1.03～1.55mGal，测线交叉点重力不符值平差前的标准差为：2.78mGal，平差后的标准差为 2.26mGal。

2012 年 8 月，应国际大地测量与地球物理协会主席、丹麦技术大学(Technical University of Denmark，DTU)Forsberg 教授的邀请，国防科技大学项目组携 SGA-WZ01 赴格陵兰岛参加航空重力测量试验，该试验主要由测试飞行试验、转场飞行试验和正式飞行试验三部分航线组成，飞行测线总里程约为 7500km。正式飞行试验在格陵兰岛东部 Nerlerit Inaat 机场附近展开，共完成 5 个架次飞行，分别为三个架次的东西测线和两个架次的南北近海海洋测线。对南北重复测线的测量精度进行了评估，内符合精度约为 1.2mGal，分辨率为 7km。

4.4.2　系统组成及工作原理

本节以国防科技大学研制的原理样机 SGA-WZ01 为例，介绍该型仪器的组成结构及工作原理(熊盛青等，2010)。

4.4.2.1　系统组成

捷联惯导型航空重力仪主要由捷联惯导系统、差分 GNSS 系统、减震系统、数据采集、记录和监控系统及重力测量数据改正与处理软件等几个部分组成。SGA-WZ01 组成结构框图如图 4.17 所示。

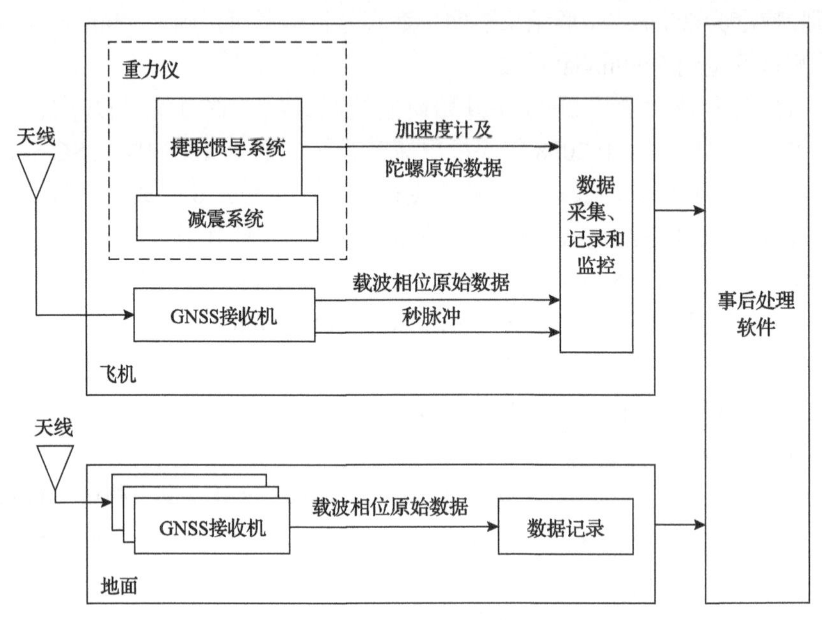

图 4.17　SGA-WZ01 组成结构框图

4.4.2.2　捷联惯导系统

惯导系统是建立在牛顿经典力学定律基础之上的。根据该定律，在外力作用下将产生一个成比例的加速度。由于加速度可以测定，所以通过加速度对时间进行连续积分就可以计算出速度和位置的变化。一个惯导系统通常包含 3 个加速度计，安装时 3 个加速度计的敏感轴相互垂直，每个加速度计可以检测到单一方向的加速度。

载体相对惯性坐标系的转动可以通过陀螺敏感器来检测，其观测值可用于确定加速度计每一时刻的方位。根据这些信息，可以把加速度分解到惯性坐标系。

惯导系统与载体固连在一起的集成系统称为捷联惯导系统，该系统包含提供角速度的 3 个陀螺(如二频机抖激光陀螺)、提供比力测量值的 3 个加速度计及其电流频率转换电路、数据采集板等。激光陀螺捷联惯导系统结构示意图如图 4.18 所示。

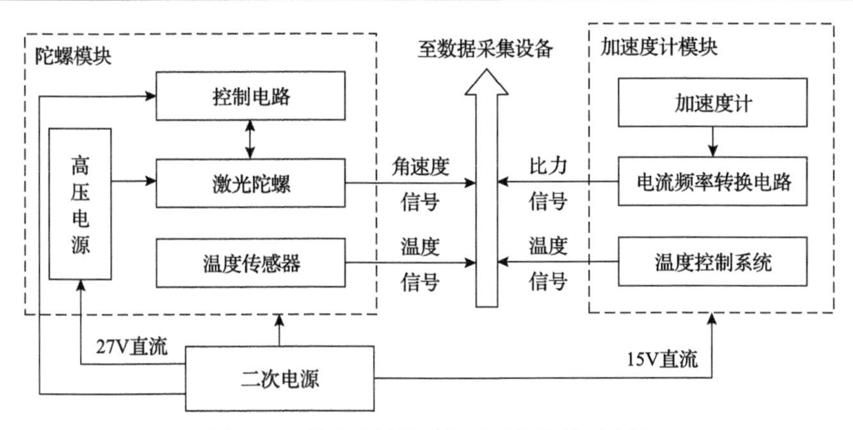

图 4.18　激光陀螺捷联惯导系统结构示意图

加速度计是捷联式航空重力仪的核心传感器，其分辨率、精度和稳定性直接决定航空重力测量系统的整体精度水平。加速度计的精度受温度的影响较大，因此需要对加速度计进行精密的温度控制。同时，数据采集设备同样受温度的影响较大，因此为了保证惯性导航精度，电流频率转换电路采用温度补偿技术实现全温范围内的测量精度保障。3 个陀螺和 3 个加速度计都安装在一个刚性块上，该刚性块可直接或通过减震基座安装在载体的机体内。通常情况下，要求 3 个陀螺、3 个加速度计在笛卡儿坐标系中相互正交。正交的敏感器可直接测量出角速度和比力在三个相互垂直的正交方向上的分量，为测量系统提供执行捷联计算任务所需的信息。

4.4.2.3　数据采集系统

数据采集系统的作用是分别采集高精度三轴加速度计组合输出的模拟信号、陀螺输出和加速度计输出等信息，实现数据采集与 GNSS 秒脉冲的精确同步。数据采集系统的主要功能包括如下方面：

(1) 采集捷联系统加速度计、陀螺的信号输出。

(2) 采集陀螺的状态信息。

(3) 采集加速度计、陀螺的温度信息。

(4) 记录陀螺、加速度计的原始观测数据，频率一般为 1000～2000Hz。

(5) 对陀螺、加速度计的原始观测数据进行低通滤波，滤除陀螺抖动的影响，并记录滤波后的数据，频率一般为 100Hz。

4.4.2.4　数据处理软件系统

捷联式航空重力仪数据处理软件系统主要包括如下功能模块。

1) 陀螺、加速度计观测误差补偿模块

陀螺、加速度计观测误差补偿模块的主要功能是对陀螺、加速度计的零偏、刻度因子、非线性误差、安装误差以及温度误差等进行补偿。

2) 惯导系统对准模块

惯导系统对准指的是确定惯导系统各坐标轴相对于参考坐标系指向的过程。对于安装在飞机上的对准系统，利用惯导系统提供的角速度和比力测量信息即可实现系统自行对准。

3) 导航计算模块

导航计算模块的功能是利用经误差补偿后的陀螺、加速度计输出角速度和比力测量值进行导航计算，得到载体的位置、速度、姿态等信息。

4) 捷联惯导/差分 GNSS 组合卡尔曼滤波模块

组合惯导系统利用两个或多个导航系统的互补特性，形成一个比任何独立工作的分系统更高精度的系统。惯导系统的测量值与 GNSS 系统提供的卫星导航数据相结合的集成系统是该领域应用的典型代表。惯导系统观测噪声相对较低，但随时间漂移和积累。相比较而言，卫星导航系统的位置估值噪声相对较大，但不会随时间漂移和积累，故两者之间存在一定的互补性。

纯惯导系统的误差随时间积累，因此需要利用卡尔曼滤波对惯导系统的位置、速度、姿态误差以及陀螺、加速度计的观测误差参数进行估计，利用滤波估计值可对捷联惯导进行输出校正或者反馈校正，从而得到当地水平坐标系下的比力测量值。

5) GNSS 事后处理软件模块

GNSS 事后处理软件模块的功能是利用 GNSS 的观测量，采用差分算法来计算载体的位置、速度和加速度。

6) 低通滤波模块

在航空重力测量中，需要采用现代滤波技术对测量数据进行平滑处理。因飞机的不规则运动和机身的振动等因素带来的干扰加速度可达 1000Gal，而重力异常信号最大只有几百毫伽的量值，故重力测量数据的信噪比很小，为了消除高频噪声的影响，需要设计性能优良的低通滤波器。

7) GNSS 位置、速度和加速度的偏心改正模块

在实际航空测量作业中，重力仪必须安装在机舱内，而 GNSS 天线需要安装在机身上部，因此在数据处理时需要将 GNSS 所测得的位置、速度和加速度归算到重力仪所在的点，这个过程称为偏心改正。

8) 系统误差校正模块

重力异常测量值的系统误差主要来自两个方面：①加速度计的随机零偏。其量值大小主要取决于温度变化受控程度；②载体三维姿态误差的影响。从理论上讲，如果载体运动水平加速度为零，则姿态误差对重力异常的影响可以忽略不计。但实际上大气扰动等影响会引起载体的水平加速度，通过姿态误差耦合，水平加

速度影响最终会转换为重力异常测量值的系统误差，对该误差进行估计和校正称为水平加速度改正(见第 3 章内容)。研究更加严密的系统误差校正方法对于提高重力异常值的测量精度和分辨率具有重要意义(熊盛青等，2010)。

4.4.3　系统特点及性能指标

如前所述，利用惯导系统测量比力的基本原理是将重力传感器(加速度计)稳定在当地地理坐标系，3 个加速度计可测得比力的 3 个分量。平台惯导系统采用的是物理平台，通过反馈控制直接使平台稳定在当地地理坐标系。捷联惯导系统采用的则是数学平台，重力传感器固连在载体上，因此需要利用姿态传感器测得的载体姿态将重力传感器测得的比力值投影到当地地理坐标系。由比力测量原理可知，比力测量误差主要来自重力传感器的观测噪声和平台的姿态误差。

惯导系统的观测误差随时间积累，因此需要采用外部观测量来提高平台的稳定性。平台惯导系统通常采用外部位置、速度阻尼来提高平台的稳定性(Forsberg et al.，1999)。捷联惯导系统则通常利用卡尔曼滤波器进行 SINS/GNSS(差分)组合，以差分 GNSS 测得的高精度位置、速度为观测量，对惯导系统的位置、速度、姿态以及惯性器件误差进行估计(Bruton，2001)。

与平台型重力仪相比较，捷联式海空重力仪的主要优势包括以下方面：

(1)捷联式海空重力仪利用数学平台代替复杂的机械平台，具有结构简单、体积小、重量轻、成本低、功耗小、可靠性高、可以实现无人操作等优点。这就使得捷联式系统可安装在小型飞机甚至无人机上。另外，捷联式航空重力仪体积小、功耗小的特点，使得同时将重力测量系统、地磁测量系统和电磁测量系统安装在航测飞机上进行地球物理综合勘探成为可能，从而降低了测量成本。

(2)基于捷联惯导系统的航空重力仪既可进行重力标量测量，也可进行重力矢量测量，可提供更加丰富的重力场测量信息。

需要指出的是，捷联惯导系统将惯性传感器直接固连在载体上，其承受的动态环境更加恶劣，因此要求惯性传感器具有更优的性能，如更大的动态范围、更高稳定性的刻度因子等。此外，利用载波相位差分 GNSS 测定载体运动加速度仍然是影响航空重力测量精度的一个关键环节。

国防科技大学推出的改进型捷联式海空重力仪的主要技术指标如下。

(1)工作量程：±10000mGal。

(2)动态范围：±2g。

(3)静态 24h 稳定性(rms，均方根值)：<0.5mGal。

(4)静态 24h 漂移(校正后)：<0.1mGal。

(5)重力异常测量精度(rms)：优于 1.0mGal(截止频率 0.01Hz)。

(6)数据采样率：1～10Hz。

(7) 工作环境温度：0～50℃。

(8) 整机质量：<35kg。

(9) 尺寸大小：400mm×358mm×350mm。

(10) 冷启动最大功率：<150W。

(11) 稳态功率：<60W。

4.5 本章小结

考虑到海空重力测量技术体系架构的完整性，本章比较详细地介绍了海空重力测量系统的组成结构及工作原理，分别针对两轴稳定平台型、三轴稳定平台型和捷联惯导型三大类型的海空重力测量系统，详述它们的发展进程、系统组成、功能结构和性能指标，简要分析比较了不同类型海空重力测量系统的技术特点和适用环境，同时介绍了国内外一些科研机构和仪器生产厂家利用自主研制的海空重力测量系统，开展海面和航空飞行测量试验情况和测试评估结果，以便读者对各类海空重力测量系统有更深刻的感性认识。

第 5 章　海洋重力场特征分析与技术设计

5.1　引　　言

本书在第 1 章已经对开展海空重力测量的目的、意义和应用价值进行了全面阐述，从不同层面定性回答了“为什么测”的问题，本章接下来将继续针对“怎么测”“测到什么程度”等问题进行分析研究和论证。不同应用领域对地球重力场信息的应用需求存在较大的差异，对测量覆盖范围、分辨率、精度等指标有不同的技术要求，因此进一步做好海空重力测量技术设计论证工作，是确保测量成果发挥最大效能必不可少的步骤，也是确保海空重力测量作业科学性和合理性的前提条件。但开展海空重力测量技术设计必须以地球重力场分布特征为基础，因此本章首先对海洋重力场分布特征模型进行分析计算与试验验证，然后基于海洋重力场对飞行器制导影响的分析结果，开展海洋重力测线布设密度指标论证，为海洋重力测量技术设计提供理论支撑。

作业前的技术设计工作是整个海空重力测量活动的重要组成部分，这项任务主要围绕 3 个方面的要求开展相关设计和论证工作：①海空重力测量的任务要求；②海空重力测量的精度要求；③海空重力测量的密度要求。明确任务目标和要求是开展海空重力测量技术设计工作的关键，不同的服务对象有不同的任务要求，也有不同的精度要求和密度要求，在技术设计中必须始终体现和确保满足海空重力测量的精度要求和密度要求。但必须指出的是，测量精度要求和密度要求的差异性不仅体现在不同的应用目的上，也体现在具有不同重力场变化特征的测量区域上。因此，开展海洋重力场变化特征分析和研究既是实施测前精细化技术设计工作的前提条件，也是该项工作的重要技术支撑。

5.2　海洋重力场变化特征模型构建与分析

5.2.1　问题的提出

地球重力场变化特征参数是指能够反映重力场基本场元变化幅度大小、剧烈程度及其相关性的统计参量，一般有全球特征参数和局部特征参数之分。由于应用目的的差异，不同学科专业对地球重力场变化特征参数的分类和定义并不完全一致。在大地测量学领域，地球重力场变化特征参数通常是指与重力异常场元相关的代表误差和协方差函数两类模型的统计参量(管泽霖等,1981;陆仲连,1996)。代表误差模型是开展局部重力场逼近计算精度估计和陆上测量布点或海上测线布设必不可少的基础资料(石磐等，1980a；陈跃，1983；黄谟涛，1988；李建成等，2003)，协方差函数模型则是推广应用配置法，实现重力场元推估和多源重力数据融合处理的关键(Heiskanen et al.，1967；Moritz，1980；Tscherning et al.，1997；陆仲连，1996；邹贤才等，2004；翟振和等，2010；欧阳永忠等，2012；黄谟涛等，2013b)。多年来，为了满足不同的应用需求，国内外学者曾在不同时期，使用全球重力测量资料或局部重力测量资料对特定的重力场变化特征参数进行了计算和分析(Hirvonen，1962；Tscherning et al.，1974；石磐等，1980b；丁行斌，1981；夏哲仁等，1995)，取得了比较丰富的研究成果，部分统计模型参数一直被人们采用(Heiskanen et al.，1967；Moritz，1980；管泽霖等，1981；陆仲连，1996)。特别是，李姗姗等(2010)根据我国陆地局部区域最新的重力和地形观测数据，通过统计分析计算得到了 6 种不同地形类别区域的完全空间重力异常和完全布格异常的方差、协方差以及代表误差模型，为我国陆地局部区域重力场的精细化研究和应用提供了精确可靠的特征参数。但必须指出的是，受测量技术手段发展的限制，早期开展的一些统计计算与分析研究是建立在非常有限的观测资料基础之上的，因此其全球特征参数或区域特征参数的代表性相对有限。近期开展的统计计算与分析研究虽然使用了比较高精度和高分辨率的观测数据，但研究范围仍主要局限于陆地局部区域，广阔海域的重力场特征至今还缺少全面深入的分析和研究。显然，要想通过统计计算与分析获得符合实际的重力场特征参数，必须具备密集且分布均匀的观测数据，基础数据的观测精度和分辨率越高，由此获得的特征参数的可靠性就越高，其代表性也越高。但问题是，假如已经通过不同的观测手段事先获取了高精度和高分辨率的基础数据，则其统计特征参数的事后应用价值也就不那么显著(Heiskanen et al.，1967)。如何解决好这样一对矛盾体，是开展地球重力场变化特征统计分析并有效发挥其作用的关键。随着对地观测技术的发展，利用卫星测高数据反演海洋重力场参数已成为当前获取海域重力场信息的主要手段之一(李建成等，2003；黄谟涛等，2005；翟振和等，2015b)。最新卫星测高反演重力异常成果的网格间距已经精细到 1′×1′，其精度也达到了 3～5mGal (Andersen et al.，2010)，虽然这样的精度水平还无法与海面船载重力测量相媲美(黄谟涛等，2015a)，但其分布均匀同时覆盖全球海域的优良特性又是海面船载重力测量难以企及的。将卫星测高重力的这一技术优势有效地应用于海洋重力场特征统计模型参数的计算和分析，以弥补海面船载重力测量的不足，是本专题研究后续研究的立足点(黄谟涛等，2019b)。

5.2.2　统计参数计算模型

5.2.2.1　代表误差模型

1. 代表误差理论计算式

Heiskanen 等(1967)指出：物理大地测量中最重要的问题是拓展到全球的积分表达式及其解算。在实际应用中，人们总是设法将各类严密的重力场积分表达式转换为有限求和的形式，然后使用全球或局部区域的网格重力数据完成求和运算。受技术手段和各种客观条件的限制，重力测量一般只能在一些离散的点位或测线上得以实施，很难保证测点分布的均匀性，有时甚至会出现大片的测量空白区域，因此在实践中，往往需要用一个或几个点上的观测值代表其所在区块的平均值参加重力场参数计算，或者需要用已知观测值推求未测点上的重力值。这就引出了代表误差问题，顾名思义，以区块内任一点的观测值代表该区块平均值引起的误差称为该观测量对应于该区块的代表误差(陆仲连，1996)。根据误差统计学理论(黄维彬，1992)，如果在某区块内均匀布设 n 个测点，取得 n 个重力异常观测值 Δg_i($i=1,2,\cdots,n$)，那么对应于该区块的重力异常代表误差 E_{sc} 可表示为

$$E_{sc}=\sqrt{\frac{\sum_{i=1}^{n}(\Delta g_i-\Delta\overline{g})^2}{n-1}} \tag{5.1}$$

式中，$\Delta\overline{g}=\sum_{i=1}^{n}\Delta g_i/n$ 代表区块内 n 个重力异常观测值的平均值。

上述代表误差的物理意义类同于某一观测量的方差，体现该观测量偏离其平均值的程度，即对应区块重力场变化的复杂程度。作为表征地球重力场变化特征的一项非常重要的技术指标，代表误差模型在重力测量技术设计和精度评估中具有独特的应用价值。

2. 代表误差经验公式

根据前面的定义，要想求得精确的代表误差参数，必须事先获取密集且分布均匀的重力观测数据，显然这样的要求在实际应用中是很难实现的。为了解决此问题，学者根据代表误差既与区块内重力场变化复杂程度相关，又与区块面积大小相关联的规律特点，通过数理统计方法建立了如下形式的代表误差经验模型(管泽霖等，1981；陆仲连，1996)：

$$E_{jy}=c\left(\sqrt{x}+\sqrt{y}\right) \tag{5.2}$$

式中，x 和 y 分别为研究矩形区块的长、宽，单位为 km；c 为代表误差系数，主

要体现区块内重力场元变化的剧烈程度。

显然，对应于不同地形类别的区块，代表误差系数c应当取不同的值，因为地球表面形状起伏直接反映地球重力场变化的不规则性。通常所说的代表误差建模，就是指采用实际观测数据，通过统计分析方法确定代表误差系数的过程。根据实测数据，由式(5.1)求得E_{sc}后，可按式(5.3)确定相对应的代表误差系数：

$$c = E_{sc} / \left(\sqrt{x} + \sqrt{y}\right) \tag{5.3}$$

目前，在我国的陆地局部区域，相关部门已经针对6种不同的地形类别，分别统计计算得到了各自的空间重力异常代表误差系数(陆仲连，1996；李姗姗等，2010)，具体如表5.1所示。

表 5.1 陆地局部区域空间重力异常代表误差系数

类别定义	地形特征/类别					
	平原(Ⅰ)	丘陵(Ⅱ)	小山区(Ⅲ)	中山区(Ⅳ)	大山区(Ⅴ)	特大山区(Ⅵ)
5′区块内高程变化/m	<100	100～300	300～500	500～800	800～1100	>1100
规范采用值	0.50	0.84	1.40	2.30	3.50	5.00
李姗姗等(2010)结果	0.5	0.9	1.3	1.9	3.1	4.4

一旦获得比较可靠的代表误差系数，即可将其应用于具有相似地形特征区块的重力测量技术设计和数据质量评估中，这便是代表误差建模的实用意义所在。需要指出的是，式(5.1)给出的是一种通用意义上的代表误差定义，故适用于地球重力场各类参量的代表误差数值计算。在实际应用中，陆地局部区域使用更多的是空间异常和布格异常代表误差系数(陆仲连，1996；李姗姗等，2010)，为了拓展海洋重力场的应用领域，提高海域重力异常的推估精度，除了空间异常和布格异常外，本节特别增加了广义布格异常代表误差的计算和分析。其中，海洋布格重力异常的计算公式为

$$\Delta g_B = \Delta g_F + 0.068552H \tag{5.4}$$

式中，Δg_F为空间重力异常；H为深度，单位为m。

海洋广义布格重力异常的定义如下：

$$\Delta g_{GB} = (\Delta g_F - \Delta\overline{g}_F) - b(H - \overline{H}) \tag{5.5}$$

式中，b为广义布格改正系数，它的作用是使得改正后的广义布格重力异常与海洋深度不相关，计算公式为

$$b = \frac{\sum_{i=1}^{n}(\Delta g_{Fi} - \Delta \overline{g}_F)(H_i - \overline{H})}{\sum_{i=1}^{n}(H_i - \overline{H})^2} \tag{5.6}$$

式中，$\Delta \overline{g}_F = \left(\sum_{i=1}^{n} \Delta g_{Fi} \right) \Big/ n$ 为区块内空间重力异常的平均值；$\overline{H} = \left(\sum_{i=1}^{n} H_i \right) \Big/ n$ 为区块内海洋深度的平均值。

各类重力异常与海洋深度的相关性由式(5.7)计算：

$$\rho = \frac{\sum_{i=1}^{n}(\Delta g_i - \Delta \overline{g})(H_i - \overline{H})}{\sqrt{\sum_{i=1}^{n}(\Delta g_i - \Delta \overline{g})^2 \sum_{i=1}^{n}(H_i - \overline{H})^2}} \tag{5.7}$$

式中，Δg_i 为海洋空间异常或布格异常或广义布格异常；$\Delta \overline{g}$ 为区块内各类重力异常的平均值；其他符号意义同前。

5.2.2.2　协方差函数模型

1. 重力异常协方差函数模型

如前所述，协方差函数模型是开展重力观测稀疏地区或空白区重力场元推估计算的技术基础，要想获得满意的推估结果，必须构建能够准确反映重力场元相关性变化规律的协方差函数模型。此类模型有全球协方差函数模型和局部协方差函数模型之分，本专题研究主要涉及局部模型。重力异常的局部协方差函数模型定义为以两点距离 s 为自变量的函数(Heiskanen et al.，1967；陆仲连，1996)：

$$C(s) = M\{\delta g_p \delta g_{p'}\} \tag{5.8}$$

式中，$\delta g = \Delta g - \Delta \overline{g}$ 表示重力异常残差；算子 $M\{\cdot\}$ 表示对所有相距 $s = pp'$ 两个量的乘积取平均。

当 $s = 0$ 时，式(5.8)简化为

$$C(0) = C_0 = M\{\delta g^2\} \tag{5.9}$$

式中，C_0 为重力异常方差。

$C(s)$ 体现重力异常之间的互相关程度，C_0 则反映重力异常自身变化的剧烈程度。

由式(5.8)可知，要想精确求定协方差函数模型，必须知道地面上每一点的重力值。显然，这在现实中是不可能实现的。反过来说，如果每一点的重力值都知

道了，协方差函数模型也就失去了存在的意义，因为这意味着已经严格解决了所有问题而不再需要数理统计推估(Heiskanen et al.，1967)。现实情况是，需要根据有限的观测数据或先验信息来建立某种形式的经验协方差函数模型，这种函数应当满足一定的条件(Moritz，1980；李姗姗等，2010)：①必须是正定函数；② $C(-s)=C(s)$，即经验协方差函数模型应为偶函数；③ $C(0)=C_0 \geqslant C(s)$，当且仅当 $s=0$ 时等式成立，即测点相距为零时相关性最强。目前，应用较为广泛的经验协方差函数模型为(Moritz，1980；陆仲连，1996；李姗姗等，2010)

$$C(s)=C_0/(1+B^2s^2)^{3/2} \tag{5.10}$$

式中，B 为待求的模型参数；其他符号意义同前。

Moritz(1980)认为，可以使用三个基本参数来表征经验协方差函数模型的局部特征：方差 C_0、相关长度 s_l 和曲率参数 χ。相关长度是指协方差函数模型值 $C(s)$ 等于 $C_0/2$ 时的自变量值，即

$$C(s_l)=C_0/2 \tag{5.11}$$

如果相关长度 s_l 数值较大，则说明区域内重力异常的相关性较强，反之，则说明区域内重力异常的相关性较弱。曲率参数 χ 是一个与协方差函数模型曲线在 $s=0$ 处的曲率 τ_0 有关的量，具体定义为 $\chi=\tau_0 s_l^2/C_0$，它反映区域内重力异常梯度变化的剧烈程度。研究结果表明，只有当测点距离远小于相关长度 s_l 时，才有望获得比较可靠的统计推估结果(Moritz，1980)。而在此情形下，Moritz(1980)认为，对于具有相同参数 C_0、s_l 和 χ 的所有不同形式的经验协方差函数模型 $C(s)$，其应用效果不会有明显的差异。本节将式(5.10)作为协方差函数模型，其对应的相关长度为

$$s_l=(2^{2/3}-1)^{1/2}/B \tag{5.12}$$

2. 经验协方差函数模型拟合

一旦选定了经验协方差函数模型的形式，接下来的工作便是利用重力观测或先验信息对其进行函数拟合，以确定待求的模型参数。假设在计算区域内已知 $M\times N$ 个等间距的重力异常数据，则其平均值为

$$\Delta\overline{g}=\frac{1}{M\times N}\sum_{i=1}^{M}\sum_{j=1}^{N}\Delta g_{i,j} \tag{5.13}$$

令重力异常残差为 $\delta g_{i,j}=\Delta g_{i,j}-\Delta\overline{g}$，则重力异常方差的计算公式为

$$C_0=\frac{1}{M\times N}\sum_{i=1}^{M}\sum_{j=1}^{N}\delta g_{i,j}^2 \tag{5.14}$$

此时，相距为 q（取正整数 $1,2,\cdots,M-1$ 或 $N-1$）个网格的协方差可由式(5.15)进行计算：

$$C(s_q)=\frac{1}{2}\left(C(s_q)_\varphi+C(s_q)_\lambda\right) \tag{5.15}$$

式中，$C(s_q)_\varphi$ 和 $C(s_q)_\lambda$ 分别代表纬向和经向的协方差统计量，计算公式为

$$C(s_q)_\varphi=\frac{1}{(M-q)\times N}\sum_{i=1}^{M-q}\sum_{j=1}^{N}(\delta g_{i,j}\cdot\delta g_{i+q,j}) \tag{5.16}$$

$$C(s_q)_\lambda=\frac{1}{M\times(N-q)}\sum_{i=1}^{M}\sum_{j=1}^{N-q}(\delta g_{i,j}\cdot\delta g_{i,j+q}) \tag{5.17}$$

通过恒等式转换，对式(5.10)进行线性化转换处理，可得

$$B=[(C_0/C(s))^{2/3}-1]^{1/2}/s \tag{5.18}$$

将由式(5.14)计算得到的方差作为模型已知参数，将由式(5.15)计算得到的协方差统计值作为观测量，将与其相对应的计算点间距 s_q 作为自变量，即可按照最小二乘原理求解式(5.18)，得到模型参数 B 的最或然值。当把各个协方差统计值 $C(s_q)$ 作为等精度观测量看待时，参数 B 的最或然值可简单表示为

$$\tilde{B}=\frac{1}{q_{\max}}\sum_{q=1}^{q_{\max}}B_q \tag{5.19}$$

$$B_q=[(C_0/C(s_q))^{2/3}-1]^{1/2}/s_q \tag{5.20}$$

式中，$q_{\max}$ 代表对应于 $C(s_q)$ 出现负值时的 q 值。

此时，协方差函数模型拟合中误差由式(5.21)计算：

$$m_c=\pm\sqrt{\frac{\sum_{q=1}^{q_{\max}}(C(s_q)-\bar{C}(s_q))^2}{q_{\max}-1}} \tag{5.21}$$

式中，$C(s_q)$ 代表由实测数据计算得到的协方差统计值；$\bar{C}(s_q)$ 代表由式(5.14)、式(5.19)和式(5.10)联合计算得到的协方差拟合值。

当把各个协方差统计值 $C(s_q)$ 作为非等精度观测量看待时，参数 B 的最或然值可表示为

$$\tilde{B}=\sum_{q=1}^{q_{\max}}(p_q\cdot B_q)\Bigg/\sum_{q=1}^{q_{\max}}p_q \tag{5.22}$$

式中，p_q代表对应于第q个观测量的权因子。考虑到统计观测量$C(s_q)$的可靠性是随着q值的增大而降低的，故可近似取$p_q=1/\sqrt{q}$。

此时，协方差函数模型拟合中误差由式(5.23)计算：

$$m_c=\pm\sqrt{\frac{\sum_{q=1}^{q_{\max}}p_q(C(s_q)-\bar{C}(s_q))^2}{q_{\max}-1}} \tag{5.23}$$

式中，各个符号的意义同前。

5.2.2.3 最小二乘推估模型

根据实测数据，由式(5.19)或式(5.22)计算得到模型参数B后，就确定了局部经验协方差函数模型$C(s)$，由$C(s)$可建立相对应的最小二乘推估模型(Heiskanen et al.，1967；陆仲连，1996)：

$$\Delta g_p=\boldsymbol{C}_{pl}\boldsymbol{C}_{ll}^{-1}\boldsymbol{G}_l \tag{5.24}$$

式中，Δg_p代表待求点的重力异常；$\boldsymbol{G}_l$代表已知点上的重力异常向量；$\boldsymbol{C}_{ll}$代表已知点重力异常之间的协方差矩阵；$\boldsymbol{C}_{pl}$代表推估点P与各个已知点之间的协方差向量。

本专题研究主要将式(5.24)应用于协方差函数模型计算效果的检验。

5.2.3 数值计算检验与分析

5.2.3.1 计算区域及数据源

考虑到统计计算结果的代表性和应用上的实际需求，本专题研究将数值计算区域确定为中国周边海域及西太平洋海区，具体范围为：纬度0°～60°N；经度80°E～180°E(只限于其中的海洋部分)。该区域涵盖浅海大陆架、海盆、大陆坡、岛弧、海山和海沟等所有类别的海底地形特征，因此具有较好的代表性。考虑到在这么大的范围内，目前还很难找到分辨率比较高且分布均匀的重力观测数据，本专题研究提出采用卫星测高重力异常替代实测重力开展海洋重力场特征参数计算和分析。具体使用的数据文件是由丹麦技术大学空间中心于2010年发布的DTU10模型(Andersen et al.，2010)，其数据网格大小为1′×1′，在部分海区与海面船载重力测量对比的符合度达4mGal。该模型逼近实际重力场的空间分辨率虽然还达不到1′×1′这样高的水平，但它是目前表达全球尺度海洋重力场特征最好的模型之一，能够满足本专题研究的计算和分析研究需求。基于同样的理由，本专题研究提出采用全球海深模型替代实测水深数据计算确定海洋布格异常和广义布格异常。具体使用的数据文件是由美国地球物理数据中心(National Geographic Data Center，NGDC)于 2008 年发布的全球地形模型 ETOPO1(Amante et al.，2009)，其数据网格大小为 1′×1′。

本专题研究使用的第二类数据来源于我国相关部门执行年度测量任务获取的重力和水深测量成果，从中挑选 3 个具有代表性的区块，其中，区块 1 水深变化在 10～100m，区块 2 水深变化在 100～1500m，区块 3 水深变化在 3500～4500m，三个区块的测量比例尺均不小于 1∶10 万，重力测量精度优于 1.5mGal。对三个区块的重力和水深数据进行网格化处理，网格大小取为 1′×1′，即与前面的 DTU10 和 ETOPO1 模型数据网格一致。在每个区块内选择 1°×1°范围数据作为本专题研究检核试验的数据源。从数据集 DTU10 和 ETOPO1 中读取与上述数据块覆盖范围一致的 3 个 1°×1°区块网格数据。计算海面船载重力测量和水深区块数据自身的统计参数，以及它们与 DTU10 和 ETOPO1 数据集对应区块数据的互差统计参数，具体结果见表 5.2，图 5.1 和图 5.2 分别为区块 1 对应于海面船载重力异常和卫星测高重力异常的等值线图。从表 5.2 可以看出，DTU10 模型逼近海面船载重力测量的精度优于 3mGal，显示该模型具有较高的可靠性；ETOPO1 模型逼近船测水深的符合度略低一些，这一结果可能与卫星测高在浅水区域的反演精度比较低有关。

表 5.2　海面船载重力测量和水深自身及它们与 DTU10 和 ETOPO1 数据的互差统计参数

统计参数		重力/mGal			水深/m		
		区块 1	区块 2	区块 3	区块 1	区块 2	区块 3
海面船载重力测量和水深自身统计	最大值	29.42	23.43	28.54	77.8	1312.5	4263.8
	最小值	–2.77	–19.60	–5.28	15.9	117.1	3682.1
	平均值	11.99	3.98	15.74	60.4	302.7	4043.1
	均方根	13.46	8.66	16.77	61.1	360.3	4044.9
	标准差	6.12	7.69	5.80	9.3	195.4	120.0
海面船载重力测量与 DTU10、船测水深与 ETOPO1 的互差统计	最大值	5.99	8.17	9.83	7.1	198.5	192.3
	最小值	–5.98	–9.84	–10.04	–19.8	–144.9	–192.2
	平均值	1.11	–1.28	–0.50	–9.3	26.5	65.9
	均方根	2.62	2.68	2.31	10.3	48.6	93.8
	标准差	2.37	2.36	2.26	4.5	40.7	66.7

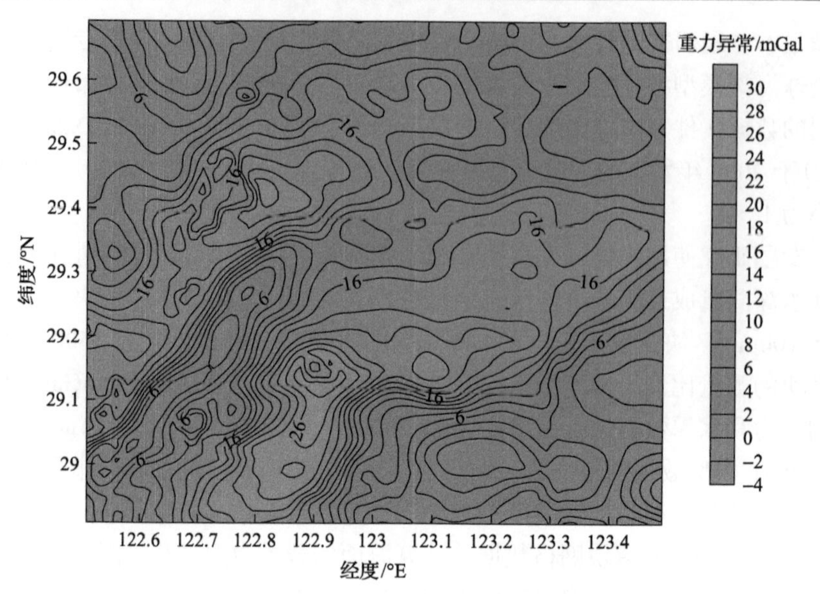

图 5.1　区块 1 海面船载重力异常等值线图

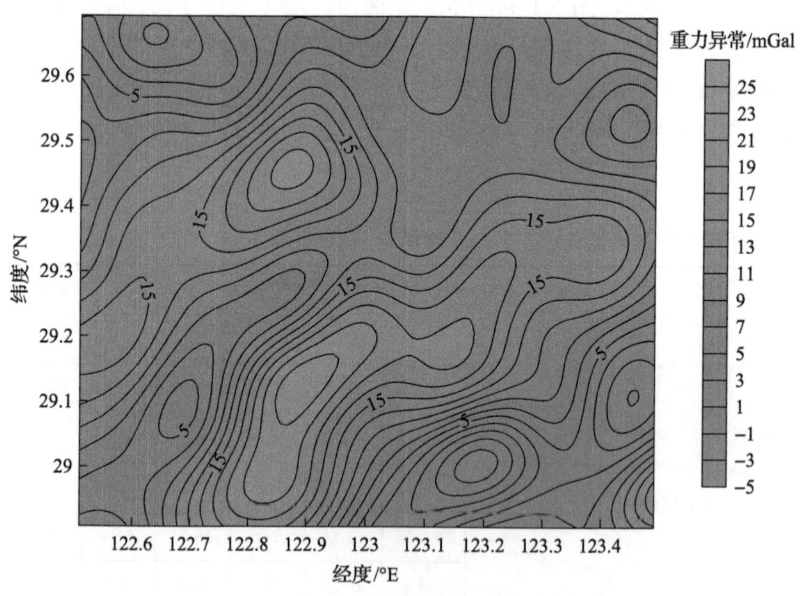

图 5.2　区块 1 卫星测高重力异常等值线图

5.2.3.2　代表误差模型计算及分析

1. 计算方案及步骤

代表误差模型参数计算方案及步骤如下：

(1) 从数据文件 DTU10 和 ETOPO1 中读取纬度 0°N～60°N、经度 80°E～180°E

范围内的重力和水深网格数据，对应数据集命名为 GDTU10 和 HETOPO1。

(2)计算区块大小统一取为 5′×5′，只有当区块内所有 25 个 1′×1′网格水深值都为负值(即全部为海洋区域)时，该区块才参加计算和统计。

(3)参照陆地地形类别划分方法，同样将海底地形变化特征划分为相类似的 6 个类别(见表 5.1)。以 5′×5′为计算单元，首先使用水深数据集 HETOPO1 计算每个 5′×5′单元内的水深变化范围$\left|H_{\max}-H_{\min}\right|$，按照前面的分类方案，将各单元归入对应的地形类别。

(4)使用数据集 GDTU10 和 HETOPO1，按照式(5.4)计算各个单元对应于 1′×1′网格点的布格重力异常Δg_B；按照式(5.6)计算各个单元的广义布格改正系数b，按照式(5.5)计算各个单元对应于 1′×1′网格点的广义布格重力异常Δg_{GB}。

(5)使用Δg_F、Δg_B和Δg_{GB}，按照式(5.1)计算每个单元对应于三类重力异常的代表误差(E_{sc}^F、E_{sc}^B、E_{sc}^{GB})；按照式(5.3)计算相对应的代表误差系数(c_F、c_B、c_{GB})；使用三类重力异常和 HETOPO1，按照式(5.7)计算相对应的相关系数(ρ_F、ρ_B、ρ_{GB})。ρ_{GB}的理论值应为零，可作为检核条件。

(6)在前面选定的 3 个 1°×1°区块内，分别使用实测重力和水深数据、GDTU10 和 HETOPO1 数据，按照与前面(4)和(5)相同的步骤依次完成空间异常、布格异常和广义布格异常三类数据所对应的代表误差、代表误差系数及相关系数的计算。此时，仍以 5′×5′为计算单元(每个区块共含 144 个计算单元)，但不再划分地形类别。

2. 计算结果分析及检验

按照前面确定的步骤(1)～(5)，可分别计算得到归属于 6 个地形类别的 5′×5′计算单元个数(总个数为 508115)，以及对应于卫星测高空间异常、布格异常和广义布格异常三类数据的代表误差(E_{sc}^F、E_{sc}^B、E_{sc}^{GB})、代表误差系数(c_F、c_B、c_{GB})及相关系数(ρ_F、ρ_B、ρ_{GB})统计结果(平均值)，具体见表 5.3，因$\rho_{GB}=0$，故在表 5.3 的相应位置列出了广义布格改正系数b(下同)。

表 5.3　使用 GDTU10 和 HETOPO1 数据计算得到的代表误差模型参数统计结果

重力异常	统计参数	地形类别/5′计算单元个数					
		Ⅰ/(280591)	Ⅱ/(122389)	Ⅲ/(42592)	Ⅳ/(32084)	Ⅴ/(15103)	Ⅵ/(15356)
Δg_F	E_{sc}^F/mGal	1.450	3.099	5.649	8.229	11.650	17.900
	c_F	0.242	0.516	0.941	1.372	1.942	2.983
	ρ_F	0.621	0.778	0.829	0.869	0.911	0.942

续表

重力异常	统计参数	地形类别/5′计算单元个数					
		Ⅰ/(280591)	Ⅱ/(122389)	Ⅲ/(42592)	Ⅳ/(32084)	Ⅴ/(15103)	Ⅵ/(15356)
Δg_B	E_{sc}^{B} /mGal	1.105	2.121	4.085	6.329	9.024	14.081
	c_B	0.184	0.354	0.681	1.055	1.504	2.347
	ρ_B	0.051	−0.337	−0.527	−0.657	−0.734	−0.839
Δg_{GB}	E_{sc}^{GB} /mGal	0.725	1.158	1.762	2.317	2.916	3.969
	c_{GB}	0.121	0.193	0.294	0.386	0.486	0.662
	b	−0.078	−0.052	−0.046	−0.042	−0.041	−0.040

表 5.3 的结果至少揭示了以下几个方面的事实：

(1) 相比具有相同类型地形特征的陆地区域(见表 5.1)，海洋空间重力异常代表误差模型参数比陆地对应参数值要小得多，减小幅度为 30%～50%，说明海洋重力场的总体变化趋势比较平缓，与人们的正常认知相一致。

(2) 虽然海洋布格异常的定义完全有别于陆地布格异常，但海洋布格异常变化并不比海洋空间异常变化更复杂，此结论与早期的研究结果略有区别(石磐等，1980b)。

(3) 海洋空间异常和海洋布格异常与海洋深度的相关性都比较显著，但后者随海底地形特征变化激烈程度而增大的趋势更加明显，这一结果显然与海洋布格异常定义的特殊性相关联(管铮，1987)。

(4) 海洋广义布格异常的代表误差模型参数比海洋空间异常和海洋布格异常都要小许多，海洋广义布格异常系数的大小也相对稳定，说明由于消除了与海洋深度的相关性，海洋广义布格异常变化更加平缓，这一特性有利于将其作为过渡量应用于海洋重力场的推估计算中。

为了考察使用全球数据模型(DTU10，ETOPO1)确定代表误差模型参数的可靠性，根据前面的步骤(6)，在前面选定的 3 个 1°×1°区块内，分别计算对应于海面船载重力测量和水深数据、GDTU10 和 HETOPO1 数据的代表误差(E_{sc}^{F}、E_{sc}^{B}、E_{sc}^{GB})、代表误差系数(c_F、c_B、c_{GB})及相关系数(ρ_F、ρ_B、ρ_{GB})，其统计结果见表 5.4。

由表 5.4 可以看出，虽然该阶段的统计计算过程不再划分地形类别，各项参数计算结果与表 5.3 相比已经发生了较大的变化，但同类参数之间特别是空间异常统计参数之间的相对变化规律并没有发生实质性的改变(受水深测量误差的影响，海洋布格异常和海洋广义布格异常的变化特征略有改变)。该结果一方面说明卫星测高重力能够反映海洋重力场变化的基本特性，另一方面也说明在表示局部特征方面，卫星测高重力与海面船载重力相比仍存在一定的差距(见图 5.1 和图 5.2 对比情况)，而这种差异恰恰反映了当前卫星测高探测海洋重力场的实际能力。

表 5.4 使用海面船载重力、水深和全球数据模型计算得到的 3 个 1°×1°区块代表误差模型参数

重力异常	统计参数	卫星测高重力			海面船载重力		
		区块 1	区块 2	区块 3	区块 1	区块 2	区块 3
Δg_F	E_{sc}^F /mGal	1.655	1.925	1.153	2.210	2.392	1.032
	c_F	0.276	0.321	0.192	0.368	0.399	0.172
	ρ_F	0.039	0.460	0.777	0.128	0.038	0.110
Δg_B	E_{sc}^B /mGal	1.670	1.625	0.732	2.234	2.568	1.315
	c_B	0.278	0.271	0.122	0.372	0.428	0.219
	ρ_B	−0.066	−0.073	−0.152	−0.181	−0.378	−0.571
Δg_{GB}	E_{sc}^{GB} /mGal	1.111	1.058	0.540	1.893	1.767	0.890
	c_{GB}	0.185	0.176	0.090	0.315	0.295	0.148
	b	−0.094	−0.106	−0.087	0.121	−0.048	−0.001

很显然，要想将表 5.3 中的各项统计参数计算结果应用于实际，必须对它们进行必要的修正。考虑到海洋重力测量不可能像陆地测量那样，将地形类别划分到很小的单元，然后在 5′×5′区块内讨论重力测量布点问题，而只能在一个相对较大的区块内讨论测线布设问题。根据海洋测量的实际情况，参照石磐等(1980a，1980b)和陈跃(1983)等的做法，将海底地形特征划分为 4 个大的类别，并从相似性角度出发，确定它们与陆地 6 个地形类别之间的对应关系，即 1 类为浅海大陆架区，水深变化在 200m 以内，对应于陆地的平原和丘陵(Ⅰ类和Ⅱ类)；2 类为海盆区，水深变化在 200～1500m，对应于陆地的小山区和中山区(Ⅲ类和Ⅳ类)；3 类为大陆坡区，水深变化在 1500～3000m，对应于陆地的大山区(Ⅴ类)；4 类为岛弧、海山和海沟区，水深变化在 3000m 以上，对应于陆地的特大山区(Ⅵ类)。根据上述地形类别划分方法和对应关系，由表 5.3 的结果可计算得到对应于 4 种海底地形类别的海洋空间重力异常代表误差系数，具体见表 5.5 第 2 行。在此基础上，进一步考虑卫星测高重力在表征海洋重力场能力方面的差距，根据 DTU10 模型的空间分辨率和精度水平(Andersen et al.，2010)，同时顾及表 5.2 和表 5.4 的计算结果，可将卫星测高重力表征 4 大类海区重力场误差(即代表误差的偏差)依次估计为 0～1mGal、1～2mGal、2～3mGal 和 3～4mGal。根据上限指标控制原则，依据式(5.3)，将此类偏差直接转换为代表误差系数的修正量加到原有对应的代表误差系数，即得到最终的代表误差系数，具体见表 5.5 第 3 行。

表 5.5　海洋空间重力异常代表误差系数

地形类别	1 类	2 类	3 类	4 类
直接计算值	0.379	1.157	1.942	2.983
修正后结果	0.546	1.490	2.442	3.650
石磐等(1980b)结果	0.6	1.1	1.6	2.1
范围缩后值	0.565	1.385	2.364	3.489

对比表 5.1 和表 5.5 的结果不难看出，除 1 类海区外，2 类～4 类海区的空间重力异常代表误差系数与陆区的Ⅲ类至Ⅴ类基本一致，海区没有与陆区Ⅵ类地形相对应的重力场特征，说明海洋重力场的变化复杂程度相比陆地要低一个等级。但相比石磐等(1980b)的统计分析计算结果(见表 5.5 第 4 行)，本专题研究给出的 2 类～4 类海区的代表误差系数增大了许多，这是由于其相应的统计计算过程较好地顾及了海洋重力场局部变化特征，这样的结果对海洋重力测量精细化设计具有重要的指导意义，可较好地平衡测量效率和分辨率之间的关系。为了说明表 5.5 统计结果的代表性，本专题研究特意将计算范围从纬度 0°N～60°N、经度 80°E～180°E 缩小为纬度 0°N～60°N、经度 80°E～150°E，参加统计计算的 5′×5′区块重力异常数据从 50 多万个减少到 18 万个，对比前后两组计算结果发现(见表 5.5 最后一行)，同类代表误差系数的最大差异不超过 0.2，显示其计算结果具有较好的稳定性。考虑到本专题研究计算范围涵盖了海底地形特征的所有类别，因此可以认为，表 5.5 给出的统计参数也反映了全球海域重力场的基本特征，可推广应用到其他海域。

5.2.3.3　*协方差函数模型计算及分析*

1. 计算方案及步骤

协方差函数模型参数计算方案及步骤如下：

(1) 以 1°×1°为计算单元，在前面选定的 3 个 1°×1°区块内，使用 GDTU10 和 HETOPO1 数据，按照式(5.13)～式(5.17)分别计算空间异常 Δg_F、布格异常 Δg_B 和广义布格异常 Δg_{GB} 的方差(C_0^F、C_0^B、C_0^{GB})及对应于不同间距(即间隔 q 个网格，$q=1,2,\cdots,59$)的协方差统计值($C^F(s_q)$、$C^B(s_q)$、$C^{GB}(s_q)$)。同时确定对应于协方差统计值变为负值时的 q 值($q_{\max}^F$、$q_{\max}^B$、$q_{\max}^{GB}$)。

(2) 根据步骤(1)得到的结果，联合使用式(5.19)、式(5.20)和式(5.22)，分别计算对应于 3 类异常的基于等精度和非等精度观测的协方差函数模型参数(B_e^F、B_e^B、B_e^{GB})和(B_{ne}^F、B_{ne}^B、B_{ne}^{GB})，按照式(5.21)和式(5.23)分别计算相对应的协方差函数模型拟合中误差(m_{ec}^F、m_{ec}^B、m_{ec}^{GB})和(m_{nec}^F、m_{nec}^B、m_{nec}^{GB})，按照式(5.12)计算相对应的协方差函数模型相关长度(s_{el}^F、s_{el}^B、s_{el}^{GB})和(s_{nel}^F、s_{nel}^B、s_{nel}^{GB})。

(3) 使用实测重力和深度数据替代 GDTU10 和 HETOPO1 数据，按照与前面完全相同的步骤，完成对应于实测数据的协方差函数模型的参数计算，得到一组相应的统计计算结果。

2. 计算结果分析及检验

按照前面确定的计算方案，可计算得到两组分别对应于卫星测高和实测重力数据的协方差函数模型参数，其统计结果列于表 5.6。

表 5.6　使用卫星测高和实测重力数据计算得到的 3 个 1°×1°区块协方差函数模型参数

重力异常及统计参数			卫星测高重力			海面船载重力		
			区块 1	区块 2	区块 3	区块 1	区块 2	区块 3
空间异常	C_0^F /(mGal)^2		30.058	54.576	36.833	37.492	59.075	33.579
	$q_{\max}^F$ /(′)		11	17	35	11	19	36
	B^F	等精度	0.070	0.068	0.036	0.095	0.070	0.034
		非等精度	0.064	0.065	0.039	0.086	0.069	0.039
	m_c^F /mGal	等精度	2.310	3.857	3.009	4.674	4.010	2.406
		非等精度	1.419	1.883	1.852	2.297	2.255	1.907
	s_l^F /(′)	等精度	5.92	6.12	11.45	4.38	5.88	12.06
		非等精度	6.97	6.53	9.54	5.20	5.89	8.71
布格异常	C_0^B /(mGal)^2		31.565	219.656	76.179	37.723	231.810	80.636
	$q_{\max}^B$ /(′)		11	35	40	10	35	37
	B^B	等精度	0.067	0.026	0.031	0.077	0.030	0.032
		非等精度	0.063	0.030	0.035	0.076	0.035	0.038
	m_c^B /mGal	等精度	2.201	55.635	5.551	3.229	54.066	8.524
		非等精度	1.337	29.147	3.363	1.669	29.696	6.201
	s_l^B /(′)	等精度	6.17	15.73	13.29	5.34	13.75	13.13
		非等精度	7.02	11.60	9.85	5.52	9.50	8.35
广义布格异常	C_0^B /(mGal)^2		28.925	53.881	34.45	37.471	59.011	32.008
	$q_{\max}^{GB}$ /(′)		11	19	37	11	19	36
	B^{GB}	等精度	0.072	0.070	0.035	0.101	0.066	0.035
		非等精度	0.065	0.064	0.037	0.090	0.066	0.040
	m_c^{GB} /mGal	等精度	2.408	5.716	3.260	5.548	3.173	2.066
		非等精度	1.444	2.482	1.941	2.680	1.932	1.803
	s_l^{GB} /(′)	等精度	5.75	5.92	11.78	4.09	6.24	11.87
		非等精度	6.89	6.83	9.78	5.05	6.03	8.27

表 5.6 的结果显示，卫星测高重力统计相关参数无论是量值大小还是其变化规律都与海面船载重力测量基本保持一致，这一结果再次说明当今卫星测高重力数据反映海洋重力场基本特征的能力非常接近于海面船载重力测量。相比较而言，区块 3 虽然位于深水海区，但该区块海底地形的相对变化比较平缓，从离海底较高的海面获取的重力场信息变化也相对平缓(见表 5.2)，由此计算得到的协方差函数模型的相关长度较长，说明此类重力观测数据的相关性更强，这与航空重力测量高度越高，获取的重力信息越平缓但其相关性更强是一个道理。表 5.6 的结果同时显示，基于把计算单元从 5′×5′扩大到 1°×1°区块的缘故，广义布格异常的各项变化特征与原始的空间异常没有太大的差异，说明通过消除与海洋深度的相关性来降低空间异常变化剧烈程度的做法，对于较大区块数据的处理并不奏效，广义布格异常作为一种过渡量更适合于小区块数据的推估计算。另外，从表 5.6 的结果可以看出，通过非等精度拟合协方差函数模型获得的拟合中误差明显小于等精度拟合结果，说明通过强化距离相近测点之间相关性的作用可在一定程度上改善协方差函数模型的拟合效果。

为了考察协方差函数模型的应用效果，在区块 1 范围内，以横坐标和纵坐标均为单数的 1′×1′网格点(即 $i, j = 1,3,5,\cdots,59$，共计 30×30=900 点)船测异常值为已知量，以横坐标和纵坐标均为双数的 1′×1′网格点(即 $i, j = 2,4,6,\cdots,58$，最后一行和最后一列不参加计算，共计 29×29=841 点)异常值为未知量，按照式(5.24)完成以下 4 种情形的最小二乘推估计算：①以实测空间异常为已知量，分别使用对应于实测数据的空间异常等精度和非等精度拟合协方差函数模型，推估未知点上的空间异常，将推估值与相对应的空间异常实测值进行比较；②仍然以前面的实测空间异常为已知量，分别使用对应于卫星测高的空间异常等精度和非等精度拟合协方差函数模型，推估未知点上的空间异常，将推估值与相对应的空间异常实测值进行比较；③将第一种情形中的空间异常更换为广义布格异常；④将第二种情形中的空间异常更换为广义布格异常。4 种情形下的协方差函数模型应用效果检验统计结果如表 5.7 所示。

表 5.7　4 种情形下协方差函数模型应用效果检验统计结果

情形	对应的协方差函数模型		最大值/mGal	最小值/mGal	平均值/mGal	均方根/mGal	标准差/mGal
①	船测空间异常	等精度	3.39	−5.66	−0.04	0.92	0.92
		非等精度	3.37	−5.68	−0.03	0.91	0.91
②	卫星测高空间异常	等精度	3.91	−5.62	−0.04	1.00	1.00
		非等精度	3.76	−5.63	−0.04	0.96	0.96

续表

情形	对应的协方差函数模型		最大值/mGal	最小值/mGal	平均值/mGal	均方根/mGal	标准差/mGal
③	船测 广义布格异常	等精度	3.42	–5.83	–0.06	0.92	0.91
		非等精度	3.40	–5.85	–0.06	0.91	0.90
④	卫星测高 广义布格异常	等精度	3.76	–5.77	–0.05	1.00	0.99
		非等精度	3.51	–5.79	–0.05	0.96	0.96

由表 5.7 可以看出，利用卫星测高重力协方差函数模型替代实测重力协方差函数模型进行最小二乘推估计算，几乎不降低未知参数的推估精度；非等精度拟合对提高推估精度有一定的作用，但精度提高幅度非常有限。这样的结果一方面说明，在最小二乘推估计算过程中，协方差函数模型对推估结果的影响并不十分敏感；另一方面说明，影响重力异常推估精度的决定因素是已知观测量的空间分布形态，当观测量分布比较均匀时，使用哪一种模型进行推估计算已经不重要。但当观测量比较稀少且分布又不够均匀时，借助分布均匀的卫星测高重力来建立比较可靠的协方差函数模型，并将其应用于未知重力参数的推估计算，不失为一种有效实用的海洋重力场数值逼近方法。

5.2.4　专题小结

针对目前海域缺少覆盖范围广且分布均匀的实测重力数据的现状，本专题研究提出了利用最新卫星测高重力数据集，开展海洋重力场特征统计模型计算和分析的研究思路，通过统计计算首次获得对应于海底地形 6 种细类别(平原、丘陵、小山区、中山区、大山区、特大山区)和 4 种粗类别(浅海大陆架，海盆，大陆坡，岛弧、海山和海沟)的海洋重力异常代表误差模型参数，利用海面船载重力测量数据对卫星测高重力代表误差模型进行修正，最终得到一组有代表性的我国周边海域重力场特征统计模型参数，通过数值计算和可靠性检验，证明本专题研究获得的统计模型参数能够较好地反映全球海域重力场的基本特征，因此具有良好的推广应用价值，经修正后的模型参数作为一种上限控制指标，可作为未来海洋重力测量技术设计的重要依据。本专题研究同时开展了卫星测高重力协方差函数模型研究，通过对比分析和计算，验证了卫星测高重力协方差函数模型在应用上与海面船载重力测量模型的等价性，相关结论对促进配置法在海洋重力场数值逼近计算中的应用具有重要意义。

5.3 海洋重力场对飞行器制导的影响及海洋重力测线布设

5.3.1 问题的提出

海洋重力场信息在大地测量学、空间科学、海洋学、地球物理学、地球动力学等诸多学科领域都具有重要的应用价值(黄谟涛等，2005)。精化大地水准面一直是测定海洋重力场的主要目的之一。地球重力场与地球内部质量密切相关，因此海洋重力测量可为确定地球内部质量密度分布提供数据支持。海洋重力异常既可应用于地球动力学板块构造理论研究，又可应用于海底地壳年龄、地球内部质量迁移、板块冰后回跳等多种地球物理现象的解释。随着空间技术的发展，海洋重力测量的实用价值更加凸显，因为自然天体(月球、行星)和人造天体(卫星、飞行器)的轨道计算都离不开地球重力场信息的支持。海洋重力测量在海洋矿产资源开发、惯导、水下匹配辅助导航等工程应用领域也发挥着非常重要的作用(黄谟涛等，2011)。很显然，不同应用领域对海洋重力测量精确度、分辨率及覆盖域大小的需求是有区别的，很多时候这种区别还比较显著(中华人民共和国国家质量监督检疫总局，2008；解放军总装备部，2008c)。卫星测高重力反演和海面船载重力测量是当前获取海洋重力场信息的两种主要手段，虽然近期推出的卫星测高重力反演异常成果的网格间距已经达到1′×1′,其精度也达到了3～5mGal(Andersen et al.，2010)，但这样的精度水平仍无法完全满足不同领域的应用需求。因此，海面船载重力测量仍然是目前获取高精度和高分辨率海洋重力场信息的重要手段。

沿预先设计好的测线进行连续动态测量是海面船载测量作业模式的主要特点。如何依据不同目的的应用需求，规划最佳的测线布设方案是海洋重力测量技术设计的核心内容，此项工作在平衡测量成果质量和测量效率两个方面都发挥着重要甚至是决定性的作用(石磐等，2003；边刚等，2014)。在开展海洋重力测量初期，我国学者曾对测线布设问题进行了比较深入的研究和探讨(石磐等，1980a；陈跃，1983；黄谟涛，1988)，但由于受当时资料条件和需求指标不明确的制约，大部分研究结论已经明显无法适应当今各个领域的应用需求。我国现行的国家标准和行业标准虽然对海洋重力测量测线布设都提出了比较明确的技术要求(中华人民共和国国家质量监督检疫总局，2008；解放军总装备部，2008c)，但针对具体的专题应用需求，目前还缺少完整而深入的研究论证工作，往往会导致测前技术设计的盲目性。为此，本专题研究尝试从分析地球重力场对远程飞行器飞行轨迹的影响出发，重点围绕飞行轨道计算对地球重力场参数的保障需求，开展相应的海洋重力测量测线布设方案设计与论证研究(黄谟涛等，2016a)。

5.3.2 海洋重力场对远程飞行器落点的影响

由陈国强(1982)、贾沛然等(1993)的研究可知，发动机和控制系统(包括制导系统和姿态稳定系统)是无人驾驶飞行器的两个重要组成部分，其作用是把飞行器沿预定的轨迹投送到预定的目标区。根据远程飞行器在飞行中的受力情况，一般将飞行轨迹划分为主动段和被动段，前者是指从发射平台起飞到发动机主令关机点的一段飞行轨迹，后者是指从发动机主令关机点到飞行器着陆的一段飞行轨迹(又分为自由段和再入段)。在飞行轨迹的主动段，飞行器除了受到发动机推力和控制系统的调控作用外，还会受到空气动力、地球引力和由地球自转引起的惯性力的影响。而在被动段，飞行器则完全依靠在主动段终点获得的动能飞行，不再受发动机推力和控制系统的调控作用。因此，飞行器落点的精确度主要取决于控制系统在主动段终点获得的飞行器运动参数的可靠性。但确定运动参数的准确性又完全取决于飞行器在飞行过程中的受力分析、建模和计算。随着飞行器制造工艺和控制技术的不断突破和完善，地球重力扰动场计算误差已经成为限制飞行器落点精度进一步提高的主要因素(黄谟涛,1991;陆仲连等,1993;张金槐等,1995)。因此，要想有效控制飞行器的落点偏差，必须首先解决地球外部空间特别是近地空间扰动引力场的精密计算问题。

地球重力场对飞行器落点精度的影响主要体现在两个方面：①飞行器的初始定位(也称为初始化阶段)；②飞行器的飞行控制。飞行器发射前必须对载体和控制系统传感器进行精确的垂直定位和定向，以建立制导坐标系。由于飞行器在发射台竖直及惯性系统标定过程中都是以发射点的铅垂线为基准的，而飞行轨迹计算则是以发射点椭球法线为基准的发射坐标系作为参照系。因此，如果不对两者之间的差异(即垂线偏差)进行修正，必然会引起飞行器落点的偏差。理论分析和实际计算都表明(黄谟涛，1991；陆仲连等，1993)，垂线偏差对飞行器落点的影响不仅与其量值大小有关，而且随发射点位置、射程和航向角的改变而变化。对于 1 万 km 左右射程的飞行器，1″垂线偏差的影响量一般不超过 50m。在飞行器的初始化阶段，除了载体的姿态影响因素外，发射点位置误差特别是高程分量误差对飞行器落点的影响也不容忽视。高程分量误差主要体现为高程异常计算误差，其影响大小既与飞行器的射程有关，又与飞行器的飞行轨道特性有关。根据理论分析估计(黄谟涛，1991；陆仲连等，1993)，1m 高程异常误差对飞行器落点的影响一般不超过 15m。

在空中飞行阶段，飞行器始终受到地球重力异常场的作用，当计算飞行轨道使用的引力场模型存在误差时，也必然会引起飞行器落点产生一定的偏差，其影响量主要取决于飞行器射程大小和扰动引力场沿飞行轨迹的变化激烈程度。根据动力学原理，飞行器的飞行轨迹可简单地用下列的动力和运动方程组进行描述

(贾沛然等，1993)：

$$
\begin{cases}
\dot{\boldsymbol{V}} = \boldsymbol{a} + \boldsymbol{g} \\
\dot{\boldsymbol{\rho}} = \boldsymbol{V}
\end{cases}
\tag{5.25}
$$

式中，$\boldsymbol{V} = (\dot{x}, \dot{y}, \dot{z})^{\mathrm{T}} = (V_x, V_y, V_z)^{\mathrm{T}}$ 与 $\boldsymbol{\rho} = (x, y, z)^{\mathrm{T}}$ 分别为飞行器飞行的速度矢量和向径矢量；$\dot{\boldsymbol{V}}$ 为 $\boldsymbol{V}$ 的导数；$\boldsymbol{a}$ 为由加速度表输出的视加速度；$\boldsymbol{g}$ 为地球重力加速度。

当 $\boldsymbol{g}$ 取正常椭球重力加速度时，由式(5.25)确定的飞行器运动轨迹称为制导轨迹。扰动引力场对飞行器落点的影响是指在飞行制导时，忽略了重力异常场的作用，采用制导轨迹的状态变量替代实际飞行轨迹的状态变量，从而使飞行器射程发生变化。根据陈国强(1982)、黄谟涛(1991)和陆仲连等(1993)的研究，扰动引力场引起的射程变化大小可由式(5.26)进行估算：

$$
\Delta L(t_k) = \left(\frac{\partial L}{\partial \boldsymbol{Y}}\right)^{\mathrm{T}} \boldsymbol{X}(t_k)
\tag{5.26}
$$

式中，t_k 为主动段关机时刻；$(\partial L/\partial \boldsymbol{Y})$ 为射程偏导数矢量，称为误差系数，L 为射程，$\boldsymbol{Y} = (V_x, V_y, V_z, x, y, z)^{\mathrm{T}}$ 为飞行状态矢量；$\boldsymbol{X} = (\delta V_x, \delta V_y, \delta V_z, \delta x, \delta y, \delta z)^{\mathrm{T}}$ 为导航误差矢量，是实际飞行轨迹状态变量与制导轨迹状态变量的等时变异，这种变异来自式(5.25)忽略了地球重力加速度扰动影响的后果。导航误差矢量满足下列摄动方程：

$$
\begin{cases}
\delta \dot{\boldsymbol{V}} = \left[\dfrac{\partial \boldsymbol{g}}{\partial \boldsymbol{\rho}}\right]^{\mathrm{T}} \delta \boldsymbol{\rho} + \delta \boldsymbol{g} \\
\delta \dot{\boldsymbol{\rho}} = \delta \boldsymbol{V}
\end{cases}
\tag{5.27}
$$

式中，$\delta \boldsymbol{g}$ 为地球重力加速度的扰动矢量。

根据线性微分方程理论，采用状态转移矩阵可导出上述摄动方程的解析表达式。考虑到对应于 δV_z、δx 和 δz 的 3 项导航误差系数相对于其他 3 项系数要小得多，忽略它们的影响只会带来 10m 左右的误差，这里直接给出射程偏差的简化估算公式(陈国强，1982)，即

$$
\begin{aligned}
\Delta L(t_k) &= \frac{\partial L}{\partial V_x} \delta V_x(t_k) + \frac{\partial L}{\partial V_y} \delta V_y(t_k) + \frac{\partial L}{\partial y} \delta y(t_k) \\
&= t_k \left[b_1 \frac{\partial L}{\partial V_x} \delta \overline{g}_Q + \left(b_2 \frac{\partial L}{\partial V_y} + b_5 \frac{t_k}{2} \frac{\partial L}{\partial y} \right) \delta \overline{g}_R \right] \\
&= \alpha (\delta \overline{g}_Q + \beta \cdot \delta \overline{g}_R)
\end{aligned}
\tag{5.28}
$$

$$\alpha = t_k b_1 \frac{\partial L}{\partial V_x} \tag{5.29}$$

$$\alpha \cdot \beta = t_k \left(b_2 \frac{\partial L}{\partial V_y} + b_5 \frac{t_k}{2} \frac{\partial L}{\partial y} \right) \tag{5.30}$$

式中，$\delta\overline{g}_Q = \delta\overline{g}_N \cos A + \delta\overline{g}_E \sin A$，$\delta\overline{g}_R$、$\delta\overline{g}_N$ 和 $\delta\overline{g}_E$ 分别为扰动引力在北东天惯性坐标系中的 3 个分量沿飞行轨迹的积分平均值，A 为射向角；b_1、b_2 和 b_5 为导航误差模型解系数，其大小主要与主动段关机时刻有关。

通过对不同类别的飞行轨迹特性进行理论分析和数值计算，陈国强(1982)给出了误差系数 α 和 β 的估值变化范围，具体见表 5.8。

表 5.8 误差系数 α 和 β 的估值变化范围

射程 L /km	6000～7500	8000～9000	10000	12000
α	8.7～14.0	15.6～18.0	22～24	28
β	0.75～0.65	0.6～0.45	0.42～0.35	0.25

空中扰动引力一般由地面重力异常观测数据计算得到，其误差大小主要与地面数据的观测精度、密度及计算模型逼近度有关。假设扰动引力三分量计算误差之间没有显著的相关性，则由式(5.28)可得射程偏差的中误差为

$$\sigma_L^2 = \alpha^2 (\sigma_{\delta g_Q}^2 + \beta^2 \sigma_{\delta g_R}^2) \tag{5.31}$$

$$\sigma_{\delta g_Q}^2 = \sigma_{\delta g_N}^2 \cos^2 A + \sigma_{\delta g_E}^2 \sin^2 A \tag{5.32}$$

式中，$\sigma_{\delta g_R}$、$\sigma_{\delta g_N}$ 和 $\sigma_{\delta g_E}$ 分别为扰动引力三分量的计算中误差。

若近似取 $\sigma_{\delta g_R} = \sigma_{\delta g_N} = \sigma_{\delta g_E} = \sigma_{\delta g}$，则有

$$\sigma_L = \alpha \sigma_{\delta g} \sqrt{1 + \beta^2} \tag{5.33}$$

根据表 5.8 给出的 α 和 β 估值，由式(5.33)可计算得到不同大小的扰动引力误差所引起的射程偏差变化情况，具体如表 5.9 所示。

由表 5.9 可知，如果忽略几十毫伽量值的扰动引力的影响，那么可能给远程飞行器带来千米级的射程偏差。扰动引力场除了影响飞行器的主动段飞行外，对被动段飞行也会产生不可忽略的影响，但由于被动段飞行轨迹离地面较高，通常在 200km 以上，与主动段相比，一方面扰动引力场对被动段飞行的作用相对会减小，另一方面高空扰动引力的计算误差也相对容易控制。因此，在实际应用中，

表 5.9　扰动引力误差对射程偏差的影响

$\sigma_{\delta g}$ /mGal	不同射程 L 下的偏差/m			
	6000～7500km	8000～9000km	10000km	12000km
3	33～50	55～59	72～76	87
4	44～67	73～79	95～102	115
5	54～83	91～99	119～127	144
6	65～100	109～118	143～153	173
30	326～501	546～592	716～763	866
50	544～835	910～987	1193～1271	1443

一般都以主动段扰动引力的计算精度要求作为地面或海面重力测量技术设计的基本依据。

根据当前及今后一个时期飞行器技术的发展水平和实际应用需求，可将扰动引力场单一要素对 1 万 km 以上射程的飞行器落点偏差影响量限定为 100m。由表 5.9 的计算结果可以看出，如果以 100m 为限差量，那么扰动引力计算精度的要求应设定为：优于 4mGal。但由于在靠近发射点的低空段求得高精度的扰动引力参数要比高空段困难得多，在重力场变化激烈的区域要比变化相对平缓的区域困难得多。因此，对于扰动引力的计算精度要求，在不同区域、不同高度应有所区别，“优于 4mGal”可理解为一种平均精度要求。又由前面的论述可知，1m 高程异常误差对飞行器落点的影响一般不超过 15m，1″垂线偏差的影响量一般不超过 50m。显然，在当前的技术条件下，高程异常的计算精度完全能够满足飞行器落点偏差 100m 的限差要求。而对于垂线偏差参量，根据重力场参数之间的泛函关系（即 $\delta g_{\varphi}=-\gamma\xi$ 和 $\delta g_{\lambda}=-\gamma\eta$），2″垂线偏差的误差量相当于扰动引力水平分量 10mGal 的偏差，这个量值已经远远超过前面的扰动引力 4mGal 的精度要求。由此得知，只要确保扰动引力的计算精度满足“优于 4mGal”的要求，那么 2″垂线偏差的计算精度要求也自然能够得到保障。

5.3.3　扰动引力计算精度估计

5.3.3.1　数据截断误差估计

扰动引力计算误差主要由模型误差和数据误差两部分组成(Heiskanen et al., 1967；Zhang et al., 1998；黄谟涛等，2005)，模型误差主要包括积分离散化误差、远区截断误差和数据截断误差，数据误差主要包括使用移去-恢复技术引入的位系数误差和观测数据传播误差。为了突出主要影响因素，同时考虑次要因素的可控性，本节重点讨论数据截断和数据观测两项误差对扰动引力计算精度的影响。

首先将扰动引力三分量的谱展开式表示为重力异常的n阶球谐函数：

$$\delta g_r = -\sum_{n=2}^{\infty}\left(\frac{n+1}{n-1}\right)\left(\frac{R}{r}\right)^{n+2}\Delta g_n \tag{5.34}$$

$$\delta g_\varphi = \sum_{n=2}^{\infty}\left(\frac{1}{n-1}\right)\left(\frac{R}{r}\right)^{n+2}\frac{\partial \Delta g_n}{\partial \varphi} \tag{5.35}$$

$$\delta g_\lambda = \sum_{n=2}^{\infty}\left(\frac{1}{n-1}\right)\left(\frac{R}{r}\right)^{n+2}\frac{1}{\cos\varphi}\frac{\partial \Delta g_n}{\partial \lambda} \tag{5.36}$$

式中，R 为地球平均半径；$r = R + h$ 为地心向径，h 为计算高度；(φ, λ) 为计算点坐标；Δg_n 为重力异常的n阶球谐函数，即

$$\Delta g_n = \frac{GM}{R^2}(n-1)\sum_{m=0}^{n}(\bar{C}_{nm}^{*}\cos(m\lambda) + \bar{S}_{nm}\sin(m\lambda))\bar{P}_{nm}(\sin\varphi) \tag{5.37}$$

利用球谐函数的正交性和重力异常阶方差的定义，可写出扰动引力垂直分量和水平分量在某个频段上能量谱的全球均方值计算式：

$$\delta\bar{g}_r^2(N_1, N_2) = M(\delta g_r^2(N_1, N_2)) = \sum_{n=N_1}^{N_2}\left(\frac{n+1}{n-1}\right)^2\left(\frac{R}{r}\right)^{2n+4}C_n \tag{5.38}$$

$$\delta\bar{g}_H^2(N_1, N_2) = M(\delta g_\varphi^2(N_1, N_2) + \delta g_\lambda^2(N_1, N_2)) = \sum_{n=N_1}^{N_2}\frac{n(n+1)}{(n-1)^2}\left(\frac{R}{r}\right)^{2n+4}C_n \tag{5.39}$$

式中，(N_1, N_2)代表频段（$N_1 \sim N_2$）；C_n为重力异常的阶方差，其计算式采用翟振和等(2012b)推荐的分段拟合模型：

$$C(\Delta g)_n = \begin{cases} 0.98132\dfrac{n-1}{n+100}1.06252^{n+2} + 595.65818\dfrac{n-1}{(n-2)(n+20)}0.92609^{n+2}, & 3 < n \leqslant 36 \\ 13.43980\dfrac{n-1}{n+100}0.99073^{n+2} + 46.67648\dfrac{n-1}{(n-2)(n+20)}0.99950^{n+2}, & 36 < n \leqslant 36000 \end{cases} \tag{5.40}$$

根据当前在计算重力场参数时惯用的地面数据分辨率组合(吴晓平，1992；黄谟涛等，2005)，由式(5.38)～式(5.40)可计算得到扰动引力在相应频段的能量谱，具体见表 5.10。

表 5.10　扰动引力能量谱分布

频段（$N_1\sim N_2$）/阶		2～180	181～540	541～2160	2161～5400	5401～10800	10801～36000
对应数据分辨率		1°	20′	5′	2′	1′	>1′
不同计算高度 h 下的 $\delta\bar{g}_r$ /mGal	h=0km	30.94	15.08	6.66	2.83	0.93	0.18
	h=1km	30.70	14.41	5.72	1.75	0.33	0.03
	h=5km	29.81	12.06	3.32	0.31	0.01	0.00
不同计算高度 h 下的 $\delta\bar{g}_H$ /mGal	h=0km	29.25	15.05	6.66	2.83	0.93	0.18
	h=1km	29.00	14.38	5.72	1.75	0.33	0.03
	h=5km	28.07	12.04	3.32	0.31	0.01	0.00

由表 5.10 的结果可以看出，在计算扰动引力时，如果使用的数据分辨率截断到 5′，那么截断误差可达到约 3mGal；如果使用的数据分辨率截断到 2′，那么截断误差可减小到 1mGal。但由于表 5.10 的估计结果是全球意义上的平均值，在重力场变化特性比较突出的地区，实际截断误差可能存在较大的差异，特别是在陆域的山区和海域的海沟区域，由数据分辨率不够精细引起的截断误差可能远远大于表 5.10 所列的估计值。因此，在实际应用中，应针对具体情况进行具体分析和判断。对表 5.10 的统计结果而言，如果以前面的扰动引力“优于 4mGal”计算精度要求为依据，那么至少应当采用精细到 2′分辨率的地面观测数据。

5.3.3.2　数据传播误差估计

根据 Heiskanen 等(1967)、黄谟涛等(2005)的研究，可将扰动引力三分量的数值积分计算式表示为

$$\delta g_r = \frac{R}{4\pi}\sum_{i=1}^{M_1}\sum_{j=1}^{M_2}\Delta g_{ij}\left(\frac{\partial S(r,\psi)}{\partial r}\right)_{pij}\Delta\sigma_{ij} \tag{5.41}$$

$$\delta g_\varphi = -\frac{R}{4\pi r_p}\sum_{i=1}^{M_1}\sum_{j=1}^{M_2}\Delta g_{ij}\left(\frac{\partial S(r,\psi)}{\partial \psi}\right)_{pij}\cos\alpha_{pij}\Delta\sigma_{ij} \tag{5.42}$$

$$\delta g_\lambda = -\frac{R}{4\pi r_p}\sum_{i=1}^{M_1}\sum_{j=1}^{M_2}\Delta g_{ij}\left(\frac{\partial S(r,\psi)}{\partial \psi}\right)_{pij}\sin\alpha_{pij}\Delta\sigma_{ij} \tag{5.43}$$

式中，下标 p 表示对应计算点 P；Δg_{ij} 为地面网格平均重力异常；M_1 和 M_2 分别为纬线和经线方向的数据网格数；其他参量的计算式为

$$\frac{\partial S(r,\psi)}{\partial r} = -\frac{t^2}{R}\left[\frac{1-t^2}{D^3}+\frac{4}{D}+1-6D-t\cos\psi\left(13+6\ln\frac{1-t\cos\psi+D}{2}\right)\right]$$

$$\frac{\partial S(r,\psi)}{\partial \psi}=-t^2\sin\psi\left(\frac{2}{D^3}+\frac{6}{D}-8-3\frac{1-t\cos\psi-D}{D\sin^2\psi}-3\ln\frac{1-t\cos\psi+D}{2}\right)$$

$$\cos\alpha_{pij}=\frac{\cos\varphi_p\sin\varphi_{ij}-\sin\varphi_p\cos\varphi_{ij}\cos(\lambda_{ij}-\lambda_p)}{\sin\psi_{pij}}$$

$$\sin\alpha_{pij}=\frac{\cos\varphi_{ij}\sin(\lambda_{ij}-\lambda_p)}{\sin\psi_{pij}}$$

$$\sin\psi_{pij}=\sqrt{1-\cos^2\psi_{pij}}$$

$$t=\frac{R}{r_p}=\frac{R}{R+h_p}$$

$$D=\frac{l_{pij}}{r_p}=\sqrt{1-2t\cos\psi_{pij}+t^2}$$

$$\cos\psi_{pij}=[\sin\varphi_p\sin\varphi_{ij}+\cos\varphi_p\cos\varphi_{ij}\cos(\lambda_{ij}-\lambda_p)]$$

$$l_{pij}=\sqrt{r_p^2+R^2-2r_pR\cos\psi_{pij}}$$

$$\Delta\sigma_{ij}=\Delta\varphi\Delta\lambda\cos\varphi_{ij}=\left(\frac{\pi}{180\times 60}\right)^2\times\Delta\varphi(')\times\Delta\lambda(')\times\cos\varphi_{ij}$$

假设网格平均重力异常为等精度观测量，且相互独立，则根据误差传播定律可得扰动引力的数据传播误差估计式为

$$m_{\delta g_r}^2=\left(\frac{R}{4\pi}\right)^2 m_{\Delta g}^2\sum_{i=1}^{M_1}\sum_{j=1}^{M_2}\left[\left(\frac{\partial S(r,\psi)}{\partial r}\right)_{pij}\Delta\sigma_{ij}\right]^2 \tag{5.44}$$

$$m_{\delta g_\varphi}^2=\left(\frac{R}{4\pi r_p}\right)^2 m_{\Delta g}^2\sum_{i=1}^{M_1}\sum_{j=1}^{M_2}\left[\left(\frac{\partial S(r,\psi)}{\partial \psi}\right)_{pij}\cos\alpha_{pij}\Delta\sigma_{ij}\right]^2 \tag{5.45}$$

$$m_{\delta g_\lambda}^2=\left(\frac{R}{4\pi r_p}\right)^2 m_{\Delta g}^2\sum_{i=1}^{M_1}\sum_{j=1}^{M_2}\left[\left(\frac{\partial S(r,\psi)}{\partial \psi}\right)_{pij}\sin\alpha_{pij}\Delta\sigma_{ij}\right]^2 \tag{5.46}$$

式中，$m_{\Delta g}$ 为地面平均重力异常的中误差。

本节以 P（φ=40°N，λ=120°E）为计算点，以 40°×40°为数据覆盖范围（此范围足以忽略积分远区影响）（吴晓平，1992；Zhang et al.，1998），分别采用 5′×5′、2′×2′和 1′×1′三种网格数据，同时分别取 $m_{\Delta g}$ 为 3mGal、5mGal、7mGal，依次计

算 $m_{\delta g_r}$、$m_{\delta g_\varphi}$ 和 $m_{\delta g_\lambda}$，即得扰动引力数据传播误差估计，见表 5.11。

表 5.11 扰动引力数据传播误差估计

数据网格	5′×5′			2′×2′			1′×1′		
误差/mGal	3	5	7	3	5	7	3	5	7
$m_{\delta g_r}$/mGal	0.008	0.014	0.021	0.004	0.006	0.008	0.002	0.003	0.005
$m_{\delta g_\varphi}$/mGal	1.536	2.560	3.584	1.534	2.557	3.577	1.534	2.556	3.576
$m_{\delta g_\lambda}$/mGal	1.246	2.077	2.905	1.245	2.074	2.904	1.244	2.073	2.903

由表 5.11 的结果可以看出，数据网格大小对数据误差传播几乎没有影响，但扰动引力数据传播误差随数据误差的增大而增大，当数据误差为 5mGal 时，扰动引力计算误差已超过 2.5mGal。很显然，如果仍然以前面的 4mGal 精度要求为基本依据，同时考虑数据截断误差等其他因素的综合影响，那么 5mGal 就应当是数据误差的限定指标。表 5.11 的结果同时显示，扰动引力径向分量的数据传播误差比两个水平分量要小几个数量级，这是因为当 $r \to R$ 时，径向分量计算核函数涉及的三维空间 Dirac 函数值趋近于零，导致计算结果失真。利用积分恒等式转换可以消除由三维空间 Dirac 函数引起的数值矛盾(Heiskanen et al.，1967；黄谟涛等，2005)，这方面的内容已经超出本专题研究的讨论范围，不再详述。

5.3.4 海洋重力测量测线布设

由前面的论述可知，要想确保地球重力场单一扰动要素对空间飞行器落点的影响不超过 100m 的限差，扰动引力三分量的计算精度必须优于 4mGal，由此要求地球表面重力异常观测量的数据分辨率应不低于 2′×2′，网格平均重力异常精度应优于 5mGal。这样的要求对地面测点和海面测线布设又提出了什么样的量化约束指标，是本专题研究接下来需要研究解决的核心问题。需要指出的是，前面所指的网格数据精度既与重力异常的观测精度有关，又与计算网格内布设测点的数量和均匀度有关，前者主要取决于测量传感器的技术性能和作业模式，后者主要涉及作业效益和工作难度，取决于测量区域重力场的变化复杂程度。人们习惯上将后者称为网格数据的代表误差(管泽霖等，1981；陆仲连，1996)。在陆地区域，由于重力观测误差远小于网格平均值的代表误差，所以在讨论网格数据精度时一般忽略前者的影响。但在海洋区域，受测量动态效应的影响，重力观测误差明显增大，通常可达 1～2mGal(欧阳永忠，2013；黄谟涛等，2015a)，因此在讨论海洋重力网格数据精度时，必须同时顾及观测误差和代表误差的影响。

由管泽霖等(1981)、陆仲连(1996)的研究可知，计算网格重力异常代表误差

的经验模型可以表示为

$$E = c\left(\sqrt{x} + \sqrt{y}\right) \tag{5.47}$$

式中，x 和 y 分别为计算网格的长、宽，单位为 km；c 为代表误差系数，主要体现网格区块内重力场变化的剧烈程度。显然，对应于不同地形类别的区块，代表误差系数 c 应当取不同的数值，因为地球表面形状起伏直接反映地球重力场变化的不规则性。作者在 5.2 节已经利用最新卫星测高重力数据集，结合海洋重力实测资料，通过统计计算获得了对应于 4 种类别(1 类——浅海大陆架；2 类——海盆；3 类——大陆坡；4 类——岛弧、海山和海沟)海底地形的海洋重力异常代表误差系数，具体结果如表 5.12 所示。

表 5.12　海洋重力异常代表误差系数

地形类别	1 类	2 类	3 类	4 类
代表误差系数 c	0.546	1.490	2.442	3.650

将表 5.12 中的代表误差系数代入式(5.47)即可估算以网格内任一点观测值代表该网格平均值引起的代表误差。但当计算网格内存在一个以上重力测点时，网格数据代表误差估算公式需要进行相应改变。首先将面积为 $A = x \cdot y$ 的网格等分为 $n_1 \cdot n_2$ 个小网格，每个小网格的边长为 (x / n_1) 和 (y / n_2)，假设在每个小网格中均匀布设一个重力测点，则对应于小网格的代表误差为

$$E_0 = c\left(\sqrt{x / n_1} + \sqrt{y / n_2}\right) \tag{5.48}$$

将分布于小网格的 $(n_1 \cdot n_2)$ 个重力观测值取中数作为大网格的平均值，此时大网格的代表误差为

$$E = E_0 / \sqrt{n_1 \cdot n_2} = c\left(\sqrt{x / n_1} + \sqrt{y / n_2}\right) / \sqrt{n_1 \cdot n_2} \tag{5.49}$$

需要指出的是，式(5.49)只是一种理想条件下的误差估算公式，即必须保证每个小网格都存在一个重力测点。很显然，在实际应用中，无论是主观条件还是客观条件都很难满足这样的布点要求。现实中更为常见的情形是，在大网格中按一定要求布设了 n 个测点，这些测点分布有一定的规律性，但在二维空间不一定是均匀的。以测线测量方式获取海洋重力场信息的过程就属于这种情形，此时的重力测点集中分布在测线上，测线之间是空白区域，因此无法保证测点分布的均匀性。在这种情形下，可考虑采用两组近似公式来估算网格平均值的代表误差，一组是继续沿用前面的思路，即顾及重力测点的实际分布而忽略测点分布的均匀

性，此时，$n \neq n_1 \cdot n_2$，近似估算公式可表示为

$$E_1 = E_0 / \sqrt{n} = c\left(\sqrt{x / n_1} + \sqrt{y / n_2}\right) / \sqrt{n} \tag{5.50}$$

另一组是不顾及重力测点的实际分布，但在理论上考虑了测点分布的均匀性，这一思路与目前陆地区域重力测点布设使用的代表误差估算公式相吻合，公式的具体形式为(陆仲连等，1993；陆仲连，1996)

$$E_2 = 2c\sqrt[4]{A} / \sqrt[4]{n^3} \tag{5.51}$$

不难证明，当同时满足 $x = y$、$n_1 = n_2$、$n = n_1 \cdot n_2$ 时，式(5.50)和式(5.51)将取得一致。

海面测量平台虽然能够以非常高的采样率(如 1Hz)沿测线进行重力信息采集，但受测量动态环境噪声的干扰和重力传感器测量能力的限制，这种超高采样率下的观测成果并没有太多实质性的意义，因为要想获取有效的重力场信息，必须采用低通滤波器对观测数据进行滤波处理，以剔除各类噪声干扰。因此，海洋重力测量的实际空间分辨率 ρ（半波长 $\lambda / 2$）最终取决于数据滤波处理所采用的截止频率 f（其倒数称为滤波尺度 T）大小，它们与测量载体航速 v 之间的关系可表示为(孙中苗等，2010)

$$\rho = \frac{v}{2f} = \frac{1}{2}vT \tag{5.52}$$

《海洋重力测量规范》(GJB 890A—2008)规定，开展海洋重力测量时的航速应控制在 30km/h 以内，当滤波尺度取为 T=200s(正常取值)时，由式(5.52)可求得与其相对应的空间分辨率约为 ρ=0.9km。据此，可以认为，在穿越 2′×2′网格的测量线段上至少拥有 4 个有效测点。据此推算，如果在 2′×2′网格内均匀布设 4 条测线(间隔为 0.5′，相当于测量比例尺 1∶10 万，简称方案 1)，那么表示每个网格至少拥有 $n-16$ 个有效测点，相当于在每个 0.5′×0.5′小网格内均匀布设了一个测点，此时 $n = n_1 \cdot n_2$；如果只在 2′×2′网格内的一个方向上均匀布设 2 条测线(间隔为 1′，相当于测量比例尺 1∶20 万，简称方案 2)，那么表示每个网格至少拥有 $n = 8$ 个有效测点，相当于只有 50%数量的 0.5′×0.5′小网格布设了测点，此时 $n \neq n_1 \cdot n_2$；如果只在 2′×2′网格内的一个方向上布设 1 条测线(间隔为 2′，相当于测量比例尺 1∶40 万，简称方案 3)，那么表示每个网格至少拥有 $n = 4$ 个有效测点，相当于只有 25%数量的 0.5′×0.5′小网格布设了测点，此时 $n \neq n_1 \cdot n_2$。这里分别针对上述测线布设方案，依据表 5.12 提供的代表误差系数，按照式(5.50)和式(5.51)依次计算不同方案所对应的 2′×2′网格重力代表误差估值，具体结果如表 5.13 所示。

表 5.13　海洋 2′×2′网格重力异常代表误差估计　（单位：mGal）

地形类别		1 类	2 类	3 类	4 类
E_1	方案 1	0.259	0.707	1.158	1.731
	方案 2	0.366	1.000	1.638	2.448
	方案 3	0.518	1.414	2.317	3.463
E_2	方案 1	0.259	0.707	1.158	1.731
	方案 2	0.436	1.189	1.948	2.912
	方案 3	0.733	1.999	3.276	4.897

从表 5.13 的结果可以看出，当使用式(5.50)和式(5.51)进行误差估算时，三种测线布设方案所对应的 2′×2′网格重力代表误差估值都不超过 5mGal。单对上述结果而言，在绝大多数海区，在 2′×2′网格内布设 1 条测线就能满足网格重力平均值精度优于 5mGal 的指标要求。但实际情况并非这么简单，首先是前面使用的两组误差估算公式都是近似公式，它们给出的估计值普遍过于乐观，其原因之一是：两组误差估算公式都来源于最基础的代表误差经验模型即式(5.47)，而已有的统计分析研究结果已经证实式(5.47)的最佳适用条件是 10km≤ x, y ≤50km(陆仲连等，1993)。当 $x, y<10$km 时，由式(5.47)给出的估算值通常偏小；而当 $x, y>50$km 时，由式(5.47)给出的估算值通常偏大。本专题研究讨论的 2′×2′网格及其内部的小网格边长都远小于 10km，故可以推断表 5.13 给出的误差估值是偏小的。其原因之二是：除了方案 1 外，两组误差公式给出的估算值都没有顾及测点分布的非均匀性，由此带来的误差估计偏差不容忽视，但相比较而言，理论上第 1 组公式的估算结果要比第 2 组公式更可靠一些。其次，表 5.12 给出的代表误差系数来源于大量的统计分析结果，是一种平均值参数，主要反映该参数的统计特性，很难反映局部重力场变化的全貌，因此制订测线布设方案时应适当考虑在地形变化比较剧烈的区域增加一定的保险系数(即在原估值基础上乘以一个略大于 1 的系数，其效果相当于把表 5.13 的结果按比例略放大)，以补偿由统计代表误差系数带来的平滑效应。此外，海洋重力网格数据精度估计除了要考虑代表误差因素外，还应考虑重力测点观测误差的影响。因此，如果综合考虑前面所述的各种影响因素，同时考虑前面将线状测量转换为点状测量过程可能存在一定的余量因素，那么为了保证海洋 2′×2′网格平均重力异常精度优于 5mGal，比较稳妥的重力测线布设方案应当是：在 1 类和 2 类海区使用方案 3，即在 2′×2′网格中央布设 1 条测线；在 3 类和 4 类海区使用方案 2，即在 2′×2′网格内均匀布设 2 条测线。《海洋重力测量规范》(GJB 890A—2008)规定的重力测线布设密度指标为：飞行器发射首区测线间隔 1′，常规测量测线间隔 2′。由此可见，在某种意义上，本专题研究给出的布设

方案与《海洋重力测量规范》(GJB 890A—2008)的规定是相吻合的，前面的分析论证也从另一个侧面证明现行作业规范规定的测线布设密度指标是合理可行的。

5.3.5 专题小结

综合前面的分析、论证、计算和讨论，本专题研究可得出以下结论：

(1)地球重力扰动对远程飞行器的飞行轨迹具有不可忽略的影响，几十毫伽量值的扰动引力可给远程飞行器带来千米级的落点偏差；如果以 100m 作为飞行器落点偏差的限差量，那么扰动引力计算精度的限定指标应优于 4mGal。

(2)要想使扰动引力的计算精度达到 4mGal 限定指标，地面重力异常的观测分辨率至少应当精细到 2′×2′，相应网格平均重力异常的测量精度应优于 5mGal。

(3)要想使 2′×2′网格平均重力异常的计算精度达到 5mGal 限定指标，在地形变化比较平坦的 1 类和 2 类海区，应在 2′×2′网格内至少布设 1 条海洋重力测线；在地形变化比较激烈的 3 类和 4 类海区，应在 2′×2′网格内至少布设 2 条海洋重力测线。

5.4 本章小结

围绕与海空重力测量作业技术设计相关的基础性和支撑性科学问题，本章重点开展了海洋重力场变化特征分析和海洋重力测量测线布设两个方面的研究论证工作。

(1)首先基于卫星测高重力在海域具有覆盖范围广且分布均匀的独特优势，提出了利用最新卫星测高重力数据集，开展海洋重力场特征统计模型计算和分析的研究方案，给出了代表误差和协方差函数模型参数的计算公式，定义并研究了海洋广义布格重力异常的变化特征，提出了等精度和非等精度拟合经验协方差函数模型的计算模型。利用中国周边海域及西太平洋海区超过 50 万个 5′×5′区块的 1′×1′网格卫星测高重力异常数据，首次计算得到一组有代表性的中国周边海域重力场特征统计模型参数，较好地揭示了海洋重力场有别于陆地重力场的变化特征，利用海面船载重力测量数据对计算结果进行了可靠性验核，同时提出了相应的模型参数修正方案和使用建议。本专题研究获得的区域重力场变化特征模型参数可推广应用于全球海域，在地球重力场逼近计算和海上重力测量优化设计中具有重要的应用价值。

(2)针对远程飞行器飞行轨道控制重力场保障需求，开展了空中扰动引力计算和地面重力异常测量精度指标及海洋重力测量测线布设方案的设计、分析与论证工作，得出了一些具有量化指标的初步结论，为制定海洋重力场保障规划和海上作业方案提供了必要的理论支撑。这里需要补充说明的是，干扰飞行器飞行轨迹的误差源种类繁多，影响海洋重力测量精度的环境因素也复杂多变，飞行器落点偏差、海洋重力测量精度与海上测线布设密度之间的对应关系，只能使用某种简化的方式及一些经验公式来描述和估算，由此得到的量化指标不具有绝对的代表性和精准性，只能作为制订海上作业技术方案的参考。因此，从这个意义上讲，本章的研究工作仍然是初步的，下一步需要利用海上测量积累的实测数据，对不同的布设方案进行验证、分析和评价，并提出相应的修正意见和建议，最终目标是形成比较完整的海洋重力场保障技术体系。

第 6 章　海空重力测量关键技术指标论证与评估

6.1　引　　言

针对海空重力测量规划和测前技术设计应用需求，第 5 章开展了海洋重力场变化特征统计分析和计算研究工作，通过统计分析计算建立了海洋重力场分布特征模型，分析评估了地球重力场对远程飞行器制导系统的影响，并针对海洋重力测量测线布设方案进行了研究论证，从一个侧面定量回答了“为什么测”和“怎么测”的问题。本章接下来将继续就“测到什么程度”“用什么样的仪器设备来测才能满足相关要求”等问题进行分析研究和论证。这些问题均涉及海空重力测量技术规程关键指标设置的合理性和可行性，因此开展这方面的基础性研究对提升海空重力测量技术规程的指导性和科学化水平具有重要意义。

6.2　问题的提出

如本书第 1 章所述，地球重力场观测数据是地理空间信息的重要组成部分，在地球科学研究、空间基准确定、矿产资源开发、军事应用保障等多个领域具有非常重要的应用价值(陆仲连等，1993；李建成等，2003；黄谟涛等，2005；宁津生等，2006；黄谟涛等，2011)。随着建设海洋强国发展战略的逐步实施和国防发展战略转型的持续推进，我国海洋经济建设和海战场环境建设对海洋重力场信息的保障需求日趋紧迫(刘敏等，2017a)。为加快推动经济建设和国防建设的融合发展，最近一个时期，我国相关机构都在投入大量的人力和物力，开展海洋重力场信息的观测与采集装备的研制和观测数据的分析处理工作。作为获取海洋重力场信息的两种主要技术手段，海面和航空重力测量技术体系构建问题一直备受关注，是近期国内外地球重力场研究领域的热点之一(Olesen，2002；孙中苗，2004；张开东，2007；Alberts，2009；邓凯亮，2011；欧阳永忠，2013；陈欣，2016)。当前面临的主要挑战是，如何在国家层面制定出合理可行、统一有效、能够体现当今国际先进水平的军民共用海空重力测量技术规程，以便在全国范围内规范海空重力测量的技术要求和实施方法，为加快海洋基础测绘技术标准体系建设，构建军民共用的海洋测绘作业技术体系，建立完善的军民基础测绘数据资源共享机制提供有力的技术支撑。

受管理体制和部门职能分工的制约，我国海空重力测量技术标准体系建设一直走的是军民独立发展的道路，军地双方都是根据各自的实际需求制定专门的海空重力测量作业规程或规范。针对海洋资源调查与评价需求，国家海洋管理部门将船载重力测量作业规程纳入了《海洋调查规范第 8 部分：海洋地质地球物理调查》(GB/T 12763.8—2007)；为满足海洋综合调查测量国家专项建设需要，地方涉海部门组织编写了专项作业标准《地球物理调查技术规程》(国家海洋局 908 专项办公室，2005)，此后还陆续推出了多个国家专项单要素调查测量作业规程；中国地质调查局组织编写并出版了行业标准《航空重力测量技术规范》(DZ/T 0381—2021)；为满足军事应用需求，相关部门也分别组织编写了《海洋重力测量规范》(GJB 890A—2008)和《航空重力测量作业规范》(GJB 6561—2008)。毫无疑问，上述技术规程的制定和实施，为保障军地双方海空重力测量成果的质量，推动我国海空重力测量标准化进程发挥了重要作用。但必须指出的是，军地双方各自为政的管理模式和发展理念，已经远不能适应当前国家军民两用深度发展战略大环境的需要，必须以新的视野和新的思维，站在国家高度统筹谋划我国海洋基础测绘事业的发展。从技术层面上讲，我国现行海空重力测量技术标准存在两个方面的问题需要研究解决：①军地双方的技术体系不具有可替代性，主要体现为技术指标、质量控制和成果验收等多项要求存在较大的差异，不利于测量数据资源的共享、共用；②军地双方现行技术标准的很多条款已经失去现实性和先进性，因为现行大部分标准的发布时间距今已接近 10 年甚至超过 10 年，相关技术要求已不能满足新的应用需求，也无法反映专业技术发展的最新研究成果。针对上述问题，本专题研究以编制能够兼顾军地双方应用实际的海空重力测量技术规程迫切需求为出发点，对军民两用海空重力测量作业规程的关键指标及技术要求进行分析论证和试验评估，旨在推动该研究领域尽快达成思想和技术上的共识，为下一步启动规程编制工作奠定基础。

6.3　关键指标分析与论证

6.3.1　测线布设密度要求

测线布设是海空重力测量技术设计的主要内容之一。测线布设密度(通常用测量比例尺参数表示)高低取决于航次测量的目的性，以船载重力测量为例，当海面重力测量与海底地形测量同船作业时，一般要求按照海底地形测量技术规程的规定设计测线布设密度。但当测量航次是以重力加密精测为主要目的或海底地形测量测线布设密度要求比重力测量更低时，应根据重力测量的目的要求确定测线间距。

测线布设密度设计原则上应统筹兼顾国家海洋经济和战场环境建设两个方面

的需求，但考虑到当前以海洋地质矿产资源调查与评价为主要目标的大尺度重力测量，对测线布设密度的要求一般比以军事应用为主要目标的要求低一些，故军民两用船载重力测量技术规程宜以军事应用要求为主要依据来设计测线布设密度。对探测分辨率有特殊需求(如军事应用中的重力匹配导航需求)的局部区域，测线布设密度设计可依据用户的具体要求做出相应调整，在军民两用作业技术规程中不宜进行统一规定。根据黄谟涛等(2011，2016a)的研究，海洋重力测量信息在军事上主要有 3 个方面的应用：①全球高程基准确定；②远程飞行器发射保障；③水下潜器惯导系统扰动重力补偿及水下匹配导航。前面两个方面的应用要求有超大范围(最好是全球海域)、高分辨率高精度的海洋重力观测数据作为保障。根据已有研究成果(章传银等，2006b；李建成，2012；陈欣，2016；黄谟涛等，2016a)，要想将全球高程基准的确定精度控制在厘米级、地球外部扰动引力的计算精度(对应于远程飞行器保障应用)控制在 4mGal 以内，必须提供至少 2′×2′分辨率和优于 5mGal 精度的基础数据模型。而要想构建这样的模型，在海底地形变化比较平坦的海区，应按照 2′的间距(约为 4km)布设海洋重力测线；在海底地形变化比较剧烈的海区，应按照 1′的间距(约为 2km)布设海洋重力测线(黄谟涛等，2016a)。此外，测线间距需求还应与沿线(滤波后)重力值的分辨率相匹配。水下潜器匹配导航应用对海洋重力测量数据覆盖范围的要求虽然只是局部性的(因为匹配导航只能在重力场变化比较剧烈的局部海区得以实现)，但对重力观测数据分辨率的要求比前面两个方面的应用要求更高，在一些具备匹配导航条件的特定海区(通常称为可匹配区或适配区)，海洋重力测线间距应随匹配导航预期精度要求的不同而做出相应的调整。当匹配精度要求优于 1km 时，应至少布设间距 0.5～1km 的海洋重力测线(李姗姗，2010)。

在海域和地形变化比较平缓的陆地上空开展的航空重力测量，可参照上述船载重力测量的测线布设原则确定测线间距大小；在特大山区开展的航空重力测量，则应适当加密重力测线(如 1km 间距)，以满足基础数据模型的计算精度要求。

6.3.2　测量精度与空间分辨率要求

6.3.2.1　测量精度要求

为讨论问题方便，首先给出本专题研究推荐使用的三个衡量测量精度指标参数的定义(《数学手册》编写组，1979；於宗俦等，1983)。

定义 1：中误差，也称为均方根，是指各个观测误差(观测值与真值的互差)平方和的平均值的平方根。

定义 2：系统误差，也称为系统偏差，是指各个观测误差的算术平均值。

定义 3：平均误差，是指各个观测误差绝对值的算术平均值。

上述指标参数的具体计算模型将在本专题研究的后续章节中进行详细介绍。

这里讨论的测量精度和分辨率是指海上重力测量成果的测点精度(因海空重力观测数据都需要进行滤波处理，故严格地讲应是在一定分辨率下的平均值精度，但为方便起见，下面仍称为测点精度)和沿测线方向上的空间分辨率。由于海上缺乏更高精度的对比基准，测量精度一般采用反映观测值之间离散度的精密度指标(即测点中误差 M)表示。如前所述，用于军事保障的网格基础数据模型精度主要取决于测量分辨率(包括测线密度和沿测线方向分辨率两个因素)和测点精度，前者决定网格基础数据模型的代表误差大小。对于陆地重力测量，因测点精度一般在几十微伽($1\mu Gal=10^{-8}m/s^2$)级甚至更高，故陆地重力网格基础数据模型精度主要取决于代表误差大小，测点误差可以忽略不计(陆仲连等，1993)。对于海洋重力测量，测点精度虽然远不如陆地重力测量，但如果使用新一代海洋重力仪实施海上作业，同时采用严密的数学模型和方法进行数据处理，那么获取 1～2mGal 精度的重力测点成果是完全有可能的。从理论上讲，重力测点精度越高越好，最好是高到与代表误差相比可以忽略不计的程度。这里以第 5 章论证获得的数据模型精度指标为例(黄谟涛等，2016a)，分析讨论重力测点精度的具体要求。由黄谟涛等(2016a)的研究可知，重力场信息特定军事应用保障要求提供优于 5mGal 精度的网格基础数据模型。根据测量误差传播和误差分配估计理论，要想达到与代表误差相比可以忽略不计的目标，必须尽可能地将测点重力误差控制在网格基础数据模型总精度指标的 25%以内，也就是最好不超过 1.5mGal。目前，我国作业部门正在使用的新一代海洋重力仪(包括我国自行研制的重力仪)标称动态测量精度均优于 1mGal(刘敏等，2017b)，故将海上船载重力测量的测点精度指标规定为优于 1.5mGal 是合理可行的。考虑到航空重力测量环境的高动态性和复杂性，可将航空重力测量的测点精度要求适当放宽到 2mGal。

需要指出的是，将中误差 M 作为海空重力测量精度唯一的评价指标是不全面的。因为采用传统评价方法的前提假设是：观测误差属于服从正态分布的随机变量(也称为偶然误差、随机误差或白噪声)，但实际情况并非完全如此。根据测量平差理论(於宗俦等，1983)，偶然误差具有如下特性：①绝对值较小的误差比绝对值较大的误差出现的可能性大；②绝对值相等的正误差与负误差出现的可能性相等；③偶然误差的算术平均值随着观测次数的无限增加趋近于零。由欧阳永忠(2013)的研究可知，源于测量动态环境的特殊性，海洋重力测量从出测前的仪器校准到海上观测作业，再到测量结束后的数据处理各个环节，都不可避免地受到各种系统性和随机性误差源的干扰，观测噪声中必然包含偶然误差和系统误差成分。因此，现实中严格呈现偶然误差特性的测量误差几乎是不存在的(特别是重力观测数据进行滤波处理以后形成的重复观测互差值)，不同观测误差系列之间的差异性除了体现为拥有不同的中误差参量外，还表现为它们包含了不同比例的误差成分。考虑到系统误差对重力测量信息应用的影响比偶然误差更为显著(黄谟涛等，2005；章传银等，2006b；陈欣，2016)，因此有必要在海空重力测量精度评价指标中增加一个与定义 2 相对应的系统误差限定参数 β ,其限差要求可规定为：系统误差 β 不超过 0.3mGal。此量值约为海空重力仪标称动态测量精度的 25%。因重力观测量的真值是未知的，故观测误差一般只能以重力测点观测值互差的形式表示,此时该项指标要求等价于:测点观测值互差的算术平均值不超过0.6mGal。这里需要强调的是，无论是船载还是航空重力测量，也无论是正常的海空重力测量作业还是针对重力仪性能所进行的动态试验，其系统误差 β 的限定要求都应该是一致的，即不超过 0.3mGal。

除了中误差和系统误差限定指标以外，作者认为，还应增加对观测误差服从正态分布的限制。因为即使不存在系统误差，人们也无法确保重力观测误差就是服从正态分布的偶然误差。举个极端的例子，观测误差出现正负号相间变化但绝对值保持不变，即它总是在最大值和最小值两者之间交换，此时虽然观测误差的算术平均值为零，但其分布特性显然不满足正态分布的要求。理论上可以通过正态性检验方法来评估观测误差的分布特性(李庆海等，1982)，但考虑到统计检验方法的计算流程过于复杂和烦琐，不便于推广应用，为简便起见，建议采用与定义 3 相对应的平均误差 θ 作为海空重力测量精度的另一个评价指标。当观测误差以重力测点观测值互差的形式表示时，平均误差 θ 为观测值互差绝对值的平均值除以 $\sqrt{2}$ (推导过程见 6.5 节)。由测量平差理论可知(於宗俦等，1983)，当观测误差满足正态分布时，其平均误差 θ 与中误差 M 之间存在如下理论关系式：

$$\theta = \sqrt{\frac{2}{\pi}} M \approx 0.7979M \approx \frac{4}{5} M \tag{6.1}$$

相反，如果观测误差不服从正态分布，那么关系式(6.1)就不再成立。显然，依据中误差 M 的限定指标可由式(6.1)确定平均误差 θ 的限定指标，当要求船载重力测量中误差 M 不超过 1.5mGal 时，平均误差 θ 应不超过 1.2mGal；当要求航空重力测量中误差 M 不超过 2.0mGal 时，平均误差 θ 应不超过 1.6mGal。

6.3.2.2　测点分辨率要求

由于受测量动态环境噪声的干扰，实践中人们必须采用低通滤波器对重力观测数据进行滤波处理，以剔除各类观测噪声的影响。因此，海空重力测量沿测线方向上的空间分辨率 ρ (半波长 $\lambda/2$)主要取决于载体航速 v 和数据滤波处理所采用的截止频率 f (其倒数称为滤波尺度 T)大小，三者之间的关系可表示为(孙中苗，2004；黄谟涛等，2016a)

$$\rho = \frac{v}{2f} = \frac{vT}{2} \tag{6.2}$$

由式(6.2)可知，载体航速越低、滤波截止频率越高，重力测量的空间分辨率越高。当海面重力测量载体航速为 28km/h，滤波尺度 $T = 200\text{s}$ 时，由式(6.2)可求得与其相对应的空间分辨率约为 $\rho = 0.78\text{km}$；当航空重力测量载体航速为 200km/h，滤波尺度 $T = 100\text{s}$ 时，可求得与其相对应的空间分辨率约为 $\rho = 2.78\text{km}$。显然，也可根据事先确定的测点分辨率指标，反过来约束测量载体航速和数据滤波尺度的取值。在通常情况下，要求测点分辨率指标高于测线间距大小。

需要补充说明的是，因海空重力测量成果精度与数据滤波尺度的取值密切相关，故测量精度与空间分辨率也有对应的相关关系(孙中苗，2004；欧阳永忠，2013)。当载体运动速度一定时，增大截止频率(即减小滤波尺度)可相应提高重力测量成果的空间分辨率，但截止频率的增大会使数据滤波的残留噪声增多，从而降低观测数据的精度；减小截止频率有利于消除或减弱观测噪声的影响，提高测量成果的评估精度，但会降低观测数据的空间分辨率。对于事先设计好的重力测量分辨率，要想通过改变截止频率达到理想的滤波效果，必须对测量载体的航速做出必要的调整。相对较低的航速有利于提高观测数据的空间分辨率，船载重力测量的空间分辨率要远高于航空重力测量的空间分辨率正是源于这个道理。

6.3.3　海空重力仪性能指标要求

6.3.3.1　格值标定精度

海空重力测量作业规程规定的重力仪技术性能指标一般包括(解放军总装备部，2008b，2008c)：测量范围(量程)、抗干扰能力(动态范围)、动态重复观测精度、零点漂移特性、采样率和工作温度等内容。除上述指标外，作者认为，还应增加一个关于重力仪格值标定精度的指标要求，因为海空重力仪格值误差对测量结果具有显著影响。地球重力加速度在全球范围内的最大变化幅度超过 5000mGal，从极端情形考虑，要想获得优于 0.25mGal 的重力读数转换精度，海空重力仪格值的标定相对精度必须达到 10^{-5}。即使是针对比较常态化的局部区域测量(如测区纬度跨度不超过 10°)，考虑到航空重力测量受到的厄特沃什效应作用量值加上相对应的区域重力场变化幅度总和可能接近 2000mGal，船载重力测量时的两项数值之和可能接近 500mGal，也应当要求航空重力仪和海洋重力仪格值的标定精度指标分别达到 10^{-4} 和 10^{-3}(黄谟涛等，2018b)。

6.3.3.2　动态重复观测精度

关于海空重力仪动态重复观测精度要求，现行技术规程一般都依据仪器生产厂家给出的仪器标称精度设置相对应的限差规定(解放军总装备部，2008b，2008c)，通常的指标要求是动态观测精度优于 1.0mGal。基于前面讨论测量精度时同样的理由，作者认为，采用中误差单一参数作为动态重复观测精度评价指标也是不全面的，应当加上与之相匹配的系统误差和平均误差两个参数指标，具体要求可表述为：动态重复观测系统偏差不超过 0.3mGal；平均误差不超过 0.8mGal (取中误差 M=1.0mGal)。

6.3.3.3 零点漂移特性

关于海空重力仪零点漂移特性要求，我国现行的海空重力测量各类作业标准和规范都有相应的规定和说明(国家海洋局 908 专项办公室，2005；中华人民共和国国家质量监督检疫总局，2008；解放军总装备部，2008b，2008c)。比较统一的定性要求是：零点漂移基本呈线性变化。比较一致的定量要求是：月漂移不得超过 3.0mGal。不难看出，上述规定不够明确，在执行过程中存在一定程度的不确定性(黄谟涛等，2014a)：①零点漂移基本呈线性变化这一要求没有明确的量化指标，在执行中无法得到有效控制；②关于如何计算月漂移量问题也没有做出统一的规定，不同方法可能导致计算结果出现较大的差异，因此标准执行结果不具有唯一性。针对此问题，作者建议将重力仪零点漂移指标分解为线性变化和非线性变化两个部分，对两个部分分别提出具体的量化指标要求。可将相关条款修改为：零点漂移保持线性变化趋势，日漂移不超过 0.2mGal，月漂移不超过 4.5mGal，月漂移非线性变化(扣除重力固体潮)中误差不超过 0.3mGal，月漂移非线性变化限差不超过 0.9mGal。与现行规定相比，修改意见一方面增加了零点月漂移非线性变化部分的限制要求，但另一方面也将月漂移总量从 3.0mGal 适当放宽到 4.5mGal，提出这样的修改意见主要基于以下几个方面的考虑。

(1) 现行作业规程的相关规定不够具体和完善。我国现行的海空重力测量作业标准和规范对重力仪零点月漂移总量做出了比较明确和一致的规定，但对月漂移的变化特性只提出了定性的指标要求，即保持线性变化。显然，这样的要求不具有约束力，也不具备可操作性。因单一限定重力仪零点漂移总量不能确保作业过程零点漂移参数变化的稳定性，故现行作业标准和规范的相关规定是不完善的，也是不全面的，必须相应增加零点漂移非线性变化部分的限制要求。

(2) 新规定应与新的应用需求相匹配。如前所述，随着建设海洋强国发展战略的逐步推进，海洋重力测量信息的经济价值和军事应用价值日趋凸显，但新的应用需求也对海洋重力测量数据质量提出了更高的要求。当前无论是矿产资源勘查还是军事应用保障，几乎都一致要求海洋重力测量精度优于 1.5mGal，新型装备试验和水下匹配导航对海洋重力测量的精度要求更高(刘敏等，2017a)。而依据测量误差传播和误差分配估计理论，要想将海上重力测量综合精度提升到

1.5mGal 甚至更高的水平，单一要素对测量结果的影响必须控制在总精度指标的25%以内，也就是不超过 0.4mGal 或更小。前面将重力仪零点月漂移非线性变化中误差指标限定为 0.3mGal，正是基于这样的新需求，零点漂移线性部分可以通过适当的数学模型进行改正，非线性部分才是影响测量精度的直接因素。

(3) 新型海空重力测量装备能够满足新的应用需求。进入 21 世纪以来，随着重力传感器结构设计的持续改进和精密元器件制作工艺的不断完善，海空重力测量装备技术取得了重大进展：①国内外厂家陆续推出了不同型号的新一代海空重力仪；②新型海空重力仪的技术性能都得到了较大提升(欧阳永忠，2013；刘敏等，2017b)。目前，在国际市场上发布的各型海空重力仪动态测量标称精度都优于 1mGal，我国正在研制的多型海空重力仪技术指标的标称精度也优于 1mGal。根据对几种新型海洋重力仪所做测试分析结果及部分仪器生产厂家提供的测试分析报告，目前国内作业单位正在使用的海空重力仪基本上都能清晰监测到地球重力固体潮的变化信息，剔除重力固体潮后的零点月漂移非线性变化中误差都能控制在 0.1～0.3mGal(黄谟涛等，2014a)。由地球动力学可知，重力固体潮在全球范围内的变化幅度不超过 0.3mGal，海空重力仪具备监测重力固体潮变化信息能力的这一事实说明，新型海空重力仪的测量稳定性已经达到比较高的水平，能够满足前面提出的“零点月漂移非线性变化中误差不超过 0.3mGal”的限定要求。

(4) 新型海空重力仪改进结构设计要求作业规程进行相应的改变。从理论上讲，只要能确保海空重力仪零点漂移在任何内外部条件下都严格保持线性变化，那么零点月漂移总量可以不进行限制。但这种理想化的情形在实际应用中是无法实现的，其一是因为仪器内部元器件制作工艺及老化问题不能确保零点漂移变化规律持久保持不变；其二是因为不能确保由陆上静态试验获取的零点漂移变化规律与海上动态作业时段完全保持一致。因此，从这个意义上讲，月漂移总量越小，对保证重力测量数据的可靠性越有利。我国现行作业规程之所以一致将零点月漂移量限定为 3.0mGal，主要是因为：在过去较长一个时期内，国内作业单位大多在使用以零长弹簧为传感器的摆杆型海空重力仪，具有较好的长期稳定性是零长弹簧传感器的显著特点，根据仪器生产厂家提供的测试结果和国内外用户多年的作业实践，这类仪器的零点月漂移能够控制在 3.0mGal 以内。而当前在国际市场上陆续推出的各类新型海空重力仪(包括捷联惯导重力仪)，虽然在动态测量精度和作业效率等方面都有较大提升，但由于新型仪器大多改变了原有的结构设计，更多采用了非传统的零长弹簧传感器，所以这类仪器的长期稳定性反而会有所下降(欧阳永忠，2013；刘敏等，2017b)。根据目前掌握的试验和应用数据分析结果，各类新型仪器的零点月漂移量基本能够控制在 4.5mGal 以内。基于上述综合分析和判断，作者认为，为了较好地平衡新型仪器使用需求与测量成果质量保障之间的关系，在增加零点月漂移非线性变化限差要求的基础上，将月漂移总量从原来规定的 3.0mGal 适当放宽但仍限定在 4.5mGal 以内是合理可行的。

6.4 关键指标验证与评估

需要指出的是，明确指标要求只是发挥技术规程指导性作用的一个方面，对技术指标提出具体的验证和评估要求，也是作业规程非常重要的组成部分。

6.4.1 海空重力仪性能指标检验

6.4.1.1 零点漂移指标

海空重力仪零点漂移指标验证通常也称为仪器静态试验，是开展海空重力测量作业前期一项非常重要的准备工作。新重力仪投入使用之前或旧重力仪经重大检修后，都应进行不少于 2 个月的仪器静态试验，正常复用的重力仪在年度工作开始前，应进行不少于 1 个月的仪器静态试验，以验证重力仪的零点漂移特性是否满足前面提出的技术指标要求。零点漂移指标测试流程和评估方法如下（黄谟涛等，2014a）：

(1) 按照仪器操作规程连续观测并记录重力仪读数，获取时间系列观测量 $g_0(t)$，t 为观测时间。

(2) 使用与海上作业数据处理相同的方法对原始观测量 $g_0(t)$ 进行滤波处理，以消除观测场地环境干扰对重力读数的影响。

(3) 从经过数字滤波后的观测量 $\tilde{g}_0(t)$ 中扣除重力固体潮效应 $\delta g(t)$ 的影响，得到剩余观测量 $\tilde{g}(t)=\tilde{g}_0(t)-\delta g(t)$，重力固体潮效应计算方法见 6.6 节，也可参见许厚泽等(1984)的研究。

(4) 对剩余观测量进行线性拟合处理，即确定 $\tilde{g}(t)$ 中的线性变化部分 $\overline{g}(t)=a+bt$，a 和 b 为拟合系数，由 $\overline{g}(t)$ 求取零点月漂移量 $\Delta\overline{g}^0$。

(5) 从 $\tilde{g}(t)$ 中分离出非线性变化部分，即求偏差 $\Delta\tilde{g}(t)=\tilde{g}(t)-\overline{g}(t)$。

(6) 求非线性变化中误差 $M=\pm\sqrt{[\Delta\tilde{g}(t)\cdot\Delta\tilde{g}(t)]/(n-2)}$，$n$ 代表系列观测量个数。

将依据上述流程求得的月漂移量 $\Delta\overline{g}^0$、非线性变化最大偏差 $\max(\Delta\tilde{g}(t))$ 及中误差 M 三个参数分别与前面规定的相应指标进行比较，即可对被测试重力仪的零点漂移特性做出客观评价。

6.4.1.2 动态重复观测精度指标

当具备实验室动态测试条件时，新重力仪投入使用之前或旧重力仪经重大检修后，都应当在实验室完成动态重复观测精度指标检验，正常复用的重力仪也应当每隔 1～2 年开展一次动态重复观测精度指标检验工作。当不具备实验室动态测试条件时，动态重复观测精度指标验证工作可结合重力仪海空试验进行，也可结合海空实际测量作业同步进行。考虑到动态重复观测精度不完全等同于海空实际作业的测量精度(因为后者比前者更能体现测量环境时空变化对重力测量成果的影响)，故此项检验工作只要求在东西方向和南北方向上各布设 1 条长度不短于 20km(航空重力测量时设为 50km)的重复测线。完成重复测线测量后，比较两条重复测线在相同测点处的重力观测值，可分别求得重复测线观测重力的系统误差 β 、平均误差 θ 和中误差 M (均应为平差前计算结果，下同)。根据前面提出的指标要求，系统误差 β 应不超过 0.3mGal，平均误差 θ 不超过 0.8mGal，中误差 M 不超过 1.0mGal。当计算值不满足上述要求时，应分析其原因，并提出相应处理意见。若出现较大偏差，则应将仪器返厂进行检测和维修。

6.4.1.3　格值标定精度指标

海空重力仪格值标定精度指标检验可通过实验室的倾斜变化法和质量改变法来完成，也可采用基于野外标准重力基线场的基线法对格值进行重新标定(黄谟涛等，2005)。当不具备实验室和野外基线场测试条件时，格值标定精度指标验证工作可结合前面介绍的动态重复观测精度指标检验流程同时进行。但考虑到格值标定误差影响规律的特殊性，此项检验工作要求：在东西方向和南北方向上各布设 1 条长度不短于 20km(航空重力测量时设为 50km)、航向相反的重复测线，船载重力测量时尽可能高速航行(最好高于 28km/h)，以凸显由航向相反引起的厄特沃什效应对重复测线观测量影响的差异性。同样，完成重复测线测量后，可求得重复测线观测的系统误差 β ，当东西方向和南北方向重复测线的系统误差均不超过 0.3mGal 时，说明海空重力仪原格值的标定精度满足规定指标要求，原格值可继续使用。当南北方向重复测线的系统误差较小(如不超过 0.2mGal)，而东西方向重复测线出现比较明显的系统误差(如超过 0.4mGal)时，基本上可以判断是由格值标定误差引起的系统性影响，因为在高精度 GNSS 导航定位保障条件下，其他误差源对海空重力测量成果的系统性影响应当被削弱到较低的水平。此时，可利用东西方向两条正反向重复测线对比数据，依据式(6.3)计算重力仪原格值的修正量(黄谟涛等，2018b)：

$$\Delta C = -\frac{1}{n}\sum_{i=1}^{n}\frac{\delta g_{i12}}{s_{i1} - s_{i2}} \tag{6.3}$$

式中，ΔC 为格值修正量；s_{i1} 和 s_{i2} 分别为东西方向两条正反向重复测线在第 i 个相同测点处的重力仪读数；δg_{i12} 为重复测线在第 i 个相同测点处的重力不符值；n 为重复测线测点总数。

将原格值加上修正量作为新的格值参数使用，即可达到消除海空重力测量成果系统偏差的目的。关于利用重复测线校正海空重力仪格值计算流程及试验验证情况将在后面的 6.7 节进行详细介绍。

6.4.2 海空重力测量精度指标检验

6.4.2.1 海空试验测量精度

海空重力测量精度指标检验可通过重力仪海空试验和海空作业两种方式来完成。新重力仪投入使用之前或旧重力仪经重大检修后，都应当按要求选择有代表性的区域开展海上或空中测量试验，以验证重力仪的实际测量精度是否满足前面提出的技术指标要求。试验区应尽量选择在海底或陆地地形具有一定起伏度的宽阔海区或陆区，宜按 5km 的间距沿东西方向和南北方向各布设 6 条相互正交的主测线和检查测线，并按相关要求完成所有测线的重力测量。经数据处理后可求取主测线和检查测线交叉点重力不符值，进而分别计算得到与不符值系列相对应的系统误差 β、平均误差 θ 和中误差 M，但有效交叉点重力不符值个数不得少于 30 个。根据前面提出的指标要求，船载重力测量的系统误差 β 应不超过 0.3mGal，平均误差 θ 不超过 1.2mGal，中误差 M 不超过 1.5mGal；航空重力测量的系统误差 β 应不超过 0.3mGal，平均误差 θ 不超过 1.6mGal，中误差 M 不超过 2.0mGal。当计算值不满足上述要求时，应分析其原因，并提出具体的处理意见，必要时应重新开展相关试验。

6.4.2.2 海空作业测量精度

通过海空试验测量精度指标验证的新重力仪(包括经返厂检修后的重力仪)和正常复用的重力仪，均可利用年度航次测量内部测线组成的检核条件开展实际测量精度指标检验。尽管正常作业时一般要求主测线应尽量垂直于区域地质主要构造线或海底地形走向线的方向，且检查测线的数量要远远少于主测线，但仍要求单一航次主测线和检查测线的有效交叉点个数不得少于 30 个。因此，利用海空测量作业内部检核条件进行重力仪测量精度指标检验的计算流程和要求与前面介绍的海空试验方法几乎完全相同，这里不再重复介绍。

需要补充说明的是，除了上述内部符合检验方法外，还可采用两种外部符合检验方法对海空重力仪的实际测量精度进行检验：①采用两台或多台重力仪同船或同机观测的方法，通过对比不同仪器在同一时刻的观测结果，即可获取参试重力仪测量精度的评估信息；②在事先建设好的海上或空中重力标准场中进行测量和对比测试，同样可获得被检测重力仪的精度评估信息。上述检验方法采用的具体评估计算模型见 6.5 节。

6.5 海空重力测量精度评估模型

6.5.1 内符合精度计算模型

依据主测线和检查测线交叉点重力不符值或两条重复测线观测重力互差值进行内符合精度评估的计算公式为

$$M=\pm\sqrt{\frac{[dd]}{2n}} \tag{6.4}$$

式中，M 为测点重力观测内符合中误差；d 为主测线和检查测线交叉点重力不符值或重复测线观测重力互差值；n 为测线交叉点或重复点个数。与该组重力不符值或重力互差值相对应的测点重力观测系统误差的计算公式为

$$\beta=\frac{1}{2n}\sum_{i=1}^{n}d_i \tag{6.5}$$

式中，β 为测点重力观测系统误差。与其相对应的平均误差计算公式为

$$\theta=\frac{1}{\sqrt{2}n}\sum_{i=1}^{n}|d_i| \tag{6.6}$$

式中，θ 为测点重力观测平均误差。式(6.6)的推导过程如下。

设重力重复观测互差值 d 对应的中误差为 M_d，平均误差为 θ_d，其计算式分别为

$$M_d=\pm\sqrt{\frac{[dd]}{n}} \tag{6.7}$$

$$\theta_d=\frac{1}{n}\sum_{i=1}^{n}|d_i| \tag{6.8}$$

则由式(6.1)可得

$$\theta=\sqrt{\frac{2}{\pi}}M=\sqrt{\frac{2}{\pi}}\frac{M_d}{\sqrt{2}}=\sqrt{\frac{2}{\pi}}\frac{1}{\sqrt{2}}\sqrt{\frac{\pi}{2}}\theta_d=\frac{1}{\sqrt{2}}\theta_d=\frac{1}{\sqrt{2}n}\sum_{i=1}^{n}|d_i| \tag{6.9}$$

可见式(6.6)得证。

当重复测线数目多于 2 条时，其对应的内符合精度计算公式为(黄谟涛等，

2013c)

$$M=\pm\sqrt{\frac{\sum_{i=1}^{n}\left(\sum_{j=1}^{m}\delta_{ij}^{2}\right)}{n\times(m-1)}} \tag{6.10}$$

式中，M 为多条重复测线测点重力观测内符合中误差；δ_{ij} 为第 j 条重复测线上的第 i 个测点重力异常观测值 Δg_{ij} 与该点各重复测线观测的平均值 Δg_i 之差；n 为重复测线上的重复测点个数；m 为重复测线数目。

δ_{ij} 的计算公式为

$$\delta_{ij}=\Delta g_{ij}-\Delta g_i,\quad i=1,2,\cdots,n;\ j=1,2,\cdots,m \tag{6.11}$$

$$\Delta g_i=\frac{\sum_{j=1}^{m}\Delta g_{ij}}{m},\quad i=1,2,\cdots,n \tag{6.12}$$

当重复测线数目 $m=2$ 时，式(6.10)与式(6.4)取得一致。考虑到式(6.10)的计算结果只能反映重复测线测量结果的整体离散化程度，不能真实反映不同测线测量结果相互之间的偏离情况，而这一偏离参数指标对于客观评定海空重力仪的稳定性是至关重要的。因此，在实际应用中，即使实施了多条($m>2$)重复测线进行测量，但是建议仍采用两条重复测线的相关计算公式来评估内符合精度，即对多条重复测线进行两两组合，按照式(6.4)～式(6.6)进行互比计算，并以其中的最大中误差、最大系统误差和最大平均误差为重复测线的精度评估组合参数。

6.5.2　外符合精度计算模型

当作为对比基准的重力值比待检核的观测值精度高出一倍以上时，采用式(6.13)计算外符合精度：

$$M=\pm\sqrt{\frac{[\varDelta\varDelta]}{n}} \tag{6.13}$$

式中，M 为测点重力观测外符合中误差；$\varDelta$ 为重力观测值与基准值之差；n 为对比点数。

与该组重力不符值或重力互差值相对应的系统误差计算公式为

$$\beta=\frac{1}{n}\sum_{i=1}^{n}\varDelta_i \tag{6.14}$$

式中，β 为重力观测相对于基准值的系统误差。

与该组重力不符值或重力互差值相对应的平均误差计算公式为

$$\theta = \frac{1}{n}\sum_{i=1}^{n}|\varDelta_i| \tag{6.15}$$

式中，θ 为重力观测相对于基准值的平均误差。

当作为对比基准的重力值与待检核的观测值精度处于同一水平时，应采用与内符合精度相同的计算模型评估外符合精度。

6.6　海洋重力仪稳定性测试及零点漂移改正研究

6.6.1　问题的提出

如前所述，海洋重力测量是以舰船为载体，应用重力传感器测定海面重力加速度的一种动态重力测量方法。作业周期长、环境影响大、设备要求高是海洋重力测量的显著特点。在海洋重力测量作业过程中，测量载体不可避免地受到海浪起伏、航速与航向变化、机器振动以及海风、海流等干扰因素的影响，致使重力仪始终处于无规律运动的状态。因此，要想获得可靠的测量数据，要求重力传感器必须具备很高的动态稳定性能。为此，新型海洋重力仪一般都安装在陀螺稳定平台上工作，同时使用强阻尼的方法对外部干扰加速度进行抑制(黄谟涛等，2005)。尽管如此，海洋动态环境干扰因素对重力观测量的剩余影响仍然不能忽略。此外，海洋重力仪的主要部件(如主测量弹簧)一般都会随着使用年限的增长而出现老化现象，致使海洋重力仪起始读数的零位发生缓慢变化，这种现象就称为仪器零点漂移，也称为仪器掉格。海洋重力测量作业周期较长，因此要求海洋重力仪的零点漂移率必须控制在一定范围内，其变化率最好呈简单的线性变化规律，以便对其进行相应改正，即零点漂移改正。

经过几十年的发展和积累，我国海洋重力测量技术取得了显著进步。但基于多方面的原因，我国涉海部门使用的海洋重力仪长期依赖进口，这一状况严重制约了国内相关研究领域关键技术的突破。受此影响，我国学者对海洋重力仪稳定性测试与评估问题一直缺乏应有的重视，研究也不够深入(许时耕，1982；欧阳永忠等，2006)。近年来，随着工程应用对海洋重力测量精度要求的提高，人们开始关注该问题，并陆续开展了不同形式的试验验证研究和讨论(易启林等，2000；栾锡武，2004；顾兆峰等，2005；付永涛等，2007；陆凯等，2014)。关于海洋重力仪稳定性指标方面的要求，我国国家标准《海洋调查规范 第 8 部分：海洋地质地球物理调查》(GB/T 12763.8—2007)规定：重力仪必须在仪器零点漂移(若无动态试验数据，则以静态试验计算）长时间稳定，月漂移不超过 3.0mGal 时，才能用于海上测量。《海洋重力测量规范》(GJB 890A—2008）要求：测量弹簧格值稳定，零点漂移基本线性，日漂移小于 0.2mGal，月漂移小于 3.0mGal。我国近海海洋综合调查与评价专项《地球物理调查技术规程》(国家海洋局 908 专项办公室，2005）规定：①静态性能指标为分辨率优于 0.05mGal，可重复性优于 0.1mGal；②动态性能指标为可重复性优于 0.25mGal；③仪器零点漂移为月漂移不超过 3.0mGal，并满足线性要求。不难看出，国内不同作业标准对海洋重力仪稳定性指标要求，不仅在文字表述上未取得完全一致，在指标量化程度上也存在细微差别。鉴于稳定性指标是海洋重力仪最重要的技术特性之一，因此有必要对其进行深入研究和论证，并做出明确规定（黄谟涛等，2014a）。

6.6.2　稳定性测评方法与计算模型

6.6.2.1　测试流程与评估方法

稳定性一词在不同领域有不同的含义，在数学领域和工程领域，稳定性主要用于判别某个系统对应于有限的输入是否也产生有限的输出。本专题研究讨论的稳定性，是指测量仪器保持其计量特性随时间恒定的能力，即海洋重力仪定点观测记录随时间变化的稳定程度。稳定性可以进行定量表征，其关键是确定计量特性随时间的变化关系。通常用计量特性经过规定的时间所产生的变化量来定量表征某一测量仪器的稳定程度，我国海洋重力测量各类标准明确规定重力仪月漂移不得超过 3.0mGal，这是对测量仪器稳定性进行定量表征的具体体现。海洋重力仪稳定性有静态稳定性和动态稳定性之分，前者代表重力仪在静止状态下的计量稳定能力，后者代表重力仪在运动状态下的计量稳定能力。虽然最终用户更关注海洋重力仪的动态稳定性，但对动态特性进行测评需要专门的测试设备（Ander et al.，1999；孙中苗等，2001），普通用户都不具备这样的条件。因此，在实际应用中，一般使用静态测试数据替代动态测试数据进行稳定性定量分析与计算（中华人民共和国国家质量监督检疫总局，2008），本专题研究将继续沿用这种替代方法。

海洋重力仪静态观测误差主要包括随机误差及零点趋势性漂移、有色观测噪声三大部分。随机误差是指由各类随机因素引起的误差，包括由仪器自身机械和电子元器件不稳定及观测场地环境振动干扰引起的误差；零点趋势性漂移是指由重力仪起始读数零位发生缓慢变化引起的重力读数误差，包含线性变化和非线性变化两个部分；有色观测噪声是指随时间而有规律变化的误差（杨元喜，2012）。不难理解，去除瞬间掉格，零点趋势性漂移也应作为有色噪声看待，但为了突出零点漂移的重要性，本节特别将其单独列为一类。除零点趋势性漂移外，由温度、湿度、气压等环境因素，以及重力固体潮和海潮负荷重力效应等外部引力引起的重力读数变化都属于有色噪声范畴，均表现为随时间有规律变化的特性，但它们对重力读数的影响在量值上有较大差异，环境湿度和气压的影响量值一般在微伽级，故在实际应用中完全可以忽略不计。环境温度的影响则不容忽视，几度的温差往往可能引起几百微伽的重力读数变化。为了消除此项影响，一般要求重力仪工作室作业全程保持恒温（国家海洋局 908 专项办公室，2005；中华人民共和国国家质量监督检疫总局，2008；解放军总装备部，2008c），这里将其剩余影响归入零点漂移非线性变化部分一并讨论。在日月外部引力影响中，海潮负荷影响在海洋沿岸地区最大只有微伽级，而重力固体潮效应的最大影响幅度可达±0.3mGal（许厚泽，1984；王勇等，2003；孙和平等，2005b），显然此项影响不可忽略。

基于以上分析，围绕海洋重力仪稳定性测试与评估问题，本节将重点研究探讨重力仪零点漂移、重力固体潮与随机误差的分离方法。使用静态观测数据评估重力仪的稳定性，传统的做法是：首先对时间系列观测量求平均，然后求各个观测量与平均值的互差，最后由系列互差量计算其均方根误差估值，并以此作为重力仪静态观测稳定性（也称为静态测量精度）的评估指标。很显然，由于重力仪观测记录中不仅包含仪器自身固有误差的影响，还包含诸如重力固体潮效应、环境温度、场地周围振动等外部干扰因素的影响，其变化特征和频谱特性各不相同，因此将它们的综合影响作为重力仪稳定性评估指标是不恰当的，至少是不够严谨和精细的。针对此问题，本专题研究提出如下测试流程和评估方法：

(1) 按照操作规程将海洋重力仪置于具有恒温条件的陆地实验室中，待重力仪开启并稳定后，连续观测并记录重力仪读数，得到时间系列观测量 $g_0(t)$，连续观测时段应不少于一个月。

(2) 使用数字滤波方法对原始观测量 $g_0(t)$ 进行滤波处理，以消除观测场地周围振动对重力仪读数的随机干扰。这一环节与海上作业数据滤波处理过程一致，重力仪稳定性评估指标中不应包含观测环境随机扰动的影响。

(3) 从经过数字滤波后的观测量 $\tilde{g}_0(t)$ 中扣除重力固体潮效应 $\delta g(t)$ 的影响，得到剩余观测量 $\tilde{g}(t)=\tilde{g}_0(t)-\delta g(t)$。因重力固体潮是由日月外部引力引起的，故在重力仪稳定性评估指标中也不应包含此项影响。

(4) 对剩余观测量进行线性拟合处理，即从 $\tilde{g}(t)$ 中分离出线性变化部分 $\bar{g}(t)=a+bt$，其中，a 和 b 为拟合系数。

(5) 从 $\tilde{g}(t)$ 中分离出非线性变化部分，即求偏差 $\Delta\tilde{g}(t)=\tilde{g}(t)-\bar{g}(t)$。

(6) 求所有偏差量 $\Delta\tilde{g}(t)$ 的平均值 $\Delta\bar{\tilde{g}}(t)=[\Delta\tilde{g}_i(t)]/n$，其中，$n$ 代表系列观测量个数。如果前面的第 (4) 步处理正确，那么其平均值 $\Delta\bar{\tilde{g}}(t)$ 应该为零，此步可作为检核。

(7) 求中误差 $M=\pm\sqrt{[\Delta\tilde{g}(t)\cdot\Delta\tilde{g}(t)]/(n-2)}$。

至此，就完成了海洋重力仪稳定性的全程测试和定量评估，由线性变化率 b 和非线性变化中误差 M 共同组成重力仪稳定性的评估指标。其中，线性变化率 b 反映海洋重力仪观测记录随时间变化的线性化趋势，非线性变化中误差 M 则反映重力仪观测记录偏离线性化趋势的离散化程度，即非线性变化程度。作者认为，只有联合使用 b 和 M 两个参量，才能全面反映海洋重力仪计量特性随时间保持恒定的能力，即观测记录随时间变化的稳定程度。

6.6.2.2　评估指标量化要求

由前面的分析可知，我国海洋重力测量的各类标准都对重力仪零点漂移给出了不同程度的限定要求，比较统一的定性要求是：零点漂移基本呈线性变化；一致的定量要求是：月漂移不得超过±3mGal。不难看出，上述规定不够明确，在执行过程中存在一定程度的不确定性：①零点漂移基本呈线性变化这一要求没有明确的量化指标，在执行中无法得到有效控制；②关于如何计算月漂移量问题也没有做出统一的规定，不同方法可能导致计算结果出现较大的差异，因此标准执行结果不具有唯一性。针对此问题，本专题研究提出联合使用前面定义的线性变化率 b 和非线性变化中误差 M 两个参量，确定海洋重力仪稳定性评估指标的限定标准。

我国海洋重力测量各类标准都统一将零点漂移改正误差归入海洋重力仪观测误差(也称为测量过程造成的误差)，并明确规定：观测误差应不超过 1mGal。除了零点漂移改正误差外，各类标准定义的观测误差源还包括仪器固有误差、外界干扰加速度和工作环境因素(温度、湿度、气压)影响引起的测量误差、重力仪格值测定误差等，因此要想将总的观测误差控制在 1.0mGal 以内，各单项误差的影响必须限定在 0.5mGal 以内，也就是说，零点漂移改正误差不应超过 0.5mGal。而在实际作业中，人们总是按照重力仪零点漂移满足线性变化规律进行零点漂移改正。这种改正方法的误差源主要来自两个方面：①零点漂移线性变化率(也称零点漂移率)的计算误差；②零点漂移的非线性变化部分。由此可见，除了应该关注零点漂移线性变化率 b 的大小外，更应该重点关注 b 参量的长期稳定性和零点漂移非线性变化指标 M 的大小。为此，建议对海洋重力仪稳定性测试和评估指标提出如下限定要求：

(1)在每年第一次出海作业前，应在陆地实验室对重力仪进行不少于一个月的静态稳定性测试，每年至少 1 次。

(2)按照前面规定的测试流程完成零点漂移线性变化率 b 和非线性变化中误差 M 的计算。

(3)零点漂移线性变化率 b 大小指标规定为，日漂移应不超过 0.15mGal，即月漂移应不超过 4.5mGal。但在测试环境基本一致的前提下，当日漂移大于 0.1mGal 时，相连两次(间隔一年左右)测试结果获得的线性变化率 b 的互差应不超过其自身的 20%；当日漂移小于 0.05mGal 时，相连两次测试结果的互差应不超过其自身的 50%，以确保零点漂移改正误差满足 0.5mGal 的限差要求。

(4)零点漂移非线性变化中误差 M 应不超过 0.3mGal，以确保在动态环境下此项误差满足 0.5mGal 的限差要求。同时，大于 2 倍非线性变化中误差 M 的非线性偏移量个数应不超过总个数的 5%(李庆海等，1982)。

这里需要补充说明的是，当不具备条件在陆地实验室开展较长时段的海洋重力仪静态观测时，也可考虑在测量船停泊码头期间完成类似的动态稳定性测试与评估，其指标要求可适当放宽。但此时需要从海洋重力仪观测记录中扣除测量船停靠点潮汐高度的影响，即应考虑重力传感器高度变化引起的重力空间改正(黄谟涛等，2005)。

6.6.2.3　重力固体潮计算模型

如前所述，为了准确反映海洋重力仪自身的稳定特性，应预先从重力仪静态观测数据中扣除重力固体潮的影响。固体潮是指由月球和太阳及近地行星对地球的引力变化导致的地球内部和表面的周期性形变。重力固体潮则是指伴随着地球的周期性形变，地球表面重力观测量出现的周期性微小潮汐变化(许厚泽等，2010)。重力固体潮大小主要由三部分组成：①引潮力在垂向上的分量；②由引潮力作用导致地球内部质量重新分布而引起的重力变化；③由地球形变导致地面点垂向发生位移引起的重力变化。地球对引潮力的响应可以用表征弹性地球响应引潮位的一组参数(勒夫数及其线性组合)来表示，这样的形式称为理论重力潮汐模型。由 Cartwright 等(1971，1973)提出的全调和展开式重力潮汐模型为(许厚泽，1984)

$$\delta g(t)=\sum_{i=1}^{n}\delta_i H_i\cos(\omega_i t+x_i-\Delta\phi_i) \tag{6.16}$$

式中，δ_i、H_i、ω_i、x_i、$\Delta\phi_i$ 分别为第 i 个潮波的重力潮汐因子、理论振幅、角频率、初相和相位滞后；n 为潮波个数。

当假设地球满足完全弹性和各向同性条件时，所有潮波的相位滞后都为零，即 $\Delta\phi_i=0$，同时用平均理论重力潮汐因子 $\bar{\delta}$ 代替 δ_i，则式(6.16)可简化为

$$\delta g(t)=\bar{\delta}\sum_{i=1}^{n}H_i\cos(\omega_i t+x_i)=\bar{\delta}G(t) \tag{6.17}$$

式中，平均理论重力潮汐因子一般取为 $\bar{\delta}=1.16$；$G(t)$ 为由天文参数表示的理论重力潮汐模型，具体表达式为(许厚泽，1984)

$$G(t) = -165.17F(\varphi)\left(\frac{c}{r}\right)^3\left(\cos^2 Z - \frac{1}{3}\right) - 1.37F^2(\varphi)\left(\frac{c}{r}\right)^4 \cos Z(5\cos^2 Z - 3)$$
$$- 76.085F(\varphi)\left(\frac{c_s}{r_s}\right)^3\left(\cos^2 Z_s - \frac{1}{3}\right) \tag{6.18}$$

式中，$F(\varphi) = 0.998327 + 0.001676\cos(2\varphi)$，$\varphi$ 为计算点地理纬度。

式(6.18)的计算步骤如下：

(1)按式(6.19)确定计算时刻的儒略世纪数 T，即

$$T = \frac{T_0 - 2415020.0 + (t-8)/24}{36525} \tag{6.19}$$

式中，T_0 为计算日的儒略日；t 为计算时刻，以北京时为单位。

(2)利用 T 分别计算得到月球平黄经 S、月球升交点经度 N、月球近地点经度 p、太阳平黄经 h、近日点经度 p_s、平黄赤交角 ε 等 6 个天文引数。

(3)利用 6 个天文引数分别计算得到月球和太阳在计算时刻的地心天顶 Z 和 Z_s，以及月地和日地的平均距离与瞬时距离之比 (c/r) 和 (c_s/r_s)。

(4)将 $F(\varphi)$、Z 和 Z_s、(c/r) 和 (c_s/r_s) 代入式(6.18)即可完成 $G(t)$ 的计算。

为节省篇幅，这里不再列出 6 个天文引数等辅助参数的计算公式，具体可参考许厚泽(1984)。利用式(6.18)计算重力潮汐理论值的精度优于 1μGal(许厚泽，1984；王勇等，2003)，完全满足本专题研究的应用需求。

6.6.3 数值计算检验与分析

6.6.3.1 测试数据说明

为了验证前述测试流程及评估方法的有效性和可行性，本专题研究收集整理了 4 台海洋重力仪在不同时段完成的 5 批次静态测试数据。其中，3 台为 LCR 型重力仪，编号分别为 S167、S184 和 S185，3 台仪器各完成了一次测试，地点均为陆地实验室；另一台为 ZLS 型重力仪，编号为 D-011，先后完成两次测试，第一次测试地点为山洞实验室，第二次测试地点为陆地实验室。4 台仪器的具体测试时间段分别如下所示。

(1)S167：2012 年 1 月 11 日至 2 月 13 日；

(2)S184：2013 年 11 月 15 日至 12 月 23 日；

(3)S185：2013 年 10 月 17 日至 11 月 19 日；

(4)D-011(1)：2012 年 1 月 21 日至 2 月 20 日；

(5)D-011(2)：2013 年 10 月 24 日至 11 月 18 日。

6.6.3.2　测评结果与分析

按照本专题研究第二部分介绍的测试流程和评估方法，对上述 5 批次的测试数据进行数值计算和分析，依次完成数字滤波、扣除重力固体潮、线性拟合、非线性离散度估计及零点漂移量计算等各项处理，分别求得主要反映海洋重力仪稳定性指标的零点漂移线性变化率 b 和非线性变化中误差 M，同时绘制各个处理阶段数值计算结果的变化曲线图。表 6.1 汇总了 5 批次测试数据的数值计算结果。

表 6.1　海洋重力仪稳定性测评数值计算结果

数据批次	重力固体潮 /mGal	线性变化率 b /(mGal/d)	非线性中误差 M /mGal		超过 2 倍非线性中误差残差点数占比/%	总天数/d	总漂移量 /mGal
			扣除重力固体潮前	扣除重力固体潮后			
S167	±0.19	−0.018	±0.16	±0.15	3.4	33	−0.58
S184	±0.21	0.007	±0.29	±0.26	6.3	38	0.28
S185	±0.19	−0.017	±0.20	±0.19	4.3	33	−0.56
D-011(1)	±0.18	0.135	±0.08	±0.04	5.1	30	4.06
D-011(2)	±0.19	0.080	±0.15	±0.10	2.4	26	2.09

表 6.2 列出了参与非线性中误差 M 计算的非线性偏移量总个数及落在不同区间的非线性偏移量个数占总个数的百分比。

表 6.2　非线性偏移量总个数及落在不同区间的非线性偏移量个数占总个数的百分比

数据批次	总个数	不同区间下的百分比/%							
		< −0.6mGal	[−0.6, −0.4) mGal	[−0.4, −0.2) mGal	[−0.2, 0.0) mGal	[0.0, 0.2) mGal	[0.2, 0.4) mGal	[0.4, 0.6) mGal	≥ 0.6mGal
S167	2874000	0.0	0.0	11.3	35.3	44.4	9.0	0.0	0.0
S184	3282734	1.6	4.0	12.6	36.0	23.6	13.7	7.9	0.4
S185	2891013	0.0	0.3	17.8	29.6	39.2	10.2	2.8	0.0
D-011(1)	259200	0.0	0.0	0.0	57.0	43.0	0.0	0.0	0.0
D-011(2)	223918	0.0	0.0	1.8	48.9	48.5	0.7	0.0	0.0

图 6.1～图 6.5 分别给出了 5 批次测试数据不同处理阶段计算结果的变化曲线，其中，各图中的图(a)分别显示原始数据和重力固体潮变化曲线，图(b)分别显示经数字滤波处理并扣除重力固体潮后的剩余观测量变化曲线和线性拟合直线，图(c)为对应于表 6.2 的线性拟合偏差柱状分布图，其中横坐标为对应于表 6.2 的误差区间编号，纵坐标为百分比。

从表 6.1 的统计结果可以看出，重力固体潮效应的影响量值与重力仪零点漂移非线性变化量值基本相当，前者甚至大于后者，因此在静态测试数据中扣除重

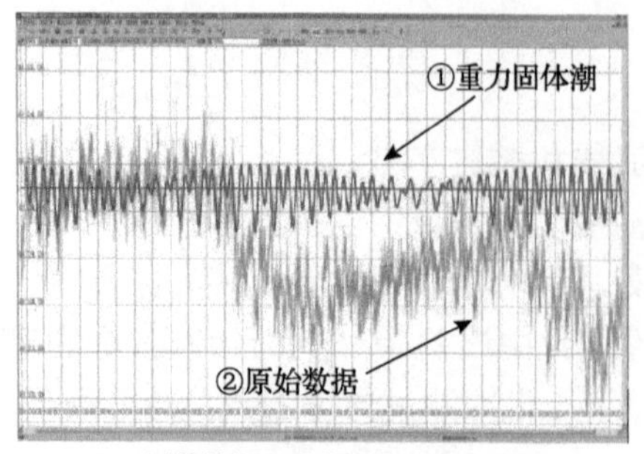

(a) 原始数据和重力固体潮变化曲线

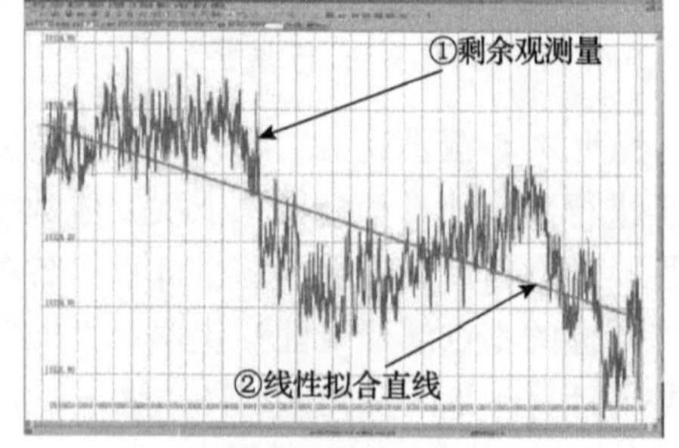

(b) 剩余观测量变化曲线和线性拟合直线

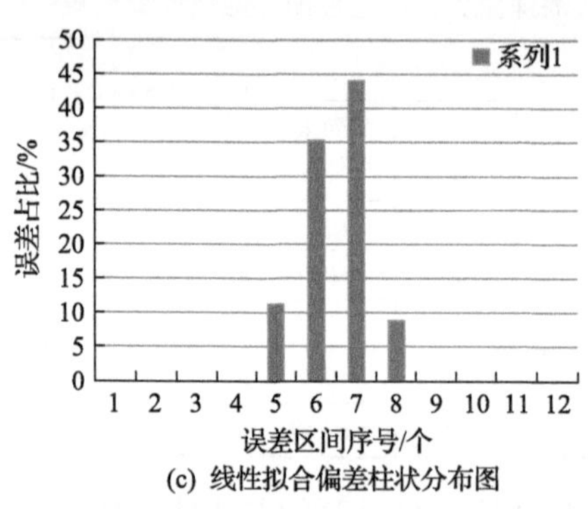

(c) 线性拟合偏差柱状分布图

图 6.1　S167 测试数据处理结果变化曲线图

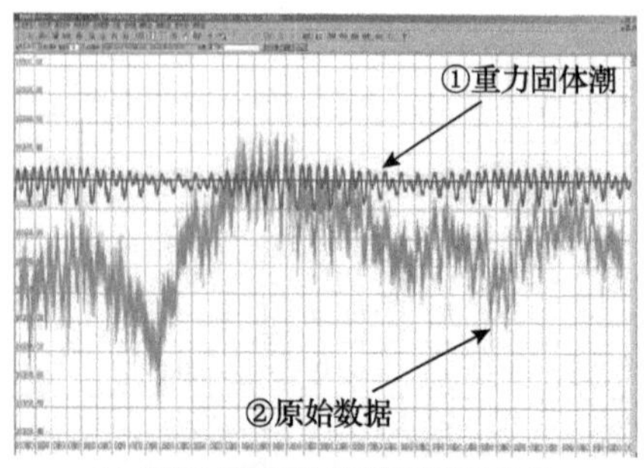

(a) 原始数据和重力固体潮变化曲线

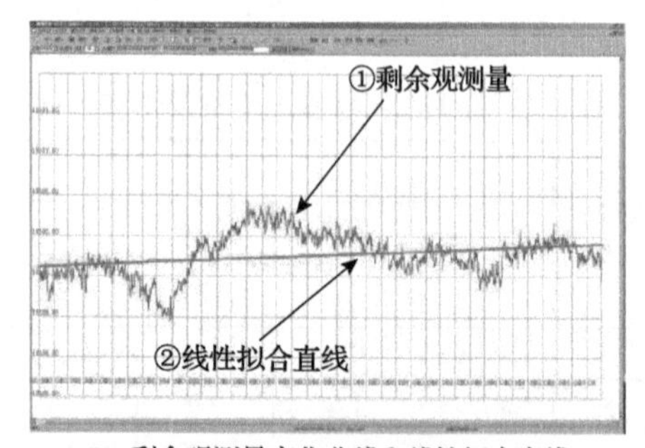

(b) 剩余观测量变化曲线和线性拟合直线

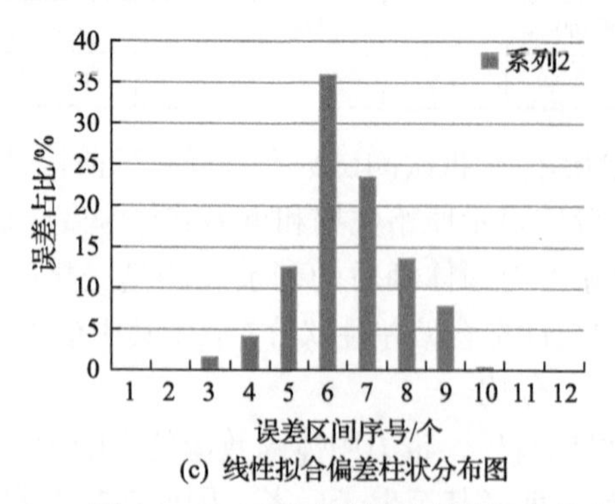

(c) 线性拟合偏差柱状分布图

图 6.2　S184 测试数据处理结果变化曲线图

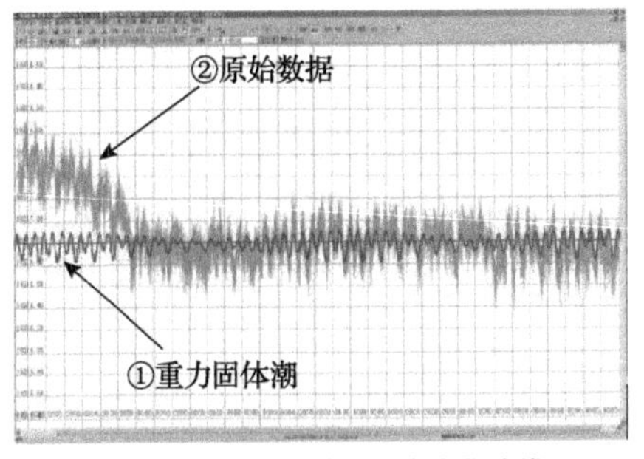

(a) 原始数据和重力固体潮变化曲线

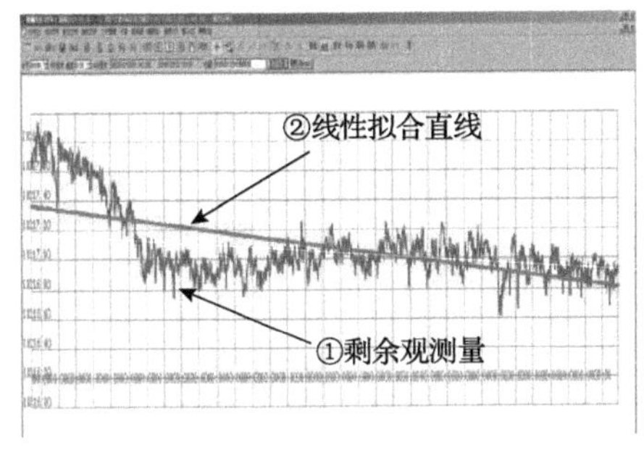

(b) 剩余观测量变化曲线和线性拟合直线

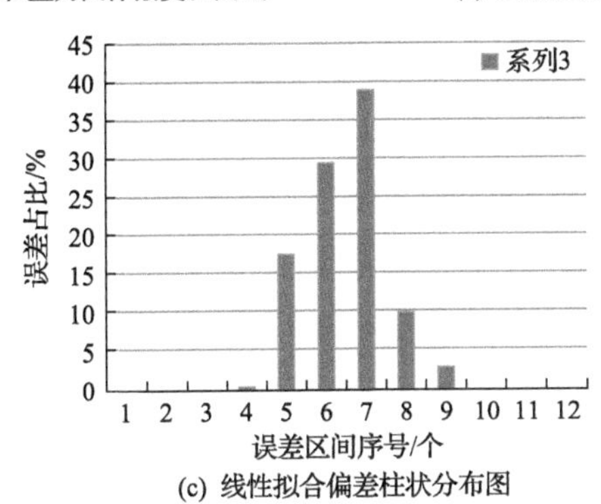

(c) 线性拟合偏差柱状分布图

图 6.3　S185 测试数据处理结果变化曲线图

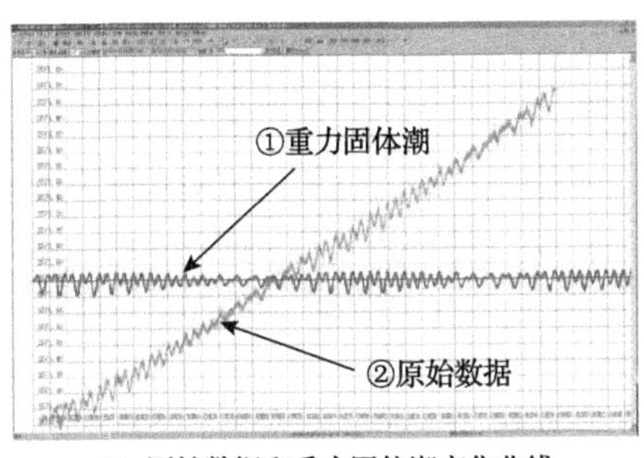

(a) 原始数据和重力固体潮变化曲线

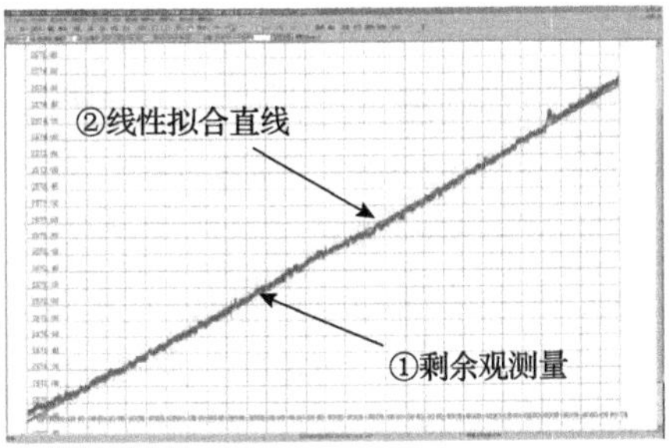

(b) 剩余观测量变化曲线和线性拟合直线

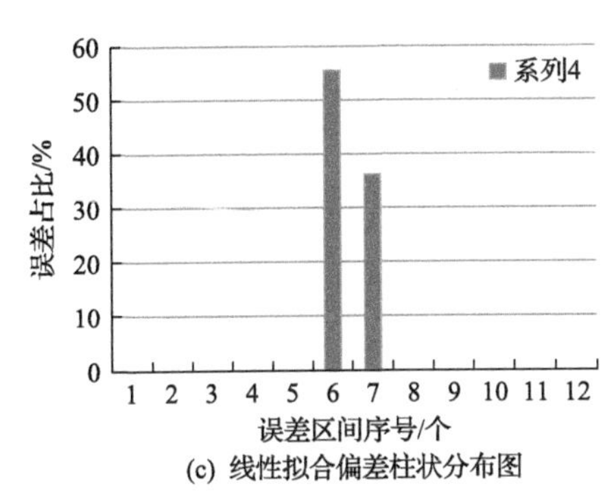

(c) 线性拟合偏差柱状分布图

图 6.4　D-011(1)测试数据处理结果变化曲线图

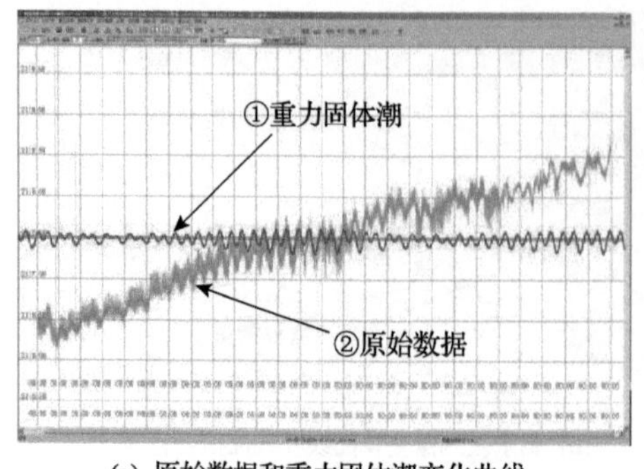

(a) 原始数据和重力固体潮变化曲线

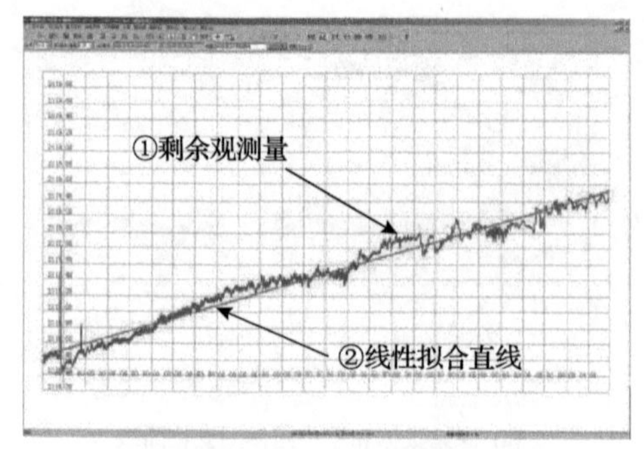

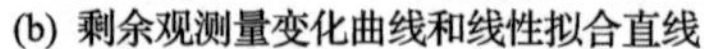

(b) 剩余观测量变化曲线和线性拟合直线

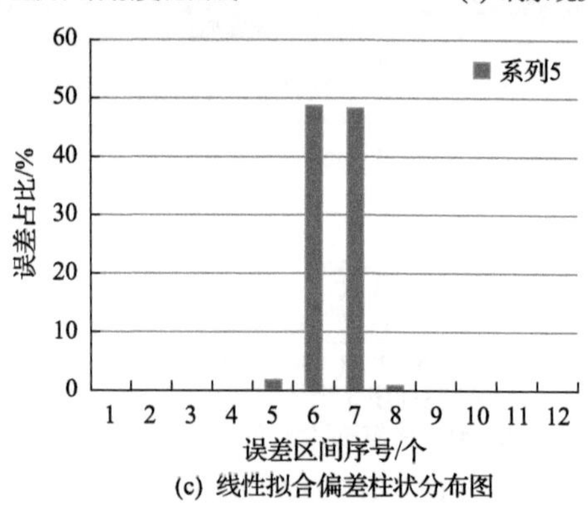

(c) 线性拟合偏差柱状分布图

图 6.5　D-011(2)测试数据处理结果变化曲线图

力固体潮的影响是完全必要的。对比图 6.1～图 6.5 的原始数据和重力固体潮变化曲线可以看出，无论是在普通的陆地实验室，还是在远离外界干扰的山洞实验室，海洋重力仪都能够清晰记录到重力固体潮的变化，而在山洞实验室的记录曲线更能反映重力固体潮的局部变化特征，图 6.6 展示了该批次数据(即 D-011(1))扣除零点漂移线性变化后与重力固体潮几乎完全一致的变化规律。表 6.1 同时列出了扣除重力固体潮前后的非线性变化中误差对比情况，该结果也从另一侧面验证了在静态测试数据中扣除重力固体潮影响是合情合理的。

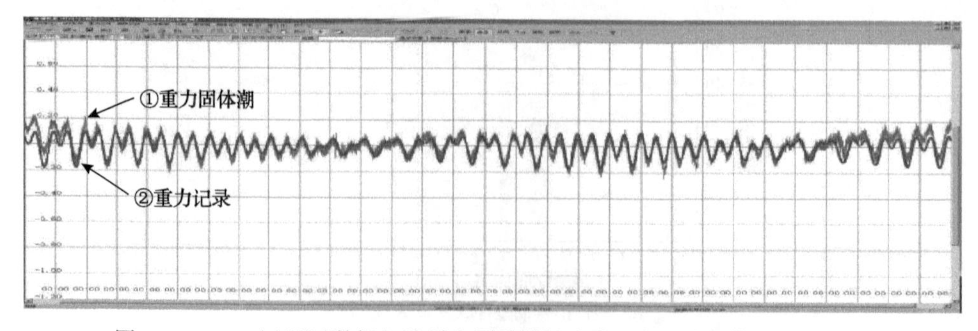

图 6.6　D-011(1)测试数据扣除零点漂移线性变化后与重力固体潮的对比图

从表6.1还可以看出，D-011(1)数据所对应的月漂移量已经超出3mGal的限差要求，如果严格执行现行海洋重力测量作业标准，原则上不能将该仪器投入实际作业。但按照本专题研究提出的稳定性评估方法对该批次数据进行分析后，不难发现，虽然该仪器的总漂移量比较大，但变化趋势相当稳定，其非线性变化部分量值很小，按现行方法对观测量进行零点漂移改正后，可获得很高的归算精度。因此，不应将漂移量大小作为衡量重力仪稳定性高低的唯一指标。这也是本专题研究在前面(具体见6.3节)提出将现行海洋重力测量作业标准中月漂移量限定要求从3mGal适当放宽到4.5mGal的主要缘由。

对比表6.1中由D-011(1)和D-011(2)两组数据计算得到的稳定性指标参量，可以看出，尽管它们各自的零点漂移非线性变化中误差都很小，但两者的零点漂移线性变化率b相差较大，两者互差值已经远远超过其自身的20%。该结果主要与两个方面的因素有关：①两次测试的时间间隔过长(接近2年)；②两次测试的环境差异较大，第一次测试地点位于安静的山洞实验室，第二次测试位于繁华喧闹城市的普通陆地实验室，环境因素的影响是显而易见的。因此，这里不能简单地按照本专题研究前面提出的指标要求来评判或者质疑D-011型重力仪的稳定性。

6.6.4 专题小结

经前面的理论分析和数值计算检验，本专题研究可得出如下结论：

(1)海洋重力仪的稳定性测试与评估是确保海洋重力测量成果质量的关键技术环节，研究制定合理可行的稳定性测评技术流程和数据处理方法具有必要性和紧迫性。

(2)海洋重力仪观测记录能够清晰反映重力固体潮的变化特征，在进行稳定性评估计算时，应从海洋重力仪定点观测数据中扣除重力固体潮的影响。

(3)由零点漂移线性变化率b和非线性变化中误差M联合组成海洋重力仪稳定性的评估指标体系(如果考虑到直观明了，可保留原有的月漂移量指标)是合理有效的。经进一步的分析论证后，可考虑对现行海洋重力测量作业标准的相关内容进行修改完善。

6.7 利用重复测线校正海空重力仪格值及试验验证

6.7.1 问题的提出

如前所述，海面船载和航空重力测量是获取海域重力场信息的两种主要手段(孙中苗，2004；黄谟涛等，2005；欧阳永忠，2013)。海空重力仪是两种测量模式的核心装备，海空重力测量成果质量除了受到测量动态环境效应的干扰和数据处理建模误差的影响外，海空重力仪自身技术性能也是影响观测数据质量的主要因素之一。海空重力仪自身技术性能的优劣取决于设备制造工艺的技术水平和仪器参数标定的精准程度，其误差源主要来自重力传感器动态灵敏度、仪器固有误差、温度控制误差、仪器标定误差及仪器零点非线性漂移等。海空重力测量误差除很小一部分是由随机干扰因素引起的观测噪声外，主要部分是由仪器误差和测量环境动态效应综合影响引起的有色噪声，它们是一类特殊的随时间变化和积累的非常值系统误差(杨元喜，2012)。海空重力测量中由重力传感器参数标定、零点漂移改正、环境效应改正剩余影响、数据滤波等各环节引起的误差源都属于有色噪声的范畴(孙中苗，2004；欧阳永忠，2013；孙中苗等，2013b)。海空重力测量成果是开展地球重力场逼近计算和各领域保障应用的数据基础，相比于偶然误差，重力观测数据中的系统偏差对后端的各类应用具有更加显著的影响(李建成等，2003；黄谟涛等，2005)。因此，削弱系统偏差对测量成果的影响是提高海空重力测量数据应用效能的关键，也是开展海空重力测量误差分析处理和精度评估的目的(黄谟涛等，2002；Olesen，2002；郭志宏等，2008；欧阳永忠等，2011；黄谟涛等，2013c；欧阳永忠，2013；孙中苗等，2013b)。

重力仪格值是指将重力仪的计数单位(俗称“格”)转换为重力单位(一般取为毫伽)的标定函数，也称为格值函数(黄谟涛等，2005；孙中苗等，2008)，是重力传感器的主要标定参数之一，一般在仪器交付前，由仪器生产厂家通过实验室和野外测量的方式对其进行测定。受试验和作业条件的限制，仪器生产厂家标定的重力仪格值可能存在一定的误差；当重力传感器出现机械故障需要进行大修或更换零部件时，重力仪格值会发生一定的变化；对于使用弹性系统作为传感器的重力仪，弹性系数随时间的变化也会引起重力仪格值的变化。当重力仪格值偏离正常值达到一定程度时，格值误差将对海空重力测量成果产生不可忽视的系统性影响，必须对其采取必要的校正和补偿措施。近期在处理多型航空重力仪同机测试数据时，发现多台重力仪的测量成果出现比较明显的系统偏差(欧阳永忠等，2013)，经分析研究后确认，这类偏差主要源自重力仪自身格值的变动或格值标定的不确定性。针对此问题，本专题研究提出了相应的格值校正方法和计算模型，取得了预期的补偿效果。

6.7.2 格值标定方法及误差影响机理分析

6.7.2.1 格值标定基本方法

由 Ander 等(1999)、黄谟涛等(2005)的研究可知，要想精确测定重力仪格值的标定函数，除了必须事先知道重力仪自身的物理参数和几何参数外，还需要掌握标定系统的基本特征参数。由于两个系统内部各种参数之间的关系极其复杂，指望借助内部参数值通过理论计算就能得到严密的格值函数几乎是不可能的。因此，在实际应用中，一般将格值函数设计为一定形式的函数模型，将已知的高精度重力段差作为观测量，通过简单的模型解算即可确定格值函数的模型系数，最终获得经验型的格值函数。

考虑到重力仪工作原理的复杂性、多样性及高精度要求，在标定陆地重力仪时，一般将格值函数设计为由常值、线性、非线性和周期项组成的综合模型，并利用特殊的装置对仪器格值进行分段标定(华昌才等，1991)。仪器生产厂家首先把仪器全测程划分为若干测段，并在实验室完成各个测段的格值测定，然后在已知的野外重力基线场进行格值函数实地标定，最后以表格形式给出该型仪器的分段格值，这就是通常所指的厂方格值函数。重力仪使用一段时间后，由于受仪器元器件老化和外部干扰因素的影响，厂方格值函数会发生一定的变化。因此，一般要求每隔 3 年就要对厂方格值函数进行重新标定(孙少安等，2002)。相比较而言，海空重力仪格值的标定及要求简单一些，由于格值函数中的非线性项和周期项影响只有 0.001～0.01mGal，在海空重力测量中可以忽略不计，故实践中只需定期对海空重力仪的格值常数进行标定和校正，以防止重力仪内部结构变化对海空重力测量成果带来系统性的影响(黄谟涛等，2005；孙中苗等，2008)。

目前，海空重力仪格值主要采用三种标定方法：基线法、倾斜法和质量法。基线法要求在野外建立标准的重力基线场，至少已知由两个高精度重力基点获得的重力段差。假设已知重力段差为 $\mathrm{d}g$ ，重力仪在两个基点之间的读数差为 Δs ，则可求得重力仪的格值 C 为

$$C = \frac{\mathrm{d}g}{\Delta s} \tag{6.20}$$

由式(6.20)标定重力仪格值的精度取决于已知重力段差和读数差的观测精度，其相对精度则主要取决于已知重力段差的大小，重力段差越大，标定格值的可靠性越高，这也正是人们要求尽可能在长基线上进行重力仪格值标定的原因。

倾斜法是一种室内格值标定方法，当已知某个测点的重力值为 g 、重力仪读数为 s_0 时，借助倾斜平台可以改变作用在重力传感器上的重力加速度和重力仪读数。假设平台倾斜角为 α ，此时相对应的重力仪读数为 s_α ，作用在重力传感器上的重力加速度为 $g\cos\alpha$ ，则可求得重力仪的格值 C 为

$$C = \frac{g(1-\cos\alpha)}{s_0 - s_\alpha} \tag{6.21}$$

由式(6.21)标定重力仪格值的精度主要取决于仪器读数和倾斜角的观测精度，其相对精度则与倾斜角的大小密切相关，倾斜角调整越大，标定格值的可靠性越高。由于倾斜法要求的保障条件比较苛刻，所以一般只有仪器生产厂家采用

该方法。

改变重力仪系统的质量也可以获得预想的重力变化，采用这种方法标定重力仪格值，称为质量法。假设在原系统中增加或减少一个附加的质量块 Δm ，使得重力加速度产生改变量 $\mathrm{d}G$ ，则有

$$\frac{\mathrm{d}G}{g}=\frac{\Delta m}{m} \tag{6.22}$$

由式(6.22)可得

$$\mathrm{d}G=g\frac{\Delta m}{m} \tag{6.23}$$

又假设质量改变前后的重力仪读数差为 Δs ，则可求得重力仪的格值 C 为

$$C=\frac{g}{m}\frac{\Delta m}{\Delta s} \tag{6.24}$$

显然，只有仪器生产厂家才具备采用质量法标定重力仪格值的基本条件，LCR型和KSS型海洋重力仪生产厂家都曾采用质量法标定各自的重力仪格值，并取得(2～3)×10^{-4}的相对标定精度(黄谟涛等，2005)。

由式(6.20)～式(6.24)不难看出，三种格值标定方法所对应的相对标定精度估算公式均可统一表达为

$$\left(\frac{m_c}{C}\right)^2=\left(\frac{m_{\mathrm{dg}}}{\mathrm{dg}}\right)^2+\left(\frac{m_{\Delta s}}{\Delta s}\right)^2 \tag{6.25}$$

式中， m_{dg} 和 $m_{\Delta s}$ 分别为重力段差(变化量)和仪器读数差的观测精度； m_c 为仪器格值的标定精度。

6.7.2.2 格值误差影响机理分析

海空重力测量都属于相对重力测量，从某个比对重力基点 g_0 出发，航迹线上某个测点 P 的重力加速度值 g_p 按式(6.26)进行计算：

$$g_p=g_0+C(s_p-s_0) \tag{6.26}$$

式中， s_0 和 s_p 分别为重力仪在比对重力基点和测点处的读数； C 为重力仪的标定格值。

当标定格值 C 出现一定的偏差 ΔC 时，将使得测点 P 的重力加速度 g_p 产生如下大小的偏差：

$$\Delta g_p = \Delta C(s_p - s_0) \tag{6.27}$$

显然，格值误差对重力观测值的影响具有明显的系统性特征，无论是从时间尺度还是从空间分布角度来看，此类误差都归属于典型的有色噪声范畴。由式(6.27)可知，格值误差影响量大小与测点和基点之间的读数差成正比，即测点和基点之间的重力段差越大，格值误差造成的影响越大。

为了满足各个领域的应用需求，海空重力仪必须具备全球测量能力，也就是说，海空重力仪的测程必须覆盖全球重力场的最大变化幅度。采用常见的正常重力模型即可粗略估计地球重力场随地理纬度的变化趋势，本专题研究采用的 CGCS2000 所对应的椭球面正常重力公式如下(解放军总装备部，2008a)：

$$\gamma = 978032.53349\,(1 + 0.00530244\sin^2\varphi - 0.00000582\sin^2(2\varphi)) \tag{6.28}$$

式中，φ 为计算点的大地纬度。

利用式(6.28)可分别计算不同纬度线相对于赤道线的正常重力变化量 $\Delta\gamma_{i0}$ 以及不同纬度线之间的正常重力相对变化 $\Delta\gamma_{ij}$，表 6.3 列出了以 10°为间隔的不同纬度线计算结果。

表 6.3　正常重力场随纬度的变化量及不同纬度线之间的相对变化量

纬度	10°N	20°N	30°N	40°N	50°N	60°N	70°N	80°N	90°N
$\Delta\gamma_{i0}$/mGal	156	604	1292	2137	3038	3885	4577	5029	5186
$\Delta\gamma_{ij}$/mGal	156	449	688	845	901	847	692	452	157

由表 6.3 可以看出，地球重力场总体上有由赤道向两极逐步增大的趋势，纬度每增加 10°，正常重力增幅为 150～900mGal，全球最大变化幅度超过 5000mGal。如果把测点和基点之间的读数差 $\Delta s_p = s_p - s_0$ 近似取为地球重力场的变化量，那么依据表 6.3 给出的计算值，利用式(6.27)可估算不同量值格值误差作用下的海空重力测量数据偏差 Δg_p，不同量值格值误差对海空重力测量成果的影响如表 6.4 所示。

表 6.4　不同量值格值误差对海空重力测量成果的影响　(单位：mGal)

格值误差	不同 Δs_p 下的偏差/mGal								
	100	300	500	1000	1500	2000	3000	4000	5000
$\Delta C = 10^{-2}$	1	3	5	10	15	20	30	40	50
$\Delta C = 10^{-3}$	0.1	0.3	0.5	1	1.5	2	3	4	5
$\Delta C = 10^{-4}$	0.01	0.03	0.05	0.1	0.15	0.2	0.3	0.4	0.5
$\Delta C = 10^{-5}$	0.001	0.003	0.005	0.01	0.015	0.02	0.03	0.04	0.05

由表 6.4 结果可知，如果从保障跨越全球海域和空域重力测量作业考虑，海空重力仪格值的标定精度必须达到 10^{-5}。如果只限于局部区域(如比对基点与测区纬度跨越不超过 5°)测量作业保障，那么对于航空重力测量，考虑到此时的区域重力场变化幅度和厄特沃什效应作用量值最大不会超过 2000mGal，航空重力仪格值的标定精度要求可降低到 10^{-4}；对于船载重力测量，相对应的区域重力场变化幅度和厄特沃什效应量值最大不会超过 500mGal，因此海洋重力仪格值的标定精度要求可降低到 10^{-3}。目前，国际上的仪器生产厂家大多采用野外短基线场(重力段差一般不超 500mGal)对重力仪格值进行实地标定(LaCoste & Romberg Inc., 2003；Joint-Stock Company，2008；Micro-g LaCoste Inc.，2010)，据估计，这样的标定精度水平为 10^{-3}～10^{-4}，基本满足局部区域海空重力测量的精度要求，但要想满足全球测程覆盖需求，必须采取相应的改进措施，一方面进一步提高在野外长基线场标定格值的精度，另一方面也可考虑采用类似于陆地重力仪格值的分段标定方法，即将仪器全测程划分为若干个测段，分别给出各个测段的格值标定值，以反映仪器格值的非线性变化特征。

6.7.3 格值校正方法及计算模型

由前面的分析可知，海空重力仪格值误差主要来自两个方面：一方面是仪器出厂时的标定误差，称为原值误差；另一方面是仪器使用一段时间后，受元器件老化和外部干扰因素的影响，仪器生产厂家标定的格值发生了一定的变化，称为老化误差。当两类误差之一超过一定的量值时，格值误差将对海空重力测量成果产生不可忽略的系统性影响。对于船载重力测量，当测量船以 36km/h 的速度航行时，在东西向测线上的厄特沃什效应的影响量值可达 150mGal，两条东西正反航向重复测线的厄特沃什效应的影响量互差可达 300mGal，此时，如果重力仪格值误差的量级达到 10^{-3}，那么由表 6.4 可知，由格值误差引起的重复测线系统偏差为 0.3mGal，这样的影响量虽然不应该忽略，但很难从多种因素的综合影响中分离出如此小量值的格值误差影响，除非格值误差量级增大到 10^{-2}。航空重力测量的情形则大不相同，当测量飞机以 400km/h 的速度飞行时，在东西向测线上的厄特沃什效应的影响量值可达 1800mGal，两条东西正反航向重复测线的厄特沃什效应的影响量互差可达 3200mGal，此时，如果重力仪格值的误差量级仍取为 10^{-3}，那么由表 6.4 可知，由格值误差引起的重复测线系统偏差将超过 3mGal，显然这么大的偏差量足以影响海空重力测量成果质量的评估结论和未来的应用价值(郭志宏等，2008；黄谟涛等，2013c)。但反过来讲，如果能从重复测线数据的互比中检测到比较显著的系统误差影响，那么基本上也能判定这种影响主要来自仪器格值不确定性干扰，因为在具备高精度 GNSS 导航定位系统保障的条件下，其他误差源对海空重力测量成果的系统性影响已经被压缩到较低水平。因此，可以利用东西正反航向重力仪读数差变化幅度较大且符号相反的特性，通过重复测线来检测和校正海空重力仪的格值误差，这正是本专题研究开展此项研究的核心思路(黄谟涛等，2018b)。

根据 Olesen(2002)、孙中苗(2004)和欧阳永忠(2013)的相关研究，海空重力测量的基本数学模型可表达为

$$g_p = g_b + (f_Z - f_Z^0) - \delta a_V + \delta a_E + \delta a_H + \delta a_F + \delta a_A \tag{6.29}$$

式中，g_p 为测线采样点 P 的绝对重力值；g_b 为比对基点处(码头或停机坪)的重力值；f_Z、f_Z^0 分别为比力观测量及其初值；δa_V 为载体垂向加速度；δa_E 为厄特沃什改正；δa_H 为水平加速度改正(也称为平台倾斜重力改正)；δa_F 为空间改正；δa_A 为垂向加速度偏心改正(也称为杆臂效应改正)。

实际上，对于船载重力测量，在式(6.29)右端还应增加仪器零点漂移改正 δa_K 和测量船动态吃水重力改正 δa_C，具体参见欧阳永忠(2013)和本书的第 2 章内容。比力观测量 f_Z 的计算模型可统一表达为

$$f_Z = C \cdot s_p \tag{6.30}$$

式中，C 为格值常数；s_p 为重力仪读数。

对于 LCR 型海空重力仪，s_p 由式(6.31)计算：

$$s_p = S + KB' + \mathrm{CC} \tag{6.31}$$

式中，S 为弹簧张力；K 为摆杆尺度因子；B' 为摆杆速度；CC 为摆杆型重力仪固有的交叉耦合效应改正。

弹簧张力 S 是式(6.31)右端的主项，第二项和第三项的量值都相对较小，但摆杆尺度因子 K 的标定误差也会影响重力仪的观测精度，关于该因子重新标定问题的讨论可参见孙中苗等(2002b，2007c)，这里不再涉及。

假设在东西向上布设了两条正反向的重复测线 1 和重复测线 2，由式(6.29)和式(6.30)可知，在重复测线 1 和重复测线 2 的重复测点 P 处的绝对重力值可分别表示为

$$g_{p1} = g_b + (C \cdot s_{p1} - C \cdot s_0) - \delta a_{V1} + \delta a_{E1} + \delta a_{H1} + \delta a_{F1} + \delta a_{A1} \tag{6.32}$$

$$g_{p2} = g_b + (C \cdot s_{p2} - C \cdot s_0) - \delta a_{V2} + \delta a_{E2} + \delta a_{H2} + \delta a_{F2} + \delta a_{A2} \tag{6.33}$$

此时，重复测点 P 处的重力互差为

$$\delta g_{p12} = C \cdot s_{p1} - C \cdot s_{p2} - \delta a_{V1} + \delta a_{V2} + \delta a_{E1} - \delta a_{E2} + \delta a_{H1} - \delta a_{H2} + \delta a_{F1} - \delta a_{F2} + \delta a_{A1} - \delta a_{A2} \tag{6.34}$$

假如重力观测和数据处理的各个环节都不存在误差，那么理论上重复测点的重力互差应为零。显然，这种理想化的情形是不可能实现的，也就是说，测量过程中难免会受到各种干扰因素的影响，包括动态环境干扰、各项改正建模误差干扰、仪器参数不确定性影响等，在此情形下，重复测点处必会出现一定大小的重力不符值 δg_{p12}。这里假设重力不符值的趋势性部分主要由仪器格值偏差 ΔC 导致，其随机性部分则归结为动态环境和各项改正建模误差的综合影响 V_{p12}，此时由式(6.34)可得

$$\delta g_{p12} + \Delta C(s_{p1} - s_{p2}) + V_{p12} = 0 \tag{6.35}$$

对应于重复测线上的每一个重复测点均可建立类似于式(6.35)的观测方程，当存在 n 个重复测点时，分别以 ΔC 为待定参量，以 δg_{i12} 为观测量，以 V_{i12} 为观测误差的改正数，则由最小二乘原理可求得格值偏差 ΔC 的最或然估值为

$$\Delta\tilde{C} = -\frac{1}{n}\sum_{i=1}^{n}\frac{\delta g_{i12}}{s_{i1} - s_{i2}} = \frac{1}{n}\sum_{i=1}^{n}\Delta C_i \tag{6.36}$$

估值 $\Delta\tilde{C}$ 的精度估算式为

$$m_{\Delta c} = \sqrt{\frac{1}{n(n-1)}\sum_{i=1}^{n}(\Delta C_i - \Delta\tilde{C})^2} \tag{6.37}$$

其中

$$\Delta C_i = -\frac{\delta g_{i12}}{s_{i1} - s_{i2}} \tag{6.38}$$

求得格值偏差估值 $\Delta\tilde{C}$ 后，可按式(6.39)计算仪器格值的校正值：

$$\tilde{C} = C + \Delta\tilde{C} \tag{6.39}$$

使用校正值 $\tilde{C}$ 代替原值 C 重新计算各个测点的绝对重力值，即可消除格值偏差给海空重力测量成果带来的系统性影响。当前海空重力仪的标称精度均优于1mGal，一般要求其系统偏差不得超过标称精度的 25%，即 0.25mGal，这就意味着，正反向重复测点重力互差 δg_{i12} 中的系统性部分 $\delta\bar{g}_{i12}$ 不应超过 0.5mGal，如果

超过这样的限差值，则应查找引起误差超限的具体原因。由前面的分析可知，在正常作业条件下，海面船载重力测量的正反向重复测点重力仪读数差$(s_{i1}-s_{i2})$一般不超过 300mGal，航空重力测量一般不超过 3200mGal，如果统一取$\delta\overline{g}_{i12}=$ 0.5mGal 作为误差下限，那么由式(6.38)可知，对应于海面船载重力测量的仪器格值校正量为$\Delta C_i=1.7\times10^{-3}$；对应于航空重力测量的仪器格值校正量为$\Delta C_i=1.6\times10^{-4}$。由此可见，利用船载正反向重复测线测量，至多只能检测和校正 10^{-3} 及以上量级的重力仪格值偏差，航空重力测量模式最多也只能将格值偏差检测和校正范围扩展到 10^{-4} 量级。

这里需要补充说明的是，利用重复测线测量来检测重力仪格值标定误差的机理，不仅取决于某个干扰因素的影响量值，还取决于其影响量随航向的变化规律，这也是作者反复强调必须采用东西正反向重复测线测量数据进行检测才能达到预期效果的原因。厄特沃什效应在东西向上不仅量级大，而且在东西正反向上的影响量值正好相反，完全符合本书设想的误差检测机理的要求。航空重力测量瞬时垂向干扰加速度的量值虽然最大可达几十万毫伽，但在航空重力仪的强阻尼作用下，经滤波处理后的垂向干扰加速度量值一般不超过 500mGal。尤为关键的是，垂向干扰加速度的变化特性与载体航行方向没有必然的联系，无论是东西向还是南北向，又无论是同向还是反向，垂向干扰加速度的影响都很难在重复测线的互比中得到反映。因此，如果在东西正反向重复测线测量数据的互比中出现了比较大的系统偏差，那么可以判定这样的偏差不可能是由垂向干扰加速度影响导致的，因为根据当前的导航定位技术水平，完全可以优于 0.5mGal 的精度计算垂向干扰加速度的影响。其他因素的影响也有类似的变化特征和相近的计算精度水平(包括厄特沃什效应的计算精度在内)，说明各项测量环境效应改正的计算误差不足以构成比较大的重复测线互比中的系统偏差。由此可见，本专题研究将航空重力东西正反向重复测线测量数据互比出现比较大的平均差值归结为“由重力仪格值标定误差引起”是有理论依据和前提条件的，也是符合实际情况的。

6.7.4　实例计算及对比分析

6.7.4.1　试验数据概况

为了全面评估国内外各种型号海空重力仪的技术性能，2012 年，我国有关部门在某海域组织开展了 4 型 5 套重力仪的同机飞行测试(欧阳永忠等，2013)。该试验主要通过设计多种重复测线和交叉线测量，检测各型航空重力仪动态测量特性的内部符合度，同时检测不同型号航空重力仪相互间测量结果的一致性。试验共布设南北向(J1～J8)和东西向(M1～M8)测线各 8 条，测线长度分别为 260km 和 290km；布设重复测线 5 组，其中南北向重复测线两组，测线号为 J1 和 J6；东西向重复测线两组，测线号为 M2 和 M6；东北-西南斜向重复测线一组，测线号为 Z1，测线长度约为 400km。测量航迹线分布图见图 6.7，试验飞行高度约为 1500m，飞行速度约为 400km/h。

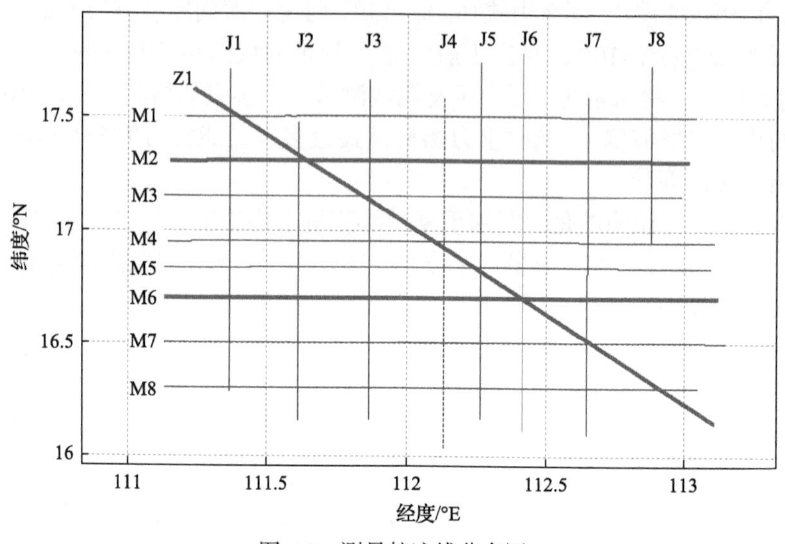

图 6.7　测量航迹线分布图

6.7.4.2　内部检核计算及对比分析

由欧阳永忠等(2013)的研究可知，在 5 套海空重力仪的重复测线内部检核统计结果中，除了 SGA-WZ01 以外，其他 3 套完成东西向重复测线测量(LCR SⅡ型重力仪(编号：S167)只完成 1 组南北向重复测线测量)的重力仪均呈现比较明显的系统偏差(即互差平均值)，而且比较大的偏差都出现在东西向测线上，东北-西南斜向重复测线次之，南北向偏差较小。其中，GT-1A 型重力仪的重复测线互差平均值为–4.58～4.24mGal，TAGS 型(LCR S158)航空重力仪测量结果的互差平均值为–7.56～7.54mGal，GDP-1 型航空重力仪的重复测线互差平均值为–10.41～10.50mGal。如此显著的系统偏差在以往的飞行试验中是极为罕见的，作者反复分析了引起此类系统偏差的可能原因，基本排除了动态环境干扰和效应补偿不足或过头的可能性，最后将注意力聚焦于各型重力仪格值的不确定性。经计算验证，内部和外部检核结果都证实作者的分析和判断是正确的，即 3 套重复测线测量成果出现系统偏差主要源自重力仪格值的标定误差。本节以 TAGS 型航空重力仪测量数据为例，通过对比分析说明采用本专题研究提出的计算模型(即式(6.36))对格值偏差进行校正前后，重复测线和测网交叉点计算结果的一致性检核情况。表 6.5 首先给出 M2 和 M6 两组东西正反向重复测线(分别标记为 M2-1 和 M2-2、M6-1 和 M6-2)格值修正前后的内部对比统计结果。这里需要补充说明的是，表中给出的修正前互差平均值与欧阳永忠等(2013)的结果存在微小的差异，这是由于在数据处理中，本专题研究使用了更加严密的厄特沃什改正公式。

表 6.5　M2 和 M6 两组东西正反向重复测线格值修正前后的内部对比统计结果

统计参量		最小值/mGal	最大值/mGal	平均值/mGal	标准差/mGal	均方根/mGal	格值	修正量及精度
M2	修正前	3.77	12.04	7.74	2.04	8.00	0.994058	$\Delta C = 0.002308447$ $m_{\Delta c} = 1.672\times10^{-5}$
	修正后	−3.35	3.97	0.04	1.86	1.86	0.996366447	
M6	修正前	−15.40	−1.59	−7.61	2.21	7.92	0.994058	$\Delta C = 0.002317681$ $m_{\Delta c} = 1.562\times10^{-5}$
	修正后	−7.90	5.97	−0.00	2.18	2.18	0.996375681	

由表 6.5 的计算结果可以看出，TAGS 型航空重力仪格值确实存在比较明显的标定误差，原格值精度不足 10^{-3}，由两组东西正反向重复测线测量数据求得的格值修正量非常接近，吻合度高于 10^{-4}，两个修正量的估算精度均达到 10^{-5}。对原格值进行修正后，两组重复测线测量结果内部互比的系统偏差已经得到消除，校正效果非常明显。图 6.8 和图 6.9 直观展现了格值校正前后 M6 重复测线吻合度的改善效果。

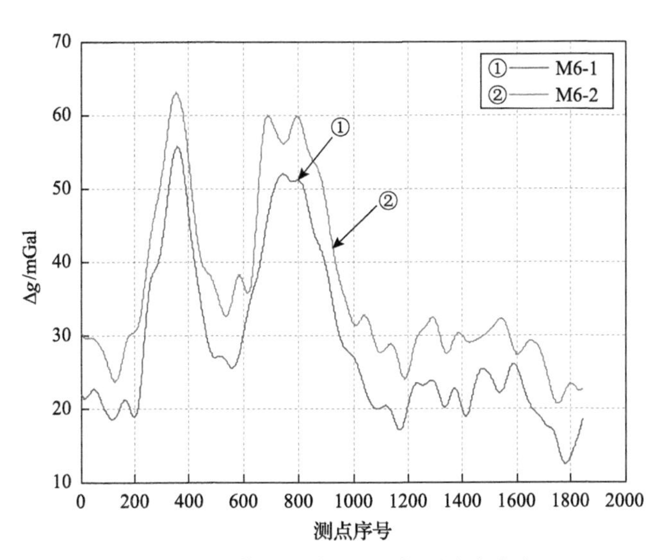

图 6.8　格值校正前 M6 重复测线吻合度

本节进一步采用由 M6 重复测线数据获得的新格值重新处理整个测线网的重力观测量，表 6.6 列出了格值修正前后 M2 和 Z(含 2 条测线，标记为 Z1-2 和 Z2-3)重复测线的内部对比统计结果，表 6.7 列出了格值修正前后测线网交叉点重力不符值在东西向的代数平均值对比结果，表 6.8 则列出了格值修正前后测线网交叉点重力不符值的统计结果。

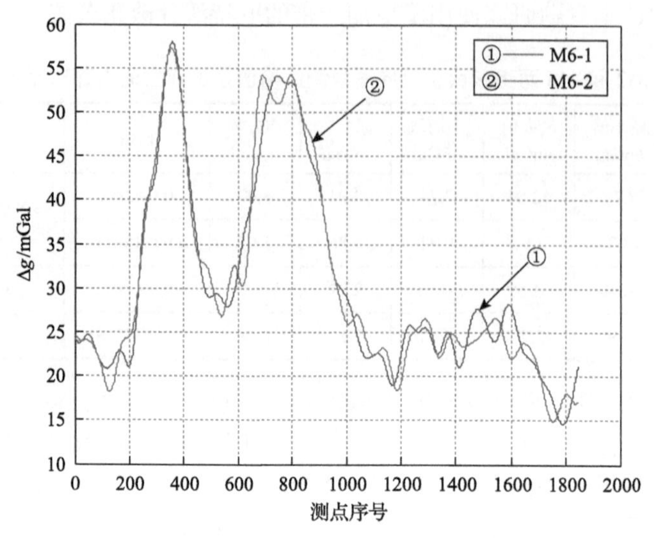

图 6.9 格值校正后 M6 重复测线吻合度

表 6.6 格值修正前后 M2 和 Z 重复测线的内部对比统计结果（单位：mGal）

统计参量		最小值	最大值	平均值	标准差	均方根
M2	修正前	3.77	12.04	7.74	2.04	8.00
	修正后	−3.38	3.94	0.01	1.86	1.86
Z1-2	修正前	−8.58	12.52	5.02	2.94	5.82
	修正后	−14.78	6.50	−0.77	2.86	2.96
Z2-3	修正前	−7.91	13.74	6.70	3.29	7.47
	修正后	−13.99	7.83	0.85	3.07	3.19

表 6.7 格值修正前后测线网交叉点重力不符值在东西向的代数平均值对比结果

（单位：mGal）

东西向测线	M1	M2-2	M2-1	M3	M4	M5	M6-1	M6-2	M7	M8
修正前	2.77	−2.73	3.69	−4.58	1.78	−2.11	−3.73	2.35	3.38	−1.94
修正后	−0.20	0.23	−0.23	−0.85	−1.63	1.17	−0.51	−1.22	0.15	0.40

表 6.8 格值修正前后测线网交叉点重力不符值的统计结果（单位：mGal）

统计参量	最小值	最大值	平均值	标准差	均方根
修正前	−7.64	12.14	−0.13	3.05	3.05
修正后	−5.88	7.14	−0.33	1.81	1.82

表 6.6 和表 6.7 的计算结果清晰显示，经过格值校正后，其他测线的系统偏差也得到了有效补偿，具体体现在平均值和均方根两项指标上。表 6.8 则从另一个侧面说明，格值校正对提升整个测线网的内符合精度也有显著作用，测线网精度从原先的 3.05mGal 提升到了 1.82mGal。这些结果进一步证实，通过重复测线测量来校正重力仪格值误差是合理、可行和有效的。

6.7.4.3　外部检核计算及对比分析

为了检核格值校正前后航空重力测量数据对外部信息源的符合程度，本节进一步使用 Poisson 积分公式将同一区域内的船载重力测量成果向上延拓到飞行高度面(Heiskanen et al.，1967)，并内插到航空重力测线的各个测点，进而求取两组测量数据的互差。其中，为了减弱积分边缘效应的影响，相对于航空作业区域，海面重力测量数据在测区四周都向外大约延伸了 1°带宽。表 6.9 同时列出了格值修正前后两组测量数据在部分测线、所有南北向测线、所有东西正向测线、所有东西反向测线和全部测线上的对比统计结果。图 6.10 和图 6.11 直观展现了格值校正前后 M4 测线两组测量数据吻合度的改善效果。

表 6.9　格值修正前后海面重力向上延拓值与航空重力测量值对比统计结果(单位：mGal)

统计参量		最小值	最大值	平均值	标准差	均方根
M1	修正前	−2.62	13.00	5.64	3.12	6.44
	修正后	−7.65	7.29	0.29	2.87	2.89
M4	修正前	−0.16	9.14	4.39	2.10	4.87
	修正后	−5.70	3.19	−1.20	2.05	2.37
M7	修正前	−0.78	12.41	5.32	2.72	5.98
	修正后	−6.25	6.65	−0.30	2.65	2.67
南北向测线	修正前	−9.25	12.57	1.44	2.54	3.10
	修正后	−10.56	10.65	−0.14	2.49	2.69
东西正向测线	修正前	−7.64	13.00	4.82	2.62	5.51
	修正后	−10.94	7.29	−0.70	2.48	2.64
东西反向测线	修正前	−9.16	6.47	−2.70	2.31	3.60
	修正后	−6.81	8.49	−0.62	2.30	2.44
全部测线	修正前	−13.94	15.90	1.54	2.63	4.29
	修正后	−9.76	14.46	−0.28	2.55	2.72

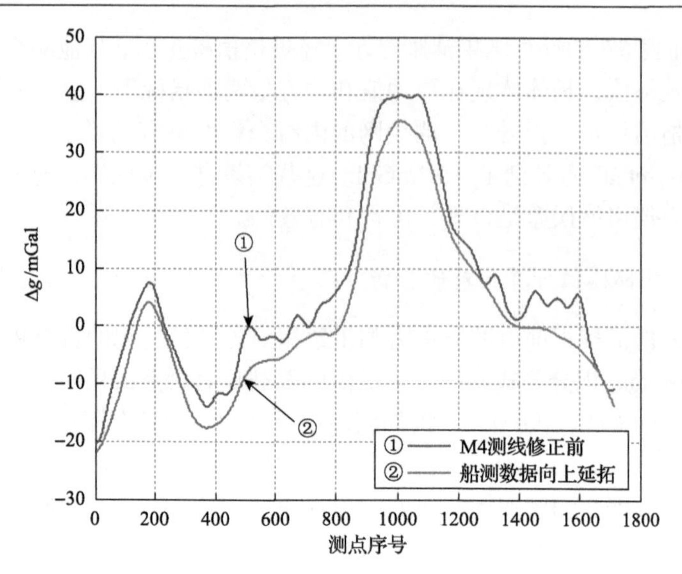

图 6.10　校正前 M4 测线船测与航空重力吻合度对比

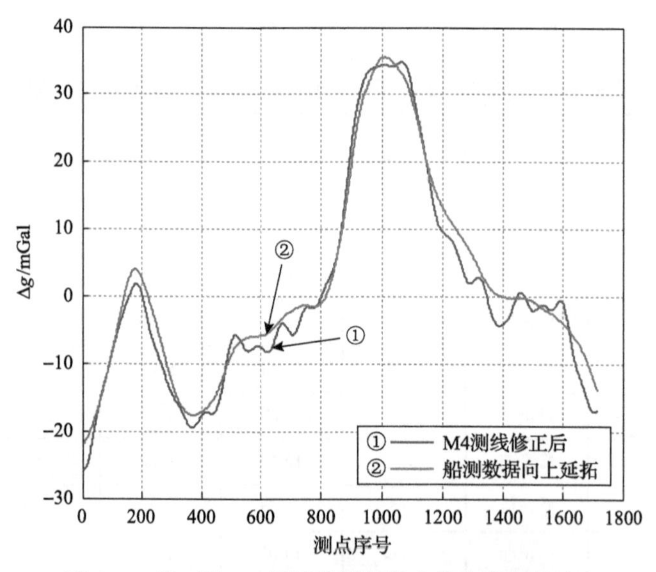

图 6.11　校正后 M4 测线船测与航空重力吻合度对比

从表 6.9 和图 6.10、图 6.11 的对比结果可以看出，经过格值校正后，TAGS 型航空重力仪观测数据与海面船测数据向上延拓值的整体吻合度均得到显著提高(重点关注表 6.9 中的平均值和均方根两项指标)，东西向测线的改善幅度尤为明显，这样的结果与前面所做的理论分析也是吻合的，即仪器格值误差对东西向测线数据的影响要远大于南北向测线，因此相对应的改善效果更加明显也是必然的。TAGS 型航空重力仪是从船载型升级到航空型的改进型重力仪，仪器生产厂家忽视了航空重力测量对仪器格值标定精度有更高的要求，应当是出现上述系统偏差问题的内在原因。

6.7.5　专题小结

海空重力仪格值误差对测量结果具有显著影响，无论是仪器生产厂家还是普通用户，都应当对此问题给以足够的重视。按规定每隔一段时间在重力长基线场中对重力仪格值进行重新标定，是降低仪器格值出现系统偏差风险的首选。当不具备野外基线场标定条件时，可采用本专题研究提出的东西正反向重复测线测量方法，对海空重力仪格值偏差进行检测和校正。通过前面的理论分析和数值计算检核，可得出以下结论：

(1) 为满足全球海域和空域重力测量作业需求，海空重力仪格值的标定精度应达到 10^{-5}。如果只限于局部区域作业，那么航空重力仪格值的标定精度应达到 10^{-4}，海洋重力仪格值的标定精度应达到 10^{-3}。

(2) 根据东西正反向航线重力仪读数差变化幅度较大且符号相反的特性，可利用重复测线测量来检测和校正海空重力仪的格值误差。但海面船载作业模式最多只能检测和校正 10^{-3} 及以上量级的重力仪格值偏差，航空作业模式可将格值偏差检测和校正范围扩展到 10^{-4} 量级。

(3) 利用重复测线测量校正航空重力仪格值的精度可达到 10^{-5}，经过格值校正后，TAGS 型航空重力仪观测数据的内符合精度和外符合精度均得到显著提高，系统偏差基本得到消除，充分证实了通过重复测线测量来校正重力仪格值误差是合理、可行和有效的。

(4) 可使用同样的计算模型和方法对 GT-1A 型和 GDP-1 型航空重力仪格值误差进行检测和校正，经校正后的新格值可替代原格值作为该型仪器日后一段时间内的作业参数使用。

6.8　本 章 小 结

为了回答与海空重力测量技术规程关键指标设置相关的“测到什么程度”“用什么样的仪器设备来测才能满足相关要求”等基础性工程应用科学问题，本章重点开展了以下三个方面的研究论证工作：

(1) 针对我国现行海空重力测量规范或标准缺乏现势性的问题，开展了海空重力测量测线布设密度、测量精度与空间分辨率、海空重力仪零点漂移与动态重复性等关键性指标的分析和论证，提出了由测点重力中误差、系统误差和平均误差等 3 个指标组成的测量精度评估体系，以及由格值标定相对精度、零点月漂移量、月漂移非线性变化中误差和月漂移非线性变化限差等 4 个指标组成的海空重力仪稳定性评估体系，给出了相关技术指标的验证和评估方法，同时提出了相对应的海空重力测量精度评估数学模型，为统一军地双方测量作业体系技术要求，提高海空重力测量成果质量，推动测量数据资源共享共用，提供了必要的技术支撑。

(2) 针对国内对海洋重力仪稳定性测试与评估重视不够、数据处理过程欠规范、技术指标要求欠细化等现实问题，研究探讨了海洋重力仪稳定性测评的技术流程和数据处理方法，重点分析了环境因素和重力固体潮效应对测试结果的影响，提出了重力仪零点趋势性漂移、有色观测噪声与随机误差的分离方法，建立了比较完善的海洋重力仪稳定性评估指标体系，分析论证并进一步明确了重力仪零点漂移非线性变化的限定指标要求，为修订现行海洋重力测量作业标准提供了可靠的理论依据。

(3) 通过分析海空重力测量系统误差的形成机理，发现海空重力仪格值标定误差是引起系统性测量偏差的主要因素之一。分析比较了现行各类重力仪格值标定方法的技术特点，研究论证了格值标定的精度要求，提出了利用东西正反向重复测线检测校正海空重力仪格值的计算模型和补偿方法，分析讨论了该方法的校正精度及其适用条件，利用航空重力仪实际观测网数据对该方法的合理性和有效性进行了数值验证，证明该方法对消除海空重力测量系统偏差具有显著作用，具有良好的推广应用价值。

第 7 章　海空重力测量精密定位技术

7.1　引　　言

如前所述，海空重力测量是以舰船或飞机为载体，应用重力仪(或加速度计)测定海面或近地空中重力加速度的一种动态测量方法。海空重力测量的关键是从重力传感器记录的总加速度中分离出由载体运动等因素引起的干扰加速度。为此，在本书第 1 章曾将海空重力测量中的精密定位系统称为另一种类型的重力传感器系统。这是因为一方面如果没有相对应的实时测点位置信息作为支撑，那么从动态环境中获取的重力观测信息将失去实用意义；另一方面要想从重力仪总观测量中有效分离出由运动载体引起的各类干扰加速度的影响，必须依靠精密定位系统提供的高精度速度和加速度观测信息作为支撑。已有研究结果表明，欲以优于 1mGal 的精度确定厄特沃什效应及载体垂向干扰加速度和水平干扰加速度改正，要求载体位置和速度信息的确定精度必须达到厘米级(Kleusberg，1989；Brozena，1990；孙中苗，1997；肖云，2000；肖云等，2003a，2003b)。因此，精确求解载体位置、速度和加速度等信息是保证最终重力测量成果精度和可靠性的关键环节。

经过多年的发展，卫星导航定位技术取得了巨大的进步和突破，在应用领域，用户通过全球导航卫星系统信号接收机即可在任何时间、任何地点、任何天气条件下获得所需的位置和运动参数信息(Schwarz et al.，1991；Szarmes et al.，1997；周忠谟等，1997；宁津生等，2004)，无论是在测量模式上还是在精度方面都可满足运动载体的动态测量需求。基于 GNSS 进行载体运动参数测量最简单、最直观的方式是，利用测码伪距观测值以及由广播星历计算的卫星轨道参数和卫星钟差改正数构造相应的模型进行处理的伪距单点定位。这种定位方式涉及的数据采集和处理过程较为简洁、方便，用户只需一台接收机即可获得所需信息，但由于受卫星钟差和接收机钟差、大气延迟、多路径效应等误差的影响，伪距观测值精度较低，同时由广播星历计算得到的卫星轨道误差可达数十米，其相应的卫星钟差改正数误差为±20ms，定位解算结果的精度一般在几十米。因此，伪距单点定位只能用于精度要求较低的普通导航及资源调查、勘探等领域(刘基余，2003；李征航等，2005)。

为了满足高精度用户需求，人们提出对观测值进行数据组差的方式来消除或减小公共误差，从而达到提高测量定位精度的目的。其标准的测量模式是，一台接收机置于已知点，作为基准站进行测量，另一台接收机置于载体上，作为流动站进行测量。两台接收机同步观测相同的卫星，然后将两台 GNSS 接收机的观测值进行组合处理，就可以获得流动站相对于基准站的坐标和速度(何海波，2002)。这种方式可以有效消除卫星钟差和接收机钟差，削弱对流层和电离层延迟误差的影响，需要解算的待估计参数较少，因此其相应的数据处理模型更加简洁，解算精度更高。根据采用数据类型的不同，数据组差方式可分为位置差分、伪距差分、相位平滑伪距差分和相位差分等不同形式(党亚民等，2007)。目前，在陆域开展航空重力测量一般采用数据组差方式进行精密定位，以获取精确的测点位置、速度信息和加速度信息。

差分定位技术的瓶颈问题在于基准站与流动站之间的距离不能过长，只有当它们之间的距离不超过几十公里时，才能进行有效定位。否则，基准站与流动站测量误差的相关性减弱，导致相位整周模糊度很难固定，用户无法进行有效定位(Han，1997；Raquet，1998)。随着 GNSS 的不断发展和创新，其在信号体制、误差改正模型及与卫星有关的产品服务能力方面都有了很大的提升，为基于单点的 GNSS 精密测量技术的发展提供了良好的基础条件。最近一个时期，PPP 技术成为 GNSS 定位领域的研究热点。1997 年，美国喷气推进实验室(Jet Propulsion Laboratory，JPL)的研究人员 Zumberge 等(1997)提出了利用 GIPSY(GNSS-inferred positioning system)软件和国际 GNSS 服务(International GNSS Service，IGS)组织提供的精密星历，同时利用一个 GPS 跟踪网的数据确定 5s 间隔的卫星钟差，在单站定位方程中，只估计测站对流层参数、接收机钟差和测站 3 维坐标的精密单点定位研究思路，并完成了相关测试验证，取得了 24h 连续静态定位精度达 1～2cm、事后单历元动态定位精度达 2.3～3.5dm 的试验结果，用实测数据证明了利用非差相位观测值进行精密单点定位是完全可行的。Heroux 等(2001)也研究了非差精密单点定位方法，该方法处理长时间静态观测数据结果的精度也达到厘米级。德国地学研究中心(German Research Centre for Geosciences，GFZ)和加拿大大地测量局(Geodetic Survey Division，GSD)也开发了相应的精密单点定位软件系统，取得了同样精度的静态定位结果和动态定位结果。Han(1997)也进行了类似的研究，在固定卫星精密轨道的基础上，利用 IGS 站的观测资料先估计出 GPS 卫星的钟差，再利用估计出的精密钟差及已有的精密卫星轨道求解测站的绝对位置坐标。Gao 等(2004)先后对精密单点定位的理论和算法进行了深入研究，并开发出相应的精密单点定位解算软件。著名的 GPS 数据处理软件 Bernese4.2 版本中也增加了用非差相位观测值进行精密单点定位处理的功能(Hugentobler et al.，2001)。

在精密单点动态定位研究方面，全球实时精密单点定位技术在全球范围内可实现水平方向 10～20cm 的实时动态精密单点定位精度(刘精攀，2007)。利用 JPL 实时定轨软件实现了全球 RTK 计划，通过因特网和地球静止通信卫星向全球用户发送精密星历和精密卫星钟差修正数据，利用这些修正数据，可实现 2～4dm 的

RTK定位精度，事后静态定位精度可达2～4cm（叶世榕，2002）。2007年前后，国际上已有数家公司推出了精密单点定位的数据处理软件，主要包括：①GrafNav7.8版本在原差分定位基础上增加了精密单点定位的解算模块；②Applanix公司推出的POSPac AIR软件也具备精密单点定位功能；③TerraTec公司推出的TerraPOS软件，也是基于精密单点定位模式开发出的动态定位软件；④Leica公司也推出了自己的精密动态单点定位软件IPAS PPP。

虽然国内开展GNSS非差相位精密单点定位研究起步稍晚，但是目前的研究应用水平几乎与国际水平相当。叶世榕（2002）对非差相位精密单点定位技术进行了较为深入的研究。随后，张小红等（2006）经过数年对GNSS精密单点定位理论与方法的深入研究，在国内率先开发出高精度的精密单点定位数据处理商业化软件TriP，该软件在算法设计和定位精度方面获得突破，并已在国内相关部门推广使用，成功应用于航空动态测量和地面像控静态测量等领域。此外，同济大学、中国科学院测量与地球物理研究所等科研团队也开展了精密单点定位的研究工作，取得了一些富有成效的研究成果（阮仁桂，2009）。对于海空重力测量应用，舰船和飞机的活动范围大，基线长度长，差分定位模式可能无法获得可靠的运动参数信息，因此将精密单点定位技术应用于海空重力测量作业实践，是该研究领域的重点发展方向之一。本章将以GPS为例，分别介绍GNSS的观测方程、解算模型、定位方法及其应用情况。

7.2　GNSS观测量及其误差改正方法

7.2.1　原始观测方程

以GPS为例，其接收机提供伪距、载波相位和多普勒频移等三种观测值，它们的观测方程分别为

$$P = \rho(t_s,t_r) + C(\mathrm{d}t_r - \mathrm{d}t_s) + d_{\mathrm{trop}} + I/f^2 + d_{\mathrm{SA}} + M_P + \varepsilon_P \tag{7.1}$$

$$\varphi\lambda = \rho(t_s,t_r) + C(\mathrm{d}t_r - \mathrm{d}t_s) + d_{\mathrm{trop}} - I/f^2 + d_{\mathrm{SA}} + M_\varphi + N\lambda + \varepsilon_\varphi \tag{7.2}$$

$$\dot{\varphi}\lambda = \dot{\rho}(t_s,t_r) + C(\mathrm{d}\dot{t}_r - \mathrm{d}\dot{t}_s) + \dot{d}_{\mathrm{trop}} - \dot{I}/f^2 + \dot{d}_{\mathrm{SA}} + \dot{M}_\varphi + \dot{\varepsilon}_\varphi \tag{7.3}$$

式中，符号“˙”表示相应变量对时间的变化率；P为伪距观测值（m）；φ为载波相位观测值（周）；$\dot{\varphi}$为多普勒频移观测值（Hz或周/s）；λ为载波波长（m）；N为整周模糊度；t_s为卫星发射信号时刻；t_r为接收机接收信号时刻；$\mathrm{d}t_s$、$\mathrm{d}t_r$分别为卫星和接收机的钟差（s）；C为光速（m/s）；I为电离层延迟参数（Hz^2/m）；f为

载波频率(Hz)；d_{trop} 为对流层的延迟量(m)；d_{SA} 为 SA(selective availability，选择可用性)基频抖动影响(m)(2000 年 5 月 1 日后，d_{SA} 为零)；M_P、M_φ 分别为伪距和载波相位多路径效应(m)；ε_P、ε_φ 分别为伪距和载波相位的观测噪声(m)；$\rho(t_s,t_r)$ 为 t_s 时刻的卫星到 t_r 时刻的接收机天线之间的几何距离(m)，包含测站坐标、卫星轨道和地球自转等参数，下面将其简写为 ρ，其表达式为

$$\rho = \left| \boldsymbol{r}_s - \boldsymbol{r}_r + \begin{bmatrix} -\omega t \cdot Y_r \\ \omega t \cdot X_r \\ 0 \end{bmatrix} \right| = | \boldsymbol{r}_s - \boldsymbol{r}_r + \boldsymbol{r}_\omega |, \quad \boldsymbol{r}_\omega = \begin{bmatrix} -\omega t \cdot Y_r \\ \omega t \cdot X_r \\ 0 \end{bmatrix} \tag{7.4}$$

式中，$\boldsymbol{r}_s = (X_s, Y_s, Z_s)^{\text{T}}$、$\boldsymbol{r}_r = (X_r, Y_r, Z_r)^{\text{T}}$ 分别为 GPS 卫星发射信息时刻 t_s 的位置矢量和接收机接收信号时刻 t_r 的位置矢量；ω为地球自转速率，$\omega = 7.292115 \times 10^{-5}\text{rad/s}$；$t$ 为信号传播时间，$t = t_r - t_s$。

式(7.3)中的 $\dot{\rho}(t_s, t_r)$ 为卫星到接收机天线间几何距离的变化率，表达式为

$$\dot{\rho} = (\boldsymbol{r}_s - \boldsymbol{r}_r + \boldsymbol{r}_\omega)^{\text{T}} (\dot{\boldsymbol{r}}_s - \dot{\boldsymbol{r}}_r + \dot{\boldsymbol{r}}_\omega) / \rho \tag{7.5}$$

将接收机位置 $\boldsymbol{r}_r$ 和速度 $\dot{\boldsymbol{r}}_r$ 都作为未知参数，对式(7.1)～式(7.3)进行线性化处理，可得

$$P = \rho_0 + \frac{\partial \rho}{\partial \boldsymbol{r}_r{}^{\text{T}}} \delta \boldsymbol{r}_r + C(\mathrm{d}t_r - \mathrm{d}t_s) + d_{\text{trop}} + I/f^2 + d_{\text{SA}} + M_P + \varepsilon_P \tag{7.6}$$

$$\varphi\lambda = \rho_0 + \frac{\partial \rho}{\partial \boldsymbol{r}_r{}^{\text{T}}} \delta \boldsymbol{r}_r + C(\mathrm{d}t_r - \mathrm{d}t_s) + d_{\text{trop}} - I/f^2 + d_{\text{SA}} + M_\varphi + N\lambda + \varepsilon_\varphi \tag{7.7}$$

$$\dot{\varphi}\lambda = \dot{\rho}_0 + \frac{\partial \dot{\rho}}{\partial \boldsymbol{r}_r{}^{\text{T}}} \delta \boldsymbol{r}_r + \frac{\partial \dot{\rho}}{\partial \dot{\boldsymbol{r}}_r{}^{\text{T}}} \delta \dot{\boldsymbol{r}}_r + C(\mathrm{d}\dot{t}_r - \mathrm{d}\dot{t}_s) + \dot{d}_{\text{trop}} - \dot{I}/f^2 + \dot{d}_{\text{SA}} + \dot{M}_\varphi + \dot{\varepsilon}_\varphi \tag{7.8}$$

式中

$$\frac{\partial \rho}{\partial \boldsymbol{r}_r{}^{\text{T}}} = -(\boldsymbol{r}_s - \boldsymbol{r}_{r,0} + \boldsymbol{r}_\omega)^{\text{T}} / \rho_0 \tag{7.9}$$

$$\frac{\partial \dot{\rho}}{\partial \boldsymbol{r}_r{}^{\text{T}}} = (\dot{\boldsymbol{r}}_s - \dot{\boldsymbol{r}}_{r,0} + \dot{\boldsymbol{r}}_\omega)^{\text{T}} / \rho_0 \tag{7.10}$$

$$\frac{\partial \dot{\rho}}{\partial \dot{\boldsymbol{r}}_r{}^{\text{T}}} = (\dot{\boldsymbol{r}}_s - \dot{\boldsymbol{r}}_{r,0} + \dot{\boldsymbol{r}}_\omega)^{\text{T}} / \rho_0 \tag{7.11}$$

$\dfrac{\partial \dot{\rho}}{\partial \boldsymbol{r}_r^{\mathrm{T}}}$ 项忽略了数值微小的 $\dfrac{\partial \boldsymbol{r}_\omega}{\partial \boldsymbol{r}_r^{\mathrm{T}}}$ 和 $\dfrac{\partial \dot{\rho}}{\partial \rho} \cdot \dfrac{\partial \rho}{\partial \boldsymbol{r}_r^{\mathrm{T}}}$；$\dfrac{\partial \dot{\rho}}{\partial \dot{\boldsymbol{r}}_r^{\mathrm{T}}}$ 项忽略了数值微小的 $\dfrac{\partial \dot{\boldsymbol{r}}_\omega}{\partial \dot{\boldsymbol{r}}_r^{\mathrm{T}}}$；$\rho_0$、$\dot{\rho}_0$ 分别为根据接收机近似位置 $\boldsymbol{r}_{r,0}$、速度 $\dot{\boldsymbol{r}}_{r,0}$ 计算得到的几何距离及其变化率，$\rho_0 = \left| \boldsymbol{r}_s - \boldsymbol{r}_{r,0} + \boldsymbol{r}_\omega \right|$，$\dot{\rho}_0 = (\boldsymbol{r}_s - \boldsymbol{r}_{r,0} + \boldsymbol{r}_\omega)^{\mathrm{T}} (\dot{\boldsymbol{r}}_s - \dot{\boldsymbol{r}}_{r,0} + \dot{\boldsymbol{r}}_\omega) / \rho_0$。

GPS 接收机三种观测值方程具有许多共同特征，但也有几个值得注意的不同点：①电离层延迟对载波相位和多普勒频移的影响为负值，而对伪距的影响为正值；②载波相位观测方程有整周模糊度参数，伪距和多普勒频移观测值则没有；③伪距的观测噪声小于码元长的 1%(C/A 码噪声小于 3m，P 码噪声小于 0.3m)，其多路径效应可达 10～20m，所以伪距不能提供高精度的测量结果，载波相位的观测噪声一般小于波长的 1%(1mm)，其多路径效应小于 0.25 λ，所以载波相位能应用于高精度测量，多普勒频移的观测精度依赖接收机类型，一些接收机的多普勒观测值精度可达 0.001Hz(0.2mm/s)；④载波相位观测量受周跳影响，伪距和多普勒频移观测量则不涉及周跳问题，所以多普勒频移和伪距都可以用于周跳的检验与修复；⑤多普勒频移观测值虽然也可用于定位，但大多用于测量速度。

采用单一伪距观测值进行定位精度较低，但在高精度 GNSS 动态测量中，伪距观测值也可发挥三种作用：①提供精度优于 1μs 的接收机钟差改正，使得双差函数模型不必再考虑钟差参数；②双差伪距解可以缩小模糊度整数估计的搜索空间；③在姿态测量中，为移动的基准站提供坐标，虽然由此得到的基准站坐标误差较大，但姿态测量属于超短基线，此类误差对基线解的影响可以忽略不计。

7.2.2　双差观测方程

如前所述，由式(7.1)～式(7.3)给出的伪距、载波相位和多普勒频移观测值会受到很多误差源的影响，消除或减弱这些误差影响的有效方法是在不同接收机和不同卫星的观测量之间进行差分处理，常用的差分形式有单差和双差。

站间单差(用符号 Δ 表示)是指在不同测站，同步观测相同卫星所得的观测值之差。单差可以消除卫星钟差和相对论效应的影响，减弱卫星位置误差和大气延迟误差的影响。双差(用符号 $\nabla\Delta$ 表示)是指在站间单差的基础上，对不同的可见卫星进行组差。双差之后可以消除基准站和流动站的接收机钟差，但同时也放大了多路径效应和观测噪声的影响。伪距、载波相位和多普勒频移的双差观测方程通常写为

$$\nabla\Delta P = \nabla\Delta\rho(t_s, t_r) + \nabla\Delta I / f^2 + \nabla\Delta M_P + \nabla\Delta\varepsilon_P \tag{7.12}$$

$$\nabla\Delta\varphi\lambda = \nabla\Delta\rho(t_s, t_r) + \nabla\Delta d_{\mathrm{trop}} - \nabla\Delta I / f^2 + \nabla\Delta M_\varphi + \nabla\Delta N\lambda + \nabla\Delta\varepsilon_\varphi \tag{7.13}$$

$$\nabla\Delta\dot{\varphi}\lambda = \nabla\Delta\dot{\rho}(t_s,t_r) + \nabla\Delta\dot{d}_{\text{trop}} - \nabla\Delta\dot{I}/f^2 + \nabla\Delta\dot{M}_\varphi + \nabla\Delta\dot{\varepsilon}_\varphi \tag{7.14}$$

对于短基线，经过差分后，卫星位置误差和大气延迟误差的影响将被大大减弱，被差分放大的多路径效应和观测噪声成为主要误差。而对于中长基线，双差残余误差(如卫星位置误差、大气延迟误差等)仍然较大，是影响模糊度整数估计和定位结果精度的主要误差源。此时，一般采用双频载波的组合观测值进行定位解算。

7.2.3　观测值线性组合

对双频载波观测量进行线性组合的主要目的是加快模糊度的解算，减弱电离层和观测噪声的影响。用φ_1、φ_2分别表示L_1、L_2载波相位观测值，其线性组合的一般形式为

$$\varphi_{i,j} = i\varphi_1 + j\varphi_2 \tag{7.15}$$

式中，i、j为组合系数。

组合观测量的模糊度、频率和波长分别为

$$N_{i,j} = iN_1 + jN_2 \tag{7.16}$$

$$f_{i,j} = if_1 + jf_2 \tag{7.17}$$

$$\lambda_{i,j} = \frac{C}{f_{i,j}} = \frac{\lambda_1\lambda_2}{j\lambda_1 + i\lambda_2} \tag{7.18}$$

在双差观测方程式(7.12)～式(7.14)中，可将5种双差残余误差划分为以下三类。

(1) ε_w(单位：周)：与频率无关的误差，如多路径效应、观测噪声等。

(2) ε_I(单位：周)：与频率变化成反比的误差，如电离层延迟等。

(3) ε_T(单位：周)：与频率变化成正比的误差，如卫星位置误差、对流层延迟等。

根据上述误差分类性质，可得

$$\varepsilon_{I,1} \cdot f_1 = \varepsilon_{I,2} \cdot f_2 \tag{7.19}$$

$$\varepsilon_{T,1} / f_1 = \varepsilon_{T,2} / f_2 \tag{7.20}$$

式中，下标1和2表示变量分别对应L_1和L_2载波相位观测值。

于是，组合观测值的误差(单位：周)可以写为

$$\varepsilon_{w,i,j} = i\varepsilon_{w,1} + j\varepsilon_{w,2} \tag{7.21}$$

$$\varepsilon_{I,i,j} = \frac{if_2 + jf_1}{f_2}\varepsilon_{I,1} = \frac{60i + 77j}{60}\varepsilon_{I,1} \tag{7.22}$$

$$\varepsilon_{T,i,j} = \frac{if_1 + jf_2}{f_1}\varepsilon_{T,1} = \frac{77i + 60j}{77}\varepsilon_{T,1} \tag{7.23}$$

假定$\varepsilon_{w,1}$、$\varepsilon_{w,2}$互相独立，而且均方根都等于σ_w，则根据误差传播定律，$\varepsilon_{w,i,j}$的均方根为

$$\sigma_{w,i,j} = \sigma_w\sqrt{i^2 + j^2} \tag{7.24}$$

上述误差乘以波长$\lambda_{i,j}$，单位就可以换算成米。常用双频线性组合观测值及其特性如表 7.1 所示，表中误差放大系数表示组合观测值的误差系数与L_1相应值的比值。当单位为周时，比值为$\left[\sqrt{i^2+j^2}, (60i+77j)/60, (77i+60j)/77\right]$，表示组合观测值与$L_1$在模糊度整数估计能力上的比较。当单位为米时，比值为$\left[\sqrt{i^2+j^2}, (60i+77j)/60, (77i+60j)/77\right]\lambda_{i,j}/\lambda_1$，表示组合观测值与$L_1$在定位精度上的比较。$L_n$组合称为窄巷组合，它对应的观测值量测噪声最小，常用于短基线高精度 GNSS 定位。

表 7.1　常用双频线性组合观测值及其特性

线性组合	i	j	$\lambda_{i,j}$ /cm	误差放大系数/周			误差放大系数/m		
L_1	1	0	19	1	1	1	1	1	1
L_2	0	1	24.4	1	1.28	0.78	1.28	1.65	1
L_n	1	1	10.7	1.41	2.28	1.78	0.79	1.28	1
L_w	1	–1	86.2	1.41	–0.28	0.22	6.41	–1.28	1
L_I	1	$-f_1/f_2$	∞	1.63	–0.65	0	1.63	–0.65	0
$L_{-7,9}$	–7	9	1465.3	11.4	4.55	0.013	877.9	350.30	1
L_c	$\frac{f_1^2}{f_1^2-f_2^2}$	$-\frac{f_1 f_2}{f_1^2-f_2^2}$	19	3.23	0	1	3.23	0	1

在表 7.1 中，L_w组合称为宽巷组合，波长为 86.2cm，且模糊度为整数，电离层延迟及观测噪声都不大，有利于加速模糊度的固定。L_I组合称为电离层残差组合，它消除了接收机至卫星的几何距离和轨道误差、接收机钟差、卫星钟差及对

流层延迟，仅与电离层延迟、组合模糊度和观测噪声有关，常用于周跳的检测与修复，也可用于计算电离层模型系数。$L_{-7,9}$组合的波长达 1465.3cm，但受到电离层延迟的影响是L_1的数倍，这一组合虽然不能用于精密动态定位数据的处理，但它与伪距的观测值组合有很强的周跳探测能力。L_c组合称为消电离层组合，它消除了一阶电离层的影响，可以显著提高中长基线解的精度。因为对于中长基线(大于 10km)，单差后残余的电离层延迟误差仍较大，是影响位置精度的主要误差源，此时采用L_c比较合适。而在短基线中，电离层延迟误差经单差后基本被消除，观测噪声是主要误差源，相对于L_1，L_c噪声放大了 3.23 倍，所以L_c不适用于短基线解算。L_c的模糊度N_c不是整数，但可以表示为L_w模糊度$N_{1,-1}$(或N_w)和L_1模糊度N_1的线性组合，即

$$
\begin{aligned}
N_c &= \frac{f_1^2}{f_1^2-f_2^2}N_1 - \frac{f_1 f_2}{f_1^2-f_2^2}N_2 \\
&= \frac{f_1^2}{f_1^2-f_2^2}\left(N_1 - \frac{60}{77}N_2\right) \\
&= \frac{f_1^2}{f_1^2-f_2^2}\cdot\frac{77N_1-60N_2}{77} \\
&= \frac{f_1^2}{f_1^2-f_2^2}\cdot\frac{17N_1-60N_{1,-1}}{77} \\
&= \frac{f_1^2}{f_1^2-f_2^2}\cdot\frac{17}{77}N_1 - \frac{f_1^2}{f_1^2-f_2^2}\cdot\frac{60}{77}N_{1,-1} \\
&= \frac{77}{137}N_1 - \frac{4620}{2329}N_{1,-1}
\end{aligned}
\tag{7.25}
$$

在L_w模糊度$N_{1,-1}$(或N_w)已经确定的情况下，可以利用L_c观测值来确定L_1模糊度N_1，但模糊度N_1的系数较小，其波长为$77\lambda_c/137=77\lambda_1/137\approx 10.7\text{cm}$，相当于载波$L_1$波长的 1/2，因此模糊度整数估计很容易受到对流层延迟等其他误差源的影响。

还有一类组合是载波与伪距的线性组合，比较常用的组合是 M-W(Melbourne-Wübbena)方法，即宽巷载波减窄巷伪距组合：

$$
\begin{aligned}
\lambda_w(\varphi_1-\varphi_2) - \lambda_n\left(\frac{P_1}{\lambda_1}+\frac{P_2}{\lambda_2}\right) &= \lambda_w N_w + \lambda_w\left(\frac{M_{\varphi_1}}{\lambda_1}-\frac{M_{\varphi_2}}{\lambda_2}\right) - \lambda_n\left(\frac{M_{P_1}}{\lambda_1}+\frac{M_{P_2}}{\lambda_2}\right) \\
&\quad + \lambda_w\left(\frac{\varepsilon_{\varphi_1}}{\lambda_1}-\frac{\varepsilon_{\varphi_2}}{\lambda_2}\right) - \lambda_n\left(\frac{\varepsilon_{P_1}}{\lambda_1}+\frac{\varepsilon_{P_2}}{\lambda_2}\right)
\end{aligned}
\tag{7.26}
$$

式中，P_1、P_2 分别为载波 L_1、L_2 的 P 码伪距；λ_1、λ_2、λ_w、λ_n 分别为载波 L_1、L_2、L_w、L_n 的波长。

M-W 组合消除了卫星位置误差、卫星钟差、接收机钟差、对流层延迟、电离层延迟等影响，仅受多路径效应和观测噪声的影响，经过多历元的平滑可以获得宽巷模糊度 N_w，也可用于周跳的检测与修复。

7.2.4　双差观测值误差改正方法

在双差观测方程式(7.12)～式(7.14)中，双差残余误差主要包括卫星位置误差、电离层延迟、对流层延迟、多路径效应和观测噪声。虽然通过差分处理可以减弱卫星位置误差、电离层延迟和对流层延迟的影响，但它们的残余误差与基线长度有关，基线越长，残余误差越大，是中长基线解算的主要误差源。多路径效应和观测噪声经过差分后反而会增大，与基线长度无关，是短基线解算的主要误差源。

7.2.4.1　卫星位置误差影响分析

目前，用户可以获得五种星历，几种星历对应的精度和时间延迟情况如表 7.2 所示。GPS RTK 测量一般采用广播星历，没有实时性要求的事后处理则可以选择精度更高的快速星历或精密星历。

表 7.2　几种星历对应的精度和时间延迟情况

星历类型	精度/m	时间延迟	来源
广播星历	3.00	实时	卫星导航电文
预报星历	0.20	实时	地面数据分析中心
超快星历	0.15	3h	地面数据分析中心
快速星历	0.10	19h	地面数据分析中心
精密星历	0.05	13d	地面数据分析中心

通过差分处理可以大幅减弱卫星位置误差的影响，但其残余误差仍会对中长基线解算产生影响。卫星轨道误差 ΔX 对长度为 l 的基线解算的影响 Δx 可用式(7.27)来估算：

$$\Delta x(\mathrm{m}) \approx \frac{l}{d} \cdot \Delta X(\mathrm{m}) \approx \frac{l(\mathrm{km})}{25000(\mathrm{km})} \cdot \Delta X(\mathrm{m}) \tag{7.27}$$

式中，$d \approx 25000\mathrm{km}$，为 GPS 卫星的大概高度。

根据式(7.27)，表 7.3 列出了不同卫星位置误差引起的基线误差。

表 7.3 卫星位置误差引起的基线误差

卫星位置误差/m	基线长度/km	基线相对误差/(mm/km)	基线绝对误差/mm
2.5	1	0.1	—
2.5	10	0.1	1
2.5	100	0.1	10
2.5	1000	0.1	100
0.05	1	0.002	—
0.05	10	0.002	—
0.05	100	0.002	—
0.05	1000	0.002	0.5

由表 7.3 可以看出，广播星历对小于 50km 的 GPS RTK 动态测量的影响基本可以忽略不计，但对于基线长度超过 50km 的 GPS RTK 动态测量，则需要考虑采用其他方法来进一步减弱卫星位置误差的影响，如采用区域差分网或预报星历等。如果是事后处理，用户可以采用精密星历，经差分处理后基本上可以消除卫星位置误差的影响。

在海空重力测量中，假如测量舰船航行或飞机飞行距基准站超过 400km，则由表 7.3 可知，当采用双差模型和精密星历进行测点位置解算时，可不考虑卫星位置误差的影响。

7.2.4.2 电离层延迟误差计算分析

电离层是离地面 50～1000km 的大气层。受太阳辐射作用，电离层中的气体大都处于部分电离或全部电离的状态，含有密度较高的自由电子。电离层对通过其间的 GNSS 信号会产生折射作用，使相位的传播速度(相速度)加快，而使伪距的传播速度(群速度)减慢。电离层折射对 GNSS 测距的影响，最小为 1～3m，最大可达 150m。

差分技术可以大大减弱电离层折射的影响，但残余的电离层折射误差会随基线长度的增加而增大，模糊度整数估计的难度也随之增大。当基线长度小于 10km 时，差分后残余的电离层折射误差较小，基本不会影响模糊度整数估计。但当基线长度超过 10km 时，残余的电离层折射误差明显增大，使得模糊度整数估计的成功率下降。另外，在模糊度成功解算后，即使是几千米的短基线，尤其对于形变监测网，残余的电离层折射误差对基线解的影响也不能忽视，因为它将影响基线的尺度因子。其影响与观测值的线性组合类型、卫星截止角 $E_{\min}$ 有关，而且与信号传播路径上的总电子数(total electronic content，TEC)成正比。一个

TECU 对应的残余电离层折射误差对基线尺度因子的最大影响如表 7.4 所示。表中 TECU 代表 TEC 的单位，TECU=10^{16} 电子/m^2，例如，对于卫星截止角为 15°的 L_1 基线解，10TECU 的电离层折射误差的最大影响约为 10×0.10=1.0mm/km。

表 7.4　一个 TECU 对应的残余电离层折射误差对基线尺度因子的最大影响

观测值	不同 E_{min} 下的基线尺度因子影响/ppm			
	$E_{min}=10°$	$E_{min}=15°$	$E_{min}=20°$	$E_{min}=25°$
L_1	−0.15	−0.10	−0.08	−0.06
L_2	−0.24	−0.16	−0.12	−0.10
L_w	0.19	0.13	0.10	0.08

电离层状态受 11 年太阳黑子周期、季节周期和日周期支配。太阳扰动和磁暴又使电离层发生不规则变化，故电离层折射可分为确定性和随机性两个部分。根据电离层的性质，一般可采用如下三种方法来减弱电离层延迟误差的影响。

(1) 利用电离层经验模型来预报电离层延迟。但该方法的预报精度较低，一般只用于精度要求较低的导航用户。

(2) 将电离层延迟作为未知参数进行估计。用来拟合电离层延迟确定性部分的模型，称为电离层确定性模型。用来处理电离层延迟随机性部分的模型，称为电离层随机性模型。

(3) 用双频观测值的消电离层组合观测值 L_c 来消除电离层延迟误差。但由于 L_c 的模糊度不是整数，所以该方法不能进行模糊度整数估计。在使用观测值 L_c 之前，如果进行模糊度整数估计，则会涉及如何将模糊度从电离层延迟误差中分离出来的问题，此时需要将电离层延迟作为未知参数进行估计。

上述三种方法既可用于静态测量，也可用于动态测量。在 GNSS 测量中，有以下三种情况可以采用电离层拟合模型：

(1) 当基线长度超过 500km 时，在不能利用 M-W 方法的情况下，利用电离层模型来拟合电离层延迟误差，可以提高模糊度解算的成功率。

(2) 在已经成功解算模糊度的情况下，对于短基线测量，利用 L_1 观测值和电离层拟合模型，可以降低电离层延迟误差对基线尺度因子的影响。在短基线测量中，一般不采用消电离层组合观测值 L_c 来消除电离层延迟误差，因为 L_c 观测噪声较大。

(3) 对于单频观测值的中长基线测量，利用电离层模型拟合电离层延迟误差，可以有效减弱电离层延迟误差对基线尺度因子的影响。

在解算模糊度的过程中，因模糊度未知，故双差电离层延迟不能用电离层残差组合观测值进行计算。但双差电离层估值可以通过双频伪距和双频载波的结合来获得。可用双频伪距计算得到各历元的绝对电离层延迟 I_k（$k=1,2,\cdots,n$，n表示历元总数，k表示第k历元），用双频载波计算得到相对于初始历元(第1历元)的电离层延迟的变化量$\Delta I_{k,1}$(称为相对电离层延迟)，其中，绝对电离层延迟精度较低，相对电离层延迟精度较高。为了获得精度较高的绝对电离层延迟，可以采用多历元平均方法，即从双频伪距所得的绝对电离层延迟 I_k 中扣除相对电离层延迟 $\Delta I_{k,1}$，可获得 n 组初始历元的绝对电离层延迟 $I_1^k = I_k - \Delta I_{k,1}$。将这些绝对电离层延迟取平均，就可以获得精度较高的初始历元的电离层延迟的绝对量 $\bar{I}_1 = [I_1^k]/n$，进而可以获得其他历元精度较高的绝对电离层延迟 $\bar{I}_k = \bar{I}_1 + \Delta I_{k,1}$。

7.2.4.3　对流层延迟误差改正方法

对流层延迟泛指非电离大气对电磁波的折射。非电离大气主要包括对流层和平流层，是大气层中从地面向上约 50km 的部分，折射的 80%发生在对流层，因此通常称为对流层折射。

对流层延迟的 80%～90%由大气中的干燥气体引起，称为干分量；其余 10%～20%由水汽引起，称为湿分量。在天顶方向，干分量延迟为 2.3m，湿分量延迟为 1～80cm。对流层延迟主要与气候、气压、温度、湿度和卫星仰角有关。对于低仰角卫星，对流层总延迟最大可达 30m。

对于 GNSS 信号，对流层为非弥散介质，因此不能用双频观测值来计算对流层延迟。通过差分处理可以大大减弱对流层延迟误差的影响，但仅限于流动站与基准站距离较近、高差较小的情况。对于距离较远或高差较大的基线，差分后残余的对流层延迟误差将影响基线解的精度，甚至影响整周模糊度的解算。在航空 GNSS 高精度测量中，当流动站与基准站的高差超过 6000m 时，如果不修正对流层延迟误差，由对流层延迟误差引起的高程偏差可达 5m。根据对基线解精度影响方式的不同，残余的对流层延迟误差大致可分以下两种情况。

(1)相对对流层延迟误差：流动站与基准站之间的对流层延迟差值，它对高程的影响特别明显，由其引起的高程误差为

$$\Delta h = \frac{\Delta d_{\text{trop}}}{\sin E_{\min}} \tag{7.28}$$

式中，Δd_{trop} 为相对对流层延迟；$E_{\min}$ 为卫星截止角，当 $E_{\min} = 20°$ 时，1mm 的 Δd_{trop} 将引起 3mm 的高程误差。

(2)绝对对流层延迟误差：流动站与基准站之间对流层延迟相同值，主要影响基线的尺度因子，其计算式为

$$\frac{\Delta l}{l}=\frac{d_{\text{trop}}}{R\sin E_{\min}} \tag{7.29}$$

式中，d_{trop} 为绝对对流层延迟；l 和 Δl 分别为基线长度和基线偏差；R 为地球平均半径。当 $E_{\min}=20°$ 时，2m 的 d_{trop} 将导致约 1mm/km 的尺度偏差。

由此可见，即使对于短基线测量，也必须减弱对流层延迟误差的影响。减弱对流层延迟误差影响的方法主要有以下三种：

(1) 利用对流层经验模型预报对流层延迟；

(2) 将对流层天顶延迟作为未知参数进行估计；

(3) 使用水汽辐射计来测量湿分量延迟。

由于水汽辐射计既昂贵又笨重，所以在实际应用中，绝大部分用户一般采用前两种方法来改正对流层延迟误差，本节主要针对前两种方法讨论对流层延迟误差补偿问题。

当电磁波穿过对流层时，速度会变慢，路径也会发生弯曲，使信号传播滞后，这就是对流层延迟现象。在天顶方向的对流层延迟 d_{trop}^{z} 可表示为

$$d_{\text{trop}}^{z}=10^{-6}\int_{r_s}^{r_a}N_{re}\mathrm{d}r \tag{7.30}$$

式中，N_{re} 为折射指数；r_s 为参考站接收机的高程；r_a 为对流层顶端的高程。

折射指数的计算式为

$$N_{re}=K_1\left(\frac{P_d}{T}\right)Z_d^{-1}+\left[K_2\left(\frac{e}{T}\right)+K_3\left(\frac{e}{T^2}\right)\right]Z_w^{-1} \tag{7.31}$$

式中，$K_1=77.604$，$K_2=64.79$，$K_3=377600$，均为大气折射常数；P_d 为干气压(mbar)；e 为湿气压(mbar)；T 为绝对温度(K)；Z_d、Z_w 分别为干气、湿气的压缩因子。

假设大气处于理想状态，则有

$$P_d=P-e,\quad Z_d=Z_w=1 \tag{7.32}$$

式中，P 为总气压。

此时，式(7.31)可写为

$$N_{re}=K_1\frac{P}{T}+(K_2-K_1)\left(\frac{e}{T}\right)+K_3\left(\frac{e}{T^2}\right) \tag{7.33}$$

另外，式(7.31)还可以写为

$$N_{re} = K_1 R_d \rho_{\text{air}} + \left(K_2' \frac{e}{T} + K_3 \frac{e}{T^2} \right) Z_w^{-1} \tag{7.34}$$

其中

$$K_2' = K_2 - K_1 \left(\frac{R_d}{R_w} \right) \tag{7.35}$$

式中，R_d =8.314/28.9644，R_w =8.314/18.0152，分别为干气、湿气的气体常数；ρ_{air} 为气体密度(kg/m^3)。

式(7.34)右端第一项为对流层干分量的折射指数，第二、三项为对流层湿分量的折射指数。将式(7.34)代入式(7.30)，则有

$$d_{\text{trop}}^z = 10^{-6} \int_{r_s}^{r_a} K_1 R_d \rho_{\text{air}} \mathrm{d}r + 10^{-6} \int_{r_s}^{r_a} \left(K_2' \frac{e}{T} + K_3 \frac{e}{T^2} \right) Z_w^{-1} \mathrm{d}r = d_h^z + d_w^z \tag{7.36}$$

式中，d_h^z 为干分量延迟，d_w^z 为湿分量延迟。

干分量延迟表示为

$$d_h^z = 10^{-6} \int_{r_s}^{r_a} K_1 R_d \rho_{\text{air}} \mathrm{d}r = 10^{-6} K_1 R_d \left(\frac{P}{g_m} \right) \tag{7.37}$$

式中，g_m 为平均重力，可近似取 $g_m \approx 9.784[1 - 0.002626\cos(2\varphi) - 0.00028h]$，$\varphi$、$h$ 分别为用户所在位置的纬度和高程(km)。

湿分量延迟可表示为

$$d_w^z = 10^{-6} \int_{r_s}^{r_a} \left(K_2' \frac{e}{T} + K_3 \frac{e}{T^2} \right) Z_w^{-1} \mathrm{d}r = \frac{10^{-6} (T_m K_2' + K_3) R_d}{g_m \lambda' - \beta R_d} \cdot \left(\frac{e}{T} \right) \tag{7.38}$$

式中，β 为温度垂向梯度(K/km)；$\lambda' = \lambda + 1$，λ 为水汽梯度(无单位)；T_m 为水汽平均温度，$T_m = T\left(1 - \frac{\beta R_d}{g_m \lambda'}\right)$(K)。

卫星仰角为 E 的观测值所受到的对流层延迟影响可表示为

$$d_{\text{trop}} = d_h^z \cdot m_h(E) + d_w^z \cdot m_w(E) \tag{7.39}$$

式中，d_{trop} 为对流层总延迟；$m_h(E)$、$m_w(E)$ 分别为干分量延迟和湿分量延迟的映射函数。

采用式(7.39)计算对流层延迟，其精度主要取决于对流层天顶延迟模型、映射函数以及地面气象元素的精度。下面讨论对流层天顶延迟模型的确定方法。

用于补偿对流层延迟的计算模型有很多种，比较著名的对流层模型有 Hopfield 模型、改进的 Hopfield 模型和 Saastamoinen 模型，但精度相对较高的是 Saastamoinen/Neill 模型。常用的对流层天顶延迟模型是 Saastamoinen 模型和 Hopfield 简化模型。Saastamoinen 模型为

$$d_h^z = 10^{-6} K_1 R_d \left(\frac{P}{g_m} \right) \tag{7.40}$$

$$d_w^z = \frac{0.002277}{g_m} \left(\frac{1255}{T} + 0.05 \right) e \tag{7.41}$$

如果取 $\beta = 0.0062$ ，$\lambda = 3$，则式(7.38)在数值上与式(7.41)相等。Hopfield 简化模型为

$$d_h^z = 10^{-6} K_1 \left(\frac{P}{T} \right) \left(\frac{h_d - h}{5} \right) \tag{7.42}$$

$$d_w^z = 10^{-6} \left[K_3 + 273(K_2 - K_1) \right] \left(\frac{e}{T^2} \right) \left(\frac{h_w - h}{5} \right) \tag{7.43}$$

$$h_d = 40136 + 148.72(T - 273.16)(\mathrm{m}) \tag{7.44}$$

$$h_w = 11000(\mathrm{m}) \tag{7.45}$$

式中，h 为测站高程(m)。

对于 Saastamoinen 干分量延迟模型和 Hopfield 干分量延迟模型，如果提供比较准确的气象元素，则它们的改正精度都可以达到亚毫米级。但相比较而言，Saastamoinen 干分量延迟模型要优于 Hopfield 干分量延迟模型，首先是因为前者的计算精度相对较高，其次是前者不含温度变量 T，不受温度误差的影响。

由于水汽分布不均匀，而且随时间变化较快，很难准确预报对流层湿分量延迟。因此，对流层湿分量延迟模型的计算精度较低，为几厘米。Saastamoinen 湿分量延迟模型的计算精度为 2～5cm，略优于 Hopfield 湿分量延迟模型。另外，对于温度误差的影响，Hopfield 湿分量延迟模型比 Saastamoinen 湿分量延迟模型更敏感，因为 Hopfield 湿分量延迟模型中含有温度 T 的平方项，而 Saastamoinen 湿分量延迟模型中只有温度 T 的一次项。

7.2.4.4　地球自转改正方法

GNSS 数据处理一般是在协议地球坐标系中进行的，即地面测站(或运动载体)和卫星均用地固坐标系来表示，若根据信号的发射时刻 t_1 计算卫星在空间的位

置，则求得的是卫星在t_1时刻协议地球坐标系中的位置（x_1^s, y_1^s, z_1^s）。当信号于t_2时刻到达接收机时，协议地球坐标系将围绕地球自转轴(z 轴)旋转一个角度$\Delta\alpha$：

$$\Delta\alpha = \omega(t_2 - t_1) \tag{7.46}$$

式中，ω为地球自转角速度。

对应于t_2时刻，卫星坐标的变化为

$$\begin{bmatrix} \delta x_s \\ \delta y_s \\ \delta z_s \end{bmatrix} = \begin{bmatrix} \omega(t_2 - t_1)y_1^s \\ \omega(t_2 - t_1)x_1^s \\ 0 \end{bmatrix} \tag{7.47}$$

用拉格朗日内插的卫星位置应按上述公式归算到t_2时刻。

7.2.4.5 多路径效应影响分析

GNSS 接收机天线除了直接接收卫星所发射的信号外，还可能接收到天线周围地物反射的卫星信号，这种现象称为多路径效应。多路径效应不仅影响观测值的精度，严重时还会使信号失锁，是近距离高精度 GNSS 测量的主要误差源。

多路径效应对伪距的影响最大可达伪距码元长度的 1/2。对 C/A 码而言，多路径效应的影响可能达到 10～20m，极限时可能高达 100m；对 P 码的影响最大可达 10m 左右。相比较而言，多路径效应对载波相位的影响较小，最大影响为 1/4 周，一般情况下，其影响量约为 1cm。

在静态测量中，随着 GNSS 卫星几何结构的变化，多路径效应的影响呈现出几分钟至几十分钟的周期性正弦变化。其中，长周期变化被参数估值吸收，使待估参数产生偏差；而短周期变化则被残差吸收，其影响可通过时间平均方法进行消除。

在动态测量中，由于测量环境的不断变化，多路径效应更多地表现为随机性误差特征。但对于低速航行的船载 GNSS 用户，由于受到相对固定地物的反射，多路径效应仍会显示出周期性的变化。

多路径效应的影响与卫星信号方向、反射系数以及反射物距离有关。由于测量环境复杂多变，多路径效应难以模型化处理，也无法通过差分方法来减弱。一般采用预防性措施来减弱多路径效应的影响，如使天线远离反射物、在天线上设置抑径板、改善码和相位跟踪环路等。在数据处理中，一般将多路径效应作为偶然误差进行处理。

7.2.4.6 观测噪声影响分析

观测噪声为白噪声，而且不同卫星的观测噪声之间是独立的。观测噪声与码相关模式、接收机动态性和卫星仰角有关。C/A 码的观测噪声一般为 1.5m，但受信噪比的影响，C/A 码的观测噪声为 0.2～3m，P 码的观测噪声为 10～30cm。载波相位的噪声一般为波长的 1%，对于不同的接收机类型和信噪比，载波相位的观测噪声为 0.1%～10%波长。

7.3　GNSS 动态差分定位方法

7.3.1　GNSS 动态差分定位解算模型

GNSS 高精度定位需要使用载波相位观测值，如果模糊度已经固定，而且没有周跳或周跳已修复，那么可以利用最小二乘法或卡尔曼滤波来处理载波相位观测值，从而获得厘米级精度的测点位置信息。第 k 历元的载波相位观测值的数学模型可表示为

$$V_k = \boldsymbol{A}_k \boldsymbol{X}_k - \left(\boldsymbol{L}_k - f(\boldsymbol{X}_k^0, N)\right) \tag{7.48}$$

式中，下标 k 表示第 k 历元；$\boldsymbol{X}$、$\boldsymbol{X}^0$ 分别为非模糊度参数向量(如位置、电离层或对流层等参数)及其近似值向量；$\boldsymbol{A}$ 为设计矩阵；N 为整周模糊度；$\boldsymbol{L}$ 为观测值向量(一般只有双差载波相位观测值)；$f(\cdot)$ 为观测值向量 $\boldsymbol{L}$ 的函数模型。

在 GNSS 高精度定位的数据处理中，参数 $\boldsymbol{X}$ 的选择与基线长度有关。对于长度较短、高差较小的基线，因大部分的电离层延迟和对流层延迟被双差消除，故参数 $\boldsymbol{X}$ 中一般只含有位置参数；对于长度较短而高差较大的基线，双差后残余的对流层延迟仍较大，故参数 $\boldsymbol{X}$ 中还应包含对流层参数；对于中长基线，一般采用消电离层组合观测值，故参数 $\boldsymbol{X}$ 中一般含有位置参数和对流层参数，而不含有电离层参数，但如果不采用消电离层组合观测值，则应同时估计电离层参数。

设观测值向量 $\boldsymbol{L}$ 的权矩阵为 $\boldsymbol{P}_k$，如果不考虑位置参数和对流层参数的先验信息，可采用最小二乘法来处理观测值，直接获得第 k 历元的位置和对流层延迟估值为

$$\hat{\boldsymbol{X}}_k = \boldsymbol{X}_k^0 + (\boldsymbol{A}_k^{\mathrm{T}} \boldsymbol{P}_k \boldsymbol{A}_k)^{-1} \boldsymbol{A}_k^{\mathrm{T}} \boldsymbol{P}_k \boldsymbol{l}_k \tag{7.49}$$

$$\boldsymbol{\Sigma}_{\hat{X}_k} = (\boldsymbol{A}_k^{\mathrm{T}} \boldsymbol{P}_k \boldsymbol{A}_k)^{-1} \tag{7.50}$$

式中，$\boldsymbol{l}_k = \boldsymbol{L}_k - f(\hat{\boldsymbol{X}}_{k,k-1}, N)$；$\boldsymbol{\Sigma}_{\hat{X}_k}$ 为 $\hat{\boldsymbol{X}}_k$ 的协方差矩阵。

在动态测量中，还可以基于前一历元的信息，利用位置参数的常速度模型和对流层参数的随机游走模型，依据类似于式(7.48)的状态方程，来获得当前历元

待估参数的先验信息 $\hat{\boldsymbol{X}}_{k,k-1}$ 及其协方差矩阵 $\boldsymbol{\Sigma}_{\hat{X}_{k,k-1}}$。如果考虑先验信息，则第 k 历元的位置和对流层延迟的最小二乘法估值为

$$\hat{\boldsymbol{X}}_k = \hat{\boldsymbol{X}}_{k,k-1} + (\boldsymbol{\Sigma}_{\hat{X}_{k,k-1}}^{-1} + \boldsymbol{A}_k^{\mathrm{T}} \boldsymbol{P}_k \boldsymbol{A}_k)^{-1} \boldsymbol{A}_k^{\mathrm{T}} \boldsymbol{P}_k \boldsymbol{l}_k \tag{7.51}$$

$$\boldsymbol{\Sigma}_{\hat{X}_k} = (\boldsymbol{\Sigma}_{\hat{X}_{k,k-1}}^{-1} + \boldsymbol{A}_k^{\mathrm{T}} \boldsymbol{P}_k \boldsymbol{A}_k)^{-1} \tag{7.52}$$

式(7.51)和式(7.52)也可以写为如下常见的卡尔曼滤波形式，即

$$\hat{\boldsymbol{X}}_k = \hat{\boldsymbol{X}}_{k,k-1} + \boldsymbol{K}_k \boldsymbol{l}_k \tag{7.53}$$

$$\boldsymbol{K}_k = \boldsymbol{\Sigma}_{\hat{X}_{k,k-1}} \boldsymbol{A}_k^{\mathrm{T}} [\boldsymbol{A}_k \boldsymbol{\Sigma}_{\hat{X}_{k,k-1}} \boldsymbol{A}_k^{\mathrm{T}} + \boldsymbol{P}_k^{-1}]^{-1} \tag{7.54}$$

$$\boldsymbol{\Sigma}_{\hat{X}_k} = [\boldsymbol{I} - \boldsymbol{K}_k \boldsymbol{A}_k] \boldsymbol{\Sigma}_{\hat{X}_{k,k-1}} \tag{7.55}$$

7.3.2 伪距差分单点定位

当采用相位观测值进行精密定位计算时，需要事先获取各流动点的坐标近似值，这样的近似值可通过伪距差分平差方法进行计算。

设 t_i 时刻基准点和流动点均接收到 n 颗卫星的观测信号，观测值分别为 $R_c(j)$ 和 $R_r(j)$ $(j=1,2,\cdots,n)$，R_j 表示差分观测值，即

$$R_j = R_r(j) - R_c(j) \tag{7.56}$$

以 R_j 为观测值，以流动点的坐标、基准点与流动点接收机的组合钟差为未知数，进行最小二乘参数平差，则误差方程为

$$v_j = a_j \delta x + b_j \delta y + c_j \delta z + \mathrm{d}t + l_j \tag{7.57}$$

其中

$$l_j = R'_j - R_j \tag{7.58}$$

$$R_j = \sqrt{(x_j^s - x_0)^2 + (y_j^s - y_0)^2 + (z_j^s - z_0)^2} \tag{7.59}$$

$$R'_j = \sqrt{(x_j^s - x_r)^2 + (y_j^s - y_r)^2 + (z_j^s - z_r)^2} \tag{7.60}$$

$$a_j=\frac{x_j^s-x_r}{R_j'}-\frac{x_j^s-x_0}{R_j},\quad b_j=\frac{y_j^s-y_r}{R_j'}-\frac{y_j^s-y_0}{R_j},\quad c_j=\frac{z_j^s-z_r}{R_j'}-\frac{z_j^s-z_0}{R_j} \tag{7.61}$$

式中，(x_j^s, y_j^s, z_j^s)为第 j 颗卫星的坐标；(x_0, y_0, z_0)为基准站的坐标；(x_r, y_r, z_r)为流动点坐标的先验值；$(\delta x, \delta y, \delta z)$为流动点坐标的改正数；$\mathrm{d}t$ 为组合钟差改正数。

令

$$\boldsymbol{A}=\begin{bmatrix} a_1 & b_1 & c_1 & 1 \\ a_2 & b_2 & c_2 & 1 \\ \vdots & \vdots & \vdots & \vdots \\ a_n & b_n & c_n & 1 \end{bmatrix},\ \boldsymbol{X}=\begin{bmatrix} \delta x \\ \delta y \\ \delta z \\ \mathrm{d}t \end{bmatrix},\ \boldsymbol{l}=\begin{bmatrix} l_1 \\ l_2 \\ \vdots \\ l_n \end{bmatrix} \tag{7.62}$$

则有

$$\boldsymbol{V}=\boldsymbol{AX}+\boldsymbol{l} \tag{7.63}$$

采用参数加权平差模型(等价于卡尔曼滤波)求解未知数可得

$$\boldsymbol{X}=-(\boldsymbol{A}^{\mathrm{T}}\boldsymbol{PA}+\boldsymbol{P}_x)^{-1}\boldsymbol{A}^{\mathrm{T}}\boldsymbol{Pl} \tag{7.64}$$

式中，$\boldsymbol{P}_x$ 为流动点坐标先验值的先验权矩阵，一般取为对角阵，对角线元素为 0.001；$\boldsymbol{P}$ 为观测值向量权矩阵，取 $\boldsymbol{P}$ 为对角阵，对角线元素为

$$p_i=\begin{cases} 1, & h_\alpha \leqslant 25° \\ h_\alpha/25, & h_\alpha > 25° \end{cases} \tag{7.65}$$

式中，h_α 为卫星高度角。

7.3.3　相位差分动态定位

将相位观测值的双差作为观测量，以全部流动点的未知坐标及双差观测值的组合模糊度为未知参数，用最小二乘平差或滤波方法求解各流动点的坐标。

设 t_i 时刻基准点和流动点均接收到 $n+1$ 颗相同卫星的观测信号，相位观测值分别为 $\varphi_0^p(j)$ 和 $\varphi_c^p(j)$，其中，$j=0,1,\cdots,n$ 为观测值编号，上标“p”表示卫星编号，下标“0”和“c”分别表示基准点和流动点。φ_j^p 表示差分观测值，即

$$\varphi_j^p=\varphi_c^p(j)-\varphi_0^p(j) \tag{7.66}$$

将 φ_j^p 与 φ_0^q 再做差分，可得

$$\phi_j = \varphi_c^p(j) - \varphi_0^p(j) - \varphi_c^q(0) + \varphi_0^q(0), \quad j = 1, 2, \cdots, n \tag{7.67}$$

式中，ϕ_j 为双差观测值，它是 t_i 时刻两个接收机对两颗卫星的相位观测值的组合，此组合观测值中包含两颗卫星的模糊度，两颗卫星的编号分别为 p 和 q。

与式(7.67)相对应的误差方程为

$$v_j = a_j \delta x_i + b_j \delta y_i + c_j \delta z_i + \lambda N^p - \lambda N^q + l_j \tag{7.68}$$

其中

$$l_j = R_c^p - R_0^p - (R_c^q - R_0^q) - \phi_j \tag{7.69}$$

$$\begin{cases} R_0^p = \sqrt{(x^p - x_0)^2 + (y^p - y_0)^2 + (z^p - z_0)^2} \\ R_c^p = \sqrt{(x^p - x_c)^2 + (y^p - y_c)^2 + (z^p - z_c)^2} \\ R_0^q = \sqrt{(x^q - x_0)^2 + (y^q - y_0)^2 + (z^q - z_0)^2} \\ R_c^q = \sqrt{(x^q - x_c)^2 + (y^q - y_c)^2 + (z^q - z_c)^2} \end{cases} \tag{7.70}$$

$$\begin{cases} a_j = \dfrac{x^p - x_i}{R_c^p} - \dfrac{x^p - x_0}{R_0^p} - \dfrac{x^q - x_i}{R_c^q} + \dfrac{x^q - x_0}{R_0^q} \\ b_j = \dfrac{y^p - y_i}{R_c^p} - \dfrac{y^p - y_0}{R_0^p} - \dfrac{y^q - y_i}{R_c^q} + \dfrac{y^q - y_0}{R_0^q} \\ c_j = \dfrac{z^p - z_i}{R_c^p} - \dfrac{z^p - z_0}{R_0^p} - \dfrac{z^q - z_i}{R_c^q} + \dfrac{z^q - z_0}{R_0^q} \end{cases} \tag{7.71}$$

式中，(x^p, y^p, z^p) 和 (x^q, y^q, z^q) 分别为第 p 颗和第 q 颗卫星的坐标；(x_0, y_0, z_0) 为基准站坐标；(x_i, y_i, z_i) 为未知点坐标的先验值；$(\delta x_i, \delta y_i, \delta z_i)$ 为未知点坐标的改正数；N 为整周模糊度；λ 为相位观测值的波长，当取不同的观测值时，λ 有不同的值。

因误差方程中既包含未知点的坐标，又包含组合模糊度，故依靠单个历元的观测值无法确定全部未知点，必须将全部点的未知数和模糊度进行整体解算。此时，以矩阵形式表示的误差方程为

$$\begin{bmatrix} \boldsymbol{V}_1 \\ \boldsymbol{V}_2 \\ \vdots \\ \boldsymbol{V}_m \end{bmatrix} = \begin{bmatrix} \boldsymbol{A}_1 & & & & \boldsymbol{B}_1 \\ & \boldsymbol{A}_2 & & & \boldsymbol{B}_2 \\ & & \ddots & & \vdots \\ & & & \boldsymbol{A}_m & \boldsymbol{B}_m \end{bmatrix} \begin{bmatrix} \boldsymbol{X}_1 \\ \boldsymbol{X}_2 \\ \vdots \\ \boldsymbol{X}_m \\ \boldsymbol{N} \end{bmatrix} + \begin{bmatrix} \boldsymbol{l}_1 \\ \boldsymbol{l}_2 \\ \vdots \\ \boldsymbol{l}_m \end{bmatrix} \tag{7.72}$$

式中，m 为历元数；$\boldsymbol{X}_i$ 为各历元流动点的坐标改正数，即 $\boldsymbol{X}_i=(\delta x_i,\delta y_i,\delta z_i)^{\mathrm{T}}$；$\boldsymbol{l}_i$（$i=1,2,\cdots,m$）为各历元自由项向量；$\boldsymbol{N}$ 为整周模糊度向量。

设各历元的观测权为 $\boldsymbol{P}_i$，则根据最小二乘原理，可得如下法方程：

$$\begin{bmatrix} \boldsymbol{A}_1^{\mathrm{T}}\boldsymbol{P}_1\boldsymbol{A}_1 & & & & \boldsymbol{A}_1^{\mathrm{T}}\boldsymbol{P}_1\boldsymbol{B}_1 \\ & \boldsymbol{A}_2^{\mathrm{T}}\boldsymbol{P}_2\boldsymbol{A}_2 & & & \boldsymbol{A}_2^{\mathrm{T}}\boldsymbol{P}_2\boldsymbol{B}_2 \\ & & \ddots & & \vdots \\ & & & \boldsymbol{A}_m^{\mathrm{T}}\boldsymbol{P}_m\boldsymbol{A}_m & \boldsymbol{A}_m^{\mathrm{T}}\boldsymbol{P}_m\boldsymbol{B}_m \\ \boldsymbol{B}_1^{\mathrm{T}}\boldsymbol{P}_1\boldsymbol{A}_1 & \boldsymbol{B}_2^{\mathrm{T}}\boldsymbol{P}_2\boldsymbol{A}_2 & \cdots & \boldsymbol{B}_m^{\mathrm{T}}\boldsymbol{P}_m\boldsymbol{A}_m & \sum_{i=1}^{m}\boldsymbol{B}_i^{\mathrm{T}}\boldsymbol{P}_i\boldsymbol{B}_i \end{bmatrix}\begin{bmatrix} \boldsymbol{X}_1 \\ \boldsymbol{X}_2 \\ \vdots \\ \boldsymbol{X}_m \\ \boldsymbol{N} \end{bmatrix}+\begin{bmatrix} \boldsymbol{A}_1^{\mathrm{T}}\boldsymbol{P}_1\boldsymbol{l}_1 \\ \boldsymbol{A}_2^{\mathrm{T}}\boldsymbol{P}_2\boldsymbol{l}_2 \\ \vdots \\ \boldsymbol{A}_m^{\mathrm{T}}\boldsymbol{P}_m\boldsymbol{l}_m \\ \sum_{i=1}^{m}\boldsymbol{B}_i^{\mathrm{T}}\boldsymbol{P}_i\boldsymbol{l}_i \end{bmatrix}=\begin{bmatrix} 0 \\ 0 \\ \vdots \\ 0 \\ 0 \end{bmatrix} \tag{7.73}$$

利用消元法消去法方程中的位置参数，可得

$$\begin{aligned} &\left[\sum_{i=1}^{m}\boldsymbol{B}_i^{\mathrm{T}}\boldsymbol{P}_i\boldsymbol{B}_i-\sum_{i=1}^{m}\boldsymbol{B}_i^{\mathrm{T}}\boldsymbol{P}_i\boldsymbol{A}_i(\boldsymbol{A}_i^{\mathrm{T}}\boldsymbol{P}_i\boldsymbol{A}_i)^{-1}\boldsymbol{A}_i^{\mathrm{T}}\boldsymbol{P}_i\boldsymbol{B}_i\right]\boldsymbol{N} \\ &+\left[\sum_{i=1}^{m}\boldsymbol{B}_i^{\mathrm{T}}\boldsymbol{P}_i\boldsymbol{l}_i-\sum_{i=1}^{m}\boldsymbol{B}_i^{\mathrm{T}}\boldsymbol{P}_i\boldsymbol{B}_i(\boldsymbol{A}_i^{\mathrm{T}}\boldsymbol{P}_i\boldsymbol{A}_i)^{-1}\boldsymbol{A}_i^{\mathrm{T}}\boldsymbol{P}_i\boldsymbol{l}_i\right]=0 \end{aligned} \tag{7.74}$$

由式(7.74)可求得整周模糊度参数的实数解及其权逆阵：

$$\begin{aligned} \boldsymbol{N}=&\left[\sum_{i=1}^{m}\boldsymbol{B}_i^{\mathrm{T}}\boldsymbol{P}_i\boldsymbol{B}_i-\sum_{i=1}^{m}\boldsymbol{B}_i^{\mathrm{T}}\boldsymbol{P}_i\boldsymbol{A}_i(\boldsymbol{A}_i^{\mathrm{T}}\boldsymbol{P}_i\boldsymbol{A}_i)^{-1}\boldsymbol{A}_i^{\mathrm{T}}\boldsymbol{P}_i\boldsymbol{B}_i\right]^{-1} \\ &\left[\sum_{i=1}^{m}\boldsymbol{B}_i^{\mathrm{T}}\boldsymbol{P}_i\boldsymbol{l}_i-\sum_{i=1}^{m}\boldsymbol{B}_i^{\mathrm{T}}\boldsymbol{P}_i\boldsymbol{B}_i(\boldsymbol{A}_i^{\mathrm{T}}\boldsymbol{P}_i\boldsymbol{A}_i)^{-1}\boldsymbol{A}_i^{\mathrm{T}}\boldsymbol{P}_i\boldsymbol{l}_i\right] \end{aligned} \tag{7.75}$$

$$\boldsymbol{Q}_N=\left[\sum_{i=1}^{m}\boldsymbol{B}_i^{\mathrm{T}}\boldsymbol{P}_i\boldsymbol{A}_i-\sum_{i=1}^{m}\boldsymbol{B}_i^{\mathrm{T}}\boldsymbol{P}_i\boldsymbol{B}_i(\boldsymbol{A}_i^{\mathrm{T}}\boldsymbol{P}_i\boldsymbol{A}_i)^{-1}\boldsymbol{A}_i^{\mathrm{T}}\boldsymbol{P}_i\boldsymbol{B}_i\right]^{-1} \tag{7.76}$$

由此又可求得各个未知点的坐标改正数为

$$\boldsymbol{X}_i=-(\boldsymbol{A}_i^{\mathrm{T}}\boldsymbol{P}_i\boldsymbol{A}_i)^{-1}(\boldsymbol{A}_i^{\mathrm{T}}\boldsymbol{P}_i\boldsymbol{l}_i-\boldsymbol{A}_i^{\mathrm{T}}\boldsymbol{P}_i\boldsymbol{B}_i\boldsymbol{N}) \tag{7.77}$$

在求得模糊度的实数解及其权逆阵以后，可进一步确定模糊度的整数约束解。本节采用最小二乘降相关分解法求解模糊度的整数约束解，具体过程如下。

设有 n 维模糊度权逆阵 $\boldsymbol{Q}_N$，连续对其实施二维模糊度转换可构造出 n 维模糊度转换阵 $\boldsymbol{T}$，步骤如下：

首先选择使 $\left|\dfrac{\boldsymbol{Q}_{N_iN_j}}{\boldsymbol{Q}_{N_iN_i}}\right|$ 及 $\left|\dfrac{\boldsymbol{Q}_{N_iN_j}}{\boldsymbol{Q}_{N_jN_j}}\right|$ $(i,j=1,2,\cdots,n)$ 最大的行 i 及列 j。

(1) 对 N_i、N_j 对应的方差子块进行二维模糊度转换，得到转换阵 $\boldsymbol{Z}_1$。

(2) 求转换后的方差矩阵 $\boldsymbol{Q}_1$。

(3) 若 $\left|\dfrac{\boldsymbol{Q}_{N_iN_j}}{\boldsymbol{Q}_{N_iN_i}}\right|$ 及 $\left|\dfrac{\boldsymbol{Q}_{N_iN_j}}{\boldsymbol{Q}_{N_jN_j}}\right|$ $(i,j=1,2,\cdots,n)$ 中最大者小于 0.5，则结束转换，否则重复步骤(1)、步骤(2)。

(4) 求模糊度转换阵 $\boldsymbol{T}=\boldsymbol{Z}_k\cdots\boldsymbol{Z}_2\boldsymbol{Z}_1$。

最后可得到模糊度的整数约束解为 $\bar{\boldsymbol{N}}=\boldsymbol{T}^{-1}\bar{\boldsymbol{Z}}$，$\bar{\boldsymbol{Z}}=\text{int}(\boldsymbol{TN})$。

7.3.4 利用 GNSS 测定载体速度的方法

利用 GNSS 技术可以快速、可靠地确定运动载体的速度，可应用于星载、机载、车载、舰载等各种作业的速度测量中。GNSS 测速可采用三种方法：①基于 GNSS 高精度定位结果，通过位置差分获取载体速度；②利用 GNSS 原始多普勒观测值直接计算载体速度；③利用载波相位中心差分获得的多普勒观测值计算载体速度。三种方法之间有一定的联系，都源于速度的数学定义公式。但由于各种方法的计算思路不同，所采用的观测量也不同，其计算模型又都进行了不同程度的近似假设，所以它们最后所确定的速度精度也略有差异。下面首先介绍三种测速方法的基本原理，然后对其进行分析和比较。

7.3.4.1 通过位置差分求解速度

假设利用载波相位观测值已获得载体在历元 t 和 $(t+\Delta t)$ 的位置向量 $\boldsymbol{r}_2$ 和 $\boldsymbol{r}_3$，则载体速度可表示为

$$\dot{\boldsymbol{r}}=\frac{1}{\Delta t}(\boldsymbol{r}_3-\boldsymbol{r}_2) \tag{7.78}$$

式中，Δt 为采样时间间隔。

由式(7.78)所确定的速度是载体在采样时间间隔 Δt 内的平均速度。如果载体做匀速运动，平均速度可以代表历元 $(t+\Delta t/2)$ 时刻载体的瞬时速度。由此可以看出，相对于当前历元，用这种方法确定速度在时间上有一定的滞后。为方便应用，可利用历元 $(t-\Delta t)$ 和 $(t+\Delta t)$ 的位置向量 $\boldsymbol{r}_1$ 和 $\boldsymbol{r}_3$ 来计算历元 t 的载体瞬时速度，计算式为

$$\dot{\boldsymbol{r}}_2=\frac{1}{2\Delta t}(\boldsymbol{r}_3-\boldsymbol{r}_1) \tag{7.79}$$

如果采样时间间隔 Δt 趋近于 0，则该平均速度即为瞬时速度。显然，Δt 越小，利用位置差分方法确定载体速度的精度也越高。但是，在实际应用中，Δt 越小，高频测量噪声放大越明显，因此 Δt 也不宜取得过小。

7.3.4.2　利用原始多普勒频移观测值求解速度

由 7.2.1 节可知，式(7.3)是多普勒频移观测值的数学模型，其双差模型为式(7.14)。式(7.8)右端的第二项 $(\partial\dot{\rho}/\partial\boldsymbol{r}_r^{\mathrm{T}})\delta\boldsymbol{r}_r$ 为载体位置改正数 $\delta\boldsymbol{r}$ 对多普勒频移观测值的影响，$\delta\boldsymbol{r}$ 可以事先由差分伪距或载波相位确定，在此不作为未知参数参与平差计算，而是作为修正参数来考虑。于是，多普勒频移观测值双差模型(7.14)的误差方程可以写为

$$\boldsymbol{V}=\boldsymbol{A}\cdot\delta\dot{\boldsymbol{X}}-(\dot{\boldsymbol{L}}-\dot{\boldsymbol{A}}\delta\boldsymbol{r}) \tag{7.80}$$

其中

$$\boldsymbol{A}=\begin{bmatrix}\dfrac{\partial\nabla\Delta\dot{\boldsymbol{\rho}}}{\partial\dot{\boldsymbol{r}}_{r1}^{\mathrm{T}}}\\ \dfrac{\partial\nabla\Delta\dot{\boldsymbol{\rho}}}{\partial\dot{\boldsymbol{r}}_{r2}^{\mathrm{T}}}\\ \vdots\\ \dfrac{\partial\nabla\Delta\dot{\boldsymbol{\rho}}}{\partial\dot{\boldsymbol{r}}_{rn}^{\mathrm{T}}}\end{bmatrix},\quad \dot{\boldsymbol{A}}=\begin{bmatrix}\dfrac{\partial\nabla\Delta\dot{\boldsymbol{\rho}}}{\partial\boldsymbol{r}_{r1}^{\mathrm{T}}}\\ \dfrac{\partial\nabla\Delta\dot{\boldsymbol{\rho}}}{\partial\boldsymbol{r}_{r2}^{\mathrm{T}}}\\ \vdots\\ \dfrac{\partial\nabla\Delta\dot{\boldsymbol{\rho}}}{\partial\boldsymbol{r}_{rn}^{\mathrm{T}}}\end{bmatrix} \tag{7.81}$$

$$\dot{\boldsymbol{L}}=\begin{bmatrix}\lambda\nabla\Delta\dot{\boldsymbol{\varphi}}_{11}-\nabla\Delta\dot{\boldsymbol{\rho}}_{10}\\ \lambda\nabla\Delta\dot{\boldsymbol{\varphi}}_{21}-\nabla\Delta\dot{\boldsymbol{\rho}}_{20}\\ \vdots\\ \lambda\nabla\Delta\dot{\boldsymbol{\varphi}}_{n1}-\nabla\Delta\dot{\boldsymbol{\rho}}_{n0}\end{bmatrix} \tag{7.82}$$

$$\delta\dot{\boldsymbol{X}}=\delta\dot{\boldsymbol{r}} \tag{7.83}$$

其余变量的含义同式(7.14)。根据最小二乘原理，可求得未知参数即载体速度的改正数为

$$\delta\dot{\boldsymbol{X}}=(\boldsymbol{A}^{\mathrm{T}}\boldsymbol{P}\boldsymbol{A})^{-1}\boldsymbol{A}^{\mathrm{T}}\boldsymbol{P}(\dot{\boldsymbol{L}}-\dot{\boldsymbol{A}}\delta\boldsymbol{r}) \tag{7.84}$$

式中，$\boldsymbol{P}$ 为观测值权矩阵。

未知参数估值的协方差矩阵为

$$\boldsymbol{\Sigma}_{\delta\dot{X}}=(\boldsymbol{A}^{\mathrm{T}}\boldsymbol{P}\boldsymbol{A})^{-1} \tag{7.85}$$

7.3.4.3　通过载波相位中心差分求解速度

利用历元$(t-\Delta t)$和$(t+\Delta t)$的载波相位观测值φ_1和φ_3进行中心差分，可获得历元t时刻的多普勒频移观测值为

$$\dot{\varphi}_2=\frac{\varphi_3-\varphi_1}{2\Delta t} \tag{7.86}$$

式中，Δt为采样时间间隔；$\dot{\varphi}_2$为历元t的多普勒频移观测值，用$\dot{\varphi}_2$代替原始多普勒频移观测值，利用7.3.4.1节的计算式也可确定载体的速度。

7.3.4.4　三种测速方法的比较分析

虽然前述三种测速方法采用的计算模型各异，但它们都是源于速度的数学定义公式，即速度矢量$\boldsymbol{v}$为位置矢量$\boldsymbol{r}$对时间的导数：

$$\boldsymbol{v}=\frac{\mathrm{d}\boldsymbol{r}}{\mathrm{d}t}=\dot{\boldsymbol{r}} \tag{7.87}$$

只是三种测速方法对式(7.87)都进行了不同程度的近似，使得各自的计算模型表现为不同的形式。历元t的载波相位(假设模糊度已经固定，则方程中不再含有模糊度参数)或伪距观测值方程可写为

$$\boldsymbol{L}_2=\boldsymbol{A}_2\boldsymbol{r}_2 \tag{7.88}$$

式中，$\boldsymbol{A}_2$为设计矩阵；$\boldsymbol{L}_2$为自由项；$\boldsymbol{r}_2$为含有位置向量的未知参数向量。

假设观测值权阵为$\boldsymbol{P}$，则未知参数向量的最小二乘估值为

$$\boldsymbol{r}_2=(\boldsymbol{A}_2^{\mathrm{T}}\boldsymbol{P}\boldsymbol{A}_2)^{-1}\boldsymbol{A}_2^{\mathrm{T}}\boldsymbol{P}\boldsymbol{L}_2=\boldsymbol{N}_2^{-1}\boldsymbol{U}_2 \tag{7.89}$$

其中

$$\boldsymbol{N}_2=\boldsymbol{A}_2^{\mathrm{T}}\boldsymbol{P}\boldsymbol{A}_2 \tag{7.90}$$

$$\boldsymbol{U}_2=\boldsymbol{A}_2^{\mathrm{T}}\boldsymbol{P}\boldsymbol{L}_2 \tag{7.91}$$

相对应的测站速度为

$$\dot{\boldsymbol{r}}_2=\frac{\mathrm{d}\boldsymbol{N}_2^{-1}}{\mathrm{d}t}\boldsymbol{U}_2+\boldsymbol{N}_2^{-1}\dot{\boldsymbol{U}}_2 \tag{7.92}$$

若对式(7.92)中的$\boldsymbol{N}_2$和$\boldsymbol{U}_2$用历元$(t-\Delta t)$和历元$(t+\Delta t)$相应的中心差分值

来代替，即

$$\frac{\mathrm{d}\boldsymbol{N}_2^{-1}}{\mathrm{d}t}=\frac{\boldsymbol{N}_3^{-1}-\boldsymbol{N}_1^{-1}}{2\Delta t} \tag{7.93}$$

$$\boldsymbol{N}_2=\frac{\boldsymbol{N}_3+\boldsymbol{N}_1}{2} \tag{7.94}$$

$$\dot{\boldsymbol{U}}_2=\frac{\boldsymbol{U}_3-\boldsymbol{U}_1}{2\Delta t} \tag{7.95}$$

$$\boldsymbol{U}_2=\frac{\boldsymbol{U}_3+\boldsymbol{U}_1}{2} \tag{7.96}$$

则有

$$\dot{\boldsymbol{r}}_2=\frac{\boldsymbol{N}_3^{-1}-\boldsymbol{N}_1^{-1}}{2\Delta t}\cdot\frac{\boldsymbol{U}_3+\boldsymbol{U}_1}{2}+\frac{\boldsymbol{N}_3^{-1}+\boldsymbol{N}_1^{-1}}{2}\cdot\frac{\boldsymbol{U}_3-\boldsymbol{U}_1}{2\Delta t}=\frac{\boldsymbol{N}_3^{-1}\boldsymbol{U}_3-\boldsymbol{N}_1^{-1}\boldsymbol{U}_1}{2\Delta t}=\frac{\boldsymbol{r}_3-\boldsymbol{r}_1}{2\Delta t} \tag{7.97}$$

式(7.97)即为位置中心差分法的公式。基于逆矩阵求导公式：

$$\frac{\mathrm{d}\boldsymbol{N}_2^{-1}}{\mathrm{d}\boldsymbol{t}}=-\boldsymbol{N}_2^{-1}\dot{\boldsymbol{N}}_2\boldsymbol{N}_2^{-1}=-\boldsymbol{N}_2^{-1}(\boldsymbol{A}_2^{\mathrm{T}}\boldsymbol{P}\dot{\boldsymbol{A}}_2+\dot{\boldsymbol{A}}_2^{\mathrm{T}}\boldsymbol{P}\boldsymbol{A}_2)\boldsymbol{N}_2^{-1} \tag{7.98}$$

同时顾及

$$\dot{\boldsymbol{U}}_2=\dot{\boldsymbol{A}}_2^{\mathrm{T}}\boldsymbol{P}\boldsymbol{L}_2+\boldsymbol{A}_2^{\mathrm{T}}\boldsymbol{P}\dot{\boldsymbol{L}}_2 \tag{7.99}$$

式(7.92)可以写为

$$\begin{aligned}\dot{\boldsymbol{r}}_2&=\frac{\mathrm{d}\boldsymbol{N}_2^{-1}}{\mathrm{d}t}\boldsymbol{U}_2+(\boldsymbol{N}_2^{-1})\dot{\boldsymbol{U}}_2\\&=-\boldsymbol{N}_2^{-1}(\boldsymbol{A}_2^{\mathrm{T}}\boldsymbol{P}\dot{\boldsymbol{A}}_2+\dot{\boldsymbol{A}}_2^{\mathrm{T}}\boldsymbol{P}\boldsymbol{A}_2)\boldsymbol{N}_2^{-1}\boldsymbol{U}_2+\boldsymbol{N}_2^{-1}(\dot{\boldsymbol{A}}_2^{\mathrm{T}}\boldsymbol{P}\boldsymbol{L}_2+\boldsymbol{A}_2^{\mathrm{T}}\boldsymbol{P}\dot{\boldsymbol{L}}_2)\\&=\boldsymbol{N}_2^{-1}\boldsymbol{A}_2^{\mathrm{T}}\boldsymbol{P}(\dot{\boldsymbol{L}}_2-\dot{\boldsymbol{A}}_2\boldsymbol{r}_2)+\boldsymbol{N}_2^{-1}\dot{\boldsymbol{A}}_2^{\mathrm{T}}\boldsymbol{P}(\boldsymbol{L}_2-\boldsymbol{A}_2\boldsymbol{r}_2)\\&=\boldsymbol{N}_2^{-1}\boldsymbol{A}_2^{\mathrm{T}}\boldsymbol{P}(\dot{\boldsymbol{L}}_2-\dot{\boldsymbol{A}}_2\boldsymbol{r}_2)\end{aligned} \tag{7.100}$$

式(7.100)即为利用原始多普勒频移观测值求解速度的公式。如果用

$$\dot{\boldsymbol{L}}_2=\frac{\boldsymbol{L}_3-\boldsymbol{L}_1}{2\Delta t} \tag{7.101}$$

代替式(7.100)中的 $\dot{\boldsymbol{L}}_2$，即得到通过载波相位中心差分确定速度的公式。

通过上面的推导分析可以比较清楚地看出三种测速方法的联系。下面分别从数据处理难易程度、速度计算精度、采样时间间隔要求和实时性等四个方面来分析比较三种测速方法的差异。

(1) 数据处理难易程度。位置中心差分法的数据处理难度最大，因为使用这种方法确定高精度的速度需要基于载波相位的高精度定位结果，而载波相位定位的数据处理过程比较复杂。原始多普勒频移法的数据处理难度最小，采用原始多普勒频移法和伪距观测值即可获得高精度的速度。载波相位中心差分法与原始多普勒频移法的数据处理难度相近，前者仅比后者多了采用载波相位中心差分法计算多普勒频移这一步骤。但需要说明的是，在实际应用中，如果已经采用载波相位确定了高精度的位置参数，那么作为位置参数的副产品，基于位置中心差分法计算载体的速度就变成一件很简单的事。

(2) 速度计算精度。位置中心差分法是基于式(7.93)～式(7.96)的近似处理，载波相位中心差分法则是基于式(7.101)的近似处理，而式(7.93)～式(7.96)和式(7.101)只有在载体做匀速运动时才成立，因此由它们确定的速度精度不仅与载波相位观测值的精度有关，而且受载体运动状态的影响。如果载体做匀速运动，其速度计算精度主要取决于载波相位观测值的精度；但如果载体做非匀速运动，其速度计算精度必定会受到影响，而且速度变化越大，速度测量误差越大。相比较而言，载体做非匀速运动对位置中心差分法测速的影响要大于载波相位中心差分法，因为载波相位中心差分法只受到式(7.101)计算误差的影响，而位置中心差分法会受到式(7.93)～式(7.96)计算误差的影响，其中，仅式(7.95)的误差影响就相当于或大于式(7.101)计算误差的影响。原始多普勒频移法是一种比较精确的测速方法，其速度计算精度主要取决于多普勒频移观测值的精度，基本不受载体运动状态的影响。在一般情况下，载波相位观测值的精度在数值上优于多普勒频移观测值，如果载体做匀速运动，则采用位置中心差分法和载波相位中心差分法确定速度的精度将高于原始多普勒频移法。但如果载体运动速度变化比较大，采用原始多普勒频移法确定速度的精度将优于位置中心差分法和载波相位中心差分法。

(3) 采样时间间隔要求。位置中心差分法和载波相位中心差分法都要求载体做匀速运动，而载体一般只有在较短的时间内才可能保持匀速运动，因此这两种方法都要求采样时间间隔不能过大。

(4) 实时性。位置中心差分法和载波相位中心差分法都要用到前后历元的观测值，在时间上都滞后一个历元。原始多普勒频移法可以利用当前历元的观测值来实时确定速度，没有时间滞后。

考虑到海空重力测量作业实际需求，本专题研究最终选用位置中心差分法进行测量载体的速度和加速度计算。

7.3.5 GNSS 差分定位软件编制及计算分析

基于前面介绍的技术流程和计算模型，本专题研究编制了 GNSS 差分定位软件，命名为动态差分点定位(kinematic differential point positioning，KDPP)。利用 KDPP 软件进行测量载体定位解算，用户只需提供必要的输入数据文件，其余的各项计算和分析功能均由该程序自动实现，其计算流程如图 7.1 所示。

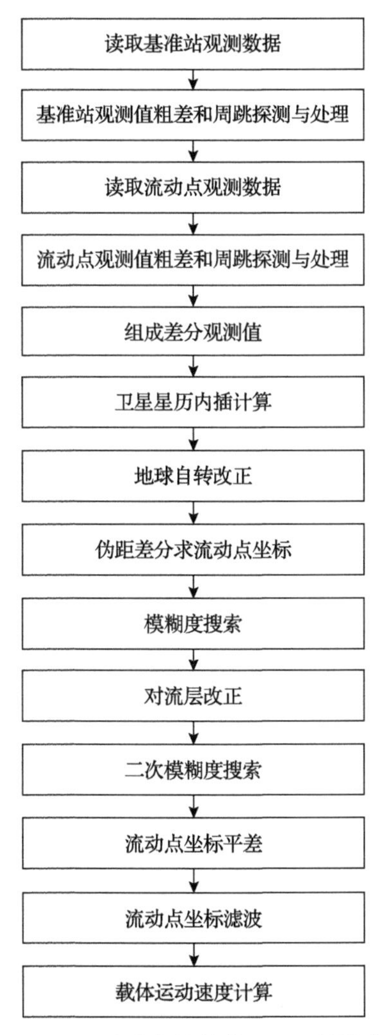

图 7.1　GNSS 差分定位软件 KDPP 计算流程图

KDPP 软件属于后处理程序，卫星星历采用精密星历和内插法进行计算，以 IGS 网站提供的 15min 间隔的卫星精密星历为已知数据，采用拉格朗日内插公式求出卫星在时刻 t 的位置和钟差，其内插公式为

$$x(t)=\sum_{k=0}^{n}\prod_{\substack{i=0\\i\neq k}}^{n}\frac{t-t_i}{t_k-t_i}x_k \tag{7.102}$$

$$y(t)=\sum_{k=0}^{n}\prod_{\substack{i=0\\i\neq k}}^{n}\frac{t-t_i}{t_k-t_i}y_k \tag{7.103}$$

$$z(t)=\sum_{k=0}^{n}\prod_{\substack{i=0\\i\neq k}}^{n}\frac{t-t_i}{t_k-t_i}z_k \tag{7.104}$$

$$\Delta t(t)=\sum_{k=0}^{n}\prod_{\substack{i=0\\i\neq k}}^{n}\frac{t-t_i}{t_k-t_i}\Delta t_k \tag{7.105}$$

式中，x_k、y_k、z_k、Δt_k为 IGS 提供的精密星历信息；t_k、t_i为已知星历的对应时刻；$x(t)$、$y(t)$、$z(t)$、$\Delta t(t)$分别为观测时刻t的卫星位置和钟差，在实际计算时，t由式(7.106)确定：

$$t=\tilde{t}-\rho/C-\Delta t(t) \tag{7.106}$$

式中，$\tilde{t}$为接收机的采样时刻；ρ为卫星与测站的距离；$\Delta t(t)$为卫星钟差。

因t中包含$\Delta t(t)$，故内插星历需要进行迭代计算，但一般迭代次数不会超过 3 次。内插公式中的n表示用到的已知数据的点数，一般取为 16，即从星历文件中找出与时刻$\tilde{t}$最接近的 16 个已知点进行内插计算。

为了验证差分定位软件 KDPP 的计算效果，本节选用一组航空重力测量试验数据进行定位解算分析。该试验在机场固定点设置一台 GPS 接收机，另一台 GPS 接收机安装在测量飞机上，两台 GPS 接收机同步观测，采样时间段为 2007 年 2 月 14 日 22 点 34 分至 2 月 15 日 9 点 24 分，采样时间间隔为 1s，共获得 38972 个观测历元数据。将机场固定点作为已知点，飞机上的接收机作为未知点，采用 KDPP 软件进行差分定位解算，可得到与各历元相对应的测点坐标。因没有测点坐标的真值作为比较的基准，故本节同时采用商用软件 GrafNav 对该组观测数据进行差分定位解算。将两组解算结果进行对比分析，也可对 KDPP 软件的计算效果进行比较客观的评价。图 7.2 给出了两组解算结果在纬度、经度和高度方向上的互差值分布情况，其中横轴代表观测点数，纵轴为互差值大小。表 7.5 则给出了两组解算结果在三个坐标方向的互差值统计情况。

从表 7.5 的对比结果可以看出，KDPP 软件解算结果与 GrafNav 软件解算结果互差平均值在三个坐标方向上均不超过 15cm，互差标准差均不超过 6cm。如果以 GrafNav 软件解算结果为基准，那么上述对比结果表明，KDPP 软件的解算结果是可靠有效的。

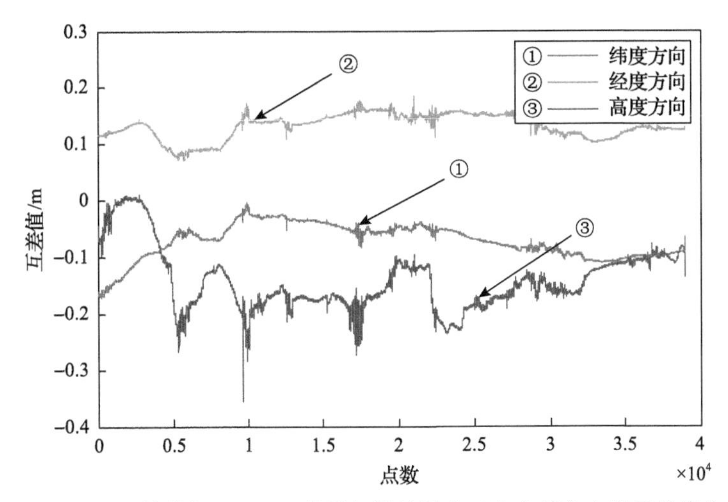

图 7.2　KDPP 软件与 GrafNav 软件解算结果在三个坐标方向的互差值分布

表 7.5　KDPP 软件与 GrafNav 软件解算结果在三个坐标方向的互差值

坐标分量	最大值/m	最小值/m	平均值/m	标准差/m	点数/个
纬度方向	–0.004	–0.171	–0.073	0.031	38971
经度方向	0.184	0.071	0.131	0.022	
高度方向	0.011	–0.356	–0.143	0.055	

7.4　GNSS 精密单点定位方法

早在 20 世纪 70 年代美国推出子午卫星系统时期，就有人针对 Doppler 定位模式提出了精密单点定位的概念。如前所述，目前这一概念已经赋予了新的含义，将预报的 GNSS 卫星精密星历或事后的精密星历作为已知坐标起算数据，同时利用某种方式得到的精密卫星钟差来替代用户 GNSS 定位观测值方程中的卫星钟差参数，用户利用单台 GNSS 双频双码接收机的观测数据在数千万平方公里乃至全球范围内的任意位置都可以分米级的精度进行 RTK 定位或以厘米级的精度进行较快速的静态定位，这一导航定位技术就称为 PPP 技术。

这种非差定位模式与其他差分定位模式相比较，具有很多独特的优势：①保留了所有观测信息，可用观测值多，能直接得到测站坐标；②各个测站的观测值不相关，有利于质量控制；③测站与测站之间无距离限制，只需一台双频 GNSS 接收机即可在全球任意地点以静态方式或动态方式进行高精度定位。

7.4.1 观测模型与待估参数选择

经过近年来的快速发展，PPP 技术在模型构制方面取得了很大的进展。在数据处理模型构制方面，PPP 技术常用的观测模型主要有三种：传统模型、UofC 模型和无模糊度模型。精密单点定位采用的传统模型是指由双频 GNSS 伪距和载波相位观测值的无电离层组合构成的观测模型。因这种无电离层组合是减弱电离层影响最有效的手段，故传统模型是目前国际上应用最广泛的定位模型。由 Gao 等(2001)提出的 UofC 模型是对传统模型的拓展，该模型除了采用无电离层相位组合以外，还分别采用了 L_1 和 L_2 频率上的码和相位平均形式的组合，这种组合形式也能起到降低电离层影响的作用。与前述两种模型不同，无模糊度模型采用的是由无电离层伪距组合观测值和历元间差分的载波相位观测值(即对前、后历元的无电离层相位组合观测值求差)组成的观测模型。由于采用了历元间的差分处理，此类模型中不再包含模糊度项，该模型不必再考虑模糊度参数的估计。

由前面的简要分析可知，PPP 技术三种观测模型的区别主要体现在载波相位对模糊度的处理方式上。当采用传统模型时，组合模糊度的估计需要进行迭代计算；当采用 UofC 模型时，两个载波 L_1 和 L_2 上的模糊度分别进行估计，并需要进行模糊度的伪固定；当采用无模糊度模型时，不需要进行模糊度估计。在一些比较著名的 GNSS 数据处理软件中，JPL 的 GPS 推断定位系统(GPS inferred positioning system，GIPSY)软件、GFZ 的地球参数与轨道系统(earth parameter and orbit system，EPOS)软件和加拿大自然资源部(Natural Resources Canada，NRCan)的 PPP 软件均采用传统模型；瑞士伯尔尼大学天文研究所(Astronomical Institute of the University of Bern，AIUB)的 Bernese 软件和加拿大新布伦瑞克大学(University of New Brunswick)的差分定位程序包(differential positioning program package，DIPOP)软件采用的则是无模糊度模型。考虑到传统模型是三种观测模型中应用最为广泛的一种模型，本专题研究也采用传统模型(即由双频伪距和载波相位观测值的无电离层组合(也称为 LC 组合)构造的观测模型)作为 PPP 解算模型。

由叶世榕(2002)、刘精攀(2007)的研究可知，无电离层组合(即 LC 组合)的非差相位观测方程可表示为

$$
\begin{aligned}
\varphi_{IF}^{j} &= \frac{f_1^2 \varphi_1^j - f_2^2 \varphi_2^j}{f_1^2 - f_2^2} \\
&= \rho - c(\delta t - \delta t^j) + \lambda_{IF} N_{IF} + \delta_{\text{trop}} + \delta_{hd(IF,\varphi)} + \delta_{hd(IF,\varphi)}^{j} + \delta_{\text{mult}(\varphi)} + \varepsilon_{(IF,\varphi)}
\end{aligned}
\tag{7.107}
$$

LC 组合的非差测码伪距观测方程可表示为

$$
\begin{aligned}
P_{IF}^{j} &= \frac{f_1^2 P_1^j - f_2^2 P_2^j}{f_1^2 - f_2^2} \\
&= \rho - c(\delta t - \delta t^j) + \delta_{\text{trop}} + \delta_{hd(IF,P)} + \delta_{hd(IF,P)}^{j} + \delta_{\text{mult}(P)} + \varepsilon_{(IF,P)}
\end{aligned}
\tag{7.108}
$$

式中，上标“j”为卫星标记；φ_{IF}^{j}为相位组合观测值(m)；P_{IF}^{j}为伪距组合观测值(m)；f_1、f_2分别为载波L_1和L_2的频率；δt^j和δt分别为卫星和接收机钟差；c为真空中的光速；δ_{trop}为对流层延迟；N_{IF}为组合观测值的模糊度参数；λ_{IF}为组合相位的波长；$\delta_{hd(IF,\varphi)}^{j}$和$\delta_{hd(IF,\varphi)}$分别为卫星和接收机关于相位的硬件延迟偏差；$\delta_{hd(IF,P)}^{j}$和$\delta_{hd(IF,P)}$分别为卫星和接收机关于伪距的硬件延迟偏差；$\delta_{\text{mult}(\varphi)}$和$\delta_{\text{mult}(P)}$分别为相位和伪距的多路径效应误差；$\varepsilon_{(IF,\varphi)}$和$\varepsilon_{(IF,P)}$分别为观测值的噪声和未被模型化的误差；$\rho$为测站$(x,y,z)$和卫星$(x^s,y^s,z^s)$之间的几何距离。

为了求解方便和数据处理的需要，对式(7.107)和式(7.108)进行微分和线性化处理，将接收机的概略坐标、卫星已知坐标和卫星精密钟差等作为初始值代入泰勒级数展开式，即可得到相对应的线性化方程(刘精攀，2007)。进行线性化处理后的观测方程一般只取到一次项，当概略坐标误差较大时，高阶截断误差会增大，这样会使定位解算结果产生较大的误差，此时应采用迭代计算方法逐步精化解算结果。但为了避免多次迭代，接收机位置坐标近似值的偏差应控制在100m以内。

由式(7.107)和式(7.108)可以看出，PPP技术采用的传统模型能够消除一阶电离层延迟影响和内部频率偏差。但设备(硬件)延迟仍然存在其中，同时该观测模型也无法消除非零初始相位的影响，将被映射到模糊度中。传统模型存在的不足之处是：①由式(7.107)得到的无电离层相位组合观测值中的组合模糊度项，只能作为一个实未知参数进行估计，模糊度的整数特性无法得到利用，未知参数的估值只能随着观测量的积累和几何构型的变化逐步趋于收敛；②组合观测值的观测噪声被人为放大，式(7.107)和式(7.108)中的观测噪声项是原始码和载波相位观测噪声项的3倍；③传统的无电离层组合不能消除高阶电离层的影响。虽然这部分影响不超过电离层总影响的0.1%，但在出现高总电子数期间，也能造成几十厘米的测距误差。高阶电离层影响和其他未被模型化的误差通常都并入观测噪声项中。观测噪声越大，收敛过程的位置误差也越大，趋于收敛所需的计算时间也越长。可见，传统模型的不足之处主要体现在计算收敛速度较慢，因此这一模型不太适合于实时数据处理。

在由式(7.107)和式(7.108)组成的观测模型中，卫星位置和卫星钟差由精密星历和钟差文件给出，对流层干分量延迟等误差改正由各种精确模型计算得到，需要估计的参数是接收机的位置向量、接收机钟差、整周模糊度和对流层湿分量延迟。确定定位模型误差改正的策略是，对于能够精确模型化的误差采用现有模型进行改正计算，如卫星天线相位中心改正、各种潮汐影响、相对论效应等改正项。对于不能精确模型化的误差，增加待估参数进行估计，如对流层天顶湿分量延迟改正等，或通过组合观测值方法消除其影响，如电离层延迟误差可采用双频组合观测值来消除低阶项。

在精密单点定位中，如果将接收机钟差、对流层湿分量延迟及非差整周模糊度等作为未知参数进行处理，其观测模型可简化为

$$\begin{cases} \varphi_{IF}^{j} = \rho - c\delta t + N + \mathrm{MF}^{j} \cdot \mathrm{Zpd} + \varepsilon_{(IF,\varphi)} \\ P_{IF}^{j} = \rho - c\delta t + \mathrm{MF}^{j} \cdot \mathrm{Zpd} + \varepsilon_{(IF,P)} \end{cases} \tag{7.109}$$

式中，对流层延迟表示为对流层天顶延迟 Zpd 与其投影函数 MF 的乘积。上述观测方程的待估参数包括：测站坐标 (x,y,z) 、接收机钟差 δt 、整周模糊度 N 和对流层天顶延迟 Zpd 。测站坐标在静态精密单点定位时，是时不变参数，动态定位时作为时变参数进行估计；接收机钟差无论是静态定位还是动态定位，均作为时变参数逐历元解算。对于组合模糊度参数，若不发生周跳，组合模糊度参数视为常数。而对流层天顶延迟参数在短时间内的变化量相对较小，一般为每小时变化几厘米，通常每 2h 估计一个 Zpd 。此外，还可以采用随机游走模型估计对流层延迟参数(叶世榕，2002)。

7.4.2 待估参数估计方法

对于事后处理的精密动态单点定位，目前主要采用两种方法对待估参数进行估计：一种是卡尔曼滤波；另一种是最小二乘法。卡尔曼滤波以递推方式对动态观测数据进行序贯处理，在动态模型选取比较精准的条件下，通过有效利用前一历元的先验信息，可显著改善后续测点的动态定位精度。但当动态模型选取不合适时，容易造成卡尔曼滤波发散，使定位结果严重偏离真值；最小二乘法直接利用每个历元构建的观测方程对待估参数进行估计，不受动力学模型误差的影响，解算结果稳定可靠。但由于待估参数较多，传统最小二乘法的计算效率较低，即使采用一个小时的动态 GNSS 数据(采样率为 1s)进行单点定位解算，待估参数也将超过 14400 个，如果使用传统最小二乘法，用计算机要完成如此大型的法方程组成并求解几乎无能为力。即使采用经过优化后的矩阵存取算法和矩阵运算算法，解算耗时也相当长，可能要以小时来计算。采用递归最小二乘估计法，对待估参数进行分类处理，可显著提高计算效率。

7.4.2.1 卡尔曼滤波法

如前所述，卡尔曼滤波采用的是递推算法，是目前处理动态导航定位数据最

有效的技术手段之一，可显著提高动态定位精度。由于该方法在解算过程中不仅利用当前观测历元的观测值，还利用了观测历元之前的观测数据，并依据线性最小方差原理求得最优估计。因此，卡尔曼滤波法在 GNSS 动态导航定位中获得了广泛应用(杨元喜，2006)。卡尔曼滤波法的计算步骤如下。

首先根据前一时刻的状态估计，由状态方程求出观测历元的一步预测值，然后根据当前历元的实时观测值和验前信息，计算出预测值的修正值，从而求出最优估值。设随机线性离散系统的状态方程(不考虑控制作用)和观测方程分别为

$$\boldsymbol{X}_k = \boldsymbol{\Phi}_{k,k-1}\boldsymbol{X}_{k-1} + \boldsymbol{w}_k \tag{7.110}$$

$$\boldsymbol{L}_k = \boldsymbol{A}_k\boldsymbol{X}_k + \boldsymbol{e}_k \tag{7.111}$$

式中，$\boldsymbol{X}_k$ 为 t_k 时刻的状态向量；$\boldsymbol{\Phi}_{k,k-1}$ 为状态转移矩阵；$\boldsymbol{w}_k$ 为动力学模型噪声向量；$\boldsymbol{L}_k$ 为观测向量；$\boldsymbol{A}_k$ 为设计矩阵；$\boldsymbol{e}_k$ 为观测噪声向量。

假定动力学模型噪声和观测噪声的统计特性为

$$\begin{cases} E[\boldsymbol{w}_k] = 0, \quad E[\boldsymbol{w}_k\boldsymbol{w}_j^{\mathrm{T}}] = \boldsymbol{\Sigma}_{w_k}\delta_{kj} \\ E[\boldsymbol{e}_k] = 0, \quad E[\boldsymbol{e}_k\boldsymbol{e}_j^{\mathrm{T}}] = \boldsymbol{\Sigma}_{e_k}\delta_{kj} \\ E[\boldsymbol{w}_k\boldsymbol{e}_j^{\mathrm{T}}] = 0 \end{cases} \tag{7.112}$$

式中，$\boldsymbol{\Sigma}_{w_k}$ 为动力学模型噪声向量 $\boldsymbol{w}_k$ 的方差协方差矩阵；$\boldsymbol{\Sigma}_{e_k}$ 为观测噪声向量 $\boldsymbol{e}_k$ 的方差协方差矩阵；δ_{kj} 为狄拉克(Dirac) δ 函数，满足 $\delta_{kk}=1$，$\delta_{kj}=0(k \neq j)$。

卡尔曼滤波的函数模型包括动力学模型(7.110)和量测方程(7.111)两部分，卡尔曼滤波同时使用动力学模型信息和观测信息求解系统状态的最优估值。如果待估计状态 $\boldsymbol{X}_k$ 和对 $\boldsymbol{X}_k$ 的观测量 $\boldsymbol{L}_k$ 满足式(7.111)的约束，动力学模型噪声 $\boldsymbol{w}_k$ 和观测噪声 $\boldsymbol{e}_k$ 满足式(7.112)的假设，动力学模型噪声方差协方差矩阵 $\boldsymbol{\Sigma}_{w_k}$ 非负定，观测噪声方差协方差矩阵 $\boldsymbol{\Sigma}_{e_k}$ 正定，t_k 时刻的观测为 $\boldsymbol{L}_k$，则 $\boldsymbol{X}_k$ 的估计 $\hat{\boldsymbol{X}}_k$ 可按下述步骤进行求解(杨元喜，2006)。

(1)状态一步预测，即

$$\bar{\boldsymbol{X}}_k = \boldsymbol{\Phi}_{k,k-1}\hat{\boldsymbol{X}}_{k-1} \tag{7.113}$$

(2)一步预测误差方差矩阵，即

$$\boldsymbol{\Sigma}_{\bar{X}_k} = \boldsymbol{\Phi}_{k,k-1}\boldsymbol{\Sigma}_{\hat{X}_{k-1}}\boldsymbol{\Phi}_{k,k-1}^{\mathrm{T}} + \boldsymbol{\Sigma}_{w_k} \tag{7.114}$$

(3)滤波增益矩阵，即

$$\boldsymbol{K}_k = \boldsymbol{\Sigma}_{\bar{X}_k}\boldsymbol{A}_k^{\mathrm{T}}(\boldsymbol{\Sigma}_{e_k} + \boldsymbol{A}_k\boldsymbol{\Sigma}_{\bar{X}_k}\boldsymbol{A}_k^{\mathrm{T}})^{-1} \tag{7.115}$$

(4)状态估计，即

$$\hat{\boldsymbol{X}}_k = \bar{\boldsymbol{X}}_k + \boldsymbol{K}_k(\boldsymbol{L}_k - \boldsymbol{A}_k\bar{\boldsymbol{X}}_k) \tag{7.116}$$

(5)状态估计误差方差矩阵，即

$$\boldsymbol{\Sigma}_{\hat{X}_k} = (\boldsymbol{I} - \boldsymbol{K}_k\boldsymbol{A}_k)\boldsymbol{\Sigma}_{\bar{X}_{k-1}}(\boldsymbol{I} - \boldsymbol{K}_k\boldsymbol{A}_k)^{\mathrm{T}} + \boldsymbol{K}_k\boldsymbol{\Sigma}_{e_k}\boldsymbol{K}_k^{\mathrm{T}} \tag{7.117}$$

其中，式(7.115)可进一步写为

$$\boldsymbol{K}_k = \boldsymbol{\Sigma}_{\bar{X}_k}\boldsymbol{A}_k^{\mathrm{T}}\boldsymbol{\Sigma}_{e_k}^{-1} \tag{7.118}$$

式(7.117)可进一步写为

$$\boldsymbol{\Sigma}_{\hat{X}_k} = (\boldsymbol{I} - \boldsymbol{K}_k\boldsymbol{A}_k)\boldsymbol{\Sigma}_{\bar{X}_k} \tag{7.119}$$

或

$$\boldsymbol{\Sigma}_{\hat{X}_k}^{-1} = \boldsymbol{\Sigma}_{\bar{X}_k}^{-1} + \boldsymbol{A}_k^{\mathrm{T}}\boldsymbol{\Sigma}_{e_k}^{-1}\boldsymbol{A}_k \tag{7.120}$$

式(7.116)～式(7.120)即为随机线性离散系统卡尔曼滤波的基本方程。只要给定初值 $\hat{\boldsymbol{X}}_0$ 和 $\boldsymbol{\Sigma}_{\hat{X}_0}$，根据 t_k 时刻的观测值 $\boldsymbol{L}_k$，就可以依据上述方程递推计算得到 t_k 时刻的状态估计 $\hat{\boldsymbol{X}}_k(k=1,2,\cdots)$。

在一个滤波周期内，从使用系统信息和观测信息的先后次序来看，卡尔曼滤波经历两个明显的信息更新过程：时间更新过程和观测更新过程。式(7.113)代表根据 t_{k-1} 时刻的状态估计预测 t_k 时刻状态的过程，式(7.114)对这种预测的质量优劣进行定量描述。式(7.113)和式(7.114)的计算过程仅使用了与系统动态特性相关的信息，如状态一步转移矩阵和系统过程噪声方差矩阵。从时间的推移过程来看，式(7.113)和式(7.114)将时间从 t_{k-1} 时刻推进至 t_k 时刻，描述了卡尔曼滤波的时间更新过程。式(7.115)～式(7.120)用来计算对时间更新值的修正量，该修正量由时间更新的质量优劣($\boldsymbol{\Sigma}_{\bar{X}_k}$)、观测信息的质量优劣($\boldsymbol{\Sigma}_{e_k}$)、观测与状态的关系($\boldsymbol{A}_k$)以及具体的观测信息($\boldsymbol{L}_k$)决定。以上算式都围绕一个目的，即正确、合理地利用观测值 $\boldsymbol{L}_k$，所以说这一过程描述了卡尔曼滤波的观测更新过程。

卡尔曼滤波利用状态方程，根据前一时刻的状态估计和当前时刻的观测值递推估计新的状态估值。由于 GNSS 接收机位置及各种误差因子的状态特征是非线性变化的，卡尔曼滤波不能直接应用于这样的非线性系统。因此，要想在导航定位解算中采用卡尔曼滤波，必须首先对非线性系统状态方程和观测方程进行线性化近似处理，这种方法称为扩展卡尔曼滤波(extended Kalman filter，EKF)(付梦印等，2003；杨元喜，2006)。

7.4.2.2　递归最小二乘估计法

将精密单点定位中所有的待估参数分为两大类，分别用向量 $\boldsymbol{X}$ 和 $\boldsymbol{Y}$ 表示，其中 $\boldsymbol{X}$ 向量包含测站坐标和接收机钟差参数；$\boldsymbol{Y}$ 向量包括模糊度参数和对流层天顶延迟。设 $\boldsymbol{P}$ 为权矩阵，则其观测方程可重新描述为

$$\boldsymbol{V}=\boldsymbol{A}\boldsymbol{X}+\boldsymbol{B}\boldsymbol{Y}-\boldsymbol{L} \tag{7.121}$$

根据最小二乘原理，可得到式(7.121)的法方程为

$$\begin{bmatrix} \boldsymbol{A}^{\mathrm{T}}\boldsymbol{P}\boldsymbol{A} & \boldsymbol{A}^{\mathrm{T}}\boldsymbol{P}\boldsymbol{B} \\ \boldsymbol{B}^{\mathrm{T}}\boldsymbol{P}\boldsymbol{A} & \boldsymbol{B}^{\mathrm{T}}\boldsymbol{P}\boldsymbol{B} \end{bmatrix}\begin{bmatrix} \boldsymbol{X} \\ \boldsymbol{Y} \end{bmatrix}=\begin{bmatrix} \boldsymbol{N}_{11} & \boldsymbol{N}_{12} \\ \boldsymbol{N}_{21} & \boldsymbol{N}_{22} \end{bmatrix}\begin{bmatrix} \boldsymbol{X} \\ \boldsymbol{Y} \end{bmatrix}=\begin{bmatrix} \boldsymbol{A}^{\mathrm{T}}\boldsymbol{P}\boldsymbol{L} \\ \boldsymbol{B}^{\mathrm{T}}\boldsymbol{P}\boldsymbol{L} \end{bmatrix} \tag{7.122}$$

令 $\boldsymbol{Z}=\boldsymbol{N}_{21}\boldsymbol{N}_{11}^{-1}$，对式(7.122)进行消元变换可以得到

$$\begin{bmatrix} \boldsymbol{I} & 0 \\ -\boldsymbol{Z} & \boldsymbol{I} \end{bmatrix}\begin{bmatrix} \boldsymbol{N}_{11} & \boldsymbol{N}_{12} \\ \boldsymbol{N}_{21} & \boldsymbol{N}_{22} \end{bmatrix}\begin{bmatrix} \boldsymbol{X} \\ \boldsymbol{Y} \end{bmatrix}=\begin{bmatrix} \boldsymbol{N}_{11} & \boldsymbol{N}_{12} \\ 0 & \overline{\boldsymbol{N}}_{22} \end{bmatrix}\begin{bmatrix} \boldsymbol{X} \\ \boldsymbol{Y} \end{bmatrix}=\begin{bmatrix} \boldsymbol{A}^{\mathrm{T}}\boldsymbol{P}\boldsymbol{L} \\ \overline{\boldsymbol{B}}^{\mathrm{T}}\boldsymbol{P}\boldsymbol{L} \end{bmatrix} \tag{7.123}$$

其中

$$\overline{\boldsymbol{N}}_{22}=\boldsymbol{B}^{\mathrm{T}}\boldsymbol{P}\boldsymbol{B}-\boldsymbol{B}^{\mathrm{T}}\boldsymbol{P}\boldsymbol{A}\boldsymbol{N}_{11}^{-1}\boldsymbol{A}^{\mathrm{T}}\boldsymbol{P}\boldsymbol{B} \tag{7.124}$$

令

$$\boldsymbol{J}=\boldsymbol{A}\boldsymbol{N}_{11}^{-1}\boldsymbol{A}^{\mathrm{T}}\boldsymbol{P} \tag{7.125}$$

则式(7.124)可表示为

$$\overline{\boldsymbol{N}}_{22}=\boldsymbol{B}^{\mathrm{T}}(\boldsymbol{I}-\boldsymbol{J})^{\mathrm{T}}\boldsymbol{P}(\boldsymbol{I}-\boldsymbol{J})\boldsymbol{B} \tag{7.126}$$

令

$$\overline{\boldsymbol{B}}=(\boldsymbol{I}-\boldsymbol{J})\boldsymbol{B} \tag{7.127}$$

则可得到新的法方程为

$$\overline{\boldsymbol{B}}^{\mathrm{T}}\boldsymbol{P}\overline{\boldsymbol{B}}\boldsymbol{Y}=\overline{\boldsymbol{B}}^{\mathrm{T}}\boldsymbol{P}\boldsymbol{L} \tag{7.128}$$

上述新的法方程等价于构成一个新的观测方程：

$$\bar{\boldsymbol{B}}\boldsymbol{Y} = \boldsymbol{L} \tag{7.129}$$

式(7.129)中只剩下待估参数 $\boldsymbol{Y}$ 向量，即只包含模糊度参数和对流层延迟改正参数，消除了包含测站坐标和卫星钟差的 $\boldsymbol{X}$ 向量，同时 $\boldsymbol{L}$ 观测量向量及其权矩阵保持不变。因此，可以先估计出 $\boldsymbol{Y}$ 向量，再由式(7.130)估计 $\boldsymbol{X}$ 向量：

$$\hat{\boldsymbol{X}} = \boldsymbol{N}_{11}^{-1}(\boldsymbol{A}^{\mathrm{T}}\boldsymbol{P}\boldsymbol{L} - \boldsymbol{N}_{12}\boldsymbol{Y}) \tag{7.130}$$

对待估参数进行分类递归处理，可大大提高数据处理的速度。计算实践表明，采用这种优化的参数估计方法，对于时长几个小时、1s 采样率的动态 GNSS 数据，使用目前主流的笔记本电脑，只需要 2～3min 就可以解算出所有的待估参数。

7.4.3 GNSS 精密单点定位软件编制及计算分析

本专题研究采用 Visual C++编程实现了精密单点定位的全部算法，形成独立的单点定位软件系统，软件命名为海道测量精密单点定位(hydrographic precise point positioning，HPPP)，该软件具有后处理静态定位和动态定位两类基本功能。HPPP 软件算法流程图如图 7.3 所示。

7.4.3.1 静态精密单点定位试验分析

鉴于 IGS 跟踪站的精确坐标是已知的，同时考虑到数据获取的难易程度，作者选用 IGS 跟踪站的观测数据进行了静态精密单点定位解算试验。首先以 IGS 跟踪站——BJFS(北京房山)站为例，选取 2008 年年积日 279～285(对应于 10 月 5 日至 10 月 11 日)为期 7 天的观测数据，数据采样时间间隔为 30s，利用 IGS 最终精密星历和精密钟差，使用开发的 HPPP 软件进行精密单点定位解算，将计算得到的测站坐标(直角坐标 *XYZ*/大地坐标 *BLH*)与国际地球参考框架(international terrestrial reference frame，ITRF)下的精确值进行互比，并将其转换至北向(N)、东向(E)和垂向(U)三个坐标方向，以便从平面与高程方向进行分析。

图 7.4 为 BJFS 站 HPPP 软件单天解坐标与 IGS 精确坐标之间的差异柱状图，横轴代表年积日，纵轴为偏差值，单位为 m。

从图 7.4 可以看出，采用 HPPP 软件进行静态精密单点定位解算的结果，在平面方向(N、E 方向)与 IGS 精确值的互差大部分仅为几毫米，最大互差为 1cm 左右。HPPP 软件在高程方向(U 方向)的解算精度较平面稍差，与 IGS 精确值的互差达到 1～2cm。对 BJFS 站为期 7 天的静态精密单点定位解算定位结果互差进行均值与标准差统计，具体柱状图如图 7.5 所示，图中，Mean 代表均值，Std 代表标准差，单位为 m。

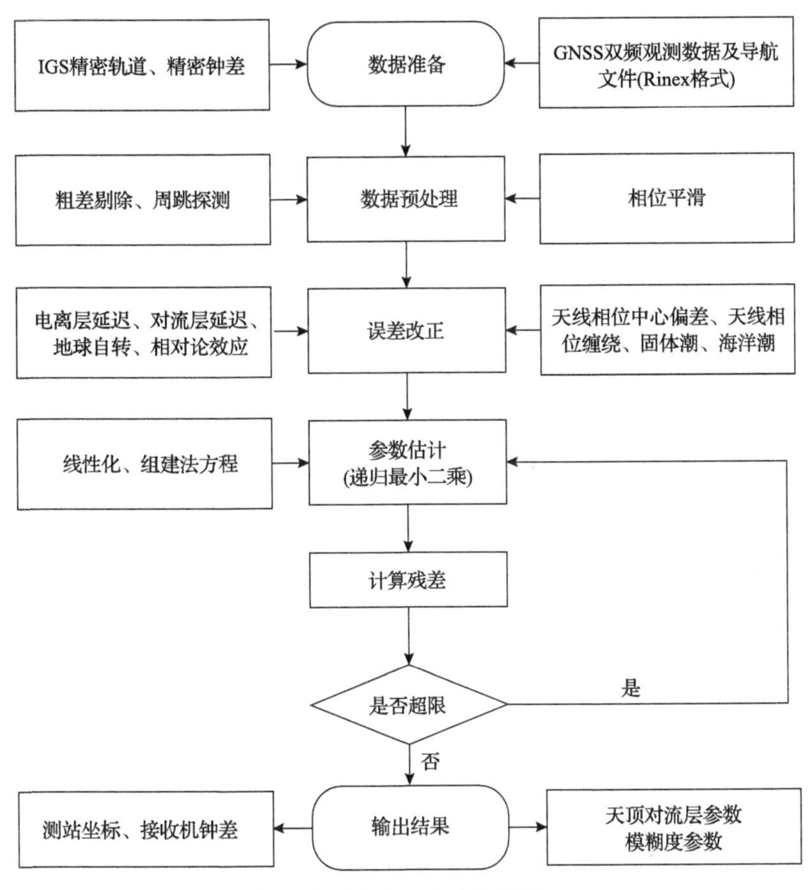

图 7.3　HPPP 软件算法流程图

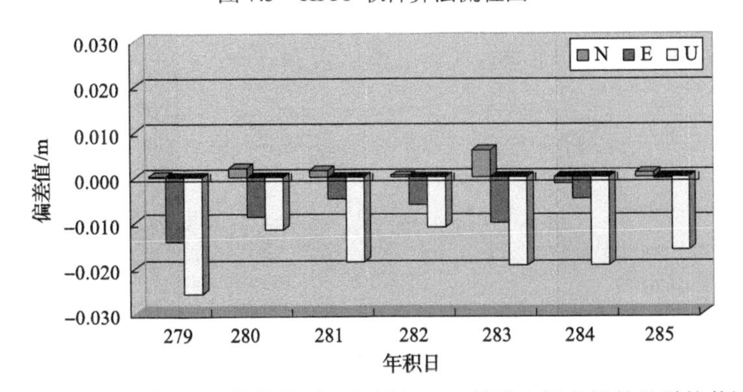

图 7.4　BJFS 站 HPPP 软件单天解坐标与 IGS 精确坐标之间的差异柱状图

从图 7.5 可以看出，BJFS 站 HPPP 软件单天解与 IGS 精确值的互差均值在北方向(N)上仅为 1mm，东方向(E)为 7mm，高程方向(U)为 1.7cm；互差标准差在平面方向上为 2～4mm，高程方向为 5mm。

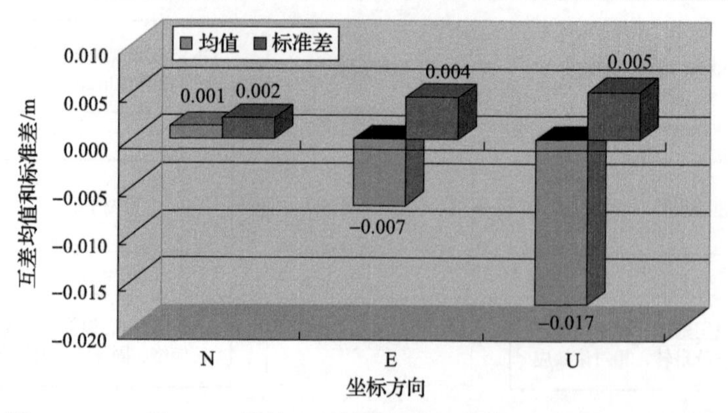

图 7.5　BJFS 站 HPPP 软件 7 天单天解互差均值和标准差统计柱状图

为了进一步分析 HPPP 软件在全球范围内的解算精度状况，本节选取在全球范围内分布比较均匀的 18 个 IGS 跟踪站(代号分别为 alrt，reyk，pots，algo，gold，shao，cro1，guam，mbar，tow2，alic，ispa，sant，sutm，mobs，hob2，vesl，mcm4，对应的测站编号依次为 1～18)，为期 30 天(2008 年年积日为 275～304，对应 2008 年 10 月 1 日至 2008 年 10 月 30 日)的观测数据进行单天精密单点定位解算。其中，精密星历与钟差统一使用欧洲定轨中心(Center Orbit Determination of European，CODE)提供的 15min 采样时间间隔的精密星历和 30s 采样时间间隔的精密钟差产品。

使用 HPPP 软件对上述 18 个 IGS 跟踪站进行静态精密单点定位解算，并将解算结果与 IGS 跟踪站提供的精确坐标值进行比较，统计每个测站的单天解在 N、E、U 方向的互差均值及标准差，绘制柱状图分别如图 7.6 和图 7.7 所示。其中，横轴代表跟踪站编号，纵轴为统计值，单位为 m。

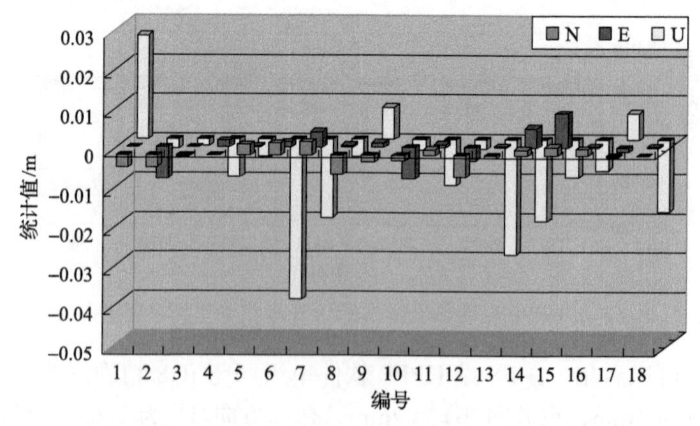

图 7.6　18 个 IGS 跟踪站 HPPP 软件单天解互差均值统计柱状图

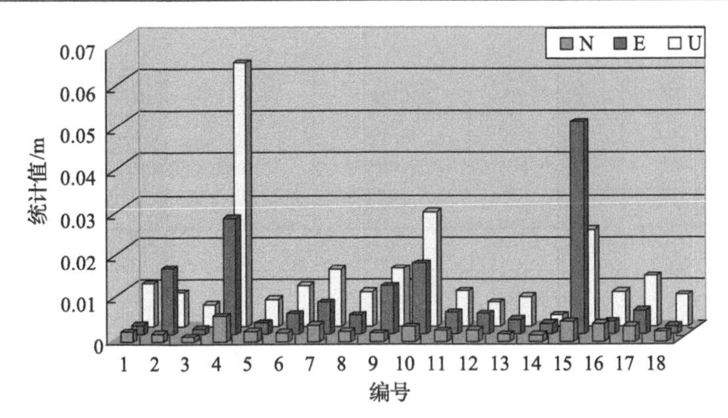

图 7.7　18 个 IGS 跟踪站 HPPP 软件单天解互差标准差统计柱状图

从图 7.6 和图 7.7 可以看出，与 BJFS 站解算结果相类似，几乎所有 IGS 跟踪站的精密单点定位单天解在平面方向的互差为毫米级，高程方向的互差为 2～4cm；但少量测站的互差标准差偏大，达到 5～6cm。

7.4.3.2　动态精密单点定位试验分析

对于搭载测量传感器的运动载体，由于测量载体在其运行轨迹上，各历元的真实位置无法准确获知，为了验证 HPPP 软件动态精密单点定位的精度，这里只能通过事先在地面建立基准站，利用差分定位方法得到运动载体在各历元的高精度事后双差动态解(厘米级)，并将其作为精度评估的参考真值。其中，双差解采用了国际上公认的商用软件 GrafNav 进行差分解算。将 HPPP 软件计算结果与 GrafNav 软件差分解进行比较，其互差可作为 HPPP 软件动态精密单点定位精度的评估指标。

以我国某部在山东东营-莱阳实施航空重力测量获取的 045、046 和 049 三个区块的数据为例，开展机载动态精密单点定位解算精度的测试和评估。表 7.6 给出了 045、046 和 049 三个区块所对应的 HPPP 软件与 GrafNav 软件解算结果的互差统计，图 7.8～图 7.10 给出了对应于三个区块的互差变化曲线，其中横轴代表点数，纵轴为互差值大小。

表 7.6　三个区块 HPPP 软件与 GrafNav 软件解算结果的互差统计

区块	坐标分量	最大值/m	最小值/m	平均值/m	标准差/m	点数/个
045	B	0.355	0.059	0.249	0.054	38970
	L	0.225	0.059	0.135	0.032	
	H	0.255	–0.178	0.031	0.080	
046	B	0.379	0.107	0.267	0.052	36962
	L	0.201	0.061	0.129	0.022	
	H	1.049	–0.148	0.063	0.064	

续表

区块	坐标分量	最大值/m	最小值/m	平均值/m	标准差/m	点数/个
049	B	1.912	0.168	0.318	0.096	24551
	L	0.586	0.002	0.084	0.027	
	H	0.403	–1.116	0.185	0.089	

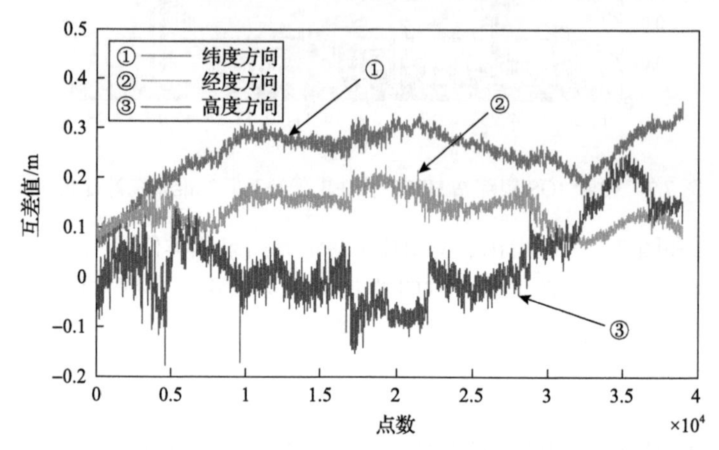

图 7.8 045 区块 HPPP 软件与 GrafNav 软件解算结果互差变化曲线

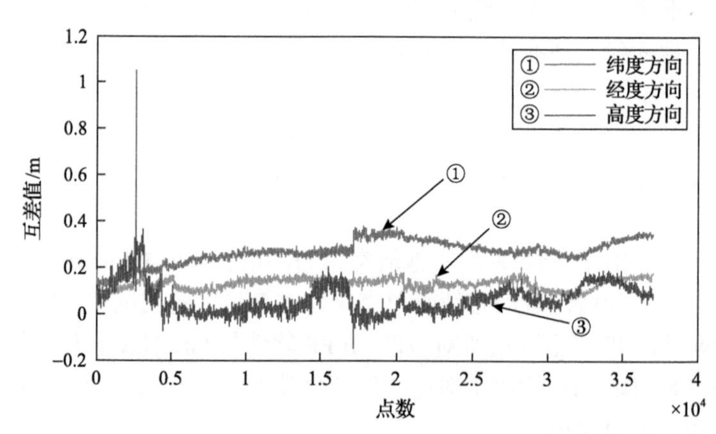

图 7.9 046 区块 HPPP 软件与 GrafNav 软件解算结果互差变化曲线

从表 7.6 和图 7.8～图 7.10 可以看出，精密单点定位软件 HPPP 的动态解算结果与 GrafNav 软件的解算结果具有较好的一致性，在纬度、经度和高度三个方向上，两者在 045 区块互比的标准差分别为 0.054m、0.032m 和 0.080m，在 046 区块互比的标准差分别为 0.052m、0.022m 和 0.064m，在 049 区块互比的标准差分别为 0.096m、0.027m 和 0.089m，均不超过 10cm，满足厘米级精度指标要求。

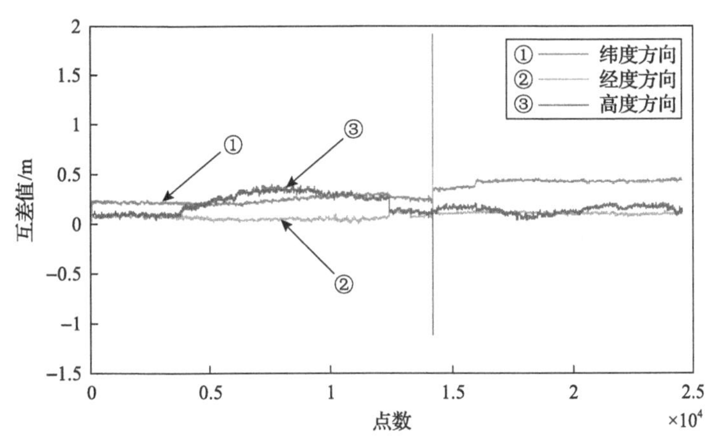

图 7.10　049 区块 HPPP 软件与 GrafNav 软件解算结果互差变化曲线

7.5　海空重力测量精密定位方法测试与分析

为了验证 GNSS 动态差分定位和精密单点定位方法在海空重力测量作业中的应用效果，本节分别介绍两个相关的航空重力测量应用测试案例。

7.5.1　单台海空重力仪观测数据处理分析

首先仍以我国某部在山东东营-莱阳实施航空重力测量获取的 045、046 和 049 三个区块的数据为例，开展两种精密定位模式在航空重力测量作业中的应用效果测试和评估。该航次测量使用 LCR 型海空重力仪 TAGS 作为重力传感器，载体飞行速度约为 220km/h，飞行高度约为 450m。在测区附近设置 GNSS 基准站，其控制距离为 75～120km。通过测线数据编辑，该航次测量共获取南北向有效测线数据 4 条，标记为 NS1～NS4；东西向有效测线数据 8 条，标记为 WE1～WE8，南北向和东西向测线交叉点 32 个。

分别采用本专题研究编制的 GNSS 差分定位软件 KDPP 和精密单点定位软件 HPPP，对该航次定位数据进行解算，求解各个测点观测时刻的载体速度和加速度，进而计算航空重力测量的各项环境效应改正，最终获得测线高度各个测点的空间重力异常。据此，可进一步计算得到基于 GNSS 差分模式和 GNSS 精密单点定位模式解算结果的测线交叉点重力不符值，具体数值分列于表 7.7 和表 7.8，其统计结果列于表 7.9。

从表 7.7～表 7.9 的计算结果可以看出，在 75～120km 的基线距离内，TAGS 型海空重力仪在两种定位模式下的测量精度，虽然在局部细节上有微小差异，但整体精度基本一致，交叉点重力不符值中误差与仪器标称精度指标也基本吻合。

该结果一方面说明TAGS型海空重力仪工作状态比较稳定,另一方面也说明GNSS差分定位软件KDPP和精密单点定位软件HPPP的解算结果是可靠有效的。

表 7.7　基于 GNSS 差分模式解算的交叉点重力不符值　(单位：mGal)

测线	WE1	WE2	WE3	WE4	WE5	WE6	WE7	WE8
NS1	−1.91	−6.26	−1.57	−4.79	−1.20	−5.00	−1.84	−7.77
NS2	1.15	−1.65	0.99	−0.83	−0.21	−0.36	−2.016	−1.88
NS3	0.82	−1.97	2.82	−0.75	0.55	−2.83	−0.11	−3.04
NS4	0.95	−1.81	1.69	−1.91	1.78	−0.65	3.23	−1.78

表 7.8　基于 GNSS 精密单点定位模式解算的交叉点重力不符值（单位：mGal)

测线	WE1	WE2	WE3	WE4	WE5	WE6	WE7	WE8
NS1	−2.17	−6.85	−1.20	−5.06	−2.26	−5.36	−1.61	−6.97
NS2	0.47	−2.36	0.19	−1.06	−0.36	−0.53	−1.32	−1.52
NS3	0.29	−2.04	2.66	−0.44	1.07	−3.43	−0.28	−2.02
NS4	0.08	−0.97	2.51	−2.46	2.02	0.07	3.38	−1.52

表 7.9　对应于两种定位模式的交叉点重力不符值统计结果

定位模式	最大值/mGal	最小值/mGal	平均值/mGal	标准差/mGal	中误差/mGal	点数/个
GNSS 差分模式	3.23	−7.76	−1.19	1.70	1.90	32
GNSS 精密单点定位模式	3.38	−6.97	−1.22	1.71	1.91	32

7.5.2　多型多台套海空重力仪同机测试数据处理分析

根据海洋航空测量技术体系建设论证工作需要,我国相关部门于2012年利用运8飞机同时加装4型5套海空重力仪，在我国南海某海域开展了多型多台套海空重力仪同机测量试验，获取了一批有价值的原始观测数据(欧阳永忠等，2013)。该航次试验飞机的飞行高度约为1500m，飞行速度约为400km/h，GNSS基准站与空中测点的距离为150～450km。作业采用的5套重力仪中有3套为进口设备，代号分别为GT-1A、TAGS和LCR-S167，2套为国内研制样机，代号分别为SGA-WZ01和GDP-1。这里分别采用GNSS差分模式和GNSS精密单点定位模式处理定位数据，进而确定载体运动参数，并计算航空重力测量的各项环境效应改正，最终获得测线高度各个测点的空间重力异常。据此，可进一步计算得到与5套重力仪观测值相对应的基于两种定位解算结果的测线交叉点重力不符值(其中，由于进口设备不配套，GT-1A型重力仪观测数据未能实现精密单点定位解算)，具体数值统计结果分别列于表7.10和表7.11。

表 7.10　多型重力仪基于 GNSS 差分模式的交叉点重力不符值统计结果

仪器代号	最大值/mGal	最小值/mGal	平均值/mGal	标准差/mGal	中误差/mGal	点数/个
GT-1A	9.07	−9.76	−0.51	2.43	2.45	170
TAGS	13.09	−12.72	1.12	3.82	3.90	158
LCR-S167	11.27	−19.09	0.43	3.82	3.83	47
SGA-WZ01	6.11	−16.10	−1.44	2.78	2.96	88
GDP-1	18.93	−10.14	1.30	4.43	4.52	64

表 7.11　多型重力仪基于 GNSS 精密单点定位模式的交叉点重力不符值统计结果

仪器代号	最大值/mGal	最小值/mGal	平均值/mGal	标准差/mGal	中误差/mGal	点数/个
TAGS	12.67	−12.52	1.11	3.75	3.83	158
LCR-S167	11.27	−18.28	0.57	3.75	3.77	47
SGA-WZ01	5.00	−12.86	−1.13	2.49	2.61	88
GDP-1	17.25	−9.96	1.15	4.27	4.35	64

对比表 7.10 和表 7.11 的统计结果可以看出，由 GNSS 差分模式和 GNSS 精密单点定位模式确定载体运动参数，最终获得的航空重力测量成果几乎是一致的，两者的解算精度水平相当，整体上后者略优于前者，这个结果与 GNSS 精密单点定位模式具有潜在的技术优势也是相符合的，因为在定位基线超过一定的距离后，GNSS 差分模式的定位精度明显下降，GNSS 精密单点定位模式的解算精度则不受此因素的影响。

通过 7.5.1 节和本节的实际飞行作业数据计算和分析，一方面充分验证了本专题研究研制的 GNSS 差分定位软件 KDPP 和精密单点定位软件 HPPP 解算结果的可靠性和有效性；另一方面也证实了 GNSS 精密单点定位模式应用于海空重力测量的可行性。采用 GNSS 精密单点定位模式取代传统的 GNSS 差分模式，取消差分基准站设置，不仅可显著降低作业成本，更重要的是，能够使海空重力测量作业区域范围得到无限拓展，因此具有重大的战略意义和现实意义。

7.6　本 章 小 结

针对海空重力测量精密定位应用需求，本章重点围绕 GNSS 动态差分和精密单点两种定位模式下的解算模型及解算方法优化问题，开展了以下几个方面的研究论证工作：

(1) 首先优化完善了 GNSS 动态差分定位模型和方法，构建了适用于海空重力测量数据处理的伪距和相位动态定位工程化模型；针对中长基线的动态定位需求，重点分析研究了双差观测值中的电离层延迟、对流层延迟和多路径效应等误差对定位解算结果的影响，并提出了相应的误差改正方法及处理措施；提出了利用GNSS测定载体运动速度的三种方法，分析研究了三种测速方法的关联性和差异性，最终确定选用位置中心差分法进行海空重力测量载体的速度和加速度计算。

(2)研究探讨了GNSS精密单点定位模型的选择问题和解算方法，分析比较了三种不同定位模型的技术特点，提出了相应的定位模型误差改正策略，对于能够精确模型化的误差采用现有模型进行改正计算，对于不能精确模型化的误差，采用增加待估参数进行估计；分析比较了卡尔曼滤波和最小二乘法两种参数估计方法的技术特点，提出了采用迭代最小二乘法进行精密单点定位的参数估计，解决了大型法方程的求解问题，显著提高了定位模型的解算效率。

(3)本专题研究建立了比较完整的GNSS动态差分和精密单点定位技术体系，构建了静/动态差分和精密单点定位的工程化解算模型，研制开发了海空重力测量GNSS差分数据处理软件KDPP和精密单点定位软件HPPP，同时开展了比较充分的实测数据计算分析和测试，证明上述两个软件的解算精度和稳定性基本达到了国外商用软件GAMIT(GPS analysis at MIT，麻省理工学院的GPS分析)和GrafNav的处理水平，具备了推广应用的技术条件。

第 8 章　海空重力测量数据滤波技术

8.1　引　　言

如第 1 章所述，数字滤波是海空重力测量数据处理过程的重要环节，也是直接影响海空重力测量成果质量的关键技术之一。因为海空重力测量特别是航空重力测量是在测量平台处于高速运动状态下实施的，所以在重力传感器输出的总加速度中，除了含有要求的重力加速度信号外，还包含因载体运动、动态环境等因素引起的干扰加速度，其中一部分是能用解析式表示的有规则影响，如厄特沃什效应、空间改正等；另一部分是与载体非匀速运动有关的非规则影响，如垂向干扰加速度和水平干扰加速度等。由前面的第 2 章和第 7 章可知，规则部分只需高质量的 GNSS 定位数据就能精确求得，问题的关键在于如何获取无严密解析式的垂向干扰加速度。原理上只要利用高精度 GNSS 测出载体高度或载体垂向速度随时间的变化序列，即可应用数值差分方法计算出垂向干扰加速度，但受 GNSS 观测误差特别是多路径效应和 GNSS 接收机测量噪声的影响以及差分过程对高频噪声的放大作用，由 GNSS 导出的垂向加速度含有大量强噪声，因此不宜直接将其作为最后的修正量。需要特别指出的是，在海空重力测量输出量中重力信号往往不足 300mGal，而干扰加速度和观测噪声的幅值可能比重力信号高出百倍甚至千倍。为了消除或者减弱观测噪声的影响，以获得实际的重力场信息，必须对观测量进行滤波处理。但重力信号比观测噪声大的频带通常在低频段的很窄部分（该频段称为海空重力测量的频谱窗口），而噪声占据了相当宽的频带，且信号与噪声频带之间没有明确的过渡段。因此，要想有效消除几乎遍布整个频带的噪声，必须研发具有针对性的数据滤波技术。它不仅要求所设计的低通滤波器具有良好的窄带低通特性，还应有尖锐的高频衰减能力（Hammada，1996；Bruton，2001；孙中苗，2004）。

目前，应用于海空重力测量数据处理的滤波器种类繁多，主要有 RC（resistor-capacitor）滤波器、FIR（finite impulse response，有限脉冲响应）滤波器和 IIR（infinite impulse response，无限脉冲响应）滤波器等。第一代 LCR S 型海洋重力仪一般采用 6×20s RC 滤波器进行滤波处理；BGM-3 型海洋重力仪则采用高斯滤波器（属于 FIR 滤波器）对观测值进行预处理（Childers et al.，1999；孙中苗，2004）。海洋重力测量载体运动速度较慢，使得重力观测信号波段缩减到一个非常窄的频段内，因此 RC 滤波器和高斯滤波器都适用于海洋重力测量作业。但在航空重力测量数据处理中，目前，普遍使用 FIR 低通滤波器（Schwarz et al., 2000; Bruton, 2001）。第二代 LCR S 型海空重力仪也已经使用 FIR 滤波器取代传统的 RC 滤波器。作为 IIR 滤波器的典型代表，巴特沃思（Butterworth）低通滤波器也在一些航空重力测量实践中得到了成功应用（Forsberg et al., 1999; Meyer et al., 2003）。

除上述常用滤波器外，在航空重力测量领域，国内外学者还提出了一些各具特色的数据滤波方法。Jay（2000）尝试将波数相关滤波器（wavenumber correlation filter, WCF）应用于航空重力测量数据处理中；柳林涛等（2004）提出了利用小波方法对航空重力测量数据进行滤波处理；张开东等（2007）提出了联合使用固定区间的卡尔曼滤波平滑算法和迭代方法，对捷联惯导航空重力测量数据进行滤波估算。尽管低通滤波器特别是 FIR 滤波器在航空重力测量数据处理中已得到普遍应用，但传统滤波方法仍存在固有缺陷，主要体现在：滤波过程虽然消除或有效减弱了强噪声的干扰，但同时可能削弱了有用的重力信号。其结果是：滤波处理一方面降低了观测数据的分辨率，另一方面又损失了一部分重力场变化信息。针对此问题，Alberts（2009）提出了一种基于频谱加权的数据处理新方法，以替代传统的滤波处理手段。其基本思路是：在掌握了比较准确可靠的干扰噪声模型条件下，通过使用分频段加权策略，即对噪声大的频段数据赋予相对小的权因子，对噪声小的频段数据赋予相对大的权因子，然后对全频段观测数据进行不等权平差处理，最终可取得比传统滤波方法更好的效果。但新方法在应用中仍面临两大难题：①很难获得精确的观测噪声模型；②区域边缘计算误差控制也存在很大难度。为了进一步提高航空重力测量数据的处理精度，田颜锋（2010）提出了在时频通域进行航空重力测量数据滤波处理的新思路，重点对时频通域滤波器的设计和时域数据重构等核心问题进行了比较深入的分析和讨论，同时利用模拟数据算例验证了时频通域滤波器的处理效果。国内外学者在数据滤波研究领域所做的这些新尝试，对推动海空重力测量数据处理向更高精细化水平发展具有重要的现实意义。

基于实用目的，本专题研究内容主要集中于传统滤波方法的完善与实现过程。这是因为随着数字信号处理技术的深入发展和广泛应用，数字滤波器设计工作已经变得简单易行，用户只需要针对不同的应用需求，提出具体的滤波器设计参数，就可以依据通用的滤波器设计方法构造出适用的数字滤波器（孙中苗等，2000；郭志宏等，2011；郑崴等，2016）。对于海空重力测量，其重点也应当是根据观测数据的特性及测量精度和分辨率的要求，确定出合适的滤波器参数（孙中苗，2004；欧阳永忠，2013）。

8.2　滤波基本理论与常用滤波器特性

8.2.1　概述

信号是物理信息的载体，一般可分为离散时间信号和连续时间信号两大类。离散时间信号可以时间/位置的离散形式出现，也可以从连续时间信号采样获得，连续时间信号经采样(离散化)、量化变成随时间变化的序列，例如，重力测量就是对地球重力场连续变化过程的离散化，其观测值就是一组离散序列。信号的采样应遵循采样定理，即如果信号 $s(t)$ 是极限频率为 $|f_G|<[1/(2T)]$ 的带限信号，那么以采样率 $f_s>2f_G$ 等间隔采样得到的离散时间信号 $s(n)$ 可不失真地恢复连续时间信号。极限频率 f_G 也称为奈奎斯特(Nyquist)频率。

信号处理是对信号的加工过程，滤波是处理信号的一种基本形式，它是从混杂有噪声的信息中提取信号的过程。滤波通常用系统来实现，因此滤波器实质上是具有滤波功能的系统。系统通常看成某一黑箱，它能以某种形式对输入信号 $x(t)$ 进行处理，得到输出信号 $y(t)$，例如，重力传感器系统将作用于传感器质点上的加速度进行处理，在输出端输出一个反映加速度大小的信号(电压)。

如果一个系统同时满足线性特性和时不变特性，则称该系统为线性时不变(linear time-invariant，LTI)系统。一个系统在物理上可实现的基本条件是系统的稳定性和因果性。本章所讨论的滤波器均为物理上可实现的 LTI 系统。

8.2.2　线性时不变系统

如前所述，数字滤波器是信号处理过程中针对噪声使用最广泛的装置，其实质是一个有效精度算法实现的 LTI 系统，即系统对于输入信号的响应与信号加于系统的时间无关(陈怀琛，2008)。LTI 系统可用线性常系数差分方程表示为

$$\sum_{k=0}^{N} a_k y(n-k)=\sum_{i=0}^{M} b_i x(n-i),\quad a_0=1, N\geqslant M \tag{8.1}$$

式中，$x(n)$ 和 $y(n)$ 分别为系统的输入序列和输出序列；a_k 和 b_i 均为线性方程系数；N、M 的最大值为滤波器的阶数。

设系统的输入为脉冲序列 $x(n)=\delta(n)$，输出 $y(n)$ 的初始状态为零，把该条件下的系统输出定义为系统的(单位)脉冲响应 $h(n)$，即

$$h(n)=F(\delta(n)) \tag{8.2}$$

式中，F 为求输出响应的系统算子。

系统的输入 $x(n)$ 可表示为单位脉冲序列移位加权和，即

$$x(n)=\sum_{m=-\infty}^{\infty}x(m)\delta(n-m) \tag{8.3}$$

则系统的输出为

$$y(n)=F\left[\sum_{m=-\infty}^{\infty}x(m)\delta(n-m)\right] \tag{8.4}$$

根据线性系统的叠加性质可得

$$y(n)=x(m)F\left[\sum_{m=-\infty}^{\infty}\delta(n-m)\right] \tag{8.5}$$

将 $h(n)=F(\delta(n))$ 代入式(8.5)，根据时不变性质可得

$$y(n)=\sum_{m=-\infty}^{\infty}x(m)h(n-m)=x(n)\otimes h(n) \tag{8.6}$$

式(8.6)表明，线性时不变系统的输出等于输入序列和该系统的脉冲响应的卷积。

8.2.3　常用滤波器特性分析

数字滤波器依据脉冲响应分为 IIR 滤波器和 FIR 滤波器。两类滤波器具有不同的滤波特性。

如果 LTI 系统的脉冲响应具有无限长度，则称此系统为 IIR 滤波器。此时，差分方程(8.1)的左端有多项，右端只有一项，即

$$\sum_{k=0}^{N}a_k y(n-k)=b_0 x(n),\quad a_0\neq 0 \tag{8.7}$$

由此可得

$$y(n)=b_0 x(n)-\sum_{k=1}^{N}a_k y(n-k) \tag{8.8}$$

式(8.8)描述了这样一个递归滤波器，即它的输出 $y(n)$ 可用其以前算得的 y 值通过递推计算得到，IIR 滤波器也因此称为自回归滤波器。考虑脉冲响应，当 $n>0$ 时，$x(n)=0$，可见，输出 $y(n)$ 是其前面 N 个点 $y(n-k)$ 的线性组合。只要前面的点有值，后面的点就不可能为零，可见这样的滤波器具有无限长的脉冲响应。IIR 滤波器的显著优点是仅需少量阶数就能达到强衰减，其缺点是相位的非线性和潜

在的不稳定性(孙中苗，2004)。

如果 LTI 系统的单位脉冲响应长度是有限的，则此系统称为 FIR 滤波器。此时，差分方程(8.1)可表示为

$$a_0 y(n) = \sum_{i=0}^{M} b_i x(n-i) \tag{8.9}$$

当$a_0 = 1$时，该滤波器的脉冲响应等于右端的系数组合，相当于把当前时刻n和之前的M个点的$x(n-i)$值进行加权平均，从而求得$y(n)$，这些加权值就是滤波器的系数。随着n的增加，这$M+1$个点是不断向前移动的，FIR 滤波器也因此称为滑动平均滤波器。FIR 滤波器的优点是可设计成具有精确的线性相位，且系统总是稳定的。

对海空重力测量数据处理应用而言，一方面，各项改正数据源可能来自不同的传感器，因此除了需要精确统一的时标外，还要求滤波前后数据的形状相一致。这就要求所设计的滤波器具有精确线性相位，从这个意义上讲，采用 FIR 滤波器是合适的选择。另一方面，由于海空重力测量的每一条测线的观测数据都十分有限，为避免因边界效应舍弃过多的观测数据，滤波器的阶数又不宜选得过高，故从这个意义上讲，IIR 滤波器也是一个理想的选择。此外，海空重力测量数据中不可避免地含有各种粗差干扰，如果此类粗差干扰未能完全剔除，那么递归运算中的粗差累积影响势必比非递归运算大得多，因此整体而言，FIR 滤波器输出结果的稳定性要比 IIR 滤波器更高一些。为此，本专题研究主要以 FIR 滤波器为研究对象。

8.3　重力测量空间分辨率与截止频率匹配关系

地球重力场是一个连续的自然物理场，在所有空间分辨率上都有频谱能量。海空重力测量是对连续重力场的离散采样，得到的观测量是连续重力场的带限估值(孙中苗，2004)。由于不同的空间分辨率对应不同的频谱能量，所以在海空重力测量中，测线成果精度指的是某空间分辨率下的测量精度。又由于原始重力观测值不可避免地含有由测量环境、载体运动和观测仪器自身引起的测量噪声，这些噪声一般表现为高频特性，所以需要对原始重力测量值进行低通滤波，海空重力测量的空间分辨率取决于低通滤波器的截止频率。

当某组重力测量数据的空间分辨率为λ时，总是指该组数据的采样时间间隔为λ。根据 Nyquist 采样定律，该组数据只包含波长大于2λ的重力场信息，因此空间分辨率和半波长可看成同一个概念(张开东，2007)。在海空重力测量中，可通过等间隔采样得到原始重力场的采样数据，假定采样频率为f_T，则原始观测数

据相对应的空间分辨率为 $\lambda = v / f_T$，v 代表载体运动速度。由于原始采样值含有大量的高频噪声，需要采用低通滤波器对其进行滤除，也就是对数据进行平滑。滤波后海空重力测量数据的空间分辨率与截止频率的关系为

$$\lambda = \frac{v}{2f_c} \tag{8.10}$$

式中，f_c 为低通滤波器的截止频率。

f_c 一般用滤波周期 T_c 直观表示，滤波周期 T_c 与截止频率 f_c 的关系为

$$T_c = \frac{1}{f_c} \tag{8.11}$$

根据采样频率 f_T 可确定滤波器的归一化截止频率为(蔡劭琨，2009)

$$f_c^N = \frac{f_c}{f_T} \tag{8.12}$$

理论上，依据上述归一化截止频率设计的低通滤波器在满足波长分辨率的同时，也能满足精度要求。但如果该截止频率超出海空重力测量频谱窗口或者接近于窗口的临界值，那么将可能导致噪声滤除不干净，致使测量精度急剧下降，此时应当根据实际情况或扩大波长分辨率(即增大滤波周期)或降低对测量精度的要求；反过来，如果截止频率远小于重力测量的频谱窗口，将可能导致有用的重力频谱被滤除，致使无法完整地反映重力场信息的真实变化，此时应该依据实际情况适当缩小波长分辨率。

假设在航空重力测量中，飞机的飞行速度取为 20～200m/s，此时观测数据相对应的实际空间分辨率与滤波周期(截止频率)的匹配关系如图 8.1 所示。

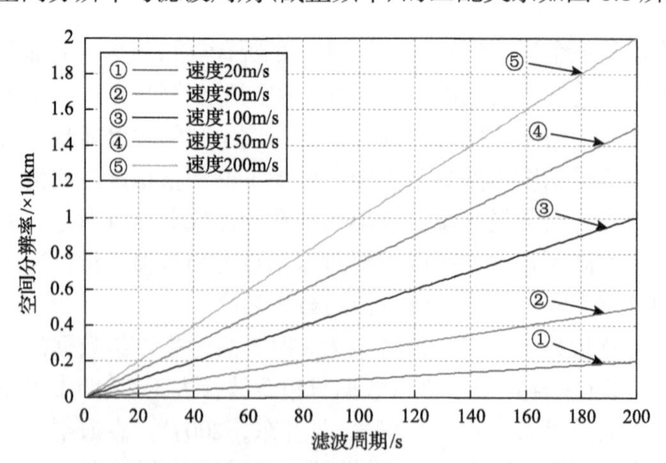

图 8.1　航空重力测量数据空间分辨率与滤波周期的匹配关系

以航速 100m/s 为例，采样频率 f_T 取为 1Hz，则其采样空间分辨率高达 0.05km。但当滤波周期取为 20s 时，其观测数据经滤波后的实际空间分辨率降为 1km；当滤波周期取为 100s 时，其实际空间分辨率降为 5km。

假设在海洋重力测量中，测量船的航速取为 2～20m/s，此时观测数据相对应的实际空间分辨率与滤波周期(截止频率)的匹配关系如图 8.2 所示。

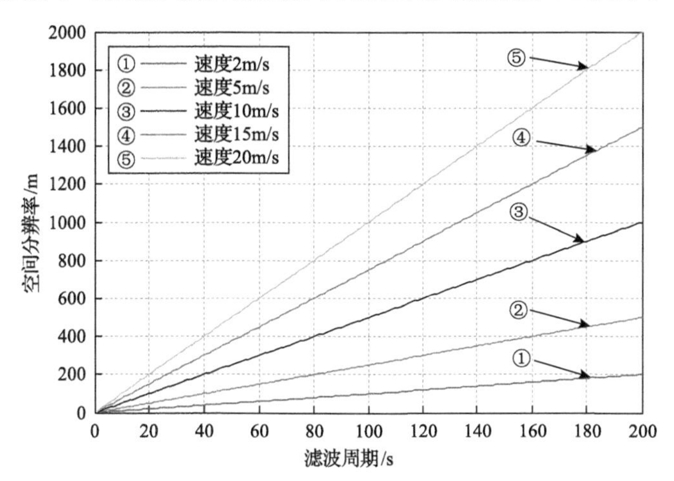

图 8.2　海面船载重力测量数据空间分辨率与滤波周期的匹配关系

以船速 10m/s 为例，采样频率 f_T 取为 1Hz，则其采样空间分辨率高达 0.005km。但当滤波周期取为 20s 时，其观测数据经滤波后的实际空间分辨率降为 0.1km；当滤波周期取为 100s 时，其实际空间分辨率降为 0.5km。

当载体运动速度一定时，增大截止频率 f_c (即减小滤波周期)可相应提高其空间分辨率，但截止频率的增大会使残留观测噪声增多，从而导致重力测量成果精度的降低；减小截止频率有利于消除或减弱观测噪声的影响，但会降低重力测量成果的实际空间分辨率。对于事先设计好的重力测量分辨率，要想通过改变截止频率达到理想的滤波效果，必须对测量载体的航速做出必要的调整。相对较低的航速有利于提高测量数据的空间分辨率，这正是在相同的数据采样率条件下，海面船载重力测量空间分辨率要远高于航空重力测量空间分辨率的缘由。

8.4　海空重力测量数据频谱特性分析

8.4.1　航空重力测量数据频谱特性分析

海空重力测量数据频谱特性分析结果是滤波器设计的基本依据之一。由 2.3.3 节可知，利用 LCR 型海空重力仪进行空中重力异常测量的计算公式为

$$\Delta g_{\text{kong}} = g_b - f_z^0 + G(S + KB' + CC) - \delta a_V + \delta a_E + \delta a_H + \delta a_F + \delta a_A - \gamma_0 \quad (8.13)$$

式中，各符号意义同前。

由于 g_b 是停机坪重力控制点的重力值，可用陆地重力仪精密量测；比力初始值 f_z^0 在静态环境下获取，空间改正 δa_F 和正常重力 γ_0 可由严密公式计算，故它们的频谱特性不需要进行更多分析。本节重点分析在动态测量环境下获取的原始重力异常 Δg_{kong}、弹簧张力 S、摆杆速度 B'、交叉耦合效应改正 CC、垂向加速度改正 δa_V、水平加速度改正 δa_H 和厄特沃什改正 δa_E 的频谱特性。

以某航次空中飞行试验观测数据为例，该试验的飞行高度约为 1500m，飞行速度约为 400km/h，共获取测线数据 22 条，其中南北向测线 14 条，东西向测线 8 条。其原始重力异常、弹簧张力、摆杆速度、交叉耦合效应改正、垂向加速度改正、水平加速度改正和厄特沃什改正的功率谱密度(频率为 0～0.05Hz)如图 8.3(a)～(h)所示，其中，图 8.3(b)为原始重力异常在频率 0～0.02Hz 的功率谱密度。

由图 8.3(a)～(h)可以看出，航空重力测量原始重力异常的频谱特性表现为低频占优，主要集中在 0～0.02Hz 频段；弹簧张力表现为长波特性，基本不含高频分量；摆杆速度和垂向加速度改正在低频段的功率谱密度较小，在中高频段较为明显；水平加速度改正和交叉耦合效应改正表现为长波特性，存在较小的中高频

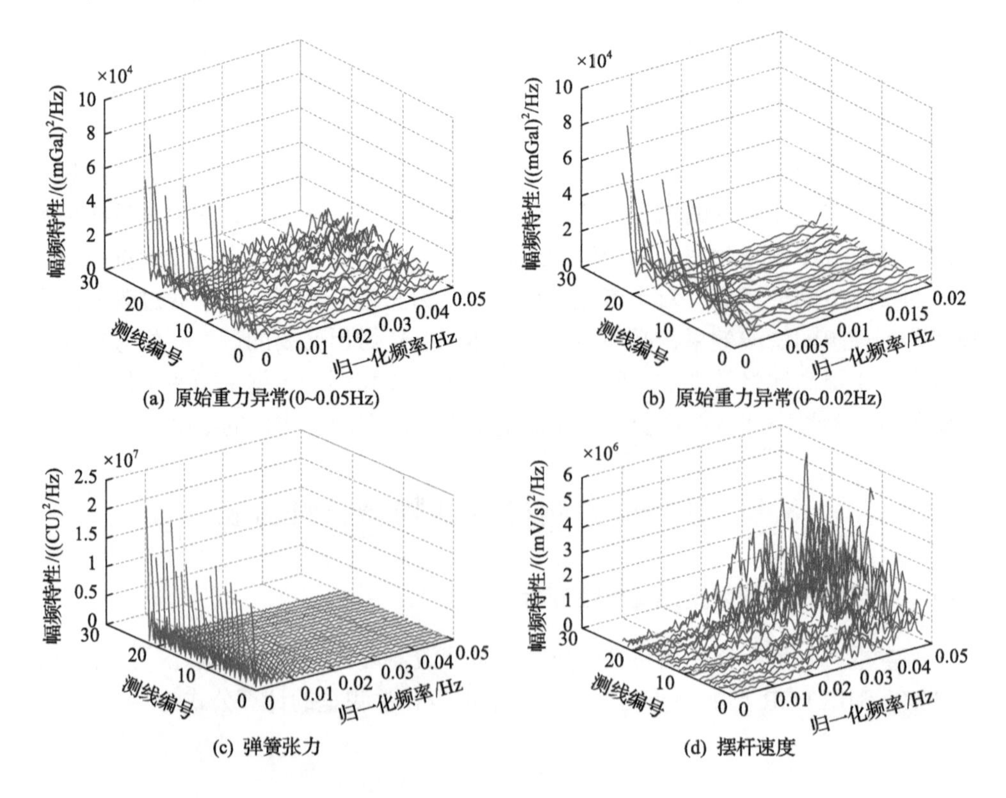

(a) 原始重力异常(0~0.05Hz)　(b) 原始重力异常(0~0.02Hz)

(c) 弹簧张力　(d) 摆杆速度

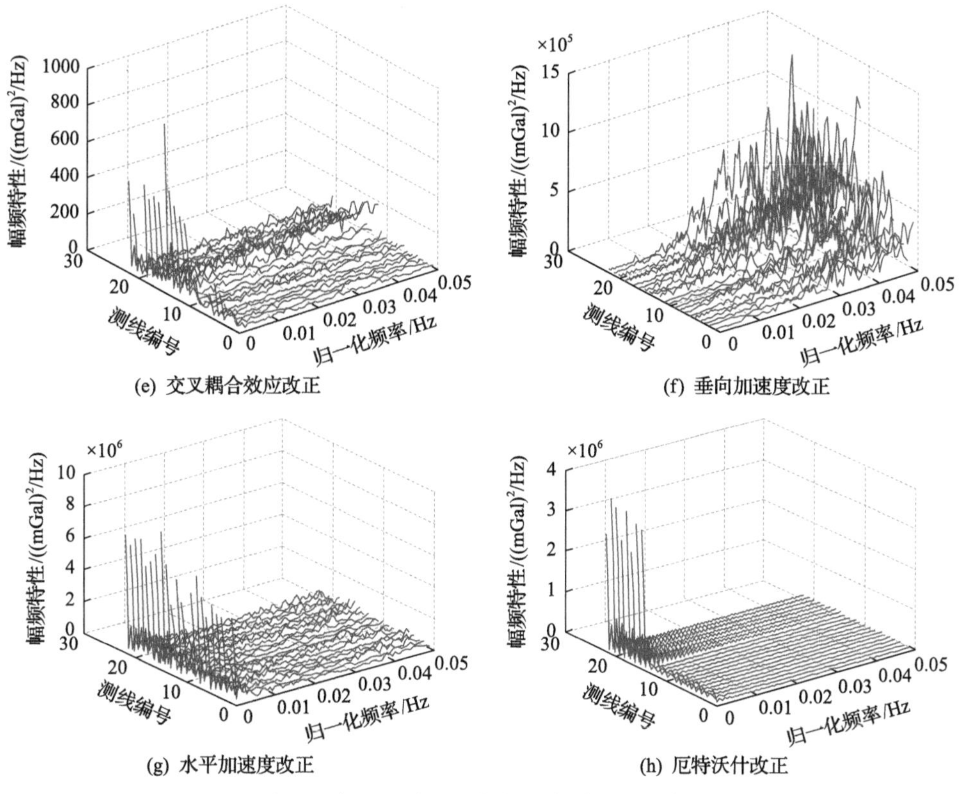

(e) 交叉耦合效应改正　(f) 垂向加速度改正

(g) 水平加速度改正　(h) 厄特沃什改正

图 8.3　航空重力测量数据功率谱密度分布图

成分；厄特沃什改正在东西向测线比南北向测线更能体现长波占优，基本不含有中高频成分。

8.4.2　船载重力测量数据频谱特性分析

由 2.3.3 节可知，利用 LCR 型海空重力仪进行海面船载重力异常测量的计算公式为

$$\Delta g_{\text{hai}} = g_b - f_z^0 + G(S + KB' + CC) + \delta a_E + \delta a_F + \delta a_C + \delta a_K - \gamma_0 \tag{8.14}$$

式中，各符号意义同前。

本节重点分析在动态环境下获取的原始重力异常 Δg_{hai}、弹簧张力 S、摆杆速度 B'、交叉耦合效应改正 CC 和厄特沃什改正 δa_E 的频谱特性。

以某批次海上实际观测数据为例，该航次测量共获取测线 21 条，其中南北向测线 2 条，东西向测线 19 条。其原始重力异常、弹簧张力、摆杆速度、交叉耦合效应改正和厄特沃什改正的功率谱密度(频率为 0～0.5Hz)如图 8.4(a)～(f)所示，

其中，图 8.4(b)为原始重力异常在频率 0～0.01Hz 的功率谱密度。

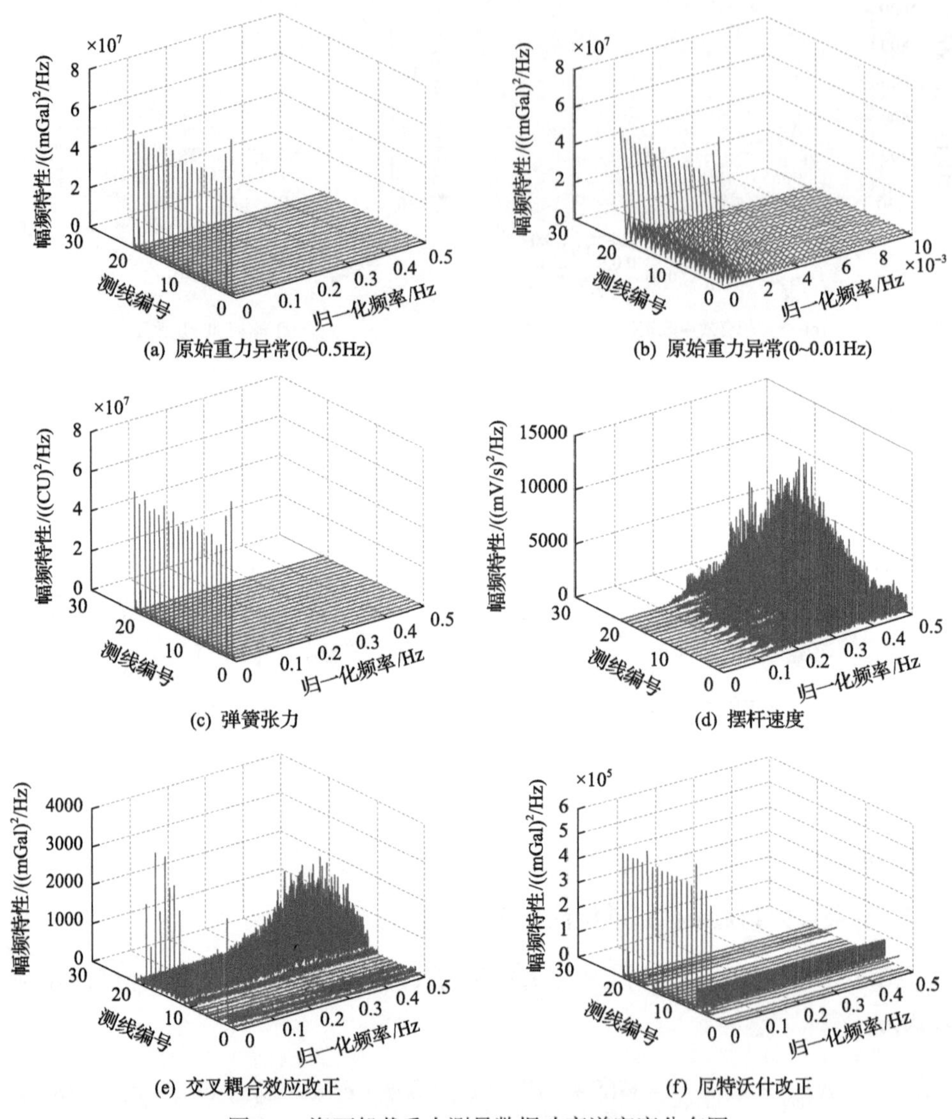

(a) 原始重力异常(0~0.5Hz)
(b) 原始重力异常(0~0.01Hz)
(c) 弹簧张力
(d) 摆杆速度
(e) 交叉耦合效应改正
(f) 厄特沃什改正

图 8.4 海面船载重力测量数据功率谱密度分布图

由图 8.4(a)～(f)可以看出，船载重力测量原始重力异常的频谱特性主要表现为长波特性，在中高频的能量基本可以忽略不计，表明海面船载重力测量数据的噪声成分相比航空重力测量要小得多；弹簧张力表现为长波特性，基本不含有高频分量；摆杆速度在低频段能量较小，在中高频段较为明显，表明重力场中高频信号和高频噪声主要由摆杆速度来感应；交叉耦合效应改正表现为长波占优，但部分测线在中高频段依然有比较明显的能量存在，表明在这部分测线的交叉耦合效应改正中仍含有一定量值的噪声干扰，改正还不够完善；厄特沃什改正表现为长波特性，但部分测线在中高频依然有比较明显的能量存在，同样表明在这部分测线的厄特沃什改正中仍含有一定量值的噪声干扰，改正还不够完善。

8.5　FIR 滤波器设计及性能分析

8.5.1　FIR 滤波器工作原理

由式(8.6)和式(8.9)可知，FIR 滤波器的系统差分方程可写为

$$y(n)=\sum_{m=0}^{N-1}h(m)x(n-m)=h(n)\otimes x(n) \tag{8.15}$$

因此 FIR 滤波器又称为卷积滤波器。FIR 滤波器的传递函数为(陈怀琛，2008)

$$H(z)=\frac{Y(z)}{X(z)}=\sum_{n=0}^{N-1}h(n)z^{-n} \tag{8.16}$$

FIR 滤波器的系统频率响应为

$$H(\mathrm{e}^{\mathrm{j}\omega})=\sum_{n=0}^{N-1}h(n)\mathrm{e}^{-\mathrm{j}n\omega} \tag{8.17}$$

FIR 滤波器在通带内具有恒定的幅频特性和线性相位特性，信号通过 FIR 滤波器不失真，即滤波器在逼近平直幅频特性的同时，还能获得严格的线性相位特性，线性相位 FIR 滤波器的相位滞后与群延迟在整个频带上是相等且不变的。对于一个 N 阶线性相位 FIR 滤波器，群延迟为常数，即滤波后的信号延迟个数为常数的时间步长，这一特性使通带频率内信号通过滤波器后仍保持原有波形而无相位失真(万永革，2007)。

8.5.2　FIR 滤波器设计原理

依据式(8.17)，可将 N 阶 FIR 滤波器的频率响应写成模和幅角的形式，即

$$H(\mathrm{e}^{\mathrm{j}\omega})=H_g(\mathrm{e}^{\mathrm{j}\omega})\mathrm{e}^{\mathrm{j}\varphi(\omega)} \tag{8.18}$$

式中，$H_g(\mathrm{e}^{\mathrm{j}\omega})$ 为 $H(\mathrm{e}^{\mathrm{j}\omega})$ 的增益，是一个可正可负的实函数；$\varphi(\omega)$ 为相频特性，如果滤波器具有线性相位或具有恒定的群延迟，则有

$$\varphi(\omega)=-\alpha\omega \tag{8.19}$$

或

$$\varphi(\omega)=\beta-\alpha\omega \tag{8.20}$$

此时，联合式(8.17)和式(8.18)可得

$$\begin{cases} H_g(\mathrm{e}^{\mathrm{j}\omega})\cos(\beta-\alpha\omega)=\sum\limits_{n=0}^{N-1}h(n)\cos(n\omega) \\ H_g(\mathrm{e}^{\mathrm{j}\omega})\sin(\beta-\alpha\omega)=-\sum\limits_{n=0}^{N-1}h(n)\sin(n\omega) \end{cases} \tag{8.21}$$

求解式(8.21)可得两组解为

$$\begin{cases} \beta=0 \\ \alpha=\dfrac{N-1}{2} \\ h(n)=h(N-1-n) \end{cases},\quad \begin{cases} \beta=\pm\pi/2 \\ \alpha=\dfrac{N-1}{2} \\ h(n)=-h(N-1-n) \end{cases} \tag{8.22}$$

由此可见，对于任意给定的N值，当$h(n)$相对其中心点$(N-1)/2$呈偶对称或奇对称时，该滤波器均可获得线性相位。

考虑到$h(n)$的对称性及N值的奇偶性，有4种形式的FIR线性相位滤波器可供使用，具体列于表8.1中。从表8.1中的数据不难看出，第1种和第2种形式更适合设计低通滤波器，而第3种和第4种形式宜用于差分器的设计。为便于程序设计，应用三角函数递推公式，将4种形式的幅频响应$H_g(\mathrm{e}^{\mathrm{j}\omega})$统一化为一个$\omega$的固定函数$Q(\mathrm{e}^{\mathrm{j}\omega})$和一个余弦求和式$P(\mathrm{e}^{\mathrm{j}\omega})$的乘积，即

$$H_g(\mathrm{e}^{\mathrm{j}\omega})=Q(\mathrm{e}^{\mathrm{j}\omega})\cdot P(\mathrm{e}^{\mathrm{j}\omega}) \tag{8.23}$$

各种形式的$P(\mathrm{e}^{\mathrm{j}\omega})$和$Q(\mathrm{e}^{\mathrm{j}\omega})$已同时列于表8.1中(胡广书，2003)。

表8.1　FIR滤波器的4种形式及其统一表示

$h(n)$	N	$H_g(\mathrm{e}^{\mathrm{j}\omega})$	$P(\mathrm{e}^{\mathrm{j}\omega})$	$Q(\mathrm{e}^{\mathrm{j}\omega})$	M
偶对称	奇	$\sum\limits_{n=0}^{M}a(n)\cos(n\omega)$	$\sum\limits_{n=0}^{M}a(n)\cos(n\omega)$	1	$\dfrac{N-1}{2}$
	偶	$\sum\limits_{n=1}^{M}b(n)\cos\left[\left(n-\dfrac{1}{2}\right)\omega\right]$	$\sum\limits_{n=0}^{M-1}\tilde{b}(n)\cos(n\omega)$	$\cos\left(\dfrac{\omega}{2}\right)$	$\dfrac{N}{2}$
奇对称	奇	$\sum\limits_{n=1}^{M}c(n)\sin(n\omega)$	$\sum\limits_{n=0}^{M-1}\tilde{c}(n)\cos(n\omega)$	$\sin\omega$	$\dfrac{N-1}{2}$
	偶	$\sum\limits_{n=1}^{M}d(n)\sin\left[\left(n-\dfrac{1}{2}\right)\omega\right]$	$\sum\limits_{n=0}^{M-1}\tilde{d}(n)\cos(n\omega)$	$\sin\left(\dfrac{\omega}{2}\right)$	$\dfrac{N}{2}$

此外，由式(8.19)或式(8.20)可求得滤波器的延迟或群延迟为

$$\tau = -\frac{\mathrm{d}\varphi(\omega)}{\mathrm{d}\omega} = \alpha = \frac{N-1}{2} \tag{8.24}$$

以上结果均假设数据采样时间间隔 $\Delta t = 1\,\mathrm{s}$。当 $\Delta t \neq 1\,\mathrm{s}$ 时，则有

$$\tau = \frac{N-1}{2}\Delta t \tag{8.25}$$

由式(8.25)即可确定经 FIR 滤波器滤波后的数据向先前时刻移位的时间，从而保证滤波前后数据形状的一致性。

8.5.3　FIR 滤波器设计指标

理想低通滤波器应当是一个过渡带为“零”的精确矩形函数，其通带的函数值为“1”，阻带的函数值为“0”，显然这种情形在物理上是无法实现的，为得到物理上可实现的低通滤波器，必须容许与理想低通滤波器之间存在一定的偏差。低通滤波器的幅频响应如图 8.5 所示，图中实线部分表示理想低通滤波器，其幅频特性和相频特性分别为(陈怀琛，2008)

$$\begin{cases} \left|H(\mathrm{e}^{\mathrm{j}\omega})\right| = 1 \\ \varphi(\omega) = 0 \end{cases} \tag{8.26}$$

该滤波器的单位抽样函数为

$$h_d(n) = \frac{1}{2\pi}\int_{-\omega_c}^{\omega_c} \mathrm{e}^{-\mathrm{j}n_0\omega}\mathrm{e}^{\mathrm{j}n\omega}\mathrm{d}\omega = \frac{\sin[\omega_c(n-n_0)]}{\pi(n-n_0)} \tag{8.27}$$

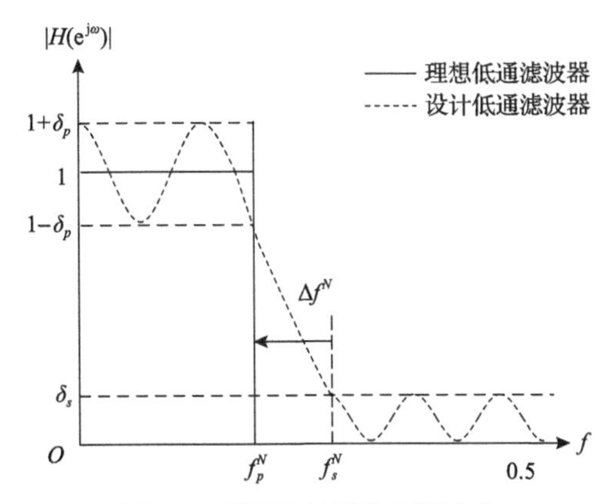

图 8.5　低通滤波器的幅频响应

由式(8.27)可知，理想低通滤波器的单位脉冲响应$h_d(n)$是无限长的非因果序列。为了构造物理上可实现的长度为N的因果线性相位滤波器，必须从$h_d(n)$中截取长度为N的一段序列，由于截取起点位置取为$n=0$，所以它的中心点位置应取为$n_0=(N-1)/2$，这样才能保证截取的序列对$(N-1)/2$呈对称分布。

用$h(n)$表示被截取部分的脉冲响应，把它作为实际滤波器的系数向量，截取运算相当于和一个窗函数相乘，即可表示为

$$h(n)=h_d(n)f_N(n) \tag{8.28}$$

式中，$f_N(n)$为一个长度为N的序列，其中心位置对准$h_d(n)$的中心点，截取的一段$h(n)$关于$(N-1)/2$点对称，保证所设计的滤波器具有线性相位。用一个有限长的序列$h(n)$代替$h_d(n)$，必定会引起实际滤波器的系统函数$H(z)$产生一定的偏差，表现在频域就是通常所说的吉布斯(Gibbs)效应。该效应引起通带和阻带内的波动性，因吉布斯效应是将$h_d(n)$直接截断引起的，故也称为截断效应(陈怀琛，2008)。

FIR 低通滤波器的设计指标由以下 5 个参数表示：

(1)滤波长度N。

(2)归一化通带截止频率f_p^N。

(3)归一化阻带截止频率f_s^N。

(4)通带与“1”的偏差δ_p。

(5)阻带与“0”的偏差δ_s。

其中，δ_p和δ_s一般以通带允许的最大衰减系数α_p和阻带应达到的最小衰减系数α_s给出，α_p、α_s分别定义为(孙中苗，2004)

$$\alpha_p=-20\lg\left|H(\mathrm{e}^{\mathrm{j}\omega_p})\right| \tag{8.29}$$

$$\alpha_s=-20\lg\left|H(\mathrm{e}^{\mathrm{j}\omega_s})\right| \tag{8.30}$$

上述 5 个参数间的关系为(Rabiner et al.，1975)

$$N=\frac{-20\lg\sqrt{\delta_p\delta_s}-13}{14.6\Delta f^N}+1 \tag{8.31}$$

或为(Bellanger，1984)

$$N=\frac{2}{3}\lg\left(\frac{1}{10\delta_p\delta_s}\right)\cdot\frac{1}{\Delta f^N} \tag{8.32}$$

式中，$\Delta f^N = f_s^N - f_p^N$ 为过渡带宽度。

在通常情况下，偏差 δ_p 和 δ_s 的大小取决于待滤波数据的幅度，过渡带的位置由 f_p^N 和 f_s^N 确定，滤波长度则按式(8.31)或式(8.32)进行估算。图 8.5 中的虚线部分表示设计滤波器的幅频特性响应。

8.5.4 FIR 滤波器的窗函数设计方法

FIR 滤波器的设计有窗函数法、频率采样法和等波纹法等。窗函数法是设计 FIR 滤波器的主要方法，在海空重力测量数据处理中得到了广泛应用(孙中苗，2004)。

由于 $H_d(\omega) = \sum_{n=-\infty}^{\infty} h_d(n) \mathrm{e}^{-\mathrm{j}\omega n}$ 可以看成把频谱函数展开成傅里叶(Fourier)级数，其各个分量的系数为 $h_d(n)$，也就是对应的单位脉冲序列。因此，设计 FIR 滤波器的任务可描述为：找到有限个傅里叶级数系数 $h(n)$，以有限傅里叶级数近似代替无限傅里叶级数。这样做的结果是，在一些频率不连续点附近会引起较大的误差，这种误差的效果就是前面所说的截断效应。为了减小这一效应，一般尽可能多选取傅里叶级数的项数，但 $h(n)$ 长度增加会使运算速度降低和成本加大，所以通常的做法是，在满足应用要求的条件下，尽量减少 $h(n)$ 的长度；同时，不要只是简单的截断，可以对截取出的系数进行加权修正，就是用适当的窗函数形状来加权，因此窗函数法也称为傅里叶级数法(陈怀琛，2008)。

对式(8.28)进行傅里叶变换，根据复卷积定理，可得

$$H(\mathrm{e}^{\mathrm{j}\omega}) = \frac{1}{2\pi}\int_{-\pi}^{\pi} H_d(\mathrm{e}^{\mathrm{j}\theta}) A_N(\mathrm{e}^{\mathrm{j}(\omega-\theta)}) \mathrm{d}\theta \tag{8.33}$$

式中，$H_d(\mathrm{e}^{\mathrm{j}\theta})$ 和 $A_N(\mathrm{e}^{\mathrm{j}\omega})$ 分别为 $h_d(n)$ 和窗函数 $R_N(n)$ 的傅里叶变换。

将频率特性写成线性相位形式：

$$\begin{cases} H_d(\mathrm{e}^{\mathrm{j}\theta}) = \left|H_d(\theta)\right| \mathrm{e}^{-\mathrm{j}\tau\theta} \\ A_N(\mathrm{e}^{\mathrm{j}(\omega-\theta)}) = \left|R_N(\omega-\theta)\right| \mathrm{e}^{-\mathrm{j}(\omega-\theta)\tau} \end{cases} \tag{8.34}$$

将式(8.34)代入式(8.33)可得

$$\begin{aligned} H(\mathrm{e}^{\mathrm{j}\omega}) &= \frac{1}{2\pi}\int_{-\pi}^{\pi} H_d(\theta) \mathrm{e}^{-\mathrm{j}\tau\theta} R_N(\omega-\theta) \mathrm{e}^{-\mathrm{j}(\omega-\theta)\tau} \mathrm{d}\theta \\ &= \mathrm{e}^{-\mathrm{j}\omega\tau} \frac{1}{2\pi}\int_{-\pi}^{\pi} H_d(\theta) R_N(\omega-\theta) \mathrm{d}\theta \end{aligned} \tag{8.35}$$

可见，式(8.35)也把线性相位部分和符幅特性部分分开，故实际滤波器的符

幅特性为理想滤波器符幅特性和窗函数符幅特性的卷积，即

$$H(\omega)=\frac{1}{2\pi}\int_{-\pi}^{\pi}H_d(\theta)R_N(\omega-\theta)\mathrm{d}\theta \tag{8.36}$$

调整窗口长度 N 可以有效控制过渡带的宽度，但对减少带内波动以及加大阻带的衰减没有作用。人们从窗函数的形状上寻找解决问题的办法，力求找到适当的窗函数形状，使其符幅函数的主瓣包含更多的能量，以减小其旁瓣幅度，旁瓣幅度的减小可以使通带、阻带的波动减小，从而加大阻带衰减。常用的窗函数有矩形(Rectangular)窗、巴特利特(Bartlett)窗(也称为三角形窗)、汉宁(Hanning)窗和布莱克曼(Blackman)窗等，具体表达式如下。

(1)矩形窗：

$$f_R(n)=R_N(n)=\begin{cases}1, & 0\leqslant n<N\\0, & n<0,n\geqslant N\end{cases} \tag{8.37}$$

(2)三角形窗：

$$f_{\mathrm{Br}}(n)=\begin{cases}2n/(N-1), & 0\leqslant n<(N-1)/2\\2-2n/(N-1), & (N-1)/2<n\leqslant(N-1)\end{cases} \tag{8.38}$$

(3)汉宁窗：

$$f_{\mathrm{Hn}}(n)=\frac{1}{2}\left[1-\cos\left(\frac{2\pi n}{N-1}\right)\right]R_N(n) \tag{8.39}$$

(4)布莱克曼窗：

$$f_{\mathrm{Bl}}(n)=\left[0.42-0.5\cos\left(\frac{2\pi n}{N-1}\right)+0.08\cos\left(\frac{4\pi n}{N-1}\right)\right]R_N(n) \tag{8.40}$$

图 8.6～图 8.9 分别给出了上述 4 种常用窗函数的形状及其幅频响应。

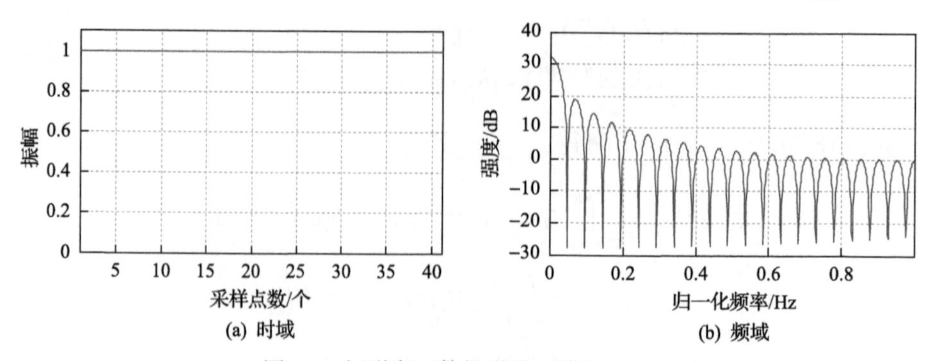

图 8.6　矩形窗函数的形状及其幅频响应

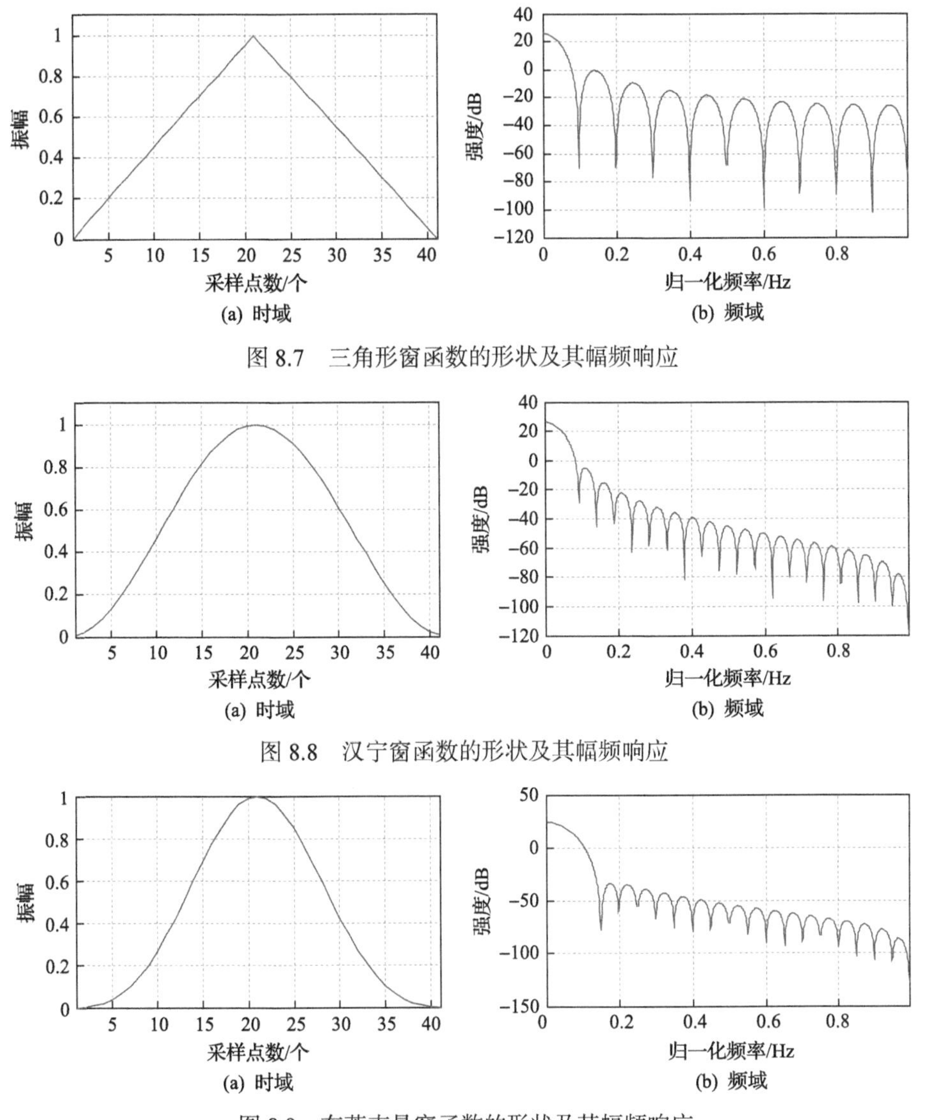

图 8.7　三角形窗函数的形状及其幅频响应

图 8.8　汉宁窗函数的形状及其幅频响应

图 8.9　布莱克曼窗函数的形状及其幅频响应

从图 8.6～图 8.9 可以看出，各种窗函数都有明显的主瓣和旁瓣，主瓣频宽和旁瓣的幅值衰减特性决定了窗函数的应用场合。矩形窗具有最窄的主瓣，最大的旁瓣峰值；布莱克曼窗具有最大的旁瓣衰减，最宽的主瓣宽度。至此不难看出，利用窗函数法设计 FIR 滤波器的基本步骤为：依据设计指标，选取一个合适的窗函数 $w(n)$，令 $h(n)=w(n)h_d(n)$，则 $h(n)$ 就是要设计的滤波器的单位取样响应。

利用窗函数法进行低通滤波器设计需要指定窗函数的形式、滤波器的截止频率 f_p^N 和长度 N。在实际应用中，滤波长度的确定应考虑两个因素：①滤波长度的奇偶性。偶数长度的滤波器比奇数长度的滤波器具有更好的幅频响应，但考虑到偶数长度的滤波器会产生非整数的时间延迟，滤波后还需要进行内插处理，故通常情况下人们更愿意采用奇数长度的滤波器。②滤波器的绝对长度。长度较长的滤波器可以获得更精确的幅频响应，但长度太长会导致较大的时间延迟，且会增大边界效应的影响，使得因边界效应影响而舍弃的数据增多。反之，长度较短的滤波能够减弱边界效应的影响，但又会降低幅频响应的精度，因此在实际应用中应该综合考虑各方面的因素来选择合适的滤波长度。

对于用窗函数法设计的滤波器，其长度可以通过主瓣宽度进行估算，令主瓣宽度的 1/2 等于实际的归一化截止频率就可以估算出滤波长度，以该数值来指导滤波长度的选择。依据窗函数及其主瓣宽度获取的滤波长度只是它的一个估值，需要根据实际情况进行逐步修正，其原则是在保证阻带衰减满足要求的情况下，尽量选择较小的滤波长度。几种常用窗函数的基本参数如表 8.2 所示(陈怀琛，2008)。

表 8.2　几种常用窗函数的基本参数

窗函数	主瓣宽	第一旁瓣相对于主瓣的衰减/dB	精确过渡带宽	阻带最小衰减/dB
矩形窗	$2\pi/N$	–13	$1.8\pi/N$	21
三角形窗	$4\pi/N$	–25	$6.1\pi/N$	25
汉宁窗	$4\pi/N$	–31	$6.2\pi/N$	44
布莱克曼窗	$6\pi/N$	–57	$11\pi/N$	74

8.5.5　FIR 滤波器的等波纹设计方法

等波纹设计源自切比雪夫逼近理论，故也称其为切比雪夫逼近设计。该设计方法的主要优点是能够准确地确定通带和阻带的截止频率，这对海空重力测量至关重要，因为滤波器的截止频率最终决定海空重力测量的空间分辨率。不失一般性地，本节以表 8.1 给出的第 1 种形式的 FIR 滤波器为例，介绍与之相对应的等波纹设计原理。

假设被逼近的理想频率响应为 $H_d(\mathrm{e}^{\mathrm{j}\omega})$，则由式(8.23)和表 8.1 可得逼近加权误差函数 $E(\mathrm{e}^{\mathrm{j}\omega})$ 的表达式为

$$\begin{aligned}E(\mathrm{e}^{\mathrm{j}\omega})&=W(\mathrm{e}^{\mathrm{j}\omega})[H_d(\mathrm{e}^{\mathrm{j}\omega})-H_g(\mathrm{e}^{\mathrm{j}\omega})]=W(\mathrm{e}^{\mathrm{j}\omega})[H_d(\mathrm{e}^{\mathrm{j}\omega})-P(\mathrm{e}^{\mathrm{j}\omega})]\\&=W(\mathrm{e}^{\mathrm{j}\omega})\left[H_d(\mathrm{e}^{\mathrm{j}\omega})-\sum_{n=0}^{M}a(n)\cos(n\omega)\right]\end{aligned}\tag{8.41}$$

式中，$W(\mathrm{e}^{\mathrm{j}\omega})$ 为权函数，表示通带和阻带具有不同的逼近精度，通常定义为

$$W(\mathrm{e}^{\mathrm{j}\omega})=\begin{cases}1/w, & 0\leqslant\omega\leqslant 2\pi f_p^N, w=\delta_p/\delta_s \\ 1, & 2\pi f_s^N\leqslant\omega\leqslant\pi\end{cases} \tag{8.42}$$

于是，用 $H_g(\mathrm{e}^{\mathrm{j}\omega})$ 一致逼近 $H_d(\mathrm{e}^{\mathrm{j}\omega})$ 的问题可描述为：求系数组合 $\{a(n)\}$，使其在被逼近的频带范围内，误差函数 $E(\mathrm{e}^{\mathrm{j}\omega})$ 的极大绝对值为极小。

利用切比雪夫交错点组定理和数值分析中的列梅兹(Remes)算法，可唯一地确定系数组合 $\{a(n)\}$，由此可求得滤波器的频率响应 $H_g(\mathrm{e}^{\mathrm{j}\omega})$，求 $H_g(\mathrm{e}^{\mathrm{j}\omega})$ 的傅里叶逆变换即得滤波器系数 $h(n)$（胡广书，2003）。不难看出，采用等波纹设计方法需给出滤波长度 N、f_p^N、f_s^N 和 w 等 4 个参数。

8.5.6　移动平均 FIR 滤波器

移动平均滤波器是一种形式十分简单的低通滤波器，当长度为 N 时，其 N 个系数均为 $1/N$，对应的时域差分方程为

$$y(n)=\frac{1}{N}\sum_{k=0}^{N-1}x(n-k)=\frac{1}{N}[x(n)+x(n-1)+\cdots+x(n-N+1)] \tag{8.43}$$

其相对应的频率响应为

$$H(\mathrm{e}^{\mathrm{j}\omega})=\frac{1}{N}\cdot\frac{\sin(\omega N/2)}{\sin(\omega/2)}\cdot\mathrm{e}^{-\mathrm{j}\omega(N-1)/2} \tag{8.44}$$

由式(8.44)可知，移动平均 FIR 滤波器的幅频响应在 $2\pi k/N$ $(k=0,1,\cdots,N-1)$ 处的幅度为零，主瓣的单边宽度为 $2\pi/N$，显然它是一个低通滤波器，且具有严密的线性相位。

因移动平均滤波器幅频响应的零点可精确获得，故这种滤波器特别适宜作为辅助滤波器，用于抵消主要滤波器的旁瓣峰值。如果一次平均的效果不够理想，则可以再次求平均，此时相当于采用了一个三角形窗函数的效果。三角形窗函数的频率响应为

$$H(\mathrm{e}^{\mathrm{j}\omega})=\frac{2}{N}\cdot\left[\frac{\sin(\omega N/4)}{\sin(\omega/2)}\right]^2\cdot\mathrm{e}^{-\mathrm{j}\omega(N-1)/2} \tag{8.45}$$

图 8.10 给出了 $N=99$ 时的移动平均和三角形窗函数滤波器幅频响应的变化曲线，从图中曲线对比可以看出，后者的高频衰减特性远优于前者。

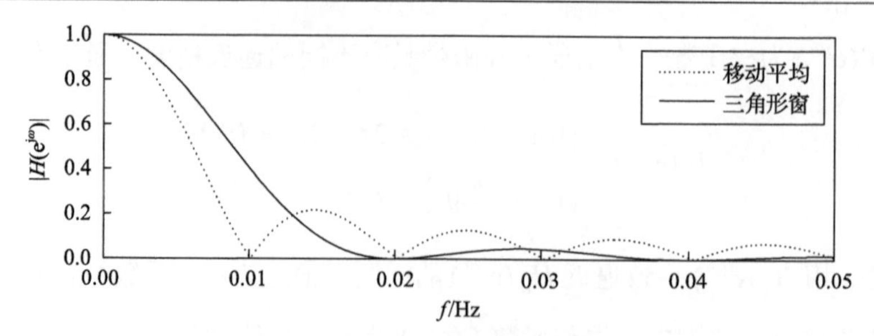

图 8.10　移动平均和三角形窗函数滤波器幅频响应对比

8.6　数值计算检验与分析

本节将分别利用航空和海面实测重力数据，依据前面介绍的滤波基本理论和海空重力数据的频谱分析结果，开展 FIR 滤波器窗函数基本参数的计算及其影响效果的分析，并确定其相对应的滤波长度及截止频率。

8.6.1　航空重力测量数值计算检验与分析

以某航次航空重力测量试验数据为例进行数值计算与分析。该试验飞行高度约为 1500m，飞行速度约为 400km/h，共获取测线数据 22 条，其中南北向测线 14 条，东西向测线 8 条，数据采样率 $f_T = 1\,\text{Hz}$。滤波器窗函数选择形式及其滤波长度和截止频率的确定效果由测线交叉点重力不符值统计量大小进行评价。

该航次重力测量试验的目标是实现半波长分辨率为 8km 的数据采集。依据式(8.10)可反求得到相应的理论截止频率 $f_c = 0.0069\text{Hz}$，按式(8.11)可计算得到相对应的时域滤波周期 $T_c = 145\text{s}$，按式(8.12)可计算得到其归一化截止频率 $f_c^N = 0.0069\text{Hz}$。

依据表 8.2 给出的基本参数可分别计算得到矩形窗、三角形窗、汉宁窗和布莱克曼窗所对应的滤波长度。考虑到实际应用中一般都采用奇数长度的滤波器，如果计算得到的滤波长度为偶数，则在其基础上加 1，具体如表 8.3 所示。

表 8.3　几种窗函数对应的航空重力测量滤波长度

窗函数	主瓣宽	滤波长度
矩形窗	$2\pi/N$	145
三角形窗	$4\pi/N$	291
汉宁窗	$4\pi/N$	291
布莱克曼窗	$6\pi/N$	435

基于大小为 $f_c^N = 0.0069\text{Hz}$ 的理论归一化截止频率和表 8.3 给出的窗函数及其相对应的滤波长度，对该航次重力测线数据进行滤波处理，以测线交叉点重力不符值统计量为评价标准，分析比较不同类型窗函数在航空重力测量数据滤波处理中的适用性。对应不同滤波窗函数的交叉点重力不符值统计如表 8.4 所示，交叉点重力不符值分布图和直方图见图 8.11～图 8.14(图中经纬度坐标已进行了归一化处理)，其中，直方图的纵坐标代表交叉点重力不符值落在横坐标相邻数值之间的个数与交叉点个数的比值。

表 8.4　对应不同滤波窗函数的交叉点重力不符值统计

窗函数	最大值/mGal	最小值/mGal	平均值/mGal	标准差/mGal	中误差/mGal	点数/个
矩形窗	13.53	−22.52	−0.79	5.04	5.08	101
三角形窗	12.80	−11.13	0.14	3.68	3.68	95
汉宁窗	13.07	−10.54	0.12	3.62	3.62	95
布莱克曼窗	12.09	−10.39	−0.09	3.57	3.57	90

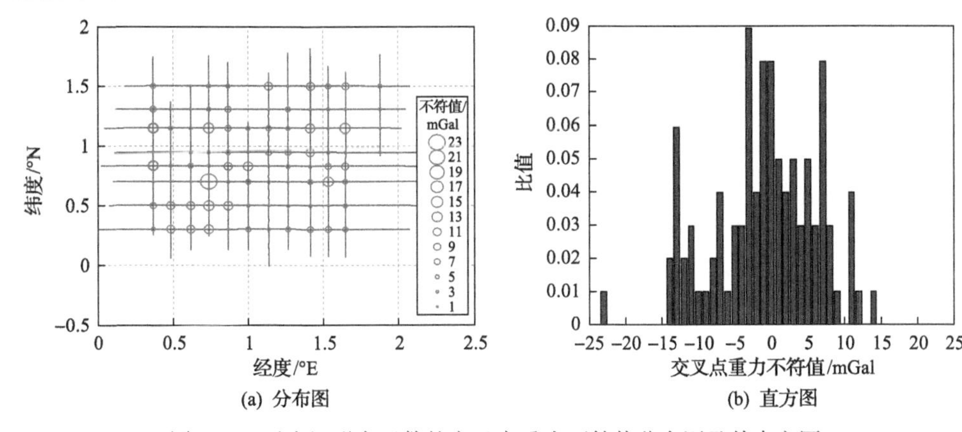

(a) 分布图　(b) 直方图

图 8.11　对应矩形窗函数的交叉点重力不符值分布图及其直方图

由表 8.4 和图 8.11～图 8.14 可以看出，相比较而言，基于布莱克曼窗函数设计的滤波器对数据进行滤波处理的效果最好，其交叉点重力不符值中误差为 3.57mGal，但其采用的滤波长度最长，相较于矩形窗，布莱克曼窗在测线始末多舍弃两个滤波周期的数据(即 290 个数据)，相当于 32km 的测线长度；相较于三角形窗和汉宁窗，布莱克曼窗在测线始末多舍弃一个滤波周期的数据(即 145 个数据)，相当于 16km 的测线长度，因此对应于布莱克曼窗的交叉点个数最少，为 90 个；基于三角形窗和汉宁窗设计的滤波器，其滤波长度和交叉点个数都一致，均为 95 个，但相比较而言，基于汉宁窗滤波器的滤波效果略好一些，对应的交叉点重力不符值中误差为 3.62mGal；基于矩形窗设计的滤波器，其滤波长度最短，虽

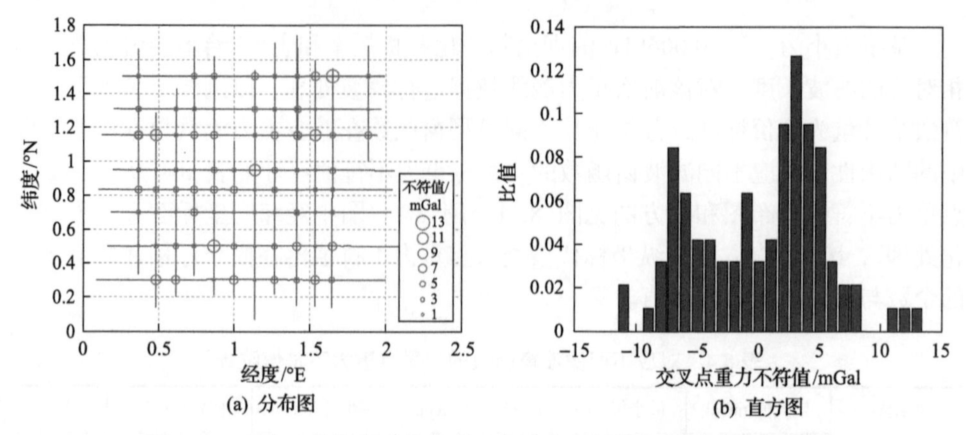

图 8.12　对应三角形窗函数的交叉点重力不符值分布图及其直方图

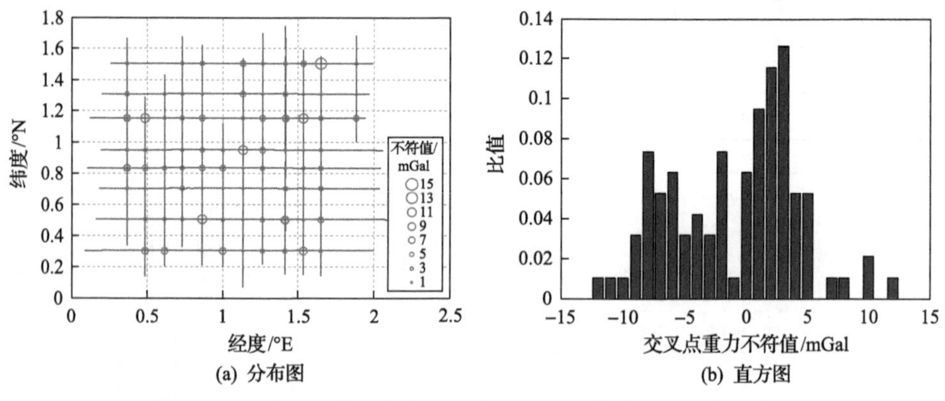

图 8.13　对应汉宁窗函数的交叉点重力不符值分布图及其直方图

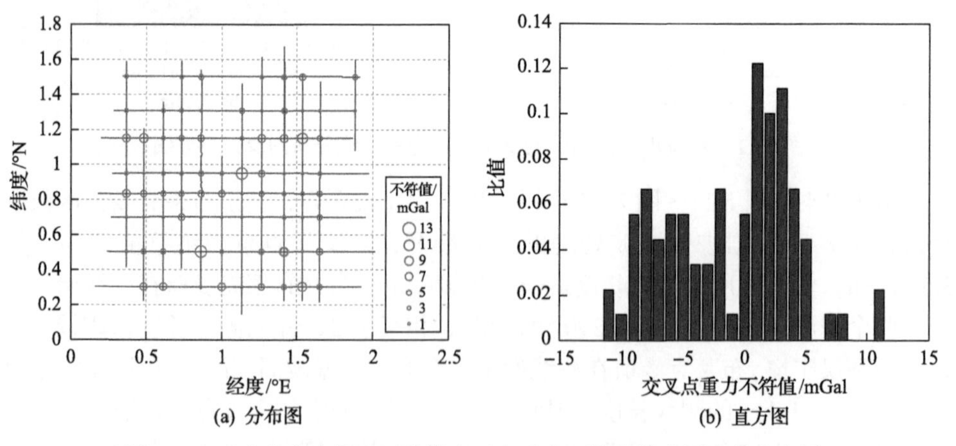

图 8.14　对应布莱克曼窗函数的交叉点重力不符值分布图及其直方图

然较三角形窗和汉宁窗在测线始末少舍弃一个滤波周期的数据(即 145 个数据，相当于 16km 的测线长度)，得到的有效交叉点个数也最多，达到 101 个，但矩形窗对应的交叉点重力不符值中误差为 5.08mGal，内符合精度明显低于其他三种窗函数，故不宜选用。不难看出，如果综合考虑交叉点重力符合度和舍弃有效数据两个方面的因素，基于汉宁窗设计的滤波器是比较理想的选择。

8.6.2　船载重力测量数值计算检验与分析

以某航次实际船载重力测量数据为例进行数值计算检验与分析。该航次测量船的航速约为 18km/h，共获取测线数据 21 条，其中南北向测线 2 条，东西向测线 19 条，数据采样率 $f_c = 1\text{Hz}$。同样，滤波器窗函数选择形式及其滤波长度和截止频率的确定效果由测线交叉点重力不符值统计量大小进行评价。

该航次重力测量的目标是实现半波长分辨率为 0.1km 的数据采集。依据式(8.10)可反求得到相应的理论截止频率 $f_c = 0.0257\text{Hz}$，按式(8.11)可计算得到相对应的时域滤波周期 $T_c = 39\text{s}$，按式(8.12)可计算得到其归一化截止频率 $f_c^N = 0.0257\text{Hz}$。

依据表 8.2 给出的基本参数可分别计算得到矩形窗、三角形窗、汉宁窗和布莱克曼窗所对应的滤波长度。考虑到实际应用中一般都采用奇数长度的滤波器，如果计算得到的滤波长度为偶数，则在其基础上加 1，具体如表 8.5 所示。

表 8.5　几种窗函数对应的海面船载重力测量滤波长度

窗函数	主瓣宽	滤波长度
矩形窗	$2\pi / N$	39
三角形窗	$4\pi / N$	79
汉宁窗	$4\pi / N$	79
布莱克曼窗	$6\pi / N$	117

基于大小为 $f_c^N = 0.0257\text{Hz}$ 的理论归一化截止频率和表 8.5 给出的窗函数及其相对应的滤波长度，对该航次重力测线数据进行滤波处理，以测线交叉点重力不符值统计量为评价标准，分析比较不同类型窗函数在船载重力测量数据滤波处理中的适用性。对应不同滤波窗函数的船载重力测量交叉点重力不符值统计如表 8.6 所示，交叉点重力不符值分布图和直方图见图 8.15～图 8.18(图中经纬度坐标已进行了归一化处理)，其中，直方图的纵坐标代表交叉点重力不符值落在横坐标相邻数值之间的个数与交叉点个数的比值。

从表 8.6 和图 8.15～图 8.18 可以看出，使用矩形窗滤波器对船载重力测量数据进行滤波处理的效果相对较差，其交叉点重力不符值中误差为 2.82mGal，故不宜采用；基于三角形窗、汉宁窗和布莱克曼窗滤波器的处理效果基本相当，对应的交叉点重力不符值中误差都在 2.74mGal 左右，但布莱克曼窗滤波器在测线始末舍弃的数据比其他滤波器多一个滤波周期，即 39 个数据，相当于 200m 的测线长度，无形中降低了重力测量的工作效率。由此可见，对于船载重力测量数据处理，基于三角形窗和汉宁窗设计的滤波器都是适用的。不失一般性地，船载重力测量数据滤波处理也可考虑首选汉宁窗，即与航空重力测量数据滤波处理的选择相一致。

表 8.6　对应不同滤波窗函数的船载重力测量交叉点重力不符值统计

窗函数	最大值/mGal	最小值/mGal	平均值/mGal	标准差/mGal	中误差/mGal	点数/个
矩形窗	7.54	–12.00	–1.43	2.63	2.82	38
三角形窗	7.29	–12.00	–1.41	2.56	2.75	38
汉宁窗	7.29	–12.02	–1.41	2.56	2.74	38
布莱克曼窗	7.21	–12.03	–1.42	2.55	2.74	38

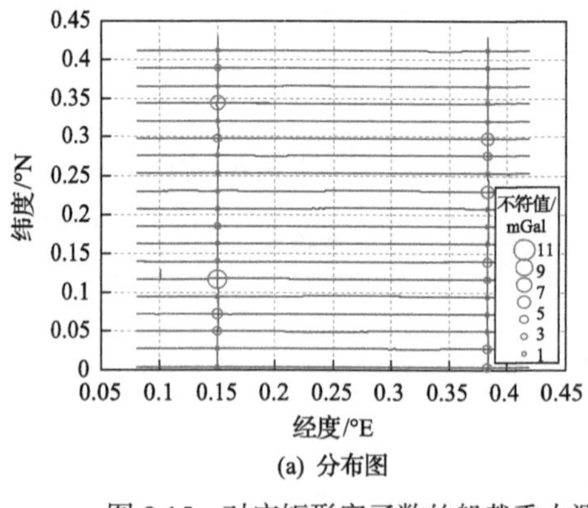

(a) 分布图

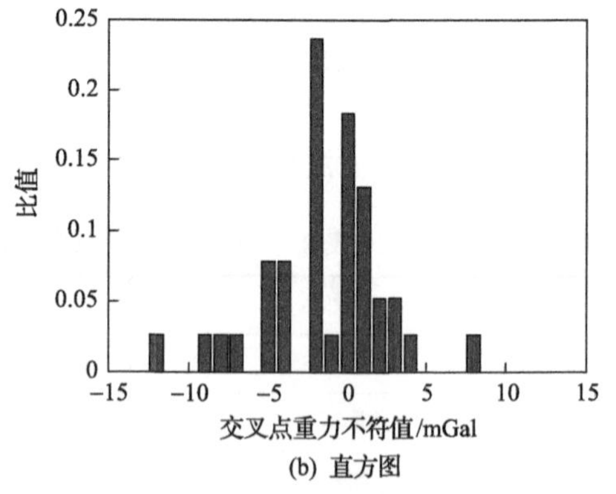

(b) 直方图

图 8.15　对应矩形窗函数的船载重力测量交叉点重力不符值分布图及其直方图

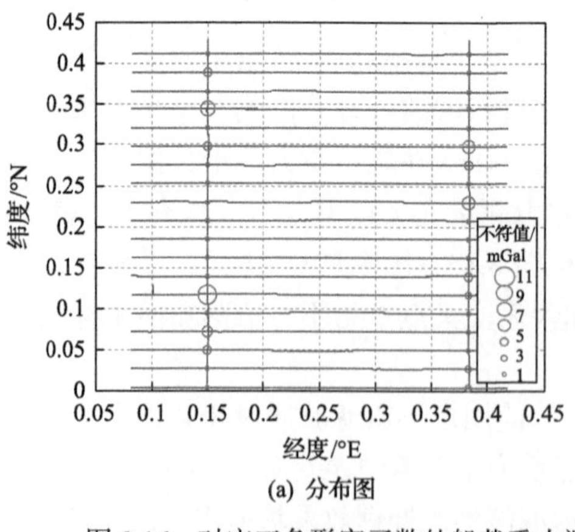

(a) 分布图

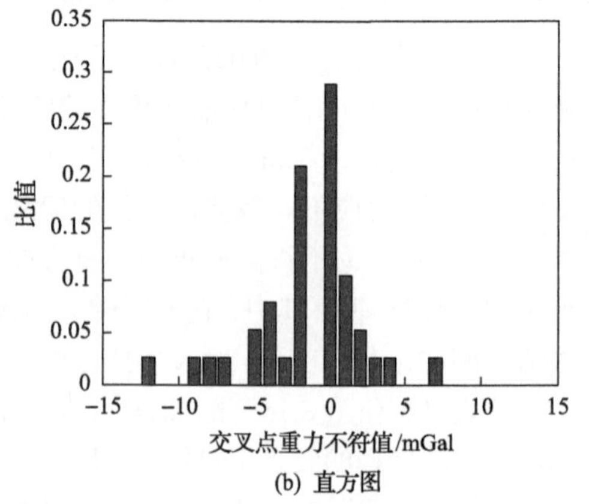

(b) 直方图

图 8.16　对应三角形窗函数的船载重力测量交叉点重力不符值分布图及其直方图

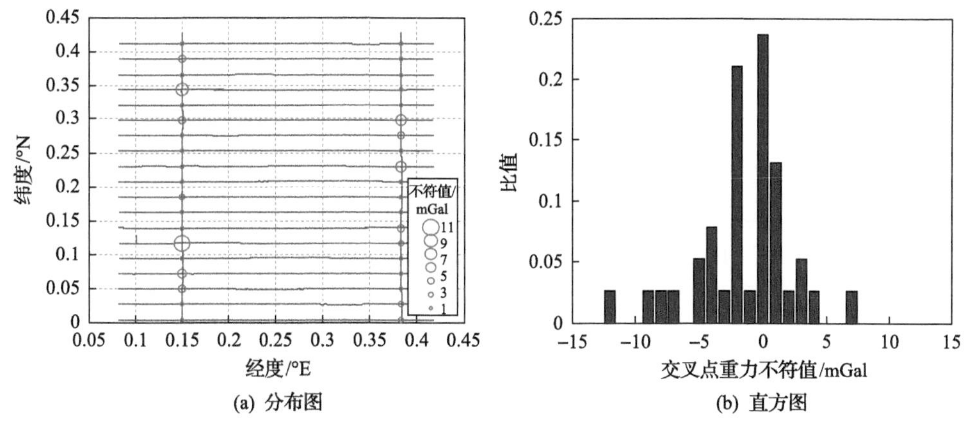

(a) 分布图　(b) 直方图

图 8.17　对应汉宁窗函数的船载重力测量交叉点重力不符值分布图及其直方图

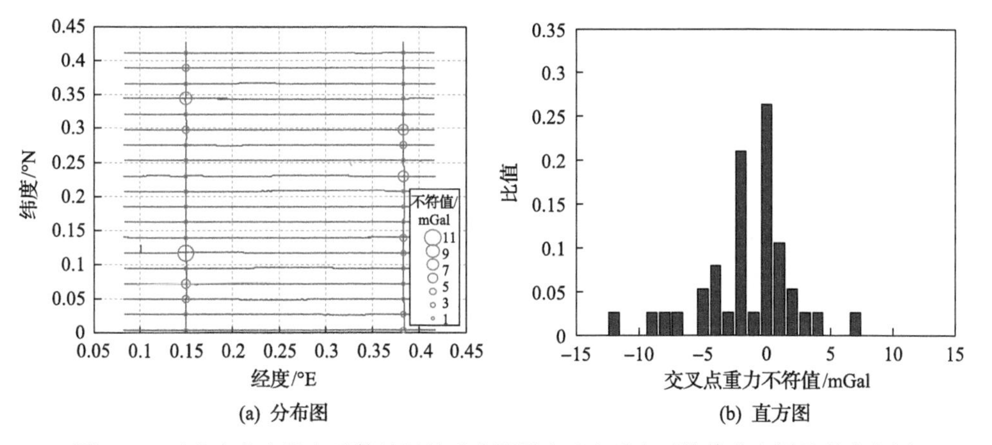

(a) 分布图　(b) 直方图

图 8.18　对应布莱克曼窗函数的船载重力测量交叉点重力不符值分布图及其直方图

8.7　确定垂向加速度的 FIR 差分器设计

如第 2 章所述，在实施航空重力测量作业时，理论上一般要求飞机能在预定的高度上平稳水平飞行，以避免因飞机的上下运动而产生的垂向干扰加速度的影响。但气流不稳定将使飞机在飞行过程中产生上下颠簸，因此航空重力测量作业受垂向干扰加速度的影响是不可避免的。确定垂向加速度的常用方法是对垂向速度求一次差分。FIR 低通差分器是一类特殊的 FIR 滤波器，其显著特点是，可在实现低通滤波的同时完成差分运算(孙中苗，2004)。本节首先简要介绍利用 GNSS 技术确定载体加速度的 3 种基本方法，然后阐述低通差分器的设计原理及其计算模型，最后给出相应的试验分析结果。

8.7.1 确定垂向加速度的三种方法

8.7.1.1 位置差分

利用位置差分方法确定垂向加速度的基本原理是：基于 GNSS 高精度定位结果，通过垂向位置差分方法求取垂向速度，再通过二次差分求取垂向加速度。设利用 GNSS 定位得到的等距离离散垂向位置序列为 $x(n)$ $(n=1,2,\cdots,N_p)$，则垂向位置序列的一次差分(即垂向速度序列 $v(n)$)可表示为如下卷积形式，即

$$v(n)=\sum_{k=-M}^{M}h(k)x(n-k)=h(n)\otimes x(n),\quad n=1,2,\cdots,N_p \tag{8.46}$$

式中，N_p 为位置序列的长度；$h(k)$ 为长度为 $(2M+1)$ 的 FIR 低通差分器的系数，对于两点中心差分，有

$$\boldsymbol{h}=\frac{1}{2}[1\quad 0\quad -1] \tag{8.47}$$

同理，由式(8.46)确定的垂向速度序列可求得垂向加速度序列 $a(n)$ 为

$$a(n)=\sum_{k=-M}^{M}h(k)v(n-k)=h(n)\otimes v(n) \tag{8.48}$$

显然，利用位置差分方法确定垂向加速度的精度除与所用差分器的性能有关外，主要取决于 GNSS 的定位精度。

8.7.1.2 多普勒频移法

利用多普勒频移法确定垂向加速度的基本原理是：首先利用 GNSS 原始多普勒频移观测量计算出载体的垂向速度，然后通过一次差分计算载体的垂向加速度。如果采用相同的差分器，那么这种方法的计算精度就完全取决于多普勒测速的精度。

多普勒测速的精度既取决于多普勒观测量本身的精度，又取决于观测时刻的测站与各观测卫星间的几何结构，即精度衰减因子。原始多普勒观测值的精度与接收机的类型有关，对于高性能的接收机，其观测精度可达到毫米每秒量级，但在通常条件下，多普勒观测值的精度只能达到几厘米每秒(孙中苗，2004)。若多普勒的观测精度达到 2cm/s，则在卫星分布几何条件较好的情况下(DOP⩽2)，多普勒测速精度理论上可以达到 4cm/s(肖云，2000)。

8.7.1.3　相位时序差分法

利用相位时序差分法确定垂向加速度的基本原理是：首先依据载波相位中心差分获得的相位率(导出多普勒)来计算载体的垂向速度，再对垂向速度进行一次差分得到垂向加速度。相位时序差分法的数学模型与多普勒频移法完全相同，不同的是两者的测速精度。此外，对相位进行二次差分可得到相位加速度观测值，由此可直接计算得到测量载体垂向加速度。相位时序差分法与传统常用方法的区别在于，它是对原始相位观测值进行数值差分，而不是对 GNSS 数据处理结果(位置或速度序列)进行数值差分。

由于高频噪声的影响以及微分过程对高频噪声的放大作用，所求得的加速度必然含有大量的高频噪声。因此，为了精确确定测量载体的垂向加速度，还需要对差分结果进行低通滤波处理。本节的研究内容主要聚焦于采用不同差分器进行位置差分运算，并根据差分运算结果分析比较各个差分器的优缺点。

8.7.2　低通差分器设计

8.7.2.1　理想差分器

由前面的论述可知，可以利用飞机运动的高度信息，通过差分方式计算出测量载体的垂向加速度，其关键是如何选择合适的差分器。由微商定义可知

$$x'(t)=\lim_{\Delta t\to 0}\frac{x(t+\Delta t)-x(t)}{\Delta t} \tag{8.49}$$

式中，$x(t)$ 为飞机运动的高度。

对式(8.49)求傅里叶变换可得

$$X'(\omega)=\lim_{\Delta t\to 0}\frac{\mathrm{e}^{\mathrm{j}\Delta t\omega}}{\Delta t}\cdot X(\omega) \tag{8.50}$$

式中，$X(\omega)$ 为 $x(t)$ 的傅里叶变换；$X'(\omega)$ 为 $x'(t)$ 的傅里叶变换。

完成式(8.50)的极限计算后可得

$$X'(\omega)=\mathrm{j}\omega\cdot X(\omega) \tag{8.51}$$

由式(8.51)可知，一阶理想差分器的频谱响应为

$$H_d(\mathrm{e}^{\mathrm{j}\omega})=\mathrm{j}\omega \tag{8.52}$$

理想差分器的幅频响应的变化曲线如图 8.19 中的斜细线所示。在航空重力观测数据中含有大量的高频噪声，因此必须使用低通差分器将其剔除，此时幅频响

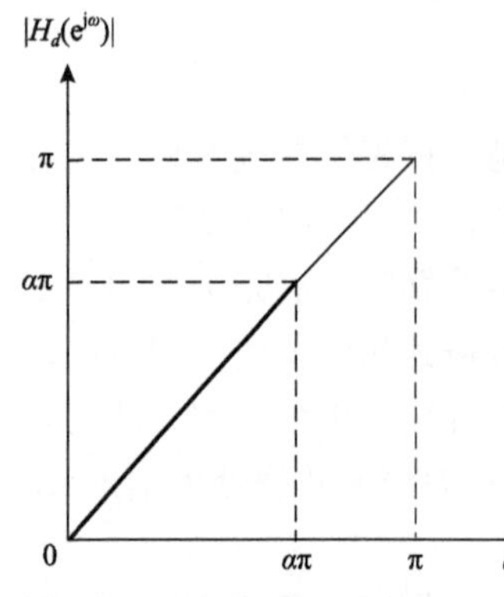

图 8.19　理想差分器的幅频响应

应改变为

$$H_d(\mathrm{e}^{\mathrm{j}\omega})=\begin{cases}\mathrm{j}\omega, & |\omega|\leqslant\alpha\pi\\ 0, & \alpha\pi<|\omega|\leqslant\pi\end{cases} \tag{8.53}$$

式中，$\alpha\pi$ 为低通差分器的截止频率。

与式(8.53)相对应的变化曲线如图 8.19 中的斜粗线所示。

8.7.2.2　单纯 M 次差分器

单纯 M 次差分器是最简单的差分方法，记为

$$\varDelta_k=x(n+k)-x(n-k) \tag{8.54}$$

该差分器的输入输出关系为

$$\dot{x}(n)=\varDelta_M/(2M)=\left[x(n+M)-x(n-M)\right]/(2M) \tag{8.55}$$

其频谱响应为

$$H(\mathrm{e}^{\mathrm{j}\omega})=\mathrm{j}\frac{1}{M}\sin(M\omega) \tag{8.56}$$

当 $M=1$时，式(8.55)表示两点中心差分，此时的 FIR 差分器系数为

$$\boldsymbol{h}=\frac{1}{2}\begin{bmatrix}1 & 0 & -1\end{bmatrix} \tag{8.57}$$

相对应的频谱响应为

$$H(\mathrm{e}^{\mathrm{j}\omega})=\mathrm{j}\sin\omega=\mathrm{j}\omega+\mathrm{j}\left(-\frac{\omega^3}{3!}+\frac{\omega^5}{5!}-\cdots\right) \tag{8.58}$$

8.7.2.3　牛顿-科茨差分器

牛顿-科茨(Newton-Cotes)差分器源自牛顿-科茨积分公式，其传递函数为

$$H(\mathrm{e}^{\mathrm{j}\omega})=\mathrm{j}\sum_{k=1}^{M}\frac{(-1)^{k+1}M(M-1)\cdots(M-k+1)}{k^2(M+1)(M+2)\cdots(M+k)}\sin(k\omega) \tag{8.59}$$

当 $M=2$时，其相对应的 FIR 差分器系数为

$$\boldsymbol{h}=\frac{1}{12}\begin{bmatrix}-1 & 8 & 0 & -8 & 1\end{bmatrix} \tag{8.60}$$

其相对应的频谱响应为

$$H(\mathrm{e}^{\mathrm{j}\omega}) = \mathrm{j}\left(\frac{7}{12}\omega - \frac{1}{18}\omega^3 + \frac{1}{180}\omega^5 - \cdots\right) \tag{8.61}$$

当 $M=3$ 时，其相对应的 FIR 差分器系数为

$$\boldsymbol{h} = \frac{1}{60}\begin{bmatrix}1 & -9 & 45 & 0 & -45 & 9 & 1\end{bmatrix} \tag{8.62}$$

其相对应的频谱响应为

$$H(\mathrm{e}^{\mathrm{j}\omega}) = \mathrm{j}\left(\frac{3}{4}\sin\omega - \frac{3}{40}\sin(2\omega) + \frac{1}{180}\sin(3\omega) - \cdots\right) \tag{8.63}$$

8.7.2.4　多项式拟合差分器

设 $x(i)\ (i=-M,-M+1,\cdots,0,\cdots,M-1,M)$ 为一组航空重力测量的高度数据，可用一个 p 阶多项式 $f_i = a_0 + a_1 i^1 + a_2 i^2 + \cdots + a_p i^p$ 对其进行拟合。不难得知，由于 f_i 在 $i=0$ 处的一阶导数就等于系数 a_1，故求得系数 a_1 便可得到 f_i 在 $i=0$ 处的一阶导数，即 $x(i)$ 在 $i=0$ 处的差分值。因这类差分器是在最小平方曲线拟合的基础上得到的，故称为多项式拟合差分器，又称为 Lanczos 差分器。其频谱响应为（胡广书，2003）

$$H(\mathrm{e}^{\mathrm{j}\omega}) = \mathrm{j}\sum_{k=1}^{M} k\sin(k\omega) \Bigg/ \sum_{m=1}^{M} m^2 \tag{8.64}$$

当 $M=2$ 时，其相对应的 FIR 差分器系数为

$$\boldsymbol{h} = \frac{1}{10}\begin{bmatrix}2 & 1 & 0 & -1 & -2\end{bmatrix} \tag{8.65}$$

其相对应的频谱响应为

$$H(\mathrm{e}^{\mathrm{j}\omega}) = \mathrm{j}\left(\omega - \frac{17}{30}\omega^3 + \frac{13}{120}\omega^5 - \cdots\right) \tag{8.66}$$

8.7.2.5　平滑法差分器

平滑法差分器是一种数据平滑和差分相结合的方法。其实现目标是：在低频段能使 $H(\mathrm{e}^{\mathrm{j}\omega})$ 更好地逼近 $\mathrm{j}\omega$，而在高频段能有更快的衰减。设 $w(n)$ 为加权函数，

满足 $w(k)=w(-k)$ 且 $\sum_{k=-L}^{L}w(k)=1$，则差分器的输出 $\dot{x}(n)$ 可表示为以 $n\pm N$ 为中心，对 $2L+1$ 个原始数据加权平滑后的差分，其计算模型可具体表示为

$$\dot{x}(n)=\frac{1}{2N}\left[\sum_{k=-L}^{L}w(k)x(n+N+k)-\sum_{k=-L}^{L}w(k)x(n-N+k)\right] \tag{8.67}$$

其相对应的频谱响应为

$$H(\mathrm{e}^{\mathrm{j}\omega})=\mathrm{j}\left[w(0)+2\sum_{k=1}^{L}w(k)\cos(k\omega)\right]\frac{\sin(N\omega)}{N} \tag{8.68}$$

由式(8.68)可知，$H(\mathrm{e}^{\mathrm{j}\omega})$ 是两项的乘积，第一项表现为加权平滑特性，第二项体现出差分特性。

令

$$w(k)=\frac{1}{2L+1},\quad |k|\leqslant L \tag{8.69}$$

则式(8.67)的加权平滑差分即为简单的移动平均差分，此时有

$$\dot{x}(n)=\frac{1}{N(2L+1)}\sum_{k=-L}^{L}\frac{x(n+N+k)-x(n-N+k)}{2} \tag{8.70}$$

其相对应的频谱响应为

$$H(\mathrm{e}^{\mathrm{j}\omega})=\mathrm{j}\frac{1}{N(2L+1)}\left[1+2\sum_{k=1}^{L}\cos(k\omega)\right]\sin(N\omega) \tag{8.71}$$

当 $N=1$、$L=1$ 时，其相对应的 FIR 差分器系数为

$$\boldsymbol{h}=\frac{1}{6}\begin{bmatrix}1 & 1 & 0 & -1 & -1\end{bmatrix} \tag{8.72}$$

其相对应的频谱响应为

$$H(\mathrm{e}^{\mathrm{j}\omega})=\mathrm{j}\left(\omega-\frac{1}{2}\omega^3+\frac{11}{120}\omega^5-\cdots\right) \tag{8.73}$$

8.7.2.6 差分器性能比较与分析

为了直观地评价上述各类差分器的性能，本节分别绘制各类差分器所对应的

频谱响应变化曲线及其互差值曲线，具体如图 8.20 所示。其中，图 8.20(a)为各类差分器对应的频谱响应变化曲线，图 8.20(b)为各类差分器频谱响应与理想差分器的互差值曲线。从图中不难看出，在 $f \leqslant 0.01\text{Hz}$ 的低频段，各个差分器的幅频响应均与理想差分器趋于一致；在 0.01～0.1Hz 频段，二次牛顿-科茨差分器和二次多项式拟合差分器与理想差分器基本吻合；在高频段，三次多项式拟合差分器和牛顿-科茨差分器的逼近度最高。可见，虽然二次牛顿-科茨差分器和二次多项式拟合差分器能在更宽频段逼近理想差分器，但在高频差分运算中放大了高频噪声，故其适用范围受到了一定的限制。因此，若差分目标是获取 $f \leqslant 0.01\text{Hz}$ 频段内的信号，则可采用上述差分器中的任何一种；若需恢复 0.01Hz 以上频谱，则应当采用 3 次以上牛顿-科茨差分器或多项式拟合差分器。

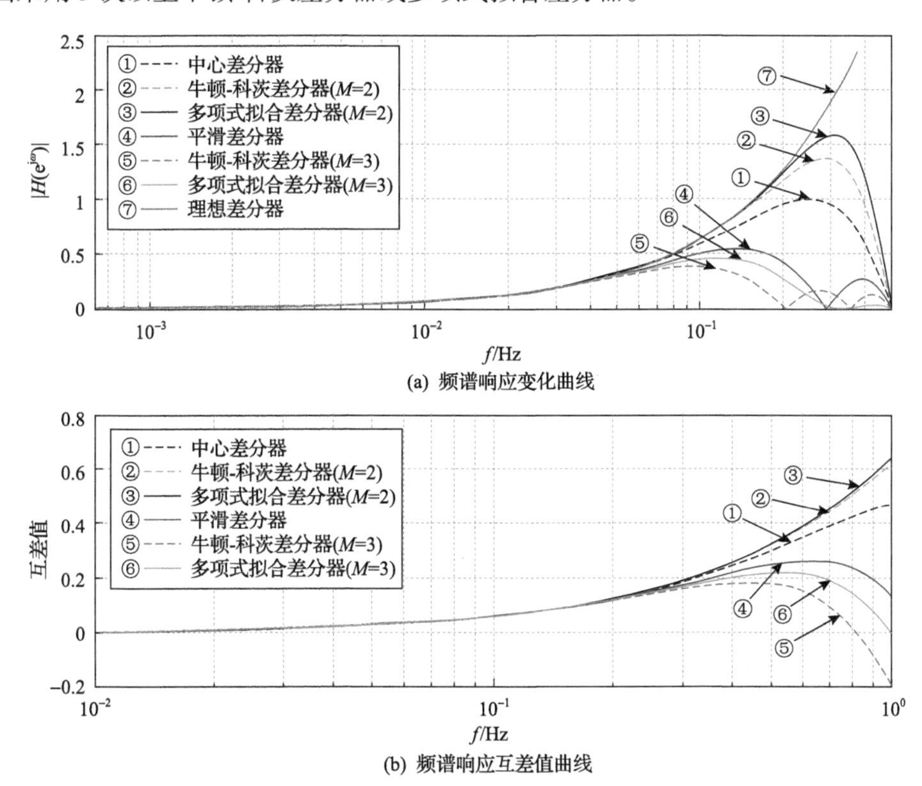

图 8.20　各类差分器频谱响应变化曲线及其与理想差分器的互差值曲线

8.7.3　试验结果分析

为了进一步了解不同类别差分器的计算效果，本节采用位置差分方法，对某航次重力测量的实际观测数据进行试算分析，图 8.21 分别给出了使用牛顿-科茨差分器（$M=2$）和多项式拟合差分器（$M=3$）确定载体垂向速度(图 8.21(a))和垂向加速度(图 8.21(b))的计算结果，从图中两条变化曲线的符合度可以看出，两种差分方法的差异并不大，细节上的差异主要体现在由噪声引起的高频部分。图 8.22 给出了相应垂向速度和垂向加速度的幅频响应。

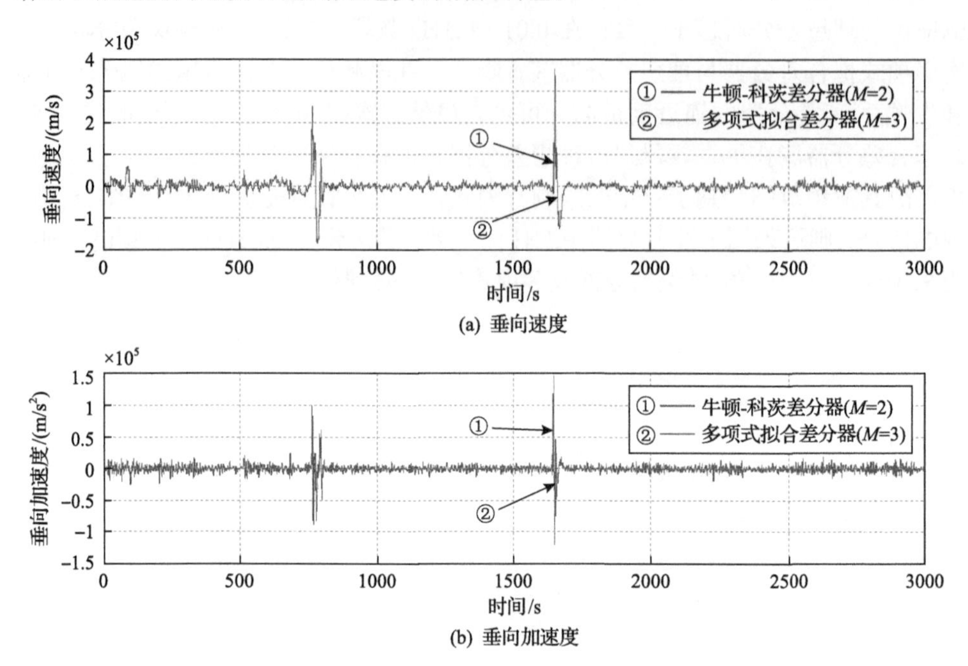

图 8.21　牛顿-科茨差分器和多项式拟合差分器垂向速度和垂向加速度计算结果比较

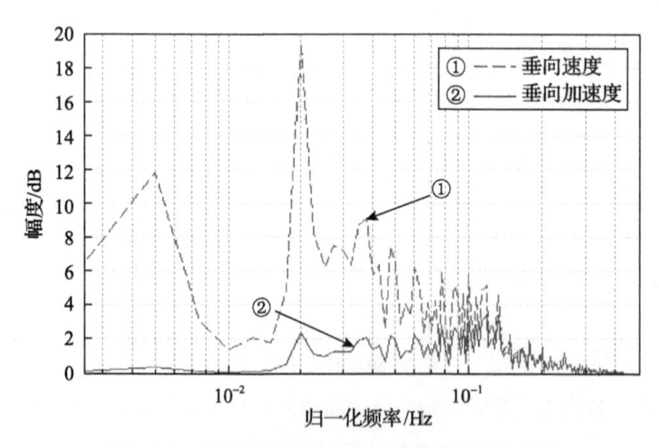

图 8.22　垂向速度和垂向加速度的幅频响应

经过一次差分的垂向速度和二次差分的垂向加速度在高频段均存在比较明显的噪声干扰，因此必须对其进行滤波处理。图 8.23 给出了垂向加速度滤波前后幅频响应对比曲线(图中②曲线为滤波前结果，①曲线为滤波后结果)。从图中不难看出，经过低通滤波处理后，垂向加速度在高频段的噪声影响已经得到有效消除。

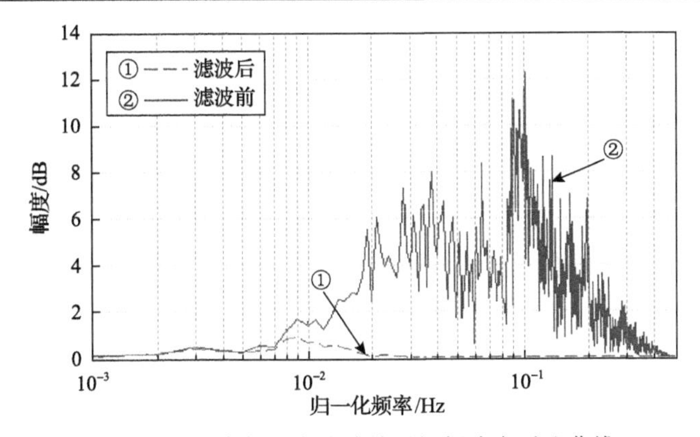

图 8.23　垂向加速度滤波前后幅频响应对比曲线

考虑到难以找到真值作为比较基准，本节仅将经过低通滤波处理后的其他各类差分器与中心差分器输出结果进行比较，表 8.7 给出了当滤波长度为 $N=30$ 时，各类差分器输出结果与中心差分器互差的统计结果，表 8.8 则给出了滤波长度为 $N=50$ 时的对比结果，其中，A 代表中心差分器；B 代表 $M=2$ 的牛顿-科茨差分器；C 代表 $M=2$ 的多项式拟合差分器；D 代表平滑法差分器；E 代表 $M=3$ 的牛顿-科茨差分器；F 代表 $M=3$ 的多项式拟合差分器。从表中数值可以看出，当滤波长度达到 50 时，各类差分器输出结果与中心差分器互差的标准差最大值降低到 2.53mGal，说明不同类型差分器之间的差异几乎可以忽略不计。由于两点中心差分器计算过程简单，使用方便，边界效应最小，所以在实际应用中一般推荐使用两点中心差分器。若无特殊说明，本书后续章节一律采用两点中心差分器进行海空重力测量速度和加速度的计算。

表 8.7　$N=30$ 时各类差分器与中心差分器输出结果比较　（单位：mGal）

参数	(A–B)	(A–C)	(A–D)	(A–E)	(A–F)
最大差值	18.67	56.80	90.41	19.62	131.30
最小差值	–24.89	–41.85	–65.50	–25.82	–94.05
差值均值	1.46	3.44	5.67	1.47	8.43
标准差	2.61	6.18	10.19	2.63	15.17

表 8.8　$N=50$ 时各类差分器与中心差分器输出结果比较　（单位：mGal）

参数	(A–B)	(A–C)	(A–D)	(A–E)	(A–F)
最大差值	4.05	11.21	17.82	4.25	25.85
最小差值	–4.92	–9.13	–14.35	–5.11	–20.65
差值均值	0.26	0.61	1.01	0.26	1.49
标准差	0.43	1.04	1.70	0.44	2.53

8.8 本章小结

作为海空重力测量数据处理过程的重要组成部分，数字滤波几乎贯穿于海空重力测量特别是航空重力测量的各个技术环节。基于实用目的，本章在简述数字滤波基本理论和常用低通滤波器技术特性的基础上，重点研究了适用海空重力测量的低通滤波器和差分器设计及应用问题，主要工作和结论如下：

(1) 分析研究了海空重力测量数据空间分辨率与低通滤波截止频率、载体航速和测量成果精度之间的匹配关系，指出空间分辨率与截止频率成正比，与载体航速成反比，海面船测重力空间分辨率远高于航空重力测量；海空重力测量精度与其空间分辨率密切相关，较小的截止频率(对应较大的滤波周期)有利于提高测量成果精度，但也相应降低了空间分辨率，反之亦然。

(2) 基于海空重力测量原理，分别对航空重力测量数据和海面船载重力测量数据进行了频谱分析和比较，表明其观测记录中的弹簧张力和厄特沃什改正均表现为长波特性，基本不含高频分量；交叉耦合效应和水平加速度改正主要表现为长波特性，但也包含一小部分的中高频分量；摆杆速度和垂向加速度改正则表现为比较明显的中高频特性，低频分量较小；原始空间重力异常中的高频成分是各类高频分量的叠加；海面船载重力测量数据各项改正的中高频特征明显小于航空重力测量数据，表明船载重力测量数据噪声影响相对较小。

(3) 全面分析比较了与矩形窗、三角形窗、汉宁窗和布莱克曼窗等几种常用窗函数相对应的 FIR 滤波器的技术特点，并利用实测海空重力数据对基于各类窗函数设计的滤波器性能进行了实际验证，结果表明汉宁窗更适合于海空重力测量数据的滤波处理。

(4) 简要分析研究了利用 GNSS 技术确定测量载体运动加速度的 3 种基本方法，阐述了用于计算载体垂向加速度的低通差分器设计原理及其模型，并通过数值计算分析，实际验证了各类差分器的计算效果，表明采用形式简单的两点中心差分器即可满足海空重力测量数据处理的技术要求。

第 9 章　海空重力测量误差分析与补偿技术

9.1　引　　言

前面的章节先后对海空重力测量技术体系架构、测量基本原理、重力场变化特征、关键技术指标要求、精密定位技术方法、数据滤波技术方法等专题内容进行了分析和研究，既涉及研究背景和应用需求论证，又涵盖海空重力测量前端的技术设计和仪器检验等相关内容，同时包含支撑海空重力测量的定位技术和最基本的数据滤波方法。数据分析处理是海空重力测量技术体系建设的重要环节之一，其主要研究内容包括两大部分：一是传统意义上的、能够使用确定性数学模型计算的常规数据归算和动态测量环境效应改正；二是无法采用确定性数学模型来描述的观测误差源分析和模型化过程，也称为误差分析与补偿。考虑到本书第 2 章已经对第一部分研究内容和主要结论做了较详细的介绍，国内外关于第一部分内容的研究成果也比较丰富，研究发展较为成熟，第二部分的研究内容则要复杂得多，研究难度也大得多，需要研究探索的问题较多，故本章将主要围绕海空重力测量误差分析与补偿技术开展研究论证和实验验证，为建立起一个比较完整的海空重力测量误差分析处理技术体系提供必要支撑。

为了更好地理解海空重力测量误差分析处理理论和方法的科学内涵及其发展历程，本章首先将作者研究团队在这个领域取得的主要突破和不同阶段取得的代表性研究成果及技术特征以框图形式示意于图 9.1。

9.2　海空重力测量误差源分析与精度评估

9.2.1　海空重力测量误差源分析

从前面论述的测量数据处理流程可知，海空重力测量从出测前的仪器校准到海上或空中的观测作业，再到测量结束后的数据处理各个环节，都不可避免地受到各种误差源的干扰和影响，它们或表现为系统性，或表现为随机性。依据误差的不同统计特性，误差可分为偶然误差、系统误差、粗差和有色噪声等(杨元喜，2012)。

偶然误差又称为随机误差，是指由各类随机性因素引起的误差。重力测量设备观测噪声和由海空环境引起的随机干扰都属于偶然误差范畴。系统误差是指由

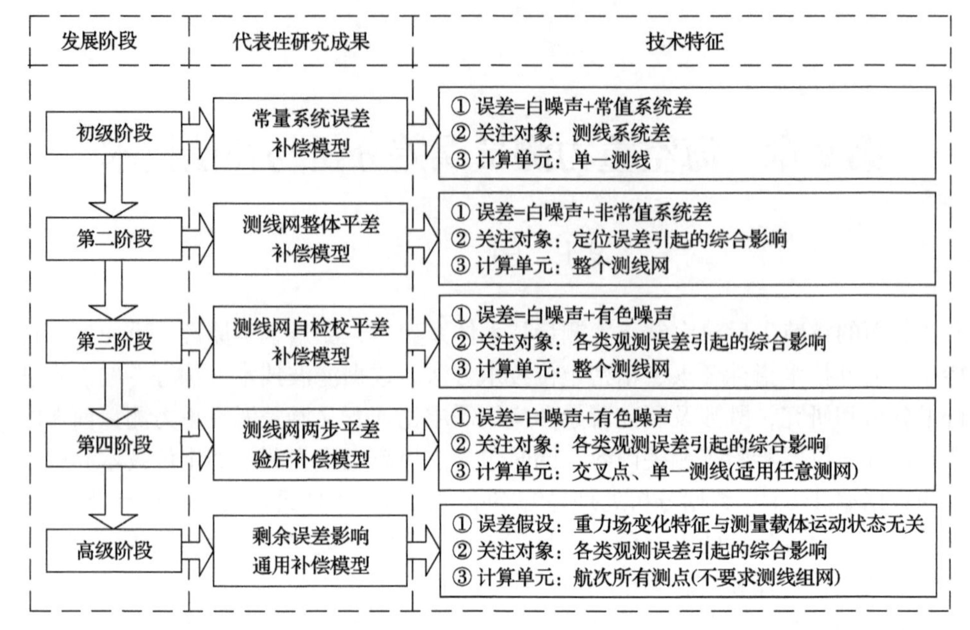

图 9.1　海空重力测量误差分析处理不同研究阶段代表性成果及技术特征

某些特定因素的系统性影响引起的具有某种规律性的误差，如常量系统误差、周期性系统误差等。系统误差的影响具有累积性，海空重力测量中的基点联测误差、重力仪参数测定误差、海空环境影响各项改正不足或过头等都具有比较明显的系统误差特征。粗差又称为异常误差，是指由设备工作异常、观测条件突变引起的非正常值、孤值或野值。在工作中，重力仪器会出现故障或受到碰撞，为了避碰或其他原因，测量载体会被迫突然改变航向和航速，测量环境出现比较激烈的扰动等引起的超大误差都属于粗差。有色噪声指的是随时间而有规律变化的误差。随时间变化、积累是有色噪声的最大特点，有色噪声一定是系统误差，而系统误差不一定是有色噪声，只有随时间变化的系统误差才是有色噪声。海空重力测量中的仪器零点漂移改正误差、随时间变化的环境改正剩余误差、数据滤波误差等都可以归类为有色噪声。

在海空重力测量实践中，偶然误差与系统误差经常在不同场合相互转换，如测量中的风、流、压等各种海空环境因素影响本身在一定时间段内可能是系统性的，但这些影响综合在一起可能削弱其规律性，而呈现出随机误差特性。各类随机性误差经数据滤波处理后，其剩余部分对测量结果的影响又会变成系统偏差。由测量环境因素或载体姿态测定偏差引起的误差对单测线而言可能是系统性的，但对整个测线网而言可能呈现出随机性。为了全面了解并掌握海空重力测量误差的影响特性，为后面的分析与处理提供技术支撑，本节以 LCR S 型海空重力仪为例，将其主要观测误差源分类归纳如下：

(1)与重力仪器自身相关的误差,包括由制造工艺水平所限导致的仪器固有误差、温度系数改正误差、摆杆尺度因子标定误差、格值测定误差和仪器零点漂移改正误差等。其中，摆杆尺度因子又称为 K 因子，用于将摆杆速度的单位转换成重力计数单位。LCR S 型海空重力仪的观测方程是基于重力传感器的线性系统特性推导得到的，因此重力传感器的线性特性对观测精度有特殊意义。K 因子从某种程度上恰恰反映了重力传感器的线性特性，故其标定误差大小直接影响到观测量的精度水平。以上各类误差源对重力观测量的影响更多表现为系统性，其量值一般不会超过 0.3mGal。

(2)厄特沃什效应改正不精确引起的误差,是指由测点位置定位不准确导致航向、航速和地理纬度计算误差，进而影响厄特沃什效应改正的精度。厄特沃什效应改正是海空重力测量中最重要的环境改正项之一，当在东西向上进行测量时，厄特沃什效应改正数的量级往往比重力异常观测量本身高出 1～2 个数量级,因此厄特沃什效应改正不精确引起的误差是海空重力测量的主要误差源之一。在定位技术手段比较落后的早期阶段，该项误差可达到几个毫伽甚至更大的量值，现阶段一般不会超过 0.3mGal，其影响特性既有系统性，也有随机性。

(3)交叉耦合效应改正不完善引起的误差,是指由仪器生产厂家设计的交叉耦合效应改正模型不完善导致计算结果不准确引起的误差。LCR S 型海空重力仪主要受到两种类型交叉耦合效应的影响：一种是由仪器自身受到垂向加速度和水平加速度共同作用而引起的附加重力扰动，这种影响对摆式重力仪来说是固有的，必须加以消除；另一种是由仪器制造工艺和安装达不到理想情况造成的，称为不完善交叉耦合效应。仪器生产厂家提供的交叉耦合效应改正模型是在一定的假设条件下，通过室内模拟试验进行标定获得的，因此必然与海上和空中复杂的实际环境存在一定程度的不符。当海况和空况测量条件较差时，这种不符性表现得尤为明显。在比较理想的作业条件下，该项误差量值一般不会超过 0.5mGal，其影响特性主要表现为系统性。

(4)水平干扰加速度改正(也称为平台倾斜重力改正)不完善引起的误差,是指受海浪、风、流、压、航速变化等因素的影响，安装在陀螺稳定平台上的重力仪瞬间并未处于绝对水平状态，导致在水平方向上的干扰加速度也间接作用于重力仪传感器而引起的改正误差。在海面测量时，由于水平干扰加速度和陀螺稳定平台倾斜角度都相对较小，所以该项误差一般都不加以考虑。但在实施航空重力测量时，水平干扰加速度量值明显加大，必须按照第 2 章介绍的相应公式进行计算并加以改正。该项误差经改正后的剩余部分一般不会超过 0.3mGal，其影响特性既呈系统性也呈随机性。

(5)垂向干扰加速度改正不完善引起的误差，是指受海浪、风、流、压、航速和高度变化等因素的影响，垂向干扰加速度直接作用于重力仪传感器而引起的改正误差。在海面测量时，虽然测量船感受到的垂向干扰加速度量值要比需要观测的实际重力加速度的变化大得多(平静海况时波浪产生的垂向干扰加速度为 15Gal 左右，恶劣海况时可达 80Gal，特别恶劣海况时高达 200Gal)，但重力仪在设计时一般都采用磁场、空气、黏滞性液体等，将重力仪传感器置于强阻尼中，使得重力仪传感器对频率较高的干扰加速度不敏感，而只感应频率较低的重力加速度的变化，加上在数据处理阶段还采用各种数字滤波技术来消除由波浪等环境因素引起的周期性垂向干扰加速度的影响。因此，海面船载重力测量一般不再对该项误差进行改正，即认为依靠测量系统硬件方面的阻尼和合适的低通滤波技术，便可达到所要求的精度。但在实施航空重力测量时，垂向干扰加速度量值比海面船载重力测量要大得多，其高频部分的量级可达 400Gal 以上，虽然在航空重力仪的强阻尼作用下，垂向干扰加速度在仪器输出时已被大幅度压缩，但其剩余部分仍远大于实际重力加速度变化本身。因此，必须按照第 2 章介绍的相应公式进行计算并加以改正。垂向干扰加速度是航空重力测量最重要的改正项，也是制约航空重力测量精度和分辨率的主要因素之一。基于 GNSS 定位和数字滤波技术相结合的改正方法，在比较良好的测量环境条件下，一般可以优于 0.5mGal 的精度确定垂向干扰加速度(Kleusberg et al.，1990；Wei et al.，1991；Czompo，1994；Bruton，2001；孙中苗，2004)。该项误差改正的影响特性主要表现为随机性。

(6)与数据处理有关的误差，主要是指采用不同的滤波器参数对各类观测量进行滤波处理，导致处理结果出现不唯一性而产生的误差。对于海空重力测量，如何依据观测数据的特性以及对测量精度和分辨率的要求，确定出合适的滤波器参数，一直是人们致力于研究解决的技术难题之一。由于海空重力特别是航空重力测量的特殊性，针对不同的测量系统、环境和载体，使用者或设计者很难给出通用的设计参数或通用的滤波器。因此，海空重力测量数据滤波效果的优劣直接决定测量成果质量的高低。该项误差量值大小很难界定，一般认为，在比较理想的条件下，其大小可控制在 0.3mGal 以内，其影响特性主要表现为系统性。

(7)测点位置定位不精确引起的误差，是指测点位置定位不精确，使得海空重力测量获取的观测成果并非定位坐标点处的重力场参量，而是邻近区域内某点处的绝对重力值减去定位坐标点处的正常重力得到的重力异常值。该项误差大小与定位系统精度和测量区域内的重力异常变化梯度两个因素有关。在现有技术条件下，该误差一般可控制在 0.2mGal 以内，其影响特性主要表现为随机性。

(8)空间改正误差，是指由重力仪弹性系统到大地水准面之间的高度测定不准确引起的重力异常空间改正误差。对于海面船载重力测量，该项误差既包含由波浪等因素引起的偶然性偏差，也包含测量船载荷消耗使得吃水深度变浅、潮汐、海面地形等因素引起的系统偏差。对于航空重力测量，该项误差大小主要与大地高和大地水准面差距测定精度有关。在现有技术条件下，该项误差量级一般可控制在 0.2mGal 以内，其影响特性既呈系统性，也呈随机性。

(9) 与重力基点有关的误差，是指由基点联测和基点对比引起的误差。该项误差大小一般可控制在 0.2mGal 以内，具有比较明显的系统性影响特性。

9.2.2　海空重力测量测线网精度评估

如前所述，海空重力测量是以走航方式进行动态观测的一种线状测量技术，只能按需要布设测线网，海空重力测量作业无法在同一测点上进行第二次观测，只在主测线和检查测线的相交点处产生一次多余观测，而且受定位误差的影响，理论上的测线交叉点在实地并不完全重合，故交叉点重力不符值中除包含重力观测误差以外，还包含由定位误差引起的重力不符值。海空重力测量一般只能依赖数量非常有限的测线交叉点重力不符值或重复测线测点不符值来评估其内符合精度，并在具备条件的情况下，使用更高精度的其他重力测量数据来检核海空重力测量的外符合精度(解放军总装备部，2008b，2008c)。

9.2.2.1　内符合精度估计公式

利用测线 i 和 j 在交叉点处的重力异常不符值估计海空重力测量内符合精度的计算公式为

$$M_n = \pm\sqrt{\frac{\sum_{k=1}^{N_1}\left(\Delta g_{ik} - \Delta g_{jk}\right)^2}{2N_1}} \tag{9.1}$$

式中，M_n 为测点观测值的内符合中误差；Δg_{ik} 、Δg_{jk} 分别为测线 i 和 j 在第 k 个交叉点处的重力异常；N_1 为测线交叉点的总个数。

9.2.2.2　外符合精度估计公式

利用外部更高精度的其他重力测量数据估计海空重力测量外符合精度的计算公式为

$$M_w = \pm\sqrt{\frac{\sum_{k=1}^{N_2}\left(\Delta g_k - \Delta g_{0k}\right)^2}{N_2}} \tag{9.2}$$

式中，M_w 为测点观测值的外符合中误差；Δg_k 为测线采样点上的重力异常或由航空重力向下延拓获得的相应地面点上的重力异常；Δg_{0k} 为利用其他手段获得的更高精度的重力异常，可以是地面实测重力异常向上延拓获得的测线采样点上的重力异常，也可以是由地面实测重力异常内插获得的测线采样点相对应地面点的重力异常；N_2 为测线上的采样点数。

9.2.3 海空重力测量重复测线精度评估

为了评定海空重力测量成果的精度，《海洋重力测量规范》(GJB 890A—2008)和《航空重力测量作业规范》(GJB 6561—2008)都对测线布设方案提出了明确要求，并给出了根据主、检(副)测线观测不符值评估内符合精度的计算公式(见 9.2.2 节)，但对重复测线测量的精度评估问题没有做出具体规定，而在重力测量仪器检验和验收阶段，重复测线测量是一种比较常用的评定海空重力测量系统稳定性的手段。因此，有必要对该作业模式下的精度评估方法做出统一规定。我国地质矿产资源调查部门在实施航空磁力和重力重复测线测量时，给出了一组相对应的精度评估公式(郭志宏等，2008)，经研究发现，该组公式的推导过程与现代测量平差理论要求不一致。因此，本专题研究推出一组新公式，以供实际作业使用。

9.2.3.1 传统计算模型

设海面船载重力测量或航空重力重复测线测量均为等精度观测，m 为重复测线数，n 为重复测线公共段测点数，则采用式(9.3)估算第 j 条重复测线数据的内符合精度：

$$\varepsilon_j = \pm\sqrt{\frac{\sum_{i=1}^{n}\delta_{ij}^2}{n}}, \quad j = 1,2,\cdots,m \tag{9.3}$$

式中，ε_j 为第 j 条重复测线观测值的中误差；δ_{ij} 为第 j 条重复测线公共段上的第 i 个测点重力异常观测值 Δg_{ij} 与该点各重复测线观测的平均值 Δg_i 之差，即

$$\delta_{ij} = \Delta g_{ij} - \Delta g_i, \quad i = 1, 2, \cdots, n; j = 1, 2, \cdots, m \tag{9.4}$$

$$\Delta g_i = \frac{1}{m}\sum_{j=1}^{m}\Delta g_{ij}, \quad i = 1, 2, \cdots, n \tag{9.5}$$

而对于所有的重复测线观测值，总的内符合精度的计算公式为

$$\varepsilon = \pm\sqrt{\frac{\sum_{j=1}^{m}\left(\sum_{i=1}^{n}\delta_{ij}^2\right)}{m\times n}} \tag{9.6}$$

式(9.3)～式(9.6)即为我国地质矿产资源调查部门目前使用的航空重力重复测线内符合精度的评估公式(郭志宏等，2008)。该组公式的推导过程与现代测量平差理论不一致的地方主要体现在两个方面：①式(9.3)把观测值 Δg_{ij} 与其平均值 Δg_i 的差值(δ_{ij})当作真误差看待，与实际情况不符；②在估算第 j 条重复测线数据内符合精度时，使用了相同数量的观测值和未知数，即 n 个观测值 Δg_{ij} $(i=1, 2,\cdots,n)$ 和 n 个未知数 Δg_i $(i=1,2,\cdots,n)$，这也不符合测量平差理论要求。因此，有必要对上述公式做出修正。

9.2.3.2　重复测线测量精度评估新模型

由前面的假设可知，重复测线公共段的每一个测点都有 m 次重复观测，根据测量平差理论(於宗俦等，1983)，每个测点的重复观测都相当于间接平差的特例，即其观测值是同精度的且只有一个未知数(平均值)。因此，可采用著名的贝塞尔公式估算观测值的中误差，即

$$\sigma_i = \pm\sqrt{\frac{\sum_{j=1}^{m}\delta_{ij}^2}{m-1}}, \quad i=1,2,\cdots,n \tag{9.7}$$

式中，σ_i 为第 i 个测点重复观测值的中误差；δ_{ij} 的意义同前。

对于具有 n 个测点且每个测点都进行了 m 次观测的重复测线测量，其内符合精度可按式(9.8)进行计算：

$$\sigma_{\rm rms} = \pm\sqrt{\frac{\sum_{i=1}^{n}{\sigma_i}^2}{n}} = \pm\sqrt{\frac{\sum_{i=1}^{n}\left(\sum_{j=1}^{m}\delta_{ij}^2\right)}{n\times(m-1)}} = \pm\sqrt{\frac{\sum_{i=1}^{n}\left(\sum_{j=1}^{m}\delta_{ij}^2\right)}{n\times m-n}} \tag{9.8}$$

式中，$\sigma_{\rm rms}$ 为重复测线测量观测值的中误差；δ_{ij} 的意义同前。

式(9.8)等同于间接平差中的等精度单位权中误差计算公式，即

$$m_0 = \pm\sqrt{\frac{[vv]}{N-t}} \tag{9.9}$$

式中，m_0 为单位权中误差；v 为观测值改正数，等同于前面的 δ_{ij}；N 为观测值的总数目，对于重复测线测量，有 $N=n\times m$；t 为未知数个数，对于重复测线测量，每个测点有一个未知数(即测点平均值)，因此有 $t=n$。由此可见，式(9.8)和式(9.9)是完全等价的。

当$m=2$，即只有两条重复测线时，式(9.8)可简化为

$$\sigma_{\text{rms}}=\pm\sqrt{\frac{\sum_{i=1}^{n}\left(\sum_{j=1}^{2}\delta_{ij}^{2}\right)}{n(2-1)}}=\pm\sqrt{\frac{\sum_{i=1}^{n}\left(\sum_{j=1}^{2}\delta_{ij}^{2}\right)}{n}} \tag{9.10}$$

由式(9.4)和式(9.5)可知

$$\delta_{i1}=\Delta g_{i1}-(\Delta g_{i1}+\Delta g_{i2})/2=(\Delta g_{i1}-\Delta g_{i2})/2 \tag{9.11}$$

$$\delta_{i2}=\Delta g_{i2}-(\Delta g_{i1}+\Delta g_{i2})/2=-(\Delta g_{i1}-\Delta g_{i2})/2 \tag{9.12}$$

将式(9.11)和式(9.12)代入式(9.10)可得

$$\sigma_{\text{rms}}=\pm\sqrt{\frac{\sum_{i=1}^{n}(\Delta g_{i1}-\Delta g_{i2})^{2}}{2n}}=\pm\sqrt{\frac{\sum_{i=1}^{n}d_{i12}^{2}}{2n}} \tag{9.13}$$

式中，d_{i12}为两条重复测线观测值的互差，即

$$d_{i12}=\Delta g_{i1}-\Delta g_{i2} \tag{9.14}$$

由式(9.13)可以看出，它与传统的由双观测值之差计算观测值的中误差公式(於宗俦等，1983)和由主、检(副)测线观测值不符值评估内符合精度的计算公式(式(9.1))都是一致的。这说明，本节给出的重复测线测量精度评估公式(9.8)适用于各种形式的重复性测量精度评估问题，双观测值重复测量精度的计算公式只是式(9.8)的一个特例。

由式(9.6)和式(9.8)可知，本节推出的新公式与我国地质矿产资源调查部门目前使用的公式差异大小为

$$\frac{\sigma_{\text{rms}}}{\varepsilon}=\sqrt{\frac{m}{m-1}} \tag{9.15}$$

即

$$\sigma_{\text{rms}}=\sqrt{\frac{m}{m-1}}\cdot\varepsilon \tag{9.16}$$

当$m=2$，即只有两条重复测线时，有

$$\sigma_{\text{rms}}=\sqrt{2}\cdot\varepsilon \tag{9.17}$$

由式(9.16)不难看出，使用我国地质矿产资源调查部门推荐的公式评估重复测线观测值内符合精度的结果普遍比本专题研究推出的新公式计算结果偏高，当$m=2$时，两者相差$\sqrt{2}$倍。

9.2.3.3 使用新模型的建议

前面虽然给出了海空重力重复测线测量的精度评估新公式，并论证了该组计算公式理论上的严密性和有效性，但在实际应用中是否一定要使用式(9.8)进行精度评估，应根据使用者的关注重点和具体要求而定。对于海空重力测量，实施重复测线测量的主要目的是检测重力测量仪器设备的可靠性和稳定性，即仪器的一致性，式(9.8)的计算结果虽然能够反映重复测线测量结果的整体离散度这一基本特性，但还不能真实反映不同重复测线测量结果之间的系统偏差，而这一偏差大小对于合理评定测量仪器设备的稳定性是至关重要的。因此，在实际应用中，即使实施了多条($m>2$)重复测线测量,仍宜采用两条重复测线的中误差计算公式评估内符合精度，即对多条重复测线进行两两组合，采用式(9.14)计算每一个重复测线组合观测值的互差，采用式(9.13)计算相应的均方根误差。在此基础上，可按式(9.18)计算每个重复测线组合观测值的系统偏差：

$$\overline{d}_{12}=\frac{\sum_{i=1}^{n}d_{i12}}{n} \tag{9.18}$$

并按式(9.19)计算每个重复测线组合观测值互差的标准差：

$$\sigma_{\mathrm{std}}=\pm\sqrt{\frac{\sum_{i=1}^{n}(d_{i12}-\overline{d}_{12})^2}{2n}} \tag{9.19}$$

式(9.13)、式(9.18)和式(9.19)就构成一组比较全面评估每个重复测线组合观测值内符合精度的计算公式。根据该组公式可计算得到$C_m^2=m!/[(m-2)!\times 2!]=[m\times(m-1)]/2$组对应于$m$条($m>2$)重复测线测量的精度评估参数：中误差($\sigma_{\mathrm{rms}}$)、系统偏差($\overline{d}_{12}$)、标准差($\sigma_{\mathrm{std}}$)。显然，由($\sigma_{\mathrm{rms}},\overline{d}_{12},\sigma_{\mathrm{std}}$)多组计算结果构成的多参数评估系统，要比由式(9.8)计算得到的单一参数(σ_{rms})更能全面反映重力测量仪器设备的可靠性和稳定性。因此，推荐使用式(9.13)、式(9.18)和式(9.19)作为评估重复测线观测值内符合精度的计算公式。当采用主、检(副)测线观测不符值进行精度评估时，也宜增加计算$\overline{d}_{12}$和σ_{std}两个统计参数，并将其作为精度评估指标的组成部分(详细论证内容见本书第6章)。

本节以 3 条(m=3，n=6182)重复测线测量为例，给出 3 组由某型号航空重力仪实际观测数据计算得到的精度评估结果。

(1)第 1 组，由式(9.6)计算得到单一指标 $\varepsilon = \pm 2.17\text{mGal}$。

(2)第 2 组，由式(9.8)计算得到单一指标 $\sigma_{\text{rms}} = \pm 2.66\text{mGal}$。

(3)第 3 组，由式(9.13)、式(9.18)和式(9.19)计算得到多参数指标，依次为：①第 1 条和第 2 条重复测线组合结果，即 $\sigma_{\text{rms12}} = \pm 2.42\text{mGal}$，$\overline{d}_{12} = 3.02\text{mGal}$，$\sigma_{\text{std12}} = \pm 1.13\text{mGal}$；②第 1 条和第 3 条重复测线组合结果，即 $\sigma_{\text{rms13}} = \pm 1.80\text{mGal}$，$\overline{d}_{13} = -1.51\text{mGal}$，$\sigma_{\text{std13}} = \pm 1.45\text{mGal}$；③第 2 条和第 3 条重复测线组合结果，即 $\sigma_{\text{rms23}} = \pm 3.48\text{mGal}$，$\overline{d}_{23} = -4.58\text{mGal}$，$\sigma_{\text{std23}} = \pm 1.28\text{mGal}$。

由上述计算结果可以看出，第 1 组与第 2 组结果相差 $\sqrt{1.5}$ 倍，使用式(9.6)估算测量成果内符合精度的相对误差达到 23%，但单凭由式(9.8)计算得到的单一参数表示的精度评估计算结果，还很难对测量仪器设备的工作状态做出客观评价；第 3 组结果包括 3 种组合，每一种组合又包含 3 个参数，从($\sigma_{\text{rms12}}, \sigma_{\text{rms13}}, \sigma_{\text{rms23}}$)和($\overline{d}_{12}, \overline{d}_{13}, \overline{d}_{23}$)比较大的变化幅度可以看出，该型号重力测量设备的可靠性和稳定性还有待提高。

9.3 海空重力测量误差验后补偿方法

9.3.1 问题的提出

由前面相关章节的分析结果可知，海空重力测量自始至终都受到不同变化特性和不同量值大小干扰误差源的影响，因此其重力观测量与真值之间必然存在一定程度的偏差。为了有效评估海空重力测量成果的质量，同时为了获取尽可能分布均匀的重力观测值，海空重力测量特别是为研究地球形状和军事应用目的开展的海空重力测量，一般都要求以主、检(副)测线尽可能垂直相交的方式布设重力测线，以便形成比较规则的海空重力测线网。主检测线在相交点处产生的多余观测(即交叉点重力不符值)不仅为有效评估海空重力测量成果质量奠定了数据基础，也为进一步开展测量误差分析和数据精细化处理提供了基本条件，这便是本章接下来将要重点讨论的海空重力测线网平差问题。

早在 20 世纪 90 年代初，黄谟涛(1993)就基于当时定位误差是海洋重力测量主要误差源这一基本事实，从几何场角度出发，详细探讨了海洋重力测线网平差问题，提出了海洋重力测线网整体解算方法(Huang，1995)。随着全球卫星导航定位系统的广泛应用，海上定位精度得到很大改观，其他干扰因素对海洋重力测量精度的影响与定位误差的影响已处于同一水平。基于这种考虑，20 世纪 90 年代末，黄谟涛等(1999b)又从物理场角度出发，深入研究了海洋重力测量系统误差的补偿和偶然误差的滤波问题，提出了海洋重力测量自检校测线网平差方法。基于假设的系统误差模型，通过测线交叉点平差同时确定误差模型的待定系数，从而达到误差补偿的目的，这就是自检校平差误差补偿方法的本质。

海空重力测线网平差要解决的核心问题是观测点位和重力观测值的对应关系。自检校平差模型与前期使用的平差模型本质上的区别是，后者的出发点是力图使带有误差的观测点位回到真实、正确的位置上，而重力观测值本身基本保持不变；与其相反，前者的目的是使带有误差的重力观测值改正到现在的观测点位上，即保持观测点位置不变。海空重力测量没有严格的选点概念，因此自检校平差的处理方式是完全可以接受的。这种变化带来的好处主要体现在两个方面：一方面是在很大程度上简化了计算过程，便于在数据处理实践中推广和应用；另一方面是除了定位误差以外，其他误差源也都被包罗在假定的误差模型中，因此更能体现平差模型的合理性。但必须指出的是，自检校平差与前期使用的平差方法相比较，尽管在研究思路上发生了根本性的变化，做出了重要创新，但其计算过程仍然没有脱离传统的整体解算模式，这种模式虽然理论严密，但过程过于复杂，不利于工程化应用，特别是对于不规则海空重力测线网平差问题，整体解算模式的实现难度较大。此外，为了解决自检校测线网平差中的秩亏问题，需要把待定的误差模型参数看作一类虚拟的观测值，即要求事先了解待求参数的统计特性。在平差以前一般无法评估观测值偶然误差和系统误差的大小，因此在实际应用中只能采用经验求权法或验后权估计法来确定误差模型参数的权因子。这也从另一个侧面说明，在整体解算过程中仍然存在一些不确定性因素会影响最终的解算结果。针对上述问题，本专题研究基于误差验后补偿理论，提出了海空重力测线网自检校平差两步简化处理方法，并深入分析了简化方法的技术特点和适用范围，最后使用一个实际观测网数据验证了两步简化处理方法的有效性和可靠性。

9.3.2　平差基本模型与误差表达式

将海空重力测线上任意一点的空间重力异常观测量表示为

$$\Delta g = \Delta g_0 + F(t) + \varDelta \tag{9.20}$$

式中，Δg 为重力异常观测量；Δg_0 为 Δg 的真值；$F(t)$ 为系统误差影响项；$\varDelta$ 为观测噪声。

根据式(9.20)，在第 i 号主测线和第 j 号检查测线的交叉点 $P(i,j)$ 处，可建立如下形式的误差方程式：

$$V_{ij} = -v_{ij} + v_{ji} = F_i(t) - F_j(t) - (\Delta g_{ij} - \Delta g_{ji}) \tag{9.21}$$

式中，$\Delta g_{ij} - \Delta g_{ji} = d_{ij}$ 为交叉点重力不符值；v 为 $\varDelta$ 的改正数。

对于具有多个交叉点的某个测线网，可写出交叉点误差方程的矩阵形式为

$$\boldsymbol{V}=\boldsymbol{AX}-\boldsymbol{D} \tag{9.22}$$

式中，$\boldsymbol{V}$ 为随机误差改正数向量；$\boldsymbol{X}$ 为误差模型的待定参数向量；$\boldsymbol{A}$ 为系数矩阵；$\boldsymbol{D}$ 为不符值向量。

在误差方程式(9.22)中，作为观测量的不符值是一种相对观测量，因此通过平差只能唯一地确定待求参数的相对变化量，要想求得误差模型的绝对参量，必须增加必要的约束条件。引入不同的约束条件，就对应产生不同的模型解算方法。黄谟涛等(1999b)推荐采用引入虚拟观测值的整体解法，即把待定的误差模型参数看作具有先验统计特性的信号，联合解算由实际观测值和虚拟观测值组成的误差方程。设待定参数的虚拟观测值为 $\boldsymbol{L}_X=0$，其权矩阵为 $\boldsymbol{P}_X$，则按带有先验统计特性的参数平差方法，可求得式(9.22)的参数解为

$$\boldsymbol{X}=(\boldsymbol{A}^{\mathrm{T}}\boldsymbol{PA}+\boldsymbol{P}_X)^{-1}(\boldsymbol{A}^{\mathrm{T}}\boldsymbol{PD}+\boldsymbol{P}_X\boldsymbol{L}_X) \tag{9.23}$$

协因数阵为

$$\boldsymbol{Q}_X=(\boldsymbol{A}^{\mathrm{T}}\boldsymbol{PA}+\boldsymbol{P}_X)^{-1} \tag{9.24}$$

式中，$\boldsymbol{P}$ 为对应于不符值观测量的权矩阵。

式(9.22)即为海空重力测线网平差的基本模型，式(9.23)只是测线网自检校平差模型解的一种形式。构建平差基本模型的关键环节是选择合理的误差模型表达式，因为误差模型直接反映平差问题的物理或几何性质，所以其形式准确与否将对平差结果的有效性起决定性作用。根据黄谟涛等(1999b)、易启林等(2000)的研究，可选用两种形式的误差模型来描述系统偏差的变化，一种是以测点时间为自变量的混合多项式模型：

$$F(t)=a_0+a_1t+\cdots+a_nt^n+\sum_{i=1}^{m}[b_i\cos(i\omega t)+e_i\sin(i\omega t)] \tag{9.25}$$

式中，t 为测点时间；a_i、b_i 和 e_i 均为待定系数；ω 为对应于误差变化周期的角频率。

另一种是以交叉耦合效应改正数为自变量的一般多项式模型：

$$F(c)=a_0+a_1c+a_2c^2+\cdots+a_nc^n \tag{9.26}$$

式中，c 为测点交叉耦合效应改正数；$a_i(i=0,1,2,\cdots,n)$ 为待定系数。

需要指出的是，对于一个完整的海空重力测线网，按照前面提出的整体平差

方法，总可以求得若干个类似于式(9.25)或式(9.26)的系统误差补偿方程，而在理论上，只有当交叉点重力不符值与误差模型参数存在较强的统计相关性时，由此得到的补偿方程才具有实际意义，因此需要对补偿方程的计算效果进行显著性检验。此外，一个系统误差补偿方程往往包含多个模型参数，对于某个具体的测线网，很可能不是每个参数都是必需的，即从统计意义上讲，并不一定每个参数都是显著重要的，因此还必须进行单一参数的显著性检验。但考虑到在实际应用中，比较低阶次的多项式模型就能满足海空重力测线网平差的要求，所使用的模型参数本来就比较少，因此逐一对模型参数进行显著性检验似乎实用意义不大。另外，根据李德仁等(2002)在处理航空摄影数据过程中的经验，如果能比较精确地按信噪比的大小来确定模型参数的统计特性，则可免去对参数的显著性检验和相关分析。

9.3.3　误差验后补偿计算模型

由李德仁等(2002)的研究可知，系统误差补偿方法大致可分为：平差前补偿(各项改正)、平差中补偿(自检校法)和平差后补偿。验后补偿方法指的就是平差后补偿的一种方法，具体应用到海空重力测线网平差问题，其基本原理是：首先使用条件平差方法对测线交叉点重力不符值进行平差处理，然后选用合适的误差模型对测线交叉点重力不符值改正向量进行滤波和推估，最终达到测线上每个测点观测量的系统偏差都得到合理补偿的目的。

9.3.3.1　交叉点条件平差

将海空重力测线上任意一点的空间重力异常观测量表示为另一种形式：

$$\Delta g = \Delta g_0 + \bar{\varDelta} \tag{9.27}$$

式中，Δg 和 Δg_0 的意义同前；$\bar{\varDelta}$ 为包含系统误差($F(t)$)和偶然误差($\varDelta$)在内的观测噪声。

根据式(9.27)，在第 i 条主测线和第 j 条检查测线的交叉点 $P(i,j)$ 处，可建立如下形式的条件方程式：

$$\bar{v}_{ij} - \bar{v}_{ji} = \Delta g_{ij} - \Delta g_{ji} \tag{9.28}$$

式中，$\bar{v}$ 为 $\bar{\varDelta}$ 的改正数。

对于具有多个交叉点的某个测线网，可写出交叉点条件方程的矩阵形式为

$$\boldsymbol{B}\bar{\boldsymbol{V}} - \boldsymbol{D} = 0 \tag{9.29}$$

式中，$\bar{\boldsymbol{V}}$ 为 $\bar{\varDelta}$ 的改正数向量；$\boldsymbol{B}$ 为由 1 和–1 组成的系数矩阵；$\boldsymbol{D}$ 为不符值向量。

考虑到误差项 $\bar{\varDelta}$ 中的 $F(t)$ 部分只是针对单一测线的测量环境而言是系统性的，对于整个测线网，它所显现的变化特征具有偶然性。因此，可利用条件平差法对包含 $F(t)$ 和 $\varDelta$ 在内的 $\bar{\varDelta}$ 进行处理。式(9.29)的最小二乘解为

$$\bar{\boldsymbol{V}} = \boldsymbol{P}^{-1}\boldsymbol{B}^{\mathrm{T}}(\boldsymbol{B}\boldsymbol{P}^{-1}\boldsymbol{B}^{\mathrm{T}})^{-1}\boldsymbol{D} \tag{9.30}$$

对应的协因数阵为

$$\boldsymbol{Q}_{\bar{V}} = \boldsymbol{P}^{-1}\boldsymbol{B}^{\mathrm{T}}(\boldsymbol{B}\boldsymbol{P}^{-1}\boldsymbol{B}^{\mathrm{T}})^{-1}\boldsymbol{B}\boldsymbol{P}^{-1} \tag{9.31}$$

式中，$\boldsymbol{P}$ 为观测值向量权矩阵。

设测线上各个测点均为独立观测量，则不难推得

$$\bar{v}_{ij} = \frac{p_{ji}}{p_{ij} + p_{ji}} d_{ij} \tag{9.32}$$

$$\bar{v}_{ji} = -\frac{p_{ij}}{p_{ij} + p_{ji}} d_{ij} \tag{9.33}$$

式中，p_{ij} 和 $\bar{v}_{ij}$ 分别为第 i 条主测线在交叉点处的观测权因子和观测量改正数；p_{ji} 和 $\bar{v}_{ji}$ 分别为第 j 条检查测线在交叉点处的观测权因子和观测量改正数；d_{ij} 为交叉点重力不符值，$d_{ij} = \Delta g_{ji} - \Delta g_{ij}$。

如果进一步把各个测点视为等精度观测，则有

$$\bar{v}_{ij} = \frac{1}{2} d_{ij} \tag{9.34}$$

$$\bar{v}_{ji} = -\frac{1}{2} d_{ij} \tag{9.35}$$

至此就完成了测线交叉点的条件平差，也就是交叉点重力不符值的分配。

9.3.3.2 测线滤波与推估

按照前面的交叉点条件平差方法求得改正数 $\bar{\boldsymbol{V}}$ 值以后，可进一步将 $\bar{\boldsymbol{V}}$ 值视为一类虚拟的观测量，通过选择合适的误差模型来描述单一测线测点观测量系统偏差的变化，并以此为基础对 $\bar{\boldsymbol{V}}$ 值进行最小二乘滤波和推估，从包含偶然误差和系统偏差的 $\bar{\boldsymbol{V}}$ 值中排除噪声干扰，进而分离出系统偏差(信号)的过程即为滤波；根据滤波结果确定的误差模型进一步补偿各个测点上的系统偏差可以理解为一种推估过程。本节仍然选用式(9.25)或式(9.26)作为系统偏差的变化特征函数表达式，

其计算模型如下。

在交叉点平差的基础上，以式(9.25)或式(9.26)为误差模型可在某个测线交叉点上建立如下形式的虚拟观测方程式，即

$$\bar{v}=F(t)+\varDelta \tag{9.36}$$

或

$$\bar{v}=F(c)+\varDelta \tag{9.37}$$

式中，$\bar{v}$ 为交叉点平差阶段求得的交叉点虚拟观测值；其他符号意义同前。

与以上两式相对应的误差方程为

$$v=F(t)-\bar{v} \tag{9.38}$$

或

$$v=F(c)-\bar{v} \tag{9.39}$$

对应于某一条测线上的所有交叉点，可写出其误差方程的矩阵形式为

$$\boldsymbol{V}=\boldsymbol{A}\boldsymbol{X}-\bar{\boldsymbol{V}} \tag{9.40}$$

式中，$\bar{\boldsymbol{V}}$ 为单一测线交叉点虚拟观测值向量；$\boldsymbol{V}$ 为 $\varDelta$ 的改正数向量；$\boldsymbol{A}$ 为对应于单一测线交叉点的已知系数矩阵；$\boldsymbol{X}$ 为待求的误差模型参数向量。

式(9.40)的最小二乘解为

$$\boldsymbol{X}=(\boldsymbol{A}^{\mathrm{T}}\boldsymbol{P}_{\bar{V}}\boldsymbol{A})^{-1}\boldsymbol{A}^{\mathrm{T}}\boldsymbol{P}_{\bar{V}}\bar{\boldsymbol{V}} \tag{9.41}$$

式中，$\boldsymbol{P}_{\bar{V}}$ 为 $\bar{\boldsymbol{V}}$ 的权矩阵。

将按式(9.41)求得的误差模型系数代入式(9.25)或式(9.26)，依据测线上各个测点的观测时间或交叉耦合效应改正数即可完成相应的系统误差改正。

从以上论述的计算过程可以看出，与自检校平差的整体解算方法相比较，基于误差验后补偿理论的两步处理方法的最大特点是，在测线滤波和推估阶段，只需要单独地处理每一条测线在交叉点处的虚拟观测值(即 $\bar{\boldsymbol{V}}$ 值)，与此同时，这里的 $\bar{\boldsymbol{V}}$ 值不再是相对观测量，其解算方程不会出现秩亏现象。因此，两步处理方法不仅极大地简化了海空重力测线网平差的计算过程，而且有效提高了平差计算结果的稳定性和可靠性。该方法不仅在研究思路上取得了重要突破，也将海空重力测线网平差技术推向了更加实用的新阶段。

9.3.3.3　两种误差模型比较分析

由易启林等(2000)的研究可知，使用式(9.26)作为误差模型主要是针对诸如LCR S型海空重力仪交叉耦合效应改正不完善单一因素影响提出来的，这一处理方法的特点是，误差模型与使用的重力仪有一一对应关系，只要使用的是同一台仪器，那么就允许联合使用多个航次的测量资料来确定待定的误差模型系数，资料积累越多，误差模型的求解越精确。由这种方法确定的误差模型一经确认其合理性，即可作为固定的仪器改正模型供与其相对应的仪器永久使用。因此，这种处理方法的工作量主要集中在仪器使用的开始阶段，误差模型一旦确定，其使用范围将不再受测线网布设条件的限制，对完全没有交叉点的无规则测线网同样适用。这种处理方法的不足之处是，考虑影响测量精度的因素过于单一，因此最终只能部分补偿系统误差对测量成果的影响。另外，由于式(9.26)使用交叉耦合效应改正数作为自变量，实践中的数据采样难免出现重复现象，如果将所有交叉点数据都参与误差模型解算，那么势必造成法方程系数阵出现秩亏现象。因此，在误差模型解算以前，必须对交叉点数据进行压缩性预处理，具体方法是：将数据采样区间等间距划分为若干个小区间，在每个小区间内，分别求交叉耦合效应改正数和交叉点平差改正数的平均值，并将其作为新的数据采样进行误差模型的解算。这一预处理过程既解决了法方程求解中的秩亏问题，又可起到减弱极个别不可靠交叉点重力不符值(可视为粗差点)影响的双重作用。

由黄谟涛等(1999b)的研究可知，使用式(9.25)作为误差模型的出发点是，除交叉耦合效应改正误差以外，把其他误差源也都包罗在假定的误差模型中，体现不同干扰因素影响下的综合作用效果。这种处理方法的主要特点是，只需要单独地处理单一航次单一测线在交叉点处的虚拟观测量，计算过程比较简单，其法方程不会出现秩亏现象，因此不需要对交叉点改正数进行预处理。这一方法的不足之处是，测点观测量的系统误差改正数过于依赖相邻两个交叉点重力不符值大小，一旦出现交叉点为粗差点的极端情况，尽管平差结果表面上的交叉点重力不符值仍将得到消除，但实际上误差补偿结果是使测点上的观测值产生扭曲，反而降低了精度。由此可见，使用这种方法的前提条件是，必须拥有比较可靠的交叉点重力不符值信息。

从以上分析和比较结果不难得出结论，补偿系统偏差的有效做法应该是，首先使用式(9.26)作为误差模型对交叉耦合效应改正误差进行补偿，在此基础上，使用式(9.25)作为误差模型对剩余的误差源进行滤波和推估。

9.3.4　数值计算检验与分析

为了验证前面提出的误差验后补偿处理方法的有效性，本专题研究选用一个海面重力实际观测网数据进行数值计算检验与分析。测线网由东西向布设的 100 条主测线和南北向布设的 5 条检查测线组成，使用的重力观测仪器为 LCR S 型海空重力仪，测量中使用的定位仪器是 GNSS 综合导航系统。由该测线网共求得有效交叉点重力不符值 462 个，其统计结果如表 9.1 所示。

表 9.1　原始交叉点重力不符值统计结果　(单位：mGal)

最大值	最小值	平均值	均方根	标准差
13.74	−7.19	1.06	1.65	1.27

首先按前面论述的交叉点条件平差方法对测线网进行平差，考虑到该航次测量过程中检查测线的海况条件普遍优于主测线，本节按以下原则确定观测量权因子：

当$0 \leqslant \mathrm{abs}(d_{ij}) < 3$时，有

$$p_{ij} = p_{ji}$$

当$3 \leqslant \mathrm{abs}(d_{ij}) < 6$时，有

$$4p_{ij} = p_{ji}$$

当$6 \leqslant \mathrm{abs}(d_{ij})$时，有

$$7p_{ij} = p_{ji}$$

为了进行比较，本专题研究同时计算了另一组对应于统一取 $p_{ij} = p_{ji}$ (即等精度)时的平差结果。在完成交叉点平差以后，在进行测线滤波和推估之前，还需要对交叉耦合效应改正数和交叉点改正数进行压缩性预处理，本节将数据采样区间等间距划分为 34 个小区间，在每个小区间内，分别求交叉耦合效应改正数和交叉点平差改正数的平均值，此时，对应于主、检(副)测线上同一交叉点处的两个交叉耦合效应改正数和不符值改正数以两次不同的抽样值对待，现将预处理的具体结果列于表 9.2。

表 9.2　交叉耦合效应改正数和交叉点不符值改正数预处理结果（单位：mGal）

CC	−3.30	−2.17	−2.00	−1.70	−1.51	−1.40	−1.15	−0.96	−0.75	−0.55	−0.33	−0.12
v	−6.29	−2.69	−2.23	−0.36	−0.80	−0.19	−0.42	−0.61	0.01	−0.51	0.01	−0.34
CC	0.02	0.24	0.45	0.63	0.87	1.06	1.20	1.50	1.63	1.85	2.03	2.30
v	−0.06	0.80	0.84	1.30	1.32	1.84	3.69	2.45	3.63	2.72	4.08	4.01
CC	2.50	3.10	3.30	3.40	3.80	4.60	6.10	7.60	9.00	11.20	—	—
v	4.26	5.36	3.14	6.47	5.35	7.70	10.03	12.02	9.73	10.83	—	—

将式(9.26)作为误差模型(多项式阶数 n 取为 5)对表 9.2 所列数据进行滤波处理，即进行多元线性回归，令

$$y_i = v_i, \quad i = 1, 2, \cdots, 34, \quad \hat{y}_i = F(c) \tag{9.42}$$

$$\bar{y} = \sum_{i=1}^{34} y_i / 34, \quad Q = \sum_{i=1}^{34} (y_i - \bar{y})^2, \quad Q_2 = \sum_{i=1}^{34} (y_i - \hat{y}_i)^2 \tag{9.43}$$

按式(9.44)计算回归方程的复相关系数(李庆海等，1982)，可得

$$R = \sqrt{1 - Q_2 / Q} = 0.984 \tag{9.44}$$

由此可见，交叉耦合效应改正数和交叉点改正数之间确实存在很强的相关性。将滤波结果用于测点上的系统偏差补偿，经误差补偿后的交叉点重力不符值统计结果如表 9.3 所示。

表 9.3　补偿交叉耦合效应改正误差后的交叉点重力不符值统计结果(单位：mGal)

权因子选择	最大值	最小值	平均值	均方根	标准差
等精度	8.19	–5.36	0.93	1.26	0.85
非等精度	8.13	–5.33	0.85	1.10	0.71

表 9.3 的计算结果说明，按非等精度处理得到的结果要比等精度处理结果更合理一些。下面将式(9.25)作为误差模型(主测线统一取一般多项式 $n = 2$，检查测线统一取一般多项式 $n = 3$ 和三角多项式 $m = 2$)，同样分两种情形对每一条测线进行滤波和推估，现将经整体误差补偿后的交叉点重力不符值统计结果列于表 9.4。

表 9.4　经整体误差补偿后的交叉点重力不符值统计结果(单位：mGal)

权因子选择	最大值	最小值	平均值	均方根	标准差
等精度	6.87	–3.58	0.50	0.88	0.72
非等精度	3.30	–1.94	0.37	0.61	0.49

比较表 9.3 和表 9.4 的计算结果可以看出，在确保交叉点重力不符值信息比较可靠的前提条件下，通过考虑不同误差源综合作用效应(对应于使用式(9.25)作为误差模型)来实施误差补偿，其补偿效果要明显好于只考虑交叉耦合效应改正不完善单一要素影响的情形。当然，正如前面所分析的那样，更加可靠和有效的做法是联合使用前面的两种方法分步完成测线的滤波和推估，具体做法就是在表 9.3 计算结果的基础上，进一步使用式(9.25)作为误差模型进行误差补偿，现将经两次误差补偿后的交叉点重力不符值统计结果列于表 9.5。

表 9.5　联合使用两种模型进行误差补偿后的交叉点重力不符值统计结果(单位：mGal)

权因子选择	最大值	最小值	平均值	均方根	标准差
等精度	4.10	–3.05	0.44	0.69	0.53
非等精度	2.88	–1.62	0.36	0.55	0.42

由仪器生产厂家提供的技术指标可知(LaCoste and Romberg Gravity Meters Inc., 1997)，LCR S 型海空重力仪的标称观测精度为 0.25～0.5mGal，表 9.5 的计算结果说明，通过联合使用两种模型进行误差补偿，可使海空重力测线网的内符合精度达到与仪器标称精度指标基本相当的水平，即基本上达到了系统偏差得到完全补偿的效果。

9.3.5　专题小结

综合本专题研究进行的分析和实际数值计算结果，可得出以下结论：

(1)基于误差验后补偿理论，采用交叉点条件平差和测线滤波推估两步处理方法进行测线网平差，可有效补偿海空重力测量中系统偏差的影响。该方法简化了海空重力测线网平差的计算过程，同时提高了平差计算结果的稳定性和可靠性。

(2)当使用以交叉耦合效应改正数为自变量的误差模型实施测线滤波与推估时，必须对交叉点的交叉耦合效应改正数和不符值改正数进行压缩性预处理；联合使用两种误差模型进行系统偏差补偿，其效果优于只使用单一模型的情形。

(3)本节提出的误差验后补偿两步处理简化方法同样适用于解决海空磁力测量、海洋测深等其他领域中的系统偏差补偿问题。

9.4　摆杆型重力仪动态测量环境效应分析与补偿

9.4.1　问题的提出

如前所述，由于受海浪起伏、风、流、压等环境因素的干扰，海空重力测量载体始终处于不稳定状态，这是海空重力测量区别于陆地重力测量的显著特点。由此带来的问题是，海空重力测量增加了水平干扰加速度和垂向干扰加速度、厄特沃什等多项动态环境效应的影响，从而制约了测量精度的突破。虽然随着高精度全球卫星导航定位系统的广泛应用，海空重力测量载体动态定位定姿精度已经得到大幅提升，也大大提高了环境干扰加速度和厄特沃什效应的改正质量，但对于摆杆型海洋重力仪，由于结构设计上的特殊性，其观测量还受到交叉耦合效应的影响，其影响量值通常可达 5～40mGal(黄谟涛等，2005)。早期的这类仪器一般都带有附加装置，用于测量作用在重力传感器上的干扰加速度，并由此直接计算出交叉耦合效应改正数；新一代重力仪则通过加速度计输出积分量来计算交叉耦合效应改正数，其计算精度完全受制于仪器生产厂家标定的交叉耦合效应改正系数的准确性。在实验室标定的交叉耦合效应改正系数很难全面反映各种复杂条件下的海洋和航空动态测量环境变化，因此交叉耦合效应改正不完善始终是摆杆型海空重力仪观测量的主要误差源(LaCoste，1973；黄谟涛等，2005)。

基于多方面的原因，在很长一段时间内我国作业部门使用的海空重力测量设备主要依靠进口，它们大多属于由美国 Micro-g LaCoste 公司生产的第二代摆杆型海空重力仪。如前所述，使用该型仪器的最大挑战是交叉耦合效应改正问题，当以小吨位舰船为测量载体时，高动态环境效应带来的这种挑战尤为突出。因此，要想获得高质量的测量成果，必须对交叉耦合效应改正问题给予特别关注。针对 LCR 型航空重力仪推出的配套交叉耦合效应改正公式，LaCoste(1973)明确指出了根据实际观测数据对交叉耦合效应改正系数进行修正的必要性。欧阳永忠等(2011)基于 LaCoste(1973)早期使用过的相关分析方法，提出了 LCR S 型重力仪交叉耦合效应改正系数的修正方案；易启林等(2000)、孙中苗等(2006)、张涛等(2007)也曾对交叉耦合效应改正问题进行了深入探讨，取得了一些有价值的研究成果。

针对海洋环境动态效应改正问题，国际上惯用的另一种处理途径是，将各类环境改正的剩余影响(即改正不足或过头)都包罗在一个有代表性的误差模型中，通过测线网平差方法求解误差模型系数，进而补偿各类剩余误差的综合影响。Strang van Hees(1983)、Prince 等(1984)、Wessel 等(1988)、Adjaout 等(1997)国外学者曾按此研究思路，以不同的方式探讨了海洋重力测量数据精细处理问题。我国学者经过多年研究，先后提出了海洋重力测线网整体平差、自检校平差和两步处理方法解算方案(黄谟涛，1993；Huang，1995；Huang et al.，1999a；黄谟涛等，1999b，2002)，建立了比较完整的测线网平差理论与方法体系，较好地解决了实际应用中的技术难题。但必须指出的是，上述所讨论的误差综合效应补偿技术都是建立在测线存在相交并取得有效交叉点重力不符值基础之上的，交叉点重力不符值是对应于两条不同测线在同一测点两个观测量的差值，如果两条测线观测量的误差综合效应呈现相同或相近的变化特性，那么这部分系统偏差在交叉点重力不符值中就可能根本得不到反映，因此它们也就无法通过交叉点平差处理方法得到补偿。这一事实说明，海空重力测线网平差只能部分补偿误差综合效应对测点观测量的影响，补偿结果的有效性与系统偏差的变化特性密切相关，即与它们在交叉点重力不符值中是否得到有效反映有关。要想从根本上提高海空重力测量成果质量，还必须从测量误差的源头即动态环境效应改正的计算模型着手，寻求破解海空重力测量误差补偿难题的技术途径。

9.4.2　误差补偿模型及适用性分析

由 LaCoste(1973)的研究可知，LCR 型海洋重力仪主要受两种类型交叉耦合效应的影响：一种是由仪器自身受到垂向加速度和水平加速度共同作用引起的附加重力扰动，这种影响对于摆杆型重力仪是固有的，必须进行消除；另一种是由仪器工艺制造和安装达不到理想情况造成的，称为不完善交叉耦合效应。基于重力观测值经厄特沃什改正后应与载体运动状态变化无关这样的基本事实，LaCoste(1973)将 LCR 型海洋重力仪的交叉耦合效应改正表示为如下运动参数的线性组合，并由互相关分析方法确定其组合系数：

$$
\begin{aligned}
\mathrm{CC} = & a_1\left\langle y''z'\right\rangle + a_2\left\langle x''z''\right\rangle + a_3\left\langle y''z''\right\rangle + a_4\left\langle (z'')^2\right\rangle \\
& + a_5\left\langle (x'')^2 z''\right\rangle + a_6\left\langle (x'')^2\right\rangle + a_7\left\langle (y'')^2\right\rangle
\end{aligned}
\tag{9.45}
$$

式中，$a_i(i=1,2,\cdots,7)$ 为仪器出厂时经过标定后的交叉耦合效应改正系数；x、y、z 分别为摆杆坐标系的横向坐标、纵向坐标和垂向坐标；符号“$'$”表示取一次微分；符号“$''$”表示取二次微分；符号“$\langle\cdot\rangle$”表示取均值。式(9.45)由 7 个运动状态监视项组成，其中既包含了固有交叉耦合效应改正项，又包含了不完善交叉耦合效应改正项。

LaCoste(1973)在早期研究论文中曾指出，使用仪器生产厂家标定的交叉耦合效应改正系数进行交叉耦合效应改正，如果改正后的重力值与运动状态无关(即两者的相关性接近于零)，则说明仪器生产厂家标定的交叉耦合效应改正系数是准确的，交叉耦合效应改正是完善的，否则，说明原有的交叉耦合效应改正系数需要进行修正，原改正重力值需要作进一步的补偿，直至其与运动状态无关。正如 LaCoste(1973)、易启林等(2000)、孙中苗等(2006)、张涛等(2007)、欧阳永忠等(2011)等所述，由仪器生产厂家设计的计算模型是在一定的假设条件下，通过室内模拟试验进行标定获得的，因此必然与海上或空中复杂的动态环境存在一定程度的不符。当使用小吨位舰船作为测量载体或遇到较恶劣的海况和空况条件时，这种不符性表现得更加明显。这说明，仪器生产厂家标定的交叉耦合效应改正系数并不是一劳永逸的，其应用范围不具有绝对的普遍性，必须根据实际应用情况做出适当的调整。为此，本专题研究继续沿用 LaCoste(1973)和欧阳永忠等(2011)的研究思路，使用互相关分析方法推求交叉耦合效应改正系数的修正量。

为方便起见，本节将式(9.45)中的 7 个监视项用 $M_i(i=1,2,\cdots,7)$ 表示(即 $M_1=\left\langle y''z'\right\rangle$，以此类推)，并设 $\Delta a_i(i=1,2,\cdots,7)$ 为原交叉耦合效应改正系数 $a_i(i=1,2,\cdots,7)$ 的修正量，Δg_{p0} 为使用原交叉耦合效应改正系数计算得到的测点重力异常，Δg_p 为使用经过修正后的交叉耦合效应改正系数计算得到的测点重力异常，则不难得到如下方程式：

$$\Delta g_p = \Delta g_{p0} + \sum_{i=1}^{7} \Delta a_i M_i \tag{9.46}$$

对式(9.46)求两次差分，可得重力观测量和监视项变化曲线的曲度关系式为

$$\delta g_p = \delta g_{p0} + \sum_{i=1}^{7} \Delta a_i m_i \tag{9.47}$$

式中，δg_p、δg_{p0} 和 m_i 分别为 Δg_p、Δg_{p0} 和 M_i 的二阶导数。

为了达到预期目标，也就是使改正后的重力变化曲线的曲度与运动状态变化无关，要求修正量 $\Delta a_i (i=1, 2, \cdots, 7)$ 必须满足如下条件(LaCoste，1973)：

$$\int \delta g_p m_j \mathrm{d}t = 0, \quad j = 1, 2, \cdots, 7 \tag{9.48}$$

令

$$L_{0j} = \int \delta g_{p0} m_j \mathrm{d}t, \quad j = 1, 2, \cdots, 7 \tag{9.49}$$

$$Y_{ij} = \int m_i m_j \mathrm{d}t, \quad i, j = 1, 2, \cdots, 7 \tag{9.50}$$

将式(9.47)代入式(9.48)后可得到如下联立方程式：

$$L_{0j} + \sum_{i=1}^{7} \Delta a_i Y_{ij} = 0, \quad j = 1, 2, \cdots, 7 \tag{9.51}$$

求解上述线性方程组可获得要求的 Δa_i 值，进一步将其代入式(9.46)即可得到交叉耦合效应改正修正后的重力值。

不难看出，上述误差补偿方法虽然主要针对摆杆型重力仪交叉耦合效应改正不完善单一影响因素而提出，但由于交叉耦合效应改正的观测量来自测量载体的运动状态监视项，交叉耦合效应改正系数修正量与测量环境实时动态效应密切相关，因此在最终的误差补偿量中，也必定部分反映了水平干扰加速度和垂向干扰加速度、厄特沃什等其他动态环境效应改正的剩余影响，也就是说，上述方法体现了多种干扰因素作用下的综合误差补偿效果。这一方法的特点是，误差补偿模型与使用的重力仪有一一对应关系，只要使用的是同一台仪器，就允许联合使用多个航次的测量资料来确定待定的误差补偿模型系数，资料积累越多，其补偿模

型确定就会越精确。这种处理方法的工作量主要集中在仪器使用的开始阶段，其误差补偿模型一经确认其合理性和适用性，即可作为固定的环境效应改正模型供与其相对应的仪器长期使用。新方法的应用范围不受测线网布设条件的限制，对完全没有交叉点的无规则测线网也同样适用。

9.4.3 数值计算检验与分析

9.4.3.1 内部精度检核

为了验证前面提出的互相关分析误差补偿方法的有效性，本专题研究选用一个典型的实际海洋重力观测网数据进行数值计算和对比分析。观测网由南北向布设的 230 条主测线和东西向布设的 7 条检查测线组成，使用的观测仪器为 LCR SⅡ型海空重力仪(编号 S-135)，同时使用 GNSS 差分系统进行导航定位。由该观测网共求得有效交叉点重力不符值 1294 个，因测量区域位于某出海口附近，常年涌浪较大，加上作业使用的测量船吨位较小，重力测量成果质量受海面风浪影响的特征非常明显，交叉点重力不符值变化幅度远远超出测量规范规定的限差范围(解放军总装备部，2008c)，其数值大小的统计结果如表 9.6 第 2 行所列。不难看出，如果严格按照海洋重力测量作业标准来进行质量评估，那么该航次测量成果至多只能作为参考资料使用。但考虑到该测区地理环境的特殊性，作者决定采用互相关分析方法对该批次数据进行精细处理，以提升其应用价值。为了比较分析，本专题研究结合 9.3 节提出的误差验后补偿方法(也称为两步平差方法)(黄谟涛等，2002)，依次计算出 3 组误差补偿结果，分别对应于：①互相关分析方法；②验后补偿方法；③互相关分析方法+验后补偿方法。由 3 组补偿结果可进一步计算得到相对应的测线交叉点重力不符值统计量，分列于表 9.6 的第 3～5 行。图 9.2 给出了测量海区水深观测数据分布三维示意图，图 9.3 为原始重力测量成果三维示意图，图 9.4 为原始交叉耦合效应改正数三维示意图，图 9.5 为由原始重力测量成果计算得到的测线交叉点重力不符值分布示意图。

表 9.6　四组数据成果对应的测线交叉点重力不符值统计　(单位：mGal)

成果	最大值	最小值	平均值	均方根	标准差
原始	37.35	−31.3	−0.94	±9.35	±9.32
①	6.9	−4.0	1.27	±1.43	±1.10
②	5.6	−5.7	0.00	±0.50	±0.50
③	0.7	−0.8	0.00	±0.08	±0.08

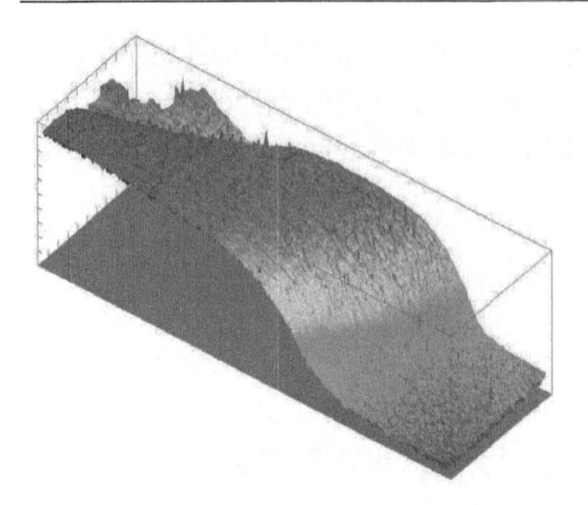

图 9.2　测量海区水深观测数据分布三维示意图

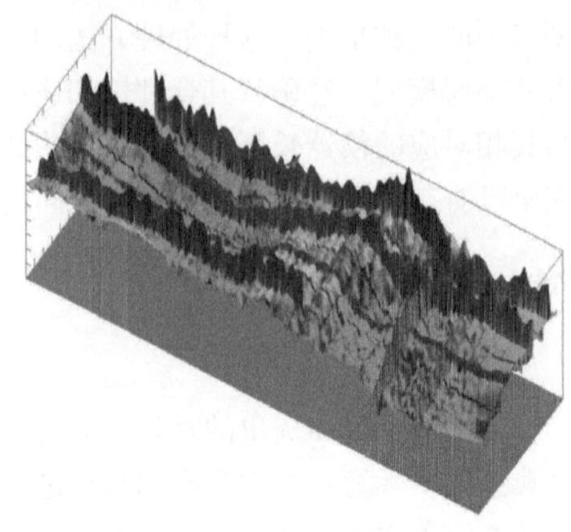

图 9.3　原始重力测量成果三维示意图

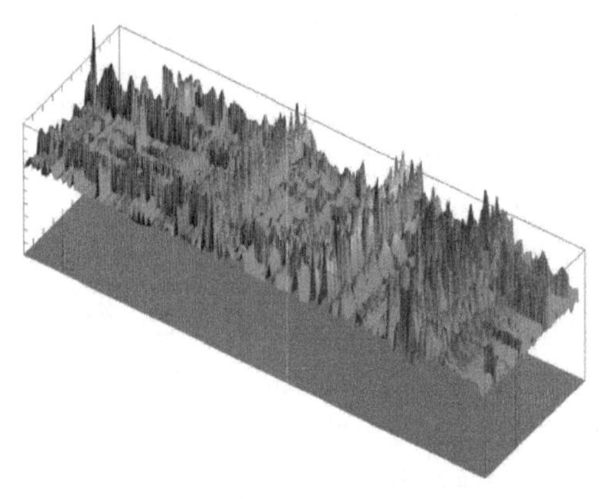

图 9.4　原始交叉耦合效应改正数三维示意图

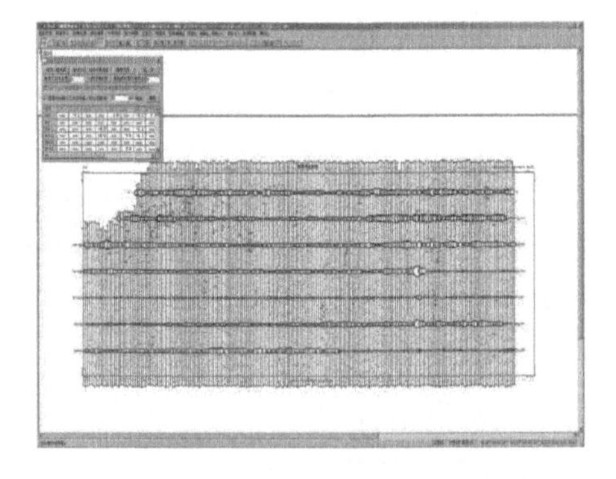

图 9.5　测线交叉点重力不符值分布示意图

首先由图 9.2 可以看出，测量区域的海底地形变化相对平坦，根据地形高度与重力异常存在较强的相关性原理，可以判断对应该测区的海洋重力异常变化也应当比较平缓。但从图 9.3 不难看出，原始重力测量成果受到了非常明显的外部因素干扰，在检查测线方向上，这种外部因素干扰特征表现得尤为突出。针对上述现象，查看了测量期间的值班日记，结果发现，重力观测成果出现异常跳变主要与测量时段的天气变化激烈状况有关，前期执行主测线测量任务时段的天气条件相对较好，后期执行检查测线测量和部分主测线补测任务时则遇到了比较恶劣的海况条件。这些情况正好印证了图 9.3 所展示的部分测量成果明显受到动态环境干扰的事实。图 9.4 显示的原始交叉耦合效应改正数三维示意图也从另一方面说明了测量期间不同时段的天气条件激烈变化情况，图 9.5 则展示了天气条件变化对重力测量成果造成的系统性影响。显然，这些影响如果得不到有效消除，相应的测量成果将无法提供实际应用。

由表 9.6 可知，经本专题研究提出的互相关分析方法和黄谟涛等(2002)提出的两步平差方法(也就是 9.3 节介绍的验后补偿方法)处理后，两组误差补偿结果所对应的测线交叉点重力不符值明显减小，对测线成果内符合精度单一指标而言，表面上看两步平差方法的补偿效果比互相关分析方法要好一些，但实际情况如何需要进行进一步的分析。图 9.6 和图 9.7 分别给出了第 1 组和第 2 组成果(即成果①和②)所对应的三维示意图，从图示结果可以看出，在两步平差方法处理成果中仍存在比较明显的测量环境动态效应的残余影响，很多局部突变没有得到有效消除。相比较而言，互相关分析方法的处理结果显得更为合理，可信度更高。这个结果再次说明，建立在测线交叉点重力不符值基础之上的两步平差方法，在适用性方面具有一定的局限性，除了要求测线必须构成交叉网络以外，还要求测线交叉点重力不符值必须真实反映相交测线系统偏差的变化特性，而当外部环境干扰呈现较强的随机性时，上述条件是很难得到满足的。另外，从误差补偿机理上讲，两步平差方法主要是基于数理统计理论，通过数学方法实现交叉点重力不符值的配赋；互相关分析方法则是从产生误差的源头着手，根据误差源的形成机理和物理特性建立误差修正模型，从而实现对测量环境动态效应的补偿。因此，从理论上讲，后者也比前者更加严密，机理上更加科学。

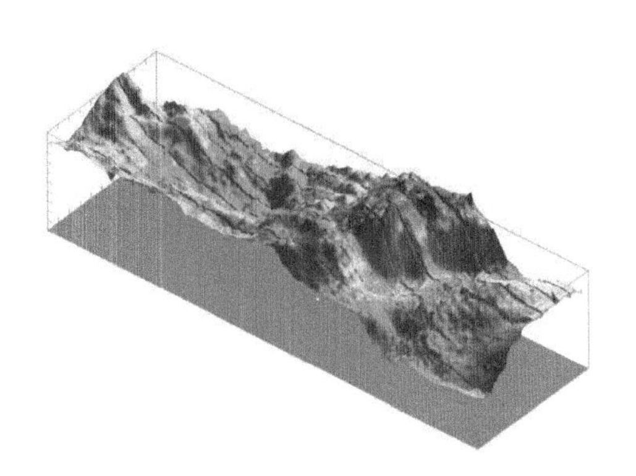

图 9.6　互相关分析方法处理成果三维示意图

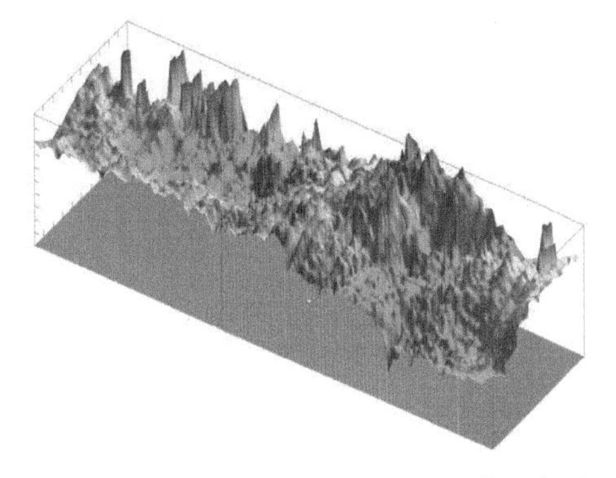

图 9.7　两步平差方法处理成果三维示意图

表 9.6 的计算结果同时显示，如果在互相关分析处理的基础上，进一步进行两步平差处理，那么其测线成果内符合精度仍将得到有效提高。这是一个符合预期的结果，因为前一步骤主要解决动态环境的局部干扰问题，后一步骤则主要消除动态环境效应的系统性影响。因此，在实际应用中，将两种方法结合起来使用是值得推荐的。图 9.8 给出了第 3 组成果(即成果③)所对应的三维分布示意图。

9.4.3.2　外部精度检核

必须指出，表 9.6 的计算结果只是说明经过精细处理后，该航次重力测量成果内符合精度已经得到显著改善，但还不能绝对确保该成果质量的可靠性。为此，本专题研究进一步采用外部数据源对该航次原始测量成果和前面 3 种精细处理结果进行外部精度检核。本节采用的外部数据源为国际上公开发布的卫星测高反演重力数据集 DTU10，其空间分辨率为 1′×1′，在世界各地大部分海区与海面船载重力测量对比符合度接近 4mGal(Andersen et al.，2010)。虽然不能将其作为海面船载重力测量的基准，但在中长波尺度上作为海面船载重力测量的基本控制是可以接受的。本节以卫星测高网格重力数据为基础，采用距离加权平均法内插出与海面船载重力测量测点相对应的测高重力，求重合点上的海面船载重力测量和测高重力的差值，按照与表 9.6 相同的原理计算两组数据之间的符合度。表 9.7 分别列出了对应于表 9.6 中的 4 组数据成果与测高重力数据的符合度计算结果。图 9.9 给出了该测区卫星测高反演重力分布三维示意图，图 9.10 和图 9.11 分别为成果①和②与卫星测高重力的对比示意图。

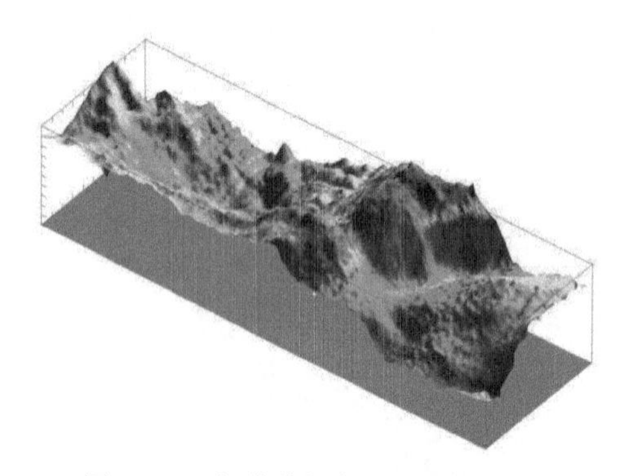

图 9.8 互相关分析方法+两步平差方法处理成果三维示意图

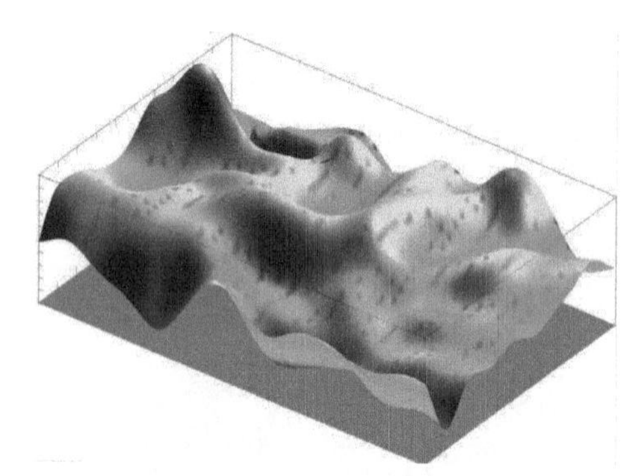

图 9.9 卫星测高反演重力分布三维示意图

表 9.7 4 组船测数据处理成果与测高重力对比统计 (单位：mGal)

成果	最大值	最小值	平均值	均方根	标准差
原始	42.7	−35.5	−1.61	±7.73	±7.56
①	23.2	−23.1	−1.32	±5.63	±5.47
②	26.7	−17.1	−1.52	±4.29	±4.01
③	11.8	−19.3	−2.03	±4.18	±3.65

由表 9.7 可知，原始测量成果与测高重力对比的符合度接近 8mGal，远远超过测高重力数据集的正常精度范围，因此从外部检核结果也能判定原始测量成果存在比较明显的质量问题。经互相关分析方法和两步平差方法处理后，两组数据成果与测高重力对比的符合度均有显著改善，较好地体现了两种误差补偿方法的有效性。虽然两步平差方法对测高重力的符合度比相关分析方法还要好一些，但

从图9.10和图9.11显示的对比示意图不难看出，相关分析方法的处理成果比两步平差方法更为合理。

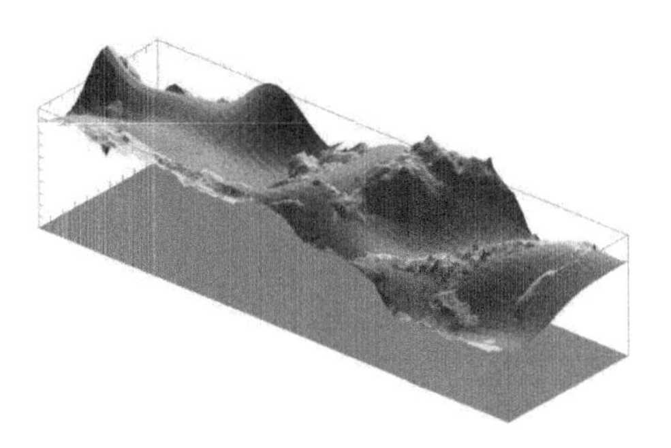

图9.10　互相关分析方法处理成果与测高重力对比示意图

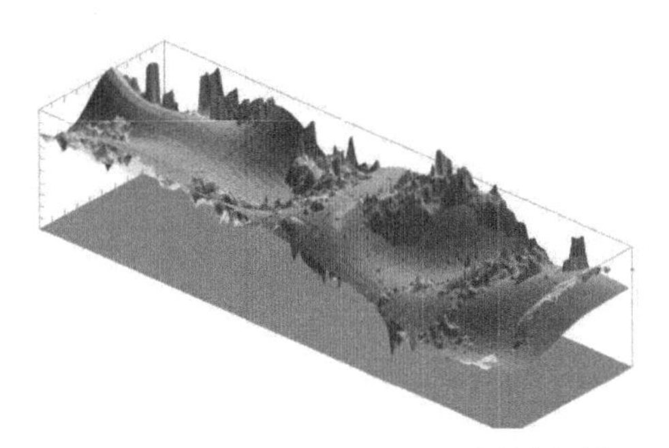

图9.11　两步平差方法处理成果与测高重力对比示意图

9.4.4　专题小结

通过理论分析和数值计算检验，本专题研究可得出以下结论：

(1)根据海空重力测量动态环境影响的误差变化特性，提出了基于互相关分析方法的误差综合补偿方法及其相对应的解算模型，较好地解决了恶劣海况和空况条件下作业的海空重力测量数据处理难题。

(2)实际观测数据的计算结果表明，经互相关分析方法处理后，重力测量成果内符合精度从原来的9.35mGal提高到现在的1.43mGal，与卫星测高重力对比的外符合精度也从原来的7.73mGal提高到现在的5.63mGal，充分体现了新方法对消除高动态测量环境效应影响的优越性。

(3)使用两步平差方法表面上也能提高海空重力测量成果的内符合精度和外符合精度，但实质上对于高动态海空重力测量数据，两步平差方法处理结果的合理性明显不及本专题研究提出的互相关分析方法。因此建议在实际应用中，无论是海洋重力测量还是航空重力测量，可考虑联合使用前面的两种方法(即互相关分析方法+两步平差方法)进行数据精细化处理。

9.5　补偿海空重力测量动态效应剩余影响的通用模型

9.5.1　问题的提出

海空重力测量是综合利用运动载体、重力传感器和辅助设备开展海面和航空重力测量的总称(肖云等，2003a；孙中苗，2004；黄谟涛等，2005；欧阳永忠，2013)。相比传统的陆地静态重力测量模式，海空重力测量具有比较显著的技术特点，受海浪起伏、风、流、压等环境因素的干扰，海空重力测量载体始终处于无规律的运动状态，导致其观测结果不可避免地会受到各种干扰加速度的影响。为了隔离或减弱载体运动状态对观测结果的干扰，海空重力仪一般采用姿态基准或平台技术来实时跟踪当地地理坐标系的指向。当今国际上主流的海空重力仪主要分为两大类：一类是以物理平台为基础的平台式重力仪，如两轴陀螺平台 LCR 系列重力仪(Olesen et al.，2002)、三轴惯导平台 AIRGrav 型重力仪(Ferguson et al.，2000)和 GT 系列重力仪(Olson，2010)；另一类是以数学平台为基础的捷联式重力仪(张开东，2007；Huang et al.，2012)。物理平台重力仪通常采用零长弹簧加摆杆或力平衡型加速度计(质块)作为重力传感器。LCR 系列重力仪是摆杆型海空重力仪的典型代表，至今仍在全球范围内得到广泛应用(Olesen et al.，2002；欧阳永忠，2013)。如前所述，由于结构上采用斜拉弹簧设计，摆杆型重力仪除了受到常规干扰加速度的影响外，还会受到交叉耦合效应的干扰，其影响量值通常可达几十毫伽(黄谟涛等，2005)。为了减弱交叉耦合效应的影响，此类重力仪的用户一般都要使用仪器生产厂家标定的交叉耦合效应改正系数，按照约定的数学模型直接计算交叉耦合效应改正数。但是，正如前文所述，由于交叉耦合效应改正系数标定条件的局限性，很难获得能够准确反映海空作业环境复杂变化的改正系数值。因此，交叉耦合效应改正误差一直是影响进一步提高摆杆型重力仪测量精度的主要因素(Olesen et al.，2002；孙中苗，2004；黄谟涛等，2005；欧阳永忠，2013)。为了减弱交叉耦合效应改正误差的影响，LaCoste(1973)在很早以前就提出了根据海上作业数据修正交叉耦合效应改正系数的补偿方案；欧阳永忠等(2011)、黄谟涛等(2015a)依据仪器生产厂家标定交叉耦合效应改正系数时的研究思路，构建了修正摆杆型重力仪交叉耦合效应改正系数的计算模型；孙中苗等(2006)、张涛等(2007)也曾就交叉耦合效应改正问题，从不同侧面提出了有针对性的改进方法。但必须指出的是，不管是平台式重力仪还是捷联式重力仪，也不管是摆杆型重力仪还是直线型重力仪，其测量过程都不可避免地受到海空动态环境效应的影响。动态环境的复杂性必然导致其影响机理的不确定性，因此在海空重力测量各类环境改正中，一直存在动态效应剩余影响(即改正不足或过改)问题(孙中苗，2004；黄谟涛等，2005；欧阳永忠，2013；孙中苗等，2013b)。诸多作业实践也证明，此项影响正是当今进一步提高海空重力测量精度的主要瓶颈(郭志宏等，2008；欧阳永忠等，2011；黄谟涛等，2015a)。本专题研究将尝试从分析研究海空重力测量误差源的形成机理出发，寻求破解补偿动态效应剩余影响的技术途径(黄谟涛等，2020a)。

9.5.2　测量误差源及其变化特性分析

由已有研究成果可知(Valliant，1991；Olesen et al.，2002；孙中苗等，2006，

2007a，2013b；张涛等，2007；郭志宏等，2008；欧阳永忠等，2011；欧阳永忠，2013；黄谟涛等，2015a），海空重力测量成果质量主要受三个方面因素的影响：①仪器自身的稳定性，取决于重力传感器结构设计和制作工艺的技术水平；②测量载体的动态效应，取决于作业环境的复杂程度；③数据处理方法的合理性，取决于数据分析处理模型的完善程度。以 LCR 型海空重力仪为例，摆杆尺度因子和格值参数的标定误差、温控系统和传感器零点的漂移误差、与制造工艺水平密切相关的元器件加工误差等都属于第①方面因素（即仪器误差）的范畴，其量值大小直接影响重力观测的稳定性（Olesen et al.，2002；孙中苗，2004；欧阳永忠，2013）。其中，由仪器自身机械和电子元器件不稳定及观测场地环境振动干扰引起的观测噪声统称为仪器固有误差，具有随机误差特性；仪器参数标定误差和漂移误差属于有色噪声，具有系统误差特性。因 LCR 型海空重力仪观测量是在重力传感器对外部加速度具有线性响应特性的理论假设下得到的，摆杆尺度因子和格值参数的作用是重力传感器线性特性的一种体现，故其标定误差会直接传递给重力仪观测量（孙中苗等，2007c，2008；黄谟涛等，2018b）。仪器零点漂移是指海空重力传感器的主要部件（如主测量弹簧）随着使用年限的增长而出现老化，致使重力仪起始读数的零位发生缓慢变化的现象。如果零点漂移呈简单的线性变化规律，那么可以很方便地对其进行相应的改正。但严格意义上的线性变化特性无法得到保证，因此现实中存在零点漂移改正误差也是不可避免的。由此不难看出，由仪器参数标定误差和零点漂移误差主导的仪器误差，主要源自重力传感器的非线性变化特性，其影响大小与测量载体的动态显著性密切相关。另外，对于采用零位读数方式的重力仪，一般都将重力传感器置于磁场、空气、黏滞性液体等强阻尼中，以减弱外部强干扰加速度的冲击，但为了消除强阻尼引起的滞后影响，必须事先进行滞后时间常数改正，此项改正同样存在非线性影响引起的计算误差（黄谟涛等，2005；梁星辉等，2013）。

相比固有的仪器误差，海空重力测量精度受到来自测量环境动态效应的影响更为显著。这些影响主要包括：水平干扰加速度和垂向干扰加速度、厄特沃什效应、交叉耦合效应、杆臂效应（也称为动态偏心改正）等，它们的影响量值大小直接与测量环境动态变化的剧烈程度密切相关，其剩余影响的量值大小则取决于动态效应补偿模型的完备性和载体空间位置及姿态测量精度水平的高低（肖云等，2003a，2003b）。除了上述误差源外，海空重力测量成果质量还会受到数据处理方法合理性和误差校正模型完善性的影响，如测量基准面归算、时间基准同步、正常场校正等，特别是海空重力测量数据处理必不可少的滤波环节，其滤波器的选择及滤波参数的设置直接关系到测量成果精度和分辨率的高低（孙中苗等，2000；Olesen et al.，2002；柳林涛等，2004；孙中苗，2004；郭志宏等，2011；欧阳永忠，2013；郑崴等，2016）。由于地球重力场是一个连续的自然物理场，在所有频段上都拥有频谱能量，虽然测量中由随机干扰引起的重力观测噪声主要集中在高频段，但海空作业环境动态效应的综合影响几乎遍布整个频域。因此，虽然可以通过滤波运算消除大部分观测噪声的影响，但滤波结果中余留下一小部分中低频有色噪声几乎是难免的；另外，滤波运算同时也会将一小部分与观测噪声具有相同频谱特性的有用观测信号滤除掉，形成另一类误差源。

由前面的分析可知，海空重力测量误差主要由观测噪声和有色噪声两部分组成，由随机干扰因素引起的观测噪声只占其中的一小部分，其主要部分是由仪器参数标定误差、零点漂移误差、环境效应改正误差、数据处理模型误差等多种因素综合作用引起的有色噪声。有色噪声是一类特殊的非常值系统误差，其影响规律随时间的变化而变化和积累是此类误差的固有特点。如何补偿有色噪声对海空重力测量结果的影响便是本专题研究的目的所在。

9.5.3 补偿模型选择及参数估计

9.5.3.1 补偿模型一般表达式

由前面的论述可知，海空重力测量的作业流程主要由测前仪器校准、测中数据采集和测后数据处理等三大技术环节组成，受重力传感器制造工艺的制约和测量动态环境的干扰，这些作业环节都不可避免地受到各类误差源的影响。尽管可以通过误差作用机理分析和建模方法，对大部分的误差影响项进行精细化处理和改正(孙中苗，2004；黄谟涛等，2005；欧阳永忠，2013；孙中苗等，2013b)，但其作用机理过于复杂或变化规律未知，因此这些误差中的一部分可能无法建立有效的改正模型，也就无法从观测记录中将其剔除，这样势必降低了重力测量成果的可靠性。另外，即使基本掌握了大部分误差源的作用机理，可以通过预先建立起来的数学模型对其进行改正和补偿，但多源误差耦合作用下的模型化过程未必是绝对严密或完善的，即也存在模型化误差问题。这就说明，重力观测中的各项误差改正存在一定程度的偏差(过改或改正不足)也是难免的，本专题研究将模型化误差和无法实施模型化改正的误差源统称为海空重力测量动态效应的剩余影响。

如前所述，由水平干扰加速度和垂向干扰加速度共同作用产生的交叉耦合效应是摆杆型重力仪的主要误差源，针对此问题，LaCoste(1967，1973)在很早以前就提出了相应的处理方法，其改正计算模型一直沿用至今，也就是人们常用的交叉耦合效应改正公式(孙中苗，2004；欧阳永忠，2013)，具体形式为

$$\begin{aligned}\mathrm{CC}=&a_1\left\langle y''z'\right\rangle+a_2\left\langle x''z''\right\rangle+a_3\left\langle y''z''\right\rangle+a_4\left\langle (z'')^2\right\rangle\\&+a_5\left\langle (x'')^2z''\right\rangle+a_6\left\langle (x'')^2\right\rangle+a_7\left\langle (y'')^2\right\rangle\end{aligned}\tag{9.52}$$

式中，$a_i(i=1,2,\cdots,7)$为仪器出厂时自带的交叉耦合效应改正系数(由仪器生产厂

家标定获得）；x、y、z分别为摆杆坐标系的横向、纵向和垂向坐标轴；“$'$”表示取一次微分；“$''$”表示取二次微分；“$\langle\cdot\rangle$”表示取均值。

通常情况下，使用式(9.52)进行交叉耦合效应改正都能取得较好的补偿效果，但正如LaCoste(1973)、孙中苗等(2006)、张涛等(2007)、欧阳永忠等(2011)、黄谟涛等(2015a)所述，由仪器生产厂家提供的交叉耦合效应改正模型形式及其系数，是在实验室环境下并基于一定的假设条件，通过大量的模拟试验和对比分析后获得的，因实验室无法完全再现海空重力测量的实际作业环境，故理论值与期望值之间存在一定程度的不符是必然的。实际作业环境变化越复杂，动态性越高，两者之间的不符性会表现得越明显。因此，欧阳永忠等(2011)、黄谟涛等(2015a)先后提出了专门针对交叉耦合效应改正剩余影响的补偿模型，经过大量的实例应用已经证明该方法是可行有效的。

事实上，对于其他类型的海空重力仪，同样存在测量环境动态效应剩余影响补偿问题，其缘由已经在前面的误差源分析中进行了详细阐述，这里不再重复。那么，是否可以使用一个通用的模型来统一处理所有类型的海空重力仪测量误差剩余影响补偿问题呢？本专题研究将对此问题给出肯定的回答。实际上，LaCoste(1967，1973)当年给出的交叉耦合效应改正公式已经给予我们明确的启迪。由LaCoste(1967，1973)的研究可知，式(9.52)的表示形式主要源于两个基本假设：①受交叉耦合效应影响的重力观测量与测量载体的运动状态变化量之间必然存在一定的关联性；②测量载体运动状态的变化特性可以用载体运动速度、加速度及其相互乘积的线性组合来表示。显然，上述假设对于本节讨论的一般意义下的测量环境动态效应剩余影响补偿问题同样适用，只是考虑到补偿剩余影响是在完成各类必要的动态效应改正之后进行的，这些改正大多与测量载体的速度和加速度有关，因此在表征载体运动状态变化特性时可以略去速度和加速度一阶项的影响，而只考虑速度和加速度不同分量之间的交叉耦合效应及其非线性影响。据此，本专题研究首先将受测量环境动态效应剩余影响下的重力观测量表示为

$$
\begin{aligned}
g_j = g_{j0} &+ b_1 v_x v_y + b_2 v_x v_z + b_3 v_y v_z + b_4 v_x^2 + b_5 v_y^2 + b_6 v_z^2 \\
&+ b_7 v_x v_y^2 + b_8 v_x v_z^2 + b_9 v_y v_x^2 + b_{10} v_y v_z^2 + b_{11} v_z v_x^2 + b_{12} v_z v_y^2 \\
&+ b_{13} v_x a_x + b_{14} v_x a_y + b_{15} v_x a_z + b_{16} v_y a_x + b_{17} v_y a_y \\
&+ b_{18} v_y a_z + b_{19} v_z a_x + b_{20} v_z a_y + b_{21} v_z a_z \\
&+ b_{22} a_x a_y + b_{23} a_x a_z + b_{24} a_y a_z + b_{25} a_x^2 + b_{26} a_y^2 + b_{27} a_z^2 \\
&+ b_{28} a_x a_y^2 + b_{29} a_x a_z^2 + b_{30} a_y a_z^2 + b_{31} a_y a_x^2 + b_{32} a_z a_x^2 + b_{33} a_z a_y^2
\end{aligned}
\tag{9.53}
$$

式中，g_{j0}和g_j分别为受测量环境动态效应剩余影响及得到补偿后的重力观测

量，$j=1,2,\cdots,n$，n为观测量总个数；(v_x,v_y,v_z)和(a_x,a_y,a_z)分别为载体运动速度和加速度的三个分量；$b_l(l=1,2,\cdots,33)$为模型待定系数。

表达式(9.53)中没有顾及速度和加速度三阶以上的影响项，是考虑到海空重力测量一般都要对观测结果做预滤波处理，更高频的干扰不会余留在g_{j0}中，故增加高阶项影响也就不具有实际意义。需要指出的是，式(9.53)只是一般意义下的补偿模型通用表达式，其模型参数维数达到33，而在实际应用中，式(9.53)右端的每一项是否都是必需的，还需要针对不同的观测数据集进行具体分析，这就涉及模型选择问题。

9.5.3.2　通用模型选择

如前所述，式(9.53)只是补偿模型的一般表达式，实际投入应用的补偿模型可以是33个函数项的任意组合。根据数学上的排列组合定理，33个函数项组合形成的补偿模型总个数为

$$m=C_{33}^1+C_{33}^2+\cdots+C_{33}^{33}=2^{33}-1=8589934591 \tag{9.54}$$

本节把由上述总个数形成的模型组合称为补偿模型备选集。模型选择的任务就是通过对观测数据系列的分析和计算，根据事先确定的评判准则，在给定的补偿模型备选集中选择一个或几个模型以(近似)表示产生观测数据的真实过程(Burnham et al.，2002；常国宾，2015)。但是，在实际应用中，将几十亿个模型作为备选模型是不现实的，也没有必要。这是因为一方面，重力观测量对式(9.53)右端各个函数项的敏感度存在较大的差异性，没必要保留敏感度较低的函数项；另一方面，各个函数项之间必然存在一定的相关性，剔除相关性较大的两个函数项中的一项，不会显著影响重力观测量的补偿效果。根据LaCoste(1967，1973)早期的研究分析结论和预先对实测数据的初步计算分析结果，经厄特沃什效应改正后的重力观测成果，对测量载体航速一次项、二次项及其相互之间的交叉耦合项、速度与加速度的交叉耦合项都不再特别敏感，这些与载体运动速度相关的函数项对测量环境动态效应剩余影响的补偿作用几乎可以忽略不计。

基于上述分析和考虑，本专题研究进一步将补偿模型简化为如下只由载体加速度项组成的表达式：

$$\begin{aligned} g_j &= g_{j0}+b_1a_xa_y+b_2a_xa_z+b_3a_ya_z+b_4a_x^2+b_5a_y^2+b_6a_z^2+b_7a_xa_y^2 \\ &\quad +b_8a_xa_z^2+b_9a_ya_z^2+b_{10}a_ya_x^2+b_{11}a_za_x^2+b_{12}a_za_y^2 \end{aligned} \tag{9.55}$$

不难看出，式(9.55)的函数项已经从原先的33减少为12，由其排列组合形成的补偿模型总个数为

$$m = C_{12}^1 + C_{12}^2 + \cdots + C_{12}^{12} = 2^{12} - 1 = 4095 \tag{9.56}$$

这里就把由上述总个数形成的模型组合作为本专题研究最后的补偿模型备选集。

在测绘科学研究领域，模型选择最常用的方法是基于数理统计理论的假设检验(李庆海等，1982)。此方法虽然在过去长期的实际应用中取得了较好的效果，但在模型选择理论研究领域，假设检验通常被认为是一种不尽合理的方法(Burnham et al.，2002)。这是因为假设检验的顺序(分为升序和降序，升序确定某一单项是否应该进入模型，降序则确定某一单项是否应该从模型中删除)和检验水平的选取都与人为因素有关，具有一定的主观性，推断决策采用的过于简单的二分原则(显著或不显著)在模型选择时也容易给出错误的答案(常国宾，2015)。另外，当模型参数个数与观测量个数处于同一数量级时，采用假设检验进行模型选择很可能出现 Freedman 悖论(Lukacs et al.，2010)，即根据对所研究问题的先验知识得知某一分项与观测数据完全不相关，但在假设检验时该项系数仍然可能具有“显著”的检验水平。

基于上述原因，模型选择研究领域的诸多学者极力推荐另一种基于信息论的模型选择方法(Sakamoto et al.，1986；Burnham et al.，2002)，即赤池信息量准则(Akaike information criterion, AIC)方法。该方法由日本数学家 Akaike(1973, 1974, 1981)提出，其显著特点是，给出了一种评估模型拟合优良性的综合指标，既平衡了拟合误差和模型复杂度，又兼顾了拟合优度和吝啬原则(principle of parsimony)(常国宾，2015)。AIC 方法也因此在模型选择研究领域获得了广泛应用(Sakamoto et al.，1986；Burnham et al.，2002)。最近一个时期，测绘领域的学者已经注意到 AIC 方法的优良特性，并开始将其引入坐标系转换和系统误差补偿等相关模型选择问题的研究中，取得了良好效果(Felus et al.，2009；Lehmann，2014；常国宾，2015)。据此，本专题研究将尝试采用 AIC 方法解决测量环境动态效应剩余影响通用模型的选择问题，其基本原理如下。

不失一般性地，假设通用模型的备选集为 $\{g_i(x), i = 1, 2, \cdots, m\}$，则重力测点上的观测量可表示为

$$y_j = g_i(x_j|\boldsymbol{\theta}_i), \quad j = 1, 2, \cdots, n \tag{9.57}$$

式中，$g_i(x)$ 为第 i 个备选模型函数；y_j 为自变量位于 x_j (时间或位置)处的重力观测量；$\boldsymbol{\theta}_i$ 为模型的参数向量，其维数为 k_i。

为简便起见，这里暂略去其推导过程，直接给出 AIC 信息量估计公式为(Akaike，1973，1974，1981)

$$\mathrm{AIC}_i = 2k_i - 2\ln(L_i) \tag{9.58}$$

式中，AIC_i 为对应于备选模型函数 $g_i(x)$ 的 AIC 信息量；L_i 为备选模型函数 $g_i(x)$ 的似然函数，可表示为概率密度函数的乘积：

$$L_i = L_i(\boldsymbol{\theta}_i \mid (\boldsymbol{x}, \boldsymbol{y})) = \prod_{j=1}^{n} f(y_j \mid \boldsymbol{\theta}_i) \tag{9.59}$$

式中，$f(\cdot)$ 为概率密度函数；$\boldsymbol{x}$、$\boldsymbol{y}$ 分别为由 x_j、y_j 组成的向量或矩阵。

考虑到测绘领域常见的密度函数大多都服从高斯(Gauss)分布，此时可直接得到

$$\mathrm{AIC}_i = 2k_i + n\ln(\hat{\sigma}_i^{\,2}) \tag{9.60}$$

其中

$$\hat{\sigma}_i^{\,2} = \frac{1}{n}\sum_{j=1}^{n}\hat{e}_{ij}^2 \tag{9.61}$$

式中，$\hat{e}_{ij}$ 为采用第 i 个备选模型时第 j 个观测量拟合残差。

当数据采样相对较少(即小样本事件，如 $n < 40k_i$)时，需要对 AIC 信息量估计公式进行二阶修正，具体为(Burnham et al.，2002)

$$\mathrm{AIC}_{ci} = \mathrm{AIC}_i + \frac{2k_i(k_i+1)}{n-(k_i+1)} = n\ln(\hat{\sigma}_i^2) + \frac{2nk_i}{n-k_i-1} \tag{9.62}$$

不难看出，当 $n \to \infty$ 时，$\mathrm{AIC}_{ci} \to \mathrm{AIC}_i$，可见 AIC_i 只是 AIC_{ci} 的一个特例。考虑到两者的计算难易程度相差不大，故统一采用 AIC_c 是妥当的。为方便起见，本节约定后续的 AIC_i 就是指 AIC_{ci}。式(9.62)右端第一项代表模型的拟合度，第二项则是对模型复杂度的惩罚(Burnham et al.，2002)。可见，AIC 是拟合误差和模型复杂度(待估参数个数)的折中，也可以说是避免过拟合和欠拟合的折中。由信息论可知，AIC 值(除以 2)实质上是 Kullback-Leibler(KL)信息量的一个渐进无偏相对估计，其数值大小定量反映了采用某种函数模型逼近所研究客观现象带来的信息损失(常国宾，2015)。显然，力争使信息损失达到最小便是寻求最优逼近模型的工作目标。为此，可以依据式(9.62)计算得到与备选集中的每一个函数模型相对应的 AIC 值，并按 AIC 值的大小进行排序，其中对应于最小 AIC 值估计的模型(即信息损失最小者)就被认为是最优模型。以上即为利用 AIC 选择补偿海空重力测量动态效应剩余影响通用模型的基本原理。

9.5.3.3　模型参数估计

应当指出的是，模型选择和模型参数估计是误差补偿模型构建过程中非常重要的两个方面，二者缺一不可。由式(9.61)和式(9.62)可知，模型选择过程中的AIC信息量指标计算是以参数估计为前提的，即必须先计算得到残差 $\hat{e}_{ij}$ 才能进一步估计AIC值，可见模型参数估计实际上是模型选择的一个必要环节，因此可以说，模型参数估计和模型选择是互为条件、相互交融、不可分割的一个整体。

由前面的论述可知，构建测量环境动态效应剩余影响补偿模型的目的是要使得经过剩余系统误差(有色噪声)补偿后的重力观测值不再与测量环境动态效应存在相关性。下面以此为目标开展模型参数的估计与计算。为方便起见，将与式(9.55)相对应的第 i 个被选模型统一表示为

$$g(t) = g_0(t) + \sum_{l=1}^{k_i} b_l G_l(t) \tag{9.63}$$

式中，t 为时间变量；$G_l(t)$ 为式(9.55)右端中的 (a_x, a_y, a_z) 相互作用影响项，其他符号意义同前。

为了达到前面设定的预期目标，也就是使得经剩余影响补偿后的重力测量成果真正反映地球重力场的变化特征，不再与载体运动状态变化有关联(即互相关系数为零)，根据互相关分析原理，要求模型参数 $b_l(l=1,2,\cdots,k_i)$ 必须满足如下条件(欧阳永忠，2013)：

$$\sum_{j=1}^{n} g(t_j) G_k(t_j) = 0, \quad k=1,2,\cdots,k_i \tag{9.64}$$

令

$$L_{0k} = \sum_{j=1}^{n} g_0(t_j) G_k(t_j), \quad k=1,2,\cdots,k_i \tag{9.65}$$

$$Y_{kl} = \sum_{j=1}^{n} G_k(t_j) G_l(t_j), \quad l,k=1,2,\cdots,k_i \tag{9.66}$$

将式(9.63)代入式(9.64)，同时顾及式(9.65)和式(9.66)，可得到如下联立方程组：

$$L_{0k} + \sum_{l=1}^{k_i} b_l Y_{kl} = 0, \quad k=1,2,\cdots,k_i \tag{9.67}$$

求解上述线性方程组，即可获得要求的模型参数值 $b_l(l=1,2,\cdots,k_i)$，用矩阵形式表示为

$$\boldsymbol{A}_i = -\boldsymbol{Y}_i^{-1}\boldsymbol{L}_i = -\boldsymbol{Q}_i\boldsymbol{L}_i \tag{9.68}$$

式中，$\boldsymbol{A}_i=(b_1,b_2,\cdots,b_{k_i})^{\mathrm{T}}$；$\boldsymbol{L}_i=(L_{01},L_{02},\cdots,L_{0k_i})^{\mathrm{T}}$；$\boldsymbol{Y}_i$ 为由 Y_{kl} 组成的 $k_i\times k_i$ 系数矩阵；$\boldsymbol{Q}_i=\boldsymbol{Y}_i^{-1}$（$i=1,2,\cdots,m$）称为参数向量 $\boldsymbol{A}_i$ 的协因数阵。

将参数向量 $\boldsymbol{A}_i$ 的计算结果代入式(9.63)即可得到经剩余系统误差补偿后的重力观测值。这里需要补充说明的是，为了提高模型参数的计算精度，同时提高因变量与自变量之间相关关系的敏感度，实际计算时一般都将式(9.63)中的观测量进行差分处理，即使用相连两个观测值的相对变化量代替其绝对量进行模型参数解算。

9.5.3.4　实际应用中的几个问题

由前述可知，求得参数向量 $\boldsymbol{A}_i$ 就意味着完成了一个与之相对应的备选模型的构建，但该模型是否就是前面所指的最优模型还不得而知，需要作进一步的分析和检验。遗憾的是，本节讨论的问题与前面给出的基于 AIC 选择最优拟合函数的情形并不完全一致。首先，本节的直接观测量是重力值而非误差本身，而需要确定的是系统误差模型；其次，由于采用了基于互相关分析原理的特殊约束条件来确定模型参数，所以本节无法求得传统意义上的拟合残差 $\hat{e}_{ij}$，从而也就无法直接求得模型选择必需的 AIC 指标值。为了解决此问题，本专题研究特别提出使用海空重力测量中的测线交叉点（或重复测线）重力不符值 $\hat{d}_{ij}$，来代替拟合残差 $\hat{e}_{ij}$ 进行 AIC 指标值的计算。因为对应于每一个备选模型，都可以求得一组测线交叉点重力不符值，据此可进一步求得与之相对应的交叉点中误差，但正如常国宾(2015)所述，单凭交叉点中误差一个指标，并不能充分评判系统误差备选模型的优劣，必须同时兼顾备选模型的复杂程度，这一点与 AIC 的要求完全吻合。所以，从这个意义上讲，使用 $\hat{d}_{ij}$ 代替 $\hat{e}_{ij}$ 进行 AIC 指标值计算是有理论依据的。实际上，本节只是使用残差的互差 $\hat{d}_{ij}=\hat{e}_{ij}(p)-\hat{e}_{ij}(q)$ 代替了残差自身而已，本质内容并未发生任何改变。此时，对应于式(9.61)的方差因子估计式应改写为

$$\hat{\sigma}_i^2 = \frac{1}{2n}\sum_{j=1}^{n}\hat{d}_{ij}^2 \tag{9.69}$$

式中，$\hat{d}_{ij}$ 为对应于第 i 个备选模型计算得到的第 j 个交叉点重力不符值；n 为交叉点总个数。

将式(9.69)的计算结果代入式(9.62)即可求得相应的 AIC 指标值，从而按确定的准则完成最优模型的选择。由上述计算过程可知，本专题研究给出的补偿模型选择原则是建立在重力测线构成交叉网络或重复测线基础之上的，非交叉网络和非重复测线的测量成果都无法给出测线交叉点(重复测线)点重力不符值 $\hat{d}_{ij}$，也就无法计算得到 AIC 指标值需要的方差因子 $\hat{\sigma}_i^2$。解决此问题的一种可行途径是，对同一类型的重力传感器，强制要求进行一次交叉网络或重复测线测量(实践中此要求比较容易实现)，并以此为基础按照本专题研究的研究思路开展补偿模型选择和参数估计，最终得到的优化模型既可作为该航次测量成果的补偿模型，也可作为该类型重力传感器执行其他航次(包括非交叉网络和非重复测线)测量成果的补偿模型，这是本专题研究定义通用模型的第一层含义。需要指出的是，采用由构成交叉网络或重复测线测量数据联合确定优化模型参数来补偿动态环境效应剩余影响的效果，与由单一测线测量数据独立确定优化模型参数的补偿效果是不完全一致的，前者主要回应整个测线网的总体变化特征，补偿效能相对平缓；后者则更能体现单一测线的变化特性，补偿效能具有更好的针对性。因此，在实际应用中，即使事先具备测线网数据条件，也应采用模型优选与误差补偿相分离的两步处理方式(本节称为两步分离法)，即首先采用整体测线网数据进行模型优化和选择，然后依据第一步确定的优选模型形式，采用单一测线数据进行模型参数解算和剩余效应补偿。关于两种解算途径和补偿效果的差异情况将在后面的实际算例中进行进一步的说明。

本节还需要特别指出的是，本专题研究建立的动态效应剩余影响补偿模型是在摆杆型重力仪交叉耦合效应改正模型基础上发展起来的，不仅适用于摆杆型重力仪，还适用于其他各型海空重力仪测量数据的精细化处理，这是本专题研究定义通用模型的第二层含义。对于摆杆型重力仪，使用通用模型既可起到修正交叉耦合效应改正不完善的作用，同时可以补偿由水平干扰加速度和垂向干扰加速度、厄特沃什效应等其他因素引起的剩余误差影响。因此，通用模型完全可以代替原有的交叉耦合效应改正系数修正模型(黄谟涛等，2015a)。另外，式(9.55)右端中的载体运动加速度三分量(a_x, a_y, a_z)，既可由重力传感器中的加速度计直接输出，也可由全球导航定位系统输出的测点位置定位结果间接计算得到，两种处理途径对误差补偿效果的影响情况将在 9.5.4 节的实际算例中进行进一步的分析和比较。

9.5.4　数值计算检验与分析

为了说明前面提出的通用模型的实际应用效果，本节仍然选用前一专题已经使用过的一个测量环境动态效应比较显著的海面重力观测网数据进行计算分析和对比研究。该航次海上作业分别采用编号为 S-135 的 LCR SⅡ型海空重力仪作为重力传感器和 GNSS 差分系统进行导航定位，其观测网由 7 条东西向检查测线和 230 条南北向主测线组成(黄谟涛等，2015a)，原始重力观测数据变化特征三维示意图如图 9.12 所示。如黄谟涛等(2015a)所述，因该航次的作业区位于某出海口附近，一年四季涌浪都比较大，加上作业使用的测量船吨位较小，重力传感器采集数据的质量受海面风浪影响的特征非常明显，测线交叉点重力不符值变化幅度远超出相关标准规定的限差范围(解放军总装备部，2008c)，其数值大小统计结果见表 9.8 第 2 行。很显然，如果体现在测线交叉点重力不符值中的测量环境动态效应剩余影响得不到有效补偿，那么该航次获得的重力测量成果将无法提供实际应用。

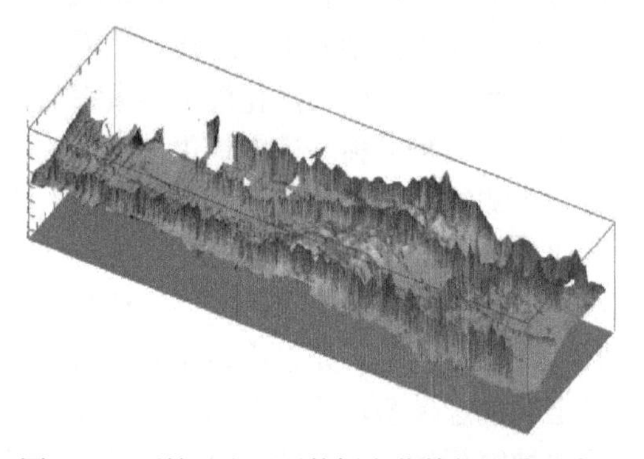

图 9.12　原始重力观测数据变化特征三维示意图

表 9.8　整体网和局部网成果对应的测线交叉点重力不符值统计(单位：mGal)

统计区域	最大值	最小值	平均值	均方根	标准差
整体网	37.35	−31.3	−0.94	±9.35	±9.32
局部网	14.88	−21.26	−3.04	±8.14	±7.85

为了考察优选模型的代表性和适用性，本节首先采用从 230 条主测线中任意选出 10 条主测线和 7 条检查测线组成的局部网数据，进行模型优选与误差补偿试验。该局部网数据共形成有效交叉点重力不符值 70 个，其数值大小的统计结果如表 9.8 第 3 行所示。

下面分两种情形开展对比计算和分析，第 1 种情形采用全球导航定位系统输出的测点位置定位结果间接计算载体运动加速度的观测量，第 2 种情形直接采用由重力加速度计输出的观测量。首先介绍第 1 种情形的计算结果，预先将式(9.55)作为第 1 备选模型，分别计算重力观测量与不同函数项之间的相关系数，计算结果如表 9.9 所示，其中 g 代表式(9.55)右端的重力观测量，G_i 代表式(9.55)右端 12 个不同的函数项。

表 9.9　重力观测量与不同函数项之间的相关系数

g	G_1	G_2	G_3	G_4	G_5	G_6	G_7	G_8	G_9	G_{10}	G_{11}	G_{12}
1.00	0.06	0.41	0.30	0.38	0.06	0.70	0.03	0.19	0.02	0.16	0.08	0.11
0.06	1.00	0.05	0.10	–0.16	0.04	0.08	0.43	0.04	0.57	0.08	0.06	0.04
0.41	0.05	1.00	0.17	0.66	0.06	0.51	0.00	0.22	–0.01	0.27	0.12	0.06
0.30	0.10	0.17	1.00	0.14	0.08	0.63	0.01	0.14	0.02	0.12	0.09	0.08
0.38	–0.16	0.66	0.14	1.00	0.31	0.33	–0.26	0.18	–0.37	0.20	0.07	0.12
0.06	0.04	0.06	0.08	0.31	1.00	0.09	0.03	0.01	–0.24	–0.00	0.03	0.04
0.70	0.08	0.51	0.63	0.33	0.09	1.00	0.02	0.21	0.02	0.20	0.10	0.12
0.03	0.43	0.00	0.01	–0.26	0.03	0.02	1.00	0.03	0.75	–0.02	0.05	0.01
0.19	0.04	0.22	0.14	0.18	0.01	0.21	0.03	1.00	0.04	0.20	0.45	0.10
0.02	0.57	–0.01	0.02	–0.37	–0.24	0.02	0.75	0.04	1.00	–0.04	0.07	0.07
0.16	0.08	0.27	0.12	0.20	–0.00	0.20	–0.02	0.20	–0.04	1.00	0.07	0.02
0.08	0.06	0.12	0.09	0.07	0.03	0.10	0.05	0.45	0.07	0.07	1.00	0.13

由表 9.9 可知，相比较而言，重力观测量与加速度一次方交叉耦合项和二次方项(即式(9.55)右端前面的 6 个函数项)的相关性，总体上要明显高于加速度一次方和二次方交叉耦合项(即式(9.55)右端后面的 6 个函数项)。根据表 9.9 的计算结果，本专题研究在式(9.55)的基础上分别增设以下 4 个备选补偿模型，并依次开展模型参数估计、剩余效应补偿、测线交叉点重力不符值、方差因子和 AIC 指标值计算。

(1)在式(9.55)中只保留重力观测量与不同函数项之间相关系数大于 0.1 的 7 个函数项组成第 2 备选模型，具体表示为

$$g_j = g_{j0} + b_2 a_x a_z + b_3 a_y a_z + b_4 a_x^2 + b_6 a_z^2 + b_8 a_x a_z^2 + b_{10} a_y a_x^2 + b_{12} a_z a_y^2 \tag{9.70}$$

(2)剔除式(9.55)右端后面的 6 个函数项，只保留前面 6 个函数项组成第 3 备选模型，具体表示为

$$g_j = g_{j0} + b_1 a_x a_y + b_2 a_x a_z + b_3 a_y a_z + b_4 a_x^2 + b_5 a_y^2 + b_6 a_z^2 \tag{9.71}$$

(3)在式(9.71)中只保留重力观测量与不同函数项之间相关系数大于 0.1 的 4 个函数项组成第 4 备选模型，具体表示为

$$g_j = g_{j0} + b_2 a_x a_z + b_3 a_y a_z + b_4 a_x^2 + b_6 a_z^2 \tag{9.72}$$

(4)剔除式(9.71)右端前面的 3 个函数项，只保留后面 3 个函数项组成第 5 备选模型，具体表示为

$$g_j = g_{j0} + b_4 a_x^2 + b_5 a_y^2 + b_6 a_z^2 \tag{9.73}$$

采用上述 5 个备选模型完成动态效应剩余影响补偿后，可求得相对应的测线交叉点重力不符值和 AIC 指标值，具体统计结果如表 9.10 所示。

表 9.10　第 1 种情形下采用不同备选模型获得的测线交叉点重力不符值和 AIC 指标值

（单位：mGal）

模型	最大值	最小值	平均值	均方根	标准差	AIC
第 1 备选模型	7.61	–6.13	–0.20	±2.51	±2.50	156.57
第 2 备选模型	8.35	–6.86	–0.19	±2.69	±2.69	152.39
第 3 备选模型	7.67	–6.31	–0.31	±2.56	±2.55	143.07
第 4 备选模型	8.34	–6.91	–0.15	±2.65	±2.65	143.11
第 5 备选模型	8.81	–8.06	–0.35	±3.02	±3.01	158.43
单一测线	4.71	–4.82	–0.43	±1.72	±1.70	86.58

由表 9.10 的计算结果可以看出，从绝对量值上讲，由 5 个不同备选模型求得的测线交叉点重力不符值均方根变化幅度相对比较平缓，其相对应的 AIC 指标值变化幅度则相对较大，两者的变化趋势也不完全一致，说明补偿模型对 AIC 指标值的敏感度要明显高于交叉点重力不符值均方根指标。如果仍然按照传统做法，以交叉点重力不符值均方根大小为误差补偿效果的唯一评判标准，那么第 1 备选模型就是 5 个备选模型中的最优模型。但以最小 AIC 指标值为衡量标准，第 3 备选模型才是 5 个备选模型中的最优模型。该模型不仅对应最小的 AIC 指标值，其对应的交叉点重力不符值均方根也非常接近由第 1 备选模型计算得到的最小值。因此，选择第 3 备选模型作为本专题研究算例最终的补偿模型是合情合理的。此算例结果也从另一个侧面验证了最小 AIC 指标值具有的内在优良特性，即采用较低阶次的函数模型就能起到较高阶次模型的补偿作用。

在上述分析和计算的基础上，本专题研究进一步采用第 3 备选模型进行单一测线的模型参数解算和剩余效应补偿(即前面 9.5.3.4 节所指的两步分离法)，并最终求得相对应的测线交叉点重力不符值和 AIC 指标值，具体数值结果见表 9.10 最后一行。对比前面的计算结果可以看出，由单一测线数据独立确定优化模型参数进行误差补偿的效果要明显优于一次性采用所有测线数据的解算模型，交叉点重力不符值均方根和 AIC 两个指标值都得到较大幅度的改善。这一结果与前面对模型参数两种解算途径的理论分析结论完全吻合。

下面介绍第 2 种情形的数值计算分析结果。按照与第 1 种情形完全相同的技术途径，直接采用由重力加速度计输出量作为测量载体运动加速度观测量，开展模型参数估计和剩余效应补偿，并依次计算与上述 5 个备选模型相对应的测线交叉点重力不符值和 AIC 指标值，具体统计结果如表 9.11 所示。

表 9.11　第 2 种情形下采用不同备选模型获得的测线交叉点重力不符值和 AIC 指标值

（单位：mGal）

模型	最大值	最小值	平均值	均方根	标准差	AIC
第 1 备选模型	2.66	–3.27	0.07	±0.94	±0.94	20.54
第 2 备选模型	4.59	–8.78	–0.67	±2.03	±1.97	113.26
第 3 备选模型	2.66	–3.88	0.05	±0.96	±0.96	7.33
第 4 备选模型	2.60	–3.98	–0.03	±1.00	±1.00	8.93
第 5 备选模型	5.57	–7.75	0.30	±2.19	±2.18	114.72
单一测线	3.03	–1.65	0.25	±0.69	±0.66	–38.69

对比表 9.10 和表 9.11 的计算结果可以看出，采用第 2 种情形处理方式的误差补偿效果要明显好于第 1 种情形，即直接采用由重力加速度计输出量作为误差模型监视项的观测量，其计算效果要明显优于由全球导航定位系统输出的间接观测量，说明重力加速度计输出量对测量载体动态效应的敏感度要明显高于全球导航定位系统输出量。显然，这是一个符合常理和预期的结论，故在实际应用中应优先考虑采用重力加速度计输出量。从表 9.10 和表 9.11 统计结果的对比分析中还可以看出，5 个备选模型对第 2 种情形处理方式的响应，除第 1 备选模型的 AIC 指标值出现较大降幅外，其他参数的变化趋势与第 1 种情形几乎完全一致。因此，从表 9.11 的计算结果也可得出第 3 备选模型是 5 个备选模型中最优模型的相同结论，说明对误差模型观测项的两种处理方式不影响模型优选的分析结果。

在前面试验验证的基础上，本专题研究进一步将经过确认的优选模型（即前面的第 3 备选模型）应用于整个测线网数据（含 230 条主测线）的剩余误差补偿解算，对应于第 2 种情形处理方式的测线交叉点重力不符值和 AIC 指标值计算统计结果如表 9.12 所示。

表 9.12　第 2 种情形下采用优选模型获得的测线交叉点重力不符值和 AIC 指标值

（单位：mGal）

解算方法	最大值	最小值	平均值	均方根	标准差	AIC
整体网	8.93	–12.01	0.23	±2.78	±2.77	659.33
单一测线	6.43	–8.98	0.12	±1.01	±1.01	38.70
交叉耦合效应改正修正	6.91	–4.03	1.27	±1.43	±1.10	262.18

表 9.12 的计算结果一方面说明，采用 AIC 确定的优选模型具有较好的适用性

和代表性；另一方面也说明，采用单一测线数据独立解算误差模型参数，能够取得更好的误差补偿效果。对比表 9.8 和表 9.12 的计算结果可以看出，采用本专题研究推荐的优选模型对动态效应剩余影响进行补偿后，海洋重力测量数据内符合精度从 9.35mGal 提升到 1.01mGal，单一测线独立解算方式的补偿效果略优于黄谟涛等(2015a)基于仪器生产厂家提供的程式化交叉耦合效应改正模型进行的改进(计算结果列于表 9.12 最后一行，具体见 9.4 节的专题研究结果)。本专题研究的出发点是面向所有类型的海空重力测量传感器，不限于摆杆型海空重力仪，因此这里讨论的通用模型在应用上更具有普遍性意义。图 9.13 给出了与表 9.12 单一测线解算结果相对应的经误差补偿后的重力成果数据三维示意图。对比图 9.12 和图 9.13 不难看出，经通用模型补偿后，该航次重力测量数据受到的测量环境动态效应干扰已经得到有效消除，改正后的三维图形已回归到局部重力场信号应有的正常变化形态，测量成果的可靠性明显增强。

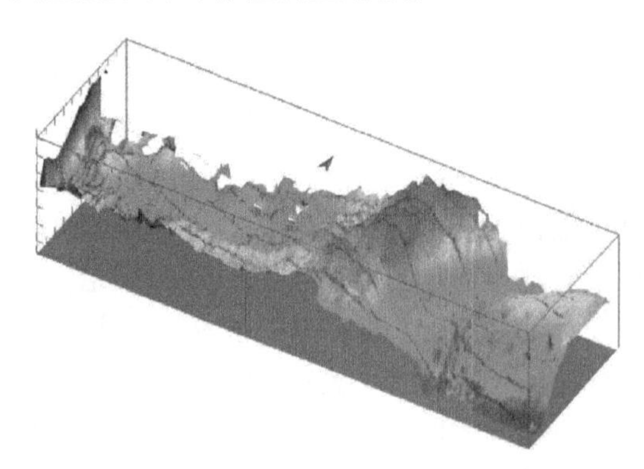

图 9.13　与表 9.12 单一测线解算结果相对应的经误差补偿后的重力成果数据三维示意图

9.5.5　专题小结

通过理论分析和数值计算检验，本专题研究可得出以下结论：

(1)无论是海面船载重力测量还是航空重力测量，都难免受到测量环境动态效应的干扰和影响，实施高精度海空重力测量必须研究解决测量环境动态效应剩余影响的补偿问题。

(2)基于海空重力测量误差源形成机理及其变化特性分析，提出了一种适用于补偿各类海空重力仪动态效应剩余影响的通用模型，同时提出了联合应用 AIC 和互相关分析方法进行通用模型优选和模型参数估计的解算方法，较好地解决了海空重力测量动态效应的剩余误差补偿问题。

(3)在具备动态载体水平加速度观测能力的条件下，应优先考虑直接采用加速度计输出量进行误差模型监视项的计算，同时采用单一测线数据独立解算误差模型参数，以提高模型参数的计算精度和误差补偿效果。

(4) 实际观测数据计算分析结果表明，采用优选模型进行剩余误差补偿后，海面重力测量成果内符合精度从原来的 9.35mGal 提高到现在的 1.01mGal，提升幅度接近一个数量级，充分体现了新方法和新模型对消除高动态测量环境效应影响的优良特性。本专题研究方法可推广应用于海空矢量重力测量和其他形式的动态重力测量数据处理研究领域。

9.6　卫星测高重力模型在海空重力测量误差检测中的应用

9.6.1　问题的提出

本书第 1 章详细叙述了高精度高分辨率地球重力场观测信息在国民经济和国防建设中的重要意义和应用价值。精化大地水准面是地球重力场观测信息最重要的应用领域之一，也始终是现代大地测量科学研究的核心问题。特别是，随着 GNSS 高精度测高技术的发展，GNSS 大地高+大地水准面模型的测高新模式已经成为当今高程测量现代化的重点发展方向(李建成，2012)。GNSS 高精度定位技术实现了以参考椭球面为基准的大地高测量现代化以后，建立高精度高分辨率的大地水准面模型就成为当前突破海拔高程测量现代化发展瓶颈的关键。对大地水准面模型不断精化的现实需求，正在持续推动地球重力场新型探测装备和技术手段的发展，因为除了计算理论方法和手段方面的因素外，大地水准面模型的最终精度主要取决于地球重力场观测数据资源的覆盖率和精细化程度。在海洋重力场信息探测领域，除了具有全球海域探测能力的卫星测高重力反演手段外，海面船载重力测量和航空重力测量仍是目前获取中高频局部重力场信息最有效的两种技术手段，两者各具特点，具有较好的互补性。海面船载重力测量技术已经有近 100 年的发展历史，其理论方法体系较为成熟(黄谟涛等，2005；欧阳永忠，2013；刘敏，2018)。航空重力测量技术取得突破主要得益于 GNSS 动态精密定位技术的支持，解决了飞机载体运动加速度的高精度测定难题，同时得益于重力传感器和稳定平台两大核心技术的发展进步(孙中苗等，2021)。

如前所述，与陆地静态重力测量模式相比，海空重力测量具有明显的动态效应特性，由此带来了观测数据分析与处理上的复杂性，具体表现为：①受海上风、流、压及海水运动、海浪起伏、近地空间大气湍流等各类环境因素及飞机发动机引起机身振动的干扰，海空重力观测记录会同时受到由载体运动引起的水平干扰加速度和垂向干扰加速度、厄特沃什、交叉耦合、杆臂(也称为动态偏心)等动态效应的综合影响；②受重力传感器自身结构设计和制造工艺的制约，海空重力观测记录还会受到来自仪器固有零点漂移、参数标定误差及元器件不稳定或老化引起的仪器掉格及其他异常突变等多种因素的干扰(欧阳永忠，2013；刘敏，2018；

Lu et al., 2019)。因此，海空重力测量具有比陆地测量更多更难以掌控的观测噪声干扰源。各类误差源的综合影响不仅会给海空重力测量带来一定的随机性误差，还会带来不可忽视的系统偏差和粗差，这些误差干扰的变化幅度往往比待探测的地球重力加速度大百倍甚至千倍。尽管通过数字滤波和测线网平差手段，可在一定程度上减弱各类误差源的影响，但其剩余误差影响对海空重力测量成果的干扰仍是不可忽略的(黄谟涛等，2020a)。特殊的动态测量作业模式也给海空重力测量数据的质量控制和评估带来较大的困难，一方面是海上缺少高精度的重力控制点信息，另一方面是海上不易实施严格意义上的重复点观测。实践中，一般采用测线交叉或重复测线测量方法进行海空重力测量数据内符合精度的评估，采用同船同机观测数据或同区域不同航次观测数据对比方式进行外符合精度评估(黄谟涛等，2005；欧阳永忠，2013)。显然，内符合精度检核方法很难发现海空重力测量中的系统偏差和粗差，外部质量检核方法的可行性和有效性主要取决于外部数据源的可用性和可靠性，但无论是同船同机观测数据还是同区域不同航次观测数据对比，都存在质量检核成本和实施难度过高的问题，因此外部质量检核方法一般只用于新型测量仪器技术性能指标的验证和评估，不宜作为常态化的海上作业观测数据质量检核和评估手段。为了突破这方面的限制，本专题研究基于对国际上近期发布的卫星测高重力模型的分析和评估结果，提出将其中最具代表性的高分辨率测高重力数值模型作为外部数据源，引入海空重力测量数据质量控制领域，发挥其作为局部重力场趋势性变化的控制作用，通过点、线、面多种对比方式直接检测海空重力测量数据中的粗差和系统偏差。

9.6.2 卫星测高重力模型分析评估

卫星测高技术诞生于 20 世纪 70 年代，将该项技术获取的几何观测量转换为物理场参量可得到不同类别的卫星测高重力模型，这是此项新技术的典型应用。经过几十年的发展和积累，卫星测高技术取得了一系列重要突破和显著进展，新型测高卫星陆续发射，有越来越多的卫星测高数据资源可供利用，国际上有诸多研究机构和学者依据不同时期获取的多代卫星测高数据集，先后反演得到了多个版本不同分辨率的卫星测高重力模型(Sandwell et al., 1997；Rapp, 1998；Andersen et al., 1998；Hwang et al., 1998；黄谟涛等，2005)。在这些众多的国际模型中，最具代表性和影响力的模型当属由美国加利福尼亚大学圣地亚哥分校(University California San Diego，UCSD)斯克里普斯海洋研究所(Scripps Institute of Oceanography，SIO)Sandwell 和 Smith 研究团队推出的 SIO 系列模型和由丹麦科技大学(Technical University of Denmark，DTU)Andersen 和 Knudsen 研究团队研发的 DTU 系列模型。

由于受到卫星轨迹分布密度和测高数据质量的制约，早期发布的卫星测高重力模型精度和分辨率都较低，模型内插值与海面船测点值的互差均方根值一般在10～30mGal(黄谟涛等，2005)。随着新型测高数据的补充和积累，以及数据处理新方法的采用，卫星测高重力模型精度和分辨率均得到显著提升，测量点值对比精度很快提升到几毫伽水平，模型标称分辨率达到2′×2′甚至1′×1′(实际分辨率不超过 2′×2′)。Rapp(1998)曾使用加利福尼亚湾海域的海面船载重力测量资料，对Sandwell 等(1997)、Andersen 等(1998)、Hwang 等(1998)各自发布的卫星测高重力模型进行了精度检核评估，三个模型与海面船载重力测量数据的对比精度依次为 12.1mGal、10.9mGal 和 11.4mGal；由 Hwang 等(1998)研发的卫星测高重力模型在全球12个不同海区，与海面船载重力测量数据的对比精度为5～14mGal；2010年发布的 DTU10 模型在部分海区与海面船载重力测量的对比精度已经达到4mGal(Andersen et al.，2010)。最近一个时期，卫星测高重力模型技术得到迅猛发展，不同版本的模型更新周期越来越短，模型精度越来越高，SIO 系列模型已经推出 2019 年版的 V28 模型(Sandwell et al.，2021)，DTU 系列模型也已推出 2018年版的 DTU17 模型(Andersen et al.，2019)。2010 年以后，卫星测高重力模型精度的改善主要得益于包括 Jason-1/2、CryoSat-2 及 SARAL/AltiKa 等在内的新型卫星测高资料的支持，特别是 SARAL/AltiKa 卫星观测数据的贡献。根据 Sandwell等(2021)的研究，加入新型卫星测高资料以后，新版本的 V28 模型与墨西哥湾海区的海面船载重力测量数据(测量精度为 0.5mGal)进行比较，在 12km 滤波长度下，V28 模型的对比精度达到了 1.23mGal，而前面两个版本 V23 模型和 V18 模型的对比精度分别为 1.52mGal 和 2.05mGal。由此可见，新版本相对旧版本模型的精度改善幅度还是比较可观的。基于上述对比结果，同时依据每个 5′×3′区块内所有测高卫星获取的沿轨海面倾斜偏差的中位平均值及对应区块内的测点数量，Sandwell 等(2021)给出了 V28 模型在全球海域的不确定度分布图，其量值变化幅度为0～4mGal。Andersen 等(2019)分别在大西洋西北部和北冰洋海域开展了DTU系列模型的精度分析和评估，其中，DTU10、DTU13、DTU15 和 DTU17 等四个模型与大西洋西北部超过 140 万个海面船载重力测量点值(由美国国家地理空间情报局(National Geospatial-Intelligence Agency，NGA)提供，精度为 1.5～2mGal)的互比均方根值分别为 3.16mGal、2.83mGal、2.51mGal 和 2.51mGal，与北冰洋海域超过 5.5 万个航空重力测量点值(来自国际航空重力测量项目 LomGrav，精度优于 2mGal)的互比均方根值分别为 8.81mGal、5.91mGal、5.45mGal 和 3.78mGal。从这些有限的分析评估结果可以看出，国际上近期推出的卫星测高重力模型精度在大部分海区已经优于 4mGal。

为了进一步了解掌握卫星测高重力新模型的可靠性和可用性，分别在中国周边具有不同地形特征的 2 个海域和西北太平洋某海域各挑选一个区块的海面船载重力测量数据作为基准，对 V28 模型进行对比分析和精度评估，3 个海域对应的区块简称为区块 1、区块 2 和区块 3，3 个区块海面船载重力测量数据的观测精度为 1～2mGal，模型值与观测重力点值的互比统计结果如表 9.13 所示。作为比较，表 9.13 同时列出了超高阶位模型 EGM2008 与观测重力点值的互比统计结果。

表 9.13　模型值与观测重力点值的互比统计结果

对比区块	检验模型	最大值/mGal	最小值/mGal	平均值/mGal	均方根/mGal	对比点数/个
区块 1	EGM2008	13.44	–14.07	–0.03	4.32	533511
	V28	11.12	–9.50	–0.28	3.22	
区块 2	EGM2008	52.63	–23.19	–0.34	4.21	4249622
	V28	27.73	–17.91	–0.33	3.01	
区块 3	EGM2008	49.13	–36.66	–1.60	4.47	3431619
	V28	44.52	–39.21	–0.54	3.07	

从表 9.13 对比结果可以看出，V28 模型在三个海区与实测数据的对比互差均方根均在 3mGal 左右，如果考虑海面船载重力测量数据可能有 1～2mGal 的观测误差，那么可以认为 V28 模型的外符合精度已经达到 2～3mGal 的水平，与国外学者和研究机构的同类对比结果基本一致(Andersen et al.，2019；Sandwell et al.，2021)。相比较而言，EGM2008 的对比精度要略低一些，互差均方根均超过 4mGal，相对应的外符合精度应当为 3～4mGal。表 9.13 同时显示，除了 EGM2008 在区块 3 的对比结果存在 1.6mGal 大小的系统偏差外，其他对比结果都不存在明显的系统偏差。上述对比检核结果再次说明，近期发布的国际卫星测高重力模型在可靠性和精准度两个方面都得到了很大提升，因此具有较高的参考应用价值。

9.6.3　在海空重力测量误差检测中的应用

如前所述，当前的卫星测高重力模型在精准度和可靠性方面都达到了较高水平，在全球海底地形反演、大尺度重力场逼近计算和空间基准建立等领域得到了广泛应用(Andersen et al.，2019；Sandwell et al.，2021)。尽管与高精度高分辨率的海面船载重力测量相比，卫星测高重力模型在表示海洋重力场细部特征方面还有一定差距，但作为海洋重力场中长波趋势性变化的基准是值得信赖的(邓凯亮等，2016a，2016b；董庆亮等，2020)。据此，本专题研究探讨了将卫星测高重力模型应用于海空重力测量误差检测和校正的可行性及有效性，主要聚焦粗差检测和系统偏差补偿两个方面。

9.6.3.1　*在粗差检测中的应用*

根据定义，粗差是指在一定的测量条件下，明显超出统计规律预期值的异常误差(林洪桦，2010)。海空重力测量中的粗差是指在作业过程中，偶尔出现测量环境条件的剧烈变化迫使测量载体突然改变航向和航速，或测量仪器偶尔受到突然冲击、强烈振动而出现影响工作稳定性的故障，或作业人员操作设备时偶尔出现差错等，使得相应的观测值超出了正常的预期值，这样的观测值又称为异常值。显然，受粗差污染的测量成果不仅会扭曲海空重力场的变化形态，还会影响测量成果质量评估的可靠性。因此，必须预先将粗差从观测数据系列中剔除。

测量中的粗差一般有大粗差和小粗差之分，大粗差指量值远远大于由正常随机干扰因素引起的误差，小粗差指量值比较接近于正常随机干扰因素引起的误差。可以采用不同的处理策略来检测和剔除两类不同性质的粗差，对于大粗差，可分别采用阈值排除法和基准对比法进行处理；对于小粗差，可采用现代稳健估计方法进行定位。阈值排除法的依据是：理论上，全球重力异常变化幅度最大不会超过正负几百毫伽，故海空重力测量获取的重力异常值不可能超过某个阈值。对某个测量区域而言，可以借助前面介绍的卫星测高重力模型，预先设定一个有一定余量的阈值。考虑到卫星测高重力模型已经具有较高的可靠性，对于重力场变化特征比较剧烈的区域，可将排除观测粗差的阈值（$Y_{\max/\min}$）设定为

$$Y_{\max/\min} = [\Delta g_{\min} - 50,\ \Delta g_{\max} + 50] \tag{9.74}$$

式中，$\Delta g_{\min}$ 和 $\Delta g_{\max}$ 分别代表由卫星测高重力模型计算得到的重力异常数据序列中的最小值和最大值(mGal)。

对于重力场变化特征相对平缓的区域，可将排除观测粗差的阈值设定为

$$Y_{\max/\min} = [\Delta g_{\min} - 30,\ \Delta g_{\max} + 30] \tag{9.75}$$

当海空重力测量的某个重力异常观测量超出式(9.74)或式(9.75)设定的阈值时，就有理由认为该观测值为大粗差。

基准对比法的理论依据来自数理统计原理，具体做法与阈值排除法有一定的相似性，同样需要首先确定一个阈值，然后判断对比对象是否超出预设阈值。这里的对比对象选择为海空重力测量观测值与卫星测高重力模型值的互差，也就是以卫星测高重力模型值为对比基准，对比阈值（$\Delta Y_{\max/\min}$）可依据海空重力测量精度估值（m_c）和卫星测高重力模型精度估值（m_w）按式(9.76)进行确定：

$$\Delta Y_{\max/\min} = \left[-3\times\left(3\times\sqrt{m_c^2+m_w^2}\right),\ 3\times\left(3\times\sqrt{m_c^2+m_w^2}\right)\right] \tag{9.76}$$

式中，右端第一个 3 倍系数的意义在于确认可能出现小粗差的置信限，第二个 3 倍系数则是为了确认可能出现大粗差的置信限。

式(9.76)的意义等价于数理统计理论中的极差限定条件，它规定了一个正常样本序列值的极端离散范围(刘陶胜等，2012)。当海空重力测量精度估值和卫星

测高重力模型精度估值分别取为 $m_c = 2\text{mGal}$、$m_w = 4\text{mGal}$ 时，可求得 $\Delta Y_{\max/\min} = [-40, 40]\text{mGal}$。这样的量值与前面阈值排除法确定的 $[\Delta g_{\min} - 50, \Delta g_{\max} + 50]\text{mGal}$ 和 $[\Delta g_{\min} - 30, \Delta g_{\max} + 30]\text{mGal}$ 基本一致。当海空重力测量某个观测值与测高重力模型计算值的互差超出式(9.76)设定的阈值时，也有理由认为该观测值为大粗差。为了提高粗差检测的准确率，实践中可结合前面的数值计算和三维立体图形或测线剖面曲线变化形态显示情况及误差形成机理分析，对可疑观测点进行综合判断。海空重力测量大粗差大多出现在测线起始和结束、航向和航速突变及仪器掉格线段，数据处理中应重点关注。

在前面基于基准对比法检测大粗差的基础上，可进一步采用现代稳健估计方法对剩余的小粗差进行定位。具体原理是：以海空重力测量观测值与卫星测高重力模型计算值的互差为新的观测值系列，将每个观测点作为被检测点，利用每个检测点周围的新观测值(不含检测点处的新观测值)，通过抗差估计的选权迭代方法，对每个检测点进行推估计算，然后将估算值与检测点上的新观测值进行比较，最后根据比较结果大小判断该检测点是否为粗差点。选用抗差估计方法进行推估计算，是为了减弱局域内出现多个粗差时引起的交叉干扰。本节选用相对简单的加权平均数模型作为检测点的推估模型，计算公式如下(黄谟涛等，1999a；Huang et al.，1999b)：

$$L_p^{(k+1)} = \sum_{i=1}^{n} \overline{p}_i^{(k)} L_i \Big/ \sum_{i=1}^{n} \overline{p}_i^{(k)} \tag{9.77}$$

式中，L_i 为被检测点周围邻域内参加计算的新观测值；n 为参加计算的新观测值个数；$L_p^{(k+1)}$ 为检测点处的第 $k+1$ 次推估值；k 为迭代次数；$\overline{p}_i$ 为第 i 个新观测值对应的等价权因子，一般采用中国学者提出的 IGGⅢ方案进行计算，公式为(杨元喜，1993)

$$\overline{p}_i = \begin{cases} p_i, & |v_i'| \leqslant k_0 \\ p_i k_0 [(k_1 - |v_i'|)/(k_1 - k_0)]^2 / |v_i'|, & k_0 < |v_i'| \leqslant k_1 \\ 0, & |v_i'| > k_1 \end{cases} \tag{9.78}$$

式中，$v_i' = v_i / \sigma_p$，$v_i = L_p^{(k)} - L_i$，σ_p 为由残差 v_i 计算得到的单位权中误差，计算式为

$$\sigma_p = \sqrt{\frac{[p_i p_i v_i]}{n-1}} \tag{9.79}$$

式中，p_i 为第 i 个新观测值对应的原始权因子，可依据观测点至被检测点的距离

按式(9.80)进行计算：

$$p_i = 1/(d_i + \varepsilon)^2 \tag{9.80}$$

式中，d_i 为第 i 个观测点至被检测点的距离；ε 为一小正数，其作用是防止权函数的分母趋于零。

式(9.78)中的系数 k_0 和 k_1 可分别取为 1 和 3。为了提高迭代计算式(9.77)的稳定性，可选用式(9.81)确定迭代计算的初值，同时改用式(9.82)计算单位权中误差(黄谟涛等，1999a；Huang et al.，1999b)：

$$L_p^{(0)} = \underset{i}{\text{med}}\{L_i\} \tag{9.81}$$

$$\sigma_p^{(k)} = \underset{i}{\text{med}}\left\{\left|v_i^{(k)}\right|\right\} / 0.6745 \tag{9.82}$$

式中，$\text{med}\{\cdot\}$ 表示取该数列的中位数。

按照式(9.77)进行迭代计算得到稳定的推估结果($\hat{L}_p$)后，可将其与被检测点上的新观测值(L_p)进行比较，求两者的互差值(ΔL_p)：

$$\Delta L_p = \hat{L}_p - L_p \tag{9.83}$$

根据 ΔL_p 的绝对值大小和预先设定的限差标准，即可对被检测点观测值是否包含小粗差做出判断，本节推荐采用的判别计算式为

$$\left|\Delta L_p\right| > k_2\sqrt{\sigma_p^2 + m_c^2 + m_w^2} \tag{9.84}$$

式中，各个符号的意义同前。当取 $\sigma_p = 3\text{mGal}$、$m_c = 2\text{mGal}$、$m_w = 4\text{mGal}$、$k_2 = 2$ 时，式(9.84)右端约等于 11mGal。应用实践表明，对于小粗差，设定这样的量化判别标准是比较适合的。

9.6.3.2　在系统误差检测中的应用

根据定义，广义的系统误差是指，在对同一量的多次观测过程中，保持恒定或以可预知方式变化的观测误差分量(林洪桦，2010)。测量领域的系统误差一般是指大小和符号都表现为系统性和规律性变化的观测误差。系统误差有定值系统误差和变值系统误差之分，变值系统误差又有线性变化系统误差、周期性变化系统误差和复杂规律变化系统误差之分。海上作业环境复杂多变，干扰海空重力测量的外部因素多种多样，因此海空重力测量数据存在系统偏差也属于正常现象。小的系统偏差可以忽略不计，当系统偏差达到一定量值时，如超过仪器正常观测

精度的 25%时，必须对其进行分析判定并进行适当补偿。从误差形成机理角度分析，海空重力测量全过程都可能出现上述各类性质的系统误差，仪器参数标定如格值测定误差、重力基点传递误差和仪器出现突然掉格等都可引起测量成果产生恒定(定值)的系统偏差，仪器出现缓慢掉格可引起观测数据产生线性变化系统偏差，海上规律和非规律的风、流、浪、涌干扰可引起海空重力测线数据产生周期性变化和非周期性变化系统偏差。海空重力测量系统误差一般可通过建模方法进行判别和修正，例如，可利用东西正反向重复测线数据检测和修正海空重力仪格值测定误差(黄谟涛等，2018b)，可通过始点和终点闭合重复测量方法，对仪器缓慢掉格引起的线性变化系统误差进行改正(黄谟涛等，2005)，可分别采用测线网平差方法和相关分析方法对各类变值系统误差进行补偿(欧阳永忠，2013；刘敏，2018；黄谟涛等，2002，2015a，2020a)。关于这方面的内容，感兴趣的读者可参见已发表的相关文献及本书前面的相关章节，这里不再重复。

对于表现为测区或测线维度上的海空重力测量定值系统误差，可考虑采用前面介绍过的卫星测高重力模型作为对比基准，对此类误差进行检测和补偿。因卫星测高重力模型对应的是全球坐标和重力基准系统，在表示中大尺度重力场变化特征方面具有较高的可靠性，故特别适合作为大区域大跨度海空重力测量的质量控制基准。在完成观测粗差剔除以后，可以整个测区或单一测线(最好跨度在 100km 以上)为单元，计算每个测点的观测值与卫星测高重力模型值的互差，进而计算单元内所有互差的平均值，当这样的平均值超过海空重力测量正常观测精度的 25%，如超过±0.5mGal 时，可认为单元内的观测量存在比较明显的定值系统偏差，应对其产生的可能原因进行机理分析和技术确认，并做出相应补偿，比较简单的补偿方法是从计算单元的每个观测值中减去对应的互差平均值。上述方法可简称为单元平均值判别法。理论分析和应用实践都表明，计算单元划分也就是测量数据覆盖区域越大，卫星测高重力模型作为对比基准的可靠性就越高，在此基础上完成定值系统偏差补偿的有效性也就越高。但计算单元划分过大，可能不利于局部系统偏差或半系统误差(如测线系统误差)的发现和补偿。如何在两者之间取得较好的平衡，需要在作业实践中结合数据应用需求，不断总结和积累误差分析处理的相关经验并加以改进。

9.6.4 应用实例分析

为了验证前述检测粗差和系统误差方法的有效性，本节特别选用两组比较典型的海上测量航次重力观测数据作为试验样例，分别对大粗差、小粗差及系统误差的检测效果进行计算和分析。其中，第 1 组为一个独立航次的海面船载观测网数据，包含 161 条有效测线，测点总数接近 18 万。因该测区位于岛礁密集区，测量过程中改变航向、航速的频率较高，加上使用的测量载体吨位相对较小、受海面风浪影响较大，故该航次获取的重力观测数据质量较差。第 2 组为涵盖一个大测区、包含来自两个部门于不同时间段执行的 5 个航次海面船测数据，测点总数超过 555 万，尽管各个航次的观测海况条件都比较正常，但不能排除这些航次的测量数据中仍存在少量的粗差和一定大小的系统偏差。首先采用卫星测高重力模型 V28 作为对比基准和前面介绍的粗差检测法，对第 1 组观测数据依次进行大粗差和小粗差检测，检测前后的各项统计结果如表 9.14 所示，其中大粗差采用了基准对比法。在此基础上，进一步开展系统误差检测，分两种检测单元划分方式进行，一种以该航次覆盖的整个测区为检测单元，另一种以每一条测线为检测单元，统一对系统偏差超过±0.5mGal 的单元数据进行补偿处理，具体检测结果及补偿前后的各项统计数据如表 9.15 所示。

表 9.14　第 1 组观测数据粗差检测统计结果

原始数据统计				大粗差检测		小粗差检测	
测点数/个	最大值/mGal	最小值/mGal	均方根/mGal	粗差点数/个	剔除后均方根/mGal	粗差点数/个	剔除后均方根/mGal
177869	132.00	−151.80	9.85	423	9.30	2710	9.15

表 9.15　第 1 组观测数据系统误差检测统计结果

原始数据统计		测区单元检测	测线单元检测			
交叉点数/个	交叉点重力不符值均方根/mGal	系统偏差/mGal	存在系统误差测线数/个	最大偏差/mGal	最小偏差/mGal	补偿后交叉点重力不符值均方根/mGal
870	3.82	−0.82	104	1.87	−3.24	1.18

从表 9.14 和表 9.15 的检测结果可以看出，受特殊海况条件的影响，该航次原始观测数据质量远低于测量规范规定的 2mGal 精度要求，不仅存在超过 3000 个测点的粗差(占测点总数的 1.76%)，还存在比较明显的测区和测线系统偏差，存在测线系统偏差的测线数占有效测线总数的 12%，系统偏差最大值超过 3mGal。采用前述方法对大小粗差进行剔除和系统偏差补偿后，该航次的测线交叉点重力不符值均方根从原来的 3.82mGal 减小到 1.18mGal，充分说明了本专题研究处理方法的合理性和有效性，也从另一个侧面说明测高重力模型 V28 具有较高的可靠性。这里需要补充说明的是，测区系统误差对所有测点都是常值，故其大小并不改变交叉点重力不符值的统计结果；测线系统误差在单一测线内部是常值，但在测线之间不存在相关性，故其大小必然在交叉点重力不符值中得到一定程度的体现，对测线系统误差进行补偿后，交叉点重力不符值均方根显著减小，正好反映了卫星测高重力模型作为系统误差检测和补偿基准的有效性。图 9.14 为该航次测量数据粗差检测结果示意图，图中的三角形表示大粗差测点，圆圈表示小粗差测

点。从图 9.14 可以看出，粗差测点大多出现在测线的头部和尾部，以及航向、航速突变较大的线段，这样的结果与先前所进行的理论分析相吻合。

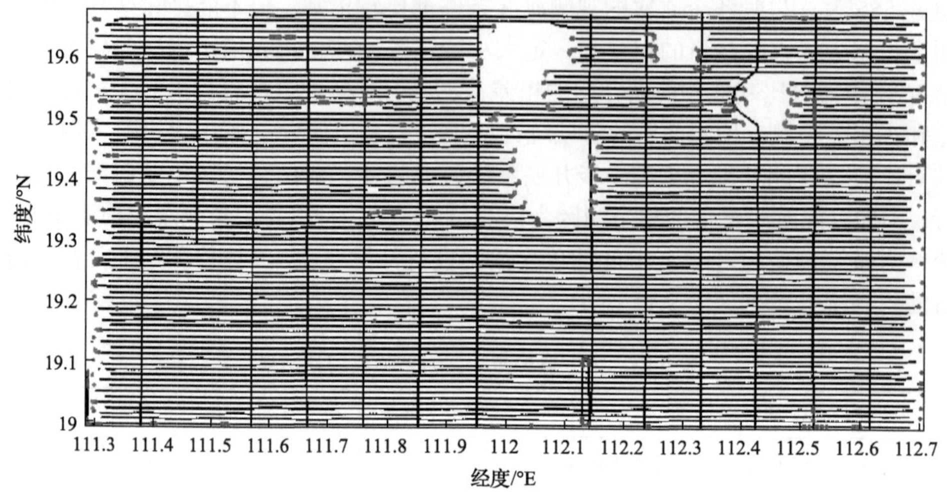

图 9.14　测量数据粗差检测结果示意图

采用同样的处理步骤对第 2 组观测数据进行粗差和系统误差检测，表 9.16 列出了各个航次的粗差检测统计结果，其中的互差均方根是指测点观测值与模型计算值的互差均方根值。表 9.17 给出了分别以航次和测线为检测单元且系统偏差超过±0.5mGal 的对应航次及进行系统误差补偿处理前后的交叉点重力不符值统计结果。

表 9.16　第 2 组观测数据粗差检测统计结果

航次	测点数/个	粗差点数/个	最大粗差/mGal	最小粗差/mGal	剔除前互差均方根/mGal	剔除后互差均方根/mGal
Q01	1143522	5024	44.52	–27.75	19.54	19.49
Q02	1314106	1300	34.25	–11.89	26.02	26.02
Q03	1161105	93	12.90	–16.90	9.37	9.37
Q04	1126992	1338	38.61	–39.21	10.39	10.39
Q05	805435	47	31.41	10.02	11.33	11.33

从表 9.16 和表 9.17 的统计结果可以看出，即使是一些常态化的海上测量航次，也难免出现少量由各种异常现象引起的粗差数据和由规律性变化干扰因素引起的系统偏差。在算例中，虽然各航次的测区系统偏差较小，但它们都出现了比较明显的测线系统偏差，这是海空重力测量采用测线作业方式带来的固有缺陷，也是评估海空重力测量数据质量需要重点关注的问题之一。经粗差剔除和系统偏差补偿后，各航次的测线交叉点重力不符值均方根均大幅减小，下降幅度都在 70%以

上，再次验证了本专题研究处理方法的合理性和有效性。

表 9.17 第 2 组观测数据系统误差检测统计结果

航次	原始数据统计			测区单元检测	测线单元检测			
	测线总数/条	交叉点数/个	交叉点重力不符值均方根/mGal	系统偏差/mGal	存在系统误差测线数/条	最大偏差/mGal	最小偏差/mGal	补偿后交叉点重力不符值均方根/mGal
Q01	198	1006	1.11	–0.34	123	3.00	–2.64	0.35
Q02	127	1563	0.55	–0.34	36	0.55	–1.41	0.15
Q03	214	1128	0.76	–0.17	106	1.96	–2.56	0.22
Q04	229	988	0.91	–1.14	168	5.21	–3.59	0.21
Q05	113	931	1.05	0.60	76	3.05	–3.24	0.16

9.6.5 专题小结

误差分析处理是海空重力测量数据精细化处理的一个重要环节，粗差和系统误差检测是提升海空重力测量数据质量的决定性因素，这一步骤的关键点是确立一个稳定可靠的数据对比基准。为此，本专题研究开展了卫星测高重力模型精度分析与评估研究，使用多个区域的海上实测重力数据进行对比检核，结果表明，国际上近期发布的卫星测高重力模型与实测数据的符合度在绝大多数海域已经达到 3mGal 的水平，基本满足作为海空重力测量数据质量控制基准的精度要求。在此基础上，提出了基于卫星测高重力模型基准检测大粗差的阈值排除法和基准对比法，检测小粗差的抗差选权迭代互比法，以及分别以测区和测线为计算单元，检测补偿系统误差的平均值判别法。多个航次的数据处理应用结果表明，本专题研究推荐的上述粗差和系统误差检测法是可靠有效的，具有较高的实用价值。

9.7 无基点海洋重力测量数据归算补救处理方法

9.7.1 问题的提出

如前所述，目前探测海洋重力场信息主要有海面船载重力测量、航空重力测量、卫星重力测量和卫星测高重力反演等 4 种技术手段(黄谟涛等，2005)。卫星重力测量技术主要用于测定地球重力场的中长波分量，卫星测高重力反演技术能以数公里的分辨率反演宽阔海域的中短波重力场信息，航空重力测量可快速有效地获取海陆交界滩涂地带及岛礁周边浅水区域的中高频重力场信息，海面船载重力测量仍是目前获取高精度高分辨率海洋重力场信息最有效的技术手段，既适用于宽阔海域的深远海测量，也适用于卫星测高技术反演重力场精度较低的近岸和岛礁周边海区测量(欧阳永忠，2013；刘敏，2018)。自 1923 年维宁·曼尼斯(Vening-Meinesz)使用摆仪在潜艇上成功完成了第一次海上测量试验以来，海洋重力测量一直采用相对重力仪作为传感器进行海上探测作业，其观测量是海上测点相对码头出发点的重力差值(黄谟涛等，2005)。为了获取海上测点的绝对重力值，海洋重力测量相关规范和标准(解放军总装备部，2008c；中华人民共和国国家质量监督检疫总局，2008)一般都要求在测量船停泊码头附近设立海洋重力测量基点，一方面用于传递绝对重力，另一方面用于确定重力仪零点漂移改正数。在出海施测前，通过量算重力仪与基点之间的空间三维相对位置，将停靠码头的重力仪读数(多组平均值)归算到附近的重力基点(一般要求重力仪到基点的平面距离不超过 100m)；完成海上测量停靠码头后，同样需要将重力仪读数归算到同一个重力基点或另一个码头的基点，从而形成基点闭环观测，这就是《海洋重力测量规范》(GJB 890A—2008)规定的基点对比作业全流程。可见，在测量船停泊码头设立重力基点是开展常态化海洋重力测量作业的基本要求，也是保障海洋重力测量成果质量的前提条件。在此前提条件下，可按照预定的计算模型和流程完成海洋重力测量数据的归算和处理。但需要指出的是，在实际工作中，还会遇到一些与常规作业流程不相符的情况：①基于作业人员的主观原因，施测前后未能正确量算重力仪与重力基点之间的空间三维相对位置，造成基点对比数据失效；②非专业测量船停靠在无设立重力基点码头，接受特殊紧急任务需要临时搭载重力仪开展海洋重力测量；③从特殊渠道收集到的一些不附带基点对比信息的海洋重力测量原始观测数据。本节将出现上述情况的海洋重力测量数据统称为无基点海洋重力测量数据。很显然，如果严格执行《海洋重力测量规范》(GJB 890A—2008)要求，对应上述各种情形的无基点海洋重力测量数据都将作为无效数据处理，不能用于后续的产品制作和保障服务。针对此类问题，本专题研究提出了一种补救处理方法，利用国际上新近发布的全球重力位模型和卫星测高重力模型作为海域重力场的中长波控制，将无基点海洋重力测量数据统一归算到相对应的全球坐标框架和重力基准，旨在使此类无效数据变为有效数据，提升它们的应用价值，弥补基点信息缺失带来的人力、物力等各方面损失。

9.7.2 全球重力位模型及卫星测高重力模型分析评估

9.7.2.1 重力场模型研究进展分析评述

人们持续不断地探测地球重力场的主要目的是全面精准掌握地球重力场的精细结构，进而建立起高精度多尺度不同形式的重力场模型，为各类地球科学基础研究、社会经济建设和军事工程应用提供基础信息保障支撑(李建成等，2003；黄谟涛等，2005)。地球重力场模型一般有数值模型和函数模型之分，前者是指由重力观测量(如重力异常)直接形成或由扰动位泛函(如大地水准面和垂线偏差)生成的网格化点值或平均值集合；后者是指通过求解球面大地测量边值问题得到的重力扰动位谱展开式，即球谐函数展开系数，所有展开系数(通常称为位系数)的集合就定义了一个重力场函数模型，习惯上将此类模型称为全球重力位模型。精准确定全球重力位模型系数需要依托来自航天、航空和地面(海面)不同类别的重力场观测数据(包括前面提到的不同形式的数值模型)，由确定的全球重力位模型又可以十分方便快速地计算得到网格化的大地水准面、重力异常、垂线偏差等各类扰动位泛函。由此可见，地球重力场中的数值模型和函数模型是可以相互转换的，两者在频谱特征上存在一一对应关系。分辨率和精准度是衡量地球重力场模型完备性的两项关键性指标，一直随重力场观测数据获取手段和建模技术的发展进步而提升。地球上任何时空的重力场观测信息增量均可为先前建立起来的数值模型和函数模型贡献不同维度的指标改善增益；反过来，如果通过不同时空不同类别观测数据的综合运用，建立起与观测数据频谱特征相对应且精准度足够高的全球重力场模型，那么这个先验模型完全可以作为重力场相应频段的数值基准，用于新观测数据的质量控制。本专题研究提出无基点海洋重力测量数据归算补救处理方法，正是基于这样的数理逻辑分析结果。

全球重力位模型的发展主要得益于卫星重力探测技术的推动。虽然全球重力位模型的研究起步于地面重力异常球谐分析，但全球重力位模型取得实质性突破主要源于 20 世纪 50 年代末发展起来的卫星跟踪技术和 70 年代末推出的卫星雷达测高技术(黄谟涛等，2005)。从早期的天文光学经纬仪摄影交会方法到后来的激光测距跟踪技术，利用跟踪卫星轨道摄动观测量反算扰动重力场参数，这便是初期建立低阶次(< 24 阶)卫星重力位模型遵循的基本技术路线。20 世纪 80 年代和 90 年代是全球重力位模型发展最为迅猛的黄金时期，这个时期使用的建模数据除了新型的光学、激光和多普勒卫星跟踪观测以外，还包括由地面(海面)观测和卫星测高反演得到的不同规格的网格化重力异常，由此建立起来的模型称为地面-卫星综合位模型，模型阶次随使用的网格化重力异常分辨率的提高而提高。这个时期国际上推出的最具代表性的模型是 EGM96 模型，其完整阶次达 360，相当于 50km 空间分辨率，可提供相对应的分辨率达分米(dm)级的大地水准面和几毫伽级的重力异常。进入 21 世纪，随着 CHAMP(challenging minisatellite payload)和 GARCE(gravity recovery and climate experiment)及重力场和稳态洋流探测卫星(gravity field and steady-state ocean circulation explorer，GOCE)等新型重力卫星的成功发射和投入应用，全球重力位模型研究发展到了一个崭新高度。这个时期推出的卫星跟踪卫星(satellite-satellite tracking, SST)和卫星重力梯度(satellite gravity gradiometry, SGG)测量两种探测新模式，可大幅提升长中短波重力场的探测精度，展现出改善全球重力位模型完备性的巨大潜力。GOCE 卫星任务恢复全球重力场的分辨率可达 100km，相应分辨率的大地水准面期望精度为 1cm，重力异常期望

精度为 1mGal(李建成，2007)。最近一个时期，国际上先后推出了基于新一代重力探测卫星观测数据建立起来的系列化全球重力位模型，包括单独使用卫星探测数据的低阶次卫星重力位模型和联合使用多种数据源的高阶次综合位模型，具有代表性的成果是 EGM2008、GOCE 重力模型与 EGM2008 模型的组合模型(GOCE and EGM2008 combined model，GECO)和欧洲利用新技术改进的地球重力场模型(European improved gravity model of the Earth by new techniques，EIGEN)。联合多代卫星探测数据和卫星测高反演重力及不断增加的地面、海面、航空重力观测数据源，全球重力位模型的研究发展已经进入一个快速更新换代时期，模型分辨率和精准度都在不断得到稳步提升(王正涛等，2011)。

卫星测高重力模型是海域重力场数值模型的典型代表。卫星测高技术诞生于 20 世纪 70 年代，经过几十年的发展进步，该项技术取得了一系列重要突破和显著进展。随着新型测高卫星的陆续发射和投入使用，卫星测高数据资源积累越来越丰富，国际上一些知名研究机构和学者综合利用不同时期获取的多代卫星测高数据集，依据不同的技术方法先后反演得到了多个版本不同分辨率的卫星测高重力模型(Sandwell et al.，1997；Rapp，1998；Andersen et al.，1998；Hwang et al.，1998)。在这些众多的国际模型中，最具代表性和影响力的模型当属由美国加利福尼亚大学圣地亚哥分校斯克里普斯海洋研究所 Sandwell 和 Smith 研究团队推出的 SIO 系列模型和由丹麦科技大学 Andersen 和 Knudsen 研究团队研发的 DTU 系列模型。最近一个时期，卫星测高重力模型构建技术得到迅猛发展，不同版本的模型更新周期越来越短,模型精度和分辨率也越来越高,SIO 系列模型已经推出 2019 年版的 V28 模型(Sandwell et al.，2021)，DTU 系列模型也已推出 2018 年版的 DTU17 模型(Andersen et al.，2019)，近期又推出了 DTU21 模型(Abdallah et al.，2022)。

9.7.2.2　重力场模型精度检核评估

将现有的全球重力位模型和卫星测高重力模型作为重力场相应频段的数值基准，用于无基点船载重力测量数据的质量控制，是本专题研究的出发点。要实现此目的，必须首先确认两种模型在相应分辨率上对真实地球重力场具有多高的逼近度。对本专题研究实际需求而言，考虑到当前国内外商用海洋重力仪的标称精度均优于 1mGal，而船载重力测量覆盖条带长度和宽度一般不小于 1°×1°，故可将两类模型作为海域无基点海洋重力测量数据控制基准的精准度要求确定为优于 1mGal，相对应的空间分辨率要求确定为不低于 100km。可见，用于本专题研究目标的重力场模型频谱主要限于中长波频段，分辨率要求不高，其关键指标要求是模型精度优于 1mGal。

早期建立的卫星重力位模型受卫星跟踪站分布密度和卫星跟踪技术手段的限

制，模型表达精度和分辨率均较低，在百公里尺度上只能达到几十毫伽的外符合精度水平，直至新型卫星跟踪技术的出现及测高重力数据的加入，地面-卫星重力高阶位模型在中长波频段的逼近精度才得以达到几毫伽水平，SST 和 SGG 两种探测新技术投入使用后，加上新型卫星测高数据的贡献，进一步推动了全球重力位模型的精度在海域突破 1mGal 目标（王正涛等，2011；Sandwell et al.，2013）。早期发布的卫星测高重力模型由于受卫星轨迹分布密度和测高数据质量的制约，模型精度和分辨率都较低，外符合精度一般低于 10mGal，分辨率为 10′～30′（黄谟涛等，2005）。随着新型测高数据的补充和积累，以及数据处理新方法的采用，卫星测高重力模型精度和分辨率均得到显著提升，模型标称分辨率达到 2′×2′，甚至 1′×1′，与海面船载重力测量点值对比精度很快提升到几毫伽水平，在海域完全具备条件突破 100km 尺度、1mGal 逼近精度（Sandwell et al.，2013）。

黄谟涛等（2014b）将 EGM2008 位模型和 DTU10 卫星测高重力模型分别与分布于不同海域的 80 多万个船载重力测量数据进行比较，对比统计结果如表 9.18 所示。

表 9.18　EGM2008 和 DTU10 与船载重力测量点值对比结果

对比参量	最小值/mGal	最大值/mGal	平均值/mGal	标准差/mGal	均方根/mGal	点数/个
EGM2008–船载重力测量	–57.33	76.84	–0.08	5.44	5.44	829371
DTU10–船载重力测量	–47.36	78.23	0.07	4.86	4.86	829371
DTU10–EGM2008	–48.80	43.05	–0.003	2.24	2.24	743041

万剑华等（2017）联合采用我国“海洋二号 A”（简称 HY-2A）卫星及 T/P 卫星、EnviSat（environmental satellite）卫星获取的测高数据，反演得到中国南部海域 15′×15′重力异常，反演结果与 30′分辨率船载重力测量数据（测量精度为 1～3mGal）对比结果如表 9.19 所示。

表 9.19　卫星测高反演结果与船载重力测量对比结果

对比参量	最小值/mGal	最大值/mGal	平均值/mGal	均方根/mGal	点数/个
加入 HY–2A 结果-船载重力测量	–14.96	13.78	0.91	6.13	196
不加入 HY–2A 结果-船载重力测量	–14.41	14.28	1.03	6.16	196

王虎彪等（2017）联合使用 T/P、ERS1/GM、ERS1/ERM、ERS2/ERM、GEOSAT/ERM、GEOSAT/GM 等多代卫星测高数据，反演得到中国西北太平洋海域 1′×1′重力异常，并将反演结果（简称 WHIGG 模型）与位于海南岛东面的船载重力测量数据（含两条测线数据，测量精度为 1～3mGal）进行比较，具体对比结果如表 9.20 所示，表中同时列出了 EGM2008 位模型和 V24 卫星测高重力模型与船载重力测

量数据的对比结果。

表 9.20 卫星测高反演结果和位模型与船载重力测量对比结果

对比参量	测线 A 对比结果(测点数=4505 个)			测线 B 对比结果(测点数=6312 个)		
	平均值/mGal	标准差/mGal	均方根/mGal	平均值/mGal	标准差/mGal	均方根/mGal
WHIGG–船载重力测量	3.05	2.76	4.11	–2.38	3.47	4.21
EGM2008–船载重力测量	2.25	3.18	3.90	–2.77	3.03	4.10
V24–船载重力测量	2.59	3.67	4.49	–2.57	2.98	3.93

Rapp(1998)曾使用加利福尼亚湾海域 13501 个海面船载重力测量数据，对同一时期发布的 Sandwell 等(1997)、Andersen 等(1998)、Hwang 等(1998)等 3 个卫星测高重力模型进行精度检核评估，具体检核结果如表 9.21 所示。

表 9.21 不同卫星测高重力模型与船载重力测量对比结果（单位：mGal）

对比参量	Sandwell 等		Andersen 等		Hwang 等	
	平均值	标准差	平均值	标准差	平均值	标准差
模型值–船载重力	0.9	12.1	–1.6	9.7	–1.1	11.4

Andersen 等(2019)使用大西洋西北部海域超过 140 万个海面船载重力测量数据，对不同版本的 DTU 模型和 SIO 模型等 6 个卫星测高重力模型进行精度检核评估，具体检核结果如表 9.22 所示。其中，海面船载重力测量数据由美国国家地理空间情报局提供，精度为 1.5～2mGal。

表 9.22 不同版本卫星测高重力模型与船载重力测量对比结果（单位：mGal）

参量	DTU17	DTU15	DTU13	DTU10	V23	V24
最大值	32.4	32.3	32.2	44.1	43.4	41.9
平均值	0.5	0.5	0.5	0.5	0.7	0.7
标准差	2.51	2.51	2.83	3.16	3.13	3.11

作者分别在中国周边具有不同地形特征的 2 个海域和西北太平洋某海域各挑选 1 个航次的海面船载重力测量数据作为检核基准，对 EGM2008 位模型和 V28 模型进行对比分析和精度评估，三个海域对应的航次简称为航次 1、航次 2 和航次 3，3 个航次船载重力测量数据的观测精度为 1～2mGal，两个模型值与船载重力测量点值对比统计结果如表 9.23 所示。

从以上各表所列对比检核结果可以看出，无论是全球重力位模型还是卫星测高重力模型，其对真实地球重力场的逼近度和可靠性均随着建模数据质量的改善

表 9.23　模型值与船载重力测量点值对比统计结果

参量	航次 1		航次 2		航次 3	
	EGM2008	V28	EGM2008	V28	EGM2008	V28
最大值/mGal	13.44	11.12	52.63	27.73	49.13	44.52
最小值/mGal	−14.07	−9.50	−23.19	−17.91	−36.66	−39.21
平均值/mGal	−0.03	−0.28	−0.34	−0.33	−1.60	−0.54
均方根/mGal	4.32	3.22	4.21	3.01	4.47	3.07
对比点数/个	533511	533511	4249622	4249622	3431619	3431619

和建模技术的进步而提高。全球重力位模型和卫星测高重力模型有着非常相近的逼近性能表现，这个结果与后期构建高阶重力位模型大规模采用了卫星测高重力数据的事实相吻合。表 9.18～表 9.23 的统计结果显示，如果考虑船载重力测量数据可能存在 1～3mGal 的观测误差，那么可以认为，近期发布的全球重力位模型和卫星测高重力模型在海域的逼近度已经达到 2～4mGal 的水平。尤为重要的是，除表 9.20 对比结果外，其他各表所列的对比平均值数据均表明，全球重力位模型和卫星测高重力模型对海域大尺度重力场特征的逼近度已经突破 1mGal 精度目标。这个结果说明，两类模型在表征海域中长波重力场方面都不存在明显的系统偏差，也就是说，如果将两类模型作为海域中长波重力场的控制基准，不会对观测数据的归算结果带来大的影响。这正是本专题研究期望得到的模型检核结论。表 9.20 检核结果不符合预期，可能与王虎彪等(2017)使用的船载重力测量数据质量有关，因为在同一个区域的两条测线数据与 3 个模型值进行比较，均出现了数值超过 2mGal 且符号相反的系统偏差，这是一个极不符合误差形成机理的非正常现象，合理的解释应当是，由于受到某种或某些因素的干扰，两条测线的观测记录均偏离了预期的正常值。

9.7.3　无基点海洋重力测量数据归算方法

前面进行的分析论证都是为了一个目的，即为可能出现的无基点海洋重力测量数据寻找中长波控制基准。本专题研究把该目标主要集中于全球重力位模型和卫星测高重力模型，从前面的分析论证结果可知，两类模型对海域中长波重力场特征的逼近度已经突破 1mGal，能够满足作为观测数据归算控制基准的精度指标要求。实际上，在近期的数据处理应用实践中，已经出现不少将全球重力位模型和卫星测高重力模型作为中长波控制基准的案例。柯宝贵等(2015)提出以 EIGEN6C 模型为区域重力场基准，纠正船载重力测量数据不同测区系统偏差；邓凯亮等(2016a，2016b)提出以 DTU10 模型为参考场，检查调整船载重力测量数据的系统偏差；董庆亮等(2020)提出以 DTU15 模型为控制基准，检查调整船载重力测量数据的粗差和系统偏差；Zhu 等(2019)提出以卫星测高重力模型为船载重力测量数据的对比基准，通过多项式函数拟合模型来修正船载重力测量数据的系统偏差；范雕等(2021)提出以 EIGEN6C4 重力位模型为船载重力测量数据的对比基准，同样通过多项式函数拟合模型来修正船载重力测量数据的长波误差。在提升船载重力测量数据质量和可靠性方面，上述案例均显现出良好的应用效果，也为本专题研究提供了宝贵的借鉴经验。

无有效基点信息就意味着海洋重力测量数据没有归算基准，当遇到这样的特殊情况时，根据前面的精度检核结果和应用实践案例，可考虑将全球重力位模型和卫星测高重力模型作为此类数据归算基准的补救处理方法，具体计算流程简述如下。

假设某航次或某批次的海洋重力测量数据已经完成了各类环境效应及零点漂移和正常场改正，各个测点的重力观测值记为 δg_i（$i=1,2,\cdots,n$），n 为测点总数，所有测点观测值的平均值为 $\delta\overline{g}$，即

$$\delta\overline{g}=\frac{1}{n}\sum_{i=1}^{n}\delta g_i \tag{9.85}$$

利用近期发布的全球重力位模型(如 EGM2008、EIGEN6C4 等)和卫星测高重力模型(如 V28、DTU21 等)计算得到上述测点处的重力异常，分别记为 Δg_i^w 和 Δg_i^c，其对应的平均值为 $\Delta\overline{g}^w$ 和 $\Delta\overline{g}^c$，即

$$\Delta\overline{g}^w=\frac{1}{n}\sum_{i=1}^{n}\Delta g_i^w \tag{9.86}$$

$$\Delta\overline{g}^c=\frac{1}{n}\sum_{i=1}^{n}\Delta g_i^c \tag{9.87}$$

分别求 $\delta\overline{g}$ 与 $\Delta\overline{g}^w$ 和 $\Delta\overline{g}^c$ 的差值，得

$$\delta\Delta\overline{g}^w=\delta\overline{g}-\Delta\overline{g}^w \tag{9.88}$$

$$\delta\Delta\overline{g}^c=\delta\overline{g}-\Delta\overline{g}^c \tag{9.89}$$

求 $\delta\Delta\overline{g}^w$ 和 $\delta\Delta\overline{g}^c$ 的平均值，得

$$\delta\Delta\overline{g}^{wc}=(\delta\Delta\overline{g}^w+\delta\Delta\overline{g}^c)/2 \tag{9.90}$$

最后，将所有测点的观测值归算到全球重力位模型和卫星测高重力模型对应

的平均基准，即

$$\delta g_i^{wc} = \delta g_i - \delta\Delta\overline{g}^{wc} \tag{9.91}$$

其中，式(9.86)中的 Δg_i^w 由全球重力位模型按式(9.92)计算(黄谟涛等，2005)：

$$\Delta g^w(r,\varphi,\lambda) = \frac{GM}{a^2}\sum_{n=2}^{\infty}\left\{(n-1)\left(\frac{a}{r}\right)^{n+2}\sum_{m=0}^{n}\left[\left(\overline{C}_{nm}^*\cos(m\lambda)+\overline{S}_{nm}\sin(m\lambda)\right)\overline{P}_{nm}(\sin\varphi)\right]\right\} \tag{9.92}$$

式中，(r,φ,λ) 为计算点的球坐标；GM 为万有引力常数与地球质量的乘积；a 为地球椭球长半轴；$\overline{P}_{nm}(\sin\varphi)$ 为完全规格化缔合勒让德函数；$\overline{C}_{nm}^*$ 和 $\overline{S}_{nm}$ 为完全规格化位系数。

式(9.87)中的 Δg_i^c 直接由卫星测高重力模型通过函数插值方法进行计算，插值模型可灵活选择。

按上述步骤实施无基点海洋重力测量数据归算，相当于把全球重力位模型和卫星测高重力模型的中长波平均值作为观测基准，有利于进一步提升数据归算基准的可靠性，其归算精度取决于两类模型位于研究区域的表征度高低，一般随研究区域重力场变化复杂程度而改变，两类模型在宽阔海域的逼近度会更高，但中长波逼近度变动幅度相对有限。当同一批次观测数据覆盖域跨度超过 100km 时，根据前面的分析推断，前述数据归算的精准度不会低于 1mGal，这样可将基点信息缺失带来的影响降到可控范围。需要补充说明的是，全球重力位模型和卫星测高重力模型均有各自相对应的重力系统和参考椭球系统，但重力系统一般都统一到国际重力基准网(IGSN-71)系统中，我国也采用 IGSN-71 系统；参考椭球系统使用较多的是 1980 大地参考系统(geodetic reference system 1980，GRS80)和 1984 年世界大地坐标系(WGS-84)椭球系统，它们与我国当前采用的 2000 国家大地坐标系(CGCS2000)参考椭球系统差异很小，由此引起的正常重力场差异值不超过 0.15mGal(程鹏飞等，2009)，相对于本专题研究的研究需求和实施目标，这样的差异几乎可以忽略不计。

9.7.4　数值计算检验与分析

为了检验前述数据归算补救处理方法的有效性，本节选用已经按照常规流程完成海上重力测量作业的 5 个航次观测数据进行数值计算对比试验。其中，3 个航次位于中国东海和黄海，2 个航次位于中国南海。为了进行比较分析与评估，本节人为将 5 个航次的基点观测信息删除，将它们作为无基点海洋重力测量数据处理，处理流程参见前面的式(9.85)～式(9.90)，其中，全球重力位模型和卫星测高重力模型分别选用 EGM2008 模型和 V28 模型，将按此处理流程获得的成果称为补救成果。计算分析补救成果与正式成果(即按常规流程处理获得的成果)之间的差异程度，即可说明本专题研究采取的补救处理方法的实际效果。为了进行比较，分别选用 EGM2008、V28 和(EGM2008+V28)三种组合作为基准模型进行数据归算，由此获得的补救成果依次称为成果①、成果②和成果③，表 9.24 列出了 5 个航次 3 组补救成果与正式成果互比的系统偏差统计结果。

表 9.24 补救成果与正式成果对比统计结果

航次	主测线数/条	检查线数/条	测区大小/km	成果①/mGal	成果②/mGal	成果③/mGal	测点数/个
1	182	24	370×160	−0.17	−0.15	−0.16	3681136
2	102	15	210×420	−0.68	−0.73	−0.71	568490
3	112	14	140×100	−1.31	−0.69	−1.00	432485
4	71	13	140×70	1.31	0.70	1.01	242751
5	145	8	160×70	−1.19	−0.15	−0.67	235109

从表 9.24 的结果可以看出，采用补救处理方法处理无基点海洋重力测量数据，与常规处理方法获得的成果相比，系统偏差总体上与测区大小呈正比例关系，选用不同的数据归算基准模型，也对补救效果带来一定的影响。相比较而言，以使用 V28 作为基准模型的补救效果最佳，5 个航次最大偏差不超过 0.8mGal；使用 EGM2008 作为基准模型的补救效果逊色一些，最大偏差达 1.3mGal；(EGM2008+V28)组合基准模型的补救效果介于前两者之间，最大偏差在 1.0mGal 左右，这样的对比结果完全符合前面的分析判断预期。进一步分析发现，第 3～5 航次测区均位于距离海岸线较近的浅水海域，全球重力位模型在这些区域的逼近度相对较低，应当是造成这三个航次数据补救效果略差的主要原因。尽管如此，使用 V28 作为基准模型的补救效果还是全面优于 1.0mGal。这个结果说明，在基点信息缺失的情况下，采用本专题研究推荐的补救处理方法实施海上重力观测数据归算是可行、有效的，其处理成果可作为正常作业测量成果的补充，赋予适当的权重，参加后端数字保障产品的制作。

9.7.5 专题小结

海洋重力测量实践中可能会遇到基点测量信息缺失情况，针对这样的特殊情形，本专题研究提出了以全球重力位模型和卫星测高重力模型为数据归算基准模型的补救处理方法，分析论证了补救处理方法的适用条件及可能达到的精准度，并使用海上实测数据验证了补救处理方法的有效性，为发挥此类无基点海洋重力测量数据的应用效能提供了技术支撑。本专题研究方法也可作为常规海洋重力测量数据处理的一种质量检核手段使用。

需要强调指出的是，本专题研究提出的数据归算方法只适用于海域测量数据处理，而且只是一种补救处理方法，不能替代现行的常规作业方法，即补救处理方法只是在发生了不可避免的基点信息缺失情况下不得已采取的补救措施，具备基点对比条件的任务海区，都应当严格执行现行的海洋重力测量作业规程，将基点观测信息作为数据归算的基准。此外，为了提升补救处理方法的可靠性和有效性，应尽可能扩大参加归算基准值计算数据的覆盖范围，数据覆盖条带长度最好超过 100km，但应尽量减少使用可靠性较低的测线首尾观测数据。对于跨度在上千公里的无基点航渡式重力测线数据，考虑到全球重力位模型和卫星测高重力模型在不同海域的逼近度可能存在一定的差异，同时顾及不同时间段的重力观测由于航行过程中被迫过快改变航向、航速等原因，引起数据精度可能存在看得见的不均匀性，在实际应用上述补救处理方法时，可依据测线航迹途经区域的地理特点和测线观测数据质量评估情况，将大跨度航渡测线数据切分为若干线段，单独对每个线段的数据进行归算处理，这样有望获得更优的补救效果。

9.8　本 章 小 结

误差分析处理与精度评估是海空重力测量数据处理不可或缺的组成部分。围绕海空重力测量数据处理中的误差分析与补偿问题，本章主要开展了以下几个方面(专题)的研究和论证工作：

(1)首先从仪器固有特性、测量环境效应、数据处理策略及外部设备条件等 9 个方面，对海空重力测量误差源进行了比较全面的分析和总结，阐明了海空重力测量的技术特点。在此基础上，给出了海空重力测量内符合精度与外符合精度估计公式。针对当前我国地质矿产资源调查部门使用的海空重力测量重复测线精度估计公式存在的问题，通过理论分析和推演，指出了现行估计公式的错漏，同时推出了一组形式统一的重复测线内符合精度估计公式，并提出了合理使用新公式的相关建议。

(2)围绕海空重力测量误差处理问题，在深入分析早期的测线网整体平差和自检校平差等补偿方法的基础上，突破系统误差只在平差中补偿的传统研究思路，创新提出了基于误差验后补偿理论的两步处理方法，把海空重力测量误差补偿分解为交叉点条件平差和测线滤波与推估两个阶段，即在平差中和平差后实现系统误差的分步补偿。该方法不仅极大地简化了海空重力测线网平差的计算过程，而且有效提高了平差计算结果的稳定性和可靠性。

(3)针对当前由仪器生产厂家提供的 LCR S 型海空重力仪交叉耦合效应改正计算模型还不够完善的事实，本章基于重力观测成果应与载体运动状态无关这一基本原则，依据现代相关分析方法，构建了摆杆型海空重力仪交叉耦合效应改正系数的修正模型。在此基础上，提出了继续采用测线网平差两步处理方法对各类剩余误差的综合影响进行补偿，从而形成了一套完整的涵盖平差前、平差中和平差后不同阶段分步补偿的海空重力测量误差处理技术体系。

(4)针对目前作业过程普遍存在的测量动态环境效应剩余影响问题，在深入分析海空重力测量误差源形成机理及其变化特性基础上，提出了一种适用于补偿各类海空重力仪动态效应剩余影响的通用模型；研究探讨了通用模型形式优选和模型参数估计问题，将基于信息论的 AIC 引入通用模型表达式的优选过程，提出应用互相关分析方法对模型参数进行估计，在双重约束下构建了补偿动态效应剩余影响的优化模型。使用典型动态环境下的海面重力观测数据对该方法的有效性进行了验证，结果显示，重力测量成果内符合精度从原先的 9.35mGal 提高到 1.01mGal，提升幅度接近一个数量级，充分体现了新方法和新模型对消除测量环境高动态效应影响的优良特性。

(5)针对海空重力测量常见的粗差和系统误差干扰问题，在分析评估国际上新近发布的卫星测高重力模型可靠性和有效性的基础上，提出了利用卫星测高重力模型作为对比控制基准，分步检测海空重力测量大粗差、小粗差和系统偏差的方法、流程及计算模型，分析比较了不同检测方法的技术特点和适用条件，使用海上实际观测数据对推荐的检测方法进行了有效性验证，证明将卫星测高重力模型应用于海空重力测量数据误差检测是可行有效的。

(6)针对海洋重力测量可能出现基点信息缺失的一些特殊情况，在分析评估国际上新近发布的全球重力位模型和卫星测高重力模型的可靠性及有效性基础上，提出了利用前述两类模型作为海域重力场中长波控制基准，进而开展无基点海洋重力测量数据归算的补救处理方法，给出了数据归算的计算流程和步骤，分析评估了补救处理方法的适用条件和精度水平，使用海上实际观测数据对推荐的补救处理方法进行了有效性验证，证明将两类模型应用于无基点海洋重力测量数据补救处理是可行有效的。

第 10 章　地面和海面观测重力向上延拓技术

10.1　引　　言

第 9 章围绕海空重力观测数据的精细化处理问题，开展了海空重力测量误差分析与补偿技术研究，其目的是为海空重力测量数据的后端应用提供可靠的更高精度的数据源支撑，为提升海空重力测量成果应用效能奠定坚实的数据基础。如前所述，数值模型构建是海空重力测量成果向应用领域转换，也就是从测量成果转化为数字产品必不可少的环节。由于海洋和航空重力测量成果涉及不同的数据归算基准面，不同数据源之间具有明显的异构性特征，所以该技术环节的研究内容不仅包括多源重力数据的融合处理，还包括前端的重力向上延拓和重力向下延拓两项关键技术。本章首先对地面和海面观测重力向上延拓模型的适用性和精确性问题进行分析研究和论证，并开展相应的数值计算和检验。关于航空重力观测数据向下延拓方面的问题，将在第 11 章进行专题研究和讨论。本书关于海空重力数值模型构建的技术流程架构如图 10.1 所示。

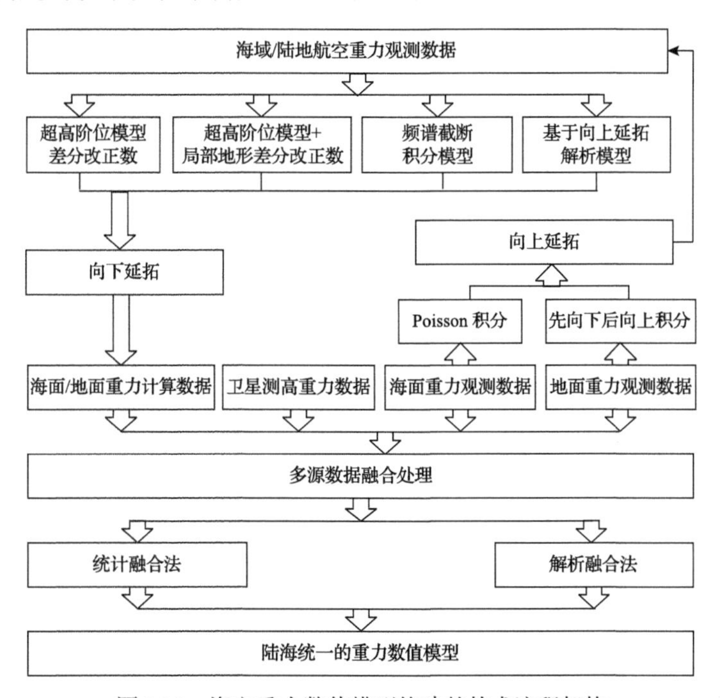

图 10.1　海空重力数值模型构建的技术流程架构

10.2　顾及地形效应的地面重力向上延拓模型

10.2.1　问题的提出

重力向上和向下延拓是地球外部重力场赋值和多源数据融合处理最常用的技术手段之一(Moritz，1966；Heiskanen et al.，1967)。近些年，在矿产资源开发和航天技术保障需求的推动下，我国的航空重力测量技术取得了迅猛发展(欧阳永忠等，2013；宁津生等，2014；黄谟涛等，2014b；孙中苗等，2021)。航空重力测量成果是飞行高度上的重力扰动或重力异常，因此在实际应用中，遇到更多的需求是将空中重力观测参量向下延拓到地面或大地水准面，以便联合其他类型观测数据进行大地测量应用计算(王兴涛等，2004a，2004b；Tziavos et al.，2005；吴太旗等，2011)。但应用中也不可避免地会遇到相反的地球外部重力场赋值需求(Moritz，1966)，航空重力测量系统技术性能评估与测量数据质量外部检核问题便是其中之一，即需要将已知的地面或海面重力向上延拓到飞行高度，直接与航空重力测量成果进行对比和分析(Hwang et al.，2007；翟振和等，2015a)，以便对后者的观测精度做出客观的评价。

关于重力向上延拓问题，最传统的解算模型是著名的Poisson积分公式(Heiskanen et al.，1967)。由于Poisson积分公式是源于Dirichlet边值问题的球面解，并未顾及地形高度起伏的影响，因此严格讲，该模型只适用于海域重力向上延拓解算(翟振和等，2015a)。而在实际应用中，国内外有不少学者往往忽略了该模型的适用条件，直接将其应用于陆地重力向上延拓解算(Cruz et al.，1984；Argeseanu，1995；石磐等，1997；Kern，2003；王兴涛等，2004a；Hwang et al.，2007；翟振和等，2012a)，这一做法必然会给计算结果带来一定的偏差，其量值大小取决于计算区域重力场和地形变化的复杂程度。陆地地形因素是客观存在的，因此在陆地要想达到一定的向上延拓解算精度，必须考虑地形效应的作用。实际上，Moritz(1966)很早就推出了根据地面重力异常和地形高度数据计算外部空间重力异常的精密公式，该模型计算过程比较复杂，现有数据条件难以保证计算精度，故在实践中极少被采用。目前，在实施重力向下延拓计算中，更多采用移去-恢复技术，即首先移去地形质量对空中重力异常的影响，然后使用Poisson积分公式完成向下延拓计算，最后在计算结果中恢复地形质量的影响(Tziavos et al.，2005；Forsberg et al.，2010)。显然，在实施重力向上延拓计算时，也完全可以采用类似的思路来顾及地形效应的影响。但值得注意的是，移去地形引力对地面重力影响后，仍需要将地面重力异常残差向下延拓到海平面才能应用于Poisson积分公式计算，这一过程又涉及不规则地形面处理问题。为了规避此问题，本专题研究将Bjerhammar边值理论中的点质量方法应用到重力向上延拓计算(李建成等,2003;黄谟涛等,2005),同时提出利用超高阶位模型加地形改正信息将地面重力向下延拓到海平面，然后通过 Poisson 积分公式实现向上延拓的稳定解算，并对不同计算模型的适用性进行分析和检验，重点探讨两个方面的问题，一是地形效应对重力向上延拓的影响量值；二是不同延拓模型计算结果的差异性。

10.2.2　向上延拓模型及适用性分析

10.2.2.1　球面解向上延拓模型

根据 Heiskanen 等(1967)的研究，由 Dirichlet 边值问题的球面解可直接写出重力向上延拓的 Poisson 积分公式为

$$\Delta g_p = \frac{R^2(r_p^2 - R^2)}{4\pi r_p} \iint_\sigma \frac{\Delta g}{D^3} \mathrm{d}\sigma \tag{10.1}$$

式中，Δg_p 为空中待求计算点 P 处的重力异常；R 为地球平均半径；$r_p = R + H$，H 为计算点 P 的大地高；$D = \sqrt{r_p^2 + R^2 - 2r_p R\cos\psi}$，$\psi$ 为计算点与流动点之间的球面角距；Δg 为地面重力异常；$\mathrm{d}\sigma$ 为单位积分球面积元。

式(10.1)把积分面视为球面，忽略了地形高度的影响，因此只是近似的球面解模型(以下简称模型一)。在实际计算中，一般选用位模型作为参考场，以减弱积分远区效应的影响，即事先使用 $\delta\Delta g = \Delta g - \Delta g_w^c$ 替代式(10.1)中的 Δg 进行数值积分计算，事后在计算结果中恢复计算高度上的位模型重力异常(Cruz et al., 1984；Argeseanu，1995；翟振和等，2015a)。

10.2.2.2　顾及地形高度一阶项影响的延拓模型

针对 Poisson 积分公式的球近似问题，Moritz(1966)基于格林(Green)恒等式，导出了顾及地形高度一阶项影响的地球外部重力场扰动位解，并据此推出了相应的由地面重力异常向上延拓到一定高度的空中重力异常精密计算公式，其在平面直角坐标表示下的具体形式为

$$T = T_0 + T_1 \tag{10.2}$$

$$\Delta g_p = \Delta g_{0,p} + \Delta g_{1,p} \tag{10.3}$$

$$\Delta g_{0,p} = \frac{H}{2\pi} \iint_\sigma \frac{\Delta g}{D^3} \mathrm{d}x\mathrm{d}y \tag{10.4}$$

$$
\begin{aligned}
\Delta g_{1,p} = &-\frac{1}{4\pi}\iint_{\Delta\sigma}\left(\frac{1}{D^3}-\frac{3H^2}{D^5}\right)T_1 \mathrm{d}x\mathrm{d}y + \frac{H}{4\pi}\iint_{\Delta\sigma}\frac{g_1}{D^3}\mathrm{d}x\mathrm{d}y \\
&-\frac{3H}{4\pi}\iint_{\Delta\sigma}\left(\frac{3}{D^5}-\frac{5H^2}{D^7}\right)T_0\cdot h\mathrm{d}x\mathrm{d}y + \frac{3H}{4\pi}\iint_{\Delta\sigma}\frac{s}{D^5}T_0\cdot\tan\tau\mathrm{d}x\mathrm{d}y \\
&-\frac{1}{4\pi}\iint_{\Delta\sigma}\left(\frac{1}{D^3}-\frac{3H^2}{D^5}\right)\Delta g\cdot h\mathrm{d}x\mathrm{d}y
\end{aligned}
\tag{10.5}
$$

式中，T_0 和 T_1 分别为对应于 Molodensky 边值问题解的地面扰动位 T 的零阶项和一阶项；$\Delta g_{0,p}$ 和 $\Delta g_{1,p}$ 分别为空中待求计算点重力异常的零阶项和一阶项；h 为积分流动点 Q 的地形高度；$g_1 = -\gamma(\xi\tan\beta_1 + \eta\tan\beta_2)$，$\gamma$ 为正常重力，ξ 和 η 分别为垂线偏差的南北向分量和东西向分量，β_1 和 β_2 分别为地形倾斜角的南北向分量和东西向分量；$s^2 = x^2 + y^2$；$\tan\tau = \partial h/\partial x$；$\Delta\sigma$ 为数据覆盖域；其他符号意义同前。

Moritz（1966）曾通过模拟仿真方法，对延拓重力异常一阶项 $\Delta g_{1,p}$ 进行了定量估算，其结论是：在绝大多数情况下，$\Delta g_{1,p}$ 的量值大小不会超过其总量 Δg_p 的10%。由式（10.5）可知，$\Delta g_{1,p}$ 不仅与对应的一阶项 g_1 和 T_1 有关，还与 $T_0\cdot h$、$T_0\cdot\tan\tau$ 和 $\Delta g\cdot h$ 三个乘积项有关，其计算过程相当复杂，计算精度很难得到保证，因此在实际应用中受到了很大制约。为此，Moritz（1966）建议应用时还是优先考虑使用向下延拓方法，将地面重力异常延拓到海平面，然后采用球面解模型完成向上延拓计算，本节将其简称为先向下后向上延拓方法。其中，向下延拓计算采用以下迭代公式（Moritz，1966；Heiskanen et al.，1967）。

（1）取初值：

$$\Delta g^h(0) = \Delta g^d \tag{10.6}$$

（2）第 k 次迭代：

$$\Delta g_p^h(k) = \Delta g_p^d - \frac{t^2(1-t^2)}{4\pi}\iint_{\Delta\sigma}\frac{\Delta g^h(k-1) - \Delta g_p^h(k-1)}{D^3}\mathrm{d}\sigma \tag{10.7}$$

式中，Δg^d 和 Δg^h 分别为相对应的地面和海平面重力异常；$t = R/r$，$r = R + h_p$。

由式（10.6）、式（10.7）和式（10.1）联合组成的模型称为基于迭代向下延拓过渡的向上延拓模型（以下简称模型二）。

10.2.2.3　基于移去-恢复技术顾及地形效应的延拓模型

由前面的论述可知，球面解模型（即式（10.1））的主要缺陷是未能顾及地形效应的影响。解决此问题有两种途径：一种就是前面提及的先向下后向上延拓方法；另一种是移去-恢复技术。移去-恢复技术中的移去是指从地面重力异常 Δg^d 中扣除地形质量引力的作用，即求 $\delta\Delta g^d = \Delta g^d - \Delta g^{dg}$，$\Delta g^{dg}$ 代表地形质量对地面点的影响；恢复是指将重力异常残差 $\delta\Delta g^d$ 代入球面公式(10.1)完成向上延拓计算后，在延拓结果 $\delta\Delta g_p^K$ 中加上地形质量引力的作用，即求 $\Delta g_p^K = \delta\Delta g_p^K + \Delta g^{Kg}$，$\Delta g^{Kg}$ 代表地形质量对空中计算点重力异常的影响。虽然从形式上看，上述移去-恢复技术的计算流程已经完全顾及了地形质量的影响，但实质上其中仍有一个技术环节是不严密的，即将重力异常残差 $\delta\Delta g^d$ 代入球面公式(10.1)进行向上延拓计算的中间环节，计算模型为

$$\delta\Delta g_p^K = \frac{R^2(r_p^2 - R^2)}{4\pi r_p}\iint_\sigma \frac{\delta\Delta g^d}{D^3}\mathrm{d}\sigma \tag{10.8}$$

因 $\delta\Delta g^d$ 仍属于地形面上的重力异常，故直接将其代入球面公式进行计算也是不严密的。要想得到更精确的延拓结果，必须在积分计算之前，将 $\delta\Delta g^d$ 向下延拓到海平面求得相应的 $\delta\Delta g^h$，然后使用 $\delta\Delta g^h$ 完成球面积分公式(10.8)的运算。显然，其中又不可避免地要涉及不规则地形面的处理问题，虽然可采用传统的迭代计算方法(即式(10.6)和式(10.7))解决 $\delta\Delta g^d$ 向下延拓问题，但也在一定程度上增加了计算过程的复杂性。为区别起见，把在式(10.8)中使用 $\delta\Delta g^h$ 替代 $\delta\Delta g^d$ 所对应的球面公式称为基于移去-恢复技术和迭代向下延拓过渡的向上延拓模型(以下简称模型三)。为了节省篇幅，本节不再列出地形效应改正 Δg^{dg} 和 Δg^{Kg} 的计算公式，可参见相关文献(Heiskanen et al.，1967；李建成等，2003；章传银等，2009a)。

10.2.2.4　基于超高阶位模型顾及地形改正的延拓模型

如前所述，可通过两种途径解决向上延拓计算中的地形效应影响问题，先向下后向上延拓方法是其中之一。前端的向下延拓既可采用传统的迭代计算方法，也可采用如下的梯度法(Moritz，1966)：

$$\Delta g^h = \Delta g^d - \frac{\partial \Delta g}{\partial h}h = \Delta g^d - \delta g \tag{10.9}$$

式中，δg 称为延拓改正数。

由于重力异常梯度未知，只能通过地面重力异常求积分得到，但需要比较密集的重力观测量，同时需要考虑重力异常梯度随高度变化问题，所以很难求得精确的延拓改正数 δg (Heiskanen et al.，1967)。考虑到当今国际上发布的超高阶位

模型，如目前广泛使用的 EGM2008 模型，在逼近全球重力场的精度和分辨率两个方面都达到了较高的水平(章传银等，2009b；Pavlis et al.，2012)，为此建议采用超高阶位模型替代重力观测值计算向下延拓改正数，即可按式(10.10)计算 δg：

$$\delta g = \Delta g_w^d - \Delta g_w^h \tag{10.10}$$

然后将其代入式(10.9)，可计算得到所需要的海平面重力异常 Δg^h，即得

$$\Delta g^h = \Delta g^d - (\Delta g_w^d - \Delta g_w^h) \tag{10.11}$$

进一步将 Δg^h 代入球面公式(10.1)，即可完成最后的向上延拓计算。式(10.10)中的位模型重力异常计算式为(李建成等，2003)

$$\Delta g_w(r,\varphi,\lambda) = \frac{GM}{a^2}\sum_{n=2}^{\infty}\left\{(n-1)\left(\frac{a}{r}\right)^{n+2}\sum_{m=0}^{n}\left[\left(\bar{C}_{nm}^*\cos(m\lambda)+\bar{S}_{nm}\sin(m\lambda)\right)\bar{P}_{nm}(\sin\varphi)\right]\right\} \tag{10.12}$$

式中，GM 为万有引力常数与地球质量的乘积；a 为地球椭球长半轴；r 为计算点向径；$\bar{P}_{nm}(\sin\varphi)$ 为完全规格化缔合勒让德函数；$\bar{C}_{nm}^*$ 和 $\bar{S}_{nm}$ 为完全规格化位系数。

由于本节使用的延拓改正数计算模型(即式(10.10))是求两个相关参量的互差，计算参量中的系统性干扰因素会在求差过程中得到消除或削弱。因此，即使计算参量自身的绝对精度不是很高，也可望通过求差方式获得较高精度的延拓改正数(黄谟涛等，2014b)，从而能够保证后续向上延拓计算结果的可靠性。

前面已述及，为了减弱积分远区效应的影响，一般选用位模型作为参考场进行数值积分计算，即以 $\delta\Delta g^h = \Delta g^h - \Delta g_w^c$ 替代式(10.1)中的 Δg，完成计算后再恢复计算高度上的位模型重力异常。将式(10.11)代入 $\delta\Delta g^h = \Delta g^h - \Delta g_w^c$ 可得

$$\delta\Delta g^h = \Delta g^d - (\Delta g_w^d - \Delta g_w^h) - \Delta g_w^c \tag{10.13}$$

可见，如果选择参考场位模型及其阶次与用于计算向下延拓改正数的位模型完全一致，即如果取 $\Delta g_w^h = \Delta g_w^c$，那么有

$$\delta\Delta g^h = \Delta g^d - \Delta g_w^d \tag{10.14}$$

式(10.14)说明，如果以地形面上的超高阶位模型计算值为重力异常参考场，那么在效果上就等同于使用超高阶位模型将地面重力异常向下延拓到了海平面。为了进一步提高向下延拓的计算精度，本节参照黄谟涛等(2015c)的研究思路，在利用超高阶位模型计算向下延拓改正数的基础上，增加地形改正信息的作用，即

使用式(10.15)和式(10.16)代替式(10.11)计算海平面上的重力异常：

$$\Delta g^h = \Delta g^d - (\Delta g_w^d - \Delta g_w^h) - \delta C_{q0} \tag{10.15}$$

$$\delta C_{q0} = (C_0 - \bar{C}_0) - (C_q - \bar{C}_q) \tag{10.16}$$

式中，δC_{q0} 为由地形高信息计算得到的延拓改正数；C_q 为地面点 Q 的局部地形改正数；$\bar{C}_q$ 为一定网格大小范围内 C_q 的平均值；C_0 为与地面点相对应的海平面投影点 O 的局部地形改正数；$\bar{C}_0$ 为一定网格大小范围内 C_0 的平均值。

使用式(10.15)计算海平面重力异常完全避开了传统方法的弊端，不受向下延拓不适定反问题解算过程固有的不稳定性影响，可获得比较稳定可靠的解算结果(黄谟涛等，2015c)。由式(10.15)和式(10.1)联合组成的模型称为基于超高阶位模型和地形改正信息实施向下延拓过渡的向上延拓模型(以下简称模型四)。

10.2.2.5　基于点质量方法顾及地形效应的延拓模型

从广义上讲，著名的 Bjerhammar 边值理论也是一种先向下后向上延拓方法。该理论的核心思想是：以地球表面上离散分布的重力异常为约束，将其向下调和延拓到一个完全处于地球内部的 Bjerhammar 球面上，使问题转换为球外边值问题，此问题的解可以最简单的球面积分公式给出，又能顾及地形效应的影响(黄谟涛等，2005)。点质量模型是对应于该理论的离散边值问题解之一，其原理是：在 Bjerhammar 球面上构造一个点质量集合的虚拟扰动场源，使得在地球外部产生的扰动位与真实扰动位一致，由此得到的 Bjerhammar 离散边值问题解，即为所要求的点质量模型(李建成等，2003)。这种以扰动质点表征外部扰动位解的方法，实际上就是用质点位的线性组合来逼近地球外部扰动位，公式形式为(黄谟涛等，2005，2015d)

$$\begin{cases} T(P) = \sum_{j=1}^{m} \dfrac{G\delta M_j}{D_{Pj}}, & P \in \Omega \\ BT(P) \cdot \Sigma = F(Q), & Q \in \Sigma \end{cases} \tag{10.17}$$

式中，B 为边界算子；Σ 为地球表面；Ω 为 Σ 所界的闭点集关于三维 Euler 空间 R^3 之补；$G\delta M$ 为万有引力常数 G 与扰动点质量 δM 的乘积；$F(Q)$ 为地面已知观测量。

对应于重力异常的边值条件方程为

$$\Delta g_i = \sum_{j=1}^{m} \left(\frac{r_i - R_B \cos\psi_{ij}}{D_{ij}^3} - \frac{2}{r_i D_{ij}} \right) G\delta M_j = \sum_{j=1}^{m} a_{ij} G\delta M_j \tag{10.18}$$

式中，$D_{ij}^3=(r_i^2+R_B^2-2r_iR_B\cos\psi_{ij})^{3/2}$；$\cos\psi_{ij}=\sin\varphi_i\sin\varphi_j+\cos\varphi_i\cos(\lambda_j-\lambda_i)$；$(r_i,\varphi_i,\lambda_i)$为第 i 个观测量的球坐标；$(R_B,\varphi_j,\lambda_j)$为第 j 个质点的球坐标；$R_B=R-d$ 为 Bjerhammar 球半径，R 为地球平均半径，d 为质点层的埋藏深度；m 为质点的个数；D_{ij} 和 ψ_{ij} 分别为第 i 个观测量与第 j 个质点之间的空间距离和球面角距。

当已知地面重力异常的个数 n 等于质点个数 m 时，通过直接解算由式(10.18)组成的线性方程组，即可求得待定的点质量大小 $G\delta M$；当 $n>m$ 时，可采用最小二乘平差方法求解 $G\delta M$。在求得点质量后，可按式(10.19)计算地球外部空间任意点 P 的重力异常：

$$\Delta g_p=\sum_{j=1}^{m}\left(\frac{r_p-R_B\cos\psi_{pj}}{D_{pj}^3}-\frac{2}{r_pD_{pj}}\right)G\delta M_j \tag{10.19}$$

式(10.18)和式(10.19)共同组成基于点质量方法实施重力异常先向下后向上延拓的计算模型(以下简称模型五)。点质量方法除了具有模型结构简单、能精确顾及地形、能综合处理多种观测等优点外，在计算效果上，这种模式巧妙地将向下延拓和向上延拓与函数插值自然结合，因此对低空外部扰动引力场具有较强的恢复能力(黄谟涛等，2005)。更为重要的是，点质量方法不强求对地面观测数据进行网格化处理，同时能够对不同飞行高度的测点进行点对点向上延拓计算，相比其他积分计算方法具有更大的灵活性。

10.2.3　向上延拓模型精度理论估计

由前面的论述可知，从理论上对不同延拓模型的计算精度进行估计，不仅涉及模型自身的结构特征，还涉及输入参量观测精度、代表误差、位模型系数误差、远区截断误差等与使用数据相关的多种不确定因素。考虑到该问题的复杂性，同时顾及计算模型精度理论估值只是一个统计意义上的参考量，在实际应用中起决定性作用的是输入参量的观测精度和分辨率，为简单起见，本节直接引用 Cruz 等(1984)基于 Poisson 积分公式导出的数据观测误差传播公式，对数据误差影响下的向上延拓模型计算精度进行粗略估计。设地面重力异常的观测中误差为 m_0，将高斯函数作为误差协方差函数模型，误差协方差函数的相关长度为 l，则根据误差传播定律，由 Poisson 积分公式可导出向上延拓计算精度估计公式为(Cruz et al.，1984)

$$m_H=\frac{1}{\sqrt{8\ln 2}}\cdot\frac{l\cdot m_0}{H} \tag{10.20}$$

式中，H 为延拓计算高度(km)。

由式(10.20)可知，向上延拓数据传播误差与数据误差自身及其相关长度成正比，与计算高度成反比。当数据误差分别取 $m_0 = 2\text{mGal}$，4mGal，$l = 2\text{km}$ 时，可求得对应于不同计算高度的 m_H 值，具体结果如表 10.1 所示。表 10.1 的结果虽然不能代表向上延拓模型的绝对精度，但至少可作为后面开展数值计算和精度分析的参考。

表 10.1　向上延拓数据传播误差估计

m_0/mGal	不同 H 下的误差/mGal				
	H=1km	H=2km	H=3km	H=4km	H=5km
2	1.70	0.85	0.57	0.42	0.34
4	3.39	1.70	1.13	0.85	0.68

10.2.4　数值计算检验与分析

10.2.4.1　试验数据与参数设置说明

为了考察地形质量对重力向上延拓计算结果的影响量值大小及其变化规律，本节选用美国本土一个 4°×4°区块(φ：36°N～40°N；λ：112°W～108°W)作为试验区，开展地面重力向上延拓的数值计算和对比分析。选择美国地区的数据进行试验，是考虑到 EGM2008 位模型在美国地区具有更高的逼近度(Pavlis et al., 2012；黄谟涛等，2014b)，有利于提高相应延拓计算结果的可靠性。该区块属于地形变化比较剧烈的大山区，同时拥有相对应的 2′×2′网格地面重力异常和 30″×30″地形高度数据，两组数据的变化特征统计如表 10.2 所示，重力异常和地形高度的等值线图分别如图 10.2 和图 10.3 所示，不难看出，两者之间具有很强的相关性。

考虑到不同计算模型之间的可比性，本节统一取 $r_i = R + h_i$、$r_p = R + H$，当计算地形改正数时，首先采用 30″×30″地形高度数据计算相同网格的局部地形改正数，然后取平均形成 2′×2′地形改正数，由 2′×2′网格地面重力异常向下延拓计算相对应的 2′×2′网格点质量，埋藏深度取 $d = 3\text{km}$，位模型统一采用 EGM2008。

10.2.4.2　计算结果对比分析

考虑到顾及地形高度一阶项影响的延拓模型(即式(10.2)～式(10.5))过于复

表 10.2　试验区块重力异常数据和地形高度数据变化特征统计

参量	最小值	最大值	平均值	均方根
重力异常/mGal	–96.1	167.2	5.5	40.5
地形高度/m	1056	4116	1987	2035

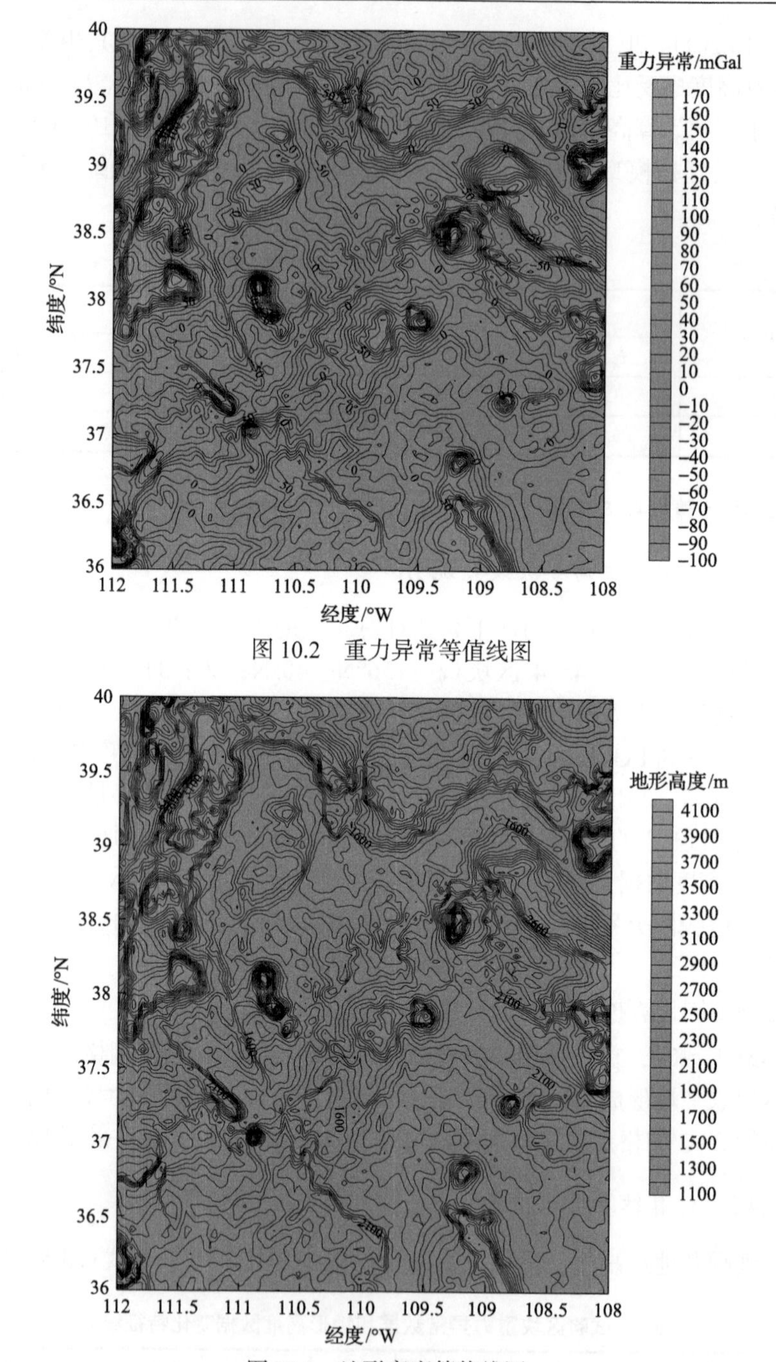

图 10.2　重力异常等值线图

图 10.3　地形高度等值线图

杂，实用价值不高，本专题研究的试验不再对其进行数值计算，本节只针对前面定义的模型一～模型五计算结果进行分析和检验。由于在 5 个向上延拓模型中，只有模型一是不顾及地形效应的近似模型，所以本节首先计算模型二～模型五在不同高度的延拓值与模型一解算值的互差，以检验地形质量对重力向上延拓计算结果的影响效果。模型一与其他模型的对比结果统计见表 10.3。

表 10.3　模型一与其他模型的对比结果统计

延拓高度/km	模型二		模型三		模型四		模型五	
	互差均值/mGal	均方根/mGal	互差均值/mGal	均方根/mGal	互差均值/mGal	均方根/mGal	互差均值/mGal	均方根/mGal
1	–3.45	43.37	–3.47	43.38	–2.15	22.58	–2.58	29.35
3	–1.57	8.63	–1.58	8.59	–0.99	7.01	–1.45	8.66
5	–1.49	5.88	–1.51	5.85	–0.95	5.18	–1.40	5.91
10	–1.38	3.49	–1.39	3.85	–0.88	3.11	–1.30	3.48

由表 10.3 可知：①地形效应对向上延拓计算结果的影响随计算高度的增大而减小，这是符合预期的结论，不必做更多的解释；②地形效应对向上延拓结果的影响最大可达几十毫伽，即使在 10km 的计算高度，此项影响也超过 3mGal，因此在陆地开展向上延拓计算，一般都应该顾及地形质量的作用；③模型二～模型五计算结果之间的互差也随计算高度的增大而减小，在 5km 以上高度，不同模型之间的差异不超过 1mGal，此结果说明，在这样的高度段上，前述 4 类延拓方法的模型精度(在使用相同数据源条件下，两组计算结果互差的均方根值除以 $\sqrt{2}$ 可视为模型内符合精度)与其数据传播误差(见表 10.1 的结果)基本处于同一水平。但值得注意的是，在较低的延拓高度上，不同模型之间的差异较大，在 1km 延拓高度上两者最大差异超过 20mGal。这说明在这样的延拓高度段上，有些模型的计算结果是不“真实”的，此问题主要与前端的向下延拓过程有关。

由前面的论述可知，顾及地形效应的模型二～模型五都涉及先向下后向上延拓过程，即都必须通过将地面重力异常向下延拓到海平面作为过渡环节。而由物理大地测量学可知(Heiskanen et al.，1967)，位场向下延拓过程在数学上属于不适定反问题(黄谟涛等，2014b，2015c)，虽然向下延拓解的存在性、收敛性和等价性均可由著名的 Runge-Krarup 定理作为保证(李建成等，2003)，但其等价性的适用范围只限于地球表面及其外部空间，即只能保证由延拓解正演形成的位场在地球表面及其外部空间保持一致，不能保证其在地球表面及其内部空间的等价性。这说明，延拓至海平面的重力异常及以其为基础的数学模型，与物理意义上的现实性是不对应的，它只是一组虚拟的重力异常(Heiskanen et al.，1967；申文斌等，2006b，2006c)。根据 Newton 逆算子的非唯一性原理，可通过不同的数学形式构造不同的等效场源，使其产生的等效位函数能够任意逼近地球外部真实位函数。由此可知，分布在地球表面的一组重力异常观测值，可对应于地球内部无穷多个不同的虚拟重力异常场源。表 10.4 列出了由模型二～模型五构造得到的在海平面(即对应 0m 高度面)上的虚拟重力异常统计量。

表 10.4　不同模型计算 0m 高度面上的重力异常　　(单位：mGal)

模型二		模型三		模型四		模型五	
均值	均方根	均值	均方根	均值	均方根	均值	均方根
7.14	56.06	7.15	57.21	6.52	49.25	6.22	232.07

从表 10.4 可以看出，虽然由不同模型确定的虚拟重力异常均值相差不大，但其变化形态差异非常显著，这样的结果与前面的理论分析相吻合。又由表 10.2 可知，本专题研究试验区的最小地形高度为 1056m，最大地形高度为 4116m，平均高度为 1987m。可见，5km 高度面完全包围试验区的地球表面，3km 高度面只部分包围试验区的地球表面，1km 高度面则完全被地球表面包围。根据前面关于向下延拓等价性适用范围的论述，由不同模型确定的不同重力场源可确保在 5km 高度面以上与地球真实重力场的一致性，而在 1km 高度面以下，相对应的向上延拓计算结果将完全失去其真实性。这些都为表 10.3 所展现的对比结果从显著差异到基本一致的变化趋势提供了非常恰当的物理解释。这里需要补充说明的是，模型四是通过计算超高阶位模型和局部地形改正各自在两个高度面的差分，来实现地面重力异常向海平面延拓的，其延拓过程不涉及 Newton 逆算子运算，完全避开了传统向下延拓解算过程的不适定问题。因此，相对于其他延拓模型，模型四延拓计算结果在全高度段都具有较高的稳定性，特别是在低空高度段，其延拓结果更具合理性，更接近地球重力场的实际分布，这一点可从表 10.2 和表 10.4 的对比分析中得到验证。

为了考察数据观测误差对向上延拓计算结果的影响，人为在地面重力异常中分别加入 2mGal 和 4mGal 的观测噪声干扰，然后按照前面的设计模型重新完成先向下后向上延拓计算，最后对加入误差干扰前后的计算结果进行对比分析。表 10.5 列出了 5 种模型在 3km 和 5km 高度面上的计算结果自身对比情况。

表 10.5　数据误差对延拓计算结果的影响估计

误差量/mGal	延拓高度/km	模型一		模型二		模型三		模型四		模型五	
		均值/mGal	均方根/mGal	均值/mGal	均方根/mGal	均值/mGal	均方根/mGal	均值/mGal	均方根/mGal	均值/mGal	均方根/mGal
2	3	−0.02	0.48	−0.02	1.00	−0.01	1.59	−0.02	0.48	−0.02	1.09
	5	−0.02	0.27	−0.02	0.37	−0.01	1.01	−0.02	0.27	−0.02	0.43
4	3	−0.02	0.94	−0.02	1.97	−0.01	3.11	−0.02	0.93	−0.02	1.99
	5	−0.03	0.52	−0.03	0.72	−0.02	1.98	−0.03	0.51	−0.03	0.84

从表 10.5 可以看出，数据误差对向上延拓计算结果的影响随计算高度的增大而减小，虽然前端的向下延拓过程对数据误差有放大作用，但后端的向上延拓过程等效于一个低通滤波器，有抑制高频干扰信号的作用，因此数据误差在向上延拓过程中的传播总是呈逐步减弱的变化趋势，其影响量大小一般不会超过数据误差本身。对比表 10.1 和表 10.5 的计算结果不难看出，误差影响理论估计和实际估算值之间也具有较好的一致性。需要指出的是，模型三在进行向下延拓之前首先进行了移去地形效应处理，在完成向上延拓后又恢复地形效应的影响，虽然从理论上讲，这样的处理方式可在一定程度上起到增强向下延拓解算稳定性的作用，但地形效应计算不可避免地存在一定的误差，这种误差必然会作为数据误差的一部分，通过向下延拓和向上延拓过程传播给最终的延拓计算结果，同时由于“移去”和“恢复”运算引起的误差具有不对等性，无法进行有效抵消。因此，表 10.5 中出现模型三计算效果反而不及其他模型的情况也是符合预期的。

10.2.5　专题小结

根据前面的理论分析和数值计算结果，本专题研究可得出以下结论：

(1) 地形效应对重力向上延拓结果的影响最大可达几十毫伽，在 10km 计算高度上，此项影响超过 3mGal。因此，在陆地开展重力向上延拓计算必须顾及地形高度的作用。

(2) 在 3km 以上高度，不同向上延拓模型的差异一般不超过 1mGal。但基于 Newton 逆算子构造的传统先向下后向上延拓模型，只能确保在地球表面及其外部空间给出比较可靠的向上延拓计算结果。联合超高阶位模型和地形改正信息实施向下延拓过渡的 Poisson 积分向上延拓模型(即前面所指的模型四)，不涉及 Newton 逆算子运算，在全高度段上都能给出比较稳定可靠的向上延拓计算结果。

(3) 数据误差对向上延拓计算结果的影响随计算高度的增大而减小，在 3km 以上高度，当数据误差为 4mGal 时，其影响量一般不超过 1mGal。在这样的高度上，综合考虑模型误差和数据误差两个方面的影响，向上延拓计算结果的精度估计一般不超过 1.5mGal。需要强调的是，本节定义的计算高度是以地球平均半径 R 的球面为起算面的，不同于通常所指的以地面起算的空中高度。虽然本节得出的结论主要源于 3km 以上高度计算结果的分析，但试验区的地形平均高度在 2km 左右，因此上述结论的适用范围相当于地面起算 1km 以上高度，基本满足各方面的应用需求。

10.3　重力异常向上延拓严密改化模型及向下延拓应用

10.3.1　问题的提出

依据地表重力观测研究确定地球形状大小及其变化特性，是重力和大地测量学的核心研究任务，既包含传统的大地测量边值问题解算和局部重力场逼近，又涵盖外部重力场逼近计算和全球重力场建模(Heiskanen et al., 1967; Moritz, 1980; 李建成等，2003；黄谟涛等，2005；宁津生等，2006；Sansò et al., 2013)。外部重力场逼近计算主要有两个方面的重要应用：一方面是为精密确定运载火箭、人造卫星、宇宙飞船、导弹武器、航天飞机等航天器飞行轨迹提供重力异常场补偿(Hirvonen et al., 1963；Cruz et al., 1984)；另一方面是为近地空间开展重力测量数据质量评估提供对比基准(Heiskanen et al., 1967；翟振和等，2015a)。重力异常向上延拓是外部重力场逼近计算最重要的研究内容之一，既可直接用于地球外部重力异常计算，又可间接用于重力异常向下延拓迭代解算(Moritz, 1966, 1980；王兴涛等，2004a；徐世浙，2006；姚长利等，2012；黄谟涛等，2018a；Tran et al., 2020)。这说明，互为反问题的重力异常向上和向下延拓不仅在计算地球物理学研究中发挥着不可替代的作用(马在田等，1997；姚长利等，2012)，在大地测量边值问题先向下后向上延拓解算中也具有非常重要的应用价值(Heiskanen et al., 1967; Moritz, 1980; Sansò et al., 2017; 刘敏等, 2018a)。Poisson 积分公式是计算地球外部重力异常的基础数学模型，源于大地测量 Dirichlet 边值问题的球面解，因其不能顾及地形高度的起伏变化，故在陆域实施重力异常向上延拓计算时，必须在 Poisson 积分公式基础上补偿地形效应的影响。实际上，Moritz(1966)早就推出了一组依据地面重力异常和地形高度数据计算外部重力异常严密而复杂的积分公式，但由于受数据保障条件的限制，在实际应用中，人们更多采用的是移去-恢复技术，即首先移去地形质量对观测重力异常的影响，然后使用 Poisson 积分公式完成向上延拓计算，最后在计算结果中恢复地形效应的影响(Cruz et al., 1984; 刘敏等, 2018a)。显然，无论是采用顾及地形效应的严密公式，还是移去-恢复技术，都离不开 Poisson 积分公式的理论支撑和工程化实现。因此，精密求解 Poisson 积分公式自然就成为获取高精度重力异常向上延拓计算结果的关键。

计算地球外部重力异常的向上延拓公式是一类有代表性的全球积分模型，其积分核函数具有与三维空间 Dirac 函数相似的特性，当计算点由外部空间趋于数据观测界面时，积分计算会出现由 Dirac 函数引起的数值跳跃现象；而当计算点趋于数据点或与数据点重合时，此类积分公式还会出现不同程度的奇异性问题，需要通过引入合适的积分恒等式变换，将原计算模型转换为具有稳定数值解的连续函数模型(Heiskanen et al., 1967)。其次，受观测数据覆盖范围的限制，实施计算时需要对此类全球积分模型进行积分域分割处理，即将全球积分划分为近区和远区，近区采用实测重力数据进行数值积分计算，远区则采用地球位模型进行补偿(黄谟涛等，2020f)。需要指出的是，第一阶段为消除奇异积分而实施的积分恒等式变换通常是在全球积分意义下完成的，在第二阶段实施全球积分域分区处理时，人们往往会忽视积分恒等式成立的全球积分条件，不再关注采用局域积分对积分恒等式带来的数值影响(Heiskanen et al., 1967；翟振和等，2015a；刘长弘，2016)，从而引起不可忽略的计算模型误差(黄谟涛等，2019a)。为此，本专题研究将针对地面重力异常向上延拓全球积分模型改化问题进行分析研究，依据实际应用中的数据保障条件和全球积分域分割处理方式，推导出外部重力异常全球积分模型的严密改化模型，同时通过数值计算检验，进一步分析验证采用严密改化模型的必要性和有效性(黄谟涛等，2022b)。

10.3.2 计算模型改化与分析

10.3.2.1 重力异常向上延拓全球积分模型及稳定性分析

由重力位场理论可知，依据球外 Dirichlet 问题球面解的 Poisson 积分公式，可直接推得由地面观测重力异常计算地球外部重力异常的全球积分模型为(Heiskanen et al., 1967)

$$\Delta g_p = \frac{R^2(r^2 - R^2)}{4\pi r}\iint_\sigma \frac{\Delta g_q}{l^3}\mathrm{d}\sigma = \frac{1}{4\pi}\iint_\sigma \Delta g_q K(r,\psi)\mathrm{d}\sigma \tag{10.21}$$

$$K(r,\psi) = \frac{R^2(r^2 - R^2)}{rl^3} = \sum_{n=0}^{\infty}(2n+1)\left(\frac{R}{r}\right)^{n+2} P_n(\cos\psi) \tag{10.22}$$

式中，Δg_p 为地球外部计算点 $P(r,\varphi,\lambda)$ 处的重力异常，(r,φ,λ) 分别为外部空间点球坐标的地心向径、地心纬度和地心经度；Δg_q 为地面(近似为球面)流动点 $Q(R,\varphi',\lambda')$ 处的已知观测重力异常；σ 为单位球面；$\mathrm{d}\sigma$ 为单位球面的积分面积元；$K(r,\psi)$ 为积分核函数；$l=\sqrt{r^2+R^2-2rR\cos\psi}$ 为计算点 $P(r,\varphi,\lambda)$ 至积分流动点 $Q(R,\varphi',\lambda')$ 之间的空间距离，ψ 为计算点至积分流动点之间的球面角距，R 为地球平均半径；$P_n(\cos\psi)$ 为 n 阶勒让德函数。

式(10.21)就是位场转换常用的地面重力异常向上延拓模型，不难看出，当 $r\to R$、$\psi\neq 0$ 时，$K(r,\psi)\to 0$，相对应的积分项为零；而当计算点趋近于数据点时，即当 $r\to R$ 和 $\psi\to 0$ 时，还会出现分母项 $l\to 0$，积分核函数 $K(r,\psi)$ 发生奇异。这说明，当利用式(10.21)计算地球外部超低空重力异常时，一方面会出现由核函数奇异性引起的不确定性问题，另一方面还会出现由地球外部扰动位固有特性引起的边界值跳跃问题(Heiskanen et al., 1967)。本节对此问题进行进一步分析如下。

首先将式(10.21)的全球积分域σ划分为σ_1和σ_2两部分，σ_1代表以计算点为中心、s_1为半径且无限接近于计算点的小球冠区域，σ_2代表剩余部分($\sigma-\sigma_1$)的区域。因当$r \to R$、$\psi \neq 0$时，$K(r,\psi) \to 0$，故对应于σ_2部分的积分项为零。可见，只需分析讨论对应于小球冠σ_1部分的积分项。考虑到σ_1是一个很小的区块，故可在该区块内对由式(10.22)表示的积分核函数进行平面近似处理，以极坐标系(s,α)表示，可近似取

$$l^2 \approx l_0^2 + h^2 \approx s^2 + h^2 \text{，} \quad l_0 = 2R\sin\frac{\psi}{2} \text{，} \quad r = R + h \text{，} \quad R^2 \mathrm{d}\sigma \approx s\mathrm{d}s\mathrm{d}\alpha$$

式中，h为计算点的高度。

此时，式(10.22)表示的积分核函数可近似表示为

$$K(r,\psi) = \frac{R^2(2R+h)h}{(R+h)\sqrt{(s^2+h^2)^3}} \tag{10.23}$$

将式(10.23)代入式(10.21)，可得σ_1部分的积分为

$$\begin{aligned} \Delta g_{p\sigma_1} &= \frac{1}{4\pi}\int_0^{2\pi}\int_0^{s_1} \Delta g_q \frac{R^2(2R+h)h}{(R+h)\sqrt{(s^2+h^2)^3}} \mathrm{d}\sigma \\ &= \frac{(2R+h)h}{4\pi(R+h)}\int_0^{2\pi}\int_0^{s_1} \Delta g_q \frac{s}{\sqrt{(s^2+h^2)^3}} \mathrm{d}s\mathrm{d}\alpha \end{aligned} \tag{10.24}$$

在无限小的球冠σ_1内，可将Δg_q看作一个常值，恒等于计算点处的重力异常，即可取$\Delta g_q = \Delta g_{Rp}$，代入式(10.24)，可得

$$\begin{aligned} \Delta g_{p\sigma_1} &= \frac{(2R+h)h}{2(R+h)} \Delta g_{Rp} \int_0^{s_1} \frac{s}{\sqrt{(s^2+h^2)^3}} \mathrm{d}s \\ &= \frac{(2R+h)h}{2(R+h)} \Delta g_{Rp} \left[-\frac{1}{(s^2+h^2)^{1/2}} \right]_0^{s_1} \\ &= \frac{(2R+h)h}{2(R+h)} \Delta g_{Rp} \left[-\frac{1}{(s_1^2+h^2)^{1/2}} + \frac{1}{h} \right] \end{aligned} \tag{10.25}$$

由式(10.25)可以看出，当$h \to 0$(即$r \to R$)时，$\Delta g_{p\sigma_1} \to \Delta g_{Rp}$，即计算值收敛于地面上已知的重力异常观测值。很显然，这只是理论上的理想化推证结果，在实际应用中，无法完全按照上述推证过程来实现重力异常向上延拓数值计算。这是因为选择一个无限小的球冠σ_1既不现实，也不符合数据实际，而当计算点与数据点重合时，在超低空高度段，由式(10.22)表示的积分核函数会出现非常严重的奇异性问题，从而导致式(10.21)的数值计算结果严重偏离预期的理论真值，这些都是由地球外部扰动位(类同于单层位)法向导数在边界面存在不连续性的固有特性和积分核函数具有与三维空间 Dirac 函数相似的跳跃特性决定的(Heiskanen et al., 1967)。尽管通过直接扣除计算点所在的数据块，理论上即可消除积分奇异性问题，但因该数据块距离计算点最近，对计算结果的影响也就最大，故扣除该数据块必然会对计算结果带来一定程度甚至是不可忽略的影响，从而显著降低向上延拓结果的计算精度(刘长弘，2016)。

10.3.2.2　全球积分模型严密改化模型

为了消除式(10.21)的奇异性，确保地球外部重力位场调和函数在边界面上的连续性，Heiskanen 等(1967)建议采用由式(10.26)定义的积分恒等式对式(10.21)进行改化，即

$$\frac{R^2}{r^2} = \frac{R^2(r^2 - R^2)}{4\pi r}\iint_\sigma \frac{1}{l^3}\,\mathrm{d}\sigma \tag{10.26}$$

在式(10.26)两端同乘以地面计算点处的已知观测值Δg_{Rp}，可得

$$\frac{R^2}{r^2}\Delta g_{Rp} = \frac{R^2(r^2 - R^2)}{4\pi r}\iint_\sigma \frac{\Delta g_{Rp}}{l^3}\,\mathrm{d}\sigma \tag{10.27}$$

将式(10.21)减去式(10.27)，并略加整理可得

$$\Delta g_p = \frac{R^2}{r^2}\Delta g_{Rp} + \frac{1}{4\pi}\iint_\sigma (\Delta g_q - \Delta g_{Rp})K(r,\psi)\,\mathrm{d}\sigma \tag{10.28}$$

式(10.28)即为经去奇异性改化后的地球外部重力异常全球积分模型。不难看出，经积分恒等式(10.26)转换后，式(10.28)不再存在积分奇异性问题。同时，理论上，当$r \to R$和$\psi \to 0$时，由式(10.28)确定的外部重力异常Δg_p收敛于球面上已知的观测值Δg_{Rp}。可见，经第一步改化后的计算式(10.28)在边界面也不再出现数值跳跃现象。至此，从理论上解决了式(10.21)存在的积分奇异和数值不连续性问题。

如前所述，受观测数据覆盖范围的限制，在实际应用式(10.28)时，通常需要

将全球积分域划分为近区和远区进行处理，近区定义为以计算点为中心、以ψ_0为半径的球冠区域σ_0，通过引入一定阶次（如N阶）的重力位模型参考场和移去-恢复技术，在近区采用实测数据（减去N阶重力位模型）进行计算，远区效应则采用更高阶次（如L阶）的重力位模型进行补偿。引入移去-恢复技术处理模式后，还需要对积分核函数进行相应的改化处理，以满足积分核函数与观测重力异常信息之间的频谱匹配要求（Novák et al.，2002；刘敏等，2016）。本节统一使用简单实用的 Wong 等（1969）方法对积分核函数进行改化。经分区处理和核函数改化后，式(10.28)从全球积分模型转换为局域积分模型，即得第 2 步改化模型为

$$\Delta g_p = \frac{R^2}{r^2}\Delta g_{Rp} + \frac{1}{4\pi}\iint_{\sigma_0}(\Delta g_q - \Delta g_{Rp})K^{\mathrm{WG}}(r,\psi)\mathrm{d}\sigma + \Delta g_{q(\sigma-\sigma_0)} \tag{10.29}$$

$$\begin{aligned} K^{\mathrm{WG}}(r,\psi) &= K(r,\psi) - \sum_{n=0}^{N}(2n+1)\left(\frac{R}{r}\right)^{n+2}P_n(\cos\psi) \\ &= \frac{R^2(r^2-R^2)}{rl^3} - \sum_{n=0}^{N}(2n+1)\left(\frac{R}{r}\right)^{n+2}P_n(\cos\psi) \end{aligned} \tag{10.30}$$

$$\Delta g_{q(\sigma-\sigma_0)} = \frac{GM}{2R^2}\sum_{n=N+1}^{L}(n-1)Q_n(\Delta g)T_n(\varphi,\lambda) \tag{10.31}$$

$$Q_n(\Delta g) = \sum_{m=N+1}^{L}(2m+1)\left(\frac{R}{r}\right)^{m+2}R_{n,m}(\psi_0) \tag{10.32}$$

$$R_{n,m}(\psi_0) = \int_{\psi_0}^{\pi}P_n(\cos\psi)P_m(\cos\psi)\sin\psi\,\mathrm{d}\psi \tag{10.33}$$

$$T_n(\varphi,\lambda) = \sum_{m=0}^{n}[\bar{C}_{nm}^{*}\cos(m\lambda) + \bar{S}_{nm}\sin(m\lambda)]\bar{P}_{nm}(\sin\varphi) \tag{10.34}$$

式中，$K^{\mathrm{WG}}(r,\psi)$为截断核函数；$\Delta g_{q(\sigma-\sigma_0)}$为重力异常远区效应补偿量；$GM$为万有引力常数与地球质量的乘积；$L$为用于补偿远区效应的高阶次重力位模型的最高阶数；$N$为参考场位模型的最高阶数；$Q_n(\Delta g)$为重力异常 Poisson 积分核截断系数；系数$R_{n,m}(\psi_0)$的递推计算式参见 Paul（1973）；$T_n$为地球扰动位$n$阶拉普拉斯（Laplace）面球谐函数；$\bar{P}_{nm}(\sin\varphi)$为完全规格化缔合勒让德函数；$\bar{C}_{nm}^{*}$和$\bar{S}_{nm}$为完全规格化地球位系数；其他符号意义同前。

为简便起见，本节约定式(10.29)右端中的重力异常观测量均移去了N阶位模型参考场的影响，式(10.29)左端的重力异常待求量隐含需要恢复相应参考场的影

响(下同)。

需要指出的是，当把式(10.29)作为计算外部重力异常的实用公式使用时，往往会忽略一个事实：式(10.28)是从积分恒等式(10.26)转换来的，两者都建立在全球积分基础之上(Heiskanen et al.，1967；刘长弘，2016)。很显然，分区改化模型计算式(10.29)中的局域积分并不满足积分恒等式(10.26)的理论假设要求，因为 $\Delta g_{q(\sigma-\sigma_0)}$ 只代表对式(10.29)右端积分项 Δg_q 在远区 $(\psi_0-\pi)$ 的补偿，并未顾及另一积分项 Δg_{Rp} 在远区 $(\psi_0-\pi)$ 的影响。这就意味着，一直使用的重力异常向上延拓模型(即式(10.29))是不严密的，存在系统偏差。数值试验结果表明，由此引起的外部重力异常计算误差随观测值 Δg_{Rp} 和积分半径 ψ_0 取值大小的变化而变化，最大可达几十毫伽。因此，要想获得高精度的外部重力异常计算结果，必须消除该项误差的影响。由前面的分析不难得知，该项误差的计算式可表示为

$$\Delta g_{p(\sigma-\sigma_0)}=-\frac{1}{4\pi}\iint_{\sigma-\sigma_0}\Delta g_{Rp}K^{\mathrm{WG}}(r,\psi)\,\mathrm{d}\sigma=-\frac{\Delta g_{Rp}}{4\pi}\int_0^{2\pi}\int_{\psi_0}^{\pi}K^{\mathrm{WG}}(r,\psi)\sin\psi\,\mathrm{d}\psi\,\mathrm{d}\alpha \tag{10.35}$$

式中，$\Delta g_{p(\sigma-\sigma_0)}$ 为 Δg_{Rp} 在积分远区 $(\sigma-\sigma_0)$ 的影响；α 为计算点至积分流动点的方位角。

将式(10.30)代入式(10.35)，可得

$$\Delta g_{p(\sigma-\sigma_0)}=-\frac{\Delta g_{Rp}}{4\pi}\int_0^{2\pi}\int_{\psi_0}^{\pi}\left[\frac{R^2(r^2-R^2)}{rl^3}-\sum_{n=0}^{N}(2n+1)\left(\frac{R}{r}\right)^{n+2}P_n(\cos\psi)\right]\sin\psi\,\mathrm{d}\psi\,\mathrm{d}\alpha \tag{10.36}$$

完成式(10.36)的积分后可得

$$\begin{aligned}\Delta g_{p(\sigma-\sigma_0)}&=\Delta g_{Rp}\left\{\left[-\frac{R^2}{r^2}+\frac{R}{2r^2}\left(r+R-\frac{r^2-R^2}{l_{\psi_0}}\right)\right]+\frac{1}{2}\sum_{n=0}^{N}(2n+1)\left(\frac{R}{r}\right)^{n+2}R_n(\psi_0)\right\}\\&=\Delta g_{Rp}k(r,\psi_0,N)\end{aligned} \tag{10.37}$$

$$k(r,\psi_0,N)=\left[-\frac{R^2}{r^2}+\frac{R}{2r^2}\left(r+R-\frac{r^2-R^2}{l_{\psi_0}}\right)\right]+\frac{1}{2}\sum_{n=0}^{N}(2n+1)\left(\frac{R}{r}\right)^{n+2}R_n(\psi_0) \tag{10.38}$$

$$R_n(\psi_0)=\int_{\psi_0}^{\pi}P_n(\cos\psi)\sin\psi\,\mathrm{d}\psi=\frac{1}{2n+1}\left[P_{n+1}(\cos\psi_0)-P_{n-1}(\cos\psi_0)\right] \tag{10.39}$$

式中，$l_{\psi_0}=\sqrt{r^2+R^2-2rR\cos\psi_0}$。

由式(10.37)可知，对局域积分计算式(10.29)的补偿量$\Delta g_{p(\sigma-\sigma_0)}$大小与计算点处的重力异常$\Delta g_{Rp}$成正比，其比例系数$k(r,\psi_0,N)$取决于计算高度、积分半径和参考场位模型阶数的大小。

将式(10.37)加入式(10.29)的右端，可得计算外部重力异常的第3步改化模型为

$$\begin{aligned}\Delta g_p&=\frac{R^2}{r^2}\Delta g_{Rp}+\frac{1}{4\pi}\iint_{\sigma_0}(\Delta g_q-\Delta g_{Rp})K^{\mathrm{WG}}(r,\psi)\mathrm{d}\sigma+\Delta g_{q(\sigma-\sigma_0)}+\Delta g_{p(\sigma-\sigma_0)}\\&=\frac{1}{4\pi}\iint_{\sigma_0}(\Delta g_q-\Delta g_{Rp})K^{\mathrm{WG}}(r,\psi)\,\mathrm{d}\sigma+\Delta g_{q(\sigma-\sigma_0)}\\&\quad+\frac{\Delta g_{Rp}}{2}\left[\frac{R}{r^2}\left(r+R-\frac{r^2-R^2}{l_{\psi_0}}\right)+\sum_{n=0}^{N}(2n+1)\left(\frac{R}{r}\right)^{n+2}R_n(\psi_0)\right]\end{aligned}\tag{10.40}$$

由式(10.28)的推导过程可知，计算点所在数据块Δg_{Rp}对计算参量Δg_p的影响已经在式(10.28)右端的第一项中得到补偿，故在式(10.40)右端的积分项中不再体现数据块Δg_{Rp}的作用。需要指出的是，这样的处理结果是在把数据块Δg_{Rp}当作常值条件下获得的，如果该条件不满足，那么还应对数据块Δg_{Rp}进行单独处理。假设与计算点重合的网格数据块半径为ψ_{00}，考虑到该数据块是一个很小的区域，故可采用与前面相同的方式对由式(10.22)表示的积分核函数进行平面近似处理，此时，计算点所在数据块的积分公式可写为

$$\begin{aligned}\Delta g_{p0}&=\frac{1}{4\pi}\int_0^{2\pi}\int_0^{\psi_{00}}(\Delta g_q-\Delta g_{Rp})\frac{R^2(2R+h)h}{(R+h)\sqrt{(s^2+h^2)^3}}\mathrm{d}\sigma\\&=\frac{1}{4\pi}\int_0^{2\pi}\int_0^{s_0}(\Delta g_q-\Delta g_{Rp})\frac{(2R+h)h}{(R+h)\sqrt{(s^2+h^2)^3}}s\mathrm{d}s\mathrm{d}\alpha\end{aligned}\tag{10.41}$$

式中，Δg_{p0}为计算点所在数据块对计算参量Δg_p的影响；s_0为数据网格大小的1/2，当数据网格为$1'\times1'$时，$s_0=0.5'$。

由式(10.41)可知，如果把数据块Δg_{Rp}当作常值，即认为在计算点所在的数据网格内处处满足$\Delta g_q=\Delta g_{Rp}$，则有$\Delta g_{p0}=0$。当计算点附近的重力异常场变化比较剧烈时，上述处理方法会带来一定的计算误差，此时，可参照 Heiskanen 等

(1967)的思路，将重力异常 Δg_q 在空间计算点 P 的球面投影点 Rp 处展开为泰勒级数，即

$$\Delta g_q = \Delta g_{Rp} + x g_x + y g_y + \frac{1}{2!}(x^2 g_{xx} + 2xy g_{xy} + y^2 g_{yy}) + \cdots \tag{10.42}$$

式中，x 轴指向正北，$x = s\cos\alpha$；y 轴指向东，$y = s\sin\alpha$；并且有

$$g_x = \left(\frac{\partial \Delta g}{\partial x}\right)_{Rp},\quad g_y = \left(\frac{\partial \Delta g}{\partial y}\right)_{Rp},\quad g_{xy} = \left(\frac{\partial^2 \Delta g}{\partial x \partial y}\right)_{Rp}$$

$$g_{xx} = \left(\frac{\partial^2 \Delta g}{\partial x^2}\right)_{Rp},\quad g_{yy} = \left(\frac{\partial^2 \Delta g}{\partial y^2}\right)_{Rp}$$

将式(10.42)代入式(10.41)，不难推得

$$\begin{aligned} \Delta g_{p0} &= \frac{g_{xx} + g_{yy}}{8} \int_0^{s_0} \frac{(2R+h)h}{(R+h)\sqrt{(s^2+h^2)^3}} s^3 \mathrm{d}s \\ &= \frac{g_{xx} + g_{yy}}{8} \frac{(2R+h)h}{R+h} \left(\frac{s_0^2 + 2h^2}{\sqrt{s_0^2 + h^2}} - 2h \right) \end{aligned} \tag{10.43}$$

假设计算点所在的数据网格为 (i, j)，则有

$$g_{xx} = [\Delta g(i+1) - 2\Delta g(i) + \Delta g(i-1)] / (4 s_0^2) \tag{10.44}$$

$$g_{yy} = [\Delta g(j+1) - 2\Delta g(j) + \Delta g(j-1)] / (4 s_0^2 \cos^2 \varphi_i) \tag{10.45}$$

将式(10.43)加入式(10.40)的右端，可得到计算外部重力异常的第 4 步，也是最终的严密改化模型为

$$\Delta g_p = \frac{R^2}{r^2} \Delta g_{Rp} + \frac{1}{4\pi} \iint_{\sigma_0} (\Delta g_q - \Delta g_{Rp}) K^{\mathrm{WG}}(r, \psi) \,\mathrm{d}\sigma + \Delta g_{q(\sigma-\sigma_0)} + \Delta g_{p(\sigma-\sigma_0)} + \Delta g_{p0} \tag{10.46}$$

不难看出，相比传统的向上延拓计算式(10.29)，严密改化模型(10.46)增加了 $\Delta g_{p(\sigma-\sigma_0)}$ 和 Δg_{p0} 两个补偿量。

10.3.2.3　严密改化模型在向下延拓迭代计算中的应用

如前所述，位场向下延拓实为同一位场向上延拓的反问题，向上延拓解算具

有稳定可靠的优良特性，因此在重力场向下延拓迭代计算中具有多方面的应用：①通过向下和向上延拓迭代计算将航空重力测量成果向下延拓到某个基准面(Novák et al.，2001a；Alberts et al.，2004；王兴涛等，2004a；刘敏等，2016)；②将地面观测重力异常向下延拓到地球内部的某个球面，然后采用球面延拓公式完成向上延拓计算(Moritz，1966；刘敏等，2018a)；③将地面或航空重力测量成果统一向下延拓到大地水准面，用于解算大地测量边值问题(Bjerhammar，1964；Heiskanen et al.，1967)；④将地面或航空重力测量成果向下延拓到地球内部更接近于位场源体的高度面，以提高位场数据解释推断的准确性和可靠性(梁锦文，1989；Moritz，1990；马在田等，1997；Trompat et al.，2003)。在这些应用中，重力异常向上延拓模型几乎都是以同一个方式为各方法所用，也就是在向下与向上的迭代计算中起到一个关键性的桥梁作用。以航空重力测量数据向下延拓计算为例，具体原理和流程说明如下。

假设在高度为 h 的等高面上完成了航空重力测量，经处理后得到一组重力异常网格值 Δg_p，现需要将 Δg_p 向下延拓到半径为 R 的球面上。由式(10.46)可知，现在的问题是已知向上延拓模型左端的球面外部观测量 Δg_p，需要求解模型右端第一项和第二积分项内的球面重力异常 Δg_{Rp}，用公式表示为

$$\Delta g_{Rp}=\frac{r^2}{R^2}\left[\Delta g_p-\frac{1}{4\pi}\iint_{\sigma_0}(\Delta g_q-\Delta g_{Rp})K^{\mathrm{WG}}(r,\psi)\,\mathrm{d}\sigma-\Delta g_{q(\sigma-\sigma_0)}-\Delta g_{p(\sigma-\sigma_0)}-\Delta g_{p0}\right] \tag{10.47}$$

很显然，由式(10.47)还不能直接求得球面值 Δg_{Rp}，因为式(10.47)右端仍包含未知参量 Δg_{Rp} 和 Δg_q。为了解决此问题，一般采用迭代计算方法对式(10.47)进行求解。首先取迭代计算初值为

$$\Delta g_q^{(0)}=\Delta g_p \tag{10.48}$$

式中，$\Delta g_q^{(0)}$ 包含 $\Delta g_{Rp}^{(0)}$。

将迭代计算初值代入式(10.47)的右端，计算 Δg_{Rp} 第 1 次近似值：

$$\Delta g_{Rp}^{(1)}=\frac{r^2}{R^2}\left[\Delta g_p-\frac{1}{4\pi}\iint_{\sigma_0}(\Delta g_q^{(0)}-\Delta g_{Rp}^{(0)})K^{\mathrm{WG}}(r,\psi)\mathrm{d}\sigma-\Delta g_{q(\sigma-\sigma_0)}-\Delta g_{p(\sigma-\sigma_0)}^{(0)}-\Delta g_{p0}^{(0)}\right] \tag{10.49}$$

利用由式(10.49)得到的 $\Delta g_{Rp}^{(1)}$ (包含 $\Delta g_q^{(1)}$)进一步计算第 2 次近似值：

$$\Delta g_{Rp}^{(2)} = \frac{r^2}{R^2}\left[\Delta g_p - \frac{1}{4\pi}\iint_{\sigma_0}(\Delta g_q^{(1)} - \Delta g_{Rp}^{(1)})K^{\mathrm{WG}}(r,\psi)\mathrm{d}\sigma - \Delta g_{q(\sigma-\sigma_0)} - \Delta g_{p(\sigma-\sigma_0)}^{(1)} - \Delta g_{p0}^{(1)}\right] \tag{10.50}$$

如此继续进行，按式(10.51)计算 Δg_{Rp} 第 k 次近似值：

$$\Delta g_{Rp}^{(k)} = \frac{r^2}{R^2}\left[\Delta g_p - \frac{1}{4\pi}\iint_{\sigma_0}(\Delta g_q^{(k-1)} - \Delta g_{Rp}^{(k-1)})K^{\mathrm{WG}}(r,\psi)\mathrm{d}\sigma - \Delta g_{q(\sigma-\sigma_0)} - \Delta g_{p(\sigma-\sigma_0)}^{(k-1)} - \Delta g_{p0}^{(k-1)}\right] \tag{10.51}$$

直到前后两次计算值的互差绝对值或互差均方根值小于某个设定的大于零的限差值 ε 或 σ (如可取 ε=0.3mGal 或 σ=0.1mGal)为止。

上述迭代计算过程的稳定性与已知数据网格间距($\Delta\Omega$)和向下延拓高度(h)的比值($\alpha = \Delta\Omega / h$)有关，该比值越大，迭代过程的收敛速度越快，数值计算稳定性越好。关于此问题的讨论可参见相关文献(Martinec, 1996; Novák et al., 2001a; 刘敏等, 2016)。本专题研究关注的重点是，相比于传统方法使用的近似模型，使用前面给出的严密向上延拓改化模型进行向下延拓迭代计算，能够取得什么样的改进效果。近似模型是指在式(10.47)及后续的迭代公式中，不顾及补偿量 $\Delta g_{p(\sigma-\sigma_0)}^{(k-1)}$ 和 $\Delta g_{p0}^{(k-1)}$ 的影响(Heiskanen et al., 1967)。显然，从理论上讲，使用近似模型进行向下延拓迭代计算，必然会对解算结果产生一定程度的影响。

10.3.3　数值计算检验与分析

10.3.3.1　数值检验使用的数据及区域

为了分析比较前面提出的重力异常向上延拓模型改化效果，本专题研究采用超高阶位模型 EGM2008 作为数值计算检验的仿真标准场(Pavlis et al., 2012)，用于模拟产生球面及其外部设定高度的 1′×1′网格重力异常理论真值(本节使用 1′×1′而非 5′×5′网格数据是为了减弱积分离散化误差的影响)。由地球位模型计算球面及其外部设定高度面重力异常的公式为(Heiskanen et al., 1967; 黄谟涛等, 2005)

$$\Delta g(r,\varphi,\lambda) = \frac{GM}{R^2}\sum_{n=2}^{L}\left(\frac{R}{r}\right)^{n+2}(n-1)\sum_{m=0}^{n}[\bar{C}_{nm}^{*}\cos(m\lambda) + \bar{S}_{nm}\sin(m\lambda)]\bar{P}_{nm}(\sin\varphi) \tag{10.52}$$

式中，各个符号的意义同前。

为了体现检验结果的代表性，本节特意选取重力异常场变化比较剧烈的马里亚纳海沟作为试验区，具体覆盖范围为 6°×6°（φ：10°N～16°N；λ：142°E～148°E）。首先选取截断到 360 阶的位模型 EGM2008 作为参考场，即取 N=360，然后选取361～2160阶的位模型EGM2008作为计算检验的标准场，即取 $L=2160$，进而选取 $r_i = R + h_i$，$R = 6371\text{km}$，使用 EGM2008 模型（361～2160 阶）分别计算对应于 9 个高度面上的 1′×1′网格重力异常理论真值 $\Delta g_{ti}(i=1,2,\cdots,9)$，每一个高度面对应 360×360=129600 个网格点数据，9 个高度分别为 $h_i = 0\text{km}, 0.1\text{km}, 0.3\text{km}$，1km，3km，5km，10km，30km，50km。表 10.6 列出了其中 5 个高度面上的重力异常理论真值统计结果，图 10.4、图 10.5 分别给出了对应于 0km 高度面和 3km 高度面上的重力异常理论真值分布图。

表 10.6　由 EGM2008 模型（361～2160 阶）计算得到的重力异常统计结果

高度/km	最大值/mGal	最小值/mGal	平均值/mGal	均方根/mGal
0	138.85	–78.48	0.38	22.63
1	122.29	–69.92	0.35	20.68
3	97.73	–56.82	0.29	17.40
30	10.96	–7.30	0.03	2.43
50	2.68	–2.05	0.01	0.66

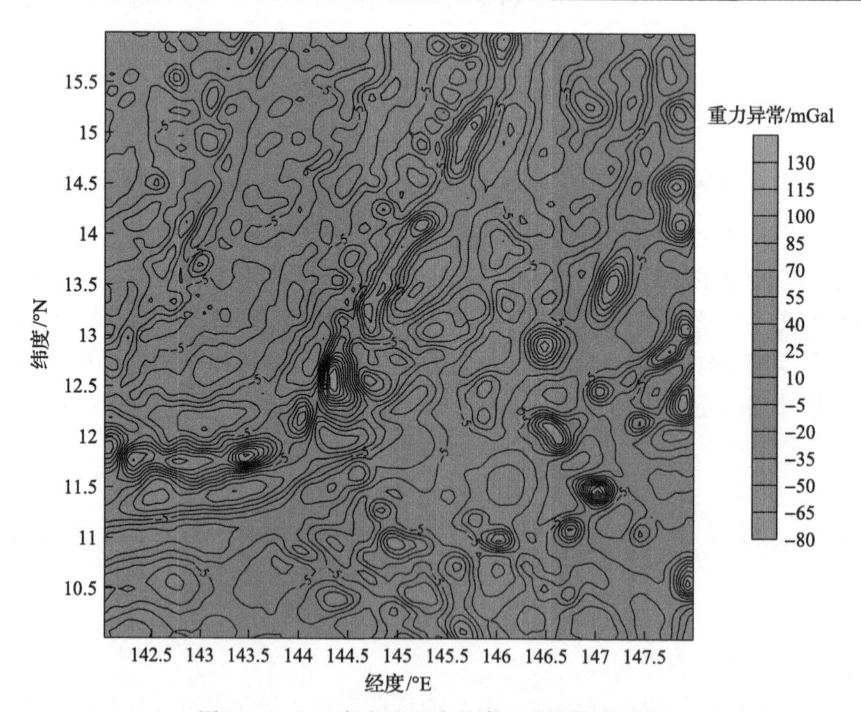

图 10.4　0km 高度面重力异常理论真值分布图

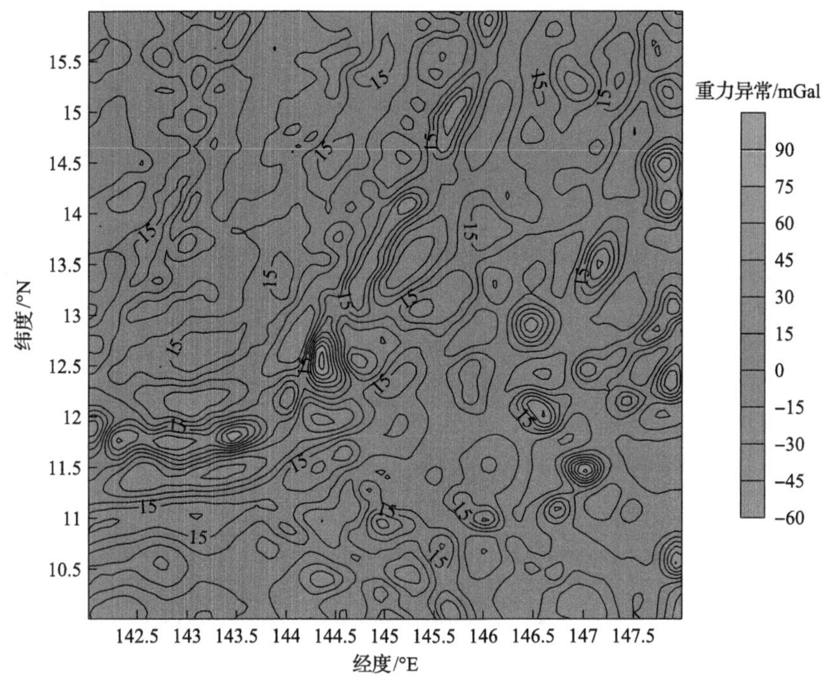

图 10.5　3km 高度面重力异常理论真值分布图

表 10.6 统计结果和图 10.4、图 10.5 显示的重力异常变化形态说明，尽管已经扣除 2～360 阶频段的参考场，本试验区域重力异常场变化的剧烈程度仍然非常显著，足以代表真实地球绝大多数局部重力场的变化特征。

10.3.3.2　改化模型数值检验方法及结果分析

为了对比分析不同改化模型的计算效果，本节采用 0km 高度面也就是球面上的 1′×1′网格重力异常真值 Δg_t 作为观测量，同时使用 4 种改化模型对前面选定的对应于试验区 9 个高度面上的 1′×1′网格重力异常进行了计算分析。其中，第 1 模型是指直接使用式(10.21)作为基础计算模型，并对全球积分域进行了分区处理，但在实施近区计算时，直接扣除掉与计算点重合的 1′×1′数据块，以避免出现奇异积分；第 2 模型对应于式(10.29)；第 3 模型对应于式(10.40)；第 4 模型对应于式(10.46)。将 4 种模型的计算值分别与相对应的理论真值 Δg_{ti} 进行比较，可获得不同改化模型的计算精度评估信息，具体对比结果列于表 10.7。本节积分半径统一取为 $\psi_0 = 2°$，为了减小积分边缘效应对评估结果的影响，表 10.7 只列出试验中心区 2°×2°区块内的数据对比结果(下同)。为了定量评估重力异常远区效应大小及由全球积分过渡到局域积分引起的模型误差影响，表 10.8 给出了采用式(10.31)计算得到的三组对应于积分半径$\psi_0=2°$、$\psi_0=5°$和$\psi_0=10°$的远区效应贡献量$\Delta g_{q(\sigma-\sigma_0)}$统计结果，表 10.9 给出了采用式(10.37)计算得到的相对应的三组误差补偿量$\Delta g_{p(\sigma-\sigma_0)}$统计结果。表 10.10 为依据式(10.38)计算得到的比例系数$k(r,\psi_0,N)$随位模型参考场阶数N、积分半径ψ_0和高度h取值变化而变化的数值结果。

表 10.7　由不同改化模型计算得到的 9 个高度面重力异常与真值比较

高度/km	第 1 模型			第 2 模型			第 3 模型			第 4 模型		
	最大值/mGal	最小值/mGal	均方根/mGal	最大值/mGal	最小值/mGal	均方根/mGal	最大值/mGal	最小值/mGal	均方根/mGal	最大值/mGal	最小值/mGal	均方根/mGal
0	132.6	–78.7	29.27	21.86	–13.30	4.79	0.81	–0.94	0.26	0.81	–0.94	0.26
0.1	122.1	–72.6	26.96	21.68	–13.18	4.76	0.79	–0.91	0.25	0.78	–0.91	0.25
0.3	101.9	–60.6	22.50	21.37	–12.97	4.69	0.74	–0.85	0.23	0.73	–0.85	0.23
1	48.2	–28.8	10.63	20.51	–12.41	4.51	0.59	–0.68	0.19	0.58	–0.69	0.18
3	7.7	–4.7	1.70	18.22	–10.95	4.00	0.32	–0.38	0.10	0.31	–0.38	0.10
5	2.7	–1.7	0.60	16.13	–9.65	3.55	0.20	–0.23	0.06	0.20	–0.23	0.06
10	0.6	–0.4	0.14	11.87	–7.08	2.61	0.11	–0.11	0.04	0.10	–0.12	0.04
30	0.04	–0.04	0.01	3.44	–2.05	0.76	0.04	–0.04	0.01	0.04	–0.04	0.01
50	0.01	–0.01	0.00	0.98	–0.58	0.21	0.01	–0.01	0.00	0.01	–0.01	0.00

表 10.8　远区效应贡献量$\Delta g_{q(\sigma-\sigma_0)}$结果统计

高度/km	$\psi_0=2°$				$\psi_0=5°$				$\psi_0=10°$			
	最大值/mGal	最小值/mGal	平均值/mGal	均方根/mGal	最大值/mGal	最小值/mGal	平均值/mGal	均方根/mGal	最大值/mGal	最小值/mGal	平均值/mGal	均方根/mGal
0	8.18	–7.92	0.12	3.31	4.13	–3.86	–0.03	1.73	2.91	–3.19	–0.03	1.20
0.1	8.12	–7.86	0.11	3.29	4.10	–3.83	–0.03	1.71	2.89	–3.17	–0.03	1.19
0.3	8.01	–7.74	0.11	3.24	4.05	–3.79	–0.03	1.69	2.84	–3.13	–0.03	1.18
1	7.63	–7.35	0.11	3.10	3.89	–3.64	–0.03	1.62	2.71	–2.99	–0.03	1.13
3	6.71	–6.40	0.09	2.73	3.46	–3.24	–0.03	1.44	2.37	–2.64	–0.03	1.00
5	5.95	–5.64	0.08	2.42	3.09	–2.89	–0.02	1.29	2.10	–2.35	–0.02	0.89
10	4.47	–4.21	0.06	1.82	2.33	–2.18	–0.02	0.97	1.57	–1.76	–0.02	0.67
30	1.47	–1.38	0.02	0.60	0.76	–0.71	–0.01	0.31	0.50	–0.57	–0.01	0.21
50	0.48	–0.45	0.01	0.20	0.25	–0.23	–0.00	0.10	0.16	–0.18	–0.00	0.07

表 10.9　模型误差补偿量 $\Delta g_{p(\sigma-\sigma_0)}$ 计算结果统计

高度/km	$\psi_0=2°$				$\psi_0=5°$				$\psi_0=10°$			
	最大值/mGal	最小值/mGal	平均值/mGal	均方根/mGal	最大值/mGal	最小值/mGal	平均值/mGal	均方根/mGal	最大值/mGal	最小值/mGal	平均值/mGal	均方根/mGal
0	21.77	–12.87	0.04	4.81	14.50	–8.57	0.02	3.21	10.96	–6.48	0.02	2.42
0.1	21.64	–12.79	0.04	4.78	14.42	–8.52	0.02	3.19	10.90	–6.45	0.02	2.41
0.3	21.38	–12.64	0.04	4.73	14.25	–8.43	0.02	3.15	10.78	–6.37	0.02	2.38
1	20.48	–12.11	0.03	4.53	13.68	–8.09	0.02	3.02	10.35	–6.12	0.02	2.29
3	18.12	–10.71	0.03	4.00	12.17	–7.20	0.02	2.69	9.23	–5.46	0.02	2.04
5	16.03	–9.47	0.03	3.54	10.83	–6.40	0.02	2.39	8.23	–4.86	0.01	1.82
10	11.78	–6.96	0.02	2.60	8.09	–4.78	0.01	1.79	6.17	–3.65	0.01	1.36
30	3.40	–2.01	0.01	0.75	2.52	–1.49	0.00	0.56	1.96	–1.16	0.00	0.43
50	0.96	–0.57	0.00	0.21	0.78	–0.46	0.00	0.17	0.63	–0.37	0.00	0.14

表 10.10　比例系数 $k(r,\psi_0,N)$ 随位模型参考场阶数 N 、积分半径 ψ_0 和高度 h 变化情况

N	ψ_0	h =0.1km	h =0.3km	h =1km	h =3km	h =5km	h =10km	h =30km	h =50km
360	2°	0.16179	0.15982	0.15311	0.13543	0.11976	0.08802	0.02536	0.00717
	5°	0.10786	0.10661	0.10234	0.09106	0.08102	0.06051	0.01883	0.00586
	10°	0.08165	0.08071	0.07753	0.06911	0.06161	0.04624	0.01469	0.00468
2160	2°	0.06482	0.06051	0.04759	0.02395	0.01205	0.00217	0.00000	0.00000
	5°	0.04298	0.04015	0.03163	0.01601	0.00811	0.00148	0.00000	0.00000
	10°	0.03248	0.03035	0.02393	0.01213	0.00615	0.00113	0.00000	0.00000

从表 10.7 对比结果可以看出，除了第 3 模型和第 4 模型之间的计算结果差异较小以外，其他三个模型的计算精度差异明显。第 1 模型一方面直接扣除了计算点所在数据块的影响，另一方面在边界面附近，受数值积分不连续性影响严重，所以在 3km 以下高度段，该模型的计算误差起伏较大，从近 30mGal 减小到不到 2mGal，变化幅度超过一个数量级，可见该模型不能直接用于该高度段的重力异常向上延拓计算。第 2 模型尽管从理论上消除了核函数奇异性的影响，并在超低空高度段取得了比第 1 模型高得多的计算精度，但由于该模型的改化过程存在不可忽略的缺陷，所以即使到了 10km 高度，该模型的计算误差仍然超过了不可接受的 2mGal。第 3 模型从理论上弥补了第 2 模型的缺陷，使得该模型的计算精度得到显著改善，即使在 0km 高度面，该模型计算值与对比基准真值的最大互差也不超过 1mGal，互差均方根值不超过 0.3mGal。这个结果说明，对第 2 模型进行的补偿改化处理是正确有效的，对于高精度要求的向上延拓计算应用，更是必不可少的。第 4 模型是对第 3 模型的进一步改进和优化，理论上更加严密，其计算精度的改善幅度取决于采用的数据网格间距大小和计算点周围重力异常场变化的

剧烈程度。理论上，采用的数据网格间距越大，计算点周围重力异常场变化越剧烈，第 4 模型相对第 3 模型的精度改善效果越显著。本试验未能体现该模型相对于第3模型的显著改善效果，是因为本节采用的是1′×1′网格数据，而且是来自2160阶的位模型 EGM2008 仿真数据，对应的 1′×1′网格范围内的重力异常变化幅度相对较小。可以预见，如果是在重力异常场变化更为剧烈的大山区且使用更大网格(如 2′×2′或 5′×5′)的实测数据，那么第 4 模型定会显现出符合预期的优势。

由表 10.8 和表 10.9 的计算结果可以看出，重力异常远区效应贡献量和计算模型误差补偿量的大小均在毫伽级以上，且后者大于前者，两者的影响都不可忽略。由表 10.9 和表 10.10 的计算结果可进一步看出，尽管第 3 模型对第 2 模型的补偿量均随 N 、ψ_0 和 h 的增大而减小，但当 $N=360$ 时，即使 ψ_0 增大到 10°，计算 h=10km 处的误差补偿量仍然超过 1mGal；而当 ψ_0 = 2°时，即使 N 提高到 2160，h=1km 处的误差补偿量也可能超过 1mGal。这样的结果再次说明，本专题研究对传统向上延拓模型进行精细改化是必要且有效的。

前面完成的数值计算检验都是基于输入数据无误差假设条件的，得到的对比评估结果只是计算模型自身完备程度的反映。为了考察数据观测误差对向上延拓解算结果的影响，本专题研究在前述试验的基础上，进一步开展有输入数据误差影响条件下的数值计算检验。具体做法是，在前面作为观测量的位模型剩余重力异常真值 Δg_t 中分别加入 1mGal 和 3mGal 的随机噪声，形成两组新的模拟观测量，然后按照前面相同的计算方案和流程，依次采用 4 种改化模型完成 9 个高度面上的 1′×1′网格重力异常计算，最后将计算结果与相对应高度的重力异常真值进行对比评估，具体评估结果如表 10.11 和表 10.12 所示。

表 10.11 1mGal 误差影响下不同改化模型计算得到的重力异常与真值比较

高度/km	第 1 模型			第 2 模型			第 3 模型			第 4 模型		
	最大值/mGal	最小值/mGal	均方根/mGal	最大值/mGal	最小值/mGal	均方根/mGal	最大值/mGal	最小值/mGal	均方根/mGal	最大值/mGal	最小值/mGal	均方根/mGal
0	132.6	–78.7	29.27	23.31	–13.75	4.87	3.85	–4.04	1.04	3.85	–4.04	1.04
0.1	122.1	–72.6	26.97	22.96	–13.57	4.82	3.53	–3.74	0.96	3.43	–3.67	0.94
0.3	101.9	–60.6	22.50	22.30	–13.23	4.73	2.91	–3.15	0.81	2.75	–3.01	0.78
1	48.2	–28.8	10.63	20.60	–12.38	4.51	1.54	–1.60	0.44	1.48	–1.53	0.42
3	7.8	–4.8	1.70	18.39	–10.94	4.01	0.59	–0.58	0.16	0.59	–0.58	0.16
5	2.8	–1.7	0.60	16.34	–9.66	3.55	0.32	–0.34	0.10	0.33	–0.34	0.10
10	0.7	–0.4	0.14	12.03	–7.09	2.61	0.17	–0.14	0.05	0.17	–0.14	0.05
30	0.04	–0.04	0.01	3.48	–2.06	0.76	0.04	–0.04	0.01	0.04	–0.04	0.01
50	0.01	–0.01	0.00	0.99	–0.58	0.21	0.01	–0.01	0.00	0.02	–0.01	0.00

表 10.12 3mGal 误差影响下不同改化模型计算得到的重力异常与真值比较

高度/km	第 1 模型			第 2 模型			第 3 模型			第 4 模型		
	最大值/mGal	最小值/mGal	均方根/mGal	最大值/mGal	最小值/mGal	均方根/mGal	最大值/mGal	最小值/mGal	均方根/mGal	最大值/mGal	最小值/mGal	均方根/mGal
0	132.6	–78.7	29.28	27.16	–17.44	5.41	12.95	–12.74	2.99	12.95	–12.74	2.99
0.1	122.2	–72.4	26.97	26.45	–16.82	5.27	11.94	–11.74	2.76	11.67	–11.48	2.69
0.3	102.0	–60.3	22.51	25.10	–15.63	5.04	10.00	–9.88	2.31	9.49	–9.38	2.19
1	48.8	–28.3	10.64	21.68	–12.46	4.57	4.85	–5.08	1.16	4.50	–4.73	1.09
3	8.1	–4.8	1.72	18.90	–11.30	4.02	1.39	–1.31	0.36	1.38	–1.27	0.36
5	3.0	–1.7	0.63	16.79	–10.08	3.57	0.81	–0.77	0.21	0.80	–0.77	0.21
10	0.7	–0.4	0.16	12.32	–7.41	2.63	0.33	–0.28	0.09	0.33	–0.29	0.09
30	0.06	–0.04	0.02	3.55	–2.14	0.76	0.06	–0.04	0.02	0.06	–0.04	0.02
50	0.02	–0.01	0.00	1.01	–0.61	0.22	0.02	–0.01	0.00	0.02	–0.01	0.00

将表 10.11 和表 10.12 的计算结果与表 10.7 进行对比不难看出，数据误差对 4 种改化模型解算结果的影响规律是一致的，没有因为模型改化形式的不同而产生实质性差异，总体而言，数据误差只对 5km 高度以下的计算结果产生有限度的影响。模型误差和数据误差共同作用于向上延拓解算结果，完全符合随机误差作用传播规律。不同的是，模型误差影响在第 1 模型和第 2 模型中占主导地位，相反，在第 3 模型和第 4 模型中，占主导地位的则是数据误差的影响。同时，相比较而言，在相同误差影响条件下，第 4 模型的计算效果要略优于第 3 模型。这些结果说明，即使采用严密的第 3 模型和第 4 模型进行重力向上延拓计算，也要尽可能将数据观测误差控制在较低的水平。

10.3.3.3 改化模型应用于向下延拓迭代计算效果检验

为了进一步检验前述严密改化模型应用于向下延拓迭代计算的实际效果，本节继续采用前面定义的 4 种向上延拓改化模型作为向下延拓迭代逼近的计算式，将事先计算得到的 3km 高度面上的 1′×1′网格重力异常理论真值向下延拓到 0km 高度面，具体迭代过程见式(10.48)～式(10.51)。将由 4 种改化模型用于向下延拓迭代计算获得的重力异常网格值分别与 0km 高度面上的理论真值进行比较，可获得相对应改化模型应用效果的评估信息，具体对比评估结果列于表 10.13。为了进行比较，表 10.13 同时列出了输入数据存在观测噪声情况下的迭代计算对比结果。本节的积分半径同样统一取为 $\psi_0 = 2°$，结束迭代计算的阈值取为 σ =0.1mGal。表 10.13 所列结果只限于中心区 2°×2°区块内的对比数据。

表 10.13　有无误差影响下使用不同向上延拓改化模型进行向下延拓迭代计算结果与真值比较

模型	误差量/mGal	最大互差/mGal	最小互差/mGal	平均互差/mGal	均方根/mGal	迭代次数/次
第 1 模型	0	6.67	−11.28	−0.04	2.60	5
	1	9.52	−12.46	−0.04	2.83	5
	3	18.54	−17.84	−0.05	4.23	5
第 2 模型	0	18.75	−34.78	0.34	7.40	6
	1	20.60	−36.56	0.35	7.62	6
	3	34.78	−44.91	0.33	9.13	6
第 3 模型	0	2.59	−2.38	0.04	0.55	3
	1	4.42	−4.73	0.04	1.06	3
	3	10.98	−11.30	0.04	2.75	3
第 4 模型	0	2.61	−2.39	0.04	0.55	3
	1	4.35	−4.67	0.04	1.04	3
	3	10.76	−11.09	0.04	2.69	3

表 10.13 的对比结果全面反映了向上延拓模型完备性对向下延拓迭代解算精度和稳定性的影响。首先由表 10.7 检核评估统计结果可知，第 1 模型在 3km 高度面的计算精度为 1.7mGal，第 2 模型为 4.0mGal，第 3 模型和第 4 模型均为 0.1mGal。表 10.13 的对比结果说明，向上延拓模型误差越大，对向下延拓解算结果的影响越大，需要的迭代次数也越多，模型误差和数据误差共同作用的结果也符合前面所做的理论分析预期。但观察迭代计算收敛过程可以发现，尽管随着迭代次数的增多，第 1 模型和第 2 模型的迭代解算结果也在缓慢逼近空中的“观测”重力异常，但向下延拓结果并不趋近于 0km 高度面上的理论计算真值，也就是说，表 10.13 中对应于第 1 模型和第 2 模型迭代结束后的对比结果并不是它们的最好结果。实际情况是，第 1 模型的最好对比结果出现在第 2 次迭代结束之后，第 2 模型出现在第 1 次迭代结束之后，具体对比结果列于表 10.14。第 1 模型从第 3 次迭代、第 2 模型从第 2 次迭代开始，随着迭代次数的增多，其相对应的向下延拓解

表 10.14　有无误差影响下使用第 1 模型和第 2 模型进行向下延拓迭代计算结果与真值比较

模型	误差量/mGal	最大互差/mGal	最小互差/mGal	平均互差/mGal	均方根/mGal	迭代次数/次
第 1 模型	0	4.42	−6.74	−0.01	1.56	2
	1	7.04	−9.75	−0.01	1.87	2
	3	14.70	−13.35	−0.01	3.43	2
第 2 模型	0	6.49	−8.30	0.01	1.93	1
	1	8.65	−10.10	0.01	2.21	1
	3	15.48	−15.47	0.01	3.76	1

算结果实际上是越来越偏离理论计算真值。显然，两个模型出现最好对比结果的迭代次数是无法预估的，与计算模型误差大小有关，具有较大的不确定性。模型误差较小的第 3 模型和第 4 模型则不存在这方面的问题。这样的结果再次说明，向上延拓模型完备程度直接决定向下延拓迭代计算精度水平，同时影响迭代计算结果的稳定性。

10.3.4　专题小结

重力异常向上延拓全球积分模型在航空重力测量数据质量评估和向下延拓迭代计算等领域具有广泛的应用。为了消除积分核函数奇异性影响，需要对该模型进行基于积分恒等式的移去-恢复转换及全球积分域的分区改化处理。在此过程中，传统改化处理方法往往忽略了全球积分过渡到局域积分引起的积分恒等式偏差影响，从而导致不必要的计算模型误差，最终影响向上延拓计算结果的可靠性，甚至影响向下延拓迭代解算结果的稳定性。针对此问题，本专题研究开展了重力异常向上延拓模型改化及向下延拓应用分析研究，依据实测数据保障条件和积分恒等式适用条件要求，导出了重力异常向上延拓模型的分步改化模型，提出了补偿传统改化模型缺陷的修正公式，并将最终的严密改化模型应用于重力异常向下延拓迭代解算。使用超高阶位模型 EGM2008 作为标准位场开展数值计算检验，分别对重力异常向上延拓模型的计算精度及在向下延拓迭代解算中的应用效果进行了检核评估，验证了采用严密改化模型的必要性和有效性。

10.4　本 章 小 结

本章重点开展了两个专题的研究和论证工作，取得的主要成果和结论如下：

(1)针对当前国内外学者对向上延拓模型使用不够重视、研究不够充分，特别是在顾及地形效应问题上还缺乏统一认识等现实情况，深入分析研究了 6 种向上延拓模型的技术特点和适用条件，提出了应用超高阶位模型加地形改正、点质量方法结合移去-恢复技术实现先向下后向上延拓计算的实施策略，重点探讨了计算过程特别是前端向下延拓过程的稳定性问题。通过实际数值计算，定量评估了地形质量对不同高度向上延拓结果的影响，对比分析了不同向上延拓模型顾及地形效应的实际效果，同时对向上延拓模型的计算精度进行了估计。试验结果表明，在地形变化比较剧烈的山区，地形质量对向上延拓结果的影响最大可达几十毫伽，即使在 10km 的计算高度，该项影响也超过 3mGal；向上延拓模型误差(不含数据误差影响)一般不超过 1mGal；基于超高阶位模型和地形改正信息实施向下延拓过渡的 Poisson 积分向上延拓模型，具有计算过程简便、计算结果稳定可靠等优点，可作为向上延拓模型的首选。

(2)针对位场转换中经常遇见的重力异常向上延拓模型改化问题，分析研究了此类全球积分模型改化的技术流程和适用条件，指出了传统改化方法存在的理论缺陷，同时依据实测数据保障条件和积分恒等式适用条件要求，具体推出了重力异常向上延拓模型的分步改化模型，提出了补偿传统改化模型缺陷的修正公式。针对应用广泛的位场逆转换需求，提出了将最终的向上延拓严密改化模型应用于重力异常向下延拓迭代解算的方法和步骤。采用超高阶模型 EGM2008 作为对比标准位场，同时选择在重力异常场变化比较剧烈的马里亚纳海沟区块开展数值计算符合度检验，分别对重力异常向上延拓模型的计算精度及其在向下延拓迭代解算中的应用效果进行了检核分析和评估，表明采用严密改化模型是必要和有效的，不仅可显著提高重力异常向上延拓的计算精度，同时有利于提高向下延拓迭代解算过程的稳定性和可靠性，因此具有较高的应用价值。

第 11 章　航空重力测量数据向下延拓技术

11.1　引　　言

为推进海空重力测量成果向后端应用领域转换，需要研究面向地球重力场多源观测数据的融合处理和数值模型构建技术，其中涉及重力观测数据向上延拓和向下延拓两个关键技术环节。第 10 章围绕地面观测重力向上延拓计算问题，开展了不同类别计算模型的适用性分析研究、模型精密改化及其有效性数值检验，为下一步的工程化应用提供了可靠的参考依据。本章将继续对航空重力测量数据向下延拓模型的稳定性、适用性及精确性问题进行分析研究和论证，进而提出新的航空重力向下延拓计算方法，并开展相应的数值计算和检验。

由于向下延拓属于不适定反问题，求解过程涉及解的存在性、唯一性和稳定性。因此，自航空重力测量技术取得实质性突破以来，国内外对该问题的研究从未中断过。考虑到反问题与不适定性紧密相关，而解决不适定反问题的主要途径是以 Tikhonov 为代表的学者于 20 世纪 70 年代创立的正则化理论为框架展开的，同时考虑到本书第 12 章将要讨论的多源数据融合技术同样也要涉及不适定性和正则化问题，为了更好地理解航空重力观测向下延拓计算问题的科学内涵，本章首先对使用一个数学模型来描述某一物理过程出现的正问题和反问题，以及解决不适定反问题使用的主要方法——正则化方法的概念、原理及其关联性进行简要介绍。

11.2　不适定反问题与正则化方法

11.2.1　正问题与反问题

从由因及果这种习惯的思维方式，人们很容易理解模型给定的正问题(direct problem)，而对于探测未知的由果及因反问题(inverse problem)，人们理解起来一般比较困难。用 P 表示一个物理系统，且该系统可由模型参数 M 完全确定或描述：

$$f(P,M)=O_{\text{true}} \tag{11.1}$$

式中，f 为一个线性函数或非线性函数；O_{true} 为依赖模型参数 M 的真实的右端项。

假设人们通过试验获得了有关 P 的一些定量观测值 O，且确认 O 与 M 是相关联的，即观测值O依赖M的变化，则反问题就是给定观测值O来确定未知的模型参数M，反之就是正问题。一般来说，反问题是相对于正问题而言的，人们通常称一个先前被研究的相对充分或完备的问题为正问题，而称与此相对应的另一个问题为反问题。因而，人们还有更深一层的约定：在两个互为逆的问题中，如果一个问题在 Hadamard 意义下是不适定的(其含义在 11.2.2 节说明)，特别是，问题的解答(答案)不连续地依赖原始数据，则称其为反问题(王彦飞，2007)。

各种各样的反问题不仅出现在众多的工程技术科学中，而且出现在数学科学本身。工程技术中的反问题均可用一个抽象的算子方程来描述：设有一个数学模型描述了某一物理过程，记$\boldsymbol{x}$为该数学模型的未知特性，$\boldsymbol{K}$是一个算子，表示某一系统，它把$\boldsymbol{x}$映射成$\boldsymbol{y}$，$\boldsymbol{y}$为实验观测结果。该过程可以简单地表示为

$$\boldsymbol{Kx} = \boldsymbol{y} \tag{11.2}$$

式中，算子$\boldsymbol{K}$和右端项$\boldsymbol{y}$为已知量。

反问题就是近似地已知$\boldsymbol{K}$和$\boldsymbol{y}$来求未知量$\boldsymbol{x}$。当$\boldsymbol{K}$为线性算子时，称其为线性反问题，否则称为非线性反问题。

11.2.2 反问题的不适定性

下面以算子的观点来描述反问题的不适定性，首先定义如下形式的算子方程：

$$\boldsymbol{Az} = \boldsymbol{u} \tag{11.3}$$

式中，$\boldsymbol{A}$为赋范空间Z到赋范空间U的线性算子。

对于上述算子方程，法国数学家 Hadamard 曾经定义了如下的数学问题适定性条件(王彦飞，2007；王彦飞等，2011)：

(1)对任意的$\boldsymbol{u} \in U$，都存在$\boldsymbol{z} \in Z$，使得方程式(11.3)成立。

(2)方程式(11.3)的解是唯一存在的。

(3)方程式(11.3)的解连续依赖右端项$\boldsymbol{u}$的变化，即若$\boldsymbol{Az}_n = \boldsymbol{u}_n$、$\boldsymbol{Az} = \boldsymbol{u}$，则当$\boldsymbol{u}_n \to \boldsymbol{u}$时，有$\boldsymbol{z}_n \to \boldsymbol{z}$。

满足以上全部三个条件的算子方程称为适定问题，只要上述条件之一不能满足，则该问题是不适定的。不难看出，条件(2)成立的条件是当且仅当算子$\boldsymbol{A}$是单值的(也称为单射的)；条件(1)和(2)的含义是，存在逆算子$\boldsymbol{A}^{-1}$，并且它的定义范围$D(\boldsymbol{A}^{-1})$(或者算子的值域$R(\boldsymbol{A})$)与$\boldsymbol{U}$一致；条件(3)说明逆算子是连续的，即$\boldsymbol{u}$的微小变化对应着解$\boldsymbol{z}$的微小变化。

由前面的论述可知，算子方程适定性的概念等同于要求逆算子$\boldsymbol{A}^{-1}$存在且连续。而在实际应用中，有很多问题是不满足该条件的，但仍要求该问题的解。大

家所熟知的不适定问题的例子是第一类 Fredholm 积分方程，即

$$\boldsymbol{A}\boldsymbol{z} \equiv \int_a^b K(x,s)\boldsymbol{z}(s)\mathrm{d}s = \boldsymbol{u}(x), \quad x \in [c,d] \tag{11.4}$$

式中，假设核 $K(x,s)$ 对全部参数 $x \in [c,d]$ 和 $s \in [a,b]$ 是连续的，并且解 $\boldsymbol{z}(s)$ 在区间 $[a,b]$ 上也是连续的；$\boldsymbol{A}$ 为作用于空间 A：$C[a,b] \to C[c,d]$ 的算子。

可以证明，以上反问题是不适定的(王彦飞等，2011)。而本章将要讨论的航空重力测量数据向下延拓问题就属于此类不适定问题。

求解第一类 Fredholm 积分方程是不适定问题，因此即使在观测量 $\boldsymbol{u}(x)$ 中只加入微小的干扰，都有可能导致问题无解或者最终解相对于精确解存在很大的偏差。不适定问题的另一个属性是无法评价解的偏差，甚至在已知算子方程右端项给定偏差和算子求值问题参数给定偏差的情况下，也是如此。对于大部分工程技术应用问题，给定观测数据，一般都存在问题的解。不满足适定性条件主要是指解的唯一性和稳定性问题。必须指出的是，引起不适定性的根源在于物理参数模型本身以及信息的不足，观测噪声和计算误差只是这种不适定性的外在表现形式。噪声和计算误差本身并不会导致问题的不适定性。

11.2.3　正则化方法

正则化方法是解决不适定反问题的主要手段。早在 20 世纪 40 年代，Tikhonov 就率领他的研究团队开始了反问题的理论研究，并在 60 年代推出了至今仍然被广泛使用的 Tikhonov 正则化方法，该方法把不适定问题转换为可控的适定问题(王彦飞等，2011)。1963 年，Tikhonov 给出了著名的正则化算子的定义，从而奠定了现代不适定问题的理论基础。Tikhonov 据此提出了以变分方式建立正则化方法的思想。为了便于理解，本节以测量平差中惯用的表达方式介绍 Tikhonov 正则化方法。

针对以下线性化模型：

$$\boldsymbol{CZ} = \boldsymbol{L} \tag{11.5}$$

构造准则函数：

$$M_\alpha(\boldsymbol{Z},\boldsymbol{L}) = \|\boldsymbol{CZ} - \boldsymbol{L}\|_{\boldsymbol{P}_n}^2 + \alpha\Omega(\boldsymbol{Z}) \tag{11.6}$$

求极值问题：

$$\min M_\alpha(\boldsymbol{Z},\boldsymbol{L})$$

使式(11.6)最小化的参数向量即为所要求的线性化模型的解。在式(11.6)中，$\boldsymbol{C}$ 为广义系数矩阵；$\boldsymbol{Z}$ 为广义待估参数向量；$\boldsymbol{L}$ 为观测值向量；$\boldsymbol{P}_n$ 为观测向量

权矩阵；$\Omega(\boldsymbol{Z})$ 称为稳定泛函，其作用是将原有不适定问题转换为可控的适定问题；α 为正则化参数，其作用是平衡准则函数 $M_\alpha(\boldsymbol{Z},\boldsymbol{L})$ 右端两项的比重；$\|\cdot\|_{\boldsymbol{P}_n}^2$ 表示加权欧氏 2 范数(刘丁酉，1998)。

在实际应用中，稳定泛函 $\Omega(\boldsymbol{Z})$ 可取不同的形式，Tikhonov 正则化方法采用如下形式的稳定泛函：

$$\Omega(\boldsymbol{Z}) = \|\boldsymbol{Z}\|_{\boldsymbol{P}_Z}^2 = \boldsymbol{Z}^{\mathrm{T}}\boldsymbol{P}_Z\boldsymbol{Z} \tag{11.7}$$

式中，$\boldsymbol{P}_Z$ 为参数权函数矩阵。

针对以上稳定泛函，求极值：

$$M_\alpha\ (\boldsymbol{Z},\boldsymbol{L}) = \|\boldsymbol{C}\boldsymbol{Z}-\boldsymbol{L}\|_{\boldsymbol{P}_n}^2 + \alpha\Omega(\boldsymbol{Z}) = \|\boldsymbol{C}\boldsymbol{Z}-\boldsymbol{L}\|_{\boldsymbol{P}_n}^2 + \alpha\boldsymbol{Z}^{\mathrm{T}}\boldsymbol{P}_Z\boldsymbol{Z} = \min \tag{11.8}$$

可得参数解如下：

$$\boldsymbol{Z} = (\boldsymbol{C}^{\mathrm{T}}\boldsymbol{P}_n\boldsymbol{C} + \alpha\boldsymbol{P}_Z)^{-1}\boldsymbol{C}^{\mathrm{T}}\boldsymbol{P}_n\boldsymbol{L} \tag{11.9}$$

由以上计算模型可以看出，正则化方法的实质是通过附加全部参数或部分参数(或它们的改正数)加权平方和极小这样的条件，也即相当于增加必要的约束条件，补充参数的先验信息，来改变问题的不适定性质，使问题存在稳定的唯一解。选择不同形式的附加参数约束条件，或选择不同形式的参数权函数矩阵，即可得到不同物理意义的问题解。王振杰(2006)深入分析讨论了大地测量中常见的不适定问题，同时给出了岭估计、秩亏网平差、拟合推估、半参数模型、卡尔曼滤波、GNSS 系统误差处理等各类不适定问题的正则化方法统一解式。顾勇为等(2010)通过对大地测量数据复共线性机制的研究，提出了基于复共线性诊断的正则化方法，并将其应用于航空重力测量数据向下延拓解算和 GNSS 快速定位数据处理。蒋涛等(2011)针对航空重力向下延拓病态求解问题，详细比较了 Tikhonov 正则化、岭估计和广义岭估计三种方法的计算效果。除附加参数约束条件外，正则化参数 α 在不适定问题解算中也起着重要作用，选择合适的正则化参数需要借助最优化方法，它是求解正则化模型的主要手段(王彦飞等，2011)。因为不管哪一类反问题，归根到底，其求解过程都是一个对目标函数的最优化过程，只是实现优化的途径和方法不同(宁津生等，2005)。

11.3 基于正则化的向下延拓方法

11.3.1 向下延拓模型

由物理大地测量学可知(Heiskanen et al.，1967)，球外 Dirichlet 边值问题的直接解式是著名的 Poisson 积分公式，当给定边界面上的已知量时，根据该公式即可推出边界面外部的调和函数。虽然重力异常 $\Delta g(r,\varphi,\lambda)$ 本身不是调和函数，但 $r\Delta g(r,\varphi,\lambda)$ 在地球外部是调和的。因此，根据 Poisson 积分公式，可直接写出重力异常向上延拓计算公式如下：

$$\Delta g^h(r,\varphi,\lambda)=\frac{R}{4\pi r}\iint_\sigma K(r,\psi,R)\Delta g(R,\varphi',\lambda')\,\mathrm{d}\sigma \tag{11.10}$$

式中，$\Delta g(R,\varphi',\lambda')$ 为地球表面上的重力异常；$\Delta g^h(r,\varphi,\lambda)$ 为地球外部某个高度上的重力异常；$K(r,\psi,R)$ 为积分核函数，其表达式为

$$K(r,\psi,R)=\sum_{l=0}^{\infty}(2l+1)\left(\frac{R}{r}\right)^{l+1}P_l(p,q)=R\frac{r^2-R^2}{(r^2+R^2-2rR\cos\psi)^{3/2}} \tag{11.11}$$

式中，ψ 为计算点与流动点之间的球面角距，即

$$\cos\psi=\sin\varphi\sin\varphi'+\cos\varphi\cos\varphi'\cos(\lambda'-\lambda) \tag{11.12}$$

在实际应用中，航空重力异常和地面重力异常一般都为离散值，故可以将式(11.10)进行离散化处理，其表达式可改写为

$$\Delta g^h(r,\varphi_i,\lambda_i)-\Delta g_{\sigma-\sigma_c}(r,\varphi_i,\lambda_i)=\sum_{j=0}^{N_c}A_{ij}\Delta g(R,\varphi_j,\lambda_j) \tag{11.13}$$

式中，σ_c 为有效积分区域；N_c 为有效积分区域 σ_c 内的测点总数；$\Delta g_{\sigma-\sigma_c}(r,\varphi_i,\lambda_i)$ 为远区效应影响，一般可由重力场位模型进行近似计算，引起的误差称为截断误差。

若取 $\boldsymbol{L}=\Delta g^h(r)-\Delta g_{\sigma-\sigma_c}(r)$ 、$\boldsymbol{X}=\Delta g(R)$ ，则式(11.13)可简写为

$$\boldsymbol{L}=\boldsymbol{AX} \tag{11.14}$$

式中，$\boldsymbol{A}$ 为系数矩阵。

讨论航空重力异常向下延拓问题，$\Delta\boldsymbol{g}^h(r)$ 是已知观测向量，地面重力异常 $\Delta\boldsymbol{g}(R)$ 为待求向量，这是 Poisson 积分的逆问题。当逆矩阵 $\boldsymbol{A}^{-1}$ 存在时，式(11.14)的直接解为

$$\boldsymbol{X}=\boldsymbol{A}^{-1}\boldsymbol{L} \tag{11.15}$$

式(11.14)的最小二乘解为

$$\boldsymbol{X}=(\boldsymbol{A}^{\mathrm{T}}\boldsymbol{A})^{-1}\boldsymbol{A}^{\mathrm{T}}\boldsymbol{L} \tag{11.16}$$

在实际应用中，一般采用移去-恢复技术进行重力场参数计算，其实质是把实际观测重力异常分为两部分：

$$\Delta g = \Delta g_M + \delta\Delta g \tag{11.17}$$

式中，Δg 为实际观测重力异常；$\delta\Delta g$ 为剩余重力异常；Δg_M 为由地球重力场位模型(如 EGM2008 模型等)表示的重力异常，其计算式为

$$\Delta g_M(r,\varphi,\lambda) = \frac{GM}{r^2}\sum_{n=2}^{N}(n-1)\left(\frac{a}{r}\right)^n \sum_{m=-n}^{n} Y_{nm}(\varphi,\lambda) \tag{11.18}$$

其中

$$Y_{nm}(\varphi,\lambda) = \begin{cases} \bar{C}_{nm}^{*}\cos(m\lambda)\bar{P}_{nm}(\sin\varphi), & m \geqslant 0 \\ \bar{S}_{n|m|}\sin(|m|\lambda)\bar{P}_{n|m|}(\sin\varphi), & m < 0 \end{cases}$$

式中，GM 为万有引力常数与地球质量的乘积；a 为地球椭球长半轴；(r,φ,λ) 分别为研究点的向径、地心纬度与地心经度；$\bar{C}_{nm}^{*}$、$\bar{S}_{n|m|}(m<0)$ 为完全规格化的地球重力场模型系数，其中 $\bar{C}_{nm}^{*}$ 需扣除正常重力场的影响；$\bar{P}_{nm}(\sin\varphi)$ 和 $\bar{P}_{n|m|}(\sin\varphi)$ $(m<0)$ 为完全规格化的缔合勒让德函数。

基于移去-恢复技术的向上延拓过程或向下延拓过程主要包括三个步骤：首先，从实测重力异常中移去其规则部分，即移去模型重力异常，得到高频成分的剩余重力异常；然后，按选定的计算模型将剩余重力异常延拓到需求面上；最后，在延拓计算结果中加入相应需求面上的模型重力异常，得到实际需要的延拓重力异常。上述过程可描述为如下步骤。

(1) 移去过程：

$$\delta\Delta g(r,\varphi,\lambda) = \Delta g(r,\varphi,\lambda) - \Delta g_M(r,\varphi,\lambda)$$

(2) 延拓过程：

$$\delta\Delta g(r,\varphi,\lambda) \to \delta\Delta g(r',\varphi,\lambda)$$

(3) 恢复过程：

$$\Delta g(r',\varphi,\lambda) = \delta\Delta g(r',\varphi,\lambda) + \Delta g_M(r',\varphi,\lambda)$$

式中，r' 为延拓计算面的地心向径。

11.3.2　计算模型不适定性分析

前面已经指出，航空重力测量数据向下延拓模型属于第一类 Fredholm 积分方

程，是一类典型的不适定问题，其离散化计算模型系数矩阵的奇异值单调递减，直接解和最小二乘解都是不稳定的。为分析造成解不稳定的原因，对系数矩阵 $\boldsymbol{A}$ 进行如下奇异值分解（singular value decomposition，SVD），即

$$\boldsymbol{A}=\boldsymbol{U}\boldsymbol{\Lambda}\boldsymbol{V}^{\mathrm{T}}=\sum_{i=1}^{n}\lambda_i\boldsymbol{u}_i\boldsymbol{v}_i^{\mathrm{T}} \tag{11.19}$$

式中，$\boldsymbol{U}$ 和 $\boldsymbol{V}$ 分别为 $\boldsymbol{A}$ 的左右奇异向量，$\boldsymbol{U}=(\boldsymbol{u}_1,\boldsymbol{u}_2,\cdots,\boldsymbol{u}_n)$，$\boldsymbol{V}=(\boldsymbol{v}_1,\boldsymbol{v}_2,\cdots,\boldsymbol{v}_n)$，且满足 $\boldsymbol{u}_i\boldsymbol{u}_i^{\mathrm{T}}=\boldsymbol{I}$，$\boldsymbol{v}_i\boldsymbol{v}_i^{\mathrm{T}}=\boldsymbol{I}$，$\boldsymbol{I}$ 为单位矩阵；$\boldsymbol{\Lambda}$ 为对角矩阵，其对角线上的元素为 $\boldsymbol{A}$ 的递减奇异值 λ_i。

将式(11.19)代入式(11.16)可得最小二乘解的谱分解形式为

$$\hat{\boldsymbol{X}}=(\boldsymbol{A}^{\mathrm{T}}\boldsymbol{A})^{-1}\boldsymbol{A}^{\mathrm{T}}\hat{\boldsymbol{L}} \leftrightarrow \hat{\boldsymbol{X}}=\boldsymbol{A}^{+}\hat{\boldsymbol{L}}=\sum_{i=1}^{n}\frac{\boldsymbol{u}_i^{\mathrm{T}}\hat{\boldsymbol{L}}}{\lambda_i}\boldsymbol{v}_i \tag{11.20}$$

令重力异常观测向量 $\hat{\boldsymbol{L}}=\tilde{\boldsymbol{L}}+\boldsymbol{e}$，其中 $\tilde{\boldsymbol{L}}$ 为航行高度处的重力异常真值向量；$\boldsymbol{e}$ 为观测重力异常的随机误差向量，则式(11.20)可写为

$$\hat{\boldsymbol{X}}=\sum_{i=1}^{n}\frac{\boldsymbol{u}_i^{\mathrm{T}}\hat{\boldsymbol{L}}}{\lambda_i}\boldsymbol{v}_i=\tilde{\boldsymbol{X}}+\sum_{i=1}^{n}\frac{\boldsymbol{u}_i^{\mathrm{T}}\boldsymbol{e}}{\lambda_i}\boldsymbol{v}_i \tag{11.21}$$

式中，$\tilde{\boldsymbol{X}}$ 为地面重力异常估值的真值向量。

由式(11.21)可以看出，如果观测值中存在误差 $\boldsymbol{e}$，则向下延拓最小二乘解是不适定的。因为当 $i\to\infty$ 时，$\lambda_i\to 0$，$\boldsymbol{e}$ 将在高频段被放大。为了获得稳定的最小二乘解，必须对不适定方程进行正则化处理，以抑制高频段观测误差对地面重力异常估值的影响。

在统计学中，对于一个参数估计模型，如果其数据发生微小的变化就会引起模型解的巨大变化，则称该模型是病态的，否则，称该模型是良态的。由反问题的不适定性定义可知，病态性是不适定性的主要特征之一。一个模型的病态与良态表示其抗干扰性的强弱，是模型本身固有的一种属性。但病态与良态概念只是对模型的一种定性描述，两者之间没有严格的界限。条件数法是目前最为常用的一种度量模型病态性程度的指标。若取法矩阵 $\boldsymbol{N}=\boldsymbol{A}^{\mathrm{T}}\boldsymbol{A}$，则定义法矩阵 $\boldsymbol{N}$ 的条件数 Cond 为

$$\mathrm{Cond}=\frac{\lambda_{N1}}{\lambda_{Nm}} \tag{11.22}$$

式中，λ_{N1} 为法矩阵 $\boldsymbol{N}$ 的最大特征值；λ_{Nm} 为法矩阵 $\boldsymbol{N}$ 的最小特征值。

病态性的严重程度依赖 $\boldsymbol{N}$ 的最小特征值相对于最大特征值的比值，即用最小特征值 λ_{Nm} 作为度量“小”的程度指标，它是一个相对量。经验表明(王松桂，1987)，若 $0<\mathrm{Cond}\leqslant 100$，则认为法方程是良态的；若 $100<\mathrm{Cond}\leqslant 1000$，则认为存在中等程度的复共线性，若 $\mathrm{Cond}>1000$，则认为存在严重的复共线性，系统严重病态。

11.3.3　正则化应用

从频谱特性分析角度来看，正则化方法就是寻找适当的滤波因子，它在低频段接近 1，但能以比奇异值更快的速度趋向于 0，使得正则化后的解既能充分利用信号占优势的低频段观测值，又能平滑噪声占优势、引起解不稳定的高频段观测值。在引入滤波因子 τ_i 后，正则化解的谱分解形式为(Kern，2003)

$$\hat{\boldsymbol{X}}_{\tau}=\sum_{i=1}^{n}\tau_i\frac{\boldsymbol{u}_i^{\mathrm{T}}\hat{\boldsymbol{L}}}{\lambda_i}\boldsymbol{v}_i \tag{11.23}$$

这里，滤波因子 τ_i 起到正则化参数的作用，不同的正则化准则，就有不同形式的滤波因子。对应于 Tikhonov 正则化方法，根据式(11.8)和式(11.9)，其正则化准则和正则化解分别为

$$M_{\alpha}(\boldsymbol{X})=\|\boldsymbol{AX}-\boldsymbol{L}\|^2+\alpha\|\boldsymbol{X}\|^2=\min \tag{11.24}$$

$$\hat{\boldsymbol{X}}_{\alpha}=(\boldsymbol{A}^{\mathrm{T}}\boldsymbol{A}+\alpha\boldsymbol{I})^{-1}\boldsymbol{A}^{\mathrm{T}}\hat{\boldsymbol{L}} \tag{11.25}$$

其对应的谱分解式为

$$\hat{\boldsymbol{X}}_{\alpha}=\sum_{i=1}^{n}\frac{\lambda_i^2}{\lambda_i^2+\alpha}\frac{\boldsymbol{u}_i^{\mathrm{T}}\hat{\boldsymbol{L}}}{\lambda_i}\boldsymbol{v}_i \tag{11.26}$$

可见，Tikhonov 正则化方法的滤波因子为

$$\tau_i=\frac{\lambda_i^2}{\lambda_i^2+\alpha} \tag{11.27}$$

Tikhonov 正则化解是有偏估计，其偏差为(王兴涛等，2004a)

$$\mathrm{bias}(\hat{\boldsymbol{X}}_{\alpha})=E(\hat{\boldsymbol{X}}_{\alpha})-\tilde{\boldsymbol{X}}=-\alpha\sum_{i=1}^{n}\frac{\boldsymbol{v}_i^{\mathrm{T}}\tilde{\boldsymbol{X}}}{\lambda_i^2+\alpha}\boldsymbol{v}_i \tag{11.28}$$

估计参数的方差-协方差矩阵为

$$D(\hat{\boldsymbol{X}}_{\alpha})=\sigma_o^2\sum_{i=1}^{n}\frac{\lambda_i^2}{(\lambda_i^2+\alpha)^2}\boldsymbol{v}_i\boldsymbol{v}_i^{\mathrm{T}} \tag{11.29}$$

估计参数的均方误差矩阵为

$$\begin{aligned}\mathrm{MSE}(\hat{\boldsymbol{X}}_\alpha)&=D(\hat{\boldsymbol{X}}_\alpha)+\mathrm{bias}(\hat{\boldsymbol{X}}_\alpha)\mathrm{bias}(\hat{\boldsymbol{X}}_\alpha)^{\mathrm{T}}\\&=\sigma_o^2\sum_{i=1}^{n}\frac{\lambda_i^2}{(\lambda_i^2+\alpha)^2}\boldsymbol{v}_i\boldsymbol{v}_i^{\mathrm{T}}+\alpha^2\sum_{i=1}^{n}\frac{(\boldsymbol{v}_i^{\mathrm{T}}\tilde{\boldsymbol{X}})^2}{(\lambda_i^2+\alpha)^2}\boldsymbol{v}_i\boldsymbol{v}_i^{\mathrm{T}}\end{aligned}\tag{11.30}$$

估计参数的均方误差为

$$F(\alpha)=\mathrm{tr}\left\{\mathrm{MSE}(\hat{\boldsymbol{X}}_\alpha)\right\}=\sigma_o^2\sum_{i=1}^{n}\frac{\lambda_i^2}{(\lambda_i^2+\alpha)^2}+\alpha^2\sum_{i=1}^{n}\frac{(\boldsymbol{v}_i^{\mathrm{T}}\tilde{\boldsymbol{X}})^2}{(\lambda_i^2+\alpha)^2}\tag{11.31}$$

式中，σ_o^2 为单位权方差。

由式(11.31)可以看出，Tikhonov 正则化估值的误差包括两项：第一项是由测量误差引起的估值误差，随着正则化参数 α 的增大而减小；第二项是由正则化引起的估值偏差，随着正则化参数 α 的增大而增大。当 $\alpha=0$ 时，第二项误差为 0，此时 Tikhonov 正则化估计回归传统的最小二乘(least squares，LS)估计。由此可见，相对于最小二乘估计，正则化估计是通过适当地牺牲估计值的有偏性来换取方差的极大减小。选择合适的正则化参数 α 可起到平衡式(11.31)右端两项误差的作用，使得它们的和最小，这正是通过正则化方法可获得准确、稳定解的原因。

如果在式(11.23)中取滤波因子为(Kern，2003)

$$\tau_i=\begin{cases}1, & 1\leqslant i\leqslant k\\0, & k<i\leqslant n\end{cases}\tag{11.32}$$

则相应的谱分解式为

$$\hat{\boldsymbol{X}}_T=\sum_{i=1}^{k}\frac{\boldsymbol{u}_i^{\mathrm{T}}\hat{\boldsymbol{L}}}{\lambda_i}\boldsymbol{v}_i\tag{11.33}$$

式(11.33)称为截断奇异值分解(truncated singular value decomposition，TSVD)正则化解，k 为截断参数。不难看出，TSVD 解是将 LS 解(11.20)中对应小于 λ_k 的项删除，只保留对应大于或等于 λ_k 的项。当取 $k=n$ 时，$\hat{\boldsymbol{X}}_T=\hat{\boldsymbol{X}}_{\mathrm{LS}}$。TSVD 正则化解的均方误差为

$$F(k)=\sigma_o^2\sum_{i=1}^{k}\frac{1}{\lambda_i^2}+\sum_{i=k+1}^{n}(\boldsymbol{v}_i^{\mathrm{T}}\tilde{\boldsymbol{X}})^2\tag{11.34}$$

式(11.34)说明，从减小正则化解的方差考虑，截断参数k取值越小越好，但从减小解的有偏性考虑，则截断参数k取值越大越好。显然，为提高解的质量，两个目标对截断参数的选取提出了截然相反的要求。与前面的正则化参数α一样，一个合理的截断参数应该能够平衡两方面的影响，必须采用合理的准则和指标作为依据进行决策。

关于正则化参数(在统计学中又称为岭参数)的选择问题，国内外学者经过研究和试验，提出了许多有针对性的解决方案，比较常用的是岭迹法和广义交叉检核(generalized cross validation，GCV)法(Golub et al.，1979)。岭迹法的优点是比较直观，缺点是正则化参数的选择带有一定的主观随意性(王振杰，2006)。GCV法的优点是理论上能够找到最优的正则化参数，但由于 GCV 函数的变化有时过于平缓，所以要想定位它的最小值很困难。针对不适定问题，Hansen 等(1993)提出了选择正则化参数的 L 曲线法，并通过数值计算展示了该方法的优势。Kusche等(2002)在研究基于卫星重力梯度数据确定重力场的正则化问题时，通过算例证明 GCV 法要优于 L 曲线法。Xu(1998)结合重力场向下延拓实例，提出了一种以估计参数均方误差最小为准则选取截断参数的新方法，显然该方法使用的准则在理论上更加合理，但在实施过程中，需要用到估计参数和单位权方差的真值，因此用其近似值代替。王兴涛等(2004a)对该方法进行了改进，提出了图解-数值迭代方法，取得了较好的效果。至今还没有一种方法能够一致地优于其他方法，因此关于这方面的深入研究仍在继续。本专题研究只出于应用方面的考虑，统一采用 GCV 法来选择正则化参数。

当应用 GCV 法选择正则化参数时，需要求解 GCV 函数的最小值。该函数定义为(Golub et al.，1979)

$$\mathrm{GCV}(\alpha)=\frac{n\left\|(\boldsymbol{I}-\boldsymbol{Q}(\alpha))\boldsymbol{L}\right\|^2}{[\mathrm{tr}(\boldsymbol{I}-\boldsymbol{Q}(\alpha))]^2} \tag{11.35}$$

式中，$\boldsymbol{Q}(\alpha)$称为影响矩阵，由$\boldsymbol{A}\boldsymbol{X}_\alpha=\boldsymbol{Q}(\alpha)\boldsymbol{L}$定义，对应于式(11.25)，有$\boldsymbol{Q}(\alpha)=\boldsymbol{A}(\boldsymbol{A}\boldsymbol{A}^{-1}+\alpha\boldsymbol{I})\boldsymbol{A}^{\mathrm{T}}$；$n$为观测值个数。求解式(11.35)最小值所对应的$\alpha$值就是所要求的最优正则化参数。

关于 Tikhonov 和 TSVD 两种正则化方法的差异性问题，顾勇为等(2010)对其进行了比较深入的分析和研究。从形式上看，为了克服系数矩阵的病态性，针对小奇异值放大噪声对解的污染，Tikhonov 正则化方法是通过增加一个正则化参数α来“镇压”小奇异值，而 TSVD 正则化方法则是通过删除一些小奇异值对应的劣项来“保优”，即保留大奇异值对应的项。从计算效果看，只要问题解(11.23)

右端项 $\boldsymbol{u}_i^{\mathrm{T}}\hat{\boldsymbol{L}}$ 为良衰减(按奇异值高于一次方衰减)，那么系数矩阵 $\boldsymbol{A}$ 无论是劣定秩还是良定秩，Tikhonov 解与 TSVD 解都十分接近，且都优于传统的 SVD 解，两种正则化方法在许多情形下是通用的。本专题研究在研究航空重力测量数据向下延拓问题时，选用了 TSVD 正则化方法，而在后续研究多源重力数据融合时，则选用了 Tikhonov 正则化方法，各自都取得了较好的效果。

11.3.4 数值计算检验与分析

为了评价基于逆 Poisson 积分公式向下延拓模型和正则化方法的数值精度、计算效率及其稳定性，本节采用超高阶位模型 EGM2008 设计航空重力模拟观测量和地面重力真值进行数值计算、对比和分析试验。

11.3.4.1　试验数据与方法步骤

使用 2160 阶 EGM2008 位模型分别计算某海域 5km 高空处的重力异常 Δg_5，其分布如图 11.1(a)所示，计算范围取为 1°×1°，网格间距为 2′×2′。为了评估向下延拓的解算效果，同时计算了相同区域内的海面重力异常 Δg_o，其分布见图 11.2(a)。为了减弱远区效应的影响，采用移去-恢复技术，取 EGM2008 位模型的前 360 阶作为参考场，可分别求得空中残差重力异常 $\delta\Delta g_5$ (见图 11.1(b))和海面残差重力异常 $\delta\Delta g_o$ (见图 11.2(b))。试验区各项重力异常的特性统计见表 11.1。

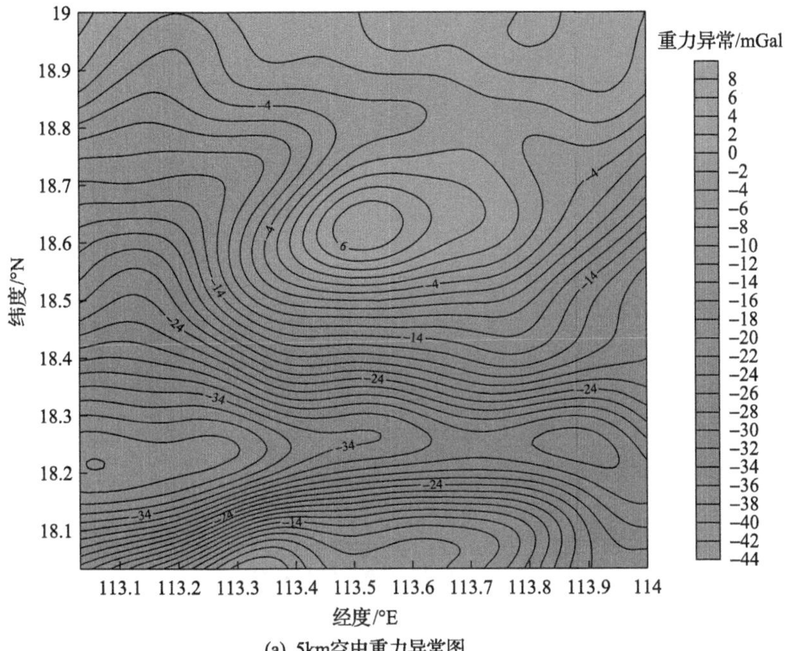

(a) 5km空中重力异常图

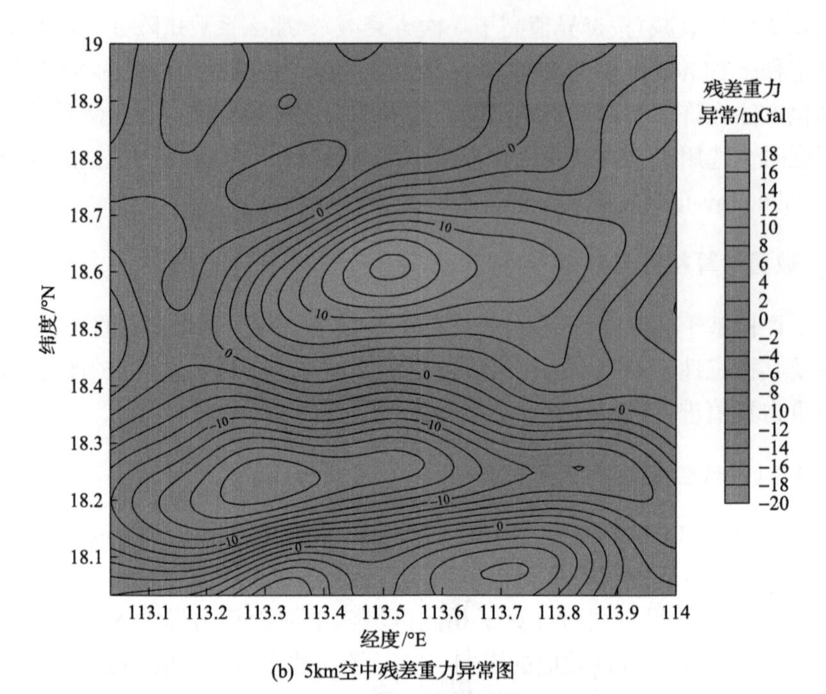

(b) 5km空中残差重力异常图

图 11.1　空中重力异常及残差重力异常图

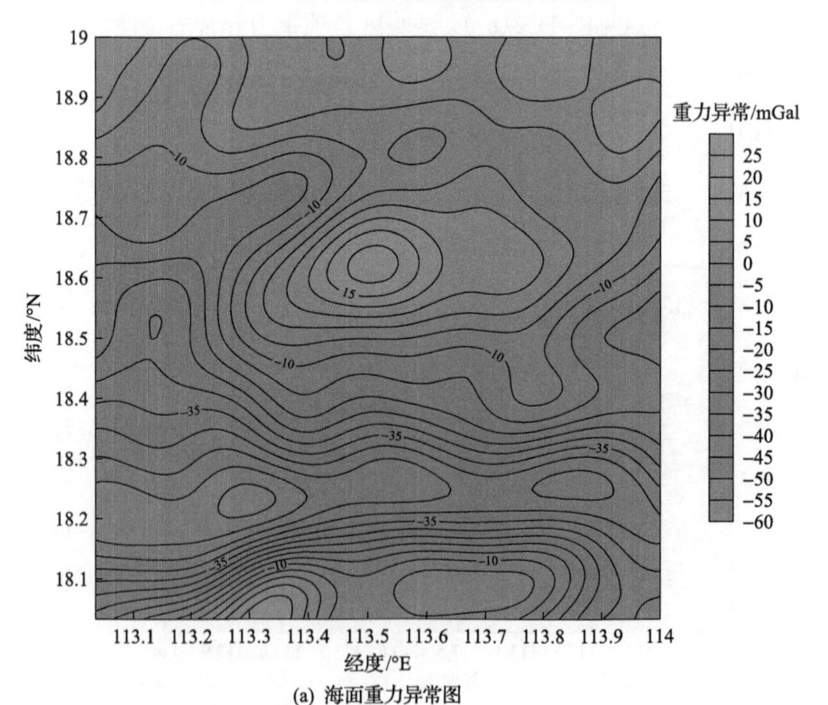

(a) 海面重力异常图

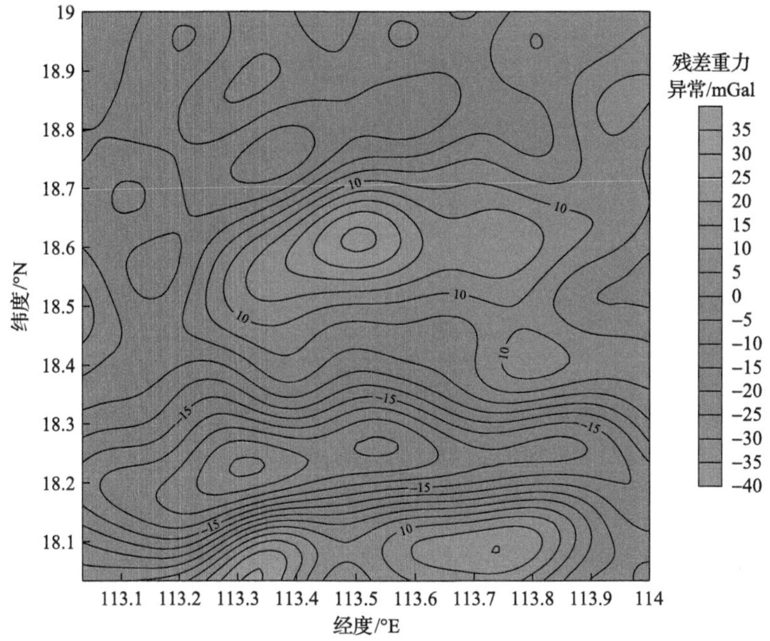

(b) 海面残差重力异常图

图 11.2　海面重力异常及残差重力异常图

表 11.1　试验区各项重力异常的特性统计　　(单位：mGal)

参数	代号	最小值	最大值	平均值	标准差	均方根
重力异常	Δg_o	−57.38	22.57	−14.59	17.80	23.01
	Δg_5	−41.89	7.82	−13.60	12.96	18.78
残差重力异常	$\delta\Delta g_o$	−35.85	31.04	−1.12	11.89	11.94
	$\delta\Delta g_5$	−19.99	16.55	−0.85	6.96	7.01

为了模拟航空重力测量数据的实际特性，对仿真的空中位模型重力异常分别加入观测误差 e_1 (系统偏差为 1mGal，标准差为±1mGal，均方根为±1.41mGal) 和观测误差 e_2 (系统偏差为 1mGal，标准差为±3mGal，均方根为±3.16mGal)，具体试验方法和步骤如下：

(1) 模拟产生观测误差并将其加入空中位模型重力异常 Δg，得到含误差的仿真航空重力异常 Δg_e。

(2) 应用移去-恢复技术，从含误差的航空重力异常 Δg_e 中移去参考场空中重力异常，得到航空残差重力异常 $\delta\Delta g_e$。

(3) 利用 GCV 法，即通过计算逆 Poisson 积分系数矩阵的 GCV 函数最小值(其分布曲线如图 11.3 所示)，确定 TSVD 正则化方法的截断参数。

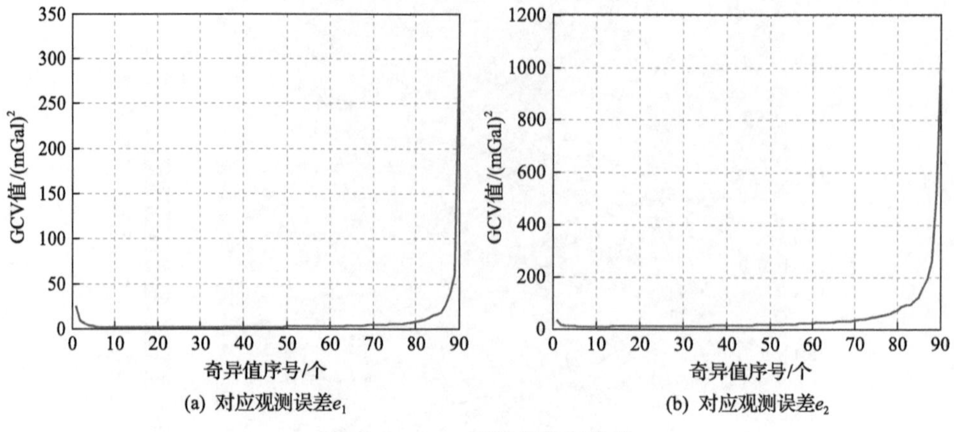

图 11.3 GCV 函数值分布曲线

(4) 分别采用传统最小二乘法和 TSVD 正则化方法对无误差的航空残差重力异常 $\delta\Delta g$ 和有误差的航空残差重力异常 $\delta\Delta g_e$ 进行向下延拓计算，得到相对应的海面残差重力异常 $\delta\Delta g_{oo}$ 和 $\delta\Delta g_{oe}$。

(5) 在海面残差重力异常 $\delta\Delta g_{oo}$ 和 $\delta\Delta g_{oe}$ 上恢复参考场重力异常，得到完整的海面重力异常 Δg_{oo} 和 Δg_{oe}。

(6) 将向下延拓得到的海面重力异常 Δg_{oo} 和 Δg_{oe} 分别与原始的海面重力异常 Δg_o 进行比较，以检验向下延拓计算结果的精度。

11.3.4.2 解算结果比较与分析

本专题研究采用 LS 法和 TSVD 正则化方法，分别针对无误差 e_0、观测误差 e_1 和观测误差 e_2 三种情形进行了航空重力向下延拓计算，并将解算结果与模拟真值进行了比较，表 11.2 列出了具体的统计计算结果。为了分析比较积分计算过程所产生的边缘效应，表中同时列出了延拓计算结果去边缘 0.25°后与原始海面残差重力异常的比较结果。三种不同情形下的计算结果及其相对应的重力异常对比结果等值线图见图 11.4～图 11.6。

表 11.2 不同方法计算结果与模拟真值比较结果

误差	范围	方法	最小值/mGal	最大值/mGal	平均值/mGal	标准差/mGal	均方根/mGal	条件数	截断参数
e_0	全区域	LS 法	–20.87	14.58	–0.15	3.33	3.33	9839	—
		TSVD 正则化方法	–12.91	8.34	–0.14	2.42	2.42	98	664
	去边缘	LS 法	–0.22	0.20	–0.00	0.09	0.09	9839	—

续表

误差	范围	方法	最小值/mGal	最大值/mGal	平均值/mGal	标准差/mGal	均方根/mGal	条件数	截断参数
e_0	去边缘	TSVD 正则化方法	–2.31	1.96	–0.00	0.75	0.75	98	664
e_1	全区域	LS 法	–155.70	143.55	–1.43	41.34	41.35	9839	—
		TSVD 正则化方法	–12.63	7.35	–1.35	2.88	3.17	34	759
	去边缘	LS 法	–121.11	128.62	–0.28	40.12	40.02	9839	—
		TSVD 正则化方法	–5.84	3.55	–1.15	1.88	2.20	34	759
e_2	全区域	LS 法	–387.99	363.02	–1.59	120.71	120.65	9839	—
		TSVD 正则化方法	–13.00	8.33	–1.54	3.88	4.17	14	814
	去边缘	LS 法	–349.36	342.79	–0.73	120.63	120.33	9839	—
		TSVD 正则化方法	–11.40	8.20	–1.28	3.88	4.07	14	814

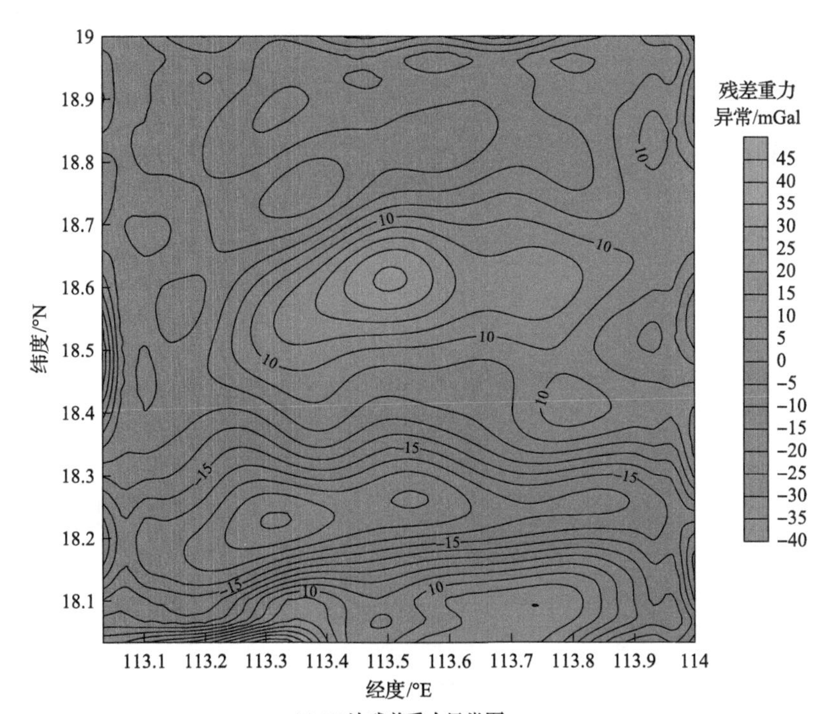

(a) LS法残差重力异常图

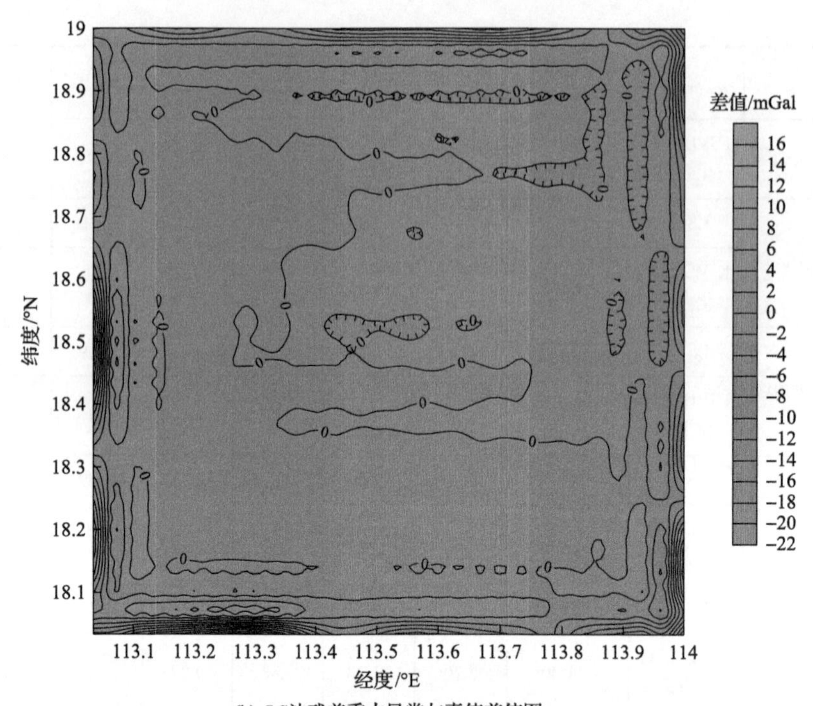

(b) LS法残差重力异常与真值差值图

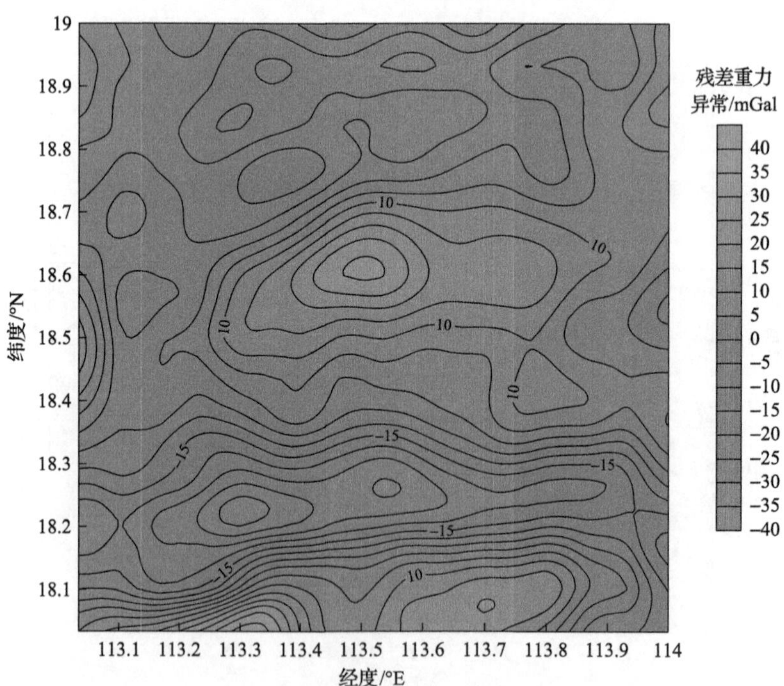

(c) TSVD正则化方法残差重力异常图

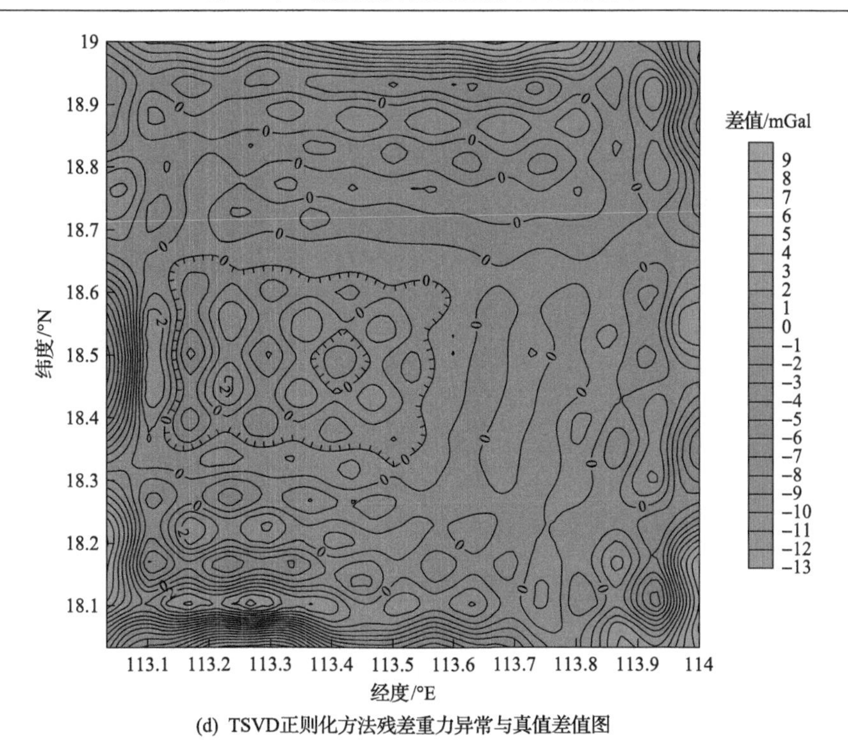

(d) TSVD正则化方法残差重力异常与真值差值图

图 11.4　无误差(e_0)时计算结果及其对比结果等值线图

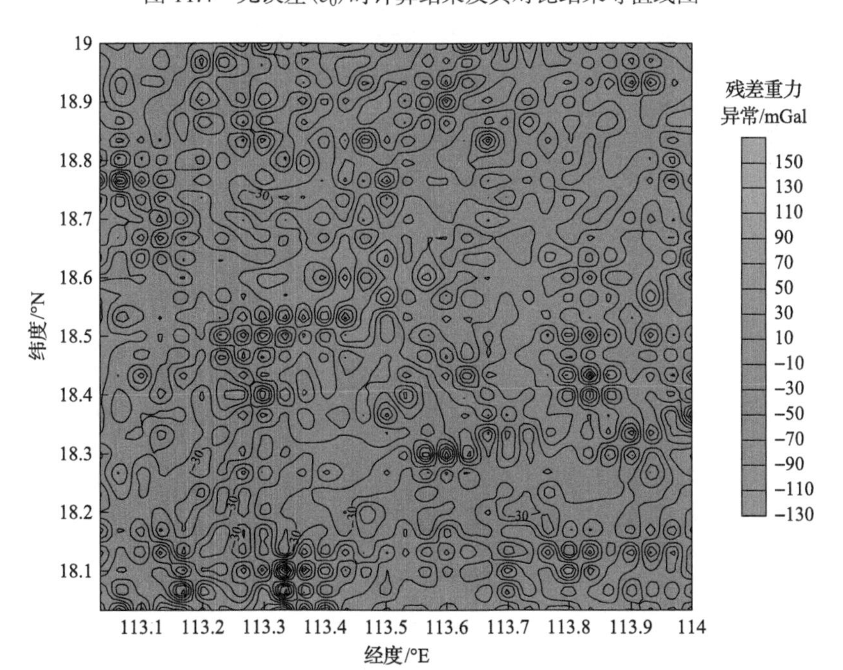

(a) LS法残差重力异常图

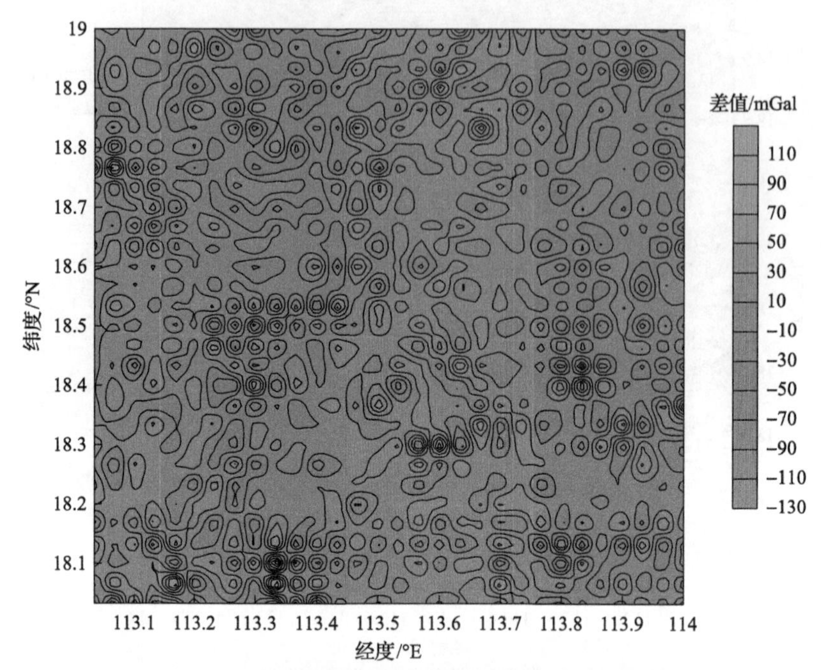

(b) LS法残差重力异常与真值差值图

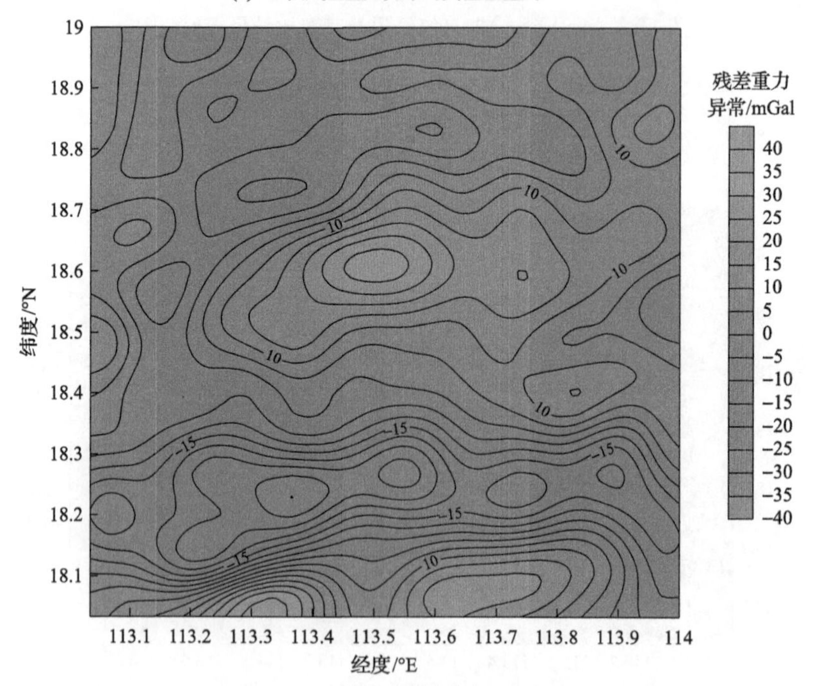

(c) TSVD正则化方法残差重力异常图

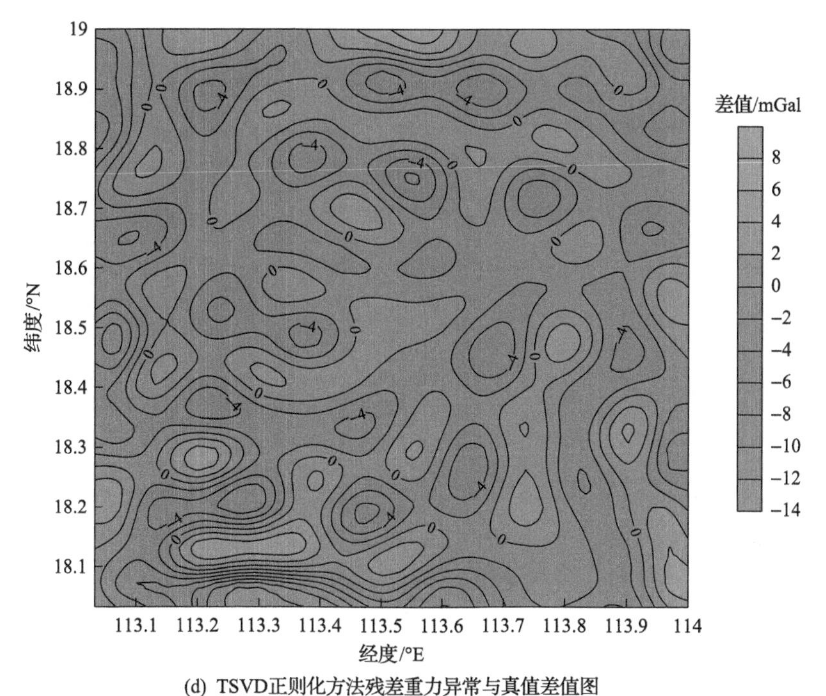

(d) TSVD正则化方法残差重力异常与真值差值图

图 11.5　观测误差为 e_1 时计算结果及其对比结果等值线图

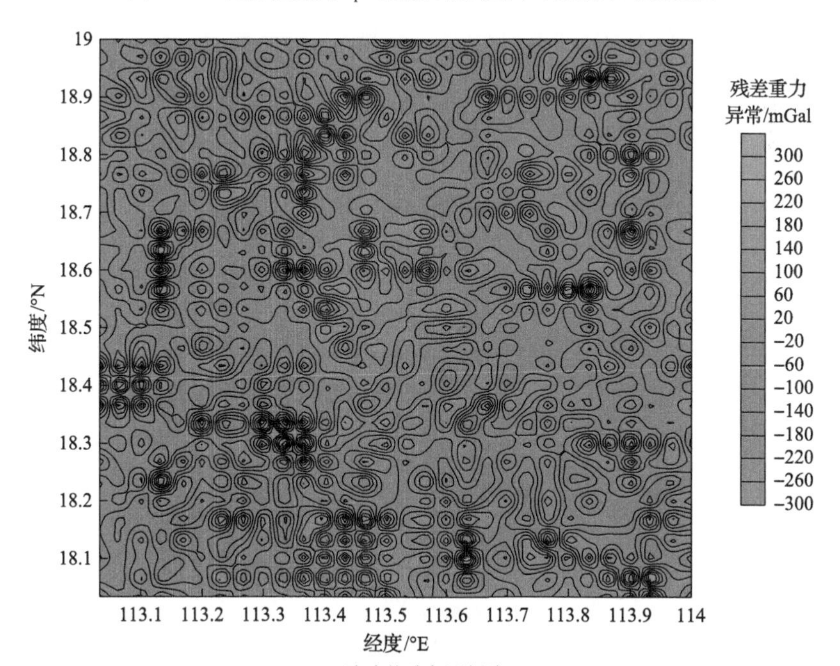

(a) LS法残差重力异常图

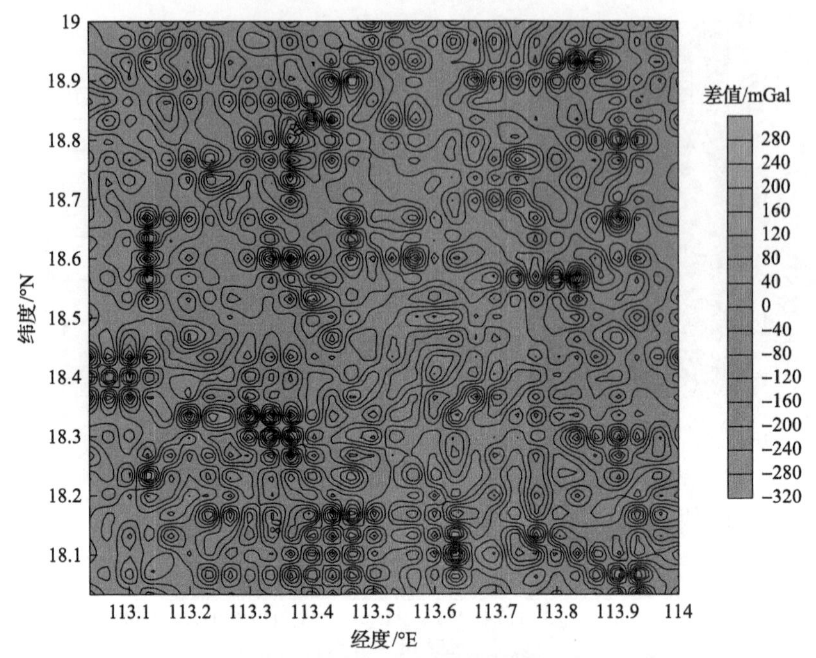

(b) LS法残差重力异常与真值差值图

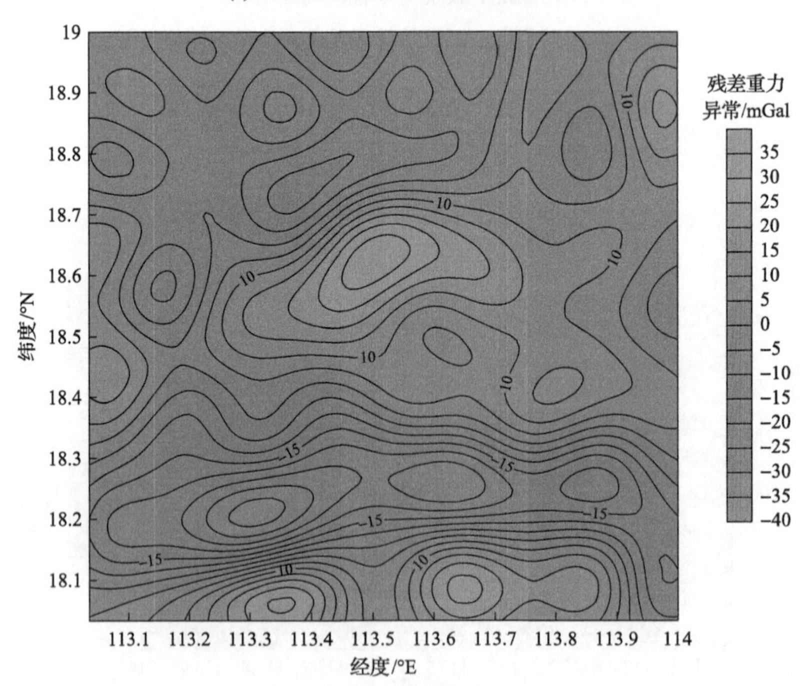

(c) TSVD正则化方法残差重力异常图

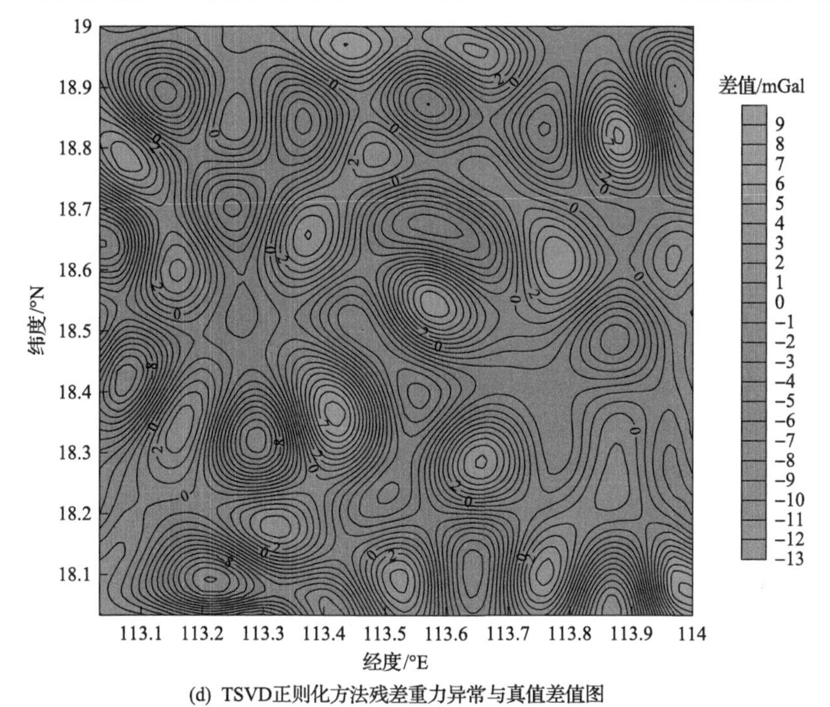

(d) TSVD正则化方法残差重力异常与真值差值图

图 11.6 观测误差为 e_2 时计算结果及其对比结果等值线图

从表 11.2 和图 11.4～图 11.6 可以看出：

(1) 当测量高度为 5km、分辨率为 2′×2′时，由于数据网格间距较小，延拓高度较大，逆 Poisson 积分系数矩阵存在明显的复共线性，其条件数达到 9839，远大于严重病态界点值 1000，表明此时的向下延拓过程是不稳定的。

(2) 除无误差情形外，传统 LS 法的延拓计算结果都是不可信的，再次验证了使用 LS 法解算病态问题是失效的。即使在无误差情形下，在建立逆 Poisson 积分向下延拓模型过程中，还存在积分离散化等模型逼近问题，因此不可避免地对系数矩阵造成一定的干扰，加上边缘效应的影响，LS 法对应的全区域对比均方根值仍达到 3.33mGal，表明此时的模型误差仍不可忽略。

(3) 采用基于 GCV 准则的 TSVD 正则化方法进行航空重力向下延拓，取得了预期的良好效果。按照全区域和去边缘统计，当观测误差为 $e_1 = \pm 1.41$mGal 时，相对应的对比差值均方根值分别为 3.17mGal 和 2.20mGal；当观测误差为 $e_2 = \pm 3.16$mGal 时，相对应的对比差值均方根值分别为 4.17mGal 和 4.07mGal。这表明，相对于传统的 LS 法，TSVD 正则化方法确实能够有效抑制观测误差对向下延拓解算结果的影响，提高计算结果的精度和稳定性。但 TSVD 正则化方法对系统偏差没有抑制作用。

11.3.5 专题小结

为了充分发挥航空重力测量数据的应用效能，有必要首先将其向下延拓到统一的基准面上。但航空重力数据向下延拓是一个病态模型求解问题，也就是不适定问题，产生病态性的原因是压缩算子对观测噪声的放大效应、数据采样的局限性，以及待估参数本身具有的近似相关性等。自 20 世纪末开始，使用正则化方法求解不适定问题一直是工程技术应用领域中的一个研究热点，国内外学者迅速将其应用于航空重力测量数据向下延拓这个典型的不适定问题的求解。大量的试验解算结果已经证明，正则化方法确实是解算病态问题的有效方法。针对逆 Poisson 积分公式，本专题研究提出采用基于 GCV 准则的 TSVD 正则化方法进行航空重力向下延拓，并利用 EGM2008 位模型模拟产生航空重力测量数据，对向下延拓问题进行了数值解算和精度检核，结果表明按本专题研究所提 TSVD 正则化方法得到的 TSVD 解具有较高的精度和稳定性。该方法具有一定的普适意义，实际应用中需要解决的问题是，如何以更加简便的方式来确定 TSVD 正则化方法的截断参数，以提高向下延拓的解算效率(邓凯亮等，2011；吴太旗等，2011)。

11.4 海域航空重力测量向下延拓新方法

11.4.1 问题的提出

如前所述，尽管在过去很长时期内，国内外学者为航空重力测量向下延拓问题提出了许多不同类型的解决方案，但无论是早期的迭代求解法、最小二乘配置法，还是近期的各类正则化方法，都无法确保向下延拓解算结果是绝对稳定有效的。因为其解算结果的有效性不仅取决于解算方法本身，还取决于航空重力观测数据噪声自身的特性。从已经发表的相关文献资料介绍情况看，在 3km 延拓计算高度上，即使采用有针对性的正则化方法，向下延拓解算精度一般也只能达到 3～5mGal 的水平。而要想达到这样的精度，不仅要付出许多细致而又烦琐的数据预处理方面的努力，还要谨慎地处理计算模型参数选择方面的难题，如观测高度归一化、观测数据网格化、边缘效应处理、正则化矩阵和正则化参数选择问题等。总之，现有的航空重力测量向下延拓方法在实际应用中仍存在一定程度的不确定性，其有效性有待进一步改进和完善。因此，本专题研究从实用化角度出发，提出了一种独立于观测数据、基于外部数据源的向下延拓新方法。特别是针对海域重力场的变化特点，同时基于现有技术条件，分别提出了利用卫星测高重力向上延拓和超高阶位模型直接计算延拓改正数，从而实现航空重力测量向下延拓归算的两种计算方案。新方法的显著特点是，解算过程巧妙避开了传统求解逆 Poisson 积分公式固有的不稳定性问题,解算结果的精度不再依赖航空重力观测数据的噪声水平，有效简化了向下延拓的计算过程和解算难度，提高了延拓计算精度。本专题研究同时对新模型的理论计算精度进行了定量估计，联合使用卫星测高、海面船载重力测量和航空重力测量数据进行了实际数值计算和精度评估，证明新方法是可行有效的，具有较高的应用价值。

11.4.2 计算模型

11.4.2.1 延拓计算基本模型

设似地球表面上的重力异常为Δg_o，对应一定高度上的空中重力异常为Δg_p，则由重力场解析延拓理论可知(Moritz，1980)，Δg_o和Δg_p两者之间的关系可表示为

$$\begin{aligned}\Delta g_p &= \Delta g_o + z\frac{\partial \Delta g_o}{\partial z} + \frac{1}{2!}z^2\frac{\partial^2 \Delta g_o}{\partial z^2} + \cdots \\ &= \Delta g_o + \sum_{n=1}^{\infty}\frac{1}{n!}z^n\frac{\partial^n \Delta g_o}{\partial z^n} \\ &= \Delta g_o + \delta\Delta g_{op}\end{aligned} \tag{11.36}$$

式中，$z = h_p - h_o$为空间P点相对于地面O点的高度差；$\delta\Delta g_{op}$为两点重力异常之间的解析延拓改正数。

当已知似地球表面上的重力异常Δg_o，需要确定空中重力异常Δg_p时，这样的问题称为向上延拓，公式形式为

$$\Delta g_p = U\Delta g_o \tag{11.37}$$

式中，U称为向上延拓算子(也称为正延拓算子)。

相反，则称为向下延拓，也就是本专题研究要研究解决的主要问题，其公式形式为

$$\Delta g_o = U^{-1}\Delta g_p = D_I\Delta g_p \tag{11.38}$$

式中，D_I称为向下延拓算子(也称为逆延拓算子)。

求解向下延拓问题的基本方法是求逆 Poisson 积分公式,它属于第一类 Fredholm 积分方程,是一类典型的不适定反问题,因此其解算过程是欠稳定的(王彦飞,2007)。

11.4.2.2 利用卫星测高数据计算延拓改正数

由式(11.36)可知，实现解析延拓计算的关键是如何精确求得延拓改正数 $\delta\Delta g_{op}$。为了规避直接求解向下延拓问题的不确定性，本节特别针对海域重力场变化相对平缓的特点，首先提出利用当今国际上新近发布的卫星测高重力异常数据集，通过 Poisson 积分公式进行向上延拓解算，从而间接求得向下延拓改正数。设由卫星测高反演得到的海面重力异常为 Δg_o^w，对应一定高度上的空中重力异常为 Δg_p^w，则根据 Poisson 积分公式可得(Heiskanen et al., 1967)

$$\Delta g_p^w\left(r_p,\varphi_p,\lambda_p\right)=\frac{r_o^2\left(r_p^2-r_o^2\right)}{4\pi r_p}\iint_\sigma \frac{\Delta g_o^w\left(r_o,\varphi_o,\lambda_o\right)}{D^3}\mathrm{d}\sigma \tag{11.39}$$

式中，$(r_p,\varphi_p,\lambda_p)$ 为空中计算点的三维坐标；$(r_o,\varphi_o,\lambda_o)$ 为海面流动点的三维坐标；D 为计算点与流动点之间的空间距离。

因为向上延拓计算过程是稳定收敛的，所以无论是采用传统的离散化求和法，还是采用现代的快速傅里叶变换技术，求解式(11.39)总能给出可靠的向上延拓结果。按式(11.39)求得空中重力异常 Δg_p^w 以后，可进一步按式(10.40)计算向下延拓改正数：

$$\delta\Delta g_{po}^w=\Delta g_o^w-\Delta g_p^w \tag{11.40}$$

将 $\delta\Delta g_{po}^w$ 近似作为航空重力测量向下延拓改正数 $\delta\Delta g_{po}^h$，即可按式(11.41)完成航空重力测量数据的向下延拓计算：

$$\Delta g_o^h=\Delta g_p^h+\delta\Delta g_{po}^h=\Delta g_p^h+\delta\Delta g_{po}^w \tag{11.41}$$

式中，Δg_p^h 为由航空重力测量获得的重力异常；Δg_o^h 为由 Δg_p^h 向下延拓获得的海面重力异常。

11.4.2.3 利用超高阶位模型计算延拓改正数

考虑到当今国际上发布的超高阶位模型，如著名的 EGM2008 位模型，在广阔海域与卫星测高反演重力场具有很好的一致性，同时考虑到在陆海交界地带，卫星测高数据质量可靠性明显降低，难以满足计算延拓改正数的精度要求。为此，本节提出间接计算航空重力测量向下延拓改正数 $\delta\Delta g_{po}^h$ 的第二种方案，即直接利用 EGM2008 位模型计算地面点和空中测点之间的重力异常差值，并将

其近似作为向下延拓改正数使用。由位模型计算测点重力异常的公式为（黄谟涛等，2005）

$$\Delta g^c(r,\varphi,\lambda)=\frac{GM}{a^2}\sum_{n=2}^{\infty}\left\{(n-1)\left(\frac{a}{r}\right)^{n+2}\sum_{m=0}^{n}\left[(\bar{C}_{nm}^*\cos(m\lambda)+\bar{S}_{nm}\sin(m\lambda))\bar{P}_{nm}(\sin\varphi)\right]\right\} \tag{11.42}$$

式中，GM 为万有引力常数与地球质量的乘积；a 为地球椭球长半轴；$\bar{P}_{nm}(\sin\varphi)$ 为完全规格化缔合勒让德函数；$\bar{C}_{nm}^*$ 和 $\bar{S}_{nm}$ 为完全规格化位系数。

地面点相对空中测点的重力异常差值为

$$\delta\Delta g_{po}^c=\frac{GM}{a^2}\sum_{n=2}^{\infty}\left\{(n-1)\left[\left(\frac{a}{r_o}\right)^{n+2}-\left(\frac{a}{r_p}\right)^{n+2}\right]\sum_{m=0}^{n}\left[(\bar{C}_{nm}^*\cos(m\lambda)+\bar{S}_{nm}\sin(m\lambda))\bar{P}_{nm}(\sin\varphi)\right]\right\} \tag{11.43}$$

使用 $\delta\Delta g_{po}^c$ 代替式(11.41)中的 $\delta\Delta g_{po}^w$，即可完成航空重力测量数据的向下延拓计算，即

$$\Delta g_o^h=\Delta g_p^h+\delta\Delta g_{po}^h=\Delta g_p^h+\delta\Delta g_{po}^c \tag{11.44}$$

式中，符号意义同前。

11.4.3　精度分析与估计

由前面的论述可知，本专题研究提出的两种向下延拓归算方法都是基于航空重力测量以外的数据源，通过计算地面点和空中测点之间的重力异常差值，并将其近似作为向下延拓改正数，进而完成航空重力测量数据向下延拓解算。两种向下延拓归算方法的归算精度分别取决于卫星测高重力异常和超高阶位模型的分辨率与精度水平。目前，较新版本的卫星测高重力数据集，如 DTU10，其空间分辨率为 1′×1′，在部分海区与船载重力测量对比的符合度达 4mGal（Andersen et al., 2010）。EGM2008 位模型完全阶次达 2160 阶，对应 5′×5′空间分辨率，在全球范围逼近 GPS 水准高程异常精度达±13cm，表示我国陆地 5′×5′重力异常精度达 10.5mGal（章传银等，2009b）。本专题研究利用我国有关部门在不同海域通过船载观测获得的 80 多万个重力数据，分别对 DTU10 卫星测高重力数据集和 EGM2008 位模型进行了外部检核，整体对比结果如表 11.3 所示。

表 11.3　DTU10 和 EGM2008 与船载重力测量比较结果

参量	最小值/mGal	最大值/mGal	平均值/mGal	标准差/mGal	均方根/mGal	点数/个
DTU10–船载重力测量	−47.36	78.23	0.07	4.86	4.86	829371
EGM2008–船载重力测量	−57.33	76.84	−0.08	5.44	5.44	829371
DTU10–EGM2008	−48.80	43.05	−0.003	2.24	2.24	743041

从表 11.3 可以看出，卫星测高数据和 EGM2008 位模型对我国海域重力场的逼近程度较高，已经接近于 LCR 型航空重力仪的测量精度水平 3～5mGal（孙中苗等，2012，2021）。基于以上评估结果，可根据式（11.39）按误差传播定律估算卫星测高数据向上延拓的精度，进而对延拓改正数计算精度做出估计。但必须指出的是，本节提出的延拓改正数计算模型是求两个相关参量的互差，其观测量中的系统性干扰因素将在求差过程中得到消除或削弱，而无论是卫星测高还是位模型参量，其系统误差在径向上的相关性要远大于平面方向。因此，即使观测量自身的绝对精度不高，也有望通过求差方式获得较高精度的延拓改正数。这也是本专题研究另辟蹊径探讨航空重力测量向下延拓问题的基本出发点，这一思想与导航定位系统中的差分改正技术具有很大的相似性。考虑到观测误差形成过程与作用机制的复杂性，本节只针对 EGM2008 位模型计算延拓改正数精度进行定量分析。

设 $m_{C_{nm}^*}$ 和 $m_{S_{nm}}$ 分别代表位模型系数 $\bar{C}_{nm}^*$ 与 $\bar{S}_{nm}$ 的中误差，依据误差传播定律，同时顾及球谐函数的正交性，则可由式（11.43）导出延拓改正数计算精度的估计公式为

$$m_{\delta\Delta g}^2 = \left(\frac{GM}{a^2}\right)^2 \sum_{n=2}^{2160} \left\{ (n-1)^2 \left[\left(\frac{a}{r_o}\right)^{n+2} - \left(\frac{a}{r_p}\right)^{n+2} \right]^2 \sum_{m=0}^{n} (m_{C_{nm}}^2 + m_{S_{nm}}^2) \right\} \tag{11.45}$$

式中，$m_{\delta\Delta g}$ 为延拓改正数中误差。

与式（11.45）相对应的截断误差 $\Delta m_{\delta\Delta g}$ 为

$$\Delta m_{\delta\Delta g}^2 = \left(\frac{GM}{a^2}\right)^2 \sum_{n=2161}^{\infty} \left\{ (n-1)^2 \left[\left(\frac{a}{r_o}\right)^{n+2} - \left(\frac{a}{r_p}\right)^{n+2} \right]^2 \sum_{m=0}^{n} (\bar{C}_{nm}^{*2} + \bar{S}_{nm}^2) \right\} \tag{11.46}$$

当使用重力异常阶方差模型表示时，式（11.46）可简化为

$$\Delta m_{\delta\Delta g}^2 = \sum_{n=2161}^{\infty} \left\{ \left[\left(\frac{a}{r_o}\right)^{n+2} - \left(\frac{a}{r_p}\right)^{n+2} \right]^2 C(\Delta g)_n \right\} \tag{11.47}$$

式中，$C(\Delta g)_n$ 为重力异常阶方差。

翟振和等(2012b)对 EGM2008 位模型数据进行拟合计算后，构建了如下分段重力异常阶方差模型：

$$C(\Delta g)_n=\begin{cases}0.98132\dfrac{n-1}{n+100}1.06252^{n+2}+595.65818\dfrac{n-1}{(n+2)(n+20)}0.92609^{n+2}, & 3<n\leqslant 36\\[2ex] 13.43980\dfrac{n-1}{n+100}0.99073^{n+2}+46.67648\dfrac{n-1}{(n-2)(n+20)}0.99950^{n+2}, & 36<n\leqslant 36000\end{cases} \tag{11.48}$$

本专题研究依据式(11.45)、式(11.47)和式(11.48)，对延拓改正数估值精度和截断误差进行了估计，具体结果如表 11.4 所示。

表 11.4　EGM2008 位模型计算延拓改正数精度估计

高度差 (h_p-h_o) / km	1.5	3	5
$m_{\delta\Delta g}$ /mGal	1.08	1.82	2.48
$\Delta m_{\delta\Delta g}$ /mGal	1.65	2.33	2.71
总精度/mGal	1.97	2.96	3.67

此外，由于航空重力测量的空间分辨率取决于飞行速度和低通滤波器的截止频率，当前航空重力测量系统的半波长分辨率一般在几公里(孙中苗，2004)，其量值与 EGM2008 位模型的空间分辨率基本匹配。因此，使用 EGM2008 位模型计算延拓改正数在精确度和分辨率方面都具有可行性。

11.4.4　数值计算检验与分析

为了验证前面两种延拓改正数计算方案的有效性，在我国南部海域选择 3°×3°区块作为主要试验区进行数值计算和对比分析，该区块同时拥有实际航空重力测量、船载重力测量、卫星测高和位模型等 4 类重力异常信息。

11.4.4.1　卫星测高与位模型计算方案的符合性检验

首先从卫星测高 DTU10 数据集中读取试验区范围内的 1′×1′网格数据，以 EGM2008 位模型(360 阶)为参考场，利用式(11.39)表示的 Poisson 积分公式进行向上延拓计算，分别求得 3 个不同高度上的卫星测高重力异常，然后按式(11.40)计算不同高度差的延拓改正数，又按式(11.43)计算相对应高度差的位模型延拓改正数，求前后两组延拓改正数的差值，并计算其均方根值，具体统计结果见表 11.5。

表 11.5　卫星测高与位模型计算延拓改正数比较

高度/km	最小值/mGal	最大值/mGal	平均值/mGal	标准差/mGal	均方根/mGal
1.5	–0.65	1.07	0.00	0.16	0.16
3	–1.95	1.47	0.00	0.27	0.27
5	–2.86	2.14	0.00	0.39	0.39

综合表 11.3 和表 11.5 的计算结果可以看出，EGM2008 位模型与卫星测高 DTU10 数据集具有很好的一致性，与前者在建模时已经充分利用了当时最好的卫星测高数据集这一事实相符，因此在实际应用中完全可用前者代替后者计算延拓改正数。据此，本专题研究后面的测试主要针对前者展开。

11.4.4.2　相对平缓海区试验验证

在前面相同的区块，使用实际航空重力测量数据和海面船测重力异常直接计算延拓改正数。其中，航空重力数据由 GT-1A 型重力仪获取，测量平均高度约为 1.5km，测线交叉点内符合精度为 2.45mGal；海面船载重力测量数据由 LCR 型航空重力仪获取，测线交叉点内符合精度为 1.45mGal。船载重力测量数据与航空重力测量数据统计见表 11.6。

表 11.6　船载重力测量数据与航空重力测量数据统计

数据源	最小值/mGal	最大值/mGal	平均值/mGal	标准差/mGal	均方根/mGal	点数/个
船载	–57.80	73.10	–2.57	17.13	17.32	9290
航空	–30.51	58.17	4.37	17.20	17.75	25377

以原始船载重力测量为基础，采用距离加权平均法内插出与航空重力测点相对应的船载重力，求对应点上的船载重力和航空重力的差值 $\delta\Delta g^{sh}$。又按式(11.43)计算相对应测点高度差的延拓改正数 $\delta\Delta g^{c}$，求 $\delta\Delta g^{sh}$ 和 $\delta\Delta g^{c}$ 的互差，海面和航空实测数据计算延拓改正数与位模型比较见表 11.7。

表 11.7　海面和航空实测数据计算延拓改正数与位模型比较

参量	最小值/mGal	最大值/mGal	平均值/mGal	标准差/mGal	均方根/mGal	点数/个
$\delta\Delta g^{sh}$	–8.75	25.17	3.35	2.99	4.49	
$\delta\Delta g^{c}$	–7.85	13.86	–0.28	1.76	1.79	25146
$\delta\Delta g^{sh}-\delta\Delta g^{c}$	–7.93	19.83	3.63	1.70	3.08	

由表 11.7 的结果可以看出，虽然互差 $\delta\Delta g^{sh}-\delta\Delta g^{c}$ 的大小在可接受的范围内，但与延拓改正数 $\delta\Delta g^{sh}$ 和 $\delta\Delta g^{c}$ 自身大小相比，该量值还是偏大。其原因可能与该

测区属于岛礁区有关，复杂的地理环境必定会对船载重力测量和航空重力测量成果质量造成一定的影响，加上利用分布不够均匀的测线数据来内插对应点的延拓改正数 $\delta\Delta g^{sh}$，也必定会引入额外的插值误差。表 11.7 的结果未必能够真实反映位模型延拓改正数 $\delta\Delta g^{c}$ 的计算精度，因为作为对比基准的 $\delta\Delta g^{sh}$ 可能存在较大误差。这说明，要想得到具有代表性的结论，还需要进行更多的试算和分析。因此，本专题研究将该测区的船测数据进行网格化处理，得到测区中部 2°×2°范围内的 2′×2′网格数据，然后按 11.4.4.1 节相同的思路计算基于海面实测数据的延拓改正数，并将其与位模型延拓改正数进行比较，具体结果见表 11.8。

表 11.8　相对平缓海区船载重力测量数据计算延拓改正数与位模型比较

高度/km	参量	最小值/mGal	最大值/mGal	平均值/mGal	标准差/mGal	均方根/mGal
0	船载重力测量数据与位模型互差	−25.61	41.56	−3.10	6.05	6.80
1.5	$\delta\Delta g^{s}$	−7.95	13.38	−1.14	2.14	2.43
	$\delta\Delta g^{w}$	−7.30	16.16	0.18	2.18	2.19
	$\delta\Delta g^{s}-\delta\Delta g^{w}$	−4.69	1.60	−1.32	0.77	1.53
3	$\delta\Delta g^{s}$	−21.49	13.34	0.09	2.27	2.27
	$\delta\Delta g^{w}$	−9.31	10.12	−0.03	1.82	1.82
	$\delta\Delta g^{s}-\delta\Delta g^{w}$	−21.22	6.94	0.13	1.09	1.10
5	$\delta\Delta g^{s}$	−26.53	10.94	0.00	3.65	3.65
	$\delta\Delta g^{w}$	−16.35	9.04	−0.31	2.98	3.00
	$\delta\Delta g^{s}-\delta\Delta g^{w}$	−25.58	8.46	0.32	1.54	1.57

为了说明位模型延拓改正数的计算精度并不取决于位模型自身的绝对精度，表 11.8 的第 2 行同时给出了相同区域位模型重力异常与船载重力测量的对比结果。由表 11.8 可以看出，即使位模型与海面船载重力测量对比的系统偏差超过 3mGal、均方根误差接近 7mGal，由位模型计算延拓改正数的精度仍达到 1.57mGal，系统偏差也很小。这个结果再次证明，通过差分方式能够获取较高精度的延拓改正数。

11.4.4.3　相对复杂海区试验验证

由表 11.6 的统计结果可知，前面进行的数值计算与分析的试验区重力场变化比较平缓，延拓改正数量值相对较小。为了进一步了解位模型差分计算方案在复杂海区的适用性，本节特别增选一个船载重力变化比较剧烈的区块进行与表 11.8 相类同的试验。其中，区块大小为 4.5°×4°，主测线间距小于 5′，测线交叉点内符合精度为 0.68mGal。相对复杂海区船测数据计算延拓改正数与位模型比较见表 11.9，图 11.7 同时给出了 3km 高度下的 $\delta\Delta g^{s}$、$\delta\Delta g^{w}$ 和 $\delta\Delta g^{s}-\delta\Delta g^{w}$ 等值线图，从图中可以清晰地看出，位模型延拓改正数与实测数据计算结果具有很好的一致性，不存在明显的边缘效应。

表 11.9　相对复杂海区船载重力测量数据计算延拓改正数与位模型比较

高度/km	参量	最小值/mGal	最大值/mGal	平均值/mGal	标准差/mGal	均方根/mGal
0	船载重力测量数据	–100.76	91.14	5.45	21.00	21.70
0	船载重力测量数据与位模型互差	–24.53	15.07	–2.25	2.90	3.67
1.5	$\delta\Delta g^s$	–28.98	17.86	–1.02	3.87	4.00
	$\delta\Delta g^w$	–28.32	19.25	–0.06	3.92	3.92
	$\delta\Delta g^s-\delta\Delta g^w$	–4.69	1.88	–0.95	0.69	1.18
3	$\delta\Delta g^s$	–40.80	24.75	–0.05	5.40	5.40
	$\delta\Delta g^w$	–35.18	23.30	–0.09	5.15	5.15
	$\delta\Delta g^s-\delta\Delta g^w$	–8.72	10.63	0.04	1.29	1.29
5	$\delta\Delta g^s$	–49.64	29.15	0.02	6.95	6.95
	$\delta\Delta g^w$	–42.48	27.28	–0.12	6.55	6.55
	$\delta\Delta g^s-\delta\Delta g^w$	–11.73	15.07	0.15	1.79	1.79

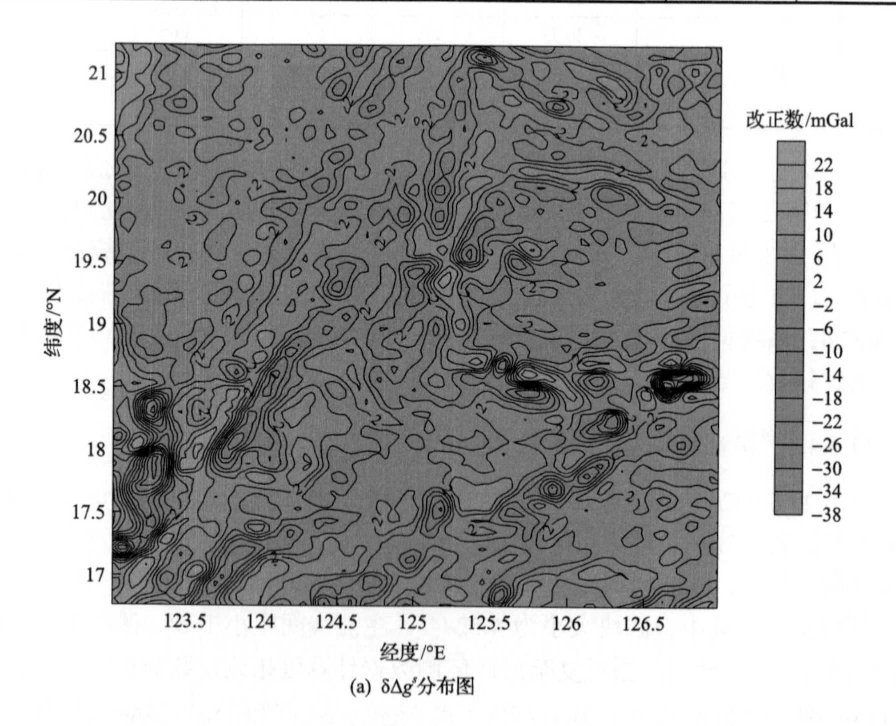

(a) $\delta\Delta g^s$分布图

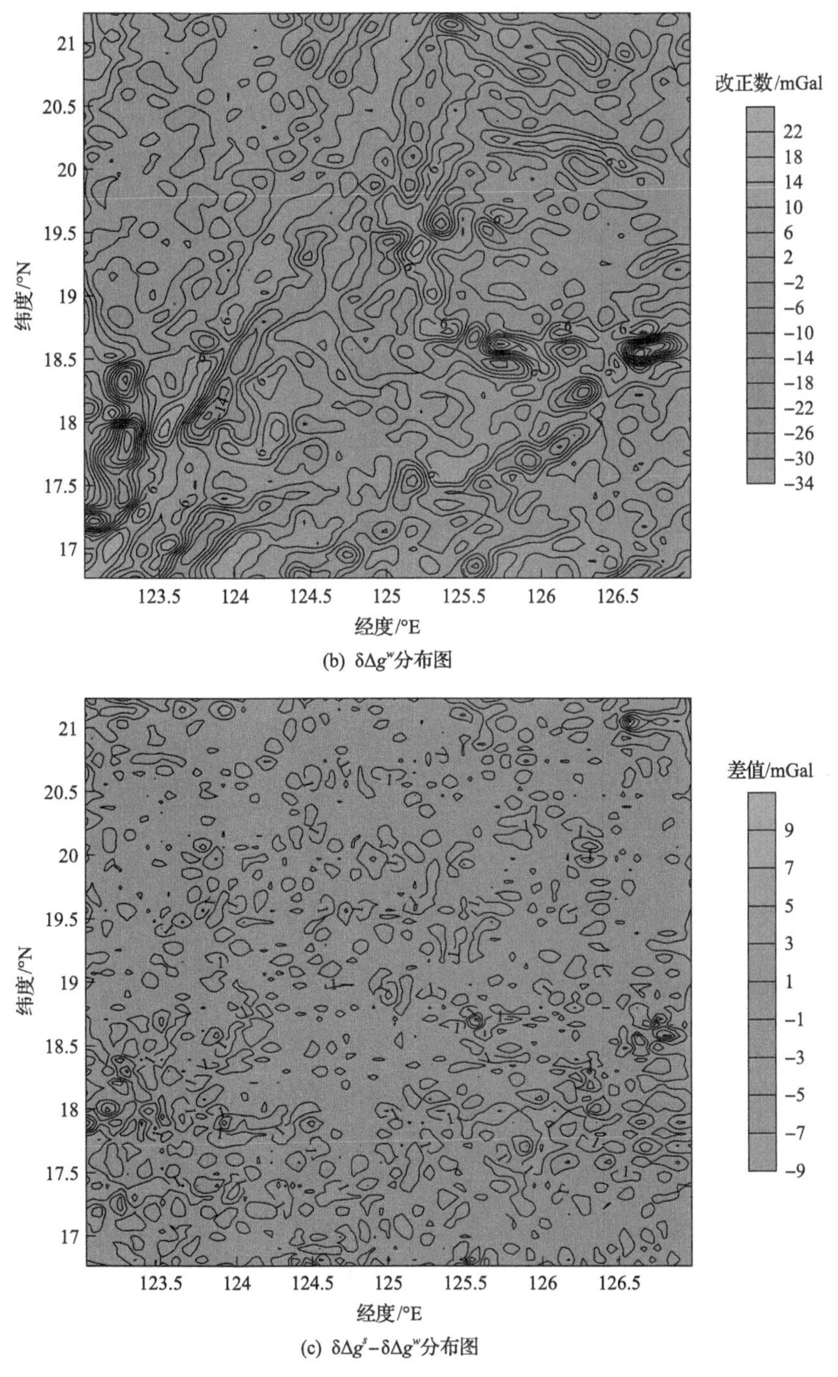

(b) $\delta\Delta g^{w}$分布图

(c) $\delta\Delta g^{s}-\delta\Delta g^{w}$分布图

图 11.7　3km 高度延拓改正数及其互差等值线图

表 11.8 和表 11.9 是针对在不同复杂程度重力场区域、不同飞行高度开展航空

重力测量而设计的模拟试验验证，其目的是进一步了解掌握在不同测量条件下，延拓改正数自身量值及其相应计算误差大小的变化情况。以上试验结果说明，利用 EGM2008 位模型计算延拓改正数，将航空重力数据向下延拓是有实际意义的，这一结论对该方法的推广应用至关重要。

11.4.5　专题小结

综合前面的理论分析和数值计算对比结果，本专题研究可得出以下结论：

(1) 卫星测高数据和超高位模型均可用于计算海域航空重力测量向下延拓改正数，两种方案计算结果相近。从实用角度出发，特别是在近岸和陆海交界带，应优先考虑使用超高阶位模型。

(2) 使用 EGM2008 位模型计算海域航空重力测量向下延拓改正数，其精度随延拓高度和重力场复杂程度的增大而降低。在 5km 高度下，其理论估计精度优于 4mGal，实际对比精度优于 2mGal。改正数计算结果与航空重力测量噪声大小无关。

(3) 利用超高阶位模型计算向下延拓改正数，不仅解算结果稳定可靠，而且实现过程快捷简便。不需要对观测数据进行前面提及的高度归一化、网格化、去边缘效应等预处理，相对降低了航空重力测量测线布设要求，可对不同高度的测点进行逐点计算。

(4) 超高阶位模型是否适用于计算陆地航空重力测量向下延拓改正数，还需要进行进一步的验证和分析。在地形变化剧烈的陆地，可考虑使用地形高度数据改善位模型延拓改正数的计算精度。

11.5　陆地航空重力测量向下延拓新方法

11.5.1　问题的提出

为了规避航空重力测量向下延拓解算过程的不稳定性问题，11.4 节借鉴 GNSS 定位中的差分概念，提出了利用卫星测高重力向上延拓和超高阶位模型直接计算海域航空重力测量向下延拓改正数的实用方法，取得了较好的解算效果。EGM2008 位模型在建模时充分利用了当时最好的卫星测高数据集，因此在海域使用该模型计算航空重力测量向下延拓改正数，能够取得较高精度的归算结果是符合预期的。但在地形变化比较复杂的陆地，EGM2008 位模型的适用性如何还不得而知。章传银等(2009b)利用我国陆地 GNSS 水准高程异常数据和地面平均空间重力异常数据，对 EGM2008 位模型在我国陆地的符合度进行了评估，本专题研究利用多个部门在我国海域测量获得的 1500 多万个船载重力测量数据，对 EGM2008 位模型进行了外部检核，现将两部分对比结果汇总于表 11.10。

表 11.10　EGM2008 与船载重力测量及 EGM2008 和 EGM96 与陆地平均重力比较结果

参量	最小值/mGal	最大值/mGal	平均值/mGal	标准差/mGal	均方根/mGal	点数/个
EGM2008–船载重力测量点值	−42.6	40.6	0.0	5.9	5.9	15226669
EGM2008–5′×5′平均值	−141.3	170.8	1.2	10.6	10.7	145983
EGM96–5′×5′平均值	−183.6	203.8	1.8	24.9	30.0	145983

从表 11.10 可以看出，EGM2008 位模型对我国海域重力场的逼近程度较高，已经接近于LCR型航空重力仪的测量精度水平 3～5mGal(孙中苗等,2012,2021)，而在表征我国陆地 5′×5′重力异常方面，尽管与 EGM96 相比，EGM2008 位模型的逼近程度有了较大幅度的提高，但对比误差仍超过 10mGal。该结果说明，在我国陆地单纯使用该模型计算延拓改正数不会取得理想的结果，在地形变化比较剧烈的山区，情况更是如此。为了提高位模型延拓改正数的计算精度，必须考虑在原有基础上增加陆地重力场高频信息的作用。而地形就是一种可见的重力场高频信息，在局部范围内，空间重力异常与地形的相关性可达 0.95 以上(石磐等，1997)。因此，联合利用位模型和高程信息确定延拓改正数，自然成为本专题研究思路的基本出发点。

本专题研究将沿用 11.4 节的研究思路将该方法拓展应用到陆地，提出联合使用位模型和地形高信息计算延拓改正数新方法，即在位模型延拓改正数的基础上加入地面和飞行高度面上的局部地形改正差分修正量，以此作为陆地航空重力测量向下延拓的总改正数，同时改进了国内学者提出的直接代表法。在地形变化的不同区域，联合使用 EGM2008 位模型、地面实测重力和高分辨率高程数据进行了实际数值计算和精度评估，验证了新方法的有效性。

11.5.2　基于差分局部地形改正的延拓归算模型

由高等物理大地测量学可知(Moritz，1980)，Molodensky 边值问题解是通过计算 g_1，g_2，g_3，… 各项改正来顾及地球表面形态变化的。在 Bjerhammar 边值理论中，地形质量影响则是通过解析延拓手段间接转移到等效重力异常或虚拟点质量上来的。Moritz(1980)将 g_1 分解为两项 $g_1=g_{11}+g_{12}$，同时证明了 g_{11} 正好是将地面重力异常延拓到海平面的空间改正，而 g_{12} 的 Stokes 积分又相当于从海平面回到地面的高程异常改正(李建成等，2003)。当重力异常与地形高度呈线性相关时，可证明局部地形改正 C 和 g_1 项改正是近似等价的。以上情况说明，局部地形改正是表征地球重力场高频信息的一类关键参量，在局部重力场逼近计算中具有非常重要的作用。重力位模型受空间分辨率的限制，高频含量明显不足，因此很难在表示重力场局部特征方面有所作为，局部地形改正参量正好能够弥补这方面的缺陷。空中一点重力异常的高频分量随高度的增大而衰减，空中测点与对应地面投

影点局部地形改正数之间的差异，正是这种高频信号衰减的量化体现。据此，本专题研究提出陆部航空重力测量向下延拓模型为

$$\Delta g_o^h = \Delta g_p^h + \delta\Delta g_{po}^h = \Delta g_p^h + \delta\Delta g_{po}^c - \delta C_{po} \tag{11.49}$$

$$\delta C_{po} = (C_o - \bar{C}_o) - (C_p - \bar{C}_p) \tag{11.50}$$

式中，C_p 为空中测点 P 的局部地形改正数；$\bar{C}_p$ 为一定网格大小范围内 C_p 的平均值；C_o 为与空中测点相对应的地面投影点 O 的局部地形改正数；$\bar{C}_o$ 为一定网格大小范围内 C_o 的平均值；其他符号意义同 11.4 节。

式(11.50)右端 δC_{po} 前面为减号，是因为这里要求恢复地形效应的影响，与传统的去除地形效应正好相反。需要指出的是，在式(11.50)中分别扣除 $\bar{C}_p$ 和 $\bar{C}_o$ 的影响，是因为在式(11.49)的计算模型中已经考虑了位模型中长波信息的作用。为了顾及 δC_{po} 和 $\delta\Delta g_{po}^c$ 两部分改正数频谱特征的匹配问题，在实际应用中，$\bar{C}_p$ 和 $\bar{C}_o$ 平均值的计算网格大小可取为 $5'\times5'$，即与EGM2008位模型的空间分辨率保持一致。

在计算 O 点处的局部地形改正数 C_o 时，不管是高出计算点部分（$h-h_o>0$），还是低于计算点部分（$h-h_o<0$），其地形改正数均为正值。C_o 的统一计算式为(李建成等，2003)

$$C_o = G\rho_0 \iint_{\sigma_o} \left(\frac{1}{r_o} - \frac{1}{r_{qo}}\right) \mathrm{d}x\mathrm{d}y \tag{11.51}$$

或

$$C_o = \frac{1}{2} G\rho_0 \iint_{\sigma_o} \frac{\Delta h^2}{r_o^3} \mathrm{d}x\mathrm{d}y - \frac{3}{8} G\rho_0 \iint_{\sigma_o} \frac{\Delta h^4}{r_o^5} \mathrm{d}x\mathrm{d}y \tag{11.52}$$

式中，$\Delta h = h - h_o$，h_o 和 h 分别为地面计算点 O 和积分流动点 Q 的高程；$r_o^2 = (x-x_o)^2 + (y-y_o)^2$，$(x_o, y_o)$ 和 (x, y) 分别为 O 点和 Q 点的平面坐标；$r_{qo}^2 = (x-x_o)^2 + (y-y_o)^2 + (h-h_o)^2$；$G$ 为万有引力常数；$\rho_0 = 2.67\ \mathrm{g/cm^3}$ 为地壳密度。

为了避免奇异积分问题，计算点中心区块的地形改正量由式(11.53)进行计算：

$$C_o^* = \frac{1}{2} G\rho_0 R(h_x + h_y)\sqrt{\pi\cos\varphi_o \Delta\varphi\Delta\lambda} \tag{11.53}$$

式中，R 为地球平均半径；h_x 和 h_y 分别为计算点在经圈和纬圈方向上的地形梯度。

在计算空中测点 P 的局部地形改正数 C_p 时，仍然选择与其相对应的地面投影

点 O 作为地形高程面，此时高出 O 点高程面部分（$\left|h_o-h_p\right|>\left|h-h_p\right|$）的地形改正数为负值，低于 O 点高程面部分（$\left|h_o-h_p\right|<\left|h-h_p\right|$）的地形改正数为正值。$C_p$ 的统一计算式为

$$C_p=G\rho_0\iint_{\sigma_o}\left(\frac{1}{r_{op}}-\frac{1}{r_{qp}}\right)\mathrm{d}x\mathrm{d}y \tag{11.54}$$

式中，$r_{op}^2=(x-x_p)^2+(y-y_p)^2+(h_o-h_p)^2$；$r_{qp}^2=(x-x_p)^2+(y-y_p)^2+(h-h_p)^2$，$h_p$ 为空中测点 P 的高程，$h_p=h_o+H_p$，H_p 为 P 点相对 O 点的高度(飞行高度)，(x_p,y_p) 为计算点 P 的平面坐标，其他符号意义同前。由于 $h_o\neq h_p$、$h\neq h_p$，所以式(11.54))不存在奇异积分问题。

在实际应用中，一般使用数值积分完成式(11.51)和式(11.54)的计算，式(11.52)更适合使用快速傅里叶变换技术进行解算，但当使用特别高分辨率的地形高度数据(如 3″×3″甚至 1″×1″)时，不能确保 $\left|\Delta h\right|/r_o\leqslant 1$，式(11.51)无法近似过渡到式(11.52)，因此必须注意，使用式(11.52)是有前提条件的。空中测点和地面点局部地形改正计算各参量之间的几何关系如图 11.8 所示。

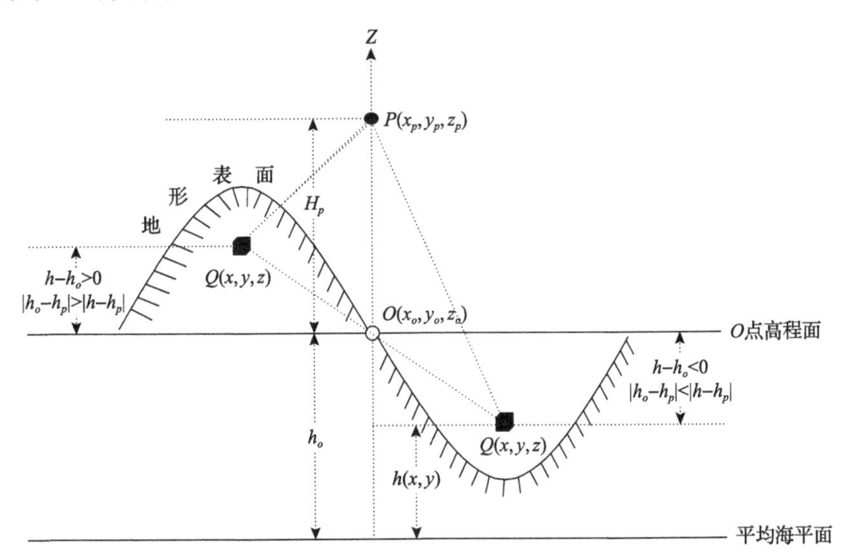

图 11.8　空中测点和地面点局部地形改正计算各参量之间的几何关系

11.5.3　基于差分层间地形改正的延拓归算模型

石磐等(1995)曾依据空中一点重力异常主要与其相应地面一定区域内的重力异常大小相关联这一事实，提出了直接使用空中测点重力异常代替相应地面区块

平均重力异常的延拓归算方法，简称直接代表法。石磐等(1997)在此基础上，提出了利用地形高信息改善直接代表法的改进型延拓归算方法，其基本思想是：首先通过使用空中测点重力异常代表相应地面区块平均重力异常的方法，确定地面投影点重力异常的主项，然后利用地形高信息补充该主项的高频分量，最终按式(11.55)完成延拓归算：

$$\Delta g_o^h = \Delta g_p^h + b(H_T - \bar{H}_T) \tag{11.55}$$

式中，H_T 为地面点高程；$\bar{H}_T$ 为最佳相关区平均高程，可利用高分辨率 DEM 数据按逐次趋近方法计算得到；b 为布格系数，取 $b = 2\pi G\rho_0 = 0.1119\text{mGal/m}$，其他符号意义同前。

石磐等(1995，1997)的数值试验结果表明，将式(11.55)作为延拓归算模型的主要缺陷是，延拓计算值与地面观测值之间存在一个比较明显的系统偏差。这显然与直接使用空中测点重力异常作为地面点重力异常的主项存在不确定性有关。实际上，随着飞行高度的增大，空中测点重力异常不仅高频分量在衰减，中低频分量也在衰减。因此，在 Δg_o^h 和 Δg_p^h 之间，除了由地形质量引起的高频分量差异外，还应包括由高度差引起的中低频分量差异。据此，本专题研究建议将式(11.55)延拓归算模型改进为

$$\Delta g_o^h = \Delta g_p^h + \delta\Delta g_{po}^c + b(H_T - \bar{H}_T) \tag{11.56}$$

在式(11.56)中增加位模型延拓改正数项 $\delta\Delta g_{po}^c$ 的作用，就是为了补偿由高度差引起的中低频分量衰减。而在地形效应补偿部分，式(11.56)中的 $\bar{H}_T$ 不再严格代表最佳相关区平均高程，依据高度越高，空中测点重力异常高频分量衰减越多的原则，同时考虑到与超高阶位模型空间分辨率的匹配问题，建议在实际应用中，可根据平均飞行高度 $\bar{H}$，按高度与边长的比约取为 1:3 的关系确定相关区块大小，进而求取与空中测点相对应区块内的平均高程 $\bar{H}_T$。例如，当平均飞行高度 $\bar{H}$ 为 3km 时，计算平均高程 $\bar{H}_T$ 的区块大小可近似取为 $5'\times5'$。因式(11.56)右端第三项实为地面投影点与平均高程点的层间改正互差，故将式(11.56)称为基于差分层间地形改正的延拓归算模型。

11.5.4　新方法特点及精度分析

本专题研究提出的新方法的最大特点是，向下延拓改正数计算过程完全独立于航空重力测量观测数据，不受观测噪声的干扰，更重要的是，不受向下延拓不适定反问题解算过程固有的不稳定性的影响。如前所述，由于空中一点重力异常的高频分量随高度的增大而衰减，所以相比较而言，空中重力场变化要比地面重

力场变化平缓是不言而喻的。而从理论上讲，要想通过求解传统的逆 Poisson 积分公式，单纯由变化相对平缓的空中重力异常信息恢复包含更多高频分量的地面重力异常几乎是不可能的。即使能够获取一部分高频信息，那也是观测噪声被放大后虚假的重力异常信息。因此从这个意义上讲，传统延拓方法一直存在理论上的缺陷。本专题研究方法的独特之处正是完全避开了传统延拓方法的弊端，提出首先利用超高阶位模型恢复延拓改正数的中长波部分，然后利用地形高信息恢复地面重力场的高频分量，最终实现航空重力测量数据向地面的全频延拓。

由式(11.49)可知，本专题研究提出的陆部航空重力测量向下延拓模型精度，主要取决于位模型延拓改正数 $\delta\Delta g_{po}^{c}$ 和局部地形差分改正数 δC_{po} 的计算精度。本书已经在 11.4 节对位模型延拓改正数 $\delta\Delta g_{po}^{c}$ 的计算精度进行了理论估算(黄谟涛等，2014b)，其中，在 5km 延拓高度上，由位模型系数误差引起的延拓改正数计算误差不超过 2.5mGal，由位模型阶次截断引起的延拓改正数计算误差不超过 2.8mGal。因在式(11.49)中已经引入局部地形差分改正数来补偿位模型缺失的高频分量，故在新模型中不需要考虑后一项位模型截断误差的影响。又由李建成等(2003)、黄谟涛等(2005)、章传银等(2009a)的研究分析结果可知，在具备高精度和高分辨率数字地形模型的条件下，局部地形差分改正数的计算误差完全可以控制在 1mGal 以内。因此，从理论上讲，新模型中两项延拓改正数的总体估算精度应优于 3mGal。但必须指出的是，新模型的实际计算精度还受多种不确定因素的影响，包括位模型在陆部逼近度的非均匀性及数字地形模型精度和分辨率水平的不一致性等。

11.5.5　数值计算检验与分析

11.5.5.1　检验方法与试验数据

检验向下延拓模型精度最有效的方法是，直接使用航空和地面实际重力观测数据求互差作为基准值，将由新模型计算得到的延拓改正数与基准值进行比较，由此可得到新模型计算精度的评价指标。遗憾的是，陆部同时拥有高精度航空和地面实际重力观测数据的区域并不多见，目前还缺乏这方面的可靠资料。为此，本专题研究改用向上与向下延拓对比方法对新模型计算精度进行外部检核，即首先利用地面网格重力和地形高度数据，通过向上延拓方法计算一定高度面上的空间重力异常，进而求取地面与计算高度面重力异常的互差，将此互差值分别与单独由位模型计算得到的改正数(即式(11.43))及由式(11.49)、式(11.56)计算得到的延拓改正数进行逐一比较，即可获得相应延拓归算模型的精度评价。向上延拓过程是稳定可靠的，因此其解算结果可作为检核向下延拓计算结果的基准值。本节考虑到向上延拓的 Poisson 积分公式是球面公式，当地形起伏较大时，利用球面向上延拓模型推算低空重力异常精度难以得到保证。为此，本专题研究改用虚拟点质量方法进行地面重力异常向上延拓计算，具体解算模型可参见李建成等(2003)、黄谟涛等(2005)等相关文献。因点质量模型以最简单的方式顾及了地形效应，故向上延拓解算结果更接近实际。

为了验证前面两种延拓改正数计算方案的有效性，分别在我国中部选择一个3°×3°区块(称为区块 1)，在美国南部选择一个 4°×4°区块(称为区块 2)作为主要试验区进行数值计算和对比分析。其中，区块 1 位于地形变化相对比较平缓的中等山区，同时拥有 1′×1′网格地面重力异常和地形高度数据；区块 2 位于地形变化比较剧烈的大山区，拥有 2′×2′网格地面重力异常和 30″×30″地形高度数据。两个试验区重力和地形高度数据变化特征统计结果如表 11.11 所示，两个区块重力和地形高度数据等值线图分别见图 11.9 和图 11.10。

表 11.11　两个试验区重力和地形高度数据变化特征统计结果

区块	参量	最小值	最大值	平均值	标准差	均方根
区块 1	重力/mGal	–43.13	104.52	–8.74	17.57	19.62
	高程/m	27.0	1698.0	358.5	241.9	432.5
区块 2	重力/mGal	–96.09	167.24	5.50	40.11	40.49
	高程/m	1056.0	4116.0	1987.2	436.1	2034.5

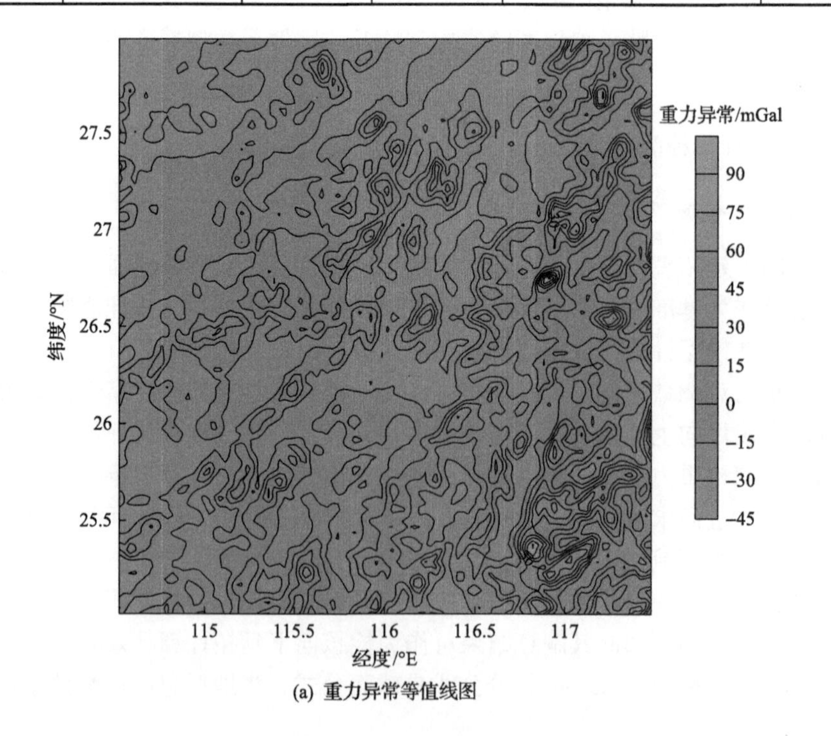

(a) 重力异常等值线图

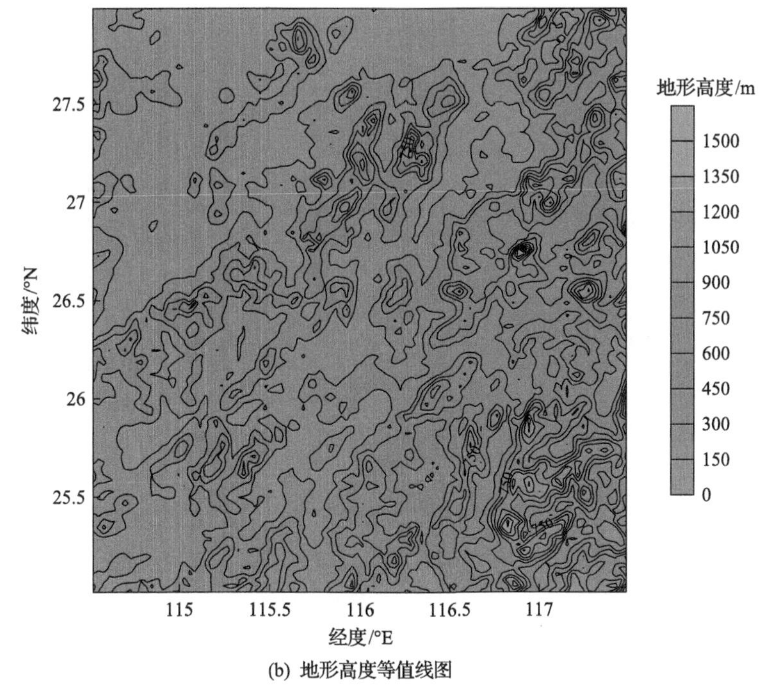

(b) 地形高度等值线图

图 11.9　区块 1 重力和地形高度数据等值线图

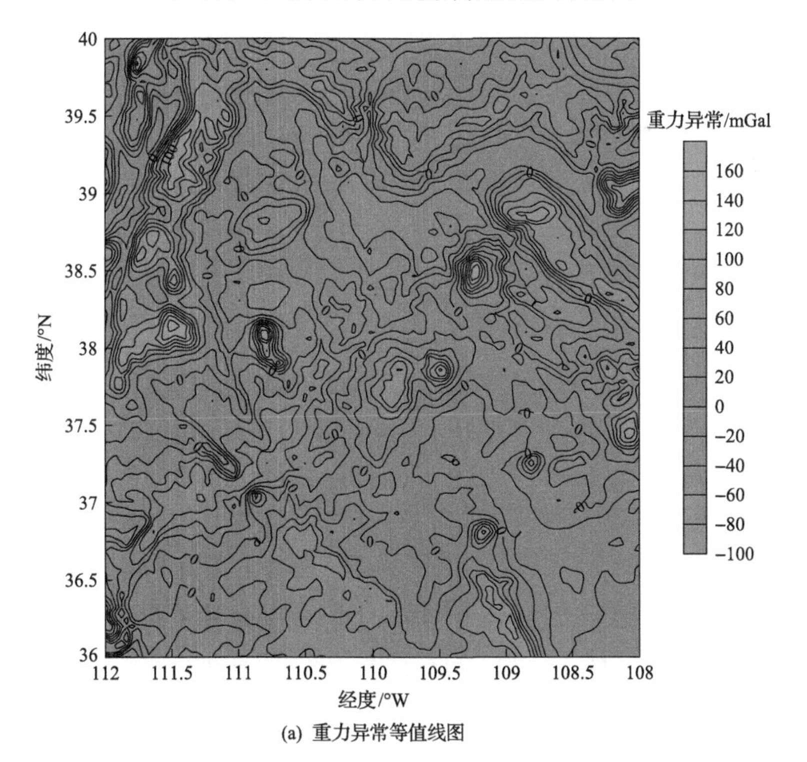

(a) 重力异常等值线图

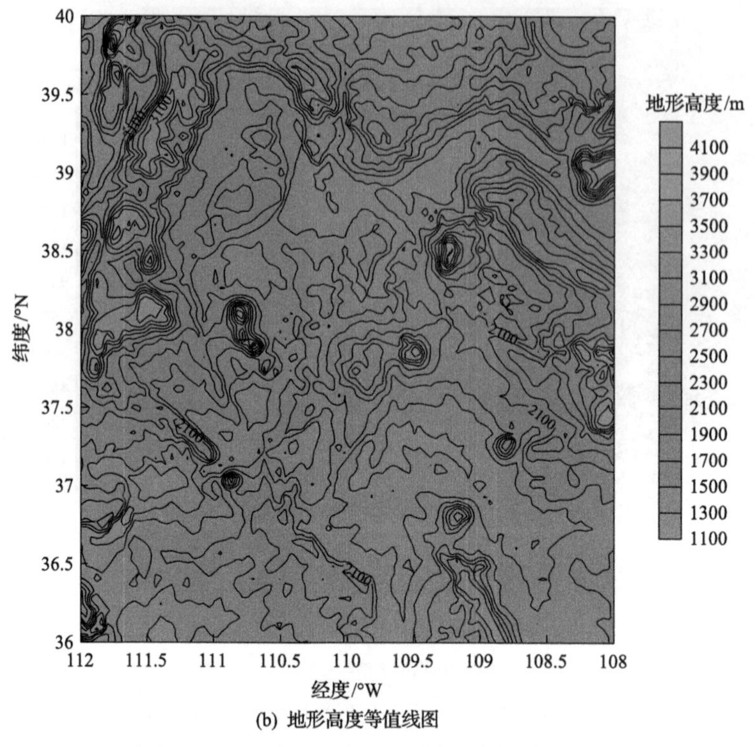

(b) 地形高度等值线图

图 11.10　区块 2 重力和地形高度数据等值线图

试验方法的步骤为：首先利用地面网格重力 Δg_D 和地形高度数据 H_T，以 EGM2008 位模型为参考场，通过向上延拓方法计算不同高度面上的空间重力异常 Δg_H，进而求取地面与不同高度重力异常的互差，即延拓改正数基准值 $\delta\Delta g_{DH}=\Delta g_D-\Delta g_H$，将 $\delta\Delta g_{DH}$ 分别与由式(11.43)、式(11.49)、式(11.56)计算得到的延拓改正数进行逐一比较，即可获得相应延拓归算模型的精度评价。

11.5.5.2　区块 1 计算对比结果

试验区块 1 的平均地形高为 358m，最大高程为 1698m。据此，取飞行高度(相对椭球面高) $h=3\,\text{km}$，进行地面重力异常向上延拓计算，首先解算得到 3km 高度面上的空间重力异常 Δg_H，进而计算相对应的延拓改正数基准值 $\delta\Delta g_{DH}=\Delta g_D-\Delta g_H$。又利用 EGM2008 位模型和地面 1′×1′地形高度数据，分别按式(11.43)计算位模型延拓改正数 $\delta\Delta g_H^c$，按式(11.49)计算基于差分局部地形改正的延拓改正数 $\delta\Delta g_H^{cj}=\delta\Delta g_H^c-\delta C_H$，按式(11.56)计算基于差分层间地形改正的延拓改正数 $\delta\Delta g_H^{cs}=\delta\Delta g_H^c+b(H_T-\bar{H}_{TH})$。为了与石磐等(1997)方法进行对比，这里同时计算出另一组对应于式(11.55)的延拓改正数 $\delta\Delta g_H^s=b(H_T-\bar{H}_{TH})$。将基准值 $\delta\Delta g_{DH}$ 分别同以上 4 组计算值 $\delta\Delta g_H^c$、$\delta\Delta g_H^{cj}$、$\delta\Delta g_H^{cs}$ 和 $\delta\Delta g_H^s$ 进行比较，可得到相应的精度评估信息。

区块 1 地面实测数据计算延拓改正数与四种方案计算结果比较见表 11.12，表 11.13 为区块 1 地面点与 3km 高度点局部地形改正计算值统计结果。

表 11.12　区块 1 地面实测数据计算延拓改正数与四种方案计算结果比较（单位：mGal）

参量	最小值	最大值	平均值	标准差	均方根
地面实测数据与位模型互差	–49.98	63.70	–1.13	9.47	9.54
$\delta\Delta g_{DH}$	–24.33	40.03	–0.95	7.56	7.62
$\delta\Delta g_H^c$	–20.84	19.54	–0.43	5.08	5.10
$\delta\Delta g_H^{cj}$	–28.21	41.74	–0.43	8.14	8.15
$\delta\Delta g_{DH}-\delta\Delta g_H^c$	–29.81	31.63	–0.52	6.29	6.31
$\delta\Delta g_{DH}-\delta\Delta g_H^{cj}$	–15.35	21.11	–0.52	3.13	3.17
$\delta\Delta g_H^s$	–69.66	36.70	0.11	8.89	8.89
$\delta\Delta g_H^{cs}$	–41.16	79.55	–0.54	10.97	10.98
$\delta\Delta g_{DH}-\delta\Delta g_H^s$	–30.96	37.46	–0.84	5.70	5.76
$\delta\Delta g_{DH}-\delta\Delta g_H^{cs}$	–39.51	29.29	–0.41	5.49	5.51

表 11.13　区块 1 地面点与 3km 高度点局部地形改正计算值统计结果

高度/km	最小值/mGal	最大值/mGal	平均值/mGal	标准差/mGal	均方根/mGal
0	0.06	17.20	1.10	1.20	1.63
3	–19.29	51.16	–0.02	7.24	7.24

为了说明位模型延拓改正数的计算精度并不取决于位模型自身的绝对精度，表 11.12 的第 2 行同时给出了相同区域位模型重力异常与地面实测重力的对比结果。由表 11.12 可以看出，即使位模型与地面观测重力对比的系统偏差超过 1mGal、均方根误差超过 9mGal，由位模型计算延拓改正数的精度仍达到了 6.31mGal，加上局部地形改正差分延拓改正数后的对比精度提升到了 3.17mGal，系统偏差很小。而利用层间地形改正进行延拓计算的两个模型，即式(11.55)和式(11.56)的对比效果并不十分理想，均方根误差接近 6mGal。这个结果说明，将本专题研究提出的差分模式应用于陆地航空重力测量数据延拓处理，能够取得较高精度的延拓解算结果。

11.5.5.3　区块 2 计算对比结果

为了进一步了解各种计算方案在地形变化复杂山区的适用性，本节继续在表 11.11 所示的区块 2 进行与表 11.12 相类似的数值计算。其中，考虑到区块 2 的平均地形高为 1987m，最大高程为 4116m，当实施地面重力异常向上延拓计算时，特别把飞行平均高度改为 $h=5\text{km}$，其他参量保持不变。区块 2 地面实测数据计算延拓改正数与四种方案计算结果比较见表 11.14，表 11.15 为区块 2 地面点与 5km 高度点局部地形改正计算值统计结果。图 11.11 同时给出了 $\delta\Delta g_{DH}$、$\delta\Delta g_H^{cj}$、$\delta\Delta g_{DH}-\delta\Delta g_H^c$ 和 $\delta\Delta g_{DH}-\delta\Delta g_H^{cj}$ 的等值线图，从图 11.11 可以清晰地看出，单独由位模型计算得到的延拓改正数误差（见图 11.11(c)）明显与地形变化幅度大小有关；由位模型和局部地形改正差分得到的延拓改正数与地面实测数据解算结果具有很好的一致性（见图 11.11(d)），误差分布比较均匀，不存在明显的边缘效应。

表 11.14　区块 2 地面实测数据计算延拓改正数与四种方案计算结果比较（单位：mGal）

参量	最小值	最大值	平均值	标准差	均方根
地面实测数据与位模型互差	–53.43	87.89	0.09	9.90	9.90
$\delta\Delta g_{DH}$	–58.51	54.60	–1.57	10.00	10.12
$\delta\Delta g_H^c$	–45.38	31.17	–1.19	8.41	8.49
$\delta\Delta g_H^{cj}$	–61.64	57.97	–1.19	10.58	10.64
$\delta\Delta g_{DH}-\delta\Delta g_H^c$	–34.67	39.61	–0.38	5.69	5.71
$\delta\Delta g_{DH}-\delta\Delta g_H^{cj}$	–24.64	17.38	–0.38	2.95	2.97
$\delta\Delta g_H^s$	–84.38	77.92	0.01	9.24	9.24
$\delta\Delta g_H^{cs}$	–95.25	87.60	–1.20	13.46	13.51
$\delta\Delta g_{DH}-\delta\Delta g_H^s$	–87.38	48.57	–1.65	9.06	9.21
$\delta\Delta g_{DH}-\delta\Delta g_H^{cs}$	–70.24	54.04	–0.46	6.37	6.39

表 11.15　区块 2 地面点与 5km 高度点局部地形改正计算值统计结果

高度/km	最小值/mGal	最大值/mGal	平均值/mGal	标准差/mGal	均方根/mGal
0	0.13	28.73	2.06	2.17	2.99
5	–61.92	87.15	–0.05	10.38	10.38

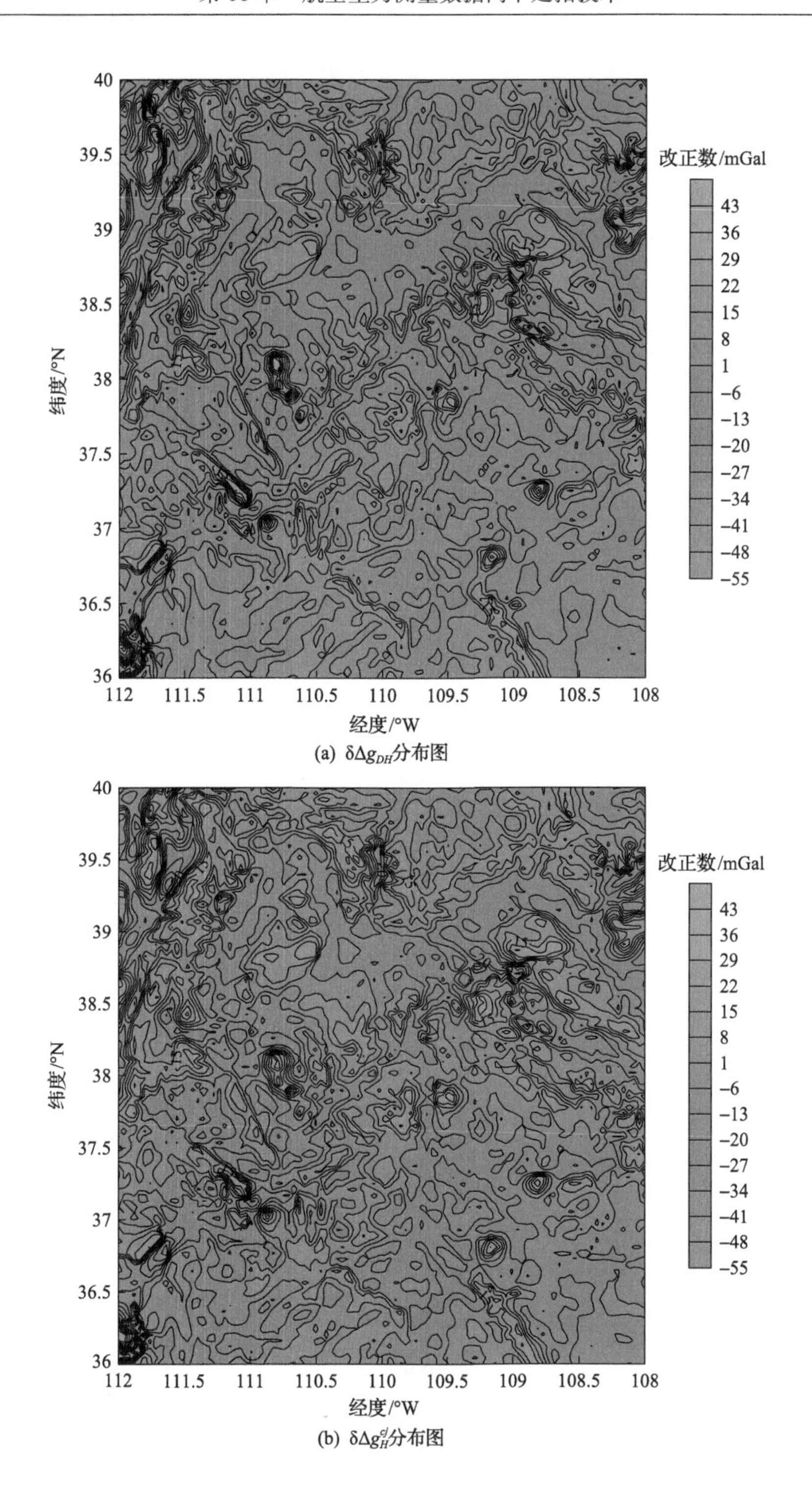

(a) $\delta\Delta g_{DH}$分布图

(b) $\delta\Delta g_H^{cl}$分布图

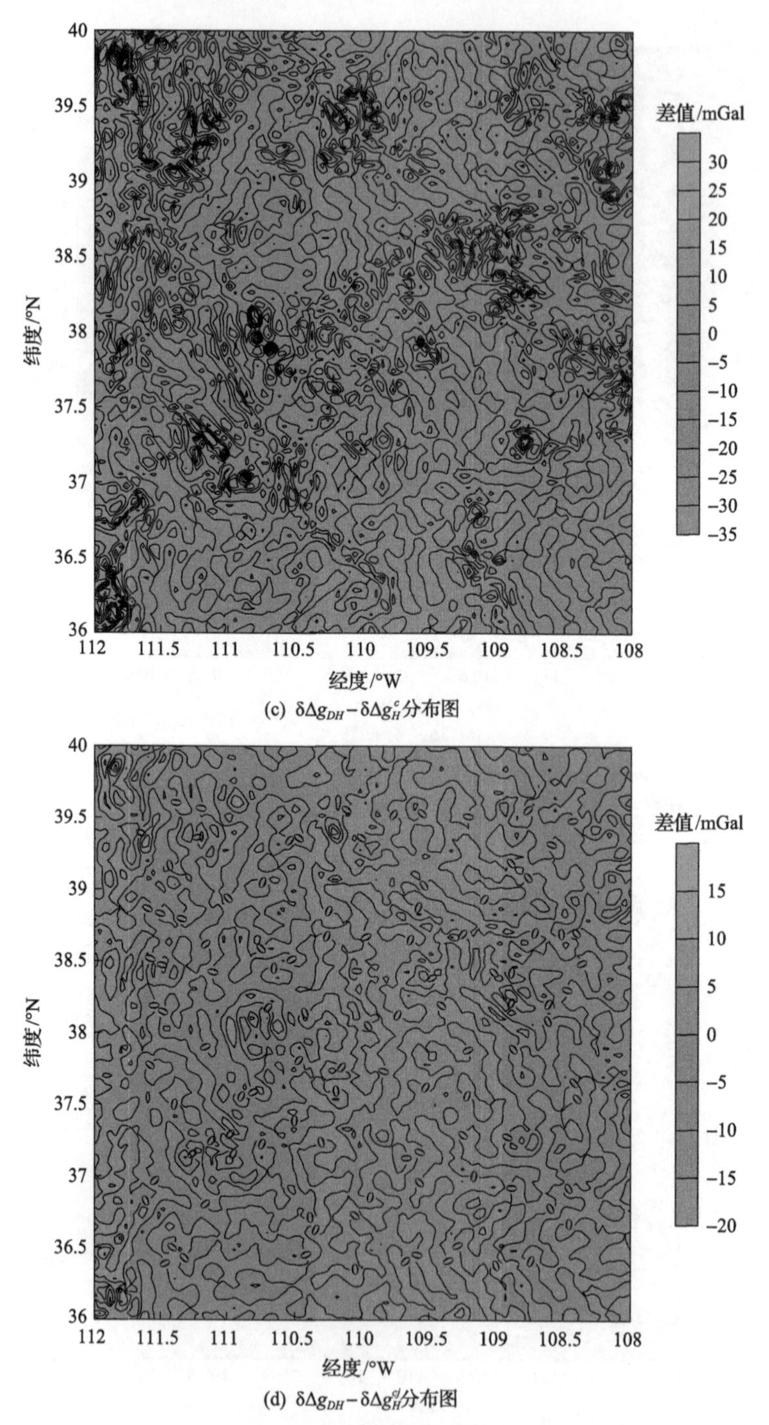

(c) $\delta\Delta g_{DH}-\delta\Delta g_{H}^{c}$分布图

(d) $\delta\Delta g_{DH}-\delta\Delta g_{H}^{cj}$分布图

图 11.11　延拓改正数基准值和计算值及其互差等值线图

从表 11.14 的结果可以看出，即使在地形变化剧烈的大山区，由位模型计算延拓改正数的精度仍达到了 5.71mGal，加上局部地形改正差分延拓改正数后的对比精度则提升到了 2.97mGal，系统偏差也很小。而利用层间地形改正进行延拓计算的两个模型，即式(11.55)和式(11.56)的对比结果同样不十分理想，但式(11.56)的计算效果要明显好于式(11.55)。对比表 11.12 和表 11.14 的计算结果不难看出，地形变化剧烈大山区(即区块 2)的对比效果还略好于地形变化相对平缓的区块 1，这个结果也从另一个侧面说明，EGM2008 位模型在美国本土的符合度要明显高于在我国的符合度，与 EGM2008 位模型在建模时已经使用了美国本土比较高精度和高分辨率重力数据的事实相符。

11.5.5.4　正则化方法检核结果

为了从另一个侧面说明新方法的有效性，本节进一步采用 11.3 节介绍的逆 Poisson 积分正则化方法，将由点质量模型向上延拓计算得到的 3km 高度(对应区块 1)和 5km 高度(对应区块 2)上的重力异常，分别向下延拓到两个区块的平均地形高度，即区块 1 的 358m 和区块 2 的 1987m，然后将向下延拓计算结果与地面已知重力异常进行比较，可求得两者之间的差异，其结果见表 11.16。图 11.12 分别为两区块向下延拓计算值与已知值互差等值线图。

本节采用的空中重力异常是由点质量模型向上延拓计算得到的，因此它与地面已知重力异常之间形成闭环关系，即相当于不存在通常意义下的观测误差，向下延拓计算值与已知值互差所反映的应当是纯粹的计算模型误差。对比表 11.16 和表 11.12、表 11.14 的计算结果可以看出，即使没有观测噪声的影响，逆 Poisson 积分正则化方法的延拓精度仍略低于本专题研究提出的新方法。对比图 11.12 和图 11.11 也可以看出，前者的计算误差分布不够合理，与地形起伏变化明显相关。此外，从计算过程看，新方法能够实现点对点延拓计算也是传统积分方法无法比拟的。

以上试验结果充分证明，利用 EGM2008 位模型和地形高信息计算延拓改正数，将陆地航空重力数据向地面延拓是可行有效的，具有很好的推广应用价值。

表 11.16　两区块逆 Poisson 积分正则化方法向下延拓对比统计结果(单位：mGal)

区域	最小值	最大值	平均值	标准差	均方根
区块 1	–54.38	9.81	–0.75	3.32	3.41
区块 2	–66.53	12.07	–1.52	3.92	4.21

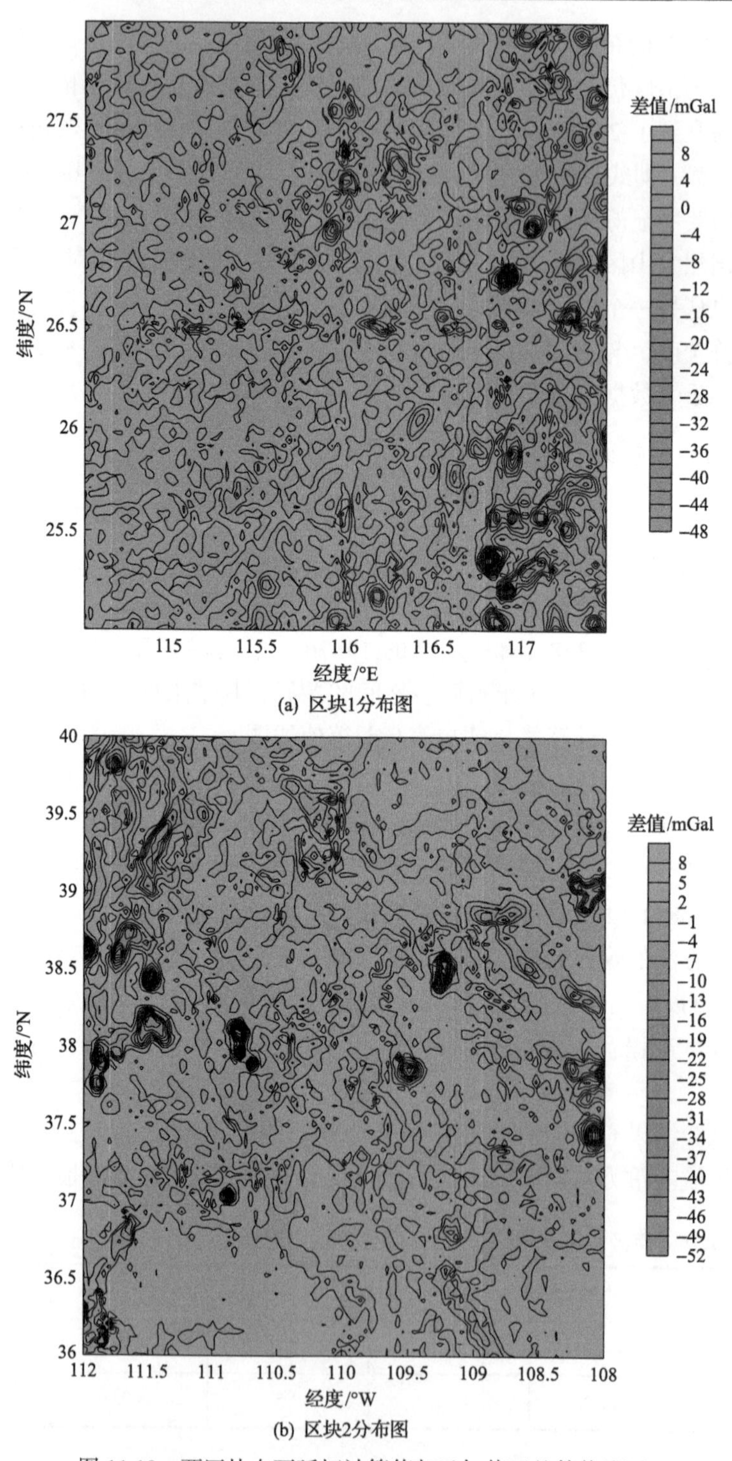

(a) 区块1分布图

(b) 区块2分布图

图 11.12　两区块向下延拓计算值与已知值互差等值线图

11.5.6　专题小结

综合前面的理论分析和数值计算检核结果可以看出，利用 EGM2008 位模型和地形高信息计算延拓总改正数，将陆地航空重力数据向地面延拓是可行有效的，具有较好的推广应用价值。

(1)联合使用超高阶位模型和地形高信息进行陆地航空重力数据向下延拓解算，在 5km 高度下，其理论估计精度优于 3mGal；在地形变化剧烈的大山区，实际对比精度达 3mGal。此结果与当前国际航空重力测量精度水平相当，因此使用新方法不会显著降低航空重力测量成果质量。

(2)利用本专题研究提出的新方法计算向下延拓改正数，不仅简化了向下延拓计算过程，更重要的是可获得稳定可靠的解算结果。同时，相对降低了航空重力测量测线布设要求，不需要对观测数据进行高度归一化和网格化处理，可直接对不同高度的测点进行点对点计算。

(3)利用地形层间改正信息计算陆地航空重力测量向下延拓改正数，其精度难以满足实际应用需求。本专题研究提出的新方法的计算效果明显优于传统的直接代表法和逆 Poisson 积分正则化方法，建议尽早对现行的作业标准相关内容进行必要的修改。

11.6　顾及地形效应的重力向下延拓模型分析与检验

11.6.1　问题的提出

局部重力场逼近计算，特别是精化大地水准面始终是现代物理大地测量学的研究主题(李建成等，2003；黄谟涛等，2005)。精密确定大地水准面需要联合利用卫星、航空、地面、海洋等多源重力和地形高度数据，其计算过程不可避免地涉及多源数据的融合处理问题。如前所述，向下延拓是多源重力数据融合处理必不可少的技术环节，在数据准备阶段，需要将卫星和航空重力测量成果延拓到地面进行联合处理；在边值问题解算阶段，需要将地面重力数据延拓到大地水准面。物理场向下延拓在数学上属于不适定反问题，求解此类问题存在很大的不确定性(王彦飞，2007)，一直以来国内外诸多学者为解决这一问题付出了不懈的努力(Pellinen，1962；Bjerhammar，1962；Heiskanen et al.，1967；Jekeli，1987；Wang，1993；Martinec，1996；石磐等，1997；Xu，1998；Novák et al.，2001a；沈云中等，2002；Mueller et al.，2003；Kern，2003；王兴涛等，2004a；Alberts et al.，2004；Tziavos et al.，2005；王振杰，2006；Alberts，2009；顾勇为等，2010；蒋涛等，2011，2013；邓凯亮等，2011；孙文等，2014；刘晓刚等，2014；黄谟涛等, 2014b, 2015c)。目前, 解决向下延拓问题主要有 3 种途径: ①直接求逆 Poisson 积分公式，是应用比较广泛的主流途径(Novák et al., 2002)，国内外学者主要围绕求逆过程引起的不稳定性问题开展不同形式的正则化方法研究(Xu，1998；沈云中等，2002；Kern，2003；王兴涛等，2004a；王振杰，2006；Alberts，2009；顾勇为等，2010；邓凯亮等，2011；蒋涛等，2013；刘晓刚等，2014；孙文等，2014)。②间接求逆途径，包括配置法(Moritz，1980；Hwang et al., 2007；Forsberg et al.，2010)、虚拟点质量方法(李建成等，2003；黄谟涛等，2005)和矩谐分析法(蒋涛等，2011)等，此类方法虽然避开了求逆 Poisson 积分公式，但仍涉及矩阵求逆过程，因此也不可避免地存在不稳定性问题(黄谟涛等，2013b，2015d)。③非求逆途径，石磐等(1997)提出的利用航空重力测量和 DEM 确定地面重力场的直接代表法，黄谟涛等(2014b，2015c)提出的联合使用超高阶位模型和地形高信息确定向下延拓改正数的方法(以下简称差分延拓法)等都属于非求逆途径的范畴，此类方法不受传统求逆过程不稳定性的影响。Novák 等(2002)基于带限(band-limited)航空重力测量数据特有的频谱特性，提出了向下延拓的直接积分公式(以下简称频谱截断法)，并将其推广应用于大地水准面的直接解算中(Novák et al.，2003b)，其计算过程也避开了方程求逆问题。Kern(2003)将频谱截断法和基于求逆过程的各类正则化方法进行了全面的数值比较和分析，得出的结论是，前者的计算精度和效率都明显优于其他方法。

如前所述，困扰向下延拓问题的关键是其本身固有的不适定性。Martinec(1996)曾对向下延拓的稳定性问题进行了深入分析，同时提出了改善计算稳定性的地形效应补偿方法；Novák 等(2001a，2002，2003a)、Kern(2003)、Alberts 等(2004)专门针对航空重力向下延拓问题，开展了大量有效的数值计算和对比工作，得出了一些极具参考价值的结论。由已有的研究成果可知，虽然向下延拓问题本身是不适定的，但其解算结果的不稳定程度取决于延拓计算高度和数据分辨率(即网格间距大小)两个方面。在一定条件下，向下延拓解算方程可以是良态的，而在超越一定界限以后，即使采用正则化方法，也无法取得有效的解算结果(Novák et al.，2001a；Kern，2003)。因此，对于实际应用，最要紧的是预先掌控前面所指的一定条件和界限，尽可能在规定的条件下开展航空重力测量作业，避免超越已知的界限，只有这样才能获得预期的测量成果。另外，地形效应对重力向下延拓解算结果具有重要影响，因为求逆过程的稳定性不仅取决于积分方程系数矩阵的结构，还取决于观测向量的频谱特性(Martinec，1996)，故可通过地形效应的移去-恢复技术来改变重力观测量的频谱特征，从而改善向下延拓解算的稳定性。本专题的研究目的是，通过理论分析、模拟仿真和实际数值计算等手段，对当前国内外最具代表性的 3 种向下延拓模型进行全面的分析比较和适用性检验，为工程应用提供具有可操作性的延拓计算方案。

11.6.2 向下延拓模型及稳定性分析

11.6.2.1 逆 Poisson 积分迭代解延拓模型

由 Heiskanen 等(1967)的研究可知，经典的 Poisson 积分向上延拓计算公式为

$$\Delta g_p = \frac{R}{4\pi r_p}\iint_\sigma K(r_p,\psi,R)\Delta g_d \mathrm{d}\sigma \tag{11.57}$$

$$K(r_p,\psi,R) = R\frac{r_p^2 - R^2}{D^3} = \sum_{n=0}^{\infty}(2n+1)\left(\frac{R}{r_p}\right)^{n+1} P_n(\cos\psi) \tag{11.58}$$

式中，Δg_p 为空中计算点的重力异常；R 为地球平均半径；$r_p = R + H$，H 为计算点的大地高；$D = \sqrt{r_p^2 + R^2 - 2r_p R\cos\psi}$，$\psi$ 为计算点与流动点之间的球面角距；Δg_d 为地面重力异常；$\mathrm{d}\sigma$ 为单位积分面积元。式(11.57)把积分面视为球面，忽略了地形起伏的影响，因此它只是一个近似的球面解模型。

向下延拓计算是求式(11.57)的逆问题，即已知 Δg_p，要求 Δg_d。对式(11.57)进行离散化处理，可得一个线性方程组，用矩阵形式表示为

$$\boldsymbol{y} = \boldsymbol{A}\boldsymbol{x} \tag{11.59}$$

式中，$\boldsymbol{y}$ 为由航空重力测量获得的已知重力异常向量；$\boldsymbol{x}$ 为待求的球面重力异常向量；$\boldsymbol{A}$ 为由式(11.57)积分核函数确定的系数矩阵。

可采用如下的 Jacobi 迭代方法解算方程式(11.59)(Martinec, 1996)，将 $\boldsymbol{A}$ 改写为

$$\boldsymbol{A} = \boldsymbol{E} - \boldsymbol{B} \tag{11.60}$$

式中，$\boldsymbol{E}$ 为单位矩阵。将其代入式(11.59)，得

$$\boldsymbol{x} = \boldsymbol{y} + \boldsymbol{B}\boldsymbol{x} \tag{11.61}$$

取

$$\boldsymbol{x}_o = \boldsymbol{y} \tag{11.62}$$

求

$$\boldsymbol{x}_i = \boldsymbol{B}\boldsymbol{x}_{i-1},\quad i > 0 \tag{11.63}$$

当 $\left|\boldsymbol{x}_i - \boldsymbol{x}_{i-1}\right| < \varepsilon$ (ε 为给定的某个大于零的限差值)时，结束迭代计算，方程解为

$$\boldsymbol{x}=\boldsymbol{y}+\sum_{i=1}^{k}\boldsymbol{x}_i \tag{11.64}$$

式中，k 为迭代次数。

在实际应用中，由于观测数据有限，一般将球面积分区域划分为近区和远区，近区是以计算点为中心、ψ_o 为半径的球冠区域 σ_o，近区影响直接由观测数据计算；远区是球面上的剩余部分 $(\sigma-\sigma_o)$，远区影响由超高阶位系数模型按以下公式计算(Novák et al.，2001a；Kern，2003)：

$$\Delta g_{\sigma-\sigma_o}=\frac{GM}{2R^2}\sum_{n=l+1}^{L}(n-1)\left(\frac{a}{R}\right)^n Q_n T_n(\varphi,\lambda) \tag{11.65}$$

$$Q_n=\sum_{m=l+1}^{L}(2m+1)\left(\frac{R}{r_p}\right)^{m+1}R_{n,m}(\psi_o) \tag{11.66}$$

$$R_{n,m}(\psi_o)=\int_{\psi_o}^{\pi}P_n(\cos\psi)P_m(\cos\psi)\sin\psi\mathrm{d}\psi \tag{11.67}$$

式中，GM 为万有引力常数与地球质量的乘积；L 为超高阶位系数模型的最高阶数；l 为参考场位模型的最高阶数；a 为地球椭球长半轴；$T_n(\varphi,\lambda)$ 为扰动位 n 阶面球谐函数；Q_n 为 Poisson 核截断系数；$R_{n,m}(\psi_o)$ 可由已知的递推公式计算，具体可参见 Paul(1973)和陆仲连(1984)。

此时，对应于式(11.59)的离散形式为

$$\Delta g_p^i-\Delta g_{\sigma-\sigma_o}^i=\sum_{j=1}^{N}A_{ij}\Delta g^j \tag{11.68}$$

式中，N 为待求点个数，一般取为与已知点个数相同。

为了降低中心数据块(即与计算点重合的数据块)离散化误差的影响，可按式(11.69)计算系数矩阵 $\boldsymbol{A}$ 的对角线元素(Kern，2003)：

$$A_{ii}=\frac{R}{4\pi r_{pi}}\left\{2\pi\left[\frac{r_{pi}+R}{r_{pi}}\left(1-\frac{r_{pi}-R}{D(r_{pi},\psi_o,R)}\right)\right]-\sum_{j=1,j\neq i}^{N_o}K(r_{pi},\psi_{ij},R)\Delta\sigma_j\right\} \tag{11.69}$$

式中，N_o 为位于积分球冠区 σ_o 内的数据点个数；$\Delta\sigma_j$ 为数据块面积。

系数矩阵 $\boldsymbol{A}$ 的非对角线元素为

$$A_{ij(i\neq j)}=\begin{cases}\dfrac{R}{4\pi r_{pi}}K(r_{pi},\psi_{ij},R)\Delta\sigma_j, & \psi_{ij}\leqslant\psi_o\\ 0, & \psi_{ij}>\psi_o\end{cases} \tag{11.70}$$

如前所述，式(11.57)只是近似的球面解模型，也就是说，由式(11.57)只能反解得到等高度面(即球面或近似为大地水准面)的重力异常，而非地形面上的重力异常。如果是向下延拓到大地水准面，那么大地水准面外地形质量的存在使得其延拓解与物理意义上的现实性不对应，即这里的延拓解只是一组虚拟的重力异常(Heiskanen et al.，1967)。这类重力异常可单独应用于物理大地测量参数计算，但不宜与其他类型重力异常数据联合使用。为了求得地形面上的重力异常，提出如下位场延拓球面化曲面方法：

(1)将计算区域的地形高度变化范围($H_{\max}-H_{\min}$)，按整百米间隔(如 100m 或 200m)划分为若干个等高度面。

(2)利用前面的迭代方法依次计算出各个等高度面上的重力异常。

(3)通过内插方法计算得到位于两个等高度面之间的地形面上的重力异常。

此外，为了改善向下延拓解算的稳定性，可通过地形效应的移去-恢复技术改变重力观测量的频谱特征(Martinec，1996)，即首先在航空重力测量成果中移去地形质量对空间点的作用，然后在延拓计算结果中恢复地形质量对地面点的影响。地形效应改正的计算模型可参见李建成等(2003)和黄谟涛等(2015c)。

11.6.2.2　频谱截断积分延拓模型

由于受到飞行环境动态效应的影响，航空重力测量原始观测数据中一般包含上千甚至上万毫伽的干扰加速度信息(Olesen，2002；孙中苗，2004)。为了消除高频干扰噪声的影响，通常需要对航空重力测量数据进行低通滤波处理，以获取所需的重力异常信息。但经滤波处理后的重力测量成果必定会损失掉一部分有用的高频重力信息，损失量值大小取决于滤波截断频率的选择，实际应用中需要平衡好测量精度和分辨率两方面的需求。由此可见，航空重力测量成果是经过高频截断后的重力异常场信息，不包含某个频率(L)以上的高频分量。而在对航空重力测量成果进行进一步处理(如向下延拓)时，通常还需要引入全球重力场模型(global gravity model，GGM)进行移去-恢复运算，即事先需要从航空重力测量成果中移去 GGM 的影响，然后在解算结果中进行反向的恢复运算。这说明，实际参与向下延拓解算的航空重力测量数据是一类有限带宽的重力场信息(Novák et al.，2002)。设 GGM 的最高阶次为$l-1$，则有$L=l+b$，b称为航空重力测量数据的带宽。如何合理利用航空重力测量数据有限带宽的频谱特性，是有效提高向下延拓解算过程稳定性的关键。Martinec(1996)、Novák 等(2001a，2002，2003b)、Kern(2003)、Alberts 等(2004)等全面研究了等高飞行条件下的航空重力测量数据延拓问题，提出了如下相对稳定的频谱截断积分向下延拓公式。

设在恒等高度H的飞行面上获取了一组有限带宽航空重力异常数据$\Delta g^{b}(R+H)$，飞行面与大地水准面之间已经不存在地形质量，要求确定大地水准面(近似为半径 R 的球面)上相对应的有限带宽扰动位 $T^b(R)$。理论上可将上述问题表述为如下伪边值问题(Martinec，1996；Novák et al.，2002)，即

$$\nabla^2 T(r,\Omega)=0,\quad r>R \tag{11.71}$$

$$\left.\frac{\partial T^b(r,\Omega)}{\partial r}\right|_{R+H}+\left.\frac{2}{r}T^b(r,\Omega)\right|_R=-\Delta g^b \tag{11.72}$$

$$T^b(r,\Omega)\sim o\left(\frac{1}{r^{l+1}}\right),\quad r\to\infty \tag{11.73}$$

对式(11.72)中的双边值面进行近似处理并转换为单边值面后(Martinec，1996)，可求得上述问题的扰动位解为(Novák et al.，2002)

$$T^b(R,\Omega)=\frac{R+H}{4\pi}\iint_\sigma K_t^b(R,\psi,R+H)\Delta g^b(R+H,\Omega')\mathrm{d}\sigma \tag{11.74}$$

$$K_t^b(R,\psi,R+H)=\sum_{n=l}^{l+b}\frac{2n+1}{n-1}\left(\frac{R+H}{R}\right)^{n+1}P_n(\cos\psi) \tag{11.75}$$

式中，$\Omega=(\varphi,\lambda)$；$\Omega'=(\varphi',\lambda')$；$K_t^b(R,\psi,R+H)$ 为扰动位的带限核函数。

对应于式(11.74)的重力异常向下延拓计算公式为(Kern，2003)

$$\Delta g^b(R,\Omega)=\frac{R+H}{4\pi R}\iint_\sigma K_g^b(R,\psi,R+H)\Delta g^b(R+H,\Omega')\,\mathrm{d}\sigma \tag{11.76}$$

$$K_g^b(R,\psi,R+H)=\sum_{n=l}^{l+b}(2n+1)\left(\frac{R+H}{R}\right)^{n+1}P_n(\cos\psi) \tag{11.77}$$

式中，$K_g^b(R,\psi,R+H)$ 为重力异常的带限核函数。

使用上述频谱截断延拓模型的前提条件是，观测网格数据必须位于同一个高度面上。当此条件无法严格满足(即测点飞行高度存在一定的差异)时，可考虑采用超高阶位模型将不同高度的测点归算到统一的平均高度面上，具体方法和步骤可参见 11.4 节(黄谟涛等，2014b)。此外，当对式(11.76)实施实际计算时，同样需要将全球积分划分为近区和远区，类似于式(11.65)～式(11.67)，远区效应计算模型为

$$\Delta g_{\sigma-\sigma_o}^b=\frac{GM}{2R^2}\sum_{n=l}^{L_o}(n-1)\left(\frac{R}{R+H}\right)^n Q_n^b T_n(\varphi,\lambda) \tag{11.78}$$

$$Q_n^b = \sum_{m=l}^{l+b}(2m+1)\left(\frac{R+H}{R}\right)^{m+1} R_{n,m}(\psi_o) \tag{11.79}$$

式中，L_o 为位模型最高阶次，且 $L_o \leqslant L$，其他符号意义同前。

对于近区计算，同样需要对中心数据块进行精细化处理，以减小离散化误差的影响。类似于式(11.69)和式(11.70)，此时对应于积分公式(11.76)的系数矩阵 $\boldsymbol{A}^b$ 的对角线元素为

$$A_{ii}^b = \frac{R+H}{4\pi R}\left[2\pi A_o - \sum_{j=1,\, j\neq i}^{N_o} K_g^b(R,\psi_{ij},R+H)\Delta\sigma_j\right] \tag{11.80}$$

$$A_o = \int_o^{\psi_o} K_g^b(R,\psi,R+H)\sin\psi \,\mathrm{d}\psi = -\sum_{n=l}^{l+b}(2n+1)\left(\frac{R+H}{R}\right)^{n+1} R_n(\psi_o) \tag{11.81}$$

$$R_n(\psi_o) = -\int_o^{\psi_o} P_n(\cos\psi)\sin\psi \,\mathrm{d}\psi = [P_{n+1}(\cos\psi_o) - P_{n-1}(\cos\psi_o)]/(2n+1) \tag{11.82}$$

矩阵 $\boldsymbol{A}^b$ 的非对角线元素为

$$A_{ij(i\neq j)}^b = \begin{cases} \dfrac{R+H}{4\pi R} K_g^b(R,\psi_{ij},R+H)\Delta\sigma_j, & \psi_{ij} \leqslant \psi_o \\ 0, & \psi_{ij} > \psi_o \end{cases} \tag{11.83}$$

式中，其他符号意义同前。

由式(11.76)可直接计算得到地形面上的重力异常，故无须进行位场延拓平面化曲面处理，此时数据面高度保持不变（$r = R + H$），计算面高度由 R 变为 $R + h_i$，h_i 代表地面计算点的大地高。本节同样需要通过地形效应的移去-恢复技术来消除计算面与数据面之间的地形质量影响，以提高向下延拓解算的稳定性。

11.6.2.3　基于位模型和地形改正差分的延拓模型

为了规避传统逆 Poisson 积分向下延拓解算过程的不适定问题，本章前面两个专题借鉴导航定位中的差分概念，曾先后提出了利用超高阶位模型和地形高信息，直接实施海域和陆域航空重力测量数据向下延拓计算的新方法（黄谟涛等，2014b，2015c）。其中，陆域顾及地形效应延拓方法的核心思想是：以飞行高度面与地面对应点的位模型重力异常差分信息表征向下延拓总改正数的中长波分量，以相对应的局部地形改正差分修正量表征总改正数的中高频成分，从而实现航空重力数据向地面点对点的全频段延拓。具体延拓计算模型为（黄谟涛等，2015c）

$$\Delta g_o^h = \Delta g_p^h + \delta\Delta g_{po}^h = \Delta g_p^h + \delta\Delta g_{po}^c - \delta C_{po} \tag{11.84}$$

$$\delta\Delta g_{po}^c = \frac{GM}{a^2}\sum_{n=2}^{L_o}\left\{(n-1)\left[\left(\frac{a}{r_o}\right)^{n+2} - \left(\frac{a}{r_p}\right)^{n+2}\right]\sum_{m=0}^{n}\left[\left(\bar{C}_{nm}^* \cos(m\lambda) + \bar{S}_{nm}\sin(m\lambda)\right)\bar{P}_{nm}(\sin\varphi)\right]\right\} \tag{11.85}$$

$$\delta C_{po} = (C_o - \bar{C}_o) - (C_p - \bar{C}_p) \tag{11.86}$$

式中，Δg_o^h 为待求的地面重力异常；Δg_p^h 为空中观测重力异常；$\delta\Delta g_{po}^h$ 为向下延拓改正数真值；$\delta\Delta g_{po}^c$ 为位模型延拓差分改正数；δC_{po} 为局部地形效应差分改正数；C_p 为空中测点 P 的局部地形改正数；$\bar{C}_p$ 为一定网格大小范围内 C_p 的平均值；C_o 为与空中测点相对应的地面投影点 O 的局部地形改正数；$\bar{C}_o$ 为一定网格大小范围内 C_o 的平均值；GM 为万有引力常数与地球质量的乘积；a 为地球椭球长半轴；r_o 和 r_p 分别为地面或大地水准面点和空中测点的地心向径；$\bar{C}_{nm}^*$ 和 $\bar{S}_{nm}$ 为完全规格化位系数；$\bar{P}_{nm}(\sin\varphi)$ 为完全规格化缔合勒让德函数。

上述方法的最大特点是，向下延拓改正数计算过程完全独立于航空重力测量观测数据，不受观测噪声的影响，更重要的是，它完全避开了传统向下延拓不适定反问题解算过程固有的不稳定性弊端，不仅解算结果稳定可靠，而且实现过程快捷简便，不需要对观测数据进行网格化处理，能够实现点对点延拓计算。

11.6.2.4　计算模型稳定性分析

如 11.6.1 节所述，重力场向下延拓计算在数学上属于不适定反问题，其解算过程存在不稳定性是该问题本身固有的一种属性(王彦飞，2007)。理论上，由逆 Poisson 积分公式(11.57)组成的向下延拓解算方程属于第一类 Fredholm 积分方程，当且仅当满足如下 Picard 条件时，该方程存在唯一的收敛解(Martinec，1996)：

$$\sum_{i=1}^{\infty}\left(\frac{f_i}{\lambda_i}\right)^2 < \infty \tag{11.87}$$

式中，f_i 为已知航空重力观测量 Δg_p 的 Fourier 展开系数；λ_i 为 Poisson 核函数的特征值。

式(11.87)说明，要想确保逆 Poisson 积分公式有解，从某个阶次开始，Fourier 展开系数 f_i 的衰减速度必须快于特征值 λ_i 的衰减速度。

对于离散化形式的线性方程组，即式(11.59)，通常采用如下的系数矩阵条件

数指标来度量方程解的病态性(Martinec，1996；王振杰，2006)，即

$$\kappa = |\lambda_{\max}|/|\lambda_{\min}| \tag{11.88}$$

式中，$\lambda_{\max}$ 和 $\lambda_{\min}$ 分别为系数矩阵 $\boldsymbol{A}$ 特征值的最大值和最小值。

一般认为(王振杰，2006)：当 $0<\kappa<100$ 时，方程组是良态的；当 $100 \leqslant \kappa \leqslant 1000$ 时，方程组是中等程度病态的；当 $\kappa>1000$ 时，方程组是严重病态的。对于在恒等飞行高度 H 条件下的航空重力向下延拓问题，逆 Poisson 积分公式系数矩阵的条件数可近似表示为(Martinec，1996；Novák et al.，2001a)

$$\kappa \approx \left(\frac{R+H}{R}\right)^{\pi/\Delta\varphi} \tag{11.89}$$

式中，$\pi/\Delta\varphi$ 称为奈奎斯特(Nyquist)频率；$\Delta\varphi$ 为数据网格间距。

若 $\Delta\varphi = 2'$，$5'$，则可分别计算得到对应于不同延拓高度 H 的条件数 κ，具体结果如表 11.17 所示。必须指出的是，式(11.89)给出的条件数只是一种理论上的病态性度量指标，受各种扰动因素影响后，实际问题解的变化特性则要复杂得多，其稳定性除了取决于系数矩阵的结构外，还取决于已知观测量的频谱特性(Martinec，1996)。Novák 等(2001a)在完成大量的数值计算和分析比较后发现，航空重力数据向下延拓解算的稳定性与数据网格间距和延拓高度的比值($\alpha=\Delta\varphi/H$)密切相关，在受到观测噪声干扰的情况下，只有当比值 $\alpha>1.1$ 时，直接利用航空重力数据确定的局部大地水准面解才是有效的。而航空重力异常直接向下延拓到地面结果的精度要比前者低得多，即使采用一些正则化方法进行优化处理，也无法彻底解决观测噪声的放大问题，要想获得可接受的地面重力异常延拓结果，必须尽可能地降低航空重力测量的飞行高度(Novák et al.，2001a)。本专题研究将在 11.6.3 节继续对此问题进行数值计算和检验。表 11.17 同时列出了数据网格间距分别取 $\Delta\varphi = 2'$，$5'$时，对应于不同延拓高度的比值 α。

表 11.17　不同延拓高度对应的条件数和网格间距与高度比值

$\Delta\varphi$		H					
		1km	2km	3km	5km	7km	10km
2′	κ	2.3	5.4	12.7	69.2	376.1	4766.0
	α	3.7	1.9	1.2	0.7	0.5	0.4
5′	κ	1.4	2.0	2.8	5.4	10.7	29.6
	α	9.3	4.6	3.1	1.9	1.3	0.9

11.6.3 数值计算检验与分析

为了检验上述各个计算模型的向下延拓效果，分别采用模拟仿真和实测数据两种方式开展数值计算及分析比较研究。

11.6.3.1 模拟仿真计算与分析

1. 试验数据与计算方案

以美国本土一个 3°×3°区块为试验区，选用 EGM2008 位模型作为标准场模拟产生不同高度的 2′×2′网格航空和大地水准面(即零高度面)重力异常。选择美国本土作为试验区，是考虑到 EGM2008 位模型在美国地区具有更高的逼近度(章传银等，2009b；Pavlis et al.，2012)，并与 11.6.3.2 节选用的实测数据试验区取得一致，该区块属于地形变化比较剧烈的大山区，试验效果具有一定的说服力。分别以 1km、3km 和 5km 三个高度的位模型重力异常为观测量，依次采用逆 Poisson 积分公式(简称模型 1)和频谱截断积分公式(简称模型 2)两种计算模型，将 3 个不同高度面上的网格重力异常延拓到零高度面，并将其与由位模型计算得到的零高度面观测量(作为基准值)进行比较，从而获取相应的计算模型精度评估参数。基于位模型和地形改正差分的延拓模型(简称模型 3)本身就是建立在超高阶位模型基础之上的，因此该模型暂不参加本阶段的数值计算检验。

为了进一步考察观测噪声对延拓计算结果的影响，特别设计在模拟观测量中分别加入 1mGal 和 3mGal 的随机噪声，生成对应高度面上带噪声的两组观测量，并重复前面的计算过程和对比分析。上述误差量值与当前国内外航空重力测量的精度水平相当(Novák et al.，2001a，2002，2003b；Alberts，2009；欧阳永忠等，2013)，因此其检验结论具有实用意义。本试验统一采用 EGM2008 位模型的前 360 阶作为参考场(GGM)，对应于零高度面和 3 个不同高度面的 EGM2008 位模型(361～2160 阶)残差重力异常统计结果列于表 11.18 中。

表 11.18 试验区位模型残差重力异常统计结果

高度/km	最小值/mGal	最大值/mGal	平均值/mGal	均方根/mGal
0	–107.09	189.19	–0.44	34.28
1	–88.22	162.05	–0.39	30.26
3	–68.34	120.33	–0.33	24.07
5	–55.22	90.66	–0.28	19.56

2. 计算结果与分析

本试验在一个高度面上共有网格观测数据 30×3×30×3=8100 个，对应模型 1，需要求解 8100 阶线性方程组，当采用 Jacobi 迭代方法解算时，迭代终止参数取 $\varepsilon=$

0.1mGal；对于模型 2，模型参数分别取为$l=361$，$L=L_o=2160$，$b=1799$；积分半径统一取为$\psi_o=1°$。按照前面设计的计算方案，对 3 个高度和两个模型分别解算无误差干扰和有误差干扰条件下的零高度面延拓重力异常，同时将其与零高度面基准值进行比较，具体计算结果如表 11.19 所示。为了减小积分边缘效应对统计结果的影响，计算区域边缘 1°范围内的数据不参加对比分析。

表 11.19　不同模型计算结果与基准值对比

高度/km	模型	误差量/mGal	最小值/mGal	最大值/mGal	平均值/mGal	均方根/mGal
1	模型 1	0	–0.61	0.44	–0.01	0.14
		1	–5.49	5.09	–0.057	1.74
		3	–19.14	16.38	–0.12	5.09
	模型 2	0	–0.96	1.11	0.01	0.35
		1	–1.61	1.41	–0.00	0.51
		3	–3.35	4.23	0.03	1.23
3	模型 1	0	–0.36	0.24	–0.01	0.08
		1	–27.39	33.40	–0.08	9.63
		3	–99.81	88.31	–0.01	28.56
	模型 2	0	–1.22	1.34	0.01	0.44
		1	–2.50	2.18	–0.00	0.77
		3	–6.03	6.86	0.03	1.97
5	模型 1	0	–0.25	0.28	–0.01	0.09
		1	–218.81	261.87	–0.24	75.35
		3	–700.82	680.86	0.64	230.59
	模型 2	0	–1.67	1.73	0.02	0.62
		1	–4.11	3.47	0.00	1.25
		3	–11.04	12.21	0.04	3.31

从表 11.19 的结果可以看出，对于无误差干扰条件下的输入数据，模型 1 和模型 2 都能给出比较理想的输出结果，基本不受计算高度大小的影响。但对于有误差干扰条件下的输入数据，模型 1 和模型 2 的计算效果则表现出非常显著的差异。在 3km 以下计算高度，模型 2 对数据误差具有一定的抑制作用，只有当延拓高度增大到 5km 时，模型 2 才对数据误差产生一定的放大效应，这一结果充分体现了模型 2 作为正解模型及其截断核函数所具有的超强的抗干扰能力。模型 1 的解算结果则明显受到数据误差的干扰，在所有计算高度上，模型 1 对数据误差都有放大作用，计算结果严重失真，当数据误差大于 1mGal，计算高度超过 1km 时，模型 1 的解算结果都是不可靠的。这一结果说明，虽然在理想情况下，通过迭代计算求解逆 Poisson 积分公式也能收敛到问题的理论解(Heiskanen et al.，1967；Martinec，1996)。但当

观测数据存在噪声干扰时，由于反问题自身固有的不适定性，观测噪声将在迭代过程中得到累积和放大，较小的噪声干扰也会引起问题解出现较大的变化，最终造成解算结果严重偏离真解。表 11.19 所列结果也进一步验证了 11.6.2.4 节对逆 Poisson 积分公式所进行的稳定性分析得到的结论，即传统延拓模型在实际应用中明显受到数据分辨率、计算高度和观测噪声等多种因素的制约。虽然使用正则化方法可在一定程度上减弱传统延拓模型向下延拓解算的不稳定性，但要想确定合适的正则化矩阵和正则化参数都不是一件容易的事(沈云中等，2002；王兴涛等，2004a；王振杰，2006；顾勇为等，2010；蒋涛等，2011，2013；邓凯亮等，2011；孙文等，2014；刘晓刚等，2014)。当正则化参数取得太小时，其应用结果可能达不到抑制观测噪声的作用；而当正则化参数取得过大时，其解算结果会变得过于平滑，也就意味着损失了观测量中的一部分有用信息。总之，正则化方法在实际应用中仍存在许多不确定性问题需要研究解决，因此不主张优先选用正则化方法来解决向下延拓解算问题，而是应该设法限制航空重力测量作业高度，以满足实用意义下的稳定性解算要求，或是开辟新的技术途径，寻求更加稳定的解算方法。表 11.19 的计算结果表明，模型 2 在计算稳定性方面具有非常明显的技术优势，因此具有良好的应用前景。

11.6.3.2　地面实测数据计算与分析

1. 试验数据与计算方案

如前所述，检验向下延拓模型适用性最有效的方法是，直接使用实测航空重力数据完成向下延拓计算，将计算结果与地面实测重力基准值进行比较，由此可得到不同计算模型的精度评价指标。遗憾的是，陆地同时拥有高精度高分辨率航空和地面实际重力观测数据的区域并不多见，目前还缺乏这方面的可靠资料。为此，本专题研究改用向上延拓与向下延拓对比方法对计算模型精度进行外部检核，即首先利用地面网格重力数据和地形高度数据，通过向上延拓方法计算得到一定高度面上的空中重力异常，将其作为航空重力测量的观测量，进而使用不同的计算模型将其向下延拓到地面，求取延拓计算值与地面已知网格重力值的差异，便可获得相应延拓计算模型的精度评价。

本节继续选用与 11.6.3.1 节完全相同的美国本土 3°×3°区块作为试验区，开展航空重力向下延拓的实际数值计算和对比分析。该区块同时拥有 2′×2′网格地面观测重力异常和 30″×30″网格地形高度数据，两组数据的变化特征如表 11.20 所示。

表 11.20　试验区块实测重力数据和地形高度数据变化特征

参量	最小值	最大值	平均值	均方根
重力/mGal	–96.1	167.2	5.5	40.5
高程/m	1056	4116	1987	2034

使用先向下后向上方法(Moritz，1966；Heiskanen et al.，1967)，首先将地面重力向下延拓到大地水准面，然后将其向上延拓到 5km 高度面。为了考察地形效应对向下延拓计算结果的影响，本节采用两种途径完成地面重力向下延拓解算，得到两组大地水准面上的重力值；一种途径是直接采用原始观测重力异常 $\Delta g^0(1)$ 和式(11.59)进行纯粹数学意义上的向下延拓计算，得到一组虚拟的重力异常 $\Delta g^*(1)$，此方法不扰乱外部重力场(Heiskanen et al.，1967)；另一种途径是首先从地面重力中扣除掉大地水准面以外地形质量引力的影响，得到调整后的重力异常 $\Delta g^0(2)$，然后将其向下延拓到大地水准面，得到一组消除地形效应影响后的延拓重力异常 $\Delta g^*(2)$。最后利用 $\Delta g^*(1)$ 和 $\Delta g^*(2)$ 可由式(11.57)向上延拓得到对应 5km 高度面的两组航空重力观测量 $\Delta g_p(1)$ 和 $\Delta g_p(2)$，并根据模型 1 和模型 2 完成后续的向下延拓计算。但此时需要确定的是地形面上的重力异常，故向下延拓计算高度面是对应于地面网格点高度的等高面。对于模型 1，需要利用前面提出的位场延拓球面化曲面方法，将球面上的计算结果内插到地面上的各个测点；对于模型 2，可直接计算得到测点上的重力异常；对于模型 3，通过局部地形改正差分方式顾及地形效应的影响，故只需参加由 $\Delta g^0(1)$ 生成的观测量检验。考虑到本专题研究关注的重点是计算模型的适用性和地形效应的影响，不必过分追求计算结果的绝对精度，故可对向上延拓模型和向下延拓模型参数设置进行统一的近似处理。本节将大地水准面近似为球面，统一取 $r_i = R + h_i$、$r_p = R + H$，h_i 为地面点高程，其他符号意义同前。此时，模型 2 的计算参数取为 l= 361、L = 5400、b= 5039、L_o = 2160，即与 2′×2′数据分辨率相一致，其他模型参数保持不变。

2. 计算结果与分析

按照前面设计的计算方案，分别采用上述 3 个计算模型完成 5km 高度面各两组观测数据的向下延拓解算，将其分别与相对应的地面基准值 $\Delta g^0(1)$ 和 $\Delta g^0(2)$ 进行比较，具体计算结果如表 11.21 所示。

表 11.21　不同模型 5km 高度向下延拓结果与基准值对比（单位：mGal）

观测量	模型	最小值	最大值	平均值	均方根
$\Delta g_p(1)$	模型 1	–1.72	1.50	–0.01	0.44
	模型 2	–10.05	5.99	–0.77	2.63
	模型 3	–5.24	4.04	0.16	1.83
$\Delta g_p(2)$	模型 1	–1.91	1.57	0.01	0.35
	模型 2	–7.11	4.27	0.13	1.73

表 11.21 的结果显示，模型 1 的检核效果反而明显好于模型 2 和模型 3，这是

由于作为观测量的空中重力异常是由地面重力异常通过 Poisson 积分向上延拓得到的，它与模型 1 使用的逆 Poisson 积分形成闭环关系，其计算模型误差有相互抵消作用，所以该对比结果不能作为评价模型 1 计算性能的依据，但相应结果至少说明本专题研究提出的位场延拓球面化曲面方法和顾及地形效应策略是可行有效的。由于模型 2 和模型 3 的计算原理与 Poisson 积分向上延拓过程无关，所以表 11.21 中对应于模型 2 和模型 3 的检核结果是独立有效的。从表 11.21 可以看出，当不顾及地形效应影响时，模型 2 的检核精度为 2.63mGal；而当使用移去-恢复技术顾及地形效应影响时，模型 2 的检核精度提高到 1.73mGal。考虑到使用 Poisson 积分向上延拓解作为观测量可能存在 1～2mGal 的数据误差(Argeseanu，1995)，与新型航空重力测量系统精度水平基本相当(欧阳永忠等，2013)，对照前面的表 11.19 仿真检验结果不难看出，表 11.21 给出的实测数据检核结果完全符合预期，同时说明顾及地形效应影响对提高模型 2 的计算精度具有显著成效。模型 3 的计算输入量与航空重力测量观测量无关，计算过程稳定可靠，且模型自身就具备顾及地形效应影响的功能，因此具有较高的计算精度，达到 1.83mGal，与顾及地形效应影响后的模型 2 计算精度水平相当。

11.6.4　专题小结

通过前面的模型适用性分析和数值计算检验，本专题研究可得出以下结论：

(1) 基于逆 Poisson 积分的传统向下延拓模型明显受到数据分辨率、计算高度和观测噪声等多种因素的制约，即使在比较理想的数据精度条件下，最大延拓高度也只能达到 1km。使用正则化方法可在一定程度上提高传统延拓模型的稳定性，但其解算过程仍存在较多的不确定性因素，不利于该模型的推广应用。

(2) 基于频谱截断积分的直接向下延拓模型具有良好的计算稳定性，对高频观测噪声干扰具有很好的抑制作用。在当前航空重力测量通常采用的 2′分辨率和 3km 飞行高度条件下，该模型几乎可以不损失观测数据精度的能力恢复地球表面的重力异常，因此具有良好的应用前景。在实际应用中，需要注意把握的问题是积分核函数截断阶数与航空重力测量数据滤波截止频率的匹配关系。解算结果存在一定的边缘效应，同时观测数据网格化处理给测线布设带来的三维空间约束等是该模型推广应用的主要障碍。

(3) 基于位模型和地形改正差分的直接向下延拓模型具有良好的应用前景，其计算过程完全独立于航空重力观测数据，因此不受观测噪声的干扰。其计算精度取决于超高阶位模型和局部地形改正差分的相对精度，在现有技术条件下，该模型延拓计算精度可达 2mGal，与当前航空重力测量精度水平相当。与模型 2 相比较，不需要对观测数据进行网格化预处理，也不存在积分边缘效应，可实现空中和地面点对点延拓计算是该模型的主要优势。但关于该模型物理意义的严密解释还有待进一步的研究，并通过更多的实际观测数据计算来验证其应用效果。

11.7　基于向上延拓的航空重力向下解析延拓解

11.7.1　问题的提出

如前所述，位场向上延拓和向下延拓是地球物理和大地测量数据分析应用中最重要的技术环节之一。位场向下延拓的目的是将数据观测面向下推进到更接近于位场源体，通过提高观测数据的信噪比，增强地球内部浅层质量分布异常的映射强度，来凸显地球重力场或磁场的局部变化特征，以提高位场数据解释推断的可靠性(Trompat et al.，2003；陈生昌等，2007；骆遥等，2016)。但位场向下延拓在数学上属于典型的不适定反问题，其延拓算子对高频噪声具有明显的放大作用，很小的观测噪声也会引起延拓解算结果严重偏离真实的问题解(Martinec，1996；王彦飞，2007)。针对此问题，国内外学者开展了广泛而深入的研究工作，提出了许多富有成效的处理方法。在重力场向下延拓研究领域，归纳起来主要有 3 种解决途径：第 1 种途径是直接求逆 Poisson 积分公式(包括迭代求解法、非迭代求解法、快速傅里叶变换法)，人们主要围绕求逆过程引起的不稳定性问题开展不同形式的正则化方法研究，代表成果包括：Hansen 等(1993)提出的 L 曲线法；Xu(1998)提出的截断奇异值分解法；Kern(2003)、Alberts 等(2004)对包括正则化和非正则化在内的不同类型向下延拓方法的适用性进行了比较全面的分析和比较；王兴涛等(2004a，2004b)研究解析了重力向下延拓的正则化方法及其谱分解式，定量评估了几种常用的向下延拓方法的应用效果；王振杰(2006)给出了不适定问题正则化解法的统一表达式；顾勇为等(2010)分析研究了基于信噪比的重力向下延拓正则化解法；邓凯亮等(2011)提出了重力向下延拓的 Tikhonov 双参数正则化方法；蒋涛等(2011)分析比较了 Tikhonov、岭估计和广义岭估计三种正则化方法的技术特点及应用效果；孙文等(2014)提出了基于波数域迭代的向下延拓 Tikhonov 正则化方法；刘晓刚等(2014)研究探讨了位场数据向下延拓中最优正则化参数的选择问题。解决重力向下延拓问题的第 2 种途径是间接求逆法，包括配置法(Moritz，1980；Hwang et al.，2007)、点质量方法(李建成等，2003；黄谟涛等，2005)、多尺度边缘转换法(Boschetti et al.，2004；宁津生等，2005)和矩谐分析法(蒋涛等，2013)等，此类方法虽然避开了直接求逆 Poisson 积分公式，但仍涉及矩阵求逆过程，因此也不可避免地存在不稳定性问题(黄谟涛等，2013b，2015d)。第 3 种途径可统称为非求逆法，代表成果包括：石磐等(1997)提出的利用航空重力测量和 DEM 确定地面重力场的直接代表法；黄谟涛等(2014b，2015c)提出的联合使用超高阶位模型和地形高信息确定向下延拓改正数的方法等，此类方法不受传统求逆过程不稳定性的影响。Novák 等(2002)依据航空重力测量数据固有的带限频谱特性，提出了向下延拓的直接积分公式，并将其推广应用于大地水准面的直接解算，其计算过程也避开了方程求逆问题。刘敏等(2016)分析检验了当前国内外最具代表性的几种向下延拓模型的计算效果，得出了比较明确的量化分析结论。

针对磁场数据向下延拓问题，国内外学者也陆续推出了系列化的研究成果，Bateman(1946)、Peters(1949)最早提出采用泰勒(Taylor)级数法进行位场的延拓计算；栾文贵(1983)、梁锦文(1989)和 Cooper(2004)很早就将正则化方法引入位场向下延拓领域；Fedi 等(2002)提出了基于组合二阶垂直梯度的位场延拓模型；Trompat 等(2003)提出了改进的位场延拓模型；徐世浙(2006，2007)创新提出了位场向下延拓的积分-迭代方法；陈生昌等(2007)、张辉等(2009)、刘东甲等(2009)分别提出了位场向下延拓的波数域广义逆算法、正则化方法及迭代方法；卞光浪(2011)提出了磁异常稳健向下延拓的改进泰勒级数法；骆遥等(2016)提出了位场向下延拓的最小曲率方法。很显然，上述各类方法的提出和应用，都在一定程度上改善了位场向下延拓解算的不稳定性和精确度。但不可否认的是，这些方法在实际应用中仍存在一些不足或改进的余地，有些新方法可能只停留在理论研究和仿真试验阶段，缺少实测数据的解算验证；有的方法可能理论上很严密，但因实现过程过于复杂而受到应用上的制约。Vaníček 等(2017)依据法国数学家 Hadamard 的理论，推断位场向下延拓具有物理意义上的适定性，存在有限的唯一解。该文献作者甚至认为，任何指望通过物理意义上的正则化方法来改善向下延拓解的想法都是徒劳的，因为在存在观测噪声干扰的情形下，寻求向下延拓的精确解是没有实际意义的，应当把向下延拓作为一个统计问题来处理，寻求该问题的最优估计。

由上述综合分析结果可知，关于位场向下延拓问题，国内外学者虽然已经提出了许多各具特色的解算模型和方法，但至今未能推出一种通用的解决方案，仍存在一些理论上和应用上的难点问题需要研究解决。本专题研究主要针对航空重力向下延拓稳定性和实用性两个方面的应用需求，探讨借助向上延拓信息改善向下延拓不稳定性和解算精度的可能性，同时达到简化向下延拓解算过程的目的。

11.7.2 向下延拓解算模型及适用性分析

11.7.2.1 基于向上延拓的点对点解析解

泰勒级数展开式是最经典的位场解析延拓模型之一。假设高度为 h_o 的待求地球表面 O 点的重力异常为 Δg_o，已知对应飞行高度面 h_p（P 点）上的空中重力异常为 Δg_p，则由重力场解析延拓理论可知(Moritz，1980)，Δg_o 和 Δg_p 之间的关系可表示为

$$\begin{aligned}\Delta g_o &= \Delta g_p - \Delta h_{po}\frac{\partial \Delta g_p}{\partial h} + \frac{1}{2!}\Delta h_{po}^2\frac{\partial^2 \Delta g_p}{\partial h^2} - \cdots \\ &= \Delta g_p - \sum_{n=1}^{\infty}\frac{(-1)^{n-1}}{n!}\Delta h_{po}^n\frac{\partial^n \Delta g_p}{\partial h^n} \\ &= \Delta g_p - \delta\Delta g_{po}\end{aligned} \tag{11.90}$$

式中，$\Delta h_{po}=h_p-h_o$ 为空间 P 点相对于地面 O 点的高度差；$(\partial^n\Delta g_p/\partial h^n)$ 为空中重力异常 Δg_p 在 P 点的 n 阶垂向偏导数；$\delta\Delta g_{po}$ 为重力异常 Δg_p 到 Δg_o 的向下延拓改正数。

由式(11.90)可知，实现航空重力向下延拓计算的关键是，准确获取重力异常沿垂向的各阶偏导数。当此条件无法得到满足时，需要寻求其他的替代方案。本节首先给出一种比较简单实用的近似处理方法。

假设位于飞行高度面上方、高度为 h_q（Q 点）处的空中重力异常为 Δg_q，令 $\Delta h_{qp}=h_q-h_p$，那么根据重力场解析延拓理论，同样可以将 Δg_q 和 Δg_p 之间的关系表示为

$$\begin{aligned}\Delta g_q &= \Delta g_p + \Delta h_{qp}\frac{\partial \Delta g_p}{\partial h} + \frac{1}{2!}\Delta h_{qp}^2\frac{\partial^2 \Delta g_p}{\partial h^2} + \cdots \\ &= \Delta g_p + \sum_{n=1}^{\infty}\frac{1}{n!}\Delta h_{qp}^n\frac{\partial^n \Delta g_p}{\partial h^n} \\ &= \Delta g_p + \delta\Delta g_{pq}\end{aligned} \tag{11.91}$$

式中，$\delta\Delta g_{pq}$ 为重力异常 Δg_p 到 Δg_q 的向上延拓改正数，其他符号意义同前。

如果人为取 $\Delta h_{qp}=\Delta h_{po}$，那么将式(11.90)和式(11.91)两式相加并略加整理可得

$$\begin{aligned}\Delta g_o &= 2\Delta g_p - \Delta g_q + \frac{2}{2!}\Delta h_{po}^2\frac{\partial^2 \Delta g_p}{\partial h^2} + \frac{2}{4!}\Delta h_{po}^4\frac{\partial^4 \Delta g_p}{\partial h^4} + \cdots \\ &= 2\Delta g_p - \Delta g_q + R_{2n}(\Delta h_{po})\end{aligned} \tag{11.92}$$

$$R_{2n}(\Delta h_{po}) = \sum_{n=1}^{\infty}\frac{2}{(2n)!}\Delta h_{po}^{2n}\frac{\partial^{2n}\Delta g_p}{\partial h^{2n}} \tag{11.93}$$

这里称 $R_{2n}(\Delta h_{po})$ 为向下延拓改正数的余项。如果忽略该余项的影响，即令

$$R_{2n}(\Delta h_{po}) = 0 \tag{11.94}$$

则得到如下近似的点对点向下解析延拓计算式：

$$\Delta g_o = 2\Delta g_p - \Delta g_q \tag{11.95}$$

式中，航空重力异常 Δg_p 是已知量；Δg_q 可依据 Poisson 积分公式由 Δg_p 向上延拓计算得到。

可见，延拓计算式(11.95)的实现过程是稳定可靠的，不存在向下延拓固有的不适定问题。由 Δg_p 向上延拓计算 Δg_q 的 Poisson 积分公式为(Heiskanen et al., 1967)

$$\Delta g_q = \frac{r_p^2}{r_q^2}\Delta g_{pq} + \frac{r_p^2(r_q^2 - r_p^2)}{4\pi r_q}\iint_\sigma \frac{\Delta g_p - \Delta g_{pq}}{l^3}\,\mathrm{d}\sigma \tag{11.96}$$

式中，$r_p = R + h_p$；$r_q = R + h_q$，R 为地球平均半径；Δg_{pq} 为与计算点 Q 相对应的飞行高度面上的重力异常；Δg_p 为飞行高度面流动点的重力异常；$l = \sqrt{r_q^2 + r_p^2 - 2r_q r_p \cos\psi}$ 为计算点与流动点之间的空间距离，ψ 为计算点与流动点之间的球面角距。使用式(11.96)进行向上延拓计算可避开常见的积分奇异性问题。

实际上，不难证明，通常使用的一阶梯度解模型只是前面给出的向下解析延拓模型，即式(11.95)的主项。由 Heiskanen 等(1967)的研究可知，飞行高度面上与地面 O 点、空中 Q 点相对应的重力异常一阶垂向梯度积分公式可表示为

$$\frac{\partial \Delta g_{pq}}{\partial h} = \frac{r_p^2}{2\pi}\iint_\sigma \frac{\Delta g_p - \Delta g_{pq}}{l_o^3}\,\mathrm{d}\sigma - \frac{2}{r_p}\Delta g_{pq} \tag{11.97}$$

式中，$l_o = \sqrt{r_p^2 + r_p^2 - 2r_p r_p \cos\psi} = 2r_p \sin\frac{\psi}{2}$；其他符号意义同前。

将式(11.97)代入式(11.90)可得

$$\Delta g_o = \Delta g_{pq} - \frac{r_p^2 \Delta h_{po}}{2\pi}\iint_\sigma \frac{\Delta g_p - \Delta g_{pq}}{l_o^3}\,\mathrm{d}\sigma + \frac{2\Delta h_{po}}{r_p}\Delta g_{pq} + O(\Delta h_{po}^2) \tag{11.98}$$

式中，$O(\cdot)$ 为 Landau 符号。

将式(11.96)代入式(11.95)可得

$$\Delta g_o = 2\Delta g_{pq} - \frac{r_p^2}{r_q^2}\Delta g_{pq} + \frac{r_p^2(r_q^2 - r_p^2)}{4\pi r_q}\iint_\sigma \frac{\Delta g_p - \Delta g_{pq}}{l^3}\,\mathrm{d}\sigma \tag{11.99}$$

进一步进行下列简化：

$$\frac{r_p^2}{r_q^2}=\frac{r_p^2}{(r_p+\Delta h_{qp})^2}=\frac{r_p^2}{(r_p+\Delta h_{po})^2}=1-\frac{2\Delta h_{po}}{r_p}+O(\Delta h_{po}^2) \tag{11.100}$$

$$r_q^2-r_p^2=2r_p\Delta h_{po}+O(\Delta h_{po}^2) \tag{11.101}$$

$$l^2=r_q^2+r_p^2-2r_qr_p\cos\psi\approx l_o^2+\Delta h_{po}^2 \tag{11.102}$$

$$l^3=l_o^3+O(\Delta h_{po}^2) \tag{11.103}$$

将式(11.100)、式(11.101)和式(11.103)代入式(11.99)，并进行简单的整理就得到式(11.98)。由此可见，在只顾及延拓高度差(Δh)一阶项影响的条件下，两种向下延拓模型是等价的，也就是说，对应于式(11.98)的一阶梯度解只是式(11.99)模型解的主项。使用式(11.99)(也就是式(11.95))作为向下延拓解算模型既可顾及延拓高度差(Δh)高阶项的影响，同时可利用向上延拓算子的低通滤波特性，对观测量中的高频噪声进行有效抑制。

需要指出的是，使用式(11.99)作为向下延拓模型虽然顾及了一部分高阶项的影响，但也忽略了另一部分高阶项的影响。对比式(11.90)、式(11.91)和式(11.95)不难看出，式(11.94)完全等价于下面的等式，即

$$\delta\Delta g_{po}=\delta\Delta g_{pq} \tag{11.104}$$

式(11.104)说明，忽略余项 $R_{2n}(\Delta h_{po})$ 的影响就意味着把重力向上延拓改正数近似等同于向下延拓改正数。因此，将式(11.95)称为点对点解析延拓模型，其近似处理带来的误差大小(见式(11.93))取决于二阶及以上偶阶项重力异常垂向偏导数和延拓高度差(Δh)的量值。目前，国内外航空重力测量的精度水平为 2～5mGal (Alberts，2009；孙中苗等，2013a；欧阳永忠等，2013)，根据误差传播定律，为确保向下延拓模型误差不显著影响航空重力测量成果的质量，应尽可能地将计算模型的单项误差控制在数据观测误差的 25%以内。本节将观测误差量值设定为 2mGal(新型航空重力仪一般可达到此指标)，取计算模型单项误差限差为 0.5mGal，依据模型解式(11.99)所对应的截断误差表达式(11.93)，可分别确定在不同延拓高度差条件下，满足单项误差限差要求的不同阶次重力异常垂向偏导数所允许的变化幅度。其中，二阶垂向偏导数和四阶垂向偏导数允许的变化幅度的计算式分别为

$$\frac{2}{(2)!}\Delta h_{po}^2\left|\frac{\partial^2\Delta g_p}{\partial h^2}\right|\leqslant 0.5 \tag{11.105}$$

$$\frac{2}{(4)!}\Delta h_{po}^{4}\left|\frac{\partial^{4}\Delta g_{p}}{\partial h^{4}}\right| \leqslant 0.5 \tag{11.106}$$

对应于 5 个不同延拓高度差的具体计算结果如表 11.22 所示。当已知某一区域的重力异常垂向偏导数量值大小时，也可由式(11.105)和式(11.106)确定误差限差允许下的向下延拓计算高度。

表 11.22　误差限差允许下的重力异常垂向偏导数变化幅度

高度差/km	1	2	3	4	5
二阶垂向偏导数/($mGal/km^2$)	0.5	0.125	0.05556	0.03125	0.0200
四阶垂向偏导数/($mGal/km^4$)	6.0	0.375	0.07407	0.02344	0.0096

在实际应用中，可依据表 11.22 给出的计算对比结果，分析评估向下延拓模型解(11.99)对于不同变化特征重力场的适应能力，可事先对预定的测量区域开展航空重力测量技术设计，以确定合适的测量飞行高度。

11.7.2.2　基于向上延拓的最小二乘解析解

如前所述，依据泰勒级数展开式(11.90)进行航空重力向下延拓计算的关键，是准确获取重力异常沿垂向的各阶偏导数。前面给出了不需要直接计算重力异常垂向梯度，借助向上延拓信息就能实现向下延拓稳定解算的近似处理方法。该方法虽然简便易行，但模型解的截断误差随延拓高度差的增大而快速增大，因此其适用范围受到了一定的限制，只能应用于较低飞行高度的航空重力向下延拓计算。为了突破上述近似模型解的限制，本节进一步提出借助向上延拓信息，通过最小二乘法计算重力异常不同阶次的垂向偏导数，从而实现向下延拓的严密和稳定解算。

关于位场观测量沿垂向各阶导数的计算问题，国内外学者开展了许多卓有成效的研究工作(Fedi et al., 2002；Cooper, 2004；翟国君等，2011；卞光浪，2011)，但已有研究成果的解算思路几乎都是基于位场强度沿垂向和水平方向的二阶偏导数之间满足拉普拉斯(Laplace)方程这一基本假设，借助水平方向的偏导数来计算垂向偏导数的，并通过频率域方法进行这样的转换。该方法理论上较为完善，但频率域中的响应函数相当于高频放大器，对观测数据中的噪声具有显著的放大作用，且存在较强的边缘效应，因此需要对相关算法进行相应的改化(Trompat et al., 2003；卞光浪，2011)。本专题研究提出了完全有别于上述传统的由水平方向转换到垂向的解算思路，具体解算过程如下。

首先在航空重力测量飞行高度面上方，以一定的间隔选取 M 个高度面(Q_1,

$Q_2,\cdots,Q_M$)，它们相对于飞行高度面的高度差为 $\Delta h_1,\Delta h_2,\cdots,\Delta h_M$。然后利用飞行高度面上的重力异常观测量($\Delta g_p$)，依据向上延拓积分公式(11.96)分别计算上述 M 个高度面上的重力异常($\Delta g_{Q_1},\Delta g_{Q_2},\cdots,\Delta g_{Q_M}$)。将计算得到的 M 个高度面上的重力异常作为过渡观测量代入泰勒级数展开式(11.91)，可得到一系列以重力异常垂向偏导数为未知数的观测方程。对于飞行高度面上的某个 P 点，使用处于不同高度面但在同一垂向上的 M 个重力异常($\Delta g_{q_1},\Delta g_{q_2},\cdots,\Delta g_{q_M}$)可建立 M 个相对应的观测方程。考虑到航空重力测量分辨率的有限性和观测噪声干扰的现实性，本节取泰勒级数展开式(11.91)的最高阶数 $N=4$，由此可建立如下形式的观测误差方程：

$$\begin{cases}\Delta g_{q_1}+v_1=\Delta g_p+\Delta h_{q_1p}\dfrac{\partial\Delta g_p}{\partial h}+\dfrac{1}{2!}\Delta h_{q_1p}^2\dfrac{\partial^2\Delta g_p}{\partial h^2}+\dfrac{1}{3!}\Delta h_{q_1p}^3\dfrac{\partial^3\Delta g_p}{\partial h^3}+\dfrac{1}{4!}\Delta h_{q_1p}^4\dfrac{\partial^4\Delta g_p}{\partial h^4}\\ \Delta g_{q_2}+v_2=\Delta g_p+\Delta h_{q_2p}\dfrac{\partial\Delta g_p}{\partial h}+\dfrac{1}{2!}\Delta h_{q_2p}^2\dfrac{\partial^2\Delta g_p}{\partial h^2}+\dfrac{1}{3!}\Delta h_{q_2p}^3\dfrac{\partial^3\Delta g_p}{\partial h^3}+\dfrac{1}{4!}\Delta h_{q_2p}^4\dfrac{\partial^4\Delta g_p}{\partial h^4}\\ \qquad\vdots\\ \Delta g_{q_M}+v_M=\Delta g_p+\Delta h_{q_Mp}\dfrac{\partial\Delta g_p}{\partial h}+\dfrac{1}{2!}\Delta h_{q_Mp}^2\dfrac{\partial^2\Delta g_p}{\partial h^2}+\dfrac{1}{3!}\Delta h_{q_Mp}^3\dfrac{\partial^3\Delta g_p}{\partial h^3}+\dfrac{1}{4!}\Delta h_{q_Mp}^4\dfrac{\partial^4\Delta g_p}{\partial h^4}\end{cases} \tag{11.107}$$

式中，v_i 为重力异常观测误差和向上延拓计算误差的综合影响。

令

$$x_j=\frac{\partial^j\Delta g_p}{\partial h^j}\,,\quad \boldsymbol{X}=(x_1,x_2,\cdots,x_N)^{\mathrm{T}}$$

$$a_{ij}=\frac{1}{j!}\Delta h_{q_ip}^j\,,\quad i=1,2,\cdots,M;\ j=1,2,\cdots,N$$

$$\boldsymbol{A}=[a_{ij}]_{M\times N}$$

$$l_i=\Delta g_{q_i}-\Delta g_p\,,\quad \boldsymbol{L}=(l_1,\ l_2,\ \cdots,l_M)^{\mathrm{T}}$$

$$\boldsymbol{V}=(v_1,v_2,\cdots,v_M)^{\mathrm{T}}$$

可将式(11.107)表示为如下矩阵形式：

$$\boldsymbol{L}+\boldsymbol{V}=\boldsymbol{AX} \tag{11.108}$$

取 $M > N$ ，可求得式(11.108)的最小二乘解为

$$\boldsymbol{X} = (\boldsymbol{A}^{\mathrm{T}}\boldsymbol{A})^{-1}\boldsymbol{A}^{\mathrm{T}}\boldsymbol{L} \tag{11.109}$$

本节把由式(11.109)一次性求出所有未知数的解法称为整体解。需要指出的是，当飞行高度面上的重力异常观测量(Δg_p)存在较大的观测误差时，由其计算得到的 M 个高度面上的重力异常($\Delta g_{Q_1}, \Delta g_{Q_2}, \cdots, \Delta g_{Q_M}$)也必然会受到较大的干扰，此时由式(11.109)解算得到的高阶垂向偏导数可能存在较大的不确定性。为了解决此类问题，本专题研究提出如下分步求解不同阶次垂向偏导数的数值解法(简称分步法)：以 $N = 4$ 为例，首先按照式(11.109)确定一阶垂向偏导数和二阶垂向偏导数 x_1 和 x_2 ，然后把 x_1 和 x_2 作为已知量，同时把四阶项影响视为误差干扰，使用式(11.110)计算三阶垂向偏导数：

$$x_3 = \frac{1}{M}\sum_{i=1}^{M}\frac{l_i - a_{i1}x_1 - a_{i2}x_2}{a_{i3}} \tag{11.110}$$

此后，可进一步把 x_1 、 x_2 和 x_3 作为已知量，使用式(11.111)计算四阶垂向偏导数：

$$x_4 = \frac{1}{M}\sum_{i=1}^{M}\frac{l_i - a_{i1}x_1 - a_{i2}x_2 - a_{i3}x_3}{a_{i4}} \tag{11.111}$$

通过降低未知数解算过程的相关性，来提高解算结果的稳定性，是上述分步计算高阶垂向偏导数做法的主要目的，其实际效果将在后面的数值试验中进行进一步的验证。最后将单独由式(11.109)或式(11.109)～式(11.111)联合计算得到的重力异常垂向偏导数代入式(11.90)，即完成了航空重力向下延拓模型的构建，依据该模型可实现任意高度差下的向下延拓解算。但在多大的高度差范围内，相对应的向下延拓解算结果才是有效的，取决于多方面的影响因素。

由式(11.90)和式(11.107)可知，航空重力向下延拓计算过程不仅涉及原始的重力观测量(Δg_p)，还涉及两个不同层次的过渡计算量，即向上延拓计算值(Δg_{q_i})和重力异常垂向偏导数。可见，向下延拓模型的解算精度不仅取决于航空重力的观测精度和垂向偏导数的计算精度，还取决于模型展开式的截断阶数(N)和向上延拓计算值(Δg_{q_i})的计算精度，它们之间相互交叉影响，具有很强的相关性，因此很难使用传统的精度估计公式来精确刻画上述解算过程的误差传播定律。实际上，除了数据观测误差、过渡量计算误差和模型截断误差以外，在向下延拓模型中还隐含一个与计算区域重力场变化特征相关的代表误差因素的影响，因为泰勒级数展开式是以展开点处的各阶偏导数为基础建立起来的，计算点距离展开点越

远，重力场变化特征越显著，各阶偏导数的代表误差越大，展开式的计算误差也就越大。由此可见，上述向下延拓模型的有效性不仅取决于重力数据观测精度水平的高低，还取决于计算区域重力场变化的剧烈程度，两个方面的因素都直接影响该延拓模型的适用高度。

为了进一步了解和掌握向下延拓模型的适用性与垂向偏导数解算精度和向下延拓有效高度之间的制约关系，本节参照前面建立误差限差方程式(11.105)和式(11.106)时的研究思路，同样将对应于式(11.90)的向下延拓模型的单项误差限定为 0.5mGal，用公式形式表示为

$$\frac{1}{j!}\Delta h_{q_i p}^{j}\left|\Delta x_j\right| \leqslant 0.5, \quad j=1,2,\cdots,N \tag{11.112}$$

式中，Δx_j 为偏导数（$x_j = \partial^j \Delta g_p / \partial h^j$）的误差量。

式(11.112)与式(11.105)和式(11.106)的区别主要体现为：前者限制的是偏导数的综合计算误差(含代表误差)，后者限制的则是偏导数自身大小。同样，可由式(11.112)分别确定在不同延拓高度差条件下，满足单项误差限差要求的不同阶次偏导数综合计算精度指标。对应于 5 个不同延拓高度差的具体计算结果如表 11.23 所示。表中数据所体现的不同参数之间的制约关系，可为选择合适的向下延拓模型和延拓高度提供量化的参考依据。

表 11.23　误差限差允许下的重力异常垂向偏导数综合计算精度要求

高度差/km	1	2	3	4	5
$\left\|\Delta x_1\right\|$ /(mGal/km)	0.5	0.25	0.16667	0.125	0.1
$\left\|\Delta x_2\right\|$ /(mGal/km^2)	1.0	0.25	0.11111	0.0625	0.04
$\left\|\Delta x_3\right\|$ /(mGal/km^3)	3.0	0.375	0.11111	0.04687	0.024
$\left\|\Delta x_4\right\|$ /(mGal/km^4)	12.0	0.75	0.14815	0.04687	0.0192

11.7.3　数值计算检验与分析

11.7.3.1　试验方案设计

为了检验前面提出的两种向下延拓模型的解算效果，本节采用超高阶位模型作为标准场开展数值计算检验及分析比较研究。以美国本土西部一个 3°×3°区块(φ:37°N～40°N；λ:248°E～251°E)为试验区，选用 EGM2008 位模型模拟产生不同高度面 2′×2′网格重力异常及其垂向偏导数的真值。该区块属于地形变化比较剧烈的大山区，试验效果具有一定的代表性。由 EGM2008 位模型计算空中网格重力异常的公式为(Heiskanen et al.，1967)

$$\Delta g(r,\varphi,\lambda)=\frac{GM}{R^2}\sum_{n=2}^{\infty}\left\{(n-1)\left(\frac{R}{r}\right)^{n+2}\sum_{m=0}^{n}\left[\bar{C}_{nm}^{*}\cos(m\lambda)+\bar{S}_{nm}\sin(m\lambda)\right]\bar{P}_{nm}(\sin\varphi)\right\} \tag{11.113}$$

式中，GM 为万有引力常数与地球质量的乘积；R 为地球平均半径；$r=R+h$，h 为计算点高度；$\bar{P}_{nm}(\sin\varphi)$ 为完全规格化缔合勒让德函数；$\bar{C}_{nm}^{*}$ 和 $\bar{S}_{nm}$ 为完全规格化位系数。

连续对式(11.113)求 r 的偏导数，可得到不同阶次的垂向偏导数计算模型。本节取 $R=6371\text{km}$，$h_i=i\,\text{km}$（$i=0,1,\cdots,10$），使用 EGM2008 位模型(以 360 阶为参考场)分别计算 11 个对应于 $r_i=R+h_i$ 球面上的 $2'\times2'$ 网格重力异常真值 $\Delta g_i(\text{tru})$，同时计算 5km 高度面（$r_5=R+h_5$）上的垂向偏导数。表 11.24 列出了 4 个不同高度面 EGM2008 位模型(361～2160 阶)残差重力异常统计结果，表 11.25 列出了 5km 高度面垂向偏导数计算值统计结果。本专题研究采用的试验方案具体设计为：以 5km 高度面为航空重力测量的观测面，即假设 $\Delta g_5(\text{tru})$ 是已知的观测量，依次采用不同的向下延拓模型，由 $\Delta g_5(\text{tru})$ 分别计算 4km、3km、2km、1km 和 0km 高度面上的重力异常（$\Delta g_4^{\text{dn}}(\text{cal})$、$\Delta g_3^{\text{dn}}(\text{cal})$、$\Delta g_2^{\text{dn}}(\text{cal})$、$\Delta g_1^{\text{dn}}(\text{cal})$、$\Delta g_0^{\text{dn}}(\text{cal})$），将计算值与相对应的真值 $\Delta g_i(\text{tru})$（$i=0$，1，2，3，4）进行比较，从而获得对应延拓模型解算精度的评估参数。

表 11.24　不同高度面 EGM2008 位模型残差重力异常统计结果

高度/km	最小值/mGal	最大值/mGal	平均值/mGal	均方根/mGal
0	–107.09	189.19	–0.44	34.28
1	–88.22	162.05	–0.39	30.26
3	–68.34	120.33	–0.33	24.07
5	–55.22	90.66	–0.28	19.56

表 11.25　5km 高度面垂向偏导数计算值统计结果

偏导数	最小值	最大值	平均值	均方根
一阶/(mGal/km)	–3.45985	2.09489	0.00589	0.94238
二阶/(mGal/km^2)	–0.28745	0.49396	0.00049	0.09966
三阶/(mGal/km^3)	–0.08566	0.04196	–0.00022	0.01449
四阶/(mGal/km^4)	–0.01119	0.01833	0.00006	0.00287

11.7.3.2　点对点解析延拓模型计算检验

为了检验点对点解析延拓模型(11.95)的计算效果，首先使用向上延拓积分式(11.96)，由 $\Delta g_5(\text{tru})$ 分别计算 6km、7km、8km、9km 和 10km 高度面上的重力异常（$\Delta g_6^{\text{up}}(\text{cal})$、$\Delta g_7^{\text{up}}(\text{cal})$、$\Delta g_8^{\text{up}}(\text{cal})$、$\Delta g_9^{\text{up}}(\text{cal})$、$\Delta g_{10}^{\text{up}}(\text{cal})$），求计算值与相对应真值 $\Delta g_i(\text{tru})$ ($i=6$，7，8，9，10)的互差，可得到向上延拓模型的精度评价，具体结果见表 11.26。其中，积分半径统一取为 $\psi_o=30'$。为了减小积分边缘效应对评估结果的影响，计算区域边缘 30′范围内的数据不参加对比分析，这个区域的数据也不再参加下一步的向下延拓计算检验(下同)。

表 11.26　向上延拓模型计算精度检核

高度/km	最小值/mGal	最大值/mGal	平均值/mGal	均方根/mGal
6	–0.27	0.28	–0.01	0.10
7	–0.21	0.23	–0.01	0.08
8	–0.17	0.19	–0.01	0.07
9	–0.14	0.16	–0.01	0.05
10	–0.12	0.13	–0.00	0.04

由表 11.26 的结果可以看出，当观测数据不存在噪声干扰时，向上延拓模型的计算结果可以达到很高的精度水平，即使是 1km 的延拓高度差，计算误差也不超过 0.3mGal。分别将前面计算得到的 6 个高度面的向上延拓重力异常（$\Delta g_i^{\text{up}}(\text{cal})$）和飞行高度面上的观测重力异常 $\Delta g_5(\text{tru})$ 代入向下延拓计算式(11.95)，可求得相对应延拓高度差下的向下延拓重力异常为

$$\Delta g_{5-i}^{\text{dn}}(\text{cal}) = 2\Delta g_5(\text{tru}) - \Delta g_{5+i}^{\text{up}}(\text{cal}) \tag{11.114}$$

求上述计算值 $\Delta g_{5-i}^{\text{dn}}(\text{cal})$ ($i=1$，2，3，4，5)与相对应真值 $\Delta g_i(\text{tru})$ 的互差，可得到点对点解析延拓模型(11.95)的精度评价，具体结果见表 11.27。

表 11.27　点对点解析延拓模型计算精度检核

高度差/km	最小值/mGal	最大值/mGal	平均值/mGal	均方根/mGal
1	–0.34	0.28	–0.01	0.10
2	–1.86	1.01	–0.01	0.36
3	–4.45	2.50	–0.01	0.88
4	–8.19	4.61	–0.01	1.61
5	–13.21	7.40	–0.02	2.59

表 11.27 中延拓高度差为 i km 对应于计算面的高度为 $(5-i)$ km。由表 11.27 的结果可以看出，虽然向上延拓模型的计算误差随计算高度的增大而减小，但点对点解析延拓模型的计算精度随延拓高度差的增大而降低，说明点对点解析延拓

模型的截断误差对延拓计算结果有较大影响。只有当延拓高度差小于 3km 时，该模型的计算精度才优于 1mGal。对比表 11.22 和表 11.25 的计算结果可以看出，对本试验数据源所对应的重力场变化特征而言，如果以 0.5mGal 为单项误差限定值，那么在表 11.22 所列的所有延拓高度差范围内，都可以略去四阶垂向偏导数项的影响，但只能在 2km 高度差内略去二阶垂向偏导数项的影响。如果单项误差限定值放宽到 1mGal，那么可略去二阶垂向偏导数项影响的高度差也可相应增大到 3km。不难看出，上述分析结论与表 11.27 的计算检核结果完全吻合。

为了进一步考察数据观测噪声对向下延拓计算结果的影响，本节人为在模拟观测量 $\Delta g_5(\text{tru})$ 中分别加入 1mGal、3mGal 和 5mGal 的观测噪声，对应生成 3 组带观测噪声的观测量，并重复前面的计算和对比检核过程。上述误差量值与当前国内外航空重力测量的精度水平基本相当(Alberts，2009；孙中苗等，2013a；欧阳永忠等，2013)，因此其检验结论具有实用意义。加入观测噪声后，与表 11.26 相对应的向上延拓模型的计算精度检核结果(这里只列出互差均方根值，下同)如表 11.28 所示，与表 11.27 相对应的点对点解析延拓模型计算精度检核结果如表 11.29 所示。

表 11.28　噪声影响下的向上延拓误差均方根值

高度/km	6	7	8	9	10
1mGal 噪声/mGal	0.26	0.21	0.17	0.14	0.12
3mGal 噪声/mGal	0.70	0.56	0.45	0.37	0.31
5mGal 噪声/mGal	1.18	0.95	0.78	0.65	0.54

表 11.29　噪声影响下的点对点解析延拓误差均方根值

高度差/km	1	2	3	4	5
1mGal 噪声/mGal	0.25	0.41	0.89	1.61	2.58
3mGal 噪声/mGal	0.70	0.67	1.00	1.67	2.62
5mGal 噪声/mGal	1.16	0.97	1.10	1.66	2.58

对比表 11.26 和表 11.28 的数值结果可以看出，数据观测噪声对向上延拓计算结果的影响很小，几乎不改变计算参数的变化形态，说明向上延拓模型作为低通滤波器的作用相当明显。进一步对比表 11.27 和表 11.29 的数值结果可以看出，得益于向上延拓模型抑制高频噪声的优良特性，点对点解析延拓模型的计算结果也几乎不受数据观测噪声的影响，在延拓高度差小于 3km 的范围内，仍可获得 1mGal 左右的计算精度。

11.7.3.3　最小二乘解析模型计算检验

本节重点讨论基于式(11.109)整体解的模型检验问题。考虑到最小二乘解析模型对输入数据的特殊要求，首先在 5km 飞行高度面的上方，以 0.5km 的间隔选取 20 个高度面(即计算高度延伸到 15km)，使用向上延拓积分公式(11.96)，由 $\Delta g_5(\text{tru})$ 分别计算对应于上述 20 个高度面上的重力异常($\Delta g_{5+i}^{\text{up}}(\text{cal})$，$i=1,2,\cdots,20$；前期已经计算过的高度面不再计算)。以每一个 $2'\times2'$ 网格点为计算单元，将前面计算得到的同一点但在不同高度面上的 20 个重力异常值代入式(11.109)，解算得到相对应的重力异常垂向偏导数，并将其代入式(11.90)，进一步依据设定的延拓高度差(与前面的试验取值相同)即可求得想要的向下延拓值。求上述计算值与相对应真值的互差，可得到最小二乘解析模型的精度评价。由于选用不同数量的观测数据(向上延拓计算值是一种过渡性的观测量)和不同阶次的垂向偏导数都会对向下延拓模型解算结果产生一定的影响，所以需要进行必要的对比试验和分析，以选择合适的模型计算参数。对试算初步结果进行分析后发现，总体而言，模型解算精度随使用观测数据数量的增多而逐步提高，但观测数据达到一定数量后，模型解算结果趋于稳定。其中，模型阶数取得越低，模型解算结果趋于稳定所要求的数据量越少，当模型阶数取为 $N=1$ 和 $N=2$ 时，使用 5.5～10km 高度段内的 10 个观测数据即可达到模型解算结果稳定的要求。当模型阶数取为 $N=3$ 和 $N=4$ 时，模型解算结果的变化规律则略有不同，需要区别对待。因向上延拓高度越低，相对应的向上延拓数据计算精度也越低，故较高阶次的向下延拓模型对向上延拓高度较低的观测数据具有更高的敏感度，此时如果加入这一部分观测数据反而会在一定程度上降低向下延拓模型的解算精度。为此，在构建 $N=3$ 和 $N=4$ 的向下延拓模型时，对原有 20 个高度面的观测数据进行了缩减，最后只保留 7～14km 高度段内的 15 组观测数据参加重力异常垂向偏导数解算。本节依次取垂向偏导数最高阶次为 $N=1$，2，3 和 4，分别解算得到 4 组相对应的向下延拓模型解。4 组模型解所对应的向下延拓计算精度检核结果如表 11.30 所示。

表 11.30　最小二乘解析模型误差均方根

高度差/km		1	2	3	4	5
不同 N 下的误差均方根/mGal	N=1	0.21	0.54	1.00	1.62	2.41
	N=2	0.07	0.16	0.30	0.50	0.80
	N=3	0.06	0.14	0.26	0.42	0.65
	N=4	0.07	0.18	0.33	0.56	0.87

由表 11.30 的结果可以看出，最小二乘解析模型的计算精度随垂向偏导数最高阶次取值的增大而逐步提高，但当最高阶次增大到 $N=4$ 时，计算精度反而有所下降，这个结果一方面说明增加高阶项对提高最小二乘解析模型的计算精度具

有重要作用，另一方面也说明增加高阶项越多，对数据观测质量的要求也越高。对本试验数据源而言，尽管形式上使用了 2′×2′分辨率的数据，但由于 EGM2008 位模型的最高阶次为 2160，对应的数据分辨率只有 5′×5′，所以实际使用的数据分辨率远达不到试验设计的要求。表 11.30 的结果说明，使用这样的数据源只能有效确定三阶及以下的垂向偏导数，三阶以上高阶项解算结果的可靠性无法得到保证，因为现有数据源包含的有限的高频成分不足以分离出三阶以上的高阶项信息。实际上，对比表 11.23 和表 11.25 的结果不难看出，本试验数据源四阶偏导数自身的量值已经远远小于计算误差限差的要求，故舍去四阶及以上高阶项的影响在情理之中。对比表 11.27 和表 11.30 的结果还可以看出，在 4km 高度差以内，点对点解析延拓模型的计算精度要略优于一阶最小二乘解析模型，这个结果与前面的分析结论(即通常使用的一阶梯度解模型只是点对点解析延拓模型的主项)是相吻合的。

采用类似于点对点解析延拓模型的检验思路，在模拟观测量 $\Delta g_5(\text{tru})$ 中分别加入 1mGal、3mGal 和 5mGal 的观测噪声，然后重复前面的计算和对比检核过程。在加入观测噪声后，与表 11.30 相对应的向下延拓模型计算精度检核结果如表 11.31 所示。表 11.32 则有选择地列出了当 $N=4$ 时，观测噪声分别取为 0mGal、1mGal、3mGal 和 5mGal 等 4 种情形下的不同阶次垂向偏导数计算精度检核结果(计算值与表 11.25 真值互差均方根值)。

表 11.31　噪声影响下的最小二乘解析模型误差均方根

高度差/km			1	2	3	4	5
不同噪声和 N 下的误差均方根/mGal	1mGal 噪声	N=1	0.22	0.55	1.01	1.62	2.41
		N=2	0.11	0.27	0.48	0.78	1.18
		N=3	0.10	0.25	0.45	0.71	1.05
		N=4	0.18	0.47	0.89	1.49	2.31
	3mGal 噪声	N=1	0.25	0.59	1.07	1.69	2.49
		N=2	0.19	0.44	0.76	1.16	1.69
		N=3	0.28	0.66	1.17	1.83	2.64
		N=4	0.48	1.26	2.41	4.04	6.25
	5mGal 噪声	N=1	0.27	0.63	1.09	1.70	2.48
		N=2	0.23	0.51	0.85	1.28	1.82
		N=3	0.48	1.14	2.00	3.10	4.45
		N=4	0.82	2.14	4.10	6.85	10.59

表 11.32　不同阶次垂向偏导数计算精度检核

偏导数	一阶/(mGal/km)	二阶/(mGal/km^2)	三阶/(mGal/km^3)	四阶/(mGal/km^4)
0mGal 噪声	0.05106	0.02993	0.00986	0.00223
1mGal 噪声	0.13599	0.07969	0.02575	0.00420
3mGal 噪声	0.36271	0.21603	0.07029	0.01077
5mGal 噪声	0.62214	0.36530	0.11789	0.01778

由表 11.31 的结果可以看出，观测噪声对解析延拓模型计算精度的影响随垂向偏导数阶数的增高而加大，观测噪声越大，其影响随阶数增大的趋势越明显。这一结果说明，随着观测噪声的增大，观测数据所对应的信噪比发生了显著变化，观测噪声的量值已经足以淹没有用的高频观测信息，因此无法准确分离出所要求的高阶偏导数。对本试验数据源的变化特征而言，只有当数据观测噪声小于 1mGal 时，选用最高阶次 $N=3$ 的解析延拓模型才是有效的，否则，应当选择最高阶次 $N=2$ 的解析延拓模型。从表 11.31 不难看出，较低阶次的解析延拓模型对观测噪声和计算高度差大小的敏感度都远低于较高阶次的模型，前者比后者具有更加稳定的模型解算精度。考虑到航空重力测量数据不可避免地会受到观测噪声的干扰，其影响量值可达 2～5mGal，因此在实际应用中，优先选用 $N=2$ 的解析延拓模型是比较稳妥的。此外，对比分析表 11.32 和表 11.23，同时对比表 11.30 和表 11.31 中对应于 $N=4$ 的计算统计结果，不难看出，除了四阶偏导数由于自身量值过小对比结果失去参考意义以外，其他 3 个阶次偏导数的计算结果基本反映了表 11.23 所列的误差限差、延拓高度差与偏导数计算精度要求之间的制约关系。

为了检验联合使用式(11.109)～式(11.111)分步求解高阶重力垂向偏导数的实际效果及其对向下延拓模型计算精度的影响，本专题研究在使用式(11.109)解算得到一阶垂向偏导数和二阶垂向偏导数的基础上，进一步使用式(11.110)和式(11.111)分别计算三阶垂向偏导数和四阶垂向偏导数，并按照同样的方式完成垂向偏导数计算精度和向下延拓计算效果的检核。表 11.33 和表 11.34 分别列出了

表 11.33　带噪声的分步最小二乘解析模型误差均方根值

高度差/km			1	2	3	4	5
不同噪声和 N 下的误差均方根/mGal	1mGal 噪声	N=3	0.10	0.29	0.63	1.18	2.02
		N=4	0.10	0.29	0.62	1.18	2.01
	3mGal 噪声	N=3	0.15	0.38	0.73	1.28	2.11
		N=4	0.15	0.38	0.73	1.28	2.10
	5mGal 噪声	N=3	0.22	0.49	0.84	1.35	2.12
		N=4	0.22	0.49	0.84	1.35	2.11

表 11.34　对应于分步法的不同阶次垂向偏导数计算精度检核结果

偏导数	一阶/(mGal/km)	二阶/(mGal/km^2)	三阶/(mGal/km^3)	四阶/(mGal/km^4)
1mGal 噪声	0.07080	0.04387	0.05575	0.00311
3mGal 噪声	0.12940	0.04944	0.05685	0.00311
5mGal 噪声	0.20243	0.05504	0.06466	0.00314

与表 11.31 和表 11.32 相对应的分步法数值检验结果，因两种解算方法在选用一阶垂向偏导数和二阶垂向偏导数时不存在差异，故表 11.33 只列出 $N=3$ 和 $N=4$ 情形下的对比结果。表 11.34 则是 $N=4$，观测噪声分别取 1mGal、3mGal 和 5mGal 三种情形下不同阶次垂向偏导数计算精度检核结果。

对比表 11.31 和表 11.33 可以看出，只有观测噪声取 1mGal、$N=3$ 一种情形，最小二乘解析模型整体解的计算精度略优于分步法，其他情形分步法都一致优于最小二乘解析模型整体解，观测噪声越大，分步法的优势越明显。对本算例而言，相比于 $N=2$ 时的最小二乘解析模型整体解，尽管通过分步法将泰勒级数展开式拓展到三阶和四阶，对提高向下延拓精度并未起到实质性的作用，但表 11.31 和表 11.33 的对比结果已经证明，分步法具有抑制噪声干扰、提升计算稳定性的作用是显而易见的。这一点从表 11.32 和表 11.34 计算结果的对比中也能得到验证。在延拓模型中增加三阶和四阶项的影响之所以对计算精度没有改善效果，是因为本算例中的三阶和四阶偏导数量值过小，其计算误差已经超过或接近偏导数自身大小(具体见表 11.25 和表 11.34 所列的数值结果)。因此，即使采用分步法也无法准确分离出所要求的高阶偏导数。当实际重力观测场的变化特征比较明显，且包含较大的观测误差时，可期待分步法能够给出理想的向下延拓计算结果。

11.7.4　专题小结

基于位场向上延拓解算过程稳定可靠的优良特性，本专题研究提出了借助向上延拓信息实现航空重力向下延拓稳定解算的两种方法，分别建立了点对点解析延拓模型和最小二乘解析模型。通过前面的理论分析和数值计算检验，可得出以下结论：

(1) 利用泰勒级数展开模型，将位场向下延拓解算过程转换为向上延拓计算和垂向偏导数解算两个步骤，可有效抑制数据观测噪声对解算结果的干扰，较好地解决了向下延拓解算固有的不适定问题，具有较高的实用性。

(2) 点对点解析延拓模型解算过程简单易行，计算精度优于传统的一阶梯度解模型，特别适用于高度差小于 2km 的低空向下延拓问题解算，对应解算精度优于 1mGal。

(3) 最小二乘解析模型虽然解算过程略显复杂，但计算精度更高，适用范围更广。在存在观测噪声干扰的条件下，适宜选用顾及二阶偏导数的向下解析延拓模型，当观测噪声为 3mGal 时，对应于 4km 高度差的向下延拓计算精度可达 1mGal。当实际重力观测场的变化特征比较明显，且包含较大的观测误差时，可考虑采用分步法计算高阶次垂向偏导数，以提高解算过程的稳定性。

(4) 在实际应用中，为了减小积分计算边缘效应的影响，同时解决由数据观测区域不规则或存在空白区引起的数据填充问题，建议采用超高阶位模型（如 EGM2008）作为参考场，以位模型延拓改正数为向下延拓解算的初始解（黄谟涛等，2014b），以航空观测重力异常余差为观测量，按照本专题研究提出的计算步骤求解向下延拓问题的精确解。

11.8　虚拟压缩恢复法应用于航空重力向下延拓的适用性研究

11.8.1　问题的提出

在地球重力场逼近计算中，边值理论一直是国内外学者关注的研究重点。自 1849 年 Stokes 按球近似方法解算了特定的大地水准面边值问题以来，人们一直致力于获取在数学理论上更严密、在物理意义上更完善、在应用效果上更符合实际的边值问题解（Heiskanen et al.，1967；Moritz，1980；李建成等，2003；黄谟涛等，2005）。由于 Stokes 边值理论把大地水准面作为边界面，同时要求大地水准面外部无质量，所以该理论存在明显的应用缺陷，因为任何一种消除大地水准面外部质量的归算方法，都会对地球重力场原有形态产生不可忽略的影响，而且这些归算都要求有密度分布假设。1945 年，Molodensky 对 Stokes 方法进行了重大改进，其决定性的一点是摒弃传统的大地水准面，代之以地球自然表面，提出直接使用不加归算的地面重力观测值，联合确定地球表面形状及其外部扰动位，由此形成了著名的 Molodensky 边值理论，从根本上克服了 Stokes 边值理论需要假设地壳密度分布的缺陷。但必须指出的是，由于 Molodensky 边值问题属于非线性自由边值问题，在实际应用中，人们必须通过引入已知的近似地形面和正常重力位，将自由边值问题转换为固定边值问题，并应用泰勒级数顾及它们与地球表面和实际重力位的线性项来求解未知的重力扰动位，所以其解算过程仍存在一定的近似性和理论上的复杂性。为了克服大地水准面和近似地形面边值问题在理论和应用上存在的困难，Bjerhammar 于 1964 年提出了一种以某一虚拟球面为边界面，将大地测量边值问题转换为虚拟球面外部边值问题的理论，又称为 Bjerhammar 边值理论。该理论的核心思想是：将离散分布于地球表面的重力异常观测量，向下调和延拓到一个完全处于地球内部的 Bjerhammar 球面上，使原有的地球自然表面边值问题转换为球外边值问题。此时，置换后的边值问题解可以最简单的 Stokes 积分公式给出，但其中的向下延拓过程需要求解一个逆 Poisson 积分公式，因此在数学结构上仍存在求逆过程的不适定问题。

为了不断完善地球重力场逼近理论和方法，申文斌(2004a，2004b)于 21 世纪初提出了虚拟压缩恢复法，其基本思想是：通过地球表面或外部空间重力场观测量的虚拟压缩与释放，精确地给出外部重力场，无须事先假定在 Bjerhammar 球面上存在任何虚拟分布，从而克服了任何先验的人为假设，同时解决了不适定问题(申文斌等，2005a)。申文斌等(2005b)进一步将虚拟压缩恢复法提升为虚拟压缩恢复原理，使其适合于任意一种正则调和函数。此后，他们又先后将该原理拓展应用于卫星和航空重力向下延拓及大地水准面精化计算中(申文斌等，2006a，2006b，2006c，2008；Shen et al.，2007)，研究成果进一步丰富和完善了地球重力场边值问题的理论体系。本专题研究首先证明了虚拟压缩恢复法与基于逆 Poisson 积分迭代解的等价性，同时通过数值计算分析探讨了虚拟压缩恢复法应用于航空重力向下延拓的适用性问题。

11.8.2 计算模型及等价性证明

11.8.2.1 虚拟压缩恢复法及向下延拓模型

根据申文斌(2004a，2004b)、申文斌等(2005a)的研究，虚拟压缩恢复法的基本原理可表述为：将地球表面的引力位 V_Ω (Ω 表示地球的边界)沿径向等值地压缩到地球内部的一个球面 K 上，其球心与地心重合，利用 Poisson 积分(它只适用于球面边界)可由 V_Ω 得到地球外部引力位的一阶近似解 $V_p^{*(1)}$ (它是在球面 K 外部调和且正则的函数)，进而构造一阶残差位场 $T_p^{(1)} = V_p - V_p^{*(1)}$，并将其在地球表面上的一阶残差位 $T_\Omega^{(1)} = V_\Omega - V_\Omega^{*(1)}$ 等值压缩到球面 K 上，再次利用 Poisson 积分得到二阶近似解 $V_p^{*(2)}$，如此反复进行压缩和恢复，在理论上即可得到一个在虚拟球外部调和、在无穷远处正则的虚拟引力位级数解，即

$$V_p^* = \sum_{i=1}^{\infty} V_p^{*(i)} \tag{11.115}$$

申文斌(2004b)已经证明上述级数解是一致收敛的，它在地球表面及其外部与地球的真实引力位场一致，这样就求得了地球外部的引力位场，也就确定了地球外部(包括边界)的重力场。

由上述计算过程可知，式(11.115)在虚拟球面 K 上的边界值为

$$V_K^* = \sum_{i=0}^{\infty} T_\Omega^{(i)} \tag{11.116}$$

其中

$$T_\Omega^{(0)} = V_\Omega，\ T_\Omega^{(i)} = T_\Omega^{(i-1)} - V_\Omega^{*(i)}，\ V_\Omega^{*(i)} = F\left(T_\Omega^{(i-1)}\right)，\ i \geqslant 1 \tag{11.117}$$

式中，F 为 Poisson 积分算子。

尽管申文斌等(2005a)已经明确指出，在虚拟压缩恢复法中，虚拟分布只是一种附带产品，但对向下延拓应用来说，无论是作为中间过渡量，还是作为最终延拓解，虚拟分布都是不可或缺的，因此有必要对其进行模型化分析，以确定该算法与其他模型解的内在联系。实际上，由式(11.116)和式(11.117)不难看出，虚拟压缩恢复法求解虚拟分布的过程也是一种迭代逼近过程，本节将其模型化如下。

为方便起见，将由地面观测值(引力位或重力异常)组成的向量表示为$\boldsymbol{Y}$，虚拟球面 K 上的虚拟分布表示为$\boldsymbol{X}$，由 Poisson 积分算子组成的系数矩阵为$\boldsymbol{A}$，则由式(11.117)可知，虚拟分布的第一次逼近为

$$\boldsymbol{X}_o = \boldsymbol{Y} \tag{11.118}$$

由虚拟分布的第一次逼近可求得地面观测向量的一次逼近和一阶残差为

$$\boldsymbol{Y}_1 = \boldsymbol{A}\boldsymbol{X}_o，\ \Delta\boldsymbol{Y}_1 = \boldsymbol{Y} - \boldsymbol{Y}_1 = \boldsymbol{X}_o - \boldsymbol{Y}_1 \tag{11.119}$$

虚拟分布的第二次逼近为

$$\boldsymbol{X}_1 = \Delta\boldsymbol{Y}_1 = \boldsymbol{X}_o - \boldsymbol{Y}_1 \tag{11.120}$$

求地面观测向量二次逼近和二阶残差为

$$\boldsymbol{Y}_2 = \boldsymbol{A}\boldsymbol{X}_1，\ \Delta\boldsymbol{Y}_2 = \Delta\boldsymbol{Y}_1 - \boldsymbol{Y}_2 = \boldsymbol{X}_1 - \boldsymbol{Y}_2 \tag{11.121}$$

虚拟分布第 k 次逼近为

$$\boldsymbol{X}_{k-1} = \Delta\boldsymbol{Y}_{k-1} = \boldsymbol{X}_{k-2} - \boldsymbol{Y}_{k-1} \tag{11.122}$$

求地面观测向量 k 次逼近和 k 阶残差为

$$\boldsymbol{Y}_k = \boldsymbol{A}\boldsymbol{X}_{k-1}，\ \Delta\boldsymbol{Y}_k = \Delta\boldsymbol{Y}_{k-1} - \boldsymbol{Y}_k = \boldsymbol{X}_{k-1} - \boldsymbol{Y}_k \tag{11.123}$$

虚拟分布第 $k+1$ 次逼近为

$$\boldsymbol{X}_k = \Delta \boldsymbol{Y}_k = \boldsymbol{X}_{k-1} - \boldsymbol{Y}_k \tag{11.124}$$

当$\left|\boldsymbol{X}_k - \boldsymbol{X}_{k-1}\right| < \varepsilon$（$\varepsilon$为给定的某个大于零的限差值）时，结束迭代计算，虚拟分布最终解为

$$\boldsymbol{X} = \sum_{k=0}^{K_0} \boldsymbol{X}_k = \boldsymbol{Y} + \sum_{k=1}^{K_0} \boldsymbol{X}_k \tag{11.125}$$

式中，K_0为迭代次数。

在求得虚拟分布$\boldsymbol{X}$后，即可通过 Poisson 积分算子确定整个地球外部空间（包括地球表面）的重力场。

11.8.2.2　逆 Poisson 积分向下延拓模型

由 Heiskanen 等（1967）的研究可知，经典的 Poisson 积分向上延拓模型可表示为

$$\Delta g_p = \frac{R^2(r_p^2 - R^2)}{4\pi r_p} \iint_\sigma \frac{\Delta g_d}{D^3} \mathrm{d}\sigma \tag{11.126}$$

式中，Δg_p为空中计算点的重力异常；R为地球平均半径；$r_p = R + H$，H为计算点的大地高；$D^2 = r_p^2 + R^2 - 2r_p R\cos\psi$，$\psi$为计算点与流动点之间的球面角距；$\Delta g_d$为地面重力异常；$\mathrm{d}\sigma$为单位积分面积元。

向下延拓计算是求式（11.126）的逆问题，即已知Δg_p，要求Δg_d。对式（11.126）进行离散化处理，可得一个线性方程组，用矩阵形式表示为

$$\boldsymbol{y} = \boldsymbol{G}\boldsymbol{x} \tag{11.127}$$

式中，$\boldsymbol{y}$为由航空重力测量获得的已知重力异常向量；$\boldsymbol{x}$为待求的球面重力异常向量；$\boldsymbol{G}$为由式（11.126）积分核函数确定的系数矩阵。

可采用如下的 Jacobi 迭代方法求解方程式（11.127），将$\boldsymbol{G}$改写为

$$\boldsymbol{G} = \boldsymbol{E} - \boldsymbol{B} \tag{11.128}$$

式中，$\boldsymbol{E}$为单位矩阵。

代入式（11.127）可得

$$\boldsymbol{x} = \boldsymbol{y} + \boldsymbol{B}\boldsymbol{x} \tag{11.129}$$

取

$$\boldsymbol{x}_o = \boldsymbol{y} \tag{11.130}$$

求

$$\boldsymbol{x}_k = \boldsymbol{B}\boldsymbol{x}_{k-1}, \quad k > 0 \tag{11.131}$$

当$|\boldsymbol{x}_k - \boldsymbol{x}_{k-1}| < \varepsilon$时，结束迭代计算，式(11.127)的方程解为

$$\boldsymbol{x} = \boldsymbol{y} + \sum_{k=1}^{K_0} \boldsymbol{x}_k \tag{11.132}$$

式中，其他符号意义同前。

在实际应用中，由于观测数据覆盖范围有限，一般将球面积分区域划分为近区和远区，近区影响直接由观测数据计算，远区影响由位系数模型按下式进行计算：

$$\Delta g_{\sigma-\sigma_o} = \frac{GM}{2R^2}\sum_{n=l+1}^{L}(n-1)\left(\frac{a}{R}\right)^n Q_n T_n(\varphi,\lambda) \tag{11.133}$$

$$Q_n = \sum_{m=l+1}^{L}(2m+1)\left(\frac{R}{r_p}\right)^{m+1} R_{n,m}(\psi_o) \tag{11.134}$$

$$R_{n,m}(\psi_o) = \int_{\psi_o}^{\pi} P_n(\cos\psi)P_m(\cos\psi)\sin\psi\,\mathrm{d}\psi \tag{11.135}$$

式中，GM 为万有引力常数与地球质量的乘积；L 为位系数模型的最高阶数；l 为参考场位模型的最高阶数；a 为地球椭球长半轴；$T_n(\varphi,\lambda)$ 为扰动位 n 阶面球谐函数；Q_n 为 Poisson 积分核截断系数；ψ_o 为观测数据覆盖区域的球冠半径；$R_{n,m}(\psi_o)$ 可由已知的递推公式计算，具体可参见 Paul(1973) 和陆仲连(1984)。

11.8.2.3　两种向下延拓模型等价性证明

由前面的论述可知，虚拟压缩恢复法是以求解虚拟球面分布为中间过渡量，在恢复地面观测场的同时，也确定了地球外部重力场。如果把地面观测场转换为航空重力测量信息，那么观测场与虚拟分布之间的压缩与恢复过程就转换为航空重力测量数据的向下延拓计算，此时虚拟分布是要求的最终解。不难证明，基于虚拟压缩恢复法的向下延拓解与逆 Poisson 积分向下延拓解是完全等价的。

由式(11.118)、式(11.119)和式(11.127)可知，当将地面观测向量统一定义为航空重力测量观测向量时，就意味着 $\boldsymbol{Y} = \boldsymbol{y}$，$\boldsymbol{A} = \boldsymbol{G}$。又由式(11.125)和式(11.132)可知，要想证明两种向下延拓模型解是等价的，即 $\boldsymbol{X} = \boldsymbol{x}$，只需证明：

$$\boldsymbol{X}_k = \boldsymbol{x}_k \tag{11.136}$$

由式(11.123)和式(11.124)可知，$\boldsymbol{X}_k = \boldsymbol{X}_{k-1} - \boldsymbol{Y}_k = \boldsymbol{X}_{k-1} - \boldsymbol{A}\boldsymbol{X}_{k-1}$，将 $\boldsymbol{A} = \boldsymbol{G}$ 代入其中，得

$$\boldsymbol{X}_k = \boldsymbol{X}_{k-1} - \boldsymbol{G}\boldsymbol{X}_{k-1} = (\boldsymbol{E} - \boldsymbol{G})\boldsymbol{X}_{k-1} \tag{11.137}$$

由式(11.128)可知，$\boldsymbol{E} - \boldsymbol{G} = \boldsymbol{B}$，故有

$$\boldsymbol{X}_k = \boldsymbol{B}\boldsymbol{X}_{k-1} \tag{11.138}$$

对比式(11.118)和式(11.130)、式(11.131)和式(11.138)不难得出结论：等式(11.136)成立。至此，就完成了两种向下延拓模型解等价性的证明。

这里需要指出的是，式(11.126)来源于位场理论第一边值问题的球面解，因此无论是虚拟压缩恢复法，还是逆 Poisson 积分方法，两种向下延拓模型都只能反解得到等高度面(即虚拟球面或近似为大地水准面)上的重力异常，而非地球表面上的重力异常。但在地球重力场逼近计算中，很多时候需要联合应用来自航天、航空、地面和海洋方面的多源重力测量数据，此时通常会选择地球表面作为融合多源重力数据的过渡面。因此，在实际应用中，需求更多的是将航空重力向下延拓到地球表面。为了满足这种需求，可考虑采用两种技术途径：一种是首先将计算区域的地形高度变化范围按一定间隔划分为若干个等高度面，然后利用逆 Poisson 积分方法依次向下延拓得到各个等高度面上的重力异常，最后通过内插方法计算得到位于两个等高度面之间地形面上的重力异常。另一种是首先使用虚拟压缩恢复法推求位于地球内部的虚拟球面上的重力异常，然后利用 Poisson 积分方法向上延拓得到不同高度面上的地面重力异常。两种延拓途径在计算效果上会有什么样的差异，还有待后面进行进一步的数值计算检验。

11.8.3 数值计算检验与分析

11.8.3.1 两种延拓模型解等价性检验及误差影响分析

为了检验虚拟压缩恢复法与逆 Poisson 积分两种向下延拓解的等价性，本节以美国本土一个 3°×3°区块为试验区，选用 EGM2008 位模型(完整到 2160 阶)作为标准场模拟产生不同高度面的 2′×2′网格航空重力异常，并以该模型的前 360 阶为参考场。分别以 1km、3km 和 5km 三个高度的位模型重力异常为观测量，依次采用虚拟压缩恢复法和逆 Poisson 积分两种计算模型，将三个不同高度面上的网格重力异常向下延拓到零高度面，分别比较两组对应高度的计算结果，即可检验两种延拓模型解的等价性。将两组延拓结果与由位模型计算得到的零高度面观测量(作为基准值)进行比较，可同时获得相应的计算模型精度评估参数。

为了进一步考察观测噪声对延拓计算结果的影响，特别设计在位模型观测量中分别加入 1mGal 和 3mGal 的随机噪声，生成对应高度面上带噪声的两组观测量，并重复前面的计算过程和对比分析。上述误差量值与当前国内外航空重力测量的精度水平相当(Novák et al.，2003b；Alberts，2009；欧阳永忠等，2013)，因此其检验结论具有实用意义。数值计算结果表明，无论是无误差干扰情形，还是有误差干扰情形，两组向下延拓解之间的互差均不超过 10^{-5}mGal，两种模型解的等价性也就得到了验证。表 11.35 列出了虚拟压缩恢复法向下延拓解与零高度面基准值对比结果。

表 11.35　虚拟压缩恢复法向下延拓解与零高度面基准值对比结果

高度/km	加入误差/mGal	最小值/mGal	最大值/mGal	平均值/mGal	均方根/mGal
1	0	–0.61	0.44	–0.01	0.14
	1	–5.49	5.09	–0.057	1.74
	3	–19.14	16.38	–0.12	5.09
3	0	–0.36	0.24	–0.01	0.08
	1	–27.39	33.40	–0.08	9.63
	3	–99.81	88.31	–0.01	28.56
5	0	–0.25	0.28	–0.01	0.09
	1	–218.81	261.87	–0.24	75.35
	3	–700.82	680.86	0.64	230.59

从表 11.35 的结果可以看出，对于无误差干扰情形，向下延拓解对基准值的逼近度都比较高，基本不受计算高度的影响。但加入误差干扰后，向下延拓解则明显受到数据误差的影响，在所有计算高度上，延拓解对数据误差都有放大作用，计算结果严重失真，只有当计算高度在 1km 以下，同时数据误差控制在 1mGal 以内时，向下延拓解才是有效可用的。这一结果说明，虽然在理想情况下，通过迭代计算或重复运用虚拟压缩和恢复算子求解逆 Poisson 积分公式，也能收敛到问题的理论解(Heiskanen et al.，1967；申文斌，2004b)。但当观测数据存在噪声干扰时，由于反问题自身固有的不适定性，观测噪声将在迭代过程中得到累积和放大，较小的噪声干扰也会引起问题解出现较大的变化，最终解算结果严重偏离真解。申文斌等(2006a，2006b)、Shen 等(2007)通过研究论证得出结论：当利用虚拟压缩恢复法向下延拓引力位时，其数据误差按放大因子 $\lambda=[1+h/(h+R)]$ 增大，h 为延拓高度。由于 h 相对于地球平均半径 R 是一个很小的量，所以放大因子 λ 几乎等于 1。为此，他们认为，虚拟压缩恢复法向下延拓几乎不损失数据精度。但表 11.35 的对比结果表明，航空重力异常向下延拓解的精度要比引力位向下延拓模拟实验结果低得多，因此在实际应用中，只有严格控制延拓高度和观测

误差大小，才有可能获得满意的延拓效果。

11.8.3.2　两种延拓途径计算效果检验

为了推求地形面上的重力异常，本专题研究在计算模型部分提出了两种延拓计算途径：一种是基于逆 Poisson 积分的向下延拓加内插方法(称为第 1 种途径)；另一种是基于虚拟压缩恢复法的先向下后向上延拓方法(称为第 2 种途径)。为了检验两种延拓途径的计算效果，本节继续选用与 11.8.3.1 节完全相同的试验区块和位模型网格重力异常数据，开展数值对比计算和分析。试验方案如下：

(1) 按照第 1 种途径直接将 5km 高度面上的重力异常分别向下延拓到 3km 和 1km 高度面，并与对应高度面的基准值进行比较。

(2) 按照第 2 种途径首先将 5km 高度面上的重力异常向下延拓到 0km 高度面，然后利用 Poisson 积分将其分别向上延拓到 1km 和 3km 高度面，并与对应高度面的基准值进行比较。

(3) 上述计算均按无误差干扰和加入 3mGal 观测噪声干扰两种情形进行。

按照上述试验方案完成数值计算后，可得到两种延拓途径的检验结果，具体如表 11.36 所示。

表 11.36　两种延拓途径计算结果与基准值对比

途径	高度/km	加入误差/mGal	最小值/mGal	最大值/mGal	平均值/mGal	均方根/mGal
第 1 种途径	1	0	−0.81	0.66	−0.19	0.28
		3	−194.07	241.87	0.21	77.68
	3	0	−0.73	0.53	−0.11	0.22
		3	−34.87	52.87	2.59	13.67
第 2 种途径	1	0	−0.95	0.79	−0.21	0.43
		3	−352.43	286.56	17.25	115.25
	3	0	−0.86	0.65	−0.18	0.36
		3	−58.79	84.37	14.72	29.50

表 11.36 的对比结果表明，在无误差干扰情形下，两种延拓途径都能取得比较理想的计算效果，两者之间差异很小，这一点与 11.8.3.1 节试验得到的结论基本一致。在观测数据加入±3mGal 误差干扰后，情况发生了较大变化，尽管此时两种延拓途径的计算结果都严重失真，但相比较而言，第 1 种途径的延拓效果要比第 2 种途径好一些。究其原因，主要与向下延拓过程对数据误差的放大作用和积分边缘效应两种因素有关。首先，第 2 种途径的向下延拓高度比第 1 种途径高，误差放大作用自然增大，尽管第 2 种途径中的第二步骤即向上延拓过程对数据误差有一定的抑制作用，但不足以抵消前端第一步骤对误差的放大作用；其次，正是由于第 2 种途径增加了第二步骤的向上延拓过程，其计算结果也就自然增加了

一层积分边缘效应的影响，当观测数据受到噪声干扰时，这种影响更加显著。因此，在实际应用中，必须综合考虑各个方面的因素，根据具体的应用需求选择合适的延拓计算途径。

11.8.4　专题小结

作为确定地球外部重力场的一种新方法，虚拟压缩恢复法不仅具有重要的理论意义，而且具有较高的应用价值。本专题研究在对虚拟压缩恢复法进行模型化分析的基础上，从理论上证明了在求解航空重力向下延拓解时，虚拟压缩恢复法与基于逆 Poisson 积分的逐步迭代解是完全等价的，同时说明前者同样存在向下延拓的不适定问题；通过数值仿真计算，分析探讨了数据观测噪声对虚拟压缩恢复法解算结果的影响。相关结论对虚拟压缩恢复法的推广应用具有一定的参考价值。

11.9　本 章 小 结

围绕航空重力观测数据向下延拓计算涉及的模型构建和解算问题，本章主要开展了以下几个方面(专题)的研究和论证工作：

(1)考虑到航空重力数据向下延拓属于不适定反问题，求解过程涉及解的存在性、唯一性和稳定性，本章在简要介绍有关反问题、不适定性和正则化方法基本概念的基础上，从实用化角度出发，首先提出采用截断奇异值正则化方法，对基于逆 Poisson 积分的向下延拓模型进行正则化改造，建立了相应的逆 Poisson 积分正则化模型，并利用 EGM2008 位模型模拟产生了航空重力测量数据，对该模型进行了数值解算和精度检核，结果表明，按本专题研究方法得到的 TSVD 解具有较高的精度，但其计算过程比较复杂，解算精度及其稳定性与观测噪声水平密切相关。

(2)为了规避传统延拓方法固有的弊端，本章分别提出了使用超高阶位模型进行海域航空重力测量数据向下延拓，联合使用超高阶位模型和地形高度信息进行陆部航空重力测量数据向下延拓的新方法，即首先利用超高阶位模型恢复延拓改正数的中长波部分，然后利用地形高信息恢复地面重力场的高频分量，最终实现航空重力测量数据向地面的全频延拓。新方法的显著特点是，向下延拓改正数的计算过程完全独立于航空重力测量观测数据，不受观测噪声的干扰，更重要的是，不受向下延拓不适定反问题解算过程固有的不稳定性影响。在不同海域和地形变化剧烈的陆地，联合使用 EGM2008 位模型、海面和地面实测重力、卫星测高、航空重力和高分辨率高程数据进行了实际数值计算和精度评估，充分验证了新方法的可行性和有效性，具有很高的推广应用价值。

(3) 针对航空重力测量数据向下延拓过程固有的不适定问题，在深入分析研究了当前国内外最具代表性的 3 种向下延拓模型的技术特点和适用条件基础上，提出了应用超高阶位模型、局部地形改正和移去-恢复技术顾及地形效应，以及位场延拓结果球面化曲面的工程化方法，探讨了计算模型的稳定性及数据观测误差对延拓计算结果的影响。通过理论分析、数值仿真和实测数据计算等手段，定量评估了不同向下延拓模型的解算精度及其可靠性。其主要结论是：传统逆 Poisson 积分公式解严重受制于输入数据观测噪声的干扰，在现有作业条件下，该模型至多只能用于 1km 以下高度的延拓解算；频谱截断积分模型和位模型加地形改正两种延拓新模型具有良好的计算稳定性，完全适用于 2′分辨率和 5km 飞行高度条件下的航空重力测量数据向下延拓解算，其延拓计算精度可达 2mGal，可满足各方面的实际应用需求。

(4) 依据位场向下与向上延拓之间固有的内在联系，提出了借助向上延拓信息实现航空重力向下延拓稳定解算的两种方法，分别建立了点对点解析延拓模型和最小二乘解析模型。其核心思想是：依据泰勒级数展开模型，将位场向下延拓解算过程转换为向上延拓计算和垂向偏导数解算两个步骤，通过第一步的处理有效抑制数据观测噪声对解算结果的干扰，通过第二步的处理成功实现向下延拓反问题的稳定解算，较好地解决了向下延拓解算固有的不适定问题。分析研究了两种解析延拓模型的计算精度及适用条件，提出了分步求解不同阶次垂向偏导数的稳定数值解法，利用超高阶位模型 EGM2008 模拟观测场数据对两种新模型解算结果的合理性和有效性进行了数值验证，证明新方法实用易行，具有较高的应用价值。

(5) 针对我国学者提出的虚拟压缩恢复法应用于航空重力观测数据向下延拓解算的适用性问题，在对虚拟压缩恢复法进行模型化分析的基础上，从理论上证明了在求解地球内部 Bjerhammar 球面上的虚拟重力异常时，虚拟压缩恢复法与基于逆 Poisson 积分的逐步迭代解是完全等价的，利用数值计算验证了两种解算结果的一致性，同时通过数值仿真计算，分析探讨了数据观测噪声对虚拟压缩恢复法解算结果的影响。检验结果表明，虚拟压缩恢复法应用于航空重力向地面延拓计算，一方面可能增大边缘效应的影响，另一方面同样存在数据误差累积放大问题，因此其适用性有待进行进一步的研究。

第 12 章　海空多源重力数据融合处理技术

12.1　引　言

除了军事上的应用价值以外，海空重力测量的主要目的是为研究确定地球形状提供高精度的地球重力异常场信息。地球重力场逼近与计算是地球科学研究的永恒主题，也是现代空间科学技术发展的必然要求。研究构建高效可靠的计算模型体系和精细化的基础数据体系是地球重力场逼近与计算的两大核心任务。随着现代科学技术的飞速发展，地球重力场信息获取手段得到了全面发展，目前已经形成了陆、海、空、天等全维度的地球重力场观测体系，重力测量数据的种类日益丰富，测量精度不断提高(李建成等，2003)。但也不得不面临这样一个问题，即如何有效地处理由各种不同测量手段获取的重力场观测数据。这些数据具有不同的频谱属性、分辨率、空间分布和误差特性。为了充分发挥各类数据资源的自身优势，准确刻画地球重力场的变化规律，必须通过数据处理手段，对存在差异的多源重力数据进行有效融合处理，在融合过程中消除不同种类数据差异带来的矛盾，从而达到提高最终数据成果可靠性和精确度的目的。

关于多源重力数据融合问题，国内外学者已经进行了广泛而深入的研究，提出了许多富有成效的处理方法，主要有统计法和解析法两大类型，配置法是统计法的典型代表，该方法可以联合处理不同类型的重力数据，因此在多源重力数据融合处理中得到了广泛应用(Tscherning et al.，1997；Li et al.，1997；Strykowski et al.，1997；Tziavos et al.，1998；Kern et al.，2003；邹贤才等，2004；翟振和，2009)。协方差函数构建是配置法应用的核心问题，尽管可以通过自适应调整模型参数的方式来改善协方差函数的特性(翟振和等，2009)，但经验协方差函数模型的建立必须以足够分辨率的观测数据为基础，因此在实际应用中，要想获得较高逼近度的协方差函数，特别是三维空间协方差函数并非易事，基于配置法的融合处理效果也受到了很大的制约。需要指出的是，协方差函数模型的拟合过程虽然可以近似的方式得以实现，但随之而来的问题是这种近似能否得到正确的解算结果，即解的收敛问题，通常还无法得到证明。另外，基于随机过程的配置法与地球物理学事实相违背的是，地球重力场并不是一个随机场(刘晓刚，2011)。尽管存在上述缺陷，配置法在多源数据融合处理中仍不失为一种可供选择的方法。除配置法外，谱组合法和多输入/单输出法也属于统计法的范畴，它们在联合多种数据确定全球重力场模型和局部重力场模型中得到了较好的应用(Wenzel，1982；翟振和，

2009；刘晓刚，2011)。联合平差方法和迭代方法是多源数据融合处理解析法的主要代表，Kern(2003)、郝燕玲等(2007)基于利用残差重力异常修正重力位模型系数的思想，提出了融合卫星、航空、地面(海面)重力数据的迭代计算方案，并进行了多种仿真数值计算和分析。基于点质量模型联合多种观测数据进行全球和局部重力场逼近计算也属于解析法的范畴。

基于实际应用需求，本专题研究将在前人研究的基础上，针对海域多源数据的技术特点，进一步对配置法、点质量方法和传统解析法应用于多源数据融合处理进行适用性研究，提出了若干相对应的改进计算模型，并分别采用数值仿真和实际观测数据对改进计算模型的有效性和可靠性进行了评估。考虑到航空重力测量数据向地面延拓是传统解析法和其他应用的基础，同时，向下延拓过程可以看作数据融合处理的一种特例。为此，本章首先着重探讨 Tikhonov 正则化方法在多源数据融合配置法和点质量方法解算过程中的应用问题，正则化思想几乎贯穿了本章多源数据融合处理的全过程。

12.2　海域多源重力数据特性分析

目前，国内外在海域获取地球重力场信息的主要技术手段包括卫星重力探测、卫星测高、航空重力测量和海面船载重力测量，在陆海交界即海岸带区域，还包括陆地地面重力测量。这里的卫星重力测量技术主要是指卫星跟踪卫星(satellite-satellite tracking，SST)和卫星重力梯度(satellite gravity gradiometry，SGG)测量，前者又分为高低 SST 和低低 SST。其基本工作原理是，通过测量卫星检验质量的相对运动、相对距离、相对速度和相对加速度中的一种或多种观测量，获取引力位、引力位梯度或者引力位二次梯度。21 世纪初，先后付诸实施的 CHAMP 和 GRACE 卫星任务均属于 SST 技术模式。SGG 测量的基本工作原理是，利用安装在低轨卫星内一个或多个固定基线上的差分加速度计，来测定三个相互垂直方向上重力梯度张量的各个分量。2009 年 3 月，成功发射升空的 GOCE 卫星采用了 SST 和 SGG 相结合的技术模式。卫星重力探测手段可提供中长波长超高精度全球大地水准面和相应的重力场参数及其时变信息(李建成等，2003)，其中，利用 39 天的 GRACE 卫星观测数据即可解算高达 120 阶的位模型系数，对应于半波长 360km 的大地水准面精度达到 1cm。GOCE 卫星的目标是：以优于 100km(半波长)的空间分辨率和 1mGal 的精度确定全球重力异常，以 1～2cm 的精度确定全球大地水准面(刘晓刚，2011)。卫星测高技术是当今获取广阔海洋空间地球重力场信息的主要手段，利用卫星测高技术获取的星下点足迹平均海面高，可依次解算出海域大地水准面高、垂线偏差、重力异常等重力场参数，卫星测高技术的出现极大地改变了海洋地区的重力测量状况，填补了广阔海洋区域的重力数据空白

(黄谟涛等，2005)。航空重力测量是一种以飞机为载体，综合应用重力仪(或加速度计)、INS、GNSS 和测高、测姿设备测定近地空间重力加速度的重力测量技术。与地面重力测量相比，航空重力测量不仅快速经济，而且能够在一些难以开展地面和海面重力测量的沙漠、冰川、沼泽、高山、森林、岛礁、海岸带等特殊区域进行作业(孙中苗，2004)。我国目前开展的航空标量重力测量能够以较高的精度确定空中测点的重力异常，经向下延拓可得到相应地面点的重力异常。海面船载重力测量技术是获取海洋局部高精度重力场数据的主要手段，但因为载体航速受限且只限于海面作业，所以仍属于一种比较低效的重力测量方法。通过各种归算和改正，海面船载重力测量技术可获得测点在平均海面上的重力异常(黄谟涛等，2005)。考虑到卫星重力探测信息主要用于改善全球重力场位模型，而本专题研究采用的重力场位模型已经利用了卫星重力测量的成果，本专题研究暂不将其列入海域多源重力数据融合处理的研究范畴，研究重点只限于前述的后三种数据源。

依据当前的技术发展水平，卫星测高、航空重力测量和海面船载重力测量三种手段均可提供海域重力场的中高频信息，它们之间的差异主要体现在覆盖范围、空间分辨率和误差统计特性三个方面。卫星测高技术可提供除两极以外的全球海域重力异常信息，空间分辨率(网格间距)可达 $1'\times1'$，与海面船载重力测量相比较，符合精度为 2～4mGal，在近岸海域，由于受地形地物和水文复杂环境的影响，测高数据会出现较大的误差。此外，由于在基准和系统转换方面的差异，卫星测高与海面船载重力测量之间还存在 1～2mGal 的系统偏差(黄谟涛等，2005)。我国的航空重力测量工作起步较晚，目前在海域的实施区域主要限于陆海交界地带，覆盖范围还比较有限，空间分辨率一般为 $5'\times5'$，与地面实测数据相比较，符合精度为 2～4mGal，同样存在 2mGal 左右的系统偏差(孙中苗，2004；翟振和，2009；孙中苗等，2021)。我国的海面船载重力测量工作起步较早，但由于受测量载体航速的限制，作业效率相对较低，覆盖范围也比较有限，空间分辨率为 0.5～2km，在良好的导航定位条件下，海面船载重力测量精度可达 1～2mGal(黄谟涛等，2005；欧阳永忠，2013；刘敏，2018)。

从以上简要的对比分析可以看出，由各种测量手段获得的重力数据频谱和误差特性各不相同，而且每一种数据源都是反演地球重力场不可或缺的。实际上这正好反映了目前地球重力场测量技术的现状，即没有一种测量手段可以获取反演重力场全貌所需的全频段全区域重力观测信息，这也从另一个侧面说明，多源重力数据的有效融合是重力场逼近计算中极其重要的一个技术环节。由前面的分析可知，海域三种主要重力数据源在覆盖范围、空间分辨率和精度水平等各个方面都存在较大的差异，特别是它们之间还存在不可忽略的系统偏差，这是在多源数据融合过程中特别值得关注的问题。

12.3　融合多源重力数据的正则化配置模型

12.3.1　问题的提出

如 12.1 节所述,多源重力数据融合处理方法主要有统计法和解析法两大类型，统计法是较早被引入重力场逼近计算领域的经典方法，其最初应用于物理大地测量的目的是实现重力观测数据的内插和外推。配置法是统计法的主要代表，该方法综合了最小二乘平差、滤波和推估，是一种广义的平差方法(黄维彬，1992)。配置法最早由 Krarup(1969)提出，后由 Moritz(1980)发展和完善，是 20 世纪 60 年代以来物理大地测量学在局部重力场逼近理论方面取得的重要进展。配置法的重要意义在于将统计理论和分析方法引入物理大地测量学中，用类似经典最小二乘平差的统计模型逼近估计重力场参数。配置法的出发点是将扰动重力场视为一个随机信号场，并假定其是一个平稳随机过程，即该随机场是均匀和各向同性的。根据该假设，人们可以根据重力场同类信号和不同类信号之间的统计关系，利用观测采样值去推估预测采样点的同类信号或不同类信号。其实，除了可以把重力场中的信号视为随机函数，从数理统计的观点对配置法进行研究外，还可以把配置法看作具有核函数的 H 空间中的解析内插，从函数逼近论的观点对其进行研究(Moritz，1980)。

配置法可以联合多种类型的重力数据，使其在融合多源重力数据方面具有明显的优势。因为有一个基本的信号场，即地球重力场，属于这个场中的重力异常、垂线偏差、高程异常和扰动位等各个参量都是通过场的结构形成函数相关关系的。也正是基于这个原因，配置法常被用于间接解算大地测量边值问题，联合使用多类型数据推求局部大地水准面，便是配置法成功应用于该领域的典型代表。配置法在卫星重力测量数据处理中也得到了广泛的应用(张传定，2000；吴星，2009；刘晓刚，2011)。Moritz(1980)认为，配置法能够将向下延拓和内插自动地组合在一起，并获得相对平滑的解，因此其在解决 Bjerhammar 边值问题和航空重力向下延拓不稳定性问题时具有非常特殊的作用。但在实际应用中，配置法必须突破两个难点问题：①构造满足局部重力场需要的合适、准确、简洁的局部协方差函数。目前，有两种思路解决这个问题：一是将全球协方差函数模型拟合至局部区域，这一过程需要结合局部数据对全球模型进行迭代逼近，目前，大多数学者都是基于该思想来拓展配置法在重力场逼近计算中的应用的；二是直接构造局部协方差函数，Forsberg 在此方面做了大量有代表性的研究工作，于 1987 年提出了一个比较实用的局部扰动位协方差函数，并给出了扰动重力协方差函数的具体形式(Forsberg，1987)。②如何有效处理高维协方差矩阵求逆问题。针对该问题，国内外诸多学者开展了深入研究，并提出了许多比较有效的解决办法(翟振和，2009)。近期作者在开展精化大地水准面研究时，对配置法的协方差矩阵进行谱分解后发现，随着数据网格间距的减小和配置距离的增大，配置法协方差矩阵存在明显的复共线性，可能出现严重病态甚至奇异(欧阳永忠等，2012)。若采用传统配置法对其进行求解，即使很小的观测误差也会引起解的严重失真甚至错误。这说明，协方差矩阵求逆是信号放大的非平稳过程，协方差矩阵的小奇异值将放大观测噪声对配置结果的影响，导致配置解不稳定甚至失效。针对这种情况，本专题研究在开展多源重力数据融合处理研究时，特别引入 Tikhonov 正则化方法，对配置法计算模型进行正则化改造，以抑制协方差矩阵小奇异值放大噪声对配置解的污染，提高配置解的精度和稳定性。基于 EGM2008 位模型模拟产生航空重力和海面船载重力测量数据进行融合处理仿真试验，数值计算与分析结果表明，对配置模型进行正则化改造是可行、有效的。

12.3.2　配置法模型

配置法是综合平差、滤波和推估的一种广义平差方法。其函数模型可统一表示为(Moritz，1980；黄维彬，1992)

$$\boldsymbol{L} = \boldsymbol{A}\boldsymbol{X} + \boldsymbol{F}\boldsymbol{Y} + \boldsymbol{\varDelta} \tag{12.1}$$

式中，$\boldsymbol{L}$ 为观测值向量；$\boldsymbol{X}$ 为系统性参数向量；$\boldsymbol{A}$ 为系数矩阵；$\boldsymbol{\varDelta}$ 为观测噪声向量；$\boldsymbol{Y} = [\boldsymbol{S} \quad \boldsymbol{S}']^{\mathrm{T}}$，其中 $\boldsymbol{S}$ 代表观测点上的重力信号向量，$\boldsymbol{S}'$ 代表未测点上的重力信号向量；$\boldsymbol{F} = [\boldsymbol{B} \quad 0]$，其中 $\boldsymbol{B}$ 代表观测点重力信号向量的系数矩阵。

当 $\boldsymbol{B} = \boldsymbol{0}$ 时，式(12.1)简化为最小二乘平差模型：

$$\boldsymbol{L} = \boldsymbol{A}\boldsymbol{X} + \boldsymbol{\varDelta} \tag{12.2}$$

当 $\boldsymbol{A} = \boldsymbol{0}$ 时，式(12.1)简化为最小二乘滤波和推估模型：

$$\boldsymbol{L} = \boldsymbol{F}\boldsymbol{Y} + \boldsymbol{\varDelta} \tag{12.3}$$

与式(12.1)相对应的随机模型为

$$E(\boldsymbol{\varDelta}) = 0 \,, \quad E(\boldsymbol{Y}) = 0 \,, \quad \boldsymbol{C}_L = \boldsymbol{B}\boldsymbol{C}_S\boldsymbol{B}^{\mathrm{T}} + \boldsymbol{C}_{\varDelta} \tag{12.4}$$

式中，$E(\cdot)$ 为取数学期望；$\boldsymbol{C}_L$ 为观测值向量的自协方差矩阵；$\boldsymbol{C}_S$ 为观测点信号向量的自协方差矩阵；$\boldsymbol{C}_{\varDelta}$ 为噪声协方差矩阵。

最小二乘配置模型解分别为

系统性参数估值：

$$\hat{\boldsymbol{X}} = (\boldsymbol{A}^{\mathrm{T}}\boldsymbol{C}_L^{-1}\boldsymbol{A})^{-1}\boldsymbol{A}^{\mathrm{T}}\boldsymbol{C}_L^{-1}\boldsymbol{L} \tag{12.5}$$

观测点信号滤波值:

$$\boldsymbol{S} = \boldsymbol{C}_S\boldsymbol{B}^{\mathrm{T}}\boldsymbol{C}_L^{-1}(\boldsymbol{L}-\boldsymbol{A}\hat{\boldsymbol{X}}) \tag{12.6}$$

未测点信号估值:

$$\boldsymbol{S}' = \boldsymbol{C}_{S'S}\boldsymbol{B}^{\mathrm{T}}\boldsymbol{C}_L^{-1}(\boldsymbol{L}-\boldsymbol{A}\hat{\boldsymbol{X}}) \tag{12.7}$$

式中，$\boldsymbol{C}_{S'S}$ 为未测点重力信号向量与观测点重力信号向量的互协方差矩阵。

由前面的计算公式可以看出，配置法不仅能够估计观测点上的信号，而且能够估计未测点上的信号。需要特别指出的是，由于未测点上的信号 $\boldsymbol{S}'$ 与观测量 $\boldsymbol{L}$ 之间并未构成明确的函数关系，它们只是通过假设为已知的协方差函数模型来发生联系的。因此，配置法的意义不在于未测点同类信号的推估，更重要的意义是它能实现任意点(含观测点和未测点)不同种类信号的推估。这也是配置法被广泛应用于地球重力场逼近计算的主要原因。重力场中的重力异常、垂线偏差、高程异常和扰动位等不同种类参量都可以通过明确的函数相关关系推求它们之间的互协方差函数模型，从而获得估值解算必需的互协方差矩阵。而当观测量只限于航空重力异常，待估量又只限于相应地面点重力异常时，配置法模型就转换为单纯的向下延拓模型，配置法也因此常常被用于解决航空重力测量向下延拓计算问题(Moritz，1980；Keller et al.，1992)。也是基于这样的原因，本专题研究将向下延拓过程看作多源数据融合处理的一种特例。

在多源重力数据融合处理中，观测数据经归一化处理和参考场改正(使用移去-恢复技术)后，一般不再考虑系统性参数的影响，此时配置模型即转换为最小二乘滤波和推估模型，并且有 $\boldsymbol{B}=\boldsymbol{I}$ (单位矩阵)。根据式(12.7)，多源重力数据融合处理的配置模型最终简化为

$$\hat{\boldsymbol{S}}' = \boldsymbol{C}_{S'S}(\boldsymbol{C}_S+\boldsymbol{C}_\Delta)^{-1}\boldsymbol{l} \tag{12.8}$$

式中，$\boldsymbol{l}$ 为经预处理后的观测值向量，其他符号意义同前。

12.3.3 协方差函数模型

由前面的配置模型可知，实现模型解算的关键是确定各个参量的自协方差矩阵和互协方差矩阵，这就需要首先确定它们各自的自协方差函数模型和互协方差函数模型。重力场各个参量均可表示为扰动位的泛函，它们的自协方差函数模型和互协方差函数模型都可以根据协方差传播定律，通过对扰动位协方差函数模型

施以相应的泛函算子导出，因此问题的关键又归结为扰动位协方差函数模型的确定。在实际应用中，需要解决的问题是如何依据已知观测数据拟合出一个能充分体现研究区域重力场特性的协方差函数模型。但现实中的观测量主要以重力异常为代表，故重力异常的协方差函数模型具有更加重要的基础性作用。Moritz(1980)研究了协方差函数模型的局部结构，提出使用方差 C_0、相关长度 s 和曲率参数 λ 三个基本参数来表征重力异常协方差函数模型的局部特征。Tscherning 等(1974)研究了表征重力异常协方差函数模型整体特性的全球参数确定方法，提出了采用函数模型来表示地球位模型的阶方差，然后依据实际观测数据来拟合该函数模型的参数。低阶球函数在局部地区几乎可以认为是一个常量，因此局部协方差函数模型可通过从全球协方差函数模型中截去低阶项的球函数获得。章传银等(2007)研究了局部重力场最小二乘配置通用表示技术，提出了一种能综合多种类型、不同高度重力场元经验协方差函数模型的通用表达方法。邓凯亮(2011)分析比较了 Moritz 协方差函数模型和 Tscherning/Rapp(T/P)协方差函数模型在配置法中的适用性，发现 T/R 协方差函数模型对经验协方差值的拟合度更高，适用性更好。为此，本专题研究也沿用了基于 T/R 协方差函数模型的全球协方差函数模型的截断模型，作为融合多源重力数据配置法的基础。

地球外部空间任意点上的扰动位 T 可用完全正常化球谐函数级数形式表示为(Moritz，1980)

$$T(r,\theta,\lambda)=\frac{GM}{r}\sum_{n=2}^{\infty}\left\{\left(\frac{a}{r}\right)^{n}\sum_{m=0}^{n}[(\bar{a}_{nm}\cos(m\lambda)+\bar{b}_{nm}\sin(m\lambda))\bar{P}_{nm}(\cos\theta)]\right\} \tag{12.9}$$

式中，(r,θ,λ) 为计算点的球坐标；a 为地球椭球长半轴；GM 为万有引力常数与地球质量的乘积；$\bar{P}_{nm}(\cos\theta)$ 为完全规格化缔合勒让德函数；$\bar{a}_{nm}$ 与 $\bar{b}_{nm}$ 为完全规格化的位模型系数。

设 $T(P)$ 和 $T(Q)$ 是球面上两点的扰动位 T，引入球面上的期望算子 $M(\cdot)$，则可定义球面上的扰动位协方差函数模型 $K(P,Q)=M(T(P)T(Q))$。由于算子 $M(\cdot)$ 的各向同性和齐性，$K(P,Q)$ 必定只是与 P 和 Q 两点间的球面距离 ψ 有关的函数。由前面的定义可得

$$K(P,Q)=K(\psi)=\frac{1}{4\pi^2}\int_{\lambda=0}^{2\pi}\int_{\theta=0}^{\pi}\frac{1}{2\pi}\int_{\alpha=0}^{2\pi}T(r,\theta,\lambda)T(r',\theta',\lambda')\sin\theta\mathrm{d}\theta\mathrm{d}\lambda\mathrm{d}\alpha \tag{12.10}$$

式中，α 为方位角。对所有各点 (θ,λ) 进行积分就表示齐性，对所有方位 α 进行积分就表示各向同性。

扰动位 T 可以用球谐函数级数形式表示，因此 $K(\psi)$ 也可表示为球谐函数级数形式，即

$$K(\psi)=\sum_{n=2}^{\infty}k_nP_n(\cos\psi) \tag{12.11}$$

依据 Poisson 积分公式，利用完全规格化球函数的积分结果，可求得

$$k_n=\frac{GM^2}{rr'}\left(\frac{a^2}{rr'}\right)^n\sum_{m=0}^{n}(\overline{a}_{nm}^2+\overline{b}_{nm}^2) \tag{12.12}$$

当把全球协方差函数模型运用于局部区域时，采用移去-恢复技术，如果同时顾及参考位模型系数误差，则协方差函数模型为(Moritz，1980)

$$K(P,Q)=\frac{GM^2}{rr'}\sum_{n=2}^{N}\varepsilon_n(T,T)\left(\frac{a^2}{rr'}\right)^nP_n(\cos\psi)+\frac{GM^2}{rr'}\sum_{n=N+1}^{\infty}\sigma_n(T,T)\left(\frac{R_B^2}{rr'}\right)^nP_n(\cos\psi) \tag{12.13}$$

式中，N 为参考位模型的阶数；$\varepsilon_n(T,T)$ 为位模型误差阶方差相关量，通过平滑因子 β 与位模型误差阶方差联系，可表示为

$$\varepsilon_n(T,T)=\beta\sum_{m=0}^{n}(\delta\overline{a}_{nm}^2+\delta\overline{b}_{nm}^2) \tag{12.14}$$

式中，$\delta\overline{a}_{nm}$ 和 $\delta\overline{b}_{nm}$ 为对应于位系数 $\overline{a}_{nm}$ 和 $\overline{b}_{nm}$ 的标准差。

式(12.13)中的 R_B 代表 Bjerhammar 球半径，为待拟合参数；$\sigma_n(T,T)$ 为阶方差，本专题研究采用 T/R 协方差函数模型：

$$\sigma_n(T,T)=\frac{A}{(n-1)(n-2)(n+24)}\left(\frac{R_B^2}{rr'}\right) \tag{12.15}$$

式中，A 为待拟合参数。

若利用参考重力场按移去-恢复思想进行重力场参量估计，则由重力场的线性表示理论可知，参考重力场模型不准确对积分区域内的重力场参量估计结果不造成影响。因此，可令平滑因子 $\beta=0$，则式(12.13)可简化为

$$K(P,Q)=\left(\frac{GM^2}{rr'}\right)\sum_{n=N+1}^{\infty}\sigma_n(T,T)\left(\frac{R_B^2}{rr'}\right)^nP_n(\cos\psi) \tag{12.16}$$

根据位场理论和协方差传播定律，可导出重力异常 Δg 的自协方差函数模型、高程异常 ζ 、垂线偏差两分量 ξ 和 η 与重力异常的互协方差函数模型为

$$
\begin{cases}
\mathrm{Cov}(\Delta g(P),\Delta g(Q))=\sum\limits_{n=N+1}^{\infty}\sigma_n(T,T)\left(\dfrac{R_B^2}{rr'}\right)^{n+1}P_n(\cos\psi)\dfrac{(n-1)^2}{rr'} \\
\mathrm{Cov}(\varsigma(P),\Delta g(Q))=\sum\limits_{n=N+1}^{\infty}\sigma_n(T,T)\left(\dfrac{R_B^2}{rr'}\right)^{n+1}P_n(\cos\psi)\dfrac{n-1}{r'\gamma} \\
\mathrm{Cov}(\xi(P),\Delta g(Q))=\sum\limits_{n=N+1}^{\infty}\sigma_n(T,T)\left(\dfrac{R_B^2}{rr'}\right)^{n+1}\dfrac{\partial P_n(\cos\psi)}{\partial\varphi}\dfrac{n-1}{r'r\gamma} \\
\mathrm{Cov}(\eta(P),\Delta g(Q))=\sum\limits_{n=N+1}^{\infty}\sigma_n(T,T)\left(\dfrac{R_B^2}{rr'}\right)^{n+1}\dfrac{\partial P_n(\cos\psi)}{\partial\lambda}\dfrac{n-1}{r'r\gamma}
\end{cases}
\tag{12.17}
$$

式中，γ 为计算点的正常重力。

两项偏导数计算式分别为

$$
\begin{aligned}
\frac{\partial P_n(\cos\psi)}{\partial\varphi}&=\frac{\partial P_n}{\partial\cos\psi}\frac{\partial\cos\psi}{\partial\varphi}\\
&=\left(-\frac{n-1}{n}P'_{n-2}(t)+\frac{2n-1}{n}P_{n-1}(t)+\frac{2n-1}{n}tP'_{n-1}(t)\right)(\cos\varphi\sin\varphi'-\sin\varphi\cos\varphi'\cos(\lambda'-\lambda))
\end{aligned}
$$

$$
\begin{aligned}
\frac{\partial P_n(\cos\psi)}{\partial\lambda}&=\frac{\partial P_n}{\partial\cos\psi}\frac{\partial\cos\psi}{\partial\lambda}\\
&=\left(-\frac{n-1}{n}P'_{n-2}(t)+\frac{2n-1}{n}P_{n-1}(t)+\frac{2n-1}{n}tP'_{n-1}(t)\right)(\cos\varphi\cos\varphi'\sin(\lambda'-\lambda))
\end{aligned}
$$

式中，$t=\cos\psi$ 。

从严格意义上讲，应该利用测量区域不同高度面上的实测重力数据按照协方差定义建立空间一定距离上的离散值，然后利用这些离散值在某一准测下拟合式(12.17)中的对应模型，从而确定待定的参数 A 和 R_B 。但现实中一般只能获得极少量高度面上的实测重力数据，如某个高度面上的航空重力异常或海面上的船测重力异常等，因此在实际应用中，也只能针对这些可用的数据构建相应的协方差函数模型。为叙述方便，本专题研究将航空重力测量或海面船载重力测量数据视为不同高度面上的平面数据，利用不同的平面数据去拟合模型中的参数。

首先计算同一高度平面一定距离上协方差函数模型的离散值，然后计算不同高度平面之间一定平面距离上协方差函数模型的离散值。对于网格数据，可以通过选取同一高度平面内部或不同高度平面之间网格距离 v 倍数相同的点重力异常计算该距离和高度上的协方差，计算公式为

$$C(r,r',\nu)=\frac{1}{2}\left(C(r,r',\nu)_h+C(r,r',\nu)_z\right) \tag{12.18}$$

$$C(r,r',\nu)_h=\frac{1}{n\times(n-q)}\sum_{i=1}^{n}\sum_{k=1}^{n-q}g_{ik}^{*}(r)g_{i,k+q}^{*}(r') \tag{12.19}$$

$$C(r,r',\nu)_z=\frac{1}{(n-q)\times n}\sum_{k=1}^{n}\sum_{i=1}^{n-q}g_{ik}^{*}(r)g_{i+q,k}^{*}(r') \tag{12.20}$$

式中，$g^*(\cdot)$为观测值与该地区平均值的差值，即归一化处理后的观测值；$C(r,r',\nu)_h$、$C(r,r',\nu)_z$分别为横向协方差和纵向协方差；n为网格的行数和列数；q为网格大小的整倍数且$q=0,1,\cdots,n-1$。

式(12.18)计算的是同一高度或不同高度平面网格分辨率整数倍距离上的协方差，同时认为横向协方差和纵向协方差具有相同的统计特性。式(12.18)只适合于纵横向网格数量相同即正方形区域的情况，而实际应用中测量区域多为长方形区域，即纵横向网格数量不一致。此时，式(12.18)应改写为

$$C(r,r',\nu)=\frac{\sum_{i=1}^{n}\sum_{k=1}^{m-q}g_{ik}^{*}(r)g_{i,k+q}^{*}(r')+\sum_{k=1}^{m}\sum_{i=1}^{n-q}g_{ik}^{*}(r)g_{i+q,k}^{*}(r')}{n\times(m-q)+(n-q)\times m} \tag{12.21}$$

式中，n、m分别为网格的行数和列数；q为网格大小的整倍数，q只能取(n, m)中较小的一个，即只能取$q=0,\ 1,\ \cdots,\min(n,m)-1$。当$n=m$时，式(12.21)简化为式(12.18)。

通过式(12.18)或式(12.21)获得离散值后，就可以根据式(12.17)建立观测方程求解A和R_B，因此本专题研究选用非线性最小二乘拟合迭代求解方法。

12.3.4 配置模型正则化改造

在配置法计算模型中，虽然通过增加已知观测量的先验协方差信息，可在一定程度上提高配置模型解的可靠性，但在计算实践中发现，随着数据网格间距的减小和配置距离的增大，配置法协方差矩阵的复共线性愈加明显，可能出现严重病态甚至奇异，从而导致配置解不稳定甚至失效。为此，本专题研究特别引入Tikhonov正则化方法，对配置法计算模型进行正则化改造，以消除或减弱协方差矩阵的病态性，达到提高配置解精度和稳定性的目的。

首先将式(12.8)改写为

$$\hat{\boldsymbol{S}}'=\boldsymbol{C}_{S'S}\boldsymbol{X} \tag{12.22}$$

$$\boldsymbol{X}=(\boldsymbol{C}_S+\boldsymbol{C}_{\varDelta})^{-1}\boldsymbol{l}=\boldsymbol{A}^{-1}\boldsymbol{l} \tag{12.23}$$

$$\boldsymbol{A}=(\boldsymbol{C}_S+\boldsymbol{C}_\Delta) \tag{12.24}$$

由式(12.22)可知，只要能求得稳定可靠的 $\boldsymbol{X}$，即可确保获得稳定可靠的待估参量 $\hat{\boldsymbol{S}}'$。将式(12.23)改写为

$$\boldsymbol{A}\boldsymbol{X}=\boldsymbol{l} \tag{12.25}$$

对式(12.25)引入 Tikhonov 正则化方法，根据式(11.8)和式(11.9)，对应于式(12.25)的正则化准则和正则化解分别为

$$M_\alpha(\boldsymbol{X})=\|\boldsymbol{A}\boldsymbol{X}-\boldsymbol{l}\|^2+\alpha\|\boldsymbol{X}\|^2=\min \tag{12.26}$$

$$\hat{\boldsymbol{X}}_\alpha=(\boldsymbol{A}^{\mathrm{T}}\boldsymbol{A}+\alpha\boldsymbol{I})^{-1}\boldsymbol{A}^{\mathrm{T}}\boldsymbol{l} \tag{12.27}$$

对系数矩阵 $\boldsymbol{A}$ 进行如下的奇异值分解：

$$\boldsymbol{A}=\boldsymbol{U}\boldsymbol{\Lambda}\boldsymbol{V}^{\mathrm{T}}=\sum_{i=1}^{n}\lambda_i\boldsymbol{u}_i\boldsymbol{v}_i^{\mathrm{T}} \tag{12.28}$$

可得到与式(12.27)相对应的谱分解式为

$$\hat{\boldsymbol{X}}=\sum_{i=1}^{n}\frac{\lambda_i^2}{\lambda_i^2+\alpha}\frac{\boldsymbol{u}_i^{\mathrm{T}}\boldsymbol{l}}{\lambda_i}\boldsymbol{v}_i \tag{12.29}$$

式中，$\boldsymbol{U}$ 和 $\boldsymbol{V}$ 分别为 $\boldsymbol{A}$ 的左、右奇异向量矩阵，$\boldsymbol{U}=[\boldsymbol{u}_1,\boldsymbol{u}_2,\cdots,\boldsymbol{u}_n]$，$\boldsymbol{V}=[\boldsymbol{v}_1,\boldsymbol{v}_2,\cdots,\boldsymbol{v}_n]$，且满足 $\boldsymbol{u}_i\boldsymbol{u}_i^{\mathrm{T}}=\boldsymbol{I}$，$\boldsymbol{v}_i\boldsymbol{v}_i^{\mathrm{T}}=\boldsymbol{I}$；$\boldsymbol{\Lambda}$ 为对角矩阵，即 $\boldsymbol{\Lambda}=\mathrm{diag}[\lambda_1,\lambda_2,\cdots,\lambda_n]$，且 $\lambda_1\geqslant\lambda_2\geqslant\cdots\geqslant\lambda_n\geqslant 0$，$\lambda_i$ 为 $\boldsymbol{A}$ 的奇异值；α 为正则化参数。

选择合适的正则化参数 α 是有效运用 Tikhonov 正则化方法的关键。本书第 11 章已经对此问题进行了深入分析和讨论，认为基于 GCV 的正则化参数确定方法，比较适用于本专题研究问题的解算。

12.3.5　数值计算检验与分析

为了验证正则化配置法在多源重力数据融合处理中的有效性，本节专门设计了基于 EGM2008 位模型的航空重力测量和海面船载重力测量两种数据源的融合处理仿真试验。

12.3.5.1　试验数据与方法步骤

考虑到航空重力测量具有快速高效但精度偏低，海面船载重力测量具有精度高但效率偏低的特点，本节将仿真试验航空重力测量数据设计为图 12.1 所示的全覆盖分布，船载重力测量数据设计为图 12.2 所示的稀疏控制分布。

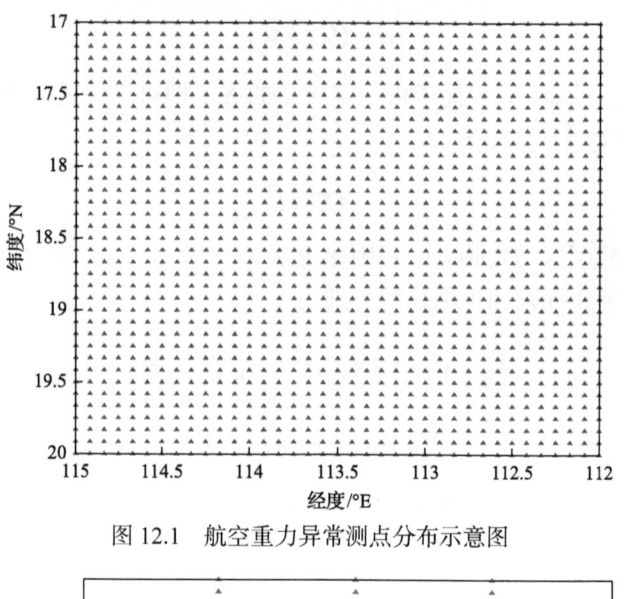

图 12.1　航空重力异常测点分布示意图

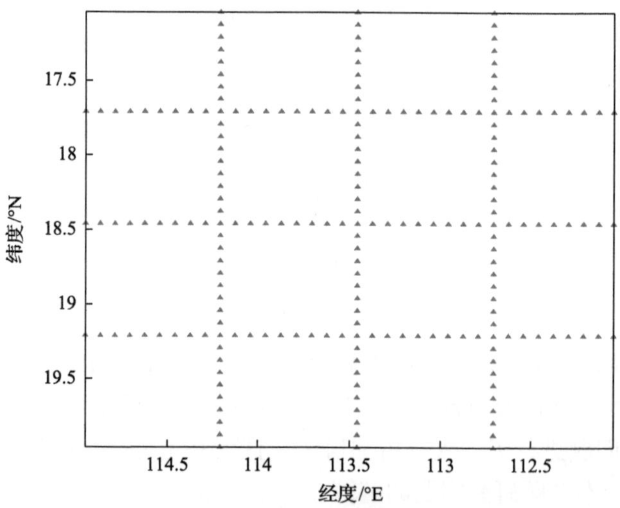

图 12.2　海面船载重力异常测点分布示意图

使用 2160 阶 EGM2008 位模型分别计算试验海域 1km、3km、5km 和 8km 等 4 个高度面的重力异常 Δg_1、Δg_3、Δg_5 和 Δg_8，计算范围为 3°×3°，网格间距为 5′×5′。同时计算图 12.2 所示的作为控制信息的稀疏海面船载重力异常 Δg_0。为了评估多源数据融合处理的解算效果，同时计算了相同区域内的海面船载重力异常 $\Delta g_0'$。为了减弱远区效应的影响，采用移去-恢复技术，取 EGM2008 位模型的前 360 阶作为参考场，分别求得相对应的残差重力异常 $\delta\Delta g_0$、$\delta\Delta g_1$、$\delta\Delta g_3$、$\delta\Delta g_5$、$\delta\Delta g_8$ 和 $\delta\Delta g_0'$。图 12.3 分别展示了 Δg_8 和 $\delta\Delta g_8$ 的等值线分布情况，图 12.4 展示了 $\Delta g_0'$ 和 $\delta\Delta g_0'$ 的等值线分布情况。试验区各项重力异常特性统计见表 12.1。

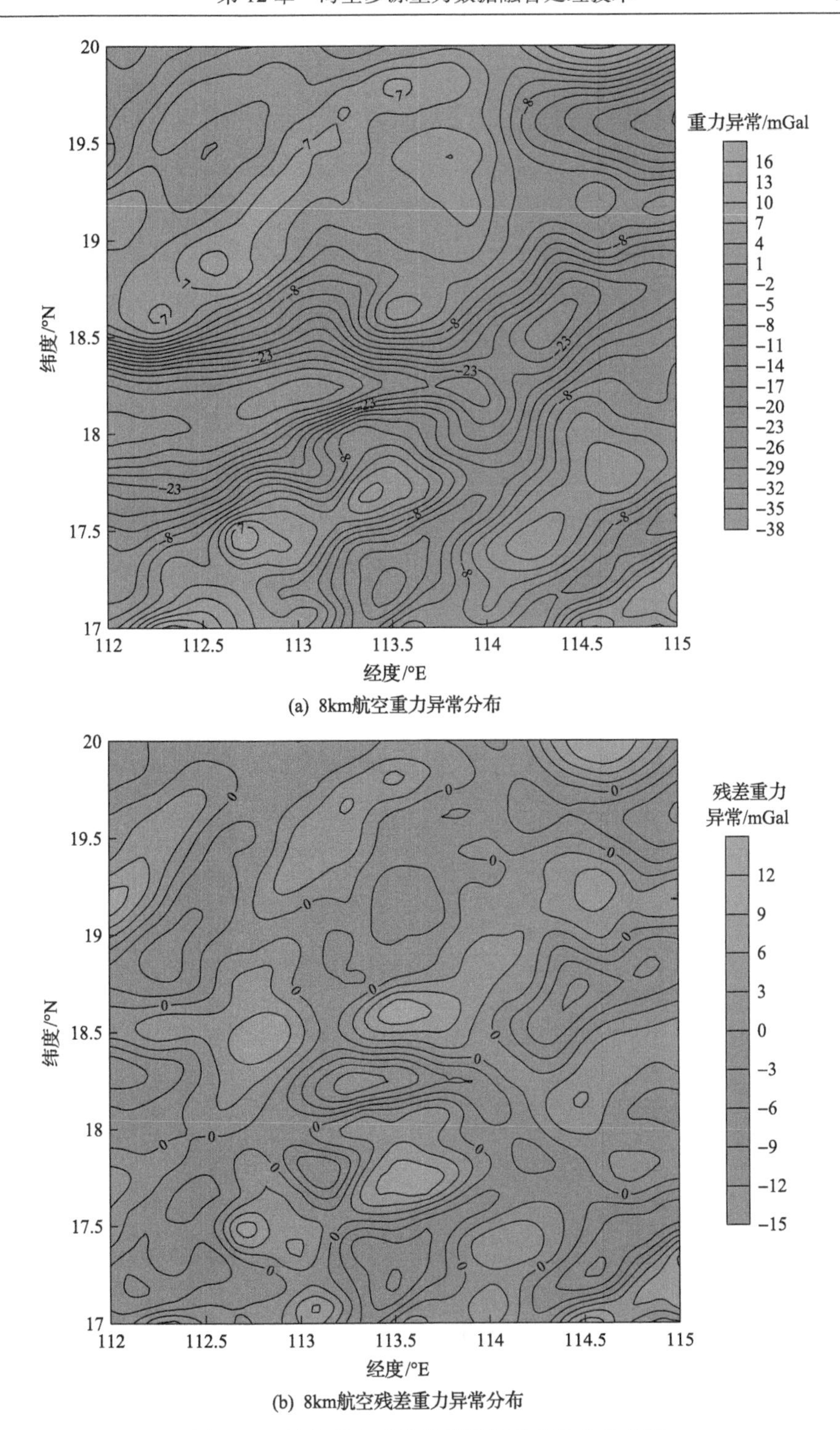

(a) 8km航空重力异常分布

(b) 8km航空残差重力异常分布

图 12.3　航空重力异常及其残差重力异常分布图

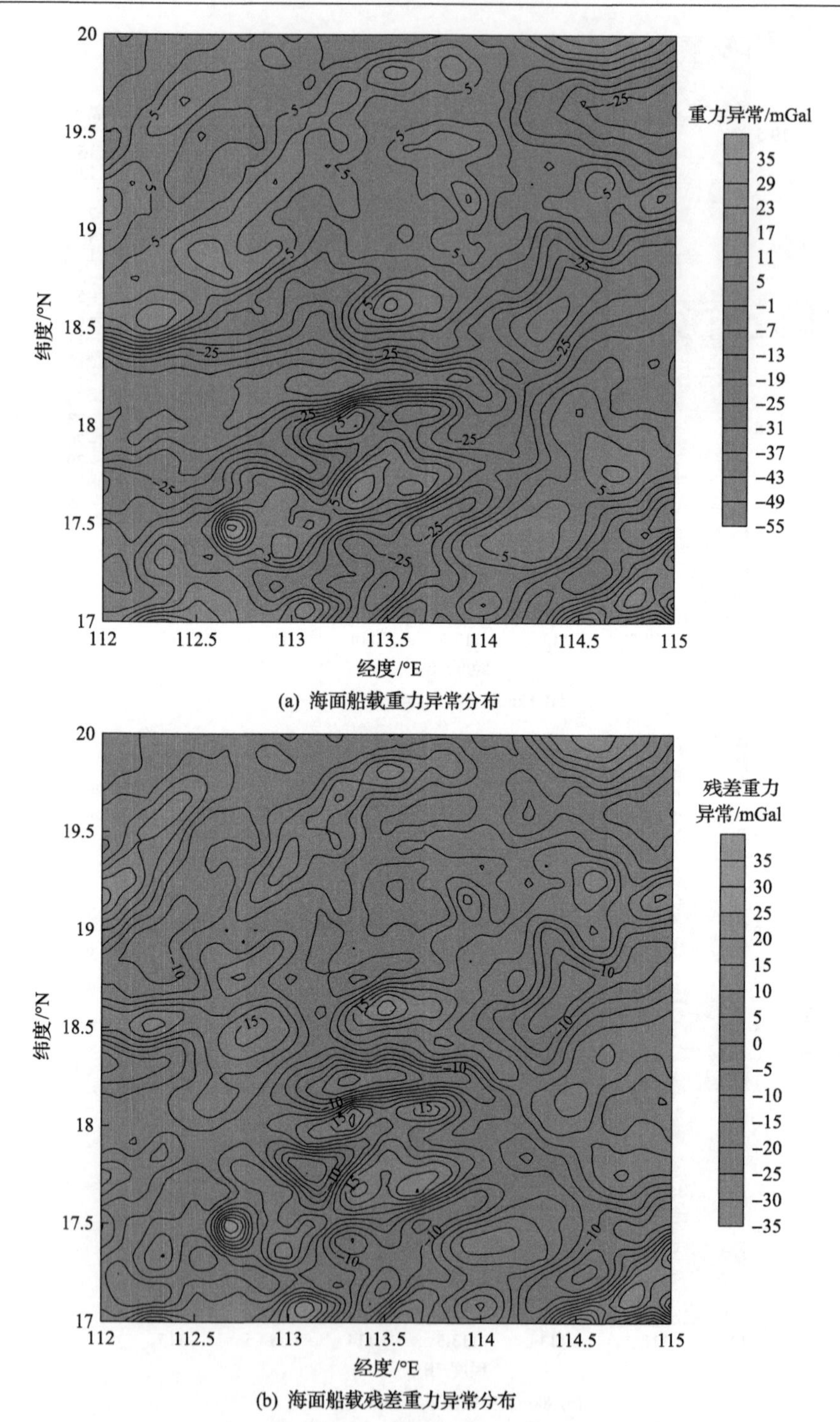

(a) 海面船载重力异常分布

(b) 海面船载残差重力异常分布

图 12.4　海面船载重力异常及其残差重力异常分布图

表 12.1　试验区各项重力异常特性统计　（单位：mGal）

类型	参量	最小值	最大值	平均值	标准差	均方根
重力异常	Δg_0	–54.89	39.07	–7.46	15.73	17.41
	Δg_1	–50.75	32.33	–7.44	14.86	16.61
	Δg_3	–45.23	22.19	–7.39	13.42	15.32
	Δg_5	–41.07	18.49	–7.34	12.29	14.31
	Δg_8	–36.56	14.93	–7.26	10.92	13.11
残差重力异常	$\delta\Delta g_0$	–34.11	37.18	–0.09	9.12	9.11
	$\delta\Delta g_1$	–30.24	30.97	–0.08	8.14	8.14
	$\delta\Delta g_3$	–24.03	21.84	–0.08	6.61	6.60
	$\delta\Delta g_5$	–19.36	16.08	–0.07	5.46	5.46
	$\delta\Delta g_8$	–14.30	11.95	–0.06	4.21	4.21

为了模拟航空重力测量和海面船载重力测量数据的实际特性，对仿真的航空位模型重力异常分别加入观测误差 e_1（系统偏差为 1mGal，标准差为±2mGal，均方根为±2.23mGal）和观测误差 e_2（系统偏差为 2mGal，标准差为±3mGal，均方根为±3.61mGal）；对仿真的海面位模型重力异常加入观测误差 e_{00}（系统偏差为 0，标准差为±1mGal，均方根为±1mGal）。具体试验方法和步骤如下：

(1) 模拟产生观测误差并将其加入航空位模型重力异常 Δg，得到含误差的仿真航空和海面船测重力异常 Δg_e。

(2) 应用移去-恢复技术，从含误差的航空和海面船载重力异常 Δg_e 中移去参考场重力异常，得到航空和海面船载残差重力异常 $\delta\Delta g_e$。

(3) 对航空和海面船载残差重力异常 $\delta\Delta g_e$ 进行归一化处理，得到归一化的航空和海面船载残差重力异常 $\delta\Delta g_e^*$。

(4) 使用残差重力异常 $\delta\Delta g_e^*$ 分别计算该区域内的空-空重力异常经验协方差 $\mathrm{Cov}(\Delta g_i,\Delta g_i)(i=1,\ 3,\ 5,\ 8)$、空-地重力异常经验协方差 $\mathrm{Cov}(\Delta g_i,\Delta g_0)(i=1,\ 3,\ 5,\ 8)$ 和地-地重力异常经验协方差 $\mathrm{Cov}(\Delta g_0,\Delta g_0)$。

(5) 利用第 (4) 步获得的离散值，依据式 (12.17) 中的第 1 式建立观测方程，按照非线性最小二乘拟合迭代方法求解参数 A 和 R_B。表 12.2、表 12.3 和表 12.4 分别列出了不同高度航空重力数据联合海面船载重力数据，在无观测误差（e_0）、观测误差为 e_1 和观测误差为 e_2 三种情形下的协方差函数模型参数解算结果，其中，纯空下延指单独使用航空重力数据进行延拓，空海融合指联合使用航空重力数据和海面重力数据进行延拓。图 12.5(a)、图 12.6(a) 与 (c) 和图 12.7(a) 与 (c) 分别展示了8km高度对应三种观测误差情形下的经验协方差函数模型和拟合协方差函数模型变化曲线(其中，图(a)为单独使用航空重力数据结果，图(c)为联合使用航空和海面船载重力数据结果)。

表 12.2　无观测误差(e_0)时的协方差函数模型参数解算结果

高度/km	融合方法	方差系数 A / (m/s^4)	Bjerhammar 球半径 R_B /m
1	纯空下延	6689340698899527	6371236
3	纯空下延	8420734278782795	6369936
5	纯空下延	11599413030260650	6367936
8	纯空下延	19430234070921460	6364436

表 12.3　观测误差为 e_1 时的协方差函数模型参数解算结果

高度/km	融合方法	方差系数 A / (m/s^4)	Bjerhammar 球半径 R_B /m
1	纯空下延	5525845059229686	6372336
	空海融合	14213102944687698	6368136
3	纯空下延	6235953680274986	6371836
	空海融合	16891778214513988	6367536
5	纯空下延	7228459809522254	6371136
	空海融合	20264319234070268	6366336
8	纯空下延	8613937228650818	6370336
	空海融合	25804580775235084	6365036

表 12.4　观测误差为 e_2 时的协方差函数模型参数解算结果

高度/km	融合方法	方差系数 A / (m/s^4)	Bjerhammar 球半径 R_B /m
1	纯空下延	5193477410712590	6372836
	空海融合	13563554256988984	6368436
3	纯空下延	4992518907413188	6373336
	空海融合	16812950861140710	6367336
5	纯空下延	4457033716985768	6374336
	空海融合	20004806834941708	6366436
8	纯空下延	2825449388822747	6377636
	空海融合	26279067677185356	6364936

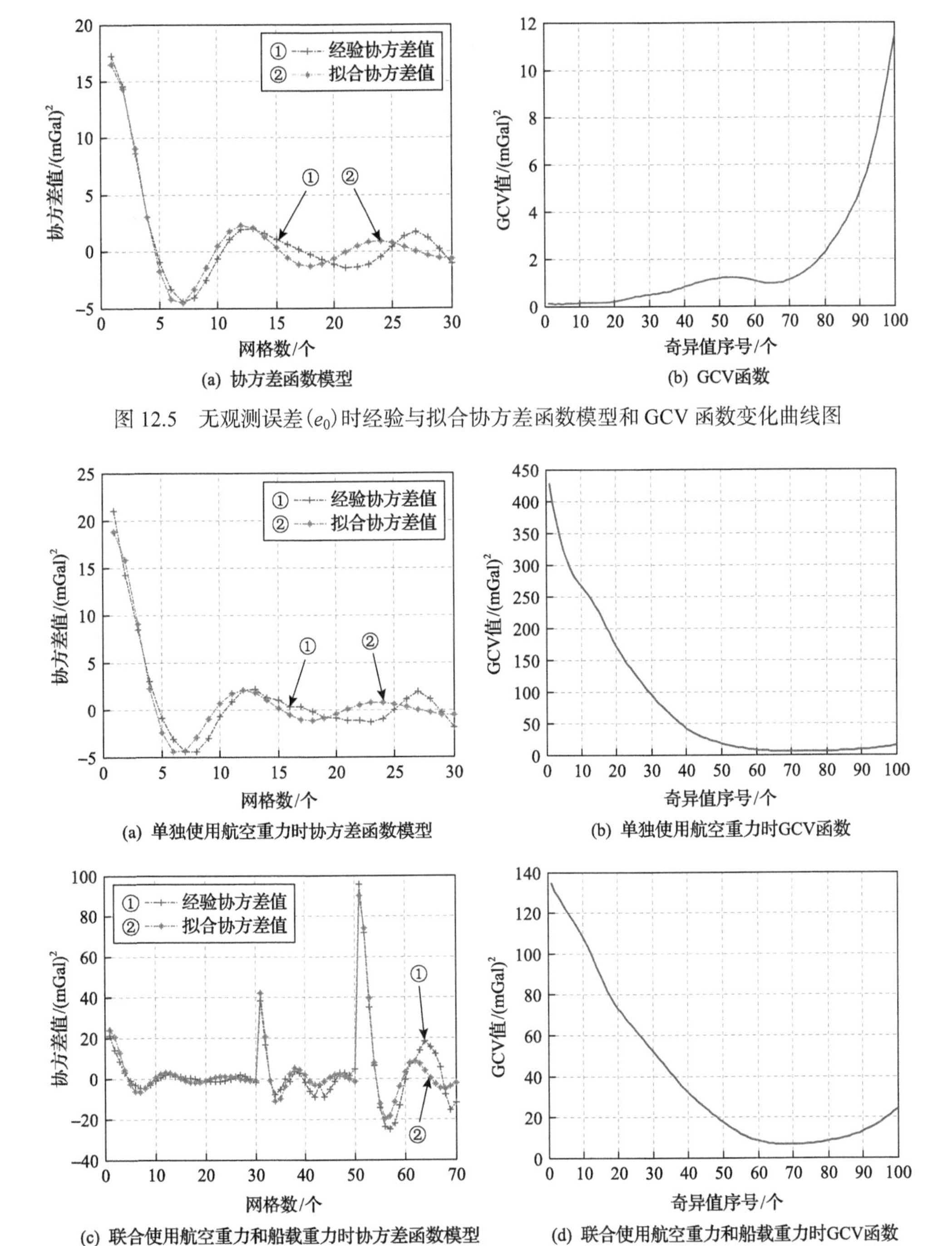

(a) 协方差函数模型　(b) GCV函数

图 12.5　无观测误差(e_0)时经验与拟合协方差函数模型和 GCV 函数变化曲线图

(a) 单独使用航空重力时协方差函数模型　(b) 单独使用航空重力时GCV函数

(c) 联合使用航空重力和船载重力时协方差函数模型　(d) 联合使用航空重力和船载重力时GCV函数

图 12.6　观测误差为 e_1 时经验与拟合协方差函数模型和 GCV 函数变化曲线图

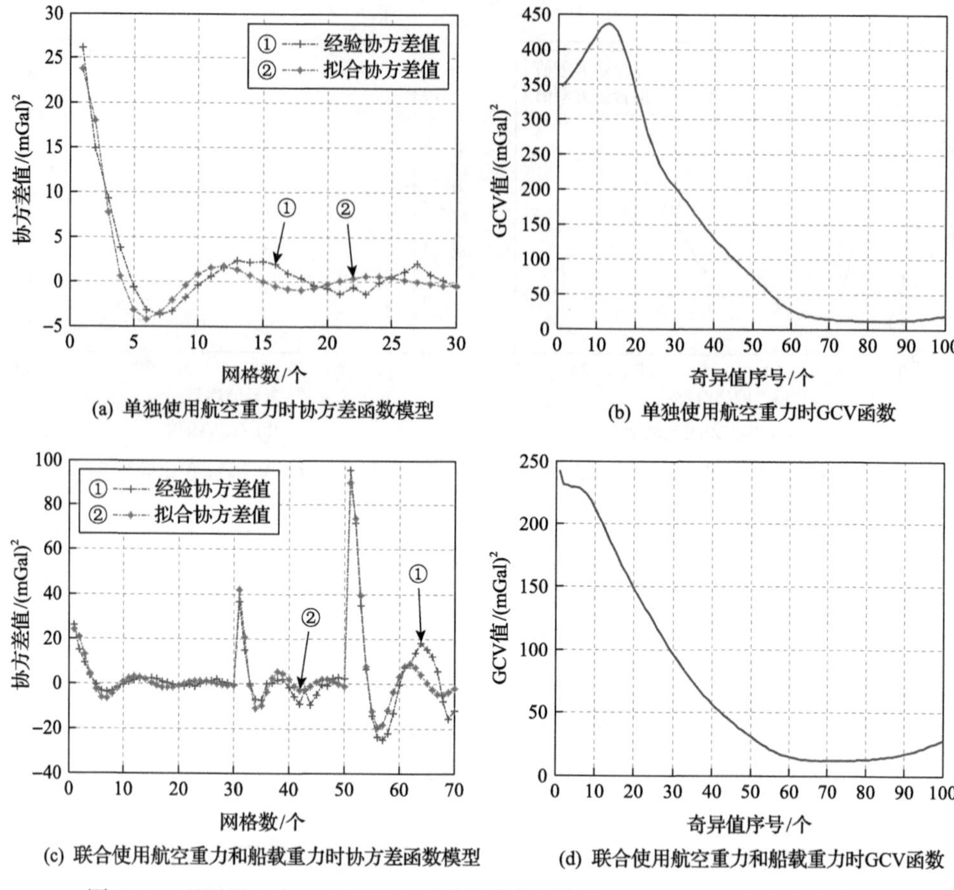

图 12.7　观测误差为 e_2 时经验与拟合协方差函数模型和 GCV 函数变化曲线图

(6)利用第(5)步求得的协方差函数模型参数 A 和 R_B，依据式(12.17)中的第 1 式计算观测重力异常(含航空和海面稀疏重力异常)自协方差矩阵 $\boldsymbol{C}_{\Delta g\Delta g}$，以及未测海面船载重力异常(对应于 $\Delta g_0'$)与观测重力异常的互协方差矩阵 $\boldsymbol{C}_{\Delta g'\Delta g}$。

(7)引入 Tikhonov 正则化方法，并基于 GCV 准则确定相对应的正则化参数 α。图 12.5(b)、图 12.6(b)与(d)和图 12.7(b)与(d)分别展示了 8km 高度对应三种观测误差情形下的 GCV 函数变化曲线(其中，图(b)为单独使用航空重力数据结果，图(d)为联合使用航空和海面船载重力数据结果)。

(8)基于正则化配置法模型计算海面未测点上的残差重力异常 $\delta\Delta g_{0e}'$，并在其基础上恢复参考场重力异常，得到海面未测点上的重力异常 $\Delta g_{0e}'$。

(9)将基于正则化配置法的融合处理结果 $\Delta g_{0e}'$ 与原始的海面船载重力异常 $\Delta g_0'$ 进行比较，以检验融合处理结果的精度。

12.3.5.2　解算结果比较与分析

本专题研究采用传统配置法和正则化配置法，分别针对单独使用航空重力数据、联合使用航空和海面船载重力数据两种情况，以及无观测误差（e_0）、观测误差为 e_1 和观测误差为 e_2 三种误差情形，逐一进行了多源数据融合处理计算，并将解算结果与模拟真值进行了比较，表 12.5、表 12.6 和表 12.7 分别列出了无观测误差（e_0）、观测误差为 e_1 和观测误差为 e_2 三种情形下，使用不同方法和不同数据组合获得的对比统计结果。四组结果对应的四种解算模式具体定义如下。

表 12.5　无观测误差（e_0）时配置法不同模式计算结果与模拟真值比较结果

高度/km	解算模式	最小值/mGal	最大值/mGal	平均值/mGal	标准差/mGal	均方根/mGal	条件数	正则化参数
1	模式一	−24.28	27.40	−0.04	6.05	6.04	434513438	—
	模式二	−2.23	1.19	0.01	0.34	0.34	1625	0.53
3	模式一	−22.15	19.59	0.04	5.74	5.74	937805021	—
	模式二	−7.67	10.91	0.03	1.58	1.58	423	5.28
5	模式一	−27.77	39.77	0.32	8.80	8.81	2365855123	—
	模式二	−10.74	11.16	−0.01	2.06	2.06	389	0.24
8	模式一	−200.01	220.02	−0.98	59.78	59.77	17988774089	—
	模式二	−15.80	23.30	−0.00	3.83	3.83	302	3.66

表 12.6　观测误差为 e_1 时配置法不同模式计算结果与模拟真值比较结果

高度/km	解算模式	最小值/mGal	最大值/mGal	平均值/mGal	标准差/mGal	均方根/mGal	条件数	正则化参数
1	模式一	计算结果失效						
	模式二	−11.03	10.75	−1.06	2.24	2.48	179615	20.73
	模式三	−558.4	390.4	1.3	79.9	79.9	511275893	—
	模式四	−9.77	11.03	−0.38	2.02	2.06	93	148.36
3	模式一	计算结果失效						
	模式二	−13.50	15.07	−1.18	2.96	3.18	128348	21.11
	模式三	−7666.5	7157.5	−13.4	2050.1	2049.4	1395007411	—
	模式四	−13.47	16.05	−0.43	2.72	2.76	93	97.92
5	模式一	计算结果失效						
	模式二	−14.35	18.80	−1.31	3.69	3.92	65537	29.85

续表

高度/km	解算模式	最小值/mGal	最大值/mGal	平均值/mGal	标准差/mGal	均方根/mGal	条件数	正则化参数
5	模式三	–41835.2	31324.5	–596.8	10334.0	10347.4	2007321182	—
	模式四	–15.26	18.31	–0.52	3.35	3.39	110	46.46
8	模式一	计算结果失效						
	模式二	–17.02	22.94	–1.57	4.45	4.71	46831	26.14
	模式三	–256601.0	321754.0	1189.5	76918.8	76899.9	9872768709	—
	模式四	–16.43	22.11	–0.55	4.41	4.45	78	48.25

表 12.7　观测误差为 e_2 时配置法不同模式计算结果与模拟真值比较结果

高度/km	解算模式	最小值/mGal	最大值/mGal	平均值/mGal	标准差/mGal	均方根/mGal	条件数	正则化参数
1	模式一	计算结果失效						
	模式二	–10.91	11.20	–2.09	2.89	3.56	65537	55.99
	模式三	–223.8	392.8	–2.4	46.7	46.7	762407330	—
	模式四	–10.03	13.87	–0.43	2.85	2.89	40	802.54
3	模式一	计算结果失效						
	模式二	–14.49	16.96	–2.33	3.71	4.38	46831	57.54
	模式三	–2608.7	1976.7	–2.4	528.6	528.5	577211455	—
	模式四	–12.35	14.63	–0.59	3.45	3.50	47	356.75
5	模式一	计算结果失效						
	模式二	–17.01	21.37	–2.62	4.42	5.14	33464	58.48
	模式三	–79405.8	78600.6	–151.8	19107.5	19101.1	22550488663	—
	模式四	–14.91	17.70	–0.59	4.12	4.16	40	305.86
8	模式一	计算结果失效						
	模式二	–20.87	24.53	–3.13	5.24	6.11	23913	51.75
	模式三	–7738.2	6365.4	–0.1	1614.8	1614.2	1129141968	—
	模式四	–21.44	27.32	–0.30	5.14	5.15	12	1396.2

模式一：基于传统配置法，单独使用航空重力数据进行向下延拓计算。

模式二：基于正则化配置法，并采用 GCV 准则选择正则化参数，单独使用航空重力数据进行向下延拓计算。

模式三：基于传统配置法，联合使用航空和海面重力数据进行融合处理。

模式四：基于正则化配置法，并采用 GCV 准则选择正则化参数，联合使用航空和海面船载重力数据进行融合处理。

图 12.8 给出了观测误差为 e_2 作用下对应于 8km 高度的模式二和模式四计算结果及其相对应的重力异常对比结果等值线图。

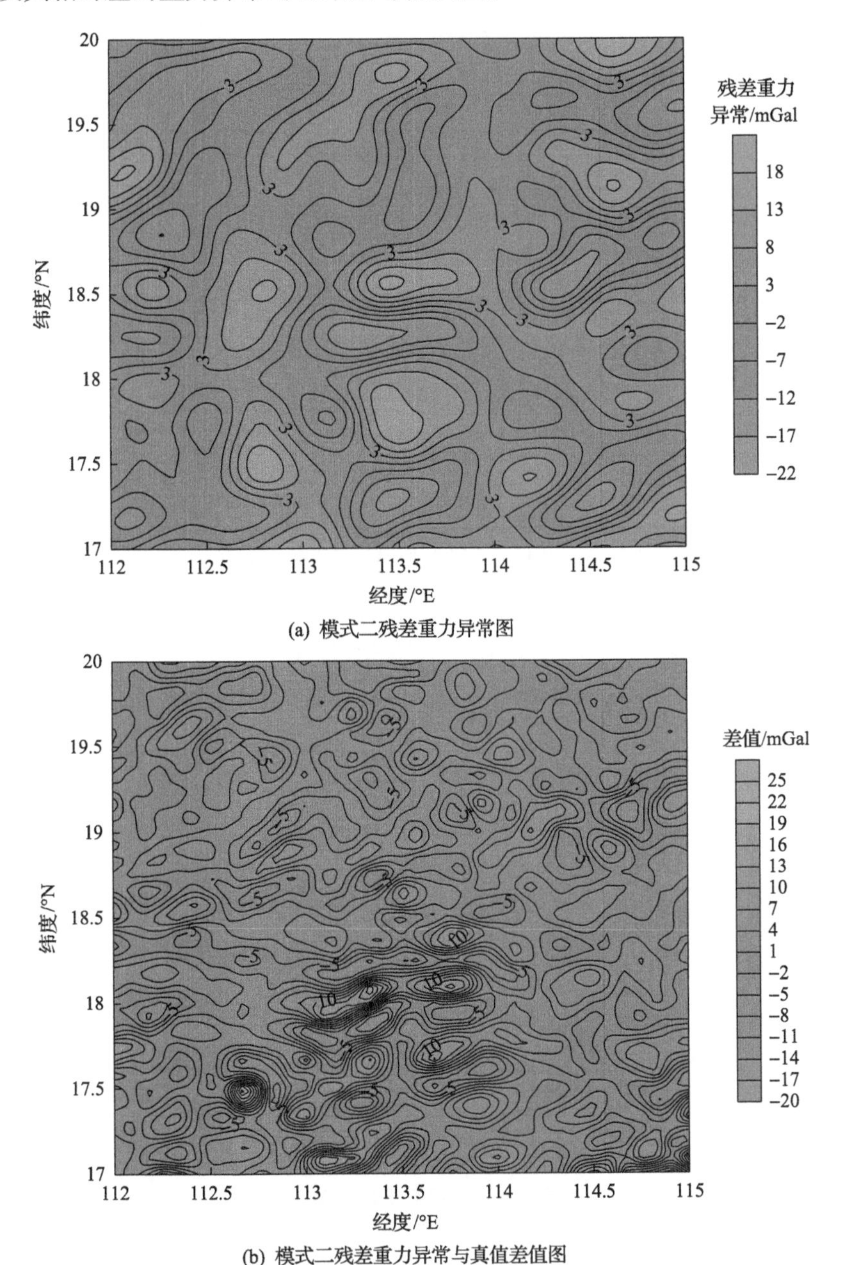

(a) 模式二残差重力异常图

(b) 模式二残差重力异常与真值差值图

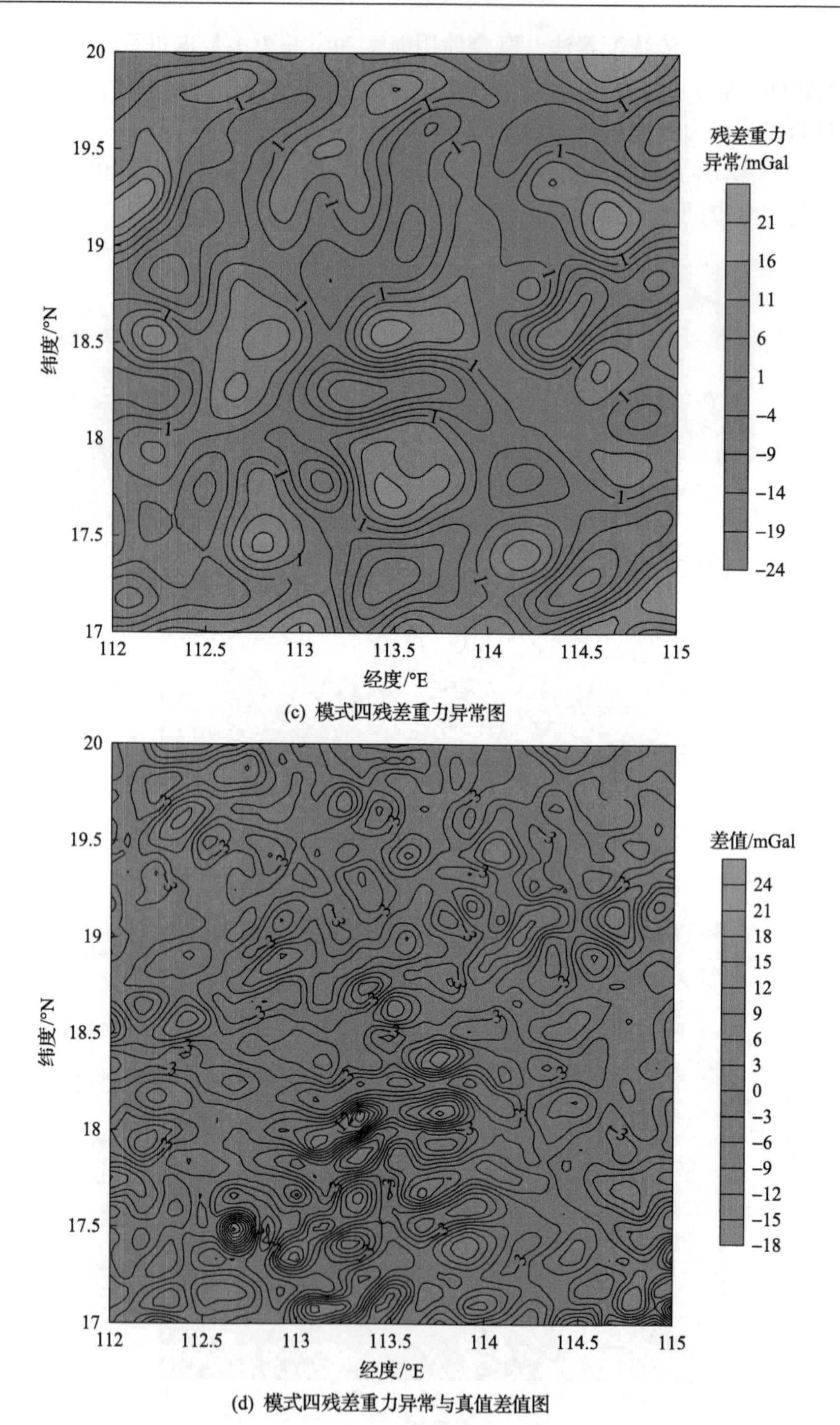

(c) 模式四残差重力异常图

(d) 模式四残差重力异常与真值差值图

图 12.8　观测误差为 e_2 时配置法计算结果对应的残差重力异常图和残差重力异常与真值差值图

从表 12.5～表 12.7 和图 12.8 可以看出：

(1) 对于单独使用航空重力数据的模式一，传统配置法计算模型中的协方差矩阵严重病态(病态程度随航空重力测量高度的增大而明显加大)，导致配置解几乎完全失效，即使观测量不存在误差，传统配置解也无法使用。这再次验证，航空重力向下延拓出现不适定性是反问题本身固有的一种属性，因此无论是使用逆 Poisson 积分公式还是配置法解算模型，最终都避免不了解算结果受污染、不稳定甚至失效的问题。

(2) 在传统配置法中引入 Tikhonov 正则化方法成效显著，无论是观测量有观测误差还是无观测误差情形，正则化配置解的稳定性均得到很大改观。即使受到量值较大的观测误差 e_2 的干扰，模式二在不同高度上也分别获得了标准差为 2.89mGal、3.71mGal、4.42mGal 和 5.24mGal 的对比精度，表明正则化方法能有效抑制向下延拓配置模型误差和观测噪声的影响。

(3) 当联合使用海面稀疏重力和航空重力数据进行配置解算时，传统配置解仍然失效，而正则化配置解(模式四)则显示出更高的稳定性(相对应的协方差矩阵条件数明显减少)。相对于单独使用航空重力数据的模式二，模式四计算结果精度在标准差指标上改善幅度比较有限，但在均方根指标上改善明显。这个结果说明，使用一定数量和密度的高精度测量数据作为控制，确实能够起到提高多源数据融合处理成果质量的作用，特别是在修正较低精度观测数据的系统偏差方面作用显著(见表 12.6 和表 12.7 中的平均值一栏)。

12.3.6 专题小结

以统计理论为基础的配置法是融合处理多源重力数据的经典方法。但在实践过程中发现，随着数据网格间距的减小和配置距离的增大，配置法协方差矩阵存在明显的复共线性，可能出现严重病态甚至奇异，从而导致配置解不稳定甚至失效。针对这种情况，本专题研究特别引入 Tikhonov 正则化方法，对配置法计算模型进行正则化改造，建立了相应的正则化配置新模型。基于 EGM2008 位模型模拟产生航空重力和海面船载重力数据进行了融合处理仿真试验，数值计算与分析结果表明，对传统配置模型进行正则化改造，可完全消除或显著减弱配置协方差矩阵的严重病态性，有效抑制协方差矩阵小奇异值放大噪声对配置解的污染，提高配置解的精度和稳定性。高精度数据源在多源重力数据融合处理中具有非常重要的控制作用，在修正较低精度数据源的系统偏差方面，其作用尤为显著。

研究确定能够准确反映局部重力场结构的协方差函数模型是保证配置法有效性的关键。本专题研究选择全球协方差函数模型的截断形式作为局部协方差函数模型使用，只是在这方面进行了初步的尝试，直接构制运算更高效、逼近度更高的局部协方差函数模型，并将其应用于多源重力数据融合处理，是今后应该深入研究的一个方向。

12.4　融合多源重力数据的正则化点质量模型

12.4.1　问题的提出

点质量方法源于解算大地测量边值问题的换置理论(李建成等，2003；黄谟涛等，2005)。在地球重力场逼近与计算研究中，边值理论一直是引人注目的研究主题。地球重力场边值理论的基本内涵可归结为：利用一定边界面上的观测值在球近似或椭球近似情况下确定地球扰动位函数，其具体表现形式为求解第一、第二和第三边值问题。求解边值问题最著名的理论方法是经典的 Stokes 边值理论和现代的 Molodensky 边值理论，这两种理论在地球重力场逼近与计算研究中一直占据着主导地位。此后又出现了两种有代表性的重力场逼近新理论和新方法：①由 Krarup(1969)和 Moritz(1980)等创建发展的配置法；②Bjerhammar(1964)提出的虚拟球换置边值理论。该理论以某一虚拟球为边界面，将离散分布于地球表面上的观测值向下解析延拓到一个完全处于地球内部的虚拟球面上，把原有的自由边界面的边值问题严格转换为固定的球面边值问题，从而可以最简单的 Stokes 积分公式给出问题的解。这一方法后来又被我国大地测量学家许厚泽等(1984)发展为虚拟单层密度法。Bjerhammar(1987)进一步将他的理论扩展为在一个虚拟球面上以若干有限重力异常脉冲求解外部重力场的确定性离散方法。在此期间人们基于相同的理念还提出了简单实用的点质量和多极子解算模型，从而形成一类建立在等效原理基础之上的虚拟质量方法。在这类方法中，地面场元和等效面场元之间的转换关系一般表示为一个积分方程或简单线性方程，解算这些方程所涉及的向下延拓迭代过程或矩阵求逆常受到边界面和边界值粗糙化或奇异性的影响，使解算的数值过程失稳，这是客观存在和难以抑制的，其影响大小取决于问题的数学性质，如积分方程的核函数、场量延拓算子和矩阵谱结构等的正则性程度。

最近一个时期，有多位学者将虚拟点质量方法应用于航空重力测量数据的向下延拓计算中(王兴涛等，2004b；孙中苗，2004)，并将其与其他方法进行了数值计算对比分析，得出的基本结论是：虚拟点质量方法虽然解算模型简单，使用方便，但其延拓计算结果的精度稍差，主要原因是点质量的解算过程本身存在明显的不稳定性，而且由于缺少点质量的验前信息，解算过程难以实施正则化。此外，该方法受边界效应影响较大，当测区范围较小时，不宜使用。根据点质量方法能够联合使用多类型重力数据的技术特点，本专题研究将其引入多源重力数据融合处理中，并针对该方法在使用过程中遇到的不稳定性和边缘效应问题，提出联合使用 Tikhonov 正则化方法和移去-恢复技术，对点质量方法计算模型进行正则化改造，构建相应的正则化点质量模型。基于 EGM2008 位模型模拟产生航空重力和海面船载重力数据进行了融合处理仿真试验，数值计算与分析结果表明，对传统点质量模型进行正则化改造是可行、有效的，取得了预期的效果。

12.4.2　点质量模型

Bjerhammar 虚拟点质量方法的理论支撑是由著名的 Runge-Krarup 定理引出的 Keldysh-Lavtentiev 定理(Moritz，1980)：对于任意一个在地球表面外部满足调和特性并在地球表面外部及其表面保持连续的函数 ϕ，可用地球内部任意给定的一个球外部的正则调和函数 ψ 来一致逼近，此时对任意给定的 $\varepsilon > 0$，在地球表面及其外部处处成立 $|\phi - \psi| < \varepsilon$。上述定理从理论上保证了地面或空中观测量在形式上向下延拓到一个地球内部球面(Bjerhammar 球面)的延拓解的存在性和等价性，即该球面边值问题的解与地球表面及其外部空间重力位等值。虚拟点质量模型，就是以分布于多个 Bjerhammar 球面上的虚拟扰动质点系来等效地代替地球实际引力场源，条件是确保这些扰动质点在地球表面产生的重力扰动位及其导出量以要求的精度逼近场元观测量。这种以扰动质点表征外部扰动位解的方法，实际上是用质点位的线性组合来逼近地球外部扰动位，公式为(吴晓平，1984)

$$\begin{cases} T(P) = \sum_{j=1}^{m} \dfrac{G\delta M_j}{l_{Pj}}, & P \in \Omega \\ BT(P) \cdot \Sigma = F(Q), & Q \in \Sigma \end{cases} \tag{12.30}$$

式中，B 为边界算子；Σ 为地球表面；Ω 为 Σ 所界的闭点集关于三维 Euler 空间 $\mathbf{R}^3$ 之补；$G\delta M$ 为万有引力常数 G 与扰动点质量 δM 的乘积；$F(Q)$ 为地表已知观测量。

对应于重力异常、高程异常和垂线偏差观测量的边值条件方程(也称为观测方程)可分别表示为

$$\Delta g_i = \sum_{j=1}^{m} \left(\frac{r_i - R_j \cos\psi_{ij}}{l_{ij}^3} - \frac{2}{r_i l_{ij}} \right) G\delta M_j \tag{12.31}$$

$$\zeta_i = \frac{1}{\gamma} \sum_{j=1}^{m} \frac{G\delta M_j}{l_{ij}} \tag{12.32}$$

$$\xi_i = -\frac{1}{\gamma} \sum_{j=1}^{m} \frac{R_j [\cos\varphi_i \sin\varphi_j - \sin\varphi_i \cos\varphi_j \cos(\lambda_j - \lambda_i)]}{l_{ij}^3} G\delta M_j \tag{12.33}$$

$$\eta_i = -\frac{1}{\bar{\gamma}}\sum_{j=1}^{m}\frac{R_j\cos\varphi_i\sin(\lambda_j-\lambda_i)}{l_{ij}^3}G\delta M_j \tag{12.34}$$

式中，$(r_i,\varphi_i,\lambda_i)$为第$i$个观测量的球坐标；$(R_j,\varphi_j,\lambda_j)$为第$j$个质点的球坐标；$R_j = R - D_j$为 Bjerhammar 球半径，$R$为地球平均半径，$D_j$为第$j$个质点的埋藏深度；$\bar{\gamma}$为地球平均重力；$m$为质点的个数；$l_{ij}$和$\psi_{ij}$分别为第$i$个观测量与第$j$个质点间的空间距离和球面角距，其计算式分别为

$$l_{ij} = (r_i^2 + R_j^2 - 2r_iR_j\cos\psi_{ij})^{1/2} \tag{12.35}$$

$$\cos\psi_{ij} = \sin\varphi_i\sin\varphi_j + \cos\varphi_i\cos\varphi_j\cos(\lambda_j-\lambda_i) \tag{12.36}$$

在实际应用中，无论已知观测量是重力异常、高程异常和垂线偏差三类参量中的一种，还是它们的任意组合，都可将它们的观测方程组成线性方程组进行联合求解，这正是点质量模型能够用于融合多源重力数据的内在特性，在这一点上，点质量方法与配置法有异曲同工之妙。

用$\boldsymbol{L}$表示已知的观测值向量，$\boldsymbol{M}$表示未知的点质量参数向量，$\boldsymbol{A}$表示联系已知观测值和未知点质量的系数矩阵，则有

$$\boldsymbol{L} = \boldsymbol{AM} \tag{12.37}$$

当已知观测量个数n等于待求质点个数m时，上述方程的点质量解为

$$\boldsymbol{M} = \boldsymbol{A}^{-1}\boldsymbol{L} \tag{12.38}$$

当$n>m$时，式(12.37)的最小二乘解为

$$\boldsymbol{M} = (\boldsymbol{A}^{\mathrm{T}}\boldsymbol{PA})^{-1}\boldsymbol{A}^{\mathrm{T}}\boldsymbol{PL} \tag{12.39}$$

式中，$\boldsymbol{P}$为观测值向量$\boldsymbol{L}$的权矩阵。

当$\boldsymbol{L}$由不同类型的观测量组成时，可按定权公式确定它们的权比。例如，假设重力异常和高程异常的测量精度分别为$m_{\Delta g}$和m_{ζ}，则它们的权因子为

$$p_{\Delta g} = \sigma_0^2 / m_{\Delta g}^2,\quad p_{\zeta} = \sigma_0^2 / m_{\zeta}^2 \tag{12.40}$$

取单位权中误差$\sigma_0^2 = m_{\Delta g}^2$，则有

$$p_{\Delta g} = 1,\quad p_{\zeta} = m_{\Delta g}^2 / m_{\zeta}^2 \tag{12.41}$$

在由式(12.38)或式(12.39)求得点质量后，即可根据实际需求，参照式(12.31)～式(12.34)计算地球表面及其外部空间任意点上不同种类的重力场参数。设待求的重力场参量用$\boldsymbol{L}'$表示，其对应的系数矩阵为$\boldsymbol{C}_P$，则对应于式(12.38)和式(12.39)

点质量解的重力场参数估值分别为

$$L' = C_P M = C_P A^{-1} L \tag{12.42}$$

$$L' = C_P M = C_P (A^{\mathrm{T}} P A)^{-1} A^{\mathrm{T}} P L \tag{12.43}$$

12.4.3　模型稳定性分析与正则化改造

如前所述，以 Bjerhammar 边值理论为基础的一类虚拟点质量方法，都不可避免地涉及一个将观测量向下解析延拓到虚拟球面的逆过程，而向下延拓总是欠适定的，对观测噪声有放大效应。这说明点质量解算过程存在不稳定性是问题本身固有的属性，是客观存在和难以抑制的。Bjerhammar(1987)通过计算分析发现，点质量解的稳定性随比值($t = R_j / r_i$)的增大而增强。Bjerhammar(1987)还研究了球半径 R_j 的最优选择问题，以及虚拟点质量方法点位最佳分布问题，同时提出联合使用多个不同深度的虚拟球面来改善点质量解的性质。王兴涛等(2004b)、孙中苗(2004)在开展航空重力测量数据向下延拓计算时，也发现了点质量解算过程的不稳定性。通过对点质量观测方程系数矩阵进行谱分解，同样发现点质量观测方程存在比较严重的病态性，当加入高度更高的航空重力测量数据进行联合解算时，其病态性更加明显，从而导致点质量的数值解算过程失稳，解算结果不可靠甚至失效。其内在原因还是观测方程系数矩阵 $\boldsymbol{A}$ 的奇异值单调递减趋于零，这样就会使得高频段的观测噪声被成倍放大(具体分析方法见第 11 章)。为了获得稳定可靠的点质量解，需对病态观测方程进行正则化处理，以抑制高频段观测误差对联合解算估值的影响。

为此，本节继续沿用前面一个专题的做法，特别引入 Tikhonov 正则化方法，对融合多源重力数据的点质量模型进行正则化改造，构建正则化点质量模型，以消除或减弱系数矩阵的病态性，达到提高点质量估值精度和稳定性的目的。具体改造过程和解算方法参见本章 12.3.4 节，这里不再重复。

12.4.4　数值计算检验与分析

为了验证正则化点质量方法在多源重力数据融合处理中的有效性，本专题研究同样专门设计了基于 EGM2008 位模型的航空重力测量和海面船载重力测量两种数据源的融合处理仿真试验。

12.4.4.1　试验数据与方法步骤

本节使用的试验仿真数据种类、分布范围及空间分辨率与 12.3.5 节完全相同，观测数据误差类别及其量值设计也保持不变，具体试验方法和步骤如下(数据与误差代号同前)：

(1)模拟产生观测误差并将其加入航空位模型重力异常 Δg ，得到含观测误差的仿真航空和海面船载重力异常 Δg_e 。

(2)应用移去-恢复技术，从含观测误差的航空和海面船载重力异常 Δg_e 中移去参考场重力异常，得到航空和海面船载残差重力异常 $\delta\Delta g_e$ 。

(3)引入Tikhonov正则化方法,并基于GCV准则确定相对应的正则化参数 α 。图 12.9 分别展示了 1km、3km、5km 和 8km 四个高度对应于观测误差为 e_2 时的GCV 函数变化曲线(其中，左列图为单独使用航空重力数据结果，右列图为联合使用航空和海面船载重力数据结果)。

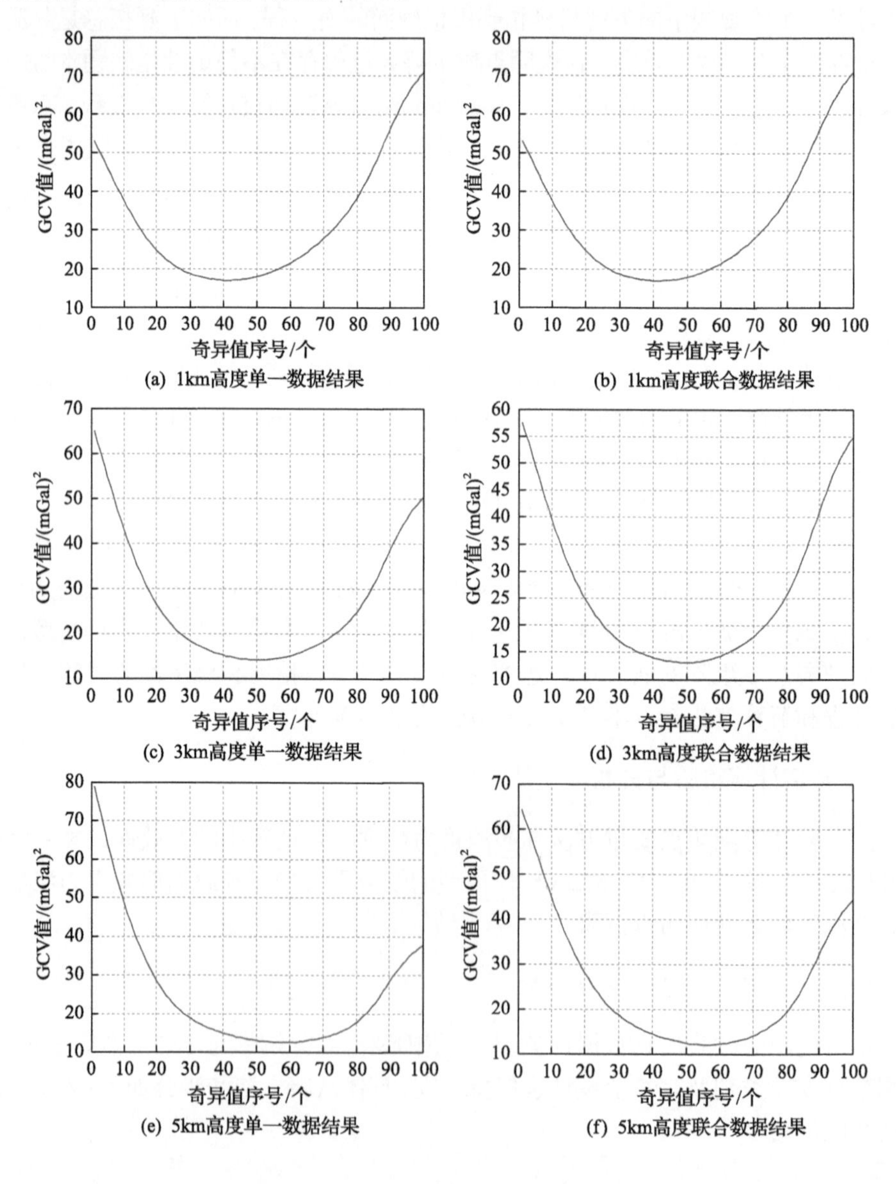

(a) 1km高度单一数据结果　(b) 1km高度联合数据结果

(c) 3km高度单一数据结果　(d) 3km高度联合数据结果

(e) 5km高度单一数据结果　(f) 5km高度联合数据结果

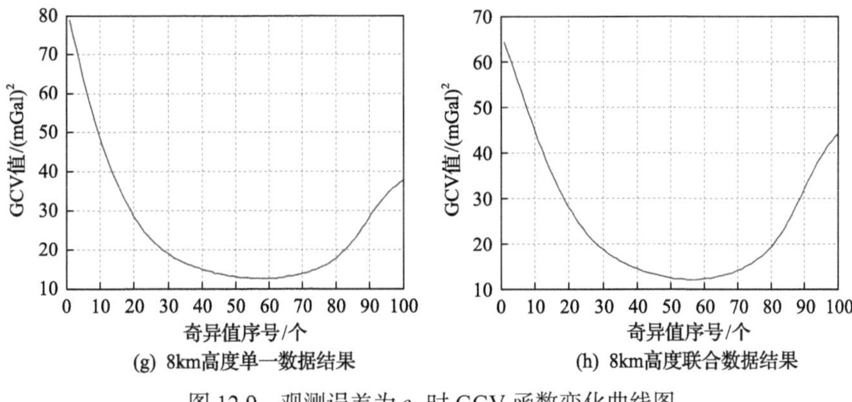

(g) 8km高度单一数据结果　　(h) 8km高度联合数据结果

图 12.9　观测误差为 e_2 时 GCV 函数变化曲线图

(4) 基于正则化点质量模型解算待定的点质量参数 δM^*，点质量埋藏深度统一取为 D_j=20km。

(5) 利用第 (4) 步获得的点质量估值，依据式 (12.31) 计算海面未测点上的残差重力异常 $\delta\Delta g'_{0e}$，并在其基础上恢复参考场重力异常，得到海面未测点上的重力异常 $\Delta g'_{0e}$。

(6) 将基于正则化点质量方法的融合处理结果 $\Delta g'_{0e}$ 与原始的海面船载重力异常 $\Delta g'_0$ 进行比较，以检验融合处理结果的精度。

12.4.4.2　解算结果比较与分析

本专题研究采用传统点质量方法和正则化点质量方法，分别针对单独使用航空重力、联合使用航空和海面船载重力两种数据情况，以及无观测误差 (e_0)、观测误差为 e_1 和观测误差为 e_2 三种情形，逐一进行了多源数据融合处理计算，并将解算结果与模拟真值进行了比较，表 12.8～表 12.10 分别列出了无观测误差 (e_0)、

表 12.8　无观测误差 (e_0) 时点质量方法不同模式计算结果与模拟真值比较结果

高度/km	解算模式	最小值/mGal	最大值/mGal	平均值/mGal	标准差/mGal	均方根/mGal	条件数	正则化参数
1	模式一	–1.52	0.95	0.00	0.10	0.10	7424	—
	模式二	–1.53	0.95	0.00	0.11	0.11	2024	3714
3	模式一	–4.44	2.62	0.00	0.31	0.31	19287	—
	模式二	–4.45	2.63	0.00	0.31	0.31	16286	1431
5	模式一	–7.0	4.00	0.00	0.49	0.49	50109	—
	模式二	–7.06	4.01	0.00	0.50	0.50	41082	556
8	模式一	–10.87	5.57	0.00	0.74	0.74	209861	—
	模式二	–10.88	5.58	0.00	0.75	0.75	166641	141

表 12.9 观测误差为 e_1 时点质量方法不同模式计算结果与模拟真值比较结果

高度/km	解算模式	最小值/mGal	最大值/mGal	平均值/mGal	标准差/mGal	均方根/mGal	条件数	正则化参数
1	模式一	−10.15	7.02	−1.03	2.62	2.82	7424	—
	模式二	−8.67	5.60	−1.02	1.88	2.14	380	3903700177
	模式三	−9.94	6.96	−0.96	2.52	2.69	8112	—
	模式四	−9.15	5.62	−0.96	1.85	2.08	634	1684803538
3	模式一	−17.31	14.05	−1.05	4.82	4.94	19287	—
	模式二	−12.45	11.02	−1.04	2.47	2.68	265	7709662565
	模式三	−17.22	13.45	−1.00	4.53	4.64	21137	—
	模式四	−11.22	8.52	−0.98	2.33	2.53	417	3772683839
5	模式一	−32.71	31.72	−1.07	9.42	9.47	50109	—
	模式二	−15.53	15.54	−1.05	3.06	3.24	189	14465329975
	模式三	−31.84	27.88	−1.04	8.64	8.70	55065	—
	模式四	−15.67	13.85	−1.00	2.84	3.01	276	8325028782
8	模式一	−91.65	103.45	−1.12	27.95	27.96	209861	—
	模式二	−18.54	19.28	−1.07	3.92	4.06	141	24646515817
	模式三	−87.15	76.89	−1.09	24.79	24.80	231462	—
	模式四	−18.83	18.07	−1.02	3.60	3.75	213	13303729716

表 12.10 观测误差为 e_2 时点质量方法不同模式计算结果与模拟真值比较结果

高度/km	解算模式	最小值/mGal	最大值/mGal	平均值/mGal	标准差/mGal	均方根/mGal	条件数	正则化参数
1	模式一	−15.53	10.42	−2.04	3.93	4.43	7424	—
	模式二	−10.70	7.68	−2.04	2.63	3.33	202	13767239994
	模式三	−15.92	9.59	−1.89	3.71	4.16	8112	—
	模式四	−11.70	7.30	−1.86	2.50	3.12	233	12452268987
3	模式一	−25.24	19.57	−2.08	7.13	7.43	19287	—
	模式二	−11.93	11.96	−2.08	3.28	3.88	145	25495476669
	模式三	−24.65	18.09	−1.98	6.50	6.89	21137	—
	模式四	−12.46	12.22	−1.92	3.11	3.66	152	28209834303
5	模式一	−44.46	38.20	−2.13	13.83	13.99	50109	—
	模式二	−15.87	16.21	−2.12	3.98	4.51	98	53705048510
	模式三	−44.14	35.70	−2.06	12.69	12.86	55065	—
	模式四	−15.38	14.07	−1.98	3.71	4.20	127	38977454396

续表

高度/km	解算模式	最小值/mGal	最大值/mGal	平均值/mGal	标准差/mGal	均方根/mGal	条件数	正则化参数
8	模式一	−132.20	130.38	−2.21	40.91	40.95	209861	—
	模式二	−19.51	22.57	−2.19	4.91	5.38	76	84981504374
	模式三	−133.46	110.98	−2.18	37.66	37.71	231462	—
	模式四	−19.02	19.39	−2.06	4.54	4.99	101	59458451393

观测误差为 e_1 和观测误差为 e_2 三种情形下，使用不同方法和不同数据组合获得的对比统计结果。4 组结果对应的四种解算模式的具体定义如下。

模式一：基于传统点质量方法，单独使用航空重力数据进行向下延拓计算。

模式二：基于正则化点质量方法，采用 GCV 准则选择正则化参数，单独使用航空重力数据进行向下延拓计算。

模式三：基于传统点质量方法，联合使用航空和海面船载重力数据进行融合处理。

模式四：基于正则化点质量方法，采用 GCV 准则选择正则化参数，联合使用航空和海面船载重力数据进行融合处理。

图 12.10 给出了观测误差为 e_2 时对应于 8km 高度的模式二和模式四计算结果及其相对应的重力异常对比结果等值线图。

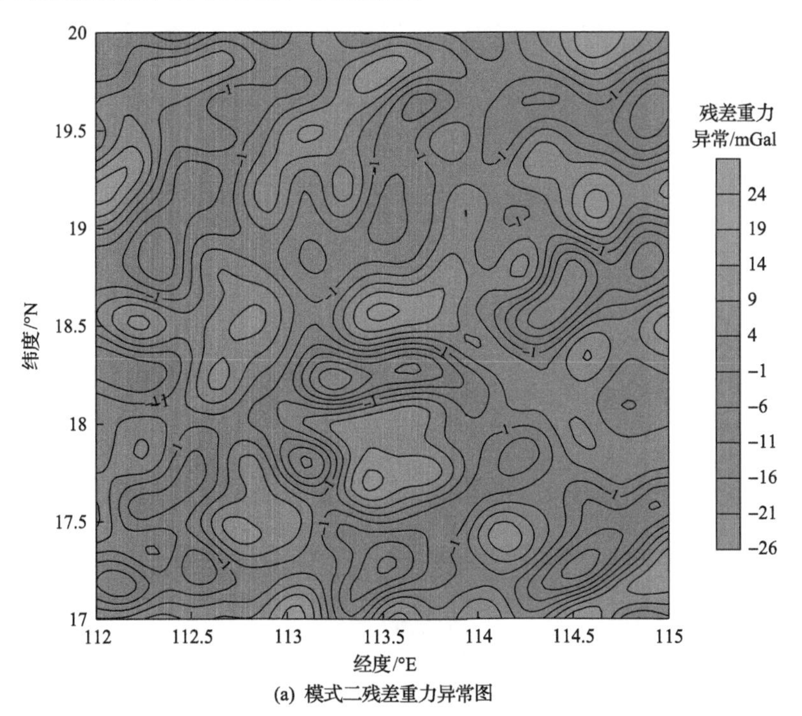

(a) 模式二残差重力异常图

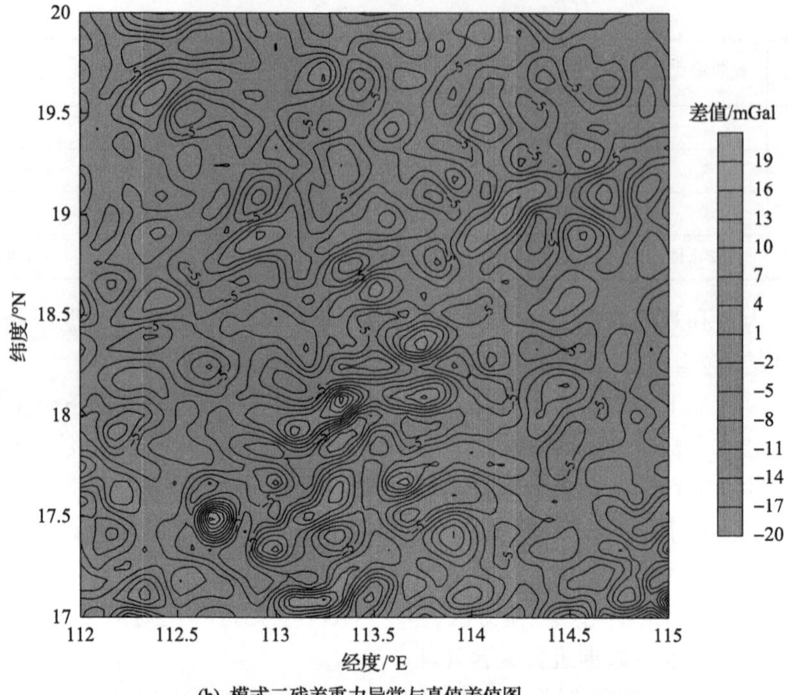

(b) 模式二残差重力异常与真值差值图

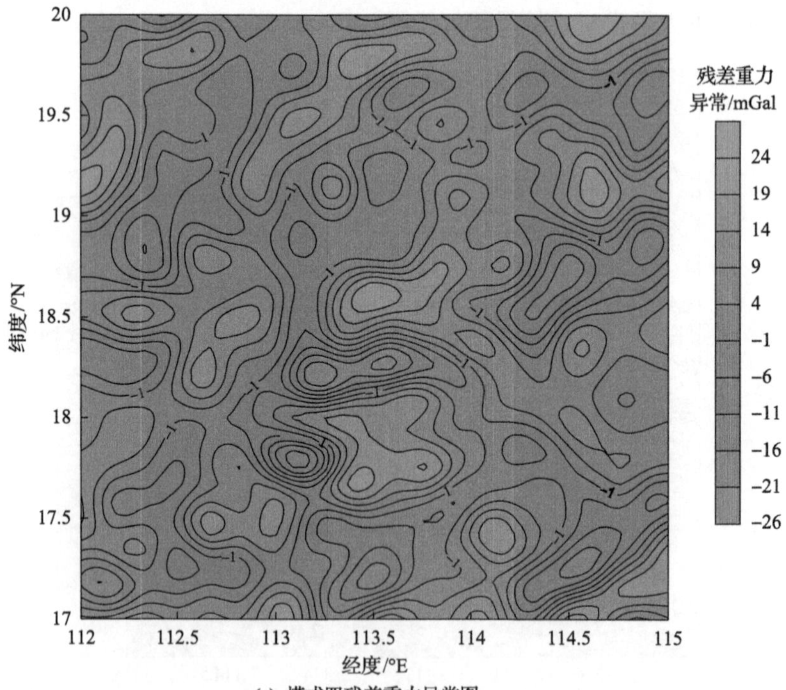

(c) 模式四残差重力异常图

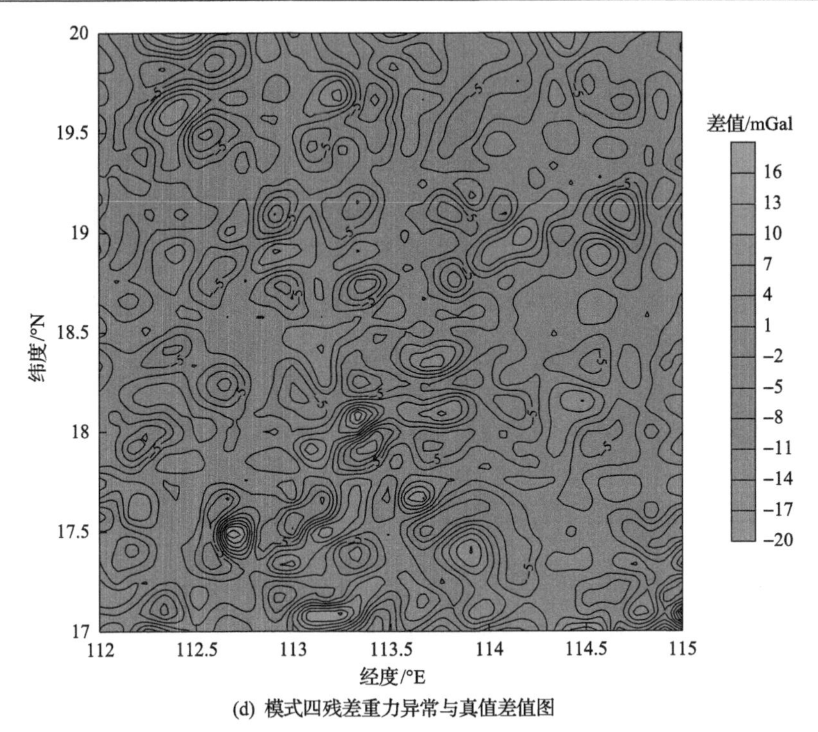

(d) 模式四残差重力异常与真值差值图

图 12.10　观测误差为 e_2 时点质量方法计算结果对应的残差重力异常图和残差重力异常与真值差值图

从表 12.8～表 12.10 和图 12.10 可以看出:

(1) 传统点质量观测方程存在比较严重的病态性是不争的事实，且病态程度随航空重力测量高度的增大而明显加大。但对于无观测误差影响下的向下延拓过程(见表 12.8)，无论是使用传统模型的模式一，还是使用正则化模型的模式二，其对应的点质量解算结果都是可靠有效的。这个结论与前一专题使用传统配置模型所做同样试验得到的结论有很大的差异，在前面的试验中，传统配置解几乎都是失效的。这一方面说明点质量观测方程的病态性不如配置法严重，另一方面也说明点质量方法几乎不存在由模型简化即系数矩阵构制过程引入的模型误差。

(2) 在观测噪声作用下，传统点质量解的稳定性和精度都明显降低，且随着观测误差量值和测量高度的增大而快速降低，这与前面进行的理论分析也是相吻合的。在引入正则化方法后，点质量解的稳定性和精度都得到明显改善，观测误差量值越大，测量高度越高，其相对改善幅度越显著。即使受到量值较大的观测误差 e_2 (系统偏差为 2mGal，标准差为±3mGal，均方根为±3.61mGal) 的作用，模式二在不同测量高度上也分别获得了标准差为 2.63mGal、3.28mGal、3.98mGal 和 4.91mGal 的对比精度，再次验证正则化方法能够有效抑制病态观测方程系数矩阵对观测噪声的放大效应。

(3)相对于单独使用航空重力数据的模式二，联合使用海面船载重力数据和航空重力数据进行点质量解算的模式四的计算结果精度在标准差和均方根值指标上都有一定程度的改善，但改善幅度比较有限。高精度海面测量数据对较低精度航空观测数据系统偏差的修正作用也不够明显(见表 12.9 和表 12.10 中的平均值一栏)。这个结论与 12.3.5 节使用正则化配置模型进行同样试验得到的结论略有差异，在前面的试验中，高精度海面测量数据的控制作用比较明显。这个结果可能与点质量观测方程中的核函数收敛较快，而配置法中使用的协方差函数模型收敛相对平缓有关。因为核函数收敛较快在一定程度上限制了海面船载重力数据的控制作用范围。

(4)将表 12.8～表 12.10 和表 12.5～表 12.7 进行对比不难看出，在几乎完全相同的试验条件下，正则化点质量模型解的稳定性和精度都全面优于相对应的正则化配置解。这个结果可能与点质量观测方程具有较好的确定性有关。

12.4.5　专题小结

以 Bjerhammar 边值问题理论为支撑的虚拟点质量模型，在多源重力数据融合处理中具有许多独特的优势：一是观测方程结构简单而严密；二是能够联合处理多种类型的重力数据。但由于求解点质量涉及一个将观测量向下解析延拓到地球内部虚拟球面的逆过程，而向下延拓总是欠适定的。因此，点质量解算过程客观上存在不稳定性。针对此问题，本专题研究特别引入 Tikhonov 正则化方法，对点质量模型进行正则化改造，建立了相应的正则化点质量解算新模型。基于 EGM2008 位模型模拟产生航空重力和海面船载重力数据进行了融合处理仿真试验，数值计算与分析结果表明，对传统点质量模型进行正则化改造，可完全消除或显著减弱系数矩阵的病态性，有效抑制病态矩阵小奇异值放大噪声对点质量解的污染，提高解算结果的精度和稳定性。

需要指出的是，本专题研究只针对航空重力和海面船载重力数据进行了融合处理仿真试验，所得结论未必具有普适性。为了更加全面地掌握点质量模型的技术特性，有必要继续开展联合重力异常、高程异常和垂线偏差等多种观测量求解点质量，进而恢复地球重力场的试验和研究，以期获得对点质量模型更全面、更准确的评价。

12.5　融合多源重力数据的纯解析模型

12.5.1　问题的提出

本章前面两个专题讨论的多源重力数据融合问题，都是直接针对各类观测量的原始空间和物理形态展开的，既不需要事先对不同观测面上的观测数据进行向下延拓归一化处理或向上延拓归一化处理，也不需要事先对不同类别的观测量进行同类化处理。显然，这样的处理模式在内在融合性、计算效率和便捷性等诸多方面具有比较明显的优势，但必须指出的是，在实际应用中，人们遇到最多的还是同类数据在同一观测面的重力数据融合问题。例如，不同时期、不同精度、不同分辨率的海面船载重力数据内部融合问题，海面船载重力与卫星测高反演重力数据的相互融合问题，还有海面船载重力、卫星测高反演重力与延拓归算到海平面上的航空重力数据交叉融合问题等(这也是本书第 11 章特别将航空重力测量数据向下延拓作为专题研究的主要原因)。而在各类重力场参量中，地面重力异常是地球重力场最原始的基础性资料，大地测量、空间科学及地球物理等学科进行理论和应用研究，都要求以一定密度和精度的重力异常资料为基础数据模型，进而开展各种应用计算和推演，理论上甚至要求重力异常能够连续地布满整个地球表面。因此，关于地面重力异常的融合问题是现实中最常见也是最重要的一类多源重力数据融合问题，本章将其称为多源重力数据纯融合问题。毫无疑问，前面介绍的统计法和解析法同样适用于多源重力数据纯融合问题。但这类问题已经归结为单纯的重力异常内插与推估问题，因此人们更愿意使用相对简单的方法进行处理。其中，应用最多的要数从数学领域引入的函数插值和逼近方法，本专题研究将其称为纯解析融合处理方法，简称纯解析法，双线性内插、加权中数和名目繁多的曲面内插模型都是纯解析法的典型代表。

为了说明数据融合统计法和解析法之间的联系与差异，本节特意将配置法计算模型中的式(12.8)和点质量方法计算模型中的式(12.43)重复如下：

$$\hat{\boldsymbol{S}}' = \boldsymbol{C}_{S'S}(\boldsymbol{C}_S + \boldsymbol{C}_\Delta)^{-1}\boldsymbol{l} \tag{12.44}$$

$$\boldsymbol{L}' = \boldsymbol{C}_P(\boldsymbol{A}^{\mathrm{T}}\boldsymbol{P}\boldsymbol{A})^{-1}\boldsymbol{A}^{\mathrm{T}}\boldsymbol{P}\boldsymbol{L} \tag{12.45}$$

不难看出，式(12.44)和式(12.45)可统一写为

$$\boldsymbol{L}_P = \boldsymbol{Q}_P\boldsymbol{L} \tag{12.46}$$

其中

$$\boldsymbol{Q}_P = \boldsymbol{C}_{S'S}(\boldsymbol{C}_S + \boldsymbol{C}_\Delta)^{-1} \tag{12.47}$$

或

$$\boldsymbol{Q}_P = \boldsymbol{C}_P(\boldsymbol{A}^{\mathrm{T}}\boldsymbol{P}\boldsymbol{A})^{-1}\boldsymbol{A}^{\mathrm{T}}\boldsymbol{P} \tag{12.48}$$

式(12.46)的纯量形式为

$$g_i = \sum_{j=1}^{m} q_{ij} g_j \tag{12.49}$$

式中，g_i 为第 i 个待求的重力场参数；g_j 为第 j 个已知的重力观测量；q_{ij} 称为权因子，具体由式(12.47)或式(12.48)确定。

从以上转换结果可以看出，配置法估值计算模型和点质量方法估值计算模型在形式上最后都归结为简单的加权中数模型，待估参数均可表示为观测量的线性组合，不同的只是确定权系数的方法。前者的权系数由协方差函数模型确定，后者的权系数由特定的核函数确定。如果是纯解析推值，则其权系数直接由选定的基函数计算。当取协方差函数模型为基函数时，两者在形式上和内容上都将取得完全一致。但必须指出的是，统计推值和纯解析推值在本质上还是有很大区别的。首先它们的推导途径各不相同，统计推值主要基于数理统计原理；纯解析推值则来源于函数逼近理论。更重要的是，协方差函数模型的性质不同于一般的基函数。从原始意义上讲，重力异常协方差的数值代表着相距为 d 的两点重力异常的统计相关程度，相距近的点相关性大，相距远的点相关性小。理论上要求协方差函数模型必须具有对称性、规则性和正定性。用于物理大地测量一般性计算问题的协方差函数模型还必须满足在地球外部是调和函数。而纯解析推值使用的基函数形式可以多种多样，各种简单函数如一般多项式、三角函数、样条函数、多面函数等都可以作为纯解析推值的基函数，因此选择基函数的范围要比协方差函数模型大得多。但是从另一方面讲，正是由于统计法要求知道推估信号与已知观测量的相关特性，才有可能将此方法发展为使用不同类型的数据去推估扰动场任意场元的配置理论。这一事实也正好揭示了最小二乘推估区别于内插同一种类重力参量的纯解析推值的本质所在。因此，从一般意义上讲，相比于纯解析推值，统计推值的适用条件更严、应用范围更广。但正如前面所述，要想精确求定某一区域的协方差函数模型并不是一件容易的事，由试验得到的协方差函数模型只是一种具有平均意义的拟合函数。已有内插实践表明，使用这样的拟合函数进行推值计算，往往只能得到一个比较平滑的信号场(黄谟涛等，2005)。

考虑到实际应用中的现实需求，本专题研究将在前面介绍的配置法和点质量方法的基础上，进一步探讨融合多源重力数据的纯解析法应用问题，特别针对不同手段获取的重力异常数据进行融合解析建模。根据不同的数据特点，提出基于双权因子的多源数据网格化一步融合处理方法和基于分步平差、拟合、推估和内插相结合的多步融合处理方法，并通过实际算例验证两种纯解析法的有效性。

12.5.2　一步融合处理模型

为明确起见，本节首先将本专题研究的多源重力数据融合问题描述为：以卫星测高、航空和海面船载重力测量手段获取且已归算到平均海面的重力异常为基础，选择合理的数学模型，通过多源信息融合处理手段，构建阶段性优化的网格化基础数据模型，为后续应用提供数据支撑。

从以上问题描述可以看出，本专题研究的多源重力数据融合问题，实际上已经转换为网格化重力异常数字模型构建问题，也就是重力数据拟合插值问题。与普通拟合插值不同的是，这里要同时顾及多源数据的空间相关性和精度水平差异，即需要考虑两个方面因素的影响：一是已知点到数据内插点的距离因素；二是已知点的观测精度因素。为此，本专题研究依据经典的简单实用的加权中数建模思想，提出基于双权因子的重力数据网格化内插模型为

$$\Delta g_j = \frac{\sum_{i=1}^{n} p_1(d_{ij}) p_2(m_i) \Delta g_i}{\sum_{i=1}^{n} p_1(d_{ij}) p_2(m_i)} \tag{12.50}$$

式中，Δg_j 为待计算的网格点重力异常；Δg_i 为已知的观测点重力异常；$p_1(d_{ij})$ 和 $p_2(m_i)$ 分别为反映距离远近和观测精度因素影响的权因子。

参照 Shepard 方法的定权原则(李建成等，2003)，取权因子 $p_1(d_{ij})$ 为

$$p_1(d_{ij}) = \begin{cases} 1/(d_{ij}+\varepsilon)^2, & 0 \leqslant \Delta\varphi_{ij} \leqslant \dfrac{\Delta\varphi_0}{3},\ 0 \leqslant \Delta\lambda_{ij} \leqslant \dfrac{\Delta\lambda_0}{3} \\ \left[\dfrac{27}{4D_j}\left(\dfrac{d_{ij}}{D_j}-1\right)\right]^2, & \dfrac{\Delta\varphi_0}{3} < \Delta\varphi_{ij} \leqslant \Delta\varphi_0,\ \dfrac{\Delta\lambda_0}{3} < \Delta\lambda_{ij} \leqslant \Delta\lambda_0 \\ 0, & \Delta\varphi_{ij} > \Delta\varphi_0,\ \Delta\lambda_{ij} > \Delta\lambda_0 \end{cases} \tag{12.51}$$

其中

$$d_{ij} = [\Delta\varphi_{ij}{}^2 + (\Delta\lambda_{ij}\cos\varphi_j)^2]^{1/2}$$

$$D_j = [\Delta\varphi_0{}^2 + (\Delta\lambda_0\cos\varphi_j)^2]^{1/2}$$

$$\Delta\varphi_{ij} = |\varphi_i - \varphi_j|$$

$$\Delta\lambda_{ij} = |\lambda_i - \lambda_j|$$

式中，$(\varphi_i,\ \lambda_i)$ 为已知观测点坐标；$(\varphi_j,\ \lambda_j)$ 为网格点坐标；$\Delta\varphi_0$、$\Delta\lambda_0$ 分别为内插数据窗口在纬度方向和经度方向上的半宽度，一般取 $\Delta\varphi_0 = \Delta\lambda_0$，其大小视内插

网格和观测点分布密度而定，单位取为角分；ε是为防止权函数分母趋于零而加上的小正数。

式(12.50)中的权因子 $p_2(m_i)$ 一般取为

$$p_2(m_i)=1/m_i^2 \tag{12.52}$$

式中，m_i 为已知点观测值中误差(mGal)。

m_i 主要用于反映不同数据源观测精度的差异，在同一种数据源内部，m_i 一般取为常值。对于空间分辨率和观测精度都有明显差异的多源重力观测数据，$p_1(d_{ij})$ 和 $p_2(m_i)$ 双权因子可起到对内插值贡献大小进行合理调配的作用，满足“距离越近，贡献越大；精度越高，贡献也越大”的基本要求。

12.5.3　分步融合处理模型

由前面的论述不难看出，计算过程简单易行是一步融合处理方法的最大特点，当多源数据空间分布比较均匀，特别是精度和可靠性指标占优的海面船载重力数据分布密度相对较高时，一步融合处理方法有望获得比较理想的计算效果。但实际情况并非全都如此，考虑到海面船载重力的高精度和卫星测高与航空测量手段的高效性，将稀疏船载重力数据作为控制，通过融合处理方法校正后面两种数据源的系统性和趋势性偏差，从而达到提高重力数值模型整体精度和可靠性的目的，必然成为未来这个领域的发展趋势。针对多源重力数据空间分布差异比较显著的情形，如果仍然使用一步融合处理方法来建立网格化数字模型，那么在局部区域，如在船载重力测线的中间地带，可能出现船载重力数据控制空白的情况，这些区域的卫星测高数据或航空重力测量数据将得不到有效修正，融合处理的整体效果必将受到影响。为此，本专题研究进一步提出基于分步平差、拟合、推估和内插相结合的多源重力数据融合处理方法，其主要思想是使用较高质量的数据源去校正较低质量的数据源。现以卫星测高与船载重力两种数据源融合处理为例，将其具体计算模型介绍如下。

首先将卫星测高和船载重力两种数据源的系统误差综合效应表示为如下形式的趋势面函数(李志林等，2003)：

$$\delta\Delta g = F(\varphi,\lambda) = a_0 + a_1\Delta\varphi + a_2\Delta\lambda + a_3\Delta\varphi\Delta\lambda + a_4\Delta\varphi^2 + a_5\Delta\lambda^2 + \sum_{i=1}^{n} b_i Q(\varphi,\lambda,\varphi_i,\lambda_i) \tag{12.53}$$

其中

$$Q(\varphi,\lambda,\varphi_i,\lambda_i) = [(\varphi-\varphi_i)^2 + (\lambda-\lambda_i)^2\cos^2\varphi + c]^{1/2}$$

式中，$\delta\Delta g = F(\varphi,\lambda)$ 为误差综合效应；(φ,λ) 为测点坐标；$\Delta\varphi = \varphi - \varphi_{\min}$，$\Delta\lambda = \lambda - \lambda_{\min}$，$(\varphi_{\min} \sim \varphi_{\max}, \lambda_{\min} \sim \lambda_{\max})$ 为两种数据源重叠区域大小；a_i、b_i 为待定系数；$Q(\varphi,\lambda,\varphi_i,\lambda_i)$ 为多面函数；(φ_i,λ_i) 为数据节点坐标，一般选取测点局部特征点(即局部最大最小值点)作为数据节点；c 为拓展因子，一般选为与测点最小间距大小相当。

根据式(12.53)，可将卫星测高和船载重力的观测数学模型表示为

$$\Delta g = \Delta g_0 + F(\varphi,\lambda) + \varDelta \tag{12.54}$$

式中，Δg 为重力异常观测值；Δg_0 为重力异常真值；$\varDelta$ 为偶然误差影响项。

利用卫星测高重力异常可以内插出船载重力各个测点(这里把船载重力测点称为公共重复测点)上的重力异常，设 $\varDelta$ 的改正数为 v，则可在卫星测高和船载重力的公共重复测点上建立如下形式的误差方程式：

$$v_k^w - v_k^c = -F_k^w(\varphi,\lambda) + F_k^c(\varphi,\lambda) + (\Delta g_k^w - \Delta g_k^c) \tag{12.55}$$

式中，下标 k 代表公共测点的序号；上标 w 代表卫星测高；上标 c 代表船载重力测量。

将式(12.55)写成矩阵形式为

$$\boldsymbol{V}^{(w,c)} = \boldsymbol{A}^{(w,c)}\boldsymbol{X}^{(w,c)} - \boldsymbol{L}^{(w,c)} \tag{12.56}$$

式中，$\boldsymbol{V}$ 为卫星测高数据和船载重力数据不符值总改正数向量；$\boldsymbol{X}$ 为系统误差模型的待求参数向量；$\boldsymbol{A}$ 为系数矩阵；$\boldsymbol{L}$ 为卫星测高和船载重力对应点的不符值向量；上标 (w,c) 为卫星测高和船载重力数据对应测点的相关值。

在误差方程式(12.56)中，由两种数据源相减获得的不符值 $\boldsymbol{L}$ 是一种相对观测量，因此通过平差只能唯一地确定其待求参数的相对变化量，要想求得误差模型的绝对参量，必须增加必要的约束条件。为了简化数据处理解算过程，本节参照黄谟涛等(2002)的研究思路，将卫星测高和船载重力的融合处理分为四步进行。

第 1 步，使用条件平差方法对卫星测高和船载重力公共测点进行平差，根据式(12.55)，可将条件平差模型简写为

$$\boldsymbol{B}\overline{\boldsymbol{V}} - \boldsymbol{L} = \boldsymbol{0} \tag{12.57}$$

式中，$\overline{\boldsymbol{V}}$ 为包含偶然误差 $\varDelta$ 和系统误差 $\delta\Delta g$ 在内的改正数向量；$\boldsymbol{B}$ 为由 1 和–1 组成的系数矩阵；$\boldsymbol{L}$ 仍为卫星测高和船载重力对应点的不符值向量。

方程式(12.57)的最小二乘解为

$$\overline{\boldsymbol{V}} = \boldsymbol{P}^{-1}\boldsymbol{B}^{\mathrm{T}}(\boldsymbol{B}\boldsymbol{P}^{-1}\boldsymbol{B}^{\mathrm{T}})^{-1}\boldsymbol{L} \tag{12.58}$$

相应的协因数阵为

$$\boldsymbol{Q}_{\overline{V}} = \boldsymbol{P}^{-1}\boldsymbol{B}^{\mathrm{T}}(\boldsymbol{B}\boldsymbol{P}^{-1}\boldsymbol{B}^{\mathrm{T}})^{-1}\boldsymbol{B}\boldsymbol{P}^{-1} \tag{12.59}$$

式中，$\boldsymbol{P}$ 为 $\boldsymbol{L}$ 的权矩阵。

第 2 步，根据现代测量平差理论（黄维彬，1992），按式(12.58)求得分别对应于卫星测高和船载重力的 $\overline{\boldsymbol{V}}$ 值以后，可进一步将 $\overline{\boldsymbol{V}}$ 作为一类新型的观测量，使用与式(12.53)相同的误差模型函数，对包含偶然误差和系统误差的 $\overline{\boldsymbol{V}}$ 值进行滤波处理。与前面列出的误差方程式(12.56)不同的是，这里只需分别独立地处理卫星测高数据和船载重力数据在重叠点处的观测信息（即 $\overline{\boldsymbol{V}}$ 值）。设卫星测高数据所对应的观测向量为 $\boldsymbol{L}^{w} = \overline{\boldsymbol{V}}^{w}$，误差模型待求参数向量为 $\boldsymbol{X}^{w}$，则类似于式(12.56)，可建立相应的误差方程式为

$$\boldsymbol{V}^{w} = \boldsymbol{A}^{w}\boldsymbol{X}^{w} - \boldsymbol{L}^{w} \tag{12.60}$$

其最小二乘解为

$$\boldsymbol{X}^{w} = (\boldsymbol{A}^{w\mathrm{T}}\boldsymbol{P}_{\overline{V}}^{w}\boldsymbol{A}^{w})^{-1}\boldsymbol{A}^{w\mathrm{T}}\boldsymbol{P}_{\overline{V}}^{w}\boldsymbol{L}^{w} \tag{12.61}$$

式中，$\boldsymbol{A}^{w}$ 和 $\boldsymbol{P}_{\overline{V}}^{w}$ 分别为对应于卫星测高数据的误差方程系数矩阵和观测向量 $\overline{\boldsymbol{V}}^{w}$ 的权矩阵，实际计算时可视为等精度处理。

前面是把卫星测高数据作为一个整体来处理的，对于船载重力数据，考虑到测量过程中测线数据内部的相关性要比测线与测线之间的相关性更强，因此可对每条测线进行独立处理，此时，其误差模型可在式(12.53)的基础上简化为单一自变量模型，自变量可选为单一测线上的航行时间或测线弧长，具体形式不再列出。

第 3 步，在完成误差方程解算后，可分别利用相应的误差模型对卫星测高和船载重力数据进行系统误差改正。

第 4 步，将经过系统误差改正后的卫星测高和船载重力数据视为等精度观测，按前面介绍的一步融合处理方法完成网格化重力数值模型构建，此时，只需考虑反映距离远近因素影响的单一权因子 $p_1(d_{ij})$。

以上即为分步融合处理卫星测高和船载重力两种数据源的计算流程。当同时存在卫星测高、航空测量和船载重力三种数据源需要融合处理时，考虑到船载重力数据具有较高的精度和可靠性，因此可按照计算流程的前 3 步分别完成船载重力与卫星测高数据、船载重力与航空测量数据之间的系统偏差校正，最后使用经误差补偿后的三种数据源按第 4 步完成网格化重力数值模型的构建。

12.5.4　数值计算检验与分析

为了验证前面提出的多源数据纯解析法的有效性，本专题研究选用一个海上实际重力观测网数据和对应区域的卫星测高数据进行融合处理与分析。船载重力观测网由东西向布设的 50 条主测线和南北向布设的 4 条检查测线组成，测点总数为 180012 个，观测值变化范围为–101.0～110.4mGal，主测线间距约为 10km，检查测线间距约为 100km，共求得主测线、检查测线有效交叉点重力不符值 200 个，主测线、检查测线相交内符合精度为 0.68mGal；卫星测高数据采用丹麦国家空间中心于 2010 年发布的覆盖全球的 1′×1′空间重力异常数据集 DNSC08（Andersen et al.，2010），作者对近岸测高数据进行了二次波形重构处理，因此该数据集的整体精度得到显著提升，在部分海区与船载重力对比的符合精度优于 4mGal。本算例使用的数据覆盖范围为 4.5°×4°，包括 1′×1′网格卫星测高重力数据 64800 个，卫星测高重力与相对应的船载重力测点分布示意图如图 12.11 所示。由网格点卫星测高重力内插船载重力离散点处卫星测高重力，可求得它们之间的不符值，具体统计结果如表 12.11 所示（见误差补偿前行）。

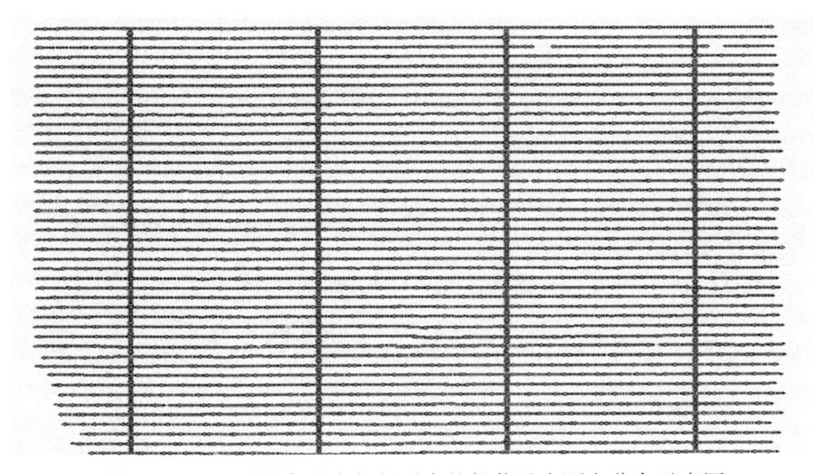

图 12.11　卫星测高重力与相对应的船载重力测点分布示意图

表 12.11　测点船载重力与卫星测高内插重力不符值统计结果（单位：mGal）

误差补偿情况	最大值	最小值	平均值	均方根	标准差
误差补偿前	20.49	–23.58	–2.21	4.00	3.34
误差补偿后	10.11	–10.46	–0.00	1.45	1.45

首先使用本专题研究提出的一步融合处理数学模型对卫星测高和船载重力数据进行融合处理，形成融合处理后的 1′×1′空间重力异常数据模型（记为融合模型

1)，计算时取内插窗口半宽度 $\Delta\varphi_0 = \Delta\lambda_0 = 1.1'$，海面船载重力观测值中误差取为 $m_1 = \pm 1\text{mGal}$，卫星测高重力观测值中误差取为 $m_2 = \pm 5\text{mGal}$。

接着使用本专题研究提出的多步融合处理数学模型对卫星测高数据和船载重力数据进行融合处理，形成融合处理后的另一套 $1'\times1'$空间重力异常数据模型(记为融合模型 2)，计算参数取值与前面相同。经误差补偿后的卫星测高与船载重力相交点不符值统计结果也列于表 12.11(见误差补偿后行)。

为了说明融合模型 1 和融合模型 2 对船测重力数据的符合程度，本节分别使用融合模型 1 和融合模型 2 网格数据内插船载重力测量点位上的重力异常，并将其与船载重力数据进行比较，计算结果如表 12.12 所示。同时，求融合模型 1 与融合模型 2 之间的互差，得到的统计结果也列于表 12.12，两模型互差值影像示意图如图 12.12 所示。表 12.13 同时列出了融合模型 1 和融合模型 2 与 $1'\times1'$网格卫星测高重力数据的对比统计结果。

表 12.12　融合模型值与船载重力数据互差统计结果　(单位：mGal)

模型	最大值	最小值	平均值	均方根	标准差
融合模型 1	15.82	–14.87	–0.08	1.24	1.24
融合模型 2	15.72	–15.01	0.00	1.23	1.23
融合模型 1-融合模型 2	14.19	–22.55	–1.07	2.28	2.01

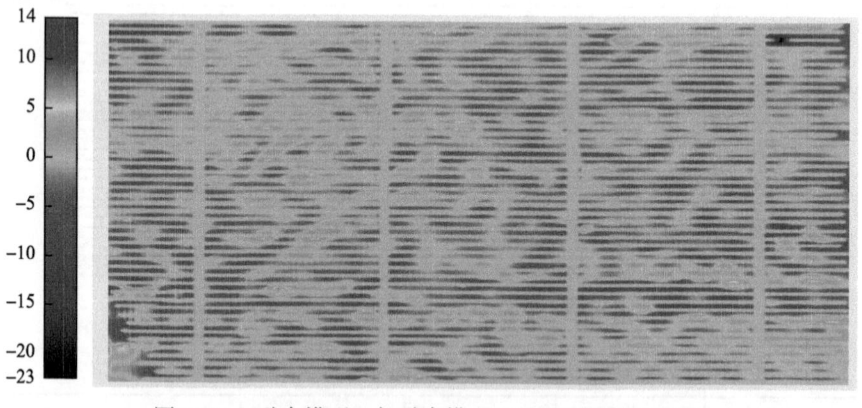

图 12.12　融合模型 1 与融合模型 2 互差值影像示意图

表 12.13　融合模型值与卫星测高重力数据互差统计结果　(单位：mGal)

模型	最大值	最小值	平均值	均方根	标准差
融合模型 1	23.00	–16.43	1.21	2.86	2.59
融合模型 2	25.80	–18.12	2.29	3.80	3.03

由表 12.12 计算结果和图 12.12 可知，虽然两个融合模型对船载重力数据的逼近度都很高，但两融合模型互差值在一些区域出现了比较明显的阶梯式变化。这显然与一步融合处理方法在船载重力测线中间地带出现船载重力数据控制空白情况有关，在这些区块，卫星测高重力数据得不到有效修正，因此在局部区域融合重力异常可能出现阶梯式变化。表 12.12 和表 12.13 结果说明，融合模型 1 只是在船测点位附近取得了较好的融合效果，在其他大部分区块主要还是体现卫星测高单一数据源的作用。与此相反，多步融合处理方法则是通过分步平差和误差补偿，从整体上消除两种数据源之间的不符，因此不会出现阶梯式变化现象，能够同时体现两种数据源的互补作用。结合表 12.11～表 12.13 和图 12.12 可以看出，对整体融合效果而言，融合模型 2 要明显好于融合模型 1，特别是在消除两种数据源之间的系统偏差方面，融合模型 2 优势更加明显。这样的结果充分体现了以稀疏高精度数据为控制，修正其他较低精度数据源这一纯解析法的主要特点。

12.5.5　专题小结

针对海域多源重力观测数据的技术特点，本专题研究提出了一步融合处理方法和多步融合处理方法，一步融合处理方法适用于多源数据分布密度比较均匀的区域建模，当多源数据分布密度差异较大时，使用多步融合处理方法可望获得更好的融合效果。相较于传统的统计融合处理方法，纯解析法具有计算过程简单、使用更方便、解算结果确定性更高等诸多优点，具有较高的推广应用价值。

需要指出的是，应用纯解析法的前提条件是，处于不同高度观测面上的不同类型观测量已经事先归算到同一基准面。对于最典型的应用，即多源重力异常数据融合问题，就意味着必须首先完成航空重力测量数据向下延拓计算，此过程必然涉及反问题的不适定性。因此，多源重力数据融合一般都涉及病态方程求解问题。区别是，前面介绍的配置法(即统计法)和点质量方法(这里称为整体解析法)都是一次性处理不同高度观测面上的不同类型观测量，而本章介绍的纯解析法是将整个数据融合过程划分为两个独立阶段进行，即向下延拓计算加上解析拟合内插。显然，一步融合处理方法涉及的是多源观测病态方程求解问题，多步融合处理方法涉及的只是在向下延拓阶段的单要素观测病态方程求解问题。从地面观测数据能够起到一定的控制作用考虑，一步融合处理方法对提高问题解的稳定性无疑是有利的。但从另一方面讲，这种联合处理过程中的病态性对高精度数据源的污染效应也是显而易见的。因此，在统一采用正则化处理不适定问题的同等条件下，多步融合处理方法更具确定性，有望取得更稳定的融合解算结果。本书在第 11 章已经提出了多种避免病态问题求解的航空重力测量数据向下延拓计算方法，这就为多源重力数据纯解析法的应用提供了必要的技术基础。

12.6 本章小结

联合不同频谱属性、分辨率、空间分布和误差特性的多型数据，构建高精度高分辨率的重力场基础数据模型，是进一步开展重力场逼近计算、地球科学研究及其军事应用研发不可或缺的前提条件。围绕海域多源重力测量数据融合处理问题，本章首先简要分析总结了海域多源重力数据的技术特点，分别构建了融合多源重力数据的正则化配置模型和正则化点质量模型，提出了融合同类多源重力数据的纯解析法。

在完成必要的理论分析和推演的基础上，本章使用大量的模拟仿真和海上实际观测数据，对新建立起来的各类模型和算法进行了比较充分的验证和评估，对不同方案的数值计算结果进行了比较深入的分析和讨论，取得了一些有实用价值的研究成果。相比较而言，在相同的试验条件下，正则化点质量模型解的稳定性和精度都全面优于相对应的正则化配置解。在使用本书第 11 章提出的新方法首先完成航空重力测量数据向下延拓计算的前提条件下，应用纯解析法融合同类多源重力数据，有望取得比正则化点质量模型和配置模型更加稳定的融合解算结果。

第 13 章　海域外部重力场逼近计算技术

13.1　引　言

面向海空重力测量技术体系建设和多领域应用需求，本书前面的章节已经先后对海空重力测量技术体系架构设计、海空重力测量基本原理与计算模型、海洋重力场变化特征模型构建与技术设计、海空重力测量关键技术指标要求、海空重力测量精密定位、数据滤波、测量误差形成机理与补偿、地面重力数据向上延拓、航空重力数据向下延拓等科学问题进行了分析研究和论证，依次回答并解决了"为什么测""测到什么程度""用什么测""怎么测""怎么评估""怎么处理"等一系列技术难题。本章将在此基础上，继续研究解决完成数据获取和分析处理后"怎么用"的问题，重点针对海空重力测量数据在海域外部重力场逼近赋值领域的应用需求，开展赋值模型构建研究论证和数值计算检验。

13.2　海域超大范围外部重力场快速赋值模型

13.2.1　问题的提出

地球外部重力场赋值是局部重力场逼近计算的主要研究内容之一，也是大地测量边值问题解算的最终目的(Moritz，1966)。此项研究在空间科学研究领域具有重要的应用价值(Heiskanen et al.，1967；黄谟涛等，2005)。在地球外部空间飞行的人造卫星和各类飞行器由于受到地球扰动引力场的作用，其飞行轨道必定会偏离正常的椭圆轨道，即产生轨道摄动。为了精准确定飞行轨道摄动，必须精确计算飞行器在飞行过程中受到的地球扰动引力矢量，这便是开展外部重力场赋值研究的目的所在(陆仲连等，1993；黄谟涛等，2005)。

当前应用于外部重力场赋值的计算模型主要有 3 类：①基于全球重力位模型的球谐函数展开式(Heiskanen et al.，1967；陆仲连等，1993；黄谟涛等，2005；王建强等，2013a)；②基于经典 Stokes 边值理论的直接积分模型(Heiskanen et al.，1967；吴晓平，1992)；③基于现代 Bjerhammar 边值理论的点质量模型(Bjerhammar，1964；吴晓平，1984；黄谟涛，1991；黄谟涛等，2005)。已有研究结果表明，3 类模型各有不同的技术特征和适用条件，球谐函数展开式主要用于扰动重力的长波部分计算(陆仲连等，1993；黄谟涛等，2005)，但受计算时间的限制，球谐函数展开式的阶次不宜取得过高；积分模型不需要对地面重力数据进行进一步的转换处理，但其在超低空存在奇异性和无法顾及地形效应的缺陷，在一定程度上限制了该模型的应用(黄谟涛，1991；黄谟涛等，2005)；点质量模型对超低空扰动重力场具有较强的恢复能力，但赋值之前需要完成地面重力数据到点质量的转换，其中涉及较大规模线性方程组的解算问题(吴晓平，1984；黄谟涛，1991；陆仲连等，1993；黄谟涛等，2005)。吴晓平(1984)最早将点质量模型引入我国重力场逼近计算研究领域；黄金水等(1995)根据内部场源与外部场的频谱响应关系，提出了扰动重力频谱响应质点模型的构建方法。此后有诸多学者陆续开展了点质量解算方法和扰动引力快速赋值模式研究(赵东明等，2001；张皞，2007；郑伟等，2007；王建强等，2010；江东等，2011；马彪等，2012)，但已有研究成果主要针对局部区域固定点模式的外部重力场赋值，几乎不涉及海域超大范围流动点模式的外部重力场快速赋值问题。远程飞行器对重力场的保障需求主要体现为扰动引力矢量计算精度和速度两个方面，在确保精度指标要求的前提下，如何突破扰动引力的计算速度指标是该研究领域当前面临的主要挑战。飞行器海域发射阵位具有高度机动性和覆盖范围广的显著特点，因此与陆地固定发射阵位相比较，远程飞行器对海域外部空间重力场赋值的技术要求更高，特别是数据准备阶段的实时性要求更高。针对这种特定的需求，本专题研究将在深入分析现有赋值模式技术特点的基础上，探讨联合应用多种模式构建一种能够兼备各自模式优良特性的综合模型的可能性，同时从工程化应用角度出发，提出传统赋值模式的改进方案，并对改进效果进行量化评价，为远程飞行器重力场保障提供技术支撑。

13.2.2　传统赋值模型及适用性分析

13.2.2.1　球谐函数展开式

计算地球外部扰动引力三分量的球谐函数展开式为(Heiskanen et al.，1967)

$$\delta g_r = -\frac{GM}{r^2}\sum_{n=2}^{N}(n+1)\left(\frac{a}{r}\right)^n\sum_{m=0}^{n}(\bar{C}_{nm}^*\cos(m\lambda)+\bar{S}_{nm}\sin(m\lambda))\bar{P}_{nm}(\sin\varphi) \tag{13.1}$$

$$\delta g_\varphi = \frac{GM}{r^2}\sum_{n=2}^{N}\left(\frac{a}{r}\right)^n\sum_{m=0}^{n}(\bar{C}_{nm}^*\cos(m\lambda)+\bar{S}_{nm}\sin(m\lambda))\frac{\mathrm{d}\bar{P}_{nm}(\sin\varphi)}{\mathrm{d}\varphi} \tag{13.2}$$

$$\delta g_\lambda = -\frac{GM}{r^2\cos\varphi}\sum_{n=2}^{N}\left(\frac{a}{r}\right)^n\sum_{m=0}^{n}m(\bar{C}_{nm}^*\sin(m\lambda)-\bar{S}_{nm}\cos(m\lambda))\bar{P}_{nm}(\sin\varphi) \tag{13.3}$$

式中，$(r,\ \varphi,\ \lambda)$分别为计算点地心向径、地心纬度和地心经度；GM 为万有引力常数与地球质量的乘积；a 为地球椭球长半轴；$\bar{C}_{nm}^{*}$ 和 $\bar{S}_{nm}$ 为完全正常化位系数；$\bar{P}_{nm}(\sin\varphi)$ 为完全规格化缔合勒让德函数；N 为展开式的最高阶次。

在实际应用中，球谐函数展开式首先用于远程飞行器主动段飞行轨迹扰动引力长波段的计算，然后用于被动段飞行轨迹扰动引力全频段的计算。因此，它是扰动引力计算模型必不可少的组成部分。但如前所述，受计算时间的限制，球谐函数展开式的阶次不宜取得过高，一般取为 $N=22$ 或 $N=36$（黄谟涛，1991）。

13.2.2.2　直接积分模型

根据 Heiskanen 等(1967)、黄谟涛等(2005)的研究，可将扰动引力三分量的数值积分模型表示为

$$\delta g_r = \frac{R}{4\pi}\sum_{i=1}^{N_1}\sum_{j=1}^{N_2}\Delta g_{ij}\left(\frac{\partial S(r,\psi)}{\partial r}\right)_{pij}\Delta\sigma_{ij} \tag{13.4}$$

$$\delta g_\varphi = -\frac{R}{4\pi r_p}\sum_{i=1}^{N_1}\sum_{j=1}^{N_2}\Delta g_{ij}\left(\frac{\partial S(r,\psi)}{\partial \psi}\right)_{pij}\cos\alpha_{pij}\Delta\sigma_{ij} \tag{13.5}$$

$$\delta g_\lambda = -\frac{R}{4\pi r_p}\sum_{i=1}^{N_1}\sum_{j=1}^{N_2}\Delta g_{ij}\left(\frac{\partial S(r,\psi)}{\partial \psi}\right)_{pij}\sin\alpha_{pij}\Delta\sigma_{ij} \tag{13.6}$$

式中，r_p 为计算点处的地心向径；Δg_{ij} 为地面网格平均重力异常；N_1 和 N_2 分别为纬线方向和经线方向的数据网格数；其他参量的具体含义及其计算式参见 Heiskanen 等(1967)及黄谟涛等(2005)。

在实际应用中，直接积分模型除了需要与球谐函数展开式联合使用外，为了提高计算效率，赋值前通常需要对地面重力网格数据进行分级处理，具体做法是：以计算点为中心，将整个数据覆盖区按流动点到计算点由近至远划分成若干个子区，距离计算点越近的子区，数据网格间隔越小，即数据分辨率越高。目前，常用的数据网格组合依次为 2′×2′、5′×5′、20′×20′和 1°×1°。此外，为了减弱边缘效应的影响，一般采用重力异常的逐级余差替代原有的数据网格平均值进行赋值计算，即用 $\delta\Delta g(2')=\Delta g(2')-\Delta g(5')$ 替代 $\Delta g(2')$，用 $\delta\Delta g(5')=\Delta g(5')-\Delta g(20')$ 替代 $\Delta g(5')$，用 $\delta\Delta g(20')=\Delta g(20')-\Delta g(1^\circ)$ 替代 $\Delta g(20')$，此时，数据层之间存在覆盖关系。直接积分赋值模型来源于经典的 Stokes 边值理论体系，具有较强的理论支撑，数据准备过程比较简便，但该模型的核函数存在较强的奇异性，同时无法顾及地形效应的影响，因此不适用于超低空扰动引力场的赋值(黄谟涛，1991；黄谟涛等，2005)。

13.2.2.3 点质量模型

由虚拟点质量计算扰动引力的表达式为(黄谟涛等，2005)

$$\delta g_r = -\sum_{i=1}^{N_1}\sum_{j=1}^{N_2}\frac{r_p - R_{ij}\cos\psi_{pij}}{l_{pij}^3}m_{ij} \tag{13.7}$$

$$\delta g_\varphi = \sum_{i=1}^{N_1}\sum_{j=1}^{N_2}\frac{R_{ij}\sin\psi_{pij}}{l_{pij}^3}\cos\alpha_{pij}\cdot m_{ij} \tag{13.8}$$

$$\delta g_\lambda = \sum_{i=1}^{N_1}\sum_{j=1}^{N_2}\frac{R_{ij}\sin\psi_{pij}}{l_{pij}^3}\sin\alpha_{pij}\cdot m_{ij} \tag{13.9}$$

式中，$N_1 \times N_2$ 为点质量的个数；$R_{ij} = R - H_{ij}$ 为相应点质量层所在球面(Bjerhammar 球面)的半径；R 为地球平均半径；H_{ij} 为点质量埋藏深度；m_{ij} 为埋藏在 Bjerhammar 球面上的网格点质量，其值由相对应的地面网格重力异常数据转换得到，具体解算方程式为

$$\Delta g_q = \sum_{i=1}^{N_1}\sum_{j=1}^{N_2}\left(\frac{r_q - R_{ij}\cos\psi_{qij}}{l_{qij}^3} - \frac{2}{r_q l_{qij}}\right)m_{ij} \tag{13.10}$$

式中，q为地面网格数据点。

同样，在实际应用中，点质量模型也需要与球谐函数展开式联合使用，解算点质量时也需要采用与前面相似的逐级余差方法，具体步骤如下：

(1) 首先依据式(13.10)由 $\Delta g(1°)$ 计算点质量 $M_1(1°)$，由 $M_1(1°)$ 分别计算 $\Delta g(20')_{M1}$、$\Delta g(5')_{M1}$ 和 $\Delta g(2')_{M1}$，求余差 $\delta\Delta g(20') = \Delta g(20') - \Delta g(20')_{M1}$。

(2) 依据式(13.10)由 $\delta\Delta g(20')$ 计算点质量 $M_2(20')$，由 $M_2(20')$ 分别计算 $\Delta g(5')_{M2}$ 和 $\Delta g(2')_{M2}$，求余差 $\delta\Delta g(5') = \Delta g(5') - \Delta g(5')_{M1} - \Delta g(5')_{M2}$。

(3) 依据式(13.10)由 $\delta\Delta g(5')$ 计算点质量 $M_3(5')$，由 $M_3(5')$ 计算 $\Delta g(2')_{M3}$，求余差 $\delta\Delta g(2') = \Delta g(2') - \Delta g(2')_{M1} - \Delta g(2')_{M2} - \Delta g(2')_{M3}$，由 $\delta\Delta g(2')$ 计算点质量 $M_4(2')$。

由 $M_1(1°)$、$M_2(20')$、$M_3(5')$、$M_4(2')$ 四层点质量和式(13.7)～式(13.9)共同组成完整的点质量赋值模型，此时，点质量层之间存在覆盖关系。该模型除了具有结构简单、不存在奇异性和能够精确顾及地形效应等优点外，在计算效果上，这种模式巧妙地将重力异常和点质量的置换过程与函数插值自然结合，从而减弱了数值离散化的影响，因此对超低空外部扰动引力场具有较强的恢复

能力(黄谟涛等，2005)。点质量模型的主要缺陷是：在数据准备阶段，需要耗费较多的时间来完成多层点质量的解算，不利于实时性保障要求较高场合的应用(赵东明等，2001；张嗥，2007；郑伟等，2007；王建强等，2010；江东等，2011；马彪等，2012)。

13.2.3　海域流动点计算保障需求与模型改进

由陈国强(1982)、陆仲连等(1993)的研究可知，考虑到计算精度和速度两个方面的要求，人们一般采用全球模型和局部模型的组合，作为远程飞行器主动段飞行轨迹的重力场赋值模型。主动段虽然时间很短(一般仅为 200～300s)，但这个阶段的飞行高度较低(一般不超过 300km)(贾沛然等，1993)，因此对局部重力场赋值模型的构建速度和计算精度要求较高，特别是超低空飞行阶段。如前所述，与陆地固定发射阵位相比较，海域发射阵位的主要特点是机动性高和覆盖范围广。这样的特性一方面要求重力场保障必须有超大范围的基础数据作为保证，另一方面要求必须具备实时或准实时化的保障能力，具体体现为数据准备和模型赋值两个阶段的快速保障能力。很显然，要想满足这样的特殊需求，必须对现有的重力场保障模式进行必要的改进。除了作为全球模型的球谐函数展开式是地球外部扰动重力场赋值模型不可或缺的组成部分以外，如何针对直接积分模型和点质量模型的技术特点，通过模型结构优化和多模型联合应用等手段，构造出符合海域发射阵位保障需求的局部重力场快速赋值模型，是本专题研究接下来需要研究解决的核心问题。

13.2.3.1　直接积分模型改进

由前面的论述可知，局部重力场赋值模型主要由以发射阵位为中心一定范围内的基础数据和计算模型自身两个部分组成。直接积分模型使用的基础数据是不同分辨率同时对应不同区域大小的重力异常网格平均值。根据当前的技术发展水平和应用需求(陆仲连等，1993；黄谟涛等，2005)，实际应用中一般将基础数据的分辨率和相应的覆盖范围确定为 $1°\times1°\rightarrow30°\times30°$、$20'\times20'\rightarrow9°\times9°$、$5'\times5'\rightarrow4°\times4°$、$2'\times2'\rightarrow2°\times2°$。很显然，地球表面重力观测成果的基本形式就是不同分辨率的重力异常网格值，因此无论是陆域还是海域发射阵位，一旦确认了发射阵位的具体位置，就可以在很短的时间内完成直接积分模型所需基础数据集的构建，不存在数据准备时间上的制约。但是，如前所述，直接积分模型在计算精度方面存在较大的缺陷：①无法顾及地形效应的影响；②在超低空高度段存在积分奇异性问题。对于海域发射阵位，因为陆地部分的数据块一般都远离计算点，只会引起较微小的远区地形效应影响，所以前者可以忽略不计。关于积分奇异性问题，可以通过下面的途径加以克服。

首先利用已知的地(海)面网格平均重力异常 Δg 计算相对应的高程异常 ζ 和垂线偏差两分量 (ξ,η) (实际上，远程飞行器重力场保障也需要这两组数据)，并按式(13.11)～式(13.13)计算 0m 高度上的扰动引力三分量(Heiskanen et al.,1967；黄谟涛等，2005)：

$$\delta g_r^0 = -\Delta g - \frac{2\gamma}{R}\zeta \tag{13.11}$$

$$\delta g_\varphi^0 = -\gamma \cdot \xi \tag{13.12}$$

$$\delta g_\lambda^0 = -\gamma \cdot \eta \tag{13.13}$$

式中，γ 为地球平均正常重力。

在这个环节，虽然在计算高程异常和垂线偏差时同样会遇到积分奇异性问题，但是 ζ 和 (ξ,η) 的奇异性要比计算扰动引力特别是径向分量的奇异性弱化许多，使用常规的处理方法就能获得比较稳定可靠的计算结果(李建成等，2003；黄谟涛等，2005)，因此这一转换过程是可行、有效的。然后，依据式(13.4)～式(13.6)计算某个固定高度(一般取为 h_1 =3km 或 5km)上的扰动引力三分量 $(\delta g_r^1, \delta g_\varphi^1, \delta g_\lambda^1)$，此时的计算点在地球外部一定高度之上，积分奇异性已经明显减弱，所以其计算结果也应当是稳定可靠的。最后，可利用 $(\delta g_r^0, \delta g_\varphi^0, \delta g_\lambda^0)$ 和 $(\delta g_r^1, \delta g_\varphi^1, \delta g_\lambda^1)$ 两组数据，按下列内插公式计算得到 0m 和 h_1 高度之间任意点 h_p 的扰动引力三分量，即

$$\delta g_r^h = \delta g_r^0 + \frac{h_p}{h_1}(\delta g_r^1 - \delta g_r^0) \tag{13.14}$$

$$\delta g_\varphi^h = \delta g_\varphi^0 + \frac{h_p}{h_1}(\delta g_\varphi^1 - \delta g_\varphi^0) \tag{13.15}$$

$$\delta g_\lambda^h = \delta g_\lambda^0 + \frac{h_p}{h_1}(\delta g_\lambda^1 - \delta g_\lambda^0) \tag{13.16}$$

以上计算流程既可确保在超低空飞行段也能获得较高精度的扰动引力赋值结果，又可在一定程度上缩减扰动引力的计算时间，因此它是海域发射阵位重力场保障一种比较实用的赋值模式，这里将其称为模型一。

13.2.3.2　点质量模型改进

由式(13.7)～式(13.9)可知，点质量模型使用的基础数据是不同分辨率和不同区域大小的点质量网格值，它们由相对应的重力异常网格值转换而来。这意味着，与

前面的直接积分模型相比较，后者在数据准备阶段额外增加了多层点质量数据集的解算过程，这对于机动性要求很强、实时性保障要求很高的海域发射阵位，无论如何都是一种不可忽视的时间负担。为了解决此问题，陆域固定发射阵位一般将点质量解算工作提前到数据准备阶段之前完成，并将预先计算得到的点质量和重力异常一同作为基础数据存入诸元准备计算机，这样可大大缩短后端的数据准备时间。但对于海域发射阵位，要想将超大范围的重力异常数据一次性严密转换为相对应的点质量数据集几乎是不可能的，特别是对于分辨率较高的数据层。一方面是因为超广的覆盖范围和超高的分辨率首先意味着要面临超大的计算量，另一方面是因为点质量解算过程同属于数学结构上存在先天性弱点的向下延拓不适定反问题(黄谟涛等，2015d)，其数值解算过程容易出现失稳是客观存在的，数据覆盖范围越广、分辨率越高，数值解算过程出现失稳的概率也越高。此外，在远程飞行器发射保障中，点质量模型是作为局部重力场赋值模型使用的，这就意味着，当完成了超大范围的多层点质量参数解算后，还需要以发射阵位为中心，按规定的区域大小挑选对应范围内的点质量作为赋值模型的基础数据，这就是整体解算与局部应用矛盾统一体问题。由式(13.10)可知，由重力异常到点质量的整体转换过程已经大大增强了相邻网格点质量之间的关联性，因此在超大范围的点质量数据集中挑选出一部分点质量，组成局部点质量模型用于外部扰动引力场的赋值，必将引起较大的计算边缘效应(黄谟涛等，1994，1995，2005)。针对上述问题，本专题研究依据黄谟涛(1994)的研究思路，提出如下基于移动窗口控制的点质量二次迭代解法。

首先将解算点质量模型(13.10)右端的系数改写为

$$a_{qij}=\frac{r_q-R_{ij}\cos\psi_{qij}}{l_{qij}^3}-\frac{2}{r_q l_{qij}},\quad \left|\varphi_q-\varphi_{ij}\right|\leqslant\rho \text{ 且 } \left|\lambda_q-\lambda_{ij}\right|\leqslant\rho \tag{13.17}$$

$$a_{qij}=0,\quad \left|\varphi_q-\varphi_{ij}\right|>\rho \text{ 或 } \left|\lambda_q-\lambda_{ij}\right|>\rho \tag{13.18}$$

式中，ρ 为移动窗口半径。

式(13.17)和式(13.18)的物理意义是：人为控制虚拟点质量对地(海)面观测量的作用范围，其效果相当于数值逼近中的局部基作用(冯康，1978)。可利用超松弛迭代方法求解由式(13.17)和式(13.18)定义的移动窗口控制方法形成的带状稀疏矩阵方程(黄谟涛等，1995)，获得点质量的初解。此后，为了达到既强调了局部又不失整体性这一目的，可考虑进一步将窗口以外的点质量对地(海)面重力异常的作用再次转换为窗口以内的点质量修正量。此时，可适当扩大移动窗口半径 ρ，按式(13.17)和式(13.18)确定系数矩阵，然后由式(13.10)计算地面重力异常的预测值，将预测值与实测值的互差作为新的观测量，按照与第一次解算过程相同的步骤求解点质量的改正数。在实际计算时，可以重复上述迭代过程，直至重力异常互差小于某个规定的数值(如 0.1mGal)为止，一般情况下迭代 2～3 次即可满足要求。第一次点质量解算结果和以后各次改正数的叠加，就构成点质量的最终解算结果。

不难看出，上述对点质量模型的改化过程有望取得 3 个方面的效果(黄谟涛等，1994，1995，2005)：①破解海域超大范围内点质量参数的解算难题；②减弱相距较远网格点质量之间的相关性；③有效提高点质量求解过程的数值稳定性。这里需要补充说明的是，考虑到实际应用保障条件的限制，建议采用如下差异化的点质量解算策略：在基础数据准备的前期，预先完成海域超大范围 1°×1°、20′×20′和 5′×5′三层点质量的解算；在基础数据准备阶段，实时完成局部区域 2′×2′点质量层的解算，即只实时解算以发射阵位为中心、2°×2°范围内的 2′×2′点质量。试验结果表明，上述解算策略完全满足海域实际应用对诸元计算速度的保障需求。本专题研究将由此构成的点质量改进模型称为模型二。关于求解点质量时的窗口半径 ρ_1 和计算地面重力异常预测值时的窗口半径 ρ_2 设计问题，对于不同网格大小的点质量，应有不同的设置方案，本专题研究推荐的参数组合为：①1°×1°网格：$\rho_1=8°$，$\rho_2=20°$；②20′×20′网格：$\rho_1=3°$，$\rho_2=6°$；③5′×5′网格：$\rho_1=1°$，$\rho_2=3°$。

13.2.3.3 直接积分和点质量混合模型

针对直接积分模型和点质量模型各自存在的缺陷，本专题研究在前面已经分别提出了相应的改进策略，并构建了相对应的改进模型。但由前面的分析可知，直接积分模型的不足之处正是点质量模型的优势所在，即点质量模型可有效地顾及地形效应的影响，同时不存在积分奇异性干扰。反过来，点质量模型的不足也正是直接积分模型的优势所在，即直接积分模型不需要对基础数据进行进一步的转换，可节省可观的数据准备时间。由此可见，直接积分模型和点质量模型之间是一种优势互补的关系。据此，本专题研究提出以分频段赋值的方式构建直接积分和点质量混合模型：

(1)使用直接积分模型完成对应于 1°×1°、20′×20′和 5′×5′三种网格数据频段的扰动引力赋值。

(2)使用点质量模型完成对应于 2′×2′网格数据频段的扰动引力赋值。

直接积分和点质量混合模型虽然也需要实时解算局部区域的 2′×2′网格点质量，但不难看出，该模型已经融合了直接积分模型和点质量模型的优点，同时有效弥补了各自的不足。这里需要补充说明的是，直接积分和点质量混合模型使用的 1°×1°、20′×20′、5′×5′和 2′×2′等 4 层重力异常，都应当只是扣除了 22 阶或 36 阶位模型参考场后的基础数据，不再是前面统一使用的重力异常余差，即 4 层重力异常之间不再存在逐级覆盖关系。因为如果仍然使用重力异常余差作为基础数据，那么直接积分模型赋值部分还会遇到奇异性问题。上述变化对飞行器实际应用保障也会带来一定的影响，因为为了节省扰动引力计算时间，通常采用这样的策略：在计算高度增大到某个规定的量值以后，可考虑从高分辨率到低分辨率逐步略去各层数据块的影响，最终只在被动飞行段保留低阶位模型参考场的作用。显然，直接积分和点质量混合模型采用的数据结构无法满足逐步略去各层数据块影响的实用性要求。为此，在软件实现时，可采取相应的改进策略，即当一旦需要略去上一层高分辨率数据块的影响时，下一层数据块积分区域必须恢复涵盖上一层积分区域。因此时计算高度已经增大到一定的量值，故不会出现奇异积分问题。本节将直接积分和点质量混合模型称为模型三。

13.2.4　数值计算检验与分析

扰动引力赋值模型的计算精度主要涉及模型逼近误差和数据传播误差两个方面的问题(Zhang et al.，1998；黄谟涛等，2005)，数值离散化误差、远区截断误差和数据截断误差都属于模型逼近误差的范畴。为了定量估计模型逼近误差的大小，本专题研究采用 2160 阶的超高阶位模型 EGM2008 作为标准场开展数值计算检验，由其模拟产生外部扰动引力三分量的真值，同时计算 1°×1°、20′×20′、5′×5′和 2′×2′等 4 组地(海)面重力异常的观测量，作为扰动引力赋值模型的基础数据。试验区涵盖了重力场变化比较剧烈的马里亚纳海沟，具体数据覆盖范围为 φ:10°S～60°N，λ:90°E～170°W，参考场的阶次取为 $N=36$，模型一中的固定计算高度取为 h_1 =5km，四层点质量的埋藏深度依次取为 $H(1°)$ =60km、$H(20')$ = 20km、$H(5')$ =5km、$H(2')$ =2km。表 13.1 列出了四组地面重力异常观测量统计结果，重力异常等值线图如图 13.1 所示。

表 13.1　地面重力异常观测量统计结果

数据块	最小值/mGal	最大值/mGal	平均值/mGal	均方根/mGal
2′×2′	–343.4	559.3	–0.05	37.9
5′×5′	–341.6	495.9	–0.05	37.6
20′×20′	–313.7	279.1	–0.04	34.5
1°×1°	–234.8	161.7	–0.04	26.4

考虑到边缘效应的影响，按照实际应用相同的要求将计算区域确定为 φ:5°S～55°N，λ:95°E～185°E，相当于数据覆盖范围向内各缩减 5°。在上述范围内分别使用前面提出的模型一～模型三，均匀计算 2°×2°网格点不同高度上的扰动引力三分量，同时使用 EGM2008 位模型计算相应高度上的标准值。将三组模

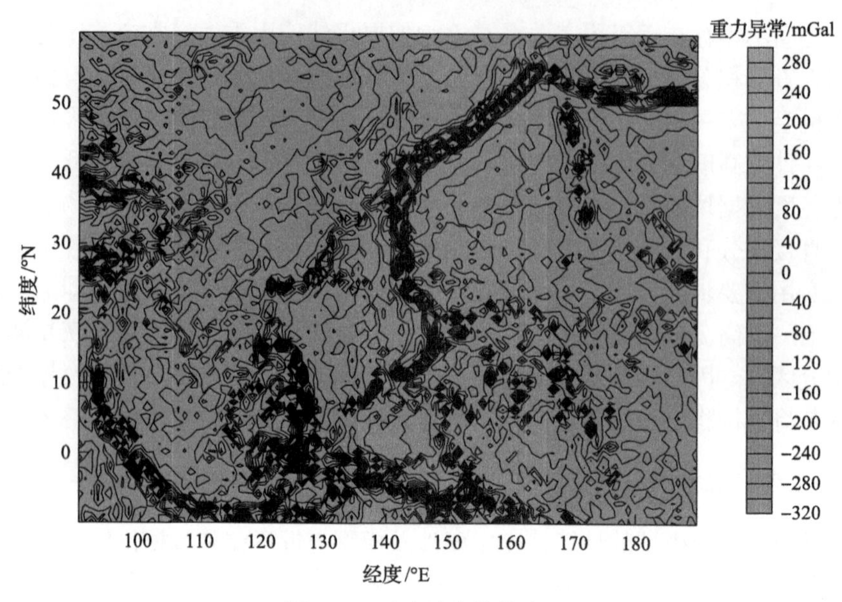

图 13.1 重力异常等值线图

型的计算值分别与标准值进行比较，结果表明，90%以上的互差值不超过 1mGal，互差值超过 1mGal 的计算点均出现在重力场变化比较剧烈的海沟和海山区或出现在计算区的边缘部分。作为两种情形的代表，表 13.2 和表 13.3 分别列出了位于海沟区的 P_1（φ=35°N，λ=143°E）和位于计算区边缘的 P_2（φ=35°N，λ=185°E）两个计算点的对比结果。

表 13.2 海沟区 P_1 计算点对比结果

高度/km		0	0.02	1	3	5	10	30	50	100	300
模型一	$\Delta\delta g_r$/mGal	0.02	−0.00	−0.38	−1.01	−1.56	−0.22	−0.17	−0.19	−0.17	−0.06
	$\Delta\delta g_\varphi$/mGal	−0.28	−0.36	−1.41	−3.63	−6.03	−5.73	−4.66	−3.77	−2.16	−0.23
	$\Delta\delta g_\lambda$/mGal	0.45	0.42	0.33	0.30	0.47	0.46	0.40	0.31	0.09	−0.17
模型二	$\Delta\delta g_r$/mGal	−0.01	−0.02	−0.18	−0.27	−0.35	−0.46	−0.36	−0.18	0.08	0.15
	$\Delta\delta g_\varphi$/mGal	−3.31	−3.30	−3.03	−2.68	−2.44	−2.03	−1.21	−0.81	−0.37	−0.02
	$\Delta\delta g_\lambda$/mGal	0.29	0.29	0.27	0.18	0.07	−0.15	−0.45	−0.46	−0.38	−0.32
模型三	$\Delta\delta g_r$/mGal	−1.37	−1.33	−0.84	−0.89	−0.94	−1.05	−1.36	−1.53	−1.52	−0.71
	$\Delta\delta g_\varphi$/mGal	−3.98	−3.97	−3.86	−3.77	−3.69	−3.49	−2.83	−2.32	−1.40	−0.15
	$\Delta\delta g_\lambda$/mGal	1.89	1.89	1.83	1.83	1.82	1.80	1.63	1.36	0.69	−0.10

表 13.3　计算区边缘 P_2 计算点对比结果

高度/km		0	0.02	1	3	5	10	30	50	100	300
模型一	$\Delta\delta g_r$/mGal	−0.01	0.00	0.09	0.19	0.10	0.09	0.05	0.03	0.02	0.10
	$\Delta\delta g_\varphi$/mGal	−0.20	−0.22	−0.50	−1.30	−2.31	−2.16	−1.70	−1.38	−0.91	−0.43
	$\Delta\delta g_\lambda$/mGal	−0.01	−0.02	−0.05	−0.05	−0.15	−0.14	−0.12	−0.10	−0.04	−0.01
模型二	$\Delta\delta g_r$/mGal	−1.64	−1.61	−0.93	−0.53	−0.42	−0.32	−0.14	−0.09	−0.05	−0.06
	$\Delta\delta g_\varphi$/mGal	−2.53	−2.53	−2.37	−2.15	−2.00	−1.71	−1.07	−0.69	−0.14	0.38
	$\Delta\delta g_\lambda$/mGal	0.21	0.21	0.18	0.16	0.15	0.13	0.10	0.09	0.06	0.02
模型三	$\Delta\delta g_r$/mGal	−2.47	−2.43	−1.56	−1.24	−1.12	−0.86	−0.30	−0.10	0.01	0.10
	$\Delta\delta g_\varphi$/mGal	−3.67	−3.67	−3.60	−3.41	−3.23	−2.89	−2.13	−1.69	−1.06	−0.44
	$\Delta\delta g_\lambda$/mGal	0.50	0.50	0.47	0.42	0.38	0.31	0.15	0.08	0.02	−0.00

由表 13.2 和表 13.3 的结果可以看出，三组改进模型均有效解决了传统积分模型固有的奇异性问题。相比较而言，在超低空高度段，模型一的计算效果要比模型二和模型三略好一些，这是因为在计算高程异常和垂线偏差时使用了较高阶次的参考场(这里取 $N=360$，实际应用时，由于高程异常和垂线偏差是事先完成计算的，所以它们使用的参考场阶次可以不同于计算扰动引力时的取值)。同时，ζ 和 (ξ,η) 积分核函数的奇异性程度相对较低，使得采用式(13.11)～式(13.13)计算 0m 高度上的扰动引力精度较高。但从表 13.2 的结果也可以看出，在重力场变化比较剧烈的海沟区，由于受离散化误差的影响，模型一在中低空高度段的计算精度仍远低于 3mGal，这个结果在一定程度上限制了该模型的应用范围。此外，从表 13.2 和表 13.3 不难看出，在绝大多数情况下，模型三的计算误差要普遍大于模型二，究其原因，可能与该模型使用的直接积分和点质量混合模型存在一定的不相容性有关，因为尽管埋藏于地球内部的 2′×2′网格点质量能够精确恢复地(海)面的 2′×2′网格重力异常，但不能保证 2′×2′网格和 5′×5′网格重力异常数据之间的平稳过渡和对接，从而可能在一定程度上加大了外部扰动引力计算边缘效应的影响。综合表 13.2 和表 13.3 的对比结果可知，从整体上讲，模型二的计算精度相对稳定可控，具有较好的适用性。在计算效率方面，在数据实时准备阶段，模型一需要的时间相对较短，模型二和模型三需要的时间几乎相同；在扰动引力赋值阶段，模型二需要的时间相对较短，模型一和模型三需要的时间几乎相同。需要指出的是，虽然三组改进模型在两个不同阶段所需时间略有差异，但其量值大小都在工程应用可接受的范围之内，因此在当前技术条件下，该因素基本上不影响三组改进模型在实际应用中的选择。

13.2.5　专题小结

针对海域超大范围外部重力场快速赋值需求，本专题研究提出了 3 组计算外部扰动引力的改进模型，通过理论分析论证和数值计算检验，可得出以下结论：

(1) 三组改进模型均有效克服了传统积分模型固有的奇异性问题，能够满足超大区域和全高度段对局部扰动引力场赋值的要求，具有较高的应用价值。

(2) 相比较而言，点质量改进模型具有较为稳定可控的计算精度，在重力场变化比较平缓的海域，该模型的逼近误差(不包括数据传播误差)一般不超过 1mGal；在重力场变化比较剧烈的海域，该模型的计算误差一般可控制在 3mGal 以内。

(3) 在数据前期准备、实时处理和扰动引力实时赋值三个不同阶段，三组改进模型具有不同的技术特点和要求。在实际应用中，应根据用户的具体需求和保障条件，综合考虑数据准备难度、计算精度和计算效率等多种因素，对三组改进模型做出合理和适当的选择。

13.3　海域流动点外部扰动引力无奇异计算模型

13.3.1　问题的提出

如前所述，目前常用于计算外部扰动引力场的数学模型主要有三类：①基于全球重力位模型的球谐函数展开式，主要作为移去-恢复技术的基础模型，用于扰动引力场的低频段计算(陆仲连，1996；黄谟涛等，2005)。②基于经典 Stokes 边值理论的直接积分模型、基于质体引力位等值层原理的表层法计算模型和基于 Poisson 积分公式的向上延拓模型(Heiskanen et al.，1967；陆仲连，1996)，此类模型的主要特点是，采用的输入量均为地球表面重力场的直接观测参量，不需要进行进一步的转换处理，对数据预处理的技术要求比较简单。但由于此类模型都源于重力测量边值问题的球面解，所以它们自身都无法顾及地形效应的影响，同时还普遍存在积分奇异性干扰问题。③基于现代 Bjerhammar 边值理论的等效源模型(Bjerhammar，1964)，包括等效重力异常模型(Heiskanen et al.，1967；李建成等，2003)、虚拟点质量模型(Sünkel，1983；吴晓平，1984；黄金水等，1995；黄谟涛等，2005；王建强等，2010)及虚拟单层密度模型(许厚泽等，1984；操华胜等，1985)。此类模型的主要优势是，能以简单的方式顾及地形效应的影响，而且不存在数值积分奇异性问题。但在数据预处理阶段，需要完成地面重力观测量到地球内部等效场源的转换，等同于地面观测数据的向下延拓，其中所涉及的积分方程迭代或矩阵求逆过程很容易受到观测噪声的干扰，使解算结果偏离正确的数值解(Bjerhammar，1987；束蝉方等，2011a，2011b)。当计算范围和地面起伏较大时，地面场元向下延拓过程引起的欠适定问题会更加突出，这是此类等效源模型固有的弱点。

显然，在实践中，应当针对不同的应用需求来选择合适的扰动引力计算模型。对远程飞行器发射保障应用而言，由陈国强(1982)、陆仲连等(1993)的研究可知，考虑到计算精度和速度两个方面的要求，人们通常采用全球重力位模型(即球谐函数展开式)和局部模型(即前面所述三类模型的第二类或第三类模型)的组合，作为远程飞行器主动段飞行轨迹的扰动引力计算模型，单独采用全球重力位模型作为被动段飞行轨迹的计算模型。可见，球谐函数展开式是地球外部扰动引力场计算模型不可或缺的组成部分，如何在诸多的直接积分模型和等效源模型中，挑选并构造出符合海域发射阵位保障需求的局部重力场快速计算模型，是本专题研究拟研究解决的核心问题。相比于陆地固定点发射阵位的传统保障模式，海域外部空间扰动引力场保障需求具有鲜明的特点：①海上发射阵位是非固定的流动点，具有较大的灵活性，实时性保障要求更高；②保障范围几乎涵盖全球海域，需要大面积的基础数据作为保障，数据转换阶段的连续性和光滑度要求更高；③发射阵位周边附近区域是变化平缓的海平面，计算时不必顾及远区地形效应的影响，数值计算的复杂性和难度相对降低。根据上述保障需求，结合前面针对各类计算模型技术特点的分析，作者认为，具有简单核函数结构的表层法计算模型更适合于海域流动点扰动引力的快速计算。其理由是：①与其他同类的积分模型相比，表层法计算模型核函数的数学结构更简单，输入数据保障要求更容易得到满足；②与等效源模型相比，表层法计算模型不需要对地面观测数据进行等效转换处理，不存在向下延拓解算引起的数值不稳定性问题，而等效源模型能够自动顾及地形效应影响的技术优势在海域无法得到体现。很显然，对海域保障应用而言，表层法计算模型存在的唯一缺陷(也是同类积分模型的共同缺陷)是超低空计算的积分奇异性问题。关于重力场数值积分奇异性问题的研究，国内外学者已经提出了许多富有成效的解决方案(Heiskanen et al., 1967；Bian, 1997；Hwang et al., 1998；郭东美等，2011；刘长弘，2016；陈欣，2016)，其核心思想是：对数据中央区块效应进行分离处理，通过非奇异转换，建立相对应的球冠域或矩形域中央区块效应无奇异计算模型。但上述研究的重点主要聚焦于大地水准面、垂线偏差、地形改正等几类常用参数的计算中，关于扰动引力计算积分奇异性的研究成果鲜有公开文献报道，已有的相关研究还显得不够充分，采用的处理方法还不够完善(刘长弘，2016)。针对表层法计算模型积分奇异性问题，本专题研究拟通过引入基于局部积分域的恒等式变换、局域泰勒级数展开和非网格点内插方法，将传统表层法计算模型转换为具有稳定数值解的连续函数模型，进而推出适合于海域应用的扰动引力无奇异计算模型。

13.3.2 传统表层法计算模型及精度分析

13.3.2.1 表层法计算模型

由 Heiskanen 等(1967)的研究可知，利用表层法计算地球外部扰动引力三分量的积分公式为

$$T = \frac{R^2}{2\pi}\iint_\sigma \frac{\mu}{l}\mathrm{d}\sigma \tag{13.19}$$

$$\delta g_r = \frac{\partial T}{\partial r} = -\frac{R^2}{2\pi}\iint_\sigma \mu\frac{r - R\cos\psi}{l^3}\mathrm{d}\sigma \tag{13.20}$$

$$\delta g_\varphi = \frac{1}{r}\frac{\partial T}{\partial \varphi} = \frac{R^2}{2\pi}\iint_\sigma \mu\frac{R\sin\psi}{l^3}\cos\alpha\mathrm{d}\sigma \tag{13.21}$$

$$\delta g_\lambda = \frac{1}{r\cos\varphi}\frac{\partial T}{\partial \lambda} = \frac{R^2}{2\pi}\iint_\sigma \mu\frac{R\sin\psi}{l^3}\sin\alpha\mathrm{d}\sigma \tag{13.22}$$

其中

$$\mu = \Delta g + \frac{3T}{2R} = \Delta g + \frac{3\gamma}{2R}\zeta$$

$$l = \sqrt{r^2 + R^2 - 2rR\cos\psi}$$

$$\cos\psi = \sin\varphi\sin\varphi' + \cos\varphi\cos\varphi'\cos(\lambda' - \lambda)$$

$$\sin\psi = \sqrt{1 - \cos^2\psi}$$

$$r = R + h$$

$$\cos\alpha = \frac{\cos\varphi\sin\varphi' - \sin\varphi\cos\varphi'\cos(\lambda' - \lambda)}{\sin\psi}$$

$$\sin\alpha = \frac{\cos\varphi'\sin(\lambda' - \lambda)}{\sin\psi}$$

式中，T 为外部空间计算点 P 处的扰动位；(r, φ, λ) 和 (R, φ', λ') 分别为计算点和球面流动点的地心向径、地心纬度和地心经度；ψ 为计算点到流动点之间的球面角距；l 为计算点和流动点之间的空间距离；Δg 为地面(包括海面，下同)观测重力异常；ζ 为地面高程异常；γ 为地面平均重力；μ 称为广义面密度；R 为地球

平均半径；h为计算高度(大地高)；$\mathrm{d}\sigma$ 为单位球积分面积元。

13.3.2.2　计算精度与数据需求分析

利用式(13.20)～式(13.22)计算扰动引力三分量的精度主要取决于数据质量和建模误差两个方面的因素(Heiskanen et al.，1967；Zhang et al.，1998；黄谟涛等，2005)，数据质量是指由移去-恢复技术引入的位系数误差和由观测噪声引入的数据传播误差；建模误差包括积分离散化误差、远区截断误差和数据截断误差。为了突出主要影响因素，同时考虑到次要因素的可控性，本节重点讨论数据观测和数据截断两项误差对扰动引力计算精度的影响。

在实际计算扰动引力时，必须对式(13.20)～式(13.22)进行离散化处理，假设已知的重力异常和高程异常均以网格化形式给出，且为相互独立的等精度观测量，则根据误差传播定律可得扰动引力的数据传播误差估计式为

$$m_{\delta g_r}^2 = \left(\frac{R^2}{2\pi}\right)^2 m_\mu^2 \sum_{i=1}^{N_1}\sum_{j=1}^{N_2}\left[\left(\frac{r-R\cos\psi}{l^3}\right)_{pij}\Delta\sigma_{ij}\right]^2 \tag{13.23}$$

$$m_{\delta g_\varphi}^2 = \left(\frac{R^2}{2\pi}\right)^2 m_\mu^2 \sum_{i=1}^{N_1}\sum_{j=1}^{N_2}\left[\left(\frac{R\sin\psi}{l^3}\right)_{pij}\cos\alpha_{pij}\Delta\sigma_{ij}\right]^2 \tag{13.24}$$

$$m_{\delta g_\lambda}^2 = \left(\frac{R^2}{2\pi}\right)^2 m_\mu^2 \sum_{i=1}^{N_1}\sum_{j=1}^{N_2}\left[\left(\frac{R\sin\psi}{l^3}\right)_{pij}\sin\alpha_{pij}\Delta\sigma_{ij}\right]^2 \tag{13.25}$$

其中

$$m_\mu^2 = m_{\Delta g}^2 + \left(\frac{3\gamma}{2R}\right)^2 m_\zeta^2 = m_{\Delta g}^2 + 0.0532 m_\zeta^2 \tag{13.26}$$

式中，$m_{\Delta g}$ 和 m_ζ 分别为地面网格平均重力异常和高程异常的中误差，包含数据观测误差和代表误差两部分。

目前，海域高程异常的确定精度已经远高于 1m，故由式(13.26)可知，广义面密度的计算几乎不受高程异常数据误差的影响，可近似取 $m_\mu = m_{\Delta g}$。

本节参照黄谟涛等(2016a)的研究，以 P（$\varphi = 40°\mathrm{N}$，$\lambda = 120°\mathrm{E}$)为计算点，以 40°×40°为数据覆盖范围(此范围足以忽略积分远区的影响)(吴晓平，1992；Zhang et al.，1998)，分别采用 5′×5′、2′×2′和 1′×1′三种网络数据，同时分别取 $m_{\Delta g}$ = 3mGal, 5mGal, 7mGal，依次计算 $m_{\delta g_r}$、$m_{\delta g_\varphi}$ 和 $m_{\delta g_\lambda}$，具体见表 13.4。

表 13.4 扰动引力数据传播误差估计

数据网格	5′×5′			2′×2′			1′×1′		
误差/mGal	3	5	7	3	5	7	3	5	7
$m_{\delta g_r}$ /mGal	0.002	0.003	0.004	0.001	0.001	0.002	0.000	0.001	0.001
$m_{\delta g_\varphi}$ /mGal	0.708	1.181	1.653	0.708	1.181	1.653	0.708	1.181	1.653
$m_{\delta g_\lambda}$ /mGal	1.001	1.668	2.335	1.001	1.668	2.335	1.001	1.668	2.335

对比表 13.4 和黄谟涛等(2016a)中的相对应计算结果可以看出，数据误差对由 Pizzetti 公式导出的直接积分模型(Heiskanen et al.，1967)和表层法计算模型的影响规律是一致的，即数据误差越大，引起扰动引力的计算误差也越大，积分元大小对数据误差传播几乎不产生影响；但同样的误差量对两种模型的影响量值却有较大的差异，对直接积分模型的影响明显大于表层法计算模型。这个结果说明，相比直接积分模型，表层法计算模型的核函数具有更加优良的数学特性(收敛速度更快)，选择表层法计算模型作为扰动引力三分量计算模型更有利于减弱数据误差的影响。由黄谟涛等(2016a)的研究可知，为满足远程飞行器飞行轨道控制保障需求，地球外部扰动引力的计算精度应优于 4mGal。如果以该精度要求为依据，那么在同时考虑计算模型误差、数据截断误差等其他因素综合影响的情况下，采用表层法计算模型，可将数据误差指标限定为 7mGal，比采用直接积分模型时的 5mGal 指标降低了 2mGal。反过来，如果数据误差特性保持不变，那么采用表层法计算模型计算扰动引力三分量将取得比直接积分模型高出 1～2mGal 的精度。

利用扰动引力三分量的球谐函数展开式，可推出径向分量和水平分量在不同频段的能量谱计算模型，并根据国际上推出的重力异常阶方差拟合模型，计算得到扰动引力在相应频段的能量谱。本节直接引用黄谟涛等(2016a)的计算结果，如表 13.5 所示。

表 13.5 黄谟涛等(2016a)的扰动引力能量谱分布

频段(N_1～N_2)/阶		2～180	181～540	541～2160	2161～5400	5401～10800	10801～36000
对应数据分辨率		1°	20′	5′	2′	1′	>1′
不同计算高度 h 下的 $\delta\overline{g}_r$/mGal	h=0km	30.94	15.08	6.66	2.83	0.93	0.18
	h=1km	30.70	14.41	5.72	1.75	0.33	0.03
	h=5km	29.81	12.06	3.32	0.31	0.01	0.00
不同计算高度 h 下的 $\delta\overline{g}_H$/mGal	h=0km	29.25	15.05	6.66	2.83	0.93	0.18
	h=1km	29.00	14.38	5.72	1.75	0.33	0.03
	h=5km	28.07	12.04	3.32	0.31	0.01	0.00

由表 13.5 可以看出，扰动引力计算精度随数据分辨率的提高而提升，当使用的数据分辨率截断到 5′时，截断误差影响量超过 3mGal；当数据分辨率截断到 2′时，截断误差影响量可控制在 1mGal 以内。可见，如果仍然以扰动引力优于 4mGal 计算精度要求为限定指标，那么至少应当采用精细到 2′分辨率的地面观测数据。

13.3.3　无奇异的表层法计算模型

13.3.3.1　径向分量无奇异计算模型

前面对表层法计算模型进行的精度分析，都是建立在该模型具有稳定的数值解基础之上的，但由式(13.20)～式(13.22)可知，当计算高度 $h \to 0$ 和球面角距 $\psi \to 0$，即计算点接近数据点或与数据点重合时，式(13.20)～式(13.22)的数值积分都将出现不同程度的奇异性问题。另外，由 Heiskanen 等(1967)的研究可知，在以 Poisson 积分公式为基础的同类参量向上延拓模型中，都会涉及由三维空间 Dirac 核函数引起的数值不连续性问题，即当计算点由外部空间趋于球面时，计算参量在边界面会出现不合理的数值跳变。不难看出，式(13.20)就属于此类特殊的计算模型。因为当 $r \to R$ 时，由式(13.20)确定的扰动引力径向分量 $\delta g_r(r,\varphi,\lambda)$ 并不收敛于球面上的参数值 $\delta g_r(R,\varphi,\lambda)$，显然不符合数值逼近理论最基本的连续性要求。这也是引起表 13.4 计算结果中扰动引力径向分量的数据传播误差相比两个水平分量要小几个数量级的主要原因。

为了解决式(13.20)的积分奇异性问题，同时消除由三维空间 Dirac 函数引起的数值矛盾，本节参照 Heiskanen 等(1967)的研究思路，通过引入合适的恒等式变换，将原计算模型转换为具有稳定数值解的连续函数模型。首先，不难推证：

$$\frac{R^2}{2\pi}\mu_{p_0}\iint_\sigma \frac{r-R\cos\psi}{l^3}\mathrm{d}\sigma = R^2\mu_{p_0}\int_0^\pi \frac{r-R\cos\psi}{l^3}\sin\psi\mathrm{d}\psi = \frac{2R^2}{r^2}\mu_{p_0} \quad (13.27)$$

式中，μ_{p_0} 为地面计算点处的广义面密度。

将式(13.20)和式(13.27)相减，并略加整理可得

$$\delta g_r = -\frac{R^2}{2\pi}\iint_\sigma (\mu-\mu_{p_0})\frac{r-R\cos\psi}{l^3}\mathrm{d}\sigma - \frac{2R^2}{r^2}\mu_{p_0} \quad (13.28)$$

不难看出，经上述恒等式变换后，式(13.28)不再存在积分奇异性问题。同时，理论上，当 $r \to R$ 时，由式(13.28)确定的扰动引力径向分量 $\delta g_r(r,\varphi,\lambda)$ 收敛于球面上的参数值 $\delta g_r(R,\varphi,\lambda)$，具体推证如下。

当 $r \to R$ 时，式(13.28)右端积分第一项为

$$\delta g_r(1)=-\frac{R^2}{2\pi}\iint_\sigma \mu\frac{R-R\cos\psi}{l_0^3}\mathrm{d}\sigma=-\frac{1}{2R}\frac{R^2}{2\pi}\iint_\sigma\frac{\mu}{l_0}\mathrm{d}\sigma=-\frac{T_{p_0}}{2R} \tag{13.29}$$

式中，$l_0=R\sqrt{2(1-\cos\psi)}$；$T_{p_0}$为地面计算点处的扰动位。

式(13.28)右端积分第二项为

$$\delta g_r(2)=\frac{R^2}{2\pi}\mu_{p_0}\iint_\sigma\frac{R-R\cos\psi}{l_0^3}\mathrm{d}\sigma=\frac{R}{4\pi}\mu_{p_0}\iint_\sigma\frac{1}{l_0}\mathrm{d}\sigma=\mu_{p_0} \tag{13.30}$$

式(13.28)右端第三项为

$$\delta g_r(3)=-\frac{2R^2}{R^2}\mu_{p_0}=-2\mu_{p_0} \tag{13.31}$$

将式(13.29)、式(13.30)和式(13.31)三项相加得

$$\delta g_r(r\to R)=-\frac{T_{p_0}}{2R}+\mu_{p_0}-2\mu_{p_0}=-\Delta g_{p_0}-\frac{2T_{p_0}}{R}=\delta g_r(R,\varphi,\lambda) \tag{13.32}$$

可见，经改化后的计算式(13.28)在边界面不再出现数值跳跃现象。至此就从理论上解决了式(13.20)存在的积分奇异和数值不连续性问题。但需要指出的是，在实际应用中，受观测数据覆盖范围的限制，一般将计算模型的全球积分划分为近区和远区，通过引入一定阶次的全球重力位模型和移去-恢复技术，在近区采用实测数据(减去全球重力位模型)进行计算，远区则只顾及全球重力位模型的作用。在近区计算部分，为了提高计算效率，通常以计算点为中心，将整个数据覆盖区按流动点到计算点由近及远划分成若干个环带，距离计算点越近的环带，数据网格间隔越小，即数据分辨率越高。目前，常用的数据网格组合依次为2′×2′、5′×5′、20′×20′和1°×1°(黄谟涛等，2005，2016a)。

由前面的推证过程可知，式(13.28)是从恒等式(13.27)转换过来的，它们都建立在全球积分基础之上。很显然，实际应用中的有限区域积分并不满足恒等式(13.27)的理论假设，这就意味着，当采用有限的积分区域时，计算公式(13.28)是不严密的。试算结果表明，由此引起的扰动引力计算误差随计算高度的增大而增大，最大可达几十毫伽。为了消除该项误差的影响，本专题研究对式(13.27)和式(13.28)进行进一步的改化处理。因计算式(13.20)的奇异性和数值不连续性问题都只出现在计算点附近的小区域，故只需要对计算点所在的最高分辨率数据区块(如2′×2′网格数据覆盖的2°×2°数据区块)进行特殊处理。假设该数据区块的积分半径为ψ_0，则不难推得

$$\frac{R^2}{2\pi}\mu_{p_0}\int_0^{2\pi}\int_0^{\psi_0}\frac{r-R\cos\psi}{l^3}\sin\psi\,\mathrm{d}\psi\,\mathrm{d}\alpha=\frac{R^2}{r^2}\mu_{p_0}\left(1+\frac{R-r\cos\psi_0}{l_{\psi_0}}\right) \tag{13.33}$$

式中，$l_{\psi_0}=\sqrt{r^2+R^2-2rR\cos\psi_0}$ 。

单独对该数据区块进行类似于式(13.28)的恒等式变换，可得

$$\delta g_r(2')=-\frac{R^2}{2\pi}\int_0^{2\pi}\int_0^{\psi_0}(\mu-\mu_{p_0})\frac{r-R\cos\psi}{l^3}\sin\psi\,\mathrm{d}\psi\,\mathrm{d}\alpha-\frac{R^2\mu_{p_0}}{r^2}\left(1+\frac{R-r\cos\psi_0}{l_{\psi_0}}\right) \tag{13.34}$$

这里称上述转换为局部积分域恒等式变换。不难看出，式(13.34)已经不再存在积分奇异性和数值不连续性问题。可见，在实际应用中，只需要把数据覆盖区域划分为内区(对应 2′×2′网格数据域)和外区(含 5′×5′、20′×20′和 1°×1°网格数据域)，内区采用式(13.34)进行计算，外区仍保持原计算式(13.20)不变，这样就完成了扰动引力径向分量无奇异计算模型的构建，用公式形式表示为

$$\delta g_r(\text{总})=\delta g_r(2')+\delta g_r(5')+\delta g_r(20')+\delta g_r(1^\circ)+\delta g_r(\text{位}) \tag{13.35}$$

式中，$\delta g_r(2')$ 由式(13.34)计算；$\delta g_r(5')$ 、$\delta g_r(20')$ 和 $\delta g_r(1^\circ)$ 统一由式(13.20)计算；$\delta g_r(\text{位})$ 为全球重力位模型的贡献量，其计算式为

$$\delta g_r(\text{位})=-\frac{GM}{r^2}\sum_{n=2}^{N}(n+1)\left(\frac{R}{r}\right)^n\sum_{m=0}^{n}(\bar{C}_{nm}^*\cos(m\lambda)+\bar{S}_{nm}\sin(m\lambda))\bar{P}_{nm}(\sin\varphi) \tag{13.36}$$

式中，GM 为万有引力常数与地球质量的乘积；$\bar{C}_{nm}^*$ 和 $\bar{S}_{nm}$ 为完全正常化位系数；$\bar{P}_{nm}(\sin\varphi)$ 为完全规格化缔合勒让德函数；N 为球谐函数展开式的最高阶次，在实际应用中，受计算时间的限制，N 值不宜取得过高，一般取为 $N=36$ 。

需要补充说明的是，因为采用了移去-恢复技术，所以此时积分公式(13.20)和式(13.34)中的观测量（μ 和 μ_{p_0}）都应当是扣除了全球重力位模型后的残差值(下同)。

13.3.3.2　水平分量无奇异计算模型

由式(13.21)和式(13.22)可知，当计算点与数据点重合时，计算点所在的数据块对扰动引力水平分量不起作用，实际计算时可将该数据块从积分域中剔除，以避免出现积分奇异性问题。当计算点与数据点不重合但两点相距很近时，积分核函数在计算高度 $h\to 0$ 和球面角距 $\psi\to 0$ 的邻域内变化极为剧烈，致使式(13.21)和式(13.22)的数值积分在计算点周围超低空高度段仍将受到不同程度的奇异性干扰，其影响量可达几毫伽甚至更大。为了消除此项影响，通常也将计算点所在

的数据块从积分域中剔除，具体做法是将式(13.21)和式(13.22)对 2′×2′网格数据的内区积分改写为

$$\delta g_{\varphi}(2')=\frac{R^2}{2\pi}\int_0^{2\pi}\int_{\psi_{00}}^{\psi_0}\mu\frac{R\sin\psi}{l^3}\cos\alpha\mathrm{d}\sigma \tag{13.37}$$

$$\delta g_{\lambda}(2')=\frac{R^2}{2\pi}\int_0^{2\pi}\int_{\psi_{00}}^{\psi_0}\mu\frac{R\sin\psi}{l^3}\sin\alpha\mathrm{d}\sigma \tag{13.38}$$

式中，ψ_{00}为计算点所在的 2′×2′网格数据块半径，即表示该数据块已经从上述数值积分中分离出来。

但需要指出的是，当计算点周围的重力场变化比较剧烈时，上述两种情形(即计算点与数据点重合和不重合)下忽略计算点所在数据块影响的做法都可能带来几个毫伽量值的计算误差。显然，相对于扰动引力优于 4mGal 的计算精度要求，这一数据块的影响是不能忽略的。下面单独给出计算该数据块影响的解析式。

首先，采用极坐标系(s,a)对积分核函数在小范围内进行平面近似处理：

$$\sin\psi\approx\psi=\frac{s}{R},\quad l^2\approx l_0^2+h^2\approx s^2+h^2,\quad R^2\sin\psi\mathrm{d}\psi\mathrm{d}\alpha\approx s\mathrm{d}s\mathrm{d}\alpha$$

此时，与计算点重合数据块的积分公式可写为(这里以纬度方向分量为例)

$$\delta g_{\varphi}(\psi_{00})=\frac{R^2}{2\pi}\int_0^{2\pi}\int_0^{\psi_{00}}\mu\frac{R\sin\psi}{l^3}\cos\alpha\mathrm{d}\sigma\approx\frac{1}{2\pi}\int_0^{2\pi}\int_0^{s_0}\frac{\mu s^2\cos\alpha}{\sqrt{(s^2+h^2)^3}}\mathrm{d}s\mathrm{d}\alpha \tag{13.39}$$

其次，在计算点P的地面投影点P_0处，采用平面坐标系将广义面密度μ按泰勒级数展开为

$$\mu=\mu_{p_0}+x\mu_x'+y\mu_y'+\frac{1}{2!}(x^2\mu_x''+2xy\mu_{xy}''+y^2\mu_y'')+\cdots \tag{13.40}$$

式中，x轴指向正北；y轴指向东；μ_x'为μ对x的偏导数，其他符号意义类同，并有$x=s\cos\alpha$，$y=s\sin\alpha$。

将式(13.40)代入式(13.39)，不难推得

$$\delta g_{\varphi}(\psi_{00})=\frac{\mu_x'}{2}\left(\frac{s_0^2+2h^2}{\sqrt{s_0^2+h^2}}-2h\right) \tag{13.41}$$

同理可得

$$\delta g_{\lambda}(\psi_{00})=\frac{\mu_y'}{2}\left(\frac{s_0^2+2h^2}{\sqrt{s_0^2+h^2}}-2h\right) \tag{13.42}$$

式中，s_0 为数据网格大小的 1/2，当网格数据为 $2'\times2'$时，$s_0=1'$。

假设与计算点重合的数据网格为(i,j)，则有

$$\mu_x'=[\mu(i+1)-\mu(i-1)]/(4s_0) \tag{13.43}$$

$$\mu_y'=[\mu(j+1)-\mu(j-1)]/(4s_0\cos\varphi_i) \tag{13.44}$$

当计算高度 $h=0$ 时，式(13.41)和式(13.42)简化为

$$\delta g_{\varphi}(\psi_{00})=s_0\mu_x'/2 \tag{13.45}$$

$$\delta g_{\lambda}(\psi_{00})=s_0\mu_y'/2 \tag{13.46}$$

将式(13.43)和式(13.44)代入可得

$$\delta g_{\varphi}(\psi_{00})=[\mu(i+1)-\mu(i-1)]/8 \tag{13.47}$$

$$\delta g_{\lambda}(\psi_{00})=[\mu(j+1)-\mu(j-1)]/(8\cos\varphi_i) \tag{13.48}$$

由式(13.47)和式(13.48)可以看出，当计算点周围的重力场变化比较剧烈，如一个网格间距的重力异常变化超过 10mGal 时，计算点所在数据块对扰动引力水平分量的影响是相当可观的，可达 2～3mGal，甚至更大。至此，也就完成了扰动引力水平分量无奇异计算模型的构建，用公式形式表示为

$$\delta g_{\varphi}(\text{总})=\delta g_{\varphi}(\psi_{00})+\delta g_{\varphi}(2')+\delta g_{\varphi}(5')+\delta g_{\varphi}(20')+\delta g_{\varphi}(1^\circ)+\delta g_{\varphi}(\text{位}) \tag{13.49}$$

$$\delta g_{\lambda}(\text{总})=\delta g_{\lambda}(\psi_{00})+\delta g_{\lambda}(2')+\delta g_{\lambda}(5')+\delta g_{\lambda}(20')+\delta g_{\lambda}(1^\circ)+\delta g_{\lambda}(\text{位}) \tag{13.50}$$

式中，$\delta g_{\varphi}(\psi_{00})$和$\delta g_{\lambda}(\psi_{00})$由式(13.41)和式(13.42)计算；$\delta g_{\varphi}(2')$和$\delta g_{\lambda}(2')$由式(13.37)和式(13.38)计算；$\delta g_{\varphi}(5')$、$\delta g_{\varphi}(20')$和$\delta g_{\varphi}(1^\circ)$统一由式(13.21)计算；$\delta g_{\lambda}(5')$、$\delta g_{\lambda}(20')$和$\delta g_{\lambda}(1^\circ)$统一由式(13.22)计算；全球重力位模型贡献量$\delta g_{\varphi}(\text{位})$和$\delta g_{\lambda}(\text{位})$的计算式为

$$\delta g_{\varphi}(\text{位})=\frac{GM}{r^2}\sum_{n=2}^{N}\left(\frac{R}{r}\right)^n\sum_{m=0}^{n}(\bar{C}_{nm}^{*}\cos(m\lambda)+\bar{S}_{nm}\sin(m\lambda))\frac{\mathrm{d}\bar{P}_{nm}(\sin\varphi)}{\mathrm{d}\varphi} \tag{13.51}$$

$$\delta g_{\lambda}(位) = -\frac{GM}{r^2\cos\varphi}\sum_{n=2}^{N}\left(\frac{R}{r}\right)^n\sum_{m=0}^{n}m(\bar{C}_{nm}^{*}\sin(m\lambda)-\bar{S}_{nm}\cos(m\lambda))\bar{P}_{nm}(\sin\varphi) \quad (13.52)$$

式中，$\dfrac{\mathrm{d}\bar{P}_{nm}(\sin\varphi)}{\mathrm{d}\varphi}$ 为 $\bar{P}_{nm}(\sin\varphi)$ 对 φ 的导数，其他符号意义同前。

13.3.3.3　非网格点扰动引力计算模型

由前面为避免积分奇异问题而设计的转换计算策略可知，式(13.34)、式(13.41)和式(13.42)都是以数据网格点作为计算点为前提条件建立起来的。当计算点为非网格点时，上述3个恒等式要求的积分区域对称性假设不再严格成立，故它们不能直接用于非数据网格点的计算。此时，可利用计算点(非网格点)周围的4个网格点计算结果内插出计算点上的扰动引力。设计算点与4个网格点的距离分别为 s_1、s_2、s_3 和 s_4，由式(13.34)、式(13.41)和式(13.42)计算得到4个网格点扰动引力分量的内区(即 $2'\times2'$ 网格数据覆盖域)影响量分别为 δg_1、δg_2、δg_3 和 δg_4，则可由式(13.53)内插得到计算点扰动引力分量的对应部分：

$$\delta g_p(内) = \frac{s_2s_3s_4\delta g_1 + s_1s_3s_4\delta g_2 + s_1s_2s_4\delta g_3 + s_1s_2s_3\delta g_4}{s_2s_3s_4 + s_1s_3s_4 + s_1s_2s_4 + s_1s_2s_3} \quad (13.53)$$

式中，$\delta g_p(内)$ 只代表非网格点扰动引力分量的内区影响部分，剩下外区(即 $2'\times2'$ 网格数据覆盖域以外部分)的影响仍直接采用传统的数值积分公式进行计算。

如前所述，与陆地固定发射阵位相比较，海域发射阵位的主要特点是高度机动性和覆盖范围全球性。这样的特性一方面要求重力场必须有超大范围的基础数据作为保证，另一方面要求必须具备实时或准实时化的保障能力，具体体现为诸元数据准备和扰动引力计算两个阶段的快速保障能力。诸元数据准备阶段是指从确认发射阵位到飞行器轨道计算(含扰动引力计算)开始之前的一段时间，这个阶段如果用时过长，那么势必影响后端诸元参数的计算、分析及飞行器发射时间的决策。选用表层法计算模型作为扰动引力计算模型，最大的优势体现为：可在极短时间内完成扰动引力计算所需的数据准备工作，因为该模型只需要依据发射点坐标，即可迅速从不同分辨率的基础数据文件中选定所需要的局部网格数据，不需要进行任何的转换或处理。这是点质量方法等其他等效源方法无法相比的，因为后者在数据准备阶段都需要完成多层等效源参数(点质量或虚拟单层密度)的解算，这对于机动性要求很强、实时性保障要求很高的海域发射阵位，时间上的负担往往是无法承受的。

13.3.4　数值计算检验与分析

扰动引力计算精度主要取决于模型逼近误差和数据传播误差两个方面的因素

(Zhang et al., 1998；黄谟涛等，2005)，数值离散化误差、远区截断误差和数据截断误差都属于模型逼近误差的范畴。为了定量估计模型逼近误差的大小，本专题研究采用 2160 阶的超高阶位模型 EGM2008 作为标准场开展数值计算检验，由其模拟产生外部扰动引力三分量的基准值，同时计算 1°×1°、20′×20′、5′×5′和 2′×2′等 4 组地面重力异常和高程异常的模拟观测量，作为确定外部空间扰动引力场的基础数据。试验区涵盖了重力场变化比较剧烈的马里亚纳海沟，区域范围为 φ:10°S～60°N，λ:90°E～170°W。计算某一点扰动引力采用的 4 种分辨率基础数据覆盖范围为 1°×1°→30°×30°，20′×20′→10°×10°，5′×5′→4°×4°，2′×2′→2°×2°。参考场的阶次取为 N=36。表 13.6 列出了四组地面重力异常和高程异常计算量(已扣除 36 阶参考场)的统计结果，图 13.2 为 EGM2008 位模型 20′×20′网格重力异常等值线图。

表 13.6　位模型地面重力异常和高程异常统计结果

数据网格	重力异常/mGal				高程异常/m			
	最小值	最大值	平均值	均方根	最小值	最大值	平均值	均方根
2′×2′	–343.4	559.3	–0.05	37.9	–21.54	14.74	–0.01	2.39
5′×5′	–341.6	495.9	–0.05	37.6	–21.50	14.55	–0.01	2.39
20′×20′	–313.7	279.1	–0.04	34.5	–21.17	13.09	–0.01	2.35
1°×1°	–234.8	161.7	–0.04	26.4	–19.44	9.83	–0.01	2.17

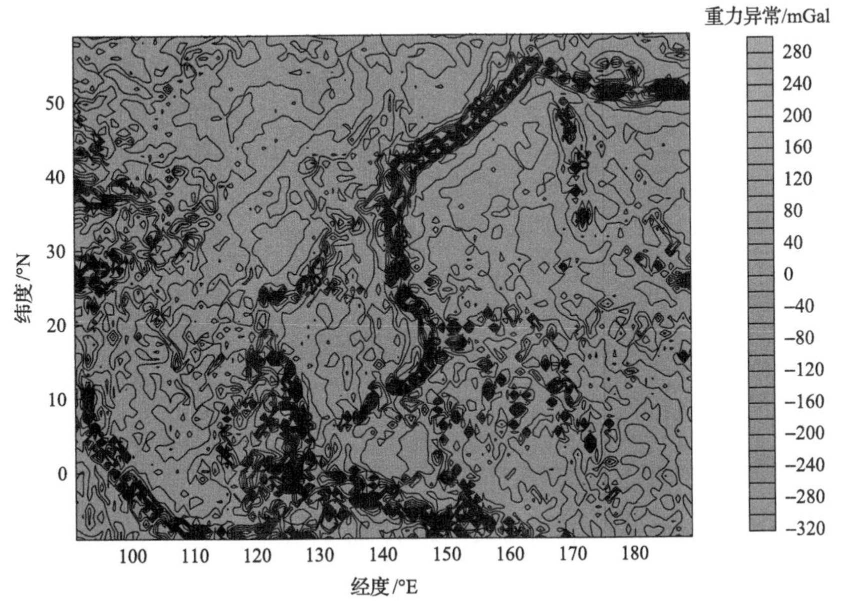

图 13.2　EGM2008 位模型 20′×20′网格重力异常等值线图

为了考察本专题研究提出的无奇异表层法计算模型对超低空扰动引力场的逼近效果，本节特别选取位于马里亚纳海沟的两个点作为计算点，分别采用不同的改化模型计算不同高度的扰动引力三分量，并将其与相对应的位模型计算基准值进行对比分析。其中，一个计算点选取与 2′×2′数据网格点重合，具体位置为 P_1（φ=27°01′N，λ=143°01′E）；另一个计算点选取为非数据网格点，具体位置为 P_2（φ=27°00′10″N，λ=143°00′15″E）。本节把原始的表层法计算模型(即式(13.20)～式(13.22))称为模型一，把由式(13.28)、式(13.37)和式(13.38)组成的阶段改化模型称为模型二，把由式(13.34)、式(13.37)、式(13.38)、式(13.41)和式(13.42)组成的阶段改化模型称为模型三，把由模型三加上式(13.53)组成的最终改化模型称为模型四。表 13.7 和表 13.8 分别列出了两个计算点在不同高度上的扰动引力三分量位模型计算基准值，同时列出了不同赋值模型计算结果与对应基准值的互比结果。

表 13.7　P_1 点不同赋值模型计算结果与对应基准值的互比结果

高度/km		0	0.02	1	3	5	10	30	50	100	200	300
标准值	δg_r/mGal	−110.7	−110.6	−106.3	−98.21	−90.91	−75.29	−35.96	−16.99	−2.11	0.58	0.42
	δg_φ/mGal	−11.86	−11.85	−11.16	−9.90	−8.83	−6.84	−3.41	−1.89	0.03	0.67	0.43
	δg_λ/mGal	189.08	188.96	183.6	173.1	163.2	141.2	81.48	48.72	14.81	1.68	0.12
模型一	δg_r/mGal	−110.5	−109.6	−67.73	−21.63	−8.59	−2.17	−0.20	−0.01	0.10	0.12	0.09
	δg_φ/mGal	−3.06	−3.05	−2.53	−2.22	−2.17	−2.11	−1.86	−1.64	−1.23	−0.79	−0.58
	δg_λ/mGal	5.13	5.02	1.31	−0.35	−0.44	−0.45	−0.43	−0.37	−0.20	−0.04	−0.02
模型二	δg_r/mGal	109.2	109.2	110.1	111.9	113.7	118.2	135.18	149.87	174.79	191.97	193.51
	δg_φ/mGal	−3.06	−3.05	−2.53	−2.22	−2.17	−2.11	−1.86	−1.64	−1.23	−0.79	−0.58
	δg_λ/mGal	5.13	5.02	1.31	−0.35	−0.44	−0.45	−0.43	−0.37	−0.20	−0.04	−0.02
模型三	δg_r/mGal	−0.15	−0.15	−0.07	−0.08	−0.07	−0.03	0.03	0.00	−0.13	−0.13	−0.07
	δg_φ/mGal	−0.05	−0.05	0.18	0.20	0.14	0.07	−0.08	−0.22	−0.50	−0.59	−0.50
	δg_λ/mGal	0.65	0.59	−1.18	−1.07	−0.65	−0.41	−0.33	−0.26	−0.11	−0.01	−0.00

表 13.8　P_2 点不同赋值模型计算结果与对应基准值的互比结果

高度/km		0	0.02	1	3	5	10	30	50	100	200	300
标准值	δg_r/mGal	−104.6	−104.5	−100.4	−92.64	−85.63	−70.69	−33.40	−15.54	−1.71	0.63	0.43
	δg_φ/mGal	−10.93	−10.92	−10.40	−9.43	−8.57	−6.90	−3.73	−2.20	−0.17	0.61	0.41
	δg_λ/mGal	192.36	192.24	186.6	175.8	165.7	143.2	82.42	49.14	14.88	1.71	0.14

续表

高度/km		0	0.02	1	3	5	10	30	50	100	200	300
模型一	δg_r/mGal	–104.4	–102.8	–34.45	–1.51	–0.10	–0.02	0.06	0.10	0.16	0.17	0.13
	δg_φ/mGal	–20.10	–20.09	–12.42	–2.85	–2.28	–2.21	–1.98	–1.76	–1.35	–0.87	–0.62
	δg_λ/mGal	–11.41	–11.52	–8.43	–1.08	–0.67	–0.67	–0.64	–0.57	–0.37	–0.13	–0.06
模型二	δg_r/mGal	115.22	115.15	112.5	112.1	113.8	118.2	135.20	149.90	174.84	192.02	193.54
	δg_φ/mGal	–6.69	–6.68	–6.02	–4.39	–3.29	–2.42	–1.99	–1.77	–1.35	–0.87	–0.62
	δg_λ/mGal	4.92	4.80	0.65	–1.62	–1.35	–0.83	–0.65	–0.58	–0.37	–0.13	–0.06
模型三	δg_r/mGal	5.90	5.88	4.93	3.00	1.74	0.59	0.13	0.07	–0.07	–0.08	–0.03
	δg_φ/mGal	4.75	4.75	4.63	3.45	2.40	1.49	1.01	0.68	–0.04	–0.49	–0.48
	δg_λ/mGal	13.83	13.76	10.59	5.40	2.80	1.14	0.68	0.53	0.25	0.06	0.01
模型四	δg_r/mGal	–1.60	–1.60	–1.41	–1.27	–1.19	–1.01	–0.59	–0.44	–0.36	–0.19	–0.09
	δg_φ/mGal	–0.26	–0.26	–0.09	–0.07	–0.10	–0.13	–0.22	–0.37	–0.64	–0.67	–0.55
	δg_λ/mGal	0.02	–0.04	–1.88	–1.74	–1.28	–1.00	–0.81	–0.65	–0.35	–0.11	–0.05

由前面的模型改化过程和误差源分析可知，模型一的计算误差主要来自积分核函数在超低空高度段的奇异性，模型二的计算误差主要来自：①径向分量有限区域积分不满足恒等变换式(13.27)要求全球积分的理论假设；②扰动引力水平分量计算式忽略了与计算点重合数据块的影响。模型三的计算误差主要来自：当计算点为非数据网格点时，改化模型采用的积分区域不满足各个恒等变换式要求的对称性假设。从表 13.7 的试验结果可以看出，由核函数奇异性引起的计算误差在 10km 以下高度段都是不可忽略的；积分区域不能覆盖全球引起的径向分量计算误差在整个高度段都远远超出预定精度指标；当计算点为数据网格点时，模型三已经基本消除了核函数奇异性的影响，同时大大减弱了模型二两个主要误差源的干扰，其计算精度优于 2mGal。从表 13.8 的互比结果可进一步看出，当计算点为非数据网格点时，虽然积分核函数在径向分量上的奇异性影响有所减弱，但在 3km 以下的超低空高度仍然不可忽略；积分奇异性对水平分量的影响反而大于忽略与计算点重合数据块带来的影响，包括积分区域非对称性在内的其他影响因素引起的计算误差也远远超出限定指标要求，只有模型四较好地解决了前面指出的影响模型一～模型三计算精度的各类误差干扰问题，对本试验而言，模型四的计算精度同样优于 2mGal。考虑到海上流动计算点不是事先人为选定的，而是依据发射阵位的特殊要求实时确定的，计算点与数据网格点不重合是常态化事件，故实际应用中自然应当优先选择模型四作为海域外部空间扰动引力的计算模型。

为了进一步说明表层法改化模型的优越性，本专题研究使用与上述试验完全一致的数据组合，开展局部点质量模型解算，具体原理见 13.2 节(黄金水等，1995；黄谟涛等，2005；王建强等，2010)，然后在两个相同的试验点上进行扰动引力计算。其中，1°×1°、20′×20′、5′×5′和 2′×2′等 4 层点质量的埋藏深度依次取为 $H(1°)=60$km、$H(20')=20$km、$H(5')=5$km、$H(2')=2$km。两个计算点在不同高度上的扰动引力计算值与基准值的互比结果如表 13.9 所示。

表 13.9　点质量模型计算结果与对应基准值的互比结果

高度/km		0	0.02	1	3	5	10	30	50	100	200	300
P_1	δg_r/mGal	–0.02	–0.09	–1.34	–1.14	–0.89	–0.55	–0.12	0.04	0.15	0.13	0.09
	δg_φ/mGal	–3.60	–3.56	–2.33	–1.42	–1.18	–1.03	–0.81	–0.66	–0.40	–0.23	–0.21
	δg_λ/mGal	–0.75	–0.73	–0.03	0.42	0.49	0.43	0.20	0.09	–0.01	–0.02	–0.02
P_2	δg_r/mGal	–5.59	–5.51	–3.01	–1.41	–0.94	–0.55	–0.11	0.04	0.15	0.13	0.09
	δg_φ/mGal	–1.84	–1.83	–1.32	–1.07	–1.02	–0.96	–0.79	–0.65	–0.40	–0.23	–0.21
	δg_λ/mGal	0.16	0.17	0.49	0.58	0.56	0.46	0.20	0.09	–0.00	–0.02	–0.02

对比表 13.9 和表 13.7、表 13.8 的计算结果可以看出，无论是在数据网格点 P_1，还是在非数据网格点 P_2，利用点质量模型计算扰动引力的整体精度都不如最终的表层法计算模型(即前面的模型四)，点质量模型在 1km 以下高度段的计算误差已经超出扰动引力计算精度指标要求。这说明，在重力场变化比较剧烈的海沟区，点质量模型对超低空重力场的逼近能力远不如综合利用重力异常和高程异常信息的表层法计算模型。实际上，在海底地形变化相对平缓的广阔海域，点质量模型与表层法计算模型计算结果的差异一般都不超过 1mGal，受篇幅所限，这里不再列出这些普通计算点的对比结果。海沟区是重力场变化特征比较明显的一类特殊区域，无论是在水平方向还是在垂向，重力场参数变化都相当剧烈，以本专题研究试验区为例，包围计算点 P_2 的 4 个 2′×2′网格重力异常分别为：左上角点 $\Delta g_1=-91.37$mGal；右上角点 $\Delta g_2=-110.53$mGal；左下角点 $\Delta g_3=-93.05$mGal；右下角点 $\Delta g_4=-112.46$mGal。这就意味着，在大约 2′球面距离内，重力异常变化超过 20mGal，每公里变化超过 5mGal，其变化剧烈程度相当于陆地上的特大山区(陆仲连，1996)。由此可见，本专题研究试验针对的是一类海底地形变化非常特殊的区域，表层法计算模型能够在这样的区域获得优于 2mGal 的计算精度，足以说明该模型具有良好的适应能力。

13.3.5　专题小结

针对海域流动点外部重力场快速赋值需求，本专题研究提出了表层法计算模型，通过理论分析论证和数值计算检验，可得出以下几点结论：

(1) 表层法计算模型不需要对重力异常和高程异常基础数据进行进一步的转换处理，积分核函数结构更为简单，同时海域外部扰动引力计算可不顾及地面不规则地形效应的影响，故表层法计算模型更适合于海域外部重力场的快速赋值。

(2) 通过引入局部积分域恒等式变换、局域泰勒级数展开和非网格点内插方法，推出了基于表层法的扰动引力三分量无奇异计算模型，有效克服了传统表层法计算模型固有的奇异性问题，较好地满足了全海域和全高度段对局部扰动引力场快速赋值的实际需求，具有良好的应用前景。

(3) 相比较而言，本专题研究推出的表层法计算模型较点质量模型具有更高的计算精度，在重力场变化比较平缓的广阔海域，该模型的逼近误差(不包括数据传播误差)一般不超过 1mGal；在重力场变化比较剧烈的海沟区，该模型的计算误差不超过 2mGal。

13.4　海域超低空扰动重力精密计算模型

13.4.1　问题的提出

外部扰动重力计算是地球重力场逼近建模研究内容的重要组成部分，也是解算大地测量边值问题的主要应用目标之一。外部扰动重力信息在航空航天器飞行轨迹精密计算和空间科学技术研究中具有重要的应用价值(Hirvonen et al.，1963；Moritz，1966；Heiskanen et al.，1967；Cruz et al.，1984；黄谟涛等，2005)。除代表中长波长的全球重力场球谐函数展开式外，常用于计算地球外部扰动重力三分量的解析函数模型还包括直接积分和等效源两大类别，前者包含 Stokes 积分模型、表层积分模型和向上延拓积分模型(Heiskanen et al.，1967；陆仲连，1996；刘长弘，2016)；后者包含等效重力异常模型(Bjerhammar，1964；李建成等，2003)、点质量模型(Sünkel，1983；吴晓平，1984；黄金水等，1995；黄谟涛等，2005；王建强等，2010)和虚拟单层密度模型(许厚泽等，1984；操华胜等，1985)。计算模型的完备性及决定其计算效率高低的模型结构复杂程度，是评价模型优劣和实用性的两个关键因素。黄谟涛等(2018c，2019a)已对前述不同类别计算模型的技术特点和适用条件进行了分析比较和总结，为不同应用领域选用合适的计算模型提供了理论参考依据。

许厚泽等(2014)早在 1986 年就曾针对利用直接积分法计算高空扰动重力的模型改化和精度评估问题进行了深入研究。但精密计算外部扰动重力的难点主要集中在接近地球表面的超低空高度段，具体体现为地形效应和积分奇异性两个方面的干扰。通过联合采用 Stokes 球面积分模型和 Molodensky 级数改正项

(Molodensky et al., 1962)、Bjerhammar 等效重力异常(Bjerhammar, 1964)、Moritz 解析延拓改正项(Moritz, 1980)等方法，均可有效补偿低空地形效应对计算参量的影响；针对积分奇异性干扰，黄谟涛等(2005)推出了基于环带扇形数据分布的非奇异积分公式。根据实用化保障需求，黄谟涛等(2018c)提出了基于插值替换的非奇异分段积分改进公式。尽管上述两组公式都成功避开了积分奇异性问题，但前者对输入数据分布有特殊要求，其应用范围受到了较大限制；后者的计算精度取决于插值高度和插值模型的选择及计算区域重力异常场变化的剧烈程度，具有一定的不确定性。针对海域应用需求，黄谟涛等(2019a)推出了以重力异常和高程异常为输入信息、基于表层积分模型的无奇异计算公式，解决了海域外部近地空间流动点扰动重力精密快速赋值问题(见 13.3 节)。实际上，该研究思路同样适用于解决以单一重力异常为输入信息的 Stokes 球面积分模型改化问题。综合考虑海域无地形效应特性和计算模型选择的灵活性需求及数据保障种类可能面临的局限性制约，本专题研究沿用黄谟涛等(2019a)的研究思路，通过引入基于积分恒等式变换的移去-恢复技术及平面局域泰勒级数展开方法，对计算外部扰动重力三分量的 Stokes 全球积分模型进行分步改化处理，旨在消除数值积分不连续性和积分核函数奇异性的影响，以提高赋值模型在超低空高度段的计算精准度。

13.4.2　地球外部扰动重力全球积分模型

由地球重力场位理论可知，扰动重力可由扰动位求偏微分得到，地球外部扰动位的全球积分模型为(Heiskanen et al., 1967)

$$T=\frac{R}{4\pi}\iint_{\sigma}\Delta g S(r,\psi)\mathrm{d}\sigma \tag{13.54}$$

$$\begin{aligned}S(r,\psi)&=\frac{2R}{l}+\frac{R}{r}-3\frac{Rl}{r^2}-\frac{R^2}{r^2}\cos\psi\left(5+3\ln\frac{r-R\cos\psi+l}{2r}\right)\\&=\sum_{n=2}^{\infty}\frac{2n+1}{n-1}\left(\frac{R}{r}\right)^{n+1}P_n(\cos\psi)\end{aligned} \tag{13.55}$$

式中，T 为地球外部计算点 $P(r,\varphi,\lambda)$ 处的扰动位，(r,φ,λ) 分别为空间点球坐标的地心向径、地心纬度和地心经度；Δg 为球面上流动点 $Q(R,\varphi',\lambda')$ 处的已知观测重力异常；σ 为单位球面；$\mathrm{d}\sigma$ 为单位球面的面积元；$S(r,\psi)$ 为空间斯托克斯(Stokes)函数；$l=\sqrt{r^2+R^2-2rR\cos\psi}$ 为计算点 $P(r,\varphi,\lambda)$ 至积分流动点 $Q(R,\varphi',\lambda')$ 之间的空间距离；ψ 为计算点至流动点之间的球面角距；R 为地球平均半径；$P_n(\cos\psi)$ 为 n 阶勒让德函数。

由式(13.54)可推得地球外部扰动重力三分量计算式为

$$\delta g_r=\frac{\partial T}{\partial r}=\frac{R}{4\pi}\iint_\sigma \Delta g F_r(r,\psi)\mathrm{d}\sigma \tag{13.56}$$

$$\delta g_\varphi=\frac{1}{r}\frac{\partial T}{\partial \varphi}=-\frac{R}{4\pi r}\iint_\sigma \Delta g F_\psi(r,\psi)\cos\alpha\mathrm{d}\sigma \tag{13.57}$$

$$\delta g_\lambda=\frac{1}{r\cos\varphi}\frac{\partial T}{\partial \lambda}=-\frac{R}{4\pi r}\iint_\sigma \Delta g F_\psi(r,\psi)\sin\alpha\mathrm{d}\sigma \tag{13.58}$$

$$\begin{aligned}F_r(r,\psi)&=\frac{\partial S(r,\psi)}{\partial r}\\&=-\frac{R(r^2-R^2)}{rl^3}-\frac{4R}{rl}-\frac{R}{r^2}+\frac{6Rl}{r^3}+\frac{R^2}{r^3}\cos\psi\left(13+6\ln\frac{r-R\cos\psi+l}{2r}\right)\\&=-\sum_{n=2}^{\infty}\frac{(2n+1)(n+1)}{n-1}\left(\frac{R^{n+1}}{r^{n+2}}\right)P_n(\cos\psi)\end{aligned} \tag{13.59}$$

$$\begin{aligned}F_\psi(r,\psi)&=\frac{\partial S(r,\psi)}{\partial \psi}\\&=\sin\psi\left[-\frac{2R^2r}{l^3}-\frac{6R^2}{rl}+\frac{8R^2}{r^2}+\frac{3R^2}{r^2}\left(\frac{r-R\cos\psi-l}{l\sin^2\psi}+\ln\frac{r-R\cos\psi+l}{2r}\right)\right]\\&=\sum_{n=2}^{\infty}\frac{2n+1}{n-1}\left(\frac{R}{r}\right)^{n+1}\frac{\partial P_n(\cos\psi)}{\partial\psi}\end{aligned} \tag{13.60}$$

$$\cos\alpha=\frac{\cos\varphi\sin\varphi'-\sin\varphi\cos\varphi'\cos(\lambda'-\lambda)}{\sin\psi} \tag{13.61}$$

$$\sin\alpha=\frac{\cos\varphi'\sin(\lambda'-\lambda)}{\sin\psi} \tag{13.62}$$

$$\sin\psi=\sqrt{1-\cos^2\psi} \tag{13.63}$$

式(13.56)～式(13.58)即为计算地球外部扰动重力矢量的全球积分模型。利用该组公式计算扰动重力三分量的精度主要取决于模型改化误差、输入数据分辨率及观测噪声等几个方面的因素(Heiskanen et al.，1967；黄谟涛等，2005)，关于数据质量影响和数据需求分析方面的内容，黄谟涛等(2019a)已经进行了比较详细的研究和讨论，这里不再重复。本专题研究主要针对式(13.56)～式(13.58)实现过程中可能引入的模型改化误差进行分析和探讨，并提出相应的补偿方法。

13.4.3 计算模型分析与改化

13.4.3.1 径向分量积分模型分析改化

1. 积分模型稳定性分析

由式(13.59)可知，当计算点趋近于数据网格点，即$r \to R$和$\psi \to 0$时，会出现分母项$l \to 0$，积分核函数$F_r(r,\psi)$发生奇异。这说明，在利用式(13.56)计算超低空外部扰动重力径向分量时，会出现由核函数奇异引起的不确定性问题，无法保证计算结果的可靠性和有效性。尽管通过从积分域中直接扣除计算点所在的网格数据块，理论上即可消除积分奇异性问题，但因该数据块距离计算点最近，对计算结果的影响也就最大，故扣除该数据块必然会对计算结果带来一定程度甚至是不可忽略的影响，降低计算结果的精度(刘长弘，2016)。另外，可以证明，当$r \to R$和$\psi \to 0$时，由式(13.56)确定的外部扰动重力径向分量δg_r并不严格收敛于球面上的理论预估值δg_R，不符合数值逼近理论最基本的连续性要求(黄谟涛等，2019a)，具体证明如下。

根据 Heiskanen 等(1967)的研究，由式(13.56)定义的地球外部扰动重力径向分量δg_r可转换为如下外部扰动位和重力异常的线性组合，即

$$\delta g_r = -\frac{2}{r}T_r - \Delta g_r \tag{13.64}$$

式中，外部扰动位T_r由式(13.54)确定；外部重力异常Δg_r的计算表达式为

$$\Delta g_r = \frac{R}{4\pi}\iint_\sigma \Delta g K_r(r,\psi)\mathrm{d}\sigma \tag{13.65}$$

$$\begin{aligned}K_r(r,\psi) &= \frac{1}{R}\sum_{n=2}^{\infty}(2n+1)\left(\frac{R}{r}\right)^{n+2}P_n(\cos\psi)\\ &= \frac{R(r^2-R^2)}{rl^3} - \frac{R}{r^2} - \frac{3R^2}{r^3}\cos\psi\\ &= K_{r1}(r,\psi) + K_{r2}(r,\psi)\end{aligned} \tag{13.66}$$

$$K_{r1}(r,\psi) = \frac{R(r^2-R^2)}{rl^3} = \frac{1}{R}\sum_{n=0}^{\infty}(2n+1)\left(\frac{R}{r}\right)^{n+2}P_n(\cos\psi) \tag{13.67}$$

$$K_{r2}(r,\psi) = -\frac{R}{r^2} - \frac{3R^2}{r^3}\cos\psi \tag{13.68}$$

此时，式(13.64)可改写为三个积分和，即

$$\begin{aligned}\delta g_r &= -\frac{R}{2\pi r}\iint_\sigma \Delta g S(r,\psi)\mathrm{d}\sigma - \frac{R}{4\pi}\iint_\sigma \Delta g K_{r1}(r,\psi)\mathrm{d}\sigma - \frac{R}{4\pi}\iint_\sigma \Delta g K_{r2}(r,\psi)\mathrm{d}\sigma \\ &= \delta g_{r0} + \delta g_{r1} + \delta g_{r2}\end{aligned} \tag{13.69}$$

现在分别推证，当$r \to R$时，上述三个积分项的逼近结果。

首先，依据式(13.54)和式(13.55)，不难推得

$$\delta g_{r0}(r \to R) = -\frac{1}{2\pi}\iint_\sigma \Delta g S(R,\psi)\mathrm{d}\sigma = -\frac{2}{R}\frac{R}{4\pi}\iint_\sigma \Delta g S(\psi)\mathrm{d}\sigma = -\frac{2}{R}T_R \tag{13.70}$$

$$S(\psi) = \arcsin\frac{\psi}{2} - 6\sin\frac{\psi}{2} + 1 - 5\cos\psi - 3\cos\psi\ln\left(\sin\frac{\psi}{2} + \sin^2\frac{\psi}{2}\right) \tag{13.71}$$

式中，$S(\psi)$为传统的球面 Stokes 函数。

其次，依据式(13.67)和式(13.69)，可得

$$\delta g_{r1} = -\frac{R}{4\pi}\iint_\sigma \Delta g \frac{R(r^2 - R^2)}{rl^3}\mathrm{d}\sigma \tag{13.72}$$

考虑到当$r \to R$和$\psi \to 0$时，式(13.72)中的积分核函数可能出现分子分母同时为零的不定式($0/0$)情形，故需要对其进行特殊处理。把式(13.72)的全球积分域σ划分为σ_1和σ_2两部分，σ_1代表以计算点为中心、s_1为半径且无限接近于计算点的小球冠区域，σ_2代表剩余部分($\sigma - \sigma_1$)的区域。因当$r \to R$时，$K_{r1}(r,\psi) \to 0$，对应于σ_2部分的积分项为零，故只需要对小球冠σ_1部分的积分进行讨论。在很小的σ_1区块内，可采用极坐标系(s,α)，对由式(13.67)表示的积分核函数进行平面近似处理，取

$$l^2 \approx l_0^2 + h^2 \approx s^2 + h^2, \quad l_0 = 2R\sin\frac{\psi}{2}, \quad r = R + h, \quad R^2\mathrm{d}\sigma \approx s\mathrm{d}s\mathrm{d}\alpha$$

式中，h为计算点的大地高。

此时，由式(13.67)表示的积分核函数可近似表示为

$$K_{r1}(r,\psi) = \frac{R(2R+h)h}{(R+h)\sqrt{(s^2+h^2)^3}} \tag{13.73}$$

将式(13.73)代入式(13.72)可得小球冠σ_1部分也就是δg_{r1}的积分为

$$\begin{aligned}\delta g_{r1} &= -\frac{R}{4\pi}\int_0^{2\pi}\int_0^{s_1}\Delta g\frac{R(2R+h)h}{(R+h)\sqrt{(s^2+h^2)^3}}\mathrm{d}\sigma \\ &= -\frac{(2R+h)h}{4\pi(R+h)}\int_0^{2\pi}\int_0^{s_1}\Delta g\frac{s}{\sqrt{(s^2+h^2)^3}}\mathrm{d}s\mathrm{d}\alpha\end{aligned} \tag{13.74}$$

考虑到σ_1是一个无限小的包围计算点的球冠，可将Δg看作恒等于球面计算点处的重力异常Δg_R的不变量，即认为$\Delta g=\Delta g_R$。将其代入式(13.74)，完成积分后可得

$$\begin{aligned}\delta g_{r1} &= -\frac{(2R+h)h}{2(R+h)}\Delta g_R\left[-\frac{1}{(s^2+h^2)^{1/2}}\right]_0^{s_1} \\ &= -\frac{(2R+h)h}{2(R+h)}\Delta g_R\left[-\frac{1}{(s_1^2+h^2)^{1/2}}+\frac{1}{h}\right]\end{aligned} \tag{13.75}$$

由式(13.75)不难看出，当$h\to 0$(即$r\to R$)时，有

$$\delta g_{r1}(r\to R) = -\Delta g_R \tag{13.76}$$

式(13.76)说明，由式(13.72)定义的第二项积分极限值收敛于地面上已知重力异常的负值。最后，依据式(13.68)和式(13.69)，不难得到式(13.69)右端第三项积分的极限值为

$$\delta g_{r2}(r\to R) = -\frac{R}{4\pi}\iint_\sigma \Delta g\left(-\frac{R}{r^2}-\frac{3R^2}{r^3}\cos\psi\right)\mathrm{d}\sigma = \frac{1}{4\pi}\iint_\sigma \Delta g(1+3\cos\psi)\mathrm{d}\sigma \tag{13.77}$$

因式(13.68)代表的是重力异常 Poisson 积分核函数的零阶项和一阶项，故只有重力异常的零阶项和一阶项为零这样的条件得到满足时，积分公式(13.77)的极限值才为零。

综合式(13.70)、式(13.76)和式(13.77)，可得到式(13.69)的积分极限值为

$$\delta g_r(r\to R) = -\frac{2}{R}T_R - \Delta g_R + \frac{1}{4\pi}\iint_\sigma \Delta g(1+3\cos\psi)\mathrm{d}\sigma \tag{13.78}$$

由式(13.77)和式(13.78)可知，当$r\to R$时，$\delta g_r(r\to R)$的极限值并未严格收敛于球面上的理论预估值$\delta g_R=-2T_R/R-\Delta g_R$，除非满足假设条件，即重力异常不包含零阶项和一阶项。

实际上，式(13.78)的右端之所以会出现多余的第三项，是因为在对式(13.66)

右端表达式进行改化处理时，人为实施了恢复-移去两步运算，即首先在式(13.67)中恢复零阶项和一阶项的影响，然后在式(13.68)中移去相对应的影响项。而由Heiskanen 等(1967)的研究可知，人们在推导地球外部引力位球谐函数及其径向导数积分计算式时，总是习惯于事先自动“压制”掉计算参量的零阶项和一阶球谐函数项，使得它们只适用于这样的参考椭球：①与大地水准面具有相同的重力位；②其质量与地球质量相等；③其中心位于地球质心。显然，一般参考椭球不可能完全满足这些条件，因此恢复积分核函数的零阶项和一阶项，使原积分公式成为适用范围更广的广义积分公式才是合情合理的。正如 Heiskanen 等(1967)所述：传统 Stokes 积分公式给出的扰动位 T_s 一般不包含零阶项 T_0 和一阶项 T_1，将 T_s 加上 T_0 和 T_1 才能得到完整的扰动位 T。依据这样的思路，Heiskanen 等(1967)曾推出了更为通用的 Stokes 积分公式。

基于上述考虑，作者认为，在前面进行改化处理时，只需要对式(13.66)进行第一步的恢复处理，不必进行第二步的移去运算，也就是说，只需考虑式(13.66)右端的 $K_{r1}(r,\psi)$ 作用，不必顾及第二项 $K_{r2}(r,\psi)$ 的影响。此时，$K_r(r,\psi)=K_{r1}(r,\psi)$，式(13.78)简化为

$$\delta g_r(r\to R)=-\frac{2}{R}T_R-\Delta g_R \tag{13.79}$$

式(13.79)的推演结果说明，在由式(13.59)表示的核函数中恢复零阶项和一阶项的影响，即可确保由式(13.56)确定的扰动重力径向分量极限值 $\delta g_r(r\to R)$ 收敛于球面上的理论预估值 δg_R。显然，这正是人们所期待的结果，但这里需要指出的是，式(13.79)只是理论上的理想化推证结果，在实际应用中，无法完全按照式(13.73)～式(13.76)的推证过程来实现扰动重力径向分量数值计算。因为选择一个无限小的球冠 σ_1 既不现实也不符合数据实际，而当计算点与数据点重合时，在超低空高度段，由式(13.67)表示的积分核函数会出现非常严重的奇异性问题，从而导致式(13.65)的数值计算结果严重偏离预期的理论真值，这些都是由地球外部扰动位(类同于单层位)法向导数在边界面存在不连续性的固有特性和积分核函数(见式(13.67))具有与三维空间 Dirac 函数相似的跳跃特性所决定的(Heiskanen et al.，1967)。

2. 积分模型精密改化

由前面的分析可知，要想获得稳定且精确的扰动重力径向分量数值计算结果，除了需要对式(13.66)表示的核函数进行零阶项和一阶项恢复处理外，还需要对积分计算式实现过程中的核函数奇异性影响进行进一步的改化处理。

根据式(13.54)～式(13.56)、式(13.59)及式(13.64)～式(13.68)，恢复零阶项和一阶项影响后的扰动重力径向分量积分核函数 $F_{tr}(r,\psi)$ 可表示为

$$
\begin{aligned}
F_{tr}(r,\psi) &= F_r(r,\psi) + K_{r2}(r,\psi) \\
&= -\frac{2}{r}S(r,\psi) - K_{r1}(r,\psi) \\
&= -\frac{4R}{rl} - \frac{2R}{r^2} + \frac{6Rl}{r^3} + \frac{R^2}{r^3}\cos\psi\left(10 + 6\ln\frac{r - R\cos\psi + l}{2r}\right) - \frac{R\left(r^2 - R^2\right)}{rl^3}
\end{aligned}
\tag{13.80}
$$

不难看出，当$r \to R$和$\psi \to 0$时，式(13.80)中的$S(r,\psi)$会出现分母项$l \to 0$，$K_{r1}(r,\psi)$可能出现分子分母同时为零（0/0）的不确定情况。为了消除此类核函数的奇异性影响，可参照Heiskanen等(1967)、黄谟涛等(2019a)的研究思路，对以式(13.80)为新的核函数的积分公式(13.56)进行积分恒等式变换改化处理，可将其称为另一种形式的移去-恢复技术。首先，将式(13.56)改写为

$$
\delta g_r = \frac{R}{4\pi}\iint_\sigma (\Delta g - \Delta g_{Rp}) F_{tr}(r,\psi) \mathrm{d}\sigma + \frac{R}{4\pi}\iint_\sigma \Delta g_{Rp} F_{tr}(r,\psi) \mathrm{d}\sigma \tag{13.81}
$$

式中，Δg_{Rp}为外部空间计算点$P(r,\varphi,\lambda)$在球面上的投影点$P(R,\varphi,\lambda)$处的重力异常，也就是式(13.75)中的Δg_R。

将式(13.80)代入式(13.81)右端的第二项积分，不难推得

$$
\frac{R}{4\pi}\iint_\sigma \Delta g_{Rp}\left(-\frac{2}{r}S(r,\psi)\right)\mathrm{d}\sigma = -\frac{R}{2\pi r}\Delta g_{Rp}\iint_\sigma S(r,\psi)\mathrm{d}\sigma = 0 \tag{13.82}
$$

$$
\frac{R}{4\pi}\iint_\sigma \Delta g_{Rp}(-K_{r1}(r,\psi))\mathrm{d}\sigma = -\frac{R}{4\pi}\Delta g_{Rp}\iint_\sigma \frac{R(r^2 - R^2)}{rl^3}\mathrm{d}\sigma = -\left(\frac{R}{r}\right)^2 \Delta g_{Rp} \tag{13.83}
$$

此时，式(13.81)可简写为

$$
\delta g_r = \frac{R}{4\pi}\iint_\sigma (\Delta g - \Delta g_{Rp}) F_{tr}(r,\psi)\mathrm{d}\sigma - \left(\frac{R}{r}\right)^2 \Delta g_{Rp} \tag{13.84}
$$

不难看出，经上述移去-恢复转换后，理论上，式(13.84)不再存在积分奇异性问题，至少可以说它的奇异性被中和了(Heiskanen et al.，1967)。与此同时，当$r \to R$时，顾及式(13.70)、式(13.76)和式(13.82)后，可推得由式(13.84)确定的径向分量δg_r将收敛于球面上的理论预估值：$\delta g_{Rp} = -2T_{Rp}/R - \Delta g_{Rp}$。这个结果说明，使用式(13.84)计算外部扰动重力径向分量，不仅可以避免积分奇异性的影响，同时可确保积分计算值从地球外部到球边界面的连续性。

从前面的推导过程可以看出，如果不对原积分核函数(13.59)进行如式(13.80)

所示的零阶项和一阶项恢复处理，那么无法实现式(13.82)和式(13.83)所示的第二步积分恒等式变换运算。由此可见，对于相同类别的地球外部重力场参数计算模型，包括外部扰动位、重力异常、重力梯度等积分模型，都需要在它们的原积分核函数基础上，恢复其零阶项和一阶项的影响。只有这样，才能开展后续旨在消除积分奇异性和不连续性影响的改化处理。实际上，在 Heiskanen 等(1967)的研究中，作者利用 Poisson 积分公式和积分恒等式变换，对调和函数径向导数计算模型进行的去积分奇异性改化，正是建立在积分核函数事先包含了零阶项和一阶项基础之上的。

需要指出的是，前面对式(13.56)进行的模型改化只是这一进程的第一阶段，受观测数据覆盖范围的限制，在应用式(13.84)时，还需要将全球积分域划分为近区和远区进行处理，近区定义为以计算点为中心、ψ_0 为半径的球冠区域 σ_0，以一定阶次(如 N 阶)的重力位模型为参考场，联合采用实测重力异常数据和移去-恢复技术，对近区影响进行数值积分计算；远区影响则采用更高阶次(如 L 阶)的重力位模型进行补偿。第二次引入移去-恢复技术后，还需要对积分核函数进行相应的改化处理，以满足积分核函数与实测重力异常信息之间的频谱匹配要求(Novák et al.，2002；刘敏等，2016)。这里统一使用简单实用的 Wong 等(1969)方法对积分核函数进行改化处理。经分区处理和核函数改化后，式(13.84)从全球积分模型转换为局域积分模型，即

$$\delta g_r = \delta g_r^{\text{ref}} + \frac{R}{4\pi}\iint_\sigma (\Delta g - \Delta g_{Rp}) F_{tr}^{\text{WG}}(r,\psi)\text{d}\sigma - \left(\frac{R}{r}\right)^2 \Delta g_{Rp} + \delta g_{r(\sigma-\sigma_0)} \tag{13.85}$$

$$\delta g_r^{\text{ref}} = -\frac{GM}{R^2}\sum_{n=2}^{N}\left(\frac{R}{r}\right)^{n+2}(n+1)\sum_{m=0}^{n}(\bar{C}_{nm}^{*}\cos(m\lambda) + \bar{S}_{nm}\sin(m\lambda))\bar{P}_{nm}(\sin\varphi) \tag{13.86}$$

$$\begin{aligned} F_{tr}^{\text{WG}}(r,\psi) &= F_{tr}(r,\psi) + \frac{3R^2}{r^3}\cos\psi + \sum_{\substack{n=0\\ n\neq 1}}^{N}\frac{(2n+1)(n+1)}{n-1}\left(\frac{R^{n+1}}{r^{n+2}}\right)P_n(\cos\psi) \\ &= F_r(r,\psi) + \sum_{n=2}^{N}\frac{(2n+1)(n+1)}{n-1}\left(\frac{R^{n+1}}{r^{n+2}}\right)P_n(\cos\psi) \\ &= F_r^{\text{WG}}(r,\psi) \end{aligned} \tag{13.87}$$

$$\delta g_{r(\sigma-\sigma_0)} = \frac{GM}{2R^2}\sum_{n=N+1}^{L}(n-1)Q_n(\delta g_r)T_n(\varphi,\lambda) \tag{13.88}$$

$$Q_n(\delta g_r) = -\sum_{m=N+1}^{L}\frac{(2m+1)(m+1)}{m-1}\left(\frac{R}{r}\right)^{m+2}R_{n,m}(\psi_0) \tag{13.89}$$

$$R_{n,m}(\psi_0)=\int_{\psi_0}^{\pi}P_n(\cos\psi)P_m(\cos\psi)\sin\psi\mathrm{d}\psi \tag{13.90}$$

$$T_n(\varphi,\lambda)=\sum_{m=0}^{n}(\bar{C}_{nm}^{*}\cos(m\lambda)+\bar{S}_{nm}\sin(m\lambda))\bar{P}_{nm}(\sin\varphi) \tag{13.91}$$

式中，$\delta g_r^{\mathrm{ref}}$ 为由 N 阶参考场位模型计算得到的扰动重力径向分量；$F_{tr}^{\mathrm{WG}}(r,\psi)$ 为径向分量截断核函数(实际上，移去与参考场相同阶次的球谐函数后，$F_{tr}^{\mathrm{WG}}(r,\psi)$ 与原 $F_r^{\mathrm{WG}}(r,\psi)$ 相等)；$\delta g_{r(\sigma-\sigma_0)}$ 为扰动重力径向分量远区效应计算值；GM 为万有引力常数与地球质量的乘积；L 为用于补偿远区效应的高阶次重力位模型的最高阶数；N 为由位模型定义的参考场最高阶数；$T_n(\varphi,\lambda)$ 为地球扰动位 n 阶拉普拉斯(Laplace)面球谐函数；$Q_n(\delta g_r)$ 为扰动重力径向分量积分核截断系数；$R_{n,m}(\psi_0)$ 的递推计算公式参见 Paul(1973)；$\bar{P}_{nm}(\sin\varphi)$ 为完全规格化缔合勒让德函数；$\bar{C}_{nm}^{*}$ 和 $\bar{S}_{nm}$ 为完全规格化地球位系数；其他符号意义同前。这里约定式(13.85)中的重力异常参量均移去了 N 阶位模型参考场的影响(下同)。

由前面的推证过程可知，式(13.81)能够过渡到式(13.84)是因为存在恒等式(13.82)和式(13.83)。值得注意的是，上述两个恒等式成立的条件是全球积分，当式(13.84)被改化为局域积分公式(13.85)时，该条件不再满足，两个恒等式失效，故必须顾及非全球积分域对恒等式(13.82)和式(13.83)的影响，并在改化计算式(13.85)中加以补偿。不难看出，由全球积分过渡到局域积分引起的模型误差，就是计算点所在数据块重力异常 Δg_{Rp} 作用于计算参量 δg_r 的远区效应影响，其计算式为

$$\begin{aligned}\delta g_{rp(\sigma-\sigma_0)}&=-\frac{R}{4\pi}\iint_{\sigma-\sigma_0}\Delta g_{Rp}F_{tr}^{\mathrm{WG}}(r,\psi)\mathrm{d}\sigma=-\frac{R}{4\pi}\iint_{\sigma-\sigma_0}\Delta g_{Rp}F_r^{\mathrm{WG}}(r,\psi)\mathrm{d}\sigma\\&=-\frac{R}{2}\Delta g_{Rp}\left[\int_{\psi_0}^{\pi}F_r(r,\psi)\sin\psi\mathrm{d}\psi\right.\\&\quad\left.+\sum_{n=2}^{N}\frac{(2n+1)(n+1)}{n-1}\left(\frac{R^{n+1}}{r^{n+2}}\right)\int_{\psi_0}^{\pi}P_n(\cos\psi)\sin\psi\mathrm{d}\psi\right]\\&=-\frac{R}{2}\Delta g_{Rp}\left[I_{\psi_0}+\sum_{n=2}^{N}\frac{(2n+1)(n+1)}{n-1}\left(\frac{R^{n+1}}{r^{n+2}}\right)R_n(\psi_0)\right]\end{aligned} \tag{13.92}$$

$$I_{\psi_0}=\int_{\psi_0}^{\pi}F_r(r,\psi)\sin\psi\mathrm{d}\psi \tag{13.93}$$

$$R_n(\psi_0)=\int_{\psi_0}^{\pi}P_n(\cos\psi)\sin\psi\mathrm{d}\psi=\frac{1}{2n+1}(P_{n+1}(\cos\psi_0)-P_{n-1}(\cos\psi_0)) \tag{13.94}$$

式中，$\delta g_{rp(\sigma-\sigma_0)}$ 为 Δg_{Rp} 在积分远区 $(\sigma-\sigma_0)$ 对计算参量 δg_r 的影响。

将式(13.59)代入式(13.93)，完成积分后可得

$$I_{\psi_0}=\frac{1}{2r^4}\left(\frac{A}{r+R}+\frac{B+C}{l_{\psi_0}}\right) \tag{13.95}$$

$$A=2r^3R+20(r^4+R^4)\frac{r+R}{\sqrt{r^2+R^2}}+3rR^2(r+3R)-2r^2R\left[r+R-4R\left(1+5\frac{r+R}{\sqrt{r^2+R^2}}\right)\right] \tag{13.96}$$

$$\begin{aligned}B=&-2r^2R^2-20(r^2+R^2)^2\frac{l_{\psi_0}}{\sqrt{r^2+R^2}}+2rR\cos\psi_0(r^2+3R^2-rl_{\psi_0})\\&-3rR^2l_{\psi_0}\cos^2\psi_0\left(1+\ln 4-2\ln\frac{r-R\cos\psi_0+l_{\psi_0}}{r}\right)\end{aligned} \tag{13.97}$$

$$\begin{aligned}C=rR^2\Bigg\{&-6r\cos(2\psi_0)+l_{\psi_0}\Bigg[\ln 64+6\ln(2r+2R)-6\ln\frac{2r+2R}{r}\\&-6\ln(r-R\cos\psi_0+l_{\psi_0})-13\sin^2\psi_0\Bigg]\Bigg\}\end{aligned} \tag{13.98}$$

$$l_{\psi_0}=\sqrt{r^2+R^2-2rR\cos\psi_0} \tag{13.99}$$

将式(13.92)加入式(13.85)的右端，可得到计算外部扰动重力径向分量的严密改化模型为

$$\delta g_r=\delta g_r^{\mathrm{ref}}+\frac{R}{4\pi}\iint_{\sigma_0}(\Delta g-\Delta g_{Rp})F_{Tr}^{\mathrm{WG}}(r,\psi)\mathrm{d}\sigma-\left(\frac{R}{r}\right)^2\Delta g_{Rp}+\delta g_{r(\sigma-\sigma_0)}+\delta g_{rp(\sigma-\sigma_0)} \tag{13.100}$$

在后面的数值计算试验中，将对远区修正量 $\delta g_{rp(\sigma-\sigma_0)}$ 的大小进行进一步的分析和验证。

13.4.3.2　水平分量积分模型分析改化

实际上，扰动重力水平分量全球积分模型同样面临相类似的适用性改化问题。

首先，与径向分量相同，受观测数据覆盖范围的限制，水平分量计算模型也需要将全球积分域划分为近区和远区进行处理（黄谟涛等，2019a）。为了减弱远区截断误差的影响，同样需要引入位模型参考场进行第二步移去-恢复运算和核函数改化。略去具体推导过程，直接写出式(13.57)和式(13.58)从全球积分模型过渡到局域积分模型的改化模型为

$$\delta g_{\varphi}=\delta g_{\varphi}^{\text{ref}}-\frac{R}{4\pi r}\iint_{\sigma_0}\Delta g F_{\psi}^{\text{WG}}(r,\psi)\cos\alpha \mathrm{d}\sigma+\delta g_{\varphi(\sigma-\sigma_0)} \tag{13.101}$$

$$\delta g_{\lambda}=\delta g_{\lambda}^{\text{ref}}-\frac{R}{4\pi r}\iint_{\sigma_0}\Delta g F_{\psi}^{\text{WG}}(r,\psi)\sin\alpha \mathrm{d}\sigma+\delta g_{\lambda(\sigma-\sigma_0)} \tag{13.102}$$

$$\delta g_{\varphi}^{\text{ref}}=\frac{GM}{R^2}\sum_{n=2}^{N}\left(\frac{R}{r}\right)^{n+2}\sum_{m=0}^{n}(\bar{C}_{nm}^{*}\cos(m\lambda)+\bar{S}_{nm}\sin(m\lambda))\frac{\mathrm{d}\bar{P}_{nm}(\sin\varphi)}{\mathrm{d}\varphi} \tag{13.103}$$

$$\delta g_{\lambda}^{\text{ref}}=-\frac{GM}{R^2\cos\varphi}\sum_{n=2}^{N}\left(\frac{R}{r}\right)^{n+2}\sum_{m=0}^{n}m(\bar{C}_{nm}^{*}\sin(m\lambda)-\bar{S}_{nm}\cos(m\lambda))\bar{P}_{nm}(\sin\varphi) \tag{13.104}$$

$$F_{\psi}^{\text{WG}}(r,\psi)=F_{\psi}(r,\psi)-\sum_{n=2}^{N}\frac{2n+1}{n-1}\left(\frac{R}{r}\right)^{n+1}\frac{\partial P_n(\cos\psi)}{\partial\psi} \tag{13.105}$$

$$\delta g_{\varphi(\sigma-\sigma_0)}=\frac{GM}{2R^2}\sum_{n=N+1}^{L}(n-1)Q_n(\delta g_{\varphi})\frac{\partial T_n(\varphi,\lambda)}{\partial\varphi} \tag{13.106}$$

$$\delta g_{\lambda(\sigma-\sigma_0)}=\frac{GM}{2R^2\cos\varphi}\sum_{n=N+1}^{L}(n-1)Q_n(\delta g_{\lambda})\frac{\partial T_n(\varphi,\lambda)}{\partial\lambda} \tag{13.107}$$

$$Q_n(\delta g_{\varphi})=Q_n(\delta g_{\lambda})=\sum_{m=N+1}^{L}\frac{2m+1}{m-1}\left(\frac{R}{r}\right)^{m+2}R_{n,m}(\psi_0) \tag{13.108}$$

式中，$\delta g_{\varphi}^{\text{ref}}$ 和 $\delta g_{\lambda}^{\text{ref}}$ 分别为由 N 阶参考场位模型计算得到的扰动重力北向分量和东向分量；$F_{\psi}^{\text{WG}}(r,\psi)$ 为水平分量截断核函数；$\delta g_{\varphi(\sigma-\sigma_0)}$ 和 $\delta g_{\lambda(\sigma-\sigma_0)}$ 分别为北向分量和东向分量远区效应计算值；$Q_n(\delta g_{\varphi})$ 和 $Q_n(\delta g_{\lambda})$ 分别为扰动重力北向分量和东向分量积分核截断系数；其他符号意义同前。

此外，由式(13.57)、式(13.58)和式(13.60)可知，当计算点与数据网格点完全重合时，该网格数据块对两个水平分量都不起作用，实施计算时可将其从积分域中扣除，以避免出现积分奇异性问题（黄谟涛等，2019a）。但是，当网格数据块的面积较大且计算点周围的重力异常场变化比较剧烈时，这种简单的处理方法可

能会给计算结果带来毫伽级的误差。显然，对于高精度要求的扰动引力计算，这样的影响量仍不能忽略。为此，本节参照黄谟涛等(2019a)的研究思路，进一步推出计算点所在数据块影响的积分计算式如下。

首先考虑到在计算点周围超低空高度段范围内，计算点与积分流动点之间的空间距离(l)相比地球平均半径(R)是一个很小的量，可将扰动重力水平分量积分核函数 $F_{\psi}(r,\psi)$ (见式(13.60))进行简化处理，只保留其中起主导作用的第一项，即

$$F_{\psi}(r,\psi)=-\frac{2R^2 r\sin\psi}{l^3} \tag{13.109}$$

假设与计算点重合的网格数据块半径为 ψ_{00}，因当前可使用的重力观测数据分辨率已经达到较高的水平，相对应的数据网格一般可达 5′×5′，甚至更小，故可进一步对式(13.109)表示的积分核函数进行平面近似处理。本节以北向分量为例，依据式(13.101)，略去截断核函数(13.105)右端的第二项影响，采用前面定义的极坐标系 (s,α)，可将与计算点重合的数据块的积分公式写为

$$\begin{aligned}\delta g_{\varphi\psi_{00}}&=\frac{R}{2\pi}\int_0^{2\pi}\int_0^{\psi_{00}}(\Delta g-\Delta g_{Rp})\frac{R^2\sin\psi}{l^3}\cos\alpha\mathrm{d}\sigma\\&\approx\frac{1}{2\pi}\int_0^{2\pi}\int_0^{s_0}(\Delta g-\Delta g_{Rp})\frac{s^2\cos\alpha}{\sqrt{(s^2+h^2)^3}}\mathrm{d}s\mathrm{d}\alpha\end{aligned} \tag{13.110}$$

式中，s_0 为数据网格大小的 1/2，当数据网格为 1′×1′时，s_0=0.5′。

在此基础上，参照 Heiskanen 等(1967)的研究思路，将重力异常 Δg 在空间计算点 P 的球面投影点 Rp 处展开为泰勒级数：

$$\Delta g=\Delta g_{Rp}+xg_x+yg_y+\frac{1}{2!}(x^2g_{xx}+2xyg_{xy}+y^2g_{yy})+\cdots \tag{13.111}$$

式中，x 轴指向正北；y 轴指向东；$x=s\cos\alpha$；$y=s\sin\alpha$。并且，有

$$g_x=\left(\frac{\partial\Delta g}{\partial x}\right)_{Rp},\quad g_y=\left(\frac{\partial\Delta g}{\partial y}\right)_{Rp},\quad g_{xy}=\left(\frac{\partial^2\Delta g}{\partial x\partial y}\right)_{Rp}$$

$$g_{xx}=\left(\frac{\partial^2\Delta g}{\partial x^2}\right)_{Rp},\quad g_{yy}=\left(\frac{\partial^2\Delta g}{\partial y^2}\right)_{Rp}$$

将式(13.111)代入式(13.110)，不难推得

$$\delta g_{\varphi\psi_{00}} = \frac{g_x}{2}\left[\frac{s_0^2 + 2h^2}{\sqrt{s_0^2 + h^2}} - 2h\right] \tag{13.112}$$

同理可得

$$\delta g_{\lambda\psi_{00}} = \frac{g_y}{2}\left[\frac{s_0^2 + 2h^2}{\sqrt{s_0^2 + h^2}} - 2h\right] \tag{13.113}$$

假设与计算点重合的数据网络为(i, j)，则可按式(13.114)和式(13.115)计算水平方向一阶梯度：

$$g_x = (\Delta g(i+1) - \Delta g(i-1)) / (4s_0) \tag{13.114}$$

$$g_y = (\Delta g(j+1) - \Delta g(j-1)) / (4s_0 \cos\varphi_i) \tag{13.115}$$

将补偿计算式(13.112)和式(13.113)分别加到式(13.101)和式(13.102)的右端，就得到扰动重力水平分量的严密改化模型，即

$$\delta g_{\varphi} = \delta g_{\varphi}^{\text{ref}} - \frac{R}{4\pi r}\iint_{\sigma_0-\psi_{00}} \Delta g F_{\psi}^{\text{WG}}(r,\psi)\cos\alpha \mathrm{d}\sigma + \delta g_{\varphi(\sigma-\sigma_0)} + \delta g_{\varphi\psi_{00}} \tag{13.116}$$

$$\delta g_{\lambda} = \delta g_{\lambda}^{\text{ref}} - \frac{R}{4\pi r}\iint_{\sigma_0-\psi_{00}} \Delta g F_{\psi}^{\text{WG}}(r,\psi)\sin\alpha \mathrm{d}\sigma + \delta g_{\lambda(\sigma-\sigma_0)} + \delta g_{\lambda\psi_{00}} \tag{13.117}$$

式中，$\sigma_0 - \psi_{00}$为扣除计算点所在网格数据块后的近区。

13.4.4 数值计算检验与分析

13.4.4.1 数值检验使用的数据及区域

为了分析验证前面提出的地球外部扰动重力三分量全球积分模型的改化效果，本专题研究将超高阶位模型 EGM2008 作为数值计算检验的参考标准场，用于模拟产生地球表面(近似为球面)1′×1′网格重力异常观测量真值及地球外部不同高度面上的1′×1′网格扰动重力三分量理论真值(这里使用1′×1′而非5′×5′网格数据是为了减弱积分离散化误差的影响)。由地球位模型计算外部扰动重力三分量的公式参见式(13.86)、式(13.103)和式(13.104)，计算球面重力异常的公式参见黄谟涛等(2005)。

为了说明检验结果的代表性，本节特意选取重力异常场变化比较剧烈的马里亚纳海沟作为试验区，具体覆盖范围为6°×6°(φ:10°N～16°N；λ:142°E～148°E)。首先选取截断到 360 阶的 EGM2008 位模型作为参考场，即取N=360，然后选取

361～2160 阶的 EGM2008 位模型作为数值计算检验的标准场，即取 $L=2160$，由该标准场模型计算球面上的 1′×1′网格重力异常观测量真值 Δg_t，进而选取 $r_i=R+h_i$，$R=6371\text{km}$，使用标准场模型 EGM2008(361～2160 阶)分别计算对应于 9 个高度面上的 1′×1′网格扰动重力三分量理论真值 δg_{tri}、$\delta g_{t\varphi i}$ 和 $\delta g_{t\lambda i}$（$i=1,2,\cdots,9$），每个高度面对应 360×360=129600 个网格点数据，9 个高度分别取为 $h_i=$ 0km，0.1km，0.3km，1km，3km，5km，10km，30km，50km。表 13.10 列出了其中 4 个高度面上的扰动重力三分量理论真值和球面上的重力异常观测量真值的统计结果，图 13.3～图 13.6 分别给出了球面重力异常观测量真值和对应于零高度面上的扰动重力三分量理论真值分布态势图。

表 13.10　由 EGM2008 位模型(361～2160 阶)计算得到的重力异常和扰动重力

参量	高度/km	最大值/mGal	最小值/mGal	平均值/mGal	均方根/mGal
Δg_t	0	138.85	−78.48	0.38	22.63
δg_{tr}	0	139.25	−78.72	0.41	22.72
	3	98.10	−57.01	0.31	17.48
	10	52.50	−30.58	0.17	10.03
	30	11.01	−7.34	0.04	2.45
$\delta g_{t\varphi}$	0	77.31	−91.85	0.09	16.08
	3	52.85	−67.77	0.08	12.44
	10	26.50	−36.20	0.05	7.22
	30	6.37	−7.57	0.02	1.80
$\delta g_{t\lambda}$	0	80.22	−110.50	−0.07	15.75
	3	62.42	−77.32	−0.05	12.04
	10	35.27	−37.38	−0.03	6.82
	30	7.51	−6.93	−0.00	1.63

表 13.10 的统计结果和图 13.3～图 13.6 显示的重力参数曲线变化形态说明，尽管已经扣除掉 2～360 阶频段的位模型参考场，本试验区域重力异常场变化的剧烈程度仍然比较显著，可在一定程度上代表真实地球大部分局部重力场的变化特征。

13.4.4.2　改化模型数值检验结果分析

为了对比分析前述不同阶段扰动重力三分量改化模型的计算效果，本节将球面上的 1′×1′网格重力异常真值 Δg_t 作为观测量，同时使用径向分量 3 种改化模型和水平分量 2 种改化模型，对前面选定的试验区对应于 9 个高度面上的 1′×1′网格扰动重力进行计算分析，其中，径向分量模型 1 是指直接将式(13.56)作为基

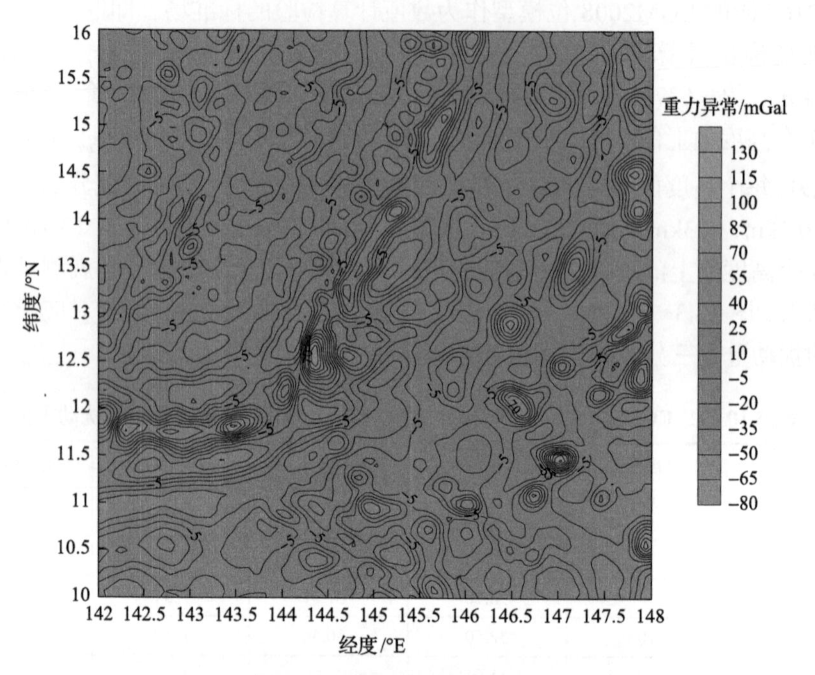

图 13.3　球面重力异常分布图

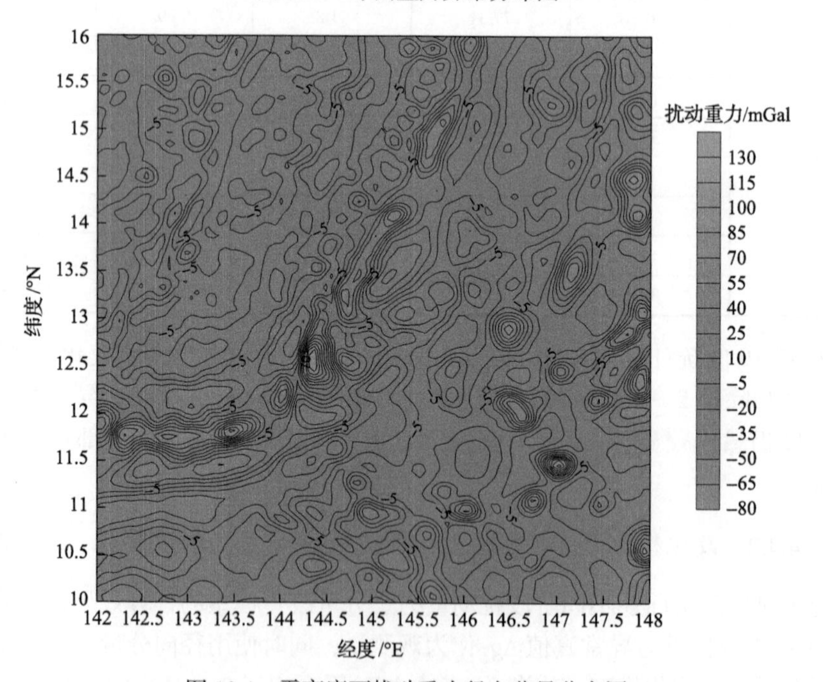

图 13.4　零高度面扰动重力径向分量分布图

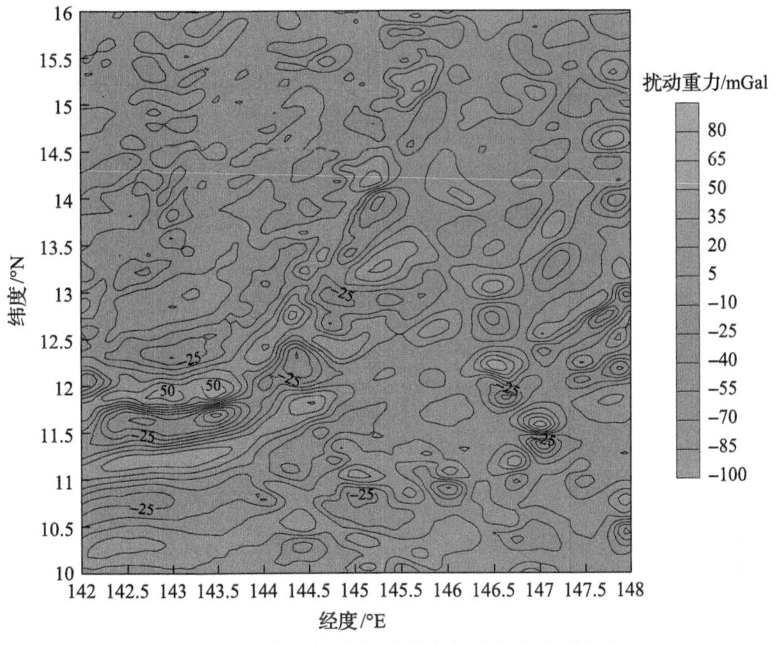

图 13.5　零高度面扰动重力北向分量分布图

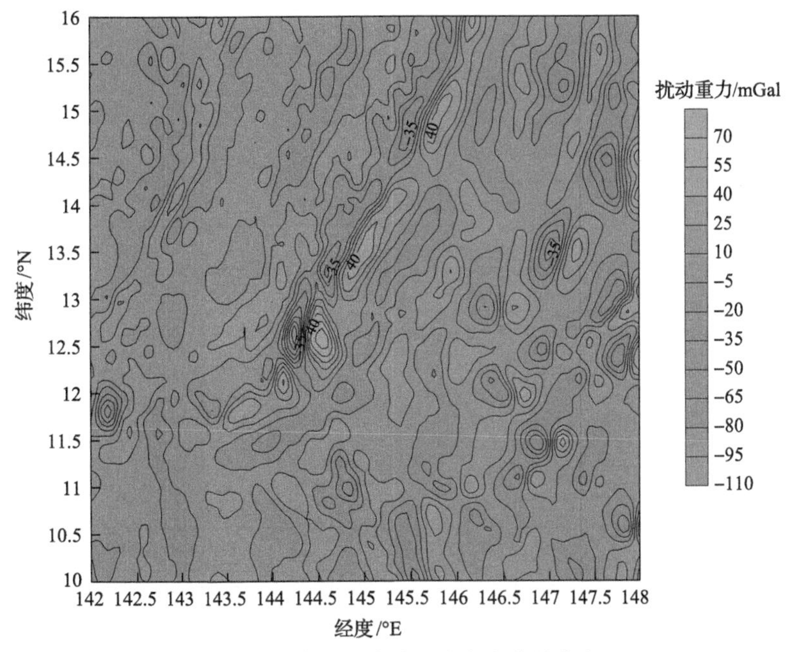

图 13.6　零高度面扰动重力东向分量分布图

础计算模型，并对全球积分域进行分区处理，但在实施近区计算时，扣除掉计算点所在的 1′×1′数据块，以避免出现积分奇异性问题；模型 2 对应于式(13.85)；模型 3 对应于式(13.100)；两个水平分量的模型 1 是指直接将式(13.101)和式(13.102)作为基础计算模型，但在实施近区计算时，扣除掉与计算点重合的 1′×1′数据块；模型 2 对应于式(13.116)和式(13.117)。将三分量对应于前述各阶段改化模型的计算值分别与相对应的理论真值δg_{tri}、$\delta g_{t\varphi i}$和$\delta g_{t\lambda i}$进行比较，可获得不同改化模型的精度评估信息，具体对比结果列于表 13.11。这里积分半径统一取为$\psi_0=2°$，为了减小积分边缘效应对评估结果的影响，表 13.11 只列出中心区 2°×2°区块内的对比结果(下同)。为了定量评估由全球积分过渡到局部积分引起的径向分量模型误差和由计算点所在网格重力异常变化引起的水平分量模型误差影响，表 13.12 给出了采用式(13.92)计算得到的两组分别对应于积分半径ψ_0=2°和ψ_0=5°的误差补偿量$\delta g_{rp(\sigma-\sigma_0)}$及采用式(13.112)和式(13.113)计算得到的误差补偿量$\delta g_{\varphi\psi_{00}}$和$\delta g_{\lambda\psi_{00}}$的统计结果。

表 13.11　由不同改化模型计算得到的扰动重力三分量与真值比较

分量	模型	统计量	0km	0.1km	0.3km	1km	3km	5km	10km	30km	50km
δg_r	模型 1	最大值/mGal	132.60	122.16	101.94	48.22	7.73	2.72	0.62	0.04	0.01
		最小值/mGal	−78.77	−72.58	−60.60	−28.78	−4.74	−1.72	−0.42	−0.04	−0.01
		平均值/mGal	0.21	0.20	0.16	0.08	0.01	0.00	0.00	0.00	−0.00
		均方根/mGal	29.28	26.97	22.51	10.63	1.70	0.60	0.14	0.01	0.00
	模型 2	最大值/mGal	20.86	20.68	20.37	19.51	17.22	15.12	10.86	2.47	0.08
		最小值/mGal	−12.71	−12.58	−12.38	−11.81	−10.35	−9.06	−6.48	−1.48	−0.05
		平均值/mGal	0.03	0.03	0.03	0.03	0.03	0.02	0.02	0.00	0.00
		均方根/mGal	4.57	4.54	4.47	4.29	3.78	3.33	2.39	0.54	0.02
	模型 3	最大值/mGal	0.89	0.87	0.84	0.70	0.49	0.37	0.33	0.14	0.17
		最小值/mGal	−1.11	−1.13	−1.15	−1.00	−0.77	−0.68	−0.58	−0.25	−0.10
		平均值/mGal	−0.01	−0.01	−0.01	−0.01	−0.00	−0.00	−0.00	−0.00	0.00
		均方根/mGal	0.32	0.32	0.31	0.27	0.20	0.17	0.14	0.06	0.04
δg_φ	模型 1	最大值/mGal	3.96	3.37	2.40	1.01	0.69	0.60	0.45	0.15	0.05
		最小值/mGal	−3.67	−3.13	−2.44	−1.35	−0.94	−0.79	−0.56	−0.17	−0.05
		平均值/mGal	−0.09	−0.08	−0.07	−0.04	−0.03	−0.02	−0.02	−0.01	−0.00
		均方根/mGal	1.12	0.97	0.72	0.34	0.24	0.21	0.15	0.05	0.02
	模型 2	最大值/mGal	1.28	1.26	1.18	0.87	0.69	0.60	0.45	0.15	0.05
		最小值/mGal	−1.64	−1.62	−1.54	−1.19	−0.93	−0.79	−0.56	−0.17	−0.05
		平均值/mGal	−0.04	−0.04	−0.04	−0.03	−0.03	−0.02	−0.02	−0.01	−0.00
		均方根/mGal	0.42	0.42	0.39	0.30	0.24	0.21	0.15	0.05	0.02

续表

分量	模型	统计量	0km	0.1km	0.3km	1km	3km	5km	10km	30km	50km
δg_{λ}	模型 1	最大值/mGal	5.24	4.50	3.29	1.44	0.99	0.89	0.67	0.20	0.06
		最小值/mGal	−9.01	−7.71	−5.59	−2.01	−0.93	−0.74	−0.55	−0.18	−0.06
		平均值/mGal	0.01	0.01	0.00	−0.00	−0.01	−0.01	−0.01	−0.00	−0.00
		均方根/mGal	1.62	1.41	1.05	0.49	0.33	0.28	0.20	0.06	0.02
	模型 2	最大值/mGal	1.75	1.73	1.64	1.17	0.99	0.89	0.67	0.20	0.06
		最小值/mGal	−2.68	−2.65	−2.43	−1.37	−0.89	−0.74	−0.55	−0.18	−0.06
		平均值/mGal	−0.00	−0.00	−0.00	−0.01	−0.01	−0.01	−0.01	−0.00	−0.00
		均方根/mGal	0.59	0.59	0.56	0.41	0.33	0.28	0.20	0.06	0.02

表 13.12　模型误差补偿量 $\delta g_{rp(\sigma-\sigma_0)}$、$\delta g_{\varphi\psi_{00}}$ 和 $\delta g_{\lambda\psi_{00}}$ 计算结果统计

参量	半径	统计量	0km	0.1km	0.3km	1km	3km	5km	10km	30km	50km
$\delta g_{rp(\sigma-\sigma_0)}$	2°	最大值/mGal	21.55	21.42	21.16	20.27	17.79	15.85	11.64	3.35	0.94
		最小值/mGal	−12.74	−12.66	−12.51	−11.98	−10.60	−9.37	−6.88	−1.98	−0.56
		平均值/mGal	0.04	0.04	0.04	0.03	0.03	0.03	0.02	0.01	0.00
		均方根/mGal	4.76	4.73	4.68	4.48	3.96	3.50	2.57	0.74	0.21
	5°	最大值/mGal	14.38	14.30	14.13	13.56	12.07	10.74	8.02	2.49	0.78
		最小值/mGal	−8.50	−8.45	−8.35	−8.02	−7.13	−6.35	−4.74	−1.47	−0.46
		平均值/mGal	0.02	0.02	0.02	0.02	0.02	0.02	0.01	0.00	0.00
		均方根/mGal	3.18	3.16	3.12	3.00	2.67	2.37	1.77	0.55	0.17
$\delta g_{\varphi\psi_{00}}$	0.5′	最大值/mGal	2.95	2.37	1.49	0.31	0.02	0.01	0.00	0.00	0.00
		最小值/mGal	−2.66	−2.13	−1.34	−0.28	−0.02	−0.00	−0.00	0.00	0.00
		平均值/mGal	−0.05	−0.04	−0.02	−0.00	−0.00	−0.00	0.00	0.00	0.00
		均方根/mGal	0.77	0.62	0.39	0.08	0.01	0.00	0.00	0.00	0.00
$\delta g_{\lambda\psi_{00}}$	0.5′	最大值/mGal	3.62	2.90	1.81	0.37	0.02	0.01	0.00	0.00	0.00
		最小值/mGal	−6.35	−5.08	−3.17	−0.65	−0.04	−0.01	−0.00	0.00	0.00
		平均值/mGal	0.01	0.01	0.01	0.00	0.00	0.00	−0.00	0.00	0.00
		均方根/mGal	1.08	0.87	0.54	0.11	0.01	0.00	0.00	0.00	0.00

从表 13.11 的对比结果可以看出，不同阶段改化模型的计算精度存在较大差异，径向分量的差异尤为明显。从表面上看，径向分量的模型 1 的误差是由直接

扣除了计算点所在数据块的影响引起的，实质上是原始积分模型在边界面存在不连续性所致。对比表 13.11 和表 13.10 的结果可以看出，模型 1 在超低空高度段的误差量值甚至超过了径向分量自身大小，显然，这不是忽略计算点所在数据块影响所能引起的量值，而是正如式(13.76)所显示的那样，当$r \to R$时，模型 1 的原始计算式(13.56)存在与边界面重力异常Δg_R大小大致相等的数值跳跃所致，与前面进行的理论分析预期相吻合。这个结果说明，径向分量原始计算模型在超低空高度段是失效的，只有在 5km 以上计算高度才是可用的。模型 2 是对模型 1 的改化，从理论上消除了积分奇异性和数值不连续性的影响，并在超低空高度段取得了比模型 1 高得多的计算精度，但由于该模型的改化过程存在不可忽略的理论缺陷，在 3km 以上高度，该模型的计算精度反而不及模型 1，即使到了 10km 高度，该模型的对比中误差仍然超过不可接受的 2mGal。模型 3 从理论上弥补了模型 2 的缺陷，使得该模型的计算精度得到显著改善，在所有 9 个高度面，该模型计算值与对比基准真值的最大互差均不超过 1.2mGal，互差均方根值不超过 0.4mGal。这个结果说明，对模型 2 进行的补偿改化处理是正确和有效的。两个水平分量改化模型 1 和改化模型 2 的区别主要体现在，后者比前者增加了计算点所在数据块的影响。表 13.11 的结果显示，相比模型 1，模型 2 计算精度在 300m 以下超低空高度段的提高幅度比较明显，从毫伽级提升到 1mGal 以内，充分体现了该模型的改化效果。可以预见，当采用的数据网格间距加大(如从 $1'\times1'$增大到 $2'\times2'$)且计算点周围的重力异常场变化更为剧烈时，模型 2 的改化效果会更加显现。这里需要指出的是，本试验是在一个重力位标准场中进行的，表 13.11 的统计结果反映的只是单一的计算模型误差影响，不包含数据传播误差，也不包含受限于数据分辨率的数据截断误差。另外，对比表 13.11 中的径向分量精密改化模型和水平分量精密改化模型的计算效果可以看出，前者的总体精度要略高于后者，这说明积分模型离散化误差对后者的影响要略大于前者。

由表 13.12 的计算结果可进一步看出，尽管径向分量模型 3 对模型 2 的补偿量均随参考场阶数N、积分半径ψ_0和计算高度h的增大而减小，但当参考场阶数取为$N=360$时，即使积分半径增大到$\psi_0=5°$，计算高度h=10km 处的误差补偿量均方根值仍然超过 1mGal。在超低空高度段，两个水平分量的误差补偿量也都超过 1mGal。不难推断，如果取参考场阶数为$N=180$，那么相同高度上的误差补偿量还会增大。这样的结果再次说明，对于高精度要求的地球外部重力场赋值，对传统计算模型进行精细改化是非常必要的。

为了考察数据观测误差对改化模型解算结果的影响，在前述试验的基础上，进一步开展有输入数据噪声影响条件下的数值计算检验。具体做法是，在前面作为观测量的位模型剩余重力异常真值Δg_t中分别加入 1mGal 和 3mGal 的随机噪声，形成两组新的模拟观测量，然后按照前面相同的计算方案和流程，依次采用前述(3+2+2)种改化模型完成 9 个高度面上的 1′×1′网格扰动重力三分量计算，最后将计算结果与相对应高度的三分量真值进行对比评估，具体评估结果如表 13.13 所示。为节省篇幅，本节只列出其中的对比互差均方根值(rms)。

表 13.13　误差影响下由不同改化模型计算得到的扰动重力三分量与“真值”互差均方根值

分量	模型	误差量	0km	0.1km	0.3km	1km	3km	5km	10km	30km	50km
δg_r/mGal	模型 1	1	29.28	26.98	22.51	10.63	1.70	0.60	0.14	0.01	0.00
		3	29.29	26.98	22.51	10.64	1.72	0.63	0.16	0.02	0.00
	模型 2	1	4.65	4.60	4.52	4.29	3.78	3.33	2.39	0.54	0.02
		3	5.22	5.08	4.84	4.35	3.80	3.34	2.40	0.55	0.02
	模型 3	1	1.07	0.99	0.85	0.48	0.24	0.19	0.15	0.06	0.04
		3	3.02	2.78	2.34	1.19	0.41	0.27	0.17	0.06	0.04
δg_φ/mGal	模型 1	1	1.16	1.02	0.78	0.41	0.26	0.22	0.16	0.05	0.02
		3	1.39	1.27	1.07	0.71	0.36	0.27	0.18	0.05	0.02
	模型 2	1	0.61	0.59	0.53	0.38	0.26	0.22	0.16	0.05	0.02
		3	1.34	1.25	1.09	0.72	0.36	0.27	0.18	0.05	0.02
δg_λ/mGal	模型 1	1	1.65	1.43	1.05	0.54	0.34	0.28	0.20	0.06	0.02
		3	1.80	1.61	1.31	0.77	0.40	0.31	0.20	0.06	0.02
	模型 2	1	0.74	0.72	0.66	0.47	0.34	0.28	0.20	0.06	0.02
		3	1.42	1.32	1.15	0.76	0.40	0.31	0.20	0.06	0.02

从表 13.13 的统计结果可以看出，数据噪声对 7 种改化模型解算结果的影响规律是一致的，没有因为模型改化形式的不同而产生实质性差异。总体而言，数据误差只对 5km 高度以下的计算结果产生一定程度的影响。对比表 13.13 和表 13.11 的计算结果不难看出，1mGal 数据噪声对各个改化模型解算结果的影响很小，几乎可以忽略不计；3mGal 数据噪声对径向分量模型 1 和模型 2、两个水平分量模型 1 的影响相对较小，对径向分量模型 3、两个水平分量模型 2 的影响相对较大。这是因为在前面的近似改化模型中，相对于数据误差，模型误差的影响明显占主导地位；而在后面的精密改化模型中，情况正好相反，模型误差减小后，数据误差影响起到了主导作用。这些结果说明，即使采用严密的径向分量模型 3 和水平分量模型 2 进行外部扰动重力计算，也要尽可能将数据观测误差控制在较低的水平。

13.4.5　专题小结

直接积分模型是计算地球外部扰动重力的主要数学工具，将全球积分模型改化为局域积分模型是实现地球外部重力场赋值的前提条件。相比表层积分模型和向上延拓积分模型，Stokes 积分模型要求的输入信息种类最少，故在减轻数据保障压力方面具有比较明显的优势。为了提高海域超低空地球重力场的赋值精度，综合考虑海域无地形效应特性和计算模型选择的灵活性需求及数据保障种类可能面临的局限性制约，本专题研究选择 Stokes 积分模型改化和工程化应用作为研究方向，首先分析讨论了扰动重力径向分量积分模型从地球外部逼近边界面的连续性问题，指出了该模型在边界面存在不连续性的原因，同时提出了保持其连续性的修正方法；针对三分量计算模型存在的积分奇异性问题和传统改化方法存在的理论缺陷，提出综合采用移去-恢复运算和积分恒等式变换技术，同时依据实测数据保障条件，分步实施扰动重力三分量全球积分模型改化的技术流程和方法，推出了三分量积分模型的分步改化模型，提出了补偿传统改化模型缺陷的修正公式。以超高阶位模型 EGM2008 为检核参考位场，开展模型对比计算数值试验，分别对本专题研究推出的扰动重力三分量不同阶段改化模型的计算精度进行了分析检验和评估，验证了采用严密改化模型的必要性和有效性。

13.5 本章小结

围绕海域外部重力场赋值模型构建与数值解算问题，本章主要开展了三个方面(专题)的研究和论证工作：

(1) 针对海域超大范围外部重力场快速赋值的特殊需求，全面分析了 3 种传统扰动引力赋值模型的适用性和局限性，分别提出了直接积分改进模型、点质量改进模型和直接积分与点质量混合模型，利用数值计算验证了 3 组改进模型的合理性和有效性。结果表明，3 组改进模型均有效克服了传统积分模型固有的奇异性问题，能够满足超大区域和全高度段对局部扰动引力场赋值的要求，具有较高的应用价值。

(2) 在分析研究地球外部空间扰动引力 3 类传统计算模型的技术特点及其适用性的基础上，论述了采用表层法计算模型作为海域流动点扰动引力计算模型的合理性及需要解决的关键问题，分析论证了空中扰动引力计算对地面观测数据的分辨率和精度要求，提出了通过引入局部积分域恒等式变换、局域泰勒级数展开和非网格点内插方法，消除表层法计算模型积分奇异性固有缺陷的研究思路，进而推出了适合于海域流动点应用的扰动引力无奇异计算模型，以超高阶模型 EGM2008 为标准场，通过数值计算验证了无奇异计算模型的可行性和有效性，在重力场变化比较剧烈的海沟区，该模型的计算精度优于 2mGal，较好地满足了全海域和全高度段对局部扰动重力场快速赋值的实际需求。

(3) 面向海域超低空地球重力场高精度赋值需求，分析研究了外部扰动重力 Stokes 积分模型的技术特点和适用条件，指出了扰动重力径向分量积分模型在边界面存在不连续性的原因，同时提出了保持其连续性的修正方法；针对全球积分模型向局域积分模型转换中遇到的积分奇异性问题，综合采用移去-恢复运算和积分恒等式变换技术，同时依据实测数据保障条件，分别推出了地球外部扰动重力三分量积分模型的分步改化模型，提出了补偿传统改化模型缺陷的修正公式。采用超高阶位模型 EGM2008 建立对比标准重力异常场，同时选择在重力异常场变化比较剧烈的马里亚纳海沟区块开展数值计算符合度检验，分别对新推出的扰动重力径向分量 3 种分步改化模型和水平分量 2 种分步改化模型的计算精度进行了检核分析和评估。试验结果表明，采用最终的严密改化模型不仅可以有效消除原计算模型固有的积分奇异性，又可显著提高超低空扰动重力三分量的计算精度和稳定性。因此，新的严密改化模型具有较高的推广应用价值，可用于海域外部全高度段扰动重力场的高精度赋值。

第 14 章　大地水准面精化技术

14.1　引　　言

如本书第 1 章所述，地球重力场信息在大地测量学、空间科学、海洋学、地球物理学、地球动力学等诸多学科领域都具有重要的应用价值。在物理大地测量学研究领域，地球外部重力场赋值和大地水准面精化是海空重力测量数据综合应用的两个主要方面，本书第 13 章已对地球外部重力场赋值的理论和方法进行了全面介绍和分析，同时针对海域超大范围外部重力场快速赋值的特殊需求，提出了不同类型的外部空间扰动引力改进计算模型，为工程化应用奠定了必要的技术基础。本章将继续针对海空重力测量数据在大地水准面精化中的应用效能与评估问题，开展分析研究论证和试验仿真验证。

由物理大地测量学可知(Heiskanen et al.，1967；李建成等，2003)，大地水准面是代表地球形状的一个封闭重力等位面，理论上定义为与全球无潮平均海平面密合的重力等位面，并用这个等位面相对于一个选定的参考椭球(一般选用平均地球椭球)的大地高描述它的起伏，形成一种实用化的网格数值模型或以位系数表达的解析函数模型。可采用两种方法对大地水准面进行定位和精化：一种是直接测量法；另一种是间接计算法。直接测量法是指根据确定的几何关系直接测定某一点大地水准面相对参考椭球面的高程或两点之间的大地水准面高差，采用天文水准、天文重力水准或 GNSS 水准确定大地水准面的方法均属于直接测量法；间接计算法是指以一种或多种重力数据源为边值条件，建立关于重力扰动位的大地测量边值问题，通过求解边值问题确定扰动位函数，再由 Bruns 公式换算为大地水准面高。为了区别起见，通常把由重力观测数据间接计算得到的大地水准面称为重力大地水准面，因由此方法获得的大地水准面高一般都是相对于全球地心坐标系中的平均地球椭球面，故也称其为绝对大地水准面。

针对大地测量边值问题的求解理论和方法研究，国际上经历了跨越 100 多年的三个主要发展阶段，分别聚焦不同的边界面，先后诞生了 3 种著名的大地测量边值理论，即 Stokes 边值理论、Molodensky 边值理论和 Bjerhammar 边值理论，3 种理论分别给出了 3 种相对应的边值问题解式，依次为 Stokes 积分、Molodensky 级数解和 Bjerhammar 广义 Stokes 积分。为保证扰动位在大地水准面外满足调和性假设，Stokes 边值理论要求大地水准面外部无地形质量，因此必须把其外部的地形质量移去。因无论用何种方式移去地形质量都将使大地水准面发生变化，产生间接影响，故由 Stokes 积分计算得到的大地水准面是调整后的大地水准面。从理论上讲，只要地形重力归算及其间接影响考虑周密，各类不同的地形质量调整方案都能给出比较一致的 Stokes 积分解(Heiskanen et al., 1967)。目前，在实践中应用比较广泛的地形质量调整方案是 Helmert 第二类凝集法，其相对应的边值问题解称为 Stokes-Helmert 方法(李建成，2012)。考虑到移去地形质量都需要已知地形质量的密度分布，地形质量密度假设偏差带来的不确定性自然就成为 Stokes 边值理论的主要缺陷。Molodensky 边值理论不需要调整地形质量，因此 Molodensky 级数解在理论上是严密的，但由于高阶项计算过程的复杂性和不稳定性，实践中一般只考虑到级数的一阶项，至多考虑到级数的二阶项。Bjerhammar 边值理论也不存在地形质量调整问题，不需要进行地形效应改正和补偿处理。实际上，Bjerhammar 边值理论可以看作一类广义的等效场源方法，此类方法不需要调整地形质量，但在地面观测与等效场源之间的转换过程中已经巧妙地顾及了地形效应的影响，因此具有理论上的严密性。除了上述 3 种代表性的理论方法外，国际上还先后推出了一些有影响力的重力场逼近新理论和新方法，应用比较广泛的是由 Krarup(1969)、Moritz(1980)等创建发展的配置法和由 Wenzel(1982)提出的最小二乘谱组合法。前面三种边值问题求解理论均属于解析法的范畴，配置法是一种统计分析方法，采用类似经典最小二乘平差的统计计算模型估算重力场参数；最小二乘谱组合法则是结合了解析法和统计法的一种综合方法，该方法既顾及了重力场元之间的解析关系，又充分利用了观测值的误差信息，并利用统计法模型求解重力场参数的最优估计。不同的解算方法都有各自独特的技术特点，目前国际上应用最广的还是经典的解析法，我国在实际应用中采用的也是源于三大边值理论的解析法。考虑到相关技术体系建设的实用化要求，本章将主要围绕三大边值理论方法的工程化实现流程、输入信息要求、解算效果及其适用性开展分析论证和数值检验。

14.2　基于 Stokes 边值理论的计算模型改化及数值检验

14.2.1　计算模型及实用性改化

地球重力场是地球固有的物理场之一，一般采用地球重力位来表示其物理特性。地球重力场时空变化的复杂性，是由地球表面形状的不规则和内部质量分布不均匀导致的。关于重力场研究，传统上采用小扰动法，即将重力位分成两部分：主部为正常场，对应于正常位；次部为扰动场，对应于扰动位。前者是一个已知量，对应于某个形状和大小与平均地球椭球相一致的水准椭球体；后者为待求量，但其量值很小，对前面的已知量起修正作用。这样，问题便归结为确定地球扰动场，即研究地球形状及外部重力场的关键在于求定扰动位T。利用观测数据给定边值条件来推求扰动位的问题，称为大地测量边值问题。当已知观测量是大地水准面S上的重力异常Δg时，大地测量边值问题就归结为求解下列微分方程：

$$\Delta T=\frac{\partial^2 T}{\partial x^2}+\frac{\partial^2 T}{\partial y^2}+\frac{\partial^2 T}{\partial z^2}=0\text{，在 }S\text{ 的外部} \tag{14.1}$$

$$\frac{\partial T}{\partial r}+\frac{2T}{R}=-\Delta g\text{，在 }S\text{ 上} \tag{14.2}$$

$$T\to 0,\quad r\to\infty \tag{14.3}$$

式中，r为球面向径；R为地球平均半径。

式(14.1)为扰动位T的拉普拉斯(Laplace)微分方程，表示T在大地水准面外是调和函数；式(14.2)称为物理大地测量学的基本微分方程。式(14.1)～式(14.3)共同构成位理论中的第三外部边值问题。

Stokes 边值问题，就是以大地水准面为边界面的第三外部边值问题，它要求将地面上的实测重力值归算到大地水准面。Stokes 边值理论是地球重力场逼近计算中的经典理论。根据这种理论，大地水准面外不能有物质存在，所以在归算时必须把大地水准面外的物质去掉或移到大地水准面内部。重力归算过程不可避免地涉及地壳内部构造的密度分布问题，无论采取哪一种假设进行归算，大地水准面都会产生变形，只是变形大小不同而已。所以，按 Stokes 边值理论求得的大地水准面已不是真正的大地水准面，而是调整后的大地水准面。因此，Stokes 边值理论又称为调整后的大地水准面研究理论。

Stokes 边值问题有多种解算方法，1849 年，Stokes 给出的问题解为(Heiskanen et al.，1967)

$$T=\frac{R}{4\pi}\iint_\sigma \Delta g S(\psi)\mathrm{d}\sigma \tag{14.4}$$

相对应的大地水准面解为

$$N=\frac{R}{4\pi\gamma}\iint_\sigma \Delta g S(\psi)\mathrm{d}\sigma \tag{14.5}$$

式中，γ为平均正常重力；σ为单位球面；ψ为计算点与流动点之间的球面角距；$S(\psi)$称为 Stokes 函数，其计算式为

$$S(\psi)=1+\csc\frac{\psi}{2}-6\sin\frac{\psi}{2}-5\cos\psi-3\cos\psi\ln\left(\sin\frac{\psi}{2}+\sin^2\frac{\psi}{2}\right)\tag{14.6}$$

$S(\psi)$ 的级数表达式为

$$S(\psi)=\sum_{n=2}^{\infty}\frac{2n+1}{n-1}P_n(\cos\psi)\tag{14.7}$$

式(14.4)和式(14.5)就是著名的 Stokes 积分公式(也称为 Stokes 积分)，这是地球重力场逼近计算中非常重要的一组公式，利用式(14.5)可以由大地水准面上的重力异常确定大地水准面形状。

在实际应用中，一般都要通过 3 种途径对理论计算式(14.5)进行实用性改化：第 1 种改化途径是通过引入以地球位模型为参考场的移去-恢复技术，来减弱积分远区观测数据对计算结果的影响。具体实施步骤是：首先从重力异常观测值中扣除位模型计算值 Δg_{ref}，得到残差重力异常，然后由残差重力异常计算得到残差大地水准面，最后将残差大地水准面加上相对应的位模型计算值 N_{ref}，就得到最终的大地水准面高度，其改化模型可表示为

$$N=N_{\mathrm{ref}}+\frac{R}{4\pi\gamma}\int_0^{\pi}\int_0^{2\pi}(\Delta g-\Delta g_{\mathrm{ref}})S(\psi)\sin\psi\,\mathrm{d}\alpha\,\mathrm{d}\psi\tag{14.8}$$

$$\Delta g_{\mathrm{ref}}=\frac{GM}{r^2}\sum_{n=2}^{l}(n-1)\left(\frac{a}{r}\right)^n\sum_{m=0}^{n}(\bar{C}_{nm}^{*}\cos(m\lambda)+\bar{S}_{nm}\sin(m\lambda))\bar{P}_{nm}(\sin\varphi)\tag{14.9}$$

$$N_{\mathrm{ref}}=\frac{GM}{r\gamma}\sum_{n=2}^{l}\left(\frac{a}{r}\right)^n\sum_{m=0}^{n}(\bar{C}_{nm}^{*}\cos(m\lambda)+\bar{S}_{nm}\sin(m\lambda))\bar{P}_{nm}(\sin\varphi)\tag{14.10}$$

式中，GM 为万有引力常数与地球质量的乘积；r 为计算点向径；a 为地球椭球长半轴；l 为位模型参考场的最高阶数；其他符号的意义在本书前面的章节中已有说明，这里不再重复。

第 2 种改化途径是，将球面积分区域划分为近区和远区，分别采用不同的方法进行计算，以破解重力观测数据无法覆盖全球带来的难题。近区是以计算点为中心、ψ_0 为半径的球冠区域 σ_0，近区影响直接由观测数据计算；远区是球面上的剩余部分$(\sigma-\sigma_0)$，远区影响由超高阶位模型按式(14.11)计算：

$$N_{\sigma-\sigma_0}=\frac{GM}{2\gamma R}\sum_{n=l+1}^{L}(n-1)Q_n(\psi_0)T_n(\varphi,\lambda)\tag{14.11}$$

$$Q_n(\psi_0)=\sum_{m=l+1}^{L}\frac{2m+1}{m-1}R_{nm}(\psi_0) \tag{14.12}$$

$$R_{nm}(\psi_0)=\int_{\psi_0}^{\pi}P_n(\cos\psi)P_m(\cos\psi)\sin\psi\mathrm{d}\psi \tag{14.13}$$

式中，L 为超高阶位模型的最高阶数；T_n 为扰动位的 n 阶面球谐函数；$Q_n(\psi_0)$ 为核函数截断系数。

此时，式(14.8)应改写为

$$N=N_{\mathrm{ref}}+N_{\sigma-\sigma_0}+\frac{R}{4\pi\gamma}\int_0^{\psi_0}\int_0^{2\pi}(\Delta g-\Delta g_{\mathrm{ref}})S(\psi)\sin\psi\mathrm{d}\alpha\mathrm{d}\psi \tag{14.14}$$

第 3 种改化途径是，对积分核函数的低阶项进行截断处理，确保其频谱特性与扣除位模型参考场后的残差重力异常相匹配，以减弱重力异常观测误差对计算结果的影响。一般采用比较简单实用的 Wong-Gore 改化核函数(Wong et al.,1969)，其计算式为

$$S^{\mathrm{WG}}(\psi)=S(\psi)-\sum_{n=2}^{l}\frac{2n+1}{n-1}P_n(\cos\psi) \tag{14.15}$$

此时，式(14.14)应改写为

$$N=N_{\mathrm{ref}}+N_{\sigma-\sigma_0}+\frac{R}{4\pi\gamma}\int_0^{\psi_0}\int_0^{2\pi}(\Delta g-\Delta g_{\mathrm{ref}})S^{\mathrm{WG}}(\psi)\sin\psi\mathrm{d}\alpha\mathrm{d}\psi \tag{14.16}$$

式(14.16)就为最终的基于 Stokes 边值理论计算大地水准面高度的实用公式。当已知重力异常以经纬网格形式表示时，可进一步将式(14.16)改写为

$$N=N_{\mathrm{ref}}+N_{\sigma-\sigma_0}+\frac{R}{4\pi\gamma}\sum_{i=1}^{M_1}\sum_{j=1}^{M_2}(\Delta g-\Delta g_{\mathrm{ref}})_{ij}S^{\mathrm{WG}}(\psi_{pij})\Delta\sigma_{ij} \tag{14.17}$$

式中，M_1、M_2 分别为数据覆盖域纬度方向和经度方向的数据网格个数；$\Delta\sigma_{ij}$ 为积分面积元，其大小为

$$\Delta\sigma_{ij}=\Delta\varphi\Delta\lambda\cos\varphi_{ij}=\left(\frac{\pi}{180\times60}\right)^2\times\Delta\varphi'\times\Delta\lambda'\times\cos\varphi_{ij} \tag{14.18}$$

式中，$\Delta\varphi$ 、$\Delta\lambda$ 分别为纬度方向和经度方向的数据网格大小。

计算点至积分面元之间的角距ψ的计算式为

$$\cos\psi_{pij} = \sin\varphi_p \sin\varphi_{ij} + \cos\varphi_p \cos\varphi_{ij} \cos(\lambda_{ij} - \lambda_p) \tag{14.19}$$

式中，(φ_p, λ_p)、$(\varphi_{ij}, \lambda_{ij})$分别为计算点和流动数据网格点坐标。

为了消除核函数积分奇异性，必须单独考虑计算点所在网格的数据影响，此项影响的计算式为

$$N_{p0} = \frac{R\sqrt{\Delta\varphi\Delta\lambda\cos\varphi_p}}{\gamma\sqrt{\pi}}(\Delta g - \Delta g_{\text{ref}})_p \tag{14.20}$$

14.2.2　计算模型误差估计

由式(14.16)和式(14.17)可知，大地水准面计算误差主要由模型误差和数据误差两部分组成，模型误差主要包括积分离散化误差、远区截断误差和数据截断误差，数据误差主要包括使用移去-恢复技术引入的位系数误差和数据观测误差。为了突出主要影响因素，同时考虑次要因素的可控性，本节重点讨论数据截断误差和数据观测误差两项误差对大地水准面计算精度的影响。

1. 数据截断误差估计

依据式(14.9)，首先将大地水准面高度的谱展开式表示为重力异常的n阶球谐函数展开式，即

$$N = \frac{R}{\gamma}\sum_{n=2}^{\infty}\frac{1}{n-1}\Delta g_n \tag{14.21}$$

式中，Δg_n为重力异常n阶球谐函数，具体表达式为

$$\Delta g_n = \frac{GM}{R^2}(n-1)\sum_{m=0}^{n}(\bar{C}_{nm}^{*}\cos(m\lambda) + \bar{S}_{nm}\sin(m\lambda))\bar{P}_{nm}(\sin\varphi) \tag{14.22}$$

利用球谐函数的正交性和重力异常阶方差的定义，可推导出大地水准面高度在某个频段上能量谱的全球均方值为

$$\bar{N}^2(N_1, N_2) = M\{N^2(N_1, N_2)\} = \left(\frac{R}{\gamma}\right)^2 \sum_{n=N_1}^{N_2}\frac{1}{(n-1)^2}C_n(\Delta g) \tag{14.23}$$

式中，(N_1, N_2)为频段$(N_1 \sim N_2)$；$C_n(\Delta g)$为重力异常的阶方差，其计算式可采用

翟振和等(2012b)推出的分段拟合模型：

$$C_n(\Delta g)=\begin{cases}\dfrac{0.98132(n-1)}{n+100}1.06252^{n+2}+\dfrac{595.65818(n-1)}{(n-2)(n+20)}0.92609^{n+2}, & 3<n\leqslant 36\\ \dfrac{13.43980(n-1)}{n+100}0.99073^{n+2}+\dfrac{46.67648(n-1)}{(n-2)(n+20)}0.99950^{n+2}, & 36<n\leqslant 36\,000\end{cases}\tag{14.24}$$

根据当前在计算重力场参数时惯用的地面数据分辨率组合(吴晓平，1992；黄谟涛等，2005)，由式(14.23)和式(14.24)可计算得到大地水准面高度在相应频段的能量谱，具体见表 14.1。

表 14.1　大地水准面高度能量谱分布

频段(N_1～N_2)/阶	2～180	181～540	541～2160	2161～5400	5401～10800	10801～36000
对应数据分辨率	1°	20′	5′	2′	1′	高于 1′
绝对量/m	30.61	0.38	0.05	0.01	0.00	0.00
占百分比/%	99.98	0.02	0.00	0.00	0.00	0.00

由表 14.1 的统计结果可以看出，如果使用最高至 5′分辨率的基础数据计算大地水准面，那么由数据截断引起的计算误差可达到 5cm；如果使用的数据分辨率提高到 2′，那么数据截断误差影响可减小到 1cm。但由于表 14.1 估算结果是全球意义上的平均值，在重力场变化特性比较突出的地区，实际数据截断误差可能存在较大的差异，特别是在陆部的山区和海洋的海沟区，由数据分辨率不够精细引起的数据截断误差影响可能远大于表 14.1 所列的估计值。因此，在实际应用中，应针对不同计算区域的重力场变化特征进行具体分析和判断。对表 14.1 的统计结果而言，要想获得优于 1cm 的大地水准面计算精度，宜将地(海)面观测数据的分辨率提高到 1′×1′网格的水平。

2. 数据观测误差估计

考虑到计算模型改化形式的多样性和不确定性，本节讨论数据观测误差对大地水准面计算精度的影响主要以原始计算模型为依据。由式(14.5)可知，可将大地水准面高度的数值积分计算公式表示为

$$N=\frac{R}{4\pi\gamma}\sum_{i=1}^{M_1}\sum_{j=1}^{M_2}(\Delta g)_{ij}S(\psi_{pij})\Delta\sigma_{ij}\tag{14.25}$$

式中，各符号意义同前。

首先讨论数据观测偶然误差对大地水准面高计算精度的影响，假设积分网格

平均重力异常为等精度观测量，且相互独立，则根据误差传播定律可得大地水准面高度的数据观测偶然误差估计式为

$$m_N^2 = \left(\frac{R}{4\pi\gamma}\right)^2 m_{\Delta g}^2 \sum_{i=1}^{M_1}\sum_{j=1}^{M_2}(S(\psi_{pij})\Delta\sigma_{ij})^2 \tag{14.26}$$

式中，$m_{\Delta g}$ 为地(海)面积分网格平均重力异常的中误差；m_N 为计算点的大地水准面中误差。

当采用式(14.15)进行核函数改化时，相对应的数据观测偶然误差估计式为

$$m_{NWG}^2 = \left(\frac{R}{4\pi\gamma}\right)^2 m_{\Delta g}^2 \sum_{i=1}^{M_1}\sum_{j=1}^{M_2}(S^{WG}(\psi_{pij})\Delta\sigma_{ij})^2 \tag{14.27}$$

本节以 P (φ=40°N, λ=120°E) 为计算点，以 40°×40°为数据覆盖范围(此范围足以忽略积分远区效应影响)，分别采用 5′×5′、2′×2′和 1′×1′等 3 种网格数据，同时分别取 $m_{\Delta g}=1\text{mGal}, 3\text{mGal}, 5\text{mGal}$，按式(14.26)和式(14.27)依次计算 m_N 和 m_{NWG}，数据观测偶然误差对大地水准面高计算精度影响估计见表 14.2。

表 14.2　数据观测偶然误差对 Stokes 方法大地水准面高计算精度影响理论估计

数据网格	5′×5′			2′×2′			1′×1′		
误差/mGal	1	3	5	1	3	5	1	3	5
m_N /m	0.009	0.028	0.047	0.004	0.012	0.020	0.002	0.006	0.010
m_{NWG} /m	0.002	0.009	0.013	0.001	0.004	0.008	0.001	0.002	0.004

进一步讨论数据观测系统误差对大地水准面高计算精度的影响，假设积分网格平均重力异常存在大小为 $\delta\Delta g$ 的系统偏差，则由式(14.25)可知，该误差引起大地水准面高计算偏差为

$$\delta N = \frac{R}{4\pi\gamma}\sum_{i=1}^{M_1}\sum_{j=1}^{M_2}(\delta\Delta g)_{ij} S(\psi_{pij})\Delta\sigma_{ij} \tag{14.28}$$

当采用式(14.15)进行核函数改化时，相对应的系统偏差估计式为

$$\delta N_{WG} = \frac{R}{4\pi\gamma}\sum_{i=1}^{M_1}\sum_{j=1}^{M_2}(\delta\Delta g)_{ij} S^{WG}(\psi_{pij})\Delta\sigma_{ij} \tag{14.29}$$

本节仍采用前面测试偶然误差影响相同的计算点、数据覆盖范围和 3 种分辨率数据，分别取 $\delta\Delta g = 0.1\text{mGal}, 0.5\text{mGal}, 1.0\text{mGal}$，按式(14.28)和式(14.29)

依次计算 δN 和 δN_{WG}，数据观测系统误差对大地水准面高计算精度影响估计见表 14.3。

表 14.3 数据观测系统误差对 Stokes 方法大地水准面高计算精度影响理论估计

数据网格	5′×5′			2′×2′			1′×1′		
误差/mGal	0.1	0.5	1.0	0.1	0.5	1.0	0.1	0.5	1.0
δN /m	0.255	1.276	2.553	0.255	1.276	2.552	0.255	1.276	2.551
δN_{WG} /m	0.000	−0.001	−0.002	0.000	−0.001	−0.001	0.000	0.001	−0.001

从表 14.2 的计算结果可以看出，数据观测偶然误差对大地水准面计算精度的影响随数据网格大小的增大略有增大，也随偶然误差大小的增大而增大，但增大幅度都不算明显，即使是使用 5′×5′分辨率的数据网格，5mGal 的数据观测偶然误差引起大地水准面计算偏差也不超过 5cm；当采用改化的核函数进行计算时，误差影响量值进一步减小，几乎可以忽略不计。可见，数据观测偶然误差对大地水准面计算精度的影响比较有限，但考虑到其他因素的叠加影响，要想获得优于 1cm 的大地水准面计算精度，除了需要将地(海)面观测数据的分辨率提高到 1′×1′网格水平外，将数据观测偶然误差控制在 5mGal 以内是比较稳妥的。又由表 14.3 的计算结果可知，数据观测系统误差对大地水准面计算结果的影响不仅呈系统性特征，而且其影响量值要比偶然误差干扰大得多，0.1mGal 系统偏差干扰影响量甚至比 5mGal 的偶然误差影响量还要大许多。由此可见，如何减小系统性干扰因素的影响是提高大地水准面计算精度的关键所在。在海空重力观测和数据处理计算过程中，基点联测误差、重力仪格值等参数测定误差、海空测量动态环境效应各项改正不足或过头(包括数据滤波)等都是极易引起重力异常系统偏差的重要环节，虽然此类误差在计算大地水准面时可能只表现为局部系统性特征，但其影响量不容忽视。因此，对海空重力测量中的基准和坐标系统转换及各项数值改正等各个环节都应给予足够的重视，以减弱系统性因素对重力异常计算结果的干扰。幸运的是，核函数改化对减弱系统误差影响作用显著，表 14.3 的对比计算结果说明，经改化后的核函数具有非常高效的高通滤波作用，有效抑制了属于低频段的系统偏差信号对大地水准面计算结果的干扰。这个结果也说明，采用改化核函数进行大地水准面计算，是提高最终计算结果精度的必要途径。

14.2.3 数值计算检验与分析

为了验证前面针对原始 Stokes 积分公式提出的三种改化途径的计算效果，将超高阶位模型作为标准场开展数值计算检验及分析比较研究。以我国陆地一个 4°×4°区块(φ:32.5°N～36.5°N；λ:102.5°E～106.5°E)为试验区，选用 EGM2008

位模型模拟产生大地水准面上的 2′×2′网格重力异常及大地水准面高度的真值。该区块属于地形变化幅度相对较大的中等山区，试验效果具有一定的代表性。本节选用 EGM2008 位模型的前 360 阶作为参考场模型，由位模型计算网格重力异常和大地水准面高度的公式参见式(14.9)和式(14.10)。表 14.4 列出了 2′×2′网格重力异常及大地水准面高度真值计算统计结果。图 14.1～图 14.3 分别为 2160 阶、360 阶 EGM2008 位模型重力异常及其差值分布图，图 14.4 为 2160 阶和 360 阶 EGM2008 位模型大地水准面高度差值分布图。

表 14.4　2′×2′网格重力异常及大地水准面高度真值计算统计结果

统计量		最小值	最大值	平均值	标准差	均方根
重力异常/mGal	2160 阶	−72.188	121.337	−12.567	29.164	31.756
	360 阶	−60.878	65.336	−12.685	24.119	27.251
	残差	−53.959	83.078	0.118	16.308	16.308
大地水准面高度/m	2160 阶	−40.177	−33.176	−36.912	1.321	36.935
	360 阶	−40.191	−33.462	−36.904	1.320	36.928
	残差	−0.440	0.524	−0.008	0.197	0.197

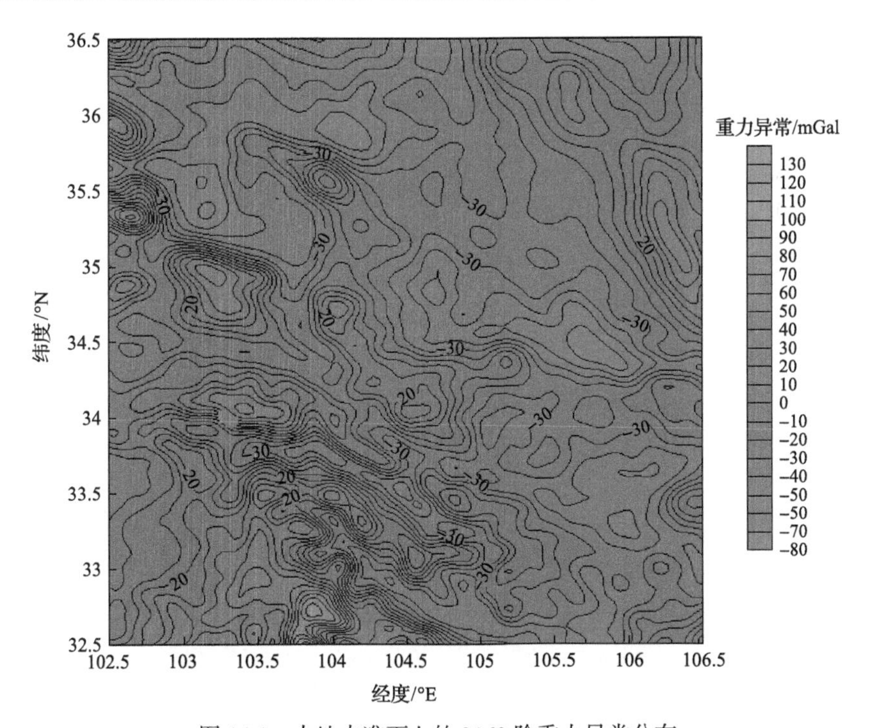

图 14.1　大地水准面上的 2160 阶重力异常分布

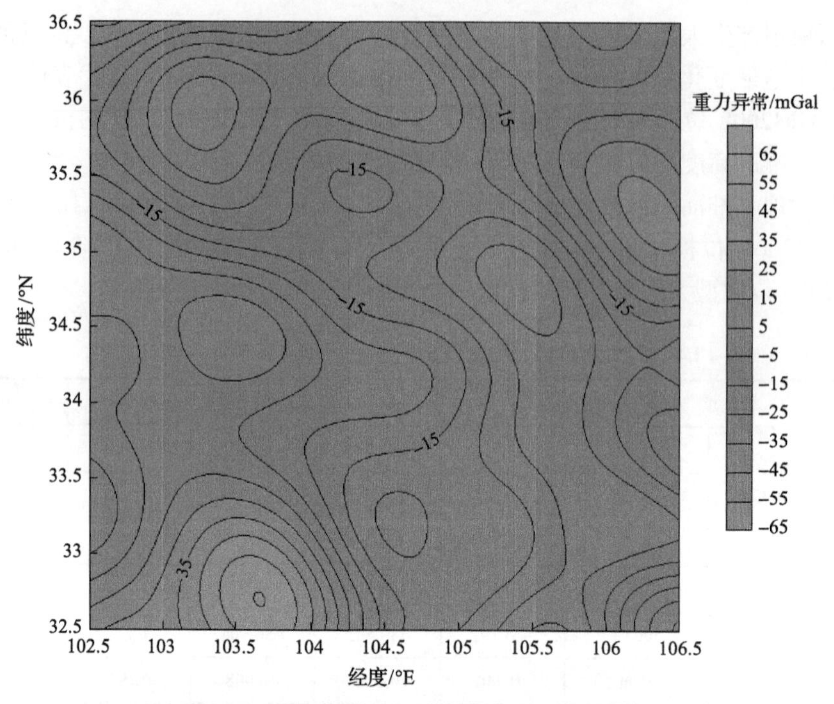

图 14.2　大地水准面上的 360 阶重力异常分布

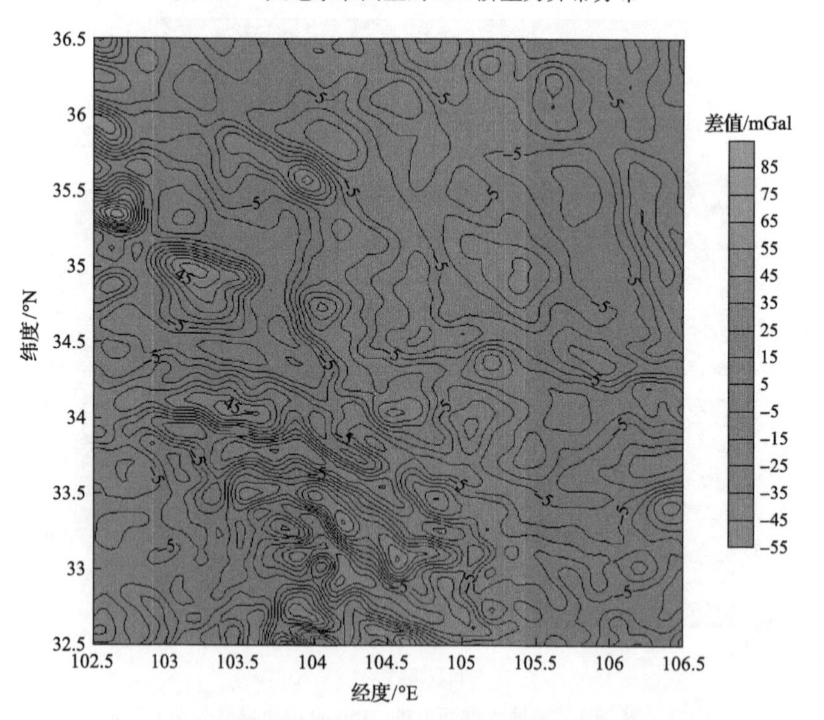

图 14.3　大地水准面上的 2160 阶和 360 阶重力异常差值分布

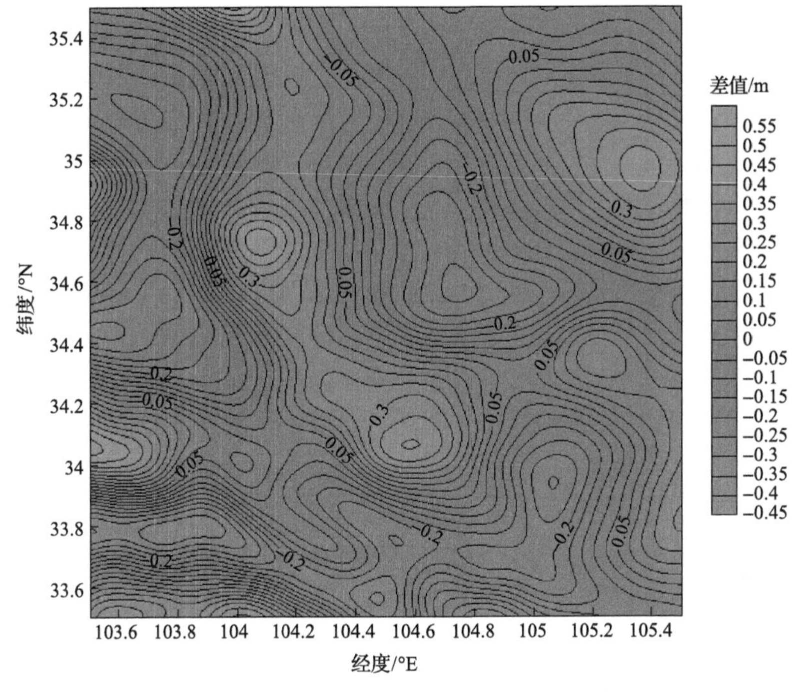

图 14.4　2160 阶和 360 阶大地水准面高度差值分布

为了对比分析几种改化模型的计算效果，本节分别按照 4 种计算方案完成上述试验区块的大地水准面计算，将 4 组计算结果与事先由位模型计算得到的大地水准面真值进行比较，可得到相对应的改化模型精度评估结果，具体对比结果如表 14.5 所示。其中，4 种计算方案设计如下。

表 14.5　Stokes 方法计算大地水准面高几种改化模型精度评估结果　（单位：cm）

计算方案	最小值	最大值	平均值	标准差	均方根
①	−10.518	10.015	0.104	4.186	4.188
②	−8.818	9.901	0.047	3.266	3.266
③	−10.543	10.003	−0.131	3.940	3.942
④	−0.323	0.267	0.002	0.069	0.069

计算方案①：使用传统模型，即只考虑移去和恢复参考场的作用，不顾及远区效应的影响，也不进行核函数改化处理。

计算方案②：在计算方案①基础上考虑积分远区效应的影响。

计算方案③：在计算方案①基础上进行积分核函数改化处理。

计算方案④：在计算方案①基础上考虑积分远区效应的影响，同时进行积分核函数改化处理。

在前面的计算中，积分半径统一取为$\psi_0 = 1°$，为了减小积分边缘效应对评估结果的影响，试验区域边缘1°范围内的数据不参加对比分析计算。由表14.5的统计结果可以看出，在不考虑数据归算和观测误差影响条件下，使用传统Stokes积分公式计算大地水准面可获得5cm左右的符合度，这个结果与黄谟涛等(2005)的分析计算研究结论基本一致。当进一步考虑重力异常观测噪声、参考场误差和数据截断误差影响时，Stokes积分公式计算精度呈下降趋势是必然的，下降幅度大小主要取决于计算区域重力场变化的剧烈程度。从表14.5的计算结果还可以看出，尽管远区效应改正和核函数改化对大地水准面计算结果的影响量均达到厘米级水平，但如果只实施其中的一项改化处理，那么仍然无法达到显著提升大地水准面计算模型精度的目的，这个结果一方面说明对Stokes积分公式进行适当改化是必要的，另一方面也说明不同改化方法之间存在比较明显的耦合效应(因参考场阶次、积分半径和核函数选择均与谱泄漏程度有关)，必须联合使用不同改化方法才能收到预期效果。由表14.5可知，综合采用各种改化处理手段后，大地水准面计算模型的符合度已经提升到1cm以内，从理论上讲，这样的精度水平能够满足现代大地测量基准建设对大地水准面精化的指标要求。图14.5～图14.8分别展示了计算方案①～计算方案④所对应的大地水准面对比误差分布图。

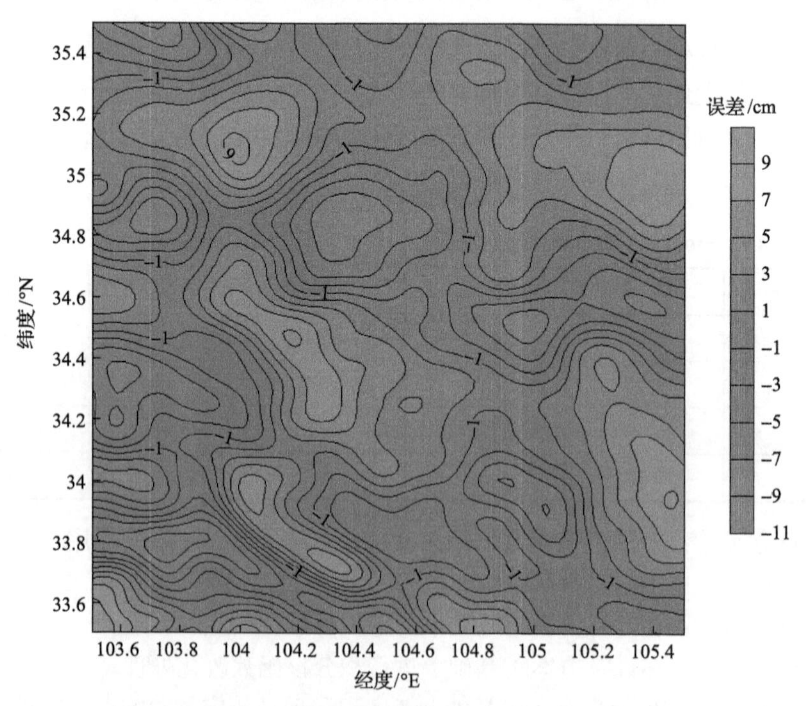

图14.5　计算方案①所对应的大地水准面对比误差分布图

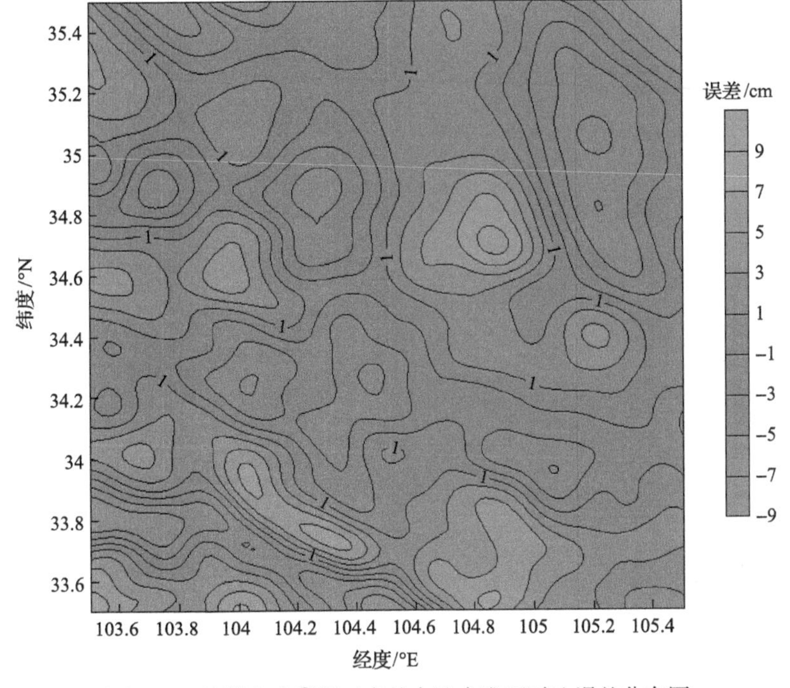

图 14.6　计算方案②所对应的大地水准面对比误差分布图

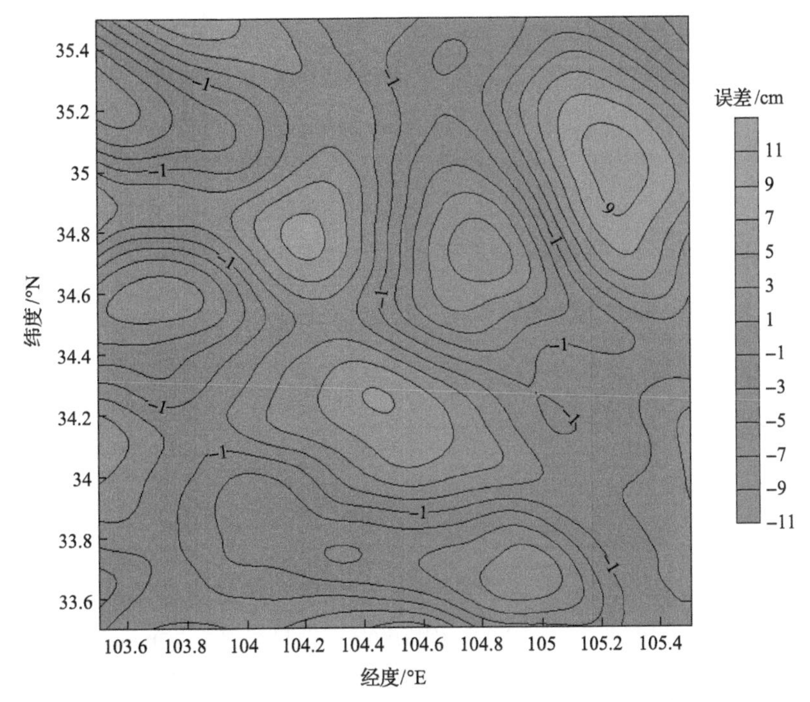

图 14.7　计算方案③所对应的大地水准面对比误差分布图

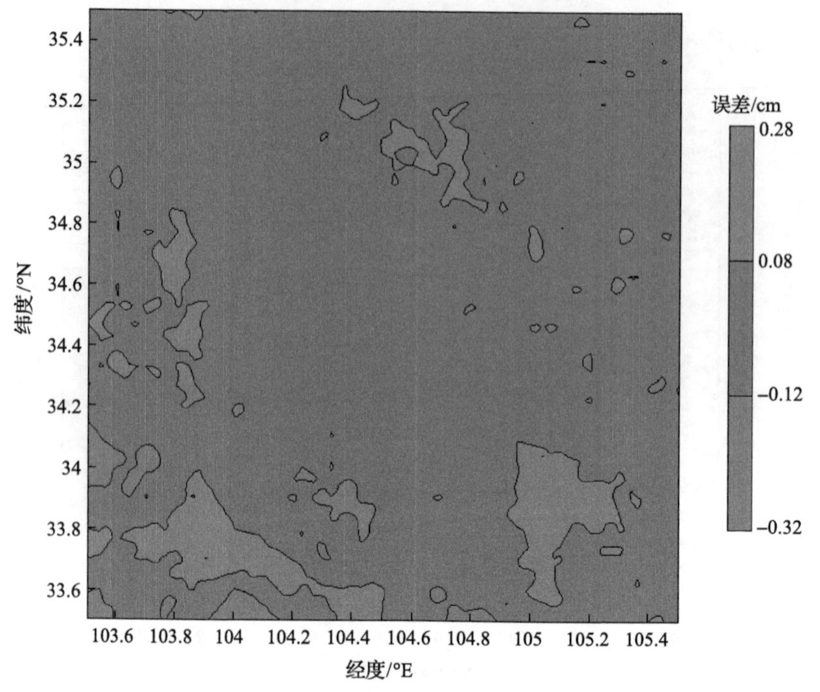

图 14.8　计算方案④所对应的大地水准面对比误差分布图

最后，为了进一步考察数据观测误差对大地水准面高计算结果的影响，人为在模拟观测量Δg中分别加入 1mGal、3mGal 和 5mGal 的随机噪声，对应生成 3 组带随机噪声的观测量，并重复前面的计算和对比检核过程(使用计算方案④模型)。上述误差量值与当前国内外地(海)面网格观测数据精度水平基本相当(欧阳永忠等，2013；刘敏，2018)，因此其检验结论具有实用意义。在加入随机噪声后，大地水准面高计算值与真值比较结果如表 14.6 所示。

表 14.6　数据观测误差对 Stokes 方法计算大地水准面高精度的影响

观测误差/mGal	最小值/cm	最大值/cm	平均值/cm	标准差/cm	均方根/cm
0	−0.323	0.267	0.002	0.069	0.069
1	−0.665	0.577	0.008	0.207	0.208
3	−2.117	1.561	−0.007	0.521	0.522
5	−2.760	3.036	−0.014	0.911	0.912

从表 14.6 的结果可以看出，尽管数据观测误差对大地水准面高计算结果的影响都随观测误差的增大而增大，但其影响量值均不算显著，5mGal 量值的观测误差对计算结果的影响也不超过 1cm。这说明，数值积分算子对随机噪声有很好的抑制作用，数据观测误差对大地水准面高计算结果的影响几乎可以忽略不计，这

样的结论与前面进行的理论分析计算结果相吻合(见表 14.2)。

14.2.4　专题小结

Stokes 边值理论是求解大地水准面最经典最传统的大地测量边值理论，在物理大地测量研究领域具有重大学术影响。Stokes 积分公式问世已经有近二百年的历史，尽管国内外学者已经对其开展了深入而广泛的分析研究和试验验证，取得了一系列有重要理论价值和应用价值的研究成果，但必须指出的是，随着现代科学技术的发展和不同领域应用需求的提升，迫切需要对以往一些研究成果进行适度拓展，对一些比较敏感的计算参数指标进行重新论证。本专题研究主要针对 Stokes 积分公式的改化方法、计算流程、改化效果及数据观测噪声影响等相关问题，开展理论上的分析论证和模拟计算检验。提出了 3 种实用化的 Stokes 积分公式分阶段改化方法，分析讨论了数据截断误差和观测噪声对大地水准面计算结果的影响，设计了改化模型的数值检验方案，将超高阶位模型 EGM2008 作为数值模拟标准场，对 3 种改化模型进行了数值仿真计算和精度检核，同时开展了数据观测误差影响评估检验。结果表明，在不考虑数据归算和观测误差影响条件下，使用经过改化的 Stokes 积分公式计算大地水准面高可获得优于 1cm 的内符合精度；而要想将数据截断误差对大地水准面计算结果的影响控制在 1cm 以内，必须采用精细到 $1'\times1'$分辨率的基础网格数据，同时还要将数据观测误差控制在 5mGal 以内；数据观测系统误差对大地水准面计算结果的影响极为显著，采取严密防范措施抑制系统误差因素对重力观测数据造成系统性干扰，是提升大地水准面计算精度水平的关键。核函数改化对减弱系统误差影响具有显著作用，是提高大地水准面计算精度必不可少的技术手段。

14.3　基于 Bjerhammar 边值理论的计算模型改化及数值检验

14.3.1　问题的提出

如前所述，Stokes 边值理论是建立在以大地水准面为边界面基础之上的，也就是说，它的适用条件是：①大地水准面外部无地形质量；②已知的重力观测值分布在大地水准面上。可见，Stokes 边值理论对现实中的地球表面边值问题是无能为力的，要想正确地使用 Stokes 积分公式开展大地水准面计算，必须首先把大地水准面外部的地形质量移去，解决地形调整和改正问题；其次是需要将重力观测量从地面向下延拓归算到大地水准面，解决重力向下解算不适定问题；最后还要顾及由地形质量调整带来的引力位间接影响，解决大地水准面形变问题。由此可以看出，尽管 Stokes 边值理论在数学结构上并不十分复杂，但该理论的基本假设与客观实际不符，导致其实现过程面临诸多现实困难，从而极大地限制了该理论的推广应用。

针对 Stokes 边值理论存在的上述缺陷，Bjerhammar(1964)提出了一种以某一虚拟球面为边界面，将大地测量边值问题转换为该球面外部边值问题的理论，又称为 Bjerhammar 边值理论。这一方法的理论依据是位场正演的唯一性和 Newton 逆算子的非唯一性原理，也就是著名的 Runge-Krarup 定理：在地球外部空间定义的任一正则谐函数，总可以用定义在地球内部任意给定的一个球面外部空间的正则函数一致逼近。由此可知，分布在地球表面的一组重力异常观测值，可对应于地球内部无穷多个不同的虚拟重力异常场源，人们可通过不同的数学形式构造不同类型的等效场源，使其产生等效的位函数能够一致逼近地球外部真实的位函数。Bjerhammar 边值理论的解算思路是：以分布在地球表面上的一组离散重力异常为已知条件，将其向下调和延拓到一个完全处于地球内部的 Bjerhammar 球面，在该球面上构造一个虚拟的重力异常场，并强制该虚拟场在地球表面及其外部空间产生的位与由已知的地球表面重力异常场产生的真实位一致，从而将地球表面边值问题等价地转换为一个简单的虚拟球面边值问题。Bjerhammar 边值理论最终以最简单的 Stokes 积分公式给出问题的解，同时以一种隐含的方式顾及了地形效应的影响，这正是该理论的巧妙之处。

14.3.2 基本原理与计算模型

假设已知分布在地球表面 S 上的重力异常为 Δg，对应的扰动位为 T，由 Δg 向下调和延拓到一个完全处于地球内部的 Bjerhammar 球面 S_b 上的虚拟重力异常为 Δg_b，对应的扰动位为 T_b，不考虑球面 S_b 外部的地形质量，T_b 满足如下以球面 S_b 为边界面的位场第三外部边值问题：

$$\Delta T_b = 0\text{，在 } S_b \text{ 的外部空间} \tag{14.30}$$

$$\frac{\partial T_b}{\partial r} + \frac{2T_b}{R_b} = -\Delta g_b\text{，在 } S_b \text{ 面上} \tag{14.31}$$

$$T_b \to 0\text{，} \quad r \to \infty \tag{14.32}$$

式中，r 为球面向径；R_b 为 Bjerhammar 球半径。

根据 Stokes 边值理论，上述球外部边值问题的扰动位解为(李建成等，2003；黄谟涛等，2005)

$$T_b = \frac{R_b^2}{4\pi} \iint_\sigma \Delta g_b \left(\sum_{n=0}^{\infty} \frac{2n+1}{n-1} \frac{R_b^n}{r^{n+1}} P_n(\cos\psi) \right) \mathrm{d}\sigma \tag{14.33}$$

由式(14.33)可知，要想求得扰动位 T_b，必须知道 Bjerhammar 球面上的虚拟重力异常 Δg_b，而实际上已知的观测量是地球表面上的重力异常 Δg，Bjerhammar 边值理论的关键就是设法确定 Δg 与 Δg_b 之间的函数关系，以便由已知的 Δg 计算出 Δg_b。

由前面的论述可知，Bjerhammar 边值理论将地球表面边值问题等价转换为简单的虚拟球面边值问题的强制条件是：Bjerhammar 球面虚拟重力异常场在地球表面及其外部空间产生的位与由已知的地球表面重力异常场产生的真实位一致。这就要求扰动位 T_b 必须同时满足如下地球表面边值条件：

$$\frac{\partial T_b}{\partial r}+\frac{2T_b}{r}=-\Delta g\text{，在地球表面 } S \text{ 上} \tag{14.34}$$

将式(14.33)代入式(14.34)，可求得

$$\frac{\partial T_b}{\partial r}=-\frac{R_b^2}{4\pi}\iint_\sigma \Delta g_b\left[\sum_{n=0}^{\infty}\frac{2n+1}{n-1}(n+1)\frac{R_b^n}{r^{n+2}}P_n(\cos\psi)\right]\mathrm{d}\sigma \tag{14.35}$$

$$-\frac{\partial T_b}{\partial r}-\frac{2T_b}{r}=\frac{R_b^2}{4\pi}\iint_\sigma \Delta g_b\left[\sum_{n=0}^{\infty}(2n+1)\frac{R_b^n}{r^{n+1}}P_n(\cos\psi)\right]\mathrm{d}\sigma=\Delta g \tag{14.36}$$

由球谐函数基本理论可知(Heiskanen et al.，1967；黄谟涛等，2005)

$$\sum_{n=0}^{\infty}(2n+1)\frac{R_b^n}{r^{n+1}}P_n(\cos\psi)=\frac{r^2-R_b^2}{l^3} \tag{14.37}$$

式中，l 为计算点至球面流动点之间的距离，其计算式为

$$l=\sqrt{r^2+R_b^2-2rR_b\cos\psi} \tag{14.38}$$

将其代入式(14.36)，可得

$$\Delta g=\frac{R_b^2}{4\pi r}\iint_\sigma \frac{r^2-R_b^2}{l^3}\Delta g_b\mathrm{d}\sigma \tag{14.39}$$

式(14.39)就是 Δg 与 Δg_b 之间应满足的一种函数关系，实际上，它就是由 Δg_b 向上解析延拓计算 Δg 的 Poisson 积分公式(Heiskanen et al.，1967)。但这里的 Δg 是地球表面上的观测值，是已知量，而 Δg_b 是 Bjerhammar 球面上的待求量，故式(14.39)是关于未知函数 Δg_b 的积分方程。因目前还没有 Poisson 逆算子的封闭公式可供利用，故只能通过迭代方法或将其转换为一个线性方程组，对如式(14.39)

所示的积分方程进行求解。迭代方法的计算流程如下。

利用直接积分法可得

$$\frac{R_b^2(r^2-R_b^2)}{4\pi r}\iint_\sigma \frac{\mathrm{d}\sigma}{l^3}=\left(\frac{R_b}{r}\right)^2 \tag{14.40}$$

令

$$t=\frac{R_b}{r},\quad D=\frac{l}{r}$$

可将式(14.40)改写为

$$t^2=\frac{t^2(1-t^2)}{4\pi}\iint_\sigma \frac{\mathrm{d}\sigma}{D^3} \tag{14.41}$$

式(14.39)改写为

$$\Delta g_p=\frac{t^2(1-t^2)}{4\pi}\iint_\sigma \frac{\Delta g_b}{D^3}\mathrm{d}\sigma \tag{14.42}$$

式中，下标p代表地球表面上的计算点。

在式(14.41)两端同乘以Δg_{bp}，并与式(14.42)相减可得

$$\Delta g_p-t^2\Delta g_{bp}=\frac{t^2(1-t^2)}{4\pi}\iint_\sigma \frac{\Delta g_b-\Delta g_{bp}}{D^3}\mathrm{d}\sigma \tag{14.43}$$

式中，下标bp代表 Bjerhammar 球面上的计算点。

由式(14.43)可得

$$\Delta g_{bp}=\frac{\Delta g_p}{t^2}-\frac{1-t^2}{4\pi}\iint_\sigma \frac{\Delta g_b-\Delta g_{bp}}{D^3}\mathrm{d}\sigma \tag{14.44}$$

按式(14.44)计算Δg_{bp}需要用到Δg_b，因Δg_b是未知的，故只能采用迭代方法进行解算。可取迭代初值为

$$\Delta g_b^{(0)}=\Delta g\ ,\quad \Delta g_{bp}^{(0)}=\Delta g_p \tag{14.45}$$

由式(14.46)计算第一次近似值：

$$\Delta g_{bp}^{(1)}=\frac{\Delta g_p}{t^2}-\frac{1-t^2}{4\pi}\iint_\sigma \frac{\Delta g_b^{(0)}-\Delta g_{bp}^{(0)}}{D^3}\mathrm{d}\sigma \tag{14.46}$$

再求第二次近似值：

$$\Delta g_{bp}^{(2)} = \frac{\Delta g_p}{t^2} - \frac{1-t^2}{4\pi}\iint_\sigma \frac{\Delta g_b^{(1)} - \Delta g_{bp}^{(1)}}{D^3}\mathrm{d}\sigma \tag{14.47}$$

这样继续下去，直到满足条件：

$$\left|\Delta g_{bp}^{(n)} - \Delta g_{bp}^{(n-1)}\right| < \varepsilon\,,\quad \varepsilon > 0 \tag{14.48}$$

则 $\Delta g_{bp} = \Delta g_{bp}^{(n)}$ 就为所求的结果，ε 为事先给定的限差。试验结果表明(李建成等，2003)，当取 $\varepsilon = 0.1\,\mathrm{mGal}$，积分半径 ψ_0=1°～2°时，在平坦地区 $n=1$～3，在重力场变化比较剧烈的地区 $n=5$～7，即可结束迭代计算。

求得 Bjerhammar 球面上的虚拟重力异常 Δg_b 以后，就可以按式(14.49)计算地球外部的扰动位：

$$T = \frac{R_b}{4\pi}\iint_\sigma \Delta g_b S(r,\psi)\mathrm{d}\sigma \tag{14.49}$$

此时，可按式(14.50)计算地球表面对应点的高程异常(也就是似大地水准面高度)：

$$\varsigma = \frac{R_b}{4\pi\gamma}\iint_\sigma \Delta g_b S(r,\psi)\mathrm{d}\sigma \tag{14.50}$$

式中，γ 为平均正常重力；σ 为单位球面；ψ 为计算点至积分面元之间的球面角距；$S(r,\psi)$ 称为广义 Stokes 函数，其计算式为

$$S(r,\psi) = \frac{2R_b}{l} + \frac{R_b}{r} - \frac{3R_b l}{r^2} - \frac{5R_b^2\cos\psi}{r^2} - \frac{3R_b^2}{r^2}\cos\psi\ln\left(\frac{r+l-R_b\cos\psi}{2r}\right) \tag{14.51}$$

$S(r,\psi)$ 的级数表达式为

$$S(r,\psi) = \sum_{n=2}^{\infty}\frac{2n+1}{n-1}\left(\frac{R_b}{r}\right)^{(n+1)} P_n(\cos\psi) \tag{14.52}$$

式(14.49)和式(14.50)通常称为广义 Stokes 积分公式或广义 Stokes 积分(也称为 Stokes-Pizzeti 积分)。如前所述，与 Stokes 边值理论相比，Bjerhammar 边值理论的优点在于：实施重力异常向下延拓计算不需要知道地球内部质量密度分布，也无须对难以求得的地球表面法线进行任何计算，边值问题的解只需使用最简单的 Stokes 积分公式，却顾及了地形的不规则性，从而避免了地球表面边值问题必须在复杂的近似地形面上进行积分运算所遇到的困难。

14.3.3 计算模型实用性改化

前面介绍的关于虚拟重力异常 Δg_b 的计算模型(即式(14.39))和高程异常计算模型(即式(14.50))均为理论计算式，要想将它们投入实际应用，还必须对这些理论计算式进行实用性改化。为方便起见，先把式(14.39)改写为

$$\Delta g = \frac{R_b}{4\pi r}\iint_\sigma K(r,\psi)\Delta g_b \mathrm{d}\sigma \tag{14.53}$$

式中，积分核函数 $K(r,\psi)$ 的计算式为

$$K(r,\psi) = \frac{R_b(r^2 - R_b^2)}{l^3} = \sum_{n=0}^{\infty}(2n+1)\left(\frac{R_b}{r}\right)^{n+1} P_n(\cos\psi) \tag{14.54}$$

与 Stokes 边值理论相类似，通常采用 3 种途径对式(14.53)进行实用性改化：第 1 种改化途径是引入以地球位模型为参考场的移去-恢复技术，来减弱积分远区观测数据对计算结果的影响。具体实施步骤是：首先从地面重力异常观测值 Δg 中扣除位模型计算值 Δg_{ref}，得到地面残差重力异常，然后由地面残差重力异常计算得到 Bjerhammar 球面残差重力异常 $\delta\Delta g_b$，最后将球面残差重力异常加上相对应的位模型计算值 $\Delta g_{b\mathrm{ref}}$，就得到最终的 Bjerhammar 球面虚拟重力异常 Δg_b，其改化模型可以表示为

$$\Delta g - \Delta g_{\mathrm{ref}} = \frac{R_b}{4\pi r}\iint_\sigma K(r,\psi)\delta\Delta g_b \mathrm{d}\sigma \tag{14.55}$$

$$\Delta g_b = \delta\Delta g_b + \Delta g_{b\mathrm{ref}} \tag{14.56}$$

同理，可对式(14.50)进行如下改化：

$$\varsigma = \varsigma_{\mathrm{ref}} + \frac{R_b}{4\pi\gamma}\int_0^{\pi}\int_0^{2\pi}(\Delta g_b - \Delta g_{b\mathrm{ref}})S(r,\psi)\sin\psi \mathrm{d}\psi \mathrm{d}\alpha \tag{14.57}$$

其中，由参考场位模型计算重力异常和高程异常的计算式参见式(14.9)和式(14.10)。

对理论计算式进行改化的第 2 种途径是，将球面积分区域划分为近区和远区，分别采用不同的方法进行计算，以破解重力观测数据无法覆盖全球带来的难题。近区是以计算点为中心、ψ_0 为半径的球冠区域 σ_0，近区影响直接由观测数据计算；远区是球面上的剩余部分 $(\sigma - \sigma_0)$，远区影响由超高阶位模型进行计算，对应于式(14.55)，其远区效应计算式为

$$\Delta g_{\sigma-\sigma_0}=\frac{GM}{2R^2}\sum_{n=l+1}^{L}(n-1)\left(\frac{R}{R_b}\right)^{n+1}Q_n^{\Delta g}(r,\psi_0)T_n(\varphi,\lambda) \tag{14.58}$$

$$Q_n^{\Delta g}(r,\psi_0)=\sum_{m=l+1}^{L}(2m+1)\left(\frac{R_b}{r}\right)^{m+1}R_{nm}(\psi_0) \tag{14.59}$$

$$R_{nm}(\psi_0)=\int_{\psi_0}^{\pi}P_n(\cos\psi)P_m(\cos\psi)\sin\psi\mathrm{d}\psi \tag{14.60}$$

式中，GM 为万有引力常数与地球质量的乘积；R 为地球平均半径；L 为位系数模型的最高阶数；l 为参考场位模型的最高阶数；T_n 为扰动位 n 阶面球谐函数；$Q_n^{\Delta g}(r,\psi_0)$ 为核函数截断系数。

同理，可得到对应于式(14.50)的远区效应计算式为

$$\varsigma_{\sigma-\sigma_0}=\frac{GM}{2\gamma r}\sum_{n=l+1}^{L}(n-1)\left(\frac{R}{R_b}\right)^{n+1}Q_n^{\varsigma}(r,\psi_0)T_n(\varphi,\lambda) \tag{14.61}$$

$$Q_n^{\varsigma}(r,\psi_0)=\sum_{m=l+1}^{L}\frac{2m+1}{m-1}\left(\frac{R_b}{r}\right)^{m+1}R_{nm}(\psi_0) \tag{14.62}$$

此时，式(14.55)应改写为

$$\Delta g-\Delta g_{\mathrm{ref}}=\frac{R_b}{4\pi r}\int_0^{\psi_0}\int_0^{2\pi}K(r,\psi)\delta\Delta g_b\mathrm{d}\sigma+\Delta g_{\sigma-\sigma_0} \tag{14.63}$$

式(14.57)应改写为

$$\varsigma=\varsigma_{\mathrm{ref}}+\varsigma_{\sigma-\sigma_0}+\frac{R_b}{4\pi\gamma}\int_0^{\psi_0}\int_0^{2\pi}(\Delta g_b-\Delta g_{b\mathrm{ref}})S(r,\psi)\sin\psi\mathrm{d}\alpha\mathrm{d}\psi \tag{14.64}$$

第 3 种改化途径是，对积分核函数的低阶项进行截断处理，确保其频谱特性与扣除位模型参考场后的残差重力异常相匹配，以减弱重力异常观测误差对计算结果的影响。一般采用比较简单实用的 Wong-Gore 改化核函数形式，对应于式(14.54)的改化核函数为

$$K^{\mathrm{WG}}(r,\psi)=K(r,\psi)-\sum_{n=2}^{l}(2n+1)\left(\frac{R_b}{r}\right)^{n+1}P_n(\cos\psi) \tag{14.65}$$

此时，式(14.63)应改写为

$$\Delta g-\Delta g_{\mathrm{ref}}=\frac{R_b}{4\pi r}\int_0^{\psi_0}\int_0^{2\pi}K^{\mathrm{WG}}(r,\psi)\delta\Delta g_b\mathrm{d}\sigma+\Delta g_{\sigma-\sigma_0}\tag{14.66}$$

对应于式(14.52)的改化核函数为

$$S^{\mathrm{WG}}(r,\psi)=S(r,\psi)-\sum_{n=2}^{l}\frac{2n+1}{n-1}\left(\frac{R_b}{r}\right)^{n+1}P_n(\cos\psi)\tag{14.67}$$

此时，式(14.64)应改写为

$$\varsigma=\varsigma_{\mathrm{ref}}+\varsigma_{\sigma-\sigma_0}+\frac{R_b}{4\pi\gamma}\int_0^{\psi_0}\int_0^{2\pi}(\Delta g_b-\Delta g_{b\mathrm{ref}})S^{\mathrm{WG}}(r,\psi)\sin\psi\mathrm{d}\alpha\mathrm{d}\psi\tag{14.68}$$

式(14.66)和式(14.68)就为最终的基于地面已知重力异常和 Bjerhammar 边值理论计算高程异常的实用公式。当已知重力异常以经纬网格形式表示时，可进一步将式(14.66)和式(14.68)改写为

$$\Delta g-\Delta g_{\mathrm{ref}}=\frac{R_b}{4\pi r}\sum_{i=1}^{M_1}\sum_{j=1}^{M_2}(K^{\mathrm{WG}}(r,\psi))_{pij}(\delta\Delta g_b)_{ij}\Delta\sigma_{ij}+\Delta g_{\sigma-\sigma_0}\tag{14.69}$$

$$\varsigma=\varsigma_{\mathrm{ref}}+\varsigma_{\sigma-\sigma_0}+\frac{R_b}{4\pi\gamma}\sum_{i=1}^{M_1}\sum_{j=1}^{M_2}(\Delta g_b-\Delta g_{b\mathrm{ref}})_{ij}(S^{\mathrm{WG}}(r,\psi))_{pij}\Delta\sigma_{ij}\tag{14.70}$$

式中，M_1、M_2 分别为数据覆盖域纬度方向和经度方向的数据网格个数；$\Delta\sigma_{ij}$ 为积分面积元，其大小为

$$\Delta\sigma_{ij}=\Delta\varphi\Delta\lambda\cos\varphi_{ij}=\left(\frac{\pi}{180\times60}\right)^2\times\Delta\varphi'\times\Delta\lambda'\times\cos\varphi_{ij}\tag{14.71}$$

式中，$\Delta\varphi$、$\Delta\lambda$ 分别为纬度方向和经度方向的数据网格大小。

14.3.4 数值计算检验与分析

为了验证前面针对虚拟重力异常 Δg_b 计算式(14.39)和高程异常计算式(14.50)提出的 3 种改化途径的计算效果，本节仍将超高阶位模型作为标准场开展数值计算检验及分析比较研究。同样以覆盖我国陆地范围 φ: 32.5°N～36.5°N； λ: 102.5°E～106.5°E 的 4°×4°区块为试验区，选用 2160 阶的 EGM2008 位模型模拟产生试验区地形面上的 2′×2′网格重力异常及高程异常的真值，地形面高度由 2160 阶的球谐函数展开式 DTM2006 计算得到。该区块属于地形变化幅度相对较大的

中等山区，试验效果具有一定的代表性。本节选用 EGM2008 位模型的前 360 阶作为参考场，表 14.7 列出了地形面 2′×2′网格重力异常、高程异常和地形高度真值计算统计结果。图 14.9 和图 14.10 分别为 2160 阶 EGM2008 位模型重力异常和 DTM2006 地形模型地形高度分布图，图 14.11 为 2160 阶和 360 阶 EGM2008 位模型重力异常差值分布图，图 14.12 为 2160 阶和 360 阶 EGM2008 位模型高程异常差值分布图。

表 14.7　地形面 2′×2′网格重力异常、高程异常和地形高度真值计算统计结果

统计量		最小值	最大值	平均值	标准差	均方根
重力异常/mGal	2160 阶	–66.353	84.083	–13.072	26.066	29.161
	360 阶	–58.565	59.431	–12.865	22.879	26.248
	残差	–36.969	47.359	–0.208	12.534	12.536
高程异常/m	2160 阶	–40.086	–33.357	–36.881	1.291	36.903
	360 阶	–40.093	–33.520	–36.872	1.295	36.895
	残差	–0.346	0.376	–0.008	0.163	0.163
地形高度/m	2160 阶	722.4	4470.2	2300.3	761.5	2423.1

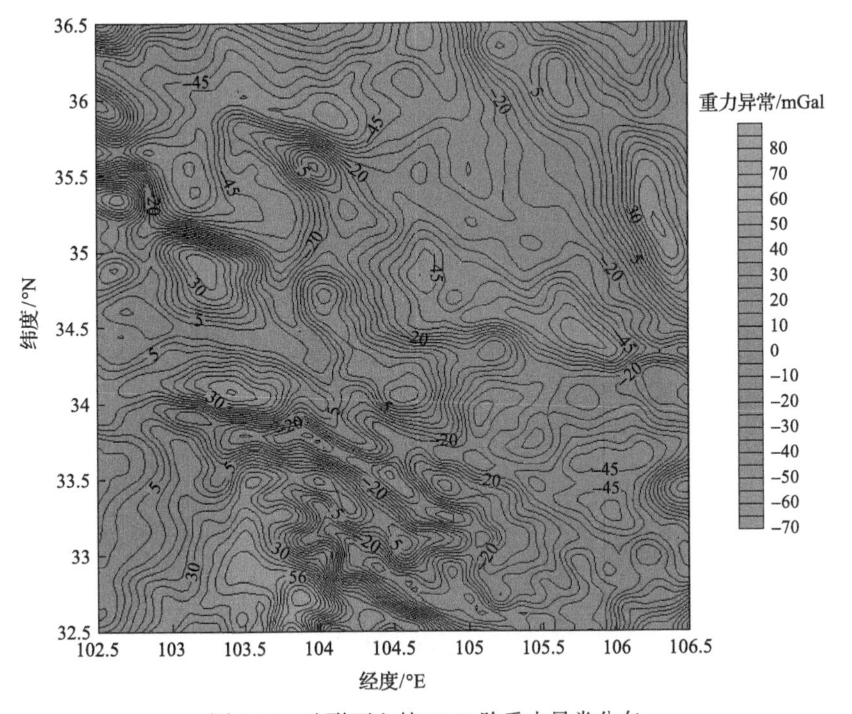

图 14.9　地形面上的 2160 阶重力异常分布

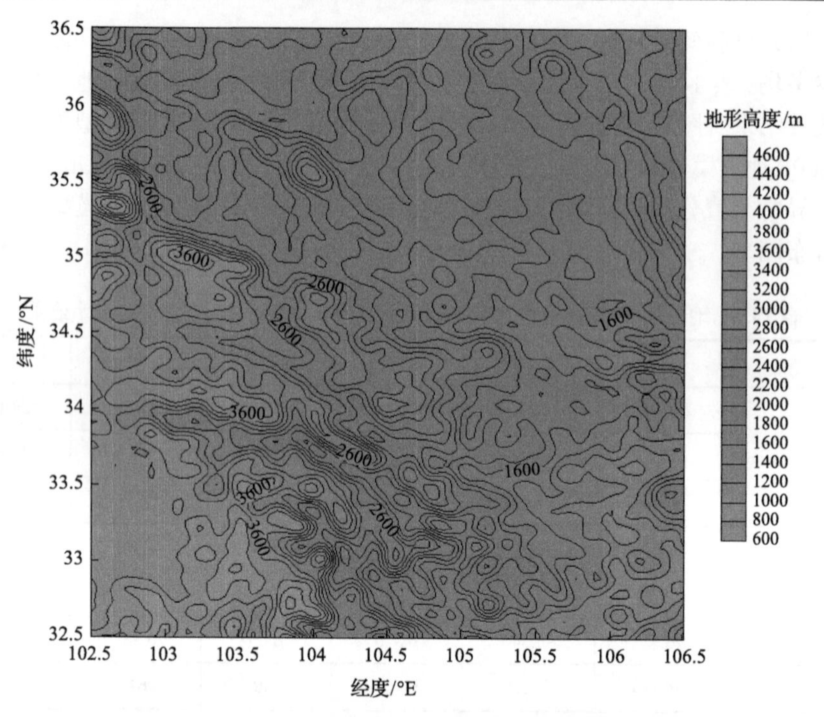

图 14.10　地形面上的 2160 阶地形高度分布

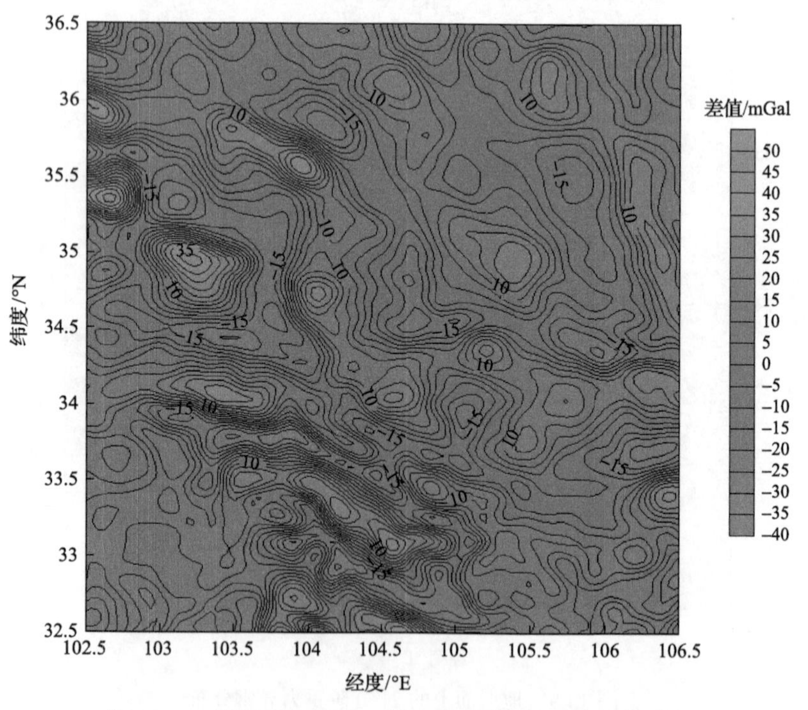

图 14.11　地形面上的 2160 阶和 360 阶重力异常差值分布

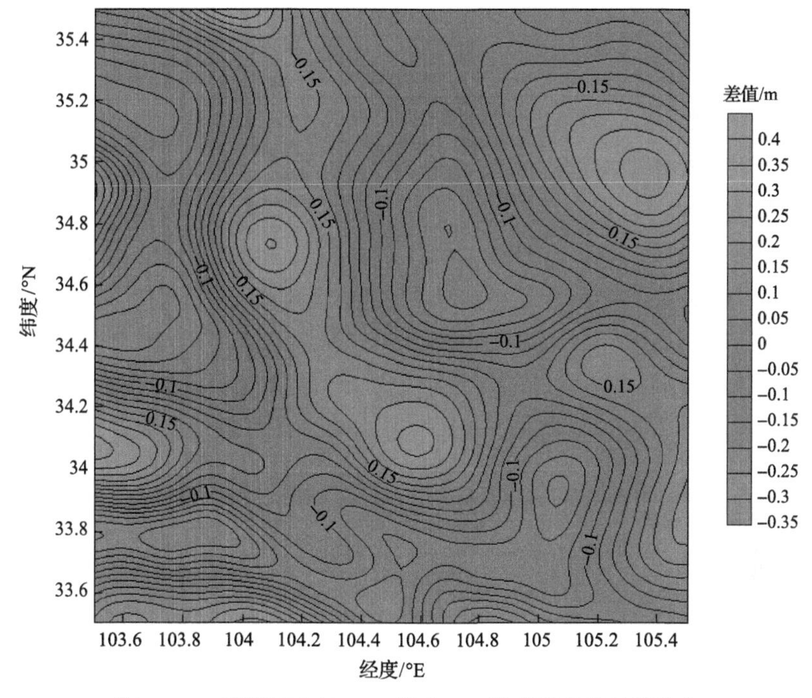

图 14.12　地形面上的 2160 阶和 360 阶高程异常差值分布

为了对比分析不同解算阶段不同改化模型的计算效果，先后开展三个阶段的数值计算试验。首先分别按照 4 种计算方案完成地形面重力异常向球面虚拟重力异常的转换(称此为第一试验阶段)，将相对应的 4 组计算结果中的后 3 组计算结果分别与第 1 组计算结果进行比较，可得到不同改化模型计算效果的量化评估信息，具体对比结果如表 14.8 所示。其中，4 种计算方案设计如下。

表 14.8　虚拟重力异常不同改化模型计算结果互比　(单位：mGal)

互比方案	最小值	最大值	平均值	标准差	均方根
①–②	−7.119	7.649	−0.016	2.363	2.364
①–③	−9.279	6.229	−0.879	1.988	2.173
①–④	−16.336	12.562	−0.925	4.269	4.368

计算方案①：采用传统的 Poisson 逆积分迭代转换公式，只考虑移去和恢复参考场的作用，不顾及远区效应的影响，也不进行核函数改化处理。

计算方案②：在计算方案①基础上考虑积分远区效应的影响。

计算方案③：在计算方案①基础上进行积分核函数改化处理。

计算方案④：在计算方案①基础上考虑积分远区效应的影响，同时进行积分核函数改化处理。

从表 14.8 的互比结果可以看出，对传统逆 Poisson 积分公式的每一步改化都对虚拟重力异常转换结果产生不可忽略的影响，积分远区效应和核函数改化单项影响的均方根均超过 2mGal，联合影响的均方根超过 4mGal。这样的改化响应结果对后面的高程异常计算会产生什么样的效果，将在第三试验阶段进行进一步的验证。下面首先分析讨论经三种途径改化后的广义 Stokes 积分公式计算效果。

采用第一试验阶段计算方案④解算得到的球面虚拟重力异常，同样按照 4 种计算方案完成地形面高程异常的计算(称此为第二试验阶段)，将 4 组计算结果与事先由位模型计算得到的高程异常真值进行比较，可得到相对应的改化模型精度评估结果，具体对比结果如表 14.9 所示。其中，高程异常 4 种计算方案设计如下。

表 14.9　Bjerhammar 方法计算高程异常几种改化模型精度评估结果　(单位：cm)

计算方案	最小值	最大值	平均值	标准差	均方根
①	–15.140	16.960	–1.029	6.284	6.368
②	–10.927	7.287	–1.110	3.917	4.071
③	–11.390	14.180	–0.003	4.538	4.538
④	–2.624	2.803	–0.084	1.003	1.006

计算方案①：采用第一步改化得到的广义 Stokes 积分公式(对应式(14.57)，即只考虑移去和恢复参考场的作用，不顾及远区效应的影响，也不进行核函数改化处理)和第一试验阶段计算方案④解算得到的球面虚拟重力异常。

计算方案②：在计算方案①基础上考虑广义 Stokes 积分公式的积分远区效应的影响。

计算方案③：在计算方案①基础上对广义 Stokes 积分公式进行积分核函数改化处理。

计算方案④：在计算方案①基础上考虑积分远区效应的影响，同时进行积分核函数改化处理。

在前面的计算中，虚拟重力异常埋藏深度 $d = 1\,\text{km}$；两个计算阶段的积分半径统一取为 $\psi_0 = 1°$。为了减小积分边缘效应对评估结果的影响，试验区域边缘 1° 范围内的数据不参加对比分析计算。由表 14.9 的统计结果可以看出，在不考虑数据归算和观测误差影响条件下，使用传统广义 Stokes 积分公式计算高程异常可获得几厘米的符合度，这个结果与黄谟涛等(2005)的分析计算研究结论基本一致。当进一步考虑重力异常观测噪声、参考场误差和数据截断误差影响时，广义 Stokes

积分公式的计算精度呈下降趋势是必然的，下降幅度大小主要取决于计算区域重力场变化的剧烈程度。从表 14.9 的计算结果还可以看出，尽管远区效应改正和核函数改化对高程异常计算结果的影响量均达到厘米级的水平，但如果只实施其中的一项改化处理，那么仍然无法达到显著提升高程异常计算模型精度的目的，这个结果一方面说明对广义 Stokes 积分公式进行适当改化是必要的，另一方面也说明不同改化方法之间存在比较明显的耦合效应(因参考场阶次、积分半径和核函数选择均与谱泄漏程度有关)，必须联合使用不同改化方法才能收到预期效果。由表 14.9 可知，综合采用各种改化处理手段后，高程异常计算模型的符合度已经提升到 1cm，从理论上讲，这样的精度水平能够满足现代大地测量基准建设对似大地水准面精化的指标要求。图 14.13～图 14.16 分别展示了第二试验阶段计算方案①～计算方案④所对应的高程异常对比误差分布图。

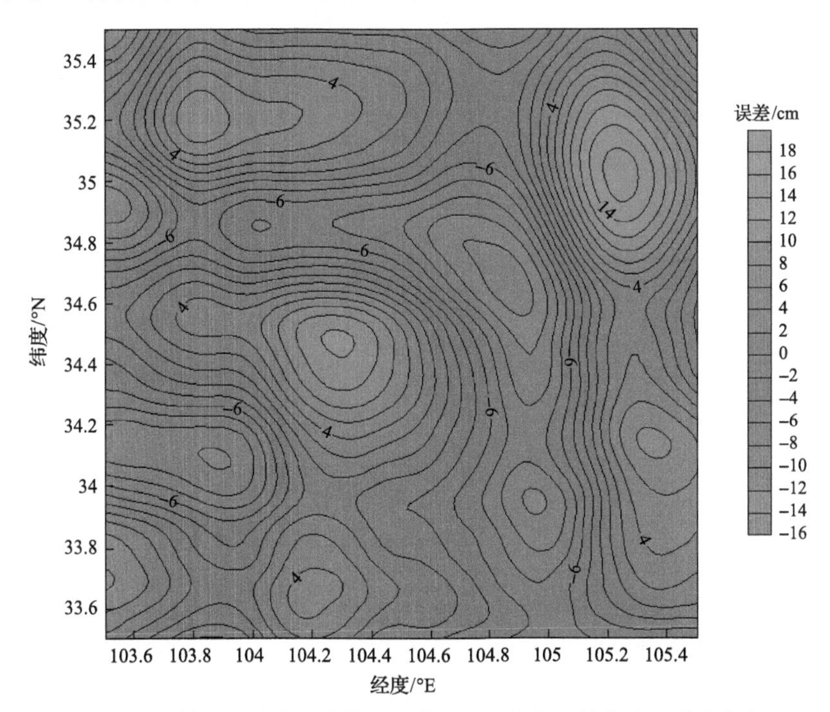

图 14.13　第二试验阶段计算方案①所对应的高程异常对比误差分布

接下来继续分析讨论虚拟重力异常计算模型不同改化响应结果对高程异常计算结果的影响。在这个试验阶段，保持高程异常计算模型不变，即统一采用最终的高程异常计算改化模型(对应第二试验阶段中的计算方案④)，只改变高程异常计算模型输入信息的类别(对应虚拟重力异常不同改化模型的响应结果)，同样形成 4 种计算方案和 4 组计算结果(称此为第三试验阶段)，将 4 组计算结果与事先

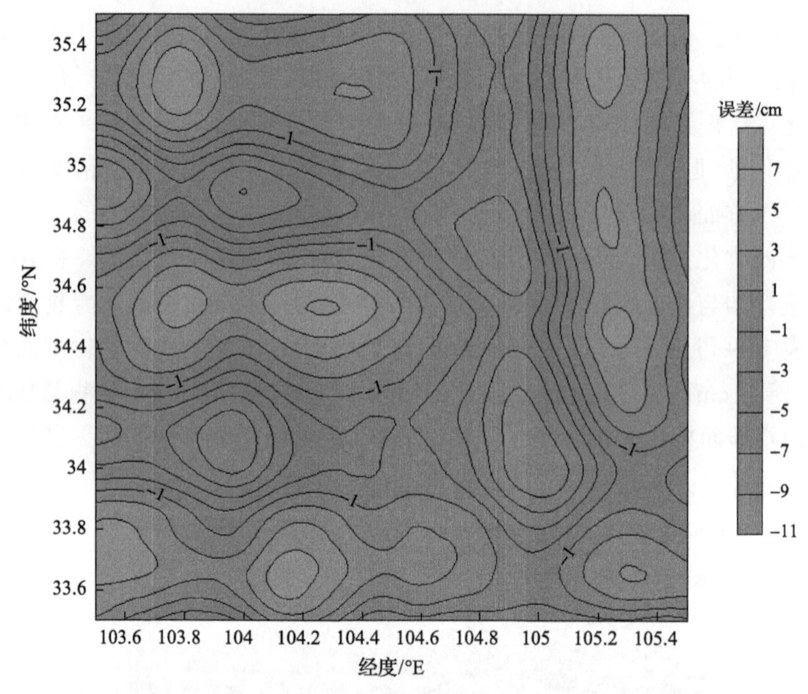

图 14.14　第二试验阶段计算方案②所对应的高程异常对比误差分布

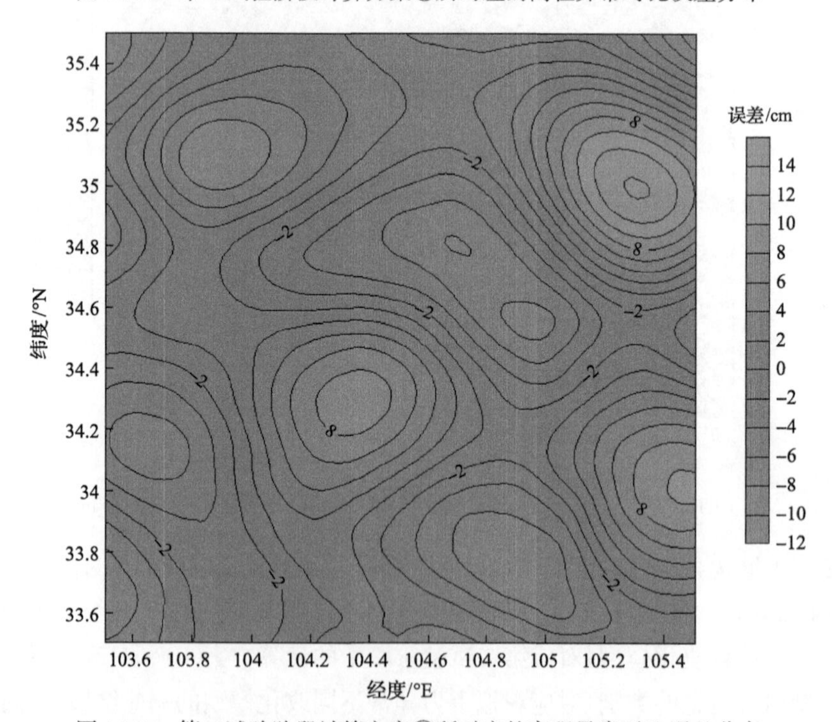

图 14.15　第二试验阶段计算方案③所对应的高程异常对比误差分布

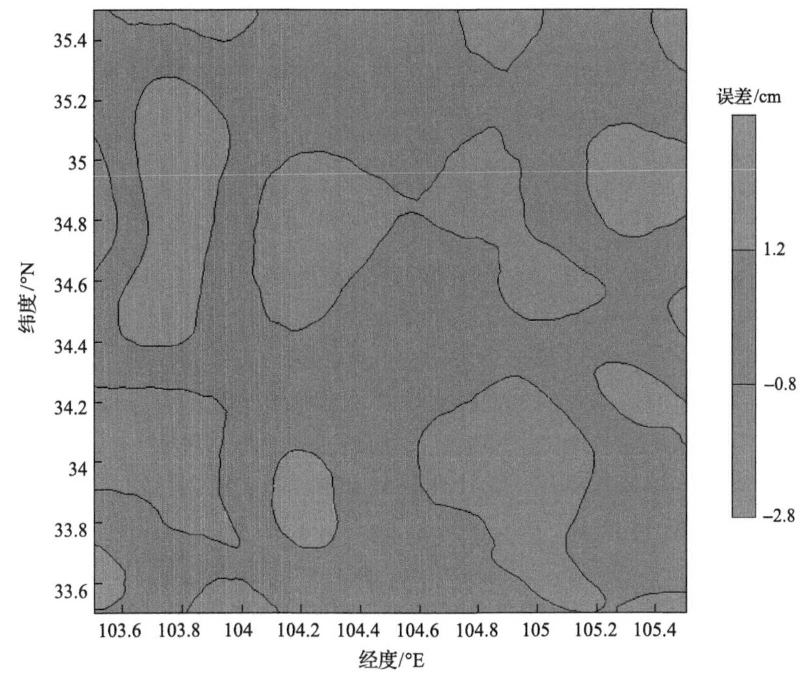

图 14.16 第二试验阶段计算方案④所对应的高程异常对比误差分布

由位模型计算得到的高程异常真值进行比较，可得到相对应的虚拟重力异常计算模型误差影响评估结果，具体对比结果如表 14.10 所示。其中，4 组高程异常计算结果对应的 4 种计算方案设计如下。

表 14.10 虚拟重力异常计算模型改化响应结果对高程异常计算精度的影响评估

（单位：cm）

计算方案	最小值	最大值	平均值	标准差	均方根
①	–8.511	6.651	–0.108	2.901	2.903
②	–7.134	9.225	0.064	2.721	2.721
③	–3.764	2.816	0.038	1.227	1.227
④	–2.624	2.803	–0.084	1.003	1.006

计算方案①：高程异常计算模型采用第二试验阶段的计算方案④，计算模型输入采用第一试验阶段的计算方案①输出结果，即虚拟重力异常来自传统的 Poisson 逆积分迭代转换公式，考虑移去和恢复参考场的作用，但不顾及该公式远区效应的影响，也不进行核函数改化处理。

计算方案②：高程异常计算模型采用第二试验阶段的计算方案④，计算模型输入采用第一试验阶段的计算方案②输出结果，即计算虚拟重力异常时顾及了积分远区效应的影响。

计算方案③：高程异常计算模型采用第二试验阶段的计算方案④，计算模型输入采用第一试验阶段的计算方案③输出结果，即计算虚拟重力异常时对积分核函数进行了改化处理。

计算方案④：高程异常计算模型采用第二试验阶段的计算方案④，计算模型输入采用第一试验阶段的计算方案④输出结果，即计算虚拟重力异常时既考虑积分远区效应的影响，又对积分核函数进行了改化处理。

对比表 14.10 和表 14.9 的统计结果可以看出，第一试验阶段虚拟重力异常计算模型改化对第二试验阶段高程异常计算精度的影响量值，略低于高程异常自身计算模型改化带来的影响，但虚拟重力异常计算模型改化对提升高程异常计算精度的作用是显而易见的，理论上要想获得优于 1cm 的高程异常计算精度，必须在地面重力异常向下延拓和高程异常计算两个解算阶段，同时顾及计算模型积分远区效应的影响和核函数改化作用。

最后，为了进一步考察数据观测噪声对似大地水准面高计算结果的影响，人为在模拟观测量 Δg 中分别加入 1mGal、3mGal 和 5mGal 的随机噪声，对应生成 3 组带随机噪声的观测量，并重复前面的计算和对比检核过程(均采用两个阶段计算方案④模型)。加入观测噪声后，球面虚拟重力异常转换结果与无观测噪声影响下的计算结果互比情况如表 14.11 所示，高程异常计算值与真值比较结果如表 14.12 所示。

表 14.11　数据观测噪声对球面虚拟重力异常计算结果的影响　(单位：mGal)

噪声	最小值	最大值	平均值	标准差	均方根
1	–91.44	93.29	0.01	11.83	11.83
3	–343.178	477.13	–0.03	37.25	37.25
5	–443.68	520.39	0.22	59.37	59.37

表 14.12　数据观测噪声对 Bjerhammar 方法计算高程异常精度的影响

噪声/mGal	最小值/cm	最大值/cm	平均值/cm	标准差/cm	均方根/cm
0	–2.624	2.803	–0.084	1.003	1.006
1	–2.939	3.034	–0.081	1.028	1.031
3	–3.642	3.344	–0.083	1.170	1.173
5	–5.438	5.266	–0.056	1.581	1.582

表 14.11 的互比结果说明，数据观测噪声对虚拟重力异常计算结果的影响不仅随观测噪声的增大而增大，而且影响量非常显著，几乎完全改变了原有虚拟重力异常参量(指不受噪声影响的计算值)的变化形态。尽管出现这样的情况，即在数据观测噪声的影响下，虚拟重力异常场已经发生了很大的变化，但从表 14.12

的检核结果可以看出，数据观测噪声传递到高程异常计算结果的最终影响并不明显，5mGal 量值的随机噪声对高程异常计算结果的影响也不超过 1cm。这个结果一方面说明，分布在地球表面的一组重力异常观测值可对应于地球内部无穷多个不同的虚拟重力异常场源，由它们产生的等效位能够较好地逼近地球外部真实的扰动位；另一方面也说明，数值积分算子对随机噪声有很好的抑制作用，数据随机噪声对高程异常计算结果的影响几乎可以忽略不计，这样的结论与 14.2 节进行的理论分析计算结果相吻合(见表 14.2)。

14.3.5　专题小结

Bjerhammar 边值理论是解决地球表面边值问题的一种有效方法，在局部重力场逼近研究领域具有重要的应用价值。本专题研究主要针对实际应用 Bjerhammar 边值理论实施地形面高程异常计算中的模型改化和效能评估及数据观测噪声影响等相关问题，开展理论上的分析研究和数值计算检验。在地面重力异常向下延拓和高程异常计算两个解算阶段，分别提出了 3 种实用化的积分模型改化方法，同时设计了三阶段改化模型试验检验方案，将超高阶位模型 EGM2008 作为数值模拟标准场，对两个解算阶段不同改化模型的计算效果进行了数值精度检核，并开展了数据观测噪声影响评估检验。结果表明，无论是第一试验阶段的地面重力异常向下延拓解算，还是第二试验阶段的地形面高程异常计算，每一种模型改化方法都对提升高程异常计算精度发挥不可替代的作用，两个解算阶段同时联合采用 3 种模型改化方法的作用效果更为显著，在此条件下，使用 Bjerhammar 边值理论计算高程异常可获得 1cm 左右的内符合度；数据观测噪声对高程异常计算结果的影响一般不超过 1cm，如果顾及此项影响，那么由 Bjerhammar 边值理论计算高程异常的精度可能降低到 2cm。

需要补充说明的是，Bjerhammar 边值理论在数值解算的第一阶段，需要将地面重力异常向下延拓到完全处于地球内部的 Bjerhammar 球面上，这个过程在数学上是一个不适定反问题，存在数值解算过程失稳的风险，这是此类等效源方法在数学结构上的共同弱点。如何减弱地面重力异常向下延拓解算不稳定性影响，本书第 11 章已经针对航空重力测量数据向下延拓遇到的同类问题进行了全面论述和研究，提出了许多非常有效的解决方法，这里不再重复。

14.4　基于点质量方法的计算模型改化及数值检验

14.4.1　问题的提出

由物理大地测量学可知(Heiskanen et al.，1967)，确定(似)大地水准面实际上就是以一种或多种重力数据源为边值条件，建立关于重力扰动位的大地测量边值问题，通过求解边值问题确定扰动位函数，再由 Bruns 公式换算为大地水准面高度或高程异常。因重力观测总是在地球表面上进行的，故求解大地测量边值问题时面对的真实边界面是地形面，而不是理想化的大地水准面，更不是简单的球面。围绕大地水准面外存在地形质量这一事实，大地测量边值问题研究先后经历了三个不同阶段，相继出现了以 Stokes 边值理论为基础的大地水准面边值问题解、以 Molodensky 边值理论为基础的似地形表面边值问题解以及以 Bjerhammar 边值理论为基础的虚拟界面边值问题解(Heiskanen et al.，1967；Moritz，1980；李建成等，2003；黄谟涛等，2005)。

如前所述，最早的 Stokes 解是以大地水准面外无地形质量假设为前提条件获得的球面近似解，因前提假设与实际不符，故 Stokes 解在理论上是不严密的。Molodensky 边值理论是求解大地测量边值问题的一种无假设现代方法，其独到之处在于不要求知道地壳的密度，只需要获得足够的地面重力观测数据就能求定地球的物理面。遗憾的是，这种无假设的现代方法最终还是无法摆脱某种假设的束缚，其解算精度明显受到地面观测数据分布密度和精确度的制约。Bjerhammar(1964)给大地边值问题以新的拓展，即在地球表面给出有限的离散重力数据，要求找出一个解使其在所给定的点上满足边界条件，在外部空间逼近实际重力场。这一理论以正则调和函数的 Runge 稠性定理为保证，将地面重力异常解析延拓到地球内部一个参考球面上，再借助 Poisson 积分核对调和函数的再生性，以广义 Stokes-Pizzeti 积分给出外部边值问题的解。这一方法的突出优点是，既不需要知道岩石圈的密度，又避免了扩展至全球的 Molodensky 积分公式，并以最简单的方式顾及了地形质量。

作为 Bjerhammar 边值理论的应用拓展，国际上诸多学者先后提出了多种形式的埋藏质点方法(简称为点质量方法)，分别用于物理大地测量领域的局部重力场逼近(Needham，1970；Hauck et al.，1985；Lehmann，1993；Vermeer，1995；Antunes et al.，2003；束蝉方等，2011a；冯进凯等，2019)和地球物理学研究领域的重力异常内插(Dampney，1969；Cordell，1992)。此类方法的理论依据源于人们熟知的位场等效源原理，即以分布于 Bjerhammar 球面上的虚拟扰动点质量来等效地代替地球重力场源，甚至可以让虚拟扰动点质量任意地分布于地球内部。点质量方法除了具有与 Bjerhammar 边值理论一样的优良品质外，模型结构自身还具有许多鲜明的特点，具体表现为：①可灵活地组合使用包括重力异常、扰动重力、垂线偏差、高程异常等在内的多源重力场观测数据；②可根据场源物质分布的非唯一性，通过适当选择质量埋藏深度来避免核函数的奇异性；③虚拟点质量一经求出，可简单地以四则运算快速完成其他重力场参数的计算。由此可见，对纯数值逼近观点而言，点质量方法简单易行，是所有边值问题解法中结构最简单的解。

Lin (2016) 对点质量方法应用于局部重力场逼近问题进行了全面而深入的研究，论证了点质量方法与径向基函数(radial basis function，RBF)方法的关系，证明点质量模型实为一类使用点质量核函数作为径向基函数的非限带宽 RBF 模型，同时研究了点质量模型解算的稳定性问题，提出了多种有效解算点质量模型的数值方法，为推进点质量方法在局部重力场逼近中的工程化应用奠定了较好的基础。本专题研究将继续沿用 14.3 节的研究思路，对点质量方法的计算模型进行实用性改化处理，同时开展必要的数值仿真计算试验。

14.4.2　基本原理与计算模型

如前所述，点质量方法实质上是 Bjerhammar 边值理论的拓展，其原理是：在 Bjerhammar 球面 S_b 上构造一个由一组点质量集合构成的虚拟扰动重力场源，并要求由该场源在地球表面 S 及其外部产生的扰动位 T_b 与真实扰动位 T 一致，且在无穷远处正则，即满足如下以地球表面 S 为边界面的位场第三外部边值问题：

$$\Delta T_b = 0\text{，在 } S_b \text{ 的外部空间} \tag{14.72}$$

$$L(T_b) = f\text{，在 } S \text{ 面上} \tag{14.73}$$

$$T_b \to 0\text{，}\ r \to \infty \tag{14.74}$$

式中，L 为位场泛函算子；f 为地球表面已知的重力场参数观测量。

由位场理论可知，使用质点位的线性组合来逼近地球外部扰动位的公式形式为

$$T_b(p) = \sum_{j=1}^{m} \frac{G\Delta M_j}{l_{pj}} \tag{14.75}$$

式中，$G\Delta M$ 为万有引力常数与扰动点质量的乘积；l_{pj} 为计算点 P 与第 j 个质点之间的空间距离；m 为点质量总个数。

当已知地表观测量为重力异常 Δg 时，根据扰动位与重力异常之间的泛函关系：

$$\frac{\partial T_b}{\partial r} + \frac{2T_b}{r} = -\Delta g \tag{14.76}$$

可推得

$$\Delta g_i = \sum_{j=1}^{m} \left(\frac{r_i - R_j \cos\psi_{ij}}{l_{ij}^3} - \frac{2}{r_i l_{ij}} \right) G\Delta M_j \tag{14.77}$$

式中，下标i代表第i个已知地表观测重力异常；$R_j = R - d_j$为 Bjerhammar 球半径，R为地球平均半径，d_j为第j个质点的埋藏深度；l_{ij}和ψ_{ij}分别为第i个观测量与第j个质点之间的空间距离和球面角距。

当已知观测量为扰动重力δg、高程异常ζ和垂线偏差(ξ,η)时，同理可推得如下边值条件式：

$$\delta g_i = \sum_{j=1}^{m}\left(\frac{r_i - R_j\cos\psi_{ij}}{l_{ij}^3}\right)G\Delta M_j \tag{14.78}$$

$$\zeta_i = \frac{1}{\gamma}\sum_{j=1}^{m}\frac{G\Delta M_j}{l_{ij}} \tag{14.79}$$

$$\xi_i = -\frac{1}{\gamma}\sum_{j=1}^{m}\left(\frac{R\sin\psi_{ij}}{l_{ij}^3}\right)\cos\alpha_{ij}G\Delta M_j \tag{14.80}$$

$$\eta_i = -\frac{1}{\gamma}\sum_{j=1}^{m}\left(\frac{R\sin\psi_{ij}}{l_{ij}^3}\right)\sin\alpha_{ij}G\Delta M_j \tag{14.81}$$

式中，$(r_i,\varphi_i,\lambda_i)$为第$i$个观测量的球坐标；$(R_j,\varphi_j,\lambda_j)$为第$j$个质点的球坐标；$\alpha_{ij}$为第$i$个观测量至第$j$个质点的方位角；$\gamma$为地球平均重力。

在实际应用中，已知观测量可以是上述各类重力场参量中的一种，也可以是它们的任意组合，能够联合应用多类别观测信息，正是点质量模型独具特色的优良内在特性。用$\boldsymbol{Y}$表示已知的观测值向量，$\boldsymbol{X}$表示未知的点质量参数向量，$\boldsymbol{A}$表示联系已知观测值和未知点质量的系数矩阵，则可将式(14.77)～式(14.81)统一写为

$$\boldsymbol{Y} = \boldsymbol{A}\boldsymbol{X} \tag{14.82}$$

当已知观测量个数n等于待求点质量个数m时，可按照通常的求解线性方程组的方法求得点质量解；当观测值总个数大于待求的点质量个数时，可按照最小二乘平差方法求得未知数的最或然解。为了提高求解过程的稳定性，这里推荐采用如下的 Jacobi 迭代解算法。

将式(14.82)中的系数矩阵$\boldsymbol{A}$改写为

$$\boldsymbol{A} = \boldsymbol{E} - \boldsymbol{B} \tag{14.83}$$

式中，$\boldsymbol{E}$为单位矩阵。

将其代入式(14.82)可得

$$\boldsymbol{X}=\boldsymbol{Y}+\boldsymbol{BX} \tag{14.84}$$

取未知数向量的初值为

$$\boldsymbol{X}_0=\boldsymbol{Y} \tag{14.85}$$

通过迭代求取

$$\boldsymbol{X}_i=\boldsymbol{BX}_{i-1},\quad i>0 \tag{14.86}$$

当$\left|\boldsymbol{X}_i-\boldsymbol{X}_{i-1}\right|<\varepsilon$（$\varepsilon$为人为给定的某个大于零的限差值）时，结束迭代计算，即得式(14.82)的方程解为

$$\boldsymbol{X}=\boldsymbol{Y}+\sum_{i=1}^{k}\boldsymbol{X}_i \tag{14.87}$$

式中，k为迭代次数。

求得埋藏在 Bjerhammar 球面上的点质量以后，可按照如下简单的线性组合算式计算得到地面点的高程异常：

$$\zeta_p=\frac{1}{\gamma}\sum_{j=1}^{m}\frac{G\Delta M_j}{l_{pj}} \tag{14.88}$$

式(14.82)和式(14.88)就联合组成基于点质量方法计算高程异常，也就是似大地水准面的基本模型。点质量方法是位场等效源方法的典型代表，在效果上等效于 Moritz 的解析延拓方法(Moritz，1980)。与前面的等效重力异常方法相类似，点质量方法的显著优点是：避开了 Molodensky 边值问题涉及的复杂地形表面及斜向导数问题。因点质量全部埋藏在地球内部，故由其导出的与各类边值条件相对应的积分公式均不存在奇异性，且可以转换为普通线性方程组进行求解。但其代价是多了一步求解等效点质量的解算过程，当计算范围较大，数据分辨率较高时，必须设置较多的点质量才能保证局部重力场的逼近精度，此时必将面临超大规模计算带来的诸多限制和困难。此外，点质量方法也属于向下延拓方法，在数学上同样存在欠适定问题，在地形变化比较剧烈的大山区，点质量方法的适用性有待通过实际数据进行验证，本书在前面的相关章节中，已经对点质量模型的正则化改造方法进行了研究和探讨(黄谟涛等，2015d)，这里不再重复。

14.4.3　计算模型实用性改化

前面介绍的关于点质量的计算模型(包括式(14.77)～式(14.81))和高程异常

计算模型(即式(14.88))均为理论计算式，要想将它们投入实际应用，还必须对这些理论计算式进行实用性改化。为方便起见，先把式(14.77)～式(14.81)改写为

$$\Delta g = \sum_{j=1}^{m} K_{\Delta g}(r,\psi) G \Delta M_j \tag{14.89}$$

$$\delta g = \sum_{j=1}^{m} K_{\delta g}(r,\psi) G \Delta M_j \tag{14.90}$$

$$\zeta = \frac{1}{\gamma}\sum_{j=1}^{m} K_{\zeta}(r,\psi) G \Delta M_j \tag{14.91}$$

$$\xi = -\frac{1}{\gamma}\sum_{j=1}^{m} K_{\xi}(r,\psi) G \Delta M_j \tag{14.92}$$

$$\eta = -\frac{1}{\gamma}\sum_{j=1}^{m} K_{\eta}(r,\psi) G \Delta M_j \tag{14.93}$$

其中

$$K_{\Delta g}(r,\psi) = \frac{r - R\cos\psi}{l^3} - \frac{2}{rl} = \sum_{n=0}^{\infty} \frac{n-1}{rR}\left(\frac{R}{r}\right)^{n+1} P_n(\cos\psi) \tag{14.94}$$

$$K_{\delta g}(r,\psi) = \frac{r - R\cos\psi}{l^3} = \sum_{n=0}^{\infty} \frac{n+1}{rR}\left(\frac{R}{r}\right)^{n+1} P_n(\cos\psi) \tag{14.95}$$

$$K_{\zeta}(r,\psi) = \frac{1}{l} = \sum_{n=0}^{\infty} \frac{1}{R}\left(\frac{R}{r}\right)^{n+1} P_n(\cos\psi) \tag{14.96}$$

$$K_{\xi}(r,\psi) = \frac{R}{l^3}\sin\psi\cos\alpha = \sin\psi\cos\alpha\sum_{n=0}^{\infty} \frac{R^n}{r^{n+2}} \frac{\partial P_n(\cos\psi)}{\partial\cos\psi} \tag{14.97}$$

$$K_{\eta}(r,\psi) = \frac{R}{l^3}\sin\psi\sin\alpha = \sin\psi\sin\alpha\sum_{n=0}^{\infty} \frac{R^n}{r^{n+2}} \frac{\partial P_n(\cos\psi)}{\partial\cos\psi} \tag{14.98}$$

采用与 Stokes 方法和 Bjerhammar 虚拟重力异常法相类似的步骤，对式(14.89)～式(14.93)和式(14.88)进行实用性改化，这里仅以式(14.89)和式(14.88)为例介绍如下。

首先引入以地球位模型为参考场的移去-恢复技术，来减弱数值积分远区观测数据对计算结果的影响。具体实施步骤是：首先从式(14.89)左端的地面重力异常观测值 Δg 中扣除位模型计算值 Δg_{ref}，得到地面残差重力异常，然后由地面残差重力异常计算得到 Bjerhammar 球面上的残差点质量 δM，最后将球面残差点质量加上相对应的位模型计算值 ΔM_{ref}，就得到最终的 Bjerhammar 球面上的点质量 ΔM，其改化模型可表示为

$$\Delta g - \Delta g_{\text{ref}} = \sum_{j=1}^{m} K_{\Delta g}(r,\psi) G \delta M_j \tag{14.99}$$

$$\Delta M = \delta M + \Delta M_{\text{ref}} \tag{14.100}$$

同理，可得式(14.88)的改化模型为

$$\varsigma - \varsigma_{\text{ref}} = \sum_{j=1}^{m} K_{\varsigma}(r,\psi) G \delta M_j \tag{14.101}$$

其中，由位模型计算重力异常 Δg_{ref} 和高程异常 ζ_{ref} 的计算式参见式(14.9)和式(14.10)，ΔM_{ref} 的计算式为

$$\Delta M_{\text{ref}} = \frac{GM}{r^2} \sum_{n=2}^{l} \frac{2n+1}{2} \left(\frac{a}{r}\right)^n \sum_{m=0}^{n} (\bar{C}_{nm}^{*} \cos(m\lambda) + \bar{S}_{nm} \sin(m\lambda)) \bar{P}_{nm}(\sin\varphi) \tag{14.102}$$

因 ΔM_{ref} 只是一个过渡量，故实际计算时可不将其求出。

接下来需要实施模型改化的下一个步骤是数值积分分区处理，即将球面积分区域划分为近区和远区，分别采用不同的方法进行计算，以突破重力观测数据无法覆盖全球带来的限制。近区是以计算点为中心、ψ_0 为半径的球冠区域 σ_0，近区影响直接由观测数据计算；远区是球面上的剩余部分（$\sigma - \sigma_0$），远区影响由超高阶位模型进行计算，对应于式(14.99)，其远区效应计算式为

$$\Delta g_{\sigma-\sigma_0} = \frac{GM}{2R^2} \sum_{n=l+1}^{L} (2n+1) \left(\frac{R}{R_b}\right)^{n+1} Q_n^{\Delta g}(r,\psi_0) T_n(\varphi,\lambda) \tag{14.103}$$

$$Q_n^{\Delta g}(r,\psi_0) = \sum_{m=l+1}^{L} (m-1) \left(\frac{R_b}{r}\right)^{m+1} R_{nm}(\psi_0) \tag{14.104}$$

$$R_{nm}(\psi_0) = \int_{\psi_0}^{\pi} P_n(\cos\psi) P_m(\cos\psi) \sin\psi \, \mathrm{d}\psi \tag{14.105}$$

式中，GM 为万有引力常数与地球质量的乘积；R 为地球平均半径；R_b 为

Bjerhammar 球半径；L 为位系数模型的最高阶数；l 为参考场位模型的最高阶数；T_n 为扰动位 n 阶面球谐函数；$Q_n^{\Delta g}(r,\psi_0)$ 为核函数截断系数。

同理，可得到对应于式(14.101)的远区效应计算式为

$$\varsigma_{\sigma-\sigma_0} = \frac{GM}{2\gamma r}\sum_{n=l+1}^{L}(2n+1)\left(\frac{R}{R_b}\right)^{n+1} Q_n^{\varsigma}(r,\psi_0)T_n(\varphi,\lambda) \tag{14.106}$$

$$Q_n^{\varsigma}(r,\psi_0) = \sum_{m=l+1}^{L}\left(\frac{R_b}{r}\right)^{m+1} R_{nm}(\psi_0) \tag{14.107}$$

此时，式(14.99)应改写为

$$\Delta g - \Delta g_{\mathrm{ref}} = \sum_{j=1}^{m} K_{\Delta g}(r,\psi)G\delta M_j + \Delta g_{\sigma-\sigma_0} \tag{14.108}$$

式(14.101)应改写为

$$\zeta = \zeta_{\mathrm{ref}} + \frac{1}{\gamma}\sum_{j=1}^{m} K_{\zeta}(r,\psi)G\delta M_j + \zeta_{\sigma-\sigma_0} \tag{14.109}$$

按照相类似的推导过程，可得到扰动重力和垂线偏差的远区效应计算式为

$$\delta g_{\sigma-\sigma_0} = \frac{GM}{2R^2}\sum_{n=l+1}^{L}(2n+1)\left(\frac{R}{R_b}\right)^{n+1} Q_n^{\delta g}(r,\psi_0)T_n(\varphi,\lambda) \tag{14.110}$$

$$\xi_{\sigma-\sigma_0} = -\frac{GM}{2\gamma R^2}\sum_{n=l+1}^{L}(2n+1)\left(\frac{R}{R_b}\right)^{n+1} Q_n^{\xi}(r,\psi_0)\frac{\partial T_n(\varphi,\lambda)}{\partial\varphi} \tag{14.111}$$

$$\eta_{\sigma-\sigma_0} = -\frac{GM}{2\gamma R^2\cos\varphi}\sum_{n=l+1}^{L}(2n+1)\left(\frac{R}{R_b}\right)^{n+1} Q_n^{\eta}(r,\psi_0)\frac{\partial T_n(\varphi,\lambda)}{\partial\lambda} \tag{14.112}$$

其中

$$Q_n^{\delta g}(r,\psi_0) = \sum_{m=l+1}^{L}(m+1)\left(\frac{R_b}{r}\right)^{m+1} R_{nm}(\psi_0) \tag{14.113}$$

$$Q_n^{\xi}(r,\psi_0) = Q_n^{\eta}(r,\psi_0) = \sum_{m=l+1}^{L}\left(\frac{R_b}{r}\right)^{m+1} R_{nm}(\psi_0) \tag{14.114}$$

$$T_n(\varphi,\lambda) = \sum_{m=0}^{n}(\bar{C}_{nm}^{*}\cos(m\lambda) + \bar{S}_{nm}\sin(m\lambda))\bar{P}_{nm}(\sin\varphi) \tag{14.115}$$

完成前面两个步骤的模型改化以后，还需要对积分核函数的低阶项进行截断处理，确保其频谱特性与移去位模型参考场后的残差重力异常和残差点质量相匹配，以减弱重力异常观测误差对计算结果的影响。一般采用比较简单实用的 Wong-Gore 改化核函数形式，对应于式(14.94)的改化核函数为

$$K_{\Delta g}^{\mathrm{WG}}(r,\psi)=K_{\Delta g}(r,\psi)-\sum_{n=2}^{l}\frac{n-1}{rR_b}\left(\frac{R_b}{r}\right)^{n+1}P_n(\cos\psi) \tag{14.116}$$

此时，式(14.108)应改写为

$$\Delta g-\Delta g_{\mathrm{ref}}=\sum_{j=1}^{m}K_{\Delta g}^{\mathrm{WG}}(r,\psi)G\delta M_j+\Delta g_{\sigma-\sigma_0} \tag{14.117}$$

对应于式(14.96)的改化核函数为

$$K_{\zeta}^{\mathrm{WG}}(r,\psi)=K_{\zeta}(r,\psi)-\sum_{n=2}^{l}\frac{1}{R_b}\left(\frac{R_b}{r}\right)^{n+1}P_n(\cos\psi) \tag{14.118}$$

此时，式(14.109)应改写为

$$\zeta=\zeta_{\mathrm{ref}}+\frac{1}{\gamma}\sum_{j=1}^{m}K_{\zeta}^{\mathrm{WG}}(r,\psi)G\delta M_j+\zeta_{\sigma-\sigma_0} \tag{14.119}$$

式(14.117)和式(14.119)就为最终的基于地面已知重力异常和点质量方法计算高程异常的实用公式。当地面已知观测量为扰动重力和垂线偏差时，也可按照相类似的研究思路，对由它们反演点质量形成的核函数进行如下改化，即

$$K_{\delta g}^{\mathrm{WG}}(r,\psi)=K_{\delta g}(r,\psi)-\sum_{n=2}^{l}\frac{n+1}{rR_b}\left(\frac{R_b}{r}\right)^{n+1}P_n(\cos\psi) \tag{14.120}$$

$$K_{\xi}^{\mathrm{WG}}(r,\psi)=K_{\xi}(r,\psi)-\sin\psi\cos\alpha\sum_{n=2}^{l}\frac{R_b^n}{r^{n+2}}\frac{\partial P_n(\cos\psi)}{\partial\cos\psi} \tag{14.121}$$

$$K_{\eta}^{\mathrm{WG}}(r,\psi)=K_{\eta}(r,\psi)-\sin\psi\sin\alpha\sum_{n=2}^{l}\frac{R_b^n}{r^{n+2}}\frac{\partial P_n(\cos\psi)}{\partial\cos\psi} \tag{14.122}$$

至此，就完成了对理论式(14.89)～式(14.93)和式(14.88)的实用性改化。

14.4.4　数值计算检验与分析

考虑到点质量方法的计算流程和模型改化思路与前面介绍的 Bjerhammar 边

值理论有很大的相似性，本节采用与 14.3 节完全相同的试验数据、试验区域和试验步骤，对由地面已知重力异常反演点质量的改化模型(简单起见，本节暂不对已知其他类别观测量情形进行试验分析)和高程异常改化模型的计算效果，进行数值计算检验及分析比较研究。为了避免重复，本节不再列出各类试验数据的统计结果和分布图，具体可参见 14.3.4 节。

按照 14.3.4 节相同的研究思路，设计三个试验阶段的模拟数值计算试验，用于对比分析点质量和高程异常两个解算阶段不同改化模型的计算效果。首先分别按照 4 种计算方案完成由地面已知重力异常到球面虚拟点质量的反演(称此为第一试验阶段)，将相对应的 4 组计算结果中的后面 3 组计算结果分别与第 1 组计算结果进行比较，可得到不同改化模型计算效果的量化评估信息，具体对比结果如表 14.13 所示。其中，4 种计算方案设计如下。

表 14.13　虚拟点质量不同改化模型计算结果对比　　(单位：mGal)

互比方案	最小值	最大值	平均值	标准差	均方根
①–②	−6.281	7.866	0.036	2.583	2.584
①–③	−6.165	4.873	−0.697	2.125	2.236
①–④	−11.124	8.721	−0.623	3.984	4.032

计算方案①：采用第一步改化模型(对应式(14.99))，即只考虑移去和恢复参考场的作用，不顾及远区效应的影响，也不进行核函数改化处理。

计算方案②：在计算方案①基础上考虑数值积分远区效应的影响。

计算方案③：在计算方案①基础上进行积分核函数改化处理。

计算方案④：在计算方案①基础上考虑数值积分远区效应的影响，同时进行积分核函数改化处理。

表 14.13 的互比结果与 14.3.4 节进行的对比分析结果基本一致，从中可以看出，对传统点质量反演计算式的每一步改化都对虚拟点质量反演结果产生不可忽略的影响，数值积分远区效应和核函数改化单项影响的均方根值均超过 2mGal，联合影响的均方根值超过 4mGal。这样的改化响应结果对后续的高程异常计算会产生什么样的效果，将在第三试验阶段进行进一步的分析验证。下面首先分析讨论经三步骤模型改化后的高程异常计算模型改化效果。

采用第一试验阶段计算方案④解算得到的球面虚拟点质量，同样按照 4 种计算方案完成地形面高程异常的计算(称此为第二试验阶段)，将 4 组计算结果与事先由位模型计算得到的高程异常真值进行比较，可得到相对应的改化模型精度评估结果，具体对比结果如表 14.14 所示。其中，高程异常 4 种计算方案设计如下。

表 14.14　点质量方法计算高程异常几种改化模型精度评估结果　(单位：cm)

计算方案	最小值	最大值	平均值	标准差	均方根
①	−14.728	16.714	−1.043	6.072	6.161
②	−10.298	6.675	−1.124	3.619	3.790
③	−9.655	11.336	−0.293	4.019	4.030
④	−3.113	2.795	−0.374	1.109	1.170

计算方案①：采用第一步改化得到的高程异常计算模型(对应式(14.101)，即只考虑移去和恢复参考场的作用，不顾及远区效应的影响，也不进行核函数改化处理)和第一试验阶段计算方案④解算得到的球面虚拟点质量。

计算方案②：在计算方案①基础上考虑高程异常计算模型的数值积分远区效应影响。

计算方案③：在计算方案①基础上对高程异常计算模型进行积分核函数改化处理。

计算方案④：在计算方案①基础上考虑数值积分远区效应的影响，同时进行积分核函数改化处理。

在前面的计算中，虚拟点质量埋藏深度取为 d =1km；两个计算阶段的积分半径统一取为 $\psi_0 = 1°$。为了减小积分边缘效应对评估结果的影响，试验区域边缘 1° 范围内的数据不参加对比分析计算。由表 14.14 的统计结果可以看出，在不考虑数据归算和观测误差影响条件下，使用第一步改化模型计算高程异常可获得几厘米的符合度；当进一步考虑重力异常观测噪声、参考场误差和数据截断误差影响时，该改化模型的计算精度呈下降趋势是必然的，下降幅度主要取决于计算区域重力场变化的剧烈程度。从表 14.14 的计算结果还可以看出，尽管数值积分远区效应改正和核函数改化对高程异常计算结果的影响量均达到厘米级的水平，但如果只实施其中的一项改化处理，那么仍然无法达到显著提升高程异常计算模型精度的目的，这个结果一方面说明对高程异常计算模型进行适当改化是必要的，另一方面也说明不同改化方法之间存在比较明显的耦合效应(因参考场阶次、积分半径和核函数选择均与谱泄漏程度有关)，必须联合使用不同改化方法才能收到预期效果。由表 14.14 可知，综合采用各种改化处理手段后，高程异常计算模型的符合度最终可达 1cm，与 14.3 节采用的 Bjerhammar 边值理论的计算精度相当。图 14.17～图 14.20 分别展示了第二试验阶段计算方案①～计算方案④所对应的高程异常对比误差分布图。

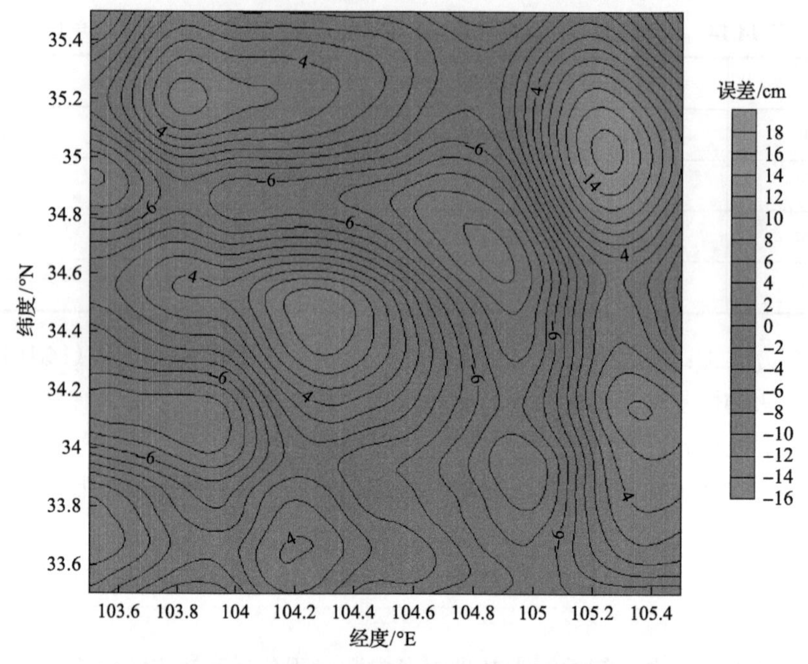

图 14.17　点质量方法验证计算方案①对比误差分布

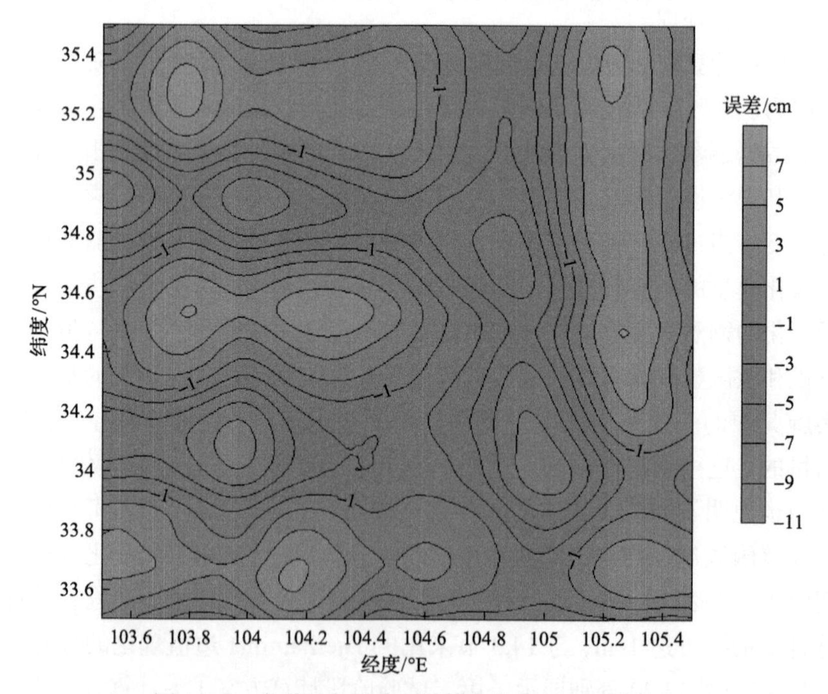

图 14.18　点质量方法验证计算方案②对比误差分布

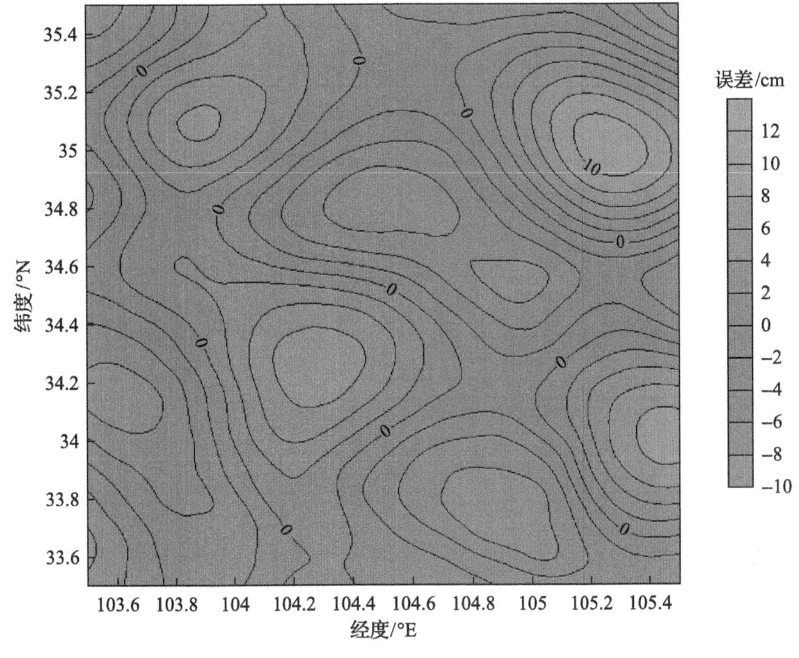

图 14.19　点质量方法验证计算方案③对比误差分布

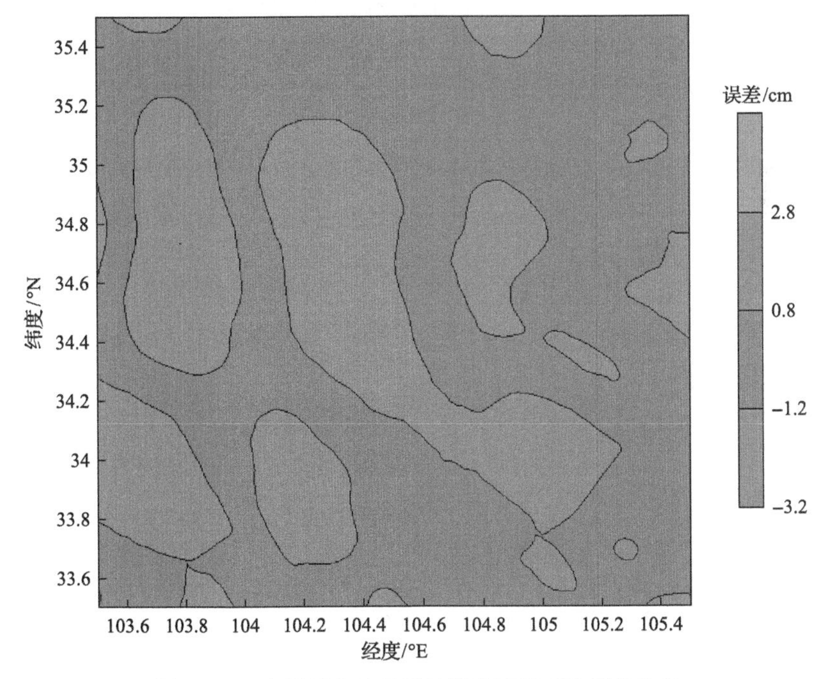

图 14.20　点质量方法验证计算方案④对比误差分布

接下来继续分析讨论虚拟点质量模型不同改化响应结果对高程异常计算结果

的影响。在这个试验阶段，保持高程异常计算模型不变，即统一采用最终的高程异常计算改化模型(对应第二试验阶段中的计算方案④)，只改变高程异常计算模型输入信息的类别(对应点质量不同改化模型响应结果)，同样形成 4 种计算方案和 4 组计算结果(称此为第三试验阶段)，将 4 组计算结果与事先由位模型计算得到的高程异常真值进行比较，可得到相对应的虚拟点质量模型误差影响评估结果，具体对比结果如表 14.15 所示。其中，4 组高程异常计算结果对应的 4 种计算方案设计如下。

表 14.15 虚拟点质量模型改化响应结果对高程异常计算精度的影响评估 (单位：cm)

计算方案	最小值	最大值	平均值	标准差	均方根
①	–8.356	6.468	–0.279	2.825	2.838
②	–7.320	9.307	0.054	2.773	2.774
③	–4.065	3.018	0.029	1.318	1.318
④	–3.113	2.795	–0.374	1.109	1.170

计算方案①：高程异常计算模型采用第二试验阶段的计算方案④，计算模型输入采用第一试验阶段的计算方案①输出结果，即虚拟点质量来自第一步改化模型，只考虑移去和恢复参考场的作用，不顾及该模型远区效应的影响，也不进行核函数改化处理。

计算方案②：高程异常计算模型采用第二试验阶段的计算方案④，计算模型输入采用第一试验阶段的计算方案②输出结果，即计算虚拟点质量时顾及了数值积分远区效应的影响。

计算方案③：高程异常计算模型采用第二试验阶段的计算方案④，计算模型输入采用第一试验阶段的计算方案③输出结果，即计算虚拟点质量时对积分核函数进行了改化处理。

计算方案④：高程异常计算模型采用第二试验阶段的计算方案④，计算模型输入采用第一试验阶段的计算方案④输出结果，即计算虚拟点质量时既考虑数值积分远区效应的影响，又对积分核函数进行了改化处理。

对比表 14.15 和表 14.14 的统计结果可以看出，第一试验阶段虚拟点质量模型改化对第二试验阶段高程异常计算精度的影响量值，略低于高程异常自身计算模型改化带来的影响，但虚拟点质量模型改化对提升高程异常计算精度的作用是显而易见的，理论上要想获得优于 1cm 的高程异常计算精度，必须在地面重力异常反演点质量和高程异常计算两个解算阶段，同时顾及计算模型数值积分远区影响和核函数改化作用。

最后，为了进一步考察数据观测噪声对似大地水准面高计算结果的影响，本节人为在模拟观测量Δg中分别加入 1mGal、3mGal 和 5mGal 的随机噪声，对应生成 3 组带噪声的观测量，并重复前面的计算和对比检核过程(均采用两阶段计算方案④模型)。加入观测噪声后，球面虚拟点质量反演结果与无噪声影响下的计算结果对比情况如表 14.16 所示，高程异常计算值与真值比较结果如表 14.17 所示。

表 14.16　数据观测噪声对虚拟点质量计算结果的影响　(单位：mGal)

误差	最小值	最大值	平均值	标准差	均方根
1	–94.10	96.07	0.01	12.04	12.04
3	–343.50	476.96	–0.04	37.93	37.93
5	–443.28	537.60	0.25	60.45	60.45

表 14.17　数据观测噪声对点质量方法计算高程异常精度的影响

误差/mGal	最小值/cm	最大值/cm	平均值/cm	标准差/cm	均方根
0	–3.113	2.795	–0.374	1.109	1.170
1	–3.399	3.217	–0.357	1.118	1.173
3	–4.115	3.859	–0.393	1.356	1.412
5	–5.561	4.555	–0.323	1.640	1.671

对比表 14.16 和表 14.11 可知，数据观测噪声对虚拟点质量计算结果的影响规律与虚拟重力异常完全一致，不仅其影响量随噪声的增大而增大，而且影响量非常显著，几乎完全改变了原有虚拟点质量参数(指不受观测噪声影响的计算值)的变化形态。对比表 14.17 和表 14.12 同样可以看出，数据观测噪声对基于点质量方法计算高程异常的影响与 Bjerhammar 边值理论几乎完全一致，尽管在数据观测噪声的影响下，由虚拟点质量组成的等效场源已经发生了很大的变化，但从表 14.17 的检核结果可以看出，数据观测噪声传递到高程异常计算结果的最终影响并不明显，5mGal 量值的随机误差对高程异常计算结果的影响也不超过 1cm。这个结果同样说明，分布在地球表面的一组重力异常观测值，可对应于地球内部无穷多个不同的虚拟点质量等效场源，由它们产生的等效位能够较好地逼近地球外部真实的扰动位；另外也说明，数值积分算子对随机噪声有很好的抑制作用，数据偶然观测误差对高程异常计算结果的影响几乎可以忽略不计，这样的结论与本章 14.2 节进行的理论分析计算结果相吻合(见表 14.2)。

14.4.5　专题小结

点质量方法是 Bjerhammar 边值理论的拓展应用，是位场等效源方法的典型代表，在局部重力场逼近和外部重力场计算中具有许多优良特性和广泛应用前景。

本专题研究主要针对实际应用点质量方法实施似大地水准面计算中的模型改化和效能评估及数据观测噪声影响等相关问题，开展理论上的分析研究和数值计算检验。在虚拟点质量反演和高程异常计算两个解算阶段，分别提出了 3 种实用化的数值积分模型改化方法，同时设计了三阶段改化模型试验检验方案，将超高阶位模型 EGM2008 作为数值模拟标准场，对两个解算阶段不同改化模型的计算效果进行了内符合精度检核，并开展了数据观测噪声影响评估检验。结果表明，无论是第一试验阶段的虚拟点质量反演解算，还是第二试验阶段的地面高程异常计算，每一种模型改化方法都对提升似大地水准面最终计算精度发挥了不可替代的作用，两个解算阶段同时联合采用 3 种模型改化方法的作用效果更显著，在此条件下，使用点质量方法计算似大地水准面可获得 1cm 左右的内符合精度；数据观测噪声对高程异常计算结果的影响一般不超过 1cm，如果顾及此项影响，那么由点质量方法计算高程异常的精度可能降低到 2cm。

需要补充说明的是，与 14.3 节介绍的 Bjerhammar 边值理论相类似，点质量方法在数值解算的第一阶段，即虚拟点质量反演解算阶段，同样会遇到数值解算过程不适定问题，需要对此进行必要的研究和探讨，相关内容可参见本书 12.4 节。

14.5　基于 Molodensky 边值理论的计算模型改化及数值检验

14.5.1　问题的提出

如前所述，Stokes 边值理论尽管在数学上很简单，但应用中仍存在概念上的困难，因为适用该方法的先决条件是所有重力观测值都必须位于大地水准面上(Moritz，1980)。而实际情况是，几乎所有的大地测量观测工作都是在地球自然表面上或附近空域内进行的，因此在使用 Stokes 边值理论之前，必须将这些观测值归算到海平面(即大地水准面)上。这就意味着，要知道大地水准面以外的物质密度，而精密观测这种密度分布是极其困难的，只能近似地采用已知的地形平均密度。此外，即使确定了物质密度的分布情况，由于重力归算使地形质量迁移，也会使所确定的大地水准面产生变形，即产生间接影响(Heiskanen et al.，1967)。

为了弥补 Stokes 边值理论的缺陷，Molodensky 于 1945 年提出了一种全新的研究地球形状及其外部重力场的理论和方法，其目标是采用地球表面上的重力观测数据直接确定地球自然表面形状。Molodensky 问题可具体表述为：已知地球自然表面上所有点的重力位和重力向量，要求确定地球自然表面及其外部重力位。Molodensky 问题的主要着眼点是要避开传统 Stokes 边值理论需要地壳密度假设的缺陷，建立新的更加严密的地球形状和外部重力场理论。Molodensky 问题及其解算方法一直是现代物理大地测量学研究的前沿领域，在理论大地测量学研究中起到根本性的作用(Moritz, 1980)。Heiskanen 等(1967)认为，Molodensky 边值理论具有十分重要的现实意义，大大扩展了人们对物理大地测量原理的理解，同时引出了一些非常有效的解决传统边值问题的新方法。但以地球自然表面为边界面也存在另一种性质的困难，即陆地地形变化非常复杂，很难用人们熟知的数学解析方法来表达，必须通过引入已知的似大地水准面和正常重力位，将自由边值问题转换为固定边值问题，采用线性化方法建立线性边值条件，并应用泰勒(Taylor)级数顾及它们与地球表面和实际重力位的线性项来解算扰动位。另外，在已知似大地水准面上建立边界条件，因似大地水准面的法线方向一般情况下不与正常重力线一致，故又带来了斜向导数问题，解算此类问题比涉及法线导数的 Stokes 边值问题要困难和复杂得多。通过对似大地水准面边界条件进行球近似处理，可将线性化 Molodensky 边值问题转换为简化的 Molodensky 边值问题(Krarup, 1969)，最后可以泰勒级数解形式给出简化 Molodensky 边值问题的解。本专题研究将在前面章节开展相关研究论证的基础上，重点围绕利用 Molodensky 边值问题解模型计算似大地水准面的适用性和有效性，开展有针对性的分析论证和数值检验。

14.5.2 基本原理与计算模型

根据 Krarup(1969)、Moritz(1980)的研究，球近似下的 Molodensky 边值问题可表示为

$$\Delta T = 0，\text{在 } S \text{ 外空间} \tag{14.123}$$

$$\frac{\partial T}{\partial r} + \frac{2T}{r} = -\Delta g，\text{在 } S \text{ 面上} \tag{14.124}$$

$$T \to 0，\ r \to \infty \tag{14.125}$$

式中，S 为似大地水准面；T 为地球重力扰动位；Δg 为地面重力异常；r 为地心向径。

由式(14.123)～式(14.125)定义的边值问题就称为简化的 Molodensky 边值问题，其中的边值条件忽略了正常重力场计算中的椭球扁率影响，其量值约为 0.3%，对大地水准面的影响可达几厘米甚至更大(Moritz, 1980；李建成等，2003)，故精密解算似大地水准面时需加上椭球改正。

简化 Molodensky 边值问题虽然在形式上与球近似的 Stokes 边值问题完全一致，但由于前者的边界面不是一个规则的面，而是变化起伏较大的似大地水准面，涉及非常复杂的斜向导数问题，所以其解算过程要比 Stokes 边值问题困难得多。在实际求解上述问题时，Molodensky 采用了一种非常巧妙又实用的方法，首先将待求扰动位表示为似大地水准面 S 上的单层位，从而将相对应的边界条件转换为

一个积分公式；然后在求解该积分公式时引入一个 Molodensky 收缩因子 k（$0 \leqslant k \leqslant 1$），将该积分公式展开为收缩因子 k 的级数，并将其转换为一组含单层位的简单积分公式；最后利用 Stokes 积分公式得到待求扰动位的级数解。略去复杂的推导过程，直接写出 Molodensky 级数解如下（Moritz，1980；李建成等，2003；黄谟涛等，2005）：

$$\begin{cases} G_0 = \Delta g \\ G_1 = R^2 \iint_\sigma \dfrac{h-h_p}{l_0^3} \chi_0 \, \mathrm{d}\sigma \\ G_2 = R^2 \iint_\sigma \dfrac{h-h_p}{l_0^3} \chi_1 \, \mathrm{d}\sigma - \dfrac{3R}{4} \iint_\sigma \dfrac{(h-h_p)^2}{l_0^3} \chi_0 \, \mathrm{d}\sigma + 2\pi\chi_0 \tan^2\beta \\ \vdots \end{cases} \tag{14.126}$$

$$\begin{cases} T_0 = \dfrac{R}{4\pi} \iint_\sigma G_0 S(\psi) \, \mathrm{d}\sigma \\ T_1 = \dfrac{R}{4\pi} \iint_\sigma G_1 S(\psi) \, \mathrm{d}\sigma \\ T_2 = \dfrac{R}{4\pi} \iint_\sigma G_2 S(\psi) \, \mathrm{d}\sigma - \dfrac{R^2}{2} \iint_\sigma \dfrac{(h-h_p)^2}{l_0^3} \chi_0 \, \mathrm{d}\sigma \\ \vdots \end{cases} \tag{14.127}$$

式中，R 为地球平均半径；β 为计算点处似大地水准面的坡度角；h_p 和 h 分别为计算点和似大地水准面流动点的正常高；$l_0 = 2R\sin(\psi/2)$，ψ 为计算点到积分面元之间的球面角距；$S(\psi)$ 为 Stokes 函数；χ_n 为球面单层位的密度函数，其计算式为

$$\chi_n = \frac{1}{2\pi} G_n + \frac{3}{16\pi^2} \iint_\sigma G_n S(\psi) \, \mathrm{d}\sigma \tag{14.128}$$

求级数和就得到扰动位，即

$$T = T_0 + T_1 + T_2 + \cdots = \sum_{n=0}^{\infty} T_n \tag{14.129}$$

最后可依据布隆斯（Bruns）公式计算得到似大地水准面，也就是高程异常 ζ：

$$\zeta = \frac{T}{\gamma} \tag{14.130}$$

式中，γ 为计算点处的正常重力。

这里暂不考虑椭球改正影响，其计算式可参见解放军总装备部(2008a)。不难看出，球近似条件下的 Molodensky 级数解要比 Stokes 积分公式复杂得多，其零阶项就是 Stokes 积分，而 $n \geqslant 1$ 的高阶项 T_1, T_2, …，都是涉及地形起伏的复杂积分。

14.5.3　计算模型实用性改化

前面已导出了地面扰动位的计算公式，为明了起见，本节列出具体计算步骤和公式如下。

(1)用地面观测重力异常 Δg ，按照 Stokes 积分计算 T_0：

$$T_0 = \frac{R}{4\pi}\iint_\sigma \Delta g S(\psi)\mathrm{d}\sigma \tag{14.131}$$

(2)利用 Δg 、T_0 和地形高度计算 G_1 ，在式(14.128)中令 $n=0$ ，并将其代入式(14.126)，可得

$$G_1 = \frac{R^2}{2\pi}\iint_\sigma \left(\Delta g + \frac{3}{2}\frac{T_0}{R}\right)\frac{h-h_p}{l_0^3}\mathrm{d}\sigma \tag{14.132}$$

(3)利用 G_1 计算 T_1：

$$T_1 = \frac{R}{4\pi}\iint_\sigma G_1 S(\psi)\mathrm{d}\sigma \tag{14.133}$$

(4)利用 Δg 、T_0、T_1、G_1、β 和地形高度计算 G_2 。

按式(14.134)和式(14.135)计算 χ_0 和 χ_1：

$$\chi_0 = \frac{1}{2\pi}\left(G_0 + \frac{3}{8\pi}\iint_\sigma G_0 S(\psi)\mathrm{d}\sigma\right) = \frac{1}{2\pi}\left(\Delta g + \frac{3}{2R}T_0\right) \tag{14.134}$$

$$\chi_1 = \frac{1}{2\pi}\left(G_1 + \frac{3}{8\pi}\iint_\sigma G_1 S(\psi)\mathrm{d}\sigma\right) = \frac{1}{2\pi}\left(G_1 + \frac{3}{2R}T_1\right) \tag{14.135}$$

代入式(14.126)，可得

$$G_2 = \frac{R^2}{2\pi}\iint_\sigma \left(G_1 + \frac{3T_1}{2R}\right)\frac{h-h_p}{l_0^3}\mathrm{d}\sigma - \frac{3R}{8\pi}\iint_\sigma \left(\Delta g + \frac{3}{2}\frac{T_0}{R}\right)\frac{(h-h_p)^2}{l_0^3}\mathrm{d}\sigma + \left(\Delta g + \frac{3}{2}\frac{T_0}{R}\right)\tan^2\beta \tag{14.136}$$

(5)利用 Δg 、T_0、G_2 和地形高度计算 T_2：

$$T_2 = \frac{R}{4\pi}\iint_\sigma G_2 S(\psi)\mathrm{d}\sigma - \frac{R^2}{4\pi}\iint_\sigma \left(\Delta g + \frac{3}{2}\frac{T_0}{R}\right)\frac{(h-h_p)^2}{l_0^3}\mathrm{d}\sigma \tag{14.137}$$

考虑到要准确地计算出更高阶的项几乎是不可能的，故这里不再写出它们的计算公式。因为数据误差对这些更高次项的影响很大，结果会使这些项的计算值失去实际意义(Moritz，1980)。当前应用较为广泛的 Molodensky 级数解是顾及 G_1 项影响的 Stokes 积分公式，即式(14.131)和式(14.133)的代数和，代入式(14.130)可得

$$\zeta=\frac{R}{4\pi\gamma}\iint_{\sigma}(\Delta g+G_1)S(\psi)\mathrm{d}\sigma \tag{14.138}$$

式中，G_1 项由式(14.132)进行计算。

目前，在局部重力场逼近计算中顾及地形效应影响的方法主要有 3 种：①Molodensky 级数解，在一级近似下就是对地面重力异常加 G_1 项改正；②Moritz 梯度解法，利用重力异常垂直梯度将地面重力异常归算到计算点大地水准面上，即对重力异常加 g_1 项改正(Moritz，1980)；③利用地形高度数据计算重力异常的地形改正项 TC 。在缺乏重力资料的地区，Pellinen(1962)首先提出用局部地形改正代替 Molodensky 一阶项进行似大地水准面计算的概念，其前提条件是：重力异常和地形高度呈线性关系。可以证明，只要前提条件成立，那么顾及一阶项的 Molodensky 级数解可表示为(李建成等，2003)

$$\zeta=\frac{R}{4\pi\gamma}\iint_{\sigma}(\Delta g+\mathrm{TC})S(\psi)\mathrm{d}\sigma+\delta\zeta \tag{14.139}$$

式中，TC 为局部地形改正，其计算式为

$$\mathrm{TC}=\frac{1}{2}G\rho R^2\iint_{\sigma}\frac{(h-h_p)^2}{l_0^3}\mathrm{d}\sigma \tag{14.140}$$

式中，G 为万有引力常数；ρ 为地形质量密度。

式(14.139)中的($\Delta g+\mathrm{TC}$)即地面空间重力异常加局部地形改正，称为 Faye 异常，式(14.139)中的 $\delta\zeta$ 为用局部地形改正代替 G_1 项引入的高程异常改正项，其计算式为(李建成等，2003；解放军总装备部，2008a)

$$\delta\zeta=-\frac{\pi G\rho h^2}{\gamma}-\frac{h\Delta g_B}{\gamma}-\frac{\pi G\rho\delta h^2}{\gamma} \tag{14.141}$$

式中，$\Delta g_B=\Delta g-2\pi G\rho h$ 为布格重力异常；δh^2 为对应于地形高平方 h^2 球谐函数展开式的零阶项和一阶项，其计算式为

$$\delta h^2(\mathrm{km}^2)=0.453-0.018\sin\varphi+0.087\cos\varphi\cos\lambda+0.204\cos\varphi\sin\lambda \tag{14.142}$$

式中，(φ,λ) 分别为计算点的纬度坐标和经度坐标。

由此可见，Molodensky 解的一次近似在某种意义上相当于采用 Faye 异常的 Stokes 解。由于在应用中获取高程数据要比重力异常数据容易得多，所以地形改正解在地球重力场逼近计算中具有十分重要的实际意义。但必须指出的是，因重力异常 Δg 与高程 h 之间充其量是统计相关的，而不是精确的函数关系，故这种等价性只是近似的。因此可以推断，地形改正解的精度介于 Molodensky 一阶级数解和略去所有改正项的粗略的 Stokes 积分公式之间(Moritz，1980)。

式(14.138)和式(14.139)分别称为本专题研究采用的模型 1 和模型 2。因两个计算模型均涉及全球积分计算，故必须对其进行适当的实用性改化，以减弱积分远区数据对计算结果的影响。考虑到 G_1 项改正和局部地形改正 TC 均主要反映由地形起伏引起的局部重力场不规则变化，其影响量值主要取决于计算点周围有限范围内的观测数据，积分远区数据影响较小，可以忽略不计，故本节只针对两个计算模型积分输入信息中占主导地位的地面重力异常部分进行实用性改化处理。因两个计算模型的改化过程和形式完全一致，故仅以模型 1 为例进行介绍。

模型改化内容主要包括以下三个方面：

(1)采用以地球位模型为参考场的移去-恢复技术，将高程异常分为两部分，中长部分由位模型进行计算，剩余部分由扣除位模型影响后的剩余重力异常计算。

(2)采用分区处理方法计算重力异常全球积分，近区由剩余重力异常进行计算，远区由位模型进行计算，当采用的参考场位模型阶次低于当前国际最高的超高阶位模型阶次时，必须补上远区截断效应的影响。

(3)采用截断方式改化积分核函数，确保其频谱特性与移去位模型参考场后的剩余重力异常相匹配，以减弱重力异常观测误差对计算结果的影响。

上述改化过程可用公式形式表示为

$$\zeta=\zeta_{\mathrm{ref}}+\zeta_{\sigma-\sigma_0}+\frac{R}{4\pi\gamma}\int_0^{\psi_0}\int_0^{2\pi}(\Delta g-\Delta g_{\mathrm{ref}})S^{\mathrm{WG}}(\psi)\sin\psi\,\mathrm{d}\alpha\,\mathrm{d}\psi+\frac{R}{4\pi\gamma}\iint_\sigma G_1S(\psi)\mathrm{d}\sigma \tag{14.143}$$

式中，Δg_{ref} 和 ζ_{ref} 分别为由参考场位模型计算得到的重力异常和高程异常；$\zeta_{\sigma-\sigma_0}$ 为高程异常远区截断效应影响；$S^{\mathrm{WG}}(\psi)$ 为经实用性改化后的积分核函数；ψ_0 为球冠积分区 σ_0 半径。各参量的具体计算式为

$$\Delta g_{\mathrm{ref}}=\frac{GM}{R^2}\sum_{n=2}^{l}(n-1)\sum_{m=0}^{n}(\bar{C}_{nm}^*\cos(m\lambda)+\bar{S}_{nm}\sin(m\lambda))\bar{P}_{nm}(\sin\varphi) \tag{14.144}$$

$$\zeta_{\mathrm{ref}}=\frac{GM}{R\gamma}\sum_{n=2}^{l}\sum_{m=0}^{n}(\bar{C}_{nm}^*\cos(m\lambda)+\bar{S}_{nm}\sin(m\lambda))\bar{P}_{nm}(\sin\varphi) \tag{14.145}$$

$$\zeta_{\sigma-\sigma_0}=\frac{GM}{2\gamma R}\sum_{n=l+1}^{L}(n-1)Q_n(\psi_0)T_n(\varphi,\lambda) \tag{14.146}$$

$$S^{\mathrm{WG}}(\psi)=S(\psi)-\sum_{n=2}^{l}\frac{2n+1}{n-1}P_n(\cos\psi) \tag{14.147}$$

$$T_n(\varphi,\lambda)=\sum_{m=0}^{n}(\bar{C}_{nm}^{*}\cos(m\lambda)+\bar{S}_{nm}\sin(m\lambda))\bar{P}_{nm}(\sin\varphi) \tag{14.148}$$

$$Q_n(\psi_0)=\sum_{m=l+1}^{L}\frac{2m+1}{m-1}R_{nm}(\psi_0) \tag{14.149}$$

$$R_{nm}(\psi_0)=\int_{\psi_0}^{\pi}P_n(\cos\psi)P_m(\cos\psi)\sin\psi\,\mathrm{d}\psi \tag{14.150}$$

式中，GM 为万有引力常数与地球质量的乘积；l 为参考场位模型的最高阶数；L 为超高阶位模型的最高阶数；$\bar{P}_{nm}(\sin\varphi)$ 为完全规格化缔合勒让德函数，$\bar{C}_{nm}^{*}$ 和 $\bar{S}_{nm}$ 为完全规格化位系数；T_n 为扰动位的 n 阶面球谐函数；$Q_n(\psi_0)$ 为核函数截断系数。

同样，为了消除核函数积分奇异性问题，必须单独考虑计算点所在网格的数据影响，此项影响的计算式为

$$\zeta_{p0}=\frac{R\sqrt{\Delta\varphi\Delta\lambda\cos\varphi_p}}{\gamma\sqrt{\pi}}(\Delta g-\Delta g_{\mathrm{ref}})_p \tag{14.151}$$

式中，$\Delta\varphi$、$\Delta\lambda$ 分别为纬度方向和经度方向的数据网格大小。

类似于式(14.143)，可同理写出式(14.139)的改化计算式为

$$\begin{aligned}\zeta=&\zeta_{\mathrm{ref}}+\zeta_{\sigma-\sigma_0}+\frac{R}{4\pi\gamma}\int_0^{\psi_0}\int_0^{2\pi}(\Delta g-\Delta g_{\mathrm{ref}})S^{\mathrm{WG}}(\psi)\sin\psi\,\mathrm{d}\alpha\,\mathrm{d}\psi\\&+\frac{R}{4\pi\gamma}\iint_{\sigma}\mathrm{TC}\cdot S(\psi)\mathrm{d}\sigma+\delta\zeta\end{aligned} \tag{14.152}$$

式中，各个符合意义同前。

14.5.4 数值计算检验与分析

14.5.4.1 检验数据与方案设计

为了验证前面针对模型 1 和模型 2 进行三方面改化处理后的计算效果，本节仍采用超高阶位模型 EGM2008 作为标准场开展数值计算检验及分析比较研究。

同样以覆盖我国陆地范围 φ:32.5°N～36.5°N； λ:102.5°E～106.5°E 的 4°×4°区块为试验区，选用 2160 阶的 EGM2008 位模型模拟产生试验区地形面上的 2′×2′网格重力异常及高程异常的真值，地形高度数据采用两组数据源：一组由 2160 阶的球谐函数展开式 DTM2006 计算得到(为了减弱积分边缘效应的影响，本节将地形高度数据覆盖范围扩展为 φ:31.5°N～37.5°N； λ:101.5°E～107.5°E)，记为地形高①，经计算，重力异常与地形高度①之间的相关系数为 ρ=0.776；另一组则依据重力异常与地形高度呈线性关系假设，由 2160 阶 EGM2008 位模型计算得到的 2′×2′网格重力异常 Δg 反解得到，记为地形高度②，反解计算式为

$$h=(\Delta g-a)/b \tag{14.153}$$

式中，系数 b 由式(14.154)计算：

$$b=2\pi G\rho \tag{14.154}$$

参数 a 为变化缓慢的布格异常，可把它看作局部常数(Moritz，1980)，这里简单取为 $a=\min(\Delta g)$ 。

为区别起见，这里将式(14.139)与地形高①的组合仍称为模型 2，而将式(14.139)与地形高②的组合称为模型 3。

本专题研究设置的试验区块属于地形变化幅度相对较大的中等山区，试验效果具有一定的代表性。本专题研究取计算点地心向径 $r=R+h$ ，故不必考虑椭球改正项影响。同时选用 EGM2008 位模型的前 360 阶为参考场模型，表 14.18 列出了地形面 2′×2′网格重力异常、高程异常和两组地形高度数据统计结果。图 14.21 和图 14.22 分别为 2160 阶 EGM2008 位模型重力异常及其与 360 阶相应位模型重力异常差值分布图，图 14.23 和图 14.24 分别为两组地形高度数据分布图，图 14.25 为 2160 阶和 360 阶 EGM2008 位模型高程异常差值分布图。

表 14.18　地形面 2′×2′网格重力异常、高程异常和两组地形高度数据统计结果

统计量		最小值	最大值	平均值	标准差	均方根
重力异常/mGal	2160 阶	−66.353	84.083	−13.072	26.066	29.161
	360 阶	−58.565	59.431	−12.865	22.879	26.248
	残差	−36.969	47.359	−0.208	12.534	12.536
高程异常/m	2160 阶	−40.086	−33.357	−36.881	1.291	36.903
	360 阶	−40.093	−33.520	−36.872	1.295	36.895
	残差	−0.346	0.376	−0.008	0.163	0.163
地形高度①/m	2160 阶	389.3	4735.9	2263.0	976.1	2464.5
地形高度②/m	重力反解结果	49.8	1798.1	790.1	266.1	833.7

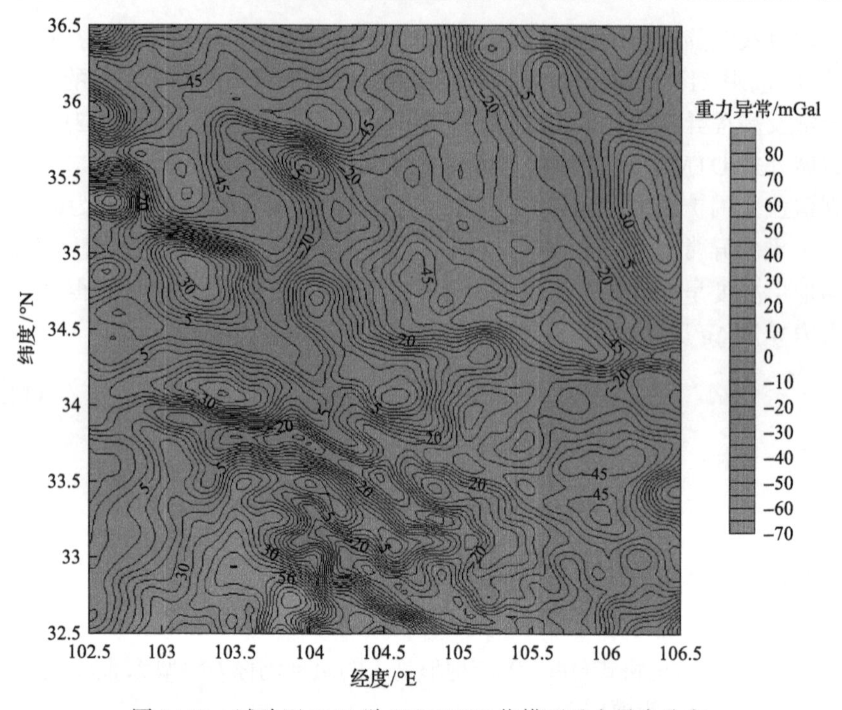

图 14.21　试验区 2160 阶 EGM2008 位模型重力异常分布

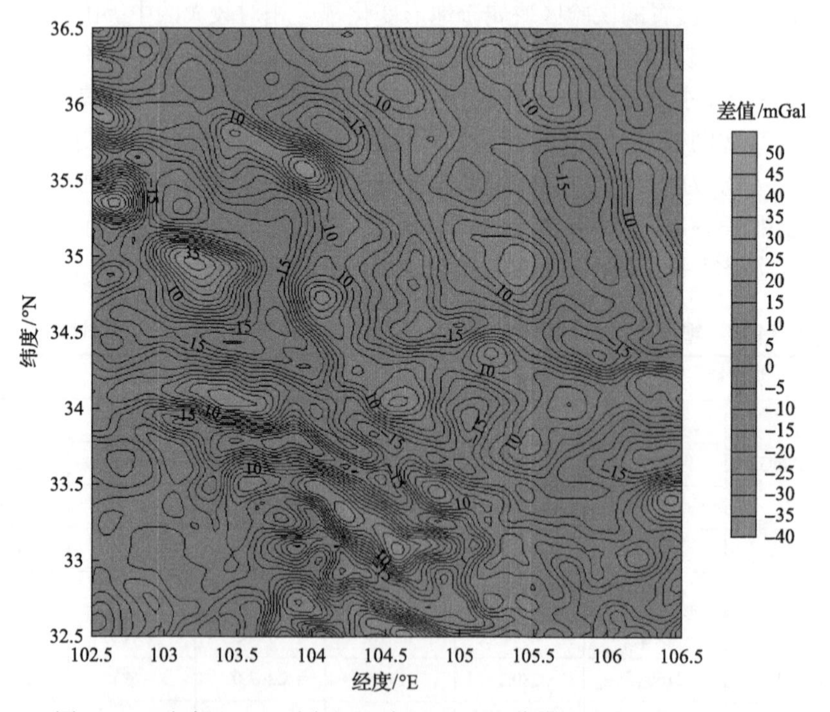

图 14.22　试验区 2160 阶与 360 阶 EGM2008 位模型重力异常差值分布

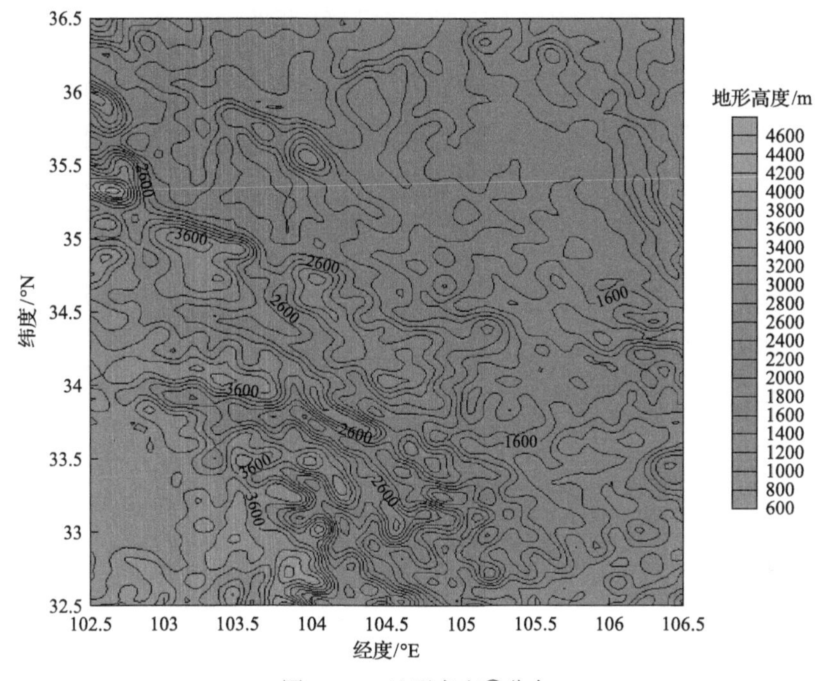

图 14.23　地形高度①分布

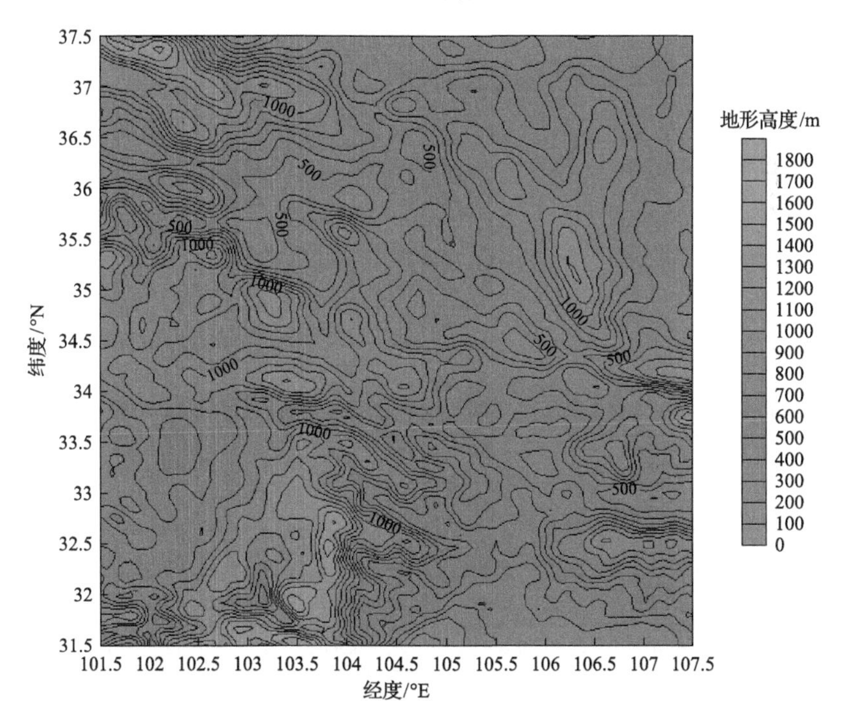

图 14.24　地形高度②分布

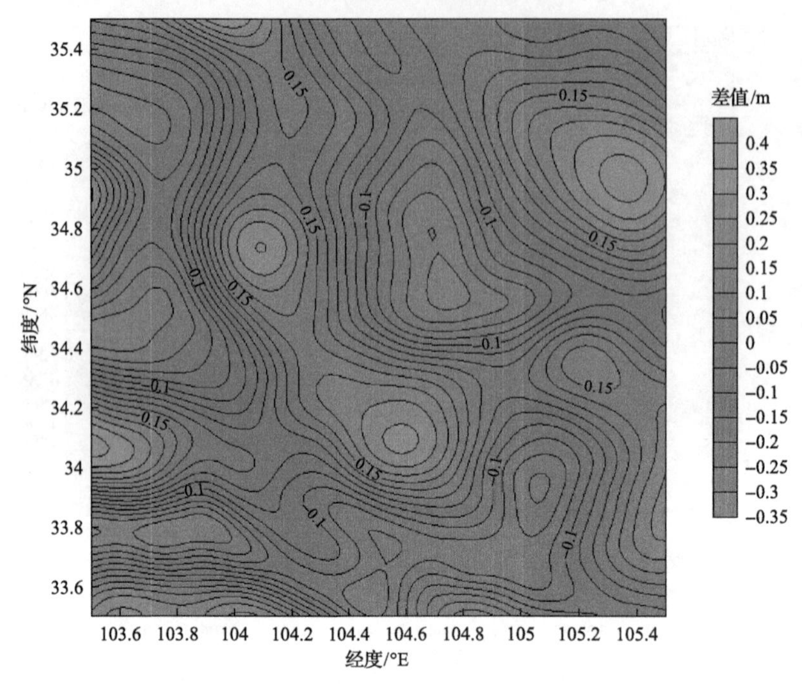

图 14.25　试验区 2160 阶和 360 阶 EGM2008 位模型高程异常差值分布

14.5.4.2　检验实现与结果分析

首先利用地形高①和地形高②分别计算比较 G_1、TC_1 和 TC_2 三个地形改正项之间的差异大小及其对高程异常计算结果的影响。依次按照式(14.132)和式(14.140)计算 G_1、TC_1 和 TC_2（在计算 G_1 时，将已知重力异常的数据覆盖范围扩展到与地形高度数据一致，以减弱积分边缘效应的影响），计算结果见表 14.19；然后将其代入式(14.143)和式(14.152)相对应的积分项，计算它们对高程异常的贡献量，记为 ζ_{G_1}、ζ_{TC_1} 和 ζ_{TC_2}，并比较它们之间的差异，计算结果如表 14.20 所示。

表 14.19　一阶重力改正项和两个地形改正项及其互差量统计　(单位：mGal)

计算参量	最小值	最大值	平均值	标准差	均方根
G_1	−3.319	3.377	0.272	0.454	0.530
TC_1	−0.790	8.536	0.571	0.712	0.913
TC_2	−7.454	2.610	−0.153	0.545	0.566
G_1-TC_1	−6.109	0.248	−0.300	0.432	0.526
G_1-TC_2	−0.030	4.224	0.424	0.464	0.629
TC_1-TC_2	−0.028	9.607	0.724	0.838	1.107

表 14.20　一阶重力改正项和两个地形改正项对高程异常计算结果影响对比　（单位：cm）

参数	计算参量	最小值	最大值	平均值	标准差	均方根
核函数改化前	ζ_{G_1}	0.917	7.074	3.218	1.387	3.504
	ζ_{TC_1}	−5.938	−0.462	−1.838	0.943	2.066
	ζ_{TC_2}	1.544	16.005	6.381	3.204	7.141
	$\zeta_{G_1}-\zeta_{TC_1}$	−9.314	−0.615	−3.164	1.875	3.677
	$\zeta_{G_1}-\zeta_{TC_2}$	1.425	10.946	5.056	2.244	5.532
	$\zeta_{TC_1}-\zeta_{TC_2}$	2.068	19.167	8.220	4.073	9.174
核函数改化后	ζ_{G_1}	−1.113	1.112	0.075	0.266	0.276
	ζ_{TC_1}	−1.251	3.128	0.153	0.478	0.502
	ζ_{TC_2}	−2.488	1.441	−0.030	0.362	0.363
	$\zeta_{G_1}-\zeta_{TC_1}$	−2.267	0.934	−0.078	0.320	0.330
	$\zeta_{G_1}-\zeta_{TC_2}$	−0.666	1.873	0.105	0.289	0.308
	$\zeta_{TC_1}-\zeta_{TC_2}$	−1.529	3.773	0.183	0.550	0.579

从表 14.19 可以看出，一阶重力改正项和两个地形改正项的均方根值大小在 1mGal 左右，但它们的最大值接近 10mGal，它们之间的互差大小也在相同的量值水平。又由表 14.20 可知，如果不进行 Stokes 核函数改化，那么一阶重力改正项和两个地形改正项对高程异常计算结果的影响最大可达 16cm，均方根值超过 7cm，三个改正项之间的最大互差超过 19cm，互差均方根值超过 9cm。进行 Stokes 核函数改化后的计算结果则发生了较大的变化，三个改正项对高程异常计算结果的影响，最大值已经减小到 3cm，均方根值不超过 1cm，三个改正项之间的最大互差不超过 4cm，互差均方根值也不超过 1cm。这个结果一方面说明，核函数改化不仅对计算高程异常主项有显著改善作用，对计算高程异常改正项也具有不可忽视的影响；另一方面说明，对于要求达到 1cm 计算精度的似大地水准面精化问题，地形改正项的精密计算是必不可少的环节。

接下来设计并完成 4 种计算方案（也就是对应于 4 种改化模型）的模拟数值试验，用于对比分析针对模型 1、模型 2 和模型 3 进行三方面改化处理后的计算效果。分别按照三类模型的 4 种计算方案完成高程异常计算，将三类模型相对应的

4 组计算结果与事先由位模型计算得到的高程异常真值进行比较，可得到不同改化模型计算效果的量化评估信息，具体对比结果如表 14.21 所示。其中，4 种计算方案设计如下。

表 14.21 Molodensky 方法计算高程异常几种改化模型精度评估结果 （单位：cm）

计算模型	计算方案	最小值	最大值	平均值	标准差	均方根
模型 1	①	–7.867	8.571	0.442	2.867	2.901
	②	–8.924	9.048	0.366	3.353	3.373
	③	–9.645	11.965	–0.174	3.901	3.905
	④	–1.510	0.631	–0.250	0.307	0.396
模型 2	①	–10.893	6.414	–2.722	3.461	4.403
	②	–9.801	7.430	–2.798	3.421	4.419
	③	–9.737	11.848	–0.252	3.941	3.949
	④	–3.623	0.718	–0.328	0.455	0.561
模型 3	①	–3.564	13.880	5.498	3.587	6.564
	②	–7.092	14.508	5.422	4.477	7.032
	③	–9.581	12.006	–0.070	3.891	3.892
	④	–2.046	1.941	–0.145	0.432	0.456

计算方案①：采用第一步改化模型，即在式(14.143)和式(14.152)中只考虑移去和恢复参考场的作用，不顾及积分远区效应的影响，也不进行核函数改化处理。

计算方案②：在计算方案①基础上考虑数值积分远区效应的影响。

计算方案③：在计算方案①基础上进行积分核函数改化处理。

计算方案④：在计算方案①基础上考虑数值积分远区效应的影响，同时进行积分核函数改化处理，即严格按照完整的式(14.143)和式(14.152)计算高程异常。

在前面的计算中，积分半径统一取为 $\psi_0 = 1°$，为了减小积分边缘效应对评估结果的影响，试验区域边缘 1°范围内的数据不参加对比分析计算(下同)。从表 14.21 可以看出，在不考虑数据归算和观测误差影响条件下，对传统 Molodensky 计算模型的每一步改化都对高程异常计算结果产生了不可忽略的影响，无论是模型 1 还是模型 2 和模型 3，使用单步改化模型计算高程异常均可获得几厘米的符合度，但要想达到 1cm 的计算精度，必须联合使用三个改化模型(即对应于计算方案④)才能达到预期效果。从表 14.21 的计算结果还可以看出，相比较而言，在统一使用计算方案④对应的改化模型条件下，模型 1 的计算精度要优于模型 2 和模型 3，模型 3 的计算精度又略优于模型 2，这样的性能排序完全符合理论分析预期。因为模型 1 直接采用重力和地形观测值计算 Molodensky 级数解的一阶改正项，模型 2 直接采用局部地形改正替代 Molodensky 级数解的一阶改正项，模型 3 采用的计算思路与模型 2 相同，但比模型 2 多增加了一个条件，即重力异常与地形高度严格满足线性相关假设。不难看出，在重力和地形高度数据都取相同分辨率的条件下，模型 1 能够取得最好的计算精度是很自然的事，模型 3 比模型 2 能更好地满足使用局部地形改正替代 G_1 项改正的条件，故模型 3 计算精度优于模型 2 也是很自然的事。需要指出的是，由于在实际应用中，无论是数据分辨率还是覆盖范围，重力观测数据的保障难度都远高于地形高度数据，故模型 1 的推广使用会受到一定的限制；而模型 3 是本专题研究人为设计的验证模型，不具有实用性，故只有模型 2 具有实用意义。由表 14.21 可知，经过三步骤模型改化处理后，由模型 2 计算高程异常的内符合精度优于 1cm，略好于前面介绍的 Bjerhammar 方法和点质量方法。图 14.26～图 14.29 分别为模型 1 依据计算方案①～计算方案④计算得到的高程异常对比误差分布图。

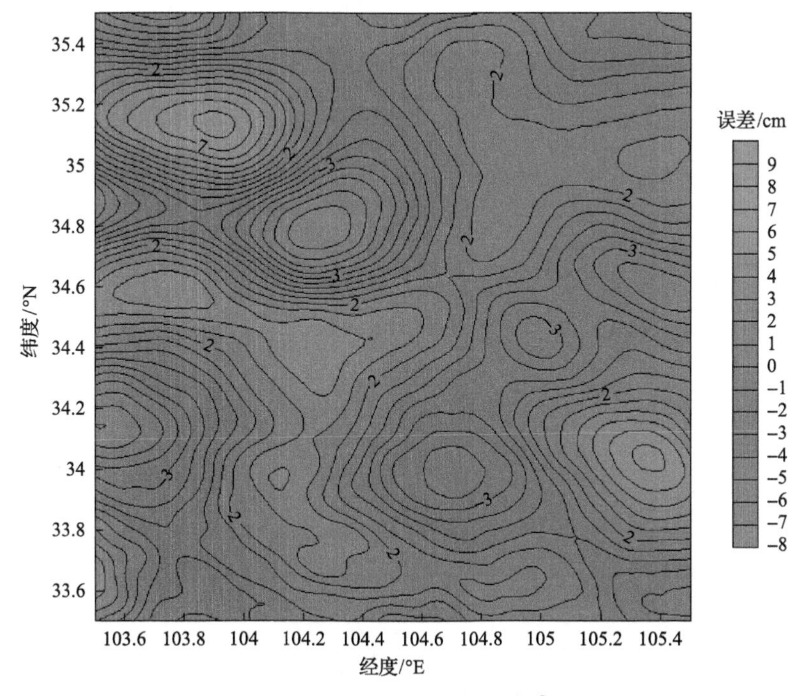

图 14.26　Molodensky 方法验证计算方案①对比误差分布

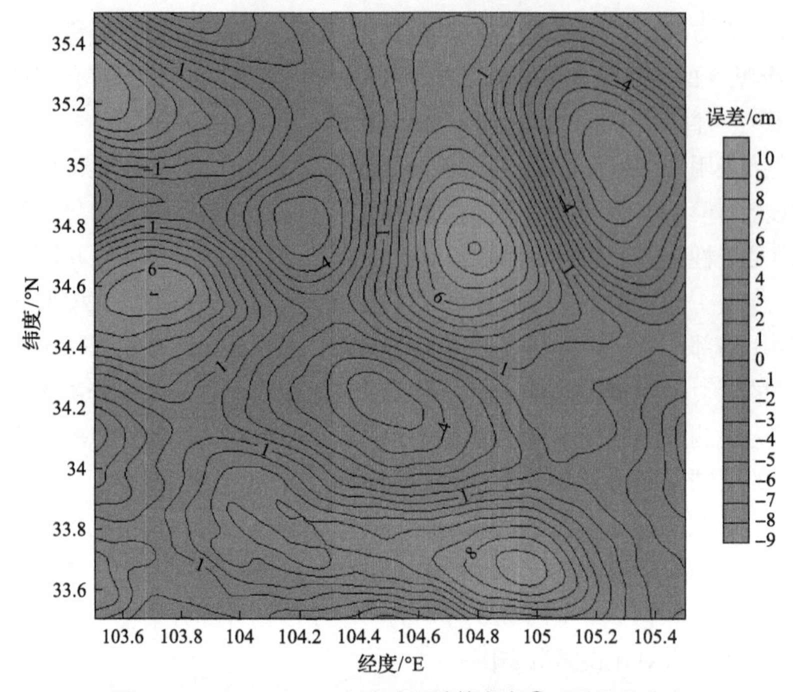

图 14.27　Molodensky 方法验证计算方案②对比误差分布

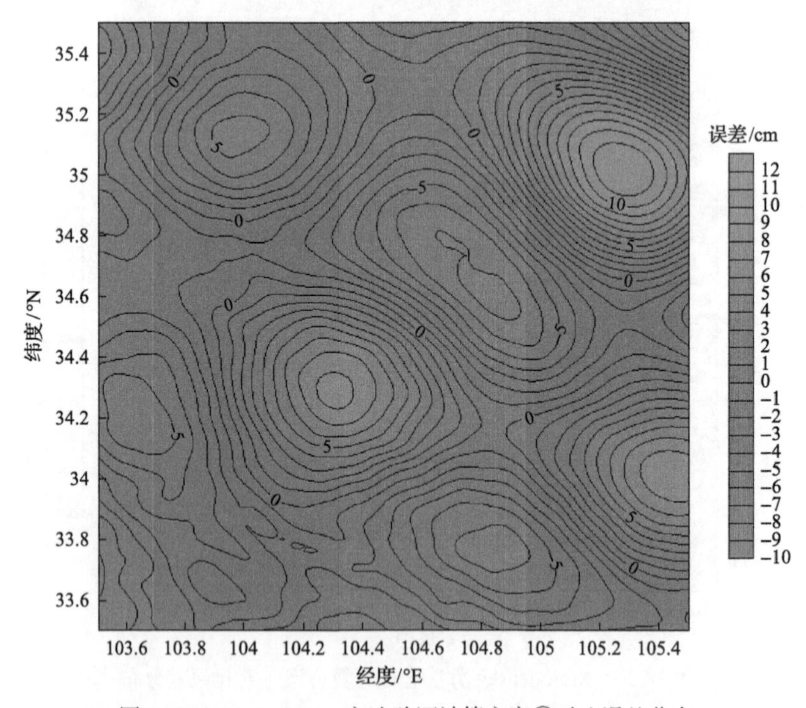

图 14.28　Molodensky 方法验证计算方案③对比误差分布

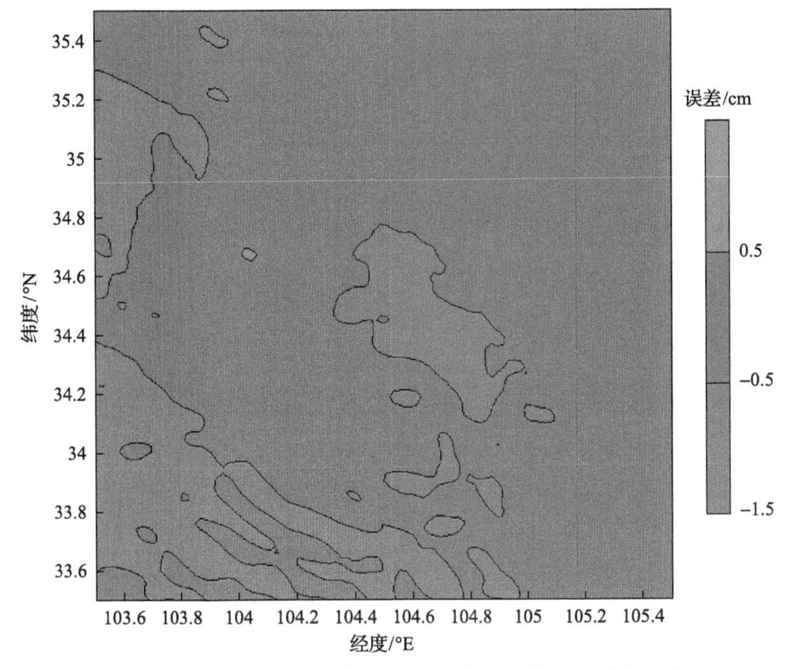

图 14.29　Molodensky 方法验证计算方案④对比误差分布

最后，为了进一步考察数据观测噪声对高程异常计算结果的影响，本节人为在模拟观测量 Δg 中分别加入 1mGal、3mGal 和 5mGal 的随机噪声，对应生成三组带噪声的观测量，并重复前面模型 1～模型 3 统一使用计算方案④的计算过程和对比检核步骤。在加入观测噪声后，高程异常计算值与真值比较结果如表 14.22 所示。

表 14.22　数据观测噪声对 Molodensky 方法计算高程异常精度的影响

计算模型	观测噪声/mGal	最小值/cm	最大值/cm	平均值/cm	标准差/cm	均方根/cm
模型 1	0	−1.510	0.631	−0.250	0.307	0.396
	1	−1.654	0.627	−0.240	0.375	0.446
	3	−2.571	1.825	−0.255	0.622	0.672
	5	−3.773	2.586	−0.262	0.978	1.013
模型 2	0	−3.623	0.718	−0.328	0.455	0.561
	1	−3.899	0.701	−0.319	0.518	0.608
	3	−4.196	1.575	−0.333	0.719	0.793
	5	−4.817	2.670	−0.341	1.065	1.118
模型 3	0	−2.046	1.941	−0.145	0.432	0.456
	1	−1.897	1.998	−0.136	0.461	0.480
	3	−2.220	2.788	−0.150	0.672	0.688
	5	−3.349	2.931	−0.158	0.982	0.994

从表 14.22 的对比结果可以看出，数据观测噪声对 3 个模型计算结果的影响规律几乎是一致的，都随观测噪声的增大而增大，但其影响量值均不算显著，5mGal 量值的观测噪声对 3 组计算结果的影响都只在 1cm 左右。这个结果与先前进行的 Stokes 方法检核结论完全一致(见表 14.6)。这是因为 Molodensky 方法使用的积分核函数与 Stokes 方法完全相同，这样的数值积分算子对随机噪声有很好的抑制作用，使得数据观测噪声对高程异常计算结果的影响几乎可以忽略不计。

14.5.5 专题小结

Molodensky 方法是为了弥补 Stokes 方法的缺陷而提出来的一种全新的研究地球形状及其外部重力场的理论和方法，Molodensky 边值问题及其解算方法一直是现代物理大地测量学研究的前沿领域。本专题研究主要针对实际应用 Molodensky 边值理论实施似大地水准面计算的方法步骤、模型改化和效能评估问题，开展理论上的分析研究和数值计算检验。首先详细解析了 Molodensky 方法的基本原理和计算模型，分析研究了 Molodensky 级数解计算模型的技术特点，提出了 3 种特定计算模型的实用性改化方法，同时设计了 4 种分步改化模型检验方案和 3 个级别的数据观测噪声影响试验验证方案，将超高阶位模型 EGM2008 作为数值模拟标准场，对分步改化模型的计算效果进行了内符合精度检核，并对数据观测噪声影响量值进行了定量分析检验。结果表明，每一步骤的模型改化处理都对提升似大地水准面计算精度发挥着不可替代的作用，联合采用经 3 个步骤改化后的 Molodensky 级数解实用模型计算似大地水准面，可取得优于 1cm 的内符合精度；如果数据观测噪声是纯粹的随机噪声，那么此类误差对似大地水准面计算精度的影响在 1cm 左右，几乎可以忽略不计。

14.6 基于 Stokes-Helmert 边值理论的计算模型分析改化及数值检验

14.6.1 问题的提出

如 14.1 节所述，自 Stokes 于 1849 年推出著名的 Stokes 定理以来，大地测量边值理论研究取得了重大突破，从而极大地推动了大地水准面精化技术的发展。但由于 Stokes 边值理论要求大地水准面外部不得存在任何地形质量，所以必须对大地水准面之外的地形质量进行必要的调整，这一过程必然会涉及地壳质量密度假设问题，此问题在一定程度上制约了 Stokes 边值理论的工程化应用(Heiskanen et al.，1967)。为了克服 Stokes 方法的缺陷，Molodensky 于 1945 年提出了以地球自然表面为边界面的 Molodensky 边值理论，并逐步形成了一种全新的研究地球形状及其外部重力场的现代方法(Moritz，1980)。该方法虽然不要求知道地形质量密度，但需要求解扩展到整个地球表面的 Molodensky 积分方程，涉及边值条件方程线性化、球近似、斜向导数处理等一系列复杂数学问题，故精确解算 Molodensky 边值问题仍面临诸多理论和方法上的挑战。为此，Bjerhammar(1964)提出了一种以某一埋藏在地球内部的虚拟球面为边界面的 Bjerhammar 边值理论。虽然该方法的解算过程比较简单易行，但其向下延拓的转换过程始终存在不稳定性隐患，故其应用范围也受到了一定的限制。

因 Stokes 边值理论主要用于大地水准面计算，Molodensky 边值理论和 Bjerhammar 边值理论则主要用于似大地水准面计算，故采用正高高程系统的一些国家一般倾向于研究和推广使用 Stokes 边值理论，如美国、加拿大和日本等；我国跟随苏联采用正常高高程系统，早期更多关注和使用 Molodensky 边值理论(陈俊勇等，2001a，2001b，2002；李建成等，2003)，近期也在研究推广基于 Stokes 边值理论框架精化似大地水准面的现代方法(李建成，2012；荣敏，2015；马健，2018)。如前所述，为保证扰动位在大地水准面外满足调和性假设，Stokes 边值理论要求大地水准面外部无地形质量，因此必须把其外部的地形质量移去，但移去大地水准面外部地形质量会对大地水准面产生较大的影响，其量值可能比大地水准面高度自身还要大许多倍，故移去地形质量的单向处理模式并不适合 Stokes 边值问题的解算(陆仲连，1996)。为此，人们想到了在移去外部地形质量后，还应当以一定的方式把移去的地形质量进行恢复，即在大地水准面内部按照约定填补一部分地形质量，以减小移去地形质量对大地水准面的间接影响，这就是地形移去-补偿双向处理模式。从理论上讲，只要保持地球总质量守恒和地球质心不变，不改变地球外部重力场，同时确保地形质量移去-补偿及其间接影响计算严密，各类不同的地形质量调整方案都能给出比较一致的 Stokes 积分解(Heiskanen et al.，1967)。目前，在实践中应用比较广泛的地形质量调整方案是均衡补偿和 Helmert 第二压缩(也称凝集)补偿。前者的含义是把地形质量垂直补偿到海面下的一定深度，后者则是将地形质量沿垂向向下压缩到大地水准面上，使之形成一个厚度趋于零的密度薄层，其密度分布为地形体密度与对应点高程的乘积。相比较而言，由均衡补偿计算得到的均衡重力异常量值较小，变化比较平缓，与高程的相关性几乎为零，但由其引起的间接影响相对较大；Helmert 第二压缩补偿相当于均衡补偿的极限情况，其计算过程比较简单，相对应的重力异常与空间异常变化幅度接近，与地形的相关性较强，但由其引起的间接影响相对较小。由此可见，均衡补偿模式更适合于重力异常的插值计算，而 Helmert 第二压缩补偿更适合于边值问题解算。Martinec(1998)最早提出将 Helmert 第二压缩补偿引入 Stokes 边值问题解算，并将其定义为 Stokes-Helmert 边值问题，即以 Stokes 边值理论为框架，采用

Helmert 地形补偿模式，解算大地水准面外部扰动位的边值问题(Vaníček et al., 1999；Novák，1999)。此后，国内外学者对 Stokes-Helmert 边值理论研究给予了极大的关注，并逐步将其应用于大地水准面精化实践。美国、加拿大和日本等国近期推出的大地水准面模型均采用了 Stokes-Helmert 方法或近似 Stokes-Helmert 方法(Kuroishi，2009；Wang et al.，2012；Huang et al.，2013)，我国 21 世纪初建立的重力似大地水准面模型 CNGG2000 采用的是顾及一阶改正项的 Molodensky 级数解(李建成等，2003)，新研制的 CNGG2011 已经改用 Stokes-Helmert 理论方法(李建成，2012)。为了深入理解 Stokes-Helmert 方法的数理内涵，本专题研究将在详细解析该方法的基本原理和计算模型基础上，研究探讨该方法与其他现有方法的联系和差异性，给出相关计算模型的实用性改化模型，并对其计算效果进行分析和评估。

14.6.2 基本原理与计算模型

首先建立地球重力场真实空间与 Helmert 空间的联系。将大地水准面外部地形产生的引力位记为 V^t，相对应的压缩地形产生的引力位记为 V^c，两者之差称为残余地形位，记为 $\delta V = V^t - V^c$；进一步将大地水准面内部质量产生的引力位记为 V^g，地球自转离心力位为 V^ω，地球重力位为 W，正常重力位为 U，扰动位为 T，经 Helmert 地形压缩调整后的重力位为 W^h，相对应的扰动位称为 Helmert 扰动位，记为 T^h。根据地球重力位之间的泛函关系，可得

$$T = W - U = V^g + V^t + V^\omega - U \tag{14.155}$$

$$T^h = W^h - U = V^g + V^c + V^\omega - U \tag{14.156}$$

顾及等式 $\delta V = V^t - V^c$，可进一步得到

$$T = T^h + \delta V \tag{14.157}$$

$$W = U + T^h + \delta V \tag{14.158}$$

现在将需要解算的问题描述为：已知在地球自然表面 S_t 上测定了重力 g，设定大地水准面 S_g 上的重力位 W_0 等于正常椭球面的正常重力位 U_0，需要求解确定 S_g 面上及其外部的扰动位为 $T = W - U$，并保证 T 满足位理论中的 Laplace 方程 $\Delta T = 0$，并在 S_g 外部及无穷远处是正则调和的。利用 Helmert 地形压缩补偿方法解算上述问题的总体思路是：通过调整大地水准面外部地形质量，即完成外部地形对地面重力观测的直接影响和间接影响改正计算，使原来待解算的地球自然表面边值问题转换为能够满足 Stokes 边值理论要求的 Stokes-Helmert 边值问题，并

在完成Helmert重力异常计算和向下延拓后，在Helmert虚拟重力场中求解Helmert扰动位T^h，然后恢复残差地形对扰动位T^h的间接影响，最后确定S_g面上及其外部的扰动位T。

根据Martinec(1998)、Vaníček等(1999)和Novák(1999)等相关文献的定义，可把Stokes-Helmert边值问题表述为如下双边界面边值问题：

$$\Delta T^h = 0，\text{在} S_g \text{外部空间} \tag{14.159}$$

$$\left|\text{grad}(U + T^h + \delta V)\right| = g，\text{在} S_t \text{面上} \tag{14.160}$$

$$U + T^h + \delta V = W_0，\text{在} S_g \text{面上} \tag{14.161}$$

$$T^h \to 0，\ r \to \infty \tag{14.162}$$

式中，$\text{grad}(\cdot)$为梯度算子；$|\cdot|$为取矢量模；r为地心向径。

对式(14.160)进行球近似和线性化处理，可得到如下形式的边值条件：

$$\left.\frac{\partial T^h}{\partial r}\right|_{P_t} + \frac{2}{R} T^h_{P_g} = -\Delta g^h \tag{14.163}$$

$$\Delta g^h = \Delta g + \delta A + \delta S \tag{14.164}$$

$$\delta A = \frac{\partial}{\partial r} \delta V(P_t) \tag{14.165}$$

$$\delta S = \frac{2}{R} \delta V(P_g) \tag{14.166}$$

式中，Δg为地面空间重力异常；δA为外部地形对地面观测重力的直接影响；δS为外部地形对地面观测重力的间接影响；P_t为地面点；P_g为大地水准面点；Δg^h称为地面Helmert重力异常。

从条件式(14.163)不难看出，其左边包含了两个边界面的扰动位T^h，一个是地面S_t上的扰动位导数$\partial T^h_{P_t} / \partial r$，另一个是大地水准面$S_g$上的$T^h_{P_g}$，即一个条件式中包含了两个待定的扰动位。由此可见，不同于传统的只求解一个扰动位的边值问题，Stokes-Helmert边值问题是一个涉及双边界面的新型边值问题。本节将地面重力异常Δg和外部地形直接影响δA向下解析延拓到大地水准面的对应值分别记为Δg^*和δA^*，并定义$\Delta g^{h*} = \Delta g^* + \delta A^* + \delta S$，$\Delta g^{h*}$称为大地水准面Helmert重力异常。对应于条件式(14.163)的Stokes-Helmert边值问题解为

$$T_{P_g}^h = \frac{R}{4\pi}\iint_\sigma \Delta g^{h*} S(\psi)\mathrm{d}\sigma \tag{14.167}$$

$$T_{P_t}^h = \frac{R}{4\pi}\iint_\sigma \Delta g^{h*} S(r,\psi)\mathrm{d}\sigma \tag{14.168}$$

式中，$S(\psi)$ 为 Stokes 函数；$S(r,\psi)$ 为广义 Stokes 函数。

根据 Bruns 公式，由式(14.167)和式(14.168)可得到相对应的大地水准面高度 N 和高程异常 ζ 的计算公式分别为

$$N = \frac{T_{P_g}^h + \delta V(P_g)}{\gamma_g} = \frac{R}{4\pi\gamma_g}\iint_\sigma \Delta g^{h*} S(\psi)\mathrm{d}\sigma + \delta N \tag{14.169}$$

$$\zeta = \frac{T_{P_t}^h + \delta V(P_t)}{\gamma_t} = \frac{R}{4\pi\gamma_t}\iint_\sigma \Delta g^{h*} S(r,\psi)\mathrm{d}\sigma + \delta\zeta \tag{14.170}$$

式中，$\delta N = \delta V(P_g)/\gamma_g$ 为地形调整对大地水准面的间接影响；γ_g 为大地水准面上的正常重力；$\delta\zeta = \delta V(P_t)/\gamma_t$ 为地形调整对高程异常的间接影响；γ_t 为似大地水准面上的正常重力。

由式(14.169)和式(14.170)可知，计算 Stokes-Helmert 边值问题解的关键是求取 Helmert 重力异常 Δg^{h*} 需要的外部地形直接影响 δA，以及求取大地水准面高和高程异常间接影响需要的残余地形位 $\delta V(P_g)$ 和 $\delta V(P_t)$。关于 δA、$\delta V(P_g)$ 和 $\delta V(P_t)$ 三个改正项的精密计算问题，目前已有多位学者推出了不同形式的计算模型(Sjöberg，2000；Novák et al.，2001b；Heck，2003；Huang et al.，2013)，考虑到 Heck(2003)导出的模型同时顾及了 Helmert 第一压缩假设条件和第二压缩假设条件，并将重力观测界面拓展到地球表面外部近地空间(即涵盖了航空重力测量观测量)，故本节重点推荐使用 Heck 模型，其具体表达式介绍如下。

如图 14.30 所示，采用半径为地球平均半径 R 的球面近似表示大地水准面 S_g，外部地形质量压缩球面 S_c 半径取为 $R_c = R - D$，其中 $D \geqslant 0$ 为压缩深度；计算点 Q 可位于地形面 S_t 上或其上方，也可位于大地水准面 S_g 上或其下方，其高程记为 h_Q；积分流动点 P' 位于地形面 S_t 上，其高程记为 h'；P 点、P_o 点和 $\bar{P}$ 点分别为 Q 点与地球质心连线在 S_t、S_g 和 S_c 三个面上的交点，P 点的高程记为 h_p；对应于 Q 点、P' 点和 P 点的地心向径可表示为

$$r = R + h_Q, \quad r' = R + h', \quad r_p = R + h_p \tag{14.171}$$

本节要求 $r_p \geqslant R$，$r' \geqslant R$。

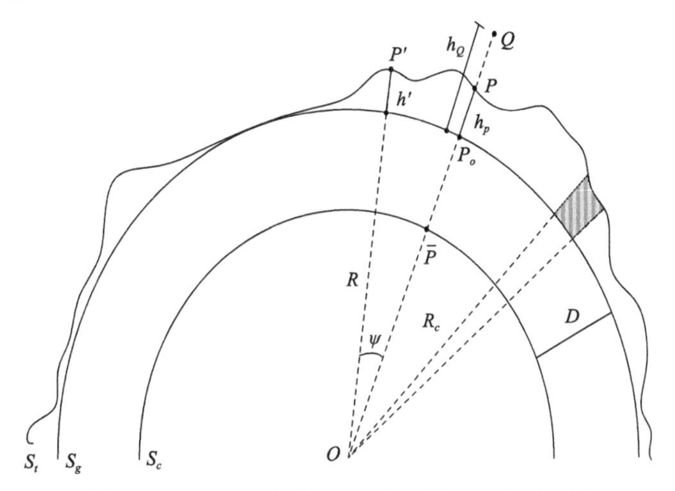

图 14.30　球近似条件下广义压缩模型的几何关系

取地形质量密度为常数 ρ，满足地球总质量守恒定律的 Helmert 压缩密度计算式为(Heck，2003)

$$\kappa' = \rho \frac{r'^3 - R^3}{3R_c^2} = \rho h' \frac{R^2}{R_c^2}\left(1 + \frac{h'}{R} + \frac{1}{3}\left(\frac{h'}{R}\right)^2\right) \tag{14.172}$$

根据 Heck(2003)的研究，与式(14.172)相对应的残余地形位 $\delta V(Q)$ 和 $\delta V(P_o)$ 及直接影响 $\delta A(Q)$ 计算式分别为

$$\begin{aligned}\delta V(Q) &= V_t(Q) - V_c(Q)\\ &= \frac{1}{2}G\rho\iint_\sigma\Bigg[r'\bar{l}' - r_p\bar{l} + 3r(\bar{l}' - \bar{l})\cos\psi \\ &\quad + r^2(3\cos^2\psi - 1)\cdot\ln\left|\frac{\bar{l}' + r' - r\cos\psi}{\bar{l} + r_p - r\cos\psi}\right| - 2\frac{r'^3 - r_p^3}{3l_c}\Bigg]\mathrm{d}\sigma\end{aligned} \tag{14.173}$$

$$\begin{aligned}\delta V(P_o) &= V_t(P_o) - V_c(P_o) = -2\pi G\rho h_p^2\left(1 + \frac{2h_p}{3r_p}\right)\\ &\quad + \frac{1}{2}G\rho\iint_\sigma\Bigg[r'l' - r_pl_p + 3R(l' - l_p)\cos\psi \\ &\quad + R^2(3\cos^2\psi - 1)\cdot\ln\left|\frac{l' + r' - R\cos\psi}{l_p + r_p - R\cos\psi}\right| - 2\frac{r'^3 - r_p^3}{3l_{co}}\Bigg]\mathrm{d}\sigma\end{aligned} \tag{14.174}$$

$$
\begin{aligned}
\delta A(Q) &= \frac{\partial V_t(Q)}{\partial r} - \frac{\partial V_c(Q)}{\partial r} \\
&= \frac{G\rho}{r}\iint_\sigma \left[-\frac{r'^3}{\overline{l}'} + \frac{r_p^3}{\overline{l}} + r'\overline{l}' - r_p\overline{l} + 3r(\overline{l}' - \overline{l})\cos\psi \right. \\
&\quad \left. + r^2(3\cos^2\psi - 1)\cdot\ln\left|\frac{\overline{l}' + r' - r\cos\psi}{\overline{l} + r_p - r\cos\psi}\right| + \frac{r'^3 - r_p^3}{6}\left(\frac{r^2 - R_c^2}{l_c^3} + \frac{1}{l_c}\right)\right]\mathrm{d}\sigma
\end{aligned}
\tag{14.175}
$$

其中

$$
\begin{cases}
\overline{l}' = \sqrt{r^2 + r'^2 - 2rr'\cos\psi} \\
\overline{l} = \sqrt{r^2 + r_p{}^2 - 2rr_p\cos\psi} \\
l_c = \sqrt{r^2 + R_c^2 - 2rR_c\cos\psi}
\end{cases}
\tag{14.176}
$$

$$
\begin{cases}
l' = \sqrt{R^2 + r'^2 - 2Rr'\cos\psi} \\
l_p = \sqrt{R^2 + r_p{}^2 - 2Rr_p\cos\psi} \\
l_{co} = \sqrt{R^2 + R_c^2 - 2RR_c\cos\psi}
\end{cases}
\tag{14.177}
$$

在以上各式中，当 $D=0$ 时，$R_c = R$，此时外部地形被压缩在大地水准面 S_g 上，也即对应于 Helmert 第二压缩补偿模式。求得残余地形位 $\delta V(Q)$ 和 $\delta V(P_o)$ 及直接影响 $\delta A(Q)$ 三项改正数以后，还需要将地面重力异常 Δg 和直接影响 δA 向下解析延拓到大地水准面上，以获得式(14.169)和式(14.170)需要的 Helmert 重力异常 Δg^{h*}，这一过程可通过求逆 Poisson 积分公式来实现(Heiskanen et al.，1967)，也可通过计算重力异常梯度，借助泰勒级数展开式来建立地形面和大地水准面重力异常之间的联系(Moritz，1980)。考虑到求逆 Poisson 积分公式存在不稳定性风险，实践中宜优先考虑选用泰勒级数展开式进行重力异常向下延拓计算，其表达式为

$$
\Delta g^* = \Delta g + \delta\Delta g_{\text{dwc}} \tag{14.178}
$$

$$
\delta\Delta g_{\text{dwc}} = -h\frac{\partial\Delta g}{\partial h} - \frac{h^2}{2}\frac{\partial^2\Delta g}{\partial h^2} - \frac{h^3}{6}\frac{\partial^3\Delta g}{\partial h^3} - \cdots \tag{14.179}
$$

采用式(14.178)进行重力向下延拓的关键是精密计算各个阶次的重力异常梯度，具体计算方法可参见黄谟涛等(2018a)。此时，Helmert 重力异常 Δg^{h*} 可改写为

$$\Delta g^{h*} = \Delta g + \delta\Delta g_{\mathrm{dwc}} + \delta A^* + \delta S \tag{14.180}$$

将式(14.180)代入式(14.169)和式(14.170)，可得

$$\begin{aligned} N &= \frac{R}{4\pi\gamma_g}\iint_\sigma (\Delta g + \delta\Delta g_{\mathrm{dwc}} + \delta A^* + \delta S)S(\psi)\mathrm{d}\sigma + \delta N \\ &= \frac{R}{4\pi\gamma_g}\iint_\sigma (\Delta g + C)S(\psi)\mathrm{d}\sigma + \delta N \end{aligned} \tag{14.181}$$

$$\begin{aligned} \zeta &= \frac{R}{4\pi\gamma_t}\iint_\sigma (\Delta g + \delta\Delta g_{\mathrm{dwc}} + \delta A^* + \delta S)S(r,\psi)\mathrm{d}\sigma + \delta\zeta \\ &= \frac{R}{4\pi\gamma_t}\iint_\sigma (\Delta g + C)S(r,\psi)\mathrm{d}\sigma + \delta\zeta \end{aligned} \tag{14.182}$$

式中，$C = \delta\Delta g_{\mathrm{dwc}} + \delta A^* + \delta S$ 为与地形调整相关的改正项。

14.6.3　计算模型分析与实用性改化

前面按照双边界面边值问题理论推出了 Stokes-Helmert 边值问题解的积分表达式，其推演过程看似比较复杂和烦琐，其实该方法的研究思路和计算式在 Heiskanen 等(1967)的经典著作中早有论述，感兴趣的读者可参见该著作的相关章节。实际上，按照 Heiskanen 等(1967)的设想，在完成大地水准面外部地形质量调整后，可进一步将地面重力异常向下解析延拓到大地水准面，并依据 Stokes 边值理论框架，在大地水准面上建立如下形式的边值条件：

$$\frac{\partial(T_{P_g}^h + \delta V(P_g))}{\partial r} + \frac{2}{R}(T_{P_g}^h + \delta V(P_g)) = -\Delta g^* \tag{14.183}$$

对式(14.183)略加整理，可得

$$\begin{aligned} \frac{\partial T_{P_g}^h}{\partial r} + \frac{2}{R}T_{P_g}^h &= -\left(\Delta g^* + \frac{\partial \delta V(P_g)}{\partial r} + \frac{2}{R}\delta V(P_g)\right) \\ &= -(\Delta g^* + \delta A^* + \delta S) \\ &= -\Delta g^{h*} \end{aligned} \tag{14.184}$$

依据 Stokes 边值理论，可直接写出对应于式(14.184)边值条件的大地水准面和地形面扰动位计算式，其形式和内容与式(14.167)和式(14.168)完全一致，本节不再重复列出。由此可见，前面由式(14.161)和式(14.163)定义的双边界面条件可用由式(14.184)定义的单边界面条件来代替，不改变边值问题解的物理含义和表

达形式。从这个意义上讲，Stokes-Helmert 方法并不属于一种新型的边值问题理论，而只是诸多采用移去-补偿模式求定大地水准面方法中的一种（可能正是这个原因，目前几乎所有涉及通过地形移去-补偿模式计算大地水准面或高程异常的方法，都统称为 Stokes-Helmert 方法或近似 Stokes-Helmert 方法），移去是为了去除大地水准面外部的地形质量，保证扰动位 T 在大地水准面外部空间满足正则调和条件；补偿是为了把移去的质量补回来，确保地球总质量保持守恒，不改变地球外部重力场形态。尽管采用不同的地形移去和补偿方法（Heiskanen 等（1967）的著作是以均衡补偿为例进行问题叙述的）会带来不同形式和量值的直接影响和间接影响，但其总影响不会因地形调整方法的不同而改变，只要移去和补偿的地形质量是相等的，那么其直接影响和间接影响有相互抵消的作用，地形调整对地面扰动位的总影响为零（Sjöberg，2000；马健，2018）。这就意味着，不管怎么对地形进行调整，都不会对地面扰动位计算结果产生影响。既然是这样的结果，为什么还要花费很大的力气来精密计算地形调整的直接影响和间接影响，值得进一步研究和商榷。Sjöberg（2000）从理论上分析比较了以下三个常用于计算高程异常的积分公式：

$$\zeta = \frac{R}{4\pi\gamma_t}\iint_\sigma (\Delta g + C)S(r,\psi)\mathrm{d}\sigma + \delta\zeta \tag{14.185}$$

$$\zeta = \frac{R}{4\pi\gamma_t}\iint_\sigma (\Delta g + \delta\Delta g_{\mathrm{dwc}})S(r,\psi)\mathrm{d}\sigma \tag{14.186}$$

$$\zeta = \frac{R}{4\pi\gamma_t}\iint_\sigma (\Delta g + \mathrm{TC})S(r,\psi)\mathrm{d}\sigma + \Delta\zeta \tag{14.187}$$

其中，式（14.185）来自前面的 Stokes-Helmert 边值问题解，也就是式（14.182）；式（14.186）最早源自 Bjerhammar（1964）的等效源思想，后来由 Moritz（1980）发展为解析延拓解，其中的解析延拓改正数 $\delta\Delta g_{\mathrm{dwc}}$ 由式（14.179）确定。Sjöberg（2000）认为，在数值上，式（14.185）和式（14.186）是等价的。因为 $C = \delta\Delta g_{\mathrm{dwc}} + \delta A^* + \delta S$，将其代入式（14.185），采用地形位球谐函数展开式，可证明式（14.188）成立（Sjöberg，2000；马健，2018）：

$$\frac{R}{4\pi\gamma_t}\iint_\sigma (\delta A^* + \delta S)S(r,\psi)\mathrm{d}\sigma = -\delta\zeta \tag{14.188}$$

将式（14.188）代入式（14.185），即可得到式（14.186）。式（14.187）来自 Molodensky 边值理论的一阶级数地形改正解（Moritz，1980；李建成等，2003），其中的改正项 $\Delta\zeta$ 由式（14.189）进行计算（见式（14.141））：

$$\Delta\zeta = -\frac{\pi G\rho h^2}{\gamma} - \frac{h\Delta g_B}{\gamma} - \frac{\pi G\rho\delta h^2}{\gamma} \tag{14.189}$$

式中，$\Delta g_B = \Delta g - 2\pi G\rho h$ 为布格重力异常；δh^2 为对应于地形高度平方 h^2 球谐函数展开式的零阶项和一阶项，其计算式为

$$\delta h^2(\mathrm{km}^2) = 0.453 - 0.018\sin\varphi + 0.087\cos\varphi\cos\lambda + 0.204\cos\varphi\sin\lambda \tag{14.190}$$

式中，(φ, λ) 为计算点的纬度坐标和经度坐标。

式(14.187)是基于重力与高程满足线性相关条件建立起来的，其假设与现实情况存在一定不符是必然的，由此引起的偏差大小取决于研究区域重力场变化特征的复杂程度。Sjöberg(2000)认为，这样的近似处理已经无法满足 21 世纪 1cm 大地水准面精化精度的目标要求，故他极力推荐使用式(14.186)进行高程异常解算，并按以下转换公式进一步计算大地水准面(李建成等，2003)：

$$N = \zeta + \frac{\Delta g_B}{\gamma}\cdot h - \frac{1}{2\gamma}\frac{\partial\delta g}{\partial h}\cdot h^2 \tag{14.191}$$

式中，扰动重力梯度可用重力异常梯度替代，并按式(14.192)进行计算：

$$\frac{\partial\delta g}{\partial h} \approx \frac{\partial\Delta g}{\partial h} = \frac{R^2}{2\pi}\iint_\sigma \frac{\Delta g - \Delta g_p}{l_0^3}\mathrm{d}\sigma - \frac{2}{R}\Delta g_p \tag{14.192}$$

式(14.192)右端第二项通常可略去。当研究区域缺乏足够的重力实测数据时，也可依据测区地形观测数据按式(14.193)计算重力异常梯度：

$$\frac{\partial\Delta g}{\partial h} \approx G\rho R^2\iint_\sigma \frac{h - h_\rho}{l_0^3}\mathrm{d}\sigma \tag{14.193}$$

采用式(14.186)和式(14.191)实施高程异常和大地水准面计算，主要基于两个方面的考虑：①节省计算工作量。因为式(14.185)和式(14.186)都涉及地面重力异常向下延拓解算问题，但前者比后者增加了地形直接影响和间接影响改正计算，前者与后者相比，唯一可能的优越性是，通过移去和补偿外部地形质量，使得经调整后的地面重力异常(如使用均衡补偿获得的均衡异常)比原空间重力异常趋于平缓，有利于提高地面重力异常向下延拓解算的稳定性，但如果采用 Helmert 第二压缩补偿模式，这一优越性并不显著。②避免由地形质量密度假设偏差引起的直接解算大地水准面面临的理论缺陷和计算误差。因为通过地面重力异常向下解析延拓计算高程异常，即使假设地形质量密度存在偏差，其计算结果也不会受到任何影响。而如果采用式(14.185)，那么密度存在偏差就意味着大地水准面外部的地形质量没有被

完全移去，还存在残余质量，因此不能完全满足 Stokes 边值理论条件，这是地形调整类方法在理论上避不开的“先天性”共同缺陷(Heiskanen et al., 1967)。

需要指出的是，当使用式(14.181)和式(14.182)计算大地水准面高和高程异常时，对计算模型进行适当的实用性改化也是必不可少的。本节参照本章前面几个专题的做法，分别对积分公式(14.181)和式(14.182)进行 3 项改化：①对地面重力异常进行地球引力位参考场移去-恢复技术改化；②利用超高阶位模型进行积分远区效应补偿；③对积分核函数进行截断改化处理。直接写出经改化后的计算模型为

$$N = N_{\text{ref}} + N_{\sigma-\sigma_0} + \frac{R}{4\pi\gamma_g}\int_0^{\psi_0}\int_0^{2\pi}(\Delta g - \Delta g_{\text{ref}} + C)S^{\text{WG}}(\psi)\sin\psi\,\mathrm{d}\alpha\,\mathrm{d}\psi + \delta N \tag{14.194}$$

$$\zeta = \zeta_{\text{ref}} + \zeta_{\sigma-\sigma_0} + \frac{R}{4\pi\gamma_t}\int_0^{\psi_0}\int_0^{2\pi}(\Delta g - \Delta g_{\text{ref}} + C)S^{\text{WG}}(r,\psi)\sin\psi\,\mathrm{d}\alpha\,\mathrm{d}\psi + \delta\zeta \tag{14.195}$$

式中，参考场位模型参数 Δg_{ref}、N_{ref} 和 ζ_{ref} 的计算式分别为

$$\Delta g_{\text{ref}} = \frac{GM}{R^2}\sum_{n=2}^{l}(n-1)\sum_{m=0}^{n}(\bar{C}_{nm}^{*}\cos(m\lambda) + \bar{S}_{nm}\sin(m\lambda))\bar{P}_{nm}(\sin\varphi) \tag{14.196}$$

$$N_{\text{ref}} = \frac{GM}{R\gamma}\sum_{n=2}^{l}\sum_{m=0}^{n}(\bar{C}_{nm}^{*}\cos(m\lambda) + \bar{S}_{nm}\sin(m\lambda))\bar{P}_{nm}(\sin\varphi) \tag{14.197}$$

$$\zeta_{\text{ref}} = \frac{GM}{r\gamma}\sum_{n=2}^{l}\left(\frac{a}{r}\right)^n\sum_{m=0}^{n}(\bar{C}_{nm}^{*}\cos(m\lambda) + \bar{S}_{nm}\sin(m\lambda))\bar{P}_{nm}(\sin\varphi) \tag{14.198}$$

积分远区效应 $N_{\sigma-\sigma_0}$ 和 $\zeta_{\sigma-\sigma_0}$ 的计算式分别为

$$N_{\sigma-\sigma_0} = \frac{GM}{2\gamma R}\sum_{n=l+1}^{L}(n-1)Q_n^N(\psi_0)T_n(\varphi,\lambda) \tag{14.199}$$

$$\varsigma_{\sigma-\sigma_0} = \frac{GM}{2\gamma r}\sum_{n=l+1}^{L}(n-1)Q_n^{\varsigma}(r,\psi_0)T_n(\varphi,\lambda) \tag{14.200}$$

$$Q_n^N(\psi_0) = \sum_{m=l+1}^{L}\frac{2m+1}{m-1}R_{nm}(\psi_0) \tag{14.201}$$

$$Q_n^{\varsigma}(r,\psi_0) = \sum_{m=l+1}^{L}\frac{2m+1}{m-1}\left(\frac{R}{r}\right)^{m+1}R_{nm}(\psi_0) \tag{14.202}$$

$$R_{nm}(\psi_0)=\int_{\psi_0}^{\pi}P_n(\cos\psi)P_m(\cos\psi)\sin\psi\mathrm{d}\psi \tag{14.203}$$

$$T_n(\varphi,\lambda)=\sum_{m=0}^{n}(\bar{C}_{nm}^{*}\cos(m\lambda)+\bar{S}_{nm}\sin(m\lambda))\bar{P}_{nm}(\sin\varphi) \tag{14.204}$$

改化核函数$S^{\mathrm{WG}}(\psi)$和$S^{\mathrm{WG}}(r,\psi)$的计算表达式分别为

$$S^{\mathrm{WG}}(\psi)=S(\psi)-\sum_{n=2}^{l}\frac{2n+1}{n-1}P_n(\cos\psi) \tag{14.205}$$

$$S^{\mathrm{WG}}(r,\psi)=S(r,\psi)-\sum_{n=2}^{l}\frac{2n+1}{n-1}\left(\frac{R}{r}\right)^{(n+1)}P_n(\cos\psi) \tag{14.206}$$

式中，GM 为万有引力常数与地球质量的乘积；l为位模型参考场的最高阶数；L 为超高阶位模型的最高阶数；$\bar{P}_{nm}(\sin\varphi)$为完全规格化缔合勒让德函数，$\bar{C}_{nm}^{*}$和$\bar{S}_{nm}$为完全规格化位系数；$T_n$为扰动位的$n$阶面球谐函数；$\psi_0$为球冠积分区$\sigma_0$半径。

14.6.4　数值计算检验与分析

为了验证前面基于 Stokes-Helmert 边值理论构建的(似)大地水准面计算模型及其改化处理方法的有效性，本节仍采用超高阶位模型作为标准场开展数值计算检验及分析比较研究。考虑到 Stokes-Helmert 边值问题涉及的边值条件是地球自然表面上的重力观测量，与 Molodensky 边值问题需要处理的边值条件相同，本节仍采用与 14.5.4 节完全一致的试验数据和试验区域，对前面提出的各类改化模型的计算效果进行数值计算检验及分析比较研究。为了避免重复，本节不再列出各类试验数据的统计结果和分布图，具体可参见 14.5.4 节。

首先计算由地形质量调整引起的地面重力异常直接影响和大地水准面间接影响量大小，具体结果列于表 14.23。

表 14.23　地形质量调整引起的直接影响和间接影响量特性统计

统计量	最小值	最大值	平均值	标准差	均方根
直接影响 δA /mGal	–37.76	54.04	–0.21	7.88	7.88
间接影响 δN /cm	–9.86	6.38	–0.17	2.25	2.26

由表 14.23 可知，由地形质量调整引起的地面重力异常最大影响量可达几十毫伽，均方根值也达几毫伽；由地形质量调整引起的大地水准面高最大影响量可达几厘米，均方根值也超过 2cm。图 14.31 和图 14.32 分别为直接影响和间接影响

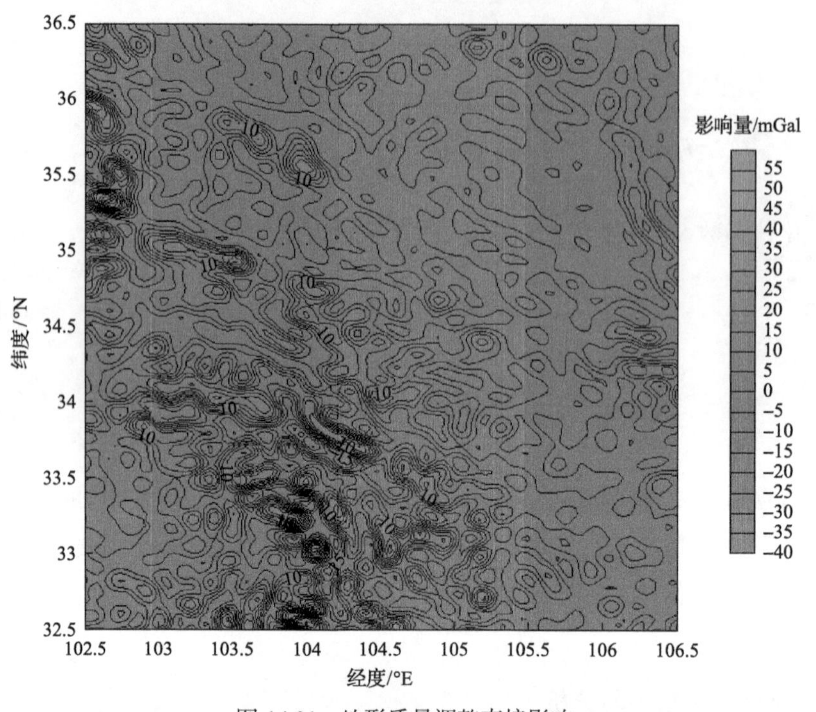

图 14.31　地形质量调整直接影响

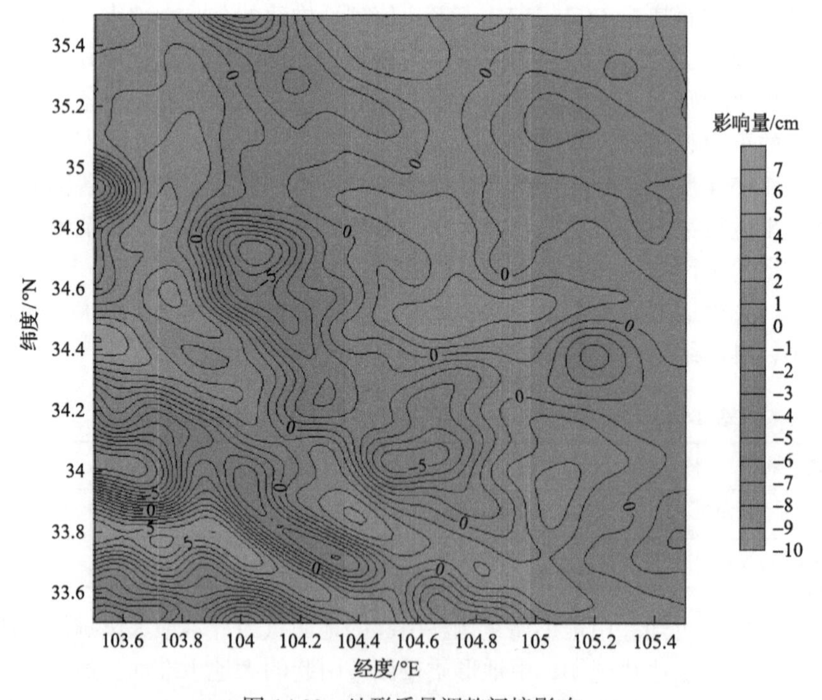

图 14.32　地形质量调整间接影响

的分布图，将它们与地形高度分布图进行对比不难看出，地形质量调整的直接影响和间接影响与地形高度具有较强的相关性，这是完全符合预期的结论。可以预见，如果计算区域位于地形起伏比较剧烈的大山区，那么由地形质量调整引起的直接影响和间接影响还会大幅增大，其量值可能达到上述数值的数倍。因此，在 Stokes-Helmert 边值问题解算中，精密计算直接影响和间接影响两个改正项是必不可少的步骤，必须确保计算结果的准确性。

选用 360 阶位模型 EGM2008 作为参考场，依次按照式(14.196)～式(14.198)分别计算重力异常、大地水准面高和高程异常的长波分量，并联合地面观测重力异常和地形质量调整直接影响量计算地面残差重力异常，采用解析延拓方法进一步将地面残差重力异常向下延拓到大地水准面(海面)，最后将其代入式(14.194)和式(14.195)，同时顾及积分远区效应影响和地形质量调整间接影响，可计算得到与 Stokes-Helmert 边值问题相对应的大地水准面高和高程异常解，将其与事先由 2160 阶位模型 EGM2008 计算得到的真值进行比较，可得到上述两个计算参数精度指标的量化评估信息。其中，中间解算过程得到的地面和大地水准面残差重力异常计算结果统计列于表 14.24，最终解算得到的大地水准面高和高程异常精度检核结果统计列于表 14.25。为了进行对比分析，表 14.25 同时列出了直接使用地面残差重力异常(即不进行向下延拓)计算大地水准面高和高程异常的精度检核结果。图 14.33 和图 14.34 分别为大地水准面高和高程异常计算值与模型真值的差值分布图。

表 14.24　地面和大地水准面残差重力异常计算结果统计　(单位：mGal)

统计量	最小值	最大值	平均值	标准差	均方根
地面残差 $\delta\Delta g^h$	–74.731	101.073	–0.421	18.614	18.619
海面残差 $\delta\Delta g^{h*}$	–60.419	128.556	–0.101	17.804	17.804

表 14.25　大地水准面高和高程异常精度检核结果统计　(单位：cm)

计算参数		最小值	最大值	平均值	标准差	均方根
N	进行向下延拓	–5.107	7.772	0.247	1.709	1.727
	不进行向下延拓	–9.092	12.706	–0.327	2.813	2.832
ζ	进行向下延拓	–8.526	6.089	–0.114	2.148	2.151
	不进行向下延拓	–7.320	7.830	–0.026	2.317	2.317

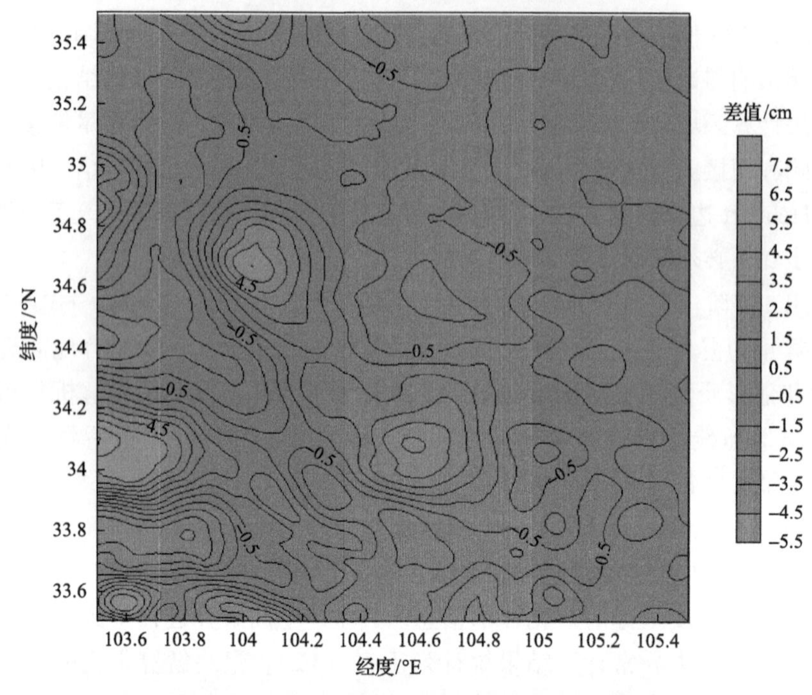

图 14.33　试验区大地水准面高计算值与真值互差

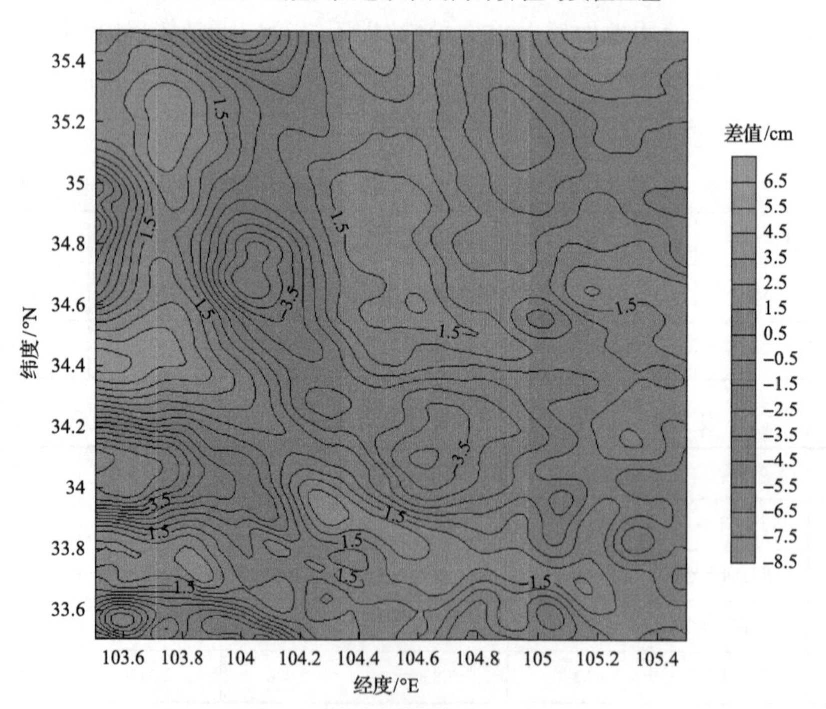

图 14.34　试验区高程异常计算值与真值互差

在前面的计算中，积分半径统一取为$\psi_0 = 1°$，为了减小积分边缘效应对评估结果的影响，试验区域边缘 1°范围内的数据不参加对比分析计算(下同)。从表 14.25 的结果可以看出，依据 Stokes 边值理论框架，按照 Helmert 第二压缩模式计算大地水准面高和高程异常的内符合精度在 2cm 左右，大地水准面的计算精度略优于高程异常，说明采用解析延拓方法将地面残差重力异常向下延拓到海平面的解算过程是可靠有效的。从表 14.25 还可以看出，如果不对地面残差重力异常进行向下延拓处理，即直接使用地面残差重力异常计算大地水准面高和高程异常，那么两个计算参数的内符合精度均略有降低，但降低幅度都不是很大，这个结果与表 14.24 给出的地面和大地水准面残差重力异常两组计算结果相差不大的结论相吻合。相比较而言，进行与不进行向下延拓处理对大地水准面计算精度的影响略大于高程异常，这可能与积分输入数据误差对计算结果的影响随计算高度的增加而降低有关。此外，对比图 14.33 和图 14.34 可以看出，大地水准面高和高程异常计算误差大小明显与地形变化剧烈程度有关，这也从另一个侧面说明，通过地形质量移去和补偿处理手段，并不能显著增加(似)大地水准面计算量中的高频成分，达不到大幅提升大山区(似)大地水准面计算精度的目的。

为了进一步考察数据观测噪声对大地水准面高和高程异常计算结果的影响，本节人为在模拟观测量Δg中分别加入 1mGal、3mGal 和 5mGal 的随机噪声，对应生成 3 组带噪声的观测量，并重复前面的计算和对比检核过程。加入观测噪声后，地面残差重力异常向下延拓到大地水准面的残差重力异常相对于不加观测噪声时的变化量统计结果如表 14.26 所示，与表 14.25 相对应的大地水准面高和高程异常计算精度检核结果如表 14.27 所示。

表 14.26　数据观测噪声对地面残差重力异常向下延拓计算结果的影响（单位：mGal）

观测噪声	最小值	最大值	平均值	标准差	均方根
1	–5.947	5.584	0.000	0.681	0.681
3	–27.849	21.739	0.004	2.133	2.133
5	–30.303	28.807	–0.009	3.402	3.402

表 14.27　数据观测噪声对 Stokes-Helmert 方法计算大地水准面高和高程异常结果的影响

计算参数	观测噪声/mGal	最小值/cm	最大值/cm	平均值/cm	标准差/cm	均方根/cm
N	0	–5.107	7.772	0.247	1.709	1.727
	1	–5.059	7.376	0.247	1.702	1.720
	3	–5.690	8.545	0.243	1.723	1.740
	5	–5.278	7.933	0.236	1.780	1.796
ζ	0	–8.526	6.089	–0.114	2.148	2.151
	1	–8.746	6.099	–0.113	2.157	2.160
	3	–8.256	5.909	–0.117	2.161	2.164
	5	–8.786	6.359	–0.122	2.171	2.174

从表 14.26 和表 14.27 的结果可以看出，尽管数据观测噪声对地面重力异常向下延拓、大地水准面高和高程异常计算结果的影响都随观测噪声的增大而增大，但其影响量值均不算显著。这说明，数值积分算子对随机噪声有很好的抑制作用，数据观测噪声对大地水准面高和高程异常计算结果的影响几乎可以忽略不计，但有色噪声的影响不可忽视，其影响规律有待进行进一步的研究。

最后，为了验证前面针对大地水准面高和高程异常计算式(14.181)和式(14.182)进行的三方面改化(见式(14.194)和式(14.195))的计算效果，这里仍然按照前面几个专题相同的研究思路，设计与三方面改化相对应的分步改化模型数值计算试验。以大地水准面高为例，首先按照 4 种计算方案完成大地水准面高的计算，然后将 4 组计算结果分别与事先由位模型计算得到的大地水准面高真值进行比较，可得到相对应的分步改化模型精度评估结果，具体对比结果如表 14.28 所示。其中，大地水准面高 4 种计算方案设计如下。

表 14.28　Stokes-Helmert 方法计算大地水准面高几种改化模型精度评估结果（单位：cm）

计算方案	最小值	最大值	平均值	标准差	均方根
①	−7.242	16.070	3.071	4.336	5.314
②	−7.798	14.237	3.151	4.091	5.164
③	−11.246	14.832	0.308	4.935	4.944
④	−5.107	7.772	0.247	1.709	1.727

计算方案①：采用第一步改化模型，即在式(14.194)中只考虑移去和恢复参考场的作用，不顾及远区效应的影响，也不进行核函数改化处理。

计算方案②：采用第二步改化模型，即在计算方案①基础上考虑数值积分远区效应的影响。

计算方案③：采用第三步改化模型，即在计算方案①基础上增加积分核函数改化处理。

计算方案④：采用第四步改化模型，即在计算方案①基础上既考虑数值积分远区效应的影响，同时增加积分核函数改化处理。

从表 14.28 的结果可以看出，大地水准面高计算模型的每一步改化都对其计算精度产生了不可忽略的影响，其影响量均达到了厘米级的水平，积分核函数改化对消除计算结果的系统偏差具有显著作用，但如果只实施其中的一步改化处理，那么仍然无法达到显著提升大地水准面高计算精度的目的，这个结果一方面说明对(似)大地水准面计算模型进行适当改化是必要的，另一方面也说明不同改化步骤之间存在比较明显的耦合效应(因参考场阶次、积分半径和核函数选择均与谱泄漏程度有关)，必须联合使用才能达到预期效果。由表 14.25、表 14.27 和表 14.28 可知，综合采用各种改化处理手段后，(似)大地水准面计算模型的内符合精度已经提升到 2cm，从理论上讲，这样的水平能够满足当前各类工程应用对大地水准面精化的指标要求。

14.6.5　专题小结

通过移去大地水准面外部的地形质量，Stokes-Helmert 方法消除了传统 Stokes 边值问题固有的理论缺陷，开创了计算(似)大地水准面的新途径，最近一个时期该方法受到了国内外学者的极大关注。本专题研究主要针对实际应用 Stokes-Helmert 理论实施(似)大地水准面计算的方法步骤、模型改化和效能评估问题，开展理论上的分析研究和数值计算检验。首先详细解析了 Stokes-Helmert 方法的基本原理和计算模型，研究探讨该方法与其他现有方法的联系和差异性，分析比较了 Stokes-Helmert 计算模型和相同类别模型的技术特点，提出了 Stokes-Helmert 计算模型的实用性改化方法，同时设计了 3 个级别数据观测噪声影响和 4 种分步改化模型试验检验方案，将超高阶位模型 EGM2008 作为数值模拟标准场，对观测噪声影响和分步改化模型的计算效果进行了内符合精度检核。结果表明，如果数据观测误差是纯粹的随机噪声，那么此类误差对(似)大地水准面计算精度的影响几乎可以忽略不计；每一步骤的模型改化处理都对提升(似)大地水准面计算精度发挥了不可替代的作用，联合采用经 3 个步骤改化的实用模型计算(似)大地水准面，可取得 2cm 左右的内符合精度。

需要指出的是，正如本专题研究所述，Stokes-Helmert 方法并不属于一种新型的边值问题理论，而只是诸多采用移去和补偿地形模式求定大地水准面方法中的一种。因理论要求地形质量调整对地面扰动位的总影响为零，故无论怎么对地形质量进行调整，都不会对地面扰动位计算结果产生任何影响。因此，与现行的其他方法相比较，Stokes-Helmert 方法用于精化似大地水准面(即高程异常)的优势究竟体现在哪些方面，还有待进行深入的理论研究和实践验证。

14.7　利用高阶径向偏导数带限模型进行重力向下延拓计算

14.7.1　问题的提出

如前所述，位场向下延拓计算一直是地球物理学和大地测量学研究领域的一个热点问题。重力向下延拓主要有 3 个方面的重要应用：①卫星和航空重力测量数据向地面基准面的归算，用于建立统一的重力场数值模型(Moritz，1980；王兴涛等，2004a；Abedi et al.，2013；Sebera et al.，2014；Pitoňák et al.，2020)；②地面观测数据向地球内部靠近位场源体的归算，以增强地球内部浅层质量分布异常的映射强度，提高位场数据解释推断的可靠性(Leao et al.，1989；Pawlowski，1995；Fedi et al.，2002；Trompat et al.，2003；陈生昌等，2007；Li et al.，2013)；③地面观测数据向大地水准面的归算，以求解大地测量边值问题(Heiskanen et al.，1967；Moritz，1980；Martinec，1996；Novák et al.，2002；Hofmann-Wellenhof et al.，2006；Sansò et al.，2013)。因位场向下延拓在数学上属于典型的不适定反问题，其延拓算子对高频噪声具有明显的放大作用，故其解算结果很容易受到观测噪声的干扰而偏离正确的问题解(Martinec，1996；Xu，1998；Fedi et al.，2002；王彦飞，2007)。针对此问题，诸多学者通过分析研究提出了许多富有成效的处理方法，这些方法归纳起来主要有 3 种类型(黄谟涛等，2018a)：①直接求逆法，依据源自 Dirichlet 问题球面解的 Poisson 积分公式(Heiskanen et al.，1967)，通过迭代、非迭代、快速傅里叶变换等计算方法，求取逆 Poisson 积分公式的数值解。因求逆过程必定会引起数值解算不稳定性问题，故此类方法必须通过不同形式的正则化方法来提高数值解算的稳定性(Huestis et al.，1979；Hansen et al.，1993；Xu，1998；Kern，2003；王兴涛等，2004a；Cooper，2004；Alberts et al.，2004；张辉等，2009；Zeng et al.，2013，2014；Zhang et al.，2016)，但最优正则化参数选择一直是一个难题，迭代解算方法则会放大高频观测噪声的影响(Xu et al.，2007；姚长利等，2012；Zeng et al.，2013)。②间接求逆法，包括配置法(Moritz，1980；Hwang et al.，2007)、等效源方法(Bjerhammar，1964；Dampney，1969；Sünkel，1983；Li et al.，2010)、多尺度边缘分解法(Boschetti et al.，2003；宁津生等，2005)和矩谐分析法(蒋涛等，2013)等，此类方法虽然避开了直接求逆 Poisson 积分公式的问题，但仍涉及矩阵求逆过程，因此也不可避免地存在不稳定性问题。③统称为非求逆法，包括联合使用超高阶位模型和地形高信息确定向下延拓改正数的差分补偿方法(黄谟涛等，2014b，2015c)，基于位场观测数据有限频谱带宽(band-limited)的直接积分法(Novák et al.，2001a，2002，2003a；Kern，2003)，基于重力观测数据随机特性的谱组合法(Kern et al.，2003；Pitoňák et al.，2020)，以及基于泰勒级数展开的解析延拓法(Peters，1949；Moritz，1980；Fedi et al.，2002；Mansi et al.，2017)。精确求取位场各阶垂向偏导数是运用泰勒级数展开解析延拓法的关键，Moritz(1980)基于物理大地测量理论推出了重力异常高阶径向偏导数的递推计算式；Fedi 等(2002)提出了基于组合二阶垂向偏导数(integrated second vertical derivative, ISVD)的泰勒级数延拓模型；王彦国等(2011)提出了在频率域通过迭代计算确定垂向偏导数的方法；Ma 等(2013)将该迭代计算法推广应用到空间域；Zhang 等(2013)提出了相类似的泰勒级数延拓方法；张冲等(2017)、Zhang 等(2018)基于中值定理数值解公式，建立了不同形式的泰勒级数延拓模型；黄谟涛等(2018a)提出了基于向上延拓信息的泰勒级数向下延拓方法；Tran 等(2020)依据同样的原理建立了位场向下延拓与向上延拓值的关系式。从各种试验和对比结果可以看出，泰勒级数延拓模型在计算稳定性和计算精度两个方面确实显示出一定的优越性，但通过迭代方法计算高阶垂向偏导数同样存在一定的不确定性(Fedi et al., 2002；Tran et al., 2020)，利用向上延拓计算值推算垂向偏导数或直接计算向下延拓值的做法，在抑制观测噪声的同时，也可能同时剔除有用的位场观测高频信息(黄谟涛等，2018a)，如何平衡两者之间的关系，是值得进一步探讨的问题。Wei(2014)曾依据外部调和函数满足的 Poisson 积分公式，推出重力异常从一阶至九阶的径向偏导数积分公式，但因封闭解析核函数在边界面不连续即存在奇异性问题，该组公式在理论上的严密性还有待进一步的论证，通过仿真计算发现，该组公式计算值与对比基准值存在较大偏差，无法证实该组公式的有效性。相比封闭解析核函数，以球谐函数展开式表达的核函数，不仅在重力场频谱特性分析中有独特优势(Heiskanen et al., 1967)，在局部重力场逼近计算中也发挥着特殊的作用(Novák et al., 2001a，2002，2003a；Kern，2003)。为此，本专题研究将地球外部重力异常 Poisson 积分公式中的解析核函数替换为球谐函数展开式，并以此为基础，通过更直观的直接求导方法，推导得到一组新的重力异常高阶径向偏导数积分公式。同时考虑到各类重力观测经滤波处理后均表现为一类有限频谱带宽的信号，进一步将核函数的球谐函数展开式截断为与重力观测值频谱范围相一致的带限求和，从而得到最终的重力异常高阶径向偏导数带限计算公式。通过仿真计算，验证了该组新公式的准确性和可靠性，同时通过一系列的数值计算检验和对比分析，评估了该组公式应用于泰勒级数展开模型的重力向下延拓计算效果。

14.7.2　计算模型

14.7.2.1　重力异常高阶导数的封闭计算式及分析

根据重力场解析延拓理论(Moritz，1980)，如果已知某一高度面(h)的观测重力异常(Δg_{ob})，可依照如下泰勒级数展开式求得零高度面上的重力异常(Δg_{con})(Fedi et al.，2002；黄谟涛等，2018a)：

$$\begin{aligned}\Delta g_{\text{con}} &= \Delta g_{ob} - h\frac{\partial \Delta g}{\partial h} + \frac{1}{2!}h^2\frac{\partial^2 \Delta g}{\partial h^2} - \cdots \\ &= \Delta g_{ob} - \sum_{n=1}^{\infty}\frac{(-1)^{n-1}}{n!}h^n\frac{\partial^n \Delta g}{\partial h^n}\end{aligned} \tag{14.207}$$

式中，$\partial^n \Delta g / \partial h^n$ 为重力异常(Δg)在观测高度面上的 n 阶垂向偏导数。

由式(14.207)可知，实现重力异常向下延拓计算的关键是准确获取重力异常的各阶垂向偏导数。在实际应用中，很难直接获得各阶垂向偏导数的观测值，一般只能依靠位场的观测量来计算同一观测面上的各阶垂向偏导数(Fedi et al., 2002；张冲等，2017；Zhang et al.，2018；黄谟涛等，2018a；Tran et al.，2020)。

Heiskanen 等(1967)基于 Poisson 积分公式推出了重力异常一阶径向偏导数的积分公式；Moritz(1980)利用向上延拓算子和向下延拓算子与微分算子之间的关联性，推出了重力异常高阶径向偏导数的递推公式；考虑到该组递推公式计算过程过于复杂，随着偏导数阶数的升高，递推过程不仅会导致数据需求范围加大、计算效率降低，同时可能引起计算结果的不稳定性等问题，Wei(2014)依照 Heiskanen 等(1967)推导一阶径向偏导数时采用的研究思路，推出了重力异常更高阶径向偏导数的直接积分封闭计算式(以下简称 Wei(2014)公式)。依据 Wei(2014)公式，使用观测面上的重力异常即可直接计算得到观测面上的各阶径向偏导数，计算高阶偏导数时不需要低阶偏导数的计算值。显然，从形式上看，相较于传统的 Moritz(1980)递推方法，Wei(2014)公式具有比较明显的优势，它不仅可以一次性计算得到所需要的各阶径向偏导数，同时降低了对观测数据覆盖范围的要求。因此，如果能够证实 Wei(2014)公式是可靠有效的，那么使用该组公式计算得到的径向偏导数替代垂向偏导数，即可快速完成由式(14.207)定义的重力异常向下延拓计算。遗憾的是，通过仿真计算发现，该组公式从二阶偏导数开始都无法实现数值上的精准闭环，也就是仿真计算结果回不到理论上的真值，两者偏差远大于预期。这说明，该组公式的有效性还有待进一步的检核。

分析 Wei(2014)公式的推导过程发现，Wei(2014)公式不能给出预期计算结果的原因可能与积分核函数在边界面不满足连续可微条件有关。实际上，根据作者的推证结果，Wei(2014)使用与 Heiskanen 等(1967)推导一阶径向偏导数相同思路推导得到的高阶导数计算公式，与另一种更直观的直接求导结果完全一致。考虑到本专题研究推出的新公式是对 Wei(2014)公式的改进和拓展，这里首先简要给出作者关于 Wei(2014)公式的直接求导法推导过程和结果。

由重力位场理论可知，球外 Dirichlet 问题的直接球面解为著名的 Poisson 积分公式(Heiskanen et al.，1967)：

$$V_e(r,\theta,\lambda)=\frac{R(r^2-R^2)}{4\pi}\iint_\sigma \frac{V(R,\theta',\lambda')}{l^3}\mathrm{d}\sigma \tag{14.208}$$

式中，σ 为单位球面；$\mathrm{d}\sigma$ 为单位球面的面积元；$V(R,\theta',\lambda')$ 为球面上已知的位场调和函数；$V_e(r,\theta,\lambda)$ 为球面外部空间未知的位场调和函数；$l=\sqrt{r^2+R^2-2rR\cos\psi}$ 为计算点 $P(r,\theta,\lambda)$ 至积分流动点 $Q(R,\theta',\lambda')$ 之间的空间距离，ψ 为计算点至流动点之间的球面角距，r 为计算点地心向径，R 为地球平均半径。

为了消除式(14.208)的奇异性，依据 Heiskanen 等(1967)的思路，将式(14.208)转换为

$$V_e(r,\theta,\lambda)=\frac{R(r^2-R^2)}{4\pi}\iint_\sigma \frac{V(R,\theta',\lambda')-V_p(R,\theta,\lambda)}{l^3}\mathrm{d}\sigma+\frac{R}{r}V_p(R,\theta,\lambda) \tag{14.209}$$

式中，$V_p(R,\theta,\lambda)$ 为球面上计算点 $P(r,\theta,\lambda)$ 处的位场观测量。

将调和函数 $V_e(r,\theta,\lambda)=r\Delta g$ 代入式(14.209)可得

$$\Delta g=\frac{R^2(r^2-R^2)}{4\pi r}\iint_\sigma \frac{\Delta g_R-\Delta g_p}{l^3}\mathrm{d}\sigma+\frac{R^2}{r^2}\Delta g_p \tag{14.210}$$

式中，Δg 为球面外的重力异常；Δg_R 为球面上的重力异常；Δg_p 为球面外计算点在球面投影点处的重力异常。

式(14.210)就是常见的使用地面观测重力异常计算地球外部重力异常的 Poisson 积分公式，其封闭解析核函数为

$$K(r,\psi)=\frac{R^2(r^2-R^2)}{rl^3} \tag{14.211}$$

式(14.210)可改写为

$$\Delta g=\frac{1}{4\pi}\iint_\sigma(\Delta g_R-\Delta g_p)K(r,\psi)\mathrm{d}\sigma+\frac{R^2}{r^2}\Delta g_p \tag{14.212}$$

可见，直接对式(14.212)求偏导数，即可得到球面外部重力异常不同阶次的径向偏导数积分公式为

$$\frac{\partial^i\Delta g}{\partial r^i}=\frac{1}{4\pi}\iint_\sigma(\Delta g_R-\Delta g_p)\frac{\partial^i K(r,\psi)}{\partial r^i}\mathrm{d}\sigma+R^2\Delta g_p\frac{\partial^i(r^{-2})}{\partial r^i} \tag{14.213}$$

依据式(14.211)，不难推得

$$\begin{aligned}\frac{\partial K(r,\psi)}{\partial r}&=-\frac{3R^2(r^2-R^2)(2r-2R\cos\psi)}{2rl^5}+\frac{2R^2}{l^3}-\frac{R^2(r^2-R^2)}{r^2l^3}\\&=\frac{R^2}{r^2l^5}[-2r^4+5r^2R^2+R^4+rR\cos\psi(r^2-5R^2)]\end{aligned} \tag{14.214}$$

$$\begin{aligned}\frac{\partial^2K(r,\psi)}{\partial^2 r}&=\frac{15R^2(r^2-R^2)(2r-2R\cos\psi)^2}{4rl^7}-\frac{3R^2(r^2-R^2)}{rl^5}-\frac{6R^2(2r-2R\cos\psi)}{l^5}\\&\quad+\frac{3R^2(r^2-R^2)(2r-2R\cos\psi)}{r^2l^5}-\frac{2R^2}{rl^3}+\frac{2R^2(r^2-R^2)}{r^3l^3}\\&=\frac{R^2}{r^3l^7}\{6r^6-29r^4R^2-7r^2R^4-2R^6\\&\quad+rR\cos\psi[-6r^4+56r^2R^2+14R^4+rR\cos\psi(3r^2-35R^2)]\}\end{aligned} \tag{14.215}$$

$$R^2 \Delta g_p \frac{\partial (r^{-2})}{\partial r} = -\frac{2R^2}{r^3} \Delta g_p \tag{14.216}$$

$$R^2 \Delta g_p \frac{\partial^2 (r^{-2})}{\partial r^2} = \frac{6R^2}{r^4} \Delta g_p \tag{14.217}$$

在式(14.214)～式(14.217)中令 $r = R$，可推得球面上的偏导数计算式为

$$\left. \frac{\partial K(r,\psi)}{\partial r} \right|_{r=R} = \frac{2R^2}{l_0^3} \tag{14.218}$$

$$\left. \frac{\partial^2 K(r,\psi)}{\partial r^2} \right|_{r=R} = -\frac{8R}{l_0^3} \tag{14.219}$$

$$\left. R^2 \Delta g_p \frac{\partial (r^{-2})}{\partial r} \right|_{r=R} = -\frac{2}{R} \Delta g_p \tag{14.220}$$

$$\left. R^2 \Delta g_p \frac{\partial^2 (r^{-2})}{\partial r^2} \right|_{r=R} = \frac{6}{R^2} \Delta g_p \tag{14.221}$$

式中，$l_0 = 2R\sin(\psi / 2)$。

将式(14.218)～式(14.221)代入式(14.213)，可依次得到重力异常在球面上的一阶径向偏导数和二阶径向偏导数计算式分别为

$$\frac{\partial \Delta g}{\partial r} = \frac{R^2}{2\pi} \iint_\sigma \frac{\Delta g_R - \Delta g_p}{l_0^3} \mathrm{d}\sigma - \frac{2}{R} \Delta g_p \tag{14.222}$$

$$\frac{\partial^2 \Delta g}{\partial r^2} = -\frac{2R}{\pi} \iint_\sigma \frac{\Delta g_R - \Delta g_p}{l_0^3} \mathrm{d}\sigma + \frac{6}{R^2} \Delta g_p \tag{14.223}$$

依据同样的推导过程，可推得三阶径向偏导数及更高阶径向偏导数积分表达式，为了节省篇幅，这里直接列出最高至五阶径向偏导数的计算式，即

$$\frac{\partial^3 \Delta g}{\partial r^3} = \frac{9}{4\pi} \iint_\sigma \left(\frac{25}{6} - \frac{2R^2}{l_0^2} \right) \frac{\Delta g_R - \Delta g_p}{l_0^3} \mathrm{d}\sigma - \frac{24}{R^3} \Delta g_p \tag{14.224}$$

$$\frac{\partial^4 \Delta g}{\partial r^4} = \frac{1}{\pi R} \iint_\sigma \left(-\frac{105}{2} + \frac{54R^2}{l_0^2} \right) \frac{\Delta g_R - \Delta g_p}{l_0^3} \mathrm{d}\sigma + \frac{120}{R^4} \Delta g_p \tag{14.225}$$

$$\frac{\partial^5 \Delta g}{\partial r^5}=\frac{75}{4\pi R^2}\iint_\sigma\left(\frac{147}{8}-\frac{147R^2}{5l_0^2}+\frac{6R^4}{l_0^4}\right)\frac{\Delta g_R-\Delta g_p}{l_0^3}\mathrm{d}\sigma-\frac{720}{R^5}\Delta g_p \tag{14.226}$$

将上述推导结果与 Wei(2014)公式进行对比，不难发现，两组积分公式是完全一致的。这个结果说明，本节使用的直接求导法与 Wei(2014)采用调和函数径向偏导数作为过渡量的间接求导法不存在本质区别，不必进行过多的讨论。但需要特别指出的是，经数值计算检验发现，Wei(2014)给出的重力异常高阶径向偏导数计算公式(也就是前面推出的式(14.222)～式(14.226))，除了一阶径向偏导数外，其他高阶径向偏导数计算公式均无法给出有效可靠的结果(见后面算例)。分析其原因，可能与推导该组公式所依据的 Poisson 积分公式的适用条件有关，因为依据 Heiskanen 等(1967)的研究，Poisson 积分公式是球外 Dirichlet 问题的直接球面解，其适用条件为 $r>R$ 。当 $r=R$ 时，积分核函数在计算点处将出现分子分母同时为零的不定式($0/0$)情形，即存在奇异点，说明积分核函数在球边界面不满足连续可微条件，也就不满足“求导”与“积分”运算交换次序的基本条件，故不能直接对 Poisson 积分公式进行求导。此外，对比式(14.218)和式(14.219)可以看出，对应于一阶径向偏导数和二阶径向偏导数的两个核函数的变化形态完全一致，只是在量值大小上存在差异，显然这个结果在理论上是行不通的，这也从另一个侧面说明，Wei(2014)公式存在理论上的缺陷。为了解决核函数奇异性问题，Heiskanen 等(1967)采用了一种基于积分恒等式的数值置换方法，即将积分公式内每一个已知的位场观测量都减去计算点处的观测量，然后在积分公式外恢复计算点观测量的影响，具体表达形式如式(14.209)和式(14.210)所示。但正如 Heiskanen 等(1967)所述，数值置换方法只是在一定程度上中和了核函数的奇异性，而非完全消除了奇异性，因为数值置换方法所依据的积分恒等式在边界面($r=R$)上并不成立。也许正是由于核函数的奇异性得到了一定程度的中和，Poisson 积分公式的一阶偏导数才得以在边界面上逼近稳定的解析解。依据 Moritz(1980)、于锦海等(2001)及 Sansò 等(2013)的研究，尽管式(14.222)是一个强奇异积分，但当重力异常观测量足够平滑，如存在有界的二阶径向偏导数时，式(14.222)存在 Cauchy 主值意义下的积分解。而对于阶数大于 1 的更高阶径向偏导数，其核函数的奇异性变得更强，基于初始 Poisson 积分核的数值置换方法不再适用，导致由此导出的高阶径向偏导数计算式最终失效。虽然采用 Moritz(1980)提出的由 $k-1$ 阶径向偏导数推算 k 阶径向偏导数方法，可以从理论上解决高阶径向偏导数的计算稳定性问题，但递推过程不仅会导致计算结果的有效范围逐步缩小，降低观测数据的使用效率，同时随着递推阶数的增大，低阶径向偏导数的计算误差通过累积也可能引起高阶径向偏导数计算结果的不稳定性。

14.7.2.2 高阶径向偏导数带限计算模型

由前面的分析可知，Wei(2014)公式的问题主要是积分核函数在球边界面上存在跳点，不满足连续可微及"求导"与"积分"运算交换次序条件。为解决此问题，本专题研究提出将 Poisson 积分公式中的封闭解析核函数替换为球谐函数展开式，并以此为基础，通过直接求导方法推出形式更简单的重力异常高阶径向偏导数积分计算公式。

由 Heiskanen 等(1967)的研究可知，原始的地球外部重力异常积分公式为

$$\Delta g=\frac{R^2(r^2-R^2)}{4\pi r}\iint_\sigma\frac{\Delta g_R}{l^3}\mathrm{d}\sigma=\frac{1}{4\pi}\iint_\sigma\Delta g_R K(r,\psi)\mathrm{d}\sigma \tag{14.227}$$

其相对应的径向偏导数积分公式可表示为

$$\frac{\partial^i\Delta g}{\partial r^i}=\frac{1}{4\pi}\iint_\sigma\Delta g_R\frac{\partial^i K(r,\psi)}{\partial r^i}\mathrm{d}\sigma \tag{14.228}$$

同时，存在下列恒等式：

$$\frac{R(r^2-R^2)}{l^3}=\sum_{n=0}^{\infty}(2n+1)\left(\frac{R}{r}\right)^{n+1}P_n(\cos\psi) \tag{14.229}$$

式中，$P_n(\cos\psi)$ 为 n 阶勒让德函数。

将式(14.229)代入式(14.211)可得

$$K(r,\psi)=\sum_{n=0}^{\infty}(2n+1)\left(\frac{R}{r}\right)^{n+2}P_n(\cos\psi) \tag{14.230}$$

依次对式(14.230)求一阶～五阶径向偏导数，并令 $r=R$，可得球面上的核函数偏导数为

$$\frac{\partial K(r,\psi)}{\partial r}=-\frac{1}{R}\sum_{n=0}^{\infty}(2n+1)(n+2)P_n(\cos\psi) \tag{14.231}$$

$$\frac{\partial^2 K(r,\psi)}{\partial r^2}=\frac{1}{R^2}\sum_{n=0}^{\infty}(2n+1)(n+2)(n+3)P_n(\cos\psi) \tag{14.232}$$

$$\frac{\partial^3 K(r,\psi)}{\partial r^3}=-\frac{1}{R^3}\sum_{n=0}^{\infty}(2n+1)(n+2)(n+3)(n+4)P_n(\cos\psi) \tag{14.233}$$

$$\frac{\partial^4 K(r,\psi)}{\partial r^4}=\frac{1}{R^4}\sum_{n=0}^{\infty}(2n+1)(n+2)(n+3)(n+4)(n+5)P_n(\cos\psi) \tag{14.234}$$

$$\frac{\partial^5 K(r,\psi)}{\partial r^5}=-\frac{1}{R^5}\sum_{n=0}^{\infty}(2n+1)(n+2)(n+3)(n+4)(n+5)(n+6)P_n(\cos\psi) \tag{14.235}$$

分别将式(14.231)～式(14.235)代入式(14.228)，可得到由勒让德多项式级数展开表达的重力异常高阶径向偏导数积分公式为

$$\frac{\partial\Delta g}{\partial r}=-\frac{1}{4\pi R}\iint_\sigma \Delta g_R\sum_{n=0}^{\infty}(2n+1)(n+2)P_n(\cos\psi)\mathrm{d}\sigma \tag{14.236}$$

$$\frac{\partial^2\Delta g}{\partial r^2}=\frac{1}{4\pi R^2}\iint_\sigma \Delta g_R\sum_{n=0}^{\infty}(2n+1)(n+2)(n+3)P_n(\cos\psi)\mathrm{d}\sigma \tag{14.237}$$

$$\frac{\partial^3\Delta g}{\partial r^3}=-\frac{1}{4\pi R^3}\iint_\sigma \Delta g_R\sum_{n=0}^{\infty}(2n+1)(n+2)(n+3)(n+4)P_n(\cos\psi)\mathrm{d}\sigma \tag{14.238}$$

$$\frac{\partial^4\Delta g}{\partial r^4}=\frac{1}{4\pi R^4}\iint_\sigma \Delta g_R\sum_{n=0}^{\infty}(2n+1)(n+2)(n+3)(n+4)(n+5)P_n(\cos\psi)\mathrm{d}\sigma \tag{14.239}$$

$$\frac{\partial^5\Delta g}{\partial r^5}=-\frac{1}{4\pi R^5}\iint_\sigma \Delta g_R\sum_{n=0}^{\infty}(2n+1)(n+2)(n+3)(n+4)(n+5)(n+6)P_n(\cos\psi)\mathrm{d}\sigma \tag{14.240}$$

由球谐函数展开理论可知，当 $r>R$ 时，由勒让德函数的级数展开式(14.230)表示的积分核函数收敛，偏导数积分公式(14.228)成立并有效；而当 $r=R$ 时，各阶偏导数的积分核函数表达式(14.231)～式(14.235)均为级数发散，此时，直接使用式(14.236)～式(14.240)都无法完成重力异常高阶径向偏导数的计算。为了解决级数发散问题，可以采用球谐函数的有限线性组合对积分核函数进行一致逼近。实际上，根据 Moritz(1980)的研究，将球谐函数展开式进行截断，就可以很方便地得到合适的线性组合，此时得到的这个有限线性组合表达式一定是收敛的。据此，只要在式(14.236)～式(14.240)中将勒让德函数展开式的求和项统一截断到 N 阶，就能直接得到计算重力异常高阶径向偏导数的收敛表达式。以一阶径向偏导数计算式为例(其他高阶径向偏导数类同)，其实用计算式可表示为

$$\frac{\partial\Delta g}{\partial r}=\frac{1}{4\pi}\iint_\sigma \Delta g_R K_1(R,\psi)\mathrm{d}\sigma \tag{14.241}$$

此时，积分核函数 $K_1(R,\psi)$ 为有限项展开式：

$$K_1(R,\psi)=-\frac{1}{R}\sum_{n=0}^{N}(2n+1)(n+2)P_n(\cos\psi) \tag{14.242}$$

实际上，还可以从另一个角度来分析讨论使用截断球谐函数展开式一致逼近

积分核函数，进而完成重力异常高阶径向偏导数计算的合理性。以一阶径向偏导数计算式为例，首先将式(14.236)改写为

$$\frac{\partial \Delta g}{\partial r}=-\frac{1}{4\pi R}\iint_{\sigma}\sum_{n=0}^{\infty}(2n+1)(n+2)\Delta g_R(\theta',\lambda')P_n(\cos\psi)\mathrm{d}\sigma \tag{14.243}$$

由 Heiskanen 等(1967)的研究可知，重力异常n阶拉普拉斯(Laplace)面球谐函数可依据球面观测值展开表示为

$$\Delta g_n(\theta,\lambda)=\frac{2n+1}{4\pi}\iint_{\sigma}\Delta g_R(\theta',\lambda')P_n(\cos\psi)\mathrm{d}\sigma \tag{14.244}$$

将式(14.244)代入式(14.243)，可得

$$\frac{\partial \Delta g}{\partial r}=-\frac{1}{R}\sum_{n=0}^{\infty}(n+2)\Delta g_n(\theta,\lambda) \tag{14.245}$$

又得知地球外部空间重力异常的球谐函数展开式可表示为(黄谟涛等，2005)

$$\begin{aligned}\Delta g(r,\theta,\lambda)&=\frac{GM}{R^2}\sum_{n=2}^{\infty}\left(\frac{R}{r}\right)^{n+2}(n-1)\sum_{m=0}^{n}(\bar{C}_{nm}^{*}\cos(m\lambda)+\bar{S}_{nm}\sin(m\lambda))\bar{P}_{nm}(\cos\theta)\\&=\sum_{n=2}^{\infty}\left(\frac{R}{r}\right)^{n+2}\Delta g_n(\theta,\lambda)\end{aligned} \tag{14.246}$$

式中，GM 为万有引力常数与地球质量的乘积；$\bar{P}_{nm}(\cos\theta)$ 为完全规格化缔合勒让德函数；$\bar{C}_{nm}^{*}$ 和 $\bar{S}_{nm}$ 为完全规格化地球位系数。

不难看出，对式(14.246)求径向偏导数，并令 $r=R$，即可直接得到式(14.245)。根据同样的思路，可推证二阶及以上高阶径向偏导数计算式也有相类似的对等关系。由此可见，使用由截断球谐函数展开式(14.242)表示的积分核函数进行重力异常一阶径向偏导数计算，实质上是将球面重力异常观测量展开为有限阶次N的Laplace 面球谐函数级数，同时等价于将球面重力异常的球谐函数无穷级数展开式截断为与积分核函数展开式相同阶数的有限项级数和。显然，这样的处理方式在实用上是非常有意义的，也是符合实际情况的。首先，根据位场信息频谱分布特点，虽然从理论上讲，重力场各类参量都包含从低频到中频、高频全频谱信息，不同参量在各频段具有不同的谱能量占比，但总体而言，各参量的谱能量占比一般都随频段的升高而降低，因此由人为截断高频段信息带来的逼近误差影响是有限且可控的。另外，现实中的各类重力观测量(包括航空重力测量)都是一些离散化的点值，其观测过程不可避免地受到各类干扰因素的影响，原始观测值中必然包

含不可忽略的观测噪声，要想分离出所需的重力信息，必须对原始观测值进行低通滤波处理。这说明，得到的重力观测成果实际上都是经过滤波处理的，也就是经过高频截断后的一类有限频谱带宽信号，因此在积分公式中，将核函数的球谐函数展开式截断为与此类重力观测值频谱带宽相一致的有限项级数和，是一种技术合理且符合实际的处理方法。这一研究思路与 Novák 等(2001a, 2003)和 Kern(2003)将带限模型应用于大地水准面精化的做法相吻合。

14.7.2.3　计算模型改化

由前述可知，式(14.207)联合式(14.236)～式(14.240)一起组成本专题研究实施重力向下延拓计算的基础模型。需要指出的是，由式(14.236)～式(14.240)表达的重力异常径向偏导数计算模型都只是一些理论计算式，在投入实际应用之前，必须根据数据保障条件对它们进行必要的改化处理。

首先，在实际应用中，由于重力观测数据无法覆盖全球，所以一般只能将全球积分区域划分为近区和远区两部分，进行差异化分区处理。近区是指以计算点为中心、ψ_0为半径的球冠区域σ_0，近区积分直接由观测数据按离散求和方法进行计算；远区是球面上的剩余部分($\sigma-\sigma_0$)，其影响一般可以忽略不计，也可由高阶地球位模型进行补偿计算。为了尽可能减弱远区效应对计算结果的影响，通常采用移去-恢复技术对理论计算模型进行改化处理。该技术的实质是，通过引入阶次为L的地球位模型作为参考场，一方面发挥替代积分远区观测数据的作用，另一方面降低对近区观测数据覆盖范围的要求。具体实施步骤为：首先从重力异常观测值中移去位模型计算值Δg_{ref}，得到剩余重力异常，然后由剩余重力异常计算得到剩余径向偏导数，最后将剩余径向偏导数加上(恢复)相对应的径向偏导数位模型计算值$g_{p\text{ref}}$，就得到最终的径向偏导数值。以一阶偏导数计算模型为例，对应于式(14.236)的改化计算式可表示为

$$\frac{\partial \Delta g}{\partial r}=g_{1p\text{ref}}+\frac{1}{4\pi}\iint_{\sigma_0}(\Delta g_R-\Delta g_{R\text{ref}})K_1(R,\psi)\mathrm{d}\sigma \tag{14.247}$$

式中，$g_{1p\text{ref}}$为由地球位模型计算得到的在球面计算点处的重力异常一阶径向偏导数；$\Delta g_{R\text{ref}}$为由地球位模型计算得到的球面流动点重力异常。$\Delta g_{R\text{ref}}$和$g_{1p\text{ref}}$可分别由地球外部重力异常球谐函数展开式(14.246)及其一阶径向偏导数(最高阶次取为L，并令$r=R$)计算得到。

引入移去-恢复处理模式后，还需要对积分核函数进行相应的改化处理，以满足积分核函数与观测重力异常信息之间的频谱匹配要求。已有研究结果表明，对核函数进行简单化的截断处理，即由原核函数减去与参考场位模型阶次(L)相同的勒让德多项式，就能达到预期的改化效果(Wong et al., 1969; Vaníček et al., 1998;

Kern，2003；Wang et al.，2012)。截断后的核函数等效于一个高通数字滤波器的作用，可显著减弱观测数据长波误差对计算结果的影响。为此，本专题研究使用 Wong 等(1969)方法对重力异常径向偏导数计算模型进行核函数改化。以前面已经讨论过的一阶径向偏导数改化模型为例，根据前述思路，可将对应于式(14.242)的截断核函数再次截断为

$$
\begin{aligned}
K_1^{\mathrm{WG}}(R,\psi) &= K_1(R,\psi) - \left[-\frac{1}{R}\sum_{n=0}^{L}(2n+1)(n+2)P_n(\cos\psi)\right] \\
&= -\frac{1}{R}\sum_{n=L+1}^{N}(2n+1)(n+2)P_n(\cos\psi)
\end{aligned}
\tag{14.248}
$$

式中，$K_1^{\mathrm{WG}}(R,\psi)$ 为重力异常一阶径向偏导数积分计算模型的双截断核函数。

此时，改化公式(14.247)应改写为

$$
\frac{\partial \Delta g}{\partial r} = g_{1p\mathrm{ref}} + \frac{1}{4\pi}\iint_{\sigma_0}(\Delta g_R - \Delta g_{R\mathrm{ref}})K_1^{\mathrm{WG}}(R,\psi)\mathrm{d}\sigma \tag{14.249}
$$

还需要指出的是，前面通过引入地球位模型作为参考场，对原始积分模型进行移去-恢复和核函数改化计算，虽然在一定程度上减弱了积分远区缺少观测数据的影响，但远区截断误差的存在仍是不可避免的(Kern，2003)，其大小取决于积分半径(ψ_0)的取值和计算区域重力场变化的剧烈程度。当采用的参考场位模型阶数(如 L =360)远低于当前广泛使用的超高阶位模型阶数(如 $L_{\max}$ =2160)时，还可以使用超高阶位模型来进一步减弱远区截断误差的影响。以一阶径向偏导数为例，对应于改化公式(14.249)的远区截断误差补偿公式可表示为

$$
g_{1(\sigma-\sigma_0)} = \frac{1}{2}\sum_{n=L+1}^{L_{\max}} Q_{1n}(\psi_0)\Delta g_n(\theta,\lambda) \tag{14.250}
$$

$$
Q_{1n}(\psi_0) = -\frac{1}{R}\sum_{m=L+1}^{L_{\max}}(2m+1)(m+2)R_{nm}(\psi_0) \tag{14.251}
$$

$$
R_{nm}(\psi_0) = \int_{\psi_0}^{\pi} P_n(\cos\psi)P_m(\cos\psi)\sin\psi\,\mathrm{d}\psi \tag{14.252}
$$

$$
\Delta g_n(\theta,\lambda) = \frac{GM}{R^2}(n-1)\sum_{m=L+1}^{n}(\bar{C}_{nm}^{*}\cos(m\lambda) + \bar{S}_{nm}\sin(m\lambda))\bar{P}_{nm}(\cos\theta) \tag{14.253}
$$

式中，$g_{1(\sigma-\sigma_0)}$ 为一阶径向偏导数计算模型远区截断误差的补偿量；$Q_{1n}(\psi_0)$ 为远区截断系数；其他符号意义同前。

此时，改化公式(14.249)应进一步改写为

$$\frac{\partial \Delta g}{\partial r} = g_{1pref} + \frac{1}{4\pi}\iint_{\sigma_0} (\Delta g_R - \Delta g_{Rref}) K_1^{WG}(R,\psi)\mathrm{d}\sigma + g_{1(\sigma-\sigma_0)} \tag{14.254}$$

式(14.254)即为重力异常一阶径向偏导数积分计算模型的最终改化模型。同理，可推得相类似的二阶～五阶径向偏导数计算模型的改化模型为

$$\frac{\partial^2 \Delta g}{\partial r^2} = g_{2pref} + \frac{1}{4\pi}\iint_{\sigma_0} (\Delta g_R - \Delta g_{Rref}) K_2^{WG}(R,\psi)\mathrm{d}\sigma + g_{2(\sigma-\sigma_0)} \tag{14.255}$$

$$g_{2pref} = \frac{1}{R^2}\sum_{n=2}^{L}(n+2)(n+3)\Delta g_n(\theta,\lambda) \tag{14.256}$$

$$K_2^{WG}(R,\psi) = \frac{1}{R^2}\sum_{n=L+1}^{N}(2n+1)(n+2)(n+3)P_n(\cos\psi) \tag{14.257}$$

$$g_{2(\sigma-\sigma_0)} = \frac{1}{2}\sum_{n=L+1}^{L_{max}} Q_{2n}(\psi_0)\Delta g_n(\theta,\lambda) \tag{14.258}$$

$$Q_{2n}(\psi_0) = \frac{1}{R^2}\sum_{m=L+1}^{L_{max}}(2m+1)(m+2)(m+3)R_{nm}(\psi_0) \tag{14.259}$$

$$\frac{\partial^3 \Delta g}{\partial r^3} = g_{3pref} + \frac{1}{4\pi}\iint_{\sigma_0} (\Delta g_R - \Delta g_{Rref}) K_3^{WG}(R,\psi)\mathrm{d}\sigma + g_{3(\sigma-\sigma_0)} \tag{14.260}$$

$$g_{3pref} = -\frac{1}{R^3}\sum_{n=2}^{L}(n+2)(n+3)(n+4)\Delta g_n(\theta,\lambda) \tag{14.261}$$

$$K_3^{WG}(R,\psi) = -\frac{1}{R^3}\sum_{n=L+1}^{N}(2n+1)(n+2)(n+3)(n+4)P_n(\cos\psi) \tag{14.262}$$

$$g_{3(\sigma-\sigma_0)} = \frac{1}{2}\sum_{n=L+1}^{L_{max}} Q_{3n}(\psi_0)\Delta g_n(\theta,\lambda) \tag{14.263}$$

$$Q_{3n}(\psi_0) = -\frac{1}{R^3}\sum_{m=L+1}^{L_{max}}(2m+1)(m+2)(m+3)(m+4)R_{nm}(\psi_0) \tag{14.264}$$

$$\frac{\partial^4 \Delta g}{\partial r^4} = g_{4pref} + \frac{1}{4\pi}\iint_{\sigma_0} (\Delta g_R - \Delta g_{Rref}) K_4^{WG}(R,\psi)\mathrm{d}\sigma + g_{4(\sigma-\sigma_0)} \tag{14.265}$$

$$g_{4\text{pref}}=\frac{1}{R^4}\sum_{n=2}^{L}(n+2)(n+3)(n+4)(n+5)\Delta g_n(\theta,\lambda) \tag{14.266}$$

$$K_4^{\text{WG}}(R,\psi)=\frac{1}{R^4}\sum_{n=L+1}^{N}(2n+1)(n+2)(n+3)(n+4)(n+5)P_n(\cos\psi) \tag{14.267}$$

$$g_{4(\sigma-\sigma_0)}=\frac{1}{2}\sum_{n=L+1}^{L_{\max}}Q_{4n}(\psi_0)\Delta g_n(\theta,\lambda) \tag{14.268}$$

$$Q_{4n}(\psi_0)=\frac{1}{R^4}\sum_{m=L+1}^{L_{\max}}(2m+1)(m+2)(m+3)(m+4)(m+5)R_{nm}(\psi_0) \tag{14.269}$$

$$\frac{\partial^5\Delta g}{\partial r^5}=g_{5\text{pref}}+\frac{1}{4\pi}\iint_{\sigma_0}(\Delta g_R-\Delta g_{R\text{ref}})K_5^{\text{WG}}(R,\psi)\mathrm{d}\sigma+g_{5(\sigma-\sigma_0)} \tag{14.270}$$

$$g_{5\text{pref}}=-\frac{1}{R^5}\sum_{n=2}^{L}(n+2)(n+3)(n+4)(n+5)(n+6)\Delta g_n(\theta,\lambda) \tag{14.271}$$

$$K_5^{\text{WG}}(R,\psi)=-\frac{1}{R^5}\sum_{n=L+1}^{N}(2n+1)(n+2)(n+3)(n+4)(n+5)(n+6)P_n(\cos\psi) \tag{14.272}$$

$$g_{5(\sigma-\sigma_0)}=\frac{1}{2}\sum_{n=L+1}^{L_{\max}}Q_{5n}(\psi_0)\Delta g_n(\theta,\lambda) \tag{14.273}$$

$$Q_{5n}(\psi_0)=-\frac{1}{R^5}\sum_{m=L+1}^{L_{\max}}(2m+1)(m+2)(m+3)(m+4)(m+5)(m+6)R_{nm}(\psi_0) \tag{14.274}$$

式中，符号意义同前。

14.7.3　数值计算检验与分析

14.7.3.1　数值检验使用的数据及区域

为了分析检验前面推出的重力异常高阶径向偏导数带限计算模型及其在向下延拓计算应用中的恢复能力，本专题研究继续采用超高阶位模型 EGM2008 作为数值计算检验的仿真标准场(Pavlis et al.，2012)，用于模拟产生不同高度面 $1'\times1'$ 网格重力异常及不同阶数径向偏导数的真值。由地球位模型计算不同高度重力异常及其径向偏导数的公式均可由式(14.246)推演得到。为了体现检验结果的代表性，本节特意选取重力场变化比较剧烈的马里亚纳海沟作为试验区，具体覆盖范围为φ:11°N～14°N，λ:143°E～146°E。首先选取截断到360阶的EGM2008位模型作为参考场，即$L=360$，然后选取361～2160阶的EGM2008位模型作为计算检验的标准场，由其产生的模拟观测量分辨率为5′×5′，故可取$N=2160$，同时取$L_{\max}=N=2160$；进而选取$r=R+h$，$R=6371$km，由EGM2008位模型(361～2160阶)分别计算7组分别对应于$h_i=2\times(i-1)$km($i=1,2,\cdots,7$)高度面上的1′×1′网格剩余重力异常真值Δg_i^t(每组对应180×180个网格点数据)，同时计算3组分别对应于$h_1=0$km、$h_4=6$km和$h_6=10$km等3个高度面上的剩余重力异常一阶～五阶径向偏导数真值g_{1j}^t、g_{4j}^t、g_{6j}^t($j=1,2,3,4,5$)。表14.29列出了3组不同高度面1′×1′网格剩余重力异常真值Δg_i^t的统计结果，表14.30列出了相对应3组高度面一阶～五阶径向偏导数真值的统计结果。图14.35和图14.36分别给出了零高度面上的剩余重力异常及其一阶径向偏导数真值的分布态势。

表 14.29　不同高度面 EGM2008 位模型(361～2160 阶)重力异常统计结果

高度面/km	最小值/mGal	最大值/mGal	平均值/mGal	均方根/mGal
0	–78.48	132.75	–0.05	26.36
6	–41.18	74.21	–0.04	16.22
10	–30.45	52.29	–0.04	12.00

表 14.30　不同高度面 EGM2008 位模型(361～2160 阶)重力异常径向偏导数统计结果

高度面/km	统计参量	一阶径向偏导数/(10^{-3}mGal/km^1)	二阶径向偏导数/(10^{-3}mGal/km^2)	三阶径向偏导数/(10^{-3}mGal/km^3)	四阶径向偏导数/(10^{-3}mGal/km^4)	五阶径向偏导数/(10^{-3}mGal/km^5)
0	最大幅值	–15739.52	2550.38	–525.02	127.42	–35.19
	平均值	–32.93	1.12	0.14	–0.06	0.02
	均方根	2933.26	412.72	83.84	21.00	5.82
6	最大幅值	–6922.05	857.07	–140.21	28.17	–6.70
	平均值	–25.14	1.31	–0.03	–0.01	0.00
	均方根	1515.01	158.85	23.15	4.59	1.10
10	最大幅值	–4485.74	477.34	–66.30	11.68	–2.46
	平均值	–20.19	1.15	–0.05	–0.00	0.00
	均方根	1045.19	97.43	11.79	1.93	0.41

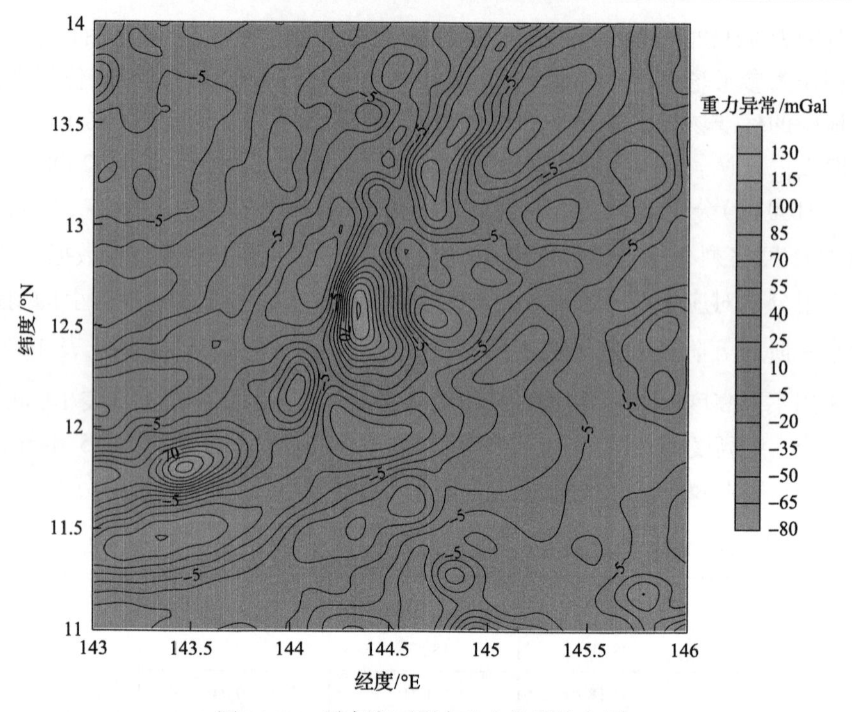

图 14.35　零高度面剩余重力异常分布图

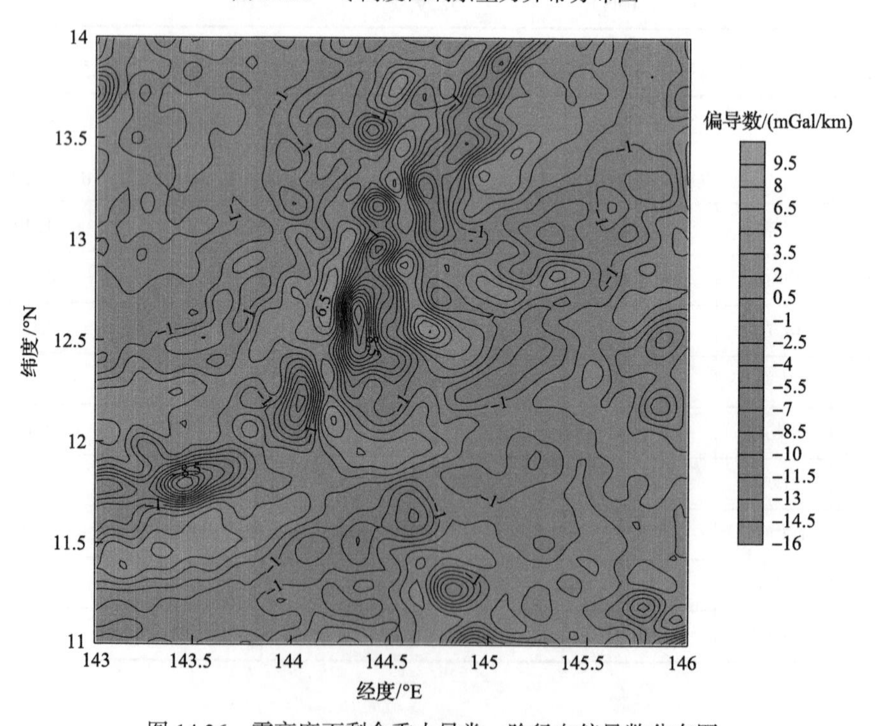

图 14.36　零高度面剩余重力异常一阶径向偏导数分布图

从表 14.29 和表 14.30 可以看出，即使已经扣除掉 2～360 阶频段的参考场，本试验区域重力场变化的剧烈程度仍然非常可观，在水平方向，零高度面剩余重力异常变化的幅度超过 200mGal；在垂向，从零高度面到 10km 高度面，剩余重力异常变化量的递减幅度超过 54%，剩余重力异常一阶径向偏导数的递减幅度接近 64%，二阶径向偏导数的递减幅度超过 74%，五阶径向偏导数的递减幅度超过 92%。这些数值统计结果说明，尽管本试验采用的是由超高阶位模型模拟产生的观测数据，但是这样的模拟仿真标准场已经足以代表真实地球绝大多数局部重力场的变化特征。

14.7.3.2　数值检验方法及结果分析

本专题研究将数值计算检验方案设计为两个阶段：第一阶段的检验流程为：以前面选定的 3 个高度面（$h_1=0\text{km}$、$h_4=6\text{km}$、$h_6=10\text{km}$）上的位模型剩余重力异常 Δg_i^t 为观测量，分别依据改化公式(14.254)、式(14.255)、式(14.260)、式(14.265)及式(14.270)计算相对应高度面上的 $1'\times1'$ 网格一阶～五阶径向偏导数（g_{1j}^c、g_{4j}^c、g_{6j}^c），将计算值（g_{1j}^c、g_{4j}^c、g_{6j}^c）与相对应的真值（g_{1j}^t、g_{4j}^t、g_{6j}^t）进行比较，可获得不同高度面不同阶次偏导数计算模型的精度评估信息，具体对比统计结果列于表 14.31。本节积分半径统一取为 $\psi_0=0.5°$，故计算区域外围 0.5° 范围内的对比结果不参加精度评估统计计算(下同)。为了对比分析评价径向偏导数积分模型改化前后的计算效果，本试验同时给出了采用原始积分模型(见式(14.236)～式(14.240))完成相同参量计算获得的精度评估结果，具体见表 14.32。

表 14.31　利用改化模型计算不同高度面重力异常径向偏导数精度检核

高度面/km	统计参量	一阶径向偏导数/(10^{-3}mGal/km^1)	二阶径向偏导数/(10^{-3}mGal/km^2)	三阶径向偏导数/(10^{-3}mGal/km^3)	四阶径向偏导数/(10^{-3}mGal/km^4)	五阶径向偏导数/(10^{-3}mGal/km^5)
0	最大互差	293.21	89.84	28.23	8.79	2.71
	平均值	−1.69	0.52	−0.16	0.05	−0.02
	均方根	61.95	19.00	5.97	1.86	0.57
6	最大互差	169.42	51.86	16.28	5.07	1.56
	平均值	−1.07	0.33	−0.10	0.03	−0.01
	均方根	38.65	11.84	3.72	1.16	0.36
10	最大互差	122.73	37.53	11.77	3.66	1.12
	平均值	−0.79	0.24	−0.08	0.02	−0.01
	均方根	28.70	8.79	2.76	0.86	0.26

表 14.32　利用原始积分模型计算不同高度面重力异常径向偏导数精度检核

高度面/km	统计参量	一阶径向偏导数/(10^{-3}mGal/km^1)	二阶径向偏导数/(10^{-3}mGal/km^2)	三阶径向偏导数/(10^{-3}mGal/km^3)	四阶径向偏导数/(10^{-3}mGal/km^4)	五阶径向偏导数/(10^{-3}mGal/km^5)
0	最大互差	961.38	518.55	191.34	67.62	23.66
	平均值	7.23	–5.02	1.89	–0.67	0.24
	均方根	233.70	136.56	51.40	18.23	6.39
6	最大互差	404.75	263.61	98.85	35.05	12.29
	平均值	4.41	–3.15	1.19	–0.42	0.15
	均方根	103.94	80.77	30.97	11.03	3.87
10	最大互差	247.77	180.91	68.31	24.26	8.50
	平均值	3.22	–2.32	0.88	–0.31	0.11
	均方根	67.78	59.83	23.06	8.22	2.88

从表 14.31 的检核结果可以看出，依据本专题研究导出的经改化后的带限积分模型计算重力异常一阶～五阶径向偏导数，均可获得比较满意的符合精度。从表 14.31 并结合表 14.30 统计结果可以看出，改化模型的绝对精度(互差均方根)都随计算高度面的增高和偏导数阶数的增大而提升，其相对精度(互差均方根/偏导数均方根)的变化趋势则正好相反，均随计算高度面的增高和偏导数阶数的增大而降低。计算高度面越高，其相对精度的降低幅度越明显。这个结果显然与高度面越高，高阶径向偏导数的绝对量值越小有关，同时与偏导数阶数越高，积分模型离散化误差的影响越大有关，因此这是符合理论分析预期的结果。进一步对比表 14.31 和表 14.32 统计结果不难看出，如果不进行模型改化而直接采用原始带限积分模型进行重力异常径向偏导数计算，那么其计算精度将显著降低，下降幅度最大可达 1 个数量级。以一阶径向偏导数和二阶径向偏导数计算结果为例，在三个高度面上，改化模型的相对计算精度都优于 3%和 10%，而原始积分模型的相对计算精度则最高不超过 6%和 30%，这个结果说明，对原始积分模型进行改化处理是必要且有效的。

第二阶段数值计算检验流程设计为：利用第一阶段经模型改化计算得到的 $h_4 = 6\text{km}$ 高度面上的剩余重力异常一阶～五阶径向偏导数，分别依据式(14.207)向下延拓解算对应于 $h_i = 2\times(i-1)\,\text{km}$($i=3$，2，1)3 个高度面上的 $1'\times1'$网格剩余重力异常 Δg_i^{dc}，向上延拓解算对应于 $h_i = 2\times(i-1)\,\text{km}$($i=5$，6，7)3 个高度面上的 $1'\times1'$网格剩余重力异常 Δg_i^{uc}，将延拓解算值 Δg_i^{dc} 和 Δg_i^{uc} 分别与直接由位模型计算得到的相对应真值 Δg_i^{t} 进行比较，可获得延拓计算模型整体精度的评估信息，具体对比统计结果列于表 14.33 和表 14.34。为了对比分析评价不同阶数径向偏导数对延拓解算结果的影响，表 14.33 和表 14.34 同时列出了使用不同截断阶次泰勒级数展开式(14.207)进行延拓计算获得的对比结果。

表 14.33　从 6km 向下延拓至不同高度面重力异常的精度检核

高度面/km	统计参量	截断至 n =1	截断至 n =2	截断至 n =3	截断至 n =4	截断至 n =5
4	最大互差/mGal	2.19	0.58	0.48	0.47	0.47
	平均值/mGal	0.00	0.00	0.00	0.00	0.00
	均方根/mGal	0.41	0.12	0.11	0.11	0.11
2	最大互差/mGal	9.26	2.73	1.46	1.35	1.34
	平均值/mGal	0.01	0.01	0.01	0.01	0.01
	均方根/mGal	1.65	0.46	0.31	0.30	0.30
0	最大互差/mGal	23.33	8.65	4.09	3.06	2.96
	平均值/mGal	0.03	0.01	0.02	0.02	0.02
	均方根/mGal	4.05	1.39	0.73	0.66	0.67

表 14.34　从 6km 向上延拓至不同高度面重力异常的精度检核

高度面/km	统计参量	截断至 n =1	截断至 n =2	截断至 n =3	截断至 n =4	截断至 n =5
8	最大互差/mGal	1.28	0.20	0.16	0.16	0.16
	平均值/mGal	0.00	–0.00	–0.00	–0.00	–0.00
	均方根/mGal	0.24	0.07	0.06	0.06	0.06
10	最大互差/mGal	5.07	0.85	0.30	0.25	0.25
	平均值/mGal	0.01	–0.00	–0.00	–0.00	–0.00
	均方根/mGal	0.97	0.24	0.10	0.09	0.09
12	最大互差/mGal	10.75	2.38	1.07	0.33	0.31
	平均值/mGal	0.02	–0.00	–0.00	–0.00	–0.00
	均方根/mGal	2.08	0.66	0.21	0.11	0.11

从表 14.33 的对比结果可以看出，利用泰勒级数展开式进行重力向下延拓计算，其计算精度一方面随展开式截断阶数的增大而提高，另一方面随延拓高度差的增大而降低。很显然，这些变化特征完全符合理论上的分析预期。从具体数值变化幅度看，如果以 0.5mGal 为模型计算精度(误差均方根)指标的阈值，那么从

$h_4 = 6\text{km}$ 高度面向下延拓到 $h_3 = 4\text{km}$ 高度面(高度差为 2km)和 $h_2 = 2\text{km}$ 高度面(高度差为 4km)，展开式截断阶数取至 $n = 2$ 即可满足指标要求。但当延拓到 $h_1 = 0\text{km}$ 高度面(高度差为 6km)时，即使将截断阶数提高至 $n = 5$ 也无法满足指标要求。这个情况说明，当使用泰勒级数展开式进行向下延拓计算时，其解算精度不仅取决于展开式截断阶数的选择，还取决于延拓高度差的大小、重力异常高阶偏导数的计算精度水平及计算区域重力场变化的剧烈程度。首先，从理论上讲，增加高阶项应当更有利于提高向下延拓模型的计算精度，但增加高阶项越多，对数据观测质量的要求也越高。对本试验数据源而言，尽管形式上使用了 $1'\times1'$ 网格数据，但由于 EGM2008 位模型的最高阶次为 2160，对应的数据分辨率只有 $5'\times5'$，故本试验数据源包含的有限的高频成分可能不足以精确分离出更高阶项信息。另外，在向下延拓模型中还隐含一个与计算区域重力场变化特征相关的代表误差因素的影响，因为泰勒级数展开式是以展开点处的各阶偏导数为基础建立起来的，计算点在径向上距离展开点越远，重力场变化特征越显著，那么各阶偏导数的代表误差就越大，展开式的计算误差也就越大。这大概正是从 6km 向下延拓至 0km 高度面计算对比精度出现明显下降的主要原因，因为从表 14.30 也能看出，6km 和 0km 高度面的各阶偏导数在量值上存在较大的差异。

对比表 14.33 和表 14.34 的统计结果可以看出，利用径向偏导数进行向上延拓的解算精度要明显高于向下延拓解算，且高阶项对解算结果的作用更加减弱。从理论上也不难理解这样的结果，因为向上延拓是利用相对高频波段信息推算低频波段信息的过程，向下延拓则是一个相反的过程。也就是说，前者通常是沿着重力场强度衰减的方向进行延拓计算，后者则相反，因此前者更容易获得较高的推算精度，同时实现较大高度差的延拓解算。本专题研究给出表 14.34 的结果一方面是想从另一侧面说明重力异常各阶径向偏导数带限模型计算结果的可靠性，另一方面也想说明位场向上延拓和向下延拓解算具有不同的理论内涵和数值变化特征，两者不能同等而论。

需要指出的是，前面两个阶段的数值仿真计算检验都是在输入数据无误差条件下完成的，得到的对比评估结果只是纯粹意义上的计算模型完备程度的反映。为了考察数据观测误差对向下延拓解算结果的影响，本专题研究在前述试验的基础上，进一步开展有输入数据误差影响条件下的数值计算检验。具体做法是，在前面作为观测量的位模型剩余重力异常 Δg_i^l 中分别加入 1mGal 和 3mGal 的随机噪声，形成两组新的模拟观测量，按照前面相同的计算方案和流程依次完成三个高度面重力异常一阶～五阶径向偏导数的计算和从 6km 高度面向下延拓解算及符合度评估。与表 14.31 和表 14.33 相对应的对比评估结果如表 14.35 和表 14.36 所示(本节只列出计算值与基准值互差的均方根值(rms))。

表 14.35　随机噪声对不同高度面重力异常径向偏导数计算精度(互差均方根值)的影响

高度面/km	误差量/mGal	一阶径向偏导数/(10^{-3}mGal/km^1)	二阶径向偏导数/(10^{-3}mGal/km^2)	三阶径向偏导数/(10^{-3}mGal/km^3)	四阶径向偏导数/(10^{-3}mGal/km^4)	五阶径向偏导数/(10^{-3}mGal/km^5)
0	1	73.23	21.83	6.75	2.09	0.64
	3	132.47	36.87	10.91	3.30	1.01
6	1	55.25	16.13	4.90	1.50	0.46
	3	123.99	33.89	9.88	2.97	0.90
10	1	48.83	14.06	4.23	1.29	0.40
	3	121.33	32.94	9.55	2.86	0.87

表 14.36　随机噪声对不同高度面重力异常向下延拓精度(互差均方根值)的影响

高度面/km	误差量/mGal	截断至 n=1/mGal	截断至 n=2/mGal	截断至 n=3/mGal	截断至 n=4/mGal	截断至 n=5/mGal
4	1	0.41	0.15	0.15	0.15	0.15
	3	0.46	0.32	0.33	0.33	0.33
2	1	1.65	0.51	0.41	0.42	0.42
	3	1.69	0.83	0.87	0.89	0.90
0	1	4.05	1.42	0.89	0.88	0.90
	3	4.07	1.81	1.72	1.84	1.90

从表 14.35 和表 14.31 的对比结果同时结合表 14.30 的统计结果可以看出，数据观测噪声对重力异常径向偏导数计算精度的影响均随观测噪声量值的增大、偏导数阶数的增高和计算高度面的升高而加大。总体而言，1mGal 观测噪声对各阶偏导数计算结果的影响几乎可以忽略不计，3mGal 观测噪声的影响则比较明显，一般不可忽略，观测噪声量值增大对高阶径向偏导数计算精度的影响更为显著。这个结果说明，重力异常径向偏导数带限计算模型对观测噪声干扰具有较好的抑制能力，同时说明高阶径向偏导数主要敏感重力异常高频段信息变化的事实也在一定程度上增加了抑制观测噪声干扰的难度。表 14.36 进一步给出了观测噪声对向下延拓解算精度的影响效果，对比表 14.36 和表 14.33 的统计结果可以看出，总体而言，向下延拓解算精度随使用泰勒级数展开项的增多而逐步提高，但并非泰勒级数展开项选择得越多，向下延拓解算的效果就会越好。对本试验算例而言，如果数据的观测噪声水平不超过 1mGal，那么根据表 14.30 给出的不同阶数偏导数自身量值大小，选择偏导数最高阶数 n=4 或 n=5 进行向下延拓解算都是可以接受的；但如果数据的观测噪声达到甚至超过 3mGal 水平，那么除了在 h_1=0km 高度面(高度差为 6km)上的向下延拓解算结果受到显著影响而无法使用外，在其他

两个高度面(高度差分别为 2km 和 4km)，选择阶数高于 n=3 的偏导数项参加向下延拓解算也失去了实际意义。因为在该噪声干扰条件下，观测数据所对应的信噪比发生了显著变化，观测噪声的量值足以淹没有用的高频观测信息，导致高阶径向偏导数的计算误差超过了自身大小。此时，重力异常向下延拓的解算精度不但不会随采用的高阶径向偏导数项的增多而提升，反而可能会降低。由此可见，在实际应用中，泰勒级数展开最高阶数的选择，除了要考虑向下延拓计算精度的指标要求外，还要顾及向下延拓高度差大小、计算区域重力场变化的剧烈程度和观测数据的分辨率及噪声水平。比较现实且有效的做法是选择一个适中的泰勒级数展开最高阶数，以平衡各种因素对向下延拓计算结果的综合影响。

14.7.3.3 其他模型解算结果及分析

如 14.1 节所述，采用泰勒级数展开式作为位场向下延拓模型的关键，是精确求取位场延拓参量的各阶垂向偏导数。此前，已有多位学者提出了多种形式的推求重力异常高阶径向偏导数的方法，包括 Wei(2014)、黄谟涛等(2018a)、Tran 等(2020)等。为对比分析不同计算模型的解算效果，本节进一步采用 Wei(2014)、黄谟涛等(2018a)、Tran 等(2020)三组计算模型，在同一个试验区域，对三个高度面上的重力异常一阶～五阶径向偏导数进行数值解算。考虑到不同方法之间的条件对等性，本专题研究已事先依照前面的流程对三组计算模型进行了统一改化处理，即进行了位模型参考场移去-恢复、核函数截断和远区效应补偿处理。同样，将三组计算模型计算结果分别与相对应的位模型计算基准值进行比较，可获得不同计算模型在不同高度面上的精度评估信息，具体对比统计结果列于表 14.37(只列出计算值与基准值互差的均方根值)。

表 14.37 其他模型计算不同高度面重力异常径向偏导数精度检核(互差均方根值)

计算模型	高度面/km	一阶径向偏导数/(10^{-3}mGal/km^1)	二阶径向偏导数/(10^{-3}mGal/km^2)	三阶径向偏导数/(10^{-3}mGal/km^3)	四阶径向偏导数/(10^{-3}mGal/km^4)	五阶径向偏导数/(10^{-3}mGal/km^5)
Wei(2014)	0	67.78	1149.76	2068.47	44.23	8751.60
	6	36.65	477.64	869.06	10.81	3693.60
	10	32.03	292.40	536.49	4.61	2283.28
黄谟涛等(2018a)	0	228.73	206.88	86.13	20.50	5.98
	6	67.02	61.61	24.25	4.37	1.17
	10	33.85	32.30	12.55	1.79	0.45
Tran 等(2020)	0	562.31	1130.43	1554.67	1484.47	891.23
	6	339.03	683.65	940.73	898.37	539.40
	10	244.70	494.69	681.01	650.41	390.53

从表 14.37 的对比结果并结合表 14.30 的统计结果可以看出，对于 Wei(2014) 方法，只有一阶径向偏导数的解算结果是有效可用的，其相对精度优于 3%，其他高阶径向偏导数的解算结果都明显偏离相对应的基准值，且变化没有规律性，说明其解算模型确实存在理论上的缺陷，无法推广使用。对于黄谟涛等(2018a)及 Tran 等(2020)方法，尽管两者都是基于向上延拓信息进行重力异常径向偏导数解算的，但前者使用的是基于多余观测的最小二乘平差方法，而后者使用的是观测数与未知数等量的线性方程组直接解法，使得前者在抑制观测噪声(这里指向上延拓计算误差)方面具有明显优势，表 14.37 的对比结果正是这种优势的具体体现。从表中数据可见，黄谟涛等(2018a)方法的解算精度普遍好于 Tran 等(2020)方法，在有效性方面，后者只有一阶径向偏导数的解算结果勉强可用，前者解算结果的可用阶数提升到了二阶。这个结果同时说明，尽管使用向上延拓信息作为过渡量进行重力异常径向偏导数解算可获得比较稳定的数值解，但由于向上延拓计算过程一方面相当于一种低通滤波器，对重力异常高频信息和观测噪声(指起算高度面上的数据误差)有一定的抑制作用，另一方面又不可避免地产生附加的计算误差，两方面共同作用的结果必将使得高阶径向偏导数的解算结果越来越偏离其基准值，这也许正是黄谟涛等(2018a)方法也无法取得满意的更高阶径向偏导数解算结果的原因(尽管它具备前面已经论述过的二次抑制观测噪声功效)。对比表 14.37 和表 14.31 的统计结果可以看出，无论是解算稳定性还是计算精度，本专题研究推出的重力异常高阶径向偏导数带限计算模型都一致优于其他模型，显示出比较明显的优势。

14.7.4　专题小结

为了提高重力异常高阶径向偏导数计算模型的稳定性，本专题研究依据重力观测成果数据固有的频谱特性，提出将 Poisson 积分核函数的球谐函数展开式截断为与重力观测值频谱带宽相一致的有限求和，并通过直接求导方法推导得到一组与截断核函数相对应的重力异常高阶径向偏导数带限计算公式，同时对该组公式进行了实用性改化，最后将其应用于重力异常向下延拓泰勒级数展开计算。新方法的优越性主要体现为：一方面，避免了使用封闭解析核函数在球边界面出现奇异性带来的不确定性问题；另一方面，使用截断球谐函数展开式表示的核函数可有效抑制重力观测噪声的干扰，同时可依据观测重力异常的分辨率和精度水平灵活确定相匹配的核函数截断阶数，从而提高高阶径向偏导数解算过程的稳定性和延拓计算模型的解算精度。两个阶段的数值计算检验结果表明，本专题研究推出的重力异常径向偏导数带限计算模型具有良好的可靠性和有效性，在解算稳定性和计算精度两个方面都优于其他同类模型。在实际应用中，针对特定的计算精度指标要求，人们应综合考虑向下延拓高度差大小、计算区域重力场变化的剧烈程度和观测数据的分辨率及噪声水平等各种因素影响，选择一个适中的泰勒级数展开最高阶数，来实施重力异常向下延拓计算。在通常情况下，选取最高阶数n=3的延拓模型，就能取得比较稳定可靠的解算结果。

14.8　重力异常垂向梯度严密改化模型及应用

14.8.1　问题的提出

重力异常场是地球内部质量分布不均匀性及外部地形变化形态的综合反映(Dehlinger，1978；Torge，1989)。利用地表重力观测研究确定地球形状大小及变化特性，是重力与大地测量学的核心任务，其研究内容包含大地测量边值问题解算、局部和外部重力场逼近(Heiskanen et al.，1967；李建成等，2003；Sansò et al.，2013)；依据地表重力观测研究确定地球内部物质结构、形态及物理特性，是地球物理学的重要研究主题之一，其研究内容涉及利用数值计算方法解决地球重力场的正演问题和反演问题(Moritz，1990；马在田等，1997)。由此可见，地球重力场研究不仅跨越了地球物理学和大地测量学两个学科的研究领域，同时跨越了地球内部、地表及外部空间三个不同特征的研究空域，其研究内容除了涉及不同空域的多维度重力场建模技术外，还包含地表重力观测数据的向上和向下延拓归算技术(Moritz，1980；Cruz et al.，1984；梁锦文，1989；王兴涛等，2004a；刘敏等，2018a)。实际上，大地测量边值问题解算和地球外部重力场逼近计算都可以归结为广义的重力位场向上延拓和向下延拓问题(Moritz，1966；Heiskanen et al.，1967；Moritz，1980；于锦海等，2001；Sansò et al.，2017)。可见，重力向上延拓和向下延拓技术在地球重力场研究中具有非常重要的应用价值。实施向上延拓和向下延拓解算除了可以依托传统的Poisson积分公式外(Heiskanen et al.，1967)，还可以采用计算稳定性更好的泰勒级数展开模型(Peters，1949)。精确求取位场各阶垂向导数(也称为垂向梯度)是运用泰勒级数展开延拓法的关键，国内外诸多学者为此提出了许多解决该问题的方法(Moritz，1980；刘保华等，1995；Fedi et al.，2002；姚长利等，2012；Wei，2014；张冲等，2017；黄谟涛等，2018a；Tran et al.，2020)。实际上，除了向上延拓和向下延拓解算，位场垂向梯度还可以直接应用于地质结构反演和地球资源勘探，因为重力梯度数据更能精细反映地球内部浅层地质结构密度的变化形态(王虎彪等，2017；刘金钊等，2013，2020)。

在前述各种应用中，重力异常一阶垂向梯度是应用最广泛的重力场特征参数之一，在各类重力归算和大地测量边值解算中发挥着关键性作用(Heiskanen et al.，1967；Moritz，1980；Wang et al.，2012)。求解观测重力异常的全球积分是获取重力异常垂向梯度的主要手段，但实施此类积分模型数值计算时均涉及全球积分模型改化问题，一方面需要对全球积分模型进行积分域分割处理，通常做法是将全球积分域划分为近区和远区，近区采用实测数据进行数值积分计算，远区则采用地球位模型进行补偿(黄谟涛等，2020f)；另一方面需要对积分核函数进行去奇异性处理，传统做法是通过引入合适的积分恒等式变换，将原积分计算模型转换为具有稳定数值解的连续函数模型(Heiskanen et al.，1967)。需要指出的是，在实际应用中，人们在实施全球积分域分割处理时，往往会忽视积分恒等式成立的全球积分条件，不再关注采用局域积分对积分恒等式带来的数值影响(Heiskanen et al.，1967；Moritz，1980；欧阳明达等，2014；翟振和等，2015b；刘长弘，2016)，从而引起不可忽略的计算误差(黄谟涛等，2019a)。考虑到重力异常一阶垂向偏导数是计算二阶及其更高阶偏导数的基础，本专题研究主要针对球面及外部重力异常一阶垂向偏导数全球积分模型改化问题进行分析研究和试验验证，依据实测数据保障条件和全球积分域分割处理方式，分别推出两类全球积分模型的严密改化模型，同时通过数值计算和向下延拓应用对比分析，进一步验证采用严密改化模型的必要性和有效性。

14.8.2　计算模型分析与实用性改化

14.8.2.1　地球外部重力异常垂向梯度严密改化模型

由 Heiskanen 等(1967)的研究可知，地球外部重力异常全球积分模型可表示为

$$\Delta g_p = \frac{R^2(r^2 - R^2)}{4\pi r}\iint_\sigma \frac{\Delta g_q}{l^3}\mathrm{d}\sigma = \frac{1}{4\pi}\iint_\sigma \Delta g_q K(r,\psi)\mathrm{d}\sigma \tag{14.275}$$

$$K(r,\psi) = \frac{R^2(r^2 - R^2)}{rl^3} = \sum_{n=0}^{\infty}(2n+1)\left(\frac{R}{r}\right)^{n+2} P_n(\cos\psi) \tag{14.276}$$

式中，Δg_p 为球面外部计算点 $P(r,\varphi,\lambda)$ 处的重力异常；(r,φ,λ) 分别为空间点球坐标的地心向径、地心纬度和地心经度；Δg_q 为球面上流动点 $Q(R,\varphi',\lambda')$ 处的已知观测重力异常；σ 为单位球面；$\mathrm{d}\sigma$ 为单位球面的面积元；$K(r,\psi)$ 为积分核函数；$l=\sqrt{r^2+R^2-2rR\cos\psi}$ 为计算点 $P(r,\varphi,\lambda)$ 至积分流动点 $Q(R,\varphi',\lambda')$ 之间的空间距离；ψ 为计算点至流动点之间的球面角距；R 为地球平均半径；$P_n(\cos\psi)$ 为 n 阶勒让德函数。

由式(14.275)不难看出，当计算点趋近于数据点，即当 $r \to R$ 和 $\psi \to 0$ 时，会出现分子分母项同时为零的不定式(0/0)情况，积分核函数 $K(r,\psi)$ 发生奇异。为了消除积分式(14.275)的奇异性，通常的做法是从积分域中直接扣除计算点所在

的网格数据块，从而避免出现积分核函数分母项$l \to 0$的情况。这种处理方法看似比较简单明了，但往往会给计算结果带来不可忽略的误差。为此，Heiskanen 等(1967)建议采用如下的积分恒等式对式(14.275)进行改化：

$$\frac{R^2}{r^2} = \frac{R^2(r^2 - R^2)}{4\pi r} \iint_\sigma \frac{1}{l^3} \mathrm{d}\sigma \tag{14.277}$$

略去推导过程，直接写出改化模型为

$$\Delta g_p = \frac{R^2}{r^2} \Delta g_{Rp} + \frac{1}{4\pi} \iint_\sigma (\Delta g_q - \Delta g_{Rp}) K(r,\psi) \mathrm{d}\sigma \tag{14.278}$$

式中，Δg_{Rp}为空间计算点$P(r,\varphi,\lambda)$在地面投影点$P_0(R,\varphi,\lambda)$处的已知观测值。

式(14.278)即为人们常用的经去奇异性改化后的地球外部重力异常全球积分计算公式。从形式上不难看出，引入积分恒等式(14.277)转换后，计算式(14.278)不再存在积分奇异性问题，同时确保当$r \to R$时，积分计算值Δg_p收敛于球面观测量Δg_{Rp}。Heiskanen 等(1967)认为，经式(14.277)转换后，至少可以说式(14.278)核函数的奇异性被中和了。于锦海等(2001)从理论上证明了式(14.278)右端奇异积分项在 Chauchy 主值意义下的存在性，从而为实施式(14.278)及其微分算子的数值计算提供了理论依据。

地球外部重力异常径向偏导数计算模型可直接由式(14.278)求微分得到，即

$$\frac{\partial^i \Delta g_p}{\partial r^i} = R^2 \Delta g_{Rp} \frac{\partial^i (r^{-2})}{\partial r^i} + \frac{1}{4\pi} \iint_\sigma (\Delta g_q - \Delta g_{Rp}) \frac{\partial^i K(r,\psi)}{\partial r^i} \mathrm{d}\sigma \tag{14.279}$$

依据式(14.279)可推出重力异常一阶径向偏导数$\Delta g'_{rp}$的计算模型为

$$\Delta g'_{rp} = \frac{\partial \Delta g_p}{\partial r} = -\frac{2R^2}{r^3} \Delta g_{Rp} + \frac{1}{4\pi} \iint_\sigma (\Delta g_q - \Delta g_{Rp}) \frac{\partial K(r,\psi)}{\partial r} \mathrm{d}\sigma \tag{14.280}$$

$$\begin{aligned} \frac{\partial K(r,\psi)}{\partial r} &= \frac{R^2}{r^2 l^5} [-2r^4 + 5r^2 R^2 + R^4 + rR(r^2 - 5R^2)\cos\psi] \\ &= -\frac{1}{R} \sum_{n=0}^{\infty} (2n+1)(n+2) \left(\frac{R}{r}\right)^{n+3} P_n(\cos\psi) \\ &= K_1(r,\psi) \end{aligned} \tag{14.281}$$

如前所述，受观测数据覆盖范围的限制，在实际使用式(14.280)计算地球外部重力异常一阶径向偏导数时，通常需要将全球积分域划分为近区和远区处理，近区

定义为以计算点为中心、ψ_0为半径的球冠区域σ_0，剩下的部分称为远区。一般以一定阶次(如N阶)的重力位模型为参考场，联合采用实测重力数据和移去-恢复技术对近区数据影响进行数值积分计算；远区效应则采用更高阶次(如L阶)的重力位模型进行补偿(黄谟涛等，2020f)。引入基于参考场的移去-恢复处理模式后，还需要对积分核函数进行相应的改化处理，以满足积分核函数与观测重力异常信息之间的频谱匹配要求(Novák et al.，2002；刘敏等，2016)。本节统一使用简单实用的 Wong 等(1969)方法对积分核函数进行改化，即从原核函数中截去与位模型参考场相同阶次的球谐函数展开式。经分区处理和核函数改化后，计算式(14.280)从全球积分模型转换为局域积分模型，也就是第 1 步改化模型：

$$\Delta g'_{rp} = -\frac{2R^2}{r^3}\Delta g_{Rp} + \frac{1}{4\pi}\iint_{\sigma_0}(\Delta g_q - \Delta g_{Rp})K_1^{\mathrm{WG}}(r,\psi)\mathrm{d}\sigma + \Delta g'_{rq(\sigma-\sigma_0)} \tag{14.282}$$

$$K_1^{\mathrm{WG}}(r,\psi) = K_1(r,\psi) + \frac{1}{R}\sum_{n=0}^{N}(2n+1)(n+2)\left(\frac{R}{r}\right)^{n+3}P_n(\cos\psi) \tag{14.283}$$

$$\Delta g'_{rq(\sigma-\sigma_0)} = \frac{GM}{2R^2}\sum_{n=N+1}^{L}(n-1)Q_n(\Delta g'_r)T_n(\varphi,\lambda) \tag{14.284}$$

$$Q_n(\Delta g'_r) = -\frac{1}{R}\sum_{m=N+1}^{L}(2m+1)(m+2)\left(\frac{R}{r}\right)^{m+3}R_{n,m}(\psi_0) \tag{14.285}$$

$$R_{n,m}(\psi_0) = \int_{\psi_0}^{\pi}P_n(\cos\psi)P_m(\cos\psi)\sin\psi\,\mathrm{d}\psi \tag{14.286}$$

$$T_n(\varphi,\lambda) = \sum_{m=0}^{n}(\bar{C}_{nm}^{*}\cos(m\lambda) + \bar{S}_{nm}\sin(m\lambda))\bar{P}_{nm}(\sin\varphi) \tag{14.287}$$

式中，$K_1^{\mathrm{WG}}(r,\psi)$为截断核函数；$\Delta g'_{rq(\sigma-\sigma_0)}$为外部重力异常一阶径向偏导数远区效应的位模型计算值；GM 为万有引力常数与地球质量的乘积；L 为用于补偿远区效应的高阶重力位模型的最高阶数；N为参考场位模型的最高阶数；$Q_n(\Delta g'_r)$为重力异常一阶导数 Poisson 积分核截断系数；系数$R_{n,m}(\psi_0)$的递推计算公式参见Paul(1973)；$T_n(\varphi,\lambda)$为地球扰动位n阶拉普拉斯(Laplace)面球谐函数；$\bar{P}_{nm}(\sin\varphi)$为完全规格化缔合勒让德函数；$\bar{C}_{nm}^{*}$和$\bar{S}_{nm}$为完全规格化地球位系数；其他符号意义同前。这里约定式(14.282)中的重力异常参量均移去了N阶参考场位模型的影响(下同)。

需要指出的是，式(14.282)并不是严密的改化模型，还不能作为最终的实用化公式使用。这是因为式(14.282)是由全球积分模型(14.280)改化为局域积分模型得来的，式(14.280)又是从积分恒等式(14.277)转换来的，而积分恒等式(14.277)成立的前提条件是积分域覆盖全球，由分区改化得来的计算式(14.282)对应的是局域积分模型，显然不满足积分恒等式(14.277)的假设条件要求。尽管在式(14.282)的右端已经通过超高阶位模型计算值 $\Delta g'_{rq(\sigma-\sigma_0)}$ 顾及了远区效应的影响，但 $\Delta g'_{rq(\sigma-\sigma_0)}$ 只代表式(14.282)右端积分项 Δg_q 在远区 $(\sigma-\sigma_0)$ 的补偿，并未顾及另一积分项 Δg_{Rp} 在远区 $(\sigma-\sigma_0)$ 的影响。这就意味着，当采用局部区域观测数据完成式(14.282)的计算时，其计算结果必然存在一定大小的系统性模型偏差。数值试验结果表明，要想获得高精度的外部重力异常垂向梯度计算结果，必须消除该项误差的影响。

从前面的分析可知，由全球积分过渡到局域积分引起计算式(14.282)的模型误差可用公式表示为

$$\begin{aligned}\Delta g'_{rp(\sigma-\sigma_0)}&=-\frac{1}{4\pi}\iint_{\sigma-\sigma_0}\Delta g_{Rp}K_1^{\mathrm{WG}}(r,\psi)\mathrm{d}\sigma\\&=-\frac{\Delta g_{Rp}}{2}\left[\int_{\psi_0}^{\pi}K_1(r,\psi)\sin\psi\mathrm{d}\psi\right.\\&\quad\left.+\frac{1}{R}\sum_{n=0}^{N}(2n+1)(n+2)\left(\frac{R}{r}\right)^{n+3}\int_{\psi_0}^{\pi}P_n(\cos\psi)\sin\psi\mathrm{d}\psi\right]\\&=-\frac{\Delta g_{Rp}}{2}\left[U_1(r,\psi_0)+\frac{1}{R}\sum_{n=0}^{N}(2n+1)(n+2)\left(\frac{R}{r}\right)^{n+3}R_n(\psi_0)\right]\end{aligned}\tag{14.288}$$

$$U_1(r,\psi_0)=\int_{\psi_0}^{\pi}K_1(r,\psi)\sin\psi\mathrm{d}\psi\tag{14.289}$$

$$R_n(\psi_0)=\int_{\psi_0}^{\pi}P_n(\cos\psi)\sin\psi\mathrm{d}\psi=\frac{1}{2n+1}(P_{n+1}(\cos\psi_0)-P_{n-1}(\cos\psi_0))\tag{14.290}$$

式中，$\Delta g'_{rp(\sigma-\sigma_0)}$ 为 Δg_{Rp} 在积分远区 $(\sigma-\sigma_0)$ 对计算参量 $\Delta g'_{rp}$ 的影响。

将式(14.281)代入式(14.289)，并完成积分，可推得

$$\begin{aligned}U_1(r,\psi_0)&=\int_{\psi_0}^{\pi}K_1(r,\psi)\sin\psi\mathrm{d}\psi\\&=\frac{R}{r^3l_{\psi_0}^3}[(r-2R)l_{\psi_0}^3-r^4+3r^2R^2+2R^4+rR\cos\psi_0(r^2-5R^2)]\end{aligned}\tag{14.291}$$

$$l_{\psi_0}=\sqrt{r^2+R^2-2rR\cos\psi_0} \tag{14.292}$$

在式(14.282)右端加入模型误差修正项 $\Delta g'_{rp(\sigma-\sigma_0)}$，可得到计算外部重力异常一阶径向偏导数的第 2 步改化模型为

$$\Delta g'_{rp}=-\frac{2R^2}{r^3}\Delta g_{Rp}+\frac{1}{4\pi}\iint_{\sigma_0}(\Delta g_q-\Delta g_{Rp})K_1^{\mathrm{WG}}(r,\psi)\mathrm{d}\sigma+\Delta g'_{rq(\sigma-\sigma_0)}+\Delta g'_{rp(\sigma-\sigma_0)} \tag{14.293}$$

按照同样的思路可推得外部重力异常二阶及以上高阶径向偏导数相对应的改化模型，但考虑到由式(14.279)定义的高阶径向偏导数涉及复杂的观测函数连续性和核函数强奇异性问题，故需要进行专题研讨，这里不再展开讨论。需要指出的是，在重力异常场变化比较剧烈的区域，使用式(14.293)计算重力异常垂向梯度还会带来一定的模型误差。这是因为在式(14.293)右端的积分项中，把计算点所在的网格数据块重力异常当作常值 Δg_{Rp} 处理，该数据块对计算参量 $\Delta g'_{rp}$ 的影响已经在式(14.293)右端的第一项和最后一项中得到补偿，在积分项中不再体现该数据块的影响。但当计算点附近的重力异常场变化比较剧烈时，再将计算点所在数据块当成常值处理可能带来不可忽略的误差，必须对其进行相应的补偿。假设与计算点重合的网格数据块半径为 ψ_{00}，考虑到该数据块是一个很小的区域，故可采用极坐标系 (s,α) 对积分核函数进行平面近似处理，令

$$l^2\approx l_0^2+h^2\approx s^2+h^2\text{，}\ l_0=2R\sin\frac{\psi}{2}\text{，}\ \sin\frac{\psi}{2}\approx\frac{\psi}{2}=\frac{s}{2R}\text{，}\ r=R+h\text{，}\ R^2\mathrm{d}\sigma\approx s\mathrm{d}s\mathrm{d}\alpha$$

略去 $(h/R)^2$ 及以上高阶项影响，可将由式(14.281)表示的积分核函数近似表示为

$$K_1(r,\psi)=\frac{R(2R-3h)s^2}{\sqrt{(s^2+h^2)^5}} \tag{14.294}$$

此时，计算点所在数据块的积分式可写为

$$\begin{aligned}\Delta g'_{rp0}&=\frac{1}{4\pi}\int_0^{2\pi}\int_0^{\psi_{00}}(\Delta g_q-\Delta g_{Rp})\frac{R(2R-3h)s^2}{\sqrt{(s^2+h^2)^5}}\mathrm{d}\sigma\\&=\frac{1}{4\pi R}\int_0^{2\pi}\int_0^{s_0}(\Delta g_q-\Delta g_{Rp})\frac{(2R-3h)s^3}{\sqrt{(s^2+h^2)^5}}\mathrm{d}s\mathrm{d}\alpha\end{aligned} \tag{14.295}$$

式中，$\Delta g'_{rp0}$ 为计算点所在数据块重力变化特征对计算参量 $\Delta g'_{rp}$ 的影响；s_0 为数

据网格大小的1/2，当数据网格为1′×1′时，$s_0 = 0.5'$。

由式(14.295)可知，如果把中心数据块的重力异常当成常值Δg_{Rp}看待，即认为在计算点所在的数据网格内处处满足$\Delta g_q = \Delta g_{Rp}$，则有$\Delta g'_{rp0} = 0$。当计算点附近的重力异常场变化比较剧烈时，可参照 Heiskanen 等(1967)的思路，将重力异常Δg_q在空间计算点P的球面投影点R_p处展开为泰勒级数，即

$$\Delta g_q = \Delta g_{Rp} + x g_x + y g_y + \frac{1}{2!}(x^2 g_{xx} + 2xy g_{xy} + y^2 g_{yy}) + \cdots \tag{14.296}$$

式中，x轴指向正北；y轴指向东；$x = s\cos\alpha$；$y = s\sin\alpha$。
并且，有

$$g_x = \left(\frac{\partial \Delta g}{\partial x}\right)_{Rp};\quad g_y = \left(\frac{\partial \Delta g}{\partial y}\right)_{Rp};\quad g_{xy} = \left(\frac{\partial^2 \Delta g}{\partial x \partial y}\right)_{Rp}$$

$$g_{xx} = \left(\frac{\partial^2 \Delta g}{\partial x^2}\right)_{Rp};\quad g_{yy} = \left(\frac{\partial^2 \Delta g}{\partial y^2}\right)_{Rp}$$

将式(14.296)代入式(14.295)，不难推得

$$\begin{aligned}\Delta g'_{rp_0} &= \frac{g_{xx} + g_{yy}}{8R}\int_0^{s_0} \frac{(2R-3h)s^5}{\sqrt{(s^2+h^2)^5}}\mathrm{d}s \\ &= \frac{(g_{xx}+g_{yy})(2R-3h)}{8R}\left[-\frac{8h}{3} + \frac{3s_0^4 + 12 s_0^2 h^2 + 8h^4}{3\sqrt{(s_0^2+h^2)^3}}\right]\end{aligned} \tag{14.297}$$

假设与计算点重合的数据网络为(i, j)，则可按式(14.298)和式(14.299)计算g_{xx}和g_{yy}：

$$g_{xx} = (\Delta g(i+1) - 2\Delta g(i) + \Delta g(i-1)) / (4s_0^2) \tag{14.298}$$

$$g_{yy} = (\Delta g(j+1) - 2\Delta g(j) + \Delta g(j-1)) / (4s_0^2 \cos^2 \varphi_i) \tag{14.299}$$

将式(14.297)加入式(14.293)的右端，就得到计算外部重力异常垂向梯度的严密改化模型为

$$\Delta g'_{rp} = -\frac{2R^2}{r^3}\Delta g_{Rp} + \frac{1}{4\pi}\iint_{\sigma_0}(\Delta g_q - \Delta g_{Rp}) K_1^{\mathrm{WG}}(r,\psi)\mathrm{d}\sigma + \Delta g'_{rq(\sigma-\sigma_0)} + \Delta g'_{rp(\sigma-\sigma_0)} + \Delta g'_{rp0} \tag{14.300}$$

14.8.2.2　地面重力异常垂向梯度严密改化模型

相比地球外部重力异常垂向梯度，在地球重力场逼近计算实际应用中，人们更关注的是地球表面或重力观测面(近似为球面)上的垂向梯度。因此，本节专门给出球面重力异常一阶径向偏导数严密改化模型。

实际上，球面重力异常垂向梯度只是外部重力异常垂向梯度的一个特例。在式(14.280)和式(14.281)中，令 $r = R$，可推得球面上的重力异常一阶径向偏导数 $\Delta g'_{Rp}$ 的计算模型为

$$\left.\frac{\partial \Delta g_p}{\partial r}\right|_{r=R} = \Delta g'_{Rp} = -\frac{2}{R}\Delta g_{Rp} + \frac{1}{4\pi}\iint_{\sigma}(\Delta g_q - \Delta g_{Rp})\left.\frac{\partial K(r,\psi)}{\partial r}\right|_{r=R}\mathrm{d}\sigma \tag{14.301}$$

$$\left.\frac{\partial K(r,\psi)}{\partial r}\right|_{r=R} = \frac{2R^2}{l_0^3} \tag{14.302}$$

$$l_0 = 2R\sin(\psi/2) \tag{14.303}$$

将式(14.302)代入式(14.301)可得

$$\Delta g'_{Rp} = -\frac{2}{R}\Delta g_{Rp} + \frac{R^2}{2\pi}\iint_{\sigma}\frac{\Delta g_q - \Delta g_{Rp}}{l_0^3}\mathrm{d}\sigma \tag{14.304}$$

式(14.304)就是重力归算应用中最常见的球面重力异常一阶径向偏导数的计算模型(Heiskanen et al.，1967)。

显然，在实际应用中，同样需要对式(14.304)右端的全球积分进行分区改化处理，同时需要引入位模型参考场对已知参量和待求参量进行移去-恢复计算和积分核函数截断处理。基于与式(14.280)同样的改化流程，首先将式(14.304)右端的全球积分模型改化为近区积分模型和远区球谐函数展开式两部分：

$$\Delta g'_{Rp} = -\frac{2}{R}\Delta g_{Rp} + \frac{1}{4\pi}\iint_{\sigma_0}(\Delta g_q - \Delta g_{Rp})\left[\frac{2R^2}{l_0^3} + \frac{1}{R}\sum_{n=0}^{N}(2n+1)(n+2)P_n(\cos\psi)\right]\mathrm{d}\sigma + \Delta g'_{Rq(\sigma-\sigma_0)} \tag{14.305}$$

$$\Delta g'_{Rq(\sigma-\sigma_0)} = \frac{GM}{2R^2}\sum_{n=N+1}^{L}(n-1)Q_n(\Delta g'_R)T_n(\varphi,\lambda) \tag{14.306}$$

$$Q_n(\Delta g'_R) = -\frac{1}{R}\sum_{m=N+1}^{L}(2m+1)(m+2)R_{n,m}(\psi_0) \tag{14.307}$$

式中，$\Delta g'_{Rq(\sigma-\sigma_0)}$ 为球面重力异常一阶径向偏导数远区效应位模型计算值；$Q_n(\Delta g'_R)$ 为相对应的 Poisson 积分核截断系数；其他符号意义同前。

很显然，式(14.305)～式(14.307)可以直接由式(14.282)～式(14.285)令 $r=R$ 得到。类似于式(14.282)，经第 1 步改化后的式(14.305)同样存在由全球积分模型过渡到局域积分模型引起的模型误差，该模型误差大小可由式(14.308)确定，即

$$\begin{aligned}\Delta g'_{Rp(\sigma-\sigma_0)} &= -\frac{1}{4\pi}\iint_{\sigma-\sigma_0}\left[\frac{2R^2}{l_0^3}+\frac{1}{R}\sum_{n=0}^{N}(2n+1)(n+2)P_n(\cos\psi)\right]\Delta g_{Rp}\mathrm{d}\sigma \\ &= -R^2\Delta g_{Rp}\int_{\psi_0}^{\pi}\frac{1}{l_0^3}\sin\psi\mathrm{d}\psi-\frac{\Delta g_{Rp}}{2R}\sum_{n=0}^{N}(2n+1)(n+2)\int_{\psi_0}^{\pi}P_n(\cos\psi)\sin\psi\mathrm{d}\psi \\ &= -\left(\frac{1}{l_0(\psi_0)}-\frac{1}{2R}\right)\Delta g_{Rp}-\frac{\Delta g_{Rp}}{2R}\sum_{n=0}^{N}(2n+1)(n+2)R_n(\psi_0)\end{aligned} \tag{14.308}$$

$$l_0(\psi_0)=2R\sin(\psi_0/2) \tag{14.309}$$

式中，$\Delta g'_{Rp(\sigma-\sigma_0)}$ 为 Δg_{Rp} 在积分远区 $(\sigma-\sigma_0)$ 对计算参量 $\Delta g'_{Rp}$ 的影响。

同样可以证明，式(14.308)可直接由式(14.288)令 $r=R$ 得到。

在式(14.305)的右端加入模型误差修正项 $\Delta g'_{RP(\sigma-\sigma_0)}$，可得到计算球面重力异常一阶径向偏导数的第 2 步改化模型：

$$\begin{aligned}\Delta g'_{Rp} &= -\frac{2}{R}\Delta g_{Rp}+\frac{R^2}{2\pi}\iint_{\sigma_0}\frac{\Delta g_q-\Delta g_{Rp}}{l_0^3}\mathrm{d}\sigma+\Delta g'_{Rq(\sigma-\sigma_0)}+\Delta g'_{Rp(\sigma-\sigma_0)} \\ &= -\left(\frac{1}{l_0(\psi_0)}+\frac{3}{2R}\right)\Delta g_{Rp}-\frac{\Delta g_{Rp}}{2R}\sum_{n=0}^{N}(2n+1)(n+2)R_n(\psi_0) \\ &\quad +\frac{R^2}{2\pi}\iint_{\sigma_0}\frac{\Delta g_q-\Delta g_{Rp}}{l_0^3}\mathrm{d}\sigma+\Delta g'_{Rq(\sigma-\sigma_0)}\end{aligned} \tag{14.310}$$

显然，计算球面重力异常一阶径向偏导数的严密改化模型还应当包含与式(14.297)相对应的计算点所在数据块的影响(Heiskanen et al., 1967)。在式(14.297)中令 $h=0$ (即 $r=R$)，可直接求得

$$\Delta g'_{Rp0}=\frac{s_0}{4}(g_{xx}+g_{yy}) \tag{14.311}$$

式中，$\Delta g'_{Rp0}$ 为计算点所在数据块重力变化特征对计算参量 $\Delta g'_{Rp}$ 的影响。

式(14.311)与 Heiskanen 等(1967)的推导结果完全一致，将其加入式(14.310)

的右端，就得到如下计算球面重力异常垂向梯度的严密改化模型：

$$\Delta g'_{Rp} = -\frac{2}{R}\Delta g_{Rp} + \frac{R^2}{2\pi}\iint_{\sigma_0}\frac{\Delta g_q - \Delta g_{Rp}}{l_0^3}\mathrm{d}\sigma + \Delta g'_{Rq(\sigma-\sigma_0)} + \Delta g'_{Rp(\sigma-\sigma_0)} + \Delta g'_{Rp0} \quad (14.312)$$

后面的数值计算检验，将进一步验证第 1 步改化式(14.305)增加模型误差两个修正项 $\Delta g'_{Rp(\sigma-\sigma_0)}$ 和 $\Delta g'_{Rp0}$ 的必要性及有效性。

14.8.2.3　重力异常垂向梯度向下延拓应用

如前所述，向下延拓是重力异常垂向梯度最重要的应用方向之一。除了常见的航空重力向地面延拓计算外(王兴涛等，2004a；黄谟涛等，2018a)，重力异常垂向梯度最具标志性的应用场景是，将地面重力异常延拓归算到海平面或过计算点的水准面，进而用于大地测量边值问题解算(Moritz，1980；于锦海等，2001)。实际上，基于现代边值问题理论的 Molodensky 零阶项加一阶项级数解可解释为，首先将地面重力异常向下解析延拓到海平面，用 Stokes 积分求得海平面上的高程异常，再将该结果向上延拓到地面(Heiskanen et al.，1967；李建成等，2003)。其中，地面空间重力异常 Δg 向海平面延拓的计算公式可表达为

$$\Delta g^* = \Delta g - \frac{\partial \Delta g}{\partial h}h \quad (14.313)$$

式中，Δg^* 为海平面上的重力异常；h 为地面点的正常高；$(\partial\Delta g/\partial h)$ 为地面重力异常的垂向梯度，通常使用前面介绍的一阶径向偏导数 $(\partial\Delta g/\partial r)$ 来替代。

美国从 20 世纪 90 年代开始，每隔 3～5 年就会对作为国家高程基准的大地水准面模型进行更新换代，不久前发布的 USGG2009 模型在构建过程中，就使用了式(14.313)作为地面重力异常的归算模型(Wang et al.，2012)。显然，与完整的向下解析延拓模型相比较(Moritz，1980)，式(14.313)已经事先省略了二次及更高次项的影响，关于这些高次项影响的讨论已经超出本专题的研究范围，故不再进行更多的评述，本节主要就一阶径向偏导数 $(\partial\Delta g/\partial r)$ 计算模型的完备性对重力异常向下延拓精度的影响进行分析和验证，具体见后面的数值计算检验与分析环节。

14.8.3　数值计算检验与分析

14.8.3.1　数值计算检验使用的数据及区域

为了分析比较前述不同阶段改化模型的计算效果，本专题研究继续采用超高阶位模型 EGM2008 作为数值计算检验的标准场，用于模拟产生球面 1′×1′网格重力异常观测量真值，同时产生球面及外部设定高度的重力异常垂向梯度理论真值。由重力位模型计算地球外部重力异常及一阶径向偏导数的公式为(Heiskanen et al.,

1967；黄谟涛等，2005）

$$\Delta g(r,\varphi,\lambda)=\frac{GM}{R^2}\sum_{n=2}^{L}\left(\frac{R}{r}\right)^{n+2}(n-1)\sum_{m=0}^{n}(\bar{C}_{nm}^{*}\cos(m\lambda)+\bar{S}_{nm}\sin(m\lambda))\bar{P}_{nm}(\sin\varphi) \tag{14.314}$$

$$\frac{\partial\Delta g(r,\varphi,\lambda)}{\partial r}=-\frac{GM}{R^3}\sum_{n=2}^{L}\left(\frac{R}{r}\right)^{n+3}(n-1)(n+2)\sum_{m=0}^{n}(\bar{C}_{nm}^{*}\cos(m\lambda)+\bar{S}_{nm}\sin(m\lambda))\bar{P}_{nm}(\sin\varphi) \tag{14.315}$$

式中，各符号意义同前。

在式(14.314)和式(14.315)中，令 $r=R$，可得到计算地球表面(球面)重力异常及其一阶径向偏导数的公式。

为了体现检验结果的代表性，本节特意选取重力场变化比较剧烈的马里亚纳海沟作为试验区，具体覆盖范围为 6°×6°（φ:10°N～16°N，λ:142°E～148°E）。首先选取截断到 360 阶的 EGM2008 位模型作为参考场，即 N=360，然后选取 361～2160 阶的 EGM2008 位模型作为数值计算检验的标准场，即 L=2160，进而选取 $r_i=R+h_i$，$R=6371\text{km}$，使用 EGM2008 位模型(361～2160 阶)分别计算标准场 7 个高度面上的 1′×1′网格重力异常观测量真值 Δg_{ti} 及相对应的一阶径向偏导数理论真值 $\Delta g'_{ti}$（$i=1,2,\cdots,7$），每一个高度面对应 360×360=129600 个网格点数据，7 个高度分别为 $h_i=0\text{km}, 0.1\text{km}, 0.3\text{km}, 1\text{km}, 3\text{km}, 5\text{km}, 10\text{km}$。表 14.38 列出了其中 5 个高度面的理论真值统计结果，图 14.37 和图 14.38 分别给出了对应于零高度面的重力异常及其一阶径向偏导数理论真值的分布态势。

表 14.38　由 EGM2008 位模型(361～2160 阶)计算得到的重力异常及其一阶径向偏导数统计结果

参量	高度/km	最大值	最小值	平均值	均方根值
不同高度下的 Δg_t/mGal	0	138.85	−78.48	0.40	22.64
	1	122.29	−69.92	0.37	20.69
	3	97.73	−56.82	0.31	17.41
	5	81.22	−46.41	0.26	14.76
	10	52.29	−30.45	0.17	9.99
不同高度下的 $\Delta g'_t$/(mGal/km)	0	9.76	−17.82	−0.04	2.23
	1	8.40	−15.37	−0.03	1.97
	3	6.31	−11.54	−0.03	1.56
	5	4.82	−8.77	−0.02	1.26
	10	2.74	−4.62	−0.01	0.78

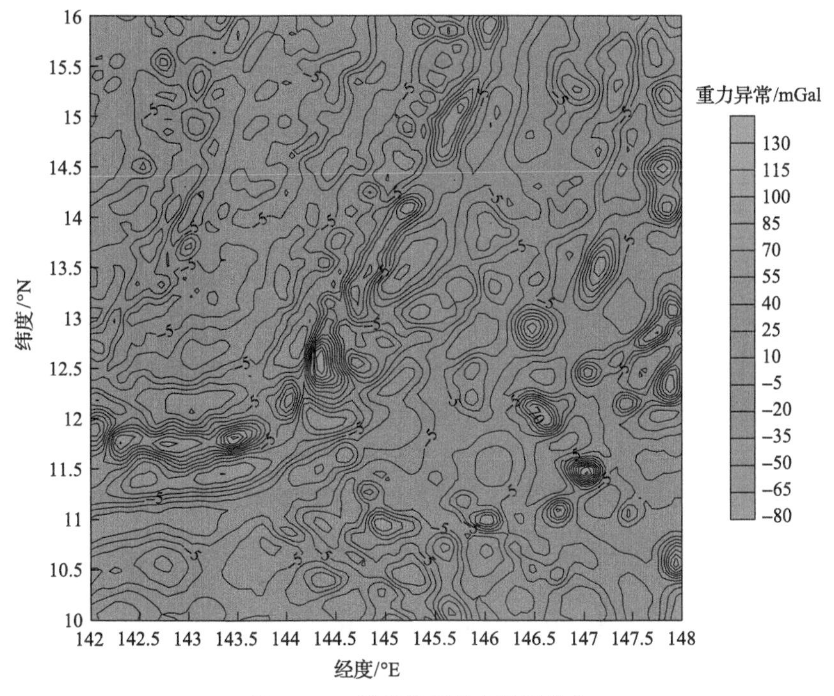

图 14.37　零高度面重力异常分布

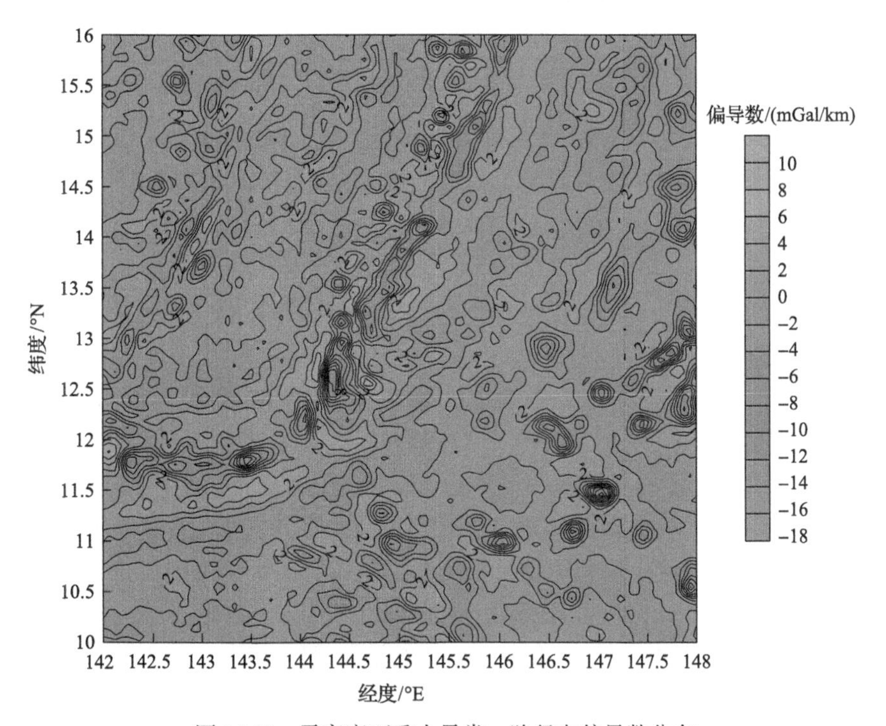

图 14.38　零高度面重力异常一阶径向偏导数分布

表 14.38 的统计结果和图 14.37、图 14.38 显示的重力异常及其一阶径向偏导数变化形态说明，尽管已经扣除掉 2～360 阶频段的参考场，本试验区域标准场重力变化的剧烈程度仍然非常显著，可在一定程度上代表真实地球大部分局部重力场的变化特征。

14.8.3.2　垂向梯度改化模型检验结果分析

为了对比分析不同改化模型的计算效果，本节首先采用零高度面上的 $1'\times1'$ 网格重力异常真值（Δg_{t0}）作为观测量，同时使用前述 4 种地球外部重力异常垂向梯度（$\Delta g'_{rp}$）改化模型，对前面选定的试验区对应于 7 个高度面上的 $1'\times1'$网格重力异常一阶偏导数进行数值计算检验和分析，其中，模型 1 是指直接对式(14.275)求径向偏导数作为基础计算模型，并对全球积分域进行了分区处理，但在实施近区计算时，扣除掉与计算点重合的 $1'\times1'$数据块，以避免出现奇异积分；模型 2 对应于式(14.282)；模型 3 对应于式(14.293)；模型 4 对应于式(14.300)。将 4 种改化模型的计算值分别与相应高度面的理论真值（$\Delta g'_{ti}$）进行比较，可获得不同改化模型的精度评估信息，具体对比结果列于表 14.39。本节积分半径统一取为 $\psi_0=2°$，为了减弱积分边缘效应对评估结果的影响，表 14.39 只列出中心区 2°×2°区块内的对比结果(下同)。为了定量评估由全球积分模型过渡到局域积分模型引起的模型误差影响，本节同时给出了采用式(14.288)计算得到的两组分别对应于 $\psi_0=2°$和 $\psi_0=5°$的误差补偿量（$\Delta g'_{rp(\sigma-\sigma_0)}$）统计结果，具体见表 14.40。

在前述试验的基础上，进一步采用同一高度面上的 $1'\times1'$网格重力异常真值（Δg_{ti}）作为观测量，同时使用前述 4 种地面重力异常垂向梯度（$\Delta g'_{Rp}$）改化模型，对相应 7 个高度面上的 $1'\times1'$网格重力异常一阶径向偏导数进行数值计算检验和分析，其中，模型 1 是指直接对式(14.275)求径向偏导数并令 $r=R$ 作为基础计算模型，且对全球积分域进行了分区处理，但在实施近区计算时，扣除掉与计算点重合的 $1'\times1'$数据块，以避免出现奇异积分；模型 2 对应于式(14.305)；模型 3 对应于式(14.310)；模型 4 对应于式(14.312)。将 4 种改化模型的计算值分别与相对应高度面的理论真值（$\Delta g'_{ti}$）进行比较，可获得不同改化模型的精度评估信息，具体对比结果列于表 14.41。

首先，从表 14.39 的对比结果可以看出，对地球外部重力异常垂向梯度积分模型进行的分阶段改化处理，取得了符合预期的解算效果。模型 1 的误差看似主要源于直接扣除了计算点所在数据块的影响，实质上是由该积分模型在边界面存在不连续性所致。对比表 14.39 和表 14.38 的结果可以看出，模型 1 在 1km 以下超低空高度段的误差量值远远超过了垂向梯度自身大小，显然，这不是忽略计算点所在数据块影响所能引起的量值，而是模型 1 原始计算式(直接对式(14.275)求

表 14.39　由不同外部改化模型计算得到的 7 个高度面重力异常垂向梯度与真值比较

高度/km	模型 1				模型 2				模型 3				模型 4			
	最大值/(mGal/km)	最小值/(mGal/km)	平均值/(mGal/km)	均方根/(mGal/km)	最大值/(mGal/km)	最小值/(mGal/km)	平均值/(mGal/km)	均方根/(mGal/km)	最大值/(mGal/km)	最小值/(mGal/km)	平均值/(mGal/km)	均方根/(mGal/km)	最大值/(mGal/km)	最小值/(mGal/km)	平均值/(mGal/km)	均方根/(mGal/km)
0	62.08	−104.74	−0.17	23.11	1.32	−1.92	0.00	0.38	0.59	−0.69	0.00	0.15	0.29	−0.25	0.00	0.09
0.1	61.49	−103.77	−0.17	22.91	1.17	−1.72	0.00	0.35	0.43	−0.42	0.00	0.11	0.29	−0.25	0.00	0.08
0.3	57.76	−97.52	−0.16	21.55	0.96	−1.42	0.00	0.30	0.27	−0.23	0.00	0.08	0.26	−0.25	0.00	0.08
1	32.05	−54.10	−0.09	11.96	0.74	−1.16	0.00	0.26	0.23	−0.20	0.00	0.06	0.25	−0.21	0.00	0.06
3	3.10	−5.18	−0.01	1.14	0.69	−1.11	−0.00	0.24	0.11	−0.10	0.00	0.03	0.11	−0.10	0.00	0.03
5	0.69	−1.13	−0.00	0.25	0.60	−0.99	−0.00	0.22	0.05	−0.05	0.00	0.02	0.05	−0.05	0.00	0.02
10	0.09	−0.14	−0.00	0.03	0.44	−0.73	−0.00	0.16	0.01	−0.01	0.00	0.00	0.01	−0.01	0.00	0.00

表 14.40　模型误差补偿量 $\Delta g'_{rp(\sigma-\sigma_0)}$ 计算结果统计

高度/km	$\psi_0=2°$				$\psi_0=5°$			
	最大值/(mGal/km)	最小值/(mGal/km)	平均值/(mGal/km)	均方根/(mGal/km)	最大值/(mGal/km)	最小值/(mGal/km)	平均值/(mGal/km)	均方根/(mGal/km)
0	0.79	–1.31	–0.00	0.28	0.50	–0.82	–0.00	0.18
0.1	0.81	–1.35	–0.00	0.29	0.52	–0.86	–0.00	0.18
0.3	0.81	–1.33	–0.00	0.29	0.51	–0.85	–0.00	0.18
1	0.77	–1.28	–0.00	0.28	0.49	–0.81	–0.00	0.18
3	0.68	–1.13	–0.00	0.24	0.44	–0.72	–0.00	0.16
5	0.60	–1.00	–0.00	0.22	0.39	–0.64	–0.00	0.14
10	0.45	–0.74	–0.00	0.16	0.29	–0.48	–0.00	0.10

径向偏导数得到)在边界面存在比较显著的类似于质面和质体位的数值跳跃所致，这是由地球重力位在边界面存在不连续特性决定的(Heiskanen et al.，1967)。这个结果说明，重力异常垂向梯度原始计算模型在超低空高度段是失效的，只有在 5km 以上计算高度才是可用的。模型 2 从理论上消除了模型 1 的积分奇异性和数值不连续性影响，计算精度得到显著提升，其相对检核精度(指互差均方根/垂向梯度自身)都控制在 20%以内，但由于该模型的改化过程存在不可忽略的理论缺陷，在 10km 以上高度，该模型的计算精度反而不及模型 1。模型 3 从理论上弥补了模型 2 的缺陷，使得该模型的计算精度得到进一步提升，在超低空高度段，该模型的相对计算精度不低于 7%，在 1km 以上高度段，相对精度优于 3%。这个结果说明，对模型 2 进行的修正和补偿处理是正确且有效的。模型 4 是在模型 3 的基础上，增加了计算点所在数据块重力变化特征对计算参量的影响，表 14.39 的结果显示，相比模型 3，模型 4 计算精度在 300m 以下超低空高度段又得到一定程度的提升，在零高度面，其相对计算精度从 6.7%提升到 4.0%，提升幅度超过 40%，充分体现了该模型的改化效果。可以预见，当采用的数据网格间距加大(如从 1′×1′增大到 2′×2′)且计算点周围的重力异常场变化更为剧烈时，模型 4 的改化效果会更加显著。

由表 14.40 的计算结果可进一步看出，尽管模型 3 对模型 2 的补偿量均随参考场阶数 N、积分半径 ψ_0 和计算高度 h 的增大而减小，但当参考场阶数 $N=360$ 时，即使积分半径增大到 $\psi_0=5°$，7 个高度面的误差补偿量均方根值仍然接近甚至超过垂向梯度自身大小的 10%。这样的结果再次说明，对于高精度要求的地球重力场逼近计算，对重力异常垂向梯度传统积分模型进行精细改化和修正是非常必要的。

对比表 14.41 和表 14.39 的计算结果可以看出，在相同的数据分辨率和精度保障条件下，利用某一高度面的重力异常观测数据计算该高度面外部的重力异常垂

表 14.41　由不同地面改化模型计算得到的 7 个高度面重力异常垂向梯度与真值比较

高度/km	模型 1				模型 2				模型 3				模型 4			
	最大值/(mGal/km)	最小值/(mGal/km)	平均值/(mGal/km)	均方根/(mGal/km)	最大值/(mGal/km)	最小值/(mGal/km)	平均值/(mGal/km)	均方根/(mGal/km)	最大值/(mGal/km)	最小值/(mGal/km)	平均值/(mGal/km)	均方根/(mGal/km)	最大值/(mGal/km)	最小值/(mGal/km)	平均值/(mGal/km)	均方根/(mGal/km)
0	62.08	−104.74	−0.17	23.11	1.32	−1.92	0.00	0.38	0.59	−0.69	0.00	0.15	0.29	−0.25	0.00	0.09
0.1	61.33	−103.58	−0.17	22.90	1.30	−1.90	0.00	0.38	0.58	−0.67	0.00	0.15	0.33	−0.30	0.00	0.10
0.3	59.87	−101.30	−0.17	22.49	1.26	−1.84	0.00	0.37	0.56	−0.64	0.00	0.14	0.43	−0.44	0.00	0.11
1	55.07	−93.89	−0.16	21.12	1.13	−1.67	0.00	0.34	0.49	−0.56	0.00	0.13	0.48	−0.54	0.00	0.12
3	44.02	−76.86	−0.13	17.76	0.85	−1.27	0.00	0.28	0.34	−0.37	0.00	0.09	0.34	−0.37	0.00	0.09
5	35.70	−63.82	−0.11	15.05	0.64	−1.00	0.00	0.23	0.24	−0.25	0.00	0.07	0.24	−0.25	0.00	0.07
10	22.51	−41.03	−0.08	10.16	0.35	−0.59	0.00	0.15	0.11	−0.11	0.00	0.04	0.11	−0.11	0.00	0.04

向梯度，其精度都要比利用本高度面观测数据计算本高度面的垂向梯度精度高。这个结果显然与重力异常垂向梯度积分计算模型误差随计算高度升高而衰减有关。相比较而言，因模型 1 在边界面存在较大的数值跳跃问题，故利用该模型和本高度面观测数据计算本高度面垂向梯度的结果偏离理论真值的幅度最大，完全失去了其使用价值。模型 2～模型 4 两种方式计算得到的垂向梯度精度差异相对较小，但在条件允许的情况下，仍应优先采用前一种脱离边界面的方式进行垂向梯度计算。

14.8.3.3 改化模型向下延拓应用效果分析

为了考察垂向梯度计算模型改化误差对重力异常向下延拓解算结果的影响，本节特别设计如下试验流程。

步骤①：使用地球外部 6 个高度面上的重力异常一阶径向偏导数理论真值（$\Delta g'_{ti}$），依据式(14.313)将对应于 6 个高度面上的重力异常（Δg_{ti}）向下延拓到零高度面，分别将各个高度面的延拓计算值与零高度面的理论真值（Δg_{t0}）进行比较，计算互差统计结果。

步骤②：将式(14.313)中的垂向梯度替换为与表 14.39 统计结果相对应的外部重力异常一阶径向偏导数（$\Delta g'_{rp}$）4 种改化模型的计算结果，重复步骤①的试验。

步骤③：将式(14.313)中的垂向梯度替换为与表 14.41 统计结果相对应的地面重力异常一阶径向偏导数（$\Delta g'_{Rp}$）4 种改化模型的计算结果，重复步骤①的试验。

前述 3 个步骤的计算统计结果列于表 14.42，为节省篇幅，表中只列出其中的对比互差均方根值。

表 14.42 重力异常垂向梯度不同改化模型向下延拓应用效果评估(互差均方根值)

计算高度/km		0.1	0.3	1	3	5	10
$\Delta g'_{ti}$ /mGal	理论真值	0.00	0.02	0.19	1.33	2.99	7.66
不同模型下的 $\Delta g'_{rp}$/mGal	模型 1	2.29	6.48	12.09	4.51	4.05	7.93
	模型 2	0.04	0.11	0.41	1.94	3.90	9.11
	模型 3	0.01	0.03	0.17	1.33	3.00	7.69
	模型 4	0.01	0.03	0.17	1.33	3.00	7.69
不同模型下的 $\Delta g'_{Rp}$/mGal	模型 1	2.29	6.76	21.25	54.21	77.37	107.26
	模型 2	0.04	0.13	0.50	2.05	3.95	8.87
	模型 3	0.02	0.06	0.30	1.55	3.26	7.94
	模型 4	0.01	0.05	0.29	1.55	3.26	7.94

从表 14.42 的统计结果可以看出，垂向梯度计算模型误差直接影响重力异常向下延拓的解算精度，对积分计算模型的修正和改化效果已经在向下延拓的解算结果中得到充分体现。不难看出，使用球面外部模型 3 和模型 4 计算得到的垂向梯度（$\Delta g'_{rp}$）实施重力异常向下延拓解算的效果，已经完全等同于使用垂向梯度理论真值（$\Delta g'_{ti}$）获得的解算效果，再次验证了严密改化模型的有效性。需要指出的是，重力异常向下延拓的解算精度除了与垂向梯度计算精度水平密切相关外，还取决于向下延拓模型自身的完备性、延拓高度及计算区域重力场变化的剧烈程度。对本试验而言，由表 14.42 可以看出，将模型 1 排除在外，使用只顾及一阶项的向下延拓模型(即式(14.313))进行重力异常归算，要想得到优于 1mGal 的解算精度，必须将向下延拓高度控制在 1km 以内，否则，需要将向下延拓模型拓展到更高阶次(黄谟涛等，2018a)。这方面的内容已经超出本专题的研究范围，不再进行深入讨论。

14.8.4　专题小结

将全球积分模型改化为局域积分模型是实现重力异常垂向梯度精密计算的前提条件，积分奇异性和数值不连续性是改化重力异常垂向梯度全球积分模型面临的两大主要难题。本专题研究并指出了积分模型传统改化方法存在的理论缺陷，同时依据实测数据保障条件，联合采用积分恒等式变换和移去-恢复技术，分别推出了计算地球外部及地面重力异常垂向梯度全球积分模型的分步改化模型，提出了补偿传统改化模型理论缺陷的修正公式。以超高阶位模型 EGM2008 为数值试验标准场，分别开展改化模型精度对比分析和向下延拓应用效能评估试验，从不同侧面验证了采用严密改化模型的必要性和有效性。

14.9　基于带限航空矢量重力确定大地水准面的两步积分法

14.9.1　问题的提出

研究确定高精度高分辨率大地水准面是大地测量学科的重要科学目标之一，也是当前大地测量现代化基础设施建设实现 GNSS 测定高程的重大需求(黄谟涛等，2005；Featherstone，2008；蒋涛，2011；李建成，2012)，该基准面可为地球物理学、地球动力学、空间科学及地球资源勘探等领域提供必要的基础信息支撑。最近一个时期，随着高精度 GNSS 差分定位技术的不断发展和重力传感器制造工艺技术的不断完善，继航空标量重力测量之后，航空矢量重力测量技术也取得了重大进展(孙中苗，2004；Ferguson et al.，2010；欧阳永忠，2013；Cai et al.，2013)。由 AIRGrav 型重力仪获取的航空矢量重力两个水平分量的重复测量符合度已分别达到 0.34mGal 和 0.28mGal(Sander et al.，2010)，利用我国自主研制的捷联式重力仪 SGA-WZ 获取的航空矢量重力两个水平分量的测量精度也分别达到 1.23mGal 和 1.80mGal(Cai et al.，2013)。这些结果表明，利用航空矢量重力测量水平分量观测数据确定高精度高分辨率的大地水准面成为可能。前期国内外开展基于航空重力测量数据确定大地水准面的研究主要集中在以航空标量重力测量成果为输入信息(Novák et al.，2002，2003b；孙中苗等，2007a，2014；蒋涛，2011)。关于航空矢量重力测量水平分量数据的应用，Jekeli 等(2002)、Serpas 等(2005)曾依据类似于天文水准测量的计算原理，通过采用重力水平分量沿测线剖面积分方法获得了亚分米级的大地水准面。该方法只能计算得到相对大地水准面高度，其推广应用范围受到了一定的限制。因此，开展基于航空矢量重力测量水平分量确定绝对大地水准面的研究具有非常重要的现实意义(Deng et al.，2022)。

实际上，利用航空矢量重力水平分量确定大地水准面可归结为求解一类特殊的物理大地测量边值问题，此类问题不同于传统的重力场位理论第一、第二和第三边值问题(Hofmann-Wellenhof et al., 2006)。首先二者的观测边界面不同，传统边值问题的边界面为大地水准面或地球表面，新边值问题的边界面则为飞行高度面，属于广义边值问题(程芦颖等，2006)；其次二者的观测参量不同，传统边值问题的观测量一般为垂向上的扰动重力或重力异常，新边值问题的观测量则为矢量重力水平分量，属于水平边值问题(Hwang，1998)。因此，建立并求解以飞行高度面为边界面的广义水平边值问题解，就成为利用航空矢量重力水平分量确定大地水准面的关键(Šprlák et al., 2018)。向下延拓过程是利用航空重力数据精密确定大地水准面必不可少的技术环节，由于位场向下延拓在数学上属于不适定问题，求解此类问题存在很大的不确定性(王彦飞，2007)，国内外学者为此开展了大量卓有成效的研究工作(Alberts et al.，2004；王兴涛等，2004a；Tziavos et al.，2005；顾勇为等，2010；邓凯亮等，2011；蒋涛等，2011，2013；黄谟涛等，2015c)。Novák 等(2002，2003b)依据航空重力测量数据特有的带限频谱特性，推导了基于带限航空标量重力测量数据的向下延拓模型，并将其应用于大地水准面解算，仿真试验表明，该方法具有良好的精度和稳定性；Kern(2003)全面分析比较了基于带限航空标量重力测量数据向下延拓模型与基于逆 Poisson 积分公式的各类正则化方法的计算效果，得出的结论是前者的计算稳定性和精度都明显优于其他方法。

本专题研究尝试将航空标量重力测量数据的带限频谱特性拓展到航空矢量重力数据处理及应用，以物理大地测量边值理论为基础，建立并求解以飞行高度面为边界面的广义水平边值问题解，进而提出了基于带限航空矢量重力水平分量确定大地水准面的两步积分法，较好地克服了传统解算方法固有的不适定问题。

14.9.2　计算模型

14.9.2.1　广义带限水平边值问题解

受高动态飞行环境效应的影响，航空矢量重力测量数据中一般都包含量值超过正常信号数倍的干扰噪声，数据处理阶段通常需要对其进行低通滤波处理(孙中苗，2004；Cai et al.，2013)，这就意味着航空矢量重力测量成果不再包含低通滤波截止频率以上的高频信息；另外，由于在实施重力场积分模型计算过程中，通常还需要引入以全球重力场位模型为参考场的移去-恢复技术，以减弱积分远区效应对计算结果的影响(黄谟涛等，2005)，所以实际参与积分计算的剩余输入量也不再包含参考位模型阶次以下的低频信息。由此可见，参与边值问题解算的航空矢量重力测量水平分量是一类有限带宽的重力场信息(Novák et al., 2002, 2003b)。设全球重力场位模型的最高阶次为 $l-1$，则航空矢量重力测量数据对应的最高频谱阶次为 $L=l+b$，b 称为此类数据的带宽。本专题研究将对应于飞行高度面带限航空矢量重力测量水平分量观测量的边值问题称为广义带限水平边值问题。该问题可描述为：已知航空矢量重力测量在飞行高度 H 上的带限南北向水平分量 $\delta g_N^b(r,\theta,\lambda)$ 和东西向水平分量 $\delta g_E^b(r,\theta,\lambda)$，在飞行高度面进行球近似条件下，要求确定飞行高度面上的带限扰动位 $T^b(r,\theta,\lambda)$。以公式形式具体表示如下(Grafarend，2001；Deng et al.，2022)：

$$\begin{cases}\nabla^2 T^b(r,\theta,\lambda)=0, & r>R\\ \delta g_E^b(r,\theta,\lambda)=-\dfrac{1}{r\sin\theta}\dfrac{\partial T^b(r,\theta,\lambda)}{\partial\lambda}, & r=R+H\\ \delta g_N^b(r,\theta,\lambda)=-\dfrac{1}{r}\dfrac{\partial T^b(r,\theta,\lambda)}{\partial\theta}, & r=R+H\\ T^b(r,\theta,\lambda)=O(r^{-l-1}), & r\to\infty\end{cases}\tag{14.316}$$

式中，r 为待求或已知参数点位的地心半径；λ 为点位经度；θ 为点位大地余纬；R 为地球平均半径。

将重力扰动位的球谐函数展开式代入式(14.316)的边值条件，同时顾及水平分量在球面上的正交特性，依据球谐函数的加法定理，可推得飞行高度面上的带限扰动位 $T^b(r,\theta,\lambda)$ 的计算式为(Deng et al.，2022)

$$T^b(r,\theta,\lambda)=-\frac{r}{4\pi}\int_0^{2\pi}\int_0^{\pi}[\delta g_N^b(r,\theta',\lambda'),\delta g_E^b(r,\theta',\lambda')]\cdot[G_N^b(\psi),G_E^b(\psi)]^{\mathrm{T}}\mathrm{d}\sigma\tag{14.317}$$

式中，$G_N^b(\psi)$ 和 $G_E^b(\psi)$ 分别为带限扰动重力两个水平分量的积分核函数，具体表达式为(Hofmann-Wellenhof et al.，2006)

$$G_N^b(\psi)=\sum_{n=l}^{l+b}\frac{2n+1}{n(n+1)}\frac{\partial P_n(\cos\psi)}{\partial\cos\psi}\frac{\partial\cos\psi}{\partial\theta'} \tag{14.318}$$

$$G_E^b(\psi)=\frac{1}{\sin\theta'}\sum_{n=l}^{l+b}\frac{2n+1}{n(n+1)}\frac{\partial P_n(\cos\psi)}{\partial\cos\psi}\frac{\partial\cos\psi}{\partial\lambda'} \tag{14.319}$$

式中，$P_n(\cos\psi)$ 为 n 阶勒让德多项式，ψ 为计算点 $P(r,\theta,\lambda)$ 至积分流动点 $Q(R,\theta',\lambda')$ 之间的球面角距；$[\partial P_n(\cos\psi)/\partial\cos\psi]$ 为勒让德多项式 $P_n(\cos\psi)$ 的一阶导数；$\partial\cos\psi/\partial\theta'$ 和 $\partial\cos\psi/\partial\lambda'$ 的计算式为

$$\begin{cases}\dfrac{\partial\cos\psi}{\partial\theta'}=-\cos\theta\sin\theta'+\sin\theta\cos\theta'\cos(\lambda'-\lambda)\\[2mm]\dfrac{\partial\cos\psi}{\partial\lambda'}=\cos\theta\cos\theta'-\sin\theta\sin\theta'\sin(\lambda'-\lambda)\end{cases} \tag{14.320}$$

将式(14.318)～式(14.320)代入式(14.317)，就可以由带限航空矢量重力测量两个水平分量观测值 $\delta g_N^b(r,\theta,\lambda)$ 和 $\delta g_E^b(r,\theta,\lambda)$，计算得到飞行高度面上的带限扰动位 $T^b(r,\theta,\lambda)$。

由于航空重力观测值均为离散值，所以通常情况下还需要将式(14.317)进行离散化处理。考虑到观测数据覆盖范围有限，式(14.317)无法进行全球积分，故在实际应用中，式(14.317)一般只用计算点周围有限的观测值求和来逼近近区影响，远区影响则采用国际上新发布的超高阶全球重力位模型进行计算。此时，式(14.317)将改化为

$$\begin{aligned}&T^b(r,\theta_i,\lambda_i)+\frac{GM}{2r}\sum_{n=l}^{L_{\max}}n(n+1)\left(\frac{R}{r}\right)^{n+1}C_n(H,\psi_0)T_n(\theta_i,\lambda_i)\\&=-\frac{r}{4\pi}\sum_{j=1}^{N}[\delta g_N^b(r,\theta_j',\lambda_j'),\delta g_E^b(r,\theta_j',\lambda_j')]\cdot[G_N^b(\psi_{ij}),G_E^b(\psi_{ij})]^{\mathrm T}\Delta\sigma_j\end{aligned} \tag{14.321}$$

式(14.321)左端的第二求和项就代表式(14.317)的积分远区效应影响，式(14.321)右端求和项代表式(14.317)的积分近区效应影响。式(14.321)中，GM 为万有引力常数与地球质量的乘积；$L_{\max}$ 为用于补偿远区效应的超高阶位模型的最高阶数；$C_n(H,\psi_0)$ 为远区效应积分核函数；$T_n(\theta,\lambda)$ 为地球重力扰动位 n 阶拉普拉斯(Laplace)面球谐函数；N 为近区积分半径 ψ_0 内的测点总个数；$\Delta\sigma$ 为单位球积分面积元；其他符号意义同前。

$C_n(H,\psi_0)$ 的计算式为(Deng et al.，2022)

$$C_n(H,\psi_0)=\sum_{m=l}^{l+b}\frac{2m+1}{m(m+1)}\left(\frac{R}{R+H}\right)^{m+1}R_{nm}(\psi_0) \tag{14.322}$$

式中，系数 $R_{nm}(\psi_0)$ 由式(14.323)计算(Paul，1973)：

$$R_{nm}(\psi_0)=\int_{\psi_0}^{\pi}P_n(\cos\psi)P_m(\cos\psi)\sin\psi\,\mathrm{d}\psi \tag{14.323}$$

$T_n(\theta,\lambda)$ 的计算式为

$$T_n(\theta,\lambda)=\sum_{m=0}^{n}(\bar{C}_{nm}^{*}\cos(m\lambda)+\bar{S}_{nm}\sin(m\lambda))\bar{P}_{nm}(\cos\theta) \tag{14.324}$$

式中，$\bar{P}_{nm}(\cos\theta)$ 为完全规格化缔合勒让德函数；$\bar{C}_{nm}^{*}$ 和 $\bar{S}_{nm}$ 为完全规格化地球位系数。

14.9.2.2　广义带限 Dirichlet 边值问题解

由广义带限水平边值问题解计算得到飞行高度面上的带限扰动位 $T^b(r,\theta,\lambda)$ 以后，还需要将空中带限扰动位向下解析延拓到海平面。解决此类问题的传统方法是求解第一类 Fredholm 积分方程，也就是人们常用的逆 Poisson 积分公式。因求逆过程具有很大的不确定性，当观测量存在噪声干扰时，解算结果往往会出现较大的偏差，要想获得比较稳定的解算结果，必须采用一定的正则化方法(王彦飞，2007)。为了规避扰动位向下延拓的不适定问题，本专题研究借鉴 Novák 等(2002，2003b)的研究思路，提出直接求解下面的广义带限 Dirichlet 边值问题，即已知飞行高度面上的 $T^b(r,\theta,\lambda)=f(r,\theta,\lambda)$，求海平面(近似为球面)上的 $T^b(R,\theta,\lambda)$，以公式形式具体表示为

$$\begin{cases}\nabla^2T^b(r,\theta,\lambda)=0, & r>R\\ T^b(r,\theta,\lambda)=f(r,\theta,\lambda), & r=R+H\\ T^b(r,\theta,\lambda)=O(r^{-l-1}), & r\to\infty\end{cases} \tag{14.325}$$

由于上述边值问题的观测边界面为飞行高度面，而需要确定的扰动位解域要求涵盖海平面及其外部的所有空间，这就意味着问题解域的一部分位于观测边界面的内部。因此，从理论上讲，由式(14.325)定义的边值问题解也是非稳定的。幸运的是，带限观测量的特性可以改变边值问题解的性质，即具有带限频谱特性的观测量可以将不适定问题转换为适定问题(Martinec，1998)。据此，基于经典的 Dirichlet 边值理论，可得到由式(14.325)定义的广义带限 Dirichlet 边值问题解为(Novák et al.，2002，2003b)

$$T^b(R,\theta,\lambda)=\frac{1}{4\pi}\iint_{\sigma}T^b(r,\theta',\lambda')Y^b(R,\psi,r)\,\mathrm{d}\sigma,\quad r=R+H \tag{14.326}$$

式中，$Y^b(R,\psi,r)$称为扰动位带限积分核，其计算式为

$$Y^b(R,\psi,r)=\sum_{n=l}^{l+b}(2n+1)\left(\frac{r}{R}\right)^{n+1}P_n(\cos\psi) \tag{14.327}$$

由式(14.327)可知，当飞行高度H和观测量带宽参数b被控制在一定的量值之内时，由式(14.326)可获得稳定可靠的广义带限边值问题解，这正是带限观测量能够改变边值问题解性质的缘由。此外，对式(14.326)实施实际计算时，考虑到观测数据覆盖范围的有限性，同样需要将全球积分域划分为近区和远区两个部分，近区由实测数据计算，远区则由超高阶全球重力位模型计算。此时，式(14.326)将改化为

$$\begin{aligned}&T^b(R,\theta_i,\lambda_i)-\frac{GM}{2r}\sum_{n=l}^{L_{\max}}\left(\frac{R}{r}\right)^{n+1}Q_n(H,\psi_0)T_n(\theta_i,\lambda_i)\\&=\frac{1}{4\pi}\sum_{j=1}^{N}T^b(r,\theta_j',\lambda_j')Y^b(R,\psi_{ij},r)\Delta\sigma_j\end{aligned} \tag{14.328}$$

式中，远区效应积分核函数$Q_n(H,\psi_0)$的计算式为(Deng et al.，2022)

$$Q_n(H,\psi_0)=\sum_{m=l}^{l+b}(2m+1)\left(\frac{R+H}{R}\right)^{m+1}R_{nm}(\psi_0) \tag{14.329}$$

式(14.328)和式(14.329)中的其他符号意义同前。

由式(14.328)求得海平面上的扰动位$T^b(R,\theta,\lambda)$以后，即可利用Bruns公式将海平面上的扰动位转换为大地水准面(这里不再列出Bruns公式)，也就完成了基于带限航空矢量重力测量水平分量确定大地水准面的全流程。

需要补充说明的是，航空矢量重力测量除了可以获取扰动重力两个水平分量外，还能获得更为重要的扰动重力垂向分量观测数据。显然，依据垂向分量同样可以通过带限模型直接或分步确定大地水准面，这方面的内容可参见Novák等(2002, 2003b)，这里的扰动重力垂向分量就是参考文献中的航空标量重力测量输出量。联合使用水平分量和垂向分量确定的大地水准面计算结果，必然会有效提高大地水准面的最终计算精度，频谱组合方法是最常用的多源重力信息融合处理手段之一(Jiang et al.，2016)，关于这方面内容的拓展研究，需要另做专题讨论。

14.9.3　数值计算检验与分析

为了验证上述两步方法的可靠性和有效性，利用当前国际上应用广泛的超高阶位模型EGM2008设计了基于带限航空矢量重力测量水平分量确定大地水准面的数值仿真试验。为了进行对比分析，本节同时利用前面述及的逆Poisson积分

公式(邓凯亮等，2011)，将第一步获得的飞行高度面上的带限扰动位向下延拓到海平面，并进一步计算相对应的大地水准面，本专题研究称为两步逆积分法。

14.9.3.1　仿真数据准备

1. 带限航空矢量重力水平分量仿真观测值计算

首先利用 EGM2008 位模型计算带限航空矢量重力南北向水平分量 δg_N^b 和东西向水平分量 δg_E^b 作为仿真观测数据。采用移去-恢复技术，取 EGM2008 位模型的前 360 阶作为参考场模型，即取 $l=361$，此时对应于航空矢量重力测量数据的最高频谱阶次为 $L=l+b=2160$；本节同样使用 EGM2008 位模型进行积分远区效应的补偿计算，故有 $L_{\max}=L=2160$。利用位模型计算带限航空矢量重力两个水平分量的球谐函数展开式为(黄谟涛等，2005)

$$\begin{cases}\delta g_N^b(r,\theta,\lambda)=-\dfrac{GM}{r^2}\displaystyle\sum_{n=l}^{l+b}\left(\frac{R}{r}\right)^n\sum_{m=0}^{n}(\bar{C}_{nm}^*\cos(m\lambda)+\bar{S}_{nm}\sin(m\lambda))\dfrac{\partial\bar{P}_{nm}(\cos\theta)}{\partial\theta}\\ \delta g_E^b(r,\theta,\lambda)=-\dfrac{GM}{r^2\sin\theta}\displaystyle\sum_{n=l}^{l+b}\left(\frac{R}{r}\right)^n\sum_{m=0}^{n}m(\bar{C}_{nm}^*\sin(m\lambda)-\bar{S}_{nm}\cos(m\lambda))\bar{P}_{nm}(\cos\theta)\end{cases}\tag{14.330}$$

式中，各符号意义同前。

本专题研究的数值试验计算范围取为 5°×5°(纬度：36°N～41°N，经度：113°W～108°W)；飞行高度分别取为 2km、3km、4km、5km 和 6km；仿真观测数据的计算网格取为 2′×2′。不同高度面的仿真观测量计算统计结果见表 14.43，图 14.39 和图 14.40 分别给出了 4km 飞行高度面上的扰动重力南北向和东西向两个水平分量等值线图。

表 14.43　航空矢量重力水平分量仿真观测量统计结果

计算参量	高度/km	最小值/mGal	最大值/mGal	平均值/mGal	标准差/mGal	均方根/mGal
南北向分量	2	−32.89	32.84	0.09	8.76	8.76
	3	−30.36	30.11	0.09	8.04	8.04
	4	−28.04	27.62	0.08	7.39	7.39
	5	−25.92	25.36	0.08	6.81	6.81
	6	−23.97	23.29	0.08	6.27	6.28
东西向分量	2	−36.60	36.69	−0.01	8.77	8.77
	3	−32.99	33.12	−0.01	7.99	7.99
	4	−29.78	29.93	−0.01	7.30	7.30
	5	−26.91	27.08	−0.01	6.68	6.68
	6	−24.35	24.57	−0.01	6.12	6.12

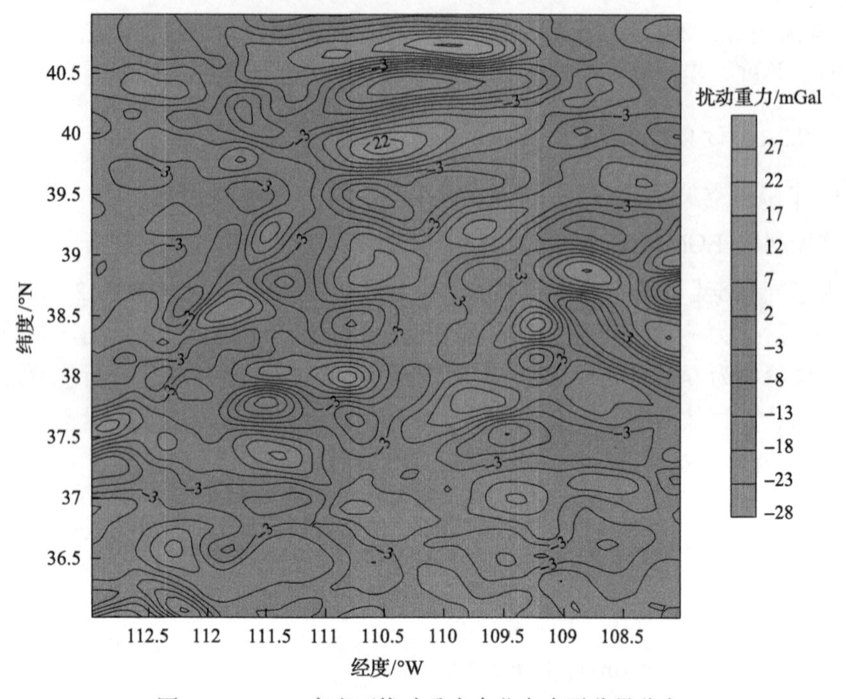

图 14.39　4km 高度面扰动重力南北向水平分量分布

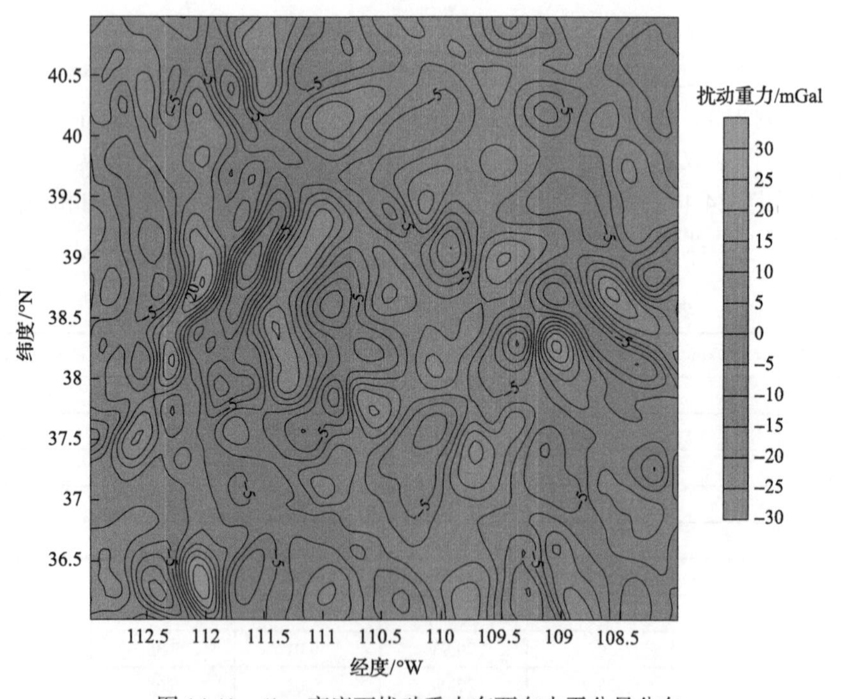

图 14.40　4km 高度面扰动重力东西向水平分量分布

为了分析研究航空矢量重力测量观测误差对大地水准面计算结果的影响，在仿真观测数据中分别加入 1.5mGal 和 3mGal 的随机噪声，形成两组新的模拟观测量，然后按照前面相同的计算方案和流程，完成大地水准面解算。本试验涉及的数值计算积分半径统一取为 $\psi_0 = 1°$，为了减小积分边缘效应对评估结果的影响，后面开展的数值对比检验均不包含计算区域边缘 1°带宽内的计算结果。

2. 空中带限扰动位和海平面带限大地水准面基准值计算

在前面所述的两步积分法和两步逆积分法中，第一步都是基于带限航空矢量重力测量两个水平分量计算飞行高度面上的带限扰动重力位 $T^b(r,\theta,\lambda)$，为了检验该步骤计算结果的有效性，本节事先采用 EGM2008 位模型计算对应前面 5 个高度面上的带限扰动位作为对比基准值，其计算公式为(黄谟涛等，2005)

$$T^b(r,\theta,\lambda) = \frac{GM}{r}\sum_{n=l}^{l+b}\left(\frac{R}{r}\right)^n \sum_{m=0}^{n}(\bar{C}_{nm}^* \cos(m\lambda) + \bar{S}_{nm}\sin(m\lambda))\bar{P}_{nm}(\cos\theta) \tag{14.331}$$

为了进一步检验由飞行高度面上的带限扰动位确定大地水准面的最终计算精度，利用 EGM2008 位模型计算海平面上的带限大地水准面作为对比基准值，计算公式为(黄谟涛等，2005)

$$N^b(R,\theta,\lambda) = \frac{GM}{R\gamma}\sum_{n=l}^{l+b}\sum_{m=0}^{n}(\bar{C}_{nm}^* \cos(m\lambda) + \bar{S}_{nm}\sin(m\lambda))\bar{P}_{nm}(\cos\theta) \tag{14.332}$$

式中，γ 为海平面计算点处的地球正常重力。

空中带限扰动位和大地水准面基准值统计结果见表 14.44，图 14.41 和图 14.42 分别给出了 4km 高度面带限扰动位和大地水准面的等值线图。

表 14.44　空中带限扰动位和大地水准面基准值统计结果

计算参量	高度/km	最小值	最大值	平均值	标准差	均方根
不同高度下的空中带限扰动位 /(m^2/s^2)	2	−4.000	4.771	−0.024	1.711	1.712
	3	−3.753	4.342	−0.023	1.587	1.587
	4	−3.518	3.958	−0.022	1.472	1.473
	5	−3.296	3.613	−0.021	1.367	1.367
	6	−3.088	3.303	−0.019	1.270	1.270
大地水准面 /cm	0	−46.52	50.11	2.88	19.53	19.74

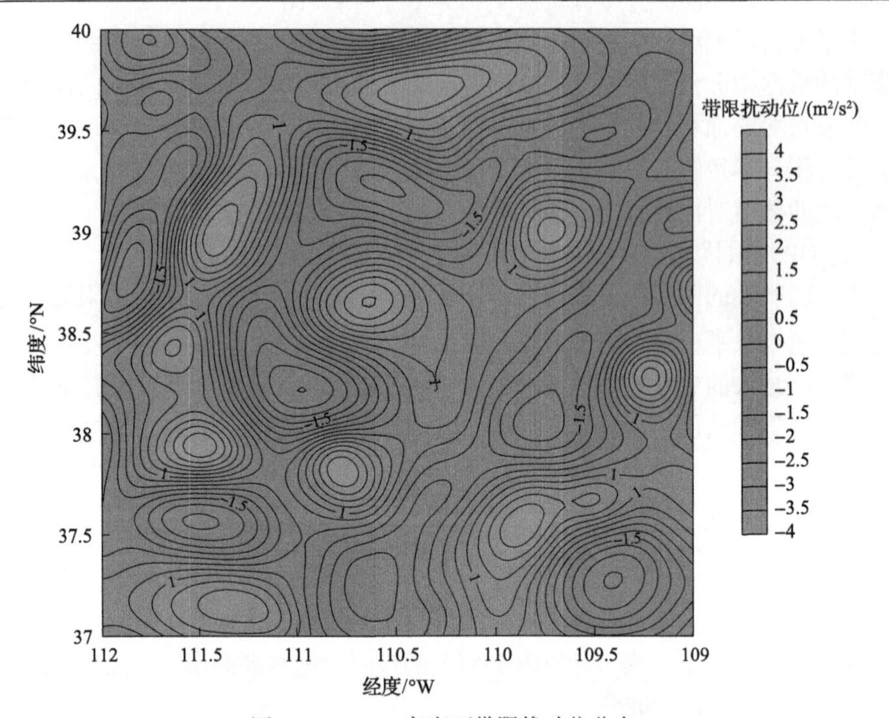

图 14.41　4km 高度面带限扰动位分布

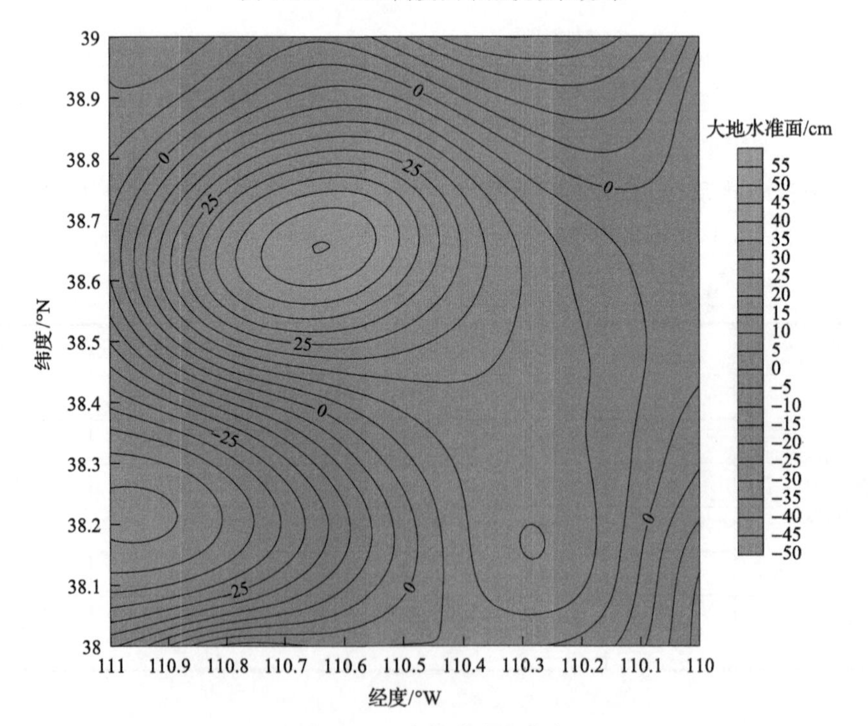

图 14.42　大地水准面分布

14.9.3.2　数值计算结果分析

1. 飞行高度面带限扰动位计算与比较

以前面事先获取的对应于 5 个飞行高度面的航空矢量重力测量两个水平分量的仿真观测数据(包括无误差干扰和有误差干扰 3 组数据)为数值试验输入信息，首先依据式(14.321)～式(14.324)分别计算相应高度面上的带限扰动位。将计算结果与基于 EGM2008 位模型计算得到的空中带限扰动位基准值进行比较，两者互差的统计结果见表 14.45。

表 14.45　空中带限扰动位与基准值比较统计

误差量/mGal	高度/km	最小值/(m^2/s^2)	最大值/(m^2/s^2)	平均值/(m^2/s^2)	标准差/(m^2/s^2)	均方根/(m^2/s^2)
0	2	−0.310	0.271	0.005	0.097	0.097
	3	−0.299	0.264	0.005	0.093	0.093
	4	−0.294	0.258	0.005	0.090	0.090
	5	−0.288	0.251	0.004	0.087	0.087
	6	−0.281	0.245	0.004	0.084	0.084
1.5	2	−0.314	0.256	0.004	0.098	0.098
	3	−0.312	0.246	0.004	0.095	0.095
	4	−0.308	0.237	0.004	0.092	0.092
	5	−0.304	0.228	0.004	0.089	0.089
	6	−0.299	0.220	0.004	0.086	0.086
3	2	−0.445	0.324	0.004	0.115	0.115
	3	−0.432	0.318	0.004	0.112	0.112
	4	−0.420	0.312	0.003	0.109	0.109
	5	−0.408	0.306	0.003	0.106	0.106
	6	−0.396	0.299	0.003	0.103	0.103

由表 14.45 的结果可以看出，空中带限扰动位计算值与仿真基准值的整体吻合情况良好，没有明显的系统偏差，说明由广义水平边值问题解确定的空中带限扰动位是可靠有效的。一方面，解算结果精度随计算高度的增大只是略有提升，表明当观测量与待求量处于同一边界面时，扰动位计算精度几乎与飞行高度无关。这个结果也完全符合理论上的预期，因为随着飞行高度的增大，扰动位场高频成分逐渐减弱，其相对变化趋于平缓，扰动位逼近计算精度自然会得到细微改善。另一方面，空中带限扰动位计算精度随着观测误差量级的增大而略有下降，但降低幅度并不明显，以 4km 飞行高度面为例，当观测误差分别为 0mGal、1.5mGal 和 3mGal 时，计算结果与基准值互差的均方根依次为 0.090m^2/s^2、0.092m^2/s^2 和

$0.109\text{m}^2/\text{s}^2$，表明广义带限水平边值问题解具有良好的低通滤波特性，能有效抑制高频观测噪声的影响。在无误差影响(即观测误差为 0mGal)条件下，扰动位计算结果仍然存在一定的偏差，这是由式(14.317)转换为式(14.321)引入的数值积分离散化误差导致的。这个结果也从另一侧面说明，要想进一步提高扰动位的解算精度，必须尽可能提高观测数据分辨率，尽可能减小输入网格数据的间距。

2. 空中带限扰动位向下延拓计算与比较

以上述计算步骤获得的对应于 5 个飞行高度面的带限扰动位为输入量，分别依据式(14.328)和传统的逆 Poisson 积分公式，将空中带限扰动位向下延拓到海平面，并利用 Bruns 公式将延拓结果直接转换为大地水准面。将两组计算结果分别与基于 EGM2008 位模型计算得到的大地水准面基准值进行比较，两者之间的互差统计结果分列于表 14.46 和表 14.47。

表 14.46　本专题研究方法计算得到的大地水准面与基准值比较统计结果

误差量/mGal	高度/km	最小值/cm	最大值/cm	平均值/cm	标准差/cm	均方根/cm
0	2	−4.33	3.09	−0.02	1.37	1.37
	3	−5.09	3.24	−0.04	1.48	1.48
	4	−6.03	4.04	−0.06	1.63	1.64
	5	−7.25	5.07	−0.08	1.84	1.84
	6	−8.80	6.40	−0.11	2.11	2.12
1.5	2	−3.71	3.46	0.02	1.38	1.38
	3	−4.35	4.19	0.00	1.51	1.51
	4	−5.19	5.12	−0.02	1.69	1.69
	5	−6.25	6.30	−0.03	1.92	1.92
	6	−7.59	7.82	−0.05	2.25	2.25
3	2	−6.30	3.58	−0.03	1.79	1.80
	3	−7.52	3.86	−0.05	1.98	1.98
	4	−9.03	4.48	−0.08	2.21	2.21
	5	−10.90	5.67	−0.10	2.53	2.53
	6	−13.24	7.20	−0.14	2.95	2.95

表 14.47　逆 Poisson 积分公式计算得到的大地水准面与基准值比较统计结果

误差量/mGal	高度/km	最小值/cm	最大值/cm	平均值/cm	标准差/cm	均方根/cm
0	2	−13.86	10.87	−1.08	5.27	5.38
	3	−27.66	23.86	−2.16	10.99	11.20
	4	−41.95	38.13	−3.33	17.14	17.46
	5	−56.40	53.05	−4.56	23.47	23.91
	6	−70.38	68.27	−5.80	29.77	30.33

续表

误差量/mGal	高度/km	最小值/cm	最大值/cm	平均值/cm	标准差/cm	均方根/cm
1.5	2	–14.17	12.61	–1.04	5.35	5.45
	3	–28.04	27.08	–2.10	11.21	11.40
	4	–42.38	42.62	–3.25	17.47	17.77
	5	–56.81	58.72	–4.46	23.92	24.33
	6	–70.76	74.96	–5.69	30.35	30.88
3	2	–14.34	12.31	–1.07	5.37	5.47
	3	–28.16	26.23	–2.14	11.20	11.40
	4	–42.47	41.46	–3.30	17.44	17.76
	5	–56.92	57.16	–4.53	23.87	24.29
	6	–70.89	73.07	–5.77	30.27	30.82

从表 14.46 和表 14.47 可以看出，采用本专题研究推出的式(14.328)直接将带限扰动位向下延拓到海平面，进而确定相对应的大地水准面，其计算效果明显好于使用传统逆 Poisson 积分公式的两步逆积分法，即使在有数据观测误差干扰条件下，本专题研究方法的计算精度也能达到 2～3cm，而逆 Poisson 积分公式只在 2km 飞行高度面上获得 5cm 的计算精度，在其他高度面上，其计算误差均超过 10cm。对比两个表列数据可进一步看出，飞行高度和数据观测误差的增大只对本专题研究方法(新方法)的计算精度产生微小的影响，当观测误差为 3mGal 时，飞行高度从 2km 增大到 6km，本专题研究方法的计算均方根只是从 1.80cm 略微增大到 2.95cm，而此时传统逆 Poisson 积分公式的计算误差则从 5.47cm 大幅增大到 30.82cm。上述结果说明，本专题研究提出的带限计算模型具有良好的数值稳定性和有效性，逆 Poisson 积分公式的计算精度则明显受到延拓高度的制约，其数值解的可靠性随计算高度的增大而迅速降低，即使没有观测噪声的干扰，由第一步骤计算过程(即 14.9.2.2 节的带限扰动位计算)引入的积分离散化误差就足以使逆 Poisson 积分公式数值解失效，如果不采取适当的正则化处理措施(邓凯亮，2011)，很难取得具有实际意义的计算结果。

14.9.4　专题小结

精化大地水准面是航空矢量重力测量数据的主要应用方向之一。但依据航空重力测量数据确定大地水准面本质上属于位场向下延拓的理论范畴，因此不可避免地面临模型解算过程的不适定问题。为了破解此难题，本专题研究以物理大地测量边值理论为基础，提出了基于广义带限水平边值问题解和带限 Dirichlet 边值问题解确定大地水准面的两步积分法，较好地解决了模型解算的不稳定性问题。数值计算检验结果验证了带限计算模型在提高数值解算稳定性和抑制高频干扰噪声两个方面的特殊作用和优势，为拓展航空矢量重力测量数据的工程化应用奠定了必要的技术基础，也为其他种类航空重力测量数据的应用研究提供了新思路。

14.10 基于带限航空矢量重力确定大地水准面的一步积分法

14.10.1 问题的提出

在 14.9 节，依据物理大地测量学的广义带限水平边值问题理论，提出了基于带限航空矢量重力水平分量确定大地水准面的两步积分法，即首先依据广义带限水平边值问题解将带限航空矢量重力水平分量转换为飞行高度面上的带限扰动位，然后利用带限 Dirichlet 边值问题解将飞行高度面上的带限扰动位向下延拓到海平面(海拔高程起算面，也称为平均海面)上的带限扰动位，最后依据 Bruns 公式将海平面上的扰动位转换为大地水准面高。实际上，从理论上讲，完全可以借鉴 Novák 等(2002，2003b)处理带限航空标量重力数据的研究思路和方法，将前面的两步处理过程合并为一步处理过程，即可以利用带限航空矢量重力数据直接计算海平面上的带限扰动位，最后依据 Bruns 公式计算得到相对应的大地水准面高(Deng et al.，2022)。本节将在 10.9 节的基础上，推出基于带限航空矢量重力水平分量确定大地水准面的一步积分法计算模型，并利用 EGM2008 位模型作为数值检验标准场，开展与两步积分法相类似的仿真计算试验，以验证一步积分法的有效性和可靠性。

14.10.2 计算模型

前面将对应于飞行高度带限航空矢量重力水平分量观测量的边值问题称为广义带限水平边值问题。此问题可描述为：将飞行高度面进行球近似处理，已知航空矢量重力在飞行高度 H 上的带限南北向水平分量 $\delta g_N^b(r,\theta,\lambda)$ 和带限东西向水平分量 $\delta g_E^b(r,\theta,\lambda)$，要求确定海平面高度面上的带限扰动位 $T^b(R,\theta,\lambda)$，具体表达式为

$$
\begin{cases}
\nabla^2 T^b(r,\theta,\lambda)=0, & r>R \\
\delta g_E^b(r,\theta,\lambda)=-\dfrac{1}{r\sin\theta}\left.\dfrac{\partial T^b(r,\theta,\lambda)}{\partial\lambda}\right|_r, & r=R+H \\
\delta g_N^b(r,\theta,\lambda)=-\dfrac{1}{r}\left.\dfrac{\partial T^b(r,\theta,\lambda)}{\partial\theta}\right|_r, & r=R+H \\
T^b(r,\theta,\lambda)=O(r^{-l-1}), & r\to\infty
\end{cases}
\tag{14.333}
$$

式中，λ 为经度；θ 为大地余纬；r 为测点的地心向径；R 为地球平均半径，此

时 $r = R + H$ ；l 为对应于带限南北向水平分量 $\delta g_N^b(r,\theta,\lambda)$ 和东西向水平分量 $\delta g_E^b(r,\theta,\lambda)$ 的最小阶数，即表示两个水平分量被移去的参考重力场阶次为 $l-1$；b 为航空矢量重力水平分量的带宽，此时航空矢量重力水平分量的最高阶为 $L = l + b$。下面给出上述边值问题的解析函数解。

由物理大地测量学(Heiskanen et al.，1967)可知，带限航空矢量重力水平分量可用球谐函数表达为

$$\begin{cases} \delta g_N^b(r,\theta,\lambda) = -\dfrac{GM}{r^2}\sum\limits_{n=l}^{l+b}\left(\dfrac{R}{r}\right)^n \dfrac{\partial}{\partial\theta}\left[\sum\limits_{m=0}^{n}(\bar{C}_{nm}^*\cos(m\lambda) + \bar{S}_{nm}\sin(m\lambda))\bar{P}_{nm}(\cos\theta)\right] \\ \delta g_E^b(r,\theta,\lambda) = -\dfrac{GM}{r^2\sin\theta}\sum\limits_{n=l}^{l+b}\left(\dfrac{R}{r}\right)^n \dfrac{\partial}{\partial\lambda}\left[\sum\limits_{m=0}^{n}(\bar{C}_{nm}^*\cos(m\lambda) + \bar{S}_{nm}\sin(m\lambda))\bar{P}_{nm}(\cos\theta)\right] \end{cases} \tag{14.334}$$

式中，GM 为万有引力常数与地球质量的乘积；$\bar{P}_{nm}(\cos\theta)$ 为规格化缔合勒让德函数。

令

$$v_{nm} = \left(-\frac{\partial}{\partial\theta}, -\frac{\partial}{\sin\theta\partial\lambda}\right)\begin{Bmatrix}\cos(m\lambda)\bar{P}_{nm}(\cos\theta) \\ \sin(m\lambda)\bar{P}_{nm}(\cos\theta)\end{Bmatrix}, \quad m \geqslant 0 \tag{14.335}$$

由于球谐函数水平梯度矢量在球面上是正交函数系，所以二维矢量函数系的内积是正交的，可表示为

$$\int_0^{2\pi}\int_0^{\pi} v_{nm}(\theta,\lambda)\cdot v_{n'm'}(\theta,\lambda)\sin\theta\mathrm{d}\theta\mathrm{d}\lambda = 4\pi n(n+1)\delta_{n-n'}\delta_{m-m'} \tag{14.336}$$

式中，当 $k=0$ 时，$\delta_k = 1$；当 $k \neq 0$ 时，$\delta_k = 0$。

将带限航空矢量重力水平分量的表达式(14.334)和球谐函数水平梯度矢量的表达式(14.335)进行内积，可得

$$\begin{pmatrix}\bar{C}_{nm}^* \\ \bar{S}_{nm}\end{pmatrix} = -\frac{GM}{4\pi n(n+1)}\left(\frac{r}{R}\right)^n \int_0^{2\pi}\int_0^{\pi}[\delta g_N^b(r,\theta,\lambda), \delta g_E^b(r,\theta,\lambda)]\cdot v_{nm}(\theta,\lambda)\,\mathrm{d}\sigma \tag{14.337}$$

又由 Heiskanen 等(1967)的研究可知，海平面高度上的带限扰动位 $T^b(R,\theta,\lambda)$ 可用球谐函数表达为

$$T^b(R,\theta,\lambda) = \frac{GM}{R}\sum_{n=l}^{l+b}\sum_{m=0}^{n}(\bar{C}_{nm}^*\cos(m\lambda) + \bar{S}_{nm}\sin(m\lambda))\bar{P}_{nm}(\cos\theta) \tag{14.338}$$

将式(14.337)代入式(14.338)中，可得

$$T^{b}(R,\theta,\lambda)=-\frac{r}{4\pi}\sum_{n=l}^{l+b}\frac{1}{n(n+1)}\left(\frac{r}{R}\right)^{n+1}\int_{0}^{2\pi}\int_{0}^{\pi}[\delta g_{N}^{b}(r,\theta',\lambda'),\delta g_{E}^{b}(r,\theta',\lambda')]\left(-\frac{\partial}{\partial\theta'},\frac{\partial}{\sin\theta'\partial\lambda'}\right)$$
$$\cdot\left\{\sum_{m=0}^{n}\bar{P}_{nm}(\cos\theta)\bar{P}_{nm}(\cos\theta')\cos[m(\lambda'-\lambda)]\right\}\mathrm{d}\sigma$$

(14.339)

式中，(θ',λ') 分别为重力观测点的余纬和经度；$\mathrm{d}\sigma=\sin\theta'\mathrm{d}\theta'\mathrm{d}\lambda'$ 为单位球面积分面元。

交换式(14.339)右端的求和与微分运算顺序，根据球谐函数的加法定理，可得到海平面上的带限扰动位 $T^{b}(R,\theta,\lambda)$ 计算式为(Grafarend，2001；Deng et al.，2022)

$$T^{b}(R,\theta,\lambda)=-\frac{r}{4\pi}\int_{0}^{2\pi}\int_{0}^{\pi}[\delta g_{N}^{b}(r,\theta',\lambda'),\delta g_{E}^{b}(r,\theta',\lambda')]\cdot[G_{N}^{b}(R,\psi,r),G_{E}^{b}(R,\psi,r)]^{\mathrm{T}}\mathrm{d}\sigma$$

(14.340)

式中，ψ 为计算点与流动点之间的球面角距，可用球面三角函数求解(Heiskanen et al.，1967)：

$$\cos\psi=\cos\theta\cos\theta'+\sin\theta\sin\theta'\cos(\lambda'-\lambda) \tag{14.341}$$

$[G_{N}^{b}(R,\psi,r),\ G_{E}^{b}(R,\psi,r)]$ 为由带限航空矢量重力水平分量计算海平面带限扰动位的核函数，具体表达式为

$$\begin{cases}G_{N}^{b}(R,\psi,r)=-\sum\limits_{n=l}^{l+b}\dfrac{2n+1}{n(n+1)}\left(\dfrac{r}{R}\right)^{n+1}\dfrac{\partial P_{n}(\cos\psi)}{\partial\cos\psi}\dfrac{\partial\cos\psi}{\partial\theta'}\\ G_{E}^{b}(R,\psi,r)=\dfrac{1}{\sin\theta'}\sum\limits_{n=l}^{l+b}\dfrac{2n+1}{n(n+1)}\left(\dfrac{r}{R}\right)^{n+1}\dfrac{\partial P_{n}(\cos\psi)}{\partial\cos\psi}\dfrac{\partial\cos\psi}{\partial\lambda'}\end{cases} \tag{14.342}$$

式中，$P_{n}(\cos\psi)$ 为勒让德多项式；$\partial P_{n}(\cos\psi)/\partial\cos\psi$ 为勒让德多项式 $P_{n}(\cos\psi)$ 的一阶导数；$\partial\cos\psi/\partial\theta'$ 和 $\partial\cos\psi/\partial\lambda'$ 可由式(14.341)分别对 θ' 和 λ' 求导得到

$$\begin{cases}\dfrac{\partial\cos\psi}{\partial\theta'}=-\cos\theta\sin\theta'+\sin\theta\cos\theta'\cos(\lambda'-\lambda)\\ \dfrac{\partial\cos\psi}{\partial\lambda'}=\cos\theta\cos\theta'-\sin\theta\sin\theta'\sin(\lambda'-\lambda)\end{cases} \tag{14.343}$$

将式(14.342)和式(14.343)代入式(14.340)，就可以由带限航空矢量重力南北

向水平分量 $\delta g_N^b(r,\theta,\lambda)$ 和东西向水平分量 $\delta g_E^b(r,\theta,\lambda)$ 计算得到海平面上的带限扰动位 $T^b(R,\theta,\lambda)$。

由于航空重力观测值均为离散值，通常情况下总是将式(14.340)进行离散化处理，且观测数据覆盖域有限，所以式(14.340)无法进行全球积分。在实际应用中，式(14.340)一般只用计算点周围有限的观测值求和来逼近，远区影响则使用全球重力位模型进行计算。此时，式(14.340)将改化为

$$T^b(R,\theta,\lambda)+\frac{GM}{2r}\sum_{n=l}^{L}n(n+1)\left(\frac{R}{r}\right)^{n+1}Z_n(H,\psi_0)T_n(\theta,\lambda)$$
$$=-\frac{GM}{4\pi R}\sum_{j=1}^{N}[\delta g_N^b(r,\theta_j',\lambda_j'),\delta g_E^b(r,\theta_j',\lambda_j')]\cdot[G_{NT}^b(R,\psi_j,r),G_{ET}^b(R,\psi_j,r)]^{\mathrm{T}}\Delta\sigma,\quad L\leqslant l+b$$
(14.344)

式中，$Z_n(H,\psi_0)$ 为由带限航空矢量重力水平分量计算海平面带限扰动位的远区效应积分核函数；ψ_0 为积分半径对应的球面角距；$T_n(\theta,\lambda)$ 为地球重力扰动位 n 阶拉普拉斯(Laplace)面球谐函数；N 为积分半径内的测点总个数；$\Delta\sigma$ 为单位球积分面积元，其他符号意义同前。

其中，远区效应积分核函数 $Z_n(H,\psi_0)$ 的计算式为

$$Z_n(H,\psi_0)=\sum_{m=l}^{l+b}\frac{2m+1}{m(m+1)}\left(\frac{r}{R}\right)^{m+1}R_{nm}(\psi_0),\qquad l\leqslant n\leqslant L \tag{14.345}$$

式中，系数 $R_{nm}(\psi_0)$ 由式(14.346)进行计算(Paul，1973)：

$$R_{nm}(\psi_0)=\int_{\psi_0}^{\pi}P_n(\cos\psi)P_m(\cos\psi)\sin\psi\,\mathrm{d}\psi \tag{14.346}$$

由式(14.344)求得海平面上的带限扰动位 $T^b(R,\theta,\lambda)$ 以后，即可利用 Bruns 公式将海平面上的带限扰动位转换为大地水准面高，也就完成了基于带限航空矢量重力水平分量确定大地水准面的全过程。因式(14.344)归属于普通的正解模型，故与以往使用的传统向下延拓反解模型相比，其解算结果具有更高的稳定性。

14.10.3　试验验证

为了验证一步积分法的可靠性和有效性，利用当前国际上应用广泛的超高阶位模型 EGM2008 设计了基于带限航空矢量重力水平分量确定大地水准面的仿真试验。为了进行对比分析，本节基于 14.9 节的两步积分法思路设计了另外两种确定大地水准面的方法。其中，两种方法的第一步都是依据广义水平边值问题解将

带限航空矢量重力水平分量转换为飞行高度上的带限扰动位，第二步的向下延拓解算则采取了两种不同的技术途径：①利用传统的逆 Poisson 积分公式将飞行高度上的带限扰动位向下延拓到海平面，并计算相对应的大地水准面高，称为两步逆积分法；②利用 14.9.2 节推荐的直接积分模型(正解公式)完成带限扰动位的向下延拓解算，称为两步直接积分法。这里采用的试验仿真数据、数值计算范围、计算网格大小和飞行高度设计与 14.9.3 节完全相同，不再重复列出和说明，直接给出计算对比结果如下。

以事先获取的对应于 5 个飞行高度的航空矢量重力水平分量和模拟产生的 ± 1.5mGal 误差量为输入信息，分别依据两步逆积分法、两步直接积分法和一步积分法，将带限航空矢量重力水平分量转换为大地水准面。将 3 组计算结果分别与基于 EGM2008 位模型计算得到的大地水准面基准值进行比较，它们之间的互差统计结果分列于表 14.48～表 14.50，图 14.43～图 14.45 分别给出了对应于 4km 飞行高度，由 3 种方法计算得到的大地水准面与标准值的差值分布图。

表 14.48　两步逆积分法计算值与标准值比较统计结果

高度/km	最小值/cm	最大值/cm	平均值/cm	标准差/cm	均方根/cm
2	–14.17	12.61	–1.04	5.35	5.45
3	–28.04	27.08	–2.10	11.21	11.40
4	–42.38	42.62	–3.25	17.47	17.77
5	–56.81	58.72	–4.46	23.92	24.33
6	–70.76	74.96	–5.69	30.35	30.88

表 14.49　两步直接积分法计算值与标准值比较统计结果

高度/km	最小值/cm	最大值/cm	平均值/cm	标准差/cm	均方根/cm
2	–3.71	3.46	0.02	1.38	1.38
3	–4.35	4.19	0.00	1.51	1.51
4	–5.19	5.12	–0.02	1.69	1.69
5	–6.25	6.30	–0.03	1.92	1.92
6	–7.59	7.82	–0.05	2.25	2.25

表 14.50　一步积分法计算值与标准值比较统计结果

高度/km	最小值/cm	最大值/cm	平均值/cm	标准差/cm	均方根/cm
2	–3.43	2.51	–0.11	1.14	1.15
3	–3.51	2.55	–0.10	1.12	1.13
4	–3.68	2.64	–0.09	1.13	1.13
5	–3.94	2.77	–0.08	1.17	1.17
6	–4.33	3.19	–0.06	1.26	1.26

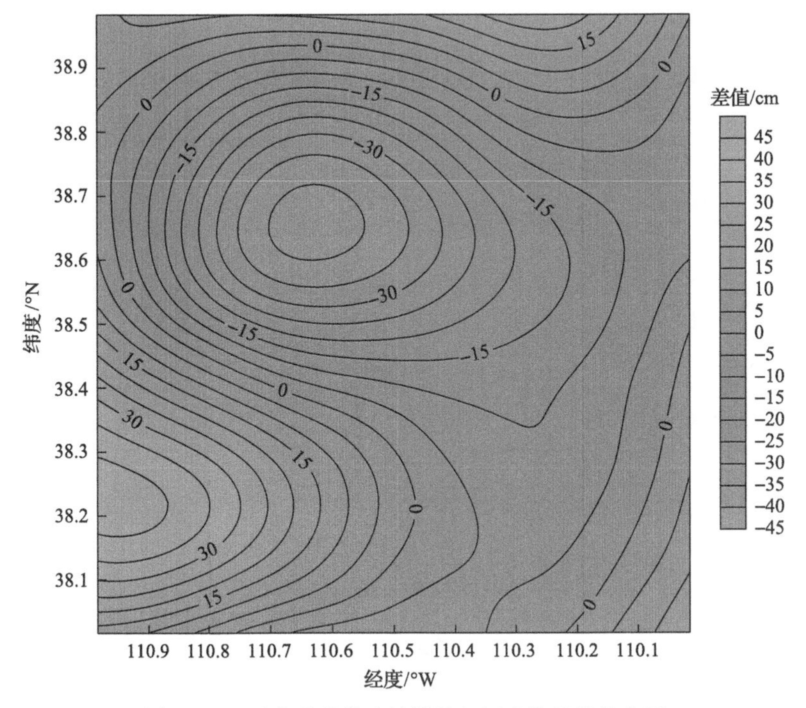

图 14.43　两步逆积分法计算值与标准值差值分布图

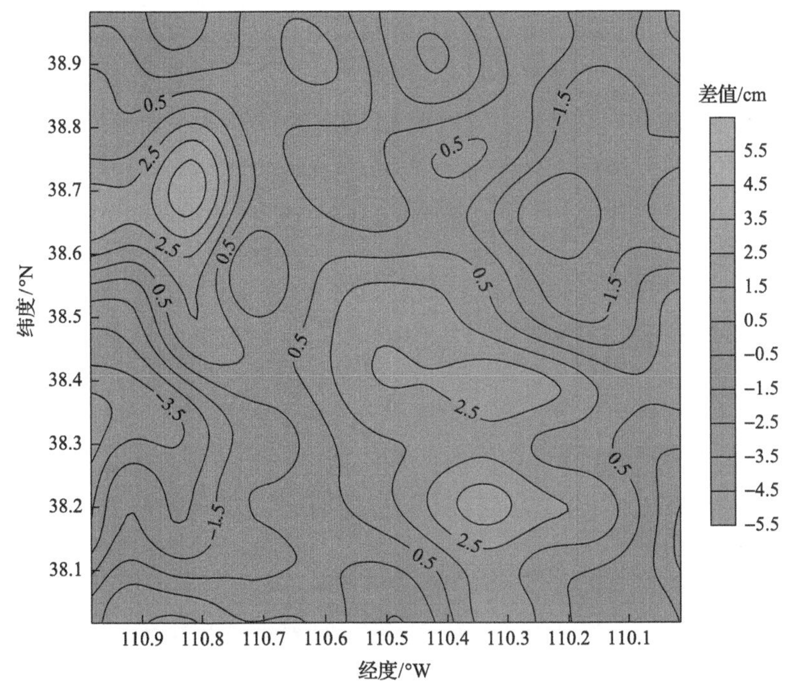

图 14.44　两步直接积分法计算值与标准值差值分布图

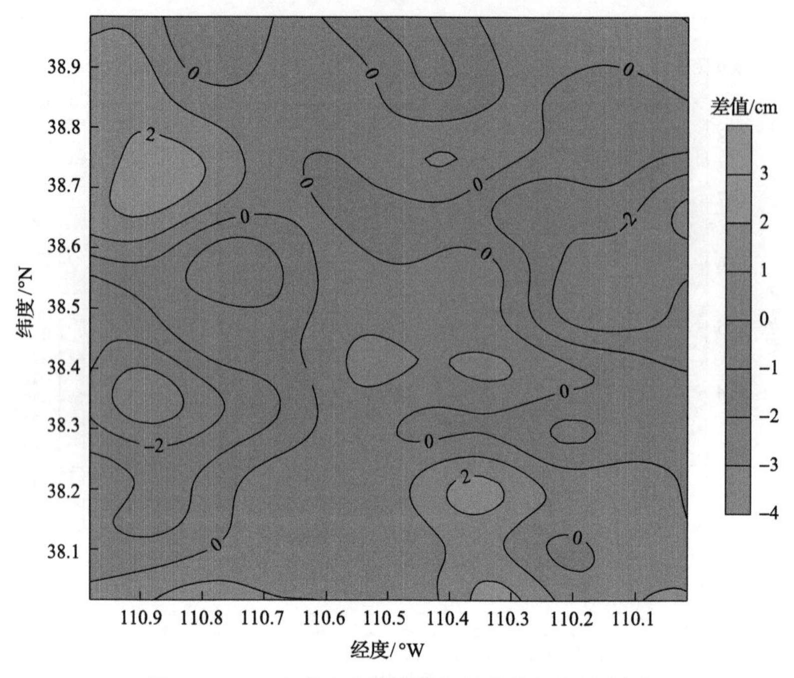

图 14.45　一步积分法计算值与标准值差值分布图

从表 14.48～表 14.50 和图 14.43～图 14.45 可以看出，受数据观测误差和模型离散化误差的影响，两步逆积分法的计算精度明显受到向下延拓高度的制约，其数值解的可靠性随计算高度的增大而迅速降低，如果不采取适当的正则化处理措施，那么其计算结果将完全失去实际意义。相比之下，两步直接积分法和一步积分法的计算效果要好得多，因两者都归属于常规的正解积分法，故其解算结果对数据观测误差的反应都不太敏感，在假定的误差量值影响条件下，两种方法的计算精度都在可接受范围之内。但相比较而言，一步积分法的计算精度要更优于两步直接积分法，计算高度越高，前者的优势越明显，当延拓高度从 2km 增大到 6km 时，两步直接积分法的计算精度从 1.38cm 下降到 2.25cm，一步积分法的计算精度则只是从 1.15cm 略微下降到 1.26cm，可见延拓高度对一步积分法解算结果的影响几乎可以忽略不计。更为重要的是，一步积分法是直接将带限航空矢量重力水平分量换算为海平面高度上的大地水准面，省去了两步积分法(包括两步逆积分法和两步直接积分法)共用的在飞行高度面上解算带限扰动位的第一步积分，这就意味着一步积分法不仅节省了几乎 50%的计算工作量，而且极大地提高了观测数据的使用效率。如前所述，考虑到边缘效应的影响，延拓计算时只能保留积分半径内都填满观测数据的积分结果，也就是说，计算结果的有效值不含数据区块边缘积分半径宽度内的数据，也就意味着每增加一步积分运算，都要以损失一定宽度的观测数据为代价。以前面的仿真试验区块为例，如果严格按照 1°积分半径来确定最终计算结果的有效性,那么一步积分法计算结果的有效率将是两步积分法的9倍。在实际应用中，一步积分法的这一优势甚至比计算精度上的优势更具实用意义。

14.10.4　专题小结

本专题沿用14.9节的研究方法和思路，以物理大地测量边值理论为基础，提出了基于广义带限水平边值问题解确定大地水准面的一步积分法，给出了利用带限航空矢量重力数据直接计算海平面上的带限扰动位的正解模型，较好地解决了模型解算的不稳定性问题。数值计算检验结果验证了一步积分法的可靠性和有效性，其计算精度优于前面提出的两步积分法，具有较好的应用前景。

航空矢量重力测量能同时获取重力水平分量和垂向分量信息，本节只是针对利用带限航空矢量重力水平分量确定大地水准面问题进行了分析研究和试验验证。显然，综合利用水平分量和垂向分量确定大地水准面，更能体现航空矢量重力测量的技术优势，这是作者下一步需要研究的课题。

14.11　本 章 小 结

持续精化大地水准面一直是现代大地测量学的研究主题，精密确定大地水准面模型已经成为当今全球高程基准现代化基础设施建设的核心任务之一。围绕(似)大地水准面精密计算涉及的模型优化和解算效果评估问题，本章主要开展了以下几个方面的研究和论证工作：

(1)首先分专题逐一对Stokes、Bjerhammar、点质量、Molodensky、Stokes-Helmert 5种边值理论方法的基本原理和计算模型进行了详细解析，分析研究了5类计算模型的技术特征和适用条件，并针对每一类计算模型的结构特点，提出了3种具有普遍意义的实用化分阶段模型改化方法，为5类计算模型的推广应用奠定了技术基础。

(2)从理论上分析讨论了数据截断和数据观测两类误差对(似)大地水准面计算精度的影响，研究论证了1cm精度(似)大地水准面计算对地面及海面重力观测数据的分辨率和精度指标要求，特别强调重力观测系统偏差对(似)大地水准面计算精度的影响及应对策略。

(3)将超高阶位模型EGM2008作为数值模拟标准场，逐一对5类(似)大地水准面计算模型相对应的3种改化模型进行了数值仿真计算和精度检验，同时设计了3个级别的数据观测噪声影响试验方案,并分别开展了相对应的影响评估检验,得出了一些有理论参考意义和实用价值的研究结论。总体上讲，在输入数据分辨率和观测精度得到保证的前提下，利用5类模型确定(似)大地水准面可取得1～2cm的计算精度，能够满足当今及未来一个时期各类用户对精化(似)大地水准面的应用需求。

(4) 为了避免使用封闭解析核函数在球边界面出现奇异性带来的不确定性问题，本章依据各类重力观测经滤波处理后均表现为一类有限频谱带宽信号的特点，提出将地球外部重力异常 Poisson 积分公式的核函数表示为球谐函数展开式，并将其截断为与重力观测值频谱范围相一致的带限求和式，进而通过直接求导方法推导得到一组与带限核函数相对应的重力异常高阶径向偏导数带限计算公式，同时对该组公式进行了实用性改化，最后将其应用于重力异常向下延拓泰勒级数展开式计算。将超高阶位模型 EGM2008 作为对比标准场并设计两个阶段的数值计算检验方案，分别对重力异常高阶径向偏导数带限模型及其泰勒级数展开向下延拓模型的计算精度进行了检验评估，表明新模型具有良好的可靠性和有效性，在解算稳定性和计算精度两个方面都优于其他同类模型。

(5) 针对解算大地测量边值问题对重力异常向下延拓严密计算的需求，开展了地球外部重力异常垂向梯度全球积分模型改化分析研究，分析讨论了重力异常垂向梯度计算模型的技术特点和适用条件，指出了开展积分模型精密改化的必要性和可行性。为了消除全球积分模型向局域积分模型转换中遇到的积分奇异性和不连续性问题，综合采用积分恒等式变换和移去-恢复技术，同时依据实测数据保障条件，分别推出了计算地球外部及地面重力异常垂向梯度全球积分模型的分步改化模型，提出了补偿传统改化模型理论缺陷的修正公式。将超高阶位模型 EGM2008 作为模型对比标准重力异常场，同时选择在重力异常场变化比较剧烈的马里亚纳海沟开展数值计算试验，分别对新推出的重力异常垂向梯度两类 8 种分步改化模型的计算精度及向下延拓应用效果进行了检验分析和评估。试验结果表明，采用最终的严密改化模型不仅可以有效消除原计算模型固有的积分奇异性和数值跳跃问题，还可显著提高超低空重力异常垂向梯度的计算精度和稳定性，有效提升重力异常向下延拓的解算精度水平。因此，新的严密改化模型具有较高的推广应用价值，可用于地球表面及外部重力场的高精度逼近计算。

(6) 依据物理大地测量学的广义带限水平边值问题理论，分别提出了基于带限航空矢量重力水平分量确定大地水准面的两步积分法和一步积分法，前者首先依据广义带限水平边值问题解将带限航空矢量重力水平分量转换为飞行高度面上的带限扰动位，然后利用带限 Dirichlet 边值问题解将飞行高度面上的带限扰动位向下延拓到海平面上的带限扰动位；后者则是依据广义带限水平边值问题解将带限航空矢量重力水平分量直接转化为海平面上的带限扰动位，最后两者都是依据 Bruns 公式将海平面上的扰动位转换为大地水准面。利用 EGM2008 位模型开展了数值仿真计算试验，结果表明，广义带限水平边值问题解具有较好的低通滤波特性，能有效抑制高频观测噪声的影响，两步积分法和一步积分法均具有较高的计算稳定性和有效性，相比较而言，后者比前者具有更高的计算精度。

第 15 章　研究总结、展望及建议

15.1　研究总结

海面和航空重力测量是获取地球重力场信息的两种主要手段。信息获取和数据分析处理是海空重力测量不可或缺的组成部分。自 1923 年荷兰科学家 Vening-Meinesz 使用摆仪在潜艇上成功进行第一次海上重力测量，1958 年美国空军开展首次航空重力测量试验，特别是 20 世纪 90 年代卫星导航定位技术取得突破性进展以来，海空重力测量传感器研制、生产及其观测数据处理和综合应用技术一直受到人们的极大关注，并得到了深入研究，国内外学者为此提出了许多不同类型的解决方案，取得了大量富有成效的研究成果。但是，在海空重力测量数据处理及其应用研究领域，仍有许多关键性的技术难题没有破解，特别是在我国，航空重力测量技术发展起步相对较晚，其数据获取和处理理论与方法体系还在建立和完善过程中，因此需要研究探索的问题更多，面临的挑战更大。本书在国内外学者研究的基础上，从当前我国海空重力测量作业实际需求出发，主要围绕海空重力测量技术体系架构设计、海洋重力场变化特征模型构建与技术设计、海空重力测量关键技术指标设定、测量载体精密定位、动态环境效应改正、数据滤波、测量误差形成机理与补偿、测量精度评估、地面重力数据向上延拓、航空重力数据向下延拓、多源数据融合处理、地球外部扰动引力计算及大地水准面精化等关键技术，开展分析论证、技术攻关和试验验证，破解回答了“为什么测”“测到什么程度”“用什么测”“怎么测”“怎么评估”“怎么处理”“怎么运用”等一系列技术难题。本书研究的主要工作、结论与创新点概括如下：

(1) 在简要介绍本书研究背景及开展本项研究的目的意义和应用需求基础上，全面分析总结了海空重力测量传感器、规划设计、数据预处理、数据精细处理、数值模型构建及数据综合应用等各项技术的发展进程和研究现状；提出了海空重力测量及应用技术体系的基本架构，明确了该体系建设的研究主体、信息流程及各个技术环节的相互关系；给出了本书的总体研究思路及研究内容的基本架构，提出了该研究领域现阶段和下一阶段的发展路线图。

(2) 在简要介绍海空重力测量技术涉及的时空基准及其转换方法的基础上，基于牛顿第二运动定律，分别导出了海空矢量和标量重力测量的观测方程；通过剖析海空重力测量传感器的工作机理及其观测方程，揭示了发展海空重力测量技术必须突破的瓶颈问题；分析讨论了海空重力测量的解算模型，指出了将海面船载重力测量成果从瞬时海面归算到海洋大地水准面的必要性，提出了海面重力测量空间改正计算新公式；针对 LCR 型海空重力仪，逐一建立了海空重力测量动态环境效应改正的精密计算模型，同时分析比较了各类计算模型的技术特点、适用条件及应用范围，为后续深入研究奠定了必要的技术基础。

(3) 针对海空重力测量常用的几项环境效应改正模型仍然存在使用上的不规范和不精准问题，开展了有针对性的理论分析和研究，提出了相对应的改进方法和使用意见。其创新性工作主要体现在：

①针对当前国内外机构和学者在使用航空重力测量厄特沃什改正公式中存在的不一致性问题，详细分析了不同时期、不同形式改正公式的来源及其相互关系，发现并指出了引用过程中的错漏问题，比较了它们在数值上的差异，特别指出了我国作业部门目前使用近似公式存在的误用问题和统一使用严密公式的必要性，为下一步修订作业规范、统一作业标准提供了可靠的理论支撑。

②从理论上证明了，当平台倾斜角量值较小(小于 1°)时，当前国际上推荐使用的三种平台倾斜重力改正模型在理论上是等价的。采用实际航空重力测量飞行数据，对三种改正模型进行了数值计算验证和分析比较研究，结果表明，当采用水平加速度观测量计算平台倾斜角时，宜在前端使用与重力观测值相同的滤波尺度对水平加速度和倾斜角进行一步滤波处理，进而计算最终的重力改正数。

③针对当前国内外普遍采用的航空重力测量平台倾斜重力改正模型存在的近似性，推出了顾及地球扰动重力和科里奥利加速度两个水平分量影响的平台倾斜重力改正修正模型，从理论上论证了使用新的修正模型的合理性，通过数值计算评估了使用近似模型可能带来的误差影响量值，同时使用实际观测数据验证了修正模型的有效性，为下一步修改完善海空重力测量作业标准和数据处理模型提供了必要的理论支撑。

(4) 针对海洋重力测量作业方案技术设计需求，开展了海洋重力场分布特征分析与模型计算研究。借助卫星测高重力在海域具有覆盖范围广且分布均匀的独特优势，提出了利用最新卫星测高重力数据集，开展海洋重力场变化特征统计模型分析计算的研究方案，利用中国周边海域及西太平洋海区超过 50 万个 $5'\times5'$区块的 $1'\times1'$网格卫星测高重力异常数据，通过统计计算首次获得对应于海底地形 6 种细类别(平原，丘陵，小山区，中山区，大山区，特大山区)和 4 种粗类别(浅海大陆架，海盆，大陆坡，岛弧、海山和海沟)的海洋重力异常代表误差模型参数，利用局部海面船载重力测量数据对卫星测高重力代表误差模型进行了修正，最终得到一组有代表性的海域重力场特征统计模型参数，通过数值计算和可靠性检验，证明本专题研究获得的统计模型参数能够较好地反映全球海域重力场的变化特征，因此具有良好的推广应用价值，可作为未来海洋重力测量技术设计的重要依据。开展了卫星测高重力协方差函数模型研究，提出了等精度和非等精度拟合经验协方差函数模型的计算模型，通过对比分析和计算，验证了卫星测高重力协方差函数模型在应用效果上与船载重力测量模型的等价性，相关结论对促进配置法在海洋重力场数值逼近计算中的应用具有重要意义。

(5)针对远程飞行器飞行轨道控制重力场保障需求，开展了空中扰动引力计算和地面重力异常测量精度指标及海洋重力测量测线布设方案的设计、分析与论证研究。通过解析和简化飞行器导航误差解表达式，定量估计了地球重力异常场对远程飞行器飞行轨迹的影响，并以一定量值的落点偏差为限定指标，研究论证了空中扰动引力的计算精度要求；通过对地面重力异常截断误差及数据传播误差的估计和分析，研究确定了地面/海面网格平均重力异常的观测分辨率和计算精度指标。以此为依据，提出了相对应的海洋重力测量测线布设方案，并通过数值计算验证了所提方案的合理性和有效性。其主要结论为：地球重力异常场对远程飞行器飞行轨迹的影响最大可达公里级；若以 100m 为落点偏差的限定指标，则扰动引力的计算精度应优于 4mGal；地面网格重力异常的分辨率至少应精细到 $2'\times2'$，相应网格平均重力异常的测定精度应优于 5mGal；在重力场变化比较剧烈的海域，$2'\times2'$网格内应至少布设 2 条海洋重力测线。这些具有量化指标的论证结论，为制定海洋重力场保障规划和海上作业方案提供了必要的理论支撑。

(6)针对我国现行海空重力测量规范或标准缺乏现势性的问题，开展了海空重力测量测线布设密度、测量精度与空间分辨率、海空重力仪稳定性与可靠性等关键性指标分析和论证，提出了由重力测点中误差、系统误差和平均误差 3 个指标组成的测量精度评估体系，以及由格值标定相对精度、零点月漂移、月漂移非线性变化中误差和月漂移非线性变化限差 4 个指标组成的海空重力仪稳定性评估体系，给出了相关技术指标的验证和评估方法，为推动军民两用海空重力测量作业规程编制工作提供了技术支撑。

(7)针对国内对海洋重力仪稳定性测试与评估重视不够、数据处理过程欠规范、技术指标要求欠细化等现实问题，研究探讨了海洋重力仪稳定性测评的技术流程和数据处理方法，重点分析了环境因素和重力固体潮效应对测试结果的影响，提出了重力仪零点趋势性漂移、有色噪声与随机误差的分离方法，建立了比较完善的海洋重力仪稳定性评估指标体系，分析论证并进一步明确了重力仪零点漂移非线性变化的限定指标要求，为修订现行海洋重力测量作业标准提供了可靠的理论依据。

(8)通过分析海空重力测量系统误差的形成机理，揭示了海空重力仪格值标定误差可能成为引起系统误差主要因素之一的基本事实；基于国内外现行的重力仪格值标定方法和计算模型，分析论证了格值参数标定的精度指标要求，提出了利用东西正反向重复测线检测校正海空重力仪格值的解算模型和补偿方法，分析讨论了该方法的校正精度及其适用条件，利用航空重力实际观测网数据对该方法的合理性和有效性进行了数值验证，证明该方法对消除海空重力测量系统偏差具有显著作用。

(9)针对海空重力测量精密定位应用需求，重点开展了全球导航卫星系统动态差分和精密单点定位两种模式下的解算模型及解算方法优化问题研究，首先分析研究了双差观测值中的电离层延迟、对流层延迟和多路径效应等误差对定位解算结果的影响，并提出了相应的误差改正方法及处理措施；提出了利用 GNSS 测定载体运动速度的三种方法，分析研究了三种速度确定方法的关联性和差异性，最终确定选用位置中心差分法进行海空重力测量载体的速度和加速度计算；研究探讨了 GNSS 精密单点定位模型的选择问题和解算方法，分析比较了三种不同定位模型的技术特点，提出了相应的定位模型误差改正策略；分析研究了卡尔曼滤波和最小二乘法两种参数估计方法的技术特点，提出采用迭代最小二乘法进行精密单点定位的参数估计，解决了大型法方程的求解问题，显著提高了定位模型解算效率；研究构建了比较完善的静/动态差分和精密单点定位工程化解算模型，研发了海空重力测量 GNSS 差分数据处理软件和精密单点定位软件，同时开展了比较充分的实测数据计算分析和测试，证明自主研发的两个软件在解算精度和稳定性方面都十分接近国外商用软件 GAMIT 和 GrafNav 的处理水平，具备了推广应用的技术条件。

(10)基于实用化目的，重点研究了适用海空重力测量的低通滤波器和差分器的设计及应用问题。首先分析了海空重力测量数据空间分辨率与低通滤波截止频率、测量速度和精度的匹配关系，海空重力测量精度与其空间分辨率密切相关，较小的截止频率(对应较长的滤波周期)有利于提高测量精度，但也相应降低了空间分辨率，反之亦然；利用实际观测数据，分别对海空重力测量各类观测量和改正项进行了频谱分析，确定了海空重力测量有效信息的频谱窗口，为解决滤波器设计中的参数匹配问题提供了重要的理论依据。在此基础上，全面分析比较了矩形窗、三角窗、汉宁窗和布莱克曼窗等几种常用 FIR 低通滤波器的技术特点，并利用实测数据对各类滤波器的性能进行了实际验证，结果表明，汉宁窗更适合于海空重力测量数据的滤波处理；给出了利用 GNSS 技术确定载体加速度的 3 种基本方法，研究分析了用于计算载体垂向干扰加速度的低通差分器设计原理及其运算模型，并通过数值计算分析实际验证了各类差分器的计算效果，表明采用形式简单的两点中心差分器即可满足海空重力测量数据处理的精度要求。

(11)误差分析处理与精度评估是海空重力测量数据处理不可或缺的组成部分。首先从仪器固有特性、测量环境效应、数据处理策略及外部设备条件等 9 个方面，对海空重力测量误差源进行了比较全面的分析和总结，给出了海空重力测量内部与外部符合精度估计公式，导出了海空重力测量重复测线精度评估新公式，拓展了海空重力测线网平差方法，提出了补偿 LCR 型海空重力仪交叉耦合效应改正的修正模型和补偿海空重力测量动态效应剩余影响的通用模型。其创新性工作主要体现在如下方面：

①针对当前我国地质调查部门使用的海空重力测量重复测线精度评估公式存在的问题，通过理论分析和推演，发现并指出了现行评估公式的错误，同时导出了一组形式统一的重复测线内符合精度评估新公式，并采用实测数据验证了新公式的正确性，为客观评价重力测量设备的技术性能和测量成果质量提供了可靠的理论依据。

②围绕海空重力测量误差处理问题，在深入分析早期的测线网整体平差和近期的自检校平差等补偿方法的基础上，突破系统误差只在平差中补偿的传统研究思路，创新提出了基于误差验后补偿理论的两步处理法，把海空重力测量误差补偿分解为交叉点条件平差和测线滤波与推估两个阶段，即在平差中和平差后实现系统误差的分步补偿。该方法不仅极大地简化了海空重力测线网平差的计算过程，而且有效提高了平差计算结果的稳定性和可靠性。

③针对当前由仪器生产厂家提供的 LCR 型海空重力仪交叉耦合效应改正计算模型不够完善的问题，基于重力观测成果应与载体运动状态无关这一基本假设，依据现代相关分析理论，构建了 LCR 型海空重力仪交叉耦合效应改正模型系数修正模型。在此基础上，提出继续采用测线网平差两步处理法对各类剩余误差的综合影响进行补偿，从而形成了一套比较完整的涵盖平差前、平差中和平差后不同阶段分步补偿的海空重力测量误差处理技术体系。

④针对目前作业过程普遍存在的测量动态环境效应剩余影响问题，在深入分析海空重力测量误差源形成机理及其变化特性基础上，提出了一种适用于补偿各类海空重力仪动态效应剩余影响的通用模型；研究探讨了通用模型形式优选和模型参数估计问题，将基于信息论的 AIC 引入通用模型表达式的优选过程，提出应用互相关分析方法对模型参数进行估计，在双重约束下构建了补偿动态效应剩余影响的优化模型。使用典型动态环境下的海面重力观测数据对该方法的有效性进行了验证，结果显示，海洋重力测量成果内符合精度从原先的 9.35mGal 大幅提升到 1.01mGal，充分体现了新方法和新模型对消除高动态测量环境效应影响的优良特性。

(12)针对外部重力场逼近和航空重力测量数据质量评估对重力向上延拓模型的应用需求，开展了地面观测重力向上延拓技术研究。分析研究了 6 种向上延拓模型的技术特点和适用条件，提出了应用超高阶位模型加地形改正、点质量方法结合移去-恢复技术实现先向下后向上延拓计算的实施策略，探讨了计算过程特别是前端向下延拓过程的稳定性问题；通过实际数值计算，定量评估了地形质量对不同高度向上延拓结果的影响，对比分析了不同向上延拓模型顾及地形效应的实际效果，同时对向上延拓模型计算精度进行了估计。其主要结论为：在地形变化比较剧烈的山区，地形质量对向上延拓结果的影响最大可达几十毫伽，当计算高度为 10km 时，该项影响仍超过 3mGal；向上延拓模型误差(不含数据误差影响)一般不超过 1mGal；基于超高阶位模型和地形改正信息实施向下延拓过渡的 Poisson 积分向上延拓模型，具有计算过程简便、计算结果稳定可靠等优点。

(13)针对位场转换中经常遇见的重力异常向上延拓模型改化问题，分析研究了此类全球积分模型改化的技术流程和适用条件，指出了传统改化方法存在的理论缺陷，同时依据实测数据保障条件和积分恒等式适用条件要求，具体推出了重力异常向上延拓积分模型的分步改化模型，提出了补偿传统改化模型缺陷的修正公式。将超高阶位模型 EGM2008 作为对比标准位场，分别对重力异常向上延拓分步改化模型的计算精度及其在向下延拓迭代解算中的应用效果进行了检验分析和评估，表明采用严密改化模型是必要和有效的，不仅可显著提高重力异常向上延拓的计算精度，同时有利于提高向下延拓迭代解算过程的稳定性和可靠性，因此具有较高的应用价值。

(14)针对航空重力数据向下延拓存在的不适定性问题，在简要介绍有关反问题、不适定性和正则化方法基本概念的基础上，研究分析并改进了基于正则化的逆 Poisson 积分向下延拓方法，分别提出了使用超高阶位模型进行海域航空重力测量数据向下延拓，联合使用超高阶位模型和高程信息进行陆部航空重力测量数据向下延拓，借助向上延拓信息进行航空重力向下解析延拓等 3 种新方法。其创新性工作主要体现在如下方面：

①首先采用奇异值分解方法,对传统的逆 Poisson 积分向下延拓模型进行了不适定性分析，提出了采用截断奇异值正则化方法，解算逆 Poisson 积分向下延拓模型，同时提出了依据 GCV 准则选择正则化参数。利用 EGM2008 位模型模拟产生航空重力测量数据，对上述延拓方案进行了数值解算和精度检验，表明由该方案计算得到的截断奇异值解具有较高的精度和稳定性。

②考虑到现有的包括正则化方法在内的向下延拓方法在实际应用中仍存在一定程度的不确定性，提出了一种独立于观测数据、基于外部数据源的向下延拓新思路。针对海域重力场变化相对平缓的特点，分别提出了利用卫星测高重力向上延拓和超高阶位模型直接计算延拓改正数，从而实现航空重力测量向下延拓归算的两种计算方案。新方案的解算过程巧妙地避开了传统求解逆 Poisson 积分公式固有的不稳定性问题，解算结果精度不再依赖航空重力观测数据的噪声水平，有效简化了向下延拓的计算过程和解算难度，同时提高了延拓计算精度。

③针对高阶位模型在地形变化比较复杂的陆部难有较好的逼近度问题，继续沿用前面的研究思路将海域延拓新方法拓展应用到陆部，提出了联合使用位模型和地形高信息计算延拓改正数新方法，即在位模型延拓改正数基础上加入地面和飞行高度面上的局部地形改正差分修正量，以此作为陆部航空重力测量向下延拓

的总改正数，同时提出了位模型改正数与地形改正数频谱匹配概念。新方法完全避开了传统方法的弊端，提出首先利用超高阶位模型恢复延拓改正数的中长波部分，然后利用地形高信息恢复地面重力场的高频分量，最终实现航空重力测量数据向地面的全频延拓。新方法可对不同高度的测点进行逐点延拓计算，不需要对观测数据进行高度归一化、网格化、去边缘效应等预处理，解算结果稳定可靠，实现过程快捷简便。在地形变化的不同区域，联合使用 EGM2008 位模型、地面实测重力和高分辨率高程数据进行了实际数值计算和精度评估，验证了新方法的有效性。

④依据位场向下延拓与向上延拓之间固有的内在联系，提出了借助向上延拓信息实现航空重力向下延拓稳定解算的两种方法，分别建立了点对点向下解析延拓模型和最小二乘向下解析延拓模型。其核心思想是：依据泰勒级数展开模型，将位场向下延拓解算过程转换为向上延拓计算和垂向偏导数解算两个步骤，通过第 1 步的处理有效抑制数据观测噪声对解算结果的干扰，通过第 2 步的处理成功实现向下延拓反问题的稳定解算，较好地解决了向下延拓解算固有的不适定问题。分析研究了两种解析延拓模型的计算精度及适用条件，提出了分步求解不同阶次垂向偏导数的稳定数值解法，利用超高阶位模型 EGM2008 模拟观测场数据对两种新模型解算结果的合理性和有效性进行了数值验证，证明新方法实用易行，具有较高的应用价值。

⑤针对我国学者提出的虚拟压缩恢复法应用于航空重力观测数据向下延拓解算的适用性问题，分析研究了虚拟压缩恢复法的理论依据和计算模型，从理论上证明了在求解地球内部 Bjerhammar 球面上的虚拟重力异常时，虚拟压缩恢复法与基于逆 Poisson 积分迭代解的等价性，利用数值计算验证了两种解算结果的一致性；通过数值仿真计算，分析探讨了数据观测噪声对虚拟压缩恢复法解算结果的影响，揭示前者同样存在向下延拓的不适定性问题，相关结论对虚拟压缩恢复法的推广应用具有一定的参考价值。

(15) 针对海域多源重力测量数据融合处理问题，在简要分析总结了海域多源重力数据的技术特点基础上，分别构建了融合多源重力数据的正则化配置模型和正则化点质量模型，提出了融合同类多源重力数据的纯解析法。其创新性工作主要体现在：

①对融合多源重力数据的传统配置法计算模型进行了适定性分析，结果表明，随着数据网格间距的减小和配置距离的增大，配置法协方差矩阵存在比较明显的复共线性，可能出现严重病态甚至奇异，从而导致配置解不稳定甚至失效。为此，特别引入 Tikhonov 正则化方法，对配置法计算模型进行了正则化改造，建立了相应的正则化配置模型。基于 EGM2008 位模型模拟产生航空重力和海面船测重力数据进行了融合处理仿真试验，结果表明，将正则化方法引入配置模型，可完全

消除或显著减弱配置协方差矩阵的严重病态性，有效抑制协方差矩阵小奇异值放大噪声对配置解的污染，提高配置解的精度和稳定性。

②根据点质量方法能够联合使用多种类型重力数据的技术特点，特别将其应用于多源重力数据融合处理，并针对该方法在使用过程中遇到的不稳定性和边缘效应问题，提出了联合使用 Tikhonov 正则化方法和移去-恢复技术，对点质量方法计算模型进行正则化改造，构建了相应的正则化点质量模型。基于 EGM2008 位模型模拟产生航空重力数据和海面船测重力数据进行了融合处理仿真试验，表明对传统点质量模型进行正则化改造是可行有效的，取得了预期的效果。

③研究分析了数据融合统计法和解析法的内在关联与差异，特别针对同类多源重力数据(指已经统一归算到地面的重力异常)融合问题(本书将其称为重力数据纯融合问题)，提出了融合多源重力数据的纯解析法。根据由不同手段获取的数据异构性特点，分别建立了基于双权因子的多源数据网格化一步融合处理模型和基于分步平差、拟合、推估和内插相结合的多步融合处理模型，并通过实际算例验证了两种纯解析法的有效性。一步融合处理方法适用于多源数据分布密度比较均匀的区域建模，多步融合处理方法则更适合于多源数据分布密度差异较大的区域应用。相较于传统的统计融合处理方法，纯解析法具有计算过程简单、使用更方便、解算结果确定性更高等诸多优点，具有较好的推广应用价值。

(16)针对海域超大范围外部重力场快速赋值的应用需求，分析研究了 3 种传统扰动引力赋值模型的适用性和局限性，分别提出了直接积分改进模型、点质量改进模型和直接积分与点质量混合计算模型，利用数值计算验证了 3 组改进模型的合理性和有效性。结果表明，3 组改进模型均有效克服了传统积分模型固有的奇异性问题，能够满足超大区域和全高度段对局部扰动引力场赋值的要求，具有较高的应用价值。

(17)通过分析研究地球外部空间扰动引力 3 类传统计算模型的技术特点及其适用性，揭示了将表层法计算模型作为海域流动点扰动引力计算模型的合理性及需要解决的关键问题。分析论证了空中扰动引力计算对地面观测数据的分辨率和精度要求，提出通过引入局部积分域恒等式变换、局域泰勒级数展开和非网格点内插方法，消除表层法计算模型积分奇异性固有缺陷的研究思路，进而推出了适合于海域流动点应用的扰动引力无奇异计算模型。以超高阶全球重力位模型 EGM2008 为模拟观测场，通过数值计算验证了无奇异计算模型的可行性和有效性。

(18)面向海域超低空地球重力场高精度赋值需求，分析研究了外部扰动重力 Stokes 全球积分计算模型的技术特点和适用条件，指出了扰动重力径向分量积分模型在边界面存在不连续性的原因，同时提出了保持其连续性的修正方法；针对全球积分模型向局域积分模型转换中遇到的积分奇异性问题，综合采用移去-恢复技术和积分恒等式变换技术，同时依据实测数据保障条件，分别推出了地球外部扰动重力三分量积分模型的分步改化模型，提出了补偿传统改化模型缺陷的修正公式。采用超高阶位模型 EGM2008 建立对比标准重力异常场，分别对新推出的扰动重力径向分量 3 种分步改化模型和水平分量 2 种分步改化模型的计算精度进行了检验分析和评估。试验结果表明，采用最终的严密改化模型不仅可以有效消除原计算模型固有的积分奇异性，又可显著提高超低空扰动重力三分量的计算精度和稳定性。

(19) 全面分析研究了 Stokes、Bjerhammar、点质量、Molodensky、Stokes-Helmert 等 5 种边值理论方法的基本原理及其计算模型的技术特征和适用条件，并针对每一类计算模型的结构特点，提出了 3 种具有普遍意义的实用化分阶段模型改化方法；从理论上分析讨论了数据截断和数据观测两类误差对(似)大地水准面计算精度的影响，研究论证了 1cm 精度(似)大地水准面计算对地面及海面重力观测数据的分辨率和精度指标要求；将超高阶位模型 EGM2008 作为数值模拟标准场，逐一对 5 类(似)大地水准面计算模型相对应的 3 种改化模型进行了数值仿真计算和精度检验，同时设计了 3 个级别的数据观测噪声影响试验方案，分别开展了相对应的影响评估检验，得出了一些有理论参考意义和实用价值的研究结论。总体上讲，在输入数据分辨率和观测精度得到保证的前提下，利用 5 类模型确定(似)大地水准面可取得 1～2cm 的计算精度，能够满足当今及未来一个时期各类用户对精化(似)大地水准面的应用需求。

(20) 针对大地水准面精化对地面重力异常向下延拓精密解算的应用需求，开展了重力异常高阶径向导数带限计算模型研究。为了避免使用封闭解析核函数在球边界面出现奇异性带来的不确定性问题，依据重力观测成果数据固有的频谱特性，提出将 Poisson 积分核函数的球谐函数展开式截断为与重力观测值频谱范围相一致的带限求和式，并通过直接求导方法推导得到一组与带限核函数相对应的重力异常高阶径向导数带限计算公式，同时对该组公式进行了实用性改化，最后将其应用于重力异常向下延拓泰勒级数展开式计算。将超高阶位模型 EGM2008 作为对比标准场，并设计两个阶段的数值计算检验方案，分别对重力异常高阶径向偏导数带限模型及其泰勒级数展开向下延拓模型的计算精度进行了检核评估，表明新模型具有良好的可靠性和有效性，在解算稳定性和计算精度两个方面都优于其他同类模型。

(21) 针对解算大地测量边值问题对重力异常向下延拓严密计算的需求，开展了地球外部重力异常垂向梯度全球积分模型改化分析研究，分析讨论了重力异常垂向梯度计算模型的技术特点和适用条件，指出了开展积分模型精密改化的必要性和可行性。为了消除全球积分模型向局域积分模型转换中遇到的积分奇异性和不连续性问题，综合采用积分恒等式变换和移去-恢复技术，同时依据实测数据保障条件，分别推出了计算地球外部及地面重力异常垂向梯度全球积分模型的分步改化模型，提出了补偿传统改化模型理论缺陷的修正公式。将超高阶位模型 EGM2008 作为模型对比标准重力异常场，分别对新推出的重力异常垂向梯度两类 8 种分步改化模型的计算精度及向下延拓应用效果进行了检验分析和评估。试验结果表明，采用最终的严密改化模型不仅可以有效消除原计算模型固有的积分奇异性和数值跳跃问题，又可显著提高超低空重力异常垂向梯度的计算精度和稳定性，有效提升重力异常向下延拓的解算精度水平。

(22)针对航空矢量重力测量数据直接应用于大地水准面精化的实际需求，开展了航空矢量重力确定大地水准面计算模型构建与改化技术研究。依据物理大地测量学的广义带限水平边值问题理论，提出了基于带限航空矢量重力水平分量确定大地水准面的两步积分法和一步积分法，较好地解决了向下延拓模型解算的不稳定性问题。数值计算检验结果验证了带限计算模型在提高数值解算稳定性和抑制高频干扰噪声两个方面的特殊作用和优势，为拓展航空矢量重力测量数据的工程化应用奠定了必要的技术基础。

15.2　展望及建议

应用需求牵引科学研究，科学研究催生科技创新。针对我国海空重力测量技术体系建设存在的短板和弱项，作者为本书确定的研究目标是：通过继承和开创性的研究工作，着力破解海空重力测量作业、数据处理与数据融合应用中的技术难题，构建精密的海空重力测量数据工程化处理模型，形成完善的作业标准与数据获取体系、数据分析与处理体系、数据产品制作与应用体系，为提升我国海空重力测量技术能力和水平提供理论支撑。尽管作者抱有全面彻底解决面临问题的美好愿望，并为此付出了一定的努力，取得了一些有价值的研究成果，但由于海空重力测量技术体系建设涉及的内容非常广泛，受时间、精力和专业知识水平所限，未能做到面面俱到。因此，无论是从研究角度还是从应用角度讲，本书的研究工作仍有许多需要改进、完善和拓展之处，主要包括以下几个方面：

(1)研究成果还需要完善。一是需求分析论证还不够全面。针对海空重力测量数据的应用需求，本书开展了地球重力场信息对远程飞行器落点精度的影响研究，并以此为依据提出了海面船载重力测线布设方案，得出了一些具有量化指标的研究结论。但必须指出本书的研究工作还是初步的，一方面原因是，由于干扰远程飞行器飞行轨迹的误差源种类繁多，影响海洋重力测量精度的环境因素也相当复杂多变，飞行器落点偏差、海洋重力测量精度与海上测线布设密度之间的对应关系，只能使用某种简化的方式及一些经验公式进行描述和估算，由此得到的量化指标不具有绝对的代表性和精准性，只能作为制订海上作业技术方案的参考，下一步需要利用海上测量积累的实测数据，对不同的布设方案进行验证、分析和评价，并提出相应的修正意见和建议；另一方面原因是，本书提出的海上重力测线布设方案，主要针对的是远程飞行器重力场保障应用需求，其他军事应用和国民经济建设需求，如潜艇惯导系统重力扰动修正和补偿、水下重力匹配辅助导航和矿产资源开发等应用需求均没有涉及，因此从这个意义上讲，本书的需求分析论证工作还是不全面的，有待进一步的拓展和完善。二是指标检验评估还不够充分。针对军民两用海空重力测量作业规程编制需求，本书开展了作业规程关键技术指标分析论证和检验评估工作，提出了比较完善的测量精度指标评估体系和海空重力仪稳定性指标检测体系。尽管书中也给出了相关技术指标的验证和评估方法，但目前还缺少基于海上实测数据的有效性验证分析和合理性评估方面的系统研究，有待下一步补充和加强。三是新方法、新模型有待检验。针对海空重力测量数据处理中的几个关键技术环节，本书提出并构建了一系列改进或全新的计算模型和方法，虽然书中对新模型和新方法的有效性进行了必要的检验，但使用的数据和算例毕竟还非常有限，因此其全面性和充分性还有待进一步的验证。

(2)研究内容还需要充实。一方面，本书的研究内容主要面向由国外公司生产的，基于双轴阻尼平台的 LCR 型海空重力仪及由其获取的重力测量数据，该型重力仪虽然在国际上拥有比较大的用户群，但其工作原理具有一定的特殊性和局限性，测量误差源及测量环境效应影响也具有自身的特点，因此与其相对应的测量数据处理手段和方法并不具有普遍性。目前，国际上已经相继推出了商用化的、基于三轴惯导平台的海空重力仪，以及基于捷联惯导系统的航空重力仪，与 LCR 型海空重力仪相比，两类新型重力测量设备在技术性能的许多方面体现出优势，因此具有较好的应用前景。在现有研究的基础上，将本书研究内容进一步拓展到新型测量设备上，应当是下一阶段的工作重点之一。另一方面，针对海空重力测量误差补偿问题，本书开展了测量误差源及其变化特性分析研究，提出了补偿海空重力测量动态效应剩余影响的通用模型。虽然书中的实际算例已经验证了通用补偿模型的应用效果，但本书将各类观测误差源都包罗在一个误差模型中，其关注点主要聚焦于最终的综合补偿效果，对不同误差源之间的耦合效应和相互作用机理分析研究还不够深入，未能形成对新型海空重力仪研制具有指导意义的研究结论，需要在下一步的研究工作中加以关注并加大投入。

(3)应用领域还需要拓展。一方面，本书的研究成果需要进一步拓展其应用范围，并在应用中得到改进和完善，以便发挥更大的经济效益和社会效益。另一方面，海空重力测量成果更需要进一步拓展其应用范畴。针对海空重力测量数据综合应用需求，本书开展了地球外部重力场赋值和大地水准面精化技术研究，分别提出了适用于海域超大范围外部重力场快速赋值的改进模型和适合于海域流动点应用的外部扰动引力无奇异计算模型，全面分析比较了当今国内外广泛应用的几种精化大地水准面方法，同时提出了一些具有较高应用价值的改进方法和模型。虽然这些研究成果为一些特定的应用领域提供了可靠的技术支撑，但正如本书第1 章所述，地球外部重力场赋值和大地水准面精化只是海空重力测量数据综合应用的两个主要方面，其他一些应用领域，如全球重力场模型构建、局部重力场逼近计算、地球空间信息基准确定、航天技术与军事应用保障、地球资源勘探等科学研究和工程开发领域，都需要海空重力测量数据作为支撑。因此，如何使有限的海空重力测量数据资源发挥出更大的潜在效能，自然成为下一步关注的重点。

关于我国海空重力测量技术体系建设方面的工作，作者提出以下三点建议：

(1)尽快实现海空重力仪国产化生产。充分发挥工业部门的技术优势，有效提升我国海空重力仪的制造工艺水平；加强适应性和实用化设计，突破海空重力仪小型化设计难题；加强海空重力仪长期稳定特性研究，重点监控海空重力测量传感器零点漂移非线性变化指标。

(2)继续加强原始观测数据精细化处理技术研究。充分发挥工业部门和科研院所各自的技术优势，联合开展海空重力原始观测数据分析研究，重点揭示动态环境效应影响下的观测有色噪声形成机理；加强海空重力仪陆上实验室和海上检验场建设，重点解决测量仪器参数的标校和技术指标的检验评估问题。

(3)大力推进海空重力测量成果深度应用。充分发挥军地双方的技术优势，推动建立军民两用的海空重力测量技术体系，统一作业标准、处理模型和成果形式，重点解决海空重力测量数据共享机制问题，不断拓展海空重力测量成果的应用领域。

参考文献

边刚, 金绍华, 夏伟, 等. 2014. 线性插值的海洋磁力测量测线布设评价方法[J]. 测绘学报, 43(7): 675-680.

卞光浪. 2011. 水下小尺度磁性目标精密探测理论与方法研究[D]. 大连: 海军大连舰艇学院.

蔡劭琨. 2009. 航空重力测量网络平差方法研究[D]. 长沙: 国防科学技术大学.

蔡劭琨, 张开东, 吴美平. 2015a. 航空重力矢量测量及误差分离方法研究[M]. 北京: 国防工业出版社.

蔡劭琨, 张开东, 吴美平, 等. 2015b. 基于 SINS/DGPS 的捷联式航空重力矢量测量[J]. 海洋测绘, 35(3): 24-28.

操华胜, 朱灼文, 王晓岚. 1985. 地球重力场的虚拟单层密度表示理论的数字实现[J]. 测绘学报, 14(4): 262-273.

柴洪洲, 潘宗鹏, 崔岳. 2016. GNSS 多系统组合精密定位研究进展[J]. 海洋测绘, 36(4): 21-26.

常国宾. 2015. 海洋测量交叉点误差分析(二): 系统误差模型的选择[J]. 海洋测绘, 35(5): 1-7.

常国宾, 李胜全. 2014. 惯性技术视角下动态重力测量技术评述(一): 比力测量与载体动态的影响[J]. 海洋测绘, 34(3): 77-82.

常岑. 2016. 空间分层扰动引力场快速构建算法研究[D]. 郑州: 解放军信息工程大学.

陈国强. 1982. 异常重力场中飞行器动力学[M]. 长沙: 国防科技大学出版社.

陈怀琛. 2008. 数字信号处理教程: MATLAB 释义与实现[M]. 2 版. 北京: 电子工业出版社.

陈俊勇. 1995. 高程异常控制网中利用重力数据进行推估的精度评定[J]. 测绘学报, 24(3): 161-167.

陈俊勇. 2001. 高精度局域大地水准面对布测 GPS 水准和重力的要求[J]. 测绘学报, 30(3): 189-191.

陈俊勇, 李建成. 1998. 推算我国高精度和高分辨率似大地水准面的若干技术问题[J]. 武汉测绘科学大学学报, 23(2): 95-99,110.

陈俊勇, 李建成, 宁津生, 等. 2001a. 我国大陆高精度、高分辨率大地水准面的研究和实施[J]. 测绘学报, 30(2): 95-100.

陈俊勇, 张燕平, 张骥, 等. 2001b. 中国新一代高精度、高分辨率大地水准面的研究和实施[J]. 武汉大学学报(信息科学版), 26(4): 283-289.

陈俊勇, 李建成, 宁津生, 等. 2002. 中国似大地水准面[J]. 测绘学报, 31(增刊): 1-6.

陈生昌, 肖鹏飞. 2007. 位场向下延拓的波数域广义逆算法[J]. 地球物理学报, 50(6): 1816-1822.

陈欣. 2016. 海域重力测量数据的精化处理研究[D]. 大连: 海军大连舰艇学院.

陈欣, 翟国君, 暴景阳, 等. 2018. 航空重力向下延拓的最小二乘配置 Tikhonov 正则化法[J]. 武汉大学学报(信息科学版), 43(4): 578-585.

陈跃. 1983. 海洋重力测线布设间距的讨论[J]. 海洋测绘专辑,(1): 9-13.
成怡. 2008. 多源海洋重力数据融合技术研究[D]. 哈尔滨: 哈尔滨工程大学.
程芦颖, 许厚泽. 2006. 广义逆 Stokes 公式、广义逆 Vening-Meinesz 公式以及广义 Molodensky 公式[J]. 中国科学(D 辑), 36(4): 370-374.
程鹏飞, 文汉江, 成英燕, 等. 2009.2000 国家大地坐标系椭球参数与 GRS 80 和 WGS 84 的比较[J]. 测绘学报, 38(3): 189-194.
党亚民, 秘金钟, 成英燕. 2007. 全球导航卫星系统原理与应用[M]. 北京: 测绘出版社.
邓凯亮. 2011. 海域多源重力数据的处理、融合及应用研究[D]. 大连: 海军大连舰艇学院.
邓凯亮, 黄谟涛, 暴景阳, 等. 2011. 向下延拓航空重力数据的 Tikhonov 双参数正则化法[J]. 测绘学报, 40(6): 690-696.
邓凯亮, 黄贤源, 刘骁炜, 等. 2016a. 基于参考场的多航次船载重力测量系统偏差调整[J]. 海洋测绘, 36(2): 10-12.
邓凯亮, 黄贤源, 刘骁炜, 等. 2016b. 基于窗口移动中误差模型探测船载重力数据粗差[J]. 海洋测绘, 36(3): 7-9.
邓凯亮, 黄谟涛, 吴太旗, 等. 2023. 利用高阶径向导数带限模型进行重力向下延拓计算[J]. 武汉大学学报(信息科学版), 49(3): 442-452.
邓正隆. 2006. 惯性技术[M]. 哈尔滨: 哈尔滨工业大学出版社.
丁行斌. 1980. 估算空间重力异常代表误差的几种经验公式[J]. 军事测绘专辑,(4): 30-37.
丁行斌. 1981. 重力异常代表误差及其计算[J]. 军事测绘专辑,(6): 22-25.
董庆亮, 陈洁, 潘乐, 等. 2020. 基于DTU重力数据检查海洋重力测量成果的质量[J]. 海洋测绘, 40(2): 33-35, 51.
董绪荣, 张守信. 1998. GPS/INS 组合导航定位及其应用[M]. 长沙: 国防科学技术大学出版社.
范雕, 李姗姗, 孟书宇, 等. 2021. 几种卫星测高海洋重力场模型精度比较分析[J]. 海洋测绘, 41(5): 1-5.
方俊. 1965. 重力测量与地球形状学(上册)[M]. 北京: 科学出版社.
冯进凯, 王庆宾, 黄炎, 等. 2019. 一种基于自适应点质量的区域(似)大地水准面拟合方法[J]. 武汉大学学报(信息科学版), 44(6): 837-843.
冯康. 1978. 数值计算方法[M]. 北京: 国防工业出版社.
付梦印, 邓志红, 张继伟. 2003. Kalman 滤波理论及其在导航系统中的应用[M]. 北京: 科学出版社.
付永涛, 王先超, 谢天峰. 2007. KSS31M 型海洋重力仪在海边静态观测的结果: 兼与栾锡武先生商榷[J]. 地球物理学进展, 22(1): 308-311.
高巍, 徐修明, 尹航. 2015. 一种海洋重力测量信号滤波方法的研究[J]. 物探与化探, 39(增刊): 12-16.
顾勇为, 归庆明. 2010. 航空重力测量数据向下延拓基于信噪比的正则化方法的研究[J]. 测绘学报, 39(5): 458-464.
顾勇为, 归庆明, 韩松辉, 等. 2013. 航空重力向下延拓分组修正的正则化解法[J]. 武汉大学学报(信息科学版), 38(6): 720-723.
顾兆峰, 张志珣, 杨慧良, 等. 2005. KSS31M 海洋重力仪静态观测结果及分析[J]. 海洋测绘, 25(2): 66-68.
管泽霖, 宁津生. 1981. 地球形状及外部重力场[M]. 北京: 测绘出版社.
管泽霖, 李建成, 晁定波, 等. 1994. WZD94 中国大地水准面研究[J]. 武汉测绘科技大学学报, 19(4): 292-297.
管铮. 1987. 关于布格重力异常的讨论[J]. 海洋测绘,(4): 14-18.
郭东美, 许厚泽. 2011. 局部地形改正的奇异积分研究[J]. 地球物理学报, 54(4): 977-983.
郭志宏, 熊盛青, 周坚鑫, 等. 2008. 航空重力重复线测试数据质量评价方法研究[J]. 地球物理学报, 51(5): 1538-1543.
郭志宏, 罗锋, 王明, 等. 2011. 航空重力数据无限脉冲响应低通数字滤波器设计与试验研究[J]. 地球物理学报, 54(8): 2148-2153.
国家海洋局 908 专项办公室. 2005. 地球物理调查技术规程[S]. 北京: 海洋出版社.
郝燕玲, 成怡, 刘繁明, 等. 2007. 融合多类型海洋重力数据算法仿真研究[J]. 系统仿真学报, 19(21): 4897-4900.
何海波. 2002. 高精度 GPS 动态测量及质量控制[D]. 郑州: 解放军信息工程大学.
胡广书. 2003. 数字信号处理: 理论、算法与实现[M]. 2 版. 北京: 清华大学出版社.
华昌才, 果勇. 1991. 拉科斯特重力仪的格值标定[J]. 地震学报, 13(2): 248-253.
黄金水, 朱灼文. 1995. 外部扰动重力场的频谱响应质点模型[J]. 地球物理学报, 38(2): 182-188.
黄谟涛. 1988. 论海洋重力测线布设[J]. 海洋测绘, 8(4): 31-35.
黄谟涛. 1990. 海洋重力测量半系统差检验、调整及精度计算[J]. 海洋通报, 9(4): 81-86.
黄谟涛. 1991. 潜地战略导弹弹道扰动引力计算与研究[D]. 郑州: 解放军测绘学院.
黄谟涛. 1993. 海洋重力测线网平差[J]. 测绘学报, 22(2): 103-110.
黄谟涛. 1994. 扰动质点赋值模式结构优化及序贯解法[J]. 测绘学报, 23(2): 81-89.
黄谟涛, 翟国君, 赵明才. 1993. 关于重力大地水准面计算精度问题[J]. 测绘科学技术学报,(4): 14-21.
黄谟涛, 管铮. 1994. 扰动质点模型构制与检验[J]. 武汉测绘科技大学学报, 19(4): 304-309.
黄谟涛, 管铮, 欧阳永忠. 1995. 中国地区 1°×1°点质量解算与精度分析[J]. 武汉测绘科技大学学报, 20(3): 257-262.
黄谟涛, 管铮, 翟国君, 等. 1997. 海洋重力测量理论方法及其应用[M]. 北京: 海潮出版社.
黄谟涛, 翟国君, 王瑞, 等. 1999a. 海洋测量异常数据的检测[J]. 测绘学报, 28(3): 269-277.
黄谟涛, 管铮, 翟国君, 等. 1999b. 海洋重力测量网自检校平差[J]. 测绘学报, 28(2): 162-171.
黄谟涛, 翟国君, 管铮, 等. 2000a. 利用 FFT 技术计算垂线偏差研究[J]. 武汉测绘科技大学学报,

25(5): 414-420.

黄谟涛, 翟国君, 管铮, 等. 2000b. 利用FFT技术计算大地水准面高若干问题研究[J]. 测绘学报, 29(2): 124-131.

黄谟涛, 翟国君, 管铮, 等. 2000c. 利用 FFT 技术计算地形改正和间接效应[J]. 测绘学院学报, 17(4): 242-246.

黄谟涛, 翟国君, 欧阳永忠, 等. 2002. 海洋重力测量误差补偿两步处理法[J]. 武汉大学学报(信息科学版), 27(3): 251-255.

黄谟涛, 翟国君, 欧阳永忠, 等. 2003. 海洋测量误差处理技术研究[J]. 海洋测绘, 23(3): 57-62.

黄谟涛, 翟国君, 管铮, 等. 2005. 海洋重力场测定及其应用[M]. 北京: 测绘出版社.

黄谟涛, 翟国君, 欧阳永忠, 等. 2011. 海洋磁场重力场信息军事应用研究现状与展望[J]. 海洋测绘, 31(1): 71-76.

黄谟涛, 欧阳永忠, 翟国君, 等. 2013a. 海域多源重力数据融合处理的解析方法[J]. 武汉大学学报(信息科学版), 38(11): 1261-1265.

黄谟涛, 欧阳永忠, 翟国君, 等. 2013b. 融合多源重力数据的Tikhonov正则化配置法[J]. 海洋测绘, 33(3): 6-12.

黄谟涛, 欧阳永忠, 翟国君, 等. 2013c. 海面与航空重力测量重复测线精度评估公式注记[J]. 武汉大学学报(信息科学版), 38(10): 1175-1177.

黄谟涛, 刘敏, 孙岚, 等. 2014a. 海洋重力仪稳定性测试与零点漂移问题[J]. 海洋测绘, 34(6): 1-7.

黄谟涛, 欧阳永忠, 刘敏, 等. 2014b. 海域航空重力测量数据向下延拓的实用方法[J]. 武汉大学学报(信息科学版), 39(10): 1147-1152.

黄谟涛, 刘敏, 孙岚, 等. 2015a. 海洋重力测量动态环境效应分析与补偿[J]. 海洋测绘, 35(1): 1-6.

黄谟涛, 宁津生, 欧阳永忠, 等. 2015b. 航空重力测量厄特弗斯改正公式注记[J]. 测绘学报, 44(1): 6-12.

黄谟涛, 宁津生, 欧阳永忠, 等. 2015c. 联合使用位模型和地形信息的陆区航空重力向下延拓方法[J]. 测绘学报, 44(4): 355-362.

黄谟涛, 欧阳永忠, 刘敏, 等. 2015d. 融合海域多源重力数据的正则化点质量方法[J]. 武汉大学学报(信息科学版), 40(2): 170-175.

黄谟涛, 刘敏, 欧阳永忠, 等. 2016a. 重力场对飞行器制导的影响及海洋重力测线布设[J]. 测绘学报, 45(11): 1261-1269.

黄谟涛, 宁津生, 欧阳永忠, 等. 2016b. 海空重力测量平台倾斜重力改正模型等价性证明与验证[J]. 武汉大学学报(信息科学版), 41(6): 738-744.

黄谟涛, 刘敏, 邓凯亮, 等. 2018a. 基于向上延拓的航空重力向下解析延拓解[J]. 地球物理学报, 61(12): 4746-4757.

黄谟涛, 刘敏, 邓凯亮, 等. 2018b. 利用重复测线校正海空重力仪格值及试验验证[J]. 地球物理学报, 61(8): 3160-3169.

黄谟涛, 刘敏, 马越原, 等. 2018c. 海域超大范围外部重力场快速赋值模型构建[J]. 武汉大学学报(信息科学版), 43(5): 643-650.

黄谟涛, 刘敏, 吴太旗, 等. 2018d. 海空重力测量关键技术指标体系论证与评估[J]. 测绘学报, 47(11): 1537-1548.

黄谟涛, 陆秀平, 欧阳永忠, 等. 2018e. 海空重力测量技术体系构建与研究若干进展(一):需求论证设计与仪器性能评估技术[J]. 海洋测绘, 38(4): 11-15.

黄谟涛, 刘敏, 邓凯亮, 等. 2019a. 海域流动点外部扰动引力无奇异计算模型[J]. 地球物理学报, 62(7): 2394-2404.

黄谟涛, 刘敏, 欧阳永忠, 等. 2019b. 海洋重力场特征统计模型计算与分析[J]. 武汉大学学报(信息科学版), 44(3): 317-327.

黄谟涛, 陈欣, 邓凯亮, 等. 2020a. 补偿海空重力测量动态效应剩余影响的通用模型[J]. 测绘学报, 49(2): 135-146.

黄谟涛, 邓凯亮, 陈欣, 等. 2020b. 基于 Stokes-Helmert 边值理论的大地水准面计算模型改化及分析检验[J]. 海洋测绘, 40(5): 11-18.

黄谟涛, 邓凯亮, 刘敏, 等. 2020c. 基于 Molodensky 边值理论的似大地水准面计算模型改化及分析检验[J]. 海洋测绘, 40(4): 1-8.

黄谟涛, 邓凯亮, 陆秀平, 等. 2020d. 基于 Bjerhammar 边值理论的似大地水准面计算模型改化及分析检验[J]. 海洋测绘, 40(2): 1-8.

黄谟涛, 邓凯亮, 欧阳永忠, 等. 2020e. 基于点质量方法的似大地水准面计算模型改化及分析检验[J]. 海洋测绘, 40(3): 1-9.

黄谟涛, 邓凯亮, 吴太旗, 等. 2020f. 基于 Stokes 边值理论的大地水准面计算模型改化及分析检验[J]. 海洋测绘, 40(1): 11-18.

黄谟涛, 邓凯亮, 吴太旗, 等. 2022a. 地球外部扰动重力严密改化模型及分析检验[J]. 地球物理学报, 65(3): 924-938.

黄谟涛, 邓凯亮, 吴太旗, 等. 2022b. 重力异常向上延拓严密改化模型及向下延拓应用[J]. 测绘学报, 51(1): 41-52.

黄谟涛, 邓凯亮, 吴太旗, 等. 2022c. 广义带限航空矢量重力确定大地水准面的两步积分法[J]. 测绘学报, 51(11): 2245-2254.

黄谟涛, 邓凯亮, 欧阳永忠, 等. 2022d. 海空重力测量及应用技术研究若干进展[J]. 武汉大学学报(信息科学版), 47(10): 1635-1650.

黄谟涛, 邓凯亮, 欧阳永忠, 等. 2022e. 卫星测高重力模型在海空重力测量误差检测中的应用[J]. 华中科技大学学报(自然科学版), 50(9): 126-133.

黄声享, 郭英起, 易庆林. 2007. GPS 在测量工程中的应用[M]. 北京: 测绘出版社.

黄维彬. 1992. 近代平差理论及其应用[M]. 北京: 解放军出版社.
贾沛然, 陈克俊, 何力. 1993. 远程火箭弹道学[M]. 长沙: 国防科技大学出版社.
江东, 王庆宾, 赵东明. 2011. 空中扰动引力快速赋值算法的效能分析[J]. 测绘科学技术学报, 28(6): 411-415.
蒋涛. 2011. 利用航空重力测量数据确定区域大地水准面[D]. 武汉: 武汉大学.
蒋涛, 李建成, 王正涛, 等. 2011. 航空重力向下延拓病态问题的求解[J]. 测绘学报, 40(6): 684-689.
蒋涛, 党亚民, 章传银, 等. 2013. 基于矩谐分析的航空重力向下延拓[J]. 测绘学报, 42(4): 475-480.
解放军总装备部. 2008a. 2000 中国大地测量系统: GJB 6304—2008[S]. 北京: 总装备部军标出版发行部.
解放军总装备部. 2008b. 航空重力测量作业规范: GJB 6561—2008[S]. 北京: 总装备部军标出版发行部.
解放军总装备部. 2008c. 海洋重力测量规范: GJB 890A—2008[S]. 北京: 总装备部军标出版发行部.
柯宝贵, 章传银, 郭春喜, 等. 2015. 船载重力测量数据不同测区系统偏差纠正方法研究[J]. 武汉大学学报(信息科学版), 40(3): 417-421.
李德才, 褚宁, 朱学毅. 2014. 建立零长弹簧传热等效模型[J]. 中国惯性技术学报, 22(2): 248-253.
李德仁, 袁修孝. 2002. 误差处理与可靠性理论[M]. 武汉: 武汉大学出版社.
李海. 2002. 航空重力测量测线网平差的理论与方法[D]. 郑州: 解放军信息工程大学.
李海兵, 朱志刚, 魏宗康. 2012. 高精度加速度计分辨率的动态估算方法[J]. 中国惯性技术学报, 20(4): 496-500.
李宏生, 赵立业, 周百令, 等. 2009. 水下重力辅助导航实时水平加速度改正方法[J]. 中国惯性技术学报, 17(2): 159-164.
李建成. 2007. 我国现代高程测定关键技术若干问题的研究及进展[J]. 武汉大学学报(信息科学版), 32(11): 980-987.
李建成. 2012. 最新中国陆地数字高程基准模型: 重力似大地水准面 CNGG2011[J]. 测绘学报, 41(5): 651-660,669.
李建成, 陈俊勇, 宁津生, 等. 2003. 地球重力场逼近理论与中国 2000 似大地水准面的确定[M]. 武汉: 武汉大学出版社.
李凯锋, 欧阳永忠, 陆秀平, 等. 2009. 基于 GPS 精密单点定位技术的水深测量[J]. 海洋测绘, 29(6): 1-4,8.
李凯锋, 欧阳永忠, 陆秀平, 等. 2015. 基于 PPP 技术的海岛礁平面控制测量应用实践[J]. 武汉大学学报(信息科学版), 40(3): 412-416.

李庆海, 陶本藻. 1982. 概率统计原理和在测量中的应用[M]. 北京: 测绘出版社.
李姗姗. 2010. 水下重力辅助惯性导航的理论与方法研究[D]. 郑州: 解放军信息工程大学.
李姗姗, 吴晓平, 张传定, 等. 2010. 我国重力场新的统计特征参数的计算分析[J]. 地球物理学报, 53(5): 1099-1108.
李姗姗, 吴晓平, 张传定, 等. 2012. 顾及地形与完全球面布格异常梯度项改正的区域似大地水准面精化[J]. 测绘学报, 41(4): 510-516.
李树德, 张世照. 1986. DZY-2 型海洋重力仪[J]. 地壳形变与地震, 6(2): 81-96.
李显, 吴美平, 张开东, 等. 2012. 导航卫星速度和加速度的计算方法及精度分析[J]. 测绘学报, 41(6): 816-824.
李征航, 黄劲松. 2005. GPS 测量与数据处理[M]. 武汉: 武汉大学出版社.
李志林, 朱庆. 2003. 数字高程模型[M]. 武汉: 武汉大学出版社.
梁锦文. 1989. 位场向下延拓的正则化方法[J]. 地球物理学报, 32(5): 600-608.
梁开龙, 刘雁春, 管铮, 等. 1996. 海洋重力测量与磁力测量[M]. 北京: 测绘出版社.
梁星辉. 2013. 航空重力测量方法及试验研究[J]. 测绘学报, 42(6): 946.
梁星辉, 柳林涛, 于胜杰. 2009. 利用 B 样条确定航空重力载体加速度的方法研究[J]. 武汉大学学报(信息科学版), 34(8): 979-982.
梁星辉, 柳林涛, 吴鹏飞, 等. 2013. 顾及误差频谱特性的 CHZ 重力仪航空应用研究[J]. 测绘学报, 42(5): 633-639.
廖开训, 徐行. 2015. KSS31 海洋重力仪的长期零点漂移特征[J]. 海洋测绘, 35(3): 32-35.
林洪桦. 2010. 测量误差与不确定度评估[M]. 北京: 机械工业出版社.
刘保华, 张维冈, 孟恩. 1995. 重力异常垂向一阶导数的一种简便算法[J]. 青岛海洋大学学报, 25(2): 233-238.
刘长弘. 2016. 改进的直接积分方法计算低空扰动引力[D]. 郑州: 解放军信息工程大学.
刘丁酉. 1998. 矩阵分析[M]. 武汉: 武汉测绘科技大学出版社.
刘东甲, 洪天求, 贾志海, 等. 2009. 位场向下延拓的波数域迭代方法及其收敛性[J]. 地球物理学报, 52(6): 1599-1605.
刘基余. 2003. GPS 卫星导航定位原理与方法[M]. 北京: 科学出版社.
刘金钊, 柳林涛, 梁星辉, 等. 2013. 基于实测重力异常和地形数据确定重力梯度的研究[J]. 地球物理学报, 56(7): 2245-2256.
刘金钊, 梁星辉, 叶周润, 等. 2020. 融合多源数据构建区域航空重力梯度扰动全张量[J]. 地球物理学报, 63(8): 3131-3143.
刘精攀. 2007. GPS 非差相位精密单点定位方法与实现[D]. 南京: 河海大学.
刘敏. 2018. 海空重力测量技术及应用若干问题研究[D]. 郑州: 解放军信息工程大学.
刘敏, 黄谟涛, 欧阳永忠, 等. 2016. 顾及地形效应的重力向下延拓模型分析与检验[J]. 测绘学报, 45(5): 521-530,551.

刘敏, 黄谟涛, 欧阳永忠, 等. 2017a. 海空重力测量及应用技术研究进展与展望(一): 目的意义与技术体系[J]. 海洋测绘, 37(2): 1-5.
刘敏, 黄谟涛, 欧阳永忠, 等. 2017b. 海空重力测量及应用技术研究进展与展望(二): 传感器与测量规划设计技术[J]. 海洋测绘, 37(3): 1-11.
刘敏, 黄谟涛, 欧阳永忠, 等. 2017c. 海空重力测量及应用技术研究进展与展望(三): 数据处理与精度评估技术[J]. 海洋测绘, 37(4): 1-10.
刘敏, 黄谟涛, 欧阳永忠, 等. 2017d. 海空重力测量及应用技术研究进展与展望(四): 数值模型构建与综合应用技术[J]. 海洋测绘, 37(5): 1-10.
刘敏, 黄谟涛, 邓凯亮, 等. 2018a. 顾及地形效应的地面重力向上延拓模型分析与检验[J]. 武汉大学学报(信息科学版), 43(1): 112-119.
刘敏, 黄谟涛, 马越原, 等. 2018b. 海空重力测量平台倾斜改正修正模型[J]. 武汉大学学报(信息科学版), 43(4): 586-591.
刘润, 李海兵, 王姝歆. 2015. 高精度石英挠性加速度计的温度场分析[J]. 电子测量技术, 38(2): 6-9,19.
刘陶胜, 黄声享, 李沛鸿. 2012. 基于双极差的粗差探测方法研究[J]. 大地测量与地球动力学, 32(1): 80-83.
刘晓刚. 2011. GOCE 卫星测量恢复地球重力场模型的理论与方法[D]. 郑州: 解放军信息工程大学.
刘晓刚, 李迎春, 肖云, 等. 2014. 重力与磁力测量数据向下延拓中最优正则化参数确定方法[J]. 测绘学报, 43(9): 881-887.
刘雁春. 2003. 海洋测深空间结构及其数据处理[M]. 北京: 测绘出版社.
柳林涛, 许厚泽. 2004. 航空重力测量数据的小波滤波处理[J]. 地球物理学报, 47(3): 490-494.
陆凯, 苏达理, 张志珣, 等. 2014. System II 型海洋重力仪静态观测结果与分析[J]. 海洋测绘, 34(4): 31-34.
陆秀平, 黄谟涛, 欧阳永忠, 等. 2018. 海空重力测量技术体系构建与研究若干进展(二):数据归算与误差分析处理技术[J]. 海洋测绘, 38(5): 1-6.
陆仲连. 1984. 球谐函数[M]. 郑州: 解放军测绘学院.
陆仲连. 1996. 地球重力场理论与方法[M]. 北京: 解放军出版社.
陆仲连, 吴晓平, 丁行斌, 等. 1993. 弹道导弹重力学[M]. 北京: 八一出版社.
吕志平, 乔书波. 2010. 大地测量学基础[M]. 北京: 测绘出版社.
栾文贵. 1983. 位场解析延拓的稳定化算法[J]. 地球物理学报, 26(3): 263-274.
栾锡武. 2004. KSS31M 型海洋重力仪在动、静态条件下观测到的读数变化及分析[J]. 地球物理学进展, 19(2): 442-448.
骆遥, 吴美平. 2016. 位场向下延拓的最小曲率方法[J]. 地球物理学报, 59(1): 240-251.
马彪, 刘晓刚, 张丽萍. 2012. 几种弹道扰动引力计算模型的分析与比较[J]. 大地测量与地球动力学, 32(1): 105-109.

马健. 2018. Hotine-Helmert 边值问题确定似大地水准面的理论与方法[D]. 郑州: 信息工程大学.

马在田, 曹景忠, 王家林, 等. 1997. 计算地球物理学概论[M]. 上海: 同济大学出版社.

宁津生, 陈俊勇, 李德仁, 等. 2004. 测绘学概论[M]. 武汉: 武汉大学出版社.

宁津生, 汪海洪, 罗志才. 2005. 基于多尺度边缘约束的重力场信号的向下延拓[J]. 地球物理学报, 48(1): 63-68.

宁津生, 刘经南, 陈俊勇, 等. 2006. 现代大地测量理论与技术[M]. 武汉: 武汉大学出版社.

宁津生, 王正涛. 2013. 地球重力场研究现状与进展[J]. 测绘地理信息, 38(1): 1-7.

宁津生, 黄谟涛, 欧阳永忠, 等. 2014. 海空重力测量技术进展[J]. 海洋测绘, 34(3): 67-72,76.

欧阳明达, 张海涛, 李正文. 2014. 多类资料计算南海重力垂直梯度的方法比较[J]. 海洋测绘, 34(6): 13-16.

欧阳永忠. 2013. 海空重力测量数据处理关键技术研究[D]. 武汉: 武汉大学.

欧阳永忠, 孙毅, 黄谟涛, 等. 2006. SII 型海洋重力仪的特点及使用问题[J]. 海洋测绘, 26(3): 75-78.

欧阳永忠, 陆秀平, 暴景阳, 等. 2010. 计算 S 型海洋重力仪交叉耦合改正的测线系数修正法[J]. 武汉大学学报(信息科学版), 35(3): 294-297.

欧阳永忠, 陆秀平, 黄谟涛, 等. 2011. L&R 海空重力仪测量误差综合补偿方法[J]. 武汉大学学报(信息科学版), 36(5): 625-629.

欧阳永忠, 邓凯亮, 黄谟涛, 等. 2012. 确定大地水准面的 Tikhonov 最小二乘配置法[J]. 测绘学报, 41(6): 804-810.

欧阳永忠, 邓凯亮, 陆秀平, 等. 2013. 多型航空重力仪同机测试及其数据分析[J]. 海洋测绘, 33(4): 6-11.

荣敏. 2015. Stokes-Helmert 方法确定大地水准面的理论与实践[D]. 郑州: 解放军信息工程大学.

阮仁桂. 2009. GPS 非差相位精密单点定位研究[D]. 郑州: 解放军信息工程大学.

申文斌. 2004a. 引力位虚拟压缩恢复法[J]. 武汉大学学报(信息科学版), 29(8): 720-724.

申文斌. 2004b. 关于引力位虚拟压缩恢复级数解的一致收敛性证明[J]. 武汉大学学报(信息科学版), 29(9): 779-782.

申文斌, 宁津生, 晁定波. 2005a. 边值问题虚拟压缩恢复原理及其在 Bjerhammar 理论中的一个应用[J]. 测绘学报, 34(1): 14-18.

申文斌, 宁津生. 2005b. 虚拟压缩恢复基本原理及应用实例解析[J]. 武汉大学学报(信息科学版), 30(6): 474-477.

申文斌, 王正涛, 晁定波. 2006a. 利用卫星重力数据确定地球外部重力场的一种方法及模拟实验检验[J]. 武汉大学学报(信息科学版), 31(3): 189-193.

申文斌, 鄢建国, 晁定波. 2006b. 重力场的局部虚拟向下延拓以及利用 EGM96 模型的模拟实验检验[J]. 武汉大学学报(信息科学版), 31(7): 589-593.

申文斌, 鄢建国, 晁定波. 2006c. 虚拟压缩恢复法在向下延拓问题中的应用[J]. 测绘信息与工程, 31(4): 1-4.

申文斌, 晁定波. 2008. 实现 1°×1°全球 cm 级大地水准面的一种理论方案[J]. 武汉大学学报(信息科学版), 33(6): 612-615.

沈云中, 许厚泽. 2002. 不适定方程正则化算法的谱分解式[J]. 大地测量与地球动力学, 23(3): 10-14.

石磐. 1984. 扰动位的综合确定[J]. 测绘学报, 13(4): 241-248.

石磐, 王孟昭, 王瑞榕. 1980a. 海洋重力测量的测线布设[J]. 军事测绘专辑,(4): 15-22.

石磐, 王孟昭, 王瑞榕. 1980b. 海洋重力异常的统计分析[J]. 军事测绘专辑,(4): 23-29.

石磐, 王兴涛. 1995. 空中测量地面平均重力异常的频域分析[J]. 测绘学报, 24(4): 301-308.

石磐, 王兴涛. 1997. 利用航空重力测量和 DEM 确定地面重力场[J]. 测绘学报, 26(2): 117-121.

石磐, 孙中苗, 肖云. 2001. 航空重力测量中水平加速度改正的计算与频域分析[J]. 武汉大学学报(信息科学版), 26(6): 549-554.

石磐, 孙中苗. 2003. 航空重力测量的测线设计[J]. 解放军测绘研究所学报, 23(2): 5-8.

束蝉方, 李斐, 郝卫峰, 等. 2011a. 利用等效点质量进行(似)大地水准面拟合[J]. 武汉大学学报(信息科学版), 36(2): 231-234.

束蝉方, 李斐, 李明峰, 等. 2011b. 应用 Bjerhammar 方法确定 GPS 重力似大地水准面[J]. 地球物理学报, 54(10): 2503-2509.

孙凤华, 孔维兵, 李慧智, 等. 2001. 我国陆地均匀重力测量补点问题的研究[J]. 武汉大学学报(信息科学版), 26(4): 349-353,373.

孙和平, 竹本修三, 许厚泽, 等. 2000. 武汉和京都台站超导重力仪高精度潮汐重力观测结果[J]. 测绘学报, 29(2): 181-187.

孙和平, Ducarme B, 许厚泽, 等. 2005a. 基于全球超导重力仪观测研究海潮和固体潮模型的适定性[J]. 中国科学(D 辑), 35(7): 649-657.

孙和平, 许厚泽, 周江存, 等. 2005b. 武汉超导重力仪观测最新结果和海潮模型研究[J]. 地球物理学报, 48(2): 299-307.

孙和平, 徐建桥, 崔小明. 2017. 重力场的地球动力学与内部结构应用研究进展[J]. 测绘学报, 46(10): 1290-1299.

孙少安, 项爱民, 吴维日. 2002. LCR-G 型重力仪仪器参数的时变特征[J]. 大地测量与地球动力学, 22(2): 101-105.

孙文, 吴晓平, 王庆宾, 等. 2014. 航空重力数据向下延拓的波数域迭代 Tikhonov 正则化方法[J]. 测绘学报, 43(6): 566-574.

孙中苗. 1997. 航空重力测量对飞机定位数据的精度要求[J]. 测绘科技,(3): 8-10.

孙中苗. 2004. 航空重力测量理论、方法及应用研究[D]. 郑州: 解放军信息工程大学.

孙中苗, 夏哲仁. 2000. FIR 低通差分器的设计及其在航空重力测量中的应用[J]. 地球物理学报,

43(6): 850-855.

孙中苗, 石磐, 夏哲仁, 等. 2001. 航空重力仪的动态检测[J]. 测绘通报,(10): 42-44.

孙中苗, 柳政策, 肖云. 2002a. GPS 在航空重力测量中的应用[J]. 测绘通报,(7): 23-25.

孙中苗, 夏哲仁, 李迎春. 2002b. L&R 航空重力仪摆杆尺度因子的确定与分析[J]. 武汉大学学报(信息科学版), 27(4): 367-371.

孙中苗, 肖云, 何海波. 2004a. 航空重力测量中垂直加速度确定方法的比较[J]. 测绘学院学报, 21(3): 157-159.

孙中苗, 石磐, 夏哲仁, 等. 2004b. 利用 GPS 和数字滤波技术确定航空重力测量中的垂直加速度[J]. 测绘学报, 33(2): 110-115.

孙中苗, 夏哲仁, 石磐. 2004c. 航空重力测量研究进展[J]. 地球物理学进展, 19(3): 492-496.

孙中苗, 夏哲仁, 李迎春. 2006. LaCoste & Romberg 航空重力仪的交叉耦合效应[J]. 武汉大学学报(信息科学版), 31(10): 883-886.

孙中苗, 夏哲仁, 王兴涛. 2007a. 利用航空重力确定局部大地水准面的精度分析[J]. 武汉大学学报(信息科学版), 32(8): 692-695.

孙中苗, 夏哲仁, 李迎春, 等. 2007b. L&R 航空重力仪的水平加速度改正[J]. 测绘科学技术学报, 24(4): 259-262,266.

孙中苗, 夏哲仁, 王兴涛, 等. 2007c. LaCoste & Romberg 航空重力仪 K 因子的动态标定及其特性研究[J]. 地球物理学报, 50(3): 724-729.

孙中苗, 李迎春, 张松堂, 等. 2008. LaCoste & Romberg 航空重力仪的格值标定[J]. 大地测量与地球动力学, 28(2): 132-135.

孙中苗, 李迎春, 翟振和. 2009. LaCoste & Romberg 航空重力仪的零点漂移[J]. 测绘通报, (11): 24-26.

孙中苗, 翟振和, 李迎春, 等. 2012. LCR Ⅱ型和Ⅰ型航空重力仪的同机飞行试验[J]. 大地测量与地球动力学, 32(2): 24-27.

孙中苗, 翟振和, 李迎春. 2013a. 航空重力仪发展现状和趋势[J]. 地球物理学进展, 28(1): 1-8.

孙中苗, 翟振和, 肖云, 等. 2013b. 航空重力测量的系统误差补偿[J]. 地球物理学报, 56(1): 47-52.

孙中苗, 翟振和, 肖云. 2014. 渤海湾航空重力及其在海域大地水准面精化中的应用[J]. 测绘学报, 43(11): 1101-1108.

孙中苗, 刘晓刚, 吴富梅, 等. 2021. 航空重力测量理论及应用[M]. 北京: 测绘出版社.

田颜锋. 2010. 航空重力测量数据滤波处理算法研究[D]. 郑州: 解放军信息工程大学.

田颜锋, 李姗姗, 肖凡. 2012. 航空重力测量水平加速度改正的小波预处理[J]. 大地测量与地球动力学, 32(2): 115-119.

万剑华, 李瑞洲, 刘善伟, 等. 2017.HY-2A 测高数据对重力异常反演精度的影响分析[J].海洋测绘, 37(4): 24-27.

万永革. 2007. 数字信号处理的 MATLAB 实现[M]. 北京: 科学出版社.
王虎彪, 柯小平, 武凛, 等. 2017.西太平洋海域卫星测高重力异常反演与精度评估[J]. 海洋测绘, 37(6): 1-4.
王继平, 王明海, 张志辉. 2008. 扰动引力的神经网络逼近算法[J]. 宇航学报, 29(1): 385-390.
王建强, 李建成, 赵国强, 等. 2010. 重力三层点质量模型的构造与分析[J]. 测绘学报, 39(5): 503-507,515.
王建强, 李建成, 王正涛, 等. 2013a. 球谐函数变换快速计算扰动引力[J]. 武汉大学学报(信息科学版), 38(9): 1039-1043.
王建强, 李建成, 赵国强, 等. 2013b. 多项式拟合快速计算扰动引力方法[J]. 大地测量与地球动力学, 33(4): 52-55.
王松桂. 1987. 线性模型的理论及其应用[M]. 合肥: 安徽教育出版社.
王兴涛, 石磐, 朱非洲. 2004a. 航空重力测量数据向下延拓的正则化算法及其谱分解[J]. 测绘学报, 33(1): 33-38.
王兴涛, 夏哲仁, 石磐, 等. 2004b. 航空重力测量数据向下延拓方法比较[J]. 地球物理学报, 47(6): 1017-1022.
王彦飞. 2007. 反演问题的计算方法及其应用[M]. 北京: 高等教育出版社.
王彦飞, 斯捷潘诺娃 I E, 提塔连科 V N, 等. 2011. 地球物理数值反演问题[M]. 北京: 高等教育出版社.
王彦国, 张凤旭, 王祝文, 等. 2011. 位场向下延拓的泰勒级数迭代方法[J]. 石油地球物理勘探, 46(4): 657-662.
王勇, 张为民, 王虎彪, 等. 2003. 绝对重力观测的潮汐改正[J]. 大地测量与地球动力学, 23(2): 65-68.
王振杰. 2006. 测量中不适定问题的正则化解法[M]. 北京: 科学出版社.
王正涛, 党亚民, 晁定波. 2011. 超高阶地球重力位模型确定的理论与方法[M]. 北京: 测绘出版社.
吴太旗, 邓凯亮, 黄谟涛, 等. 2011. 一种改进的不适定问题奇异值分解法[J]. 武汉大学学报(信息科学版), 36(8): 900-903.
吴太旗, 黄谟涛, 欧阳永忠, 等. 2018. 海空重力测量技术体系构建与研究若干进展(三):数值模型构建与数据综合应用技术[J]. 海洋测绘, 38(6): 6-13.
吴晓平. 1984. 局部重力场的点质量模型[J]. 测绘学报, 13(4): 249-258.
吴晓平. 1992. 在推求地球外部扰动重力场中数据的采用[J]. 测绘科学技术学报, 9(4): 1-10.
吴晓平, 陆仲连. 1992. 卫星重力梯度向下延拓的最佳积分核谱组合解[J]. 测绘学报, 21(2): 123-133.
吴星. 2009. 卫星重力梯度数据处理理论与方法[D]. 郑州: 解放军信息工程大学.
奚碚华, 于浩, 周贤高. 2011. 海洋重力测量误差补偿技术[J]. 中国惯性技术学报, 19(1): 1-5.

夏哲仁, 林丽. 1995. 局部重力异常协方差函数逼近[J]. 测绘学报, 24(1): 23-27.
夏哲仁, 石磐, 孙中苗, 等. 2004. 航空重力测量系统 CHAGS[J]. 测绘学报, 33(3): 216-220.
夏哲仁, 孙中苗. 2006. 航空重力测量技术及其应用[J]. 测绘科学, 31(6): 43-46.
肖付民, 刘雁春, 暴景阳, 等. 2016. 海道测量学概论[M]. 2 版. 北京: 测绘出版社.
肖云. 2000. 利用 GPS 确定航空重力测量载体运动状态的理论与方法[D]. 武汉: 武汉测绘科技大学.
肖云, 夏哲仁. 2003a. 航空重力测量中载体运动加速度的确定[J]. 地球物理学报, 46(1): 62-67.
肖云, 夏哲仁. 2003b. 利用相位率和多普勒确定载体速度的比较[J]. 武汉大学学报(信息科学版), 28(5): 581-584.
邢志斌, 李姗姗. 2018. 我国陆海统一似大地水准面构建的三维重力矢量法[J]. 测绘学报, 47(5): 575-583.
熊盛青, 周锡华, 郭志宏, 等. 2010. 航空重力勘探理论方法及应用[M]. 北京: 地质出版社.
徐世浙. 2006. 位场延拓的积分-迭代方法[J]. 地球物理学报, 49(4): 1176-1182.
徐世浙. 2007. 迭代方法与 FFT 法位场向下延拓效果的比较[J]. 地球物理学报, 50(1): 285-289.
许才军, 申文斌, 晁定波. 2006. 地球物理大地测量学原理与方法[M]. 武汉: 武汉大学出版社.
许厚泽. 1984. 精密重力测量的潮汐改正[J]. 测绘学报, 13(2): 150-157.
许厚泽, 朱灼文. 1984. 地球外部重力场的虚拟单层密度表示[J]. 中国科学(B 辑), 17(6): 575-580.
许厚泽, 王谦身, 陈益惠. 1994. 中国重力测量与研究的进展[J]. 地球物理学报, 37(S1): 339-352.
许厚泽, 等. 2010. 固体地球潮汐[M]. 武汉: 湖北科学技术出版社.
许厚泽, 蒋福珍, 操华胜. 2014. 用直接法计算高空扰动重力[M]. 北京: 科学出版社.
许时耕. 1982. GSS2 型 34 号海洋重力仪 13 年零点漂移的分析[J]. 海洋技术, (4): 98-102.
晏新村, 欧阳永忠, 孙付平. 2012. 精密单点定位解算结果可靠性评估方法研究[J]. 全球定位系统, 37(6): 9-12,16.
杨晔, 钱红, 雷立铭, 等. 2010. 基于带阻滤波器的无阻尼系统校正设计[J]. 中国惯性技术学报, 18(2): 230-235.
杨元喜. 1993. 抗差估计理论及其应用[M]. 北京: 八一出版社.
杨元喜. 2006. 自适应动态导航定位[M]. 北京: 测绘出版社.
杨元喜. 2012. 卫星导航的不确定性、不确定度与精度若干注记[J]. 测绘学报, 41(5): 646-650.
姚长利, 李宏伟, 郑元满, 等. 2012. 重磁位场转换计算中迭代方法的综合分析与研究[J]. 地球物理学报, 55(6): 2062-2078.
叶世榕. 2002. GPS 非差相位精密单点定位理论与实现[D]. 武汉: 武汉大学.
易启林, 孙毅, 杨来连. 2000. S 型海洋重力仪交叉耦合效应改正方法研究[C]. 第十二届海洋测绘综合性学术研讨会论文集, 天津: 203-211.

易启林, 李建军, 孙毅. 2007. 地球形变对重力测量的影响初探[J]. 海洋测绘, 27(6): 55-57.
于锦海, 朱灼文, 彭富清. 2001. Molodensky 边值问题中解析延拓法 g1 项的小波算法[J]. 地球物理学报, 44(1): 112-119.
於宗俦, 鲁林成. 1983. 测量平差基础[M]. 北京: 测绘出版社.
曾华霖, 李小孟. 1999. 重力探测油气藏方法及其应用[M]. 北京: 地质出版社.
曾华霖. 2005. 重力场与重力勘探[M]. 北京: 地质出版社.
翟国君, 卞光浪, 黄谟涛. 2011. 总强度磁异常各阶垂向导数换算新方法[J]. 测绘学报, 40(6): 671-678.
翟曜. 2016. 基于附加参数最小二乘配置法的扰动引力逼近方法研究[D]. 郑州: 解放军信息工程大学.
翟振和. 2009. 陆海交界区域多源重力数据的融合处理方法研究[D]. 郑州: 解放军信息工程大学.
翟振和, 孙中苗. 2009. 基于配置法的局部重力场延拓模型构建与应用分析[J]. 地球物理学报, 52(7): 1700-1706.
翟振和, 孙中苗. 2010. 渤海湾多源重力数据的自适应融合处理[J]. 测绘学报, 39(5): 444-449.
翟振和, 李超, 李红娜. 2012a. 空中重力测量数据代表地面数据的误差分析[J]. 海洋测绘, 32(2): 1-3.
翟振和, 任红飞, 孙中苗. 2012b. 重力异常阶方差模型的构建及在扰动场元频谱特征计算中的应用[J]. 测绘学报, 41(2): 159-164.
翟振和, 孙中苗, 李迎春, 等. 2015a. 航空重力测量在近海区域的精度评估与分析[J]. 测绘学报, 44(1): 1-5.
翟振和, 孙中苗, 王兴涛. 2015b. 全球及局部海洋扰动重力反演的快速解析方法[J]. 测绘学报, 44(8): 827-832.
翟振和, 王兴涛, 李迎春. 2015c. 解析延拓高阶解的推导方法与比较分析[J]. 武汉大学学报(信息科学版), 40(1): 134-138.
张昌达. 2005. 几种新型的航空重力测量系统和航空重力梯度测量系统[J]. 物探与化探, 29(6): 471-476.
张冲, 黄大年, 刘杰. 2017. 重力场向下延拓 Milne 法[J]. 地球物理学报, 60(11): 4212-4220.
张传定. 2000. 卫星重力测量——基础、模型化方法与数据处理算法[D]. 郑州: 解放军信息工程大学.
张皞. 2007. 快速逼近弹道扰动引力的算法研究[D]. 郑州: 解放军信息工程大学.
张辉, 陈龙伟, 任治新, 等. 2009. 位场向下延拓迭代方法收敛性分析及稳健向下延拓方法研究[J]. 地球物理学报, 52(4): 1107-1113.
张会. 2011. 海洋重力测量数据处理理论研究[D]. 北京: 中国科学院大学.
张金槐, 贾沛然, 唐雪梅, 等. 1995. 远程火箭精度分析与评估[M]. 长沙: 国防科技大学出版社.

张开东, 吴美平, 胡小平. 2006. 基于捷联惯导的航空矢量重力测量的降阶滤波算法[J]. 测绘学报, 35(3): 204-209.

张开东, 吴美平, 胡小平. 2007. 基于捷联惯导的航空重力测量滤波算法[J]. 中国惯性技术学报, 15(1): 5-8.

张开东. 2007. 基于 SINS/DGPS 的航空重力测量方法研究[D]. 长沙: 国防科学技术大学.

张勤, 李家权. 2005. GPS 测量原理及应用[M]. 北京: 科学出版社.

张善言. 1982. 航空重力测量的厄特弗斯问题[J]. 测量与地球物理集刊, (4): 97-104.

张善言, 李锡其, 梁础坚, 等. 1987. 新研制的 CHZ 海洋重力仪[J]. 测绘学报, 16(1): 1-6.

张善言, 宗杰. 1988. CHZ 海洋重力仪的三次海上试验[J]. 测绘学报, 17(3): 231-236.

张善言, 周东明, 宗杰, 等. 1990. 航空重力仪的试验[J]. 地球物理学报, 33(1): 70-76.

张涛, 高金耀, 陈美. 2007. 利用相关分析法对 S 型海洋重力仪数据进行分析与改正[J]. 海洋测绘, 27(2): 1-5.

张向宇, 徐行, 廖开训, 等. 2015. 多型号海洋重力仪的海上比测结果分析[J]. 海洋测绘, 35(5): 71-74,78.

张小红, 刘经南, Rene Forsberg. 2006. 基于精密单点定位技术的航空测量应用实践[J]. 武汉大学学报(信息科学版), 31(1): 19-22,46.

章传银, 晁定波, 丁剑, 等. 2006a. 厘米级高程异常地形影响的算法及特征分析[J]. 测绘学报, 35(4): 308-314.

章传银, 党亚民, 晁定波, 等. 2006b. 似大地水准面的误差分析与抑制技术[J]. 测绘科学, 31(6): 26-29.

章传银, 丁剑, 晁定波. 2007. 局部重力场最小二乘配置通用表示技术[J]. 武汉大学学报(信息科学版), 32(5): 431-434.

章传银, 晁定波, 丁剑, 等. 2009a. 球近似下地球外空间任意类型场元的地形影响[J]. 测绘学报, 38(1): 28-34.

章传银, 郭春喜, 陈俊勇, 等. 2009b. EGM2008 地球重力场模型在中国大陆适用性分析[J]. 测绘学报, 38(4): 283-289.

章燕申. 2005. 高精度导航系统[M]. 北京: 中国宇航出版社.

赵池航. 2011. 高精度海洋重力测量理论与方法[M]. 南京: 东南大学出版社.

赵东明. 2001. 弹道导弹扰动引力快速逼近的算法研究[D]. 郑州: 解放军信息工程大学.

赵东明, 吴晓平. 2001. 扰动引力快速确定的替代算法[J]. 测绘学院学报, (B09): 11-13.

赵东明, 吴晓平. 2003. 利用有限元方法逼近飞行器轨道主动段扰动引力[J]. 宇航学报, 24(3): 309-313.

赵建虎. 2007. 现代海洋测绘(上册)[M]. 武汉: 武汉大学出版社.

郑崴, 张贵宾. 2016. 自适应卡尔曼滤波在航空重力异常解算的应用研究[J]. 地球物理学报, 59(4): 1275-1283.

郑伟, 钱山, 汤国建. 2007. 弹道导弹制导计算中扰动引力的快速赋值[J]. 飞行力学, 25(3): 42-44,48.

中国测绘学会. 2013. 中国测绘学科发展蓝皮书(2012-2013 卷)[M]. 北京: 测绘出版社.

中华人民共和国国家质量监督检疫总局. 2008. 海洋调查规范-第 8 部分: 海洋地质地球物理调查: GB/T 12763.8—2007[S]. 北京: 中国标准出版社.

中华人民共和国自然资源部. 2021. 航空重力测量技术规范: DZ/T 0381-2021[S]. 北京: 地质出版社.

周波阳, 罗志才, 林旭, 等. 2012. 航空重力测量测线网平差中的粗差处理[J]. 大地测量与地球动力学, 32(2): 110-114.

周世昌, 王庆宾, 张传定. 2009. 快速确定扰动引力的广域多项式逼近方法的模拟实验[J]. 测绘科学, 34(4): 153-154,92.

周忠谟, 易杰军, 周琪. 1997. GPS 卫星测量原理与应用[M]. 北京: 测绘出版社.

祝永刚, 徐正扬. 1989. 惯性测量系统的理论与应用[M]. 北京: 测绘出版社.

邹贤才, 李建成. 2004. 最小二乘配置方法确定局部大地水准面的研究[J]. 武汉大学学报(信息科学版), 29(3): 218-222.

《数学手册》编写组. 1979. 数学手册[M]. 北京: 高等教育出版社.

Abdallah M, Ghany R A E, Rabah M, et al. 2022. Comparison of recently released satellite altimetric gravity models with shipborne gravity over the Red Sea[J]. The Egyptian Journal of Remote Sensing and Space Science, 25(2): 579-592.

Abedi M, Gholami A, Norouzi G H. 2013. A stable downward continuation of airborne magnetic data: A case study for mineral prospectivity mapping in Central Iran[J]. Computers & Geosciences, 52: 269-280.

Adjaout A, Sarrailh M. 1997. A new gravity map, a new marine geoid around japan and the detection of the kuroshio current[J]. Journal of Geodesy, 71(12): 725-735.

Akaike H. 1973. Information Theory and An Extension of the Maximum Likelihood Principle[M]. Budapest: Akademiai Kiado.

Akaike H. 1974. A new look at the statistical model identification[J]. IEEE Transactions on Automatic Control, 19(6): 716-723.

Akaike H. 1981. Likelihood of a model and information criteria[J]. Journal of Econometrics, 16(1): 3-14.

Alberts B. 2009. Regional gravity field modeling using airborne gravimetry data[R]. Delft: Publications on Geodesy 70, Netherlands Geodetic Commission.

Alberts B, Klees R. 2004. A Comparison of methods for the inversion of airborne gravity data [J]. Journal of Geodesy, 78(1-2): 55-65.

Amante C, Eakins B W. 2009. ETOPO1 1 arc-minute global relief model: Procedures, data sources and analysis[R]. Boulder: NOAA Technical Memorandum NESDIS NGDC-24.

Ander M E, Summers T, Gruchalla M E. 1999. LaCoste & Romberg gravity meter: System analysis and instrumental errors [J]. Geophsics, 64(6): 1708-1719.

Andersen O B, Knudsen P. 1998. Global marine gravity field from the ERS-1 and Geosat geodetic mission altimetry[J]. Journal of Geophysical Research, 103: 8129-8137.

Andersen O B, Knudsen P. 2019. The DTU17 global marine gravity field: First validation results[C]. International Association of Geodesy Symposia, Berlin: 83-87.

Andersen O B, Knudsen P, Berry P A M. 2010. The DNSC08GRA global marine gravity field from double retracked satellite altimetry[J]. Journal of Geodesy, 84(3): 191-199.

Antunes C, Pail R, Catalao J. 2003. Point mass method applied to the regional gravimetric determination of the geoid[J]. Studia Geophysica et Geodaetica, 47(3): 495-509.

Argeseanu V S. 1995. Upward continuation of surface gravity anomaly data[C]. Proceedings of the IAG Symposium on Airborne Gravity Field Determination, New York: 95-102.

Argyle M, Ferguson S, Sander L, et al. 2000. AIRGrav results: A comparison of airborne gravity data with GSC test site data[J]. The Leading Edge, 19(10): 1134-1138.

Balmino G. 1978. Introdution to Least-Squares Collocation[M]. Karlsruhe: Herbert Wichmann Verlag.

Bateman H. 1946. Some integral equations of potential theory[J]. Journal of Applied Physics, 17(2): 91-102.

Bell R E, Coakley B J, Stemp R W.1991. Airborne gravimetry from a small twin engine aircraft over the long island sound[J]. Geophysics, 56(9): 1486-1493.

Bellanger M. 1984. Digital Processing of Signals[M]. New York: Wiley & Sons.

Berzhitsky V N, Bolotin Y V, Golovan A A, et al. 2002a. GT-1A inertial gravimeter system: Results of flight tests[R]. Moscow: Lomonosov Moscow State University, Faculty of Mechanics and Mathematics.

Berzhitsky V N, Iljin V N, Saveliev E B, et al. 2002b. GT-1A inertial gravimeter system design consideration and results of flight tests[C]. Proceedings of 9th Saint-Petersburg International Conference on Integrated Navigation Systems, Petersburg: 27-29.

Bian S F. 1997. Some cubature formulas for singular integrals in physical geodesy[J]. Journal of Geodesy, 71(8): 443-453.

Bjerhammar A. 1962. Gravity reduction to a spherical surface[R]. Stockholm: Report of the Royal Institute of Technology, Geodesy Division.

Bjerhammar A. 1964. A New Theory of Geodetic Gravity[M]. Stockholm: Tekniska Hogskolan.

Bjerhammar A. 1987. Discrete physical geodesy[R]. Columbus: The Ohio State University, Dept. of Geodetic Science and Surveying.

Boedecker G，Stürze A. 2006. SAGS4-Strapdown Airborne Gravimetry System Analysis[M]. Berlin: Springer-Verlag.

Boschetti F, Therond V, Hornby P. 2004. Feature removal and isolation in potential field data[J]. Geophysical Journal International, 159(3): 833-841.

Brozena J M. 1984. A preliminary analysis of the NRL airborne gravimetry system[J]. Geophysics, 53(2): 245-253.

Brozena J M. 1990. GPS and Airborne Gravimetry: Recent Progress and Future Plans[M]. New York: Springer.

Brozena J M. 1991. The Greenland Aerogeophysics Project: Airborne Gravity, Topographic and Magnetic Mapping of an Entire Continent[M]. New York: Springer.

Brozena J M, Peters M F. 1994. State-of-the-art airborne gravimetry[C]. Gravity and Geoid: Joint Symposium of the International Gravity Commission and the International Geoid Commission, Graz: 187-197.

Bruton A M. 2001. Improving the accuracy and resolution of SINS/DGPS airborne gravimetry[D]. Calgary: University of Calgary.

Bruton A M, Glennie C L, Schwarz K P. 1999. Differentiation for high-precision GPS velocity and acceleration determination[J]. GPS Solutions, 2(4): 7-21.

Bruton A M, Hammada Y, Ferguson S, et al. 2001. A comparison of inertial platform, damped 2-axis platform and strapdown airborne gravimetry[C]. Proceedings of the International Symposium on Kinematic System in Geodesy, Geomatics and Navigarion, Banff: 5-8.

Bruton A M, Schwarz K P, Ferguson S, et al. 2002. Deriving acceleration from DGPS: Toward higher resolution applications of airborne gravimetry[J]. GPS Solutions, 5(3): 1-14.

Burnham K P, Anderson D R. 2002. Model Selection and Multimodel Inference: A Practical Information-theoretic Approach[M]. 2nd ed. New York: Springer.

Cai S K, Zhang K D, Wu M P. 2013. Improving airborne strapdown vector gravimetry using stabilized horizontal components[J]. Journal of Applied Geophysics, 98: 79-89.

Cai C, Gao Y, Pan L, et al. 2015. Precise point positioning with quad-constellations: GPS, BeiDou, GLONASS and Galileo[J]. Advances in Space Research, 56(1): 133-143.

Cartwright D E, Tayler R J. 1971. New computations of the tide-generating potential[J]. The Geophysical of Journal of the Royal Astronomical Society, 23(1): 45-74.

Cartwright D E, Edden A C. 1973. Corrected tables of tidal harmonics[J]. The Geophysical of Journal of the Royal Astronomical Society, 33(1): 253-264.

Childers V A, Bell R E, Brozena J M. 1999. Airborne gravimetry: An investigation of filtering [J]. Geophysics, 64(1): 61-69.

Cooper G. 2004. The stable downward continuation of potential field data[J]. Exploration Geophysics,

35(4): 260-265.

Cordell L. 1992. A scattered equivalent-source method for interpolation and gridding of potential-field data in three dimensions[J]. Geophysics, 57(4): 629-636.

Cruz J Y, Laskowski P. 1984. Upward continuation of surface gravity anomalies[R]. Ohio: Ohio State University.

Czompo J. 1994. Airborne scalar gravimetry systems in the spectral domain[D]. Calgary: Department of Geomatics Engineering at the University of Calgary.

Dampney C N G. 1969. The equivalent source technique[J]. Geophysics, 34(1): 39-53.

Dehlinger P. 1978. Marine Gravity[M]. New York: Elservier Scientific Publishing Company.

Deng K L, Chang G B, Huang M T, et al. 2022. Geoid determination using band limited airborne horizontal gravimetric data[J]. Journal of Spatial Science, 67(2): 273-286.

Denker H, Behrend D, Torge W. 1994. European Gravimetric Geoid: Status Report[M]. Berlin: Springer.

Denker H, Behrend D, Torge W. 1996a. The European gravimetric quasigeoid EGG95[J]. IGES Bulletin, 4: 3-11.

Denker H, Behrend D, Torge W. 1996b. The European Gravimetric Quasigeoid EGG96[M]. Berlin: Springer.

Denker H, Torge W, Wenzel G, et al. 1999. Investigation of Different Methods for the Combination of Gravity and GPS/levelling Data[M]. Berlin: Springer.

DGS Inc. 2015. Advanced technology marine gravity meter user Manual[Z]. Version 0.9.

Featherstone W E. 2008. GNSS-based heighting in Australia: Current, emerging and future issues[J]. Journal of Spatial Science, 53(2): 115-133.

Featherstone W E, Kirby J F, Hirt C, et al. 2011. The AUSGeoid09 model of the Australian height datum[J]. Journal of Geodesy, 85(3): 133-150.

Fedi M, Florio G. 2002. A stable downward continuation by using the ISVD method[J]. Geophysical Journal International, 151(1): 146-156.

Felus Y A, Felus M. 2009. On choosing the right coordinate transformation method[C]. Proceedings of FIG Working Week, Surveyors Key Role in Accelerated Development, Eilat: 3-8.

Ferguson S T, Hammada Y. 2000. Experiences with AIRGrav: Results from a new airborne gravimeter[C]. Proceedings of IAG International Symposium on Gravity, Geoid and Geodynamics, Banff: 211-216.

Ferguson S, Elieff S, Bell R, et al. 2010. Measuring the gravity vector with an airborne gravimeter[C]. Proceedings of the 2nd International Gravity Field Symposium, Fairbanks.

Forsberg R. 1987. A new covariance model for inertial gravimetry and gradiometry[J]. Journal of Geophysical Research, 92(2): 1305-1310.

Forsberg R, Olesen A V, Keller K. 1999. Airborne gravity survey of the North Greenland shelf 1998[R]. Copenhagen: National Survey and Cadastre (KMS), Technical Report No. 10.

Forsberg R, Olesen A V. 2010. Airborne Gravity Field Determination[M]. Berlin: Springer.

Gabell A, Tuckett H, Olson D. 2004. The GT-1A mobile gravimeter[C]. Proceedings of the ASEG-PESA Airborne Gravity 2004 Workshop, Sydney: 55-62.

Gao Y, Shen X. 2001. Improving ambiguity convergence in carrier phase-based precise point positioning[C]. ION GPS 2001, Salt Lake City: 1532-1539.

Gao Y, Chen K Z. 2004. Performance analysis of precise point positioning using real-time orbit and clock products[J]. Journal of Global Positioning Systems, 3 (1/2): 95-100.

Glennie C L, Schwarz K P, Bruton A M, et al. 2000. A comparison of stable platform and strapdown airborne gravity[J]. Journal of Geodesy, 74 (5): 383-389.

Glennie C, Schwarz K P. 1997. An airborne gravity by strapdown INS/DGPS in a 100km by 100km area of the Rocky Mountains[C]. Proceeding of the International Symposium on Kinematic Systems in Geodesy, Geomatics and Navigation (KIS97), Banff: 619-624.

Glennie C, Schwarz K P. 1999. A comparison and analysis of airborne gravimetry results from two strapdown inertial/DGPS systems[J]. Journal of Geodesy, 73 (6): 311-321.

Glennie C. 1999. An analysis of airborne gravity by strapdown INS/DGPS[D]. Calgary: the University of Calgary.

Glicken M. 1962. Eötvös corrections for a moving gravity meter[J]. Geophysics, 27 (4): 531-533.

Golub G H, Heath M, Wahba G. 1979. Generalized cross-validation as a method for choosing a good ridge parameter[J]. Technometrics, 21 (2): 215-223.

Grafarend E W. 2001. The spherical horizontal and spherical vertical boundary value problem-vertical deflections and geoidal undulations-the completed Meissl diagram[J]. Journal of Geodesy, 75 (7-8): 363-390.

Hammada Y. 1996. A comparison of filtering techniques for airborne gravimetry[D]: Calgary: University of Calgary.

Hammer S. 1983. Airborne gravity is here[J]. Geophysics, 48 (2): 213-223.

Han S. 1997. Carrier phase-based long-range GPS kinematic positioning[D]. New South Wales: The University of New South Wales.

Hansen P C, O'Leary D P. 1993. The use of the L-curve in the regularization of discrete ill-posed problems[J]. SIAM Journal on Scientific Computing, 14 (6): 1487-1503.

Harlan R B. 1968. Eötvös corrections for airborne gravimetry[J]. Journal of Geophysical Research, 73 (14): 4675-4679.

Harrison J C. 1962. The measurement of gravity[J]. Proceedings of the IRE, 50 (11): 2302-2312.

Hauck H, Lelgemann D. 1985. Regional gravity field approximation with buried masses using least-norm collocation[J]. Manuscripta Geodaetica, 10: 50-58.

Heck B. 2003. On Helmert's methods of condensation[J]. Journal of Geodesy, 77(3-4): 155-170.

Heiskanen W A, Moritz H. 1967. Physical Geodesy[M]. San Francisco: Freeman and Company.

Heroux P, Kouba J. 2001. GPS precise point positioning using IGS orbit products[J]. Physsics and Chemistry of the Earth, 26(6-8): 573-578.

Hirvonen R A. 1962. On the statistical analysis of gravity anomalies[R]. Helsinki: Isostatic Institute of IAG.

Hirvonen R A, Moritz H. 1963. Practical computation of gravity at high altitudes[R]. Ohio: Ohio State University.

Hofmann-Wellenhof B, Moritz H. 2006. Physical Geodesy[M]. New York: Springer.

Huang J L, Veronneau M. 2013. Canadian gravimetric geoid model 2010[J]. Journal of Geodesy, 87(8): 771-790.

Huang M T. 1995. Marine gravity surveying line system adjustment[J]. Journal of Geodesy, 70(3): 158-165.

Huang M T, Guan Z, Yang Y Z. 1996. On the Improvement of Geopotential Model Using Gravity Data in China[M]. Berlin: Springer.

Huang M T, Guan Z, Ouyang Y Z. 1998. Comment and reply regarding Changyou Zhang(1995) A general formula and its inverse formula for gravimetric transformation by use of convolution and deconvolution techniques[J]. Journal of Geodesy, 72(11): 663-665.

Huang M T, Zhai G J, Guan Z, et al. 1999a. On the compensation of systematic errors in marine gravity measurements[J]. Marine Geodesy, 22(3): 183-194.

Huang M T, Zhai G J, Wang R, et al. 1999b. Robust method for the detection of abnormal data in hydrography[J]. International Hydrographic Review, LXXVE(2): 93-102.

Huang M T, Zhai G J, Ouyang Y Z, et al. 2001a. Data fusion technique for single beam and multibeam echosoundings(Part 1)[J]. International Hydrographic Bulletin, May issue: 12-16.

Huang M T, Zhai G J, Ouyang Y Z, et al. 2001b. Data fusion technique for single beam and multibeam echosoundings(Part 2)[J]. International Hydrographic Bulletin, June issue: 7-18.

Huang M T, Zhai G J, Ouyang Y Z, et al. 2004a. Progress and prospects of hydrographic surveying technology in China[J]. International Hydrographic Review, 5(1): 65-73.

Huang M T, Zhai G J, Bian S F. 2004b. Comparisons of Three Inversion Approaches for Recovering Gravity Anomalies From Altimeter data[M]. Berlin: Springer.

Huang M T, Zhai G J, Ouyang Y Z, et al. 2008. Integrated data processing for multi-satellite missions and recovery of marine gravity field[J]. Terrestrial, Atmospheric and Oceanic Sciences, 19(1/2): 103-109.

Huang Y M, Zhang K D, Cai S K, et al. 2012. Lever arm effect in airborne vector gravity[J].

Advanced Science Letters, 6 (1) : 342-345.

Huestis S P, Parker R L. 1979. Upward and downward continuation as inverse problems[J]. Geophysical Journal International, 57 (1) : 171-188.

Hugentobler U S, Schaer P, Fride Z. 2001. Bernese GPS software, Version 4.2[R]. Berne: University of Berne.

Hwang C, Kao E C, Parsons B. 1998. Global derivation of marine gravity anomalies from Seasat, Geosat, ERS-1 and TOPEX/POSEIDON altimeter data[J]. Geophysical Journal International, 134 (2) : 449-459.

Hwang C, Hsiao Y S, Shih H C. 2006. Data reduction in scalar airborne gravimetry: Theory, software and case study in Taiwan[J]. Computers & Geosciences, 32 (10) : 1573-1584.

Hwang C, Hsiao Y S, Shih H C, et al. 2007. Geodetic and geophysical results from a Taiwan airborne gravity survey: Data reduction and accuracy assessment[J]. Journal of Geophysical Research: Solid Earth, 2007, 112 (B4) : B04407.

Hwang C. 1998. Inverse Vening Meinesz formula and deflection-geoid formula: applications to the predictions of gravity and geoid over the South China Sea[J]. Journal of Geodesy, 72 (5) : 304-312.

Jay H K. 2000. Airborne vector gravimetry using GPS/INS[D]. Ohio: The Ohio State University.

Jekeli C. 1987. The downward continuation of aerial gravimetric data without density hypothesis[J]. Bulletin Géodésique, 61 (4) : 319-329.

Jekeli C. 1992a. Balloon gravimetry using GPS and INS[J]. IEEE Aerospace and Electronic Systems Magazine, 7 (6) : 9-15.

Jekeli C. 1992b. Vector gravimetry using GPS in free-fall and in an Earth-fixed frame[J]. Bulletin Géodésique, 66 (1) : 54-61.

Jekeli C. 1994. Airborne vector gravimetry using precise, position-aided inertial measurement units[J]. Bulletin Géodésique, 69 (1) : 1-11.

Jekeli C, Garcia R. 1997. GPS phase accelerations for moving-base vector gravimetry[J]. Journal of Geodesy, 71 (10) : 630-639.

Jekeli C. 1998. Algorithms and preliminary experiences with the LN93 and LN100 for airborne vector gravimetry AD-A403482; AFRL-VS-TR-2002-1529[R]. Columbus: Ohio State University Deptartment of Civil Engineering.

Jekeli C, Kwon J H. 1999. Results of airborne vector (3-D) gravimetry[J]. Geophysical Research Letters, 26 (23) : 3533-3536.

Jekeli C, Kwon J H. 2002. Geoid profile determination by direct integration of GPS inertial navigation system vector gravimetry[J]. Journal of Geophysical Research: Solid Earth, 107 (B10) : ETG 3-1-ETG-3-10.

Jekeli C. 2011. On precision kinematic accelerations for airborne gravimetry[J]. Journal of Geodetic Science, 1(4): 367-378.

Jekeli C. 2012. Moving-base gravimetry[R]. Ohio: The Ohio State University, Supplemental Notes to Gravimetic Geodesy, GS776, Geodetic Science.

Jiang T, Wang Y M. 2016. On the spectral combination of satellite gravity model, terrestrial and airborne gravity data for local gravimetric geoid computation[J]. Journal of Geodesy, 90(12): 1405-1418.

Joint-Stock Company. 2008. Gravimeter training abstract for airborne gravimeter model GT-1A[C]. Proceedings of Scientific and Technological Enterprise, Moscow: [s.n.].

Keller W, Hirsch M. 1992. Downward Continuation Versus Free-air Reduction in Airborne Gravimetry[M]. Berlin: Springer.

Kern M, Schwarz K P, Sneeuw N. 2003. A study on the combination of satellite, airborne and terrestrial gravity data[J]. Journal of Geodesy, 77(3): 217-225.

Kern M. 2003. An analysis of the combination and downward continuation of satellite, airborne and terrestrial gravity data[D]. Calgary: University of Calgary.

Kleusberg A. 1989. Separation of inertia and gravitation in airborne gravimetry with GPS[J]. Lecture Notes in Earth Sciences: Development in Four-Dimensional Geodesy, 29: 47-63.

Kleusberg A, Peyton D, Wells D. 1990. Airborne gravimetry and the global positioning system [J]. Proceedings of IEEE PLANS, 90: 394-401.

Kouba J, Heroux P. 2001. Precise point positioning using IGS orbit and clock products[J]. GPS Solutions, 5(2): 12-28.

Krarup T. 1969. A contribution to the mathematical foundation of physical geodesy[R]. Copenhagen: Danmark Geodesy Institute.

Krarup T. 1978. Some Remarks about Collocation[M]. Karlsruhe: Herbert Wichmann Verlag.

Kreye C, Hein G W. 2003. GNSS based kinematic acceleration determination for airborne vector gravimetry- methods and results[R]. Portland: Proccedings of ION GPS/GNSS 2003.

Kreye C, Hein G W, Zimmer M B. 2004. Evaluation of airborne vector gravimetry integrating GNSS and strapdown INS observations[C]. IAG International Symposium: Gravity, Geoid and Space Missions, GGSM 2004, Porto: 101-106.

Kuroishi Y. 2009. Improved model geoid determination for Japan from GRACE and a regional gravity field model[J]. Earth, Planets and Space, 61(7): 807-813.

Kusche J, Klees R. 2002. Regularization of gravity field estimation from satellite gravity gradients[J]. Journal of Geodesy, 76(6): 359-368.

Kwon J H. 2000. Airborne vector gravimetry using GPS/INS[D]. Columbus: The Ohio State University.

Kwon J H, Jekeli C. 2001. A new approach for airborne vector gravimetry using GPS/INS[J]. Journal of Geodesy, 74(10): 690-700.

Kwon J H, Jekeli C. 2002. The effect of stochastic gravity models in airborne vector gravimetry[J]. Geophysics, 67(3): 770-776.

LaCoste and Romberg Gravity Meters Inc. 1997. LaCoste and Romberg air-sea gravity meter with seasys digital control system[Z]. Austin: Instruction Manual.

LaCoste & Romberg. 2003. Instruction manual for model "S" air-sea dynamic gravity meter system II[Z]. Austin: Instruction Manual, Version 1.5.

LaCoste L J B, Clarkson N, Hamilton G. 1967. LaCoste and Romberg stabilized platform shipboard gravity meter[J]. Geophysics, 32(1): 99-109.

LaCoste L J B. 1967. Measurement of gravity at sea and in the air[J]. Reviews of Geophysics, 5(4): 477-526.

LaCoste L J B. 1973. Crosscorrelation method for evaluating and correcting shipboard gravity data[J]. Geophysics, 38(4): 701-709.

LaCoste L J B, Ford J, Bowles R, et al. 1982. Gravity measurements in an airplane using state-of-the-art navigation and altimetry[J]. Geophysics, 47(5): 832-838.

Leao J W, Silva J B. 1989. Discrete linear transformations of potential field data[J]. Geophysics, 54(4): 497-507.

Lehmann R. 1993. The method of free-positioned point masses-geoid studies on the Gulf of Bothnia[J]. Bulletin Geodesique, 67(1): 31-40.

Lehmann R. 2014. Transformation model selection by multiple hypotheses testing[J]. Journal of Geodesy, 88(12): 1117-1130.

Li J, Sideris M G. 1997. Marine gravity and geoid determination by optimal combination of satellite altimetry and shipborne gravimetry data [J]. Journal of Geodesy, 71(4): 209-216.

Li X P, Jekeli C. 2008. Ground-vehicle INS/GPS vector gravimetry[J]. Geophysics, 73(2): I1-I10.

Li X P. 2011. An exact formula for the tilt correction in scalar airborne gravimetry[J]. Journal of Applied Geodesy, 5(2): 81-85.

Li X X, Ge M R, Dai X L, et al. 2015. Accuracy and reliability of multi-GNSS real-time precise positioning: GPS, GLONASS, BeiDou, and Galileo[J]. Journal of Geodesy, 89(6): 607-635.

Li Y G, Oldenburg D W. 2010. Rapid construction of equivalent sources using wavelets[J]. Geophysics, 75(3): L51-L59.

Li Y G, Devriese S G R, Krahenbuhl R A, et al. 2013. Enhancement of magnetic data by stable downward continuation for UXO application[J]. IEEE Transactions on Geoscience & Remote Sensing, 51(6): 3605-3614.

Lin M. 2016. Regional gravity field recovery using the point mass method[D]. Hannover: Leibniz Universität Hannover.

Lu B, Barthelmes F, Li M, et al. 2019. Shipborne gravimetry in the Baltic Sea: Data processing strategies, crucial findings and preliminary geoid determination tests[J]. Journal of Geodesy, 93(7): 1059-1071.

Lukacs P M, Burnham K P, Anderson D R. 2010. Model selection bias and Freedman's paradox[J]. Annals of the Institute of Statistical Mathematics, 62: 117-125.

Ma G Q, Liu C, Huang D N, et al. 2013. A stable iterative downward continuation of potential field data[J]. Journal of Applied Geophysics, 98: 205-211.

Mansi A H, Capponi M, Sampietro D. 2017. Downward continuation of airborne gravity data by means of the change of boundary approach[J]. Pure and Applied Geophysics, 175(3): 977-988.

Martinec Z. 1996. Stability investigations of a discrete downward continuation problem for geoid determination in the Canadian Rocky Mountains[J]. Journal of Geodesy, 70(11): 805-828.

Martinec Z. 1998. Boundary-value Problems for Gravimetric Determination of a Precise Geoid[M]. Berlin: Springer.

Meyer U, Boedecker G, Pflug H. 2003. Airborne navigation and gravimetry ensemble & laboratory(ANGEL). Introduction and first airborne tests[R]. Potsdam: GeoForschungs Zentrum Potsdam, Scientific Technical Report STR03/06.

Micro-g LaCoste Inc. 2006. Model"S" Air Sea Dynamic Gravity Meter System[Z]. Austin: Instruction Manual.

Micro-g LaCoste Inc. 2010. AIR III hardware & operations manual for TAGS turnkey airborne gravity system[Z]. Austin: Instruction Manual, Version 2.0.

Milbert D G. 1991. Computing GPS-derived orthometric heights with the GEOID90 geoid height model[C]. American Congress on Surveying and Mapping, Technical Papers of the 1991 ACSM-ASPRS Fall Convention, Seattle: 46-55.

Molodensky M S, Eremeev V F, Yurkina M I. 1962. Methods for Study of the External Gravitational Field and Figure of the Earth[M]. Jerusalem: Israel Program for Scientific Translations.

Moritz H. 1966. The Computation of the External Gravity Field and the Geodetic Boundary-value Problem[M]. Washington D.C.: American Geophysical Union.

Moritz H. 1980. Advanced Physical Geodesy[M]. Karlsruhe: Herbert Wichmann Verlag.

Moritz H. 1990. The Figure of the Earth: Theoretical Geodesy and the Earth's Interior[M]. Karlsruhe: Herbert Wichmann Verlag.

Mueller F, Mayer-Guerr T. 2003. Comparison of downward continuation methods of airborne gravimetry data[C]. IAG Symposia 128, A Window on the Future of Geodesy, Berlin: 254-258.

Needham P E. 1970. The formation and evaluation of detailed geopotential models based on point masses[R]. Columbus: Report 149, Depatment of Geodetic Science and Surveying, Ohio State University.

Nettleton L L, LaCoste L J B, Harrison J C. 1960. Tests of an airborne gravity meter[J]. Geophysics, 25(1): 181-202.

Nettleton L L, LaCoste L J B, Glicken M. 1962. Quantitative evaluation of precision of airborne gravity meter[J]. Journal of Geophysical Research, 67(11): 4395-4410.

Neumeyer J, Schafer U, Kremer J, et al. 2009. Derivation of gravity anomalies from airborne gravimeter and IMU recordings-validation with regional analytic models using ground and satellite gravity data[J]. Journal of Geodynamics, 47: 191-200.

Novák P. 1999. Evaluation of gravity data for the Stokes-Helmert solution to the geodetic boundary-value problem[D]. New Brunswick: The University of New Brunswick.

Novák P, Kern M, Schwarz K P. 2001a. Numerical studies on the harmonic downward continuation of band-limited airborne gravity[J]. Studia Geophysica et Geodaetica, 45(4): 327-345.

Novák P, Vaníček P, Martinec Z, et al. 2001b. Effects of the spherical terrain on gravity and the geoid[J]. Journal of Geodesy, 75(9): 491-504.

Novák P, Heck B. 2002. Downward continuation and geoid determination based on band-limited airborne gravity data[J]. Journal of Geodesy, 76(5): 269-278.

Novák P, Kern M, Schwarz K P, et al. 2003a. Evaluation of band-limited topographical effects in airborne gravimetry[J]. Journal of Geodesy, 76(11): 597-604.

Novák P, Kern M, Schwarz K P, et al. 2003b. On geoid determination from airborne gravity[J]. Journal of Geodesy, 76(9): 510-522.

Olesen A V, Forsberg R, Kearsley A H W. 2000. Great barrier reef airborne gravity survey(BRAGS'99)—A gravity survey piggybacked on an airborne bathymetry mission in gravity[C]. Gravity, Geoid and Geodynamics 2000, Berlin: 247-251.

Olesen A V, Forsberg R, Keller K. 2002. Error sources in airborne gravimetry employing spring-type gravimeter[C]. International Association of Geodesy Symposia 125, Vistas for Gedesy in the New Millennium, Berlin: 205-210.

Olesen A V. 2002. Improved airborne scalar gravimetry for regional gravity field mapping and geoid determination[D]. Copenhagen: University of Copenhagen.

Olson D. 2010. GT-1A and GT-2A airborne gravimeters: Improvements in design, operation, and processing from 2003 to 2010[C]. Proceedings of the ASEG-PESA Airborne Gravity 2010 Workshop, Sydney: 152-171.

Paul M. 1973. A method of evaluating the truncation error coefficients for geoidal height[J]. Bulletin Geodesique, 110: 413-425.

Pavlis N K, Holmes S A, Kenyon S C, et al. 2012. The development and evaluation of the earth gravitational model 2008 (EGM2008) [J]. Journal of Geophysical Research: Solid Earth, 117 (B4): B04406.

Pawlowski R S. 1995. Preferential continuation for potential-field anomaly enhancement[J]. Geophysics, 60 (2): 390-398.

Pellinen L P. 1962. Accounting for topography in the calculation of quasi-geoidal heights and plumb-line deflections from gravity anomalies[J]. Bulletin Géodésique, 63 (1): 57-65.

Peters L J. 1949. The direct approach to magnetic interpretation and its practical application[J]. Geophysics, 14 (3): 290-320.

Peters M F, Brozena J M. 1995. Methods to improve existing shipboard gravimeters for airborne gravimetry[C]. Proceeding of the IAG Symposium on Airborne Gravity Field Determination, Boulder: 39-45.

Pitoňák M, Novák P, Eshagh M, et al. 2020. Downward continuation of gravitational field quantities to an irregular surface by spectral weighting[J]. Journal of Geodesy, 94 (7): 217-225.

Prince R A, Forsyth D W. 1984. A simple objective method for minimizing crossover errors in marine gravity data[J]. Geophysics, 49 (7): 1070-1083.

Rabiner L R, Gold B. 1975. Theory and Application of Digital Signal Processing[M]. Englewood Cliffs: Prentice-Hall Inc.

Rapp R H. 1978. Results of the Application of Least-squares Collocation to Selected Geodetic Problems[M]. Karlsruhe: Herbert Wichmann Verlag.

Rapp R H. 1998. Comparison of altimeter-derived and ship gravity anomalies in the vicinity of the Gulf of California[J]. Marine Geodesy, 21 (4): 245-259.

Raquet J. 1998. Development of a method for kinematic GPS carrier-phase ambiguity resolution using multiple references receivers[D]. Calgary: The University of Calgary.

Riedel S. 2008. Airborne-based geophysical investigation in Dronning Maud Land, Antarctica[D]. Bremen: University of Bremen.

Sakamoto Y, Ishiguro M, Kitagawa G. 1986. Akaike Information Criterion Statistics[M]. Tokyo: KTK Scientific Publishers.

Salychev O S, Voronov V V. 1999. Inertial navigation systems in geodetic application: LIGS experience[C]. In 6th Saint Petersburg International Conference on Intergrated Navigation Systems, St. Petersburg: 16.

Sander L, Argyle M, Elieff S, et al. 2004. The AIRGrav airborne gravity system[C]. Proceedings of the ASEG-PESA Airborne Gravity 2004 Workshop, Sydney: 49-54.

Sander L, Ferguson S. 2010. Advances in SGL AIRGrav acquisition and processing[C]. Proceedings of the ASEG-PESA Airborne Gravity 2010 Workshop, Sydney: 172-177.

Sandwell D T, Smith W H F. 1997. Marine gravity anomaly from Geosat and ERS-1 satellite altimetry[J]. Journal of Geophysical Research: Solid Earth, 102(B5): 10039-10054.

Sandwell D T, Garcia E, Soofi K, et al. 2013. Towards 1mGal global marine gravity from CryoSat-2, Envisat, and Jason-1[J]. The Leading Edge, 32(8): 892-899.

Sandwell D T, Dietmar M R, Smith W H F, et al. 2014. New global marine gravity model from CryoSat-2 and Jason-1reveals buried tectonic structure[J]. Science, 346(65): 65-67.

Sandwell D T, Harper H, Tozer B, et al. 2021. Gravity field recovery from geodetic altimeter missions[J]. Advances in Space Research, 68(2): 1059-1072.

Sansò F, Sideris M G. 2013. Geoid Determination: Theory and Methods[M]. Berlin: Springer.

Sansò F, Sideris M G. 2017. Geodetic Boundary Value Problem: The Equivalence Between Molodensky's and Helmert's Solutions[M]. New York: Springer.

Schwarz K P. 1978. On the Application of Least-squares Collocation Models to Physical Geodesy[M]. Karlsruhe: Herbert Wichmann Verlag.

Schwarz K P, Colombo O, Hein G, et al. 1991. Requirements for airborne vector gravimetry[C]. IAG Symposium 110, From Mars to Greenland: Charting with Space and Airborne Instruments, New York: 273-283.

Schwarz K P, Wei M. 1994. Some unsolved problems in airborne gravimetry[C]. IAG Symposium 113, Berlin: 131-150.

Schwarz K P, Li Y C. 1996. An introduction to airborne gravimetry and its boundary value problems[C]. Lecture Notes, IAG International Summer School, Como: 312-358.

Schwarz K P, Glennie C. 1997. Improving accuracy and reliability of airborne gravimetry by multiple sensor configurations[C]. IAG Symposia 119, Geodesy on the Move, Berlin: 11-17.

Schwarz K P, Li Y C. 2000. Accuracy and resolution of the local geoid determined from airborne gravity data[C]. Proceedings of IAG International Symposium on Gravity, Geoid and Geodynamics 2000, Banff: 241-246.

Schwarz K P, Kern M, Nassar S M. 2001. Estimating the gravity disturbance vector from airborne gravimetry[C]. Proceedings of IAG Scientific Assembly, Budapest: 199-204.

Sebera J, Sprlak M, Novak P, et al. 2014. Iterative spherical downward continuation applied to magnetic and gravitational data from satellite[J]. Surveys in Geophysics, 35(4): 941-958.

Serpas J G, Jekeli C. 2005. Local geoid determination from airborne vector gravimetry[J]. Journal of Geodesy, 78(10): 577-587.

Shen W B, Tao B Z. 2007. The accuracy analysis of the gravity model based on the fictitious compress recovery approach[J]. Geo-spatial Information Science, 10(3): 157-162.

Sinkiewicz J S, Hart D A. 1997. A gyro stabilized airborne gravimetry platform[J]. Canadian Aeronautics and Space Journal, 43(2): 123-125.

Sjöberg L E. 2000. Topographic effects by the Stokes-Helmert method of geoid and quasi-geoid determinations[J]. Journal of Geodesy, 74(2): 255-268.

Smith D A, Milbert D G. 1999. The GEOID96 high-resolution geoid height model for the United States[J]. Journal of Geodesy, 73(5): 219-236.

Smith D A, Roman D R. 2001. GEOID99 and G99SSS: One arc-minute geoid models for the United States[J]. Journal of Geodesy, 75(9-10): 469-490.

Sokolov A. 2011. High accuracy airborne gravity measurements. methods and equipment[C]. Proceedings of the 18th IFAC World Congress, Milano: 1889-1891.

Šprlák M, Tangdamrongsub N. 2018. Vertical and horizontal spheroidal boundary-value problems[J]. Journal of Geodesy, 92(7): 811-826.

Strang van Hees G L. 1983. Gravity survey of the north sea[J]. Marine Geodesy, 6(2): 167-182.

Strykowski G, Forsberg R. 1997. Operational merging of satellite, airborne and surface gravity data by draping techniques[C]. IAG Symposia 119, Berlin: 243-248.

Sünkel H. 1983. The generation of a mass point model from surface gravity data[D]. Ohio: Ohio State University.

Swain C J. 1996. Horizontal acceleration corrections in airborne gravimetry[J]. Geophysics, 61(1): 273-276.

Szarmes M, Ryan S, Lachapelle G. 1997. DGPS high accuracy aircraft velocity determination using doppler measurement[C]. Proceedings of the International Symposium on Kinematic Systems, Banff: 3-6.

Thompson L G D. 1959. Airborne gravity meter test[J]. Journal of Geophysical Research, 64(4): 488.

Thompson L G D, LaCoste L J B. 1960. Aerial gravity measurements[J]. Journal of Geophysical Research, 65(1): 305-322.

Torge W. 1989. Gravimetry[M]. Berlin: Walter de Gruyter.

Torge W. 1993. 重力测量学[M]. 徐菊胜, 刘序俨等译. 北京: 地震出版社.

Tran K V, Nguyen T N. 2020. A novel method for computing the vertical gradients of the potential field: Application to downward continuation[J]. Geophysical Journal International, 220: 1316-1329.

Trompat H, Boschetti F, Hornby P. 2003. Improved downward continuation of potential field data[J]. Exploration Geophysics, 34(4): 249-256.

Tscherning C C, Rapp R H. 1974. Closed covariance expressions for gravity anomalies, geoid undulations, and deflections of the vertical implied by anomaly degree variance models[R]. Ohio: Ohio State University.

Tscherning C C, Rubek F, Forsberg R. 1997. Combining Airborne and Ground Gravity Using Collocation[M]. Berlin: Springer.

Tziavos I N, Sideris M G, Forsberg R. 1998. Combined satellite altimetry and shipborne gravimetry data processing[J]. Marine Geodesy, 21(4): 299-317.

Tziavos I N, Andritsanos V D, Forsberg R, et al. 2005. Numerical investigation of downward continuation methods for airborne gravity data[C]. IAG Symposia 129, Gravity, Geoid and Space Missions(GGSM), Berlin: 119-124.

Valliant H D. 1991. The LaCoste & Romberge Air/sea Gravimeter: An overview[M]. Boca Raton: CRC Press.

Vaníček P, Featherstone W E. 1998. Performance of the three types of Stokes's kernel in the combined solution for the geoid[J]. Journal of Geodesy, 72(12): 684-697.

Vaníček P, Huang J, Novák P, et al. 1999. Determination of the boundary values for the Stokes-Helmert problem[J]. Journal of Geodesy, 73(4): 180-192.

Vaníček P, Novák P, Sheng M, et al. 2017. Does Poisson's downward continuation give physically meaningful results?[J]. Studia Geophysica et Geodaetica, 61: 1-18.

Verdun J, Klingelé E E, Bayer R, et al. 2003. The alpine Swiss-French airborne gravity survey[J]. Geophysical Journal International, 152(1): 8-19.

Verdun J, Klingelé E E. 2005. Airborne gravimetry using a strapped-down LaCoste and Romberg air/sea gravity meter system: A feasibility study[J]. Geophysical Prospecting, 53(1): 91-101.

Vermeer M. 1995. Mass point geopotential modelling using fast spectral techniques: Historical overview, toolbox description, numerical experiments[J]. Manuscripta Geodaetica, 20: 362-378.

Wall R E. 1971. Airborne gravimetry errors associated with geoidal undulations[J]. Journal Geophysical Research, 76(29): 7293-7295.

Wang Y G, Zhang F X, Wang Z W, et al. 2011. Taylor series iteration for downward continuation of potential fields[J]. Oil Geophysical Prospecting, 46(4): 657-662.

Wang Y M. 1993. Comments on proper use of the terrain correction for the computation of height anomalies[J]. Manuscripta Geodaetica, 18: 53-57.

Wang Y M, Saleh J, Li X, et al. 2012. The US gravimetric geoid of 2009(USGG2009): Model development and evaluation[J]. Journal of Geodesy, 86(3): 165-180.

Wei M, Ferguson S, Schwarz K P. 1991. Accuracy of GPS-Derived acceleration from moving platform tests[C]. IAG Symposium 110, From Mars to Greenland: Charting with Space and Airborne Instruments, New York: 235-249.

Wei M, Schwarz K P. 1995. Analysis of GPS-derived acceleration from airborne tests[C]. Proceedings of the IAG Symposium on Airborne Gravity Field Determination at the IUGG General Assembly, Boulder: 175-188.

Wei M, Schwarz K P. 1998. Flight test results from a strapdown airborne gravity system[J]. Journal of Geodesy, 72(6): 323-332.

Wei Z Q. 2014. High-order radial derivatives of harmonic function and gravity anomaly[J]. Journal of

Physical Science and Application, 4(7): 454-467.

Wenzel H G. 1982. Geoid computation by least squares spectral combination using integral kernels[C]. Proceedings of IAG Symposium 46, Geoid Definition and Determination, Tokyo: 438-453.

Wessel P, Watts A B. 1988. On the accuracy of marine gravity measurements[J]. Journal of Geophysical Research: Solid Earth, 93(B1): 393-413.

William R G. 1998. An historical review of airborne gravity[J]. The Leading Edge, 43(1): 113-116.

Wong L, Gore R. 1969. Accuracy of geodesy heights from modified stokes kernels[J]. Geophysical Journal International, 18(1): 81-91.

Xu P L. 1998. Truncated SVD methods for discrete linear ill-posed problems[J]. Geophysical Journal International, 135(2): 505-514.

Xu S Z, Yang J Y, Yang C F, et al. 2007. The iteration method for downward continuation of a potential field from a horizontal plane[J]. Geophysical Prospecting, 55(6): 883-889.

Zeng X N, Li X H, Su J A, et al. 2013. An adaptive iterative method for downward continuation of potential-field data from a horizontal plane[J]. Geophysics, 78(4): J43-J52.

Zeng X N, Liu D Z, Li X H, et al. 2014. An improved regularized downward continuation of potential field data[J]. Journal of Applied Geophysics, 106(7): 114-118.

Zhang C D, Lu Z L, Wu X P. 1998. Truncation error formulae for the disturbing gravity vector[J]. Journal of Geodesy, 72(3): 119-123.

Zhang C, Lü Q T, Yan J Y, et al. 2018. Numerical solutions of the mean-value theorem: New methods for downward continuation of potential fields[J]. Geophysical Research Letters, 45(8): 3461-3470.

Zhang H L, Ravat D, Hu X Y. 2013. An improved and stable downward continuation of potential field data: The truncated Taylor series iterative downward continuation method[J]. Geophysics, 78(5): J75-J86.

Zhang X H. 2005. Precise point positioning: Evaluation and airborne lidar calibration[R]. Copenhagen: Danish National Space Center.

Zhang Y L, Wong Y S, Lin Y F. 2016. BTTB-RRCG method for downward continuation of potential field data[J]. Journal of Applied Geophysics, 126: 74-86.

Zhu C, Guo J, Hwang C, et al. 2019. How HY-2A/GM altimeter performs in marine gravity derivation: Assessment in the South China Sea[J]. Geophysical Journal International, 219(2): 1056-1064.

Zumberge J F, Heflin M B, Jefferson D C, et al. 1997. Precise point positioning for the efficient and robust analysis of GPS data from large networks[J]. Journal of Geophysical Research: Solid Earth, 102(B3): 5005-5017.

Physical Science and Application, 4(4): [illegible]

Wenzel H G. 1982. Geoid computation by least squares spectral combination using integral kernels. Proceedings of IAG Symposium on General Gravimetric and [illegible], Tokyo, 438-453.

Wessel P, Watts A B. 1988. On the accuracy of marine gravity measurements. Journal of Geophysical Research: Solid Earth, 93(B1): 393-413.

Wilkinson P C. 1998. An historical review of airborne gravity. The Leading Edge, 17(1): 113-116.

Wong L, Gore R. 1969. Accuracy of geoid heights from modified Stokes kernels. Geophysical Journal International, 18(1): 81-91.

Xu P L. 1998. Truncated SVD methods for discrete linear ill-posed problems. Geophysical Journal International, 135(2): 505-514.

Xu [illegible] [illegible] 2017. The [illegible] [illegible] [illegible] [illegible] [illegible] [illegible] [illegible] [illegible], 37(2): [illegible]

[illegible]

[illegible]

Zeng X [illegible] [illegible]. An [illegible] [illegible] [illegible] [illegible] [illegible] [illegible] [illegible]. Journal of Applied Geophysics, [illegible]

Zhang C D, Lu Z G, Wu X P. 1995. [illegible] [illegible]. Journal of Geodesy, 72(2): 75-85.

Zhang C [illegible] [illegible], et al. 2018. [illegible] [illegible] [illegible] for improved combination of [illegible] [illegible] [illegible]

[illegible]

Zhang H [illegible] [illegible], Hu X [illegible]. 2015. An improved [illegible] [illegible] [illegible] [illegible] [illegible] [illegible] [illegible] [illegible] [illegible] [illegible] [illegible] [illegible] [illegible] [illegible]. [illegible] 78(5): 175-186.

Zhang X H. 2005. Precise point positioning: Evaluation and airborne lidar calibration. [illegible] [illegible] [illegible] [illegible]

Zhang Y L, Wang Y [illegible] [illegible] [illegible]. 2016. DTLHPR: [illegible] [illegible] for downward continuation of potential field data. Journal of Applied Geophysics, 126: 74-86.

Zhu C [illegible] [illegible], et al. 2019. How HUMANAL defines [illegible] [illegible] in marine gravity derivation: Assessment in the South China Sea. Geophysical Journal International, 219(3): 1850-1864.

Zumberge J F, Heflin M B, Jefferson D C, et al. 1997. Precise point positioning for the efficient and robust analysis of GPS data from large networks. Journal of Geophysical Research: Solid Earth, 102(B3): 5005-5017.